Liebe Schülerinnen und Schüler,

dieses Buch baut auf dem Grundlagenband 1 der Baufachkunde auf und bringt den Lernstoff für die Bauzeichnerfachrichtungen Hochbau, Ingenieurbau sowie Tief- und Straßenbau umfassend nach den neuen Rahmenlehrplänen.

Bauzeichner(innen) müssen viel lernen, um echte Partner(innen) des Architekten, Bauingenieurs oder Bautechnikers zu werden. Am besten lernt und behält man, was man auch verstanden, begriffen hat. Deshalb legen wir großen Wert auf den Praxisbezug und die Verdeutlichung durch Bilder und Beispiele. Die in besonderen Merkkästen zusammengefaßten Erkenntnisse und Regeln erleichtern Ihnen das Einprägen. Die vielen Aufgaben am Schluß der einzelnen Abschnitte schließlich sind nicht dazu da, um Sie zu ärgern, sondern Ihnen beim Üben und Festigen des Erlernten zu helfen.

Neu sind die Abschnitte 1.3 (Sicherheitstechnik) und 15 (Neue Technologien) zum Einstieg in die CAD-Technik.

Die zeichnerischen Darstellungen in diesem Buch entsprechen den Normen. DIN 1356 Teil 10 wurde ebenso berücksichtigt wie der im Entwurf vorliegende Teil 1 vom Januar 1988.

Bei einzelnen Fragen und beim Aufsuchen bestimmter Sachverhalte wird Ihnen das ausführliche Sachwortverzeichnis hilfreich sein.

Wenn Sie oder Ihre Lehrer Anregungen oder Hinweise haben, bitten wir um Mitteilung, um Ihr Lehrbuch weiter verbessern zu können. Für die Ausbildung wünschen wir Ihnen alles Gute und viel Freude im Beruf!

Frühjahr 1994   R. Galla   H. Kuhr   D. Richter   S. Ruscheck   A. Wanner

Inhaltsverzeichnis

				Seite
1	**Grundlagen des Bauzeichnens**	1.1	Bauzeichnungen nach Norm	10
		1.1.1	Bauzeichnung	10
		1.1.2	Darstellungsweise	10
		1.1.3	Anordnung der Darstellung	12
		1.1.4	Zeichnungsträger	14
		1.1.5	Linienarten und -breiten	15
		1.1.6	Bemaßung	16
		1.1.7	Beschriftung, Symbole und Schraffuren	18
		1.1.8	Fachspezifische Berechnungen	20
		1.1.9	Vervielfältigung und Aufbewahrung	20
		1.1.10	Zeichnungserstellung durch Datenverarbeitung	21
		1.2	Zeichengerät	22
		1.2.1	Grundausstattung	23
		1.2.2	Ausstattung des Arbeitsplatzes	25
		1.3	Sicherheitstechnik	26
		1.3.1	Gerüste	26
		1.3.2	Unfallverhütung	28
			Aufgaben zu Abschnitt 1	29
2	**Planung, Ausführung und Abrechnung von Bauvorhaben**	2.1	Planung	30
		2.2	Bauausführung	33
		2.2.1	Ausführungszeichnung	33
		2.2.2	Ausschreibung und Vergabe	34
		2.2.3	Bauzeitenplan und Baustelleneinrichtung	39
		2.2.4	Bauüberwachung, Aufmaß und Abrechnung	41
			Aufgaben zu Abschnitt 2	41
3	**Vermessung**	3.1	Lagemessung	42
		3.2	Höhenmessung	47
		3.2.1	Höhenmessung ohne Nivellier	47
		3.2.2	Höhenmessung mit dem Nivellier	48
		3.2.3	Geländeaufnahme mit elektronischem Distanzmesser	53
			Aufgaben zu Abschnitt 3	55
4	**Grundbau und Gründungen**	4.1	Baugrund	56
		4.1.1	Bodenarten und Bodenklassen	56
		4.1.2	Untersuchung des Baugrunds	58
		4.1.3	Baugrundverhalten unter Belastung	61
		4.1.4	Bodenaustausch- und -besserungsmaßnahmen	63
		4.2	Baugruben	64
		4.2.1	Baugrubensicherung ohne Wasseranfall	64
		4.2.2	Baugrubensicherung bei Wasseranfall	66
		4.3	Gründungen	68
		4.3.1	Flachgründung	69
		4.3.2	Tiefgründung	74
			Aufgaben zu Abschnitt 4	79

				Seite
5	**Holz- und Dachbau**	5.1	Holzschutz und Balkenlagen	80
		5.1.1	Baulicher Holzschutz	80
		5.1.2	Holzbalkenlagen	82
		5.1.3	Konstruktive Durchbildung	83
		5.2	Dachformen und Dachteile	85
		5.2.1	Dachformen	85
		5.2.2	Dachteile	87
		5.3	Physikalische Grundlagen	88
		5.3.1	Zweischaliges belüftetes Dach (Kaltdach)	88
		5.3.2	Nicht belüftetes Dach (Warmdach)	92
		5.4	Dachkonstruktion	94
		5.4.1	Flachdach	94
		5.4.2	Sparren- und Kehlbalkendach	105
		5.4.3	Pfettendach	112
		5.4.4	Spreng- und Hängewerk	119
		5.4.5	Rahmen	120
		5.4.6	Dachbinder	122
		5.5	Plandarstellung im Holzbau	126
			Aufgaben zu Abschnitt 5	130
6	**Mauerwerksbau**	6.1	Tragende Wände	133
		6.1.1	Standsicherheit	133
		6.1.2	Tragfähigkeit, Fugendickte, Knicksicherheit, Wanddicke und Pfeilermaße	138
		6.1.3	Aussparungen und Schlitze	143
		6.2	Mauerwerk nach Eignungsprüfung	144
		6.3	Außenmauerwerk	145
		6.3.1	Feuchtigkeitsschutz	145
		6.3.2	Ein- und zweischaliges Außenmauerwerk	146
		6.3.3	Verblenderverbände	153
		6.4	Zweischalige Haustrennwände	154
		6.5	Mauermörtel, Arten und Anwendung	155
		6.6	Fassadenbekleidung nach DIN 18515	157
			Aufgaben zu Abschnitt 6.1 bis 6.6	159
		6.7	Ausfachungen im Mauerwerk	160
		6.8	Bewehrtes Mauerwerk	164
		6.9	Überdeckung von Maueröffnungen	165
		6.10	Schornsteine	171
		6.10.1	Zweck, Wirkungsweise und Begriffe	171
		6.10.2	Planungs- und Konstruktionsregeln zum Schornsteinzug	174
		6.10.3	Konstruktionsregeln zur Stand- und Feuersicherheit, Schadensfreiheit	176
		6.11	Natursteinmauerwerk	180
			Aufgaben zu Abschnitt 6.7 bis 6.11	183
7	**Beton- und Stahlbetonbau**	7.1	Betonarten und -gruppen	185
		7.2	Beton mit besonderen Eigenschaften	187
		7.3	Beanspruchung von Bauteilen	190

			Seite
7 Beton- und Stahl- betonbau, Fortsetzung	7.4	Grundsätze der Bewehrung nach DIN 1045	193
	7.4.1	Darstellung der Bewehrung nach DIN 1356 T10	193
	7.4.2	Durchmesser und Abstände der Bewehrung	200
	7.4.3	Verankerung der Betonstähle	201
	7.4.4	Stöße von Betonstählen	205
	7.4.5	Betondeckung	207
	7.4.6	Biegerollendurchmesser	208
	7.4.7	Biegezugbewehrung	209
		Aufgaben zu Abschnitt 7.1 bis 7.4	209
	7.5	Stahlbetonbauteile	209
	7.5.1	Stahlbetondecken	210
	7.5.2	Stahlbetonbalken	217
	7.5.3	Stahlbetonstützen	219
	7.5.4	Stahlbetonwände	222
		Aufgaben zu Abschnitt 7.5	224
	7.6	Schalung	225
	7.7	Fördern und Verarbeiten des Betons	230
	7.7.1	Fördern des Betons	230
	7.7.2	Verarbeiten des Betons	231
	7.7.3	Nachbehandeln des Betons	232
	7.8	Spannbeton	235
	7.8.1	Konstruktionsprinzip	235
	7.8.2	Anwendungsbeispiele	238
	7.9	Leichtbeton	239
	7.9.1	Leichtbetonarten	240
	7.9.2	Leichtzuschläge	241
	7.9.3	Konstruktiver Leichtbeton	242
	7.9.4	Wärmedämmender Leichtbeton	243
	7.9.5	Porenbeton	243
		Aufgaben zu Abschnitt 7.6 bis 7.9	244
8 Schutzmaßnahmen an Bauwerken	8.1	Schutz gegen Wasser aus dem Baugrund	245
	8.1.1	Wasserangriff und Abdichtungsmaßnahmen	245
	8.1.2	Abdichtungsstoffe und ihre Verarbeitung	247
	8.1.3	Abdichten gegen Bodenfeuchtigkeit	248
	8.1.4	Abdichten gegen nichtdrückendes Wasser	250
	8.1.5	Abdichten gegen drückendes Wasser	251
	8.2	Brandschutz	253
	8.3	Schallschutz	256
	8.3.1	Grundlagen	256
	8.3.2	Konstruktiver Schallschutz	258
	8.4	Wärmeschutz	260
	8.4.1	Physikalische Grundlagen	261
	8.4.2	Wärmedämmstoffe	264
	8.4.3	Wärmeschutzmaßnahmen	267
		Aufgaben zu Abschnitt 8	272
9 Industrialisiertes Bauen	9.1	Planungsablauf und Transport	273
	9.2	Modul- und Bezugssysteme	274

				Seite
9	Industrialisiertes Bauen, Fortsetzung	9.3	Stahlbeton-Fertigbauteile nach DIN 1045	275
		9.3.1	Skelettbau	276
		9.3.2	Tafelbauweise, Raumzellen und Mischbauweise	280
		9.4	Verbindungsmittel	281
		9.5	Fugen im Fertigteilbau	284
		9.6	Holzskelettbau	285
			Aufgaben zu Abschnitt 9	286
10	Treppen	10.1	Bezeichnungen und Begriffe	287
		10.2	Treppenarten	290
		10.3	Die Treppe in der Bauzeichnung	292
		10.4	Planungsgrundlagen für den Treppenbau	294
		10.4.1	Normen, Gesetze, Verordnungen	294
		10.4.2	Treppenbauregeln und -berechnungen	297
		10.4.3	Treppen mit gewendelten Läufen und Wendeltreppen	302
		10.5	Treppenkonstruktion	306
		10.5.1	Stahlbetontreppe	306
		10.5.2	Fertigteiltreppe	311
		10.5.3	Gemauerte Treppe	313
		10.5.4	Holztreppe	315
		10.5.5	Stahltreppe	318
		10.5.6	Handlauf, Geländer und Kantenschutz	319
			Aufgaben zu Abschnitt 10	320
11	Wasserentsorgung	11.1	Wasserarten und Wassermengen	321
		11.2	Entwässerungsverfahren	322
		11.3	Rohre für Entwässerungsleitungen	323
		11.4	Entwässerungsentwurf	328
		11.4.1	Lageplan des Entwässerungsentwurfs	330
		11.4.2	Längsschnitt eines Entwässerungsentwurfs	331
		11.5	Bau der Rohrleitungen	332
		11.6	Schachtbauwerke	337
		11.7	Pumpwerke und Kläranlagen	340
		11.8	Ergänzende Bauwerke der Regenwasserableitung	342
		11.9	Abrechnung	344
			Aufgaben zu Abschnitt 11	346
12	Haustechnik	12.1	Hausanschlußraum	347
		12.2	Sanitärinstallation	348
		12.2.1	Trinkwasserversorgung	348
		12.2.2	Verbrauchsleitung	349
		12.2.3	Entwässerungsanlagen	351
		12.3	Elektroinstallation	355
		12.4	Heizung	358
		12.4.1	Heizungssysteme	358
		12.4.2	Heizraum	360
		12.4.3	Brennstofflagerung	361
			Aufgaben zu Abschnitt 12	363

			Seite
13 Innenausbau	13.1	Fenster und Fenstertüren	364
	13.1.1	Fenster- und Fenstertürarten	364
	13.1.2	Anforderungen	366
	13.1.3	Konstruktionsbeispiele	369
	13.2	Türen	372
	13.2.1	Außentür	373
	13.2.2	Innentür	375
	13.3	Fußböden	378
	13.4	Leichte Trennwände	381
	13.5	Leichte Deckenbekleidungen und Unterdecken	384
		Aufgaben zu Abschnitt 13	386
14 Straßenbau	14.1	Planung	388
	14.1.1	Straßennetz und Verkehrsentwicklung	388
	14.1.2	Ablauf eines Straßenbauvorhabens	388
	14.1.3	Querschnittsgestaltung	389
	14.1.4	Lageplan	396
	14.1.5	Höhenplan	402
		Aufgaben zu Abschnitt 14.1	410
	14.2	Konstruktion und Ausführung	410
	14.2.1	Erdarbeiten	411
	14.2.2	Randeinfassung	415
	14.2.3	Oberbauarbeiten	419
	14.2.4	Straßenentwässerung	428
		Aufgaben zu Abschnitt 14.2	434
15 Neue Technologien	15.1	Mikroelektronik	435
	15.2	Datenübertragung – Projektmanagement	437
	15.3	EVA-Prinzip, Sprache und Einheiten	438
	15.4	Hardware	440
	15.5	Software	443
	15.5.1	Betriebssysteme	444
	15.5.2	Standardbetriebssystem MS-DOS	445
	15.6	Programmiersprachen	447
	15.7	Standardsoftware	453
	15.8	CAD-Technik	454
	15.8.1	Dimensionalität	454
	15.8.2	Eingabevoraussetzungen und Hilfen	458
	15.8.3	Grafische Grundelemente 2D	463
	15.8.4	Korrektur grafischer Grundelemente	465
	15.8.5	Manipulation, Schraffur, Spezifikation	465
	15.8.6	Bemaßung und Text	467
	15.8.7	Ausgabe – Plot	469
	15.8.8	Teilebibliotheken	470
	15.9	Dreidimensionales CAD in der Bautechnik	471
	15.10	Mengenermittlung und Kostenanschlag	481
	15.11	Ausschreibung – Vergabe – Abrechnung (AVA)	482
		Aufgaben zu Abschnitt 15	485

Bildquellenverzeichnis 486

Sachwortverzeichnis 487

1 Grundlagen des Bauzeichnens

Ihr Beruf. Der Bauzeichner hilft dem Architekten bzw. Ingenieur bei der Erledigung seiner umfangreichen Aufgaben. Darum muß er alle anfallenden Arbeiten vom Planungsbeginn bis zur Endabrechnung kennen und ihre Zusammenhänge verstehen. Außerdem fertigt er DIN-gerechte Bauzeichnungen und Berechnungen an, hilft beim Vermessen und Abrechnen. Das Berufsbild gibt eine Vorstellung von der Vielseitigkeit Ihres Berufs, aber auch von den hohen Anforderungen an Fähigkeiten und Fertigkeiten (**1.1**). Als Basis dient eine weit gefächerte Grundbildung, die durch die Fachausbildung im Schwerpunkt Hochbau, Ingenieurbau oder Tief-, Straßen- und Landschaftsbau ergänzt wird.

BERUFSBILD BAUZEICHNER / BAUZEICHNERIN

Ausbildungsdauer: 3 Jahre

Mindest-Fertigkeiten und -Kenntnisse:

1. Berufsbildung
2. Aufbau und Organisation des Ausbildungsbetriebs
3. Arbeits- und Tarifrecht, Arbeitsschutz
4. Unfallverhütung, Umweltschutz und rationelle Energieverwendung
5. Grundlagen des Technischen Zeichnens
6. Grundlagen des Bauzeichnens
7. Grundlagen der bautechnischen Fertigkeiten
8. Eigenschaften und Verwendung von Baustoffen
9. Aufnehmen und Aufmessen von Geländen und Bauteilen
10. Anwenden unterschiedlicher Projektionsarten
11. Ermitteln von Mengen, Massen und Eigenlasten der Baustoffe und Bauteile
12. Herstellen von Zeichnungen für Planung und Ausführung
13. Grundlagen der Informationsverarbeitung

AUSBILDUNGSRAHMENPLAN

Aufgliederung der oben genannten Fertigkeiten und Kenntnisse für die berufliche Grundbildung und Fachbildung unter Berücksichtigung der drei Schwerpunkte Hochbau, Ingenieurbau sowie Tief-, Straßen- und Landschaftsbau

Baustellenpraxis: Kennenlernen des Ablaufs von Bauprojekten durch Baubegehungen, Werksbesichtigungen und praktische Tätigkeit an mindestens 20 Tagen innerhalb der beruflichen Fachbildung

1.1 Berufsbild Bauzeichner/Bauzeichnerin

1.1 Bauzeichnungen nach Norm

Unter Bauzeichnungen verstehen wir alle Pläne für die Objekt- und Tragwerksplanung sowie Sonderzeichnungen. Damit alle fachkundigen „Leser" einer Zeichnung ihr die gleichen Aussagen entnehmen, ist die Normierung unerläßlich. Das Ausdrucksmittel der Bauzeichnung ist technisch einwandfrei und sachlich, nicht künstlerisch gestaltend. Maßstäbliche Arbeit ist Voraussetzung.

1.1.1 Bauzeichnung

Bauzeichnungen gemäß DIN 1356 (Entwurf) sind alle für Entwurf, Genehmigung und Ausführung sowie für Aufnahme einer Abrechnung baulicher Anlagen hergestellten Pläne. Wir unterscheiden:

Zeichnungen für die Objektplanung
– Vorentwurfszeichnungen
– Entwurfszeichnungen
– Bauvorlagezeichnungen
– Ausführungszeichnungen
– Abrechnungszeichnungen
– Baubestandszeichnungen

Zeichnungen für die Tragwerksplanung
– Positionspläne
– Schalpläne
– Rohbauzeichnungen
– Bewehrungszeichnungen
– Elementzeichnungen für Fertigteile
– Verlegezeichnungen

Sonderzeichnungen, z. B. Absteckzeichnungen oder Entwässerungspläne.

1.1.2 Darstellungsweise

In den Bauzeichnungen werden die Baukörper oder -teile in Ansichten, Grundrissen und Schnitten dargestellt. Die Ansichten eines Körpers untergliedert man in Draufsicht und Ansicht.

Als Draufsicht bezeichnet man die maßstäbliche rechtwinklige Parallelprojektion des Bauobjekts mit Blickrichtung von oben nach unten (**1.2**). Sichtbare Kanten werden bei der Draufsicht durch Vollinien dargestellt.

Als Ansicht wird die maßstäbliche Darstellung des Baujobekts von der Seite bezeichnet. Auch hierbei handelt es sich um die Parallelprojektion der Bauwerkskanten, jedoch mit Blickrichtung von vorn nach hinten (**1.2**). Die Blickrichtung wird der Ansicht hinzugefügt, z. B. „Südansicht" oder „Ansicht Goethestraße". In der Regel stellen wir Ansichten aus senkrecht aufeinander stehenden Blickrichtungen dar, doch Ausnahmen sind möglich.
Sichtbare Bauteilvorderkanten werden ebenfalls durch Vollinien dargestellt.

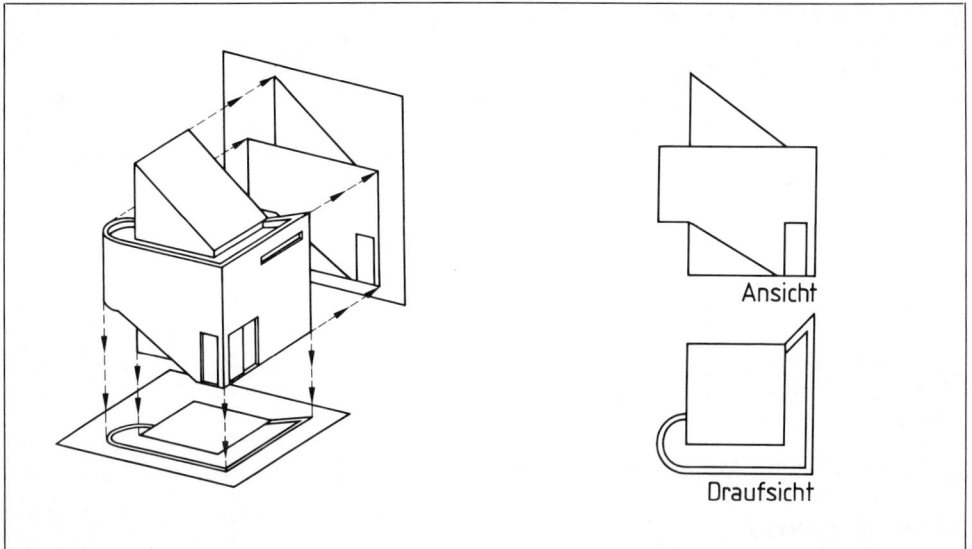

1.2   Abbildungsprinzip der Ansicht und Draufsicht

Der Grundriß Typ A ist die Draufsicht auf den unteren Teil eines waagerecht geschnittenen Bauobjekts. Sichtbare Kanten werden durch Vollinien, zum Verständnis erforderliche unsichtbare Kanten durch Strichlinien dargestellt. Falls Kanten dargestellt werden müssen, die oberhalb der Schnittlinie liegen, geschieht dies durch Punktlinien (**1**.3). Geschnittene Bauteile werden in der

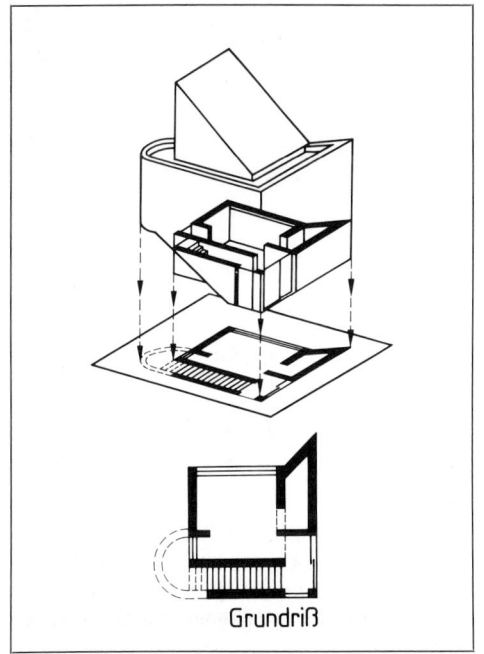

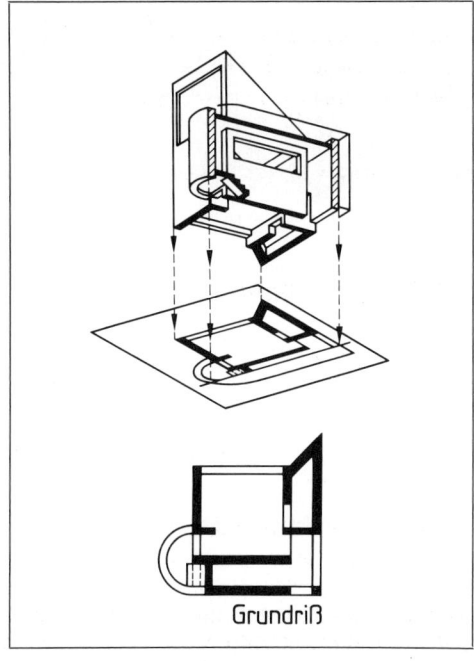

1.3   Grundriß Typ A (Abbildungsprinzip)   **1**.4   Grundriß Typ B (Abbildungsprinzip)

Zeichnung besonders hervorgehoben. Der Schnitt ist so zu führen, daß wesentliche Einzelheiten abgebildet werden können, z. B. Wände, Fenster- und Türöffnungen sowie Treppen. Notfalls kann deshalb die Schnittebene verspringen.

Grundriß Typ B. Gemäß DIN ISO 2594 T3 (1972) kann auch die gespiegelte Untersicht unter den oberen Teil eines waagerecht geschnittenen Bauobjekts dargestellt werden (**1**.4 auf S. 11). Diese Darstellungsweise ist typisch für den Ingenieurhochbau. Man bezeichnet sie als Grundriß Typ B.

Der Schnitt ist die Ansicht auf den hinteren Teil des senkrecht geschnittenen Bauobjekts (**1**.5). Voll-, Strich- und Punktlinien wählen wir für sichtbare, unsichtbare und vor der Schnittebene befindliche Kanten. Die Schnittebene ist wieder so zu wählen, daß wesentliche Bauteileinzelheiten geschnitten werden, u. U. also verspringend. Die Lage des Vertikalschnitts ist im Grundriß anzugeben, und zwar durch eine dicke Strichpunktlinie. Die Blickrichtung wird einheitlich durch Pfeile auf den Enden der Strichpunktlinie sowie gleichlautende große Buchstaben oberhalb der Pfeile gekennzeichnet.

In Grundrissen und Schnitten werden die geschnittenen Bauteile deutlich gegenüber nicht geschnittenen hervorgehoben. Dies geschieht durch stärkere Linien, durch Anlegen oder durch Schraffur (**1**.6).

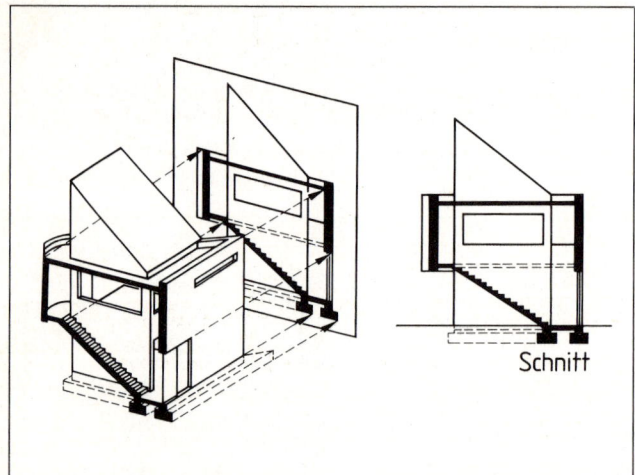

1.5 Schnitt (Abbildungsprinzip)

1.6 Kennzeichnung des Schnittverlaufs im Grundriß

Bauobjekte werden in Ansichten, Schnitten und Grundrissen dargestellt.

1.1.3 Anordnung der Darstellung

In der Regel werden mehrere Grundrisse, Schnitte und/oder Ansichten auf einem Blatt dargestellt. Das ist übersichtlicher, erlaubt Vergleiche und verschafft einen besseren Gesamteindruck des Bauobjekts. Dabei ist zu berücksichtigen, daß aneinandergrenzende Ansichten in umlaufender Folge herzustellen und Grundrisse vom untersten zum obersten Geschoß fortlaufend entweder von links nach rechts oder von unten nach oben zu zeichnen sind. Nebeneinandergezeichnete Schnitte und Ansichten müssen höhengleich sein. Befinden sich Ansichten, Schnitte und Grundrisse auf einem Blatt, sind die Grundrisse unten, die Ansichten und Schnitte darüber zu zeichnen. Alle Zeichnungen werden unterhalb der Darstellung vollständig benannt (**1.7**).

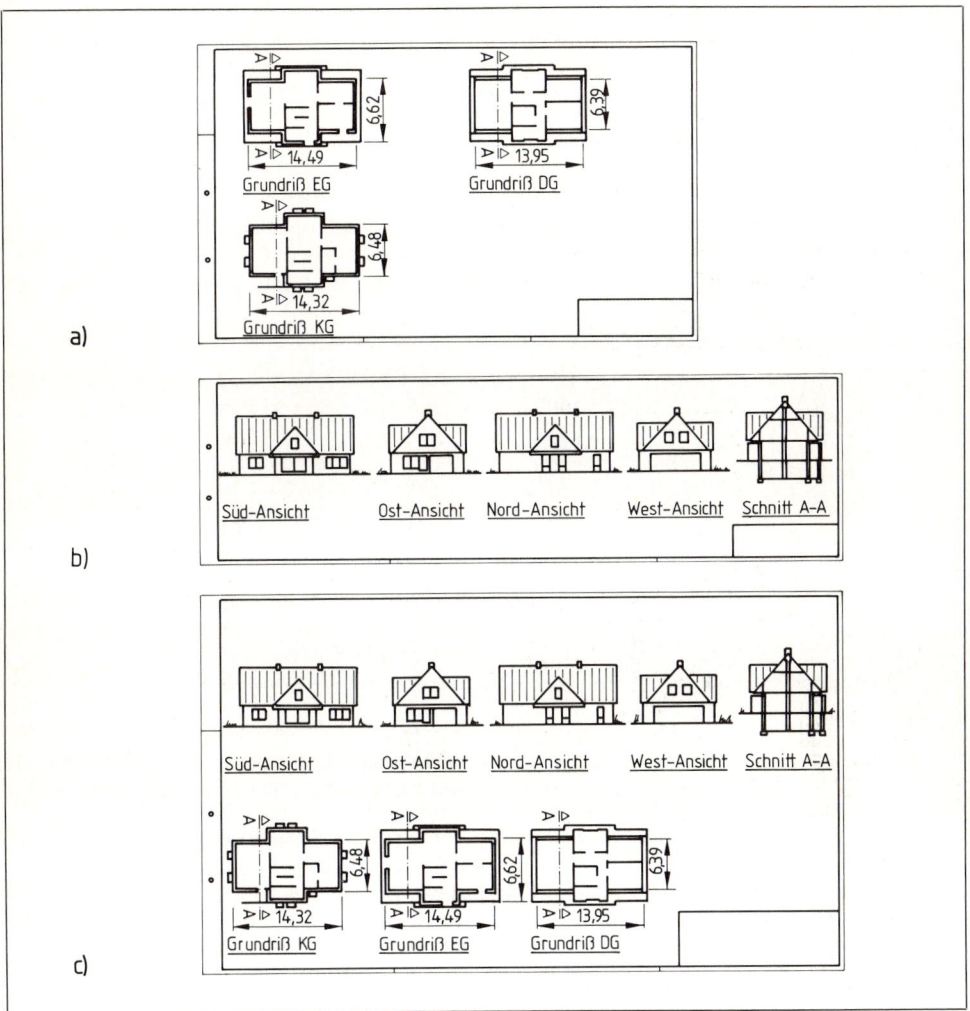

1.7 Anordnung von Grundrissen, Ansichten und Schnitten
  a) Grundrisse
  b) Ansichten und Schnitte
  c) Gemischte Anordnung von Grundrissen, Ansichten und Schnitt

Ansichten und Schnitte werden in umlaufender Reihenfolge höhengleich nebeneinander, Grundrisse vom Blatt unten links ausgehend von unten nach oben dargestellt.

1.1.4 Zeichnungsträger

Zeichnungsträger bestehen überwiegend aus Papier, zum geringeren Teil aus Kunststoff. Zu den Papierzeichenträgern rechnen wir auch Pappe und Karton.

Zeichenpapiere müssen höchste Anforderungen erfüllen, um Lesbarkeit und Wiedergabequalität zu gewährleisten. Deshalb sind nur holzfreie Papiersorten zu verwenden. Die Maßhaltigkeit der Zeichnungen setzt ein festes und widerstandsfähiges Papier voraus. Die Oberfläche muß gleichermaßen Tusche- und Bleizeichnungen aufnehmen können und korrekturbeständig sein.

Die sachgemäße Lagerung des Papiers ist wichtig, da hohe Temperaturen und Luftfeuchtigkeiten zur Ausdehnung des Papiers führen – das Papier wellt sich u. U. und wird unbrauchbar. Am besten bewahrt man es in Kunststoffolie oder Teerpapier verpackt auf.

Papierzeichnungsträger werden nach ihrem Gewicht je m² unterteilt. Papier gibt es von 25 bis 170 g/m², Karton von 200 bis 500 g/m², Pappen haben mehr als 500 g/m² Gewicht. Zeichenpapier ist in Form von losen Blättern in DIN-Formaten oder auf Rollen lieferbar (**1.8**).

Tabelle 1.8 **Papierformate nach DIN 476**

Unbeschnitten nach DIN 823		
	4 A0	1682 × 2378
	2 A0	1189 × 1682
880 × 1230	A0	**841 × 1189**
625 × 880	A1	594 × 841
450 × 625	A2	420 × 594
330 × 450	A3	297 × 420
240 × 330	A4	210 × 297
165 × 240	A5	148 × 210
120 × 165	A6	105 × 148

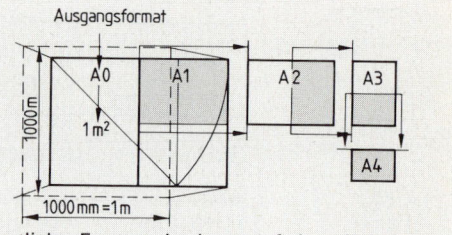

Sämtliche Formate basieren auf dem Ausgangsformat A0 mit einem Flächeninhalt von 1 m² bei einem Seitenverhältnis von $1 : \sqrt{2}$.

Papierarten. Wir unterscheiden Zeichenpapier mit opaken und transparenten Eigenschaften.

Zeichenpapier und -karton mit opaken Eigenschaften hat eine Oberfläche, die sowohl Blei- als auch Tuschestriche randscharf annimmt. Selbst mehrfaches Radieren muß ohne sichtbare Spuren möglich sein. Ein Nachteil der opaken Zeichenpapiere sind die unzureichenden Vervielfältigungsmöglichkeiten. Zwar erhält man auf fotografischem Weg gute, leider aber auch kostspielige Vervielfältigungen.

Transparentpapiere werden in Architektur- und Konstruktionsbüros bevorzugt verwendet. Ihr Gewicht reicht von 40 bis 150 g/m². Die Vervielfältigung ist wegen der Transparenz durch das kostengünstige Lichtpausverfahren möglich (bei Gelbstich Belichtungsdauer verlängern). Bleistiftzeichnungen lassen sich auf leicht matten Oberflächen, Tuschezeichnungen auf glatten Oberflächen am besten herstellen. Im Handel sind deshalb einseitig glatte und andersseitig matte Transparentpapiere erhältlich. Die kräftige Leimung des Papierstoffs erhöht die Abriebfestigkeit beim Radieren und Unempfindlichkeit gegen Fingerabdrücke.

Kunststoffolien dienen heute zunehmend als Zeichnungsträger. Sie werden aus verschiedenen Kunststoffen (z. B. Polyester, Acetat) mit glatten und matten Oberflächen hergestellt. Folien sind alterungsbeständig, radierfest und unempfindlich gegen Einreißen. Ihre Maßhaltigkeit ist hervorragend, ebenso ihre Vervielfältigungsmöglichkeit. Für wertvolle Zeichnungen sind daher Folien trotz der höheren Kosten empfehlenswert.

Zeichnungsträger müssen Tusche- und Bleistiftstriche gleich gut annehmen, Radierungen problemlos zulassen und möglichst kostengünstig zu vervielfältigen sein.

1.1.5 Linienarten und -breiten

DIN 1356 T1 (Entwurf) gibt vier mögliche Linienarten an: Vollinie, Strichlinie, Strichpunktlinie und Punktlinie. Für ganz bestimmte Anwendungsgebiete sind vorzugsweise die Linienbreiten der Tabelle **1**.9 zu verwenden, da ihre Einhaltung die sinnvolle Nutzung der üblichen Reproduktionstechniken erlaubt. Die angegebenen Linienbreiten gelten für Tuschezeichnungen, bei Bleistiftzeichnungen ist entsprechend zu verfahren.

Tabelle **1**.9 **Linienbreiten** (Entwurf DIN 1356 Teil 1)

Linienart	Anwendungsbereich	Zeichnungsart			
		Linienbreite in mm			
Vollinie breit	Begrenzung von Schnittflächen	0,5	0,7	1,0	1,4
Vollinie mittel	Sichtbare Kanten und sichtbare Umrisse von Bauteilen, Begrenzung von Schnittflächen schmaler oder kleiner Bauteile	0,25	0,35	0,5	0,7
Vollinie schmal	Maßlinien, Maßhilfslinien, Hinweislinien, Lauflinien, Begrenzung von Ausschnittdarstellungen, Sinnbilder und Symbole	0,18	0,25	0,35	0,7
Strichlinie	Verdeckte Kanten und verdeckte Umrisse von Bauteilen	0,25	0,35	0,5	0,7
Strichpunktlinie breit	Kennzeichnung der Lage der Schnittebenen	0,5	0,7	1,0	1,4
Strichpunktlinie schmal	Achsen	0,18	0,25	0,35	0,5
Punktlinie	Bauteile vor bzw. über der Schnittebene	0,25	0,35	0,5	0,7
Maßzahlen	Linienbreite	0,18	0,25	0,35	0,5
	Schrifthöhe	2,5	2,5 3,5	3,5 5,0	5,0 7,0

Anmerkung Grundsätzlich sollte jedoch jeder Bauzeichner wissen, daß sich sowohl die Maße der Papier-DIN-Formate als auch die Linienbreiten jeweils durch Multiplikation mit der Zahl $\sqrt{2}$ ergeben ($0{,}25 \cdot \sqrt{2} = 0{,}35$; $297 \cdot \sqrt{2} = 420$).

1.1.6 Bemaßung

> Bauzeichnungen müssen so bemaßt sein, daß alle wichtigen Maße (Einzel- oder Gesamtmaße) ohne Schwierigkeiten aus der Zeichnung zu entnehmen sind.

Die Bemaßung besteht aus Maßzahl, Maßlinie, Maßhilfslinie (u. U. entbehrlich) und Maßlinienbegrenzung (**1.10**).

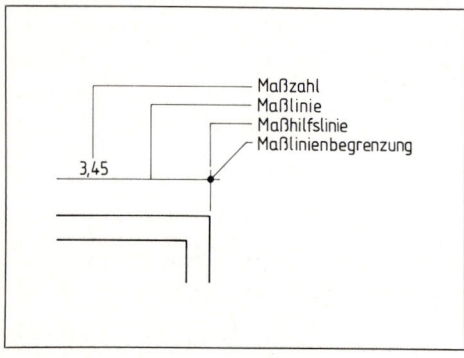

1.10 Benennung der Bemaßungsteile

Maßzahlen werden so auf der durchgezogenen Maßlinie angeordnet, daß man sie von unten bzw. von rechts lesen kann.

Maßlinien sind gemäß Tabelle **1.9** zu zeichnen. Sie werden entweder von Maßhilfslinien oder von dargestellten Bauobjektlinien begrenzt.

Maßhilfslinien sind erforderlich, wenn Maße nicht zwischen die Begrenzungslinien der darzustellenden Bauteile eingetragen werden. Maßhilfslinien werden von ihren Zuordnungspunkten (z. B. Gebäudedecke) deutlich abgesetzt.

Maßlinienbegrenzungen können wahlweise, jedoch einheitlich innerhalb einer Zeichnung durch Punkte oder durch Schrägstriche von rechts oben nach links unten markiert werden (**1.11**). Bei Tischlern und bei Stahlbauern gibt es dagegen die Begrenzung durch schlanke Pfeile.

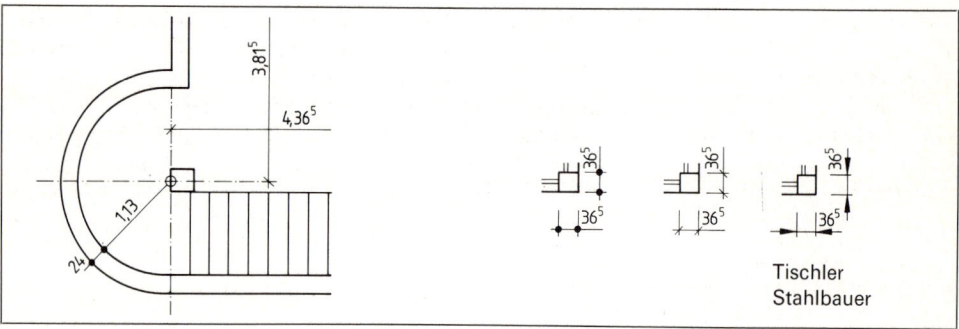

1.11 Maßlinienbegrenzung

Die Maßanordnung erfolgt DIN-gemäß nach Möglichkeit unterhalb und rechts neben dem Baukörper, wobei von innen nach außen erst Teilmaße, dann Gesamtmaße anzugeben sind. Wenn Innenmaße erforderlich sind, sollen sie so angeordnet werden, daß Flächen in Raummitte für andere Eintragungen frei bleiben (**1.12**).

Die Maßeinheit muß aus der Zeichnung klar ersichtlich sein. DIN 1356 T1 (E) läßt die Maßeinheiten nach Tabelle **1.13** zu. Die gewählte Maßeinheit wird im Schriftfeld bei der Maßstabsangabe hinzugefügt (z. B. 1:100-m, cm).

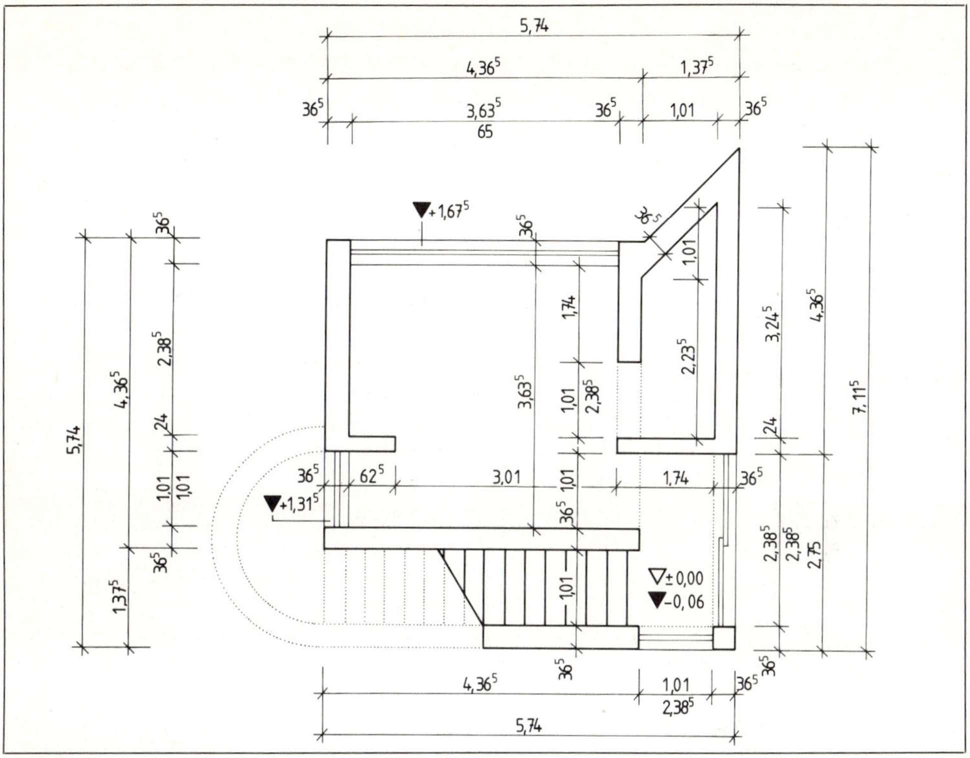

1.12 Maßanordnung

An Maßeintragungen ist vorzunehmen, was zum Verständnis nötig ist. Die erforderlichen Höhenangaben werden durch 90°-Pfeile symbolisiert. Dabei gibt ein ausgefüllter Pfeil die Oberfläche der Rohkonstruktion, ein nicht ausgefüllter die der Fertigkonstruktion an. In der Regel wählt man eine Bezugslinie als ±0; alle Höhen darüber oder darunter erhalten entweder ein + oder ein − als Zusatz. In Grundrissen verwenden wir die Pfeilsymbole entsprechend (**1.14**). Öffnungen werden durch Angabe der Breite (über der Maßlinie) und Höhe (unter der Maßlinie) vermaßt (**1.15** auf S. 18). Bei kleineren Querschnitten (z. B. Aussparungen) genügt die Angabe in Bruchform (z. B. 20/20), als Durchmesser (⌀10) oder als Radius (R 15).

Tabelle **1.13** **Maßeinheiten**

	1	2	3	4
Maßeinheit, Bemaßung in	Maße			
	unter 1 m z. B.			über 1 m z. B.
1 cm	5	24	88,5	313,5
2 m und cm	5	24	88⁵	3,135
3 mm	50	240	885	3135

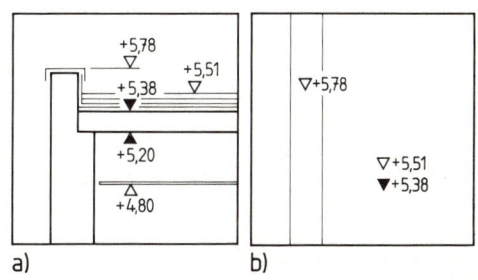

▽ Oberfläche Fertigkonstruktion ▼ Oberfläche Rohkonstruktion

1.14 Maßeintragung von Höhen
a) Schnitt, b) Draufsicht

1.1.7 Beschriftung, Symbole und Schraffuren

> Die Beschriftung einer Bauzeichnung muß vollständig, richtig und dem jeweiligen Bauteil übersichtlich zugeordnet sein.

Die Anordnung von Hinweislinien ist bei Schriftblöcken sinnvoll (**1.16**). Die Hinweislinien können entweder ohne Begrenzungszeichen oder mit einem Punkt beginnen. Sie sollen sich nicht kreuzen und vorzugsweise rechtwinklig zur Bauteilseite verlaufen. (U. U. können sie zur Verdeutlichung auch schräg unter 45° von der Baukante weggezogen werden.)

Eine Legende vervollständigt die Beschriftung. Sie enthält alle zu verwendenden Baustoffe und evtl. Abkürzungen.

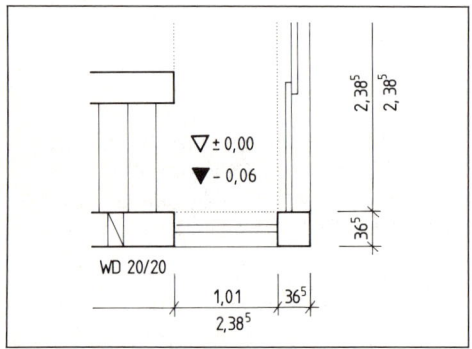

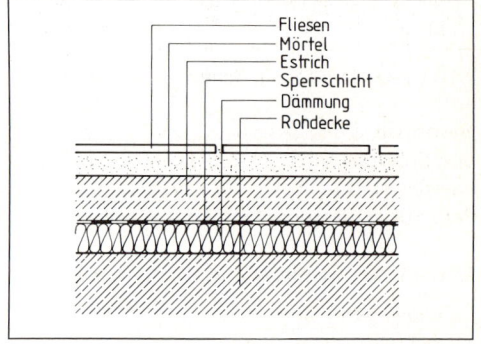

1.15 Bemaßung von Öffnungen   **1.16** Hinweislinien bei Schriftblöcken

Das Schriftfeld wird stets unten rechts auf dem Blatt angeordnet. Dadurch ist es auch bei gefalteter Zeichnung immer gleich einsehbar. Es enthält außer dem Bauvorhaben (z. B. Neubau einer Schule) und der Bezeichnung der Darstellung auf dem Blatt (z. B. Lageplan) die Zeichnungsnummer, den Maßstab mit Maßeinheiten sowie den Namen des Büros, Zeichners und Prüfers mit der Datumsangabe (**1.17**).

	Datum	Name	Architekt Otto Müller	
Gezeichnet	24.05.86	B. Schulze	Planstr. 13 , 12345 Traumhaus	
Geprüft	26.05.86	R. Heid		
M 1:50	Neubau eines Einfamilienhauses		Zeichnung	
m ; cm	Fundamentplan		1	

1.17 Schriftfeld

Normschrift. Die gesamte Beschriftung soll in Normschrift geschehen. Die neue Normschrift nach DIN 6776/ISO 3098 löst die schräge Normschrift nach DIN 16 und die senkrechte Normschrift nach DIN 17 ab (**1.18**). Die neue Normschrift eignet sich wegen ihres klaren Schriftbildes besonders für Rückvergrößerungen von Mikroverfilmungen und findet deshalb zunehmend Anwendung. Die fertige Zeichnung ist mit Rändern und Faltmarken zu versehen.

```
ABCDEFGHIJKLMNOPQRSTUV
WXYZ aabcdefghijklmnopqrsß
tuvwxyz 1234567890  IVX
[(!?:;"-=+×:·√%&)]Ø
```

1.18 ISO-Normschrift, Schriftform A, vertikal

Symbole und Schraffuren. In Bauzeichnungen verwenden wir die verschiedensten Symbole und Schraffuren. Deshalb sei hier nur auf die wichtigsten hingewiesen. Die Bauzeichner(innen) müssen entsprechend ihrer fachspezifischen Ausbildung auch Symbole DIN-gerecht verwenden. Für alle verbindlich sind Symbole und Sinnbilder gemäß DIN 1356 (**1.19**).

Tabelle **1.19** **Symbole und Sinnbilder nach DIN 1356 Teil 1** (Entwurf)

Allgemeine Symbole	Richtung	Höhe – Fertigkonstruktion – Rohkonstruktion	Schnittführung mit Blickrichtung	Schnittführung bei Projektion	Radius
Tragrichtung von Platten	zweiseitig gelagert	dreiseitig gelagert	vierseitig gelagert	auskragend	
Schnittflächen, Materialkennzeichnung	Boden	Kies	Sand	Beton	Stahlbeton
	Mauerwerk	Holz, quer zur Faser geschnitten	Holz, längs zur Faser geschnitten	Metall	Mörtel, Putz
	Dämmstoffe	Abdichtungen	Dichtstoffe		

Fortsetzung s. nächste Seite

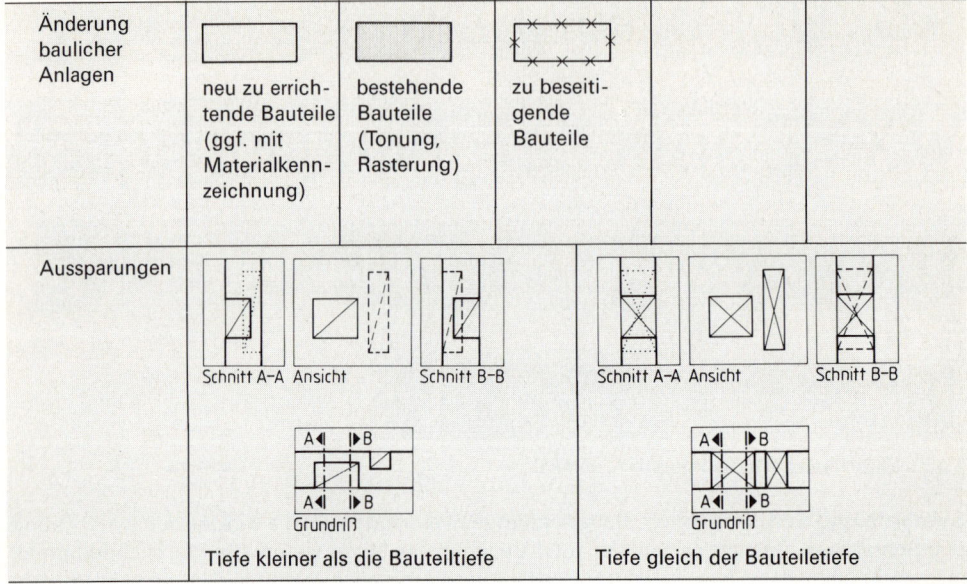

Tabelle 1.19, Fortsetzung

1.1.8 Fachspezifische Berechnungen

Sie stehen teilweise auf gesonderten Blättern (z. B. Stahllisten, Massenermittlung, Berechnung des umbauten Raumes), sind aber teils auch auf der Zeichnung erforderlich (z. B. Berechnung von Höhen, Längen und Neigungen). Art und Umfang der Berechnungen ergeben sich aus dem entsprechenden Bauvorhaben. Wichtige Hilfsmittel sind Taschenrechner, Planimeter und EDV-Anlagen.

1.1.9 Vervielfältigung und Aufbewahrung

Bauzeichnungen werden als Einzelstück im Original hergestellt. Die Vielzahl ihrer Aufgaben verlangt entsprechende Vervielfältigung und Aufbewahrung. Das arbeitsaufwendige und entsprechend teure Durchzeichnen ist heute durch Lichtpausverfahren und Mikroverfilmung ersetzt.

Lichtpausen können von allen Zeichnungen auf Transparentpapier hergestellt werden, wenn genügend Kontrast zwischen Papier und aufgebrachten Linien aus Blei oder Tusche besteht. Mit Hilfe des Lichtpausautomaten lassen sich aber auch Mutterpausen als Zwischenoriginal auf Lacktransparentpapier herstellen, die oft zur Weiterbearbeitung (z. B. für die Eintragung von Elektroinstallationen oder Statikpositionen) gebraucht werden. Die heutigen Lichtpausmaschinen sind schon so lichtstark, daß sich sogar Pausen von Lichtpausen herstellen lassen, deren Qualität, z. B. als Arbeitspause, ausreicht.

Zur Aufbewahrung werden Lichtpausen DIN-gerecht auf Ordnergröße gefaltet (**1.**20), die Originale mit Hängestreifen versehen und in Zeichnungsschränken sicher verwahrt.

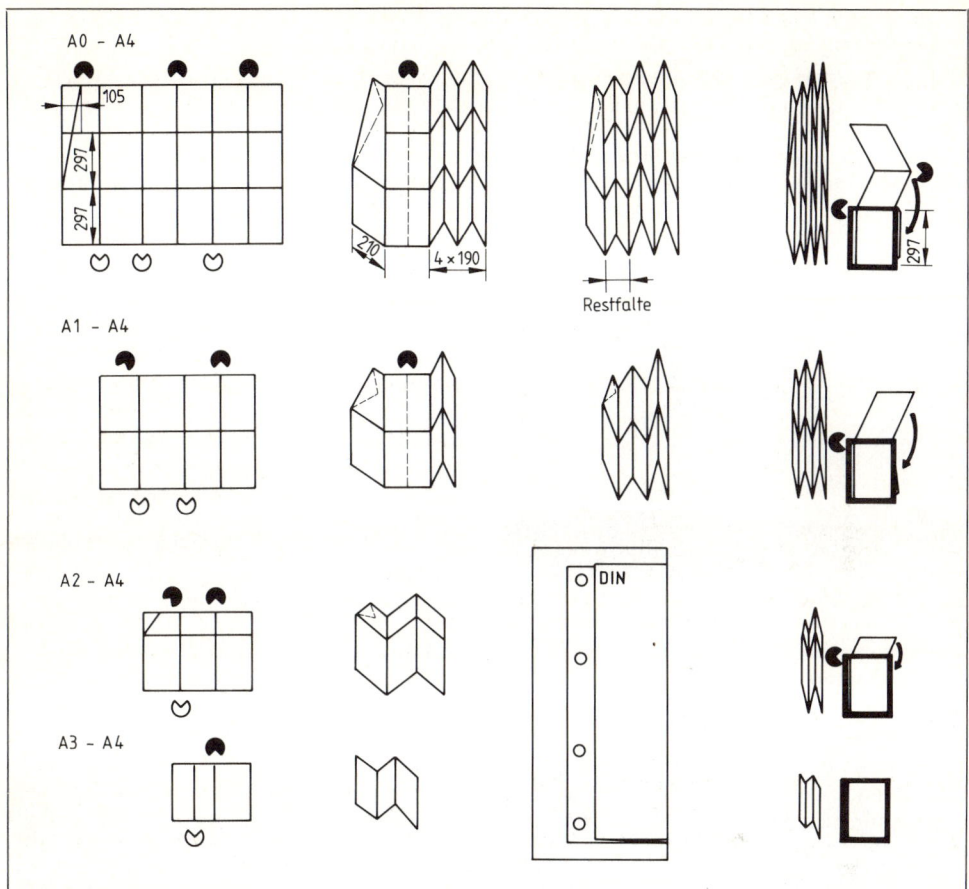

1.20 DIN-gerechte Faltung

Die Mikroverfilmung hat gegenüber allen anderen Verfahren, auch dem Lichtpausverfahren, erhebliche Vorteile und wird darum zunehmend eingesetzt. Auf allerkleinstem Raum können große Mengen von Bauzeichnungen sicher archiviert und bereitgehalten werden. Voraussetzung für die Mikroverfilmung sind kontrastreiche Zeichnungen mit Tuschefüllern, die den Normen für mikroverfilmgerechtes Zeichnen entsprechen. Die höheren Kosten dieses Verfahrens sind gegen die augenscheinlichen Vorzüge abzuwägen.

> Vervielfältigungen von Originalen werden durch das Lichtpausverfahren oder die Mikroverfilmung ermöglicht.

1.1.10 Zeichnungserstellung durch Datenverarbeitung

In jüngster Zeit findet die Datenverarbeitung zunehmend Eingang in die Bautechnik. Selbst mittlere und kleinere Büros setzen wegen der günstigen Kostenentwicklung im Hardwarebereich, des wachsenden Angebots an Software und nicht zuletzt wegen der Anwenderfreundlichkeit auf die Datenverarbeitung.

Bei Einführung der Datenverarbeitung mit CAD-Systemen (**C**omputer **A**ided **D**esign bzw. **D**rawing) wird sich die Tätigkeit aller an der Bauplanung beteiligten Fachkräfte verändern. Nur die Vorentwurfsskizze bleibt innerhalb der Bauplanung von der DV-Unterstützung ausgeschlossen, da die Handskizze der Kreativität mehr Raum läßt und außerdem schneller zu erstellen ist.

Voraussetzungen. Um computergestützt zeichnen oder konstruieren zu können, sind CAD-Programmsysteme mit hoher Speicherkapazität erforderlich. Zu einem leistungsfähigen Arbeitsplatz gehören als Hardware der Personalcomputer mit Zubehör, der Digitzer zur CAD-Anwendung, der Plotter, Drucker und das Rechnernetz (**1**.21). Ferner ist Software erforderlich, die den speziellen Aufgaben des Büros angepaßt sein muß und demnach für Hoch-, Tief- und Ingenieurbau sehr verschiedene Ansprüche zu erfüllen hat. In jedem Fall ist aber ein CAD-Programmpaket nötig. Außerdem müssen die Zeichner hochqualifiziert sein und über ausreichende Sachkenntnis verfügen, um konstruierende Tätigkeiten ausüben zu können.

Eine zusätzliche EDV-Ausbildung ist für sie unumgänglich.

1.21   CAD-Arbeitsplatz

Bedeutung. Es wäre falsch, den EDV-Einsatz in der Bautechnik vor allem unter dem Gesichtspunkt der Rationalisierung zu sehen. Richtig ist vielmehr, daß CAD-Systeme zur Verbesserung der Planungsergebnisse beitragen. Ohne wesentlichen Mehraufwand lassen sich verschiedene Varianten durchrechnen und darstellen. Perspektivische Darstellungen, die bisher aus Kostengründen ebenso unterblieben wie die Erstellung von Modellen, werden von allen Seiten möglich und führen zu mehr Anschauung beim Bauherrn. Varianten der Konstruktion lassen eine optimale Planung und Bauausführung zu. Gegebenenfalls sind Zeichnungsänderungen schnell und einfach herzustellen.

Schon die Übertragung der Idee in eine saubere Zeichnung kann der Computer unterstützen. Auch gibt es die Möglichkeit, die Zeichnung auf der Basis eines Datensatzes in verschiedenen Maßstäben plotten zu lassen, so wie es im Bauwesen erforderlich ist: M 1:200 für den Vorentwurf, M 1:100 als Entwurfszeichnung für die Bauantragsunterlagen und M 1:50 als Ausführungszeichnung. Dabei sind Übertragungsfehler ebenso ausgeschlossen wie Bemaßungsfehler.

Bauzeichner als CAD-Anwender müssen höhere Anforderungen erfüllen. Wesentlich sind gute mathematisch-geometrische Grundkenntnisse und Einsicht in die Wirkungsweise von CAD-Software. Die bisherigen Lerninhalte müssen neu bedacht und gewichtet werden. So wird etwa die Fähigkeit, eine saubere Zeichnung manuell zu erstellen, an Bedeutung verlieren. Dafür wird die Kenntnisvermittlung aller Normen und Symbole Voraussetzung für die Arbeit am CAD-Arbeitsplatz werden.

1.2   Zeichengerät

Zeichengerät ist das Werkzeug des Bauzeichners. Es muß zweckmäßig und einfach zu handhaben sein. Sorgsame Behandlung und gründliche Pflege sind Voraussetzungen für Funktion und lange Lebensdauer.

1.2.1 Grundausstattung

Wie jeder andere Handwerker sollte auch der Bauzeichner über eine Grundausstattung an Werkzeug, also Zeichengerät verfügen, da sich nur durch eifriges Üben entsprechende Fertigkeiten erzielen lassen.

Zum Zeichnen brauchen wir Papier oder Folie, Bleistifte, Radiergummis, Anspitzer, Lineale und Maßstäbe, Zeichendreiecke, Winkelmesser, Zirkel, Schablonen, Tuschefüller und eine Zeichenplatte (**1.22**).

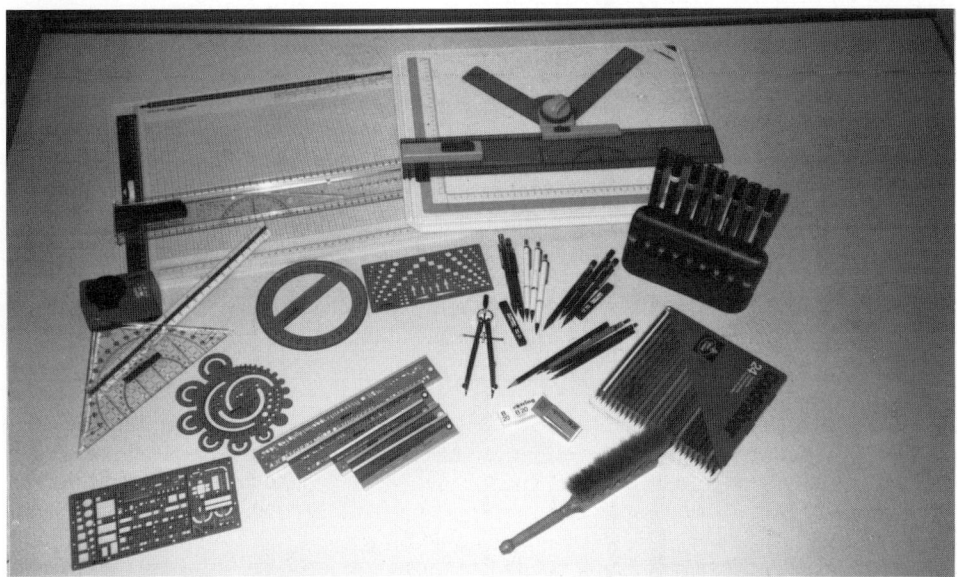

1.22 Zeichengerät-Grundausstattung

Bleistifte, Tuschefüller, Zirkel und Radiergummi werden normalerweise mit der rechten Hand geführt, Lineale, Dreiecke, Schablonen und Anspitzer mit der linken.

Bleistifte dienen zum Anlegen und Vorzeichnen. Es gibt verschiedene Ausführungen, als Blei- (Mine im Holzmantel) und Minenstifte. Minenstifte sind als **Fallminenstift** mit Minendurchmesser 2 mm und **Feinminenstift** mit den Durchmessern 0,7, 0,5 und 0,3 mm lieferbar.

Minen sind in verschiedenen Härtegraden erhältlich. Die Anwendungsbereiche in Abhängigkeit von dem Härtegrad zeigt Tabelle **1**.23 auf S. 24.

Farbstifte verwenden wir beim Anlegen von Zeichnungen und zum Hervorheben bestimmter Bauteile, z. B. bei der Kennzeichnung von Neubau und Abbruch.

Den Tuschefüller nehmen wir zur endgültigen Fertigstellung der Zeichnung. Wegen seiner gleichbleibenden Zeichenqualität in Bild und Schrift hat er sich heute überall durchgesetzt. Zeichenfedern und Graphos sind nur noch von untergeordneter Bedeutung.

Tuschefüller sind einfach zu warten und erlauben das Zeichnen und Beschriften aller gebräuchlichen Zeichnungsträger. Sie sind farblich gekennzeichnet in Strichbreiten von 2,0 bis 0,13 mm und mit Tuschetank oder Tuschepatrone erhältlich. Als Grundausstattung sollten mindestens 4 verschiedene Breiten (0,7, 0,5, 0,35, 0,25) angeschafft werden, die bei Bedarf nach oben und unten ergänzt werden können (**1**.24 auf S. 25).

Tabelle 1.23 **Bleistifte, Minen**

	Bleistifte			Minen (Ø in mm)							Anwendungsbereiche					
	1. Qualität	Mittelfeine Qualität	Schulstifte	3,15	2	1,2 (Klemmstifte)	0,9 (Klemmstifte)	0,7 (Klemmstifte)	0,5	0,3	Technisches Zeichnen	Vermessungstechn. Zeichnen	Zeichnen auf hartem Material	Schreiben	Skizzieren / Entwerfen	Lichtpausfähigkeit
8 B	●			●											▓	
7 B	●			●											▓	
6 B	●			●											▓	
5 B	●			●											▓	
4 B	●														▓	
3 B	●	●	1												▓	
2 B	●					●	●		●					▓	▓	
B	●	●	2						●					▓	▓	
HB	●	●				●	●		●	●	▓			▓	▓	
F	●	●	3						●		▓			▓		
H	●								●	●	▓			▓		
2 H	●	●	4			●	●		●	●	▓			▓		
3 H	●								●	●	▓					
4 H	●	●			●	●	●		●	●	▓					
5 H	●				●				●			▓				
6 H	●				●							▓				
7 H	●				●							▓	▓			
8 H	●				●								▓			
9 H	●				●											

Die Härtegrade wurden nach englischen Bezeichnungen festgelegt:
B = black = schwarz   F = firm = fest   H = hard = hart.
Mit vorgestellten Ziffern wird aufsteigend bei B die zunehmende Schwärze oder bei H die zunehmende Härte gekennzeichnet.

Tabelle 1.24 Linienbreiten der Tuschefüller

Kennfarben $\overline{m}$	weiß 2,0	grün 1,4	orange 1,0	blau 0,70	braun 0,50	gelb 0,35	weiß 0,25	rot 0,18	violett 0,13
Strichbreiten									

Um ein gleichmäßiges Schriftbild zu erzielen, halten wir den Tuschefüller fast senkrecht. Eine Zeichengeschwindigkeit von 2 bis 4 cm je Sekunde soll nicht überschritten werden, um das Abreißen des Tuscheflusses zu verhindern. Reißt der Tuschefluß dennoch ab, machen wir den Tuschefüller durch leichtes Schütteln mit nach oben gerichteter Spitze wieder gangbar.
Zum Reinigen des Tuschefüllers dient Leitungswasser oder spezielle Reinigerflüssigkeit. Als Aufbewahrung eignet sich bei häufiger Benutzung der Rapidomat, sonst der Kassettenrapidomat.

Zirkel oder Kreisschablonen benutzt man zum Zeichnen von Kreisen oder Kreisbögen.

Radiergummis gibt es für Blei und Tusche. Sie sollen rückstandfrei radieren und Wiederbeschriftung ermöglichen.

Lineale und Dreiecke sind zum Konstruieren wichtig. Mit einem 45°- und einem 30°/60°-Dreieck lassen sich z. B. beliebige Winkel in 15°-Schritten zeichnen. Dreieck und Lineal ermöglichen uns genaue Parallelverschiebung.

Maßstäbe sind beliebt, weil die Umrechnung der wirklichen Längen auf Zeichenlängen entfällt.

Schablonen sind in großer Vielfalt im Handel. Deshalb soll hier nur auf S c h r i f t s c h a b l o n e n eingegangen werden. Es gibt sie passend zu den Strichbreiten der Tuschefüller in den drei Normschriftarten. Das Zeichen $\overline{m}$ deutet wie bei den Tuschefüllern auf die Eignung für Mikroverfilmung hin.

1.2.2 Ausstattung des Arbeitsplatzes

Der Arbeitsplatz soll den Erfordernissen der ganztätigen Arbeit gerecht werden. Günstig sind höhenverstellbare und vertikal wie horizontal drehbare Zeichenbretter mit Zeichenmaschinen. Ausreichende Ablagemöglichkeiten sind nötig. Die Sitzgelegenheit muß den Sicherheitsbestimmungen des TÜV genügen und ermüdungsfreies Arbeiten gewährleisten. Arbeitsstühle mit Armlehnen sind unpraktisch.

Für die Aufbewahrung empfehlen sich Z e i c h n u n g s s c h r ä n k e aus Stahl oder Holz, in denen die Originalzeichnungen liegend oder hängend aufbewahrt werden.

Weiter haben sich S c h n e i d e m a s c h i n e n und R a n d e i n f a s s e r in größeren Büros bewährt.

Die Beleuchtung des Arbeitsplatzes ist sehr wichtig (**1.**25). Um die vertikale Achse drehbare Zeichenbretter erlauben weitgehende

1.25 Langfeldleuchte an Zeichenmaschine

Ausnutzung von Tageslicht, wobei direkte Sonnenbestrahlung zu vermeiden ist. Kunstlicht muß so ausgelegt sein, daß es blendfrei und neutral weiß den Arbeitsplatz beleuchtet. Einzelleuchten erhellen die Arbeitsfläche. Besonders wirkungsvoll und gleichzeitig augenschonend sind Langfeldleuchten, die durch Gestänge mit der Zeichenmaschine verbunden und schwenkbar sind und die Arbeitsfläche gleichmäßig ausleuchten.

Während vor Jahren noch Kinder in der Schule zu Rechtshändern umerzogen wurden, trägt die Industrie heute auch den Anforderungen der Linkshänder Rechnung. So gibt es Zeichenmaschinen für Linkshänder, deren Anschaffung empfehlenswert sein kann.

> Der Arbeitsplatz muß sicher und zweckmäßig ausgestattet sein und ermüdungsfreies Arbeiten garantieren.

1.3 Sicherheitstechnik

1.3.1 Gerüste

Gerüstarten. Nach Verwendung, Tragsystem und Ausführung unterscheiden wir folgende Gerüste.

Verwendung	Tragsystem	Ausführung
Arbeitsgerüst (AG)	Standgerüst (S)	Stahlrohr-Kupplungsgerüst (SR)
Schutzgerüst	Hängegerüst (H)	Leitergerüst (LG)
– Fanggerüst (FG)	Auslegergerüst (A)	Rahmengerüst (RG)
– Dachfanggerüst (DF)	Konsolgerüst (K)	Modulsystem (MS)
– Schutzdach (SD)		

Arbeitsgerüste dienen für die üblichen Bauarbeiten. Sie tragen außer den Arbeitern Werkzeuge und die erforderlichen Werkstoffe. Entsprechend der voraussichtlichen Belastung ist die richtige Gerüstgruppe zu wählen (1.26).

Tabelle 1.26 Gerüstgruppen

Gerüst-gruppe	Mindest-belagbreite in m	Tragfähigkeit in kN/m² auf Belastungsfläche		Verwendungsbeispiele
		0,50 × 0,50 m	0,20 × 0,20 m	
1	0,50	1,50	1,00	Inspektion mit leichten Werkzeugen, keine Materiallagerungen
2 und 3	0,60	1,50	1,00	Inspektion, Baustoff- und Bauteillagerung zum sofortigen Verbrauch (Beschichten, Verputzen, Verfugen)
4 und 5	0,90	3,00	1,00	Maurerarbeiten, Versetzen von Betonfertigteilen, Putzarbeiten
6	0,90	3,00	1,00	Maurer-, Werksteinarbeiten, Lagern größerer Baustoff- und Bauteilmengen

Schutzgerüste FG und DF sichern gegen Absturz, SD gegen herabfallende Gegenstände. Entwurf, Berechnung und Ausführung des Gerüsteinsatzes können nur Fachleute gewährleisten. Während der Gerüstbauunternehmer für die betriebssichere Errichtung und den Aufbau verantwortlich ist, haftet jeder Unternehmer, der die Gerüste benutzt, für die ordnungsgemäße Erhaltung und Benutzung. Grundsätzlich muß für alle Gerüste eine statische Berechnung erstellt werden, wenn keine geprüfte Typenberechnung vorliegt.

Die Gerüste sind ausreichend zu verstreben, wobei an den Kreuzungspunkten zwischen vertikalen und horizontalen Konstruktionsgliedern feste Verbindungen herzustellen sind, die die anfallenden Kräfte aufnehmen und weiterleiten. Freistehend nicht standsichere Gerüste sind zu verankern. Gerüstbretter und -bohlen müssen dicht und so verlegt werden, daß sie weder wippen noch ausweichen können.

Tragsystem und Ausführung. Es gibt sehr einfache und auch höchst aufwendige Gerüstkonstruktionen. Die Entscheidung über die Gerüstwahl trifft der Bauleiter entsprechend den auszuführenden Arbeiten und den zu erwartenden Kosten (**1**.27).

Tabelle **1**.27   Gerüsttragsysteme und -ausführungen

Gerüst	Beschreibung und Verwendung
Hängegerüst	Belag auf Profilstählen, Stahlrohren, Rund- oder Kanthölzern befestigt. Diese sind mit Drahtseilen, Ketten oder Profilstählen am Bauwerk aufgehängt. Zugelassen als Arbeitsgerüst der Gruppen 1 und 2 sowie als Schutzgerüst. Für fahrbare Hängegerüste gelten Sonderbestimmungen (s. u.).
Auslegergerüst	aus kragartig aus dem Bauwerk vorgestreckten Holz- oder Stahlträgern. Einfache Auslegergerüste dürfen nur als Arbeitsgerüste der Gruppe 1 und als Schutzgerüste der Gruppen 2 bis 4 verwendet werden.
Konsolgerüst	Belag auf Konsolböcken, die aufgehängt sind. Zugelassen als Arbeitsgerüst der Gruppe 1 oder als Schutzgerüst.
Stahlrohr-Kupplungsgerüst	aus Stahlrohren und Verbindungsstücken. Die Stahlrohre sind nach DIN 4420 auszuwählen; sie müssen dauerhaft und deutlich gekennzeichnet sein. Für die Verbindungsstücke ist eine besondere behördliche Zulassung erforderlich. Verwendung vor allem für Einschalungsarbeiten bei großen Bauteilen. Relativ hoher Arbeitsaufwand für Auf- und Abbau. Deshalb vielfach Einsatz von **Schnellbaugerüsten**. Ihre Gerüstlagen bestehen aus leiterartigen Baukastenelementen, die in das Stahlrohrgerüst eingehängt werden. Bodenplatten lassen sich in verschiedenen Kombinationen einlegen. Auch die eingehängten Leitern gehören zum Gerüstbausystem.
Leitergerüst	Arbeits- und Schutzgerüst besonders zum Einrüsten von Fassaden für Putz- und Beschichtungsarbeiten. Besteht aus Gerüstleitern und Gerüstbauteilen nach DIN 4420 Teil 2.
Gerüste für besondere Bauarbeiten	
Stangengerüst	ein- oder zweireihig aus Rundholzstangen; Stangen durch Drähte, Drahtseile, Ketten oder Gerüsthalter untereinander verbunden. Zugelassen für Gerüstgruppen 1 bis 3. Wegen des hohen Arbeitsaufwands allenfalls noch für kleine Bauarbeiten erstellt.
Bockgerüst	aus Böcken von Holz oder Stahl mit darübergelegtem Gehbelag. Höchstens zwei Böcke übereinander, Gesamthöhe ≤ 4 m, Abstand der Böcke ≤ 3 m. Geeignet für Bauarbeiten bis Raum- bzw. Geschoßhöhe.
Fahrgerüst	für kurzzeitige Arbeiten. DIN 4222 Teil 1 und 2 stellen besondere Anforderungen an Seitenschutz, Leitern, Kipp- und Sturmsicherheit. Die Fahrrollen müssen feststellbar und unverlierbar, die Kippsicherheit im Freien größer als in Räumen sein.
Traggerüst (Lehrgerüst, **1**.28, s. S. 28)	dient zur Unterstützung von Massivtragwerken, bis diese ausreichend tragfähig sind (z. B. Bogen mit großen Spannweiten bei Brücken, Schalendecken). Besteht meist aus Unter- und Obergerüst. Ist wegen der großen Belastung statisch zu berechnen und nach genauen Zeichnungen abzubinden. Um Setzungen zu vermeiden, ist eine unnachgiebige Unterstützung auf Schwellenstapeln, Betonfundamenten oder Rammpfählen erforderlich (**1**.28). Um das Ausschalen zu erleichtern, stellt man Traggerüste absenkbar her (Schraubenspindeln oder hydraulische Pressen zwischen Unter- und Obergerüst).

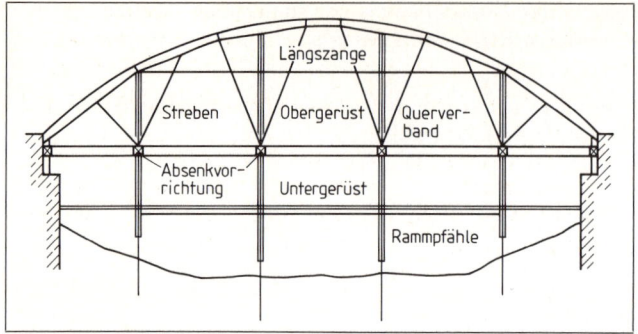

1.28 Trag- oder Lehrgerüst

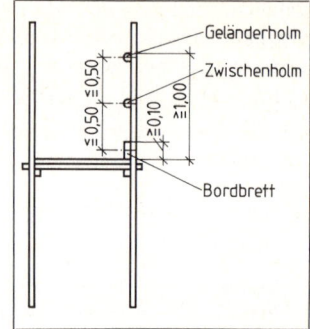

1.29 Seitenschutz bei Arbeits- und Schutzgerüsten

Seitenschutz. Alle Gerüste, die über Verkehrswegen oder mehr als 2 m über dem Boden liegen, und alle Öffnungen in diesen Belägen müssen einen dreiteiligen Seitenschutz haben. Er besteht aus Geländerholm, Zwischenholm und Bordbrett (**1.29**). Alle Teile müssen gegen unbeabsichtigtes Lösen, das Bordbrett auch gegen Kippen gesichert sein. Abstand zwischen Gerüstbelägen und Bauwerken maximal 0,30 m. Die Schutzwand muß mindestens 1,00 m hoch sein und die Traufkante um mindestens 0,80 m überragen.

> Nach dem Verwendungszweck unterscheidet man Arbeits- und Schutzgerüste. Die Wahl des Gerüsts hängt von der zu erfüllenden Aufgabe und von der Belastung ab. Zur Sicherung werden Gerüste mit einem dreiteiligen Seitenschutz versehen.

1.3.2 Unfallverhütung

Im Rahmen der gesetzlichen Sozialversicherungen schreibt der Gesetzgeber auch die Unfallversicherung vor. Im Gegensatz zu den anderen Sozialversicherungen (Renten-, Kranken-, Arbeitslosenversicherung) trägt der Arbeitgeber die Kosten für die Unfallversicherung allein. Träger der gesetzlichen Unfallversicherung sind die Berufsgenossenschaften. Bei ihnen sind alle Arbeitnehmer gegen Arbeits- und Wegeunfälle sowie gegen Berufskrankheiten versichert. Für das Bauhaupt- und das Ausbaugewerbe sind die Bau-Berufsgenossenschaften, für Straßen-, Tief- und Verkehrsbauten die Tiefbau-Berufsgenossenschaften zuständig.

Aufgaben der Berufsgenossenschaften:
- Den arbeitenden Menschen vor Unfall- und Gesundheitsgefahren am Arbeitsplatz zu bewahren,
- eine wirksame Erste Hilfe sicherzustellen,
- nach einem Arbeitsunfall oder einer Berufskrankheit den Verletzten gesundheitlich wiederherzustellen,
- ihn nach Möglichkeit wieder beruflich einzugliedern,
- durch Geldleistungen für die soziale Sicherung des Versicherten und Arbeitnehmers und seiner Familie zu sorgen.

Unfallverhütungsvorschriften. Zur Bewahrung vor Unfall- und Gesundheitsgefahren gehört die Verpflichtung des Arbeitgebers u n d Arbeitnehmers, mit allen geeigneten Mitteln für die Verhütung von Arbeits- und Wegeunfällen sowie Berufskrankheiten zu sorgen. Zu diesem Zweck gibt es eine Reihe von Unfallverhütungsvorschriften (UVV), die in allen Betrieben gut sichtbar ausgehängt sein müssen. Außerdem gibt es Informationsschriften, Merkblätter, Plakate und Aufkleber, die die Berufsgenossenschaften den Betrieben kostenlos zur Verfügung stellen.

Unfallverhütungsvorschriften werden laufend dem neuesten Stand der Technik angepaßt und entsprechend den jüngsten arbeitsmedizinischen Erkenntnissen überarbeitet. Sie enthalten Bestimmungen für Unternehmer und Versicherte. Ergänzt werden sie durch Richtlinien, Sicherheitsregeln, Merkblätter und arbeitsplatzbezogene Schriften. Hinzu kommen staatliche Gesetze und Verordnungen zur Regelung der Arbeitssicherheit und des Gesundheitsschutzes.

Für die Einhaltung dieser Vorschriften sorgt der Technische Aufsichtsdienst der Berufsgenossenschaften. Er arbeitet mit der staatlichen Gewerbeaufsicht, den Bauaufsichtsbehörden und den Verbänden der anderen Sozialversicherungspartner zusammen. Zu den Aufgaben des Technischen Aufsichtsbeamten zählen die Beratung und Information bei der

- Planung und Ausschreibung,
- Beschaffung von Einrichtungen,
- Arbeitsvorbereitung und -durchführung,
- Arbeitsplatzgestaltung,
- innerbetrieblichen sicherheitstechnischen Organisation,
- Auswahl von persönlichen Schutzausrüstungen,
- Entwicklung und Herstellung von Arbeitsmitteln.

Ferner

- die Überwachung der Arbeitssicherheit in Betrieben und auf Baustellen durch Revision und Messungen,
- die Prüfung von Maschinen und Geräten auf Arbeitssicherheit,
- Unfalluntersuchungen und -auswertungen, um ähnliche Unfälle künftig zu verhüten,
- Kurse in den berufsbildenden Schulen und Hochschulen, Vorträge bei Betriebs-, Innungs- und Gewerkschaftsversammlungen,
- Mitarbeit am sicherheitstechnischen Normenwerk in Deutschland und in der EG.

> Die Berufsgenossenschaften sind die Träger der gesetzlichen Unfallversicherung. Eine ihrer wichtigsten Aufgaben ist die Unfallverhütung.
>
> Jeder einzelne Arbeitnehmer ist verpflichtet, die Bestimmungen der Unfallverhütungsvorschriften zu befolgen.

Aufgaben zu Abschnitt 1

1. Nennen Sie jeweils drei Zeichnungen für die Objekt- und Tragwerksplanung.
2. Beschreiben Sie die Darstellungsweise in Bauzeichnungen.
3. Skizzieren Sie die Anordnung von Grundrissen, Ansichten und Schnitt eines unterkellerten Flachdachbungalows auf einem Blatt.
4. Geben Sie DIN-Formate fertig geschnittener Zeichenblätter mit den zugehörigen Maßen an.
5. Zählen Sie Anwendungsbeispiele für Vollinien, Strichlinien und Strich-Punkt-Linien auf.
6. Zeichnen Sie den Grundriß einer Garage mit Tor- und Fensteröffnung und bemaßen Sie DIN-gerecht.
7. Welche Vorteile hat die neue Normschrift DIN 6776/ISO 3098 gegenüber den Normschriften nach DIN 16 und 17?
8. Wählen Sie für geschnittene Bauteile aus Stahlbeton und Mauerwerk in Ausführungszeichnungen sowie Putz und Wärmedämmung in Detailzeichnungen die richtige Schraffur.
9. Welche Vorteile bietet die Vervielfältigung durch Mikroverfilmung gegenüber dem Lichtpausverfahren?
10. Falten Sie eine möglichst große Lichtpause DIN-gerecht.
11. Nennen Sie Gerüstarten nach der Verwendung, dem Tragsystem und der Ausführung.
12. Welche Bestimmungen gelten für den Seitenschutz von Arbeits- und Schutzgerüsten?
13. Nennen Sie Aufgaben der Berufsgenossenschaft.
14. Wer überwacht die Einhaltung der Unfallverhütungsvorschriften?

2 Planung, Ausführung und Abrechnung von Bauvorhaben

2.1 Planung

Jedes Bauvorhaben – sei es auch noch so klein – muß sorgfältig geplant werden, bevor es ausgeführt werden kann. Dabei müssen die Wünsche des Bauwilligen ebenso in die Planung einfließen wie seine finanziellen Möglichkeiten. Zu diesem Zweck wendet sich der Bauherr an einen Architekten oder Ingenieur. Mit seiner fachkundigen Hilfe werden Lösungen angestrebt, die den Wünschen des Bauherrn weitgehend und den Vorschriften des Baurechts vollkommen entsprechen. In Zweifelsfällen hinsichtlich der Zulässigkeit kann eine **Bauvoranfrage** beim Bauaufsichtsamt Klärung bringen. Als Bauherr oder Bauträger kommen Privatpersonen, Gesellschaften, Kommunen, Länder und der Bund in Frage.

Planungsbeteiligung und Abnahme (2.1). Heutzutage sind bei der Planung von Bauvorhaben sehr viele Auflagen zu erfüllen und Nachweise zu erbringen. Deshalb wird der Architekt (Ingenieur) in den meisten Fällen Sonderfachleute an der Planung beteiligen müssen, so Statiker für die Standsicherheitsnachweise, Experten für Heizungsanlagen einschließlich Be- und Entlüftung sowie Fachleute für Elektroinstallationen. Manchmal sind auch Bodengutachten nötig.

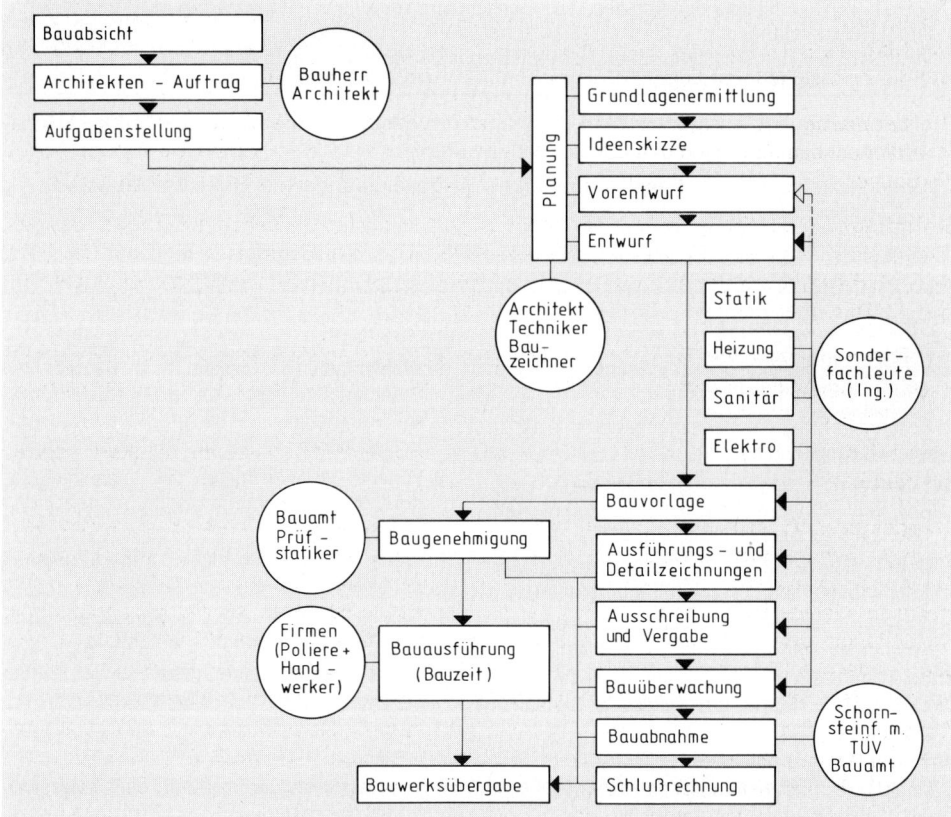

2.1 Schematischer Weg eines Bauablaufs mit Planungs- und Baubeteiligten

Der fertige Rohbau wird durch den Bezirksschornsteinfegermeister und das Bauaufsichtsamt abgenommen. Erst nach Erhalt des Rohbauabnahmescheins darf das Bauwerk vollendet werden. Benutzt werden darf das fertige Bauwerk erst nach der Gebrauchsabnahme durch die gleichen Stellen und ggf. den TÜV sowie Ausstellung des Schlußabnahmescheins durch die Bauaufsichtsbehörde. In einigen Bundesländern wird auf Bauabnahmen verzichtet. Der Verzicht entbindet jedoch nicht von der Pflicht, die jeweilige Fertigstellung anzuzeigen.

Gesetze und Verordnungen

Das Bundesbaugesetz (BBauG) bildet den Baurechtsrahmen in der Bundesrepublik.

Teil 1 enthält die Bestimmungen über die Bauleitplanung.
Teil 2 regelt die Maßnahmen zum Schutz und zur Sicherung der Bauleitplanung.
Teil 3 stellt die Verbindung zwischen Städtebaurecht und Bauordnungsrecht her.
Teil 4 regelt die Bodenordnung.
Teil 5 enthält ein geschlossenes Enteignungssystem für den Städtebau.
Teil 6 bringt das Erschließungsrecht.
Teil 7 regelt die Ermittlung von Grundstückswerten.
Teil 8 enthält Vollzugsvorschriften.
Teil 9 betrifft Rechtsstreitigkeiten bei Enteignungen.
Teil 10 regelt die Baulandsteuer.
Teil 11 enthält Übergangs- und Anpassungsvorschriften.

Die Baunutzungsverordnung (BauNVO) wurde aufgrund der Ermächtigung in § 2 Abs. 10 BBauG erlassen und erfordert besondere Beachtung. Sie enthält die Bestimmungen über Art und Maß der baulichen Nutzung, über die Bauweise, die überbaubaren Grundstücksflächen und die Zulässigkeit von Garagen, Carports und Stellplätzen für Kraftfahrzeuge.

Die Landesbauordnungen berücksichtigen im Rahmen des BBauG die klimatischen, landschaftlichen, baukulturellen und bautechnischen Eigenheiten der Regionen. Dies bedeutet, daß die Bauvorlage in allen Teilen dem regional gültigen Bauordnungsrecht entsprechen muß.

Grundlagenermittlung. Jedes Bauvorhaben muß zunächst städtebaulich gesehen werden, es muß sich in das Gesamtbild der Umwelt einfügen. Die Anforderungen der Gemeinde an das Bauvorhaben sind in Zeichnungen der Bauleitplanung gemäß Bundesbaugesetz zusammengestellt. Wir unterscheiden

- **Flächennutzungspläne,** worin die gesamte räumliche Entwicklung eines Gemeindegebiets geklärt wird,
- **Bebauungspläne,** in denen das Gesamtprogramm der Gemeinde für die Bebauung der einzelnen Bauflächen festgelegt ist.

Erst nach Kenntnis der Örtlichkeit und der Festlegungen durch die Gemeinde kann der Architekt mit dem Bauherrn die Planung beginnen.

Ideenskizze, Vorentwurf. Der Architekt setzt sich mit den Wünschen, Bedürfnissen und Bedingungen des Bauherrn auseinander und berät ihn fachkundig. Er macht auf unterschiedliche Bauweisen (Massivbau, Skelettbau, Fertigteilbauweisen) und mögliche Baustoffvarianten aufmerksam. Gerade in der heutigen Zeit kommt der Baustoffauswahl hinsichtlich schonender Herstellungsweise, Recyclebarkeit und Umweltverträglichkeit immer mehr Bedeutung zu. Aber auch landschaftstypische Bauweisen sind zu bedenken. Reetdach und Klinkerbau passen zwar gut nach Norddeutschland, aber nicht unbedingt in die süddeutsche Bergwelt.

Nach Klärung dieser Fragen löst der Architekt bzw. Ingenieur als autorisierter Vertreter des Bauherrn die Bauaufgabe zunächst gedanklich auf Ideenskizzen (**2.2**), die der Bauzeichner (z. T. mittels CAD-Programm) zu den maßstäblichen Vorentwurfszeichnungen im M 1:200 umzeichnet (**2.3**). Diese dienen als Unterlage für Besprechungen mit dem Bauherrn und für einen ersten Kostenüberschlag. Aus den Vorentwurfszeichnungen entwickeln sich die Entwurfszeichnungen.

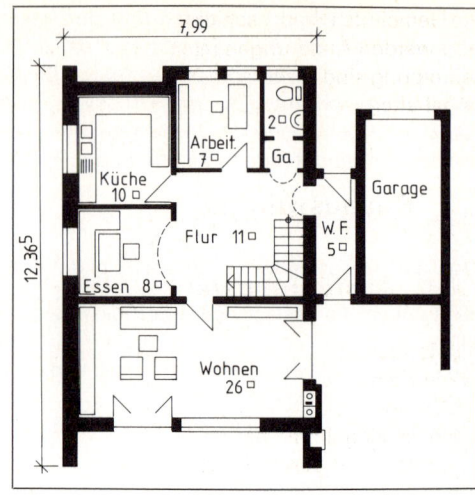

2.2 Ideenskizze eines Wohnhauses   2.3 Vorentwurf eines Wohnhaus-Grundrisses

Bauvorlage und Baugenehmigungsverfahren. Wenn die Vorstellungen des Bauherrn und Architekten abgestimmt sind, folgen die Besprechungen mit dem Statiker, den Ingenieuren für Heizung, Lüftung und Installation, d. h. die endgültige Festlegung von Konstruktion und Ausbau. Jetzt müssen auch alle notwendigen Erschließungsmaßnahmen festgelegt und die Entwurfszeichnungen im M 1:100 (gemäß DIN 1356 – Bauzeichnungen) ausgearbeitet werden. Sie enthalten Maßangaben über die Größe der Räume und Bauteile und werden – nach Vorschrift der jeweils zuständigen Baugenehmigungsbehörde ergänzt – zur Bauvorlage beim Bauamt entwickelt.

Zu einem Baugesuch gehören:

je 3fach (bei Stadtbauämtern 2fach)	Bauantrag in der regional gültigen Fassung (Formblatt)
	Übersichtsplan (1:5000) oder Stadtkartenausschnitt mit Kennzeichnung des Baugrundstücks
	amtlicher oder beglaubigter Lageplan (bei Kleinkläranlagen nach DIN 4261 ist eine weitere Ausführung erforderlich)
	Ergänzungspläne zum Lageplan
	Freiflächenpläne
	Nachweis der Kleinkinder-Spielplätze
	Nachweis der notwendigen Kraftfahrzeug-Einstellplätze
	Berechnung der Grund- und Geschoßflächen bzw. Baumassen
	Entwurfszeichnungen (Grundrisse, Ansichten, Schnitte im M 1:100)
	Baubeschreibung (Formblatt)
	Betriebsbeschreibung
	Wohn- und Nutzflächenberechnung (nach DIN 283)
	Berechnung des umbauten Raumes (nach DIN 277) und der Baukosten
	Entwässerungspläne des Grundstücks mit Beschreibung
	Unterlagen über Feuerungsanlagen und Brennstofflagerung
je 2fach	Standsicherheitsnachweis (Statik)
	Nachweis des Wärmeschutzes (nach DIN 4108)
	Nachweis des Schallschutzes (nach DIN 4109)
	sonstige Nachweise
je 1fach	Zählkarte (ein Satz mit 3 Blättern)
	begründeter Antrag auf Befreiung
	notarielle Verpflichtungserklärung zur Eintragung von Baulasten

Die Gemeinde (Stadt) schickt diese Bauvorlage (Baugesuch) zur Prüfung ans Bauaufsichtsamt. Dort werden Änderungen mit grünen Eintragungen verdeutlicht. Auf der Rückseite der Baugenehmigung sind weitere Bedingungen und Bauauflagen vermerkt, die bei der Baudurchführung eingehalten bzw. erfüllt werden müssen.

2.2 Bauausführung

2.2.1 Ausführungszeichnung

Die Baugenehmigung mit ihren behördlichen Auflagen bildet die Basis für die weitere Durcharbeitung des Bauobjekts. Von nun an sollten keine Änderungen mehr kommen, denn sie zögen Änderungen der anderen Planunterlagen, der kalkulatorischen und gestalterischen Überlegungen nach sich. Immerhin müssen für etwa 30 Handwerks- und Industriezweige Planunterlagen vorbereitet und deren Belange wechselseitig abgestimmt werden.

> Nach Auslegung der HOAI (Honorarordnung für Architekten und Ingenieure) versteht man unter Ausführungszeichnungen die weitere Durcharbeitung des Entwurfs mit allen Maßen und die für die Ausführung des Werkes erforderlichen Angaben und Weisungen.

Selbst für ein einfaches Wohnhaus entstehen etwa 30 Baupläne, die insgesamt und im Detail alle technischen und gestalterischen Maßnahmen festlegen. Alle Maßnahmen sind in ihren technischen, formalen und wirtschaftlichen Auswirkungen zu überprüfen.
Nebenher läuft die Planungsarbeit der Fachleute für Statik, Heizung, Sanitär- und Elektroinstallation, deren technische Berechnungen und Überlegungen ebenfalls gegenseitig abzustimmen sind. Da unzulängliche Ausführungszeichnungen zu Mängeln, Leerlauf, Doppelarbeit, Verlust an Material und Arbeitszeit, ja sogar zu bleibender Wertminderung führen, müssen Planer und Bauherr dieser Planungsphase ausreichend Zeit und besondere Aufmerksamkeit widmen.

Die Entwurfszeichnungen (Eingabepläne) werden vielerorts „Baupläne" genannt. Diese Bezeichnung ist irreführend, denn diese Pläne im Maßstab 1:100 enthalten für die Bauleute (Bauausführenden) nicht genügend Einzelheiten. Dafür ist die Anfertigung von Ausführungszeichnungen (Werkplänen) im M 1:50, für Konstruktionszeichnungen im M 1:25 und 1:20, für Details im M 1:10, 1:5 oder sogar 1:1 erforderlich. Darin sind konstruktiv wie gestalterisch alle Einzelheiten maßstäblich in ihrem Zusammenspiel festgelegt (**2.4**).

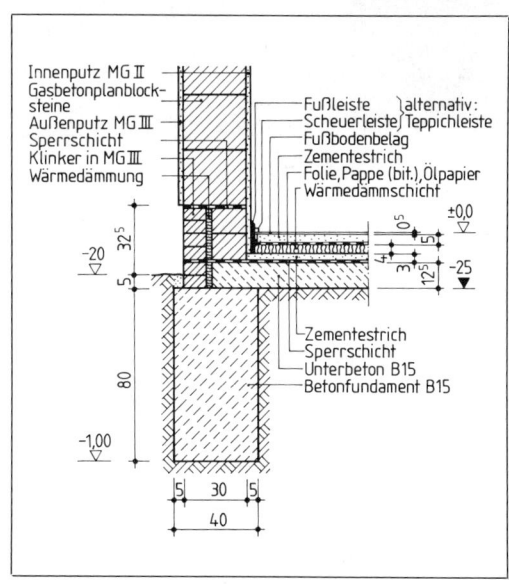

2.4 Wohnhausdetail M 1:10

2.2.2 Ausschreibung und Vergabe

Leistungsverzeichnis (LV). Die Ausschreibung der Bauleistungen geschieht getrennt nach den verschiedenen Gewerken in Leistungsverzeichnissen (**2.5**). Das Leistungsverzeichnis enthält die Angabe der voraussichtlichen Massen (aufgrund einer Massenermittlung) und die genaue Leistungsbeschreibung (**2.6**). Diese kann frei oder standardisiert, z.B. gemäß Standardleistungskatalog (STLK), formuliert werden. Die elektronisch durch DV-Programmsysteme erstellten LV nehmen zu.

Pos.	Anzahl	Gegenstand	EP DM	Pf	Gesamt DM	Pf
		Übertrag				
2.20	9	Stck. Peitschenlampen im Beisein der Stadtwerke Buxtehude ausbauen und auf das bereitstehende Transportfahrzeug aufladen, einschl. der erforderl. Erdarbeiten und sonstiger Nebenleistungen. je Stck.				
2.21	8	m vorh. Aco-Dränrinne mit Gitterroste, in Beton versetzt, aufnehmen und ca. 20 - 30 cm tiefer neu versetzen, einschl. Anschluß an das vorh. Rohr DN 100 und aller Erdarbeiten sowie liefern und einbauen einer 10 cm dicken Betonsohle, 30 cm breit. je m				
		Netto-Summe Titel 2 Vorbereitende Arbeiten ==================================				
		Titel 3: Erdarbeiten einschl. Unterbau				
3.1	4.700	m^2 vorh. Planum im Bereich der Fahrbahnen, Parkspuren, Gehwege und Überfahrten profilgemäß nach dem Längsschnitt abschieben, Boden im Längsschnitt verteilen und verdichten. Es muß auf dem Planum ein Verdichtungsgrad von mindestens 103 % erreicht werden. je m^2				
3.2	1.180	m^3 überschüssigen Boden der Klasse 3 (Sandboden) nach DIN 18300 aus der Fläche der Pos. 3.1 lösen, aufladen und nach Weisung der Bauaufsicht zum Spielplatz Altländer Str./Dammhauser Str. transportieren, abladen und als Hügel profilieren, lt. Zeichnung. Abrechnung nach Profilen. je m^3 Für jeden weiteren km .... DM.				
3.3	450	m^3 lehmfreien frostsicheren Unterbettungssand, Rundkorngemisch R3, für Fahrbahnen, Parkspuren, Gehwege und Überfahrten liefern, profilgerecht einbauen und gem. ZTVE-StB 76 verdichten. Abrechnung nach Profilen. je m^3				
		Übertrag				

2.5 Leistungsverzeichnis (Auszug)

```
        -------------------------------------------------------------
        OZ          BESCHREIBUNG DER TEILLEISTUNGEN         STL-NR
        -------------------------------------------------------------


0.              L 130-RW SCHRAGENBERG - NOTTENSDORF
                ==================================
0.0             BAUSTELLENEINRICHTUNG
                =====================
0.0.001         BAUSTELLE EINRICHTEN                  104 110 1--- ----
                -------------------------------------------------------
                      1 PSCH
                GERAETE, WERKZEUGE UND SONSTIGE BETRIEBSMITTEL, DIE ZUR
                VERTRAGSGEMAESSEN DURCHFUEHRUNG DER BAULEISTUNGEN ER-
                FORDERLICH SIND, AUF DIE BAUSTELLE BRINGEN, BEREITSTEL-
                LEN UND - SOWEIT DER GERAETEEINSATZ NICHT GESONDERT BE-
                RECHNET WIRD - BETRIEBSFERTIG AUFSTELLEN EINSCHL. DER
                DAFUER NOTWENDIGEN ARBEITEN. DIE ERFORDERLICHEN FESTEN
                ANLAGEN HERSTELLEN.
                BAUBUEROS, UNTERKUENFTE, WERKSTAETTEN, LAGERSCHUPPEN
                UND DGL., SOWEIT ERFORDERLICH, ANTRANSPORTIEREN, AUF-
                BAUEN UND EINRICHTEN.
                STROM-, WASSER-, FERNSPRECHANSCHLUSS UND DGL. FUER DIE
                BAUSTELLE, SOWEIT ERFORDERLICH, HERSTELLEN.
                BEI BEDARF ZUFAHRTSWEGE ZUR BAUSTELLE SOWIE LAGERPLAET-
                ZE, SONSTIGE PLATZBEFESTIGUNGEN UND WEGE IM BAUSTELLEN-
                BEREICH ANLEGEN.
                MUTTERBODENARBEITEN UND BESEITIGUNG DES AUFWUCHSES FUER
                DIE BAUSTELLENEINRICHTUNG, SOWEIT ERFORDERLICH, WERDEN
                NICHT GESONDERT BERECHNET.
                WEITERE FLAECHEN BESCHAFFEN, SOFERN DIE VOM AG ZUR VER-
                FUEGUNG GESTELLTEN NICHT AUSREICHEN.
                DIE KOSTEN FUER VORHALTEN, UNTERHALTEN UND BETREIBEN
                DER GERAETE, ANLAGEN UND EINRICHTUNGEN EINSCHL. MIETEN,
                PACHT, GEBUEHREN UND DGL. SIND NICHT IN DIESE PAUSCHA-
                LE, SONDERN IN DIE EINHEITSPREISE DER BETREFFENDEN
                TEILLEISTUNGEN EINGERECHNET.
                SOWEIT NICHT FUER BESTIMMTE BAULEISTUNGEN (Z.B. BE-
                DARFSLEISTUNGEN) DAS EINRICHTEN DER BAUSTELLE ALS BE-
                SONDERER ANSATZ ENTHALTEN IST, UMFASST DIE PAUSCHALE
                DIE VERGUETUNG DER BAUSTELLENEINRICHTUNG FUER ALLE BAU-
                LEISTUNGEN
        (1.1)   SAEMTLICHER ABSCHNITTE DES LV.

0.0.002         BAUSTELLE RAEUMEN                     104 115 ---- ----
                -------------------------------------------------------
                      1 PSCH
                BAUSTELLE VON ALLEN GERAETEN, ANLAGEN, EINRICHTUNGEN
                UND DGL. RAEUMEN.
                BENUTZTE FLAECHEN UND WEGE ENTSPRECHEND DEM URSPRUENG-
                LICHEN ZUSTAND UNTER WAHRUNG DER LANDSCHAFTLICHEN BE-
                LANGE ORDNUNGSGEMAESS HERRICHTEN. VERUNREINIGUNGEN BE-
                SEITIGEN.
```

2.6 Leistungsbeschreibung (EDV)

Ausschreibung. Ob und in welcher Form eine Ausschreibung erfolgt, hängt in erster Linie vom Bauherrn (öffentlich oder privat) und von Art und Größe des Bauvorhabens ab (Neubau oder Reparatur). Dafür stehen nach VOB drei Ausschreibungs- bzw. Vergabearten zur Wahl:

I   Öffentliche Ausschreibung
II Beschränkte Ausschreibung
III Freihändige Vergabe

> BAD SALZUFLEN. Die Stadt 4902 Bad Salzuflen – Der Stadtdirektor – schreibt hiermit folgende Tiefbaumaßnahme öffentlich aus: Bau des Mischwasserkanals ME 4 zwischen RU 4 und Schacht Nr. M 499. Umfang der Arbeiten: Los 1: etwa 16 m Horizontalpressung mit Vortriebrohre BKU NW 1000: etwa 32 m BKU-Rohre, NW 1000–1200; 1 Stück Düker durch die Bega aus BKU-Rohren, NW 800, L = 25,00 m. Los 2: etwa 43 m BKU-Rohre, NW 1400. Interessenten können bis zum 18. Februar 1983 die Ausschreibungsunterlagen – 2 Stück Angebotsblankette – beim Tiefbauamt, Rathaus Bad Salzuflen, Rudolf-Brandes-Allee 19, schriftlich anfordern. Spätere Anforderungen können nicht berücksichtigt werden. Der Anforderung ist der Einzahlungsbeleg über den Unkostenbeitrag beizufügen. Der Betrag ist an Städt. Sparkasse Bad Salzuflen, Konto-Nr. 3855 – unter Angabe der Haushaltsstelle 1.602.1000.1 zu überweisen. Barverkauf erfolgt nicht. Unkostenbeitrag: 15,- DM. Submission: Dienstag, den 22. März 1983, im Rathaus Bad Salzuflen, Rudolf-Brandes-Allee 19, Submissionsraum: Bridlington, 10.00 Uhr.

2.7 Öffentliche Ausschreibung im Submissionsanzeiger

Öffentliche Ausschreibung. Die öffentliche Hand ist als Auftraggeber verpflichtet, die Steuergelder sparsam zu verwalten. Um eine möglichst große Anzahl von B i e t e r n (bauwilligen Firmen) zu erreichen und durch Konkurrenz reelle Preise zu erzielen, gibt man meist die öffentliche Ausschreibung im Submissionsanzeiger (**2.**7), in der regionalen und überregionalen Presse bekannt. Interessierte Firmen können dann gegen eine Schutzgebühr Ausschreibungsunterlagen anfordern. Durch das Einsetzen von k a l k u l i e r t e n Preisen sowohl für Einzel- als auch Gesamtpreise wird aus der Ausschreibung ein A n g e b o t, das bis zum festgesetzten Termin mit genauer Orts-, Datums- und Zeitangabe vorliegen muß (Nebenangebote sind oft zulässig). Verspätet eingegangene Angebote dürfen nicht berücksichtigt werden!

Alle Bieter, die ihr Angebot rechtzeitig zur Angebotseröffnung (= Submission) abgegeben haben, sind für eine bestimmte Zeit daran gebunden. Über die Submission wird ein Protokoll, die V e r d i n g u n g s v e r h a n d l u n g, geführt und von den anwesenden Bietern unterschrieben. Alle fristgerecht abgegebenen Angebote werden geprüft, nachgerechnet und in einen P r e i s s p i e g e l (Zusammenstellung der Angebote, **2.**8, auf S. 37/38) eingetragen.

Im Regelfall wird der Auftrag an den günstigsten Bieter vergeben. Ausnahmen sind möglich, z. B. bei mangelnder Zahlungsfähigkeit (Liquidität) eines Bieters oder bei Berücksichtigung zulässiger Nebenangebote. Wenn klar ersichtlich ist, daß unzulässige Preisabsprachen zwischen verschiedenen Bietern stattgefunden haben, muß die Ausschreibung aufgehoben werden.

Die beschränkte Ausschreibung überwiegt bei privaten Auftraggebern und bei kleinen Aufträgen der öffentlichen Hand (Instandsetzungs- oder Reparaturarbeiten). Dabei wird eine begrenzte Anzahl regional ansässiger Bieter zur Abgabe von Angeboten aufgefordert. Auch hier besteht in der Regel die Verpflichtung für die öffentliche Hand, den günstigsten Bieter zu beauftragen.

Die freihändige Vergabe von Bauleistungen sollte nur in Ausnahmefällen geschehen, weil die Möglichkeit des Preisvergleichs entfällt. Zumindest sollte man Preise vorher festlegen, um Willkür des Auftragnehmers auszuschließen. Eine Möglichkeit der freihändigen Vergabe besteht z. B. in der Auftragserteilung für ein schlüsselfertiges Haus zum F e s t p r e i s oder an eine S p e z i a l f i r m a, die aufgrund eines Güteschutzes oder Patents allein in der Lage ist, die Arbeiten auszuführen. Allerdings ist Vorsicht geboten, wenn Änderungswünsche geltend gemacht werden! Sie bieten die willkommene Gelegenheit für den Auftragnehmer (AN), gute, d. h. oft überhöhte Preise zu verlangen. Von dieser Möglichkeit, knapp kalkulierte Preise auszugleichen, machen AN auch bei der öffentlichen oder beschränkten Ausschreibung gern Gebrauch.

Die Vergabe von Bauleistungen kann aufgrund einer öffentlichen oder beschränkten Ausschreibung oder freihändig geschehen.

Die vollständige und genaue Beschreibung der Leistung sowie die sorgfältige Massenermittlung verhindern Kostenüberschreitungen.

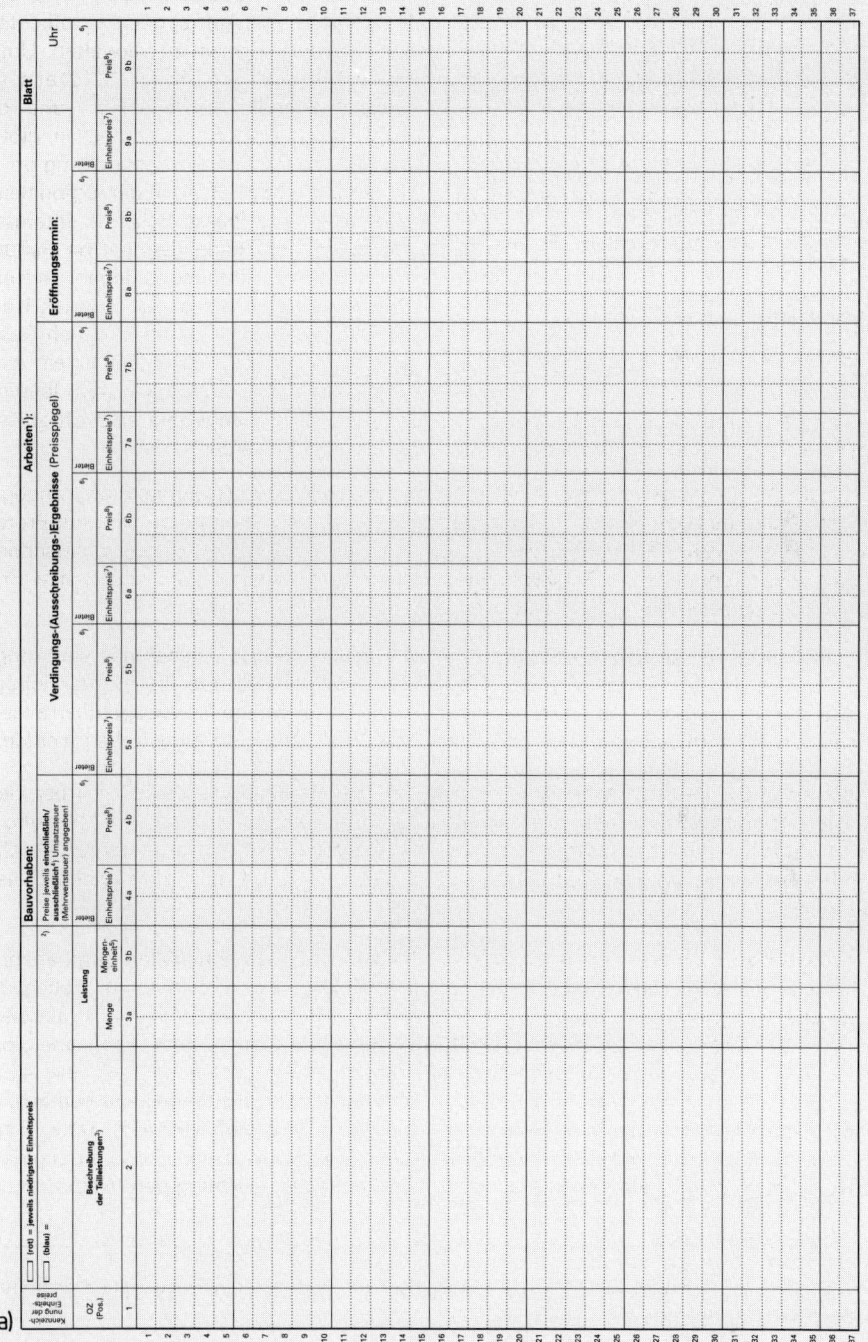

2.8 Preisspiegel
a) Konventionelles Formblatt, b) EDV-Erstellung (s. nächste Seite)

Bild **2**.8, Fortsetzung

```
Preisspiegel
Projekt: SG Horneburg                                    Bereich: Gewerbegebiet V
----------------------------------------------------------------------------------
Pos.        LV-Menge  Einheit              Preisgruppe
                         1              3              2              4
            Henning, Stade  Harzer, Hammah  Hartmann, Horn  Wehmeyer, Cade
----------------------------------------------------------------------------------

     Bezeichnung der Preisgruppen :
                                   1   Henning, Stade
                                   3   Harzer, Hammah
                                   2   Hartmann, Horneburg
                                   4   Wehmeyer, Cadenberge


Summen Titel 1 - Baustelleneinrichtung
            XXXXXXXXXXXX   XXXXXXXXXXXX   XXXXXXXXXXXX   XXXXXXXXXXXX


Summen Titel 2 - Vorbereitende Arbeiten
              11.770,00      10.708,00       8.554,50      13.139,00
     Diff. %      37,59          25,17                         53,59
     Diff.DM   3.215,50       2.153,50                      4.584,50


Summen Titel 3 - Erdarbeiten/Unterbau
              53.516,00      50.318,50      50.197,50      79.893,00
     Diff. %       6,61           0,24                         59,16
     Diff.DM   3.318,50         121,00                     29.695,50


Summen Titel 4 - Bituminöse Arbeiten
             128.105,00     101.850,00     111.656,80     161.320,00
     Diff. %      25,78                          9,63          58,39
     Diff.DM  26.255,00                      9.806,80      59.470,00


Summen Titel 5 - Steinsetzarbeiten
             103.900,00     135.007,50     134.263,50     166.207,75
     Diff. %                    29,94          29,22          59,97
     Diff.DM                31.107,50      30.363,50      62.307,75


Summen Titel 6 - Kanalbauarbeiten
              33.954,00      36.589,00      40.359,00      38.016,00
     Diff. %                     7,76          18,86          11,96
     Diff.DM                 2.635,00       6.405,00       4.062,00


Summen Titel 7 - Stundenlohnarbeiten
               3.225,00       3.552,50       3.789,00       4.380,00
     Diff. %                    10,16          17,49          35,81
     Diff.DM                   327,50         564,00       1.155,00


                          E N D S U M M E N
                          ═══════════════════
----------------------------------------------------------------------------------

Gesamtsumme Netto DM   334.470,00     338.025,50     348.820,30     462.955,75

zzgl.  14,00 % MWSt     46.825,80      47.323,57      48.834,84      64.813,81
----------------------------------------------------------------------------------

Angebotssumme    DM    381.295,80     385.349,07     397.655,14     527.769,56
----------------------------------------------------------------------------------

          Diff. %                          1,06           4,29          38,41
          Diff.DM                      4.053,27      16.359,34     146.473,76
b)   Abschlag auf 100 %                   -1,05          -4,11         -27,75
```

Verdingungsordnung für Bauleistungen (VOB). Mit der Gliederung der Bauleistungen in zahlreiche Gewerke wurden die Rechtsgrundlagen der Gewährleistung, die gleichmäßige Qualität und Dauerhaftigkeit immer unsicherer. Hinzu kam, daß die Verkehrssitte selbst am gleichen Ort ganz verschiedenen Inhalt haben konnte. Für die einheitliche Auslegung des immer umfangreicher werdenden LV-Text- und -Zahlenwerks und ihrer Vorbemerkungen sorgt deshalb die Verdingungsordnung für Bauleistungen (VOB). Sie enthält in

Teil A (DIN 1960) allgemeine Bestimmungen für die Vergabe von Bauleistungen.
Teil B (DIN 1961) allgemeine Vertragsbedingungen für die Ausführung von Bauleistungen.
Teil C (DIN 18300 ff.) allgemeine Technische Vorschriften für Bauleistungen (ATV).

Die VOB ist für sich allein weder Gesetz noch Verordnung. Liegt sie aber einer Ausschreibung zugrunde, werden die Teile B und C beim Zuschlag (Vergabe der Bauleistung) Vertragsbestandteil.

Zur Sicherung von Festpreisen, Einhaltung von Fristen und Vereinbarung von Vertragsstrafen bei Terminüberschreitungen werden mit den Firmen Bauverträge (Werkverträge nach §§ 631 ff. BGB) geschlossen.

2.2.3 Bauzeitenplan und Baustelleneinrichtung

Bauzeitenplan. Den Bauverträgen liegt neben dem LV der Bauzeitenplan des Objekts zugrunde. Darin sind alle Gewerke in ihrem zeitlichen Ablauf dargestellt. Es gibt Bauzeitenpläne in Form von Balkendiagrammen (**2.**9) oder als Netzplan. Die letzteren werden heute aber nur noch sehr selten angewendet, da jede zeitliche Verschiebung im Bauablauf nur mit erheblichem

2.9 Bauzeitenplan

Arbeitsaufwand im Netzplan zu korrigieren ist. Terminüberschreitungen werden mit zum Teil hohen Vertragsstrafen (Konventionalstrafen) belegt, weil sie den Baufortschritt behindern und eine Reihe negativer Folgen auslösen, vor allem den vorgesehenen Fertigungstermin gefährden. Die Höhe der Konventionalstrafe hängt auch von der geplanten Nutzung ab (z. B. 1.12. eines Jahres für ein Kaufhaus wegen des Weihnachtsgeschäfts oder 1.05. eines Jahres die Inbetriebnahme eines Freibads).

Damit der Bauablauf mit dem Bauzeitenplan organisatorisch übereinstimmt, bedarf es einer mehrwöchigen Vorplanung. Das geschieht bei der Aufgabenvielfalt häufig mit vorher aufgestellten Bauablaufplänen, die neben- und nacheinander ablaufende Arbeiten koordinieren.

Die Baustelleneinrichtung besorgt der AN nach den Anforderungen des Leistungsverzeichnisses und den Arbeitsgeräten der Baufirma. Sie muß aufgrund einer Baustellenbegehung genau geplant werden. Große Baufirmen lassen dazu Baustelleneinrichtungspläne im Zeichenbüro anfertigen. Anhand eines Beispiels wollen wir einige Punkte herausgreifen, die grundsätzliche Bedeutung haben und daher immer eingehalten werden sollten – auch wenn die Anordnung von Baustelle zu Baustelle noch so verschieden ist (**2**.10).

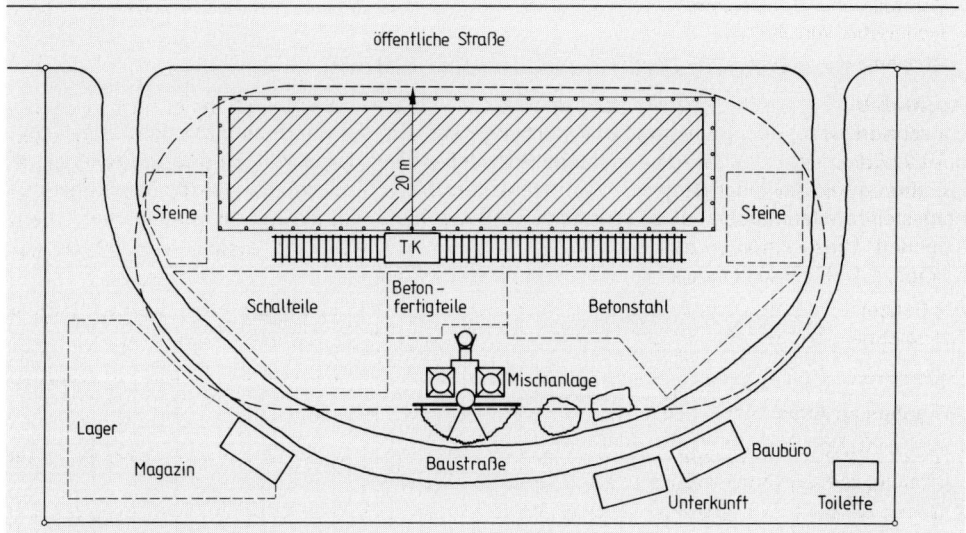

2.10 Baustelleneinrichtung

Die Mischanlage ist zentral angeordnet. Der Turmdrehkran (TK) kann dadurch seine Ziele überwiegend durch Schwenken erreichen. Auch bei den übrigen Transporten ergeben sich kürzeste Fahrtwege.

Die Zuschläge werden beim Abtransport von der Baustraße aus in die Boxen gekippt. Der wertvolle Schwenkbereich des TK wird hier nicht vergeudet.

Die Kranbahn ist nur so lang, wie es die Stapelplätze erfordern.

Die Baubuden liegen stets außerhalb des TK-Schwenkbereichs. Der Polier hat von seinem Baubüro aus einen guten Überblick über die ganze Baustelle.

Die Baustraße ist so angelegt, daß der TK zum Be- und Entladen aller Bau- und Bauhilfsstoffe eingesetzt werden kann.

Die Schalteile sind wie die Betonstähle voll im Schwenkbereich des TK.

Dem Magazin ist ein Lagerplatz zugeordnet. Hier können sperrige Ersatzteile und Güter gelagert werden. Dieser Bereich ist durch Umzäunung und Bewachung besonders zu sichern.

2.2.4 Bauüberwachung, Aufmaß und Abrechnung

Bauüberwachung. In den meisten Fällen ist vom Baubeginn bis zur Fertigstellung der Planverfasser als B a u l e i t e r tätig (Oberleitung der Bauausführung). Er hat durch seine überwachende und koordinierende Funktion dafür zu sorgen, daß die Ausführung des Gesamtbauvorhabens den genehmigten Bauvorlagen und den baurechtlichen Vorschriften (Baulinie, Bauwich, Bauart, Bauauflagen usw.) entspricht. Weiter hat der Bauleiter auf den sicheren bautechnischen Betrieb der Baustelle und das gefahrlose Ineinandergreifen der Arbeiten zu achten. Für die betriebliche Sicherheit der Maschinen und Geräte (Werkzeuge) trägt er keine Verantwortung. Die bauausführenden Firmen setzen B a u f ü h r e r ein, die alle von der Firma zu leistenden Arbeiten überwachen und organisieren. Außerdem finden Überwachungen durch die Bauaufsichtsbehörden statt, z. B. Bewehrungsabnahmen.

Die wichtigsten Punkte der Bauüberwachung sind:

– Beachtung der behördlichen Vorschriften und Auflagen,
– Überwachung der Herstellung gemäß LV,
– Kontrolle aller Bauarbeiten hinsichtlich Einhaltung der „anerkannten Regeln der Baukunst" sowie technischer Vorschriften,
– Abnahme der gelieferten Baustoffe.

Aufmaß und Abrechnung. Zu den Aufgaben des Planers gehört auch die ordnungsgemäße Abrechnung des Bauvorhabens. Voraussetzung für die Abrechnung nach den Einheitspreisen des LV bildet das A u f m a ß, das in Aufmaßskizzen festgehalten wird. Das Aufmaß wird vom AN (Baufirma) und AG (Planer) gemeinsam vorgenommen. Daraus ermittelt der AN die tatsächlich hergestellten Baumassen, die – mit dem Einheitspreis multipliziert – in die A b r e c h n u n g eingehen. Hinzu kommen evtl. geleistete Stundenlohnarbeiten laut Nachweis und Pauschalbeträge, z. B. für Baustelleneinrichtung und Wasserhaltung.

Als Bauzeichner(innen) helfen wir beim Aufmaß. Wir berechnen die Massen, wenn wir für den AN zeichnen. Und wir prüfen die Abrechnung, wenn wir beim AG beschäftigt sind.

Aufgaben zu Abschnitt 2

1. Welche Gesetze und Verordnungen sind bei der Planung von Bauvorhaben zu beachten?
2. Geben Sie alle Unterlagen zu einem Bauantrag unter Berücksichtigung vorgeschriebener Maßstäbe, Normen und Formblätter an.
3. Wodurch unterscheidet sich ein Leistungsverzeichnis von einem Angebot?
4. Formulieren Sie einen freien Text für ein Leistungsverzeichnis (Baustelleneinrichtung).
5. Beschreiben Sie die drei Vergabearten nach VOB.
6. Welche Bedeutung hat der Bauzeitenplan?
7. Besuchen Sie eine Baustelle und zeichnen Sie die Baustelleneinrichtung.
8. Was ist beim Prüfen einer Abrechnung zu beachten?

3 Vermessung

Von den vielen Vermessungsarbeiten und -aufgaben, die im Hoch-, Ingenieur- und Tiefbau anfallen, wird der Bauzeichner nur die ausführen, die
- wesentliche Lagepunkte und Höhen vom Entwurf in die Wirklichkeit übertragen (Abstecken) bzw.
- vorhandene Gegebenheiten (Gelände- und Bauaufnahmen) sowie abgeschlossene Arbeiten zur Bestandsaufnahme und Abrechnung aufnehmen (Aufmaß).

Dagegen wird er kaum mit der Schnur fluchten oder mit Visiertafeln Höhen festlegen, weil diese Vermessungsarbeiten Aufgaben der ausführenden Handwerker sind. Für sehr wichtige, genaue und komplizierte Vermessungen im Feld (Feldmessen) ist der Bau- oder Vermessungsingenieur zuständig. So können wir uns hier auf das Grundsätzliche beschränken.

Bei Vermessungsarbeiten unterscheiden wir
- **Lagemessungen** = Bestimmen von Punkten in der Örtlichkeit, meist Voraussetzung von Höhenmessungen,
- **Höhenmessungen** = Bestimmen und Vergleichen der Höhen sowie Beziehen auf eine Bezugshöhe (z. B. NN = Normal Null, s. Abschn. 3.2).

Bei vielen Verfahren werden Lage- und Höhenmessungen gleichzeitig vorgenommen.

3.1 Lagemessung

Punkte, die auf einer gemeinsamen Geraden liegen und damit eine Flucht bilden, die mit gemeinsamem Radius einen Bogen beschreiben, die einen Winkel festlegen, einen Polygonzug oder ein Flächenraster bilden, werden in ihrer horizontalen Lage zueinander abgesteckt oder aufgemessen (**3.1**).

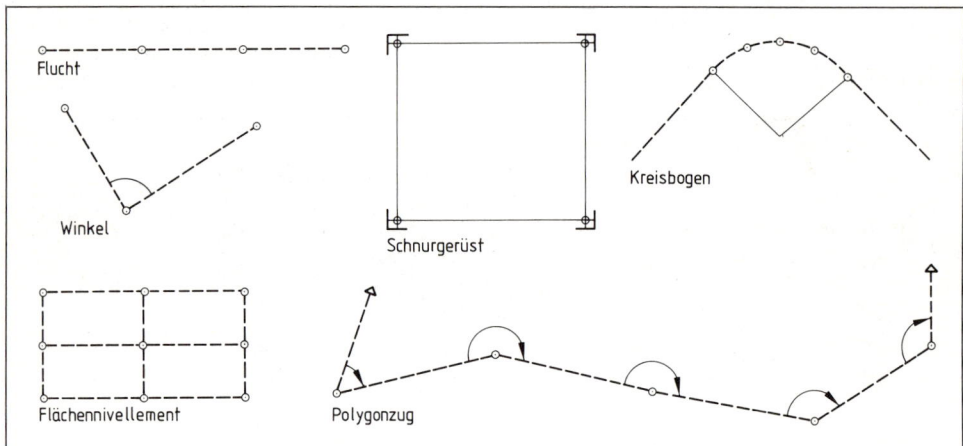

3.1 Beispiele typischer Lagemessungen

Festlegen einer Flucht („Fluchten"). Ausgangs- und Endpunkt bzw. Ausgangspunkt und Richtung müssen bekannt und festgelegt (vermarkt) sein. Zwischenpunkte werden eingefluchtet
- auf kurzen Entfernungen (bis etwa 25 m) mit einer straff gespannten Schnur,
- bis zu knapp hundert Metern mit Fluchtstäben,

- bis zu wenigen Hundert Metern (je nach Qualität des Instruments) mit dem Nivellierinstrument,
- bis zu mehreren Hundert Metern mit dem Laserstrahl (**3**.2).

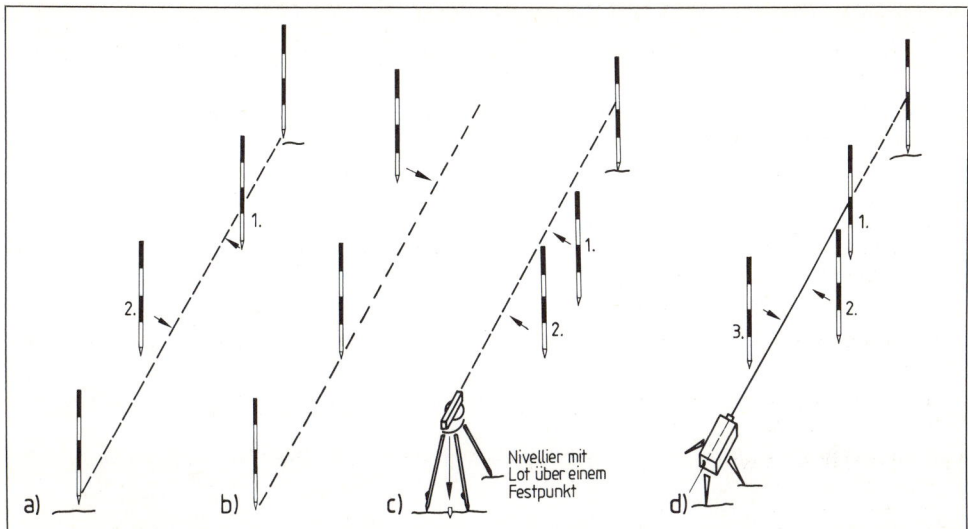

3.2 Fluchten a) mit Fluchtstäben zwischen zwei festen Punkten, b) über zwei feste Punkte hinaus, c) mit einem Nivellier, d) mit dem Laserstrahl

Längenmessungen müssen immer in der Flucht und in der Horizontalen vorgenommen werden. Bei schwachen Neigungen (z. B. bei der Stationierung im Straßenbau) wird in der Neigung gemessen, die Abweichung bleibt unberücksichtigt.

Bei vielen einfachen Messungen sind Gliedermaßstäbe (Zollstock), Meßlatten, vor allem aber Meßbänder (Bandmaße) üblich und ausreichend. Für das Aufmaß von Straßenflächen wird auch ein Rolltacho (Laufrad) benutzt (**3**.3). Genaue und weite Messungen der Länge nimmt man immer häufiger mit elektronischen Distanzmessern vor (Infrarot-Distanzmesser s. Abschn. 3.2.3).

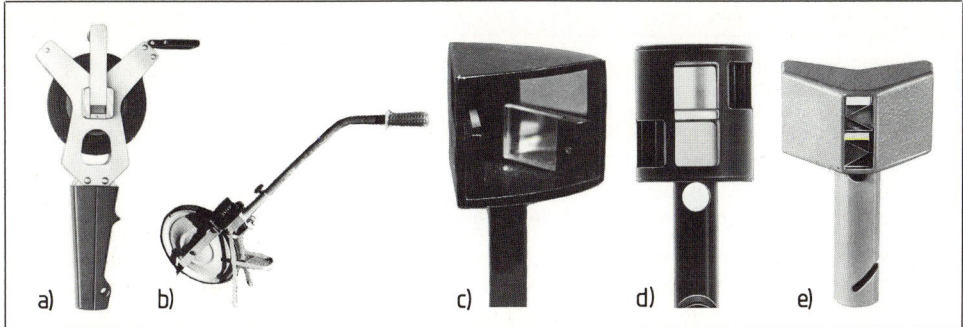

3.3 Vermessungsgeräte für das Längenmessen (a) Bandmaß, b) Rolltacho) und für das Abstecken rechter Winkel (c) Winkelspiegel, d) Doppelpentagon, e) Kreuzvisier)

> Längen werden mit Meßband, Rolltacho oder elektronischem Distanzmesser in der Flucht und in der Horizontalen gemessen.

Winkelmessungen. Häufig müssen im Baubereich rechte Winkel (90° oder 100 gon) abgesteckt werden. Dafür bieten sich diese Verfahren und Meßgeräte an:

- mit Bandmaß oder Gliedermaßstab nach dem Seitenverhältnis 3:4:5 („Pythagoras"),
- mit der Schnur als Hilfsmittel und den geometrischen Konstruktionen „Errichten einer Senkrechten" bzw. „Fällen eines Lotes",
- mit der mechanischen Kreuzscheibe, bei der 4 Sehschlitze rechtwinklig zueinander angeordnet sind,
- mit optischen Rechtwinkelinstrumenten wie Winkelspiegel, Winkelprisma, Pentagonprisma, Doppelpentagon oder Kreuzvisier (**3.3**).

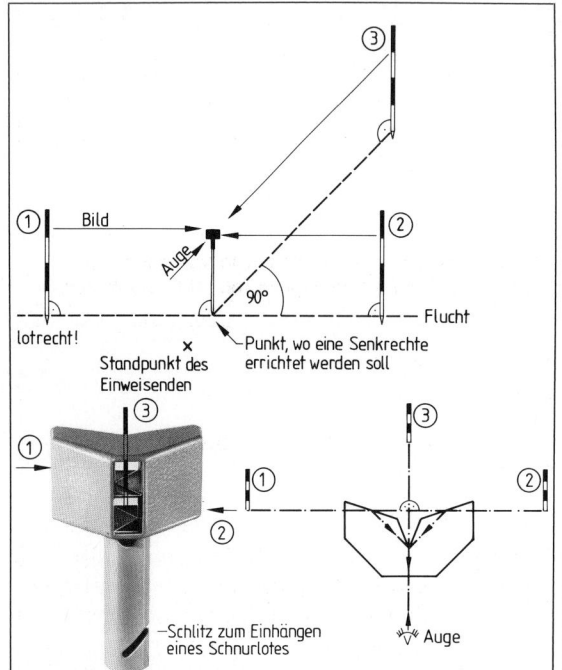
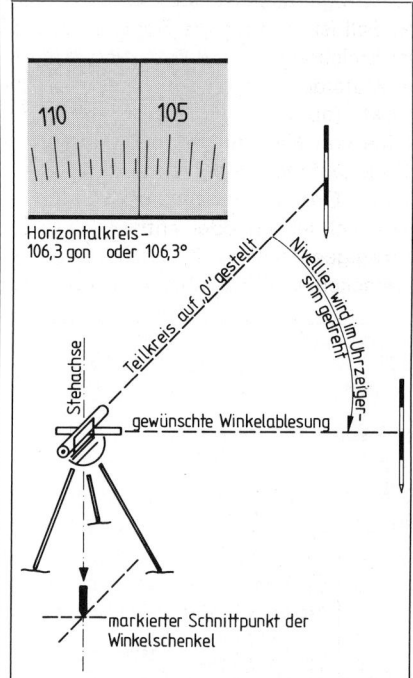

3.4 Abstecken rechter Winkel mit dem Kreuzvisier bzw. dem Doppelpentagon

3.5 Abstecken und Ablesen von Horizontalwinkeln mit dem Nivellier

Bei den genannten optischen Rechtwinkelinstrumenten werden einfallende Lichtstrahlen (z. B. die durch Fluchtstangen gebildete Flucht) reflektiert oder so gebrochen und abgelenkt, daß rechtwinklig angeordnete Bilder entstehen. Wichtig ist die lotrechte Aufstellung des Instruments über dem Punkt, an dem ein rechter Winkel eingemessen werden soll (**3.4**).

Andere als rechte Winkel werden

- mit dem Nivellierinstrument gemessen oder abgesteckt, das einen Horizontalkreis (Teilkreis) mit einer entsprechenden Ablesevorrichtung (Skala oder Lupe) hat (**3.5**),
- mit dem Theodoliten,
- mit einem elektronischen Distanzmesser abgesteckt.

> Rechte Winkel werden einfach und schnell mit optischen Instrumenten, andere Winkel mit dem Nivellierinstrument abgesteckt.

Abstecken von Bögen. Besonders im Straßenbau sind Bogenpunkte abzustecken, die zusammen einen Kreisbogen, eine Klotoide oder einen zusammengesetzten Korbbogen bilden. Kleine Kreisbögen mit einem Radius bis zu 25 m werden meist vom bekannten und markierten Mittelpunkt (Leierpunkt) aus handwerklich abgesteckt. Dies setzt voraus, daß der Mittelpunkt zugänglich ist (**3.6**). Wenn das nicht der Fall ist, müssen die Bogenpunkte wie bei Kreisbögen größerer Radien oder wie bei Klotoiden von den Tangenten aus abgesteckt (abgesetzt) werden (**3.7**). Eine Reihe von Hilfspunkten der Konstruktion (Bogenanfang und -ende, Tangentenlänge, Ordinatenlängen usw.) ermittelt man rechnerisch oder entnimmt sie einschlägigen Tabellen. Zu Konstruktion und Abstecken von Klotoiden s. Abschn. 14.

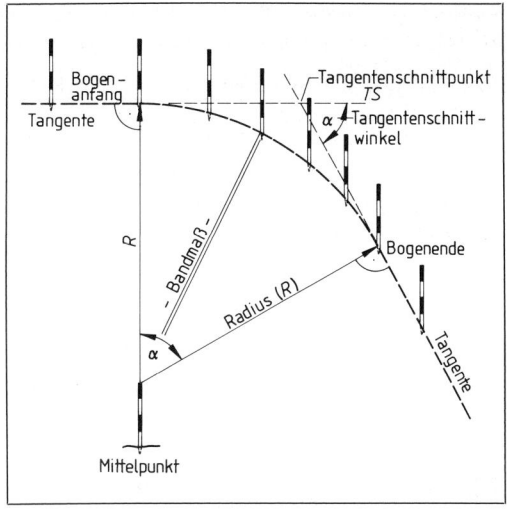

3.6 Handwerkliches Absetzen von Bogenpunkten eines Kreisbogens vom Mittelpunkt aus

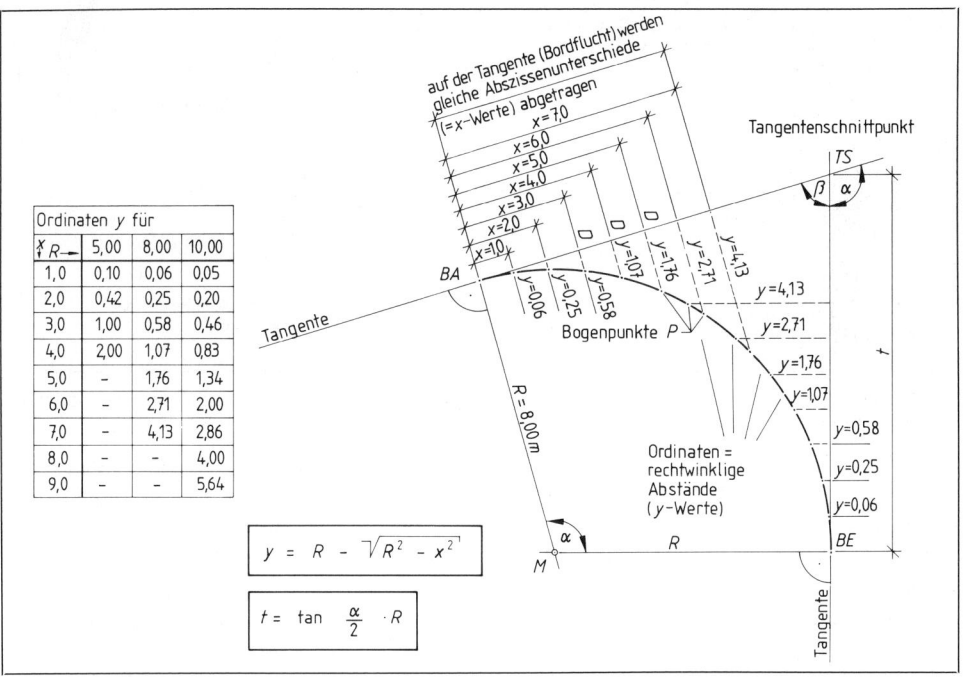

Ordinaten y für			
x \ R →	5,00	8,00	10,00
1,0	0,10	0,06	0,05
2,0	0,42	0,25	0,20
3,0	1,00	0,58	0,46
4,0	2,00	1,07	0,83
5,0	–	1,76	1,34
6,0	–	2,71	2,00
7,0	–	4,13	2,86
8,0	–	–	4,00
9,0	–	–	5,64

$$y = R - \sqrt{R^2 - x^2}$$

$$t = \tan \frac{\alpha}{2} \cdot R$$

3.7 Abstecken von Kreisbogenpunkten mit Hilfe des Abszissen (x) und Ordinaten (y) von den Tangenten aus

Größere Kreisbögen und Klotoiden werden von den Tangenten aus mit Hilfe berechneter Koordinaten abgesteckt.

Aufnahme von Geländeflächen. Wenn für Planung oder Abrechnung Grundstücks-, Gebäude- oder Verkehrsflächen mit besonders unregelmäßiger Form aufzunehmen sind, stehen mehrere Verfahren zur Verfügung:

- **das Rechtwinkelverfahren** (Koordinaten- oder Orthogonalverfahren, **3.8**). Hierbei werden die wichtigen Grenz-, Gebäude- oder topografischen Punkte von einer Abszissenachse x (Messungslinie) aus rechtwinklig eingemessen (Ordinaten y) und stationiert. Zum Messen dienen einfache Meßgeräte (Fluchtstab, Bandmaß, Pentagon). Die Berechnung geschieht zweckmäßig in einer Tabelle.
- **das Dreiecksverfahren** (Einbindeverfahren, **3.9**) unterteilt die aufzunehmende Fläche in Dreiecke, deren Seiten gemessen werden (Meßlinien). Innen liegende Grenzen, Gebäudeseiten usw. werden bis zu den Meßlinien verlängert und aufgemessen.
- **das Polarverfahren** (Polarvermessung, **3.10**) nimmt die Vermessung größerer Flächen von einem zentralen Standpunkt (Aufnahmepunkt) aus vor. Die markanten Punkte einer Fläche zielt man von der

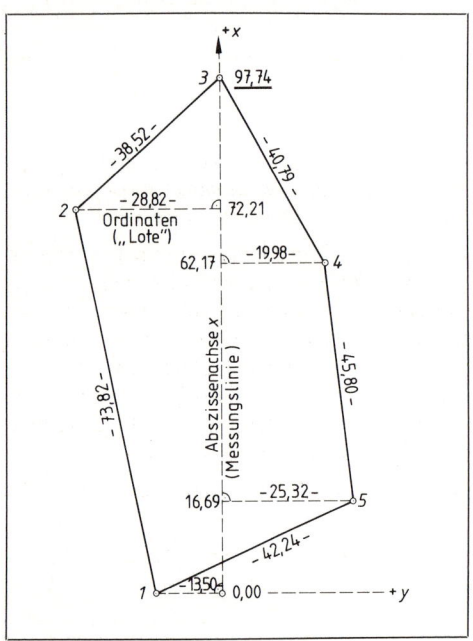

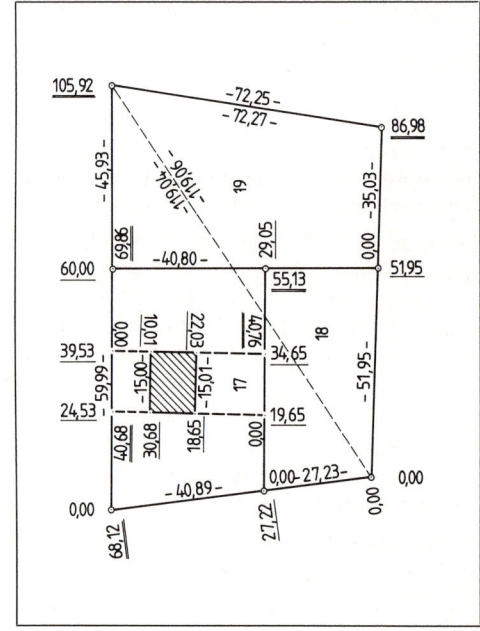

3.8 Aufnahme einer Grundstücksfläche nach dem Rechtwinkelverfahren

3.9 Aufnahme eines Grundstücks nach dem Dreiecksverfahren

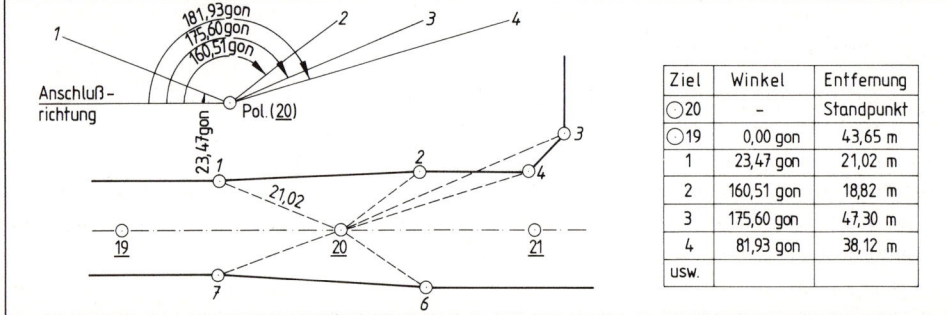

3.10 Geländeaufnahme nach dem Polarverfahren. Messen der Winkel und Entfernungen von einem zentralen Pol aus.

Anschlußrichtung ausgehend – im Uhrzeigersinn nacheinander an und mißt die Horizontalwinkel. Gleichzeitig mißt man die Entfernungen vom Standpunkt bis zum Zielpunkt (Strahlenlänge), um die Fläche auftragen zu können.

Die Messung der Horizontalwinkel beim Polarverfahren geschieht zweckmäßig mit dem Theodoliten, die der Strahlenlängen mit einfachen Längenmeßgeräten oder aber (heute üblich, weil schnell, sicher und genau) mit elektronischen Distanzmessern. Mit einem Theodoliten kombiniert, kann man Horizontal- und Vertikalwinkel, Schrägdistanz und Höhenunterschied von einem Standpunkt aus messen (s. Abschn. 3.2.6).

> Für Geländeaufnahmen stehen Rechtwinkel-, Dreiecks- und Polarverfahren zur Verfügung.
>
> Das Polarverfahren mißt von einem zentralen Standpunkt aus Horizontalwinkel und Strahlenlängen.

3.2 Höhenmessung

Höhenmessungen folgen sehr oft den Lagemessungen: Die Höhe der Punkte, die der Lage nach bestimmt sind, soll festgestellt werden. Oder: An den eingemessenen Lagepunkten (z. B. Eckpunkte eines Bauwerks, Bogenpunkte) soll eine vorgegebene Höhe bestimmt werden.

Normal-Null (NN). Grundlage aller Höhenmessungen ist der Meereshorizont als gemeinsame Bezugsfläche (Niveau). Der Mittelwasserstand der Nordsee am Amsterdamer Pegel gilt als Ausgangshöhe und wird als Normal-Null (NN) bezeichnet. Von dieser Höhe ausgehend, ist ganz Deutschland (und Europa) mit einem Netz von Nivellementpunkten (NivP) oder Höhenbolzen überzogen, deren jeweilige NN-Höhe bei den Katasterämtern zu erfragen ist. Die eingemessenen Höhen (Koten) haben dann eine Höhe ...m ü. NN oder NN +...m bzw. (wie bei Temperaturen) ...m u. NN oder NN −...m. Besonders im norddeutschen Küstengebiet sind + und − sorgfältig zu vermerken, weil z. B. Gründungen und Rohrleitungen oft im Minusbereich liegen.

Nur in wenigen Fällen werden Höhenmessungen durchgeführt, die sich nicht auf NN beziehen (relative Höhenmessung) z. B.
- wenn festzustellen ist, ob ein Punkt im Vergleich zu einem anderen höher oder tiefer liegt;
- wenn der Aufwand unverhältnismäßig groß ist, die Messungen auf NN zu beziehen.

> Für die meisten Höhenmessungen wird NN als Bezugsfläche angenommen. Ausgehend von Höhenbolzen, lassen sich alle Bau- und Geländehöhen auf NN beziehen.

3.2.1 Höhenmessung ohne Nivellier

Auf kurzer Entfernung läßt sich eine Ausgangshöhe, die als relative Höhe oder NN-Höhe bekannt ist, waagerecht übertragen
- mit einer Schlauchwaage (z. B. beim Schnurgerüst für den Hausbau),
- mit einer Wasserwaage, die mit einem Richtscheit (Wägelatte) verlängert wird (bes. im Straßenbau).

Höhenpunkte, die zusammen eine geneigte Strecke bilden, lassen sich einmessen, wenn die Neigung durch Anfangs- und Endpunkt bestimmt ist, und zwar
- mit Visiertafeln,
- mit der Schnur,
- mit einem Laserstrahl. Die Ausgangshöhe ist festgelegt, und die Neigung läßt sich am Baulaser als Steigung oder Gefälle einstellen.

3.2.2 Höhenmessung mit dem Nivellier

Nivellierinstrumente sind auf einem Stativ in Augenhöhe montiert. Sie bilden eine Kombination von Fernrohr und Horizontiervorrichtung. Das Fernrohr besteht aus mehreren konvexen und konkaven Linsen, die u. a. als Objektiv- (dem Gegenstand, der Nivellierlatte zugewendet) und als Okularlinse (dem Auge des Betrachters zugewendet) angeordnet sind. Mit der Fokussierschraube (Treibschraube) läßt sich der Abstand der Linsen zueinander verstellen. Damit wird

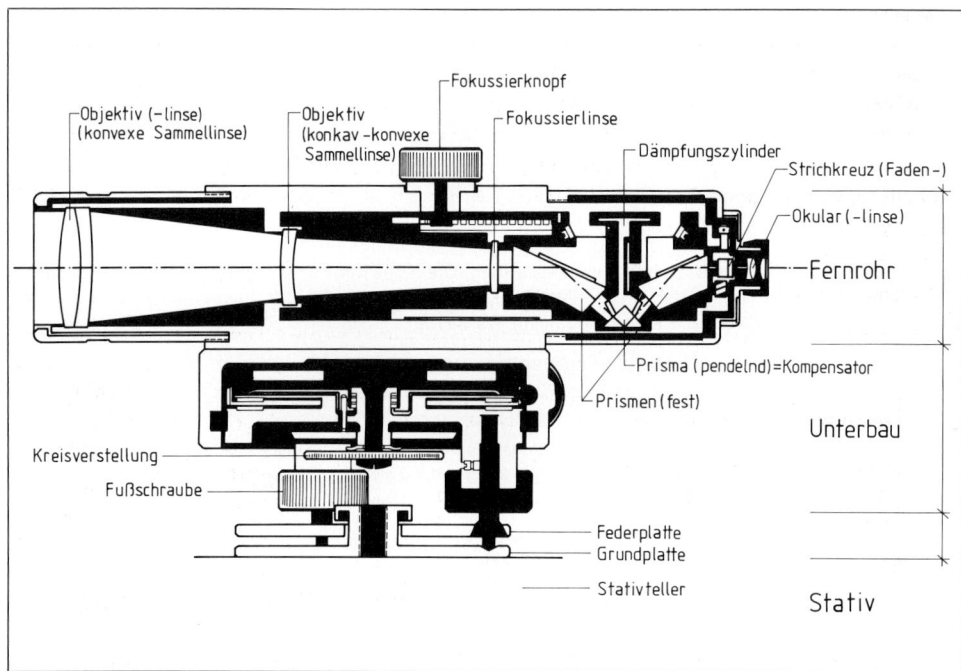

3.11 Schnitt durch ein automatisches Nivellier mit Strahlengang und Bedienungseinrichtungen

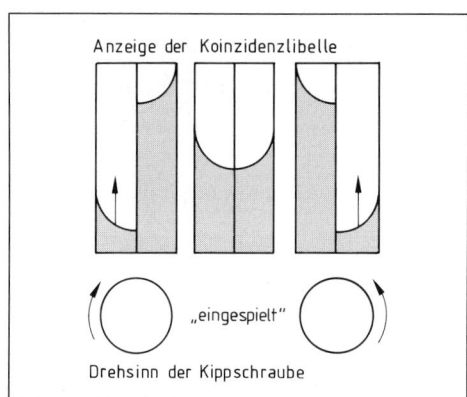

3.12 Einspielen und Ablesen der Koinzidenzlibelle an Nivellieren mit Kippschraube

die Brennweite verstellt, der Entfernung zur Nivellierlatte angepaßt, „scharf" eingestellt. Ein dazwischen angeordnetes Strichkreuz (Fadenkreuz) dient zum genauen Ablesen (**3.**11 und **3.**14). Zunächst wird das Fernrohr mit einer Dosenlibelle und mit Hilfe der drei Fußschrauben grob waagerecht eingestellt. Die waagerechte Feineinstellung vor jeder Ablesung (nach dem Anpeilen der Latte) besorgt bei den heute üblichen Instrumenten

— der Betrachter mit einer Kippschraube, die eine eingebaute Koinzidenzlibelle (koinzident = zusammentreffend) einspielt (**3.**12) oder

— ein automatisch arbeitender Kompensator, der pendelnd oder schwimmend angeordnet ist (automatisches Nivellier, **3.**11).

Nivellierarten. Wesentliche Unterschiede der Nivellierinstrumente liegen in der Fernrohrvergrößerung (etwa 18- bis 45fach), dem Objektivdurchmesser (etwa 25 bis 50 mm), der Horizontierungsart (automatisch oder mit Koinzidenzlibelle), der Libellenempfindlichkeit, besonders aber der Genauigkeit (mittlerer km-Fehler von etwa 0,1 bis 7 mm). Entsprechend unterscheiden wir:

– Baunivelliere mit geringer Genauigkeit, geringer Vergrößerung, besonders für Hochbauten,
– Ingenieurnivelliere mit mittlerer Genauigkeit für den Tiefbau,
– Fein- oder Präzisionsnivelliere mit großer Genauigkeit, starker Vergrößerung für genaue Vermessungsarbeiten.

> Die meisten Nivelliere horizontieren sich nach der Grobeinstellung mit der Dosenlibelle selbst ein, arbeiten also automatisch.

Nivellieren. Um Höhenunterschiede mit dem Nivellier zu bestimmen, vergleicht man die Ablesungen für verschiedene Punkte von der Horizontierung des Instruments (Ziellinie) aus (**3.13**). Dabei gilt:

– Je größer die Ablesung, desto tiefer der Punkt;
– Differenz der Ablesungen = Höhenunterschied der Punkte (Δh).

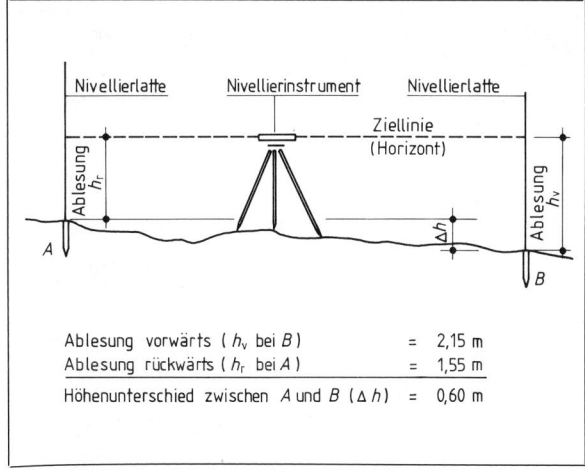
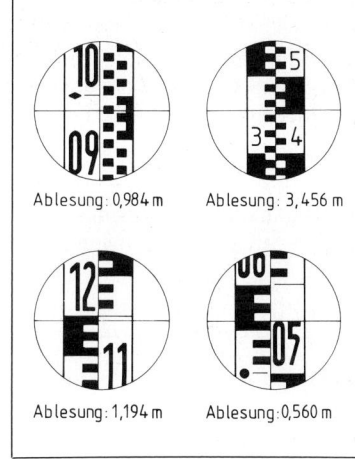

3.13 Einfacher Höhenvergleich mit dem Nivellierinstrument

3.14 Beispiele für Nivellierlatten und Ablesungen

Voraussetzung für genaue Werte beim Nivellieren sind

– das sorgfältige, sichere Aufstellen des Instruments,
– das genaue Horizontieren,
– das lotrechte Halten der Nivellierlatte,
– das genaue Ablesen (mm müssen sorgfältig geschätzt werden! **3.14**),
– die Wiederholung des Nivellements,
– das fehlerfreie Eintragen und Berechnen der Werte.

Wenn Punkte nicht nur verglichen, sondern auch in ihrer NN-Höhe bestimmt bzw. wenn NN-bezogene Höhen im Gelände aufgenommen werden sollen, braucht man einen Höhenfestpunkt (NivP) als unmittelbarer Bezugshöhe. Oft ist für Aufnahme oder Absteckung die Höhe von

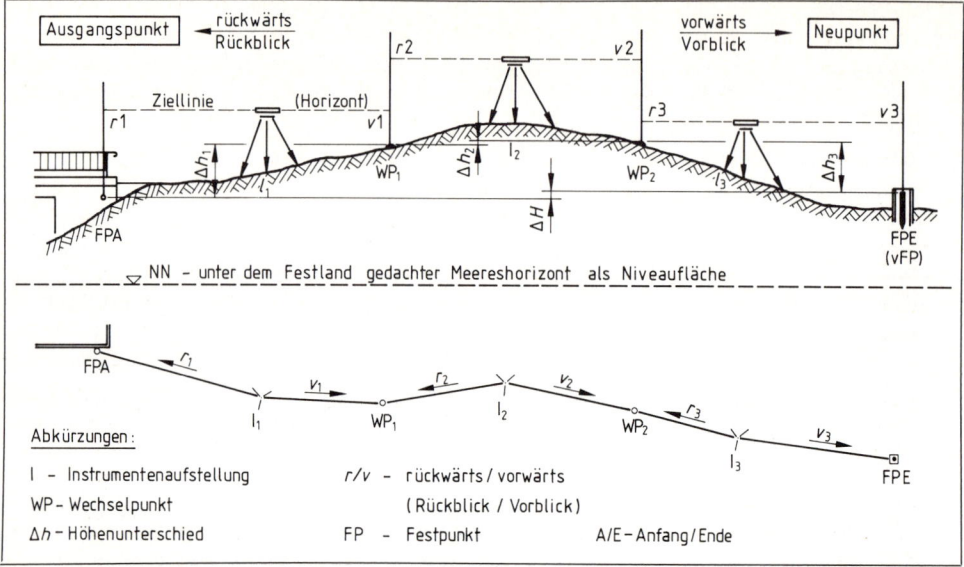

3.15 Prinzipskizze zum Liniennivellement in Aufriß und Lageplan

einem Festpunkt „geholt", d. h. in einem Liniennivellement (Festpunktnivellement, **3.**15) zu übertragen. Für länger andauernde Bauarbeiten wird dann ein vorläufiger Festpunkt (vFP) auf der Baustelle bestimmt (z. B. Treppenstufe, Kontrollschacht) oder gesichert eingerichtet (z. B. Holzpfahl mit Nagel).

> Beim einfachen Höhenvergleich ergeben sich die Höhenunterschiede aus den Ablesungen von der horizontalen Ziellinie aus.
>
> Für eine Baustelle muß die NN-Höhe von einem HFP aus in einem Liniennivellement übertragen und gesichert werden.

Beim Liniennivellement wechselt die Aufstellung des Instruments (**3.**15 und **3.**16a). Von jeder Instrumentenaufstellung (häufig I genannt) nimmt man eine Rückwärtsablesung (Rückblick) zum Ausgangspunkt (HFP oder FPA) und eine Vorwärtsablesung (Vorblick) Richtung Zielpunkt (vFP oder FPE) vor. Zwischen FPA und FPE richtet man je nach Entfernung, Genauigkeit des Nivellements und Art des Instruments unterschiedlich viele Wechselpunkte (WP) ein. Die Entfernung zwischen der Instrumentenaufstellung und den beiden Ablesungspunkten sollte zwecks Fehlerausgleich annähernd gleich groß sein. Es genügt, wenn der Lattenträger die Schritte zählt. An den Wechselpunkten sind eine feste, markante Unterlage (Bodenplatte, „Frosch") und ein vorsichtiges Drehen der Latte erforderlich.

Für die Ermittlung der NN-Höhe des vFP/FPE bieten sich mehrere Berechnungsschemen an:

– Die Punkt- und Instrumentenhöhen ergeben sich aus fortlaufender Addition und Subtraktion der Ablesungen (**3.**16b);
– Die Punkthöhen berechnen sich aus den Ziellinien und den Ablesungen (**3.**16c);
– die Höhe des FPE ergibt sich aus den Höhendifferenzen aller Wechselpunkte (Summe aller Steigen und Fallen) ohne Berechnung der einzelnen Punkthöhen (**3.**16d).

Da beim Ablesen, Aufschreiben und Berechnen des Nivellements leicht Fehler entstehen können, sollte das Nivellement sofort zum Ausgangspunkt hin wiederholt werden. Dabei muß die Aus-

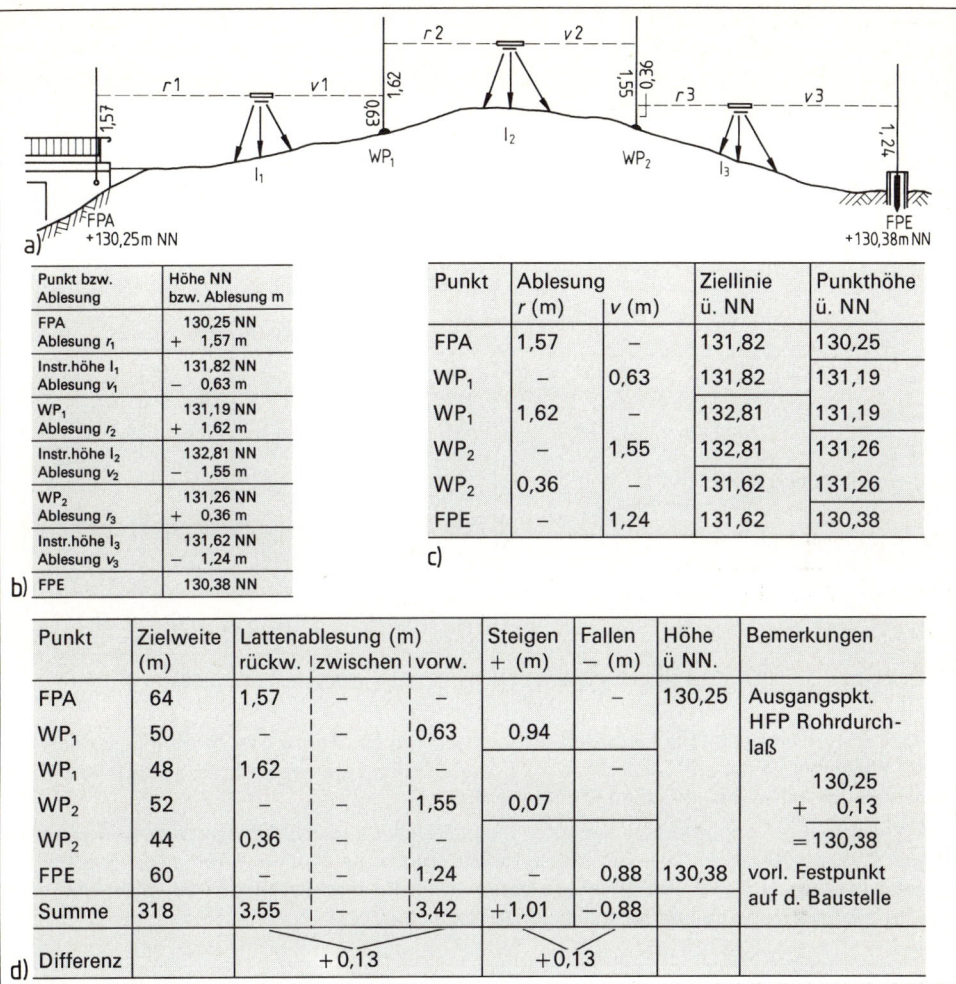

3.16 Liniennivellement mit mehreren Berechnungsschemen (rückwärts = +, vorwärts = −)

gangshöhe am FPA berechnet werden. Je nach Bedeutung des Nivellements ist eine Abweichung von wenigen mm zulässig. Die Höhe des FPE kann um die Hälfte des „Fehlers" korrigiert werden.

Die Genauigkeit eines Liniennivellements kann generell durch kürzere Zielweiten, Einsatz einer Wendelatte für jeweils 2 Ablesungen und ein Nivellement mit doppelten Wechselpunkten verbessert werden.

> Ein Liniennivellement besteht aus mehreren Instrumentenaufstellungen und Wechselpunkten. Aus der Ausgangshöhe HFP und allen Ablesungen berechnet man den Zielpunkt vFP/FPE.
>
> Das Liniennivellement ist möglichst durch Wiederholung zu kontrollieren und zu verbessern.

Längs- und Querprofile. Muß das Gelände z. B. für den Bau eines Verkehrsweges oder eines Wasserlaufs aufgenommen werden, ist die Trasse oder Achse bzw. eine Parallele dazu zu stationieren (Stationierungslinie). An den Stationierungspunkten ist die Höhe einzunivellieren. Umgekehrt müssen die geplanten Entwurfshöhen an den Stationierungspunkten festgelegt werden. Die im gezeichneten Längsprofil maßstäblich aufgetragenen Längen (MdL) und Höhen (MdH, s. Abschn. 14) werden als Liniennivellement mit Zwischenpunkten aufgenommen oder abgesteckt („Zwischen", s. **3.**16 d). Sie müssen immer an Festpunkte angeschlossen werden (**3.**17, vgl. **3.**16).

Punkt	Ablesungen			Ziellinie	Punkt-höhe
	rückw.	zwisch.	vorw.	ü. NN	ü. NN
FPA	1,57			131,82	130,25
WP 1			0,63	131,82	131,19
WP 1	1,62			132,81	131,19
Q 0,00		1,39		132,81	131,42
Q 1,75 l		1,15		132,81	131,66
Q 4,20 l		1,23		132,81	131,58
Q 1,50 r		1,40		132,81	131,41
Q 3,00 r		1,50		132,81	131,31
WP 2			1,55	132,81	131,26
WP 2	0,36			131,62	131,26
FPE			1,24	131,62	130,38

3.17 Beispiel für die Aufnahme eines Querprofils als Zwischenablesungen (s. **3.**16)

An den Stationierungspunkten werden oft rechtwinklig zur Achse (bei Richtungsänderungen in der Winkelhalbierenden) Gelände- bzw. Entwurfshöhen einnivelliert. Stationiert werden sie meist von der Achse aus in beiden Richtungen (**3.**17).

Alle Nivellements können durch neuentwickelte Nivelliere wesentlich genauer und schneller aufgenommen werden (**3.**18). Sie messen elektronisch, berechnen automatisch die Höhen, lassen sich programmieren und speichern Daten. Mit Hilfe einer Strichcode-Nivellierlatte „liest" das Nivellier die Höhe ab und mißt die Horizontaldistanz.

Längs- und Querprofile werden als Liniennivellements mit Zwischenpunkten aufgenommen oder abgesteckt.

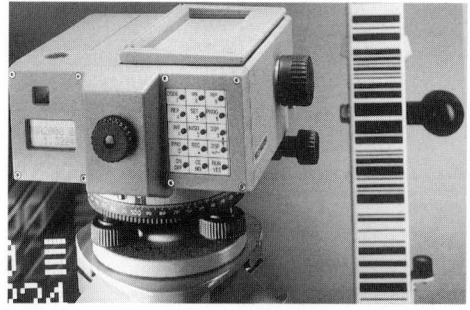

3.18 Digitalnivellier mit Strichcode-Nivellierlatte

Flächennivellement. Der Bau größerer Hochbauten, die Anlage von Sportplätzen oder die Entnahme von Boden erfordern flächige Geländeaufnahmen, ein Flächennivellement. Dazu legt man ein Gitternetz von Längs- und Querprofilen in gleichen Abständen über die Fläche und mißt an den Schnittpunkten die Höhe auf. Bei einer nicht zu großen Fläche kann das Nivellement von einem Standpunkt aus vorgenommen werden. Die Instrumentenhöhe muß als NN-Höhe bekannt sein. Flächennivellements führt man heute einfacher mit Tachymetern (spezielle Theodoliten, die Richtung, Entfernung und Höhenunterschied messen) oder mit elektronischen Distanzmessern aus.

Aber auch von einem waagerechten Laserstrahl aus können Höhen eingemessen werden, wenn dieser als Rundum-Laser (Prinzip des Leuchtturms) die Bezugshöhe immer wieder über die Fläche schickt. Mit höhenverstellbaren Empfängern (optisch und akustisch) kann die Höhe gemessen werden kann (**3.19**).

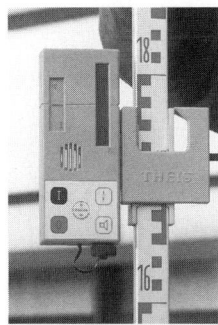  

3.19 Dieser Diodenlaser beschreibt als „Rundumlaser" einen waagerechten Kreis, von dem aus das Gelände eingemessen werden kann

---

Beim Flächennivellement werden die Höhen an den Schnittpunkten eines Gitters von der Bezugsfläche eines Nivelliers oder Laserstrahls aus gemessen.

3.2.3 Geländeaufnahme mit elektronischem Distanzmesser

Elektronische Distanzmesser (Infrarot-Distanzmesser, elektrooptische Distanzmesser) sind Einzelmeßgeräte, elektronische Tachymetertheodolite oder Zusatzgeräte, die mit Theodoliten kombiniert werden können. Sie vereinfachen und beschleunigen die Längenmessungen (**3.**20).

3.20 Elektronische Distanzmesser kombiniert mit Theodoliten

Die Geräte arbeiten mit ausgestrahlten Lichtsignalen (Infrarotstrahlen), die von einem Reflektor am Meßpunkt (Zielpunkt) zurückgeworfen (reflektiert) werden. Die doppelte Schrägentfernung zwischen Sender und Reflektor wird aus Signalgeschwindigkeit (Lichtgeschwindigkeit), Frequenz und Wellenlänge elektronisch berechnet. Aus der Schrägentfernung (Schrägdistanz) und dem Vertikalwinkel (Zenitwinkel) ermittelt das Gerät die Horizontaldistanz und den Höhenunterschied (**3**.21). Bei diesen Berechnungen ist bereits die Erdkrümmung berücksichtigt. Gleichzeitig werden die Horizontalwinkel (Richtungswinkel) zwischen den Meßpunkten gemessen, angezeigt und abgelesen bzw. auch als Koordinaten (*x* und *y*) zu einem rechtwinkligen Koordinatensystem berechnet.

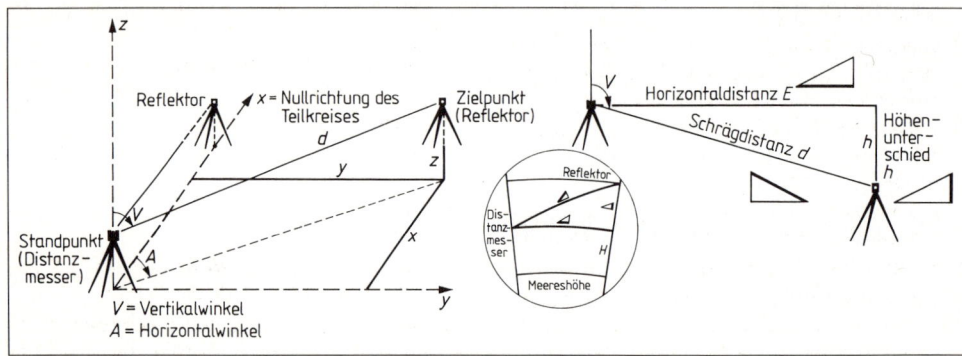

3.21 Elektronische Distanzmesser messen und berechnen Schräg-, Horizontal- und Höhendistanz

Mit den elektronischen Distanzmessern lassen sich sowohl topografische Aufnahmen (Geländeaufnahmen) als auch Absteckarbeiten für Flächen, Längsprofile und Polygonzüge polar (von einem Standpunkt aus) vornehmen. Bei vielen Geräten können die gemessenen Werte gespeichert und im Computer berechnet werden, so daß eine Feldbuchaufzeichnung entfällt.

Ein Beispiel für die feldbuchmäßige Aufzeichnung der wichtigsten Daten in einem selbsterstellten Formblatt zeigt Bild **3**.22.

Zielpunkt	Zielhöhe Prisma m cm	Horizontal-richtung	Zenit-winkel	Schräg-entfernung in m in cm	Horizontale Entfernung in m in cm	Bemerkung
1		0 000			25 47	Hausecke
2		4 958	100 0		25 10	Schacht
3		16 645	100 0		26 51	Zaunecke
4		46 688	98 4		46 03	Pflanzbeet

3.22 Beispiel für die feldbuchmäßige Aufnahme der Meßdaten eines einfachen elektronischen Distanzmessers

> Mit elektronischen Distanzmessern lassen sich schräge und horizontale Entfernungen sowie Höhenunterschiede und Horizontalwinkel von einem zentralen Standpunkt aus schnell und einfach messen und berechnen.

Aufgaben zu Abschnitt 3

1. Wodurch unterscheiden sich Lagemessungen von Höhenmessungen?
2. Nennen Sie Beispiele für Lage- und Höhenmessungen im Straßenbau.
3. Welche Möglichkeiten (Geräte und Verfahren) gibt es für das Abstecken von Winkeln?
4. Was ist beim Einmessen eines Winkels mit dem Nivelliergerät zu beachten?
5. Welche grundsätzlichen Vorgehen unterscheidet man beim Abstecken von Bogenpunkten für Kreisbögen?
6. Auf welche Weise sind Kreismittelpunkt, Bogenanfang und -ende sowie Kreisbogenpunkte festzulegen (zu konstruieren)?
7. Beschreiben Sie das Vorgehen zum Abstecken von Kreisbogenpunkten mit Hilfe der Koordinaten x und y auf der Baustelle.
8. Welche wesentlichen Unterschiede bestehen zwischen dem Rechtwinkel-, Dreiecks- und Polarverfahren zur Aufnahme von Geländeflächen?
9. Was heißt NN, und was bedeutet es, wenn eine Höhe auf NN bezogen ist?
10. Wie lassen sich Höhenpunkte vergleichen, die nicht auf NN bezogen sind?
11. Wodurch unterscheiden sich Nivelliere?
12. Was ist beim Aufstellen, Einrichten, Ablesen und Umsetzen des Nivelliers zu beachten?
13. Was versteht man unter einem Liniennivellement? Wozu dient es?
14. Vergleichen Sie die Aufrechnungs-(Auswertungs-)verfahren für ein Liniennivellement.
15. Welche Daten enthält ein Querprofil?
16. Was bedeuten „Zwischen"-Ablesungen bei einem Liniennivellement?
17. Wie läßt sich ein Flächennivellement aufnehmen?
18. Welche Vermessungsarbeiten sind mit elektronischen Distanzmessern durchzuführen?
19. Welche Daten können mit elektronischen Distanzmessern ermittelt werden?

4 Grundbau und Gründungen

4.1 Baugrund

Die Lasten eines Bauwerks werden über die verschiedenen Gründungsbauwerke in den Boden, den Baugrund geleitet. So unterschiedlich die Böden sind, so unterschiedlich ist auch ihre Eignung als Baugrund. Das Trag- und Setzungsverhalten sowie der zum Lösen der Böden erforderliche Arbeitsaufwand sind von den Bodenarten und -klassen abhängig.

4.1.1 Bodenarten und Bodenklassen

Man unterteilt die Bodenarten entsprechend ihrem Kornaufbau in bindige (b. B.) und nichtbindige (n. b. B.) Böden.

Bindige Böden (Ton, Schluff, Lehm, Mergel) haben kleine Korndurchmesser oder Plättchenform und deshalb größere Oberflächen. Dadurch treten im Zusammenhang mit Wasser Oberflächenkräfte auf, die mit kleiner werdendem Korndurchmesser immer größer werden. Die einzelnen Bodenteilchen werden durch die Kohäsionskräfte zusammengehalten.

Nichtbindige Böden (Sande, Kiese) haben größere Korndurchmesser ($\varnothing > 0{,}06$ mm). Hier wirken keine Kohäsionskräfte, so daß die einzelnen Körner ein loses Gefüge bilden, das nur durch die Reibungskräfte an den Berührungsflächen zusammengehalten wird.

Die Tragfähigkeit bindiger Böden hängt stark vom Wassergehalt der Böden ab. Bei geeigneter Trockenhaltung (z. B. durch Dränung) haben sie gute Tragfähigkeit. Die Bodensetzung unter Belastung geschieht langsam, jedoch in erheblichem Maße. Bindige Böden sind frostempfindlich.

Die Tragfähigkeit nichtbindiger Böden hängt vom Winkel der inneren Reibung ab. Er entspricht dem natürlichen Böschungswinkel, der sich bei loser Aufschüttung des Bodens ergibt. Der Wassergehalt spielt hierbei keine Rolle, da diese Böden absolut wasserdurchlässig sind. Deshalb eignen sie sich auch als kapillarbrechende Schicht (Frostschutzschicht) unter Gründungen bzw. im Straßenbau. Unter Belastung setzen sie sich sehr schnell, jedoch nur unbedeutend. Als Baugrund haben nichtbindige Böden nur untergeordnete Bedeutung, da sie nur selten in reiner Form in der Natur vorkommen. Dann werden sie meist als Zuschlag für Mörtel, Beton oder Asphalt verwendet.

> Der häufigste Baugrund besteht aus bindigen Böden oder Mischformen. Deshalb ist die Trockenhaltung der Gründungssohle immer ratsam.

Richtwerte für zulässige Bodenspannungen von nichtbindigen Böden gibt DIN 1054 getrennt für setzungsempfindliche und -unempfindliche Bauwerke an (**4.1**). Ebenso finden wir zulässige Bodenpressungen für verschiedene bindige Böden.

Bodenklassen. Für Planung, Ausschreibung, Kalkulation und Abrechnung von Erdarbeiten sind detaillierte Angaben über den Boden erforderlich. So muß z. B. der Bieter aufgrund einer Leistungsbeschreibung genau wissen, welcher Boden ausgehoben werden soll, denn danach richten sich das einzusetzende Gerät, der Arbeitsaufwand, evtl. einzuhaltende Böschungswinkel usw. Hierfür teilt DIN 18 300 alle Böden nach dem zu ihrem Lösen erforderlichen Aufwand in

Tabelle 4.1   Zulässige Bodenpressungen nach DIN 1054

Kleinste Einbindetiefe des Fundaments	Nichtbindiger Baugrund und setzungsempfindliches Bauwerk						Nichtbindiger Baugrund und setzungsunempfindliches Bauwerk				Fetter Ton 0,5 bis 2 m		
	Zulässige Bodenpressung in kN/m² bei Streifenfundamenten mit Breiten b bzw. b' von										Konsistenz		
in m	0,5 m	1 m	1,5 m	2 m	2,5 m	3 m	0,5 m	1 m	1,5 m	2 m	steif	halbf.	fest
0,5	200	300	330	280	250	220	200	300	400	500	90	140	200
1,0	270	370	360	310	270	240	270	370	470	570	110	180	240
1,5	340	440	390	340	290	260	340	440	540	640	130	210	270
2,0	400	500	420	360	310	280	400	500	600	700	150	230	300
Bauwerke mit Gründungstiefen t ab 0,3 m und mit Fundamentbreiten b ab 0,3 m	150						150						

sieben Klassen ein, wobei die Klasse 1 (Oberboden) hinsichtlich der Sonderbehandlung im Aufnehmen, Lagern und Andecken eine Ausnahmestellung einnimmt (s. Baufachkunde 1).
Als Bauzeichner müssen wir Böden technisch richtig darstellen und Bodendarstellungen z. B. von Bohrprofilen lesen können. Dafür ist nach DIN die Korngröße ausschlaggebend (4.2).

Tabelle 4.2   Bodenkurzzeichen und -symbole

Korngröße in mm	Bezeichnung		Kurzbezeichnung				Symbol
			Hauptbestandteil		Beimengung[1])		
	Humus, Torf		H		h		
< 0,002	Ton		T		t		
0,002 bis 0,063	Schluff		U		u		
0,063 bis 2,0	Sand	fein mittel grob	S	fS mS gS	s	fs ms gs	
2,0 bis 63,0	Kies (Grant)	fein mittel grob	G	fG mG gG	g	fg mg gg	
> 63,0	Steine		X		x		

[1]) Schwache Anteile von Beimengungen werden durch ′ gekennzeichnet, starke durch ¯ (z. B. s′ = schwach sandig, h̄ = stark humos

Beispiele Mittelsand, starktonig = mS, t̄

Grobkies, steinig, schwach sandig = gG, x, s'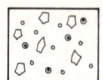

Bodenarten werden nach ihrem Korndurchmesser in bindige ($\varnothing < 0,06$) und nichtbindige ($\varnothing > 0,06$) Böden unterschieden.

Zur Abschätzung des zum Lösen erforderlichen Arbeitsaufwands ist die Einteilung in 7 Bodenklassen sinnvoll.

4.1.2 Untersuchung des Baugrunds

Häufig liegen ausreichende Erfahrungswerte über einen Baugrund vor. Besonders bei mäßigem bis schlechtem Baugrund aber sind Untersuchungen unerläßlich. Sie sind so rechtzeitig durchzuführen, daß die Ergebnisse bei der Planung des Gebäudes und der Gründung berücksichtigt werden können. Zu spät durchgeführte Bodenuntersuchungen verzögern die Bauarbeiten und erhöhen die Baukosten.

Je nach Erfordernis gibt es einfache Untersuchungsmethoden, die bei geringer Beanspruchung des Bodens ausreichen, bis hin zu aufwendigen Untersuchungsverfahren für schlechte Bodenverhältnisse und komplizierte Gründungen. Wir können uns hier auf die einfacheren Methoden beschränken, weil die aufwendigen nur in speziellen Ingenieurbüros und Labors für Bodenmechanik und Grundbau angewendet werden. Zu unterscheiden sind direkte und indirekte Bodenuntersuchungsverfahren.

Von indirekten Verfahren spricht man, wenn weder gegraben noch gebohrt werden muß, d. h. die örtlichen Erfahrungen (z. B. durch vorhandene Nachbarbebauung) ausreichen. Darüber hinaus geben natürliche Bodenaufschlüsse (Flußbett, Baggersee, Kiesgrube) oft wertvolle Hinweise über Bodenaufbau und Schichtung. Der Bewuchs liefert ebenfalls Anhaltspunkte, denn bestimmte Pflanzen wachsen nur auf ganz bestimmten Böden, Wasserpflanzen nur dort, wo in nicht allzu großer Tiefe auch Wasser vorhanden ist. Diese – für den geübten Betrachter sehr aufschlußreichen Beobachtungen – können durch geologische oder Baugrundkarten erhärtet werden.

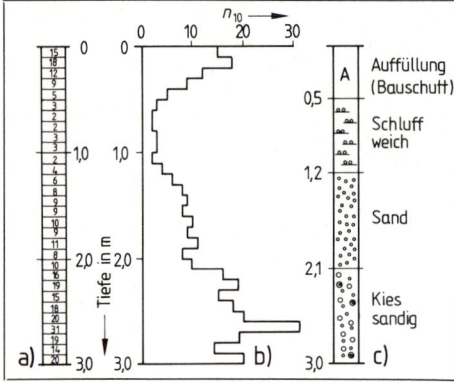

Direkte Verfahren. Eine sinnvolle Ergänzung dieser Erfahrungsmöglichkeiten bietet die Bodensondierung, die bereits zu den direkten Verfahren zählt. Sondierungen sind schnell, einfach und kostengünstig durchzuführen, prüfen die Gleichförmigkeit des Bodens und stellen wechselnde Schichtungen fest. Sonden sind Stahlstäbe mit verdickten Stangenspitzen. Sie werden in den Boden gerammt oder mit gleichmäßigem Druck in den Boden getrieben. Der dabei auftretende Bodenwiderstand erlaubt Rückschlüsse auf Lagerungsdichte, Schichtdicke und Hohlräume im Baugrund. Über Sondierungen sind Sondierprotokolle zu führen, aus denen Sondierdiagramme erstellt werden. Diese geben wiederum Aufschluß über die Schichtenfolge, die zeichnerisch aufgetragen wird (**4.3**).

4.3 Ergebnis einer Rammsondierung
 a) Sondierprotokoll
 b) Sondierdiagramm
 c) Schichtenfolge

Probebelastungen des Baugrunds sind aufwendig im Aufbau und in der Durchführung, außerdem sehr kostspielig. Hinzu kommt, daß man nur über die oberen Bodenschichten Kenntnisse gewinnt. Deshalb werden Probebelastungen fast ausschließlich im Erd- und Straßenbau durchgeführt. Hier bestimmt man mit dem **Plattendruckversuch** die Bodenspannung und die mittlere Setzung. Das Versuchsgerät ist eine kreisförmige Lastplatte. Sie wird auf den eben (plan) hergestellten Boden aufgesetzt und belastet ihn mittels hydraulischer Presse. Am angeschlossenen Manometer ist der Bodendruck ablesbar. Die auftretende Setzung liest man an einer Meßeinrichtung ab. Bodendruck und -setzung werden als Drucksetzungslinie in Diagrammen festgehalten (**4.4**).

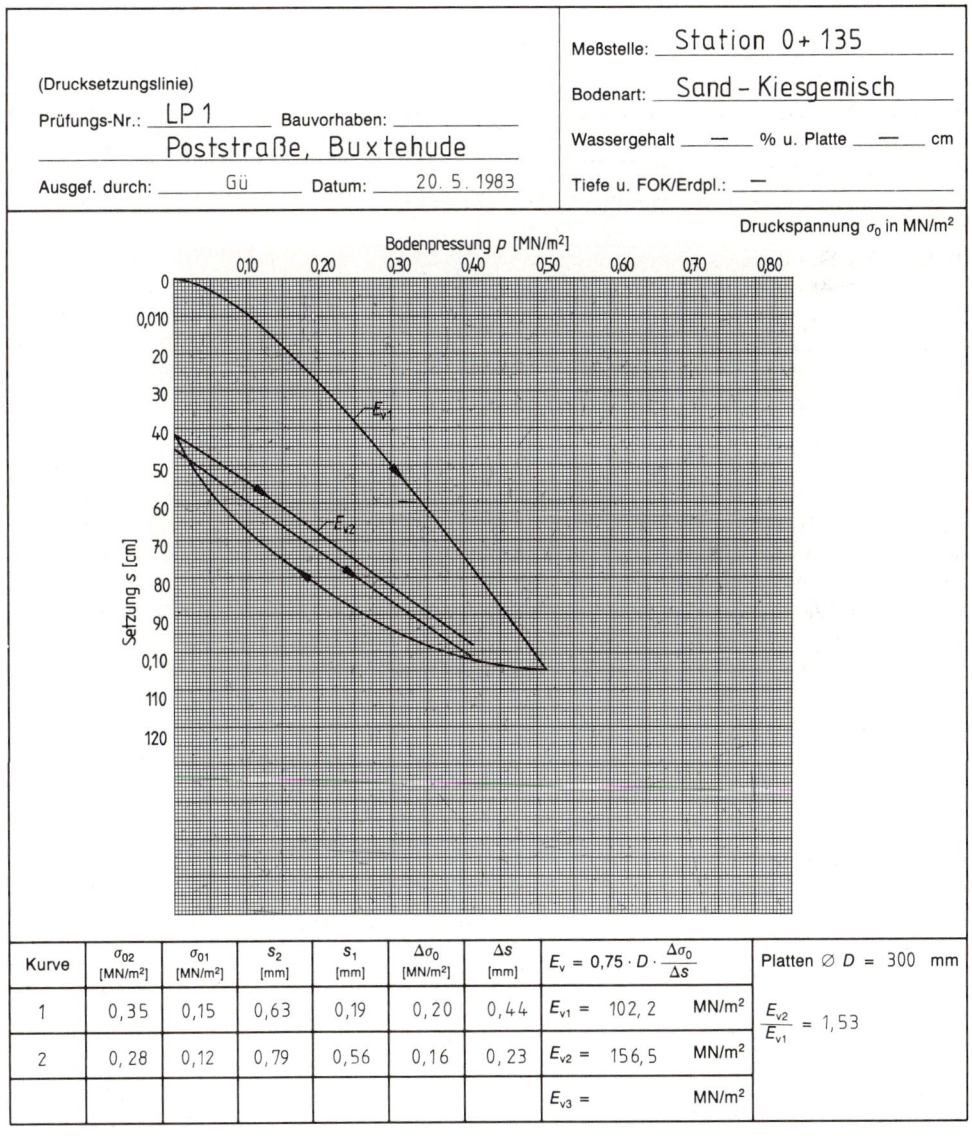

Kurve	σ_{02} [MN/m²]	σ_{01} [MN/m²]	s_2 [mm]	s_1 [mm]	$\Delta\sigma_0$ [MN/m²]	Δs [mm]	$E_v = 0{,}75 \cdot D \cdot \dfrac{\Delta\sigma_0}{\Delta s}$		Platten $\varnothing\ D = 300$ mm
1	0,35	0,15	0,63	0,19	0,20	0,44	$E_{v1} =$ 102,2	MN/m²	$\dfrac{E_{v2}}{E_{v1}} = 1{,}53$
2	0,28	0,12	0,79	0,56	0,16	0,23	$E_{v2} =$ 156,5	MN/m²	
							$E_{v3} =$	MN/m²	

4.4 Plattendruckversuch nach DIN 18134

Schichtenverzeichnis Tunnel unter B 73

Ort: Horneburg   Bohrung/Schurf Nr. 1   Zeit: 16.1.84

a) Mächtigkeit in m / b) Bis ...... m unter Ansatzpunkt	a1) Benennung und Beschreibung der Schicht / a2) Ergänzende Bemerkung [1] / b) Beschaffenheit gemäß Bohrgut / f) Ortsübliche Bezeichnung	c) Beschaffenheit gemäß Bohrvorgang / g) Geologische Bezeichnung [1]	d) Farbe / h) Gruppe [2]	e) Kalkgehalt	Feststellungen beim Bohren: Wasserführung, Bohrwerkzeuge, Werkzeugwechsel, Sonstiges	Entnommene Proben – Art	Nr.	Tiefe in m (Unterkante)
1	2				3	4	5	6
a) 0,55	a1) Mutterboden / a2)							
b) 0,55	b) / f)	c) / g)	d) / h)	e)				
a) 0,75	a1) Mittelsand, grobs., schluffig / a2)				ab 0,40 m unter Ansatzpunkt Grundwasser			
b) 1,30	b) / f) Sand	c) normal / g)	d) gelb / h)	e)				
a) 0,80	a1) Mittelsand, grobsandig / a2)							
b) 2,10	b) / f) Sand	c) normal / g)	d) beige / h)	e)				
a) 2,80	a1) Grobsand, kiesig, schluffig, Steine / a2)							
b) 4,90	b) / f) Kies/Geröll	c) schwer / g)	d) gelb / h)	e)				
a) 2,30	a1) Schluff, tonig, sandig / a2)							
b) 7,20	b) halbfest / f) Mergel	c) normal / g)	d) grau/grün / h)	e)				
a) 2,60	a1) Schluff, tonig, sandig / a2)							
b) 9,80	b) weich / f) Sand, Ton	c) normal / g)	d) grau / h)	e)				

[1] Eintragung nimmt der wissenschaftliche Bearbeiter vor
[2] Eintragung nimmt der wissenschaftliche Bearbeiter nach DIN 18 196 vor

Formblatt 2 nach DIN 4022 Blatt 1

4.5 Schichtenverzeichnis nach DIN 4022 Blatt 1

Durch Probebohrungen gewinnt man genaue Kenntnis des Baugrunds. Wir unterscheiden **Erkundungsbohrungen** für großflächige Bodenerkundung (z. B. im Verkehrsbau) und **Bohrungen für einzelne Bauwerke**. Die Bohrungen sind im vorgesehenen Gründungsbereich und dicht herum durchzuführen. Die erforderlichen Bohrtiefen hängen von der Art der Gründung ab, jedoch sind mindestens 6 m unterhalb der Gründungssohle zu erforschen. Bei gleichmäßiger Bodenschichtung kann ein Teil der Bohrungen weniger tief ausfallen. Die Ergebnisse werden auf der Baustelle in Schichtenverzeichnissen festgehalten (**4.5**). Daraus werden zur besseren Übersicht zeichnerische Darstellungen entwickelt (**4.6**).

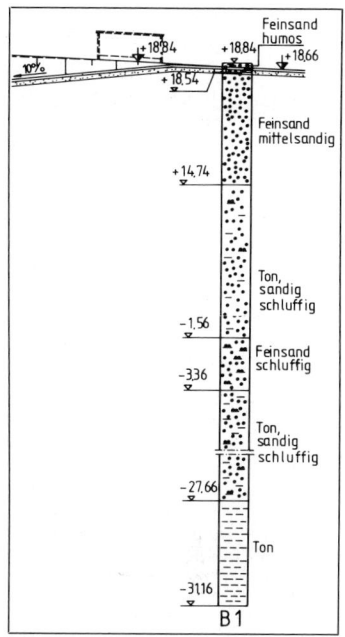

Zur Baugrunduntersuchung gibt es direkte und indirekte Verfahren. Bodenuntersuchungen anhand von Bohrproben sind immer möglich. Sie erlauben eine genaue Beurteilung und sind vergleichsweise kostengünstig. Sondierungen ergänzen die direkten und indirekten Verfahren.

4.6 Bohrprofil

4.1.3 Baugrundverhalten unter Belastung

Bodenpressung. Fundamente übertragen die Bauwerkslasten auf den Baugrund. Dadurch wird der Boden auf Druck beansprucht. Man spricht von einer auftretenden Bodenpressung oder Sohlnormalspannung. Die Bodenpressung ist unter der Fundamentsohle am größten. Die Spannungsverteilung im Boden erfolgt zwiebelförmig, wobei mit zunehmender Ausbreitung die vorhandene Spannung sinkt (**4.7**).

Bodensetzung. Aufgrund der ständigen Belastung des Baugrunds kommt es zur Verdichtung des Bodens, d. h., der Boden wird zusammengedrückt (Setzung). Für die Bauwerke ist die Setzung ungefährlich, solange sie gleichmäßig und in geringem Umfang erfolgt. **Ungleichmäßige Setzungen** sind gefährlich. Sie führen zu unkontrollierten Spannungen im Bauwerk. Die Folge davon ist Rißbildung – Ursache aller späteren Bauschäden, angefangen mit Durchfeuchtung über Korrosion der Stahleinlagen, Frostschäden bis hin zur Zerstörung des Bauwerks. Ungleichmäßige Setzungen können auftreten bei unterschiedlich dicken Bodenschichten oder Spannungsüberlagerungen bzw. stark differierenden Spannungen (**4.8**). Häufig treten Setzungen auch

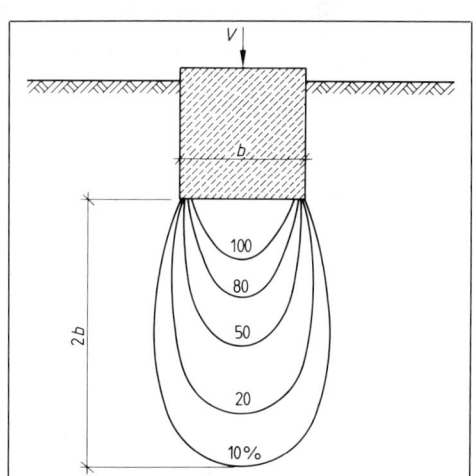

4.7 Abbau der Bodenpressung unter einem Einzelfundament

61

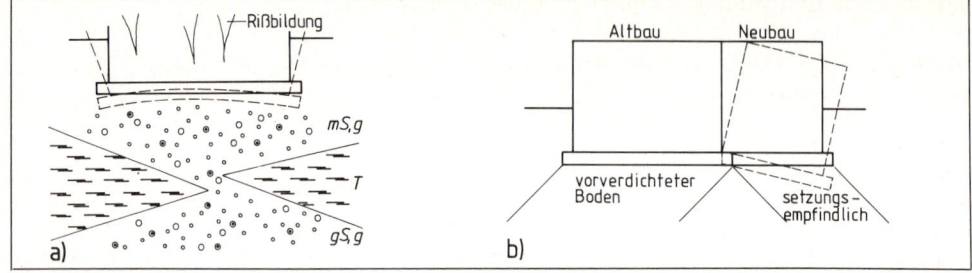

4.8 Ungleichmäßige Setzungen
a) durch Bodenkeilschichtung, b) durch Spannungsüberlagerung

im Zusammenhang mit Grundwasserabsenkungen auf. Dies ist besonders ärgerlich, da es sich meist nur um vorübergehende Einwirkungen handelt. Setzungsberechnungen helfen, Schäden zu vermeiden. Außerdem kann eine Reihe von baulichen Vorsichtsmaßregeln getroffen werden:

- Bemessung der Fundamente so, daß gleiche Spannungen auftreten;
- unterschiedliche Gründungstiefen vermeiden bzw. allmählich angleichen;
- Bewehrung zur Spannungsverteilung einlegen;
- Anbauten durch Fugen vom vorhandenen Bauwerk trennen;
- Spannungsüberlagerungen vermeiden.

Grundbruch. Jeder Baugrund kann nur ganz bestimmte Bodenpressungen aufnehmen, die nicht ohne Gefahr eines Grundbruchs überschritten werden dürfen. Wird der Boden stark belastet, d. h. zusammengedrückt, weicht er nicht nur nach unten, sondern auch seitlich aus (**4.9**). Das Bauwerk sinkt ein, wobei es sich meist schief stellt.
Bei Böschungen bzw. senkrechten Geländeversprüngen besteht durch die Belastung des Randes die Gefahr eines B ö s c h u n g s - oder G e l ä n d e b r u c h s (**4.10**).

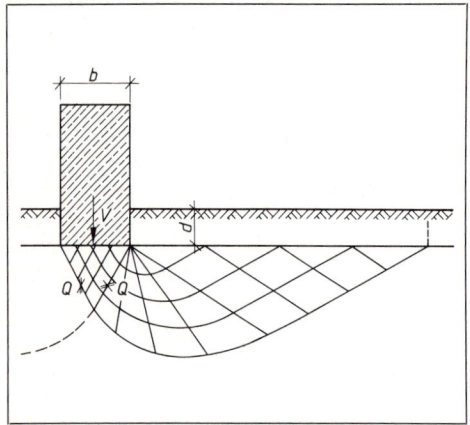

4.9 Gleitflächen beim Grundbruch

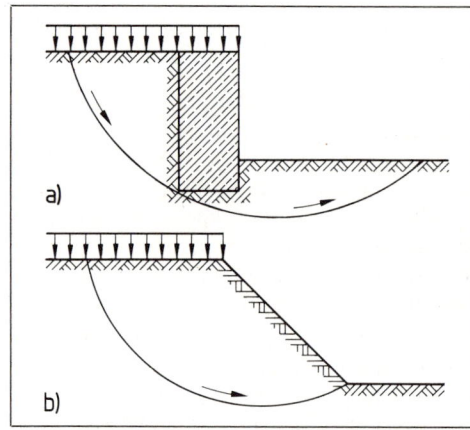

4.10 a) Geländebruch, b) Böschungsbruch

> Unter Belastung treten im Boden Spannungen auf, die zu Setzungen führen. Unter zu großer Beanspruchung können Grund-, Böschungs- oder Geländebrüche auftreten.

4.1.4 Bodenaustausch- und Bodenverbesserungsmaßnahmen

Sollte die Prüfung des vorhandenen Baugrunds unzureichende Trageigenschaften ergeben, können Bodenaustausch oder Bodenverbesserung angebracht sein.

Bodenaustausch (Bodenersatz) wird vorgenommen, wenn eine verhältnismäßig dünne, nicht tragende Bodenschicht zwischen Gründungssohle und tragfähigem Boden verläuft. Der schlechte Boden wird entfernt und durch tragfähigen, nichtbindigen Boden ersetzt, der lagenweise einzubringen und ausreichend zu verdichten ist. Dies Verfahren läßt sich auch anwenden, wenn Boden mit geringer Tragfähigkeit in großer Mächtigkeit ansteht. Bodenspannungen verringern sich mit zunehmender Tiefe. Daher ist der Einbau einer 1 bis 3 m dicken, tragfähigen Bodenschicht meist ausreichend, weil die Bodenspannungen dann je nach Fundamentbreite nur noch 10 bis 20% betragen und selbst vom schlechten Baugrund aufgenommen werden können (**4.11**). Wenn Dämme auf schlechtem Baugrund angeordnet werden müssen (z. B. beim Straßenbau im Moor), kann man auf den Bodenaushub verzichten. Infolge der hohen Auflast wird ein beabsichtigter Grundbruch erzeugt: Der schlechte Boden weicht unter dem Damm aus und wölbt sich seitlich auf, wobei der Damm einsinkt (**4.12**). Durch Sprengung des Bodens unterhalb des Dammes läßt sich der natürliche Vorgang noch unterstützen (Moorsprengung).

Bodenaustauschmaßnahmen sind besonders sinnvoll, wenn Ersatzboden günstig zu bekommen ist, z. B. von einer parallel laufenden Baustelle, wo Boden abgefahren werden muß.

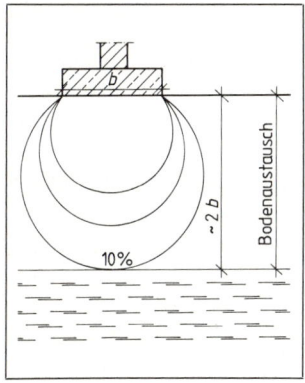
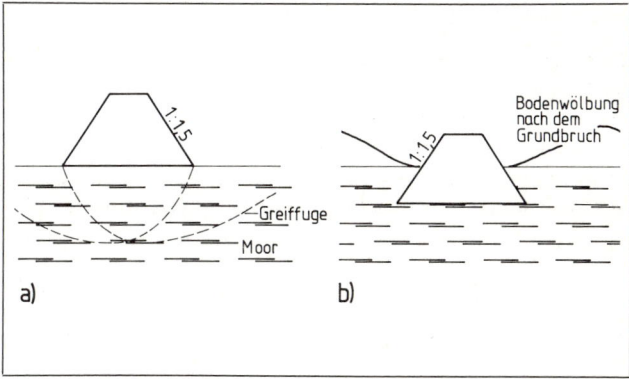

4.11 Bodenaustausch

4.12 Bodenverdrängung durch Auflast
a) Vorstadium, b) Endstadium

Bodenverfestigungsmaßnahmen sind vielfältig. Deshalb wollen wir hier nur die wichtigsten Möglichkeiten beschreiben. Wir unterscheiden zwischen mechanischer und chemischer Verfestigung.

Mechanisch kann man den Boden durch Verdichtung verbessern. Wenn nur eine verhältnismäßig dünne Schicht verdichtet werden muß, spricht man von **Oberflächenverfestigung** entweder manuell durch Stampfen oder maschinell durch Stampfen, Walzen, Vibrations- oder Flächenrüttler. Bei **Tiefenverdichtung** bringt man in der Regel Verdichtungspfähle aus Sand oder Kies ein, die den umgebenden Boden verdrängen und dadurch verdichten.

Chemisch bietet sich das Einbringen von hydraulischen Bindemitteln (Zement, hydraulischer Kalk) bzw. Bitumen zur Verfestigung an. Bei geringer Dicke der zu verfestigenden Schicht wird das Bindemittel unter den Boden gemischt, die aufgelockerte Schicht anschließend wieder verdichtet. Bindemittel und Bodenfeuchtigkeit verbinden sich und sorgen für die Verfestigung durch Gelbildung. Dies Verfahren wird gern im Straßenbau angewendet, ebenso wie das Einsprühen der Boden- oder Tragschichten mit Bitumen.

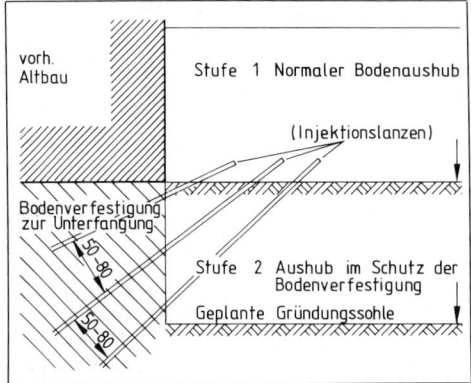

Wenn Verfestigung bis in große Tiefen erforderlich ist, wählt man im allgemeinen das **Injektionsverfahren**. Hierbei werden Injektionslanzen in den Boden gebracht, die für die Verteilung der Bindemittel sorgen (**4.13**). Zur Injektion eignen sich Bitumen, Zementleim, chemische Lösungen mit dem Hauptbestandteil Wasserglas und wasserlösliche Kunstharze. (Wasserglas ist ein glasiges Silikat, das beim Schmelzen von Sand mit Pottasche oder Soda entsteht und wasserlöslich ist.)

Bodeninjektionen dienen zur Böschungssicherung ebenso wie zur nachträglichen Bodenverfestigung, z. B. bei Sanierungsmaßnahmen oder Unterfangungen.

4.13 Bodeninjektion

> Bodenaustausch sowie mechanische und chemische Bodenverfestigung verbessern die Baugrundeigenschaften. Ihre Anwendung hilft, teure Gründungen zu vermeiden.

4.2 Baugruben

Baugruben sind bei vielen Bauwerken unerläßlich, besonders wenn Keller- oder Tiefgeschosse vorhanden sind. Sie dienen zur Herstellung der Gründung und des entsprechenden Untergeschosses und müssen daher gegen abrutschendes Erdreich gut gesichert werden. Ragen Baugruben in den Grundwasserbereich hinein oder liegen sie in offenem Wasser, sind zusätzliche Maßnahmen gegen das Eindringen des Wassers erforderlich.

4.2.1 Baugrubensicherung ohne Wasseranfall

Gesichert wird die Baugrube je nach Boden- oder Platzverhältnis durch Böschung oder Verbau. Ohne Sicherung dürfen nach der Unfallverhütungsvorschrift nur Baugruben bis zu 1,25 m Tiefe ausgehoben werden. Bei Tiefen bis zu 1,75 m genügt es, den über 1,25 m liegenden Bereich zu sichern. Ab 1,75 m Tiefe ist die gesamte Baugrube zu sichern.

Die Böschung wird man bei flächigen Bauwerken (Wohn-, Geschäfts- und Industriebauten) und ausreichendem Platz wählen. Zwar ist mit der größeren Tiefe verhältnismäßig viel Boden auszuheben, doch geschieht dies rationell durch Raupen oder Bagger.

Die Größe der Baugrube hängt von den Bauwerksabmessungen, dem erforderlichen Arbeitsraum (≥ 50 cm), dem Böschungswinkel α (gemäß Bodenklasse), den Witterungsverhältnissen (trocken oder regnerisch) und der Baugrubentiefe ab. Schnurgerüste für die Festlegung der Gebäudefluchten müssen so weit vom geplanten Gebäude entfernt angeordnet werden, daß sie sich außerhalb der

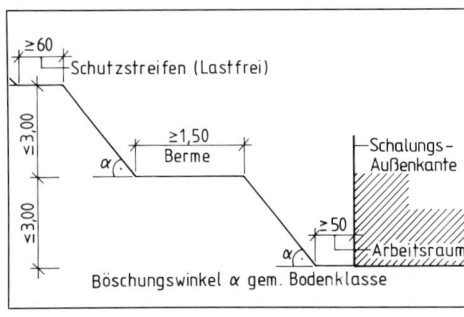

4.14 Baugrube mit Böschung

Baugrube befinden. Bei großen Aushubtiefen (≥ 3,0 m) sind Abtreppungen in Form von Bermen vorzusehen. Rings um die Baugrube wird ein Schutzstreifen von mindestens 60 cm Breite von Lasten aus Material oder Boden freigehalten, um einen Böschungsbruch zu vermeiden (**4.14**).

Für Planung, Aufmaß und Abrechnung von Baugrubenaushub sind Zeichnungen oder Skizzen erforderlich (**4.15**). Als Grundlage für die Ermittlung der Böschungsbreite dient DIN 18300. Danach wird für die Bodenklasse 3 und 4 ein Böschungswinkel von 40°, für Klasse 5 von 60° und für Klasse 6/7 von 80 bis 90° angesetzt.

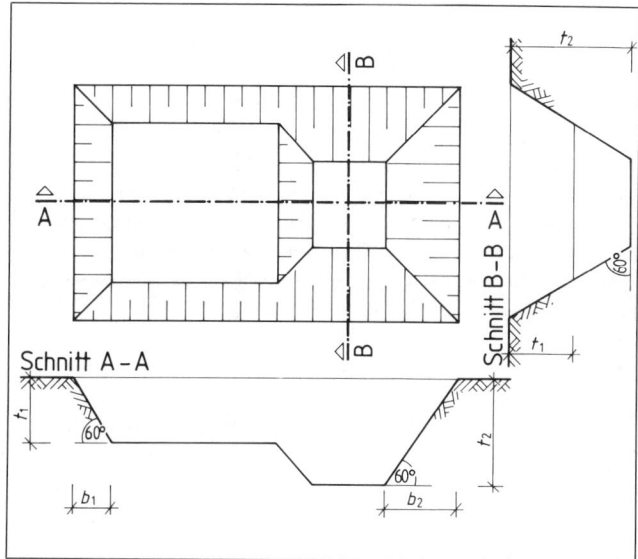

4.15 Darstellung einer Baugrube   4.16 Grabenverbauelement

Den Verbau zieht man im Rohrleitungsbau und bei linienförmigen Bauten (z. B. Stützwände), aber auch bei flächigen Bauten unter beengten Platzverhältnissen vor. Neben dem horizontalen und vertikalen Verbau (s. Baufachkunde 1) gibt es Sonderverbauarten.

Verbauelemente wählt man gern für den Grabenverbau (**4.16**). Sie können in der Breite variiert werden und sind häufig wieder verwendbar. Die endgültige Breite stellt der Arbeiter gefahrlos im Schutz der Elemente (Rahmenkonstruktion) ein.

Kanaldielen. Andere Firmen bevorzugen den Einsatz von Kanaldielen, die in den Boden gerammt werden. Die Aussteifung erfolgt mit fortschreitendem Bodenaushub. Kanaldielen verbiegen leicht und sind deshalb nur begrenzt wieder zu verwenden.

An Großbaustellen mit großen Baugrubentiefen sind sehr solide und tragfähige Verbauweisen nötig. Hier sind besonders der Träger-Bohlen-Verbau und die Bohrpfahlwand zu nennen.

Träger-Bohlen-Verbau. Dieser im Berliner U-Bahn-Bau seinerzeit erstmals verwendete Verbau (Berliner Verbau) besteht aus Walzprofilträgern (meist IPB-Profile), die in den Boden gerammt werden. Die Felder zwischen den Trägern werden entsprechend dem Aushub mit Bohlen ausgefacht und verkeilt (**4.17**). Weitere Ausfachmöglichkeiten sind durch Kanaldielen, Ortbeton oder Injektion gegeben. Für die Aussteifung der Bohlträger bieten sich Steifen aus Holz oder Stahl an. Sollte diese Art Absteifung den Bauablauf zu sehr stören, ist auch eine rückwärtige Verankerung im Erdreich möglich.

Die Bohrpfahlwand eignet sich ebenfalls zur Sicherung großer Tiefen und wird u. a. gern bei der Gründung von Brückenpfeilern verwendet. Oft wird sie als Bestandteil des späteren Bauwerks (z. B. bei

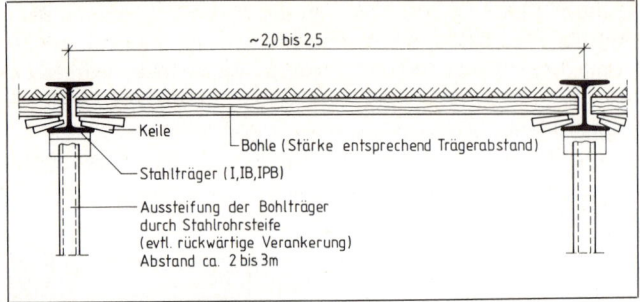
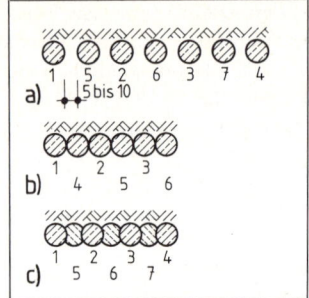

4.17 Träger-Bohlen-Verbau (Draufsicht)

4.18 Bohrpfahlwände
   a) Bohrpfähle mit Abstand
   b) mit Berührung
   c) mit Überschneidung

Tiefgaragen) geplant und hergestellt. Die einzelnen Bohrpfähle können mit Abstand, sich berührend oder überschneidend hergestellt werden (**4.18**). Sie müssen aus Stahlbeton bestehen. Bei sich überschneidenden Pfählen kann jeder zweite aus unbewehrtem Beton hergestellt werden. Beim Arbeitsablauf ist zu beachten, daß zunächst jeder zweite Pfahl gebohrt, gesichert (durch Rohr oder thixotrope Flüssigkeit), bewehrt und betoniert wird. Im zweiten Arbeitsgang baut man nach gleichem Schema die Zwischenpfähle ein.

> Zur Baugrubensicherung außerhalb des Grundwassers dienen Böschung oder Verbau. Bodenart, Aushubtiefe, vorhandener Platz, Witterungsverhältnisse und geplantes Bauwerk sind ausschlaggebend für die Wahl der Sicherungsmaßnahme.

4.2.2 Baugrubensicherung bei Wasseranfall

Wenn Baugruben im Grundwasser oder offenen Wasser erstellt werden müssen, sind entweder zusätzlich unterstützende Maßnahmen oder dichte Baugrubenumschließungen erforderlich. Als unterstützende Maßnahmen kommen die verschiedenen Arten der Wasserhaltung in Frage. Wir wollen die offene und geschlossene Wasserhaltung betrachten, da beide im Zusammenhang mit Böschung bzw. Verbau eine trockene Baugrube ermöglichen.

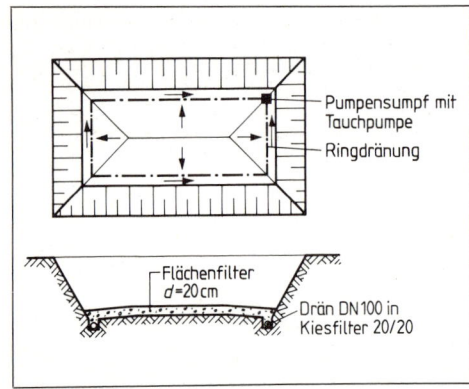

4.19 Offene Wasserhaltung durch Dränung

Bei der offenen Wasserhaltung wird seitlich und von unten eindringendes Wasser in offenen Gräben oder Dränen mit Gefälle zu einem Pumpensumpf geleitet. Im Pumpensumpf sorgt eine Tauchpumpe für das Abpumpen, meist in eine Vorflut, manchmal auch in das örtliche Entwässerungssystem (**4.19**). Die offene Wasserhaltung ist nur bei geringem Wasseranfall möglich. Außerdem ist zu bedenken, daß die offenen Gräben bzw. Dränstränge und der Pumpensumpf die Bauarbeiten stören können. Wenn dies der Fall ist, wird man – wie auch bei Gründungssohlen weit unter dem Grundwasserspiegel – eine geschlossene Wasserhaltung wählen.

Unter geschlossener Wasserhaltung versteht man eine Grundwasserabsenkung im Bereich der Baugrube für die Dauer des Bauens. Die Verfahren für die Grundwasserabsenkung sind vielfältig und in Abhängigkeit vom Boden (bindig oder nichtbindig) zu wählen. Das Prinzip besteht darin, daß man durch Brunnen (die rings um die Baugrube gebohrt oder eingespült und über Ringleitungen verbunden werden) soviel Grundwasser abpumpt, daß der Grundwasserstand weit genug unter die vorgesehene Baugrundsohle sinkt (Schwerkraftentwässerung).

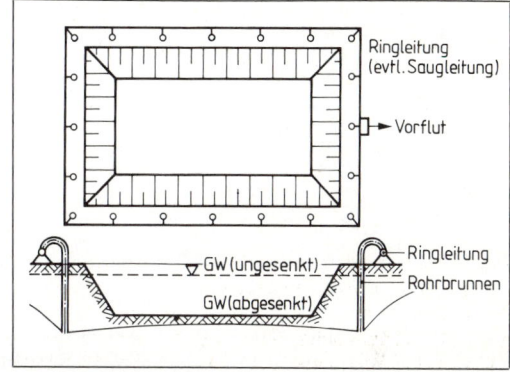

Unter Umständen kann der Brunnenring auch auf der Berme liegen. Durch das Erzeugen eines Vakuums in den Rohrleitungen mittels Vakuumpumpen wird der Wasserzufluß in Feinböden beschleunigt (Vakuumverfahren). Da bei der Grundwasserabsenkung viel Wasser anfällt, sollte es grundsätzlich einer Vorflut zugeleitet werden (**4.20**).

Die Grundwasserabsenkung ist sehr viel aufwendiger und dadurch kostspieliger als die offene Wasserhaltung. Sie bietet aber auch wesentliche Vorteile, weil die Baugrube völlig trocken bleibt und die Bauarbeiten durch Leitungen oder Gräben nicht behindert werden.

4.20 Geschlossene Wasserhaltung (Grundwasserabsenkung)

Zur Trockenhaltung eignen sich offene und geschlossene Wasserhaltung.
Die offene Wasserhaltung ist einfach und preisgünstig herzustellen.
Die Grundwasserabsenkung ist aufwendig und kostspielig, aber wirkungsvoller.

Die Wahl der Baugrubenumschließung hängt davon ab, ob sich die Baugrube im Grundwasser oder offenen Wasser befindet.

Zur Baugrubenumschließung im Grundwasser eignen sich verschiedene wasserundurchlässige Wände. Man unterscheidet zwischen **seitlicher** und **völliger Umschließung** (Wanne). Ist unterhalb der geplanten Baugrubensohle eine wasserundurchlässige Bodenschicht vorhanden, genügt es, dichte Wände rings um die Baugrube zu errichten und in die undurchlässige Schicht einbinden zu lassen (**4.21**). Ist eine solche Bodenschicht nicht oder erst in großer Tiefe vorhanden, bleibt nur eine wannenförmige Abdichtung (**4.22**). Die Wahl der geeigneten Wand ist davon abhängig, ob sie nur abdichten oder gleichzeitig die Baugrubenwand abstützen soll. Geeignet sind Schlitzwände, Injektionsabdichtungen und in jedem Fall Spundwände. Für die Herstellung der Sohle eignet sich Unterwasserbeton ebenso wie das Injektionsverfahren.

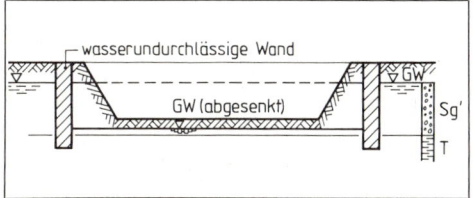

4.21 Seitliche Baugrubenumschließung

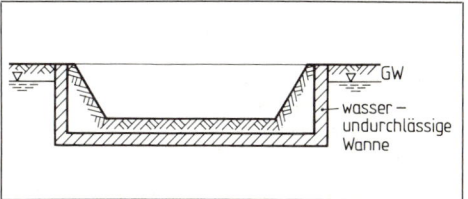

4.22 Wannenumschließung

Für die Baugrubenumschließung im offenen Wasser verwendet man Spundwände (**4.**23) oder Fangedämme (**4.**24). Beide sind bei richtigem Einbau wasserdicht. Schadstellen lassen sich von innen leicht ausbessern. Wenn möglich läßt man beide in eine wasserundurchlässige Schicht einbinden. Sonst ist innerhalb der Baugrube zusätzlich eine offene Wasserhaltung nötig. Die umspundete Baugrube wird von innen abgesteift. Im Uferbereich ist auch eine rückwärtige Verankerung möglich. Fangedämme können auf Bockgerüsten oder im Zusammenwirken mit Spundwänden erstellt werden.

Beide Konstruktionen werden grundsätzlich berechnet und dementsprechend ausgeführt. Spundbohlen sind teuer und müssen gerammt werden. Dabei ist darauf zu achten, daß die Schlösser ineinanderfassen, um die spätere Dichtheit zu gewährleisten.

4.23 Baugrube mit Umspundung

4.24 Fangedamm

Im offenen Wasser verwendet man zur Baugrubenumschließung überwiegend Spundwände, seltener Fangedämme, die wesentlich mehr Platz brauchen.

4.3 Gründungen

Sämtliche Lasten aus einem Bauwerk müssen auf den vorhandenen Baugrund übertragen und sicher aufgenommen werden. Diese Aufgabe erfüllen die verschiedenen Gründungsbauwerke sowie evtl. Bodenverbesserungs- und Bodenaustauschmaßnahmen.

Schon bei der Planung eines Bauvorhabens sind gründliche Kenntnisse über den vorhandenen Boden erforderlich. Wir haben im vorigen Abschnitt gesehen, daß dies auf vielfältige Art möglich ist, notfalls durch ein spezielles Bodengutachten.

Die Wahl der Flächen- oder Tiefengründung hängt von den auftretenden Lasten und der Bodenbeschaffenheit ab (Tragfähigkeit, Setzungsverhalten usw.). Wirtschaftliche Überlegungen dürfen dabei jedoch nicht außer acht gelassen werden. Nicht immer muß ein Gebäude fast setzungsfrei und damit unnötig teuer gegründet werden! Der Planende wird unter Berücksichtigung dieser Gesichtspunkte zwischen den möglichen Gründungsarten wählen.

> Gründungen haben die Aufgabe, die auftretenden Bauwerkslasten sicher auf den Baugrund zu übertragen. Die Wahl der Gründung ist abhängig von der Belastung und Tragfähigkeit des Bodens unter Berücksichtigung wirtschaftlicher Überlegungen.

4.3.1 Flachgründung

Unter Flachgründungen verstehen wir Fundamente, die unmittelbar unter dem Gebäude angeordnet sind. Je nach Qualität des Baugrunds und nach Konstruktion des Gebäudes hat man die Wahl zwischen Einzel-, Streifen- und Plattenfundamenten. Voraussetzung für eine Flachgründung ist einigermaßen guter Baugrund. Bewehrte Fundamente werden grundsätzlich, unbewehrte zweckmäßig auf einer Sauberkeitsschicht angeordnet. Alle Fundamente sind frostfrei, jedoch mindestens 80 cm tief zu gründen und bis auf gewachsenen Baugrund zu führen. Sie müssen senkrecht zur angreifenden Kraftrichtung verlaufen, im Regelfall also horizontal. Im Bereich verschiedener Gründungstiefen sind Abtreppungen unter 1 : 3 zulässig.

Einzelfundamente wählt man, wenn konzentrierte Lasten aus Stützen oder Pfeilern auftreten (z. B. im Skelettbau) und tragfähiger Baugrund vorhanden ist. Sie können aus bewehrtem oder unbewehrtem Beton bestehen und örtlich hergestellt, aber auch als Fertigteil angeliefert werden. Es gibt sehr unterschiedliche Fundamentformen. Je nach Aufgabe und Lage wählt man Blockfundamente, abgetreppte oder/und abgeschrägte Einzelfundamente sowie Köcher- bzw. Becherfundamente (**4.25**).

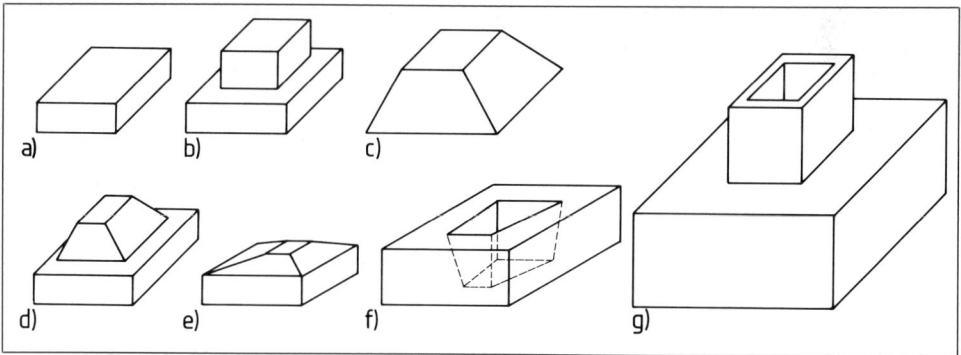

4.25 Einzelfundamentformen
 a) Blockfundament (Kastenfundament), b) abgetrepptes Einzelfundament, c) abgeschrägtes Einzelfundament, d) abgetrepptes und abgeschrägtes Einzelfundament, e) abgeschrägtes Blockfundament, f) Köcherfundament, g) Becherfundament

Unbewehrte Einzelfundamente müssen die auftretende Last so weit verteilen, daß die zulässige Bodenpressung nicht überschritten wird. Geht man von einem Lastverteilungswinkel von 45° bis 63,5° aus (je nach Betongüte), ergibt sich bei der für die ausreichende Druckverteilung

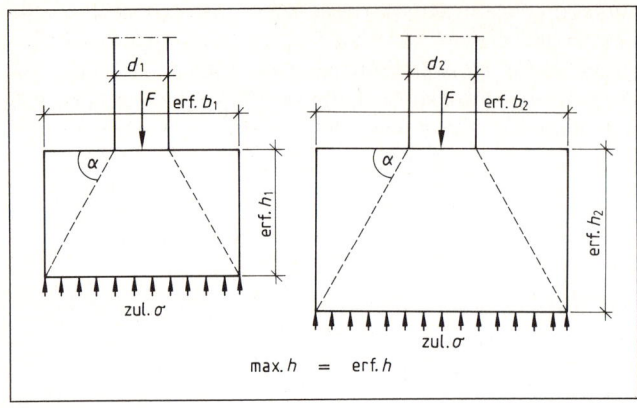

4.26 Fundamenthöhe

erforderlichen Fläche erf A eine bestimmte Fundamenthöhe (4.26). Sie bedingt u. U. einen sehr großen Betonbedarf, der sich durch Abtreppung bzw. Abschrägung verringern läßt. Dabei ist jedoch zu bedenken, daß Arbeitsaufwand und Schalungsbedarf ansteigen, so daß häufig keine echte Ersparnis dabei herauskommt. Der anzunehmende Lastverteilungswinkel kann nach Tabelle 4.27 in Abhängigkeit von der zulässigen Bodenpressung und der gewählten Betongüte ermittelt werden.

Tabelle 4.27 Zulässiger Lastverteilungswinkel α bei unbewehrten Fundamenten nach DIN 1045

Betonfestigkeitsklasse	Zul. Bodenpressung in kN/m²				
	100	200	300	400	500
B 15	45°	52,5°	58°	61°	63,5°
B 25	45°	45°	50°	54,5°	58°
B 35	45°	45°	45°	50°	52,5°

Eine Verringerung der Höhe kommt ohne zusätzliche Maßnahmen nicht in Frage, da sich das überbreite Fundament sonst seitlich aufbiegen und unten reißen würde. Um dies zu vermeiden, muß man **bewehrte** Einzelfundamente wählen. Für die ausreichende Lastverteilung sorgt die Bewehrung, die unten in den Fundamenten kreuzweise verlegt wird und dort auftretende Biegezugspannungen aufnimmt (4.28). Die Bewehrung wird seitlich hochgezogen und häufig im Mittenbereich enger verlegt als im Randbereich. Eine Anschlußbewehrung für später herzustellende Stützen ist vorzusehen. Bei punktförmig sehr hoch belasteten Fundamenten muß Schubbewehrung zur Vermeidung des Durchstanzens verlegt werden.

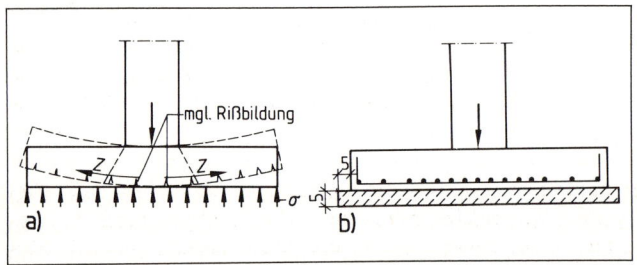

4.28 Bewehrtes Einzelfundament
a) Verformung
b) Bewehrung

Fertigteilstützen werden im **Köcher**- oder **Becherfundament** gegründet. Der verbleibende Hohlraum zwischen Köcherwandung und Stütze wird nach dem Ausrichten der Stütze mit Beton verfüllt (**4.29**). Um eine gute Haftung zwischen Köcherwand und Verfüllung zu erzielen, müssen die Köcherinnenwände möglichst rauh sein. Dies kann z. B. durch rauhe Schalung oder das Aufnageln von Dreikantleisten auf der Schalung erreicht werden. Köcherschalungen und -bewehrungen sind recht kompliziert und arbeitsaufwendig, im Fertigteilbau aber unverzichtbar.

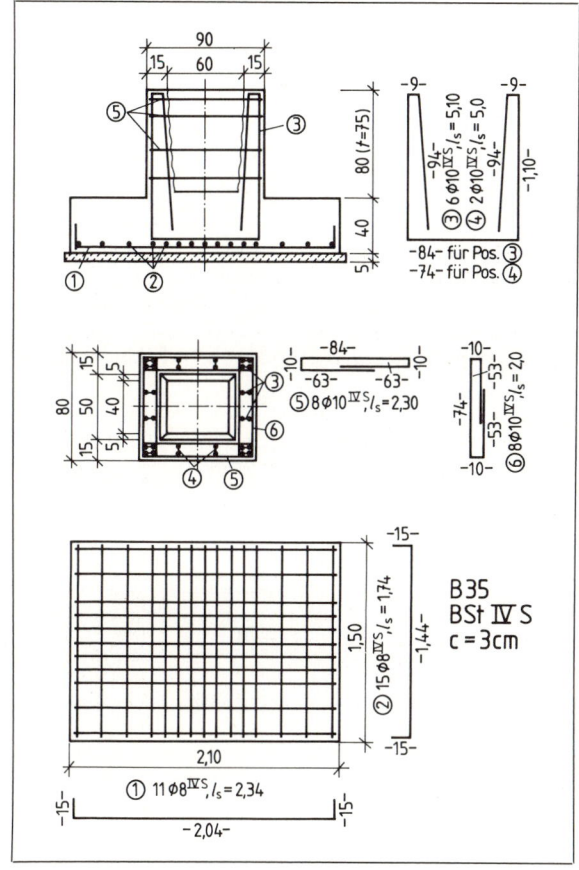

4.29 Köcherfundament

4.30 Fundamenthöhen
a) zu groß, b) zu klein, c) richtig

Streifenfundamente werden im Wohnungsbau überwiegend verwendet, weil sie bei gleichmäßig verteilten Lasten und einigermaßen tragfähigem Baugrund die kostengünstigste Gründung sind. Normale Streifenfundamente kommen mit einer konstruktiven Bewehrung aus, die als Ringanker kraftschlüssig gestoßen werden muß. Wenn der Boden standfest genug ist, braucht man nur Fundamentgräben auszuheben und möglichst mit steifem Beton zu füllen. Das Einschalen erübrigt sich hierbei ebenso wie die Sauberkeitsschicht. Die erforderliche Breite der Fundamente wird aus der zulässigen Bodenpressung und auftretenden Belastung berechnet und ggf. nach konstruktiven Gesichtspunkten gewählt (s. Beispiel). Die Fundamenthöhe wird wie bei den Einzelfundamenten in Abhängigkeit von der Fundamentbreite bestimmt. Zu große Fundamenthöhen gefährden die Standfestigkeit, zu geringe Höhen verringern die Rißsicherheit (**4.30**).

Beispiel   Fundament unter 24er Innenwand
Bodenpressung Fundament, Belastung je m $q = 36$ kN, zul $\sigma = 150$ kN/m²

$$\text{erf } b = \frac{q}{\text{zul } \sigma \cdot 100} = \frac{36 \text{ kN}}{150 \text{ kN/m}^2 \cdot 1{,}00 \text{ m}} = 0{,}24 \text{ m}$$

konstr. gew. $b = $ **30 cm**

Die zulässigen Bodenpressungen werden im Gegensatz zu allen anderen zulässigen Spannungen in kN/m² angegeben.

Als Grundlage des Fundamentplans dient bei unterkellerten Gebäuden der KG-Grundriß, bei nicht unterkellerten Gebäuden der EG-Grundriß (**4.31**). Die Fundamente werden im Normalfall mittig unter der entsprechenden Auflast (Wand) angeordnet und mit einer Position versehen, die durch Breite und Höhe des Fundaments ergänzt wird. Die Zwischenmaße bzw. die Achsmaße der Fundamente sind anzugeben, um Fehler auf der Baustelle zu vermeiden (**4.32**).

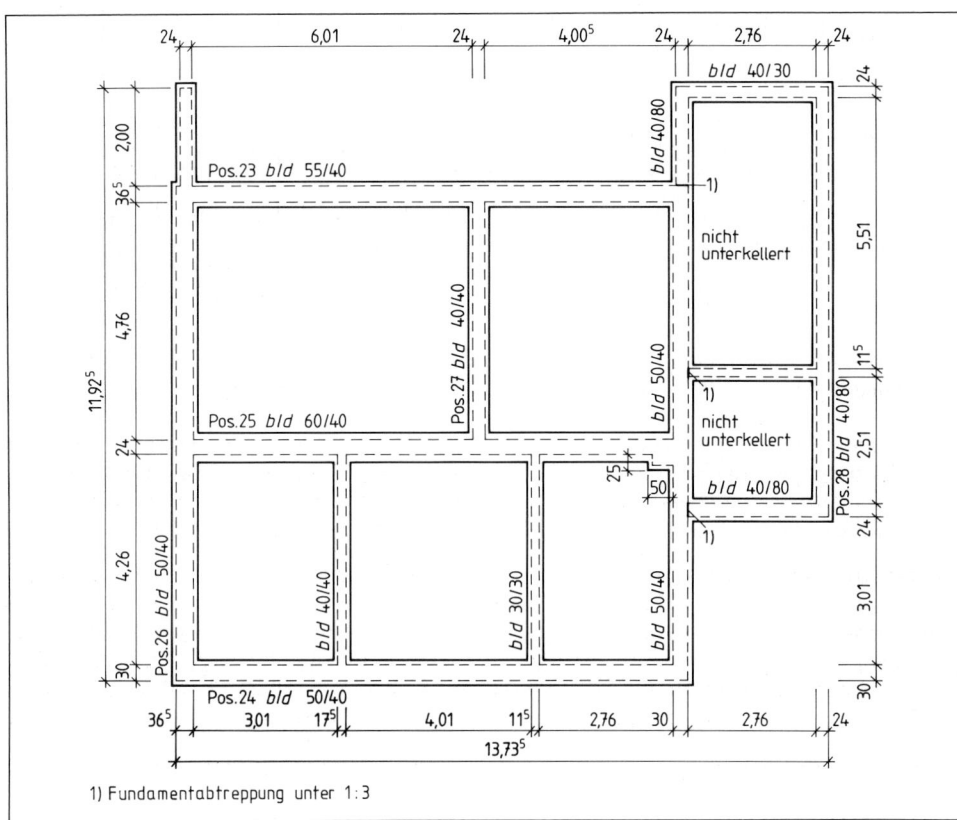

4.31 Fundamentplan 1:100 (m, cm)

Vereinzelt kann ausmittige Anordnung erforderlich sein, z. B. bei beidseitiger Grenzbebauung. Dies sollte auch der Bauzeichner schon erkennen.

Bewehrte Streifenfundamente werden richtiger als **Fundamentbalken** bezeichnet. Sie sind dort erforderlich, wo ungleichmäßiger Baugrund, punktweise Belastung oder nicht ansetzbarer Baugrund vorkommen (z. B. bei von Pfahlkopf zu Pfahlkopf gespannten Fundamentbalken).

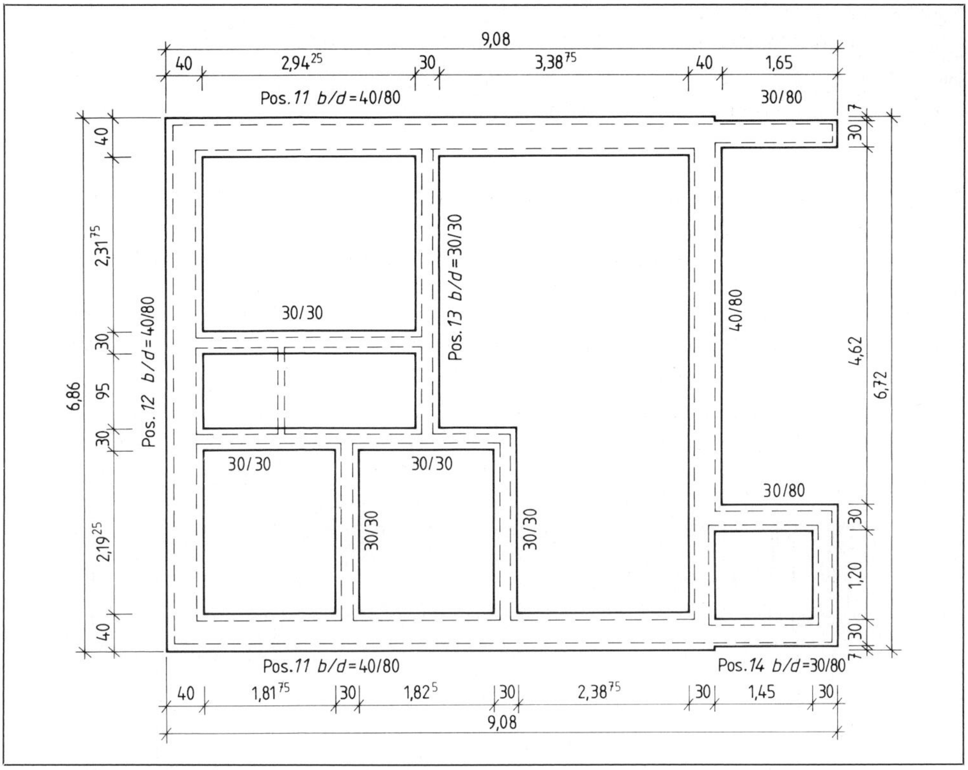

4.32 Fundamentplan 1:100 mit Angabe der Fundamentabmessungen (m, cm)

Diese Fundamente müssen immer statisch bewehrt werden, wobei eine ausreichend große Betondeckung besonders wichtig ist. Da Fundamentbalken eingeschalt werden, kann hier auch plastischer Beton gewählt werden, der einfacher und zuverlässiger zu verdichten ist als steifer Beton und somit bessere Gewähr für den Korrosionsschutz der Bewehrung bietet.

Plattenfundamente sind Stahlbetonplatten, die durchgehend unter dem ganzen Gebäudegrundriß angeordnet sind, dadurch die Lasten auf eine große Fläche verteilen und so die Bodenpressung gering halten. Deshalb verwendet man Plattenfundamente bei wenig tragfähigem Baugrund. Sie werden aber auch gewählt, um auftretende Setzungen möglichst klein zu halten oder um ungleichmäßige Setzungen bei unregelmäßigem Baugrund weitgehend zu verhindern. Die Anordnung der Bewehrung ergibt sich aus der Belastung und Verformung der

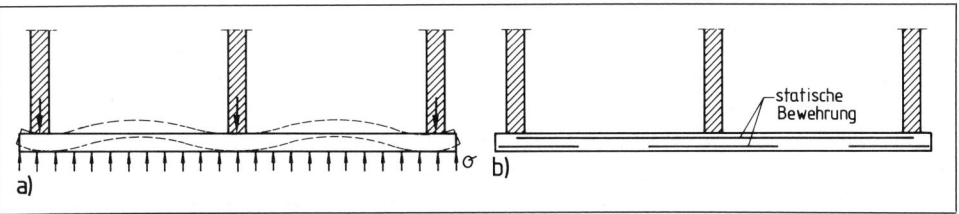

4.33 Fundamentplatte
    a) Belastung und Verformung, b) Lage der Bewehrung

Platte (**4**.33). In den Feldern liegt sie grundsätzlich oben und unter den Wänden unten in der Fundamentplatte. Wie bei den Decken (s. Abschn. 7) kann die Bewehrung ein- oder zweiachsig gespannt werden.

Die für das Zeichnen der Positions- und Bewehrungspläne erforderlichen Angaben entnehmen wir der statischen Berechnung. Wichtige Maße und evtl. konstruktive Bewehrung ergänzen wir ebenso wie die Legende, die alle zu verwendenden Baustoffe angibt.

Manchmal werden durchgehende Grundplatten auch nur nach konstruktiven Gesichtspunkten gewählt und ebenso konstruktiv bewehrt. Solche Platten entsprechen mehr einer Streifenfundamentgründung, da jeweils nur der sich durch die Lastenverteilung ergebende Fundamentstreifen zur Ermittlung der Bodenspannung herangezogen wird (**4**.34). Immerhin kann man aufgrund der konstruktiven Bewehrung einen Lastverteilungswinkel von 45° ansetzen, so daß sich je nach Wandstärke und Grundplattendicke beträchtliche Fundamentbreiten ergeben.

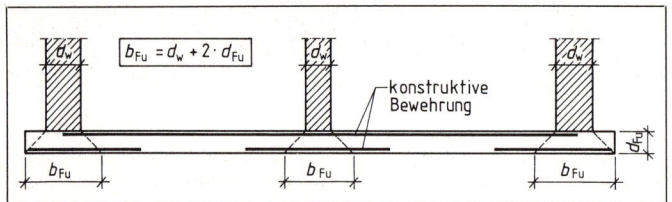

4.34
Konstruktive Grundplatte

Bei gutem Baugrund und setzungsunempfindlichen Bauwerken bilden Streifen- und Einzelfundamente die wirtschaftlichste Gründung.

Bei setzungsempfindlichen Bauwerken und schlechten bzw. ungleichmäßigen Bodenverhältnissen wählt man Plattenfundamente.

4.3.2 Tiefgründung

Wir wissen, daß die Bundesrepublik Deutschland im Verhältnis zur Bevölkerungszahl nur über eine sehr kleine Fläche verfügt. Dies bedeutet, daß guter Baugrund nicht unbegrenzt zur Verfügung steht. Zunehmend werden Industrie-, Verkehrs-, aber auch Wohnungsbauten dort geplant, wo tragfähiger Boden erst in großer Tiefe bzw. wirtschaftlich unerreichbar ansteht, so daß die Möglichkeiten der Flachgründungen entfallen. Wenn außerdem Bodenverbesserungs- oder Bodenaustauschmaßnahmen keine Lösung bieten, bleiben oft nur noch Tiefgründungen übrig.

Unter Tiefgründungen verstehen wir alle Pfahlgründungen sowie tiefliegende Flächengründungen, bei denen die Verbindung zwischen Gebäude und Fundament durch Pfeiler, Brunnen oder Senkkästen hergestellt wird.

Pfahlgründungen sind die älteste Art der Tiefgründung. Sie wurden schon im Altertum gewählt, wenn Menschen ihre Hütten aus Sicherheitsgründen im unwegsamen Gelände oder im Wasser errichteten (**4**.35). Während früher ausschließlich Holzpfähle verwendet wurden, überwiegen heute Beton-, Stahlbeton-, Spannbeton- und Stahlpfähle (im Straßenbau auch Kiespfähle). Holz kommt nur noch in Betracht, wenn die Pfähle ständig im Wasser stehen und somit gegen Fäulnis geschützt sind, oder wenn es sich um vorübergehende Bauten handelt, bei denen die Lebensdauer eine untergeordnete Rolle spielt. Die Pfahllasten werden durch den Spitzendruck in der tragfähigen, tiefliegenden Bodenschicht und/oder durch die Mantelreibung zwischen Boden und Pfahl aufgenommen.

4.35 Pfahlbauten in Unteruhldingen am Bodensee

Nach der Art des Einbringens unterscheidet man Ramm-, Bohr- und Einpreßpfähle. In Abhängigkeit von der Tiefenlage des tragfähigen Bodens gibt es stehende und schwebende Pfahlgründungen.

Stehende Pfahlgründungen wählt man, wenn die Pfähle die tragfähigen Bodenschichten noch erreichen. Man kann die Pfähle auf den tragfähigen Boden setzen oder sie in den tragfähigen Boden einbinden lassen (**4.36**). In beiden Fällen werden die Pfahllasten durch Spitzendruckkräfte (δ_s) und Mantelreibungskräfte (τ_m) aufgenommen. Der Anteil der Kräfte, den die Mantelreibung aufnimmt, ist im Gegensatz zur schwebenden Pfahlgründung sehr gering.

Schwebende Pfahlgründung wendet man an, wenn tragfähige Bodenschichten in wirtschaftlich erreichbarer Tiefe nicht anzutreffen sind. Dadurch können Spitzendruckkräfte nicht wirksam werden, die Kraftaufnahme muß allein durch die Mantelreibung aufgenommen werden (**4.37**). Da die Größe der Reibungskraft von der Oberflächenbeschaffenheit des Pfahls abhängt, sind für schwebende Pfahlgründungen möglichst rauhe Pfähle zu wählen, am besten Bohrpfähle aus Beton oder Stahlbeton.

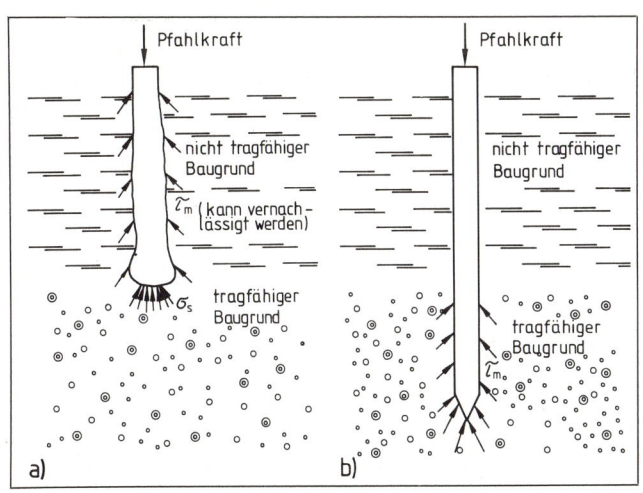

4.36 Stehende Pfahlgründung
a) Bohrpfahl aufgesetzt, b) Rammpfahl eingebunden

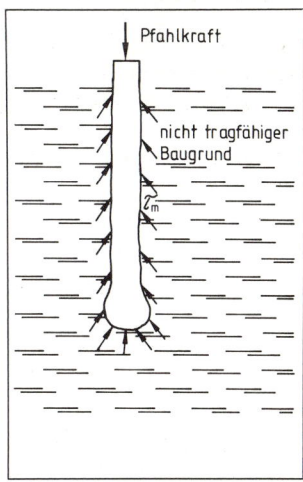

4.37 Schwebende Pfahlgründung

75

Zur Vervollständigung der Pfahlgründung werden wahlweise Einzel-, Platten- oder Streifenfundamente auf die Pfahlköpfe gesetzt. Pfähle und Fundament bilden zusammen einen Pfahlrost (**4**.38). Wenn auch Horizontallasten von der Gründung aufzunehmen sind, empfiehlt sich die Anordnung von Schrägpfählen (**4**.39 a) ebenso wie bei Bauwerken, die allein zum Abfangen von Horizontallasten erstellt werden (z. B. Stützmauern, **4**.39 b). Eine weitere Möglichkeit der Horizontalkraftaufnahme besteht in der Bemessung der Pfähle auf Biegung.

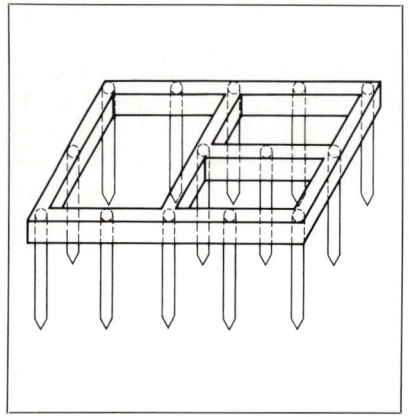

4.38 Pfahlrost

4.39 Aufnahme von Horizontalkräften durch Schrägpfähle
a) Einzelfundament, b) Winkelstützmauer

Die Pfähle können gradlinig bei schmalen oder versetzt bei breiteren Streifenfundamenten angeordnet werden. Pfähle unter Einzelfundamenten oder Fundamentplatten sind so anzuordnen, daß sie möglichst gleichmäßig belastet werden, d. h. symmetrisch zum Angriffspunkt der Belastung (**4**.40). Der Pfahlrost läßt sich hierbei mit dem System der Pilzdecke vergleichen (s. Abschn. 7.5).

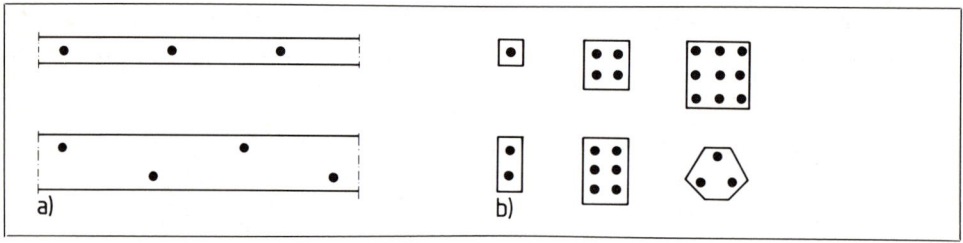

4.40 Anordnung der Pfähle (Beispiele)
a) bei Streifenfundamenten, b) bei Einzelfundamenten

Bei den Pfahlgründungen unterscheidet man stehende und schwebende Pfähle. Pfähle ergeben im Zusammenhang mit Platten-, Balken- oder Einzelfundamenten einen Pfahlrost. Die Pfahlkräfte werden durch Spitzendruck und/oder Mantelreibung vom Boden aufgenommen.

Pfeilergründungen erlauben bei nicht zu großer Mächtigkeit der nichttragenden Bodenschicht die verschiedenen Flächengründungen. Die Pfeilergründung ist allerdings nur anwendbar, wenn überwiegend vertikale Belastungen aus dem Gebäude abzutragen sind.

Die Pfeiler bestehen meist aus Beton oder Stahlbeton, manchmal aus Stahl, vereinzelt auch aus Mauerwerk. Am Pfeilerfuß sind nach Möglichkeit Verbreiterungen vorzusehen, um eine größere Lastverteilung auf den Baugrund zu erzielen. Die Herstellung der Pfeiler ist von der Baugrubensicherung abhängig. Am einfachsten, aber auch mit am teuersten ist die Errichtung innerhalb einer abgeböschten Baugrube. Das bedeutet viel Bodenaushub und Wasserhaltung während der Bauzeit mit anschließendem Verfüllen der Baugrube (**4.41**). Häufig werden die Pfeilerreihen daher in kanalbauartiger Weise errichtet. Die Wände der Schächte können bei standfestem Boden ungesichert bleiben, wenn Menschen den Graben nicht betreten müssen. Sie können aber auch durch verschiedene Verbauarten oder standfest gemachte Seitenwände (z. B. Injektion von Zementschlemme oder Aufbringen von Spritzbeton) ausreichend gesichert werden.

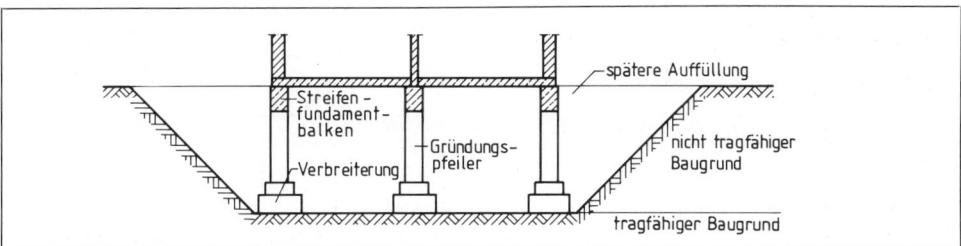

4.41   Pfeilergründung in offener Baugrube

Brunnengründungen kommen häufig bei offenen Schächten, Kläranlagen und Brückenpfeilern vor. Dabei werden offene Brunnenringe (Fertigteile) durch Bodenentnahme im Innern des Ringes gleichmäßig abgesenkt. Um die entgegenwirkende Reibung zu verringern, preßt man während des Abteufens thixotrope Flüssigkeit zwischen die Außenwand des Brunnenrings und das umgebende Erdreich (**4.42**). Die Form der Brunnen ist häufig rund, doch gibt es auch rechteckige Querschnitte. Wichtig ist, daß die Querschnitte nicht unsymmetrisch sind, denn diese Teile sind nicht gleichmäßig genug abzusenken. Nach Erreichen der vorgesehenen Gründungstiefe wird eine Gründungsplatte geschüttet, die die Lasten ausreichend verteilt (**4.43**).

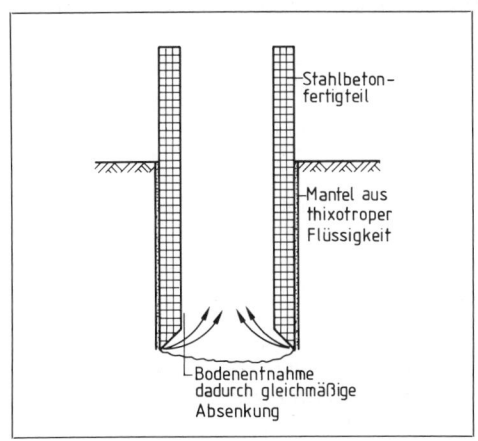

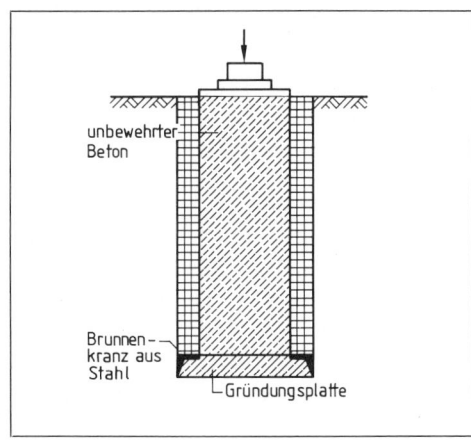

4.42   Brunnenabsenkung   4.43   Brunnengründung

Die Bodenspannungen sind in einfachen Fällen wie bei normalen Flachgründungen zu ermitteln. In schwierigen Fällen sind Setzungs- und Grundbruchsicherheit nachzuweisen. Brunnen können bei Bedarf zur Erhöhung der Eigenlast und somit zur Vergrößerung des Standmoments mit Sand, Kies oder Beton verfüllt werden.

Druckluftgründungen sind bei Arbeiten unter Wasser erforderlich. Dies kann im Grundwasserbereich wie auch im offenen Wasser der Fall sein. Die Senkkästen (Caissons) müssen zu diesem Zweck einen Arbeitsraum erhalten, der das Eindringen des umgebenden Wassers infolge des auftretenden Wasserdrucks durch einen mindestens gleich großen Luftdruck als Gegendruck verhindert (**4**.44).

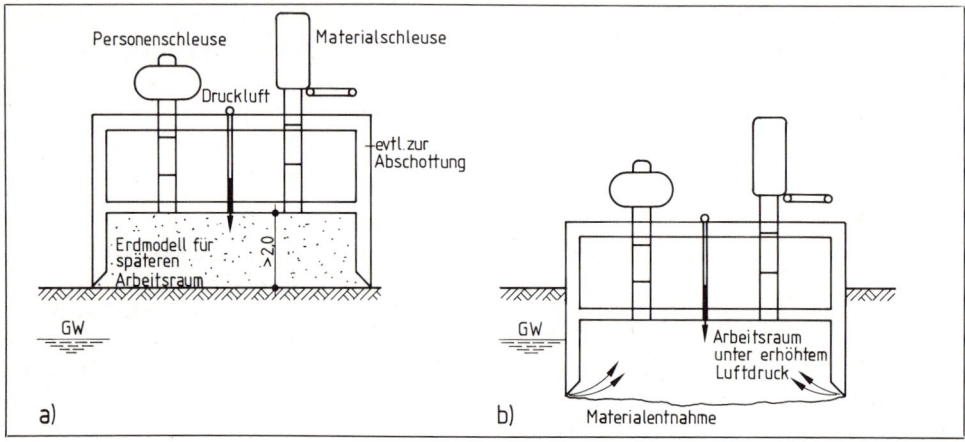

4.44   Druckluftgründung (Prinzip)

Dieses Verfahren bedeutet für die Arbeitskräfte ein erhöhtes Risiko mit allen damit verbundenen Schutzvorkehrungen, die von der Baufirma zu treffen sind. Die Arbeit unter Druckluft kann mit der Arbeit von Tauchern gleichgesetzt werden: größere Tiefen als 30 m unter OK Wasserspiegel sind nicht erreichbar; geeignet für diese Arbeiten sind nur gesunde Menschen, die ein ärztliches Attest für ihre Tauglichkeit vorweisen können. Das Ein- und Ausschleusen geschieht nach genau festgelegtem Zeitplan. Mit steigendem Druck steigt auch die Ein- und Ausschleusungszeit.

Abgesenkt werden die Caissons wie offene Senkkästen (Brunnen) durch Materialentnahme am Fuß des Bauteils entweder naß durch Spülung oder trocken durch Ausbaggerung von Hand oder Maschine. Bei großen Senkkästen werden wegen der unterschiedlichen Ein- und Ausschleusungszeiten für Menschen und Material auch getrennte Schleusen verwendet. Der Arbeitsvorgang muß langsam und gleichmäßig unter meßtechnischer Überwachung vor sich gehen. Durch thixotrope Flüssigkeit wird auch hier die Mantelreibung verringert. Nach Beendigung der Absenkung wird der Arbeitsraum so ausbetoniert, daß er Verbindung mit dem Senkkasten bekommt und so ein großes Gegengewicht zum Auftrieb bildet. Druckluftgründungen sind wegen der schwierigen Arbeiten und der hohen Sicherheitsanforderungen sehr kostspielig. Sie werden deshalb nur verwendet, wenn die Senkkästen gleichzeitig als Bauwerk oder Bauteil dienen (z. B. im U-Bahn-, Tunnel- oder Brückenbau).

Pfeiler-, Brunnen- und Druckluftgründungen bieten die Möglichkeit, Flächengründungen ohne Wasserhaltung bis in große Tiefen hinabzubringen. Wegen der hohen Kosten ist ihr Anwendungsgebiet überwiegend auf große Ingenieur- und Wasserbauwerke beschränkt.

Aufgaben zu Abschnitt 4

1. Wovon sind Tragfähigkeit und Setzungsverhalten nichtbindiger Böden abhängig?
2. Wovon hängen die Tragfähigkeit und das Setzungsverhalten bindiger Böden ab?
3. Welche Bedeutung hat die Einteilung des Bodens in 7 Klassen?
4. Stellen Sie diese Böden normgerecht dar:
   a) Feinkies, stark sandig, schwach tonig
   b) Ton, schwach sandig
   c) Feinsand, humos
5. Was versteht man unter indirekten Verfahren der Baugrunduntersuchung, und was gewinnt man daraus?
6. Erläutern Sie die Bodensondierung.
7. Welche Auswirkung hat die Belastung des Baugrunds?
8. Was versteht man unter Bodenaustausch?
9. Nennen Sie mechanische und chemische Bodenverbesserungsmaßnahmen.
10. Fertigen Sie die Aufmaßskizze einer Baugrube mit unterschiedlichen Gründungstiefen nach diesen Maßen an: Böschungswinkel $\alpha = 60°$, Sohltiefe $t_1 = 1,80$ m, Sohlfläche $A_1 = 13,0 \times 10,5$, Sohltiefe $t_2 = 2,55$ m, Sohlfläche $A_2 = 3,0 \times 2,5$ genau mittig.
11. Beschreiben Sie zwei Sonderverbauarten anhand von Skizzen.
12. Erklären Sie den Unterschied zwischen offener und geschlossener Wasserhaltung.
13. Was versteht man unter Flachgründungen?
14. Was sind Tiefgründungen?
15. Skizzieren Sie
    a) ein abgetrepptes Einzelfundament,
    b) ein abgeschrägtes Einzelfundament,
    c) ein Köcherfundament.
16. Welche Voraussetzungen müssen für ein Streifenfundament gegeben sein?
17. In welchen Fällen ist ein Plattenfundament sinnvoll?
18. Erläutern Sie die Unterschiede zwischen stehender und schwebender Pfahlgründung.
19. Wodurch unterscheidet sich die Pfeilergründung von der Brunnengründung?
20. Erklären Sie anhand einer Skizze die Druckluftgründung.

5 Holz- und Dachbau

Die Grundlagen des Holzbaus (Schnitt- und Güteklassen vor allem, Holzverbindungen), Holzschutzmaßnahmen, Dachkonstruktionen und Dachdeckungen (außer Flachdach) haben wir in der Baufachkunde 1 behandelt.

5.1 Holzschutz und Balkenlagen

5.1.1 Baulicher Holzschutz

Nur trockene Hölzer können dauernd gesund und widerstandsfähig bleiben (manche Hölzer auch bei ständiger Wasserlagerung). Jahrhundertealte, unbeschädigte Holzkonstruktionen beweisen dies. Durchfeuchtungen fördern zerstörenden Pilz- und Insektenbefall, Feuchtigkeitsschwankungen das Entstehen von Schwindrissen. Für Zimmerarbeiten im Hochbau fordert die VOB im Teil C deshalb trockenes Bauholz für Kanthölzer, Balken und Latten. Halbtrockenes oder beim Aufbau durchnäßtes Holz soll durch ausreichende Belüftungsmöglichkeiten auf den gewünschten Feuchtigkeitsgehalt abtrocknen können.

Nach dem Feuchtigkeitsgrad unterscheiden wir

- trockenes Bauholz mit ≦ 20 Masse-% Feuchtigkeit,
- halbtrockenes Bauholz mit ≦ 30 Masse-% Feuchtigkeit,
- frisches (nasses) Bauholz mit > 30 Masse-% Feuchtigkeit.

Chemischer Holzschutz als vorbeugende und bekämpfende Maßnahme sowie Feuerschutz sind in der Baufachkunde 1 (Grundlagen) behandelt.

> Der bauliche Holzschutz umfaßt konstruktive Maßnahmen zum Schutz des eingebauten Holzes gegen andauernde Durchfeuchtung infolge von Niederschlägen, Kapillarität, Spritz- und Tauwasser. Er ist vornehmlich Aufgabe der Bauplanung.

Beispiele Holz im Freien

Glatte (gehobelte) Holzflächen leiten Regenwasser schneller ab als rauhe, geneigte Flächen schneller als waagerechte.

Waagerechte Hirnholzflächen (z. B. Stützenköpfe) bleiben auf Dauer nur mit Abdeckungen schadensfrei, denn Holz saugt die Feuchtigkeit in Faserrichtung erheblich schneller als quer zur Faser auf.

Dach- und Gebäudeüberstände sowie Überdachungen halten Regen von Holzkonstruktionen und Holzverkleidungen ab (**5.1**).

Schutzbeschichtungen haften an gerundeten Kanten besser als an scharfen Kanten.

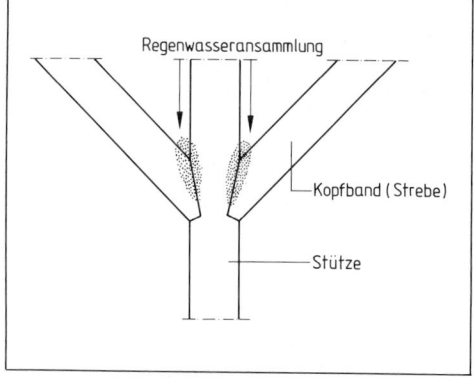

5.1 Kopfband- und Strebenanschlüsse sollte man nur in überdachten Gebäudeteilen anwenden

Beispiele, Fortsetzung

Senkrechte Wandschalungen leiten Regen schneller ab als waagerechte. Wirksame Hinterlüftungen führen eingedrungene Feuchtigkeit rasch nach außen ab. So mindert der Dachüberstand in Bild **5.**2 den Regenanfall und fördert die Hinterlüftung das Austrocknen der Holzverkleidung.

Holzstützen auf abgeschrägtem Betonsockel sind durch ausreichenden Bodenabstand vor Spritzwasser geschützt (**5.**3).

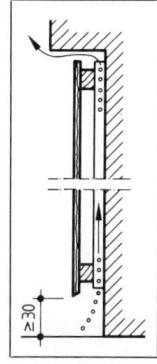

5.2 Dachüberstand

5.3 Fußpunkt für Holzstützen mit hochliegendem Stützenfuß
a) mit Stabdübelanschluß, b) neuartiger Schraubanschluß

Eingebautes Holz

Balkenlagen über dem Erdreich bilden wir nach Bild **5.**4 aus. Die Bodenfolie hält aufsteigende Feuchtigkeit ab, Öffnungen mit Insektensieben halten Ungeziefer fern und ermöglichen ausreichende Belüftung.

Aufsteigende kapillare Feuchtigkeit aus Beton oder Mauerwerk dringt in ungeschützte Schwellen, Fußpfetten, Lagerhölzer und Balkenköpfe ein. Sperrschichten (-lagen) aus Bitumen- oder Kunststoffbahnen verhindern den kapillaren Übergang des Wassers zum Holz. Balkenköpfe bekommen außerdem ≥ 2 cm breite Belüftungsschlitze und in beheizten Gebäuden noch Dämmschichten zum Schutz gegen Tauwasser (**5.**5).

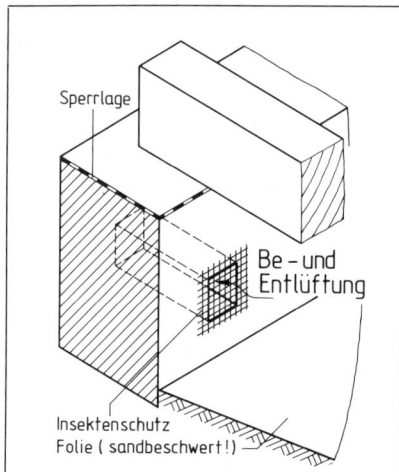
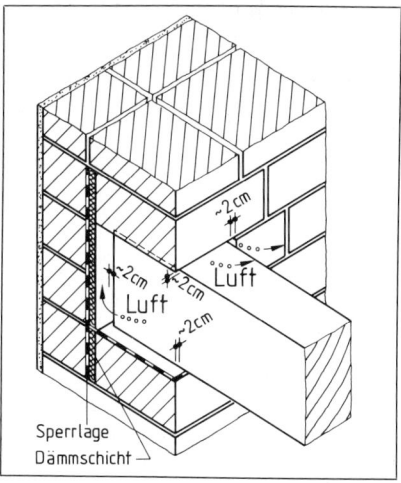

5.4 Belüftungsöffnungen und dichte Folien schützen Balkenlagen über nicht unterkellerten Gebäuden

5.5 Balkenkopf im Außenmauerwerk

81

Beispiele, Fortsetzung

Dampfsperren vor wärmegedämmten Wänden und Decken aus Holz liegen stets auf der „warmen" (beheizten) Seite. Sie verhindern Tauwasseransammlungen in der Dämmschicht (**5.6**). Aus der Baufachkunde 1 wissen wir, daß durchnäßte Dämmschichten wirkungslos sind.

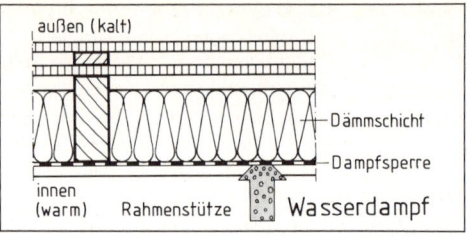

5.6 Außenwand in Holztafelbauweise (Querschnitt). Die Dampfsperre schützt vor Wasserdampfkondensat

5.1.2 Holzbalkenlagen

Holzbalkenlagen sind die tragenden Bauteile von Geschoß- und Dachdecken. Mangelnde Feuersicherheit, Anfälligkeit gegen Holzschädlinge und Probleme der Trittschalldämmung haben zu verschärften Bauvorschriften für Holzdecken geführt. Deshalb finden wir Holzbalkendecken überwiegend in Einfamilienhäusern. Zunehmend sind dagegen aufwendige Reparaturarbeiten an Holzbalkendecken beim Sanieren alter Bausubstanz auszuführen.

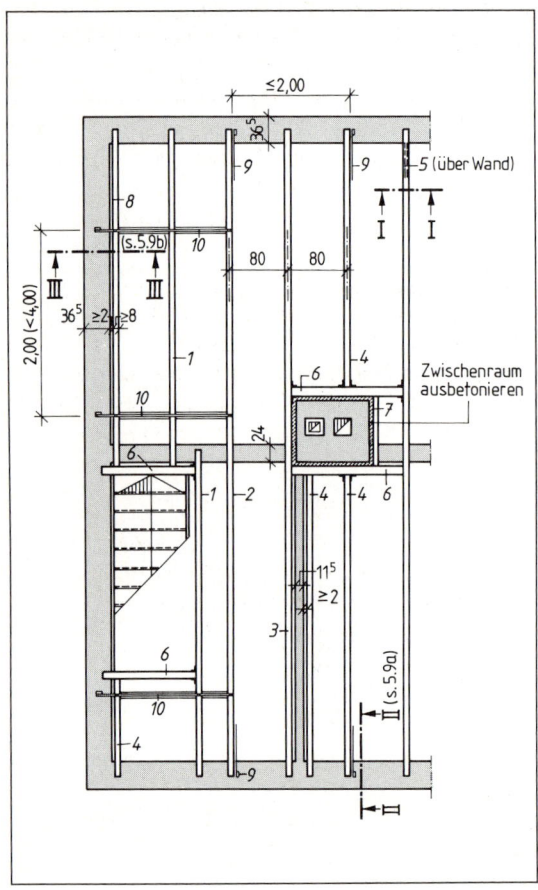

5.7 Ausschnitt einer Holzbalkenanlage (Draufsicht)

1 Zwischenbalken
2 Ganz-(Haupt-)balken
3 Streichbalken
4 Stichbalken
5 Wandbalken (s.a. **5.8**)
6 Wechsel
7 Füllholz
8 Giebelbalken
9 Kopfanker
10 Giebelanker mit Spannbohlen

5.8 Wand und Wandbalken lassen sich durch Keile oder gleitend elastisch mit U-Profilstahl verbinden. Abfangträger (z.B. I-Stahl) bieten tragfähige Wandauflager (Deckenausbau nicht dargestellt)

Nach Lage, Zweck und Auflagerung verwenden wir folgende Begriffe (**5.7**):

Zwischen- oder Geschoßbalken trennen Geschosse voneinander.

Ganz- oder Hauptbalken gehen über die ganze Gebäudebreite.

Streichbalken liegen vor durchgehenden Querwänden. Sie erhalten nur die halbe Belastung ihrer Nachbarbalken und können daher schmaler sein – wegen der Gefahr des Verwerfens und Ausbeulens jedoch möglichst nicht unter 8 cm. Seitlich aufgenagelte Dachlatten stellen den notwendigen Kontakt zur angrenzenden Querwand her.

Wandbalken überdecken schmalere Wände auf ganzer Länge. U-Profile oder Keile stellen den unverschieblichen Kontakt her (**5.8**). Mit bündig angebrachten Seitenlatten sind u. U. zusätzliche Anschlußflächen für Verkleidungen zu schaffen. B u n d balken schließen Fachwerkwände nach oben ab.

Stichbalken liegen parallel zu den Ganzbalken, haben jedoch nur e in Wandauflager. Auf der anderen Seite sind sie höhengleich mit Querbalken (Wechselbalken) verbunden.

Wechsel(-balken) bilden die Auflager für Stichbalken. Sie liegen quer zur Balkenlage und sind beidseitig höhengleich an die angrenzenden Ganzbalken angeschlossen, falls vorhanden, auch einseitig mit Wandauflagerung (s. **5.7** an der Treppe). Die Ganzbalken haben dadurch zusätzliche Lasten aufzunehmen und müssen daher oft größere Querschnitte erhalten.

Giebelbalken (Ortbalken) liegen vor Giebelwänden. Sie gleichen den Streichbalken.

Füllhölzer haben keine statische Aufgabe. Sie schaffen in der Regel zusätzlich erforderliche Nagelflächen.

Dachbalken bilden die Dachdecke von Flachdächern.

Holzbalken zur Aufnahme gemauerter Wände erfordern meist größere Balkenquerschnitte. Ihre Formänderungen infolge Biegung und Trocknung führen jedoch leicht zu Mauerwerksrissen. Eine zweckmäßige Lösung mit Stahlprofilträgern als Unterzug zeigt Bild **5.8**.

> Nach der Lage im Gebäude unterscheidet man Geschoß- und Dachbalken. Innerhalb einer Balkenlage gibt es Streich-, Giebel-, Wand- und Stichbalken, ferner Wechsel und Füllhölzer.

5.1.3 Konstruktive Durchbildung

Balkenabstände. Beim Einteilen der Abstände sind zuerst die Giebel-, Streich- und Wandbalken festzulegen. Dazwischen wählt man Balkenabstände von 60 bis 80 cm. Größere Abstände erfordern dickere, biegefeste Bodenbeläge. Häufig passen die Schornsteine durch ein Balkenfeld. Bei überlegter Einteilung der Abstände entfällt dann unnötiger Aufwand für das Auswechseln. Innerhalb eines Raumes sollte sich die Balkenrichtung nicht ändern, weil sonst für das Aufnageln des Bodenbelags und der Deckenverkleidung zusätzliche Konterlatten erforderlich sind.

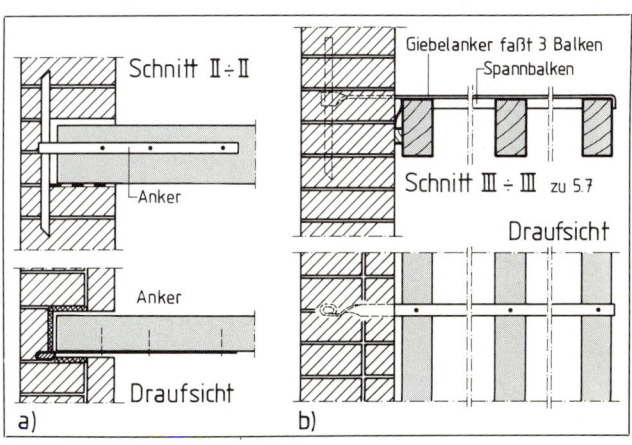

5.9
a) Zuganker schaffen kraftschlüssige Verbindungen zwischen Wand und Decke
b) Giebelanker wirken nur mit Spannbalken. Sie müssen zwei Balkenfelder erfassen (Deckenausbau nicht dargestellt)

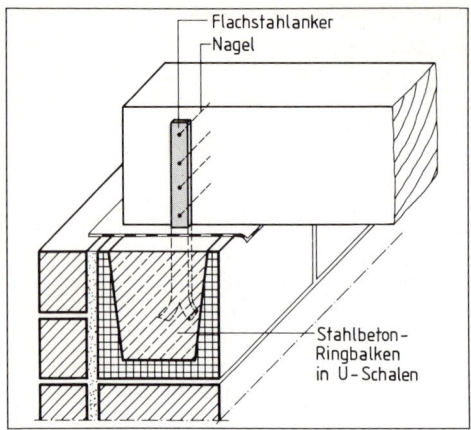

Balkenauflager. Balkenenden erhalten Auflagerlängen, die etwa der Balkendicke entsprechen. Da Holzbalkendecken wenig zur Gebäudeaussteifung beitragen, sind für Endauflager aus Mauerwerk mindestens 24 cm dicke einschalige Wände nötig. Wände und Decken sind kraftschlüssig zu verbinden. Holzbalken erhalten dafür Zuganker nach Bild **5.**9a, bei den Massivdecken gelten die Auflager-Reibungskräfte zwischen Deckenbeton und Mauerwerk als ausreichende Verbindung. Die Zuganker (Kopf- und Giebelanker) haben ≤ 2 m, in Ausnahmefällen höchstens 4 m Abstand. Sie sollen über Wänden oder Pfeilern, nicht über Öffnungen angeordnet sein. Anker an parallel zur Balkenlage verlaufenden Wänden (z. B. Giebelanker) müssen

5.10 Stahlbeton-Ringbalken bieten günstige Verankerungsmöglichkeiten für Holzbalken

3 Balken erfassen (= 2 Balkenfelder, **5.**9 b). Oft werden Stahlbeton-Ringbalken zur horizontalen Wandaussteifung gewählt. Holzbalken lassen sich darin einfach verankern (**5.**10).
Balkenstöße über Mittelauflagern erhalten zugfeste Verbindungen (**5.**11). Wechsel- und Stichbalkenanschlüsse nach handwerklich-traditioneller Ausführung schwächen der Holzquerschnitt. Spezielle „Balkenschuhe" aus Nagelblechen sind tragfähiger und weniger aufwendig (**5.**12).

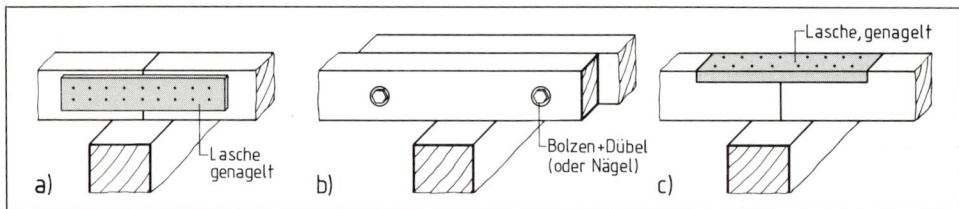

5.11 Zugfeste Balkenstöße a) mit seitlich genagelten Stahl- oder Holzlaschen, b) mit Dübel und Heftbolzen, c) mit aufgesetzter Holzlasche

Feuchtigkeitsschutz. Balkenköpfe im Außenmauerwerk sind besonders der Feuchtigkeit ausgesetzt und daher anfällig gegen Schädlingsbefall. Alte Holzbalkendecken zeigen an diesen Stellen die häufigsten und größten Schäden. Das Anlaschen neuer Balkenköpfe nach Bild **5.**13

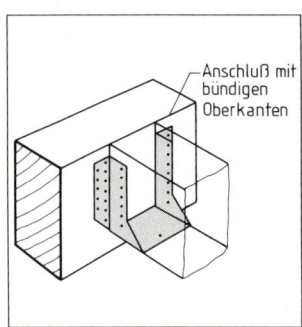 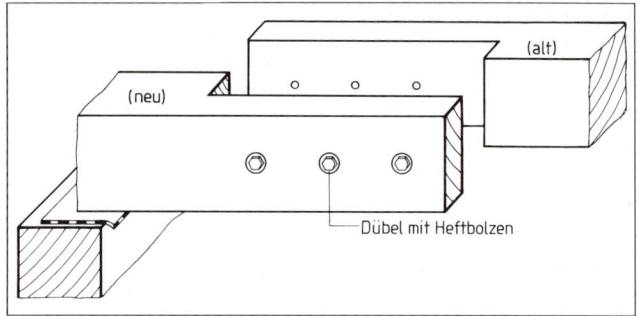

5.12 Stichbalkenauflagerung durch nagelbare Balkenschuhe aus Blech

5.13 Verrottete Holzbalkenköpfe lassen sich häufig durch angedübelte Paßstücke sanieren

ist daher eine oft notwendige Maßnahme zur Rettung alter Balkenlagen. Zum Schutz gegen Kapillarfeuchtigkeit liegen Balkenköpfe grundsätzlich auf waagerechter Sperrschicht. Ringsum angeordnete Dämmschichten, mindestens aber eine Dämmschicht an der Hirnholzseite, verhindern Wasserdampfkondensat aus abgekühlter Raumluft. ≥ 2 cm breite Luftschlitze umlüften ständig die Balkenköpfe und trocknen eingedrungene Feuchtigkeit aus (**5.4**, **5.5**). Zusätzlichen Holzschutz bieten Imprägnierungen der Balkenköpfe gegen Schädlingsbefall.

Brandschutz ist vor allem beim Hindurchführen der Schornsteinrohre durch Balkenlagen zu beachten. Alle Holzbauteile sollen darum ≥ 5 cm von der Außenkante Rohr entfernt sein (an unverkleideten Stellen etwa ≥ 2 cm). Der Raum zwischen Schornstein und den ringsum angrenzenden Balken, Wechseln oder Füllhölzern wird in der Regel dicht mit Beton ausgefüllt (**5.7**).

Balkenabstände von Holzbalkenlagen betragen 60 bis 80 cm.
Die Balkenlagen werden durch Kopf- und Giebelanker mit den Außenwänden verbunden. Laschen eignen sich für zugfeste Balkenstöße, Nagelblech-Balkenschuhe für Stichbalken- und Wechselauflager.
Sperr- und Dämmschichten sowie Belüftungsschlitze schützen die Balkenköpfe an Außenwandauflagern gegen Tau- und Kapillarwasser. Am Schornsteinrohr ist der Brandschutz zu beachten.

5.2 Dachformen und Dachteile

5.2.1 Dachformen

Bevor Häuser gebaut wurden, gab es das Dach als erste menschliche Behausung. Redewendungen wie „unter einem Dach wohnen" und „ein Dach über dem Kopf haben" kennzeichnen symbolhaft das Dach als schützende Hülle, aber auch als einen nach außen abgegrenzten Raum.

Klimatische Gegebenheiten, verfügbare Bau- und Deckmaterialien sowie die geplante Nutzung der Dachräume prägen die Erscheinungsformen des Daches. So erfordern stroh- und reetgedeckte Dächer einen schnellen Ablauf des Regenwassers und daher steile Dachneigungen. Schuppenförmige Dachdeckungen (z. B. Schindeln, Schiefer, Pfannen) erlauben mäßig geneigte Dächer und in schneereichen Gebieten dicke, dämmende Schneedecken auf der Dachhaut. Große Dachüberstände schützen vor starker Sonneneinstrahlung wie gegen Schlagregen.

Die Grundformen der Dächer entwickelten sich aus der Gestaltung ihrer Quer- und Längsschnitte. Der Dach q u e r s c h n i t t bestimmt die Form der Sattel-, Mansard- und Pultdächer. Der Längsschnitt kennzeichnet Giebel-, Walm-, Krüppelwalm- und Zeltdächer. Die üblichen Kombinationen zeigt Bild **5.**14 auf S. 86. Zur genauen Beschreibung eines Daches sind meist Längs- und Querschnittsform zu benennen.

Beispiele   Satteldach mit Krüppelwalm; allseitig abgewalmtes Mansarddach

Das Pultdach ist die einfachste Form des geneigten Daches. Es besteht aus einer schräggestellten Dachfläche.

Das Sheddach (engl. shed = Halle) mit dem typischen sägeblattförmigen Dachschnitt eignet sich wegen günstiger Belichtungsmöglichkeiten für großräumige Hallen.

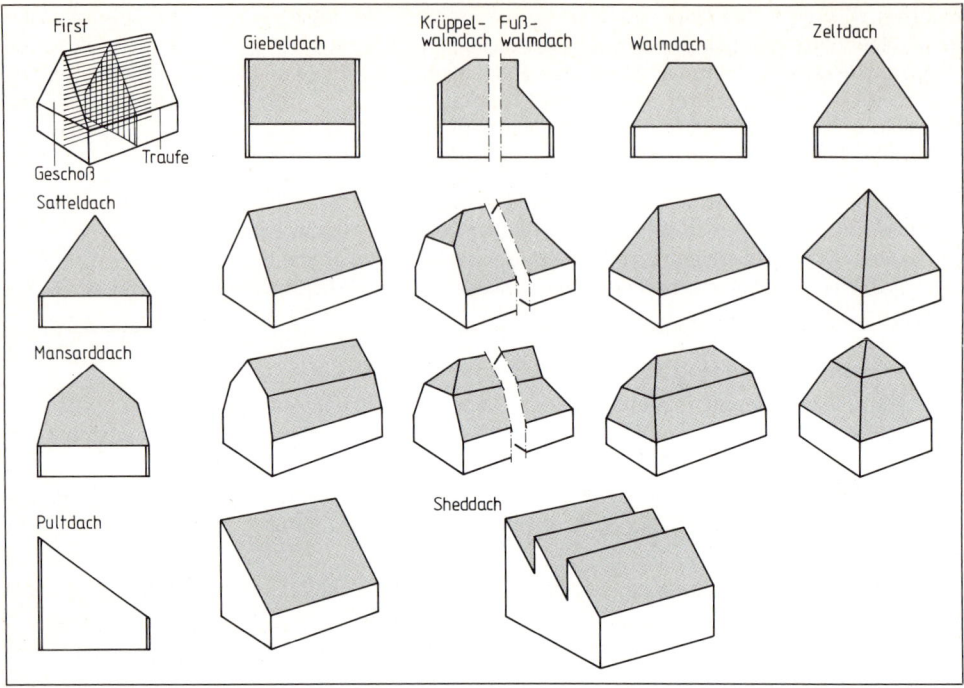

5.14 Längs- und Querschnitt bestimmen die Dachform

Das Satteldach besteht aus zwei geneigten Dachflächen mit gemeinsamer Firstlinie. Es ist die traditionelle und heute noch häufigste Dachform.

Das Mansarddach (benannt nach dem französischen Baumeister J. Hardouin-Mansart) bietet mit den steilgestellten Dachflächen des Unterdachs einen vergrößerten, ausbaufähigen Dachraum. Darüber knickt das flacher geneigte Oberdach zur gemeinsamen Firstlinie ab. Die Bruchlinien nennen wir Mansardlinien, den darunterliegenden Dachraum Mansarde (Mansardenwohnung).

Zeltdächer haben keinen First. Sie bestehen aus vierseitig zusammengefügten und in einer gemeinsamen Spitze (Anfallpunkt) auslaufenden Dachflächen (Walmflächen).

Walm-, Krüppelwalm- und Fußwalmdächer sind die Alternativen zum Giebeldach.

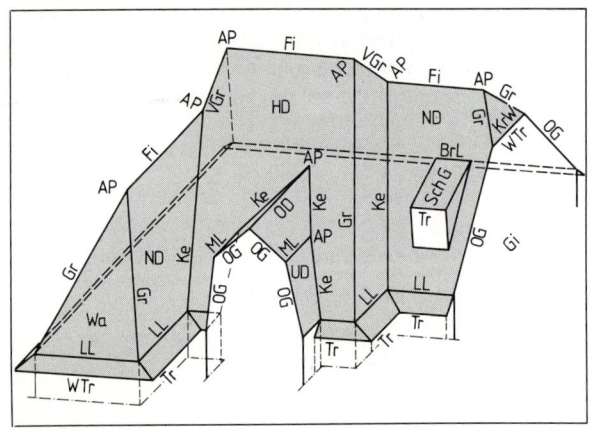

5.15
Dachteile, -linien und -punkte an geneigten Dächern

AP	Anfallpunkt	ND	Nebendach
BrL	Bruchlinie	OD	Oberdach
Fi	First	OG	Ortgang
Gi	Giebel	Tr	Traufe
Gr	Grat	UD	Unterdach
HD	Hauptdach	VGr	Verfallungsgrat
Ke	Kehle		
KrW	Krüppelwalm	Wa	Walmfläche
LL	Leistlinie	WTr	Walmtraufe
ML	Mansardlinie		

Zusammengesetzte Dächer ergeben sich über gegliederten Grundrissen (**5.15**), abweichende Formen bei schiefwinkligen Grundrissen, unterschiedlichen Traufhöhen und außermittig angeordneten Firstlinien (**5.16**).

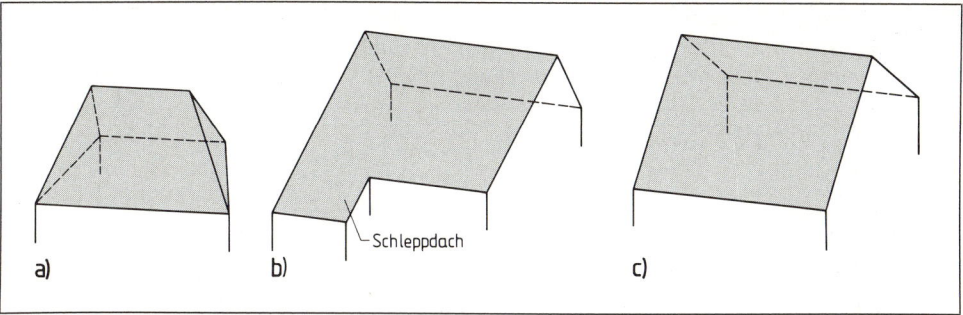

5.16 Abweichende Dachformen
  a) Walmdach über Trapezgrundriß
  b) Satteldach mit außermittig liegender Firstlinie und abgeschlepptem Dachteil
  c) Satteldach mit höhenversetzten Trauflinien

Sattel-, Mansard- und Pultdächer erkennen wir am Dachquerschnitt, Giebel-, Walm-, Zelt-, Shed-, Krüppelwalm- und Fußwalmdächer auch am Dachlängsschnitt.

5.2.2 Dachteile

Bild **5.15** kennzeichnet die wichtigsten Dachteile, -flächen, -linien und -punkte.

Walme begrenzen den Dachraum an der Giebelseite, Krüppelwalme nur den oberen Dachteil, Fußwalme den unteren. Ihre Neigungen dürfen von der Hauptdachneigung abweichen.

Schleppdächer sind über die Trauflinie nach unten weitergeführte Dachteile (**5.16 b**).

Dachlinien. Die Traufe (Trauflinie) ist der untere waagerechte Rand einer Dachfläche, der Ortgang (Ortganglinie) die Dachbegrenzungslinie zur Giebelfläche. Dachbruchlinien entstehen durch Abknickungen der Dachfläche (z. B. die Leistlinie beim abgeflachten Traufbereich oder die schon beschriebene Mansardlinie zwischen Ober- und Unterdach, aber auch der obere Rand des Schleppgaupendachs). Dachbruchlinien laufen stets parallel zu First und Traufe. Grate und Kehlen ergeben sich bei recht- oder schiefwinklig aufeinander zulaufenden Dachflächen. Grate entstehen an ausspringenden Gebäudeecken, Kehlen an einspringenden. Verfallungsgrate verbinden als oberer Restgrat an zusammengesetzten Dächern unterschiedlich hohe Firstendpunkte (Anfallpunkte).

Anfallpunkte ergeben sich, wo drei oder mehr Dachflächen in einem Punkt zusammentreffen. Stets führen Grat- oder Kehllinien dorthin.

Walmflächen begrenzen Dächer an den Giebelseiten und treffen seitlich auf die Dachgrate, bei einspringenden Gebäudeecken auf Kehlen.

Firste bilden den oberen, Traufen den unteren Dachrand. Ein- oder ausspringende Dachbruchlinien verlaufen parallel dazu (z. B. Leist- und Mansardlinien).

5.3 Physikalische Grundlagen

Das bauphysikalische Problem im Dachbau besteht vor allem in der **Durchfeuchtungsgefahr** für Holzbauteile und Dämmschichten infolge Tauwasserbildung (Wasserdampfkondensation) während der kalten Jahreszeit (**5.17**). Tauwasser führt auf Dauer zu Bauschäden, Heizenergieverlusten und gesundheitsgefährdendem Gebäudeklima. Bauphysikalisch begründete Problemlösungen bieten das belüftete Dach (Kaltdach) und das unbelüftete Dach (Warmdach).

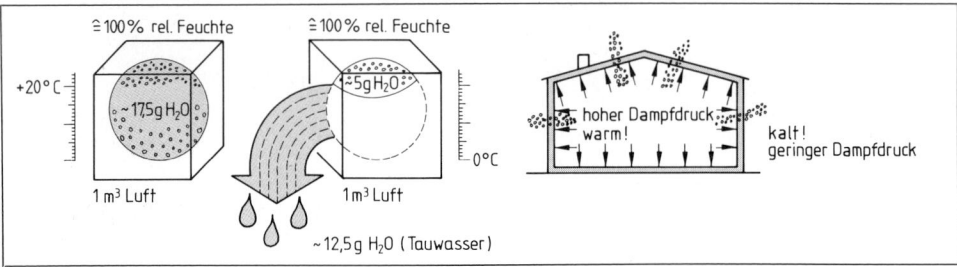

5.17 Die Gefahr der Tauwasserbildung entsteht durch Abkühlen des Luft-Wasserdampfs

Lufttemperatur	max. Wasserdampfmenge g/m³ Luft	
+20	→	17,5
0	→	−5,0
		~12,5 g Tauwasser

$\cong 100\%$ relative Luftfeuchte

Bei 100% relativer Luftfeuchtigkeit kondensiert der Wasserdampf der Luft zu Tauwasser. Ansteigende Temperaturen verringern die relative Luftfeuchte, abfallende erhöhen sie. Bei 100% relativer Luftfeuchte ist die Taupunkttemperatur erreicht. Die Lage der Taupunkttemperatur innerhalb eines Bauteils (z. B. Decke, Wand) nennen wir Taupunkt(ebene).

Warme Luft trägt mehr Wasserdampf als kalte und hat daher einen höheren Wasserdampfdruck. Dieser sucht stets den Ausgleich mit dem geringeren Dampfdruck. Darum diffundiert in der kalten Jahreszeit der Wasserdampf aus den erwärmten Räumen durch die Außenbauteile nach außen.

5.3.1 Zweischaliges belüftetes Dach (Kaltdach)

Das belüftete Dach (Kaltdach) hat zwischen Dachhaut und Dämmung einen Luftraum (Kaltraum) mit Be- und Entlüftungsöffnungen an den Dachrändern. Aus den bewohnten Räumen soll der Wasserdampf die innenliegenden Dachschichten durchdringen und im Luftraum unterhalb der Dachhaut nach außen abgeführt werden. Die Fähigkeit der Luft, bei Erwärmung mehr Wasserdampf aufnehmen zu können, kommt dem belüfteten Dach gerade in der kritischen kalten Jahreszeit zugute: Die eingeströmte Kaltluft kann sich im Dachraum erwärmen, zusätzlich Wasserdampf aufnehmen und ihn durch die Entlüftungsöffnungen nach draußen führen. Das belüftete Dach hat gleichsam eine eingebaute, von bauphysikalischen Gegebenheiten gesteuerte Trocknungsvorrichtung. Leider ist dies zugleich seine empfindliche Schwachstelle, denn eine Störung oder gar Unterbrechung der Dachbelüftung über längere Zeit führt zwangsläufig zu Durchfeuchtungsschäden.

Das nicht ausgebaute Satteldach bietet grundsätzlich bessere Belüftungsmöglichkeiten als das ausgebaute, das steile wiederum bessere als das flachgeneigte. Warum? Beim nicht ausgebauten Satteldach tritt der Luftstrom durch die Belüftungsschlitze an der Traufe in den Dachraum und verläßt ihn wieder durch Dachentlüfter in Firstnähe oder durch spezielle, mörtelfrei verlegte Lüftungsfirste (**5.18 a u. f**). Der Auftrieb der im Dachraum erwärmten Luft begünstigt diesen Vorgang.

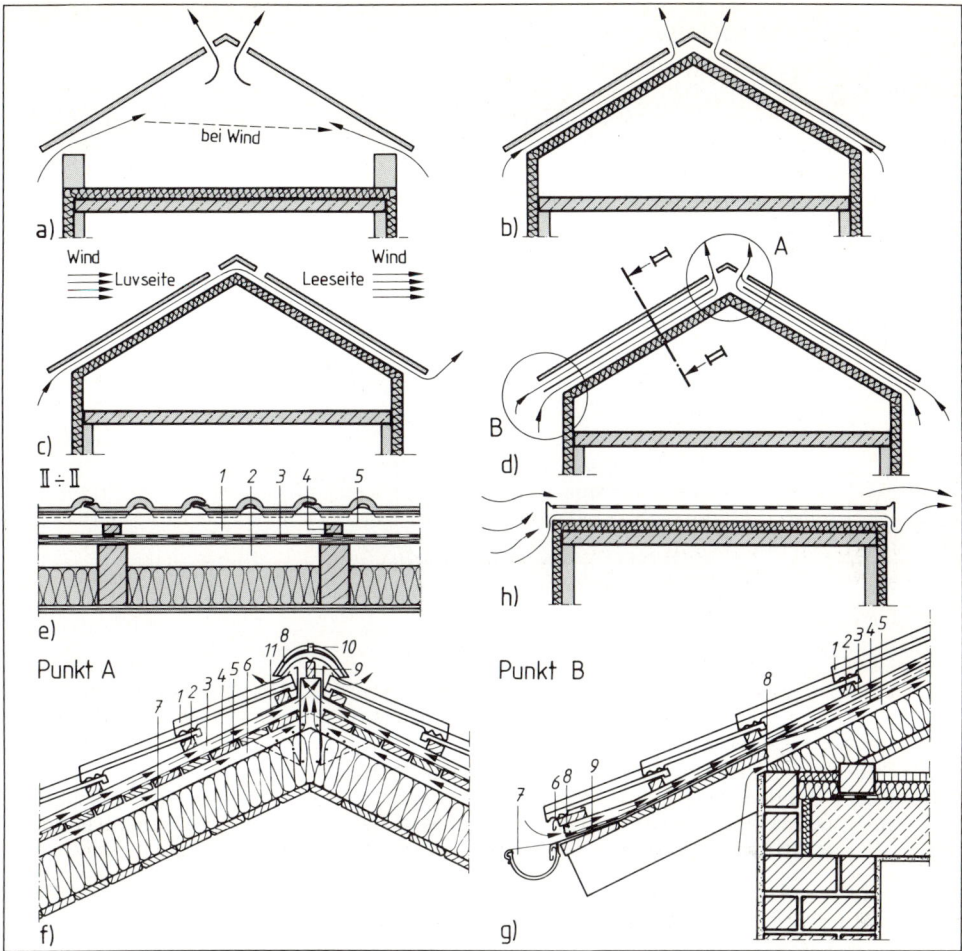

5.18 Die funktionsgerechte Dachbelüftung sichert auf Dauer trockene Holzdachteile

a) Belüftung im nicht ausgebauten Dach, b) Belüftung beim ausgebauten Dach, c) Winddruck und -sog lenken den Belüftungsstrom am First vorbei zur gegenüberliegenden Traufe, d) Das ausgebaute Satteldach mit „zusätzlicher Maßnahme" (Unterdach, Unterspannbahn) hat zwei Luftschichten, e) Unterdach äußerer Luftschicht durch Konterlatten

    1 äußere Luftschicht   3 Unterdach (Schalung und Sperrschicht)   5 Querlatte
    2 innere Luftschicht   4 Konterlatte

f) Firstentlüftung (Trockenfirst) beim ausgebauten Satteldach mit zusätzlicher Maßnahme (Unterdach)

    1 Betonsteindeckung   5 Schalung UD   9 Firstlatte
    2 Dachlatte   6 Sparren   10 First-Gratklammer
    3 Konterlattung   7 Wärmedämmung   11 Abdeckblech
    4 Sperrschicht UD   8 First-Gratstein

g) Traufpunkt eines belüfteten Satteldachs mit Unterspannbahn

    1 Dacheindeckung   4 Unterspannbahn   7 Regenrinne
    2 Dachlatte   5 Sparren   8 Fliegengitter
    3 Konterlattung   6 Abdeckblech   9 Traufbohle

h) Wind begünstigt die Durchlüftung des belüfteten Flachdachs

Beim ausgebauten belüfteten Satteldach verläßt nur in etwa ⅓ aller Fälle die eingeströmte Luft den Dachraum durch die Firstentlüftung (**5.18 b**). Die Hauptmenge des an der Luvseite (windzugewandte Seite) aufstrebenden Luftstroms lenkt der Wind an den Firstentlüftern vorbei nach unten ab. So verläßt der größte Teil das Dach auf der Leeseite (windabgewandte Seite) abwärts durch die Entlüftungsöffnungen der Traufe (**5.18 c**). Darum schreibt DIN 4108 (Wärmeschutz im Hochbau) an den Traufseiten größere Belüftungsquerschnitte vor als am First (**5.19**).

Tabelle 5.19 **Bauphysikalische Mindestwerte für das ausgebaute Satteldach nach DIN 4108 T 3**

Dach-neigung	Dachteil	Lüftungsquerschnitt A_L je lfd. m	Höhe H_L des Strömungs-querschnitts	diffusions-äquivalente Luft-schichtdicke s_d[4])	bei Spar-renlänge a
$\geq 10°$	Traufe	$\geq 2‰$ von A_D[1]) ≥ 200 cm²	–	–	–
	First	$\geq 0{,}5‰$ von A_{ges}[2])	–	–	–
	Dach-bereich (quer-schnitt)	≥ 200 cm² $\perp$ zur Strömungsrichtung	≥ 2 cm $\perp$ zur Strömungs-richtung[5]) (ab OK Dämmung)	≥ 2 m ≥ 5 m ≥ 10 m	≤ 10 m ≤ 15 m > 15 m
$\leq 10°$	Traufe	$\geq 2‰$ von A_{DP}[3]) an jeder Traufseite			
	Dach-bereich (quer-schnitt)	–	≥ 5 cm $\perp$ zur Strömungs-richtung (ab OK Dämmung)	≥ 10 m	–

[1]) Dachfläche zwischen First und Traufe
[2]) Dachfläche insgesamt
[3]) Grundrißfläche unterhalb des Daches
[4]) s_d = Maß für den Sperrwert von Bauteilschichten
[5]) Achtung: Quellende Dämmstoffe (z. B. Mineralwolle) können die Luftschichtdicke deutlich verringern oder ganz dichtsetzen. Quellmaße daher berücksichtigen!

Unterdächer oder Unterspannbahnen schützen die Dachausbauschichten gegen Flugschnee, Staub und Regen. Diese „Dächer mit zusätzlicher Maßnahme" erfordern meist zwei Luftschichten (**5.18 f**). Die Tabelle **5.19** gilt für die untere Luftschicht, die obere entlüftet die Dachhaut und muß mit Konterlatten von $d \geq 2{,}4$ cm Dicke gebildet werden (**5.18 f u. g**). Bis $\leq 16°$ Dachneigung sollten stets vollverschalte regensichere Unterdächer als zusätzliche Maßnahme gewählt werden. Für steilere Dächer genügen die handelsüblichen Unterspannbahnen aus Kunststoff. Nur die diffusionsoffenen Bahnen bieten hinreichend Sicherheit gegen unerwünschtes Kondensatwasser. Unterspannbahnen sind stramm gespannt auszuführen.

Die Überlastung des Luftstroms mit Wasserdampf soll durch die **diffusionsäquivalente Luftschichtdicke** s_d der Ausbauschichten verhindert werden. Diese entspricht der Dicke einer ruhenden Luftschicht, die den gleichen Wasserdampf-Diffusionswiderstand wie die Bauteilschicht hat. Die Mindestwerte enthält Tabelle **5.19**.

Die Luftundurchlässigkeit der Ausbauschichten auf der Dämmschicht-Innenseite ist unabdingbare Voraussetzung für die Wirksamkeit der berechneten s_d-Werte. Über luftdurchlässige „Leckstellen" – besonders an den Randanschlüssen (Wände, Dachfenster, Schornsteine, Rohrdurchführungen) – dringt durch Luftströmung (Konvektion) viel mehr Wasserdampf als bei Diffusion durch die Ausbauschicht selbst. Daher ist die Dampfsperrschicht zugleich als funktionssichere Windsperre auszubilden (Ränder abkleben!).

Die diffusionsäquivalente Luftschichtdicke s_d bezieht sich auf die Summe der Dachausbauschichten unterhalb der Luftschicht. Wir berechnen sie nach folgender Formel:

$$s_d = s \cdot \mu$$

$s_d \, \hat{=}$ diffusionsäquivalente Luftschichtdicke in m
$s \;\; \hat{=}$ Stoffdicke in m
$\mu \;\; \hat{=}$ (sprich mü) Diffusionswiderstandsfaktor – eine stofftypische Materialkennzahl (s. Wärmeleitfähigkeitstafeln). Sie besagt, wieviel mal höher der Dampfdurchgangswiderstand eines Stoffes gegenüber einer gleich dicken Luftschicht ist.

Beispiel Der Dachausbau unterhalb der Luftschicht besteht aus 8 cm dicken PUR-Hartschaumplatten mit $\mu = 30$ und 2,2 cm dicken Flachpreßplatten mit $\mu = 20$ (**5.20a**). Wie groß ist s_d?

Lösung

Stoff	s	μ	s_d
PUR-Hartschaum	0,08 m ·	30 =	2,40 m
Flachpreßplatte	0,022 m ·	20 =	0,44 m
		$s_d =$	2,84 m

Ergebnis Der Diffusionswiderstand der Dachausbauschichten gleicht dem einer 2,84 m dicken Luftschicht.

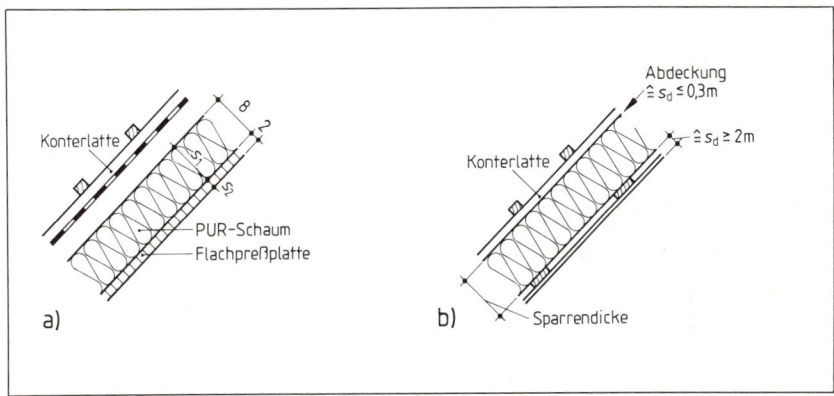

5.20 a) Die Ausbauschichten (hier s_1 und s_2) müssen der diffusionsäquivalenten Luftschichtdicke nach Tab. **5.19** entsprechen
b) Bedingungen für Dachschrägen mit vollgedämmten Sparrenfeldern

Ausgebaute Dächer ohne innere Luftschicht gemäß Tab. **5.19** sind gestattet (z. B. bei Dämmschichtdicken bis OK Sparren), wenn der innere s_d-Wert $\geq 2,0$ m durchgehend eingehalten wird und auf der Außenseite eine Dämmschichtabdeckung mit $s_d \leq 0,3$ m gewährleistet ist. Es genügt dann die durch Konterlattung hergestellte äußere Luftschicht (**5.20b**).

Ist ein innerer s_d-Wert von 100 m durchgehend vorhanden, können alle diese Vorschriften für die Belüftung der inneren Luftschicht entfallen. Unerläßlich bleibt jedoch die mit Konterlatten hergestellte äußere Luftschicht über der „zusätzlichen Maßnahme" (Unterspannbahn, Unterdach o. ä.), um Feuchte aus Flugschnee, Flugregen oder abtropfendem Kondenswasser von der Dachhaut sicher nach draußen zu leiten.

Das belüftete Flachdach hat keinen strömungsfördernden thermischen Auftrieb (**5.18h**). DIN 4108 fordert deshalb für Dächer mit $\leq 10°$ Neigung ≥ 5 cm Luftschichthöhe und für gegenüberliegende Traufseiten Belüftungsquerschnitte von je $\geq 2\%$ der gesamten Dachgrundrißfläche (**5.19**). Kräftiger Wind in Richtung der belüfteten Balkenfelder soll den notwendigen Luftstrom im Flachdach erzeugen. Quer zur Balkenlage aufgenagelte Konterlatten begünstigen die Dachentlüftung durch Luftaustausch zwischen den Balkenfeldern. Nicht nur wechselnde Windrichtung und -stärke, sondern auch störende Hindernisse in der Balkenlage (z. B. Wechselhölzer), Änderung der Balkenrichtung (z. B. beim Winkelhaus), Windschatten durch verdichtete Nachbarbebauung oder Tallage können die Belüftung des Flachdachs beeinträchtigen. Das belüftete Flachdach ist daher nicht unproblematisch. Es wird zunehmend vom unbelüfteten Flachdach verdrängt oder durch besondere Maßnahmen (z. B. dampfbremsende Schichten unterhalb der Dämmung) dem System des unbelüfteten Flachdachs angepaßt. Zusätzliche Sicherheit fordert DIN 4108 auch durch erhöhte Mindestwerte für die diffusionsäquivalente Luftschichtdicke der Ausbauschichten. Die Flachdachrichtlinien empfehlen, die Mindestwerte zur Belüftung von Dächern sowie die vorgegebenen s_d-Werte nach Tab. **5.19** aus Gründen der Funktionssicherheit zu überschreiten.

Völlig falsch und von verheerender Auswirkung wäre eine stark dampfbremsende äußere Abdeckung der Dämmschicht, z. B. durch dichte Kunststoff-Folien! Die physikalische Reaktion: Wasserdampfstau auf der kalten Dämmschichtseite, Anstieg der relativen Luftfeuchtigkeit und Abfall der Taupunkttemperatur, Erreichen und Unterschreiten des Taupunkts, Ausscheiden von Kondenswasser, durchnäßte und damit unwirksame Dämmschichten, durchfeuchtetes Holz als ideale Brutstätte für Holzschädlinge.

Vorsicht bei Dachdeckungen aus Metall oder bei Metallteilen innerhalb des Luftraums! Im Winter gefriert der kondensierende Wasserdampf dort zu Eisschichten, die den Luftraum bei Tauwetter in eine Tropfsteinhöhle verwandeln und die darunterliegende Decke durchnässen.

Bauphysikalisches Hauptproblem im Dachbau ist die Durchfeuchtungsgefahr für Dachholz und Dämmschichten durch Wasserdampfkondensat (Tauwasser) aus abgekühlter Raumluft.

Das belüftete Dach (Kaltdach) bietet eine Lösung. Hier stellt sich in der Luftschicht oberhalb der Dachdämmung über Zu- und Abluftöffnungen ein Luftstrom ein, der den von innen her eingedrungenen Wasserdampf nach draußen führt.

Zusätzliche Sicherheit erbringen dampfbremsende Ausbauschichten mit diffusionsäquivalenten Luftschichtdicken nach DIN 4108 ($s_d \geq 2$ m) oder dichte, deshalb sehr wirksame Folien aus Aluminium oder Kunststoff auf der inneren (warmen) Dämmschichtseite.

Die Luftundurchlässigkeit an der Dämmschicht-Innenseite gehört zu den wichtigsten Voraussetzungen für die Funktionssicherheit belüfteter Dachsysteme.

Ausgebaute Dachschrägen erhalten stets eine „zusätzliche Maßnahme" (Unterspannbahn, Unterdach) und Konterlattung für die äußere Luftschicht. Dämmschichtlagen bis Außenkante Sparren sind möglich, wenn eine Dämmschichtabdeckung mit $s_d \leq 0{,}3$ m und auf der Sparreninnenseite $s_d \geq 2$ m eingehalten werden.

5.3.2 Nicht belüftetes Dach (Warmdach)

Beim nicht belüfteten Dach entfällt die wasserdampfableitende, strömende Luftschicht zwischen Dämmung und Dachhaut, so daß der gesamte einschalige Dachquerschnitt von innen her durchwärmt werden kann (daher Warmdach). Flachdächer werden häufig nach diesem Prinzip konstruiert. Das Problem der Tauwasser-Durchfeuchtung während der kalten Jahreszeit kann hier nur gelöst werden, indem die Wasserdampfdiffusion bereits auf der warmen Dachseite – also unterhalb der Dämmschicht – wirksam unterbrochen wird (**5.21** a, b).

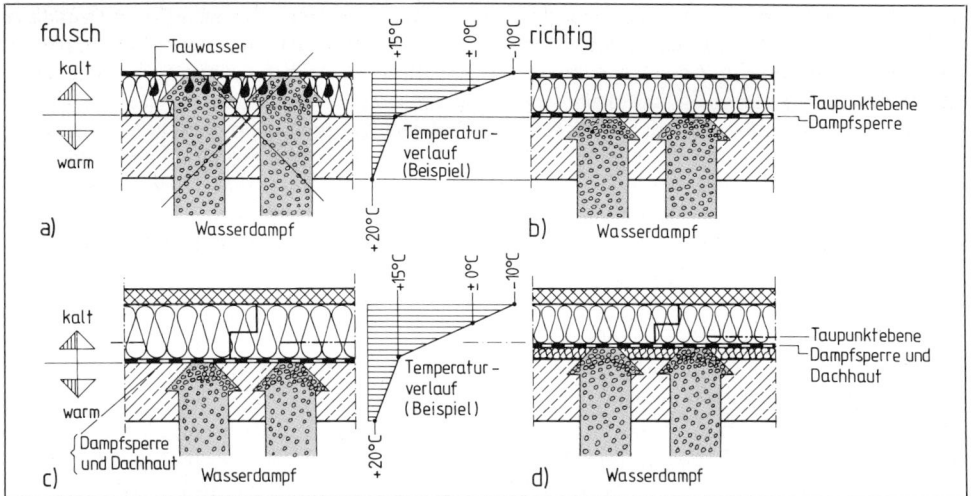

5.21 Die Dampfsperre schützt vor Durchfeuchtungen aus Wasserdampfkondensat
a) Tauwasserbildung ist die Folge der fehlenden Dampfsperre
b) Die Dampfsperre liegt stets auf der warmen Seite (unter der Dämmschicht)
c) Das Umkehrdach vereinigt Dampfsperre und Dachhaut in einer Lage
d) Das Duo-Dach enthält bis zu 20% der Dämmung unter der Dichtungsebene

Die Dampfsperre ist daher der bauphysikalisch wesentliche Bestandteil des nicht belüfteten Daches. Dichte, durch Schmelzprozesse entstandene Stoffe (Metall, Glas, Kunststoffe, Bitumen) eignen sich besonders dafür. Sie werden in Bahnen oder Planen gefertigt. Die Wärmedämmung soll die Taupunktebene deutlich über die Dampfsperre hinaus nach außen verlagern, wo Wasserdampf der Dampfsperre wegen gar nicht erst hingelangen kann (**5.21 b bis d**).

Fehler und Gefahren. Im Unterschied zur windabhängigen Luftschicht des belüfteten Daches (besonders bei flacher Neigung) hängt die Funktionsfähigkeit des nicht belüfteten Daches allein von der sorgfältigen Herstellung ab. Planungs- und Ausführungsfehler wirken sich noch verheerender aus als beim belüfteten Dach, denn Wasserdampfstau und -kondensat unterhalb der Dachhaut wegen unzureichender, undichter, fehlender oder falsch eingebauter Dampfsperre führen zur Durchfeuchtung und Verrottung der Dämmschicht (**5.21 a**). Der Verlust des Wärmeschutzes steigert außerdem die Temperaturdehnung der massiven Dachdecke, deren Schubkräfte Formänderungen und Risse in den Außenwänden verursachen können. Das im Winter angesammelte Tauwasser verwandelt sich durch Sonneneinstrahlung im Sommer wieder zu Wasserdampf, der nun weder nach innen durch die Dampfsperre noch nach außen durch die Dachhaut entweichen kann. Ansteigender Wasserdampfdruck unter den bituminösen Dachbahnen läßt die anwachsenden Dampfblasen aufplatzen. Einströmendes Regenwasser durchnäßt das Dach schließlich restlos. Die Sanierungskosten sind beträchtlich.

Statt Tauwasser kann auch witterungsbedingte Feuchtigkeit beim Aufbringen der Dachhaut in die Dachkonstruktion gelangen und den Vorgang der dachhautzerstörenden Blasenbildung in Gang setzen.

Das Umkehrdach (auch „Irma"-Dach von **I**nsulated **r**oof **m**embrane **a**ssembly) gleicht aus bauphysikalischer Sicht dem nicht belüfteten Dach, denn auch hier wird der Dampfdurchgang auf der warmen Dachseite unterbrochen (**5.21 c**). Jedoch liegt die Dachhaut auf der „umgekehrten" Seite, nämlich unter der Dämmschicht, wo sie zugleich die Funktion der Dampfsperre übernimmt. Somit entfällt die unerwünschte zweite Dampfsperre in Form der äußeren Dachhaut, so daß diffundierender Wasserdampf unmittelbar nach draußen gelangen kann. Feuchtigkeitsansammlungen, wie sie beim herkömmlichen nicht belüfteten Dach zwischen Dampfsperre und Dachhaut auftreten können, sind deshalb ausgeschlossen. Die hochwertigen, wasserundurchlässigen, witterungsbeständigen und verrottungsfesten Spezial-Dämmplatten aus extruder-expandiertem Hartschaum (z. B. Styrodur, Roof-mate) bleiben auch ohne äußere Dachhaut funktionsfähig und schützen zugleich die untere Dachabdichtung vor UV-Strahlung und die Massivdecke vor größeren Temperaturspannungen. Ein Dämmwertverlust bis zu 20% ist beim Bemessen der Dämmschichtdicke zu berücksichtigen, weil die Dachentwässerung z. T. auch unterhalb der Dämmschicht erfolgt.

Das Duo-Dach gleicht dem Umkehrdach, doch liegt hier der kleinere (!) Teil der Dämmung unterhalb der Abdichtungsebene und kann daher seiner trockenen Lage wegen die gewünschte Dämmfunktion in vollem Umfang erfüllen (5.21 d). Dabei ist der allgemein für nicht belüftete Dächer geltende Grundsatz zu beachten:

> Zusätzliche Dämmschichten auf der inneren (warmen) Seite des einschaligen Daches verändern den Temperaturverlauf innerhalb des Dachquerschnitts ungünstig. Dabei kann die Taupunktebene bis unter die Dampfsperre abrutschen. DIN 4108 gestattet deshalb höchstens 20% der Wärmedämmung unterhalb der Dampfsperre. Andernfalls ist eine zusätzliche Dampfsperre auf der Dämmschicht-Unterseite anzubringen.

Alte unbelüftete Flachdächer mit knapp bemessener Dämmschicht lassen sich nach dem System des Duo-Daches auf sehr einfache und diffusionstechnisch gefahrlose Weise wirksam verbessern. Die nachträglich auf die Außenseite aufgebrachten Dämmplatten bringen gegenüber der zusätzlichen Innendämmung keine größere Tauwassergefahr. Die Taupunktebene rückt im Gegenteil noch weiter über die Dampfsperre und damit auf die sichere Seite.

Unbelüftete Dächer in leichter Bauweise (leicht Warmdächer) finden wir über Holzdecken, schwere unbelüftete Dächer über Massivdecken. **Umkehrdächer** sind wegen notwendiger Wärmespeicherfähigkeit nur über Massivdecken zulässig.

> Beim nicht belüfteten Dach gewährleisten Dampfsperre und Dämmschicht die Sicherheit gegen Durchfeuchtungsschäden infolge Tauwasser. Die Dämmschicht rückt die Taupunktebene (-temperatur) möglichst weit nach außen, die Dampfsperre auf der „warmen" Dachseite verhindert, daß Wasserdampf in schädlichen Mengen diese gefährliche Ebene erreicht. Beim Umkehrdach übernimmt die Dachhaut zugleich die Aufgabe der Dampfsperre. Das gleiche gilt fürs Duodach mit $\leq$ 20% Dämmanteil unterhalb der Abdichtung.

5.4 Dachkonstruktion

5.4.1 Flachdach

Flachdächer haben Dachneigungen bis 5°, flachgeneigte Dächer von 5° bis 25°. Die Dachhaut flachgeneigter Dächer kann, die der Flachdächer muß als Abdichtung ausgeführt werden. Eine Übersicht über die genormten Dachbahnen vermitteln die Tabellen **5.22** und **5.23**.

Die Dachneigung bestimmt Zahl, Art und Aufbau der Dachschichten sowie die Ausbildung wichtiger Detailpunkte (**5.24** auf S. 96). Bituminös abgedichtete Dächer sollen möglichst $\geq 2°$ Dachneigung erhalten.

Tabelle 5.22 Genormte Bitumenbahnen

Trägereinlage	Bitumen-Dachbahnen DIN 52143	Bitumen-Dachdichtungsbahnen DIN 52130	Bitumen-Schweißbahnen DIN 52131	Polymerbitumen-Dachdichtungsbahnen DIN 52132	Polymerbitumen-Schweißbahnen DIN 52133
Glasgewebe	–	G 200 DD	G 200 S4 G 200 S5	PYE-G 200 DD	PYE-G 200 S4 PYP-G 200 S4 PYE-G 200 S5 PYP-G 200 S5
Polyesterfaservlies	–	PV 200 DD	PV 200 S5	PYE-PV 200 DD	PYE-PV 200 S5 PYP-PV 200 S5
Glasvlies[1])	V13	–	V60 S4	–	–

[1]) Nur als zusätzliche Lage

Kurzzeichen:

G	Glasgewebe	PYP	Polymerbitumen, modifiziert mit thermoplastischen Kunststoffen
PV	Polyestervlies	200	Flächengewicht der Trägereinlage, z. B. 200 g/m² (nicht V13)
V	Glasvlies		
PYE	Polymerbitumen, modifiziert mit thermoplastischen Elastomeren	DD	Dachdichtungsbahn
		S4/S5	Schweißbahn mit 4 bzw. 5 mm Dicke

Tabelle 5.23 Genormte Kunststoff- und Kautschukbahnen

DIN-Norm	Titel Dachbahn	Titel Dichtungsbahn[1])	Bezeichnung	Nenndicke[2]) mindestens
7864 T 1	Elastomerbahnen für Abdichtungen		z. B. EPDM, CR, IIR	1,2 mm
16729	Kunststoff-Dachbahnen und -Dichtungsbahnen aus Ethylencopolymerisat-Bitumen		ECB	1,5 mm
16730	Kunststoff-Dachbahnen aus weichmacherhaltigem Polyvinylchlorid, nicht bitumenverträglich	–	PVC-P-NB	1,2 mm
16731	Kunststoff-Dachbahnen aus Polyisobutylen, einseitig kaschiert	–	PIB	2,5 mm
16734	Kunststoff-Dachbahnen aus weichmacherhaltigem Polyvinylchlorid mit Verstärkung aus synthetischen Fasern, nicht bitumenverträglich	–	PVC-P-NB-V-PW	1,2 mm
16735	Kunststoff-Dachbahnen aus weichmacherhaltigem Polyvinylchorid mit einer Glasvlieseinlage, nicht bitumenverträglich	–	PVC-P-NB-E-GV	1,2 mm

Fortsetzung s. nächste Seite

Tabelle 5.23, Fortsetzung

DIN-Norm	Titel Dachbahn	Titel Dichtungsbahn[1])	Bezeichnung	Nenndicke[2]) mindestens
16736	Kunststoff-Dachbahnen und -Dichtungsbahnen aus chloriertem Polyethylen, einseitig kaschiert		PE-C-K-PV	1,2 mm
16737	Kunststoff-Dachbahnen und -Dichtungsbahnen aus chloriertem Polyethylen mit einer Gewebeeinlage		PE-C-E-PW	1,2 mm
16935	–	Kunststoff-Dichtungsbahnen aus Polyisobutylen	PIB	1,5 mm
16937	–	Kunststoff-Dichtungsbahnen aus weichmacherhaltigem Polyvinylchlorid, bitumenverträglich	PVC-P-BV	1,2 mm
16938	–	Kunststoff-Dichtungsbahnen aus weichmacherhaltigem Polyvinylchlorid, nicht bitumenverträglich	PVC-P-NB	1,2 mm

[1]) Genormt zum Einsatz bei Bauwerksabdichtungen (Dachabdichtungen unter genutzten Flächen)
[2]) Zum Teil einschließlich evtl. Kaschierung

Kurzzeichen:

K	kaschiert	NB	nicht bitumenverträglich	PPV	Polypropylenvlies
V	verstärkt	GV	Glasvlies	GW	Glasgewebe
E	Einlage	PV	Polyestervlies	PW	Polyestergewebe
BV	bitumenverträglich				

Tabelle 5.24 Von der Gebäudehöhe abhängige Flachdachrichtlinien

Konstruktionsteile	Gebäudehöhe		
	bis 8 m	8 bis 20 m	über 20 m
Auflast gegen Abheben im Eckbereich im Randbereich ⎱ bei lose verlegter im Innenbereich ⎰ Abdichtungsbahn	130 kg/m^2 45 kg/m^2	225 kg/m^2 210 kg/m^2 75 kg/m^2	360 kg/m^2 Einzelnachweise
Äußere Schenkelhöhe von Dachrandabdeckungen	≥ 5 cm	≥ 8 cm (Tropfkantenabstand vom Gebäude ≥ 2 cm)	≥ 10 cm

Die Dachschichten des nicht belüfteten Daches richten sich nach Untergrund, Material, Gebäudehöhe und Dachnutzung (5.24 sowie 5.25 und 5.26 auf S. 98 bis 100).

Der Voranstrich auf besenreiner Betonoberfläche besteht aus Bitumenlösung oder -emulsion und ist die erste vorbereitende Maßnahme auf Massivdächern. Er bindet vorhandenen Staub und verbessert die Haftfähigkeit der Deckenoberfläche.

Ausgleichsschichten bestehen meist aus gelochten Glasvlies-Bitumen-Dachbahnen mit grob besandeter Unterseite (LV-Bahnen). Geeignet sind auch punktförmig verklebte oder lose verlegte grobbesandete Bahnen. Punktverklebte Dampfsperrbahnen mit dichten Stößen ersparen die Ausgleichsschicht.

Tabelle 5.25 Dachneigungsabhängige Vorschriften (Flachdachrichtlinien 1991/92)

	Dachneigung < 2° ≙ 3,5% nur in Ausnahmefällen als Sonderkonstruktion	2° bis 5° ≙ 3,5% bis 8,8%	> 5° ≙ > 8,8%
Dachabdichtung aus bituminösen Bahnen	obere Lage aus Polymerbitumenbahn untere Lage aus Polymerbitumenbahn oder 2 Lagen Bitumenbahnen	≥ 2 Lagen – obere Lage: Polymerbitumenbahn (z.B. mit Schiefersplittbestreuung) – Bahnen mit geringer Zugkraft und Dehnung (z.B. bei Glasvlieseinlage), nur als zusätzliche Lage verwendbar – Bahnen mit Metallbandeinlagen (z.B. Alu), nur für die Abdichtung begrünter oder befahrbarer Dächer zulässig – Bahnen mit Rohfilzeinlage sind für Dachabdichtungen nicht geeignet	
aus Kunststoff- und Kautschukbahnen	Bahnen mit erhöhter Dicke versehen, ferner schweren Oberflächenschutz vorsehen (z.B. Kies)	– meist 1 Lage – Schutzschichtunterlage (z.B. aus Kunststoffvlies) als gesonderte Lage oder als unterseitige Kaschierung – Trennschicht (z.B. aus Rohglasvlies) bei Unterträglichkeit mit anderen Schichten (z.B. PVC-Bahn auf PS-Schaum oder bei ölimprägnierter Holzschalung) – Schutzlage (z.B. aus Kunststoffvlies ≥ 300 g/m²) über der Abdichtung vorsehen bei Dachbegrünung oder unter Plattenbelägen oder anderen schweren Nutzschichten	
aus Kunststoff- und Bitumenbahnen		– 1 Lage (bitumenverträgliche!) Kunststoffbahn, kann je nach Nutzung und Oberflächenschutz auf, zwischen oder unter bituminösen Bahnen verklebt werden	
Sicherung gegen Abrutschen der Abdichtung bei Erwärmung durch Sonneneinstrahlung		nur bei Dächern > 3° Dachneigung (≙ ~ 5%) z.B. durch zusätzliche Nagelung am oberen Dachrand, Verwendung von Steildachschweißbahnen u.a. (vgl. Flachdachrichtlinien **7.7**)	
Anschlußhöhen ← gelten ab OK letzte Dachschicht (z.B. OK Kieslage)			
an aufgehende Bauteile (z.B. Wände)		~ 15 cm	~ 10 cm
an Terrassentüren und Lichtkuppeln		~ 15 cm	~ 15 cm
an Dachrändern		~ 10 cm	~ 5 cm

Be- und Entlüftungsquerschnitte s. Tab. **5.19**.

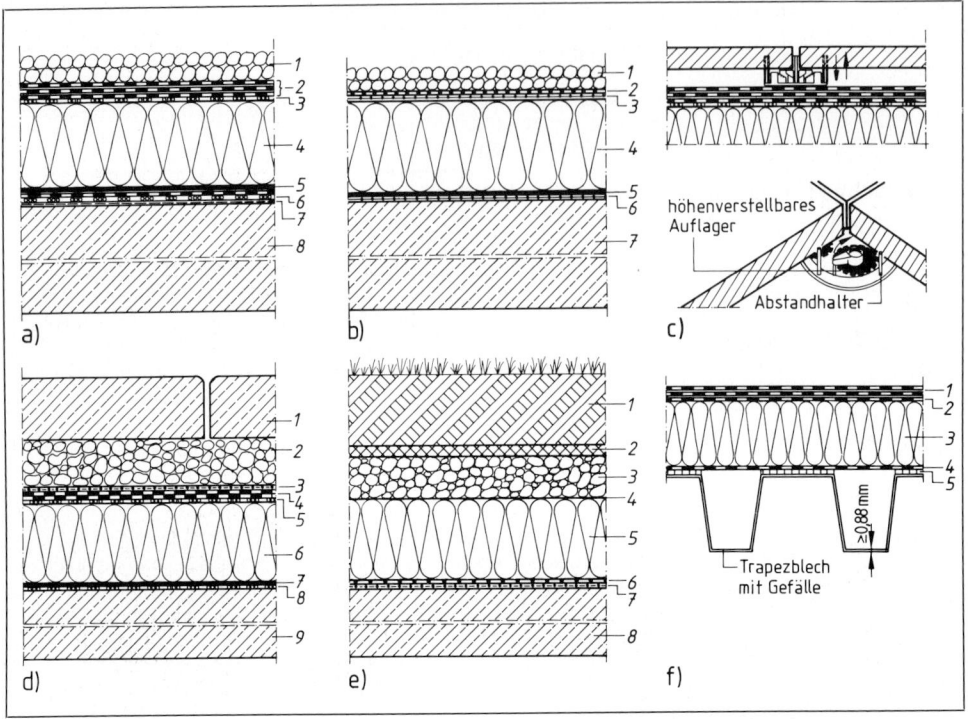

5.26 a) Aufbau des nicht belüfteten Flachdachs (Warmdach) mit bituminösen Dachhautschichten
 1 Rollkies (≥ 5 cm)
 2 Dachabdichtung
 3 Dampfdruck-Ausgleichsschicht
 4 Dämmschicht
 5 **Dampfsperre**
 6 Ausgleichsschicht
 7 Voranstrich
 8 Stahlbetondecke
 b) Das nicht belüftete Dach mit einlagiger Dachabdichtung aus Kunststoff
 1 Rollkies
 2 Kunststoff-Dachbahn (lose verlegt)
 3 Trennlage (Kunststoffgewebe)
 4 Dämmschicht
 5 **Dampfsperre** (lose)
 6 Trennlage (z. B. Glasvlies)
 7 Stahlbetonplatte
 c) Höhenverstellbare Stelzlager für Terrassenplatten auf Flachdächern
 d) Schwerer befahrbarer Dachbelag auf Drainschicht
 1 Stahlbeton oder Verbundsteine
 2 Drainschicht oder 2× Gleitfolien
 3 Trennlage (z. B. Gewebe)
 4 Dachabdichtung
 5 Ausgleichsschicht
 6 Dämmschicht (z. B. Kork)
 7 **Dampfsperre** (lose)
 8 Ausgleichsschicht (evtl.)
 9 Stahlbetonplatte
 e) Das Umkehrdach eignet sich nur für extensiv begrünte Dächer
 1 Vegetationsschicht in durchlässigem Substrat
 2 Filterschicht (-vlies)
 3 Drainschicht (z. B. PS-Drainplatte)
 4 Schutzvlies, diffusionsoffen
 5 Dämmung (z. B. R+M)
 6 **RMB-Plane** (lose verlegt)
 7 Trennlage
 8 Stahlbetonplatte
 f) Bituminös verklebte Dachschichten widerstehen dem Windsog an Dächern aus Trapezblech
 1 Dachabdichtung
 2 Kaschierungslagen
 3 rollbare, bitumenbahnkaschierte Dämmschicht
 4 **Dampfsperre** (hoch reißfest)
 5 Bitumenkleberschicht

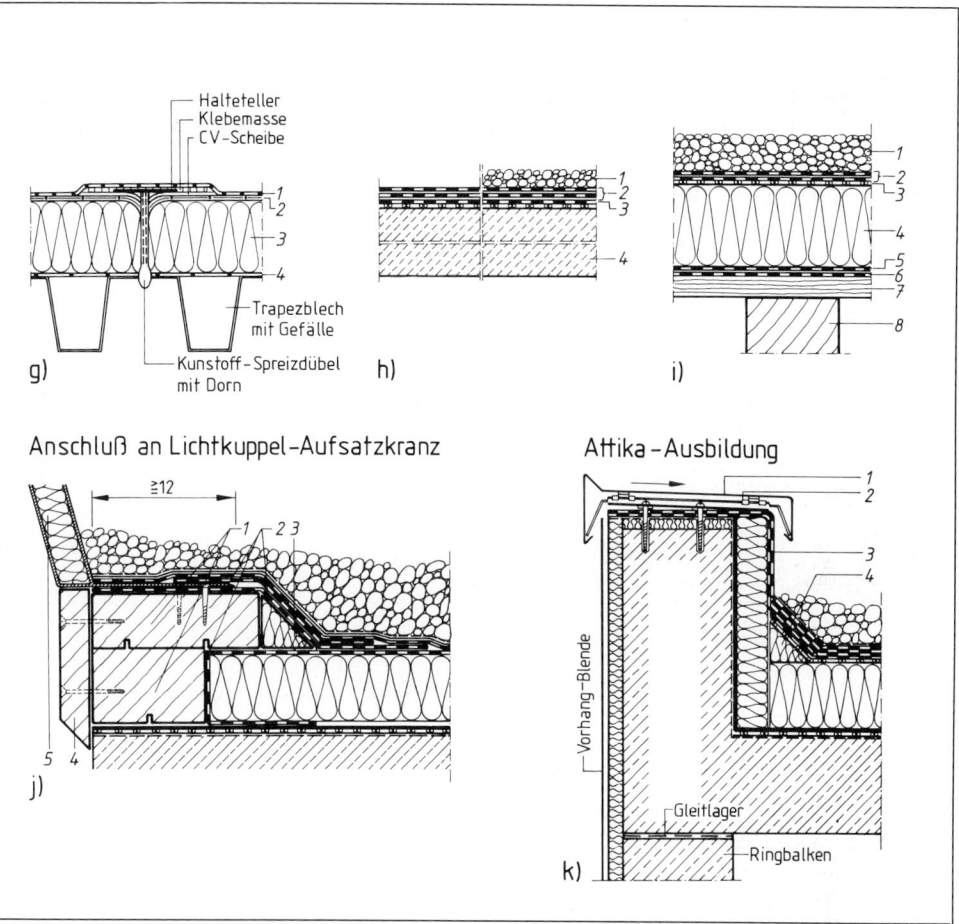

5.26 g) Unverklebte Kunststoffbahnen über Trapezblechen sind durch Tellerdübel zu sichern
   1 Kunststoff-Dachbahn 3 Mineralfaser-Dämmplatte
   2 Trennlage **4 Dampfsperre**

h) Dicke Stahl-Leichtbetondecken sind auch ohne Dampfsperre funktionsfähig
   1 Kieslage (16/32) oder Schiefersplitt 3 Dampfdruck-Ausgleichsschicht
   2 Dachabdichtung 4 Stahl-Leichtbeton

i) Das leichte nicht belüftete Dach ermöglicht Dachdecken mit sichtbarer Balkenlage
   1 Rollkies (5 cm) oder Schiefersplitt 5 **Alu-Dachdichtungsbahn als Dampf-**
   2 Dachabdichtung **sperre,** voll verklebt
   3 Kaschierung (Bitumendachbahn) 6 genagelte Bitumendachbahn
   4 ausrollbare, bitumenbahnkaschierte 7 Dachschalung (2,2 cm), gehobelt
      Polystyrol-Dämmschicht 8 Balkenlage, dreiseitig gehobelt

j) Lichtkuppeln werden auf erhöhte Randbohlen montiert
   1 Randbohlen 4 Deckbrett
   2 Verstärkungsstreifen 5 Kunststoff-Aufsatzkranz
   3 Dreikantleisten (h = 300 mm)

k) Attika-Dachrandabschluß mit Blechabdeckung
   1 Abdeckung (z. B. Alu L) 3 Anschlußabdichtung
   2 Halter 4 Keil 60/60

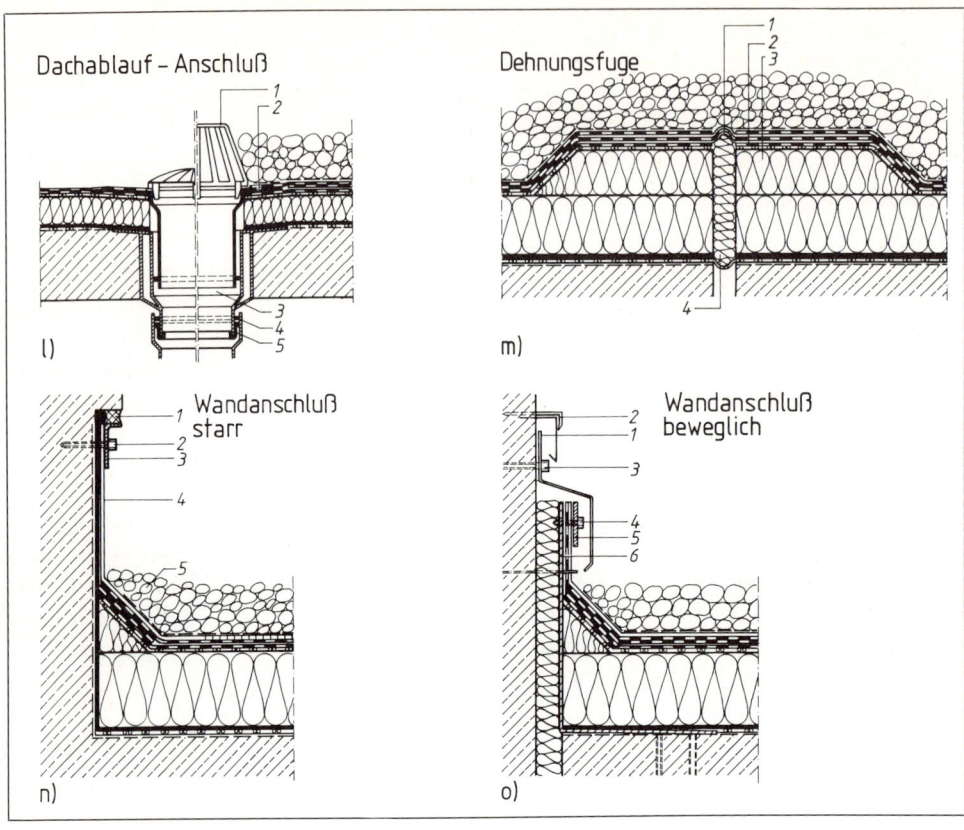

5.26 l) Der Ablauf ist am Tiefpunkt des Daches anzuordnen
    1 Laub- oder Kiesfang   *4* Rollring
    2 Klebeflansch   *5* Lippendichtung
    3 Ablaufkörper wärmegedämmt

m) Dehnungsfugen sollten über die wasserführende Ebene herausgehoben werden
    1 Polymerbitumenbahn   *3* zusätzliche Dämmplatte
    2 Schaumstoff-Rundprofil   *4* Trennstreifen

n) Starrer Wandanschluß
    1 Versiegelung   *4* Anschlußabdichtung
    2 Schlüsselschraube   *5* Keil 60/60 mm
    3 Klemmschiene

o) Beweglicher Wandanschluß
    1 Versiegelung   *4* Klemmschiene, angeschraubt
    2 Kappstreifen   *5* Anschlußabdichtung
    3 Schlüsselschraube   *6* Stahlwinkel, in Stahlbetondecke festgeschraubt

Lochglasvlies-Bitumenbahnen werden lose verlegt. Die darauf geklebte Dampfsperrbahn erhält über die Löcher der ersten (LV-)Bahn punktförmige Haftung zur Decke. Die gelochte Bahn bietet der Dampfsperrbahn eine materialgerechte Klebefläche. Sie überbrückt geringe Spannungsrisse und Dehnungen innerhalb der Massivdecke. Außerdem ermöglicht sie das gleichmäßige Verteilen und Entspannen stellenweise eingedrungenen Wasserdampfes im Bereich der unverklebten Flächen. Durch Kontakt zur Außenluft an den Dachrändern trocknet auch Feuchtigkeit im Dachrandbereich aus.

> Die Dampfsperre soll mindestens den gleichen, möglichst jedoch einen größeren Dampfdurchlaßwiderstand erreichen als alle darüberliegenden Schichten zusammen. Als Mindestwert gilt eine diffusionsäquivalente Luftschichtdicke $s_d = 100$ m.

Beispiel Eine bituminöse Dampfsperrbahn von der Dicke $s = 8$ mm hat eine Wasserdampfdiffusions-Widerstandszahl $\mu = 75000$. Dafür ergibt sich eine diffusionsäquivalente Luftschichtdicke von $s_d = \mu \cdot s = 7500 \cdot 0{,}008$ m $= 600$ m > 100 m.

Hochbeanspruchbare Dampfsperren bestehen vorzugsweise aus bituminösen Dachbahnen mit Aluminiumband- und Glasvlies- oder -gewebeeinlage. Geeignet sind auch bituminöse Bahnen mit Gewebe- oder Glasvlieseinlage, ferner PE- und PVC-(weich)-Bahnen mit Kaschierung aus Bitumenpappe (**5.22**).

Dämmschichten aus Glasschaum (z. B. Foam-Glas), in Bitumen verlegt, ersetzen die Dampfsperre. Beim U m k e h r d a c h reicht die Dachabdichtung als Dampfsperre, weil austretender Wasserdampf darüber ungehindert entweichen kann. Gefahrenpunkte ergeben sich bei allen Anschlüssen der Dampfsperrbahn an Dachdurchbrüchen (z. B. Schornsteine, Rohre, Lichtkuppeln).

Die Wärmedämmschicht erspart Heizenergie, mindert die Temperaturunterschiede von Massivdecken und die Gefahr von Rißbildungen. Die einschalige, unbelüftete Flachdachkonstruktion (Warmdach) erfordert je nach Nutzlast druckbeanspruchbare Wärmedämmstoffe der Anwendungstypen WD (normal belastbar), WS, WDS oder WDH (sonder- bzw. erhöht druckbeanspruchbar). Nicht geeignet sind die Anwendungstypen W und WL (nicht druckbeanspruchbar).

Beispiele
Polystyrol-Partikelschaumplatten WD	PS 20
Extrudierte Polystyrol-Hartschaumplatten WD/WS	PS 30
Polystyrol-Hartschaumplatten WD/WS	PS 30
Polyurethan-Hartschaum-Platten WD/WS	PUR 30
Phenolharz-Hartschaumplatten WD/WS	PF 35
Schaumglasplatten WDS/WDH	SG 100–150
Mineralfaserplatten WD	
Korkplatten, imprägniert WD, WDS	IK 200

Dämmplatten sind mit dichten und versetzen Stößen anzuordnen. Je nach Erfordernis werden sie lose verlegt, vollflächig, flecken- oder streifenweise verklebt oder mechanisch befestigt. Extrudierte Polystyrol-Hartschaumplatten erhalten wegen möglicher Formänderungen stets eine vollflächige lose Trennschicht als Abdeckung (z. B. gewebeverstärktes Ölpapier, Natronkraftpapier). Rollbare Dämmlagen aus Polystyrolstreifen liefern mit ihrer kaschierten Bitumendachbahn zugleich die erste Dachabdichtungslage.

Die Dampfdruck-Ausgleichsschicht zwischen Dämmung und Dachabdichtung gleicht den Druck des Wasserdampfs aus, der sich während der Abdichtungsarbeiten oder aus Fehlstellen der Dampfsperre gebildet hat. Nur Dampfdruck-Ausgleichsschichten mit Verbindung zur Außenluft an den Dachrändern sind zweckgerecht. Wie bei der unteren Ausgleichsschicht eignen sich auch hier die gelochten Glasvlies-Bitumenbahnen. In diffusionsoffenen mineralischen Faserdämmplatten (z. B. Steinwolle) stellt sich ausreichender Dampfdruckausgleich bereits in der Dämmschicht ein. Eine Dampfdruck-Ausgleichsschicht kann daher entfallen, ebenso bei lose aufgelegter Dachabdichtung z. B. aus Kunststoffplanen. Trennlagen aus Bitumen- oder Natronkraftpapier, lose aufgelegt, werden zwischen Schaumstoff-Dämmplatten und bituminösen Dachabdichtungen empfohlen, um Verwerfungen durch schwind- und temperaturbedingte Formänderungen zu vermeiden. Diese Empfehlung gilt entsprechend für die untere Ausgleichsschicht.

Die Dachabdichtung wirkt als wasserdichte äußere Dachhaut.

Abdichtungen aus bituminösen Bahnen nach Tabelle **5.22** sind meist vollflächig geklebt und mehrlagig auszuführen. Eine Lage darf aus geeigneten bitumenbeständigen hochpolymeren

Bahnen (Kunststoffbahnen) bestehen und als untere, mittlere oder obere Lage angeordnet sein. Wurzeleinwuchs an bepflanzten Dächern gefährdet bituminöse Abdichtungen. Bahnen und Massen mit speziellen Zusätzen (z. B. Preventol) bieten hier die notwendige Sicherheit. Wegen zu erwartender thermischer Verformungen dürfen Bitumenbahnen mit Metallbandeinlage nicht für die Dachhaut verwendet werden (Ausnahme: Dächer mit Belag oder Begrünung). Bitumenbahnen mit Rohfilzeinlage sind für Dachabdichtungen ungeeignet.

Abdichtungen aus hochpolymeren Stoffen werden mit Einzelbahnen bis 2 mm Dicke aus passend vorgefertigten Planen (**5.**23) oder als Beschichtungen aus polymerisierenden oder abtrocknenden Flüssigkeiten (meist mit Einlage eines verstärkenden Trägerstoffs) hergestellt. Mehrlagige Kunststoffabdichtungen sind aus klebetechnischen Gründen nicht ausführbar. Reine Kunststoffabdichtungen sind daher einlagig und lose verlegt. Die Gefahrenpunkte gegenüber der mehrlagigen bituminösen Abdichtung liegen bei den Nahtverbindungen und in der Beanspruchung auf Durchstanzen, die Vorteile beim Auffinden und Reparieren von Schadstellen. Auch Material- und Arbeitszeitersparnis und weniger Abhängigkeit vom Wetter beim Verlegen begünstigen die Verbreitung einlagiger Kunststoff-Dachabdichtungen.

Plastomere (Thermoplaste) bleiben durch die Zugabe flüchtiger Lösungsmittel („Weichmacher") auch bei niedrigen Temperaturen bis zu −30°C dauerhaft elastisch. Die gleichen Lösungsmittel ermöglichen quellverschweißte Nahtverbindungen.

PIB-Bahnen (Polyisobutylen), licht- und UV-beständig, reißfest bis 400%, unbeständig gegen Fette, Öle.

PVC-Bahnen (Polyvilynchlorid), bevorzugt für Planendeckung; Achtung: nicht alle PVC-Bahnen sind bitumenverträglich (**5.**23)!

ECB-Bahnen (Äthylen-Copolymerisation) mit eingelagertem Bitumen, reißfest, sehr dehnfähig (bis 500%) und bitumenverträglich. Sie verbinden die günstigen Eigenschaften des Bitumens (Plastizität, Dichtwirkung, Witterungsbeständigkeit) mit der hohen Zähigkeit eines thermoplastischen Kunststoffs. Die bituminösen Bestandteile verbessern die Flexibilität bei tiefen, die Kunststoffanteile die Standfestigkeit bei hohen Temperaturen.

Elastomere (Kautschukelastomer-Bahnen) haben lose vernetzte Moleküle. Sie sind daher von Natur aus hochelastisch, ferner dehnfähig bis 650%, einreißfest bis 3N/mm², sehr dampfdicht und sehr widerstandsfähig gegen Witterungseinflüsse, ferner gegen chemisch aggressive Stoffe und gegen Durchstanzen. Ihre Molekularstruktur bleibt zwischen −40°C und 100°C stabil. Nahtverbindungen erfolgen durch spezielle Kleber, Vulkanisieren oder Klebebänder. Planen werden meist lose verlegt, Bahnen lassen sich mit speziellen Bitumen auch verkleben.

Beispiel   CR-Bahnen (Chloropren-Rubber).

Verarbeitungsrichtlinien der Hersteller hochpolymerer Bahnen enthalten wichtige Hinweise, z. B. auf Unverträglichkeit mit bestimmten Materialien, Empfindlichkeit gegen Durchstanzen oder gegen UV-Strahlung, ebenso auf notwendige Trennschichten, geeignete Kleber, Detaillösungen. Konstruktive Einzelheiten zeigen die Bilder **5.**26 b, e, g.

Der Oberflächenschutz mindert den Alterungsprozeß der Dachhaut infolge ultravioletter Strahlung, Feuchtigkeits- und Temperaturwechsel. Dunkle, ungeschützte Dachflächen verzeichnen Temperaturunterschiede bis 80 K. Heller Oberflächenschutz reflektiert einen wesentlichen Teil der Sonneneinstrahlung.

Leichter Oberflächenschutz kann aus Splitt, Granulat oder Beschichtungen bestehen. Polymerbitumenbahnen (PYE) müssen, Elastomerbitumenbahnen (PYP) können solche Schutzschichten erhalten.

Schwerer Oberflächenschutz aus Kiesschüttungen (⌀ 15/30 m) ab 5 cm Dicke ist besonders wirksam, denn er bietet zugleich Widerstand gegen mechanische Beanspruchungen und Abheben lose verlegter Dachhaut infolge Windsog. Zugleich erfüllt er wesentliche Brandschutzvorschriften.

Mechanische Befestigungen sollen horizontale Kräfte aufnehmen. Sie sind an allen Dachrändern und Dehnungsfugen durch Schrauben oder Nageln von Metallbändern und Profilen vorzusehen. Notwendig sind sie bei Dächern aus Trapezprofilblechen sowie unter bestimmten Bedingungen bei Dämmungen aus Hartschaum.

Gegen Abheben durch Windkräfte sichert man die Dachabdichtungen durch Auflast (**5.24**), Verklebung und mechanische Befestigungen. Dabei sind die Randbereiche besonders gefährdet, vor allem an den Ecken (**5.27**).

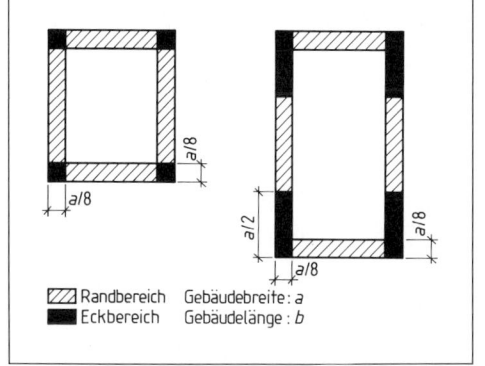

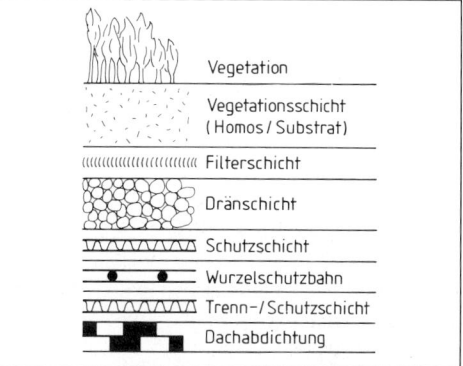

5.27   Vereinfachte Flächeneinteilung (bis 20 m Gebäudehöhe) zur Sicherung gegen Windsog

5.28   Standardaufbau eines begrünten Daches

Genutzte Dachflächen für einfache Beanspruchung dienen dem Personenaufenthalt, schwere Beanspruchung liegt bei befahrbaren oder bepflanzten Dächern vor. In einfachen Fällen genügen großformatige Plattenbeläge ($\geq$ 3 cm dick) auf höhenverstellbaren und gegen Eindrücken und Durchstanzen gesicherten Stelzlagern als Oberflächenschutz (**5.26c**). Schwere Schutzschichten aus mörtelverlegten Platten, Beton, Kies, Mutterboden oder Filterplatten sind durch Trennlagen (z. B. PE-Folie) von der Dachabdichtung zu trennen (**5.26d**). Umkehrdächer erhalten mit den schweren Belägen zugleich die notwendige Sicherheit gegen Abheben und Aufschwimmen der Dämmplatten. Anschlußbeispiele zeigen die Bilder **5.26j** bis **o**.

Dachbegrünungen und -bepflanzungen erfordern besonders hochwertige Abdichtungen. Alle Anschlußbereiche sind zur besseren Entwässerung und Wartung von Begrünung freizuhalten und durch groben Kies oder Plattenbelag zu ersetzen.

Extensive Begrünungen (bis etwa 15 cm Wuchshöhe) verlangen nur relativ dünnen Schichtenaufbau und gelten als Alternative zur Bekiesung.

Intensive Begrünungen für Pflanzen und dickeren Bodenaufbau erfordern ständige Pflege und besondere Nachweise bei der Planung.

Den Standardaufbau für Dachbegrünungen zeigt Bild **5.28**. Als Wurzelschutzmaßnahmen eignen sich thermoplastische Kunststoff-Dachbahnen (z. B. ECB, PVC, VAE, PIB) oder Kautschukbahnen. Für Dränschichten (Entwässerungsschichten) dienen außer Grobkies auch Blähton, Dränplatten, Kunststoff-Formteile oder Fadengeflechtmatten aus Kunststoff.

Unterschiedliche Flachdachtragwerke erfordern z. T. besondere konstruktive Maßnahmen.

Trapezblechtafeln bilden häufig die Dachdecke großflächiger Gebäude und zugleich die Unterlage für den Dachbelag. Oft dienen sie zugleich als Dampfsperre und erhalten einen 3- bis 4fachen Bitumenanstrich. In beheizten Räumen bei $\geq$ 20°C und $\geq$ 60% relativer Luftfeuchtigkeit ist auch hier eine Dampfsperre erforderlich. Weil statt einer schweren Kiesschicht meist eine lasteinsparende Kieseinpressung als Oberflächenschutz dient, müssen Dachhaut und Dämmung durch Verkleben oder durch Schrauben und Dübel mit den Blechtafeln verbunden werden. Spezielle Kunststoff-Tellerdübel mit passenden Schrauben verhindern Wärmebrücken und abtropfendes Tauwasser an den Metallschrauben (**5.26f, g**).

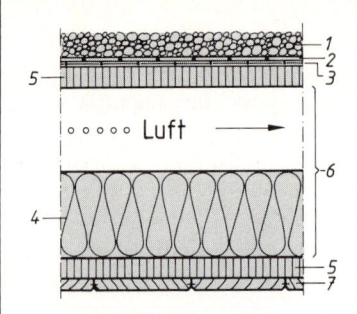

5.29 Aufbau des belüfteten Flachdachs. Zusätzliche Querlüftung läßt sich durch aufgebrachte Querlattung zwischen Balken und Spanplatte erreichen
1 Kieslage
2 Kunststoffplane
3 Trennlage
4 Mineralfaser-Dämmplatte W
5 Spanplatte V 110 G
6 Balken
7 Sichtschalung, angefast

Leichtbeton-Dachplatten haben ihrer guten Wärmedämmfähigkeit wegen bereits ein deutliches Temperaturgefälle von der warmen Innen- zur kalten Außenseite. Das Verlegen des Taupunkts über die Plattenoberkante hinaus erfordert dicke, hochwertige Dämmstoffe und im Zweifelsfall genauere bauphysikalische Rechennachweise. Bei dämmtechnisch ausreichend bemessener Plattendicke genügt die Dachhaut auf den Leichtbetonplatten ohne unterseitige Dampfsperre, weil angefallenes Kondensat (etwa 3,0 bis 3,5 Vol.-%) vom Leichtbeton ohne spürbaren Nachteil für den Wärmeschutz aufgenommen und im Sommer durch Verdunstung nach innen wieder abgegeben werden kann (**5.**26 h).

Leichte unbelüftete Dächer auf Holzbalkenlagen erhalten als Unterlage für den einschaligen Aufbau gehobelte Spundbretter ($d \geq 24$ mm bei ≤ 75 cm Sparrenabstand) oder Spanplatten (auch Sperrholzplatten) der Verleimungstypen V 100 G (**5.**26 i).

Belüftete Flachdächer werden auf Massivdächern selten, auf Holzbalkendächern häufiger angewendet (**5.**29). Als Wärmedämmstoffe genügen hier Platten oder Matten der Anwendungstype W (nicht druckbeanspruchbar) und WZ (leicht zusammendrückbar). Für Abdichtung und Belüftung gelten die obigen Ausführungen, ferner die Tabellen **5.**19, **5.**22, **5.**23 und **5.**25.

Konstruktive Mindestanforderungen an flache Dächer enthalten die Flachdachrichtlinien (1991/92).

Die Dachschichten richten sich u. a. nach bauphysikalischen Gesichtspunkten (nicht belüftetes/belüftetes Dach), Dachnutzung, Unterbau und Bahnqualität. Schichtfolge:

- **Nicht belüftetes Dach auf Massivdecke.** Bituminöser Voranstrich, Ausgleichs- bzw. Trennschicht, Dampfsperre, Dämmung, Dampfdruck-Ausgleichsschicht, Dachabdichtung, Schutzschicht bzw. Auflast gegen Windsog
- **Nicht belüftetes Dach als Umkehrdach.** Massivdecke, bituminöser Voranstich, Dachabdichtung, extrudierte Hartschaum-Dämmplatten, diffusionsoffene Trennlage (z. B. Polyester-Faservlies), Auflast (Kies, Platte)
- **Nichtbelüftetes Dach als Duodach.** Wie Umkehrdach, jedoch $\leq 20\%$ der Dämmung unter der Dachhaut (bei sanierungsbedürftigen Altbauten mit funktionsfähiger Dampfsperre u. U. deutlich mehr)
- **Nichtbelüftetes Dach auf Holzbalkenlage** (leichtes Warmdach). Dachschalung, genagelte Ausgleichsschicht, weitere Schichten wie auf Massivdecke
- **Nichtbelüftetes Dach auf Trapezblechen.** Bituminöse Beschichtung der Bleche, weitere Schichten wie auf Massivdecke; statt Verkleben sind die Dämmplatten auch mechanisch fixierbar
- **Belüftetes Dach auf Balkenlage.** Dämmschicht zwischen oder unter den Balken, Luftschicht, Dachschalung, genagelte Ausgleichsschicht, Dachabdichtung.

Lagenzahl: Dachabdichtungen mit Kunststoffbahnen/-planen sind 1 lagig, die mit bituminösen Bahnen 2- oder 3 lagig, davon 1 Kunststoffbahn möglich.

5.4.2 Sparren- und Kehlbalkendach

Das Sparrendach gehört zu den einfachsten Dachtragwerken. Zwei gegenüberliegende Sparren stützen sich am First gegenseitig und an ihren Fußpunkten gegen Deckenbalken ab, bei Massivdecken gegen Deckenwiderlager (**5.**30 a). Neben der Biege- müssen sie daher einer beachtlichen Knickbeanspruchung widerstehen. Decken oder Deckenbalken bilden zusammen mit jedem Sparrenpaar ein unverschiebliches Dreieck. Sie müssen zugfest an den Sparrenfußpunkten angeschlossen sein, um den horizontalen Dachschub aus der waagerechten Komponente der Dachauflagerkräfte aufnehmen zu können. Senkrechte Auflagerkräfte treten ausschließlich unter den Sparrenfußpunkten auf und können dort auf die stützenden Außenwände übertragen werden.

Dachneigung. Aus Band 1 der Baufachkunde wissen wir, daß die Horizontal- und Normalkräfte (II Sparren) am Sparrenfußpunkt, aber auch am First mit abfallender Dachneigung zunehmen. Ab etwa 20° Dachneigung muß für die Holzverbindung am First mit größerem Aufwand gerechnet werden. Auch das Einhalten der Dachneigung ist bei flacher geneigten Dächern nur mit genauem Längenzuschnitt der Sparren erreichbar. Sparren- und auch Kehlbalkendächer sollten daher mindestens 20° Neigung haben.

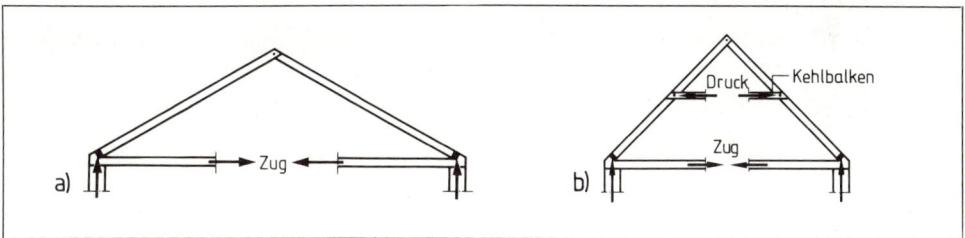

5.30 a) Sparrendach, b) Kehlbalkendach

Das Kehlbalkendach (Kehlriegeldach) ist ein horizontal ausgesteiftes Sparrendach. Jedes Sparrenpaar stützt sich hier außer am First noch über dem Kehlbalken gegeneinander ab (**5.**30 b). Als Mittelauflager verkürzt der Kehlbalken die Stützweite der Sparren, mindert ihre Knick- und Biegebeanspruchung und ermöglicht somit kleinere Sparrenquerschnitte. Kehlbalkendächer wählt man daher bei größeren Gebäudebreiten und für stützenfreie Dachräume.

Kehlbalken. Die beidseitig wirkenden Dachlasten beanspruchen den Kehlbalken auf Knicken, seine Ausbau- und Nutzlasten auf Biegung. Die Kehlbalken-Auflagerkräfte übertragen sich an den Kehlbalken-Anschlußpunkten auf die Sparren.

Das verschiebliche Kehlbalkendach ist die übliche Ausführungsart. Hier überträgt der Kehlbalken bei einseitiger Sparrenbelastung einen Teil der Kräfte und der Verformung (Durchbiegung) auf den Nachbarsparren, dessen Mittelauflager damit zugleich entlastet wird (**5.**31 a auf S. 106). Für die miteinander unlösbar gekoppelten Sparren bildet der verschiebliche Kehlbalken gleichsam ein nachgiebiges Mittelauflager.

Das unverschiebliche Kehlbalkendach erfordert aufwendige Konstruktionen für die verankerte Kehlbalkenlage. Die Dachseiten stützen sich hier nicht nur gegenseitig ab, sondern in der Kehlbalkenlage noch gegen ein zusätzliches festes (unverschiebliches) Tragelement (z. B. Querwände). Die Sparren finden dann in der als zusammenhängende Scheibe konstruierten Kehlbalkenlage ein absolut starres, unnachgiebiges und daher unverschiebliches Mittelauflager (**5.**31 b).

Der verschiebliche Kehlbalken entlastet die Sparren nur bei symmetrischer (beidseitig gleicher) Belastung entscheidend, der unverschiebliche Kehlbalken dagegen auch bei einseitiger Last.

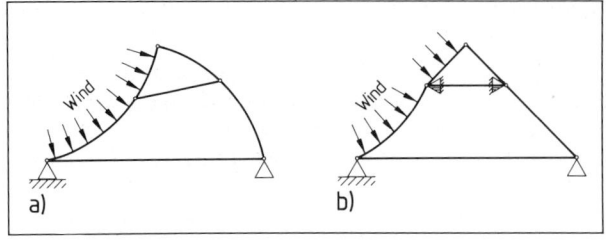 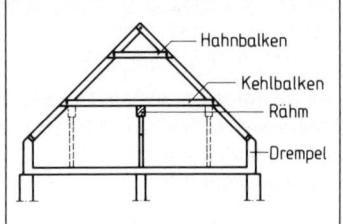

5.31 a) Das verschiebliche Kehlbalkendach hat bei einseitiger Belastung ein nachgiebiges Mittelauflager
b) Das unverschiebliche Kehlbalkendach bietet den Sparren feste Mittelauflager auch bei einseitiger Belastung

5.32 Rähme bieten langen Kehlbalken zusätzliche Auflager, Hahnbalken zusätzliche Aussteifungen für lange Sparrenpaare

Gegenüber dem verschieblichen Kehlbalkendach ergeben sich daher etwas kleinere Sparrenquerschnitte.
Hochbeanspruchte Kehlbalken finden wir bei großer Gebäudebreite, steiler Dachneigung, tiefer Kehlbalkenlage wie beim Drempeldach und bei ausgebauten genutzten Spitzböden. Hier sind oft entlastende Unterstützungen des Kehlbalkens erforderlich:

Stützende Rähme bieten dem Kehlbalken zusätzliche Mittelauflager (5.32). Sie verbessern zugleich die Längsaussteifung des Daches. Für die Ausbildung der Rähmunterstützung gelten die Konstruktionsregeln für den Pfettenstrang der Pfettendächer (s. Abschn. 5.4.3). Kehlbalkendächer mit Mittelrähm bezeichnen wir als Dächer mit einfach stehendem Stuhl. Das Kehlbalkendach mit zweifach stehendem Stuhl stützt die statisch weniger gefährdeten Kehlbalkenauflager.
Statt der Rähme dienen auch tragfähige Innenwände im Dachgeschoß als Kehlbalkenlager.

Der Hahnbalken ist eine zweite horizontale Aussteifung der Sparrenpaare in Firstnähe. Besonders bei tiefer Kehlbalkenlage und bei steiler Dachneigung werden die oberen Sparrenteile unverhältnismäßig lang und deshalb zweckmäßigerweise ein zweites Mal gestützt (5.32).

Quer- und Längsaussteifung des Sparren- und Kehlbalkendachs sichern die Unverschieblichkeit des Dachtragwerks. Dreiecksverbindungen bieten dafür die beste Gewähr.

Die Queraussteifung ist durch die Dreigelenkkonstruktion jedes Sparrenpaares gegeben (5.33a).
Die Längsaussteifung muß durch Windrispen hergestellt werden. Diagonal zur Dachfläche angeordnet, bilden sie im Zusammenwirken mit Schwelle (Decke) und Sparren unverschiebliche Dreiecke (5.33b). Windrispen aus Bohlen sind zug- und druckfest zugleich, solche aus Ankerblechen nur zugfest und daher

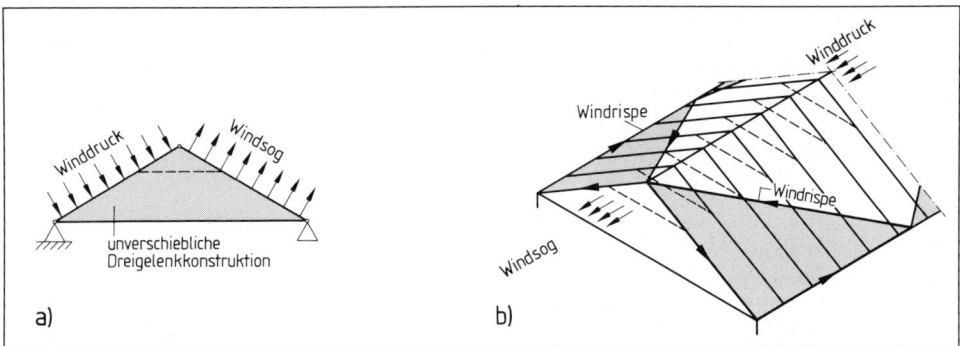

5.33 a) Die Queraussteifung des Sparren- und Kehlbalkendachs ist durch die Dreigelenkkonstruktion gesichert, b) mit Windrispen entstehen kraftschlüssige Dreiecke für die Längsaussteifung

auf jeder Dachseite entgegengesetzt diagonal aufzunageln. Auch vollflächig und versetzt angeordnete (scheibenbildende) Span- oder Sperrholzplatten sowie diagonal aufgenagelte vollflächige Brettschalungen wirken als Längsaussteifung und stören weniger beim Ausbau.

Die Windlast unausgesteifter Dachgiebelwände muß ebenfalls vom Dachtragwerk aufgenommen werden. Meist übertragen zwei bis drei Wandanker in Kehlbalkenhöhe die Windkräfte in die Kehlbalkenlage (wie in Bild **5.**9b, S. 83). Giebelaussteifende Längswände ($d \geq 11{,}5$ cm) sind gleichwertig.

Vorteile. Geringer Arbeits- und Materialaufwand spricht bei kleineren Gebäudebreiten für das Sparren-, bei mittleren Breiten ab etwa 7,0 m für das Kehlbalkendach. Rähme, Stützen und Streben entfallen beim Sparrendach, meist auch beim Kehlbalkendach. Für die Planung des Dach- und des darunterliegenden Geschosses bedeutet dies mehr Freiraum.

Nachteile. Dachgaupen unterbrechen das in sich geschlossene Dreigelenksystem. Gaupen über zwei Sparrenfelder können noch vergleichsweise einfach durch Wechselhölzer gelöst werden. Breitere Gaupen erfordern meist erheblich mehr Aufwand, denn die Kräfte müssen gesondert ermittelt und über Pfetten an die beiden angrenzenden Dachgespärre abgetragen werden (**5.**34b). Die Mehrbelastung führt zu deutlich größeren Querschnitten für die beiden Grenzgebinde. Dazwischen läßt sich nur ein Pfettendach ausbilden. Stets sind daher zwei gegenüberliegende Mittelpfetten einzubauen, auch wenn nur eine Dachgaupe vorgesehen ist (5.34a). Der horizontale Dachschub der hochbelasteten Grenzsparren erfordert tragfähige Widerlager an den Sparrenfußpunkten und zugfeste durchgehende Decken(-balken).

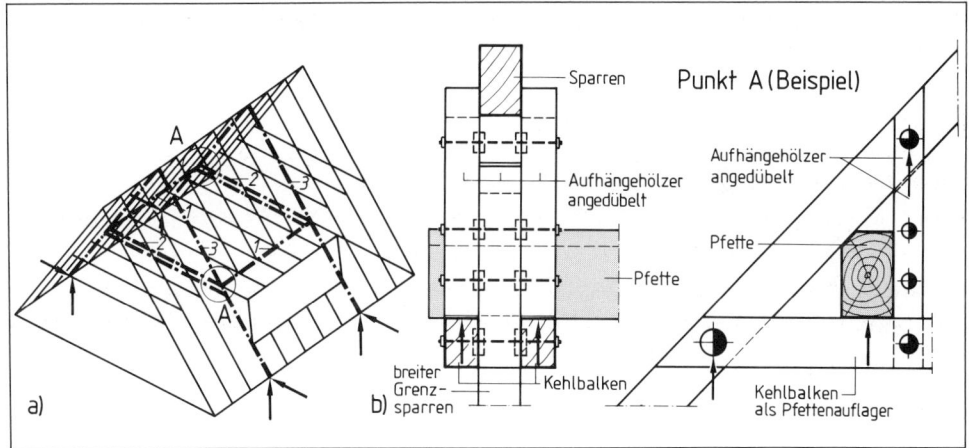

5.34 a) Größere Dachgaupen erfordern beim Sparren- und Kehlbalkendach kräftige Mittelpfetten und Grenzgebinde
 1 Mittelpfetten   *2* doppelte Kehlbalken   *3* Grenzsparren
 b) Beispiel für die Pfettenauflagerung am Grenzgebinde

Bei Sparren- und Kehlbalkendächern bilden Sparrenpaare und Decken(-balken) unverschiebliche Dreiecke. Kehl- und Hahnbalken stützen die Sparren. Die Dachlast beansprucht Sparren auf Biegung und Knicken, die Decke auf Zug und den Kehlbalken auf Knicken. Ausbau und Nutzlasten beanspruchen den Kehlbalken auch auf Biegung. Unverschiebliche Kehlbalkendächer erfordern starre Kehlbalkenscheiben.

Anschlüsse und Verbindungen der Sparren- und Kehlbalkendächer gleichen einander.

Firstpunkte werden meist ohne Berechnung konstruktiv festgelegt. Das genagelte Blatt ist eine einfache, zeitsparende Verbindung und für kleine bis mittlere Dachgrößen geeignet (5.35 a).

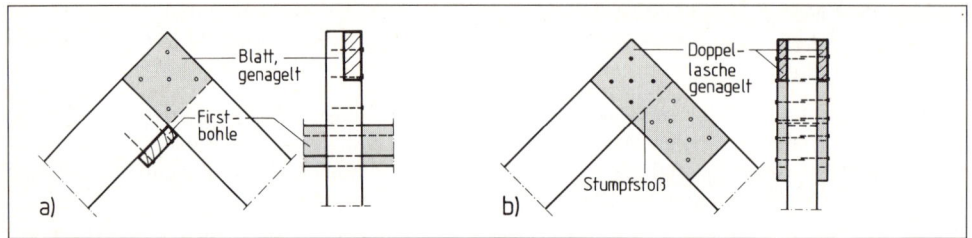

5.35 Firstpunkt a) als genageltes Blatt, b) mit genagelten Doppellaschen (ungleiche Sparrenlängen)

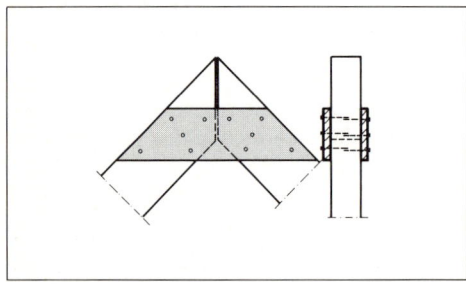

5.36 Firstpunkt mit genagelten Doppellaschen (gleiche Sparrenlängen)

Der früher übliche Scherzapfen ist aufwendiger und schwächer. Deshalb werden Lasten nach Bild **5.35** b bevorzugt. Größere Nagelflächen und festere Firstverbindungen erreicht man mit ein-, meist beidseitig angenagelten Querlaschen (**5.36**). Für größere Dächer empfiehlt sich als Richthilfe und zur wirksameren Längsaussteifung das Anbringen von Richthölzern (fälschlicherweise oft Firsträhm oder Firstpfette genannt, **5.37**). Für kleinere Dächer genügen dafür auch einseitig angebrachte Firstbohlen (**5.34**).

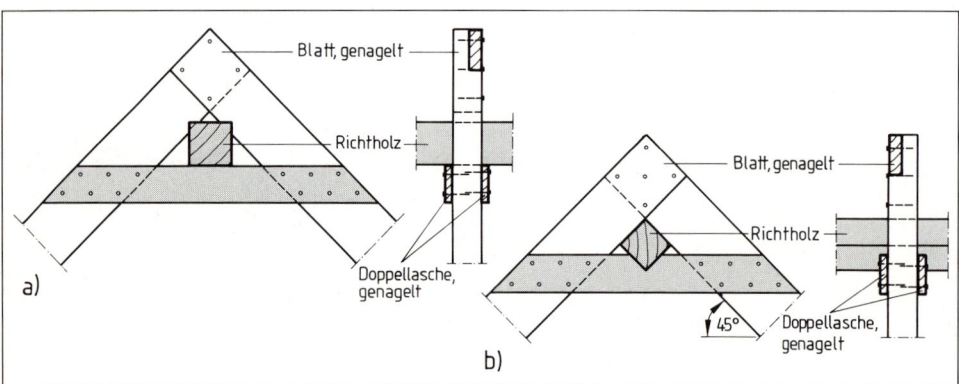

5.37 Firstpunkt mit aussteifendem Richtholz
      a) für beliebige Dachneigungen, b) vorzugsweise bei 45°-Dachneigung

Am Kehlbalkenanschluß hat der Sparren im allgemeinen seine größte Biegebeanspruchung. Jede sparrenschwächende Verbindung mit dem Kehlbalken (z. B. durch Versätze, Zapfen oder Überblattungen) ist daher zu vermeiden (5.38). Die statische Berechnung liefert genaue und verbindliche Konstruktionsangaben. Ausnahme: Bei Sanierungsarbeiten an historischen Gebäuden, wo sich die alten, handwerklichen Verbindungen über lange Zeit bewährt haben, sind sie nach wie vor anzuwenden.

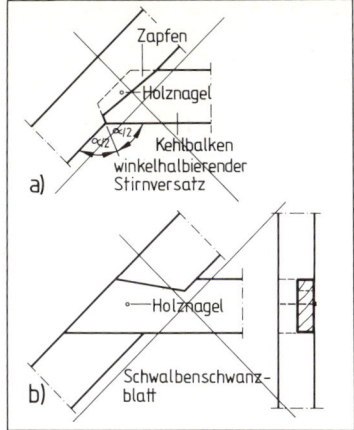
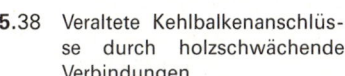
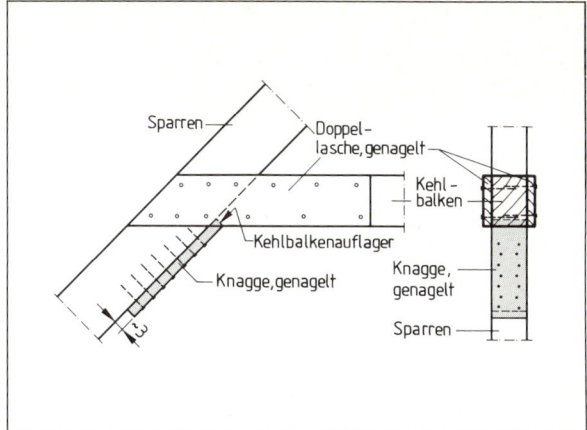

5.38 Veraltete Kehlbalkenanschlüsse durch holzschwächende Verbindungen
a) Zapfen und Versatz mit Holznagel
b) schwalbenschwanzförmiges Blatt

5.39 Die Nagelknagge dient als Kehlbalkenauflager

Einteilige Kehlbalken erhalten statt des Versatzes Auflager aus genagelten Knaggen von etwa 3 cm Dicke. Seitliche Brett- oder Nagelblechlaschen sichern den Kehlbalken gegen seitliches Abkippen (**5.39**). Bei weniger beanspruchten Verbindungen kann der Anschluß auch ohne störende Holzknaggen und nur mit beidseitig genagelten Laschen erfolgen.

Zweiteilige Kehlbalken lassen sich zweckmäßig und zeitsparend mit Hilfe von Dübelverbindungen anschließen. Futterhölzer in den 1/3-Punkten mindern die Knickgefahr (**5.40**). Dem gleichen Zweck dienen auch quer eingebaute, durchgehende Mittelstege aus Bohlen.

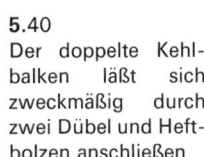
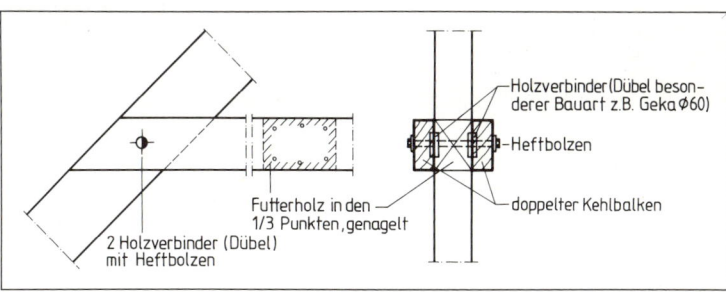

5.40 Der doppelte Kehlbalken läßt sich zweckmäßig durch zwei Dübel und Heftbolzen anschließen

Dübelarten. Einpreßdübel in Form von runden oder quadratischen Krallenblechen (z. B. nach dem System Bulldog) eignen sich des zeitsparenden Einbaus wegen besonders gut (**5.41 a**). Einpreß-/ Einlaßdübel (z. B. System Geka) haben eine größere Stegdicke und müssen um dieses Maß durch Fräsen eingelassen werden (**5.41 b**). Einlaßdübel (z. B. Ringkeildübel nach dem System Appel) sind in voller Tiefe einzufräsen (**5.41 c**). Nach wie vor sind herkömmliche rechteckige Hartholzdübel (nur trocken!) als Einlaßdübel zulässig. Die notwendigen Heftbolzen sind jedoch neben den Dübeln anzuordnen.

Sechskantschrauben nach DIN 601 dienen als Heftbolzen und sind zusammen mit stählernen Unterlegscheiben Bestandteil jeder Dübelverbindung. Sie sollten nach dem Austrocknen des eingebauten Holzes um das Schwindmaß nachgezogen werden.

Kehlbalkenanschlüsse mit geringerer Belastung können auch durch Nagelung erfolgen.

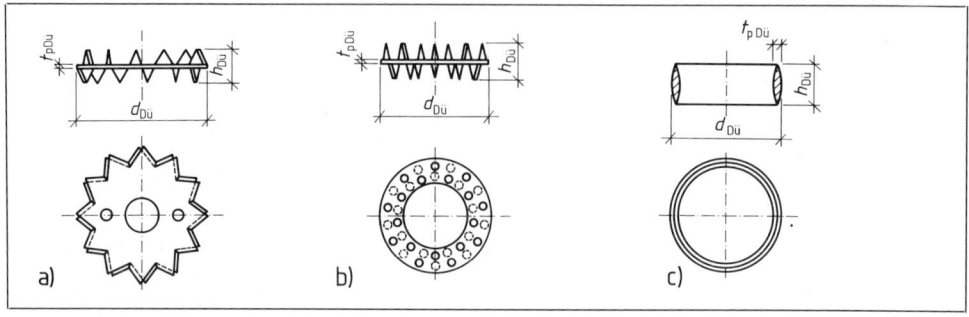

5.41 Dübel besonderer Bauart
a) Einpreßdübel, b) Einlaß-Einpreßdübel, c) Einlaßdübel

Der Sparrenfußpunkt ist durch die statische Berechnung verbindlich festgelegt. Anschlüsse an Deckenbalken erfolgen auch heute noch mit Hilfe des traditionellen Versatzes, jedoch ohne die umständliche Zapfenverbindung (**5.42**). Statt dessen schaffen Bolzen oder seitliche Nagellaschen den unverschieblichen Kontakt der Anschlußflächen. Der **Stirnversatz** erfordert seiner vorstehenden Vorholzlänge wegen häufig einen Aufschiebling als Übergang zur Traufe, was beim **Fersenversatz** mit dem weiter nach innen verlegten Auflagerpunkt meist entfallen kann. In Ausnahmefällen ersetzt eine Knagge mit Versatzschmiege (am Balkenende aufgenagelt oder gedübelt) den eingeschnittenen Versatz im Holzbalken (Beispiel s. Bild **5**.56).

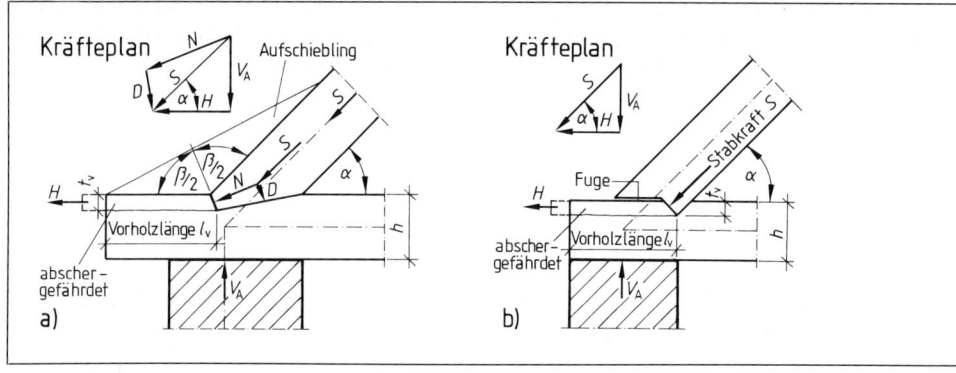

5.42 Sparrenfußpunkte an Holzbalkendecken mit a) winkelhalbierendem Stirnversatz, b) Fersenversatz
Versatztiefe t_v hängt ab a) von Dachneigung α, b) von der Balkenhöhe h

Versatztiefe t_v	$< \frac{h}{4} \leq \frac{h}{4}$ bis $\frac{h}{6} < \frac{h}{6}$	$\leq h/6$ gilt für alle beidseitig angeordneten Versätze, unabhängig vom Anschlußwinkel (vgl. Bild **5**.54)
Dachneigung α	$< 50° \leq 50$ bis $60° > 60°$	

Dachüberstände an Holzbalkendecken erzielt man am zweckmäßigsten über Sparrenhalter aus verzinktem Blech (**5.43**a). An Massivdecken ersetzen sie das Beton-Deckenwiderlager (**5.43**b). Die verankerte Holzschwelle auf neigungsgerechtem Deckenwiderlager gilt als übliche Konstruktion für das Sparrenfußauflager bei Massivdecken. Sparren ohne Überstand stehen vollflächig auf den Schwellen. Meist wird jedoch ein Sparrenüberstand eingeplant, bei ausreichend dicken Sparren durch Ausklinken des Sparrenendes um die erforderliche Auflagertiefe

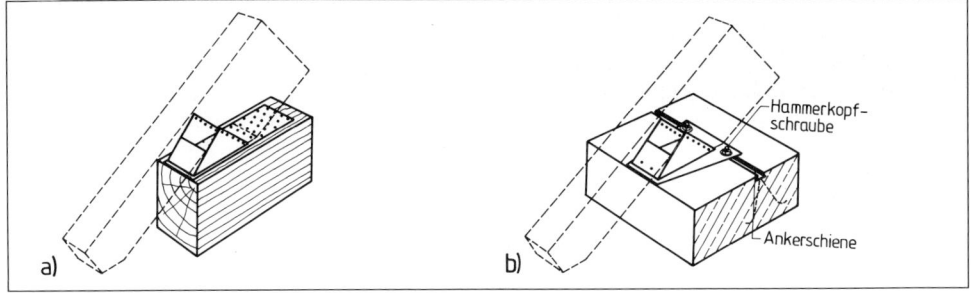

5.43 Sparrenfußanschlüsse durch Ankerbleche
a) auf Holzbalken genagelt, b) in der Massivdecke verankert

(**5.44 a**). Größere und daher stärker belastbare Sparrenüberstände erreicht man durch Keilknaggen oder durch Stemmklötze (**5.44 b** bis **d**). Beide übernehmen die Sparrenauflagerkräfte durch geraden Versatz von etwa 3 cm Tiefe. Nägel bzw. Heftbolzen verhindern das gegenseitige Ausweichen der Hölzer durch ausreichenden Anpreßdruck. Der Stemmklotz kann auch mit zwei Holzverbindern (z. B. Geka oder Bulldog) am Sparren angeschlossen werden. Ferner vergrößert die Stemmklotzverbindung den Dachraum beidseitig um etwa je eine Sparrendicke. Eine neuzeitliche Verbindung mit Blechen und gehärteten Spezialnägeln (ohne Vorbohrung!) wird mit Hilfe von Druckluftnagelgeräten hergestellt (s. a. **5.74 c**).

Nagelung oder Verbindungsbleche verbinden Schwelle und Sparrenfuß bzw. Stemmklotz oder Keilknagge. Heftbolzen oder Haltelatten sichern den ausgeklinkten Sparren gegen Aufspalten (**5.44 a**). Verkröpfte Ankerbolzen, nachträglich einbetoniert, verankern die Schwellen. Es eignen sich auch Ankerschienen mit Hammerkopfschrauben wie in Bild **5.43 b**.

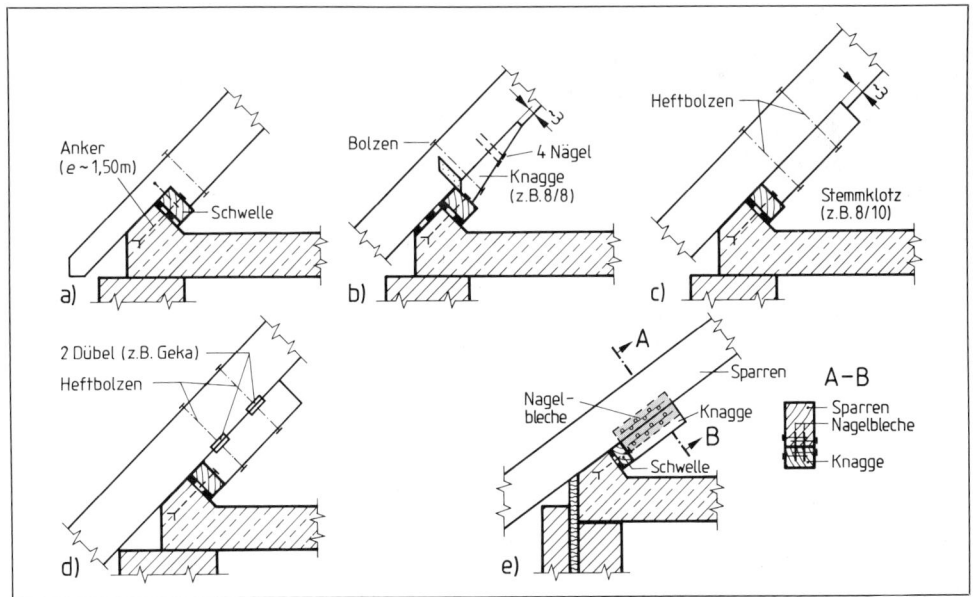

5.44 Sparrenfußpunkte auf Massivdecken
a) mit direkter Sparrenauflagerung, b) mit Knagge und ≥ 3 cm Versatz, c) mit Stemmklotz und ≥ 3 cm Versatz, d) mit Stemmklotz (angedübelt), e) Stahlblech-Holz-Nagel-Verbindung (SHN)

Firstpunkte von Sparren- und Kehlbalkendächern sind meist konstruktiv, Kehlbalken und Fußpunktanschlüsse immer nach statischer Berechnung auszuführen.

Einteilige Kehlbalkenanschlüsse erfolgen meist über Nagelknaggen und seitlichen Haltelaschen, zweiteilige Kehlbalken durch je 2 Dübel mit Heftbolzen. Die Sparren übertragen ihre Auflagerkräfte direkt auf Decken bzw. -balken oder über kraftschlüssig angebrachte Stemmklötze oder Keilknaggen.

5.4.3 Pfettendach

Pfettendachkonstruktionen bevorzugen wir für flacher geneigte Dächer bis etwa 35°. Ihre Sparren ruhen auf unterstützten Pfetten aus tragfähigen Balken und sind als überwiegend biegebeanspruchte schräge Ein- oder Zweifeldträger, häufig auch als Einfeldträger mit Kragarm aufzufassen (**5.**45). Gegenüberliegende Sparren dürfen daher auch versetzt angeordnet sein. Die Pfetten werden durch Stiele, Kopfbänder oder Streben unterstützt, oft auch durch tragende Querwände.

Der Lage nach unterscheiden wir Fuß-, Mittel- und Firstpfetten, nach Zahl der Pfetten (ohne Fußpfetten) Dächer mit ein-, zwei- oder dreifach stehendem Stuhl (**5.**45). Als Stuhl gelten Pfetten und Pfettenstütze.

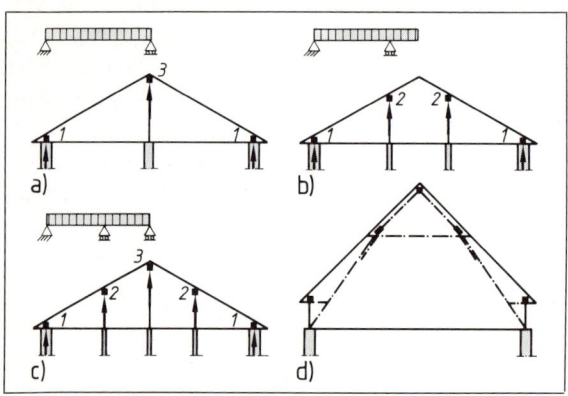

5.45 Pfettendachkonstruktion
 a) mit 1fach, b) mit 2fach, c) mit 3fach stehendem Stuhl; die Sparren wirken als Ein- oder Mehrfeldbalken, d) mit liegendem Stuhl
 1 Fußpfette *2* Mittelpfette *3* Firstpfette

5.46 Gebäude mit unsymmetrischem Querschnitt lassen sich meist einfach nach dem Pfettendachprinzip konstruieren (s. auch 5.16b und c)

Vorteil. Die Decken bleiben frei von Dachschub, so daß außermittige Firstlinien, unterschiedliche Traufhöhen, versetzte Geschoßdecken und abgeschleppte Dachteile sowie beliebig breite Dachgauben problemlos möglich sind (**5.**46).

Nachteil. Pfetten, Stützen, Streben, Kopfbänder stören manchmal beim Dachausbau. Der Grundriß des Vollgeschosses muß tragende Wände bzw. Pfeiler zur Aufnahme der Pfettenstützen vorsehen. Andernfalls ergibt sich eine aufwendige Deckenstatik.

Längsaussteifung. Mittel- und Firstpfetten bilden zusammen mit den angeschlossenen Streben, Stielen und Kopfbändern unverschiebliche Dreiecke (**5.**47a). Windrispen können so oft entfallen.

Die Queraussteifung erfolgt zweckmäßig über den Pfettenstrang aus Pfette und Pfettenstützung. Als Pendelkonstruktion bildet sie mit den zugfest angeschlossenen Sparren und dem zugehörigen Deckenteil ein unverschiebliches Dreieck (**5.**47 b). Die Pfetten übertragen dann auch bei Winddruck überwiegend senkrecht Kräfte. Dabei zieht der Sparren an seinem Fußpunkt, der deshalb fest anzuschließen ist (**5.**47 c).

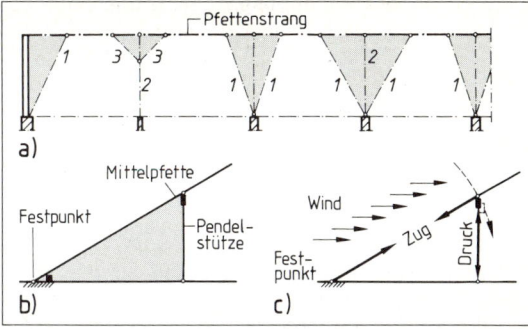

5.47
Pfettendach mit festem Fußpunkt
a) Der Pfettenstrang stützt die Sparren. Unverschiebliche Dreiecke aus Stützen, Streben und Kopfbändern steifen das Dach in Längsrichtung aus
1 Strebe   *2* Stütze   *3* Kopfband
b) Das Dreieck aus Pendelstütze und Sparren reicht für die Queraussteifung
c) Wind beansprucht die Pfette dann überwiegend lotrecht

Das abgestrebte Pfettendach traditioneller Bauart wird unter bestimmten Bedingungen noch bis 40° Dachneigung empfohlen. Die Mittelpfette dient als festes Sparrenauflager. Sie hat waagerechte und senkrechte Kräfte aufzunehmen und ist deshalb auf Doppelbiegung beansprucht. Ihre Auflagerpunkte liegen in den abgestrebten Dachbindern. Der übliche Binderabstand beträgt $\sim$ 4,5 m (**5.**48). Für die Windlastaufnahme dienen

– der beidseitig ausgebildete Windbock aus zug- und druckfest angeschlossener Stütze und Strebe (der zugfeste Anschluß ist aufwendig, **5.**49 a) oder
– der Windstuhl aus Streben, Stützen und knickfester Doppelzange bzw. einteiligem Spannbalken. Es genügen hier druckaufnehmende Verbindungen (**5.**49 b).

Das abgestrebte Pfettendach ist aufwendiger als die oben beschriebene Pfettendachkonstruktion mit festem Sparrenfuß und gilt aus statischer Sicht als veraltet. Sinnvoll ist es nur noch bei Pfettendächern mit Holzdrempel und natürlich in der Altbausanierung.

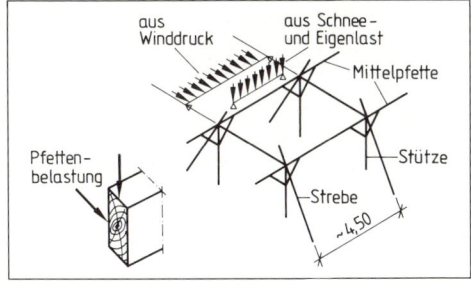

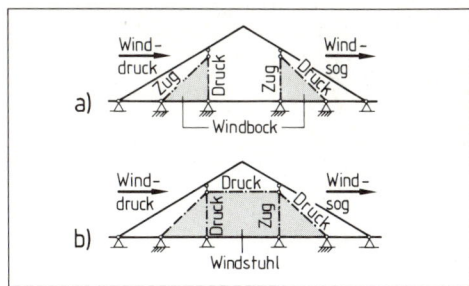

5.48 Zweifach stehender Stuhl des früher verbreiteten abgestrebten Pfettendachs. Mittelpfette auf Doppelbiegung beansprucht

5.49 Binder in $\sim$ 4,50 m Abstand dienen zur Queraussteifung des traditionellen Pfettendachs und zur Aufnahme der Windlast a) durch den Windbock oder b) den Windstuhl

---

Fuß-, Mittel- und/oder Firstpfetten dienen den Sparren der Pfettendächer als Auflager. Sie übertragen die Dachlasten über Stützen und Streben auf die tragfähigen Gebäudeteile.

Der Pfettenstrang ist kennzeichnendes Tragelement moderner Pfettendächer, die Dachbinder in ca. 4,5 m Abstand sind typisch für das herkömmliche Pfettendach. Dächer mit ein-, zwei- oder dreifach stehendem Stuhl erkennen wir im Dachquerschnitt nach der Anzahl der Mittel- und Firstpfetten.

Anschlüsse. Der Sparren mit ausgesparter „Klaue" (auch Kerve oder Sattel) findet an den Pfetten ausreichende Auflagerflächen. Sparrennägel sichern ihn gegen Abheben und Verschieben (**5.50**). Seitlich angesetzte Sparrennägel haben eine größere Ausreißfestigkeit als gerade eingeschlagene, Schraubnägel (SNa) und Rillennägel (RNa) eine größere als glatte Nägel.

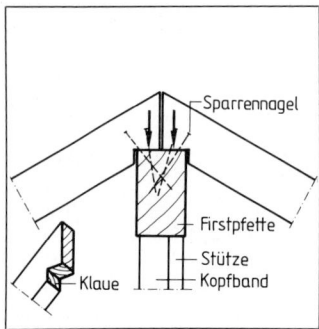 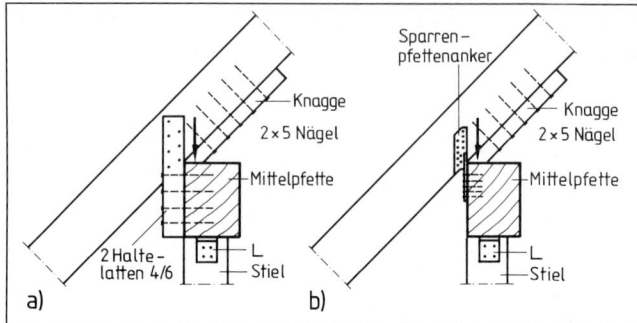

5.50 Die Sparren liegen (paarweise oder versetzt) mit der Klaue auf der Firstpfette

5.51 Nagelknaggen ersetzen oft die holzschwächende Klaue an Mittelpfetten. Gegen Abheben wirken a) Haltelatten oder b) Sparrenpfettenanker

Typisierte, mit Ankernägeln befestigte Sparrenpfettenanker sichern den Sparren gegen abhebende Windkräfte besonders gut (**5.51** b, **5.52** b, c). Es eignen sich auch Laschen nach Bild **5.51** a. Im First enden kurze Kragsparren frei. Längere Kragsparren ($>1,5$ m oder $>\frac{1}{3}$ der Sparrenlänge) erhalten eine Firstbohle als Richtholz (**5.53**). Über der Mittelpfette werden Krag-

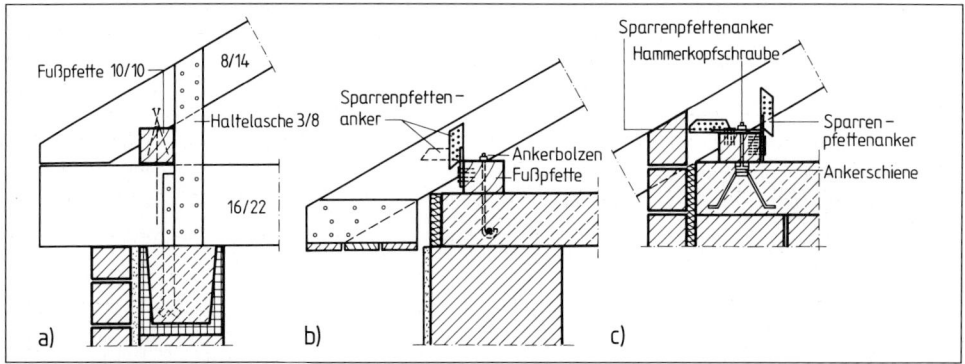

5.52 Sparrenfußpunkte
a) auf Holzbalkenlage, b) auf Stahlbetondecke mit einbetonierten Bolzenankern, c) auf Stahlbetonplatte mit Ankerschienen

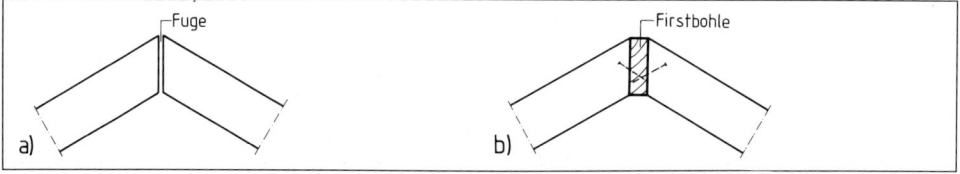

5.53 a) Kurze Kragsparren enden im First frei, b) längere Kragsparren erhalten eine aussteifende Firstbohle

oder Durchlaufsparren am stärksten auf Biegung beansprucht. Statt der querschnittschwächenden Klaue wie in Bild **5.**54 bieten Nagelknaggen die wirtschaftlichere Lösung (**5.**51). Die Klaue darf hier nur ausgeführt werden, wenn es die Statik ausdrücklich zuläßt.

Sparrenfußpunkte erhalten in der Regel Klauen. Für die weniger beanspruchten Fußpfetten genügen kleinere Pfettenquerschnitte. Feste Fußpunkte bekommen zugfeste Verbindungen und Verankerungen nach Bild **5.**52. Größere Dachüberstände erfordern hier wegen erhöhter Windsogkräfte besondere Sorgfalt.

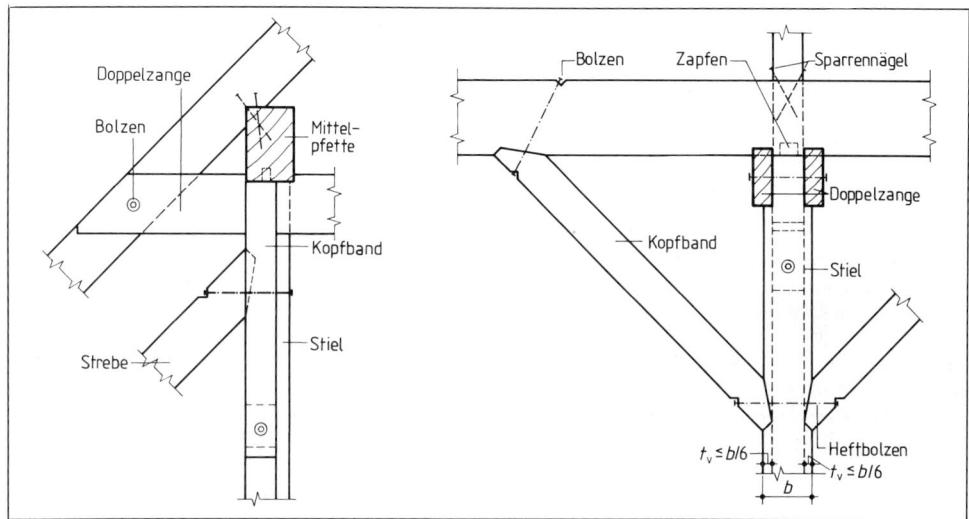

5.54 Mittelpfettenbereich des traditionellen abgestrebten Pfettendachbinders. Er stützt die Mittelpfetten

Pfettenstranganschlüsse. Stiele (Pfosten, Stützen) erhalten ihre Stützlasten durch direkten Kontakt mit der Pfette. Deshalb genügen hier Verbindungslaschen statt der früher üblichen Zapfenverbindung (**5.**55). Für Kopfband- und Strebenanschlüsse eignet sich der bereits beschriebene Stirnversatz (**5.**56). Häufig reichen auch Nagellaschen allein. Die handwerklich

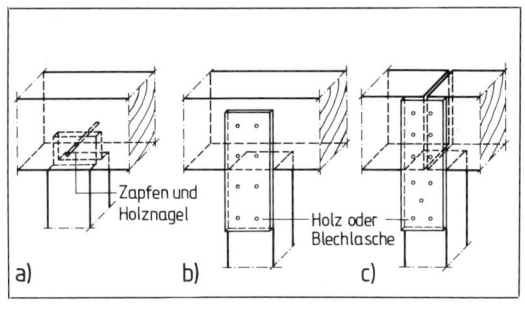 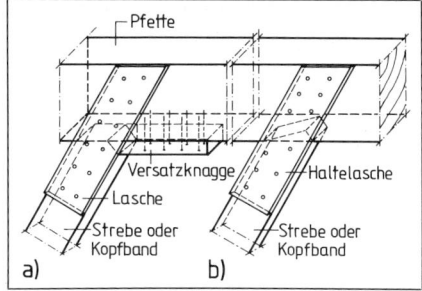

5.55 Pfettenstützung
    a) mit Zapfen und Holznagel, b) mit Nagellasche,
    c) mit Nagellaschen am Pfettenstoß

5.56 Kopfband- oder Strebenanschluß
    a) mit Versatzknagge, b) mit Versatz

traditionelle Verbindung mit Zapfen und Holznagel ist aufwendiger, bei Sanierungsarbeiten aus Gründen der Stiltreue jedoch unerläßlich. Fußpunkte für Stützen und Streben zeigen die Bilder **5.**57 a und b als Beispiel.

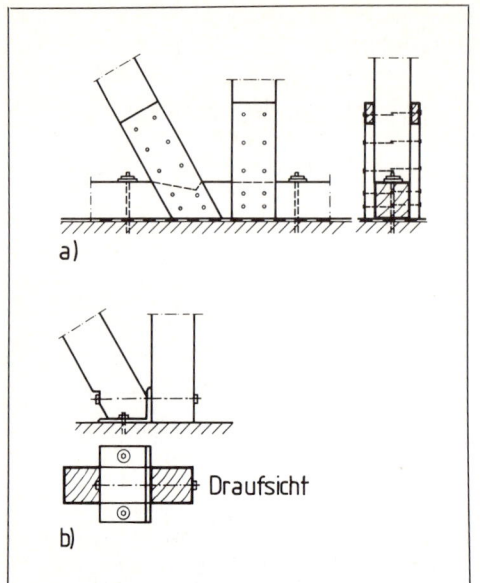
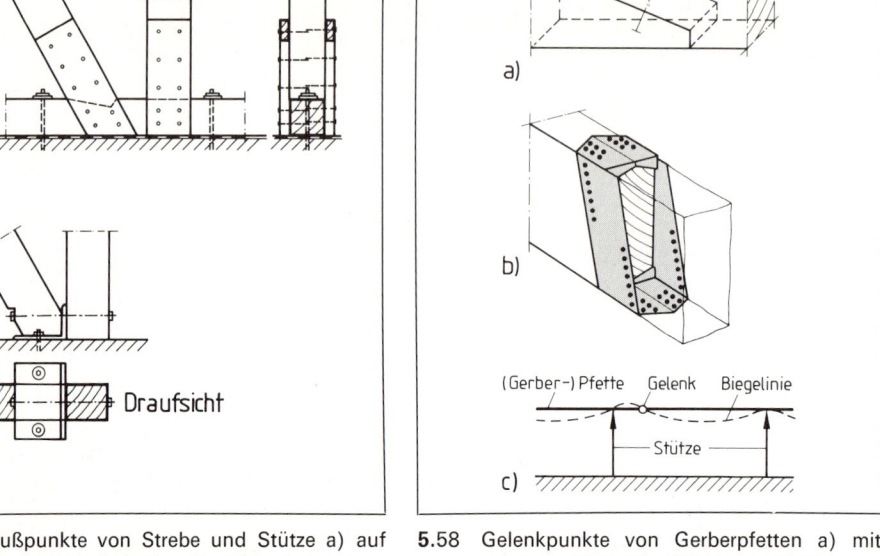

5.57 Fußpunkte von Strebe und Stütze a) auf verankerter Fußschwelle, b) auf verankertem Stahlwinkel

5.58 Gelenkpunkte von Gerberpfetten a) mit schrägem Blatt, b) mit Gerberverbindern aus verzinktem Blech, c) Gelenkanordnung im Pfettenstrang

Pfettenstöße über Stützen werden meist stumpf und mit Haltelaschen ausgebildet (**5.55**c). Gerberpfetten erhalten Stöße in den Momentennullpunkten neben den Stützen. Bei überlegter Planung ergeben sich gleich große Biegespannungen im Feld und über der Stütze und damit wirtschaftlich genutzte Pfettenquerschnitte. Am Gerber-Pfettenstoß entfallen die Biegespannungen. Als Verbindung eignen sich daher das schräge Blatt mit Dübel und Heftbolzen oder Gerberverbinder (**5.58**a und b).

> Pfettendachsparren übertragen ihre Lasten über Klaue oder Nagelknagge auf die Pfetten.

Walmdächer über rechteckigen und zusammengesetzten Grundrissen haben Gratsparren an den Gratlinien und Kehlsparren oder Kehlbohlen an den Kehllinien. S c h i f t s p a r r e n übertragen die Hälfte ihrer Last über angeschmiegte Anschlußflächen auf den Kehlsparren, meist auch auf den Gratsparren (**5.59**a,c,f). G r a t s p a r r e n finden beim Pfettendach tragfähige Auflager an den Pfettenenden (**5.60**). Bei Dächern ohne Firstpfette stützen sie sich im Anfallpunkt auf das angrenzende Sparrengebinde (Anfallgebinde, **5.59**c). Bei Dächern mit kurzer Firstlinie können sich gegenüberliegende Gratsparrenpaare auch über einen Druckriegel im First gegenseitig und im Fußpunkt gegen ein Deckenwiderlager abstützen (**5.59**d). Gegen Verformungen aus einseitiger Belastung wirkt bei größeren Dächern ein diagonales Strebenpaar (**5.59**d). Oft ist es zweckmäßig, den Walmbereich der Sparren- und Kehlbalkendächer nach dem Pfettendachsystem auszubilden. Mit größerem Aufwand läßt sich der Gratsparren von den Schiftsparren abstützen, die dann außer auf Biegung noch auf Knickung beansprucht werden. Am Fußende ist der Gratsparren dann jedoch gegen Abheben zu verankern (**5.59**b). Eine weitere Möglichkeit der Stützung bieten kräftige Strebenpaare (**5.59**d) und stählerne Sprengwerkkonstruktionen (**5.59**e).

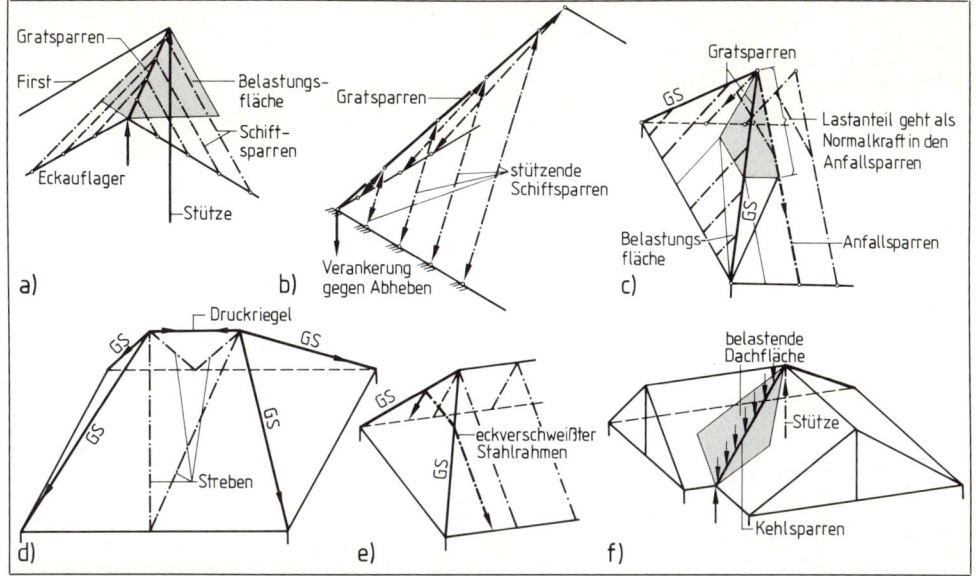

5.59 Möglichkeiten der Grat- und Kehlsparrenstützung
  a) Die Schifter belasten den an seinen Endpunkten gestützten Gratsparren
  b) Die Schifter stützen den am Fuß verankerten Gratsparren
  c) Das Anfallgebinde bildet das obere Gratsparrenauflager
  d) Die Gratsparren stützen sich gegen Decke und Druckriegel, manchmal genügen auch kräftige Streben allein
  e) Eckverschweißte Stahlrahmen stützen den Gratsparren
  f) Der Kehlsparren ist immer durch die Schiftsparren belastet und daher stets zu unterstützen

Die Gratsparrendicke entnimmt man der Statik. Bei fachgerechter Abgratung (Abdachung) ist der Höhenverlust zu berücksichtigen. Ferner sollte die Gratsparrendicke zum Aufsetzen der Schiftsparrenschmiege (Backenschmiege) ausreichen, mindestens aber eine fachgerechte Klauenschiftung zulassen (**5.60**).

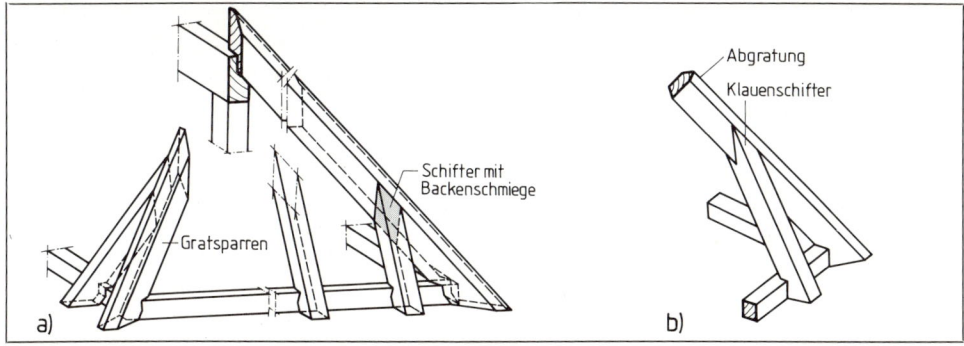

5.60 Gratsparren und Walmschifter
  a) Schifter mit Backenschmiege, b) Klauenschifter

Häufig wählt man die holzsparende Alternative nach Bild **5.61** a als Gratausbildung oder verzichtet ganz auf die Abgratung und nagelt statt dessen eine Gratlatte oder -bohle auf den etwas tiefer gelegten Gratsparren (**5.61** b).

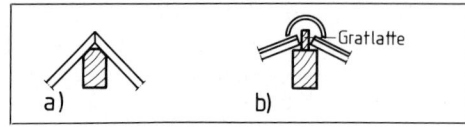

5.61 Gratsparren (Querschnitt) a) mit holzsparender Abgratung, b) mit Gratlatte als Abgratungsersatz

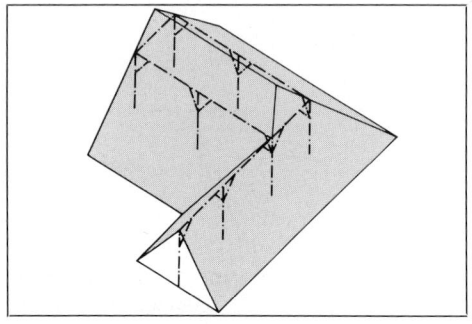

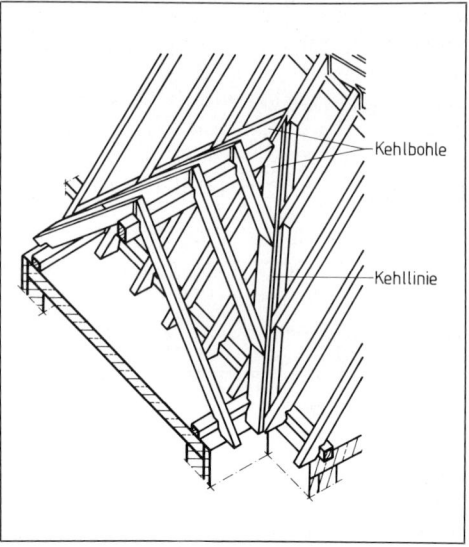

5.62 Die verlängerte Mittelpfette dient dem Nebendach als Firstpfette

5.63 Die Bohlenschiftung empfiehlt sich auf Sparren- und Kehlbalkendächern

Kehlsparren werden immer von ihren Schiftern belastet und daher auf Biegung beansprucht. Pfettendächer bieten dazu sichere Kehlsparrenauflager auf den Pfettenenden (**5**.59 f).

Bei Dächern mit Wiederkehr (Nebendach) und Dachverfallung empfiehlt es sich, die verlängerte Mittelpfette des Hauptdachs zugleich als Firstpfette des Nebendachs zu benutzen (**5**.62). Kehlbalken- und Sparrendächer werden im Bereich ihrer Kehlen und Grate nach Möglichkeit auch als Pfettentragwerk ausgebildet. Dies erleichtert die Stützung der Kehl- und Gratsparren. Die Bohlenschiftung empfiehlt sich bei Kehlbalken- und Sparrendächern über zusammengesetztem Grundriß (**5**.63). Die Schiftsparren des Nebendachs setzen sich hier mit ihren Fußpunkten über eine Kehlbohle auf die Hauptdachfläche. Für die Wirtschaftlichkeit dieser Konstruktion muß die begrenzte Dachausnutzung in Kauf genommen werden.

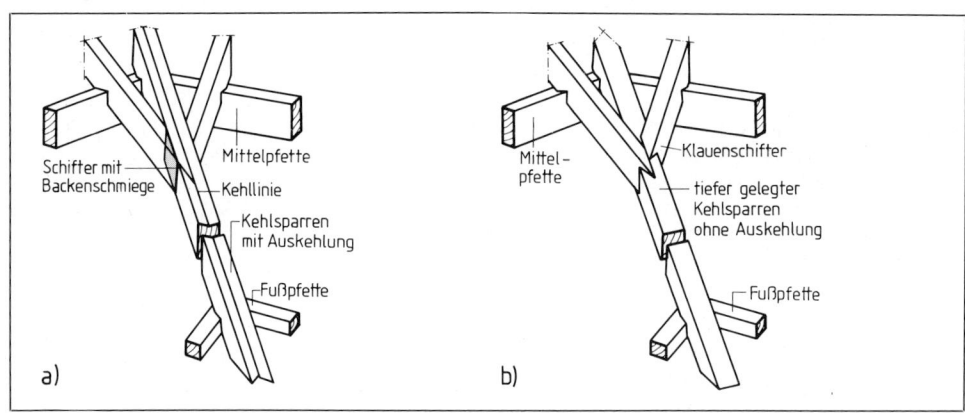

5.64 Kehlsparren
   a) mit fachgerechter Kehle (Schifter mit Backenschmiege)
   b) ohne Kehle und mit aufgesetzten Klauenschiftern

Handwerksgerechte Kehlsparren erhalten ausgearbeitete Kehlen auf der Oberseite (das Gegenstück zur Abgratung) und Schiftsparrenanschlüsse mit Backenschmiege (**5.64**a). Häufig wird auf die Kehle verzichtet. Die Schiftsparren lassen sich dann auch durch Backen- oder Klauenschiftung an dem etwas tiefer gelegenen Kehlsparren anfügen (**5.64**b).

> Die Pfettenenden der Pfettendächer bieten die besten Stützmöglichkeiten für Grat- und Kehlsparren. In diesen Bereichen werden deshalb auch Sparren- und Kehlbalkendächer oft nach dem Pfettendachsystem ausgebildet.
> Die Schiftsparren erhalten Backenschmiegen als Anschlußflächen an Grat- und Kehlsparren, evtl. auch Klauenschiftung.

5.4.4 Spreng- und Hängewerk

Das Sprengwerk leitet (sprengt) Pfettenauflagerkräfte aus First und Dachmitte über Streben bzw. Streben und Spannbalken auf die Außenwände. Der Horizontalschub erfordert feste Strebenwiderlager oder ein Zugband als Auflagerverbindung. Streben und Spannbalken werden überwiegend auf Knicken beansprucht. Das einfache Sprengwerk ergibt eine stabile Dreieckskonstruktion (**5.65**a). Im doppelten Sprengwerk geben die Gelenke und Hängepfosten bei

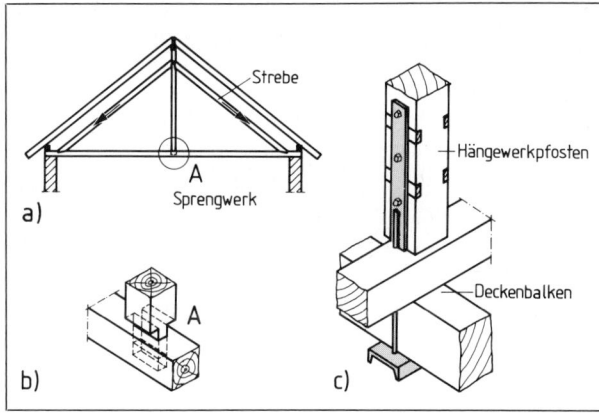
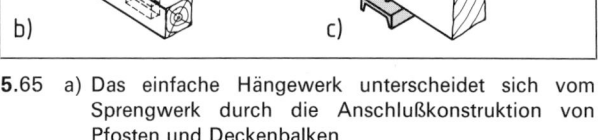
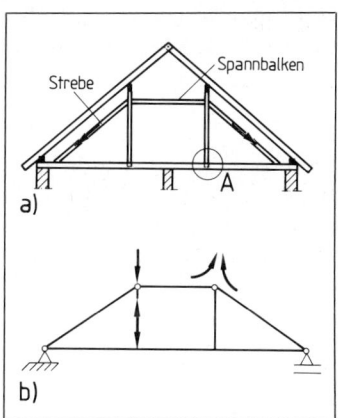

5.65 a) Das einfache Hängewerk unterscheidet sich vom Sprengwerk durch die Anschlußkonstruktion von Pfosten und Deckenbalken
b) Beim Sprengwerk sind Pfosten und Deckenbalken durch den Schwebezapfen statisch getrennt
c) Das Hängewerk erfordert oft viel Aufwand bei der Deckenaufhängung

5.66 a) Doppeltes Sprengwerk mit Schwebezapfen
b) Zugfest angeschlossene Pfosten wirken sich bei unsymmetrischer Belastung statisch günstig aus

unsymmetrischer Belastung nach (**5.66**). Pfosten mit Schwebezapfen nach Bild **5.65**b setzen sich dabei wechselseitig auf den Deckenbalken (**5.66**b). Zugfest angeschlossene Pfosten sind zweckmäßiger, denn sie entlasten Dach und Decke. Die hohen Anschlußkräfte der Sprengewerke erfordern aufwendige Anschlußkonstruktionen. Einfache Sprengwerke sind gelegentlich noch zweckmäßig, doppelte nur noch von historischer Bedeutung. Biegesteif ausgebildete Sprengböcke sind ganz aus Strahlprofilen verschweißt oder mit stählernen Ecklaschen ausgebildet.

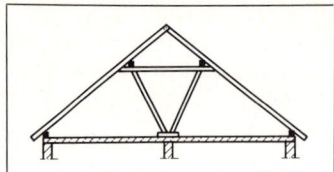

5.67 Nach innen abgestrebtes Dach

Nach innen abgesprengte Dächer leiten einen Teil der Lasten auf Innenwände oder Stützen. Sie sind weniger aufwendig und bei entsprechenden Gegebenheiten vorzuziehen (**5.**67).

Hängewerke gleichen den Sprengwerken. Sie unterscheiden sich nur durch die zusätzliche Belastung aus der Decke, die an den freien Pfostenenden aufgehängt ist (**5.**65c). Diese belastet die Knoten zusätzlich und erschwert ihre kraftschlüssige Verbindung. Stützenfreie Innenräume von größerer Spannweite, die man früher nur mit Sprenge- oder Hängewerken überdecken konnte, lassen sich heute mit modernen, ingenieurmäßigen Dachkonstruktionen einfacher und vielseitiger ausführen.

> Das Sprengwerk leitet innere Auflagerkräfte auf äußere Widerlager ab. Hängewerke übernehmen außerdem Deckenlasten an den Hängepfosten.

5.4.5 Rahmen

Rahmen vereinigen das Dach- und Wandtragwerk in einer Konstruktion. Aus statischen und transporttechnischen Gründen sind sie meist als Dreigelenkkonstruktion geplant (**5.**68 a bis e). Die biegesteifen Ecken ersparen zusätzliche Queraussteifungskonstruktionen. Dank fortgeschrittener Holztechnik sind Tragwerke für weitgespannte Hallen möglich. Nahezu beliebige Holzquerschnitte und vielfältige, auch gekrümmte Rahmenteile lassen sich mit geleimtem Brettschichtholz (Leimbinder, **5.**68f) herstellen, andere sind als Fachwerkrahmen gefertigt (**5.**68e). Bild **5.**69 zeigt Beispiele für biegesteife Rahmenecken, Fuß- und Firstgelenkkonstruktionen von Brettschichtrahmen.

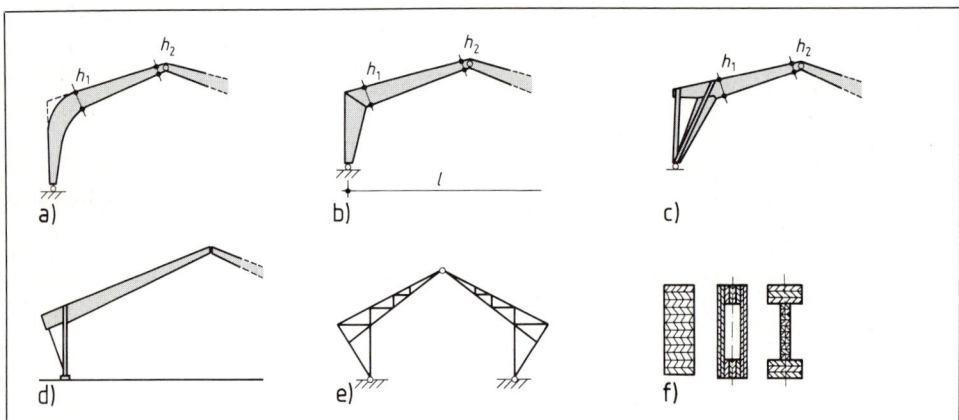

5.68 Dreigelenkbinder
    a) und b) mit biegesteifen Rahmenecken
    c) und d) mit aufgelösten Rahmenstielen
    e) als Fachwerk
    f) Querschnittsformen für Brettschichtholz

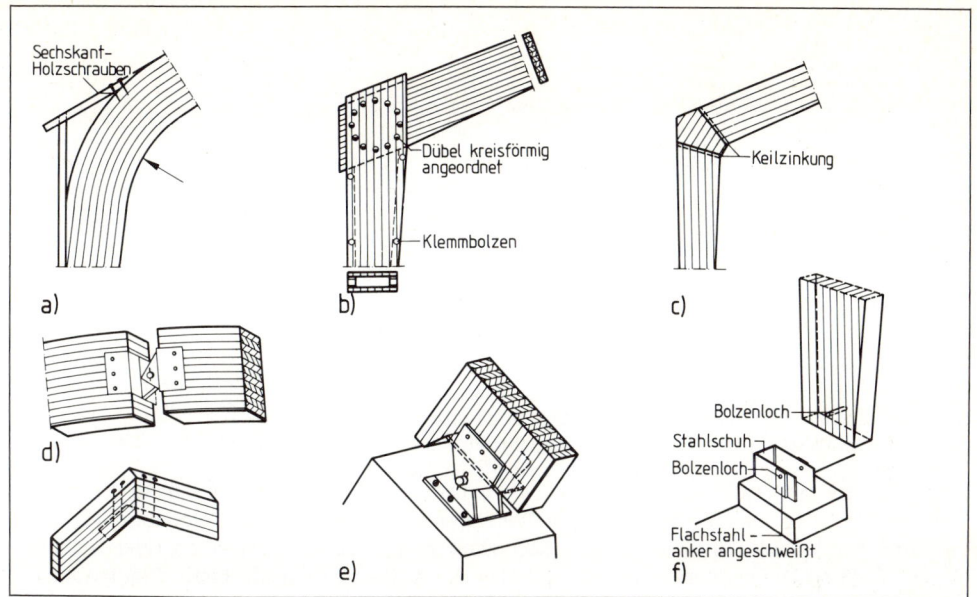

5.69 Biegesteife Rahmenecken, First- und Fußpunkte

a) gekrümmt verleimt, b) gedübelt, c) keilgezinkt, d) Firstgelenke für schwere (oben) und leichtere (unten) Rahmenkonstruktionen, e) Fußpunkt, schwere Ausführung, f) Fußpunkt, leichte Ausführung

Aussteifung. Windverbände leiten die Windlasten in die Fundamente, Aussteifungsverbände sichern die Standfestigkeit des Gesamttragwerks und der Einzelteile gegen Kippen und Knicken (**5.**70 und **5.**71). Die notwendigen Aussteifungsmaßnahmen dienen meist beiden

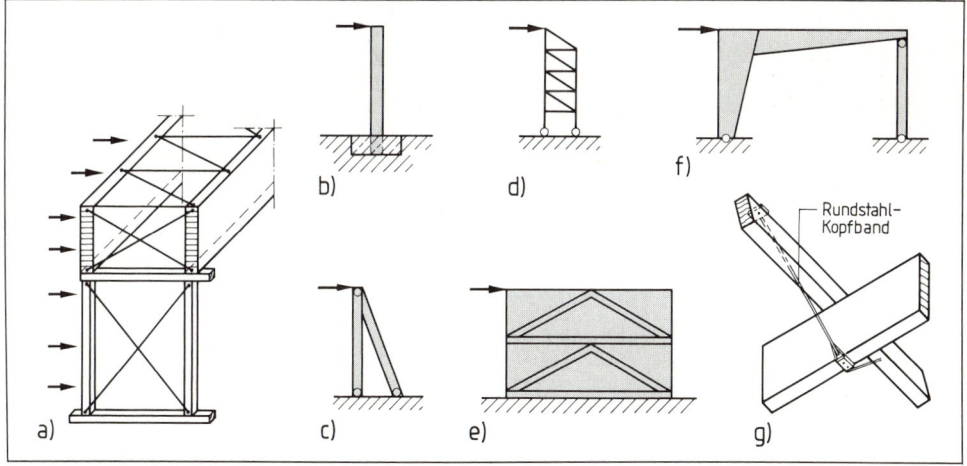

5.70 Aussteifungsmöglichkeiten für Gebäude

a) durch Diagonalverstrebung; sie sichert Stützen und Binder gegen Umfallen und Ausknicken (s. Detail A in Bild **5.**71), b) durch eingespannte Stützen, c) und d) durch Böcke, e) durch Scheiben, f) durch biegesteife Rahmen mit Pendelstütze, g) Kippaussteifung hoher Träger durch Kopfband

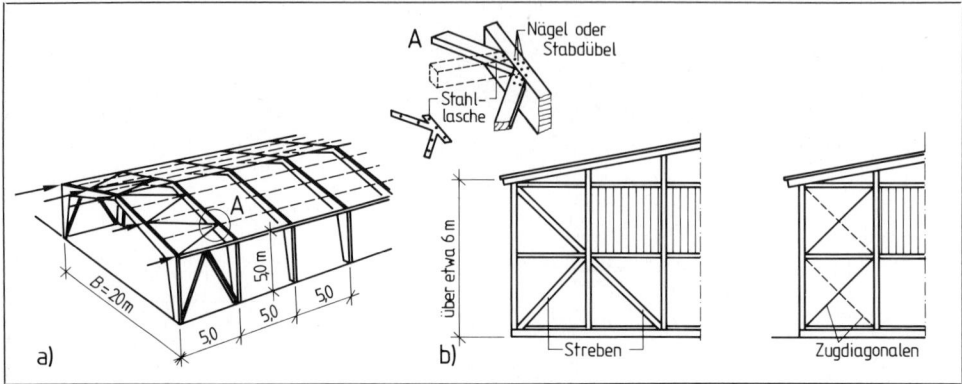

5.71 a) Längsaussteifung einer Halle (vertikal und horizontal)
b) Queraussteifung durch Streben oder Zugdiagonalen

Zwecken. Horizontalverbände sichern die Unverschieblichkeit der Dachfläche, Vertikalverbände übertragen die Lasten aus der Dachebene in die Fundamente. Horizontalverbände bestehen aus knickfesten Windripsen, gekreuzten Zugbändern, Fachwerken oder Scheiben (**5.70a**, **5.71a**). Die vertikale Aussteifung eines Bauwerks ist möglich durch Zugdiagonalen, Windböcke, eingespannte Stützen, Fachwerke, Rahmen, Scheiben oder auch Massivkerne (z. B. Treppenhausschächte aus Stahlbeton, **5.70 a bis f**, **5.71 a, b**). Ein Beispiel zur Kippaussteifung hoher Träger zeigt Bild **5.70 g**.

> Rahmen aus Fachwerk oder Brettschichtholz werden meist als Dreigelenkkonstruktion hergestellt und im Hallenbau bevorzugt. Sie vereinigen Wand- und Dachtragwerk in einer Konstruktion und bieten zugleich ausreichende Queraussteifung.

5.4.6 Dachbinder

Dachbinder sind Dachtragwerke, denen Wände, Balken und Stützen als Auflager dienen. Sie überbrücken größere Stützweiten. Vollwandbinder aus Brettschichtholz in gerader, gekrümmter, abgeknickter oder gerundeter Form zeichnen sich durch ansprechendes Aussehen, hohe Stabilität und ausreichende Anschlußflächen aus Bild **5.72**.

Fachwerkbinder sind leichter und je nach Zweck in Parallel-, Trapez- oder Dreiecksform gefertigt (**5.73**). Systemträger in Fachwerkbauweise haben statisch günstige I-Querschnitte (**5.74**).

Dreiecks-Fachwerkbinder unterscheiden wir überwiegend nach ihrer regional typischen Stabführung (deutsche, belgische, englische Binder). Die gleichmäßig verteilten Knoten der

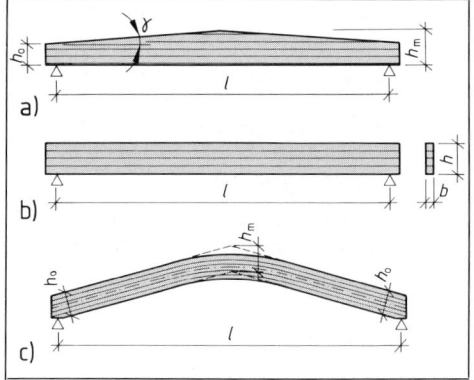

5.72 Dachbinder aus Brettschichtholz
a) mit geradem Untergurt
b) als Parallelträger
c) als gekrümmter Träger

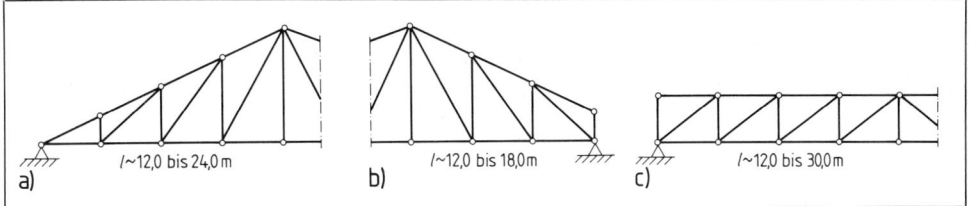

5.73 Fachwerkbinder (Stabbezeichnungen s. **5.**75)
a) dreieckförmig, b) trapezförmig, c) parallelgurtig

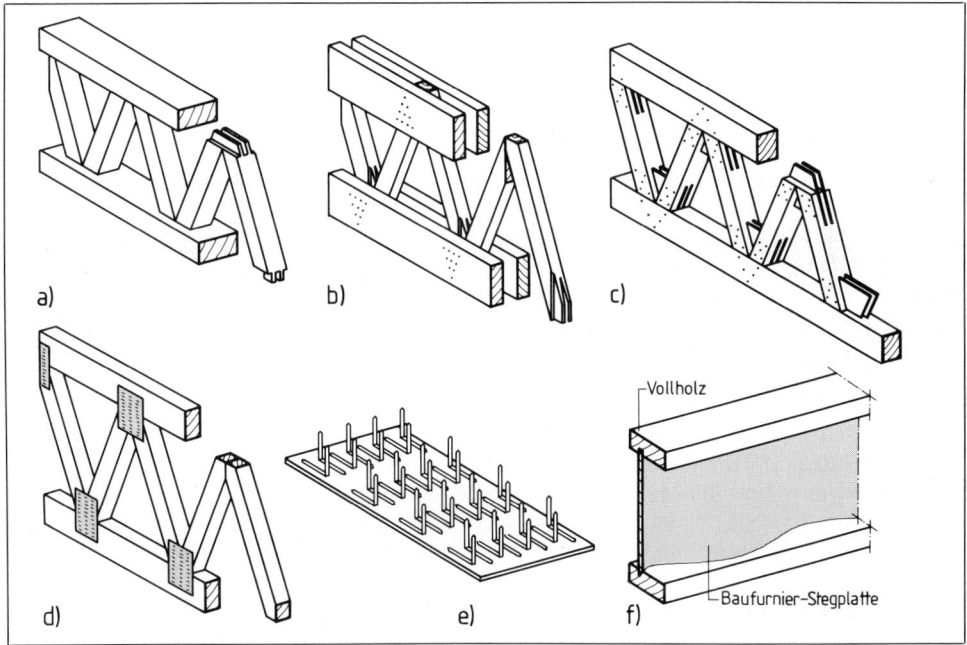

5.74 Systemträger
   a) gezapft, verleimt (System DSB)
   b) keilgezinkt, verleimt (System Trigonit)
   c) mit durchgenagelten Verbindungsblechen in Schlitzen (System Greim)
   d) mit aufgepreßten Nagelplatten (System Gangnail)
   e) einpreßbare Nagelplatte für Gangnail-Träger in d)
   f) Wellstegträger (mit gewellter Baufurnierplatte)

Obergurte nehmen zugleich die dachhauttragenden Querhölzer (Pfetten) und die jeweils anteiligen Dachlasten auf. Alle auftretenden Dachlasten sind in den Obergurtknoten zu Einzelkräften zusammengefaßt. Sie beanspruchen die Stäbe nur auf Zug oder Knickung (nicht auf Biegung). Die Stabkräfte der Zugstäbe erhalten positive Vorzeichen, die der Druckstäbe negative. Obergurtstäbe erhalten in der Regel Druck, Untergurtstäbe Zug, Diagonal- und Vertikalstäbe je nach Lage und Richtung Druck oder Zug.

Bezeichnet werden die Stäbe durch Großbuchstaben und Stab-Nr. vom linken Auflager an mit O_1, O_2 ... im Obergurt, U_1, U_2 ... im Untergurt, V_1, V_2 ... und D_1, D_2, ... für die Vertikal- und Diagonalstäbe. Bei symmetrischer Anordnung sind die entsprechenden Stäbe der gegenüberliegenden Binderhälfte mit O'_1, U'_1, D'_1 ... und V'_1 ... benannt (**5.**75).

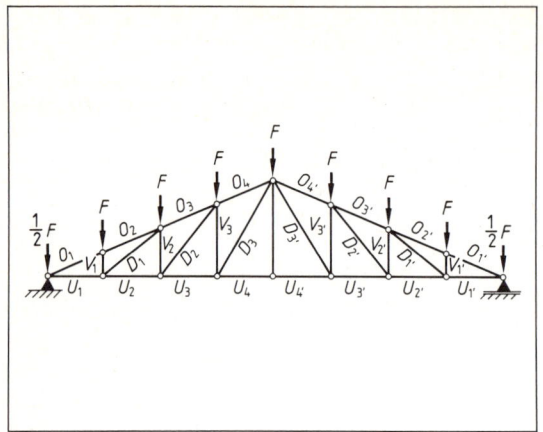
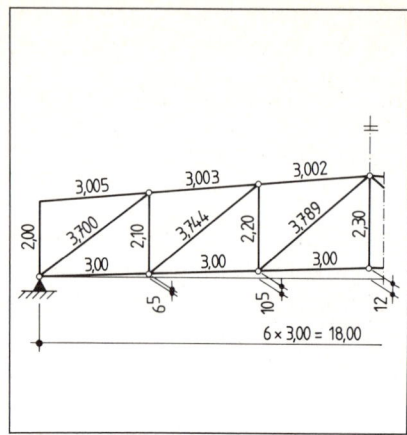

5.75 Stabbezeichnung bei Fachwerkträgern und Krafteinleitung in die Obergurtknoten

5.76 Mit Rücksicht auf die Durchbiegung werden Fachwerkbinder mit Überhöhung hergestellt (Überhöhungsmaße an den Untergurtknoten)

Konstruktive Grundsätze. Die Systemskizze eines Binders stellt die Mittelachsen der Stabhölzer dar. Davon abweichende (exzentrische) Stablagen erhöhen die Knickgefahr. Zentrisch angeordnete, möglichst aber gleichmäßig um die Knoten gelagerte Verbindungsmittel werden der rechnerischen Annahme der Knoten als Gelenke am besten gerecht. Bei Brettbindern mag eine nachgiebige Einspannung der Stäbe durch die größeren Nagelanschlußflächen unbedenklich sein, bei Kantholzbindern mit größeren Stabkräften sollte man sie vermeiden.

Die lastabhängige Durchbiegung der Fachwerkbinder vergrößert sich durch das Schwinden des Holzes, besonders aber durch die Nachgiebigkeit der Verbindungsmittel. Eine angemessene Überhöhung beim Konstruieren des Binders ist daher geboten (**5.76**). Nagelbinder bestehen aus mindestens 24 mm dicken Brettern, meist zweiteiligen Ober- und Untergurten und einteiligen Füllstäben. Jede Nagelverbindung hat wenigstens 4 runde Nägel nach DIN 1151. Wegen der Spaltgefahr richten sich die Nagelgrößen nach dem jeweils dünneren Brett. Mindestabstandsmaße gelten für die Nägel einer Nagelreihe, die Nagelreihen untereinander, den beanspruchten und unbeanspruchten sowie für den seitlichen Rand (**5.77**). Nagelabstände sollten möglichst gleichmäßig verteilt und beim Planen und Herstellen durch ein Nagelraster kenntlich gemacht werden.

Tabelle 5.77   Mindestnagelabstände (im dünnsten Holz, Nägel versetzt angeordnet)

Werte in ( ) gelten für $d_n > 4{,}2$ mm	Lage zur Faserrichtung	Nagelabstände parallel der Kraftrichtung	
		nicht vorgebohrt	vorgebohrt
untereinander	∥	$10\,d_n$ ($12\,d_n$)	$5\,d_n$
	⊥	$5\,d_n$	
vom belasteten Rand	∥	$15\,d_n$	$10\,d_n$
	⊥	$7\,d_n$ ($10\,d_n$)	$5\,d_n$
vom unbelasteten Rand	∥		
	⊥	$5\,d_n$	$3\,d_n$

Mehrschnittige Nagelverbindungen tragen das entsprechende Mehrfache von einschnittigen und sind deshalb wirtschaftlicher (**5.78**). Binder mit stumpf zusammengefügten und durch Knotenplatten aus Blech oder Furnierholz verbundenen Hölzern sind rationeller und preiswerter als mehrteilige Konstruktionen (**5.79** a). Dachbinder mit kräftigen Stabhölzern (Kantholzbinder) und höher belastbaren Holzverbindern (Dübel) ergeben stabilere Konstruktionen mit größerer Tragkraft als vergleichbare Nagelbinder (**5.79** b). Ausführungsrichtlinien für alle Dübeltypen und -größen enthalten die Tabellenbücher.

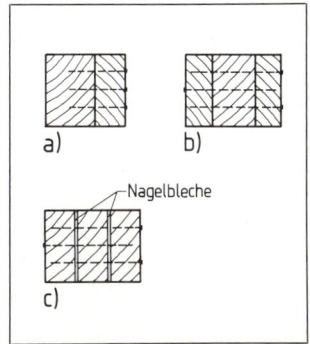
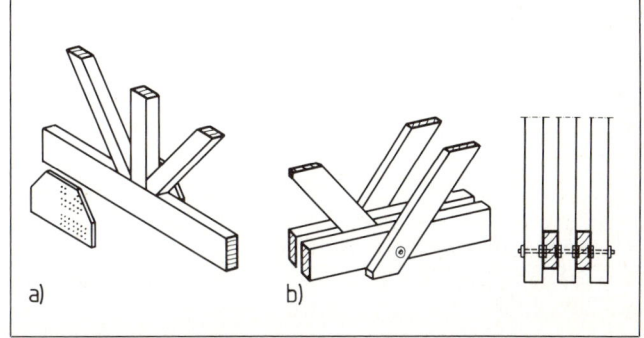

5.78 Schnittigkeit von Nagelverbindungen
a) einschnittig
b) zweischnittig
c) vierschnittig mit Nagelblechen

5.79 Fachwerk-Knotenpunkte
a) einteilig mit Knotenplatte (z. B. aus Blech oder Furnierholz)
b) mehrteilig aus doppeltem Untergurt und dreiteiligen Diagonalen

Planungsgerechte Gelenke von hoher Tragkraft ergeben Gelenkbolzenverbindungen nach Bild **5.80**. Eine Übersicht der gebräuchlichen Verbindungsmittel einschließlich ihrer zeichnerischen Darstellung zeigt Tabelle **5.81** auf S. 126.

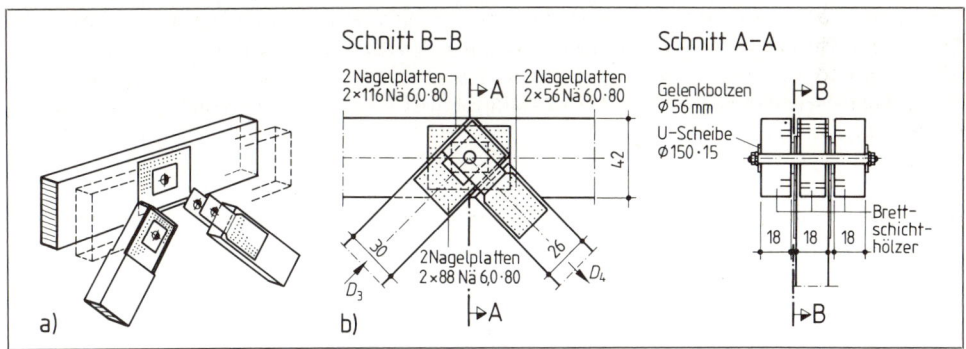

5.80 Gelenkbolzenverbindung für den Obergurtknoten eines schweren Fachwerkbinders (Beispiel)
a) Nagelplatten übertragen die Stabkräfte auf die Fachwerkbalken
b) Bolzen und aufgenagelte Stahlplatten ermöglichen einen planungsgerechten Gelenkknoten

Die Queraussteifung der Dachbinder ist durch die Konstruktion der Dachbinder gegeben. Ihre Längsaussteifung erfolgt je nach Erfordernis in der bereits erwähnten Art durch diagonal angeordnete Windrispen, fachwerkartige Windverbände oder Scheiben aus vollflächig aufgenagelten Sperrholz- oder Spanplatten.

5.5 Plandarstellung im Holzbau

Die Rückbesinnung auf natürliche und ästhetisch ansprechende Baumaterialien sowie der technologische Fortschritt und die rationellen Fertigungsmethoden im Holzbau haben dem Bauen mit Holz wieder mehr Verbreitung und erweiterte Anwendungsmöglichkeiten erschlossen.

Während früher die Holzkonstruktionen nach handwerklicher Erfahrung direkt aus dem Bauentwurf in die Praxis umgesetzt wurden, sind die modernen Holzbauwerke ingenieurmäßig berechnet und durch sorgfältige Planungen bis ins Detail genau und eindeutig festgelegt. Für die Plangestaltung im konstruktiven Holzbau reichen die z.Z. bestehenden Planungsnormen nicht mehr aus. Beispielhafte, dem neuen Stand der Technik und Normenentwicklung entsprechende, von den beteiligten Fachkreisen anerkannte Gestaltungsgrundsätze für Bauzeichnungen im Holzbau und Musterzeichnungen hat die Arbeitsgemeinschaft Holz e.V. erarbeitet (**5.81** bis **5.83**).

Tabelle 5.81   **Holzverbindungsmittel**

Symbol und Benennung	Darstellung und Bezeichnung	
	auf Konstruktionsplänen (Ingenieurplänen)	auf Ausführungszeichnungen (Werkstattzeichnungen)
Schraubenbolzen M Sechskantschrauben nach DIN 601 für tragende Verbindungen, mit runden Scheiben nach E DIN 1052 T 2, Tabelle 3	Anzahl, Gewindekurzzeichen M und Nenn-$\varnothing$ in mm (Scheibenabmessungen, falls abweichend von DIN 1052) 2 M 16	wie links, ergänzt durch Bolzenlänge in mm 2 M 16 × 320
Paßbolzen PB Stabdübel mit Kopf und Mutter oder beidseitigen Muttern, mit runden Scheiben nach DIN 440	Anzahl, Kurzbezeichnung PB, Nenn-$\varnothing$ in mm (Scheibenabmessungen, falls abweichend von DIN 440) 4 PB $\varnothing$ 16	wie links, ergänzt durch Paßbolzenlänge in mm (Gewindebezeichnung, falls abweichende Nenn-$\varnothing$) 4 PB $\varnothing$ 16 × 320 (M12)
Dübel besonderer Bauart Dü Typen A bis E nach DIN 1052 T 2 einschl. Verbolzung: $\varnothing$40 bis 55 mm $\varnothing$56 bis 70 mm $\varnothing$71 bis 85 mm $\varnothing$86 bis 100 mm Nennmaße über 100 mm	Anzahl, Kurzbezeichnung Dü, Dübelnennmaße in mm – Typ A bis E (Bolzen- und Scheibenabmessungen, falls abweichend von DIN 1052) 2×2 Dü $\varnothing$ 65–A	wie links, ergänzt durch Anzahl, Bezeichnung und Länge der zugehörigen Schraubenbolzen 2 M 12 × 320 2×2 Dü $\varnothing$ 65–A

Fortsetzung s. nächste Seite

Tabelle 5.81 Holzverbindungsmittel, Fortsetzung

Symbol und Benennung	Darstellung und Bezeichnung	
	auf Konstruktionsplänen (Ingenieurplänen)	auf Ausführungszeichnungen (Werkstattzeichnungen)
Stabdübel SDü nach DIN 1052 T2, Abschnitt 5	Anzahl, Kurzbezeichnung SDü, Nenn-⌀ in mm — 4 SDü ⌀ 16	wie links, ergänzt durch Stabdübellänge in mm — 4 SDü ⌀ 16 × 280
Sechskant-Holzschrauben Sr nach DIN 571 (aus Stahl) bzw. **Holzschrauben A** Schlüsselschrauben, mit runden Scheiben nach DIN 440	Anzahl, Kurzbezeichnung Sr, Nenn-⌀ mal Länge in mm — A (Scheibenabmessungen, falls abweichend von DIN 440) Darstellung wie rechts	4 Sr ⌀ 12 × 140 − A
Holzschrauben Sr Halbrundholzschrauben nach DIN 96 (Typ B) oder Senkholzschrauben nach DIN 97 (Typ C) aus Stahl	Anzahl, Kurzbezeichnung Sr, Nenn-⌀ mal Länge in mm — B oder C Darstellung wie rechts	2 × 6 Sr ⌀ 8 × 80 − B
Nägel Na runde Drahtstifte nach DIN 1151 aus Stahl oder runde Maschinenstifte nach DIN 1143 T1 Nagel-Vorderseite Nagel-Rückseite	Anzahl, Kurzbezeichnung Na, Nagel-⌀ in $^1/_{10}$ mm mal Länge in mm, ggf. vb = vorgebohrt Darstellung wie rechts	9 Na 76 × 260, vb
Sondernägel SNa, RNa nach DIN 1052 T2, Tabelle 11 SNa = Schraubennagel RNa = Rillennagel	Anzahl, Kurzbezeichnung SNa oder RNa, Nenn-⌀ mal Länge in mm — Tragfähigkeitsklasse I bis III, ggf. vb = vorgebohrt	4 × 20 RNa 4,0 × 60 − II
Klammern Kl aus Stahldraht nach E DIN 1052 T2 (beharzt)	Kurzbezeichnung Kl, Nenn-⌀ mal Länge in mm — Klammerabstand e in cm Darstellung wie rechts	Kl 1,5 × 60 − e = 7,5
Nagelplatten NaPl nach DIN 1052 T2 aus feuerverzinktem oder korrosionsbeständigem Stahlblech	Anzahl, Kurzbezeichnung NaPl, Abmessungen $b \cdot l$ in mm (Plattentyp, Fabrikat) Darstellung wie rechts	2 Na Pl 114 × 200 (GN 14)

Dachbinder eignen sich als Dachtragwerk für große Spannweiten. Es gibt Vollholz- und Fachwerkbinder sowie Systemträger mit aufgelösten Querschnitten.

Mehrteilige Fachwerkknoten werden durch Nägel und/oder Dübel (auch Schrauben) verbunden, hochbelastete Knoten durch Gelenkbolzen.

Knotenplatten aus Blech oder Furnierholz erleichtern das Herstellen der Stabanschlüsse.

Tabelle 5.82 Darstellungshinweise für Holzbaukonstruktionen

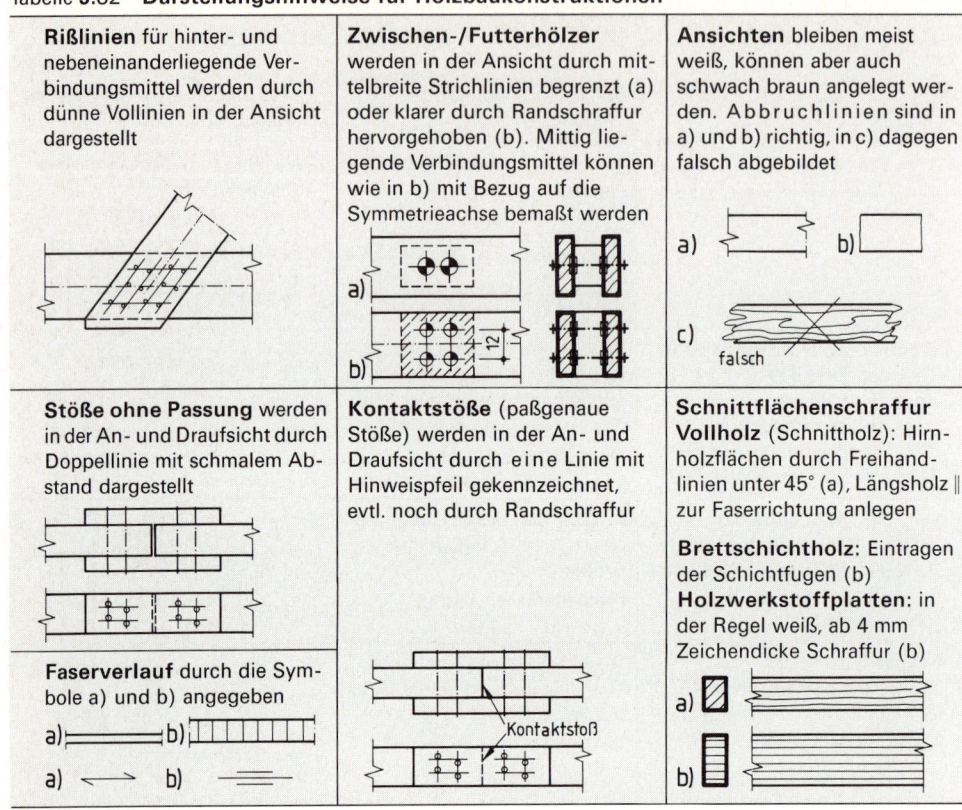

Entwurfszeichnungen M 1:100 sind nach den Vorschriften der Bauvorlagenverordnung ausreichend darzustellen.

Positionspläne für die statische Berechnung entstehen meist durch ergänzende Eintragungen in den Entwurfsplan, aber auch als gesonderte Pläne M = 1:100.

Konstruktionspläne enthalten alle notwendigen Darstellungen und Angaben für den Zusammenbau tragender Bauteile und ihrer Verbindungen. Wir unterscheiden zwei Darstellungsmöglichkeiten:

– **Konstruktionspläne mit maßstäblicher Gesamtdarstellung** (meist M 1:10) zeigen die Tragwerksteile in voller Länge, die wichtigsten Maße (z. B. Achs- und Höhenmaße) sowie statische Angaben für die Anschluß- bzw. Knotenpunkte.

– **Konstruktionspläne mit nur auszugsweiser Darstellung** der statisch maßgeblichen Tragwerksteile bestehen aus einer Übersichtszeichnung M 1:100 (auch 1:50) und herausgezeichneten Knoten- bzw. Anschlußpunkten (meist 1:10). Die Einzelbauteile sind also nicht in voller Länge dargestellt.

Konstruktionspläne sind in der Regel vom Ingenieurbüro zu erstellen (**5.83**). Dazu gehören u. U. auch notwendige Detailangaben im Maßstab 1:1 bis 1:5.

Ausführungszeichnungen (Werkstatt- bzw. Abbundzeichnungen) zeigen die gesamte Holzkonstruktion mit vollständigen und zweifelsfrei eingetragenen Angaben. So die genauen Abbundmaße, Lage und Achsabstände der Verbindungsmittel, Beschaffenheit der Holzoberfläche (z. B. geh = gehobelt), Bolzenlängen, Zubehörteile (z. B. Unterlegscheiben) und Materialangaben. Häufig erstellt sie der auszuführende Holzbaubetrieb, meist durch ergänzende Eintragungen in den Konstruktionsplan.

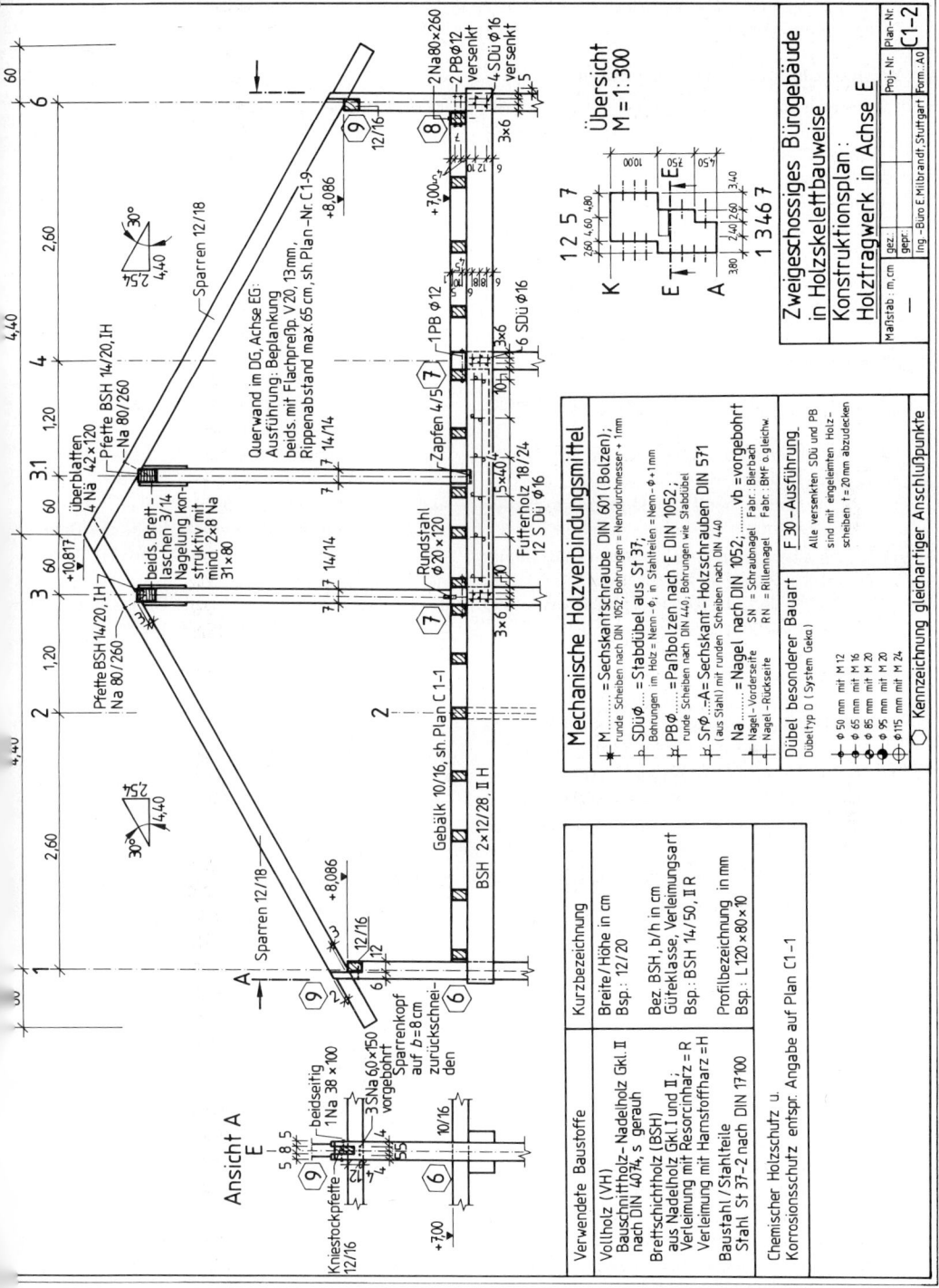

5.83 Beispiel eines Konstruktionsplans (Ausschnitt)

Aufgaben zu Abschnitt 5

Wiederholungen aus der Baufachkunde 1

1. Nennen Sie die Schnittklassen (neu: Sortierklassen) für Bauholz und beschreiben Sie ihre Unterschiede.
2. Welche Schnitt-/Sortierklasse wird überwiegend für Bauholz gewählt?
3. Nennen und beschreiben Sie die Güteklassen (neu: Sortierklassen) des Bauholzes.
4. Von welchen Faktoren hängt die Güteklasse-/Sortierklasse des Bauholzes ab?
5. Welche zulässigen Spannungen sind durch die Güteklassen festgelegt?
6. Welche Güteklasse wird für Bauholz überwiegend gewählt?
7. Nennen Sie die Grenzmaße für Kantholz, Balken, Bohle, Latte und Brett.

Zur Fachkunde

8. Nennen Sie Beispiele für konstruktiven Holzschutz.
9. Unterscheiden Sie Streich-, Wand-, Stich-, Giebel- und Wechselbalken.
10. Wie verhindert man Durchfeuchtungsschäden an Balkenköpfen im Außenmauerwerk?
11. Beschreiben (skizzieren) Sie den Querschnitt des Pult-, Sattel- und Mansarddachs.
12. Unterscheiden Sie Walm-, Krüppelwalm- und Fußwalmflächen.
13. Was verstehen wir unter Grat, Kehle, Ortgang, Dachbruchlinie und Anfallpunkt?
14. Wie ist die Durchfeuchtungsgefahr infolge Wasserdampfkondensat a) beim belüfteten Dach, b) beim unbelüfteten Dach gelöst?
15. Warum ist die Dampfsperre grundsätzlich auf der warmen Seite des Daches anzuordnen?
16. Welchen Zweck erfüllen Unterdach und Unterspannbahn?
17. Dächer mit zusätzlicher Maßnahme erhalten zwei Luftschichten. Für welche der beiden gelten die Normvorschriften zur Dachentlüftung?
18. Warum soll beim unbelüfteten Dach die Taupunktebene möglichst weit in die Dämmschicht nach außen verlegt sein?
19. Beschreiben Sie den Standardaufbau des unbelüfteten Flachdachs a) mit bituminösen Bahnen, b) mit Kunststoffbahnen.
20. Erklären Sie das Prinzip des Umkehr- und des Duodachs.
21. Was bedeuten die Kurzzeichen WD, WS, WDS und WDH bei Wärmedämmplatten?
22. Nennen Sie geeignete Werkstoffe für Dampfsperren und Dachabdichtungen.
23. Erklären Sie die Lage, den Zweck und die Ausbildung der Ausgleichsschichten im Aufbau des unbelüfteten Flachdachs.
24. Welche Mindestdachneigung ist nach den Flachdachrichtlinien einzuhalten?
25. Welche Regeln gelten für die Lagenzahl der Dachabdichtung nach den Flachdachrichtlinien a) für Bitumen-, b) für Kunststoffbahnen.
26. Vergleichen Sie Vor- und Nachteile der Dachabdichtungen mit bituminösen und hochpolymeren Bahnen.
27. Welche Regeln gelten für die Höhe der Dachrandanschlüsse von Flachdächern?
28. Nennen Sie Möglichkeiten für den Oberflächenschutz von Flachdächern.
29. Beschreiben Sie den Standardaufbau eines begrünten Daches.
30. Beschreiben Sie den Aufbau eines leichten unbelüfteten Dachs auf Holzbalkenlage.
31. Beschreiben Sie das Sparren- und das Kehlbalkendach (Bestandteile, statische Beanspruchung).
32. Beschreiben (skizzieren) Sie Anschlußmöglichkeiten für First, Sparrenfuß und Kehlbalken (je 2 Beispiele) beim Kehlbalkendach.
33. Wodurch unterscheiden sich das verschiebliche und das unverschiebliche Kehlbalkendach?
34. Erklären Sie Zweck und Anordnung von Rähm und Hahnbalken.
35. Wie erreicht man die Quer- und Längsaussteifung beim Sparren- und Kehlbalkendach?
36. Nennen Sie Vor- und Nachteile von Sparren- und Kehlbalkendächern.
37. Welche Arten von Dübeln unterscheiden wir?
38. Warum sind Heftbolzen und Unterlegscheiben unerläßliche Bestandteile jeder Dübelverbindung?

39. Nennen Sie Zweck und statische Beanspruchung der Pfetten beim Pfettendach.
40. Unterscheiden Sie Pfettendächer mit 1-, 2- und 3fach stehendem Stuhl.
41. Wodurch unterscheiden sich das moderne Pfettendach mit Pfettenstrang und das herkömmliche abgestrebte Pfettendach?
42. Wodurch wird die Längsaussteifung des Pfettendaches hergestellt?
43. Wie erreicht man die Queraussteifung
    a) beim modernen Pfettendach mit Pfettenstrang,
    b) beim herkömmlichen abgestrebten Pfettendach?
44. Beschreiben Sie die Anschlußkonstruktion zwischen Sparren und Pfetten (2 Möglichkeiten).
45. Welche Vorteile bieten Sparren-Pfettenanker?
46. Unterscheiden Sie Pfette, Rähm und Richtholz.
47. Vergleichen Sie den Querschnitt sachgerecht ausgebildeter Grat- und Kehlsparren.
48. Erklären Sie Möglichkeiten der Belastung und Stützung des Gratsparrens.
49. Erklären Sie Belastung und Stützung des Kehlsparrens.
50. Beschreiben Sie die Dachkehle mit Bohlenschiftung.
51. Vergleichen Sie das einfache Hänge- und Sprengwerk.
52. Welche Vorteile bieten Rahmen, besonders Dreigelenkrahmen gegenüber den herkömmlichen Hänge- und Sprengwerken?
53. Beschreiben Sie Querschnittformen von Rahmen.
54. Wodurch erreicht man die Längs- und Queraussteifung der Rahmen?
55. Unterscheiden Sie Vollwand- und Fachwerkbinder.
56. Für welche Fachwerkteile verwenden wir die Buchstaben *U*, *O*, *V* und *D*?
57. Beschreiben Sie die Ausbildung ein- und mehrteiliger Fachwerkknoten.
58. Warum werden Gelenkbolzen für hochbeanspruchte Fachwerkknoten bevorzugt?
59. Warum werden Fachwerkbinder mit Überhöhung geplant und ausgeführt?
60. Nennen Sie die üblichen Holzverbindungsmittel und ihre Kurzzeichen.

6 Mauerwerksbau

Das Bauen mit Mauerwerk ist eine Jahrtausende alte, bewährte Technik. Wände aus Mauerwerk bilden und trennen von jeher Räume, schützen vor Wetterunbilden und Feinden, nehmen Gebäude- und Verkehrslasten, Wind-, Wasser- und Erddruck auf. Bogen- und Gewölbemauerwerk ermöglichten schon früh tragfähige massive Überdeckungen von Wandöffnungen und Räumen. Mauerwerk aus künstlichen Steinen (getrocknete Lehmquader) verwendete man bereits beim Bau des großen Stufentempels von Ur in Mesopotamien (um 2200 v. Chr.). Die Mauerwerkstechnik mit gebrannten Ziegeln wurde in Mitteleuropa durch die Römer verbreitet, nach der Römerherrschaft weitgehend eingestellt und erst um 1200 wieder bevorzugt.

Mauerwerk im Hochbau. Im Hochbau stellt man vor allem Wände, Pfeiler und Schornsteine aus Mauerwerk her. Bei den Wänden unterscheiden wir

- nach der Lage im Grundriß: Außen- und Innenwände, Giebelwände,
- nach der Funktion: raum- und wohnungstrennende Innenwände sowie Treppenhauswände. Reihenhaustrennwände nennen wir auch Umfassungswände,
- nach der Geschoßzugehörigkeit: Keller-, Erd- und Dachgeschoßwände, ferner Wände im 1., 2. usw. Obergeschoß,
- nach der statischen Funktion: tragende und nichttragende Wände sowie aussteifende Wände (**6**.1),
- nach der Zahl der ausgesteiften Ränder: 2-, 3- und 4seitig gehaltene sowie freistehende Wände,
- nach der Anzahl der Wandschalen: ein- und mehrschalige Wände,
- nach den Brandschutzvorschriften: Brandwände und Komplex-Wände.

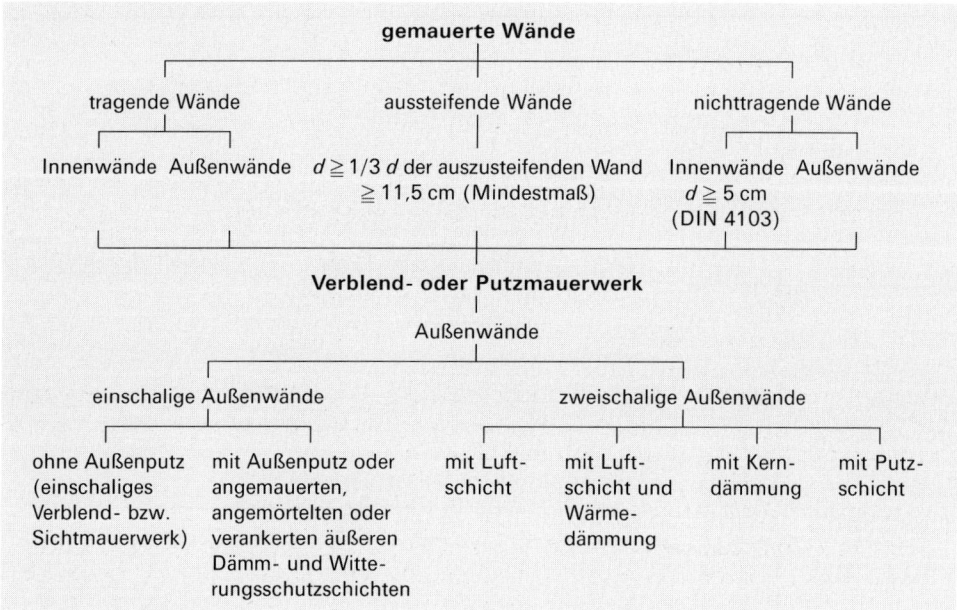

6.1 Gemauerte Wände

Je nach Lage, Zweck und Beanspruchung der Wände können unterschiedliche Schwerpunkte vorliegen: z. B. Tragfähigkeit (Festigkeit), Wärmeschutz, Schallschutz, Schlagregenschutz, Feuchtigkeitsschutz, Brandschutz, Frostbeständigkeit, Wärmespeicherfähigkeit.

6.1 Tragende Wände

Tragende Wände nehmen im Gegensatz zu den nichttragenden Wänden außer ihrer Eigenlast weitere Lasten auf. Lotrechte und waagerechte Lasten, die parallel zur Wandfläche wirken, beanspruchen die Wand als Scheibe. **Lotrechte Kräfte** ergeben sich aus der Eigenlast der Wand, vor allem aber aus Decken-, Dach- und Wandlasten der oberen Geschosse. **Waagerechte Kräfte** greifen überwiegend als Erd-, Wind- und Wasserdruck an. Waagerecht und quer zur Ebene belastete Wände werden als Platte beansprucht, ihre aussteifenden Querwände als Scheibe (**6.2**).

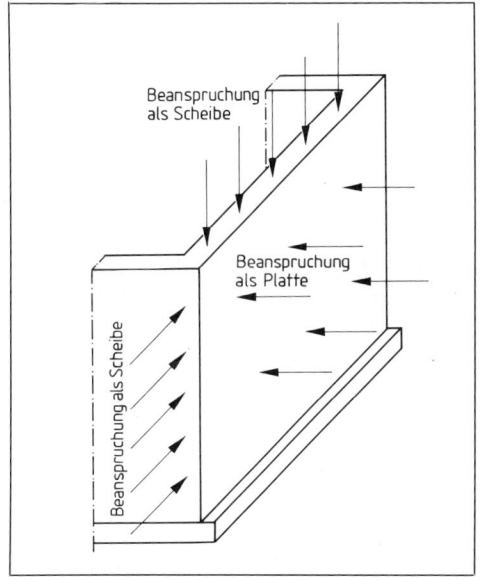 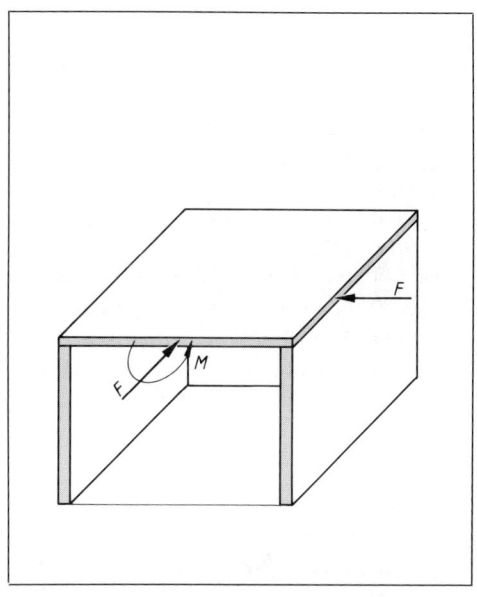

6.2 Scheiben- und Plattenbeanspruchung von Außenwänden

6.3 „Raumstabile Zellen" aus Decken- und Wandscheiben gewährleisten die Gebäudestabilität

6.1.1 Standsicherheit

Belastete Wände sind kippanfällig bei horizontaler und knickanfällig bei vertikaler Belastung. Sie sind daher rechtwinklig zu ihrer Ebene durch aussteifende Querwände und Decken(scheiben) oder durch gleichwertige Maßnahmen zu sichern.

> Das „Prinzip der raumstabilen Zellen" aus starren Wand- und Deckenscheiben ist Grundgedanke der DIN 1053, Teil 1, für die Stabilitätssicherung von Gebäuden aus Mauerwerk (**6.3**). Ihren Geltungsbereich begrenzt Tab. **6.4** mit den zugehörigen Bildern.

Aussteifung. Um ihre Standsicherheit zu gewährleisten, werden tragende Wände durch Decken und Querwände ausgesteift. Je nach Anzahl der Aussteifungen unterscheiden wir freistehende sowie 2-, 3- und 4seitig gehaltene Wände (**6.5**).

Tabelle 6.4 **Bedingungen für Mauerwerk nach DIN 1053 Teil 1 (Febr. 1989) für vereinfachte Mauerwerksbemessung**

Bauteil	Wanddicke d	lichte Geschoßhöhe h_s	$p^{4)}$
	in cm	in cm	in kN/m²
Innenwände	$\geq 11,5$ < 24,0	$\leq 2,75$ m	≤ 5
	$\geq 24,0$	–	
einschalige Außenwände	$\geq 17,5^{1)}$ < 24,0	$\leq 2,75$ m	≤ 5
	$\geq 24,0$	$\leq 12\,d$	
Tragschale zweischaliger Außenwände und zweischalige Haustrennwände	$\geq 11,5^{2)}$ < 17,5²⁾	$\leq 2,75$ m	$\leq 3^{3)}$
	$\geq 17,5$ < 24,0		
	$\geq 24,0$	$\leq 12\,d$	≤ 5

zul. Gebäudehöhe H ab OK Terrain ≤ 20 m (bei geneigten Dächern darf man H um die ½ Dachhöhe reduzieren) $\leq 6,0$ m (bei üblicher Auflagerausbildung); bei 2achsig gespannten Decken gilt l für die kürzere Spannweite

zul. Deckenstützweite

¹) Bei eingeschossigen Garagen und vergleichbaren Bauwerken, die nicht zum dauernden Aufenthalt von Menschen vorgesehen sind, auch $d \geq 115$ mm zulässig
²) Geschoßanzahl maximal zwei Vollgeschosse zzgl. ausgebautes Dachgeschoß; aussteifende Querwände im Abstand $\leq 4,50$ m bzw. Randabstand von einer Öffnung $\leq 2,0$ m
³) einschließlich Zuschlag für nichttragende innere Trennwände
⁴) p = Verkehrslast

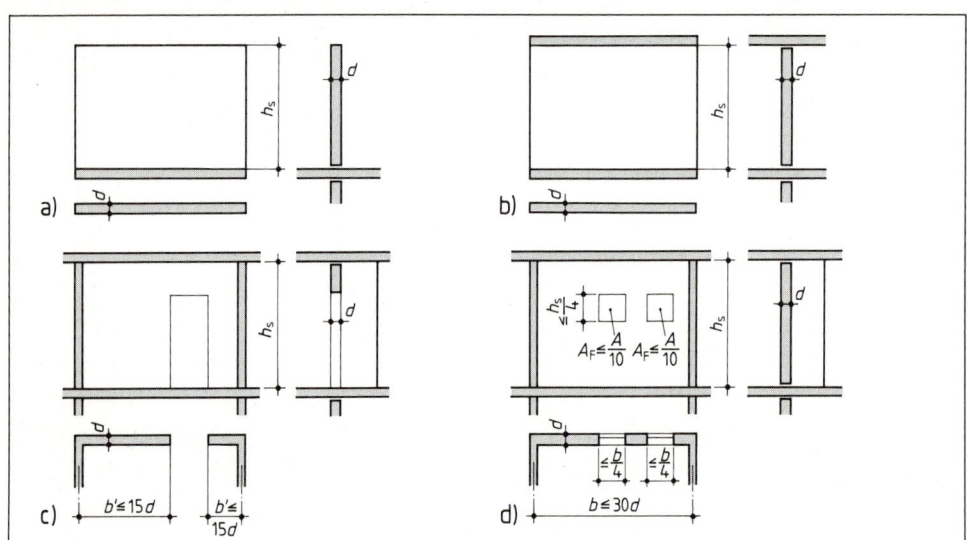

6.5 Bedingungen für freistehende und mehrseitig gehaltene Wände nach DIN 1053 Teil 1 (Febr. 1989)
a) freistehende Wand, b) 2seitig (oben, unten), c) 3seitig (oben, unten, seitlich), d) 4seitig (an allen 4 Rändern) gehaltene Wand, sofern die Grenzmaße für Öffnungen eingehalten sind – sonst 3seitig gehalten

Öffnungen: Werden die angeführten Grenzwerte in Bild **6.**5d überschritten, gelten die Wandteile zwischen den Öffnungen als 2teilig, zwischen Öffnung und Querwand als 3teilig gehalten

Wandteile: Werden die Grenzwerte in **6.**5c überschritten, gelten die Wände bis zur Länge 15 d als 3seitig und im darüber hinausreichenden Teil nur als 2seitig gehalten. Eine Wand kann also – ob mit oder ohne Öffnungen – auf bestimmten Teilabschnitten 3-, auf anderen 2seitig gehalten sein.

Regeln

Beidseitig angeordnete aussteifende Querwände dürfen in den Mittelachsen um $\leq 3\,d$ versetzt sein, alle anderen gelten als einseitig angeordnet (**6.6**, $d =$ Dicke der auszusteifenden Wand).

Die Mindestlänge der aussteifenden Wand beträgt $\geq 1/5\,h_s$, im Bereich von Öffnungen $\geq 1/5\,h'$ ($h_s =$ Rohbaumaß zwischen den Geschoßdecken, $h' \geq$ Höhe der Maueröffnung).

Die Mindestdicke der aussteifenden Wände beträgt $\geq 1/3\,d$, stets jedoch $\geq 11{,}5$ cm (**6.7**).

Aussteifende Wände sind gleichzeitig mit den auszusteifenden Wänden verbandsgerecht hochzuführen. Ausnahme: beidseitig und **nicht versetzt** angeordnete Querwände, sofern sie den oben genannten Bedingungen für aussteifende Wände entsprechen.

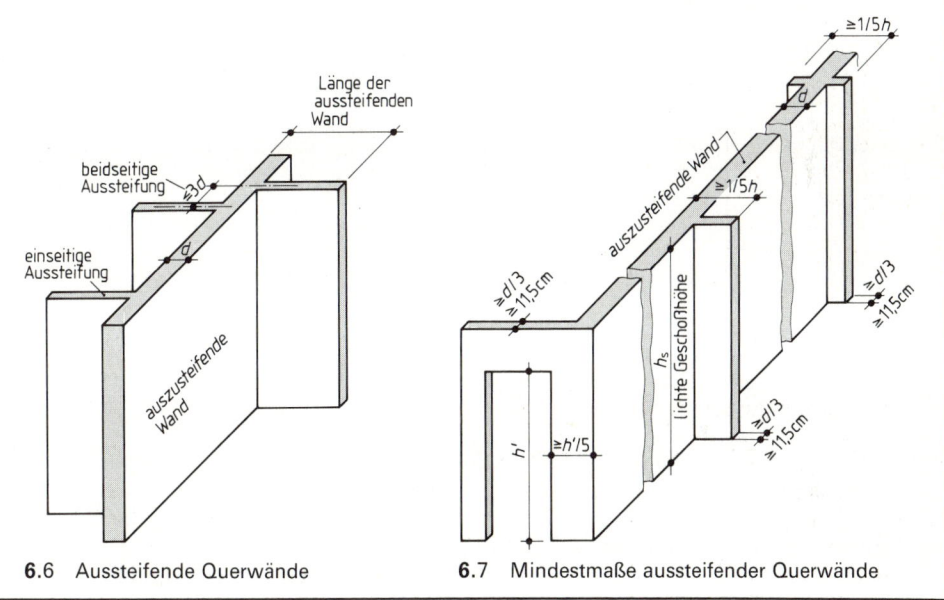

6.6 Aussteifende Querwände   6.7 Mindestmaße aussteifender Querwände

Ersatzmaßnahmen. Sind notwendige aussteifende Wände aus Gründen der Raumnutzung nicht vorgesehen, werden aussteifende Wandstützen aus Stahl oder Stahlbeton mit beidseitiger Deckenverankerung jetzt als „andere ausreichend steife Bauteile" von der DIN 1053 anerkannt. U-Schalen aus wandgleichem Material eignen sich für die Aufnahme von Stahlbetonstützen. Die kraftschlüssige Verbindung der auszusteifenden Wand mit den angrenzenden Decken (Ringbalken) muß durch Anker oder gleichwertige Maßnahmen sichergestellt werden, um Raumstabilität zu gewährleisten.

Anschlüsse zwischen Decken und Umfassungswänden können hergestellt werden

- durch Zuganker bei Holzbalkendecken (s. Bild **5.**7 und **5.**9a),
- durch Haftung und Reibung bei Massivdecken. Sie gelten als ausreichend, wenn die Auflagertiefe der Decken ≥ 10 cm beträgt (**6.**9).

Ringbalken dienen als horizontale Aussteifung für den oberen Wandrand, wenn aussteifende Deckenplatten fehlen, z. B. bei Decken ohne Scheibenwirkung (Balkendecken) oder wenn der Haftverbund zwischen Wand und Deckenauflager durch Gleitschichten ausgeschaltet werden muß (häufig unter massiven Dachdecken). Ringbalken bestehen meist aus Stahlbeton oder bewehrtem Mauerwerk, seltener ganz oder teilweise aus Profilstahl bzw. Holz. Sie übertragen Horizontalkräfte (z. B. Wind) auf angrenzende Querwände und werden daher auf Biegung beansprucht. Sie können aber auch zusätzlich auf Zug bewehrt und damit gleichzeitig als Ringanker genutzt werden (**6.**8 und **6.**11 b).

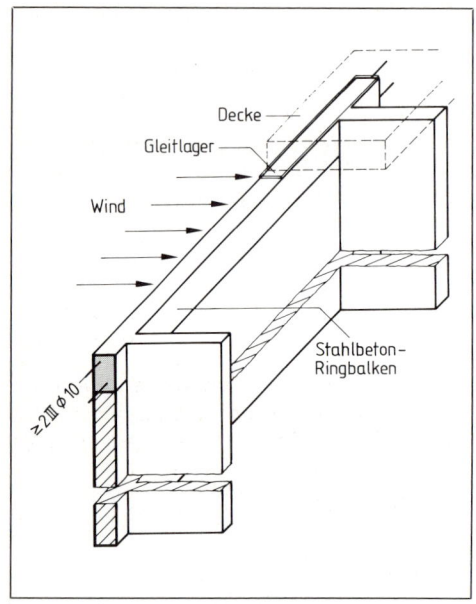

6.8 Ringbalken ersetzen aussteifende Deckenscheiben

6.9 Anschluß von Außenwand und Massivdecke

Ringanker sind reine Zugglieder und sollen Zugkräfte (≥ 30 kN) aus ungewollten Setzungsunterschieden des Baugrunds sowie ungewollten Formänderungen des Baugefüges (z. B. durch Temperaturunterschiede, Schwinden, Quellen, Durchfeuchtung) aufnehmen. Sie dürfen aus Stahlbeton, bewehrtem Mauerwerk, Stahl oder Holz ausgebildet werden. Im wesentlichen dienen sie als Scheibenbewehrung für Wand und Decke zugleich. Am oberen Rand der Außen- und Umfassungswände bilden Ringanker einen geschlossenen Bewehrungsring, der auch über Querwände geführt wird, die als lotrechte Scheiben Windkräfte abtragen (**6.**10). Ringanker sind auch zu beiden Seiten von Gebäudetrennfugen anzuordnen. Erforderlich sind sie

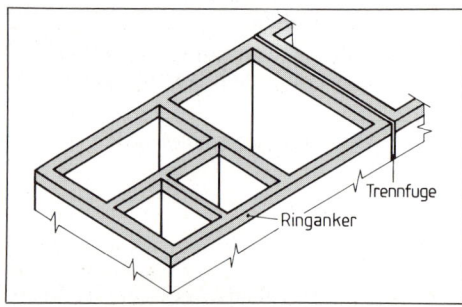

- über allen Außen- und Querwänden, die als vertikale Scheiben Horizontallasten (z. B. Wind) aufnehmen,
- bei über 18 m langen Gebäuden,
- bei Gebäuden mit mehr als 2 Vollgeschossen,
- bei einem Fensteranteil von > 60% der Außenwandlänge,
- bei einem Fensteranteil von > 40% der Außenwandlänge, wenn die Fensterbreiten $2/3$ der Geschoßhöhe überschreiten,
- bei ungünstigen Baugrundverhältnissen.

6.10 Beispiel einer Ringankeranordnung

Die Mindest-Ringankerbewehrung besteht aus 2 BStIIIS ⌀10 (**6.11**). Diese können in den Rändern von Massivdecken angeordnet sein, in Stahlbetonbalken oder der Mauerwerks-Lagerfuge. Ihr Höchstabstand zur Wand- bzw. Deckenmitte beträgt ≤ 50 cm (**6.12**). Ringbalken können zugleich die Ringankerfunktion übernehmen (aber die Ringanker nicht die Ringbalkenfunktion).

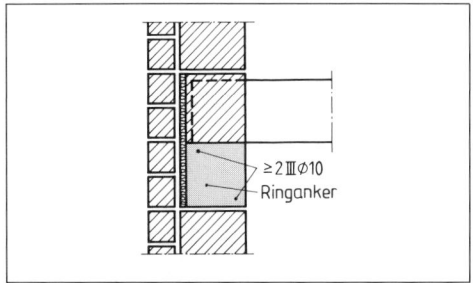
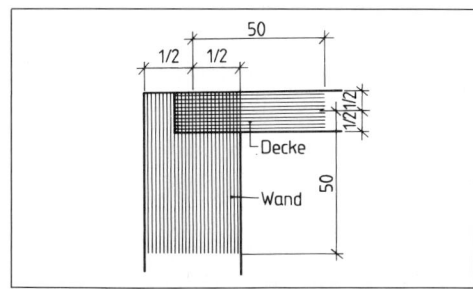

6.11 Beispiel eines Ringankerquerschnitts mit Mindestbewehrung

6.12 Zulässige Anordnungsbereiche der Ringankerbewehrung in Decke oder Wand

Bewehrtes Mauerwerk für Ringbalken und Ringanker ersetzt die herkömmlichen Konstruktionen aus Stahlbeton. Die Lagerfuge aus Zementmörtel stellt den Verbund her, die druckfesten Steine ersetzen den Beton. Die Lagerfugendicke beträgt 2 d_s (2 × Stab-⌀), jedoch ≤ 2 cm. Als Bewehrung eignen sich vorgefertigte „Murfor"-Bewehrungselemente aus zwei parallelliegenden Längs- und angeschweißten Diagonaldrähten aus BSt 500/550. Die verzinkten Oberflächen werden auch mit zusätzlicher Epoxidharzbeschichtung geliefert. Für Extremfälle verwendet man Edelstahl (**6.13**). Für Dünnbettmauerwerk gibt es auch ≤ 1,5 mm dicke „Flach"-Bewehrungselemente (noch nicht genormt). Vorteile:

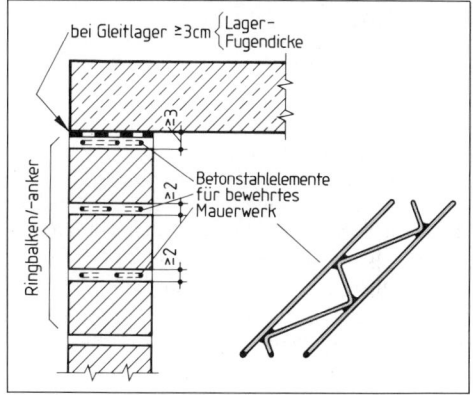

– kein Nebeneinander von Mauerwerk und Beton, somit einheitliches Verformungsverhalten und größere Schadenssicherheit;

– einfache, zeitsparende Herstellung, also größere Wirtschaftlichkeit;

– gute Trageigenschaften.

6.13 Ringbalken/-anker aus bewehrtem Mauerwerk mit rostgeschützten Bewehrungselementen (Typ Murfor)

Tragende Wände sind durch Knicken, Kippen und Rißbildungen gefährdet. Querwände (u. U. auch Stützen) dienen der vertikalen, Decken(scheiben) oder Ringbalken der horizontalen Aussteifung tragender Wände.

Wand-Decken-Verbindung bei Holzbalkendecken durch Zuganker, bei Massivdecken durch Haftreibung.

Stahlbeton-Ringanker mit ≥ 2 BStIIIS ⌀10 über Außen- und Umfassungswänden oder Innen-Wandscheiben sind unter bestimmten Bedingungen als Scheibenbewehrung von Wand und Decke anzuordnen.

Ringanker und Ringbalken lassen sich auch durch Bewehrung in der Mauerwerksfuge ausbilden.

6.1.2 Tragfähigkeit, Fugendicke, Knicksicherheit, Wanddicke und Pfeilermaße

Die Tragfähigkeit des Mauerwerks hängt unter vergleichbaren Bedingungen vorwiegend von der Steinfestigkeit und von der Mörtelfestigkeit (Mörtelgruppe) ab. Die Mindestüberbindung ü der Mauersteine längs und quer zur Mauerflucht beträgt 0,4 der Steinhöhe, jedoch nicht kleiner als 4,5 cm. Es gilt stets das jeweils größere Maß (**6.**14 a).

Mauerecken nach Bild **6.**14 b sind daher unzulässig. Unzulässig sind auch die Konstruktionen in Bild **6.**14 c und d.

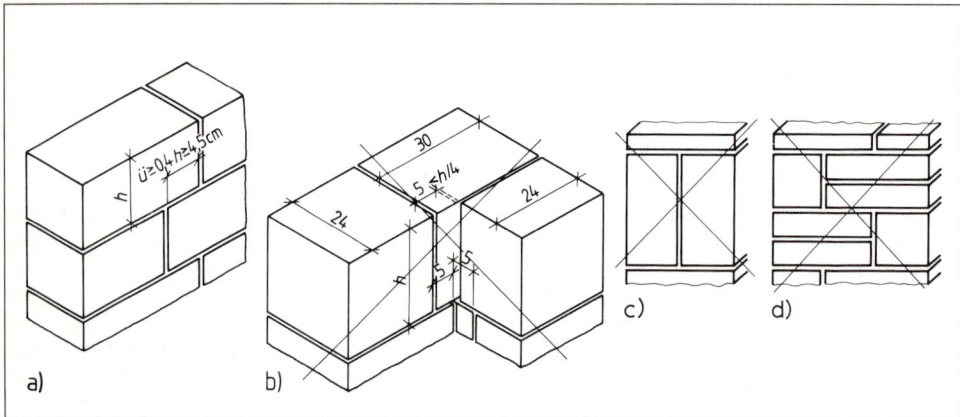

6.14 Ringbalken/Ringanker aus bewehrtem Mauerwerk mit rostgeschützten Bewehrungselementen (Typ Murfor)
 a) Mindeststoßfugenüberdeckung
 b) Mauerecke mit unzureichender Stoßfugenüberdeckung
 c) falsch: In Schichten mit Längsfugen darf die Steinhöhe nicht größer als die Steinbreite sein. Sinngemäß gilt dies auch für die Stoßfugen in Pfeilern.
 d) falsch: Steine mit unterschiedlichen Höhen in einer Schicht

Mauerwerksfugen dienen dem Verbund der Steine. Zugleich verteilen sie die auftretenden Lasten gleichmäßig auf die Steinflächen. Dicke Lagerfugen mindern die Tragfähigkeit des Mauerwerks. Beim Hintermauerwerk aus wärmedämmenden Steinen bilden Fugen aus Normalmörtel unerwünschte Wärmebrücken. Außerdem erfordert die herkömmliche Mörtelfuge immer noch

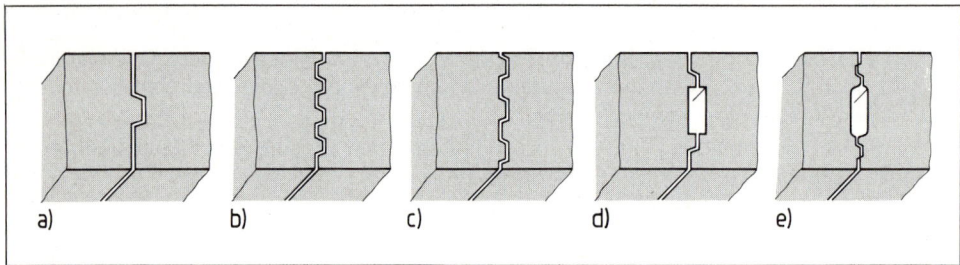

6.15 Mörtelfreie Stoßfugenverbindungen
  a) Nut und Feder, b) und c) Labyrinthverzahnung asymmetrisch bzw. symmetrisch, d) und e) Nut und Feder symmetrisch bzw. asymmetrisch, Mörteltasche als Griffhilfe

einen erheblichen Arbeitsaufwand. Für das Hintermauerwerk setzen sich daher zunehmend die Planblocksteine mit dünner Fuge (1 bis 3 mm) aus Dünnbettmörtel durch. Bei den Stoßfugen geht die Tendenz unübersehbar zur mörtelfreien Nut- und Federverbindung (**6.15**). Neue Entwicklungen ermöglichen dies auch für die Lagerfuge. Die Fugendicken vermörtelter Fugen richtet sich nach Tab. **6.16**.

Tabelle 6.16 Dicke der Mörtelfugen nach DIN 1053 Teil 1

Mörtelart	Lagerfugendicke	Stoßfugendicke
Normal-/Leichtmörtel	meist 1,2 cm	1 cm
Dünnbettmörtel	1 bis 3 mm	1 bis 3 mm

Stoßfugen der Steine mit Mörteltaschen lassen sich je nach vorgegebener Steinlänge auf zwei Arten ausführen (**6.17**):

– Die Steine werden mit ihren Stirnflächen stumpf, trocken und so dicht wie möglich verlegt (Reihenverlegung), anschließend die Mörteltaschen vergossen.
– Die Mörteltaschen bleiben leer. Statt dessen Vermörtelung zwischen den Stirnflächen während des Verlegens (Einzelverlegung) mit Fugendicken $\geq 0{,}5$ cm.

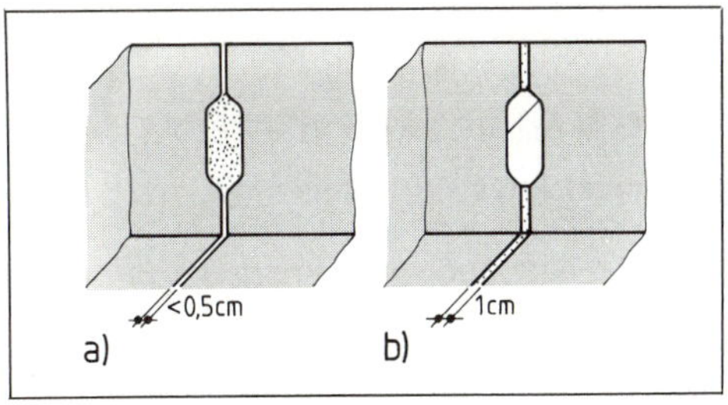

Tabelle 6.18 Zulässige Druckspannungen σ_0 in $MN/m^2 \hat{=} N/mm^2$ für Mauerwerk mit Normalmörtel

Steinfestig- keitsklasse	Mörtelgruppe				
	I	II	IIa	III	IIIa
2	0,3	0,5	0,5[1])	–	–
4	0,4	0,7	0,8	0,9	–
6	0,5	0,9	1,0	1,2	–
8	0,6	1,0	1,2	1,4	–
12	0,8	1,2	1,6	1,8	1,9
20	1,0	1,6	1,9	2,4	3,0
28	–	1,8	2,3	3,0	3,5
36	–	–	–	3,5	4,0
48	–	–	–	4,0	4,5
60	–	–	–	4,5	5,0

6.17 Fugenausbildung an Steinen mit Mörteltaschen
 a) Dicht und trocken gestoßene Stirnflächen, Mörteltasche verfüllt
 b) vermörtelte Stoßfuge an den Stirnflächen (1 cm), Mörteltasche unverfüllt

[1]) $\sigma_0 = 0{,}6$ MN/m² bei Außenwänden mit Dicken ≥ 300 mm, jedoch nicht für Lastverteilung unter Einzellasten.

Die Knickgefahr von Wänden läßt sich durch Vermindern der zulässigen Mauerwerks-Druckspannungen σ_0 unter Beachtung folgender Regelungen ausschließen (**6.18**, **6.19**).

Tabelle 6.19 **Zulässige Druckspannungen σ_0 in MN/m² ≙ N/mm² für Mauerwerk mit Dünnbett und Leichtmörtel**

Steinfestigkeitsklasse	Dünnbettmörtel[1])	Leichtmörtel LM 21	Leichtmörtel LM 36
2	0,6	0,5[2])	0,5[2])[3])
4	1,0	0,7[4])	0,8[5])
6	1,4	0,7	0,9
8	1,8	0,8	1,0
12	2,0	0,9	1,1
20	2,9	0,9	1,1
28	3,4	0,9	1,1

[1]) Nur bei Porenbeton-Plansteinen nach DIN 4165 und bei Kalksand-Plansteinen. Die Werte gelten für Vollsteine. Für Kalksand-Lochsteine und Kalksand-Hohlblocksteine nach DIN 106 T 1 gelten die entsprechenden Werte der Tabelle 3 bei Mörtelgruppe III bis Steinfestigkeitsklasse 20.

[2]) Für Mauerwerk mit Mauerziegeln nach DIN 105 T 1 bis 4 gilt $\sigma_0 = 0{,}4$ MN/m².

[3]) $\sigma_0 = 0{,}6$ MN/m² bei Außenwänden mit Dicken ≥ 300 mm, jedoch nicht für Lastverteilung unter Einzellasten.

[4]) Für Kalksandsteine nach DIN 106 T 1 der Rohdichteklasse ≥ 0,9 und für Mauerziegel nach DIN 105 T 1 bis 4 gilt $\sigma_0 = 0{,}5$ MN/m².

[5]) Für Mauerwerk mit den in Fußnote [4]) genannten Mauersteinen gilt $\sigma_0 = 0{,}7$ MN/m².

Die Knicklänge h_k (eigentlich Knickhöhe) gleicht meist der lichten Geschoßhöhe h_s. Unter bestimmten Bedingungen darf sie mit einem Abminderungsfaktor β verringert werden (**6.20**). Es gilt

- $h_k = h_s$ für 2seitig gehaltene Wände allgemein,
- $h_k = \beta \cdot h_s$ für Wände unter flächig aufgelagerten Massivdecken.

Tabelle 6.20 **Abminderungsfaktor β**

Wanddicke d in cm	Abminderungsfaktor β	1. Bedingung	2. Bedingung	
≤ 17,5	0,75	keine Horizontalbelastung außer Wind	Deckenauflagertiefe a in cm $= d \geq 17{,}5$	Wanddicke d in cm < 24 ≥ 24
17,5 bis 25	0,90			
> 25	1,00			

- $h_k = \beta \cdot h_s$ für 3- und 4seitig gehaltene Wände.

Ist $h_s \leq 3{,}5$ m, darf β in Abhängigkeit von b bzw. b' (**6.5c, d**) aus Tab. **6.22** abgelesen werden.

Der Knicknachweis erfolgt mit Hilfe des Abminderungsfaktors k. Allgemein gilt

zul $\sigma_D = k \cdot \sigma_0$.

Als Abminderungsfaktor gilt

- $k = k_1 \cdot k_2$ für Wände als Decken-Zwischenauflager,
- $k = k_1 \cdot k_2$ oder $k = k_1 \cdot k_3$ für Wände als Decken-Endauflager.

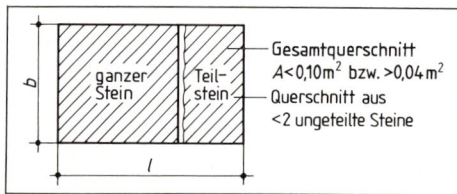

6.21 Konstruktionsmerkmale für Pfeiler und kurze Wände, für die $k_1 = 0{,}8$ anzuwenden ist

Der Faktor k_1 erhöht die Tragsicherheit für Wände sowie für Pfeiler und kurze Wände (**6.21**).

Es gilt

- $k_1 = 1$ für Wände,
- $k_1 = 0{,}8$ für Pfeiler und kurze Wände nach Bild **6.21**.

Tabelle 6.22 Faktor β zum Bestimmen der Knicklänge $h_k = \beta \cdot h_s$ von 3- und 4seitig gehaltenen Wänden in Abhängigkeit vom Abstand b der aussteifenden Wände bzw. vom Endabstand b' und der Dicke d der auszusteifenden Wand (s. 6.5c, d); Bedingung: lichte Geschoßhöhe $h_s \leq 3{,}50$ m

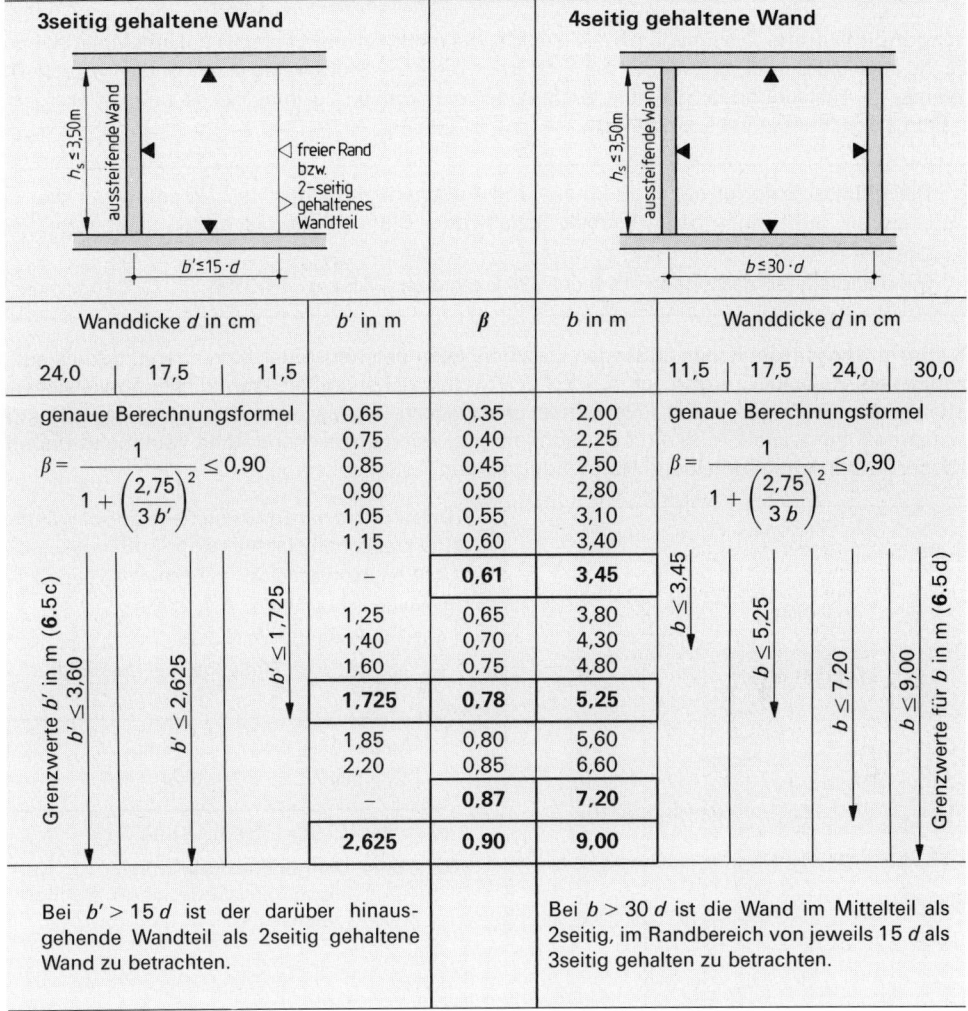

Wanddicke d in cm			b' in m	β	b in m	Wanddicke d in cm			
24,0	17,5	11,5				11,5	17,5	24,0	30,0
genaue Berechnungsformel $\beta = \dfrac{1}{1 + \left(\dfrac{2{,}75}{3\,b'}\right)^2} \leq 0{,}90$			0,65 0,75 0,85 0,90 1,05 1,15	0,35 0,40 0,45 0,50 0,55 0,60	2,00 2,25 2,50 2,80 3,10 3,40	genaue Berechnungsformel $\beta = \dfrac{1}{1 + \left(\dfrac{2{,}75}{3\,b}\right)^2} \leq 0{,}90$			
Grenzwerte b' in m (**6.5c**) $b' \leq 3{,}60$	$b' \leq 2{,}625$	$b' \leq 1{,}725$	–	0,61	3,45	$b \leq 3{,}45$	$b \leq 5{,}25$	$b \leq 7{,}20$	$b \leq 9{,}00$ Grenzwerte für b in m (**6.5d**)
			1,25 1,40 1,60	0,65 0,70 0,75	3,80 4,30 4,80				
			1,725	**0,78**	**5,25**				
			1,85 2,20	0,80 0,85	5,60 6,60				
			–	0,87	7,20				
			2,625	0,90	9,00				
Bei $b' > 15\,d$ ist der darüber hinausgehende Wandteil als 2seitig gehaltene Wand zu betrachten.						Bei $b > 30\,d$ ist die Wand im Mittelteil als 2seitig, im Randbereich von jeweils $15\,d$ als 3seitig gehalten zu betrachten.			

Ungünstigere Werte als bei 2seitig gehaltenen Wänden brauchen nicht angesetzt zu werden.

Der Faktor k_2 berücksichtigt die Knickgefahr. Sie hängt ganz wesentlich vom Verhältnis der Knicklänge h_k zur Wanddicke d ab (Schlankheit der Bauteile). Es gilt

– $\boxed{k_2 = 1}$ für $h_k/d \leq 10$,

– $\boxed{k_2 = \dfrac{25 - h_k/d}{15}}$ für $h_k/d > 10$ bzw. ≤ 25.

Der Faktor k_3 erhöht die Sicherheit des Mauerwerks gegen Drehung des Deckenendauflagers infolge Durchbiegung. Er richtet sich nach der Deckenstützweite. Es gilt für Endauflager

- $\boxed{k_3 = 1}$ für Decken mit der Stützweite $l \leq 4{,}20$ m,
- $\boxed{k_3 = 17 - l/6}$ für Decken mit der Stützweite $l > 4{,}20$ m bzw. $\leq 6{,}60$ m.

Tragende Wände. Dazu gehören alle Wände, die mehr als ihre Eigenlast aufzunehmen haben (z. B. auch aussteifende Wände, die sich über mehrere Stockwerke nach oben fortsetzen). Wände in Ausfachungen, die nur durch Wind rechtwinklig zu ihrer Ebene belastet werden, gelten als nichttragend (s. Bild **6**.50).

> Die Mindestdicke für tragende Innen- und Außenwände beträgt $\geq 11{,}5$ cm, wenn die statische Berechnung bzw. Wärme-, Schall- oder Brandschutzvorschriften nicht dagegensprechen.
> Mindestpfeilerabmessungen: 11,5 cm · 36,5 cm oder 17,5 cm · 24,0 cm

Kelleraußenwände haben außer den Geschoßlasten den horizontal wirkenden Erddruck aufzunehmen. Tiefer ins Erdreich geführte Keller erfordern daher größere Wanddicken sowie ausreichende Aussteifungen durch Querwände und Decken. Massivdecken mit Scheibenwirkung sichern die horizontale Aussteifung besonders gut, wenn ausreichend hohe Wandbelastungen für genügend Anpreßdruck und Haftreibung an den Auflagern sorgen.

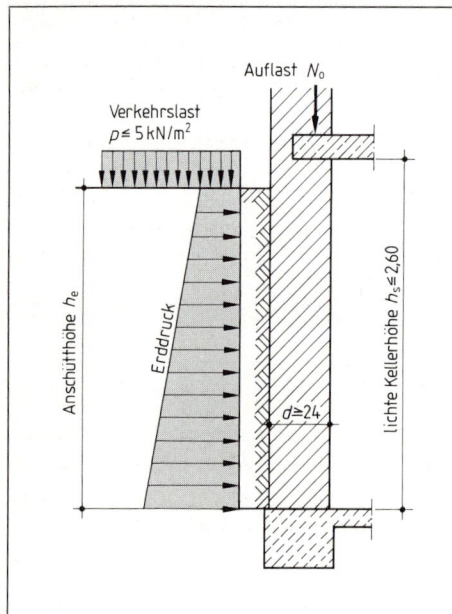

6.23 Kelleraußenwände ohne Erddrucknachweis

Konstruktionsregeln für Kelleraußenwände ohne statischen Nachweis:

- Kelleraußenwanddicke ≥ 24 cm,
- lichte Kellerwandhöhe $h_s \leq 2{,}60$ m,
- Anschütthöhe $h_e < h_s$ (**6**.23),
- Verkehrslast p im Einflußbereich des Erddrucks ≤ 5 kN/m²,
- $\boxed{\text{Auflast } N_0 \leq 0{,}45 \cdot d \cdot \sigma_0 = \max N_0 \\ N_0 \geq \min N_0 \text{ nach Tab. } \mathbf{6}.24}$

σ_0 richtet sich nach Tab. **6**.18 und **6**.19.

Tabelle **6**.24 **Mindestauflast** $\min N_0$ **für Kelleraußenwände ohne Rechennachweis**

Wand- dicke d in cm	$\min N_0$ in kN/m bei Höhe der Anschüttung h_e			
	1,0 m	1,5 m	2,0 m	2,5 m
24	6	20	45	75
30	3	15	30	50
36,5	0	10	25	40
49	0	5	15	30

Zwischenwerte sind geradlinig zu interpolieren.

- bei 4seitig gehaltenen Wänden mit dem Aussteifungsabstand b nach Tab. **6**.5 gilt

$\boxed{N_0 \geq \min N_0/2 \text{ für } b \leq h_s \qquad N_0 \geq \min N_0 \text{ für } b \geq 2h_s \qquad \text{Zwischenwerte interpolierbar}}$

6.1.3 Aussparungen und Schlitze

Wandaussparungen und Schlitze nehmen meist Ver- und Entsorgungsleitungen auf. Sie mindern die Standsicherheit der Wände. Ein Standsicherheitsnachweis der tragenden Wände ist nicht erforderlich, wenn die folgenden Regeln beachtet werden.

Lotrechte Aussparungen und Schlitze ohne statischen Nachweis müssen Tabelle **6**.25 entsprechen. Dabei sind Wand- und Restwanddicke sowie Mindestabstände von Öffnungen und benachbarten Aussparungen zu beachten (**6**.26).

Tabelle 6.25 Ohne Nachweis zulässige lotrechte Aussparungen und Schlitze nach DIN 1053 T1 (in cm)

		Wanddicke in cm	$\geq 11,5$	$\geq 17,5$	≥ 24	≥ 30	$\geq 36,5$
Schlitze und Aussparungen	im Verband gemauert	Schlitzbreite $b^{1)}$	–	≤ 26	$\leq 38,5$	$\leq 38,5$	$\leq 38,5$
		Restwanddicke d'	–	$\geq 11,5$	$\geq 11,5$	$\geq 17,5$	≥ 24
		Abstände von Öffnungen	$\geq$ 2fache Schlitzbreite bzw. $\geq 36,5$				
		Abstände untereinander	$\geq$ Schlitzbreite				
	nachträglich hergestellt	Schlitztiefe	≤ 1	≤ 3	≤ 3	≤ 3	≤ 3
		Einzelschlitzbreite$^{1)}$	≤ 10	≤ 10	$\leq 15^{2)}$	≤ 20	≤ 20
		Abstand von Wandöffnungen	$\geq 11,5$				

$^{1)}$ Für die Gesamtbreite von Schlitzen in Wandlängenabschnitten von $\geq 2,0$ m gilt Zeile 2 (Restwanddicke), für Wandabschnitte $< 2,0$ m ist zu interpolieren
$^{2)}$ Schlitze bis $\leq 1,0$ m über OK Fußboden dürfen ≤ 8 cm tief und ≤ 12 cm breit sein

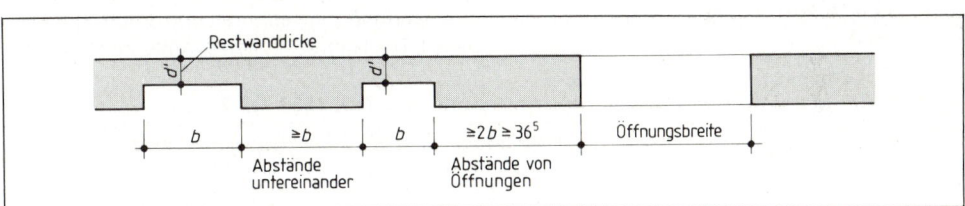

6.26 Regeln für die Abstände gemauerter Aussparungen und Schlitze

Waagerechte und schräge Aussparungen und Schlitze mindern den Wandquerschnitt und gefährden die Knicksicherheit der Wände. Sie dürfen deshalb nur in den weniger knickgefährdeten oberen und unteren Wandteilen liegen: $0,4\,h$ unterhalb bzw. oberhalb der Rohdecke. Angaben dazu und weitere Bedingungen enthalten Tab. **6**.27 und die Angaben zu Bild **6**.28.

Tabelle 6.27 Ohne Nachweis zulässige Tiefe horizontaler und schräger Schlitze (in cm)

	Wanddicke in cm	11,5	17,5	24	30	36
Schlitzlänge	unbeschränkt	–	0 (≤ 1)$^{1)}$	$\leq 1,5$ ($\leq 2,5$)	≤ 2 (≤ 3)	≤ 2 (≤ 3)
	$\leq 1,25$ m	–	–	$\leq 2,5$	$\leq 2,5$	≤ 3	≤ 3

$^{1)}$ Die Klammerwerte gelten bei Verwendung spezieller Werkzeuge, z. B. Fräsen

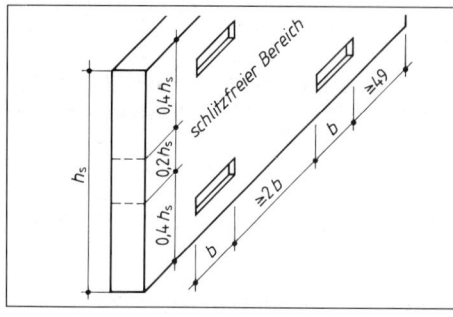

6.28
Bedingungen für waagerechte und schräge Wandschlitze

Waagerechte und schräge Schlitze sind nur im Abstand von 0,4 h_s ober- oder unterhalb der Rohdecke und i. allg. nur auf einer Wandseite zulässig.

Mindestabstände $\geq$ 2fache Schlitzlänge untereinander, $\geq$ 49 cm von Öffnungen.

Schlitze in Wänden aus Langlochziegeln sind unzulässig.

Auf einen statischen Nachweis der Standsicherheit von Wänden mit Aussparungen und Schlitzen kann verzichtet werden, wenn die dazu geltenden Grenzwerte für Länge und Tiefe sowie für Abstände untereinander und von Öffnungen beachtet werden.

6.2 Mauerwerk nach Eignungsprüfung

Den beschriebenen Konstruktionsregeln für Mauerwerk nach DIN 1053 Teil 1 liegen langjährige handwerkliche Erfahrungen zugrunde. Der 1984 neu eingeführte Teil 2 der Norm enthält weitergehende, genauere Berechnungsgrundlagen, ermöglicht die wirklichkeitsnähere Erfassung der auftretenden Kräfte und eine sparsamere Bemessung der Mauerwerksbauteile (z. B. geringere Wanddicken). Ferner dürfen Schubspannungen und Zugspannungen parallel zur Lagerfuge aufgenommen werden.

Mauerwerk nach Eignungsprüfung (EM) ist in Festigkeitsklassen nach Tabelle 6.29 eingeteilt, die durch Prüfversuche an genormten Mauerwerksprüfkörpern ermittelt und durch Güteprüfungen während des Bauens bestätigt werden müssen. Die Nennfestigkeit β_M entspricht sowohl

Tabelle **6**.29 **Mauerwerks-Druckfestigkeitsklassen nach DIN 1053 Teil 2**

Mauerwerks-festigkeits-klassen M	Mauerwerk nach Eignungsprüfung (EM)			Rezeptmauerwerk (RM)		
	Nennfestigkeit β_M	Mindestdruckfestigkeit		zulässige Einstufung der Mauerwerksfestigkeit β_M in N/mm² bei Kombination Mörtelgruppe/Festigkeit		
		kleinster Einzelwert β_{MN}	Mittelwert β_{MS}			
	in N/mm²	in N/mm²	in N/mm²	II a	III	III a
1,5	1,5	1,5	1,8	2		
2,5	2,5	2,5	2,9	4		
3,5	3,5	3,5	4,1	6		
5,0	5,0	5,0	5,9	12		
6,0	6,0	6,0	7,0	20	12	
7,0	7,0	7,0	8,2	28	20	
9,0	9,0	9,0	10,6	–	28	20
11,0	11,0	11,0	12,9	–	36	28
13,0	13,0	13,0	15,3	–	48	36
16,0	16,0	16,0	18,8	–	60	48
20,0	20,0	20,0	23,5	–	–	60
25,0	25,0	25,0	29,4	–	–	–

der Mauerwerksfestigkeit M als auch dem kleinsten zulässigen Einzelwert β_{MN}. Der Mittelwert β_{MS} bezieht sich auf eine Versuchsserie und liegt bis 20% höher. Die Mauersteine müssen z. T zusätzlichen Anforderungen genügen und mit dem Zusatz EM (Mauerwerk mit Eignungsprüfung) gekennzeichnet sein. Mauermörtel sind in den Gruppen II a, III und III a zugelassen (**6.30**). III a-Mörtel erreichen ihre höheren Festigkeiten allein durch günstige Kornverteilung des Sandes. Abweichende „Austauschmörtel" sind unter Beachtung bestimmter Auflagen zulässig. Für alle Mauermörtel gilt während der Bauphase die Gütenachweispflicht. Der Einstufungsschein bestätigt u. a. die durch Prüfung nachgewiesene Mauerwerksfestigkeitsklasse M und gibt auch den dafür verbindlichen Mauerwerksverband an.

Tabelle 6.30 Mörtel für Mauerwerk nach Eignungsprüfung (Mindestanforderungen nach 28 Tagen)

Mörtelgruppe	Mindestdruckfestigkeit Mittelwert bei		Mindestscherfestigkeit Mittelwert bei
	Güteprüfung in N/mm²	Eignungsprüfung in N/mm²	Eignungsprüfung in N/mm²
II a	5	7	0,20
III	10	14	0,20
III a	20	25	0,30

Rezeptmauerwerk (RM) darf unter Beachtung bestimmter Auflagen ohne Eignungsprüfung und allein aufgrund gewählter Stein-Mauermörtel-Kombinationen bestimmten Mauerwerksfestigkeitsklassen nach Tabelle **6.21** zugeordnet werden. Die Kennzeichnung der dafür zugelassenen Mauersteine wird um die Buchstaben RM (Rezeptmauerwerk) erweitert.

Mauerwerk nach Eignungsprüfung (EM) und Rezeptmauerwerk (RM) sind nach Mauerwerksfestigkeitsklassen M gegliedert und erfüllen höhere statische Anforderungen.

6.3 Außenmauerwerk

6.3.1 Feuchtigkeitsschutz

Außenwände bilden zugleich die schützende Hülle der Wohnräume. Dem Menschen sollen sie ein gesundes Wohnraumklima, Wärmeschutz im Wechsel der Jahreszeiten sowie Schall-, Feuchtigkeits- und Brandschutz bieten. Funktionsfähige Außenwände erfordern geringen Wartungsaufwand und haben eine lange Lebensdauer. Beim Planen berücksichtigen wir vorwiegend das Standortklima, die Gebäudelage und die Art der Gebäudenutzung.

Durchfeuchtung ist die häufigste Schadensursache bei Außenwänden. Wärmedämmverluste, Frostschäden und Gesundheitsgefährdung der Bewohner sind die Folgen. Deshalb sind Feuchtigkeits- und der Schlagregenschutz wichtige Bestandteile der DIN 4108 (Wärmeschutz im Hochbau).

Schlagregenschutz. Die größte Durchfeuchtungsgefahr droht vom Schlagregen, vor allem im norddeutschen Küstenland. Schlagregen gelangt auf dem Kapillarweg ins Mauerwerk. Unterstützt vom Staudruck des Windes dringt das Regenwasser sehr schnell durch Risse, Spalten und Hohlstellen tief ins Mauerwerk. Besondere Gefahrenpunkte bilden Gebäudetrennfugen sowie Anschlußfugen an Fenstern und Türen. Für die Einstufung eines Bauprojekts in die maßgebende Schlagregen-Beanspruchungsgruppe gelten Tabelle **6**.31 und die Regenkarte aus DIN 4108. Die beschriebenen Wandkonstruktionen sind typische Beispiele. Sie zeigen, daß Schlagregenschutz vor allem durch wasserabweisende Putze bzw. hinterlüftete Fassaden erfüllt werden kann.

Tabelle **6**.31 Schlagregen-Beanspruchungsgruppen für Außenwände

Jahres-nieder-schlags-menge	geringe Beanspruchung < 600 mm (bei windgeschützter Lage auch > 600 bzw. > 800 mm)	mittlere Beanspruchung 600 bis 800 mm	starke Beanspruchung > 800 mm (bei extremen Bedingungen auch < 800 mm)
Typische Wandkonstruktion	Wände mit Putz ohne bestimmte Forderung	Wände mit wasserhemmendem Putz	Wände mit wasserabweisendem Putz
	Sichtmauerwerk ohne bestimmte Forderung	zweischaliges Verblendmauerwerk ohne Luftschicht	Wände mit hinterlüfteter Außenschale oder -bekleidung

> Schlagregen-Beanspruchungsgruppen nach DIN 4108 T3 unterscheiden Außenwände mit geringer, mittlerer und starker Regenbeanspruchung.

Tauwasserschutz. Tauwasser kann sich während des Winters im Außenmauerwerk ansammeln, besonders in den äußeren, ausgekühlten Wandschichten, wo der nach außen drückende Wasserdampf schnell auf die Taupunkttemperatur abfällt. Im Sommer verdunstet das Tauwasser und diffundiert durch die inneren und äußeren Wandflächen hinaus.

> Jede Wand, die im Sommer mehr Feuchtigkeit abgeben kann, als sich dort im Winter durch Wasserdampfkondensation ansammelt, bleibt auf Dauer schadlos und funktionsfähig. Im umgekehrten Fall sind Dauerfeuchte und die beschriebenen Bauschäden infolge stetig ansteigenden Feuchtigkeitsgehalts zu erwarten.

Ungefährdet sind alle Wandkonstruktionen mit diffusionsfähigen porigen Materialien und möglichst von innen nach außen abfallender Diffusionsdichte. Sind die äußeren Wandschichten dagegen dampfundurchlässiger geplant als die inneren, muß die jährliche Feuchtigkeitsbilanz durch bauphysikalische Berechnungen ermittelt und gegebenenfalls durch konstruktive Veränderungen ausgeglichen werden. Wandkonstruktionen ohne Tauwassergefährdung und ohne rechnerische Nachweispflicht enthält DIN 4108 T3. Dazu gehören alle Außenwände nach DIN 1053 (**6**.32). Hinterlüftete Vormauerschalen oder Vorhangfassaden bieten meist mehr Tauwasserschutz als zweischaliges Mauerwerk ohne Luftschicht oder Mauerwerk mit gemauerten bzw. angemörtelten Bekleidungen (s. Abschn. 6.6).

6.3.2 Ein- und zweischaliges Außenmauerwerk

Beim Außenmauerwerk nach DIN 1053 Teil 1 unterscheiden wir ein- und zweischalige Wandkonstruktionen. Tabelle **6**.32 gibt eine Gesamtübersicht.

Tabelle 6.32 Außenmauerwerk nach DIN 1053 (1989)

	einschalig	zweischalig			
		mit Luftschicht		ohne Luftschicht	
	1schaliges Verblendmauerwerk (Sichtmauerwerk)	mit Luftschicht	mit Luftschicht und Zusatzdämmung	mit Kerndämmung	ohne Luftschicht (mit Putzschicht), innen oder außen
Mauerwerk mit Wetterschutz					
a) hinterlüftete Vorhangfassade b) Thermohaut (verputzte Dämmschicht) c) Putz (2 cm) oder Dämmputz (bis 6 cm)	Vormauersteine 2 cm Mörtel – Längsfugen aus Gießmörtel	1) bei innen abgestrichenem Fugenmörtel auch ≥ 4 cm		1) bei Dämmplatten; schüttbare Dämmstoffe füllen den ganzen Zwischenraum	
		Außenschale aus Vormauersteinen oder Hintermauersteinen mit Außenputz			
		je m² 5 Drahtanker aus nicht rostendem Stahl; ⌀ vgl. Tabelle 6.36			
durch Decken, Balken, Pfeiler (Stützen) belastbarer Wandteil	einfacher Drahtanker	Drahtanker mit Abtropfscheibe	Drahtanker mit Krallenplatte	Drahtanker mit Abtropfscheibe und Krallenplatte	einschlagbarer Drahtanker (zugelassen für Gasbetonplanblöcke)

Einschaliges Mauerwerk aus nicht frostbeständigen Steinen erhält Außenputz nach DIN 18550 T1 oder gleichwertigen Witterungsschutz (**6.33**, **6.32** a bis c). Wände mit Außenputz für Gebäude zum dauernden Aufenthalt von Menschen sind stets $\geq$ 24 cm dick auszuführen.

Unverputztes einschaliges Außenmauerwerk (einschaliges Verblendmauerwerk) mit außen sichtbar bleibenden Mauerflächen wird im Verband mit mindestens 2 Steinreihen je Schicht ausgeführt. Die schichtweise versetzte, durchgehend $\geq$ 2 cm breite Längsfuge dient dem Schlagregenschutz und bedingt Mauerdicken von 31 (statt 30) oder 37,5 (statt 36,5) cm. Die Maßabweichung von 1 cm wird bei den Innenmaßen der angrenzenden Innenräume ausgeglichen. Nur dicht vergossene Längsfugen sowie vollfugig und haftschlüssig vermörteltes Mauerwerk bieten wirksamen Schlagregenschutz. Unter Baustellenbedingungen sind Hohlstellen im Fugenraum nicht immer zu vermeiden und oft Ursache für Durchfeuchtungsschäden (**6.32** b).

Zweischaliges Mauerwerk unterscheiden wir nach Bild **6.32** mit Luftschicht, mit Luftschicht und Wärmedämmung, mit Kerndämmung und mit Putzschicht.

Allgemeine Konstruktionsregeln gelten für alle vier genannten Wandarten:
– Allein die Innenschale gilt als tragende Wand (Aufnahme von Wand- und Deckenlasten).
– **Wanddicke** der Außenschale $\geq$ 9 cm, der Innenschale $\geq$ 11,5 cm.

Tabelle **6.33**

a) Mörtelgruppen für Außenputze

Putzmörtel-gruppe	Mörtelart	Mindestdruckfestigkeit in N/mm^2
P I a b c	Luftkalkmörtel Wasserkalkmörtel Hydraulischer Kalkmörtel	keine Anforderung keine Anforderung 1,0
P II a b	Hochhydraulischer Kalkmörtel, Mörtel mit Putz- und Mauerbinder Kalkzementmörtel	2,5
P III a b	Zementmörtel mit Luftkalkzusatz Zementmörtel	10,0
P Org 1	Beschichtungsstoffe mit organischen Bindemitteln (z. B. Kunstharzdispersionen) für Innen- oder Außenputze	keine Anforderung
P Org 2	wie P Org 1, jedoch nur für Innenputze	keine Anforderung

b) Außenputzsysteme nach DIN 18550 (Oberputz mineralisch oder Kunstharzputz)

Mörtelgruppe für	Anforderungen[1]																	
	keine besonderen Anforderungen				wasserhemmend				wasserabweisend			erhöhte Festigkeit			Keller-außen-putz		Sockelputz	
Unterputz Oberputz	PI PI	PII PI	PII PII	PII POrg1	PI PI	PII PI	PII PII	PII POrg1	PII PI	PII PII	PII POrg1	PII PII	PII POrg1	PIII PIII	— PIII	PIII PIII	PIII PIII	PIII POrg1
Zusatzmittel und Eignungs-nachweis	–	–	–	–	×	–	–	–	×	×	–	–	–	–	–	–	–	–

[1]) Ferner gibt es Putze mit erhöhter Wärmedämmfähigkeit (bis 9 cm dick), Putze als Brandschutzbekleidung und mit erhöhter Strahlungsabsorption, Putze für schwierige Untergründe, für Leichtmauerwerk und Renovationsputzsysteme.

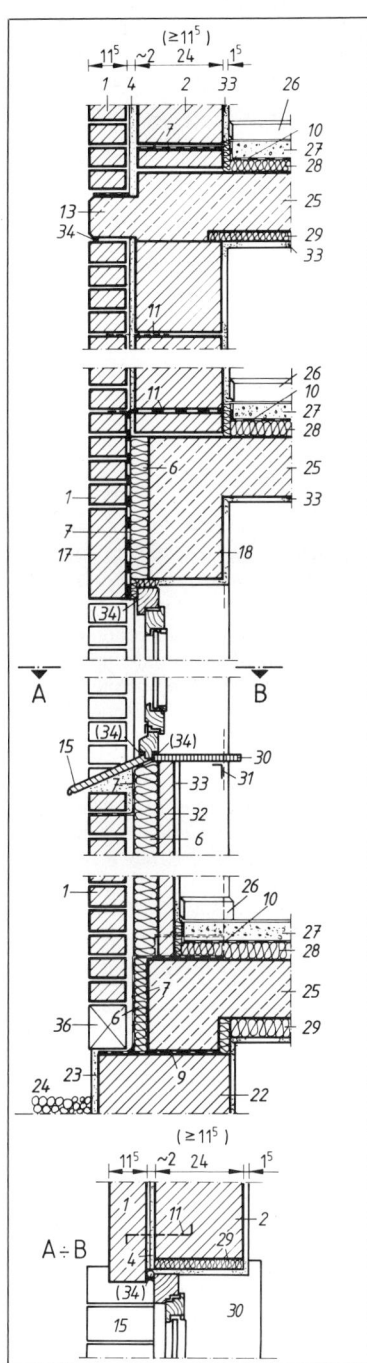

6.34 Außenwandschnitt eines Zweischalenmauerwerks mit Putzschicht (Bildlegende s. S. 150)

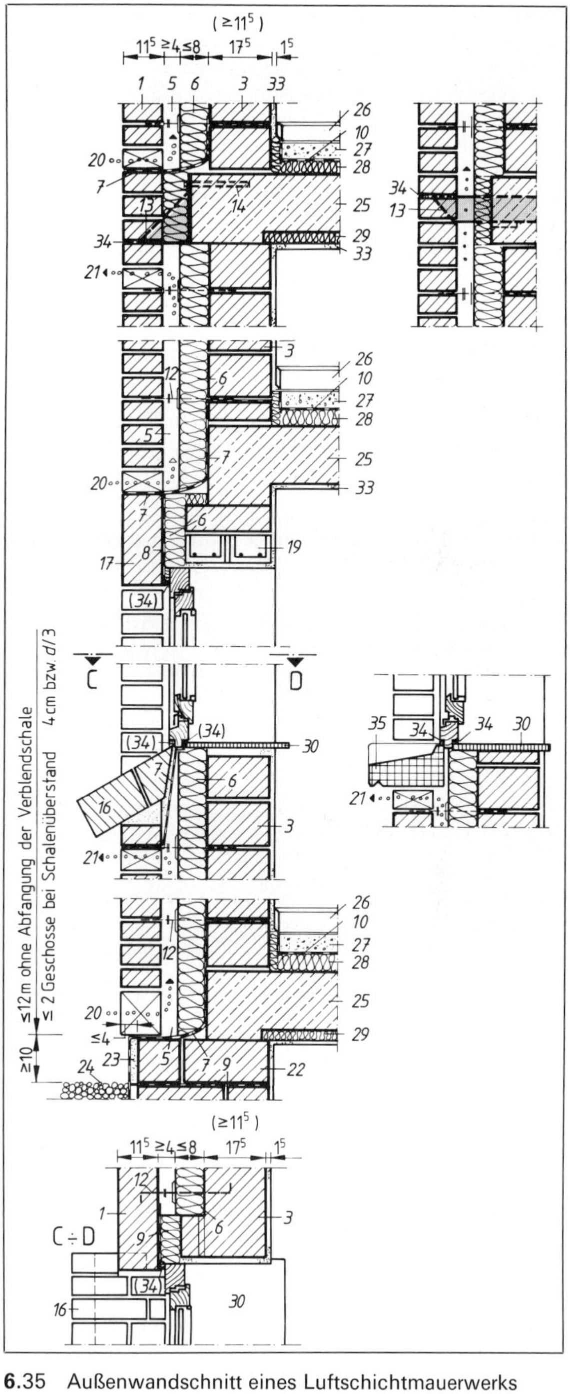

6.35 Außenwandschnitt eines Luftschichtmauerwerks mit Zusatzdämmung (Bildlegende s. S. 150)

Bildlegende zu Bild **6.34** und **6.35**

1	Wandaußenschale aus Vormauersteinen	*19*	Fertigteilsturz
2	Hintermauerwerk aus porigen Steinen	*20*	Zuluft
3	– aus dichten, festen Steinen	*21*	Abluft
4	Putzschicht (MGr. II oder II a)	*22*	Kellermauerwerk
5	Luftschicht	*23*	Sperrputz (auch an Heizkörpernische)
6	Dämmstoff (Kerndämmplatte)	*24*	Grobkies
7	Z-Sperre (Kunststoff- oder Bitumenbahn)	*25*	Stahlbetondecke
8	Hängesperre (wie *7*)	*26*	Fußleiste
9	Sperrschicht (wie *7*)	*27*	schwimmender Estrich und Belag
10	– aus Bitumenpapier oder Folie	*28*	Trittschall-Dämmplatte
11	Drahtanker	*29*	HWL-Platte
12	– mit Regensperre und Krallenplatte	*30*	Fensterbank
13	Abfangung der Außenschale	*31*	L-Stahl
14	Schwerlastanker	*32*	Leichtbauplatte
15	Fenstersohlbank (z. B. Klinker)	*33*	Innenputz
16	– (Rollschicht)	*34*	Dichtstoff
17	Grenadierschicht oder Fertigteil	*35*	Fertigteil
18	Stahlbetonbalken	*36*	Entwässerungsöffnungen

– **Abfangungen** der Außenschale richten sich nach der Schalendicke. 11,5 cm dicke Außenschalen sind nach etwa 12 m Wandhöhe abzufangen (**6.35**, *13*). Außenschalen mit $d < 11{,}5$ cm haben eine zulässige Gesamthöhe von ≤ 20 m. Abfangungen sind in Höhenabständen von etwa 6,0 m vorzusehen. Bei ≤ 2 Vollgeschossen darf ein Giebeldreieck bis 4,0 m Höhe hinzugerechnet werden.

– **Drahtanker** aus nichtrostendem Stahl (DIN 17 440) verbinden die durch Windbeanspruchung gefährdete Außenschale mit der Innenschale. Verteilung und Durchmesser der Drahtanker richten sich nach Bild **6.36** und Tab. **6.37**, Form und Abmessungen nach Bild **6.38**. Abtropfscheiben verhindern den Übergang von Außenfeuchtigkeit auf die Innenschale, zusätzliche Krallenplatten fixieren plattenförmige Dämmschichten (**6.32**). Abweichende Verankerungsformen und -arten sind zulässig, bedürfen jedoch der Zulassung.

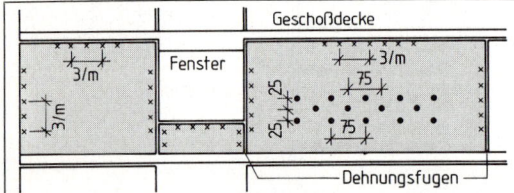

Anzahl: Wandfläche $\geq 5/m^2$ bzw. $7/m^2$, in Fugen- und Randbereichen zusätzlich $\geq 3/m$ (s. Tab. **6.37**)

6.36 Abstände und Anordnung der Drahtanker für zweischaliges Mauerwerk nach DIN 1053

Tabelle **6.37** **Mindestanzahl und Durchmesser von Drahtankern je m² Wandfläche**

	Mindestanzahl	Durchmesser
sofern nicht die nächsten Zeilen maßgebend sind	5	3
Wandbereich höher als 12 m über Gelände oder Abstand der Mauerwerksschalen > 70 bis 120 mm	5	4
Abstand der Mauerwerksschalen > 120 bis 150 mm	7 oder 5	4 oder 5

Randbereiche: 3 Anker zusätzlich an allen freien Rändern (von Öffnungen, an Gebäudeecken, entlang von Dehnungsfugen und an den oberen Enden der Außenschalen)

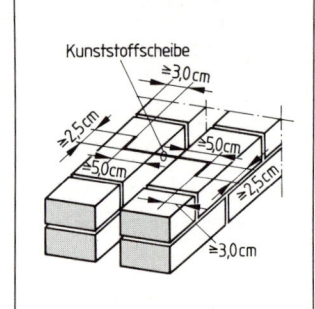

6.38 Lage der Drahtanker für zweischalige Außenwände

- **Auflagerung und Überstand.** Die Außenschale liegt mit dem vollen Querschnitt auf der Unterkonstruktion. Sie darf mit ⅓ ihrer Dicke überstehen, wenn nicht mehr als 2 Vollgeschosse erstellt oder Abfangungen nach je 2 Geschossen vorgenommen werden. Nur 1,5 cm Überstand ist bei Außenschalen von $d < 11,5$ cm zulässig und nur dann, wenn nicht mehr als 2 Geschosse erstellt werden, einschließlich eines bis zu 4 m hohen Giebeldreiecks.

- **Sperrschichten** wirken gegen aufsteigende Feuchtigkeit, vor allem jedoch gegen den Übertritt von Außenfeuchtigkeit auf die Innenschale. Gefährdet sind alle Berührungsflächen zwischen Innen- und Außenschale wie z. B. die Randbereiche von Außenwandöffnungen.

  Die abgewinkelte Z-Sperre soll rückstauende Schlagregenfeuchte von der Außenschale fernhalten. Sie ist deshalb entlang der Sockellinie bzw. am Beginn der Luftschicht, über Fenster- und Türstürzen, im Bereich der Fenstersohlbänke sowie oberhalb der Abfangungen anzuordnen (**6.**34, **6.**35). Sie wird gemäß Bild **6.**39 in der Außenschale verlegt, an der Außenseite der Innenschale ≥ 15 cm hochgeführt und dort befestigt (z. B. mit rostfreien Nägeln). Über Öffnungen reicht sie als Hängesperre bis Unterkante Verblendersturz.

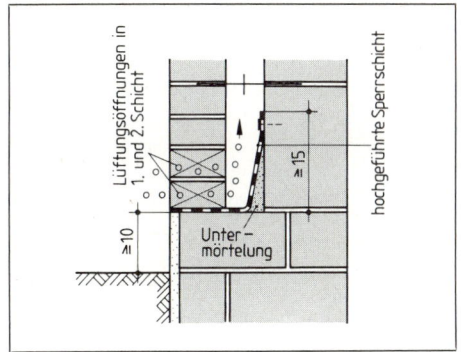

6.39 Fußpunktausbildung des zweischaligen Verblendmauerwerks mit hochgeführter Sperrschicht (gilt auch für jeden Anfangspunkt)

6.40 Anordnung und Ausbildung von Dehnungsfugen in Verblender-Außenschalen (für Kalksandsteine sind Dehnungsfugen in ~ 8 m-Abständen empfohlen)

Senkrechte Sperrschichten unterbrechen die Feuchtigkeitsbrücke der Wandschalen im Bereich der Fenster- und Türleibungen (**6.**35).

- **Dehnungsfugen.** Die Außenschale des zweischaligen Mauerwerks ist hohen Temperaturunterschieden ausgesetzt, besonders bei Mauerwerk mit zusätzlicher Dämmschicht. Ausgleichende Dehnungsfugen an den Gebäudeecken, wenn nötig auch entlang der Öffnungsleibungen, mindern die Gefahr der Rissebildung. Als Füllmaterial dienen elastische Stoffe (Kitte, Bänder, spezielle Fugenprofile **6.**40). Gleiches gilt für elastische Anschlußfugen zwischen dem oberen Rand der Außenschale und der Abfangkonstruktion. Sie sollen ungewollte Formänderungen in vertikaler Richtung ausgleichen (**6.**34, **6.**35).

Die unterschiedlichen Konstruktionsarten der zweischaligen Außenwände erfordern noch weitere, spezielle Ausführungsregeln.

Zweischalige Außenwände mit Luftschicht (**6.**32 c). Hier ist noch folgendes zu beachten:

- **Luftschichtdicke** (= lichter Wandschalenabstand) ≥ 6 cm ≤ 15 cm; wenn der Mörtel auf der Rückseite abgestrichen wird, auch ≥ 4 cm. Herabfallender Mörtel behindert die Belüftung und Entwässerung der Luftschicht, wenn sich dabei die Belüftungsöffnungen zusetzen. Geeignete Maßnahmen gegen herabfallenden Mörtel sind daher unerläßlich. Auch Mörtelbrücken zwischen den Mauerschalen sind wegen akuter Durchfeuchtungsgefahr unbedingt zu vermeiden.

- **Beginn der Luftschicht** ≥ 10 cm über dem Erdreich.

- **Lüftungsöffnungen** sind stets am Beginn der Luftschicht anzuordnen, ferner unter- und oberhalb von Maueröffnungen und Abfangkonstruktionen. Die ein- und ausströmende Luft dient zum Trocknen des Mauerwerks. Die Lüftungsöffnungen entlang der Z-Sperren entwässern die Luftschicht bei hoher Schlagregenbeanspruchung. Um den Trocknungs-, aber auch den Entwässerungsvorgang bei rückstauender Schlagregenfeuchte zu gewährleisten, werden sicherheitshalber in der 1. und in der 2. Mauerschicht der äußeren Wandschale Lüftungsöffnungen empfohlen.
- **Die Gesamt-Lüftungsfläche** soll je 20 m² Wandfläche (Fenster und Türen eingerechnet) etwa 75 cm² betragen.

> Die Luftschicht zwischen Innen- und Außenschale bietet den sichersten Schutz vor Schlagregen. Das Luftschichtmauerwerk wird deshalb in windreichen Küstengebieten bevorzugt, ebenso bei vielgeschossigen, hoch- und extrem gelegenen Gebäuden.

Zweischalige Außenwand mit Luftschicht und Wärmedämmung (6.32 d). Ergänzend gilt hier noch:

- **Lichter Wandschalenabstand** ≤ 15 cm.
- **Mindest-Luftschichtdicke** ≥ 4 cm. Reduziert sich die Luftschichtdicke auf weniger als 4 cm, gilt die Wand als zweischalige Außenwand mit Kerndämmung (s. folgende Ausführungen).
- Die Wärmedämmstoffe sind als Matten oder Platten auf der Außenseite der Innenschale unverrückbar anzubringen, z. B. mit Hilfe der obengenannten Krallenplatten. Fehlstellen durch offene Stöße oder Ausbruchstellen sind unerwünschte Wärmebrücken. Sie müssen ausgebessert werden.

Zweischalige Außenwände mit Kerndämmung (ohne Luftschicht! 6.32 e) sind neu in die Norm aufgenommen. Der Verzicht auf die Luftschicht ermöglicht gegenüber der zuvor beschriebenen Konstruktion mehr Wärmeschutz oder mehr Wohnfläche. Feuchtigkeitskontakt zur Wärmedämmschicht wird hier sowohl durch Schlagregen in Kauf genommen als auch durch Kondensatfeuchte des nach außen diffundierenden Wasserdampfs während der Winterzeit. Die ergänzenden Konstruktionsregeln berücksichtigen diesen Umstand.

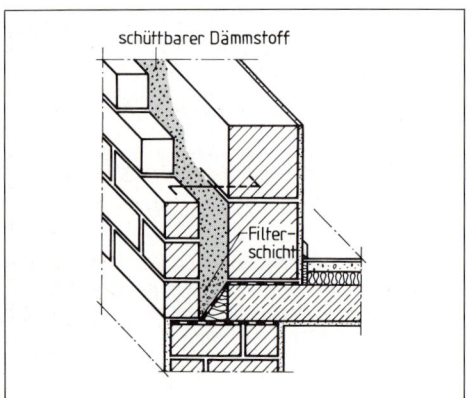

6.41   Kerngedämmte Außenwand ohne Luftschicht

- **Wärmedämmschicht.** Zulässig sind nur dauerhaft wasserabweisende Dämmstoffe (z. B. entsprechende Platten aus Schaumkunststoff oder Mineralfaser, Granulate und Schüttungen sowie Ortschäume).
- **Die Außenwandschale** soll aus möglichst diffusionsoffenem Material bestehen (z. B. keine glasierten Steine oder diffusionsdichte Schichten) und so dicht, wie es das Vermauern erlaubt (etwa 1 Finger breit!), vor der Dämmung errichtet werden. Schüttbare Dämmstoffe (z. B. Hyperlite) erhalten entlang der unteren Z-Sperre grobkörniges Material als Entwässerungshilfe (**6.**41).
- **Die Entwässerungsöffnungen** in der Außenschale (z. B. in Form von offenen Stoßfugen) sollen je 20 m² Wandfläche (Fenster und Türen eingerechnet!) ≥ 50 cm² allein im Fußpunktbereich aufweisen.
- **Schutzmaßnahmen gegen Ausrieseln** im Bereich der Entwässerungsöffnungen sind bei Verwendung schüttbarer Dämmstoffe zu treffen (z. B. durch nichtrostende Lochgitter).
- **Die Wanddicke der Außenschale** beträgt abweichend von den bisherigen Ausführungen ≥ 11,5 cm.
- **Lichter Wandschalenabstand** ≤ 15 cm.

- **Die Temperaturbelastung** in der Außenschale des kerngedämmten Mauerwerks vergrößert sich, weil ein wirksamer Temperaturausgleich mit der Wandinnenschale durch Wärmeabgabe im Sommer und Wärmeaufnahme im Winter kaum stattfinden kann. Nicht selten sind kurzfristige Temperatursprünge bis 35 K von der Außenschale zu verkraften, vor allem bei dunklen, wärmeabsorbierenden Außenflächen. Ausreichend kleine Dehnungsfugenabstände sind daher besonders wichtig. Für Außenschalen aus Kalksandsteinen sind z. B. 8 m-Abstände empfohlen.

Zweischalige Außenwände mit Putzschicht (6.32 f) ersetzen die vormals genormte zweischalige Außenwand mit Schalenfuge.
- **Die Putzschicht** ist als zusammenhängende Fläche auf der Außenseite der Innenschale aufzubringen.
- **Die Außenschale** (Verblendschale) soll, so dicht es das Vermauern erlaubt (etwa 1 Fingerspalt), davor errichtet werden.
- Putz auf der Außenschale ersetzt die innere Putzschicht.
- Der Drahtanker-Durchmesser darf ≥ 3 mm betragen.
- Entlüftungsöffnungen dürfen entfallen.
- Die Entwässerungsöffnungen entlang der Z-Sperren sollen ≥ 75 cm^2 betragen, bezogen auf 20 m^2 Wandfläche (Fenster und Türen eingerechnet).

Außenwände für Gebäude zum dauernden Aufenthalt von Menschen
müssen ≥ 24 cm dick und schlagregensicher sein. DIN 1053 unterscheidet daher folgende Wandkonstruktionen:
- einschaliges Mauerwerk mit Außenputz oder Außenbekleidung
- einschaliges Verblendmauerwerk aus 2 Steinreihen mit sattverfüllter Längsfuge
- zweischaliges Außenmauerwerk mit Luftschicht
- zweischaliges Außenmauerwerk mit Luftschicht und zusätzlicher Wärmedämmung auf der Innenschalen-Außenseite
- zweischaliges Außenmauerwerk mit Kerndämmung aus wasserabweisenden Dämmstoffen (ohne Luftschicht!)
- zweischaliges Außenmauerwerk mit Putzschicht auf der Innenschalen-Außenseite oder auf der Außenschale

Sperrschichten, nach oben abgewinkelt, verlegt man zu Beginn und an allen Unterbrechungen der Hohlschicht waagerecht. Senkrechte Sperrschichten trennen die Wandschalen an den Öffnungsleibungen.

Rostsichere Drahtanker verbinden und stabilisieren die Wandschalen (5 Stück/m², zusätzlich 3 Stück/m an allen offenen Rändern).

Die Außenschale ist meist 11,5 cm dick (u. U. auch ≥ 9 cm). Von der Schalendicke hängen der zulässige Überstand ab ($\leq 1,5$ cm bzw. $d/3$) und der Höhenabstand für die Abfangung der Außenschale (etwa 6 bzw. 12 m).

Dehnungsfugen unterhalb der Abfangungen (waagerecht) und an den Wandecken (senkrecht), u. U. auch dazwischen, sichern die Außenschale vor Rissen infolge thermischer Beanspruchung.

6.3.3 Verblenderverbände

Ausreichend überdeckte Stoßfugen sind auch für die weniger belasteten Verblendschalen notwendig, um die Stabilität des Mauerwerks in Längs- und Querrichtung zu gewährleisten und um Spannungen aus thermischer und statischer Belastung rissefrei aufzunehmen.

Der Läuferverband mit dem Überdeckungsmaß von 11,5 cm bietet den besten Verbund und die größte Rissesicherheit für ½-Stein dicke Verblenderschalen (**6.**42 a). Alle anderen Verbände erreichen nur halb soviel Stoßfugenüberdeckung ($\leq 5,75$ cm).

Der „wilde Verband" hat ein unregelmäßiges Fugenbild. Nach jedem Kopf sollen mindestens 3, höchstens 8 Läufer folgen **6.**42 b).

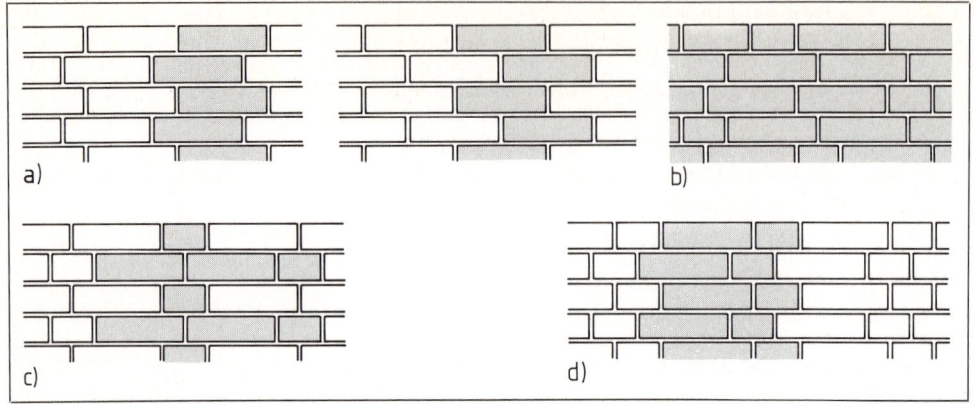

6.42 Verblenderverbände
a) Läuferverband, links ¼-, rechts ½-Stein-Überdeckung, b) „Wilder Verband", c) märkischer oder wendischer Verband, d) gotischer oder polnischer Verband

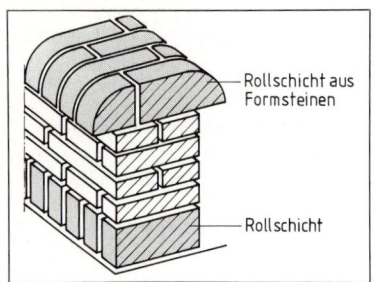

6.43 Rollschicht unten und zur Mauerabdeckung (aus Formsteinen)

Die Zierverbände stammen aus verschiedenen Regionen und Stilepochen (**6**.42 c, d). Die lotrecht über die ganze Mauerhöhe liegenden Stoßfugen erfordern besondere Sorgfalt beim Mauern. Durch unterschiedliches Versetzen der Stoßfugen lassen sich die Zierverbände vielfältig abwandeln.

Zierschichten betonen Mauerränder oder teilen größere Mauerflächen auf. Dafür eignen sich Roll- und Grenadierschichten sowie Schichten aus angeschrägten oder ausgerundeten Formsteinen. Vor- und zurückgesetzte Schichten wirken plastisch (**6**.43).

6.4 Zweischalige Haustrennwände

Haustrennwände (z. B. bei Reihen- und Kettenhäusern) müssen außer den Anforderungen zur Standfestigkeit noch wesentliche Schall- und Brandschutzvorschriften erfüllen. Dafür eignen sich zweischalige Wände mit durchgehender Trennfuge (≥ 2 cm) vom Fundament bis zum Dach (**6**.44). Starre Brücken zwischen den Wandschalen in Form von Mörtelansammlungen, Steinbrocken oder Drahtankern mindern den Schallschutz erheblich und sind daher unzulässig. Die völlige Trennung der Wandschalen läßt sich durch den Einbau zweilagig und mit versetzten Stößen angeordneter weicher Faserdämmplatten am besten verwirklichen. Die Trennschicht wirkt zugleich als Dehnungsfuge. Neuere Untersu-

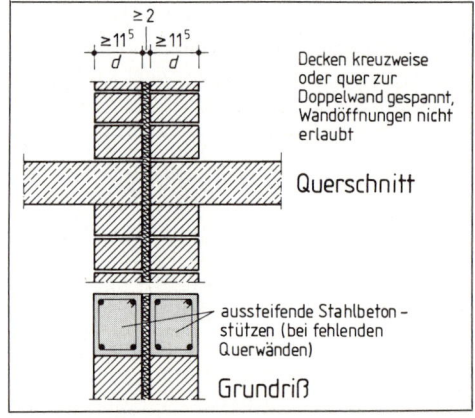

6.44 Zweischalige Haustrennwände

chungen und Erfahrungen der Praxis beweisen den wesentlichen Einfluß des Schalenabstands auf den Schallschutz der zweischaligen Wände. Hat z. B. eine Wand von 320 kg/m² aus 2 × 17,5 cm dicken Wänden mit 2 cm Abstand einen R'_w-Wert von 62 dB, verbessert sich dieser bei 4 cm Schalenabstand auf 68 dB und bei 10 cm Abstand auf etwa 76 dB (**6**.45). Vergrößerte Schalenabstände erlauben geringere Wandschalendicken.

Ferner gilt: Öffnungen in zweischaligen Gebäudetrennwänden sind unzulässig. Die aussteifenden Decken sind parallel zur Trennwand oder zweiachsig zu spannen. Trennfugen sind im Erdbereich wasserundurchlässig, darüber regensicher auszuführen.

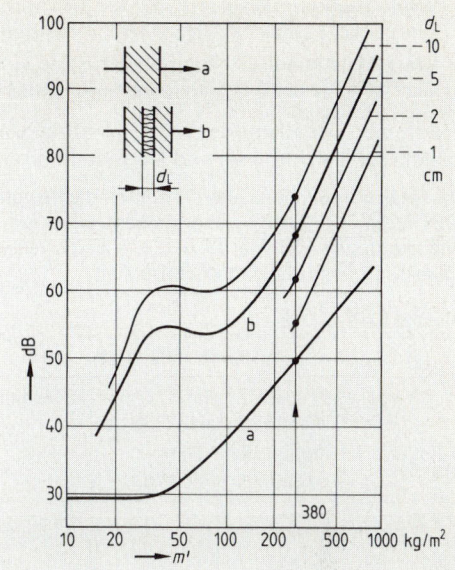

6.45 R'_w-Werte (bewertetes Schalldämmaß) von doppelschaligen Trennwänden in Abhängigkeit von Gesamtflächenmaße m' und Wandschalenabstand d_L als Parameter:

Kurvenscharen b

Kurve a zeigt das Verhalten einschaliger Wände zum Vergleich.

Haustrennwände aus zwei Wandschalen und durchgehender weicher Mittelfuge aus Faserdämmstoffen bieten besonders günstige Voraussetzungen für wirksamen Schall- und Brandschutz. Deutliche Verbesserungen der Schallschutzwerte bieten vergrößerte Wandschalenabstände bis etwa 10 cm.

6.5 Mauermörtel, Arten und Anwendung

Die Bedeutung des Mörtels für die Güte des Mauerwerks wird häufig unterschätzt, obwohl der Fugenanteil von Mauerflächen bis zu 20% betragen kann und mangelhafte Fugen Hauptursache von Mauerwerksschäden sind.

Bestandteile sind Sand, Bindemittel und Wasser, z. T. noch Zusatzstoffe (max. 15 Vol.-% des Sandes, z. B. Baukalk, Gesteinsmehle, Traß) und Zusatzmittel wie Luftporenbildner, Verflüssiger, Dichtungsmittel, Erstarrungsbeschleuniger und -verzögerer, ferner haftverbessernde Stoffe für den Stein-/Mörtelverbund.

Mörtelarten unterscheiden wir nach der Herstellung, Zusammensetzung und bestimmten technischen Eigenschaften wie (z. B. Festigkeit, Wärmeleitfähigkeit, Dichte).

Nach der Herstellung unterscheiden wir Baustellenmörtel und Werkmörtel.

Baustellenmörtel. Für seine Herstellung sind besondere Lagerungsbedingungen und genaue Abmeßvorrichtungen für die Mörtelbestandteile auf der Baustelle vorgeschrieben.

Werkmörtel. Wir unterscheiden 3 Lieferformen:

- **Werk-Frischmörtel** wird gebrauchsfähig in verarbeitbarer Konsistenz geliefert (kellenfertig). Er enthält bereits alle notwendigen Mörtelbestandteile.

- **Werk-Trockenmörtel** muß man mit dem Mischer und durch Zugabe der erforderlichen Wassermenge zu einer kellengerecht verarbeitbaren Konsistenz aufbereiten.
- **Werk-Vormörtel** erhält auf der Baustelle außer der Wasserzugabe noch die nötige Zementmenge. Gleichmäßige Stoffverteilung und kellengerechte Konsistenz erreicht man mit der Mischmaschine.

Nach der Zusammensetzung, Dichte und Wärmeleitfähigkeit unterscheiden wir Normalmörtel, Leichtmörtel und Dünnbettmörtel.

Normalmörtel haben eine Trockenrohdichte von $\geq 1{,}5$ kg/dm³, die meist mit dichten Zuschlägen nach DIN 4224 T 1 (Sand) sicher erreicht wird. Sie werden als Baustellen- oder als Werkmörtel in den Mörtelgruppen I, II, II a, III und III a hergestellt (6.46 a). Mindestwerte bestehen zur Druckfestigkeit, neuerdings auch zur Haftscherfestigkeit.

Tabelle **6.46**

a) **Mauermörtel nach DIN 1053 – Normalmörtel** (Auszug)

Mörtel-gruppe	Druckfestigkeit in N/mm² Mittelwert nach 28 Tagen		Bindemittel	Verwendung
	Eignungs-prüfung	Güte-prüfung		
I	–	–	Kalk	nichttragende Wände tragende Wände mit $d \geq 24$ cm und für ≤ 2 Vollgeschosse (von oben)
II	$\geq 3{,}5$	$\geq 2{,}5$	Kalk und Zement oder hochhydraulischer Kalk	Kellermauerwerk, Außenschale und Schalenfuge des zweischaligen Mauerwerks ohne Luftschicht, tragende Wände II und II a nicht zusammen auf einer Baustelle anwenden
II a	$\geq 7{,}0$	$\geq 5{,}0$	Kalk und Zement	
III	$\geq 14{,}0$	$\geq 10{,}0$	Zement	hochbelastete Bauteile (z. B. Mauerpfeiler, Balkenauflager) bewehrtes Mauerwerk
III a[1])	$\geq 25{,}0$	$\geq 25{,}0$		

Sand bis 4 mm ⌀, Bindemittel, Wasser und evtl. Zusatzstoffe und/oder Zusatzmittel

b) **Mauermörtel nach DIN 1053 – Leichtmörtel** (Auszug)

Mörtel-gruppe	Druckfestigkeit in N/mm² Mittelwert nach 28 Tagen		Trockenrohdichte in kg/dm³ nach 28 Tagen	Wärmeleitfähigkeit λ in $\frac{W}{mK}$
	Eignungs-prüfung	Güte-prüfung		
LM 21	$\geq 7{,}0$	$\geq 5{,}0$	$\leq 0{,}7^2)$	$\leq 0{,}18$
LM 36	$\geq 7{,}0$	$\geq 5{,}0$	$\leq 1{,}0^2)$	$\leq 0{,}27$

c) **Mauermörtel nach DIN 1053 – Dünnbettmörtel** (Auszug)

Mörtel-gruppe	Druckfestigkeit in N/mm²		Verarbeitungszeit in Std.	Korrigierbarzeit in min
	Eignungs-prüfung	Güte-prüfung		
gilt als III	$\geq 14{,}0$	$\geq 10{,}0$	$\geq 4{,}0$	$\geq 7{,}0$

[1]) Die Mörtelgruppe III a erreicht die höhere Festigkeit durch verbesserte Kornzusammensetzung der Zuschläge.
[2]) Mit diesen (sonst nachzuweisenden) Werten sind auch die Anforderungen an die Wärmeleitfähigkeit erfüllt.

Leichtmörtel haben eine Trockenrohdichte von < 1,5 kg/dm³, die durch Mitverwendung poriger Zuschläge nach DIN 4224 T 2 erreicht wird. Leichtmörtel verwenden wir vorzugsweise beim Herstellen von Hintermauerwerk aus Steinen mit guter Wärmedämmwirkung, wo sie die unerwünschte Wärmebrücke der früher verwendeten Normalmörtel beseitigen. Leichtmörtel werden ausschließlich als Werkmörtel geliefert (Trocken-, Vor- oder Frischmörtel). Zu unterscheiden sind die Mörtelgruppen LM 21 und LM 36 (**6.46 b**).

Dünnbettmörtel sind Werk-Trockenmörtel aus dichten Zuschlägen mit ≤ 1 mm Größtkorn, Zement sowie Zusatzmitteln und Zusatzstoffen. Sie gehören zur Mörtelgruppe III (**6.46 c**). Wir verwenden sie vorzugsweise für Hintermauerwerk aus Planblocksteinen.

Zusatzmittel und Zusatzstoffe verbessern die Eigenschaften des Frisch- und Festmörtels, vor allem die Abstimmung auf das Saugverhalten der Mauersteine.

Zusatzmittel wirken chemisch oder physikalisch auf die Mörteleigenschaften (z. B. als Luftporenbildner, Verflüssiger, Dichtungsmittel, Erstarrungsbeschleuniger, Verzögerer sowie zur besseren Mörtelhaftung).
Zusatzstoffe sind genormte Baukalke, Gesteinsmehle, Traß und Stoffe mit Prüfzeichen. Sie zählen nicht zum Bindemittelgehalt. Zulässig sind 15 Vol.-% vom Sandgehalt.

Werkmörtel (Trocken-, Vor- und Frischmörtel) gewährleisten die geforderte Mörtelqualität besser als Baustellenmörtel.
Normalmörtel gliedern sich in die Mörtelgruppen I, II, II a, III und III a, Leichtmörtel in LM 21 und LM 36. Dünnbettmörtel hat begrenzte Verarbeitungs- und Korrigierzeiten und gilt als Mörtelgruppe III.

6.6 Fassadenbekleidung nach DIN 18515

Fassadenbekleidungen dienen dem Witterungsschutz des Hintermauerwerks. Wir unterscheiden:

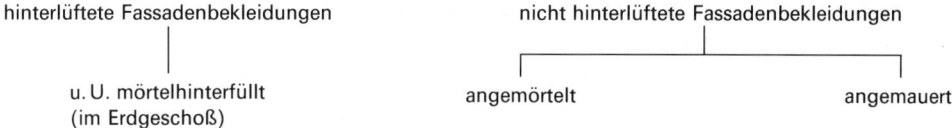

Die vergleichsweise dünnwandige Fassadenbekleidung ist extremen Witterungsbedingungen ausgesetzt und unterscheidet sich meist in ihren Materialeigenschaften vom Hintermauerwerk (Dichte, Festigkeit, kapillares Saugvermögen). Die sichere Verbindung zum Hintermauerwerk, der Schlagregenschutz und die Rissefreiheit bilden die Hauptprobleme solcher Konstruktionen.

Hinterlüftete Fassadenbekleidungen unterbinden die wechselseitige Beeinflussung zwischen Bekleidung und Hintermauerwerk fast vollständig. Sie bieten den besten Schutz gegen Risse und Schlagregen. Als Werkstoffe eignen sich Natur-, Betonwerkstein- und Keramikplatten unterschiedlicher Größen, meist < 0,1 m² und ≤ 3 cm dick (**6.47 a** auf S. 158). Die Luftschicht ist ≥ 2 cm, für die Belüftung sorgen Be- und Entlüftungsschlitze oder offene Plattenfugen. Jede Platte ist an ihren Eckpunkten gehalten. Die rostfreien Traganker greifen mit ihren Ankerdornen in die Dornlöcher der Platten und übertragen alle Belastungen über die Verankerung auf das

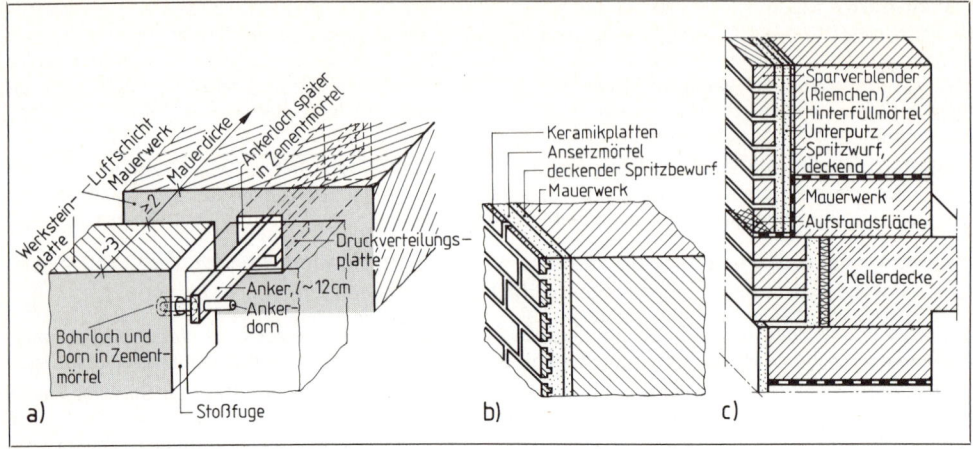

6.47 a) Verankerung hinterlüfteter Fassadenplatten aus Werkstein, b) angemörtelte Fassadenbekleidungen, c) angemauerte Fassadenbekleidungen

Hintermauerwerk. Bei Erschütterungsgefahr wird die Luftschicht im Erdgeschoß vorsorglich mit Mörtel hinterfüllt.

Angemörtelte Fassadenbekleidungen (Platten, Mosaiken und Riemchen aus Keramik, Natur- oder Betonwerkstein) sind durch die Mörtelhaftung mit dem Hintermauerwerk verbunden (wie Wandfliesen). Die Mörtelschale bedarf daher besonderer Sorgfalt. Ihre Schichtenfolge:

1. vollflächiger Spritzbewurf,
2. aufgerauhter Unterputz als Ausgleichsschicht, $d = 1{,}5$ bis $2{,}5$ cm,
3. Ansetzmörtel, 1,5 bis 2,5 cm dick oder etwa 3 mm Dünnbettmörtel (**6**.47b).

Bei Mischmauerwerk oder Mauerunebenheiten mit Ausgleichsputz $>2{,}5$ cm sind zusätzlich vollflächige und am Hintermauerwerk verankerte Bewehrungen vorzusehen (z. B. aus BStG-Matten).

„**Schwimmende Bekleidungen**" auf Dämmplatten erfordern immer Bewehrungen und verstärkte Verankerungen mit statischem Nachweis. Die Anker mindern den Wärmeschutz (Wärmebrücken). Dehnungsfugen der angemörtelten Bekleidungen haben Abstände von 3 bis 6 m.

Angemauerte Bekleidungen aus Riemchen oder Sparverblendern erhalten stets eine fest mit dem Bauwerk verbundene tragfähige Aufstandsfläche aus Mauerwerk, vorkragenden Deckenteilen oder Ankerschienen. Sie sind alle 2 Geschosse abzufangen und außer durch die Mörtelschicht noch durch 5 rostfreie Drahtanker/m² mit dem Hintermauerwerk verbunden. Vor dem Anmauern der Sparverblender mit 1,5 bis 2,5 cm dicker (Schalen-)Fuge erhält das Hintermauerwerk einen vollflächigen Spritzbewurf und aufgerauhten i. M. 1,5 cm dicken Unterputz (**6**.47c).

Thermohaut-Wandbekleidungen. Sowohl für nachträgliche äußere Wanddämmungen an Sanierungsobjekten als auch für die Wärmedämmung am Neubau bieten Thermohautsysteme preiswerte und sehr wirksame Lösungen. Den Aufbau verdeutlicht Bild **6**.48. Kennzeichnend ist die Funktionentrennung der einzelnen Wandschichten.

— Die tragende Wand hat vorrangig statische Aufgaben und darf daher auf die dafür notwendige Dicke verringert werden (meist ≥ 24 cm – Kostenersparnis!). Das dichte Wandbaumaterial sorgt für den Luftschallschutz und speichert Raumwärme, die bei Abkühlung überwiegend an den Raum zurückfließt. Die äußere Dämmschicht aus EPS-Platten oder aus Mineralfaserplatten (nicht brennbar!) erreicht

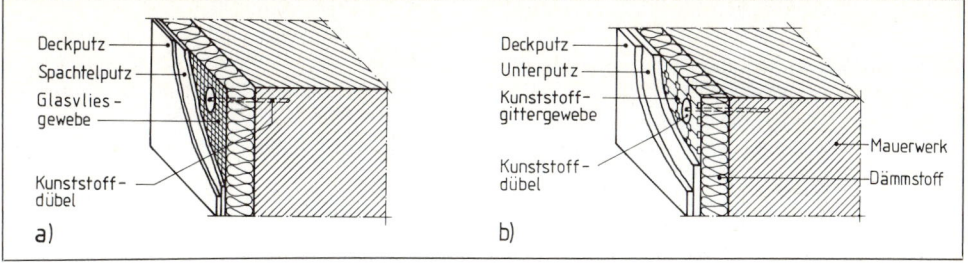

6.48 Thermohaut-Außenwandbekleidung
a) mit gewebearmiertem Spachtelputz, b) mit Außenwandputz auf Ziegeldrahtgewebe

bei entsprechender Dicke (z. B. 6 bis 12 cm) sehr hohe Wärmedämmwerte und schützt die gesamte Außenwand vor extremen Temperaturunterschieden, Spannungen und Rissen.

- Die Putzarmierung (Bewehrung) aus Glasvlies- oder Kunststoffgitter-Gewebe wirkt gegen die Gefahr der Rißbildung in der thermisch hochbeanspruchten Putzschicht. An den Ecken der Wandöffnungen sind verstärkende Gewebestreifen diagonal auf die Fassade zu setzen.
- Der zweilagige Außenputz aus herkömmlichen mineralischen Stoffen oder aus dünnen Kunststoffschichten enthält wasserabweisende Zusätze und bietet einen bereits vielfach bewährten Wetterschutz.

Fassadenbekleidungen schützen Außenwände vor extremer Witterung.

Hinterlüftete Fassadenbekleidungen aus Natur- oder Werksteinplatten sitzen auf paßgenauen Maueranker.

Angemörtelte Fassadenbekleidungen aus Keramik, Natur- oder Werkstein verbinden sich durch Mörtelhaftung mit der Außenwand.

Angemauerte Bekleidungen stehen auf tragfähigen Bauteilen. Die Fuge zur Außenwand ist voll vermörtelt.

Thermohautsysteme bieten umfassenden Wärmeschutz durch außen angedübelte Dämmplatten und sichern Witterungsschutz durch gewebebewehrten Außenputz.

Aufgaben zu Abschnitt 6.1 bis 6.6

1. Beschreiben Sie die statische Beanspruchung einer Wand a) als Scheibe, b) als Platte.
2. Vergleichen Sie freistehende Wände mit 2-, 3- und 4seitig gehaltenen Wänden.
3. Welche Regeln gelten für die Dicke und Länge aussteifender Wände?
4. Welche Grenzwerte gelten für Gebäudehöhe und Deckenspannweite nach DIN 1053 T1?
5. Was verstehen wir unter tragenden und nichttragenden Wänden?
6. Welche konstruktiven Maßnahmen gelten als Ersatz für aussteifende Wände?
7. Berechnen Sie den Abminderungsfaktor eines 2,75 m hohen Mauerpfeilers mit den Querschnittsmaßen 24 cm × 24 cm (Mittelauflager eines Mehrfeldbalkens).
8. Unterscheiden Sie Ringbalken und Ringanker nach Funktion und Konstruktion.
9. Welche Mindestdicke gilt für Innen- und Außenwände?
10. Welche Mindestabmessungen sind für Mauerpfeiler einzuhalten?
11. Was versteht man unter der Wandhöhe h_s und der Knicklänge h_k?
12. Wonach richtet sich der Abminderungsfaktor β für die Bestimmung von h_k?
13. Unter welchen Bedingungen darf der statische Nachweis gegen Erddruck bei Kelleraußenwänden entfallen?
14. Erklären Sie die Kurzzeichen M, β_M, β_{MN} und β_{MS} beim Mauerwerk nach Eignungsprüfung.

15. Welche Mörtelgruppen sind für EM-Mauerwerk zugelassen?
16. Wonach richtet sich die Festigkeitsklasse des Rezeptmauerwerks?
17. Welche Schlagregen-Beanspruchungsgruppen für Außenmauerwerk unterscheiden wir? Nennen Sie je ein Wandbeispiel.
18. Einschaliges Verblendmauerwerk ist 31 cm (statt 30) bzw. 37,5 cm (statt 36,5) auszuführen. Warum?
19. Welcher Teil der zweischaligen Außenwände darf als Deckenauflager genutzt werden?
20. Vergleichen Sie die zweischaligen Außenwände mit und ohne Luftschicht (Ausführung, Schalendicken, Wärme- und Schlagregenschutz).
21. Wodurch unterscheiden sich die Putzmörtel P II und P III?
22. Nennen Sie Zweck und Ausführungsbestimmungen für Drahtanker in zweischaligen Außenwänden (Material, Form, Verteilung, Querschnitt).
23. Welche Vorschriften gelten für Be- und Entlüftungsmaßnahmen an zweischaligen Außenwänden? Wo genügen Entwässerungsschlitze in der Wandaußenschale?
24. An welchen Wandteilen des zweischaligen Außenmauerwerks sind Sperrschichten vorzusehen?
25. In welchen Höhenabständen sind die Außenschalen zweischaliger Außenwände abzufangen? Welche Konstruktionsmöglichkeiten gibt es dafür?
26. Wie weit darf die Außenschale zweischaliger Wände nach außen überstehen?
27. An welchen Wandteilen der zweischaligen Außenwände sind Dehnungsfugen vorzusehen? Warum?
28. Haustrennwände werden vorzugsweise zweischalig und mit Trennschicht aus Mineralfaserplatten hergestellt. Warum?
29. Unterscheiden Sie Baustellenmörtel und Werkmörtel.
30. Welche Mörtelgruppen ordnet man den Normal-, Leicht- und Dünnbettmörteln zu?
31. Nennen Sie Zusatzstoffe und Zusatzmittel und deren Zweck bei der Mörtelherstellung.
32. Vergleichen Sie die Befestigung der Fassadenbekleidungen bei hinterlüfteten und nicht hinterlüfteten Wandkonstruktionen.
33. Nennen Sie Bestandteile/Vorzüge der Thermohaut-Wandbekleidungen an Außenwänden.

6.7 Ausfachungen mit Mauerwerk

Mit gemauerten Ausfachungen füllen wir die Felder von Fachwerk- und Skelettkonstruktionen. Genormte Gefach-Innenmaße erleichtern die Arbeit erheblich (weniger Steinverhau). Beim Fachwerk- und Skelettbau übertragen Stützen alle Baulasten auf Kellerwände bzw. Fundamente. Das ausfachende Außenmauerwerk hat außer Wind und Eigenlast keine Baulasten aufzunehmen und gilt deshalb nach DIN 1053 als nichttragendes Mauerwerk. Hinsichtlich des Wärme-, Schall- und Feuchtigkeitsschutzes gleicht es den tragenden Außenwänden. Für die Standsicherheit der Wand sind die Anschlüsse mit den allseitig angrenzenden Skelettbauteilen maßgebend, für die Rissesicherheit die Ausdehnungsmöglichkeiten in den Anschlußfugen und für die Schlagregensicherheit deren dauerhafte Dichtung.

Anschlüsse übertragen die Windlasten von der ausfachenden Wand auf die Skelettbauteile. Am Fußpunkt genügen dafür die Reibungskräfte der Fuge. Eine Lage unbesandete (!) Bitumenbahn unterhalb der 1. Schicht ermöglicht Bewegung in Längsrichtung (**6.**49). Seitliche Anschlüsse sind im allgemeinen gleitend und elastisch. Die Möglichkeiten für den Stahlbeton-Skelettbau verdeutlicht Bild **6.**50. Auch beim oberen Anschluß gewährleistet die gleitend elastische Ausführung spannungsfreie Formänderungen. Der etwa 2 cm dicke Toleranzausgleich soll unbeabsichtigte Wandbelastungen infolge Durchbiegung der oberen Decken oder Balken ausschließen (**6.**49).

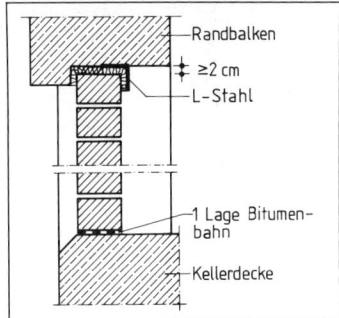
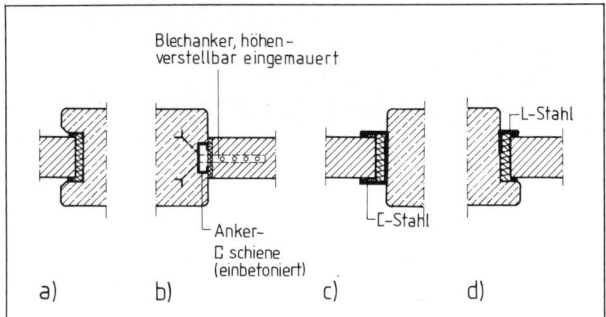

6.49 Waagerechte Anschlußfugen am unteren und oberen Rand zwischen Gefachmauerwerk und Stahlbetonskelett-Bauteilen

6.50 Seitliche Anschlußfugen zwischen Stahlbetonskelett-Bauteilen und Ausfachungsmauerwerk durch
a) Einführen der Wand in ausgesparte Schlitze
b) Ankerverbindungen (einteilig oder zweiteilig aus fester U-Schiene und beweglichem Ankerblech)
c) Übergreifen der Wandenden mit verankerten Stahlprofilen
d) nachträglich angebrachte L-Profile in Verbindung mit dem äußeren Anschlag

Die Größe der Ausfachungsfläche ist begrenzt. Sie hängt von der Gebäudehöhe über Gelände, von der Wanddicke und vom Quotienten ε (griech. Epsilon) aus der größeren und der kleineren Seitenlänge des Gefachs (6.52) ab. Tabelle 6.51 enthält die zulässigen Grenzwerte. Voraussetzungen: 4seitig gehaltene Wände, in Mörtelgruppe II oder IIa und KS-Steinen, Ziegeln oder Leichtbetonsteinen.

Tabelle 6.51 Zulässige Größtwerte der Ausfachungsfläche von nichttragenden Außenwänden ohne rechnerischen Nachweis

Wanddicke d in cm	Ausfachungsfläche bei einer Höhe über Gelände von					
	0 bis 8 m		8 bis 20 m		20 bis 100 m	
	$\varepsilon = 1{,}0\ m^2$	$\varepsilon \geq 2{,}0\ m^2$	$\varepsilon = 1{,}0\ m^2$	$\varepsilon \geq 2{,}0\ m^2$	$\varepsilon = 1{,}0\ m^2$	$\varepsilon \geq 2{,}0\ m^2$
11,5[1])	12	8	8	5	6	4
17,5	20	14	13	9	9	6
24,0	26	25	23	16	16	12
≥ 30,0	50	33	35	23	25	17

Bei Seitenverhältnissen 1,0 < ε < 2,0 dürfen die Werte geradlinig interpoliert werden.
[1]) Bei Steinen der Festigkeitsklassen ≥ 12 dürfen diese Werte um ⅓ vergrößert werden.

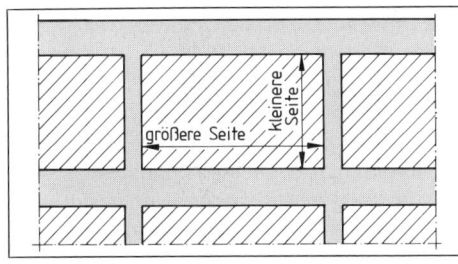
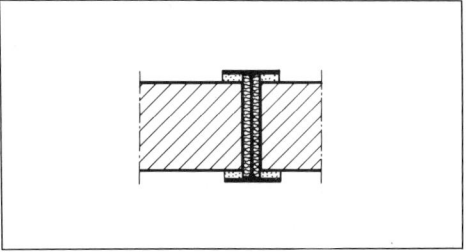

6.52 Seitenverhältnis des Gefachs
$$\varepsilon = \frac{\text{größere Seite}}{\text{kleinere Seite}}$$

6.53 Querschnitt einer Stahlstütze mit beidseitig anschließendem Gefachmauerwerk

Beispiel Für eine Ausfachung bei einer Feldgröße von 4,00 m · 2,50 m = 10,00 m² und einer Höhe der Ausfachungsfläche von 16,00 m über Gelände soll die notwendige konstruktive Wanddicke ermittelt werden.

Lösung Seitenverhältnis $\varepsilon = \dfrac{\text{größere Seite}}{\text{kleinere Seite}} = \dfrac{4{,}00 \text{ m}}{2{,}50 \text{ m}} = $ **1,6**

ε liegt zwischen 1,0 und 2,0. Deshalb muß die größtmögliche Ausfachungsfläche für $\varepsilon = 1{,}6$ interpoliert werden. Tabelle **6**.51 zeigt, daß mindestens die Wanddicke 17,5 cm gewählt werden muß, denn nur bei dieser Wanddicke sind Ausfachungsflächen von 9,00 bis 13,00 m² möglich.

Genaue Berechnung der zulässigen größten Ausfachungsfläche:
Wenn ε von 1,00 auf 1,6 ansteigt, verringert sich die größte zulässige Ausfachungsfläche von 13,00 m² um ΔA.

$\Delta \varepsilon' = 1{,}6 - 1{,}0 = 0{,}6$
$\max A = 13{,}00 \text{ m}^2 - \Delta A'$
$\dfrac{\Delta A}{\Delta \varepsilon} = \dfrac{13{,}00 \text{ m}^2 - 9{,}00 \text{ m}^2}{2{,}0 - 1{,}0} = \dfrac{4{,}00 \text{ m}^2}{1{,}00}$
$\Delta A = 4{,}00 \text{ m}^2 \cdot 0{,}6$
$\Delta A = 2{,}40 \text{ m}^2$
$\max A = A - \Delta A = 13{,}00 \text{ m}^2 - 2{,}40 \text{ m}^2 = \mathbf{10{,}60 \text{ m}^2}$

Bei Ausführung nach Zeile 2 der Tabelle **6**.51 (Wanddicke 17,5 cm) ist also eine größtmögliche Ausfachungsfläche von 10,60 m² (>10,00 m²) erlaubt.

Ausfachungswände, die nicht Tabelle **6**.51 entsprechen, sind statisch nachzuweisen.

An beheizten Gebäuden bilden Skelettbauteile aus Stahl- und Stahlbeton beachtliche Wärmebrücken. Äußere Dämmschichten mit geeignetem Wetterschutz (z. B. Vorhangfassade) lösen dies Problem. Sichtbar bleibende Skelettflächen erhalten innere Dämmschichten.

Stahlskelettkonstruktionen sind im Hallen- und Industriebau verbreitet. Die I- und U-Profile der Stützen und Riegel bieten gute Anschlußmöglichkeiten für das ausfachende Mauerwerk. Trägerhöhen von 140 bis 160 mm eignen sich zur Aufnahme 11,5 cm dicker Wände, von 200 bis 220 mm für 17,5 cm dicke Wände (**6**.53 auf S. 161). Für die meist unbeheizten Stahlskelettgebäude genügen die statisch notwendigen Wanddicken. Andernfalls sind äußere Dämmlagen mit wetterschützender Vorhangfassade zu empfehlen (**6**.32a) oder innere Dämmlagen. In jedem Fall sind die Stahlflächen voll mit Dämmplatten abzudecken, denn Stahl ist eine ganz empfindliche Wärmebrücke. Seine Leitfähigkeit entspricht etwa der 20fachen des Betons.

Holzfachwerk hat in Deutschland (auch in England, Dänemark, Holland und Frankreich) eine alte Bautradition. Blütezeit waren das 16. (Renaissance) sowie das 17. und 18. Jahrhundert (Barock/Rokoko). Heute gewinnt das Fachwerk durch die Sanierung wieder an Bedeutung, aber auch durch Fachwerk-Vorsatzschalen am Neubau.

Die vergleichsweise eng gesetzten Stützen (etwa 1,00 m) mit den aussteifenden (Quer-)Riegeln ergeben kleine Gefachflächen. Belastungen und Verformungen des Gefachmauerwerks sind daher gering. Auch die statischen und thermischen Verformungen sind unbedeutend. Probleme ergeben sich u. U. durch Verwerfungen des Holzes infolge Schwindens und Quellens.

Stabile Anschlüsse ergeben bereits Verankerungen durch ~3 bis 5 cm vorstehende Nägel von 38/100 bis 46/130 in jeder 3. bis 4. Lagerfuge. Besser sind rostgeschützte nagelbare Blechwinkel, manchmal auch Anschlüsse mit Ankerschienen (**6**.54c). Moderne Fachwerkbau-

6.54
Anschlüsse von Mauerenden an Holzfachwerkstützen

a) durch Dreikantleiste und Kerbnut im Stein
b) durch Stoßfugenmörtel in Kerbnut
c) durch angeschraubte Ankerschiene und eingemauerte Ankerbleche

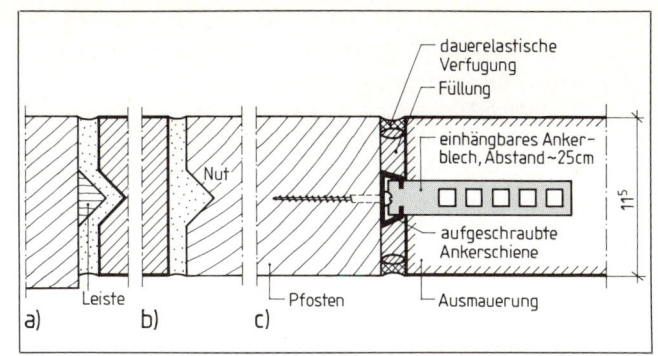

ten erhalten vorgefertigte Gefache aus Riemchen mit rückseitiger Aufbetonschicht. Mit seitlich vorbereiteten Treibverschraubungen (M 6) werden die Gefachteile gegen das Hintermauerwerk eingesetzt. Die alte handwerkliche Form der Anschlußfuge mit Dreiecksnuten im Pfosten oder aufgenagelten Dreikantenleisten am Pfosten verdeutlicht Bild **6.**54 a, b. Der obere Anschluß geschieht durch Verkeilen der oberen Schicht gegen die Unterseite des Riegels.

Anschlußfugen aus Mörtel lösen sich immer vom Fachwerk ab und führen zu Schlagregendurchfeuchtung. Fugendichtungen aus dauerelastischem Kitt in Verbindung mit unverrottbarem Dämmstreifen schützen vor Regen und gleichen Formänderungen in der Fuge rissefrei aus. Besonders einfach, dauerhaft und hochwirksam dichten vorkomprimierte Bänder (Kompri-Dichtungsbänder), die sich nach dem Einlegen auf mehr als die doppelte Dicke ausdehnen und dabei fest an die Fugenflanken pressen.

Großformatige Fassadenteile ersetzen zunehmend das Ausmauern von Gefachen. Sie verdecken häufig die Skelettkonstruktion (Witterungs- und Wärmeschutz!). Beispiele zur Eckausbildung großformatiger Porenbeton-Fertigteile zeigt Bild **6.**55.

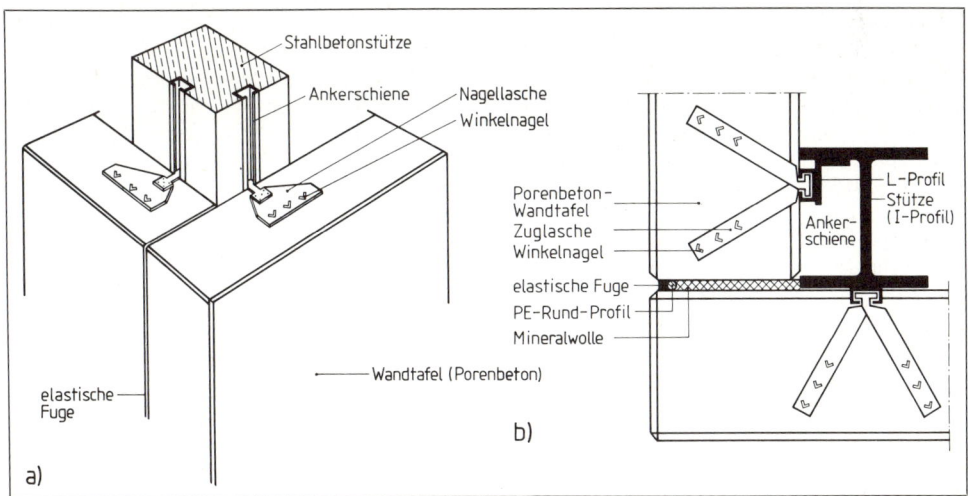

6.55 Ausfachung vor der Skelettkonstruktion erfordert solide Verankerungen
a) Eckverankerung an Stahlbeton, b) an Profilstahl

Die windbeanspruchten äußeren Mauerwerksausfachungen im Stahlbeton- bzw. Stahlskelettbau erhalten gleitend elastische seitliche und obere Anschlüsse durch vorgeplante oder nachträglich geschaffene U-förmige Schlitze. Der obere Toleranzausgleich ≥ 2 cm verhindert ungewollte Wandbelastungen.

Für die kleineren Gefache des Holzfachwerks genügen starre Randanschlüsse. Elastische Anschlußfugen gleichen Schwind- und Quellverformungen des Holzfachwerks aus und schaffen wind- und regendichte Fugenflächen.

Großformatige Ausfachungselemente ermöglichen die äußere (schützende) Beplankung von Skelettkonstruktionen.

6.8 Bewehrtes Mauerwerk

Durch Horizontallasten wie Wind und Erddruck wird Mauerwerk auf Plattenbiegung beansprucht (z. B. bei Ausfachungen von Skelettbauten, Kelleraußenwänden oder Stützmauern, diese können zwei- oder mehrfach durch Querwände gestützt sein). Größere Wandbelastungen mindern die Biegebeanspruchung, geringe erhöhen sie. Zur Aufnahme der Zugspannungen erhalten biegebeanspruchte Wände auf der Zugseite Bewehrungen aus rostgeschütztem Betonstahl im Bereich der Lagerfugen. Biegedruckkräfte trägt das Mauerwerk. Im Bereich von Mittelstützungen ist auch auf der Lastseite Bewehrung erforderlich. Außer den Konstruktionsvorschriften in Bild **6**.56 merken wir uns noch: Die Bewehrungsstäbe sind auf ganzer Länge von Auflager zu Auflager geführt, ohne Aufbiegungen, Endhaken, Staffelungen und Verteiler.

Zugelassen und bevorzugt werden die in Bild **6**.13 beschriebenen vorgefertigten Bewehrungselemente (Typ Murfor).

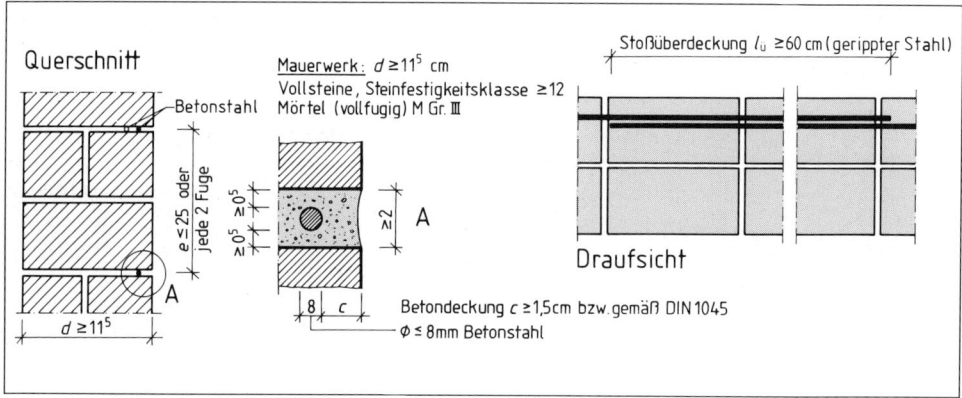

6.56 Bewehrtes Mauerwerk (Konstruktionsregeln)

Bewehrungsstähle $\leq \varnothing$ 8 in den Lagerfugen gemauerter Wände (bewehrtes Mauerwerk) ermöglichen die Wandbeanspruchung auf Plattenbiegung (z. B. infolge Wind-, Wasser- und Erddruck). Vorgefertigte Bewehrungselemente beschleunigen den Arbeitsablauf.

6.9 Überdeckung von Maueröffnungen

Das Überdecken von Öffnungen mit tragfähigen Bauteilen gehört zu den Urproblemen des Bauens. Der jeweilige Entwicklungsstand der Bautechnik und die verfügbaren Baumaterialien haben im Lauf der Jahrtausende zu unterschiedlichen baustilprägenden Lösungen geführt. Bögen und Balken sind die typischen Elemente zum Überdecken von Maueröffnungen. Die Entwicklung führte vom unechten Bogen aus überkragenden Steinschichten zu geometrisch unterschiedlichen Bogenformen mit radial angeordneten Fugen und vom Balken aus Natursteinquadern zum biegefesten Träger aus Profilstahl, Stahl- und Spannbeton sowie bewehrtem Mauerwerk (**6.57**).

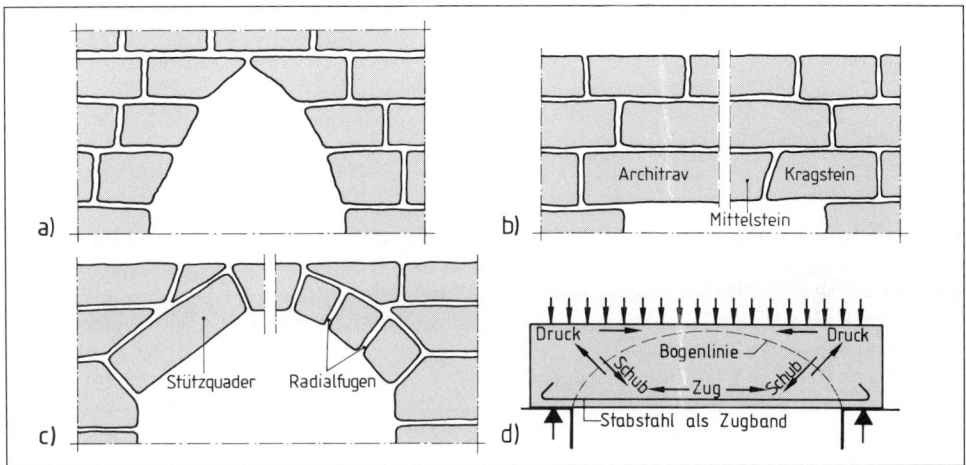

6.57 Bogen und Balken sind Grundelemente zur Überdeckung von Maueröffnungen
  a) unechter Bogen aus überkragenden Steinen
  b) waagerechte Überdeckung durch ganze Quader (Architrav, linke Hälfte), später durch Krag- und keilförmigen Mittelstein (rechte Hälfte)
  c) Entwicklung zum echten Bogen durch Stützquader (links), später durch Bogenschichten mit Radialfugen (rechts)
  d) Tragstäbe bewirken die Ausbildung des Bogenprinzips im Stahlbetonbalken

Der Bogen ist die materialgerechte Lösung für die gemauerte Überdeckung, weil nur Druckkräfte zu übertragen sind, die das Bogenmauerwerk sicher aufnehmen kann. Am Auflager bewirkt der Bogenschub senkrechte und waagerechte Gegenkräfte (Reaktionskräfte). Bögen gleichen einem Keil im Mauerwerk. Bei ansteigender Belastung und spitzerem Keilwinkel vergrößert sich der seitlich wirkende Druck. Flache Bögen erzeugen darum mehr Horizontalschub als hohe (**6.**58 a, b).

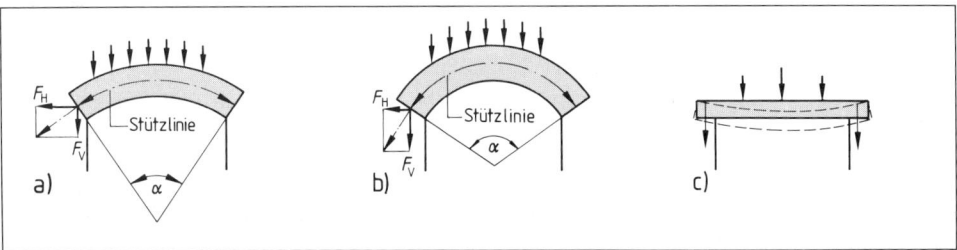

6.58 a) Flacher Bogen mit $F_H > F_V$, b) steiler Bogen mit $F_H < F_V$, c) beim Balken wirken nur senkrechte Auflagerkräfte F_V

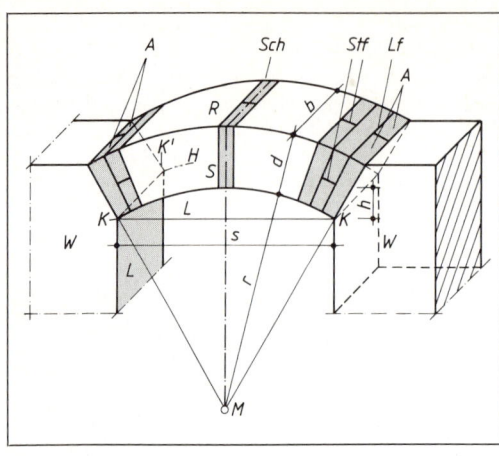

6.59
Bogenteile am Beispiel des Segmentbogens

W	Widerlager
K	Kämpferpunkt
KK'	Kämpferlinie
S	Scheitel: höchster Punkt an der Bogenleibung oder am Bogenrücken
L	Leibung: untere Bogenfläche bzw. seitliche Begrenzungsfläche der Maueröffnung
R	Rücken: obere Fläche des Bogens
H	Haupt oder Stirn: Bogenansichtsfläche
s	Spannweite
h	Stich oder Bogenhöhe
r	Bogenradius
d	Bogendicke
b	Bogentiefe
A	Anfängerstein
Sch	Schlußstein
Lf	Lagerfuge
Stf	Stoßfuge

Bogenteile zeigt Bild **6**.59, die üblichen Bogenformen Bild **6**.59 mit den Erfahrungswerten für zulässige Spannweiten, Bogendicke, Stichhöhe und Breite des Widerlagermauerwerks bei geringer Auflast. Größere Auflasten über den Widerlagern erhöhen die Schubsicherheit des Widerlagermauerwerks. Sie erlauben entsprechende Abweichungen von den aufgeführten Grenzmaßen in Bild **6**.60.

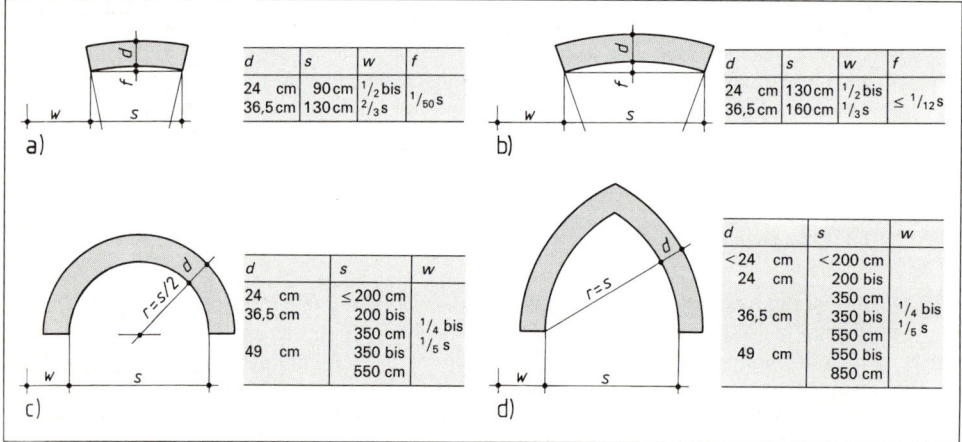

6.60 Bogenarten mit Richtwerten für Planung und Ausführung
a) Scheitrechter Bogen, b) Segment- oder Flachbogen, c) Rundbogen, d) Spitzbogen

Balken aus monolithischen Steinquadern waren ihrer geringen Längen und Biegefestigkeit wegen stets auf kleine Stützweiten beschränkt. Nur biegefestes Material kann der Beanspruchung des Balkens gerecht werden. Erst die Entwicklung von Stahlprofilträgern, besonders aber die Stahl- und Spannbetontechnik ermöglichten es, größere Spannweiten zu überbrücken. Im Prinzip ergibt sich auch hier eine Bogenwirkung (**6**.57 d), deren Seitenschub die verankerten Stahleinlagen aufnehmen. Der Balken erzeugt nur vertikale Auflagerreaktionen, sein Material hat jedoch Zug-, Druck- und Schubspannungen aufzunehmen. Außerdem biegt er durch – der Bogen nicht (**6**.58 c/**6**.57 d).

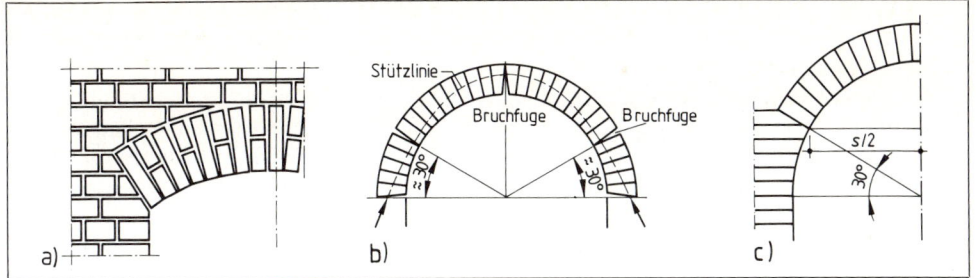

6.61 a) Kämpfer- und Scheitelpunkt des Bogenrückens treffen auf eine Lagerfuge, b) durch Bruchfugen gefährdete Teile eines Rundbogens, c) vorkragende Widerlager mindern die Bruchgefahr

Sichtfugen. Dicke, Verlauf und Anschluß der sichtbaren Bogenfugen bestimmen wesentlich den Gesamteindruck des Mauerwerks. Deshalb soll die Stoßfugendicke am Bogenrücken ≤ 2 cm, an der Bogenleibung $\geq 0{,}5$ cm betragen. Stark gerundete Bögen müssen notfalls mit übereinanderliegenden Rollschichten statt im Verband gemauert werden. Der Bogenrücken soll im Scheitel und möglichst auch an den Endpunkten auf eine Lagerfuge treffen, um unschöne ausgleichende Paßstücke zu vermeiden (**6.**61). Bei unzureichender Übermauerung und Belastung des Bogens durch eine größere Einzellast besteht die Gefahr des Fugenbruchs (**6.**62b). Vorkragende, der Bogenlinie angepaßte Mauerwiderlager mindern die Gefahr der Bruchfugen (**6.**62c).

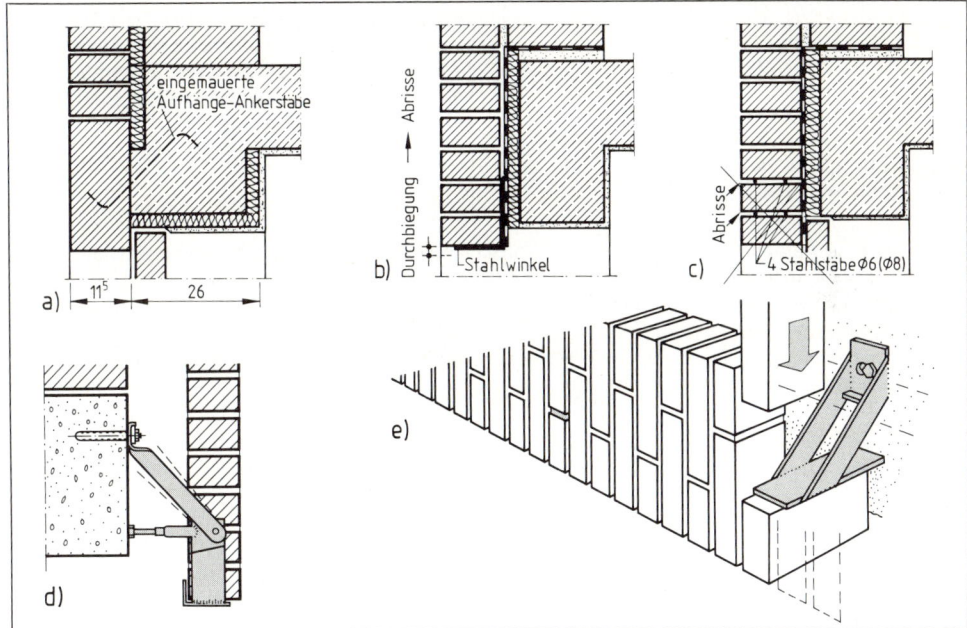

6.62 Querschnitte gemauerter Überdeckungen über der Außenschale von Außenwandöffnungen
  a) Drahtanker in den Stoßfugen der Grenadierschicht übertragen die Lasten des scheitrechten Bogens auf den Stahlbetonbalken (Arbeitsfolge: erst Verblender-, dann Betonarbeit)
  b) Durchbiegende Profilstähle führen oft zu Lagerfugenabrissen, daher nur für kurze Spannweiten!
  c) Bewehrte Flachschichten reißen oft in der bewehrten Lagerfuge
  d) Sichere Abfangung eines Sturzes aus Flachschichten
  e) Verdeckte Abfangung für lange „Grenadierstürze"

Scheitrechte Bögen werden nach wie vor als tragendes und gestalterisches Element im Verblendermauerwerk bevorzugt. Ihre Spannweite ist auf 1,30 bis 1,50 m begrenzt. Darüber sind meist rückwärtige Verankerungen erforderlich.

Sichere Konstruktionen für größere Spannweiten erreicht man auch durch Anbetonieren des scheitrechten Bogens an den dazugehörigen Stahlbetonbalken. Eingemauerte Drahtanker gewährleisten den kraftschlüssigen Verbund. Bis zum Abklingen der Formänderungen durch das Schwinden des Betons sollte eine Stoßfuge des scheitrechten Bogens offen bleiben oder mit weichem Material (z. B. Hartschaum) verfüllt werden.

Innen angeordnete Dämmplatten mindern die Wärmeverluste durch den Betonbalken (**6.62**a). Der Bogenschub entfällt hier ebenso wie bei der folgenden Lösung, weil es sich aus statischer Sicht um kaschierte Stahlbetonbalken handelt.

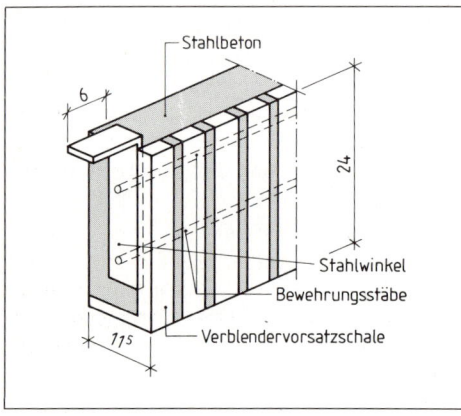

Fertigteile aus Stahlbeton mit einer als scheitrechter Bogen ausgebildeten Ziegelvorsatzschale lassen sich mühelos mit Hilfe ihrer verankerten rostsicheren Stahlwinkel am vorbereiteten Auflagermauerwerk einhängen (**6.63**). Größere Stützweiten erfordern zusätzliche Aufhängeanker.

Der Bogenstich (1 bis 2 cm/m) verhindert den Anschein des Durchhängens bei geraden scheitrechten Bögen, das leicht geneigte Widerlager (1 bis 2 cm) ermöglicht die sichere Einspannung (Keilwirkung) des Bogens (**6.59**a). Die Öffnungsbreite soll eine ungerade Schichtzahl mit mittig liegendem Schlußstein zulassen. Andernfalls, besonders bei kurzen Spannweiten, sind vor- oder zurückspringende Widerlager unumgänglich.

6.63 Einhängbare Fertigteilstürze für das Verblendmauerwerk

Stahlwinkel zur Aufnahme von Bogen- und Flachschichten haben sich für größere Spannweiten nicht bewährt, weil es über den durchbiegenden Profilträgern häufig zu Abrissen in der Lagerfuge kommt – es sei denn, man verwendet rückseitig verankerte L-Profile (Typ Elmco) nach Bild **6.62**d (**6.62**b).

Bewehrte Flachschichten lösen sich häufig unterhalb der Bewehrungsstähle ab, weil oft mangelhafter Fugenmörtel, Hohlfugigkeit und zu dünne Mörteldeckung der Stähle den notwendigen Haftverbund und die Rostschutzwirkung einschränken (**6.62**c).

Balken. Waagerechte Überdeckungen aus Stahlprofilträgern, Stahl- oder Spannbeton sowie vorgefertigten, bewehrten Flachstürzen mit nachträglicher Übermauerung sind im allgemeinen statisch nachzuweisen.

Stahlträger bilden häufig den tragenden Kern für Ortbetonbalken in U-förmigen Schalungssteinen (U-Schalen). Arbeitsersparnis, hohe Tragfähigkeit und dem Mauerwerk angepaßte, materialgleiche Putzflächen gelten als wesentliche Vorteile dieser Konstruktion (**6.64**). Stahlträger bewähren sich auch zum Unterfangen nachträglich ausgebrochener Maueröffnungen, z. B. bei Umbaumaßnahmen.

Für hohe Auflagerlasten sind häufig lastverteilende Stahlplatten vorzusehen, vor allem bei den I-Profilen mit schmalem Flansch. Putzträgerummantelungen (z. B. Ziegeldrahtgewebe) an den freiliegenden Trägerflächen gewährleisten die sichere, rissefreie Putzhaftung.

Parallelliegende Träger verbinden wir mit Bolzen in Stahlrohren, hochstegige Träger mit größerem Abstand erhalten oft angeschweißte [-Profil-Verbindungsstücke (**6.65**).

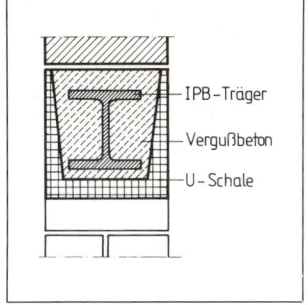

6.64 Einbetonierte Profilstahlträger in U-Steinen

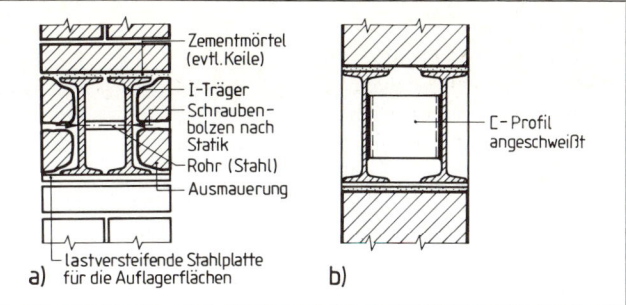

6.65 I-Träger eignen sich zum Unterfangen nachträglich ausgestemmter Maueröffnungen
a) bolzenverbundene I-Träger, b) C-Profile vorzugsweise für hohe Träger

Stahlbetonbalken werden in Ortbeton oder als Fertigteile ausgeführt. Im Hintermauerwerk wirken sie als Wärmebrücken. Je nach Wandart erhalten sie Dämmschichten auf der Innen- oder Außenfläche (**6**.62). Stahlbetonbalken in Sichtbeton mit architektonisch ansprechender Gestaltung passen auch zum Ziegel- bzw. KS-Verblendmauerwerk.

Plattenbalken erhöhen ihre Tragfähigkeit gegenüber Rechteckbalken erheblich, weil sie die mitwirkenden Deckenplatten als Biegedruckzone des Balkens ausnutzen (**6**.66). Ebenso wie Stahlprofilträger lassen sich Stahlbetonbalken in U-Schalen herstellen, die für die meisten Hintermauersteine in der gewünschten Wanddicke lieferbar sind. Sie sparen den größten Teil der aufwendigen Einschalarbeit und gleichen in Saugfähigkeit, Putzhaftung und Verformungsverhalten den verwendeten Hintermauersteinen (**6**.67).

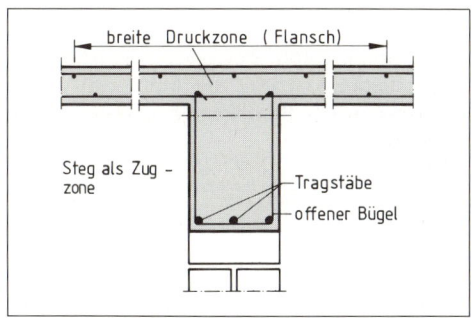

6.66 Beim Stahlbeton-Plattenbalken zählt ein Teil der Deckenbreite zur Balken-Druckzone

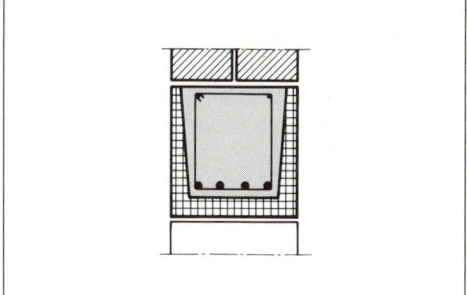

6.67 Stahlbetonbalken in U-Steinen

Flachstürze, überwiegend 7,1, aber auch 5,2 und 11,5 cm dick, bestehen aus Stahlbeton (z. T. auch Spannbeton) mit Mantelflächen aus entsprechend geformten Ziegel-, Kalksandstein- oder Leichtbetonschalen. Sie bilden die Zugzone eines Balkens, dessen Druckzone durch Mauerwerk entweder aus Steinen der Druckfestigkeitsklasse ≥ 12 und Mörtel der Gruppe $\geq$ II gebildet wird oder aus Beton (Ringbalken und/oder Decke). Erst im Zusammenwirken mit dem Mauerwerk erreichen sie die zugelassene Tragfähigkeit. Bis zum Erhärten des Mauermörtels sind deshalb Montagestützen ab 1,65 m Öffnungsbreite vorzusehen, um größere Durchbiegungen oder gar Risse zu verhindern. Flachstürze lassen sich bis zu 3 m Stützweite und mit ≤ 49 cm wirksamer Übermauerung ausführen (**6**.68). Die Breiten von 11,5 und 17,5 cm erlauben die universelle Verwendung der Flachstürze für alle Mauerwerkswände. Hochkant verlegte Sturzbretter ergeben zweckmäßige Rolladenblenden.

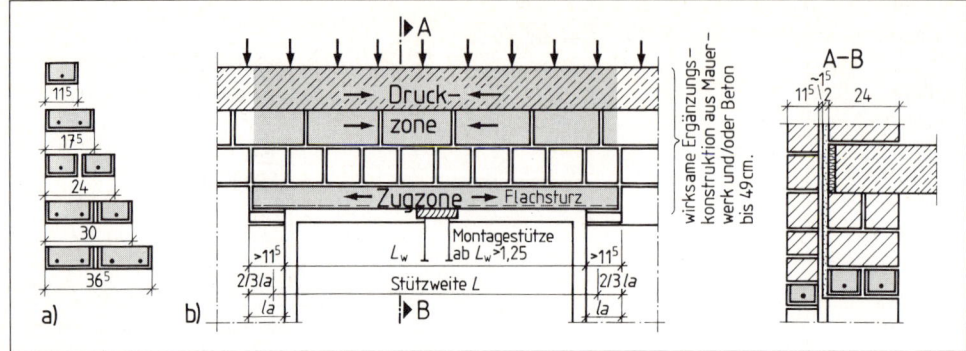

6.68 a) Bewehrte Flachstürze passen zu den üblichen Mauerdicken, b) Mauerwerk und/oder Beton sind als Druckzone unerläßliche Bestandteile der Überdeckung mit Flachstürzen

Flachstürze sind besonders vorteilhaft. Als Fertigteil mit vergleichsweise geringer Eigenlast lassen sie sich mühelos und ohne zusätzliches Hebegerät vom Handwerker einbauen. Im Gegensatz zum Ortbetonbalken entfallen zeitaufwendige Unterbrechungen für Schalungs-, Bewehrungs- und Betonierarbeiten. Ähnlich rationell sind Flachstürze für Verblendungen. Sie ersparen das Mauern scheitrechter Bögen und sind weniger rissanfällig als die noch häufig anzutreffenden Konstruktionen nach Bild **6**.62 b und c.

Bogenmauerwerk zur Überdeckung von Öffnungen setzt an seinen Auflagern senkrechte Druck- und waagerechte Schubkräfte ab. Wand- und Deckenlasten erzeugen Druckspannung im Bogenmauerwerk. Scheitrechte Bögen erhalten ab 1,50 m Spannweite zusätzliche Auflagerungen bzw. Aufhängeverankerungen.

Biegefeste Balken bestehen aus Stahl, Stahl- und Spannbeton. Bewehrte Flachstürze bilden die Zugzone biegefester Bauteile, die Übermauerung (bzw. der Aufbeton) die Druckzone. Balken sind zug-, druck- und schubbeanspruchte Bauteile, die an den Auflagern senkrechte Druckkräfte absetzen.

Balken- und Trägerauflager aus Mauerwerk. Größere Auflagerlasten aus Stützen oder weitgespannten Trägern überschreiten oft die zulässigen Mauerwerksspannungen, vor allem aus

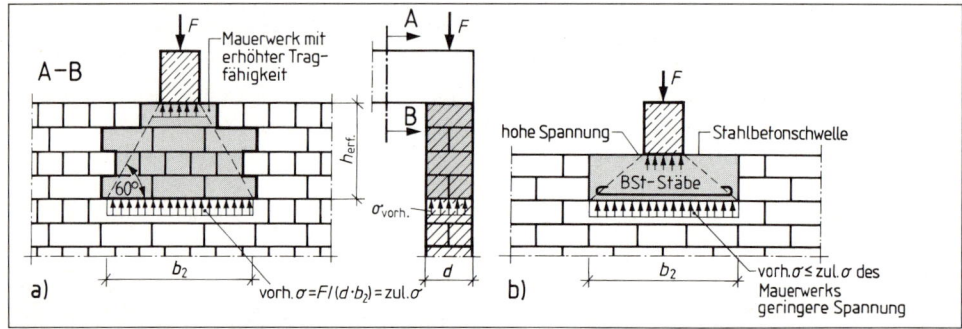

6.69 Lastverteilung durch Mauerwerksverstärkungen unter Auflagerlasten
a) mit Mauerwerk höherer Tragfähigkeit, b) mit lastverteilender Stahlbetonschwelle

leichten Hintermauersteinen. Durch Verstärkungen aus Mauerwerk mit größerer Festigkeit oder aus Beton und Stahlbeton lassen sich die Auflagerlasten auf größere, tragfähige Mauerquerschnitte verteilen. Dabei darf ein Lastausbreitungswinkel von 60° angenommen werden (**6.69**, **6.70**).

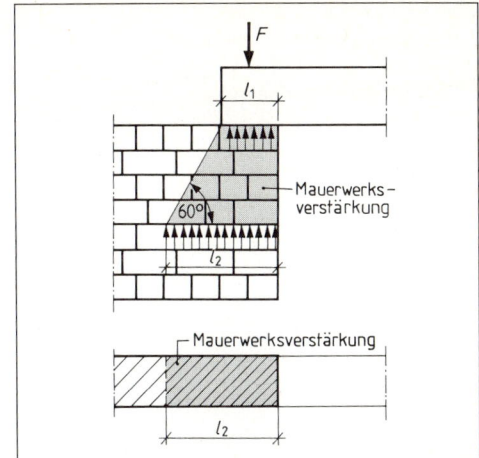

6.70
Häufige Mauerwerksverstärkung an Wandöffnungen und ihre Darstellung im Grundriß

6.10 Schornsteine

6.10.1 Zweck, Wirkungsweise und Begriffe

Hausschornsteine führen Verbrennungsgase (Abgase) von Feuerstätten über das Dach an die Außenluft. Schornsteine für Feuerstätten mit festen und flüssigen Brennstoffen kennzeichnen wir in der Bezeichnung nach Bild **6**.71 a, b wie *1* und *5*, Schornsteine für Gasfeuerstätten wie *2* und *6*.

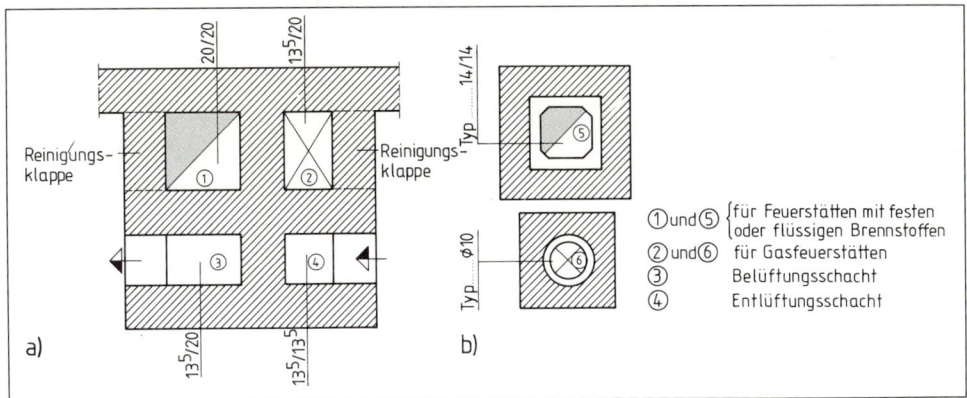

6.71 Darstellung von Schornsteinen, Schächten und Reinigungsöffnungen im Grundriß
a) für gemauerte Rohre, b) für dreischalige Schornsteine

Feste und flüssige Brennstoffe erfordern Rauch-, gasförmige Brennstoffe Abgasschornsteine.

Lüftungsschächte gleichen den Schornsteinen. Sie führen verbrauchte Luft ab und frische zu. Wir kennzeichnen sie nach Bild **6**.71 wie *3* und *4*.

Der Schornsteinzug entsteht durch Auftrieb der heißen leichteren Verbrennungsgase (Archimedisches Prinzip) und Nachströmen der kälteren Frischluft. Hohe Temperatur- und Dichteunterschiede zwischen Rauchgas und Außenluft bewirken und fördern den Schornsteinzug (**6**.72).

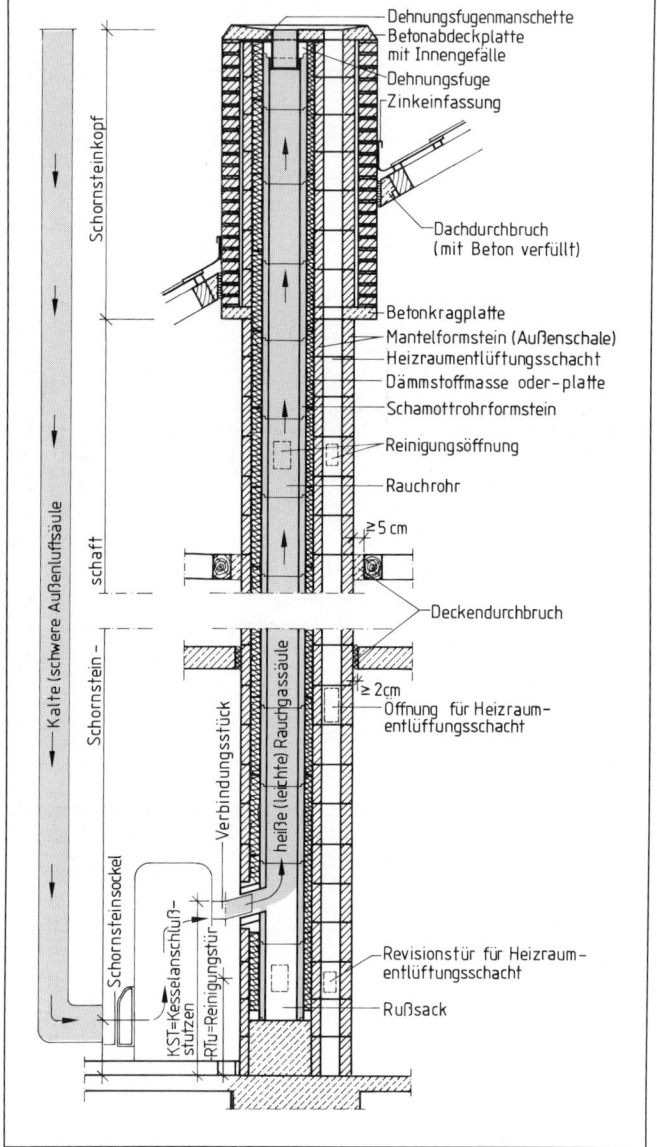

6.72 Schornsteinteile am Beispiel des Längsschnitts eines dreischaligen Schornsteins mit Heizraum-Entlüftungsschacht

6.73 Zulässige Querschnittsform für Schornsteine

Begriffe nach DIN 18160 Hausschornsteine – Anforderungen, Planung und Ausführung:

Eigener Schornstein = Anschluß für nur eine Feuerstelle (z. B. offener Kamin).
Gemeinsamer Schornstein = Anschluß mehrerer Feuerstellen.
Einfach belegter Schornstein = Anschluß einer Feuerstätte bzw. Feuerstätteneinheit mit 1 Verbindungsstück.
Mehrfach belegter Schornstein = Anschluß mehrerer Verbindungsstücke.
Gemischt belegter Schornstein = führt Rauch und Abgas nach draußen.

Schornsteinteile (6.72)

Wange: äußere Schornsteinwandung
Zunge: Trennwand zwischen Schornsteinrohren bzw. Luftschächten
Schornsteingruppe: zu einem Bauteil zusammengefaßte Schornsteinrohre und Lüftungsschächte
Verbindungsstücke führen die Verbrennungsgase von der Feuerstelle ins Schornsteinrohr
Schornsteinsockel: unteres Teilstück des Schornsteins, darf im Material abweichen
Schornsteinschaft: wesentlicher Schornsteinteil zwischen Fundament (bzw. Sockel) und Schornsteinkopf
Einschaliger Schornstein: Wange besteht aus einer Wandschale und einheitlichem Material
Schornsteinkopf: der über Dach geführte Schornsteinteil
Mehrschaliger Schornstein: Wangen bestehen aus 2 oder 3 verschiedenen Schichten von meist verschiedenem Material.

Beanspruchung. Die Entwicklung der Heiztechnik vom offenen Feuer zur modernen Zentralheizungsanlage, aber auch der Zwang zur Energieeinsparung und Umweltentlastung haben die Anforderungen an Hausschornsteine gesteigert. Funktionsfähige und dauerhaft schadensfreie Schornsteine müssen deshalb vor allem der zu erwartenden Heizleistung und Rauchgastemperatur gemäß konstruiert und bemessen werden. Häufiger Temperaturwechsel im Schornstein durch den Intervallbetrieb moderner Heizanlagen (An- und Abschalten der Brenner), die geänderten Heizgewohnheiten (z. B. Temperaturabsenkung bei Nacht), besonders aber die sofort einsetzende volle Heizleistung und ihr plötzliches Abschalten führen zu ständigen Materialbelastungen durch Erhitzen und Abkühlen. Die niedrigen Rauchgastemperaturen moderner Heizanlagen (200 °C, 180 °C bei Abgas) kühlen im Rauchrohr während des Aufstiegs weiter ab (um etwa 0,5 °C/stgd.m).

Stark abgekühlte Rauchgase

– verlieren deutlich an Auftrieb, gefährden den notwendigen Schornsteinzug und führen im Extremfall zum Rückstau.
– erreichen früh ihre Taupunkttemperatur und kondensieren. Tauwasser und Teerstoffe versotten bald die Schornsteinwangen (gelbe, schwer entfernbare Verfleckungen).
– Tauwasser und Schwefeldioxyd-Rückstände bilden stein- und mörtelzersetzende schweflige Säure und Schwefelsäure.
– Tauwasser steigert die Frostgefährdung des Schornsteinkopfes.

Bei diffusionstechnisch falsch gebauten mehrschaligen Schornsteinen (innen porig und weniger dicht als außen) sind im Bereich ungeheizter Räume Tauwasseransammlungen in der Wange zu erwarten.

Rußbrände führen zu unkontrollierten Temperaturbelastungen bis 1000 °C.

6.10.2 Planungs- und Konstruktionsregeln zum Schornsteinzug

Der einwandfreie, funktionsgerechte Schornsteinzug erfordert das Beachten von Grundregeln, die den Temperaturabfall und die Strömungswiderstände der Verbrennungsgase vermeiden helfen.

Der Schornsteinquerschnitt soll über die ganze Höhe gleich bleiben. Der spiralenförmigen Aufwärtsbewegung der Verbrennungsgase paßt sich der quadratische, besonders der runde Rohrquerschnitt am besten an. Er hat bei vergleichbarer Querschnittsgröße auch die kleinste Mantelfläche. Rechteckige Querschnitte mit Seitenverhältnissen 1:>1,5 sind deshalb nicht gestattet. In ihren Ecken entstehen rückläufige strömungshemmende Wirbel (Turbulenzen, **6.**73 auf S. 172). Quadrat- und rechteckförmige Schornsteine aus Fertigteilen mit ausgerundeten Ecken mindern derartige Störungen (**6.**82, **6.**83 b und c).

Wärmeschutz. DIN 18160 gliedert die Hausschornsteine in 3 Wärmedurchlaßwiderstands-Gruppen, die mit den 3 Ausführungsarten nach DIN 4705 übereinstimmen. Tabelle **6.**74 zeigt, daß gemauerte einschalige Schornsteine die Anforderungen an Gruppe I bzw. Ausführungsart I nicht erreichen. Sie werden daher kaum noch ausgeführt. Mehrschalige Schornsteine mit Dämmschicht sind meist als „I" eingestuft und bieten den besten Schutz gegen Wärmeverluste und die unerwünschte Abkühlung der Verbrennungsgase.

Tabelle 6.74 Wärmedurchlaßwiderstand, -widerstandsgruppe und Ausführungsart

Wärmedurchlaß-widerstand in m^2 K/W	Wärmedurchlaß-widerstands-Gruppe	Ausführungsart nach DIN 4705 T 2	Ausführungsbeispiele
mindestens 0,65	I	I	dreischalige Schornsteine nach DIN 18147 mit Dämmschicht und beweglichem Innenrohr
0,22 bis 0,64	II	II	gemauerte Schornsteine, Wangendicke $\geq$ 24 cm aus Mz-Steinen mit Rohdichte $\varrho \leq 1,4$ (außer HLz-B- und LLz-Steinen)
0,12 bis 0,21	III	III	wie II, jedoch Wangendicke 11,5 cm und Ziegelrohdichte 1,6 oder KS-Steine ($\varrho \leq 1,6$) oder Hüttensteine ($\varrho \leq 2,0$)

Lage im Gebäude. Gut durchdachte Grundrisse gewährleisten die Dachdurchführung des Schornsteins im First oder in Firstnähe. Bei größerer Entfernung von der Firstlinie ergeben sich hohe, also teure Schornsteinköpfe mit großen Abkühlungsflächen. Unnötige Abkühlungsflächen gibt es auch bei Schornsteinen an Giebelmauern, besonders außen vorstehende. Entsprechende, teure Dämmschichten sind dann unerläßlich. In Gruppen zusammengefaßte Schornsteine haben geringere Abkühlungsflächen als getrennt stehende. Auch ihre Herstellung ist sehr viel preiswerter, weil nur ein Schornsteinkopf und eine Dachdurchführung gebraucht werden.

Wind. Dem Windstrom ausgesetzte Schornsteinmündungen begünstigen den Schornsteinzug (**6**.75). Deshalb und auch aus Sicherheitsgründen sind die im Bild **6**.76 dargestellten Grenzmaße zu beachten, u. U. auch strömungshindernde (hohe) Nachbargebäude. Breite, überstehende Schornsteinabdeckungen hemmen den zugfördernden Windstrom.

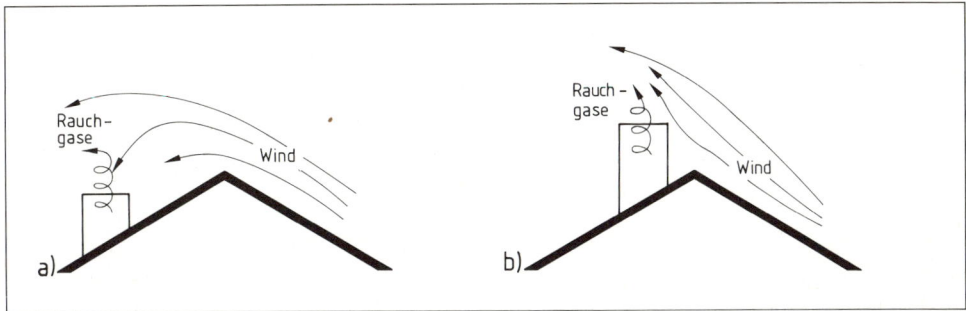

6.75 Windeinwirkung auf den Schornsteinzug
a) ungünstig, b) günstig

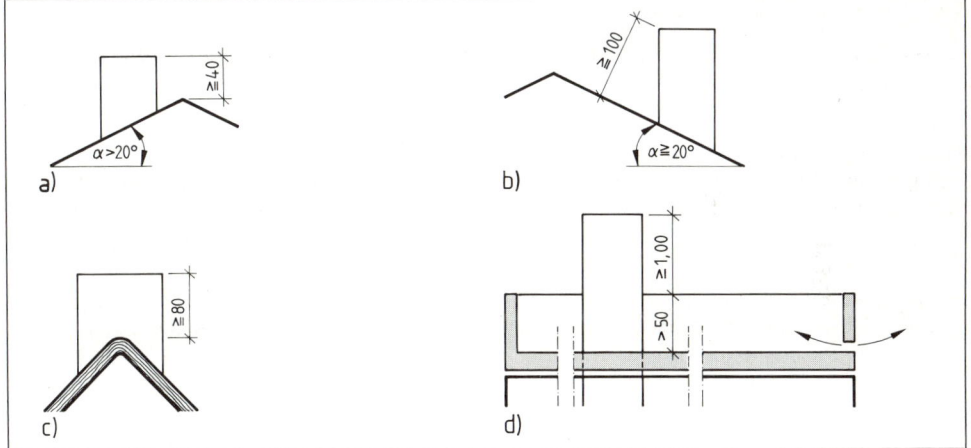

6.76 Schornsteinhöhen über Dach
  a) und b) bei harter Bedachung
  c) bei weicher Bedachung
  d) beim Flachdach

Führung. Senkrecht geführte Schornsteine ziehen besser als schräge („gezogene"). Das Ziehen von Schornsteinen ist nur einmal und bis zu 60° Neigung erlaubt. Meist verlegt man mit dieser Maßnahme die Mündung ungünstig liegender Schornsteine in den günstigeren Firstbereich (**6**.77 auf S. 176). Bei Stroh- und Reetdächern treten Schornsteine stets über dem First nach draußen. Ausgemauerte ($r \geq$ 6facher Rohrdurchmesser) hemmen den Zug weniger als eckige und verschleißen nicht so schnell beim Schornsteinfegen. Schornsteine aus Fertigteilen erhalten dafür besondere Formstücke.

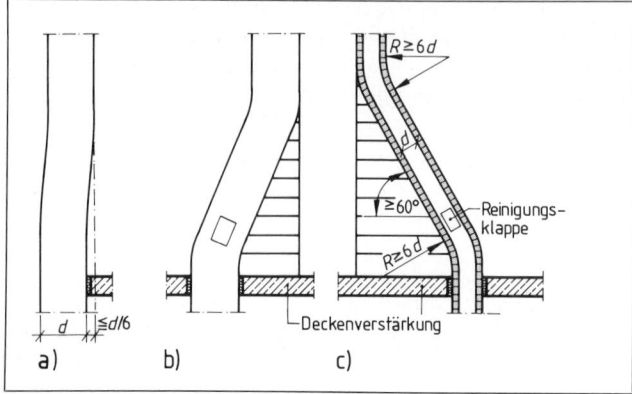

6.77
Gezogene Schornsteine
a) ohne Unterstützung
b) mit Stützmauerwerk
c) mit Stützmauerwerk und ausgerundeten Ecken

Höhe. Mit Zunahme der wirksamen Schornsteinhöhe steigt der Druck aus der vergleichbaren Außenluftsäule und damit der Auftrieb der Verbrennungsgase. Die wirksame Schornsteinhöhe beträgt daher bei einfach belegten Rauchschornsteinen und bei ein- oder mehrfach belegten Abgasschornsteinen $\geq$ 4,00 m, in anderen Fällen $\geq$ 5,00 m.

Querschnittsgröße. Zu große Querschnitte mindern die Strömung der Verbrennungsgase, zu kleine fördern nicht genug nach draußen. Mindestquerschnitte: 13,5/13,5 bei gemauerten, 10/10 bzw. = 100 cm^2 bei Fertigteilschornsteinen.

Innenflächen. Rauhe Schornsteininnenflächen mindern den Zug, glatte fördern ihn. Die Rauhigkeit ist deshalb ein wichtiges Unterscheidungsmerkmal der Ausführungsart nach DIN 4705 T 2.

Dichtigkeit. Durch undichte Wangen tritt kühlere und daher zugmindernde Falschluft in den Schornstein. Bei Rückstaugefahr (z. B. beim Anfahren der kalten Heizanlage) treten Verbrennungsgase ins Gebäudeinnere.

Einflüsse auf den Schornsteinzug: Form und Größe des Rohrquerschnitts, Wärmedämmfähigkeit der Wangen, Lage in Grundriß und Gebäude, Lage der Schornsteinmündung zum Windstrom, Führung (senkrecht/schräg), Innenflächen (glatt, rauh), Dichtigkeit (Falschluft), Schafthöhe.

6.10.3 Konstruktionsregeln zur Stand- und Feuersicherheit, Schadensfreiheit

Das Material (Mauerwerk, Leichtbeton, Schamotte) muß der Baustoffklasse A1 (DIN 4102 – Brandverhalten von Baustoffen und Bauteilen) entsprechen und bei äußerem Feuerangriff $\geq$ 90 Min. lang standsicher bleiben. Der Schornstein erhält wie die Keller- und Grundmauern ein Fundament (**6**.72). Bis 10 m Höhe darf er mit den anstoßenden Wänden im Verband gemauert werden. Darüber hinaus und bei Verwendung verschiedener Materialien ist er ohne Verbindung zum Mauerwerk hochzuführen.

Statische Belastungen oder Unterbrechungen durch Decken und Balken sind unzulässig, ebenso Schwächungen durch Schlitze oder Anker. Wangen dürfen in Verbindung mit $\geq$ 24 cm dicken

Wänden belastet werden, wenn ringsum eine ≥ 11,5 cm dicke Wangeninnenschale im Bereich der Deckendurchführung verbleibt. Trennstreifen in der Deckendurchführung aus ≥ 2 cm Mineralwolle (bei Hochhäusern ≥ 3 cm) ermöglichen spannungsfreies Dehnen des Schafts und verringern die Wärmeverluste durch den Beton (**6**.78). Sie mindern auch Geräuschbelästigungen aus dem Heizbetrieb. Im Bereich der Dachdurchführung ist der an Sparren und Wechsel grenzende Zwischenraum (etwa 10 cm) mit Beton auszufüllen. Gleiches gilt für das Hindurchführen durch Holzbalkendecken (**6**.72). Bei dreischaligen Schornsteinen mit Dämmschicht und beweglichem Innenrohr erscheint das Ausnutzen ≥ 11,5 cm dicker Wangen als Massivdeckenauflage unbedenklich.

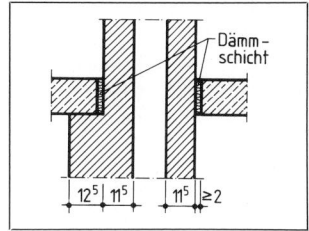

6.78 Trennfugen zwischen Schornsteinen und Massivdecken, links bei belasteter, rechts bei unbelasteter Schornsteinwange

Schornsteinaußenflächen müssen von verkleideten Holzbalken ≥ 5 cm, von unverkleideten ≥ 2 cm entfernt sein.

Reinigungsklappen aus besonderen Betonformteilen sind jedem Schornsteinrohr zuzuordnen, im Sockelbereich des Schornsteins etwa 50 cm über OK des jeweiligen Fußbodens (Eimerhöhe). Im Ausführungsplan stellen wir sie wie in Bild **6**.71 a dar. Ein „Rußsack" erleichtert die Rußentnahme (**6**.72). Reinigungsklappen sind auch oberhalb gezogener Schaftteile und (wenn nicht vom Dach aus gereinigt wird) im Spitzboden einzubauen, jedoch niemals in Wohn- und Schlafräumen sowie Räumen mit erhöhter Brandgefahr (z. B. Heizraum).

Standfestigkeit. Im Dachraum sind freistehende Schaftteile ≥ 5,00 m Höhe auszusteifen, andernfalls 1-Stein dicke Wandungen zu wählen. 24 cm dicke Wangen erhalten meist auch Schornsteine mit Querschnitten ≥ 400 cm² und ≥ 46 kW Nennleistung. Hohe Schornsteinköpfe sind infolge Windangriffs kippgefährdet. Über mögliche Verankerungen am Dach entscheidet der Statiker.

Der Schornsteinkopf ist durch Witterung extrem belastet. Erforderlich ist daher frostbeständiges, vollfugiges und schlagregensicheres Mauerwerk. Mehrschalige Schornsteine erhalten ≥ 11,5 cm dicke Wangen, einschalige ≥ 17,5 cm, besser 24 cm dicke. Als Auflager dienen allseitig auskragende, vorgefertigte Betonplatten (**6**.72 und **6**.79). Sehr wirksam sind auch Schornsteinkopf-Ummauerungen mit Luftschicht oder regensichere Verkleidungen und vorgefertigte Schornsteinkopf-Hauben (**6**.79, **6**.80 c und d). Sperrschichten unterbinden den kapillaren

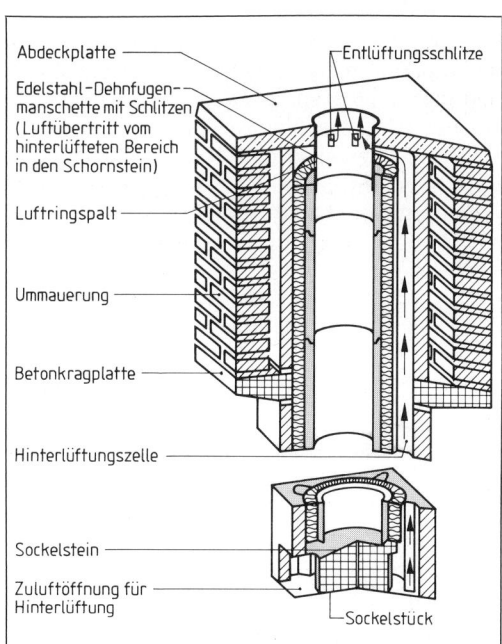

6.79 Dreischaliger Schornstein mit Hinterlüftung (Sockel und Kopf)

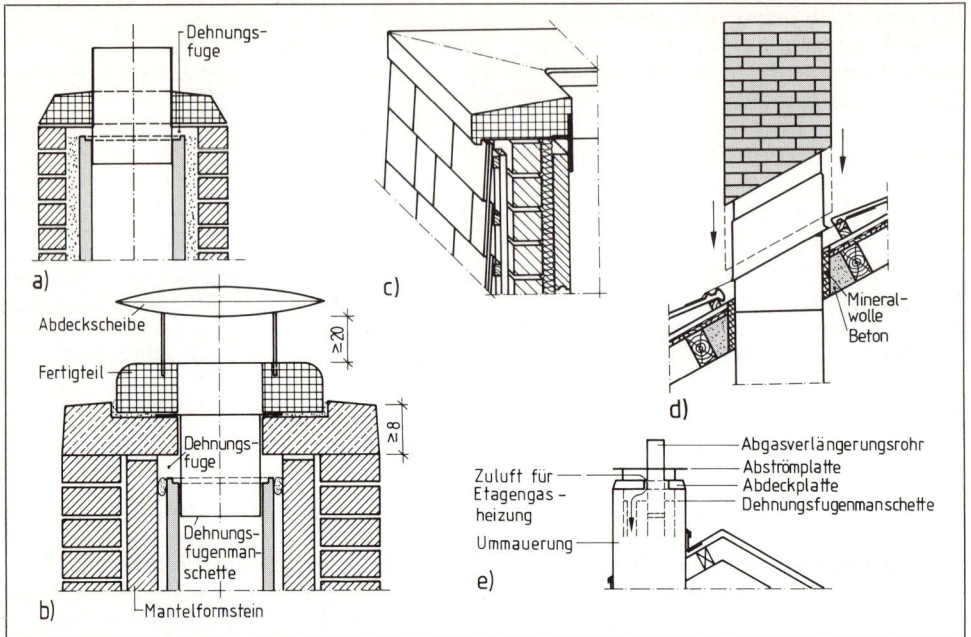

6.80 Schornsteinkopf a) mit überstehendem, strömungsförderndem Innenrohr, b) mit Abdeckscheibe, c) mit schützender Außenbekleidung, d) mit Fertigteilstülphaube, e) Schornsteinmündung eines Luftabgasschornsteins

Wassertransport ins Gebäudeinnere. Betonabdeckungen sind $\geq$ 8 cm dick. Abdeckscheiben aus rostfreiem Blech sitzen $\geq$ 20 cm über dem Schornsteinkopf. Sie verhindern das Hineinregnen und unerwünschten Windeinfall (**6.**80a bis c). Zinkeinfassung und Bleischürze stellen den regensicheren Abschluß zur Dachhaut her (**6.**72). Beim Flachdach reichen sie $\geq$ 5 cm über OK Dachrand. Mehrschalige Rohre erhalten zwischen OK Innenschale und UK Betonabdeckung eine 2 bis 3 cm hohe Dehnungsfuge, um die unbehinderte Wärmedehnung der Innenschale (etwa 1 mm/stgd.m) zu ermöglichen (**6.**79, **6.**80). Eine Dehnungsfugenmanschette aus Edelstahl deckt die Fuge regensicher ab (**6.**81 a). Die starke Kondensatbelastung der Edelstahlmanschette schließt Korrosionsgefährdung nicht aus. Eine sinnvolle Alternative ist daher die durchgehende keramische Rohrsäule (**6.**81 b). Vorteile: keine Stahlteile mehr im Abgasstrom, Trennung von Abgasstrom und Hinterlüftung.

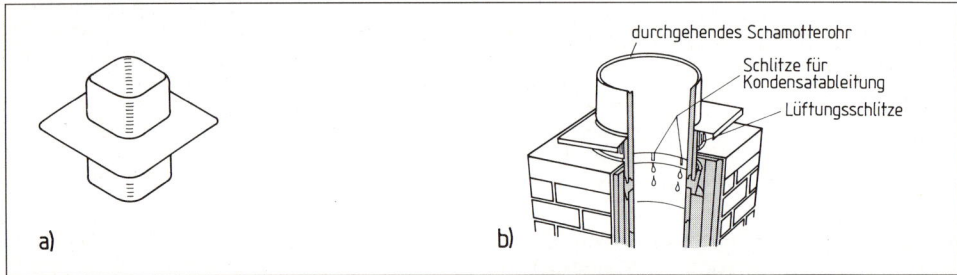

6.81 a) Dehnungsfugenmanschette (-blech), b) das durchgehende Schamotteninnenrohr ersetzt die korrosionsgefährdete Dehnungsfugenmanschette

Ein- und mehrschalige Schornsteine aus Form- und Fertigteilen haben die gemauerten Schornsteine fast völlig vom Markt verdrängt. Geringerer Arbeitsaufwand, glatte Innenflächen, wenig Innenfugen, weniger Reibungswiderstand und besserer Wärmeschutz sind die wesentlichen Vorteile.

Einschalige Schornsteine nach DIN 18150 bestehen aus Leichtbeton-Formstücken. Vollwandige Formstücke verwenden wir für Querschnitte bis 400 cm², hohlwandige für größere Querschnitte. Die ein- oder mehrrohrigen Teile werden mit Mörtelfugen übereinandergesetzt. Besondere Formstücke mit werkseitig vorgesehenen Reinigungs- und Anschlußöffnungen ersparen unnötige Fräsarbeiten (**6**.82).

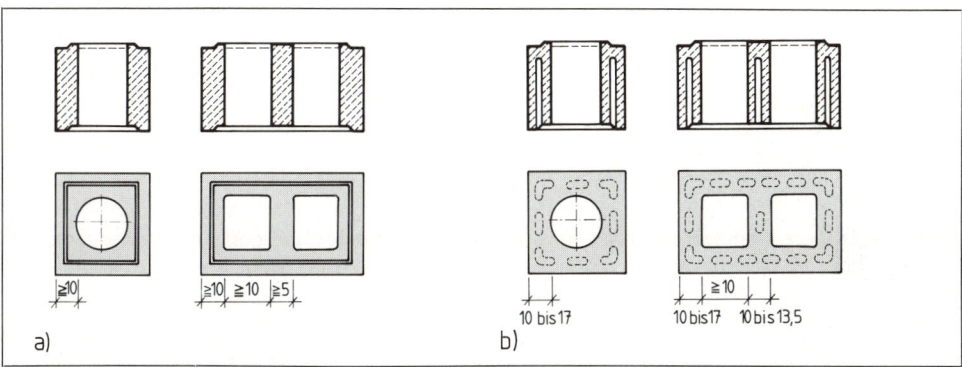

6.82 Einschalige Schornsteinformstücke mit Falz
   a) vollwandig, b) hohlwandig

Dreischalige Schornsteine nach DIN 18147 mit (Kern-)Dämmschicht und beweglichem Innenrohr vereinigen die meisten Vorteile moderner Schornsteintechnik. Ihre Außenschale kann aus Leichtbeton-Formstücken oder 11,5 cm dicker Ummauerung bestehen (zweckmäßig bei Schornsteingruppen). Leichtbeton-Formstücke für Innenschalen widerstehen 500 °C heißen Rauchgastemperaturen und Rußbränden. In der Praxis überwiegen die feuerfesten Innenschalen aus Schamotte-Formstücken (**6**.83). Hinterlüftete dreischalige Schornsteine eignen sich beson-

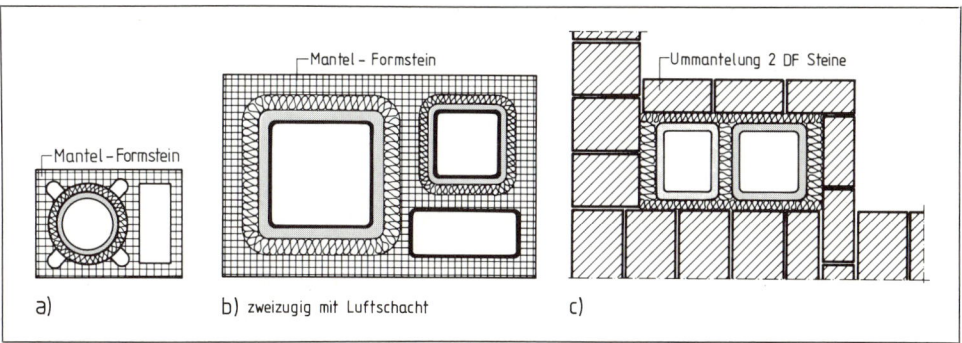

6.83 Einschalige Schornsteine im Querschnitt
   a) Rundes Abgasrohr, Entlüftungsrohr und Hinterlüftungszellen im Mantelstein
   b) Quadratische Abgasrohre mit ausgerundeten Ecken, Entlüftungsrohr im Mantelstein
   c) Ummauerte Abgasrohre mit ausgerundeten Ecken

ders für niedrige Abgastemperaturen. Die integrierten Luftröhren führen anfallende Kondensatfeuchte nach draußen (**6**.79, **6**.83a). Als Luft-Abgasschornsteine erhalten sie ein gesondertes Zuluftrohr und können zugleich dezentrale Heizanlagen (z. B. Gasetagenheizungen) geschoßweise mit der notwendigen Frischluft versorgen (**6**.80e). Spezielle Anschlußstücke mit Zuluft- und Abgasrohrfutter gewährleisten dafür die Funktionssicherheit.

Die Dämmschicht besteht aus werkseitig hergestellten Dämmplatten (auch Formteilen) oder vorgemischten Dämmassen.

Dämmplatten (ebene oder gerundete) gibt es aus silikatischen Faserstoffen oder hydraulisch gebundenem expandierten Perlit bzw. Vermiculit (mineralisches Leichtkorn). Sie dürfen bei Durchfeuchtung nicht aufquellen.

Dämmassen sind werkmäßig vorgemischte Leicht-Trockenmörtel mit mineralischen körnigen Dämmstoffen (Perlit, Vermiculit) oder Mineralfasergranulat und hydraulischen Bindemitteln. Sie werden auf der Baustelle mit Wasser angemischt und (hohlraumfrei) zwischen Schornsteininnen- und -außenschale eingefüllt. Die Dämmassen bilden bei Rissen an der Innenschale eine zusätzliche rauchdichte Mantelschicht, die Dämmplatten nicht.

Der Funktionssicherheit und Schadensfreiheit von Schornsteinanlagen dienen Reinigungsklappen, Trennschichten an Decken- und Dachdurchführungen (massive an Holzbalkendecken, weiche an Massivdecken), Betonabdeckung, Sperrschichten, Abdeckhauben und ggf. Dehnungsfugenmanschetten am Schornsteinkopf.

Die 3 Ausführungsarten (DIN 4705) und die 3 Wärmedurchlaßwiderstands-Gruppen (DIN 18160) stellen unterschiedliche Anforderungen an Hausschornsteine. Dreischalige Schornsteine mit Dämmschicht und beweglichem Innenrohr erfüllen die höchsten Ansprüche.

6.11 Natursteinmauerwerk

Jahrhunderte haben alte Tempel, Burgen, Brücken, Schlösser und Stadtmauern aus Natursteinmauerwerk schadlos überstanden. Sie beweisen die hohe Tragfähigkeit (Festigkeit), Witterungsbeständigkeit und mechanische Widerstandsfähigkeit des Natursteinmaterials. In jüngster Zeit jedoch bedrohen Schadstoffemissionen (saurer Regen) den Bestand vieler Baudenkmäler aus Kalk- oder kalkhaltigem Sandstein.

Der Zwang zur Rationalisierung und Kostensenkung hat den Einsatz der Natursteine auf dekorative Bauelemente (Verblendungen, Fassadenbekleidungen, Einfriedungen) und auf das Sanieren und Restaurieren alter Gebäude beschränkt. Fachbetriebe halten noch eine Vielzahl von Natursteinarten vorrätig (**6**.84).

Tabelle 6.84 **Mindestdruckfestigkeiten der Gesteinsarten**

Gesteinsarten	Mindestdruckfestigkeit in MN/m^2
Kalksteine, Travertin, vulkanische Tuffsteine	20
Weiche Sandsteine (mit tonigem Bindemittel) und dgl.	30
Dichte (fest) Kalksteine und Dolomite (einschl. Marmor), Basaltlava und dgl.	50
Quarzitische Sandsteine (mit kieseligem Bindemittel), Grauwacke und dgl.	80
Granit, Syenit, Diorit, Quarzporphyr, Melaphyr, Diabas und dgl.	120

Die **Güteklassen N1 bis N4** gliedern das Natursteinmauerwerk neuerdings nach Ausführungsart, h/l-Verhältnis (**6.85**, **6.86**), $\tan \alpha$ der Lagerfugenneigung und Übertragungsfaktor η. Der Übertragungsfaktor beschreibt das Verhältnis der Überlappungsflächen der Steine zum Wandquerschnitt im Grundriß (**6.86**).

Tabelle 6.85 Anhaltswerte zur Güteeinstufung von Natursteinmauerwerk

Güteklasse	Grundeinstufung	Fugenhöhe/ Steinlänge h/l	Neigung der Lagerfuge $\tan \alpha$	Übertragungsfaktor η
N1	Bruchsteinmauerwerk	$\leq 0{,}25$	$\leq 0{,}30$	$\geq 0{,}5$
N2	hammerrechtes Schichtenmauerwerk	$\leq 0{,}20$	$\leq 0{,}15$	$\geq 0{,}65$
N3	Schichtenmauerwerk	$\leq 0{,}13$	$\leq 0{,}10$	$\geq 0{,}75$
N4	Quadermauerwerk	$\leq 0{,}07$	$\leq 0{,}05$	$\geq 0{,}85$

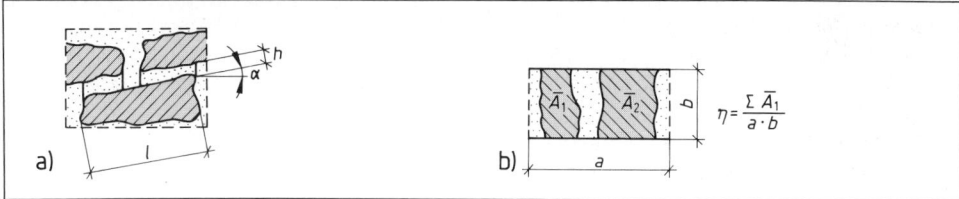

6.86 Darstellung der Anhaltswerte nach Tab. 6.85

Die zulässigen Druckspannungen σ_0 enthält Tab. **6.87**. Für Schlankheiten $h_k/d > 10$ sind sie mit dem Faktor $\dfrac{25 - h_k/d}{15}$ zu mindern.

Tabelle 6.87 Zulässige Druckspannungen σ_0 für Natursteinmauerwerk in MN/m²

Güteklasse	Steinfestigkeit β_{St}	Mörtelgruppe			
		I	II	IIa	III
N1	≥ 20	0,2	0,5	0,8	1,2
	≥ 50	0,3	0,6	0,9	1,4
N2	≥ 20	0,4	0,9	1,4	1,8
	≥ 50	0,6	1,1	1,6	2,0
N3	≥ 20	0,5	1,5	2,0	2,5
	≥ 50	0,7	2,0	2,5	3,5
	≥ 100	1,0	2,5	3,0	4,0
N4	≥ 20	1,2	2,0	2,5	3,0
	≥ 50	2,0	3,5	4,0	5,0
	≥ 100	3,0	4,5	5,5	7,0

Bei Fugendicken über 40 mm sind die σ_0-Werte um 20% zu vermindern.

Ausführungsregeln für Natursteinmauerwerk

- Nach 2 Läufern folgt mindestens 1 Binder, oder es wechseln Läufer- und Binderschichten,
- Steinlänge in der Ansicht ≥ Steinhöhe ≤ 5fache Steinhöhe, Läuferbreite ≤ Läuferhöhe,
- Fugenüberdeckung in der Ansicht ≥ 10 cm, bei Quadermauerwerk ≥ 15 cm,

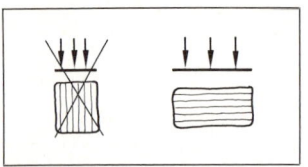

- Schichtgesteine (lagerhafte Steine nicht „auf Spalt" stellen, **6**.88),
- Höhe eines dicken Steins mit nicht mehr als 2 dünnen Steinen ausgleichen,
- Mörtel: Weiche Steine (Kalk, Sandstein) mit Kalkzementmörtel, harte, dichte Steine (Granit) mit Zementmörtel vermauern,
- Bindertiefe ≅ 1½fache Schichthöhe ≥ 30 cm,
- Läufertiefe ≅ Schichthöhe,
- an Vor- und Rückseite nirgends mehr als 3 zusammenstoßende Fugen.

6.88 Vermauern geschichteter Steine

Mauerwerksarten

Bruchsteinmauerwerk wird aus bruchrauhen (ohne weiteres Zurichten) Steinen hergestellt. Nach höchstens 1,5 m Höhe ist eine durchgehende Lagerfuge vorzusehen (**6**.89).

Zyklopenmauerwerk erkennt man am polygonalen (vieleckigen) und unregelmäßigen Fugenverlauf. Die Tragfähigkeit ist wegen mangelnder Fugenüberdeckung, vor allem aber der Keilwirkung der meisten Steine wegen gering (**6**.90).

Hammerrechtes Schichtenmauerwerk besteht in der Ansicht aus annähernd rechtwinklig behauenen Steinen und deutlich ausgeprägten Stoß- und Lagerfugen. Die Schichthöhe wechselt jedoch in der Steinreihe (**6**.91).

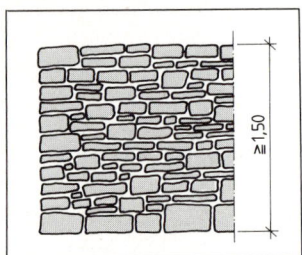
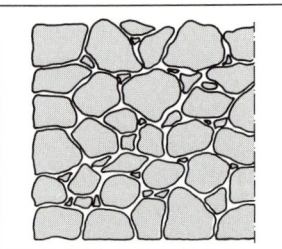

6.89 Bruchsteinmauerwerk nach DIN 1053

6.90 Zyklopenmauerwerk nach DIN 1053

6.91 Hammerrechtes Schichtenmauerwerk nach DIN 1053

Unregelmäßiges Schichtenmauerwerk ähnelt dem hammerrechten, jedoch sind die Steine ≥ 15 cm tief bearbeitet (statt ≥ 12 cm). Fugendicke der Sichtflächen ≤ 3 cm. Geringerer Schichthöhenwechsel. 1 durchgehende Lagerfuge auch hier in 1,5 m Höhenabständen (**6**.92).

6.92 Unregelmäßiges Schichtenmauerwerk nach DIN 1053

6.93 Regelmäßiges Schichtenmauerwerk nach DIN 1053

6.94 Quadermauerwerk

Regelmäßiges Schichtenmauerwerk gleicht dem unregelmäßigen, jedoch hat jede Schicht gleich hohe Steine (**6**.93). Das Quadermauerwerk besteht aus sauber und allseitig behauenen Steinen. Grundsätzlich gelten die Verbandsregeln für künstliche Steine.

Quadermauerwerk. Die Steine sind nach angegebenen Maßen, Lager- und Stoßfugen auf ganzer Tiefe bearbeitet (**6**.94).

Verblendmauerwerk (Mischmauerwerk) aus Natursteinen besteht aus einer äußeren Naturstein-Verblendschale und einem hinteren Wandteil aus künstlichen Steinen oder Ortbeton. Die herstellungsbedingte Wanddicke beträgt ≥ 50 cm. Durch Einhalten bestimmter Bedingungen (u. a. $\geq 30\%$ der Binder der Verblendschale im hinteren Wandteil verzahnt) darf die Verblendschale dem tragenden hinteren Wandteil zugerechnet werden (**6**.95).

Tragende Natursteinwände sind ≥ 24 cm dick. Tragende Pfeiler haben einen Mindestquerschnitt von 0,1 m², Schlankheiten $h_k/d > 10$ sind nur in den Güteklassen N 3 und N 4 zulässig, Schlankheiten zwischen 14 und 20 nur bei mittiger Belastung.

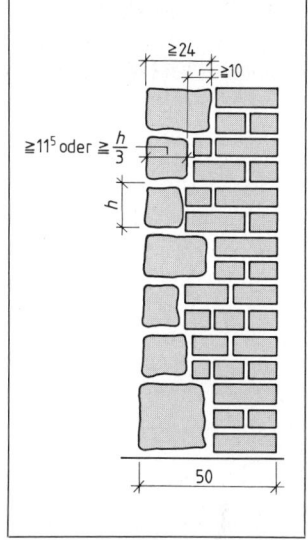

6.95 Mischmauerwerk

Aufgaben zu Abschnitt 6.7 bis 6.11

1. Warum müssen im Skelettbau Balken und Stützen gleitend elastisch mit dem Gefachmauerwerk verbunden werden?
2. Beschreiben Sie zwei Möglichkeiten für den Anschluß des Gefachmauerwerks an Stahlbetonskelett-Stützen.
3. Warum soll vom oberen Rand des Gefachmauerwerks etwa 2 cm Abstand zur Balkenunterseite gehalten werden?
4. Beschreiben Sie moderne und historische Verbindungsmöglichkeiten zwischen Holzfachwerk-Stützen und Gefachmauerwerk.
5. Warum müssen beim Holzfachwerk die Anschlußfugen zwischen Holz und Mauerwerk dauerelastisch abgedichtet werden? Nennen Sie zwei Möglichkeiten.
6. Zu welchem Zweck werden Mauerwerkswände bewehrt?
7. Welche Bewehrungsrichtlinien gelten für bewehrtes Mauerwerk?
8. Vergleichen Sie Beanspruchung und Auflagerreaktionen von Balken und Bögen.
9. Nennen Sie Möglichkeiten der Überdeckung von Wandöffnungen durch Balken.
10. Häufig erhalten ⊥-Profilträger Auflager aus Stahlplatten. Warum?
11. Welche Vorteile bieten Balken in U-Schalen?
12. Nennen Sie Zweck, Wirkungsweise und Ausführungsrichtlinien der Flachstürze.
13. Wie läßt sich die Wärmebrücke an Stahlbetonbalken über Außenwandöffnungen unterbinden?
14. Welcher Lastausbreitungswinkel darf unter Punktlasten (z. B. Balkenauflager, Stützen) angenommen werden?
15. Wie kann man hochbelastete Mauerwerksauflager verstärken?
16. Beschreiben Sie die Wirkungsweise von Hausschornsteinen.
17. Beschreiben Sie die Folgeschäden stark abgekühlter Rauchgase an schlecht gedämmten Schornsteinen.
18. Welche Planungs- und Konstruktionsregeln dienen der Verbesserung des Schornsteinzugs?
19. Welche Abstandsmaße zur Dachoberfläche gelten für den Schornsteinkopf?
20. Welche Konstruktionsregeln sind beim Hindurchführen von Schornsteinen durch Dächer und Decken (Holzbalken- und Massivdecken, Deckenauflagerung) zu beachten?
21. Welche Vorteile bieten Schornsteine aus Formstücken nach DIN 18150 gegenüber gemauerten Schornsteinen?

22. Bis zu welcher Neigung dürfen Schornsteine „gezogen" werden?
23. An welchen Stellen erhalten Hausschornsteine Reinigungsklappen?
24. Welcher Wärmedurchlaßwiderstands-Gruppe bzw. Ausführungsart dürfen dreischalige Schornsteine mit Dämmschicht und beweglichem Innenrohr zugeordnet werden?
25. Beschreiben Sie den Querschnitt der dreischaligen Schornsteine aus Frage 24 (Ausbildung der einzelnen Schalen, Material, Unterscheidung von Dämmplatten und Dämmassen).
26. Welchen Vorteil bieten hinterlüftete dreischalige Schornsteine?
27. Welchem Zweck dient die Dehnfuge zwischen Schornsteinkopf-Abdeckung und dem Innenrohr dreischaliger Schornsteine?
28. Welche Vorteile bieten Schornsteinkonstruktionen mit durchgehender Schamotte-Rohrführung an OK Schornsteinkopf (also ohne Dehnungsfugen-Manschette)?
29. Wie lassen sich wetterbeständige (schlagregensichere!) Schornsteinköpfe herstellen?
30. Wie konstruieren wir
    a) tragfähige Auflager für Schornsteinkopf-Ummauerungen,
    b) die Schornsteinkopf-Abdeckung?
31. Nennen Sie Verbände für Natursteinmauern und deren Unterscheidungsmerkmale.

7 Beton- und Stahlbetonbau

7.1 Betonarten und -gruppen

Die Unterscheidung der Betonarten ist, wie wir gelernt haben, nach verschiedenen Gesichtspunkten möglich: Nach der Rohdichte, Festigkeit, Herstellung, Erhärtung, Einbringung und Bewehrung.

Nach der Rohdichte unterscheidet man Leicht-, Normal- und Schwerbeton. Betone bestehen aus den drei Bestandteilen Bindemittel (meist Zement), Wasser und Zuschlag. Zement und Wasser haben in etwa unveränderliche Rohdichte. Die Zuschläge können jedoch sehr verschiedene Rohdichten aufweisen. Daher hängt von ihnen maßgeblich die erzielte Rohdichte des Festbetons ab.

Leichtbeton. Beton mit einer Rohdichte von maximal 2,0 kg/dm³ wird als Leichtbeton bezeichnet. Als Zuschläge für den Leichtbeton kommen je nach Verwendungszweck natürliche, künstlich aus natürlichen Stoffen hergestellte oder künstliche Zuschläge in Frage. Die wichtigsten Leichtzuschläge sind Naturbims, Blähton, Blähschiefer und Hüttenbims. Eine Sonderstellung unter den Leichtbetonen nimmt der Porenbeton ein. Seine besonders geringen Rohdichten ergeben sich durch den Zusatz von Treibmitteln. Leichtbeton wird vorzugsweise dort eingesetzt, wo geringe Bauwerksmassen und bessere Wärmedämmeigenschaften erwünscht sind, z. B. für Wandbausteine, Wand- und Dachbauplatten. Konstruktionsleichtbetone können sowohl mit schlaffer als auch mit Spannbewehrung versehen werden.

Normalbeton wird, sofern Verwechslungen mit Leicht- oder Schwerbeton ausgeschlossen sind, schlicht als Beton bezeichnet. Seine Rohdichten liegen zwischen 2,0 und 2,8 kg/dm³. Als Zuschläge dienen natürliche, dichte Gesteine, die gebrochen oder ungebrochen sein können. Aber auch künstlich hergestellte Zuschläge, die bei der Eisenerzverhüttung anfallen, eignen sich. Die wichtigsten Zuschläge sind Sand, Kies, Splitt sowie Hochofenstückschlacke und Hochofenschlackensand. Beton kann bewehrt und unbewehrt hergestellt werden. Sein Anwendungsbereich ist nahezu unbegrenzt.

Schwerbeton. Wenn die Rohdichten höher als 2,8 kg/dm³ sind, spricht man von Schwerbeton. Er enthält Zuschläge mit hoher Rohdichte. Geeignet hierfür sind die Gesteine Schwerspat, Baryt und Eisenerz, aber auch Stahlsand und sogar Stahlschrott. Schwerbeton wählt man überwiegend bei massigen Bauteilen, weil sich die hohe Eigenlast für das Standmoment günstig auswirkt (Staumauer, Schwergewichtswand), oder bei Bauwerken, die ausreichenden Strahlenschutz bieten sollen (Atomkraftwerk, Schutzräume).

Betonarten nach der Rohdichte

Leichtbeton $\varrho \leq 2,0$ kg/dm³
Normalbeton $\varrho = 2,0$ bis $2,8$ kg/dm³
Schwerbeton $\varrho \geq 2,8$ kg/dm³

Betongruppen und Betonfestigkeitsklassen. Normal- und Leichtbeton gibt es in den Betongruppen B I und B II. Sie unterscheiden sich durch die Anforderungen an die Zusammensetzung und Überwachung des Betons, an das Personal und die Geräteausstattung des Herstellers und des Verarbeiters (7.1).

Tabelle 7.1 Betongruppen und Festigkeitsklassen nach DIN 1045

Beton-gruppe	Betonfestigkeits-klasse	Mindestdruck-festigkeit β_{WN} eines Würfels in N/mm²	Mindestdruck-festigkeit β_{WS} einer Serie in N/mm²	Anwendungsbereich
B I	B 5 B 10	5 10	8 15	nur für unbewehrten Beton (z. B. Sauberkeitsschichten oder Betonrückenstützen im Straßenbau)
	B 15 B 25	15 25	20 30	für unbewehrte und bewehrte[1]) Bauteile (z. B. Stahl- und Spannbetonkonstruktionen des Hoch-, Tief- und Ingenieurbaus)
B II	B 35 B 45 B 55	35 45 55	40 50 60	

[1]) B 15 nicht für bewehrte Außenbauteile

Beton der Gruppe B I kann ohne Eignungsprüfung hergestellt werden, wenn keine Betonzusätze verwendet werden. Die Betonzusammensetzung muß dann mindestens den Bedingungen der Tabelle 7.2 entsprechen. Unter bestimmten Voraussetzungen muß der Zementgehalt jedoch erhöht bzw. darf er verringert werden. Die in Tabelle 7.2 angegebenen Sieblinienbereiche lassen sich aus dem Sieblinienbild 7.3 erkennen.

Tabelle 7.2 **Mindestzementgehalt für Beton B I bei Betonzuschlag mit 32 mm Größtkorn und Zement Z 35 nach DIN 1164 Teil 1**

Festig-keits-klasse des Betons	Sieblinien-bereich des Beton-zuschlags	Mindestzement-gehalt in kg je m³ verdichteten Betons für Konsistenzbereich		
		KS	KP	KR
B 5	③	140	160	–
	④	160	180	–
B 10	③	190	210	230
	④	210	230	260
B 15	③	240	270	300
	④	270	300	330
B 25 allgemein	③	280	310	340
	④	310	340	380
B 25 für Außen-bauteile	③	300	320	350
	④	320	350	380

Der Betonzuschlag muß in der Regel nach zwei Gruppen getrennt sein, von denen eine im Bereich 0 bis 4 mm liegt. Nur B 5 und B 10 dürfen mit ungetrenntem Zuschlag hergestellt werden.

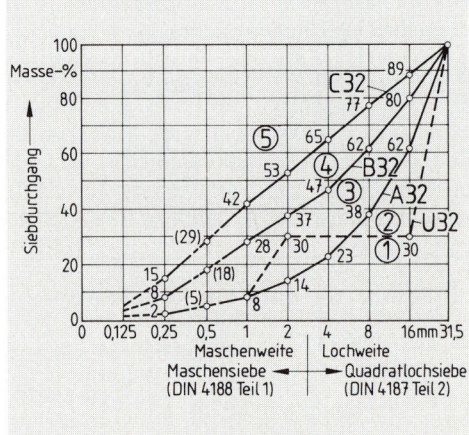

7.3 Sieblinien mit 32 mm Größtkorn

Zur Betongruppe B II gehören die Festigkeitsklassen B 35, B 45, B 55 sowie alle Betone mit besonderen Eigenschaften. Ihre Herstellung kann sehr unterschiedlich sein und stellt daher erhöhte Anforderungen an Personal (speziell ausgebildete Fachkräfte) und Maschinen des

Herstellers. Der Mindestzementgehalt je m³ Frischbeton beträgt 280 kg bei Z 25 bzw. 240 kg bei höheren Zementfestigkeitsklassen. Der Betonzuschlag muß für stetige Sieblinien 0 bis 32 nach mindestens 3, für unstetige nach mindestens 2 Korngruppen getrennt geliefert, gelagert und dosiert werden. Der Wasserzementwert bei der Herstellung von Stahlbeton darf den Wert 0,75 (bei Z 25 den Wert 0,65) nicht überschreiten. Außerdem sind bei der Herstellung von B II Eigen- und Fremdüberwachung vorgeschrieben: Eigenüberwachung durch eine ständige Betonprüfstelle E unter Leitung eines Betontechnologen, Fremdüberwachung durch Betonprüfstellen F oder anerkannte Überwachungsgemeinschaften. Zu prüfen ist außer Konsistenz, Frischbeton-Rohdichte und Druckfestigkeit auch der Wasserzementwert.

Für Betone mit besonderen Eigenschaften sind weitere Nachweise erforderlich (s. Abschn. 7.2).

Betongruppe B I	Betongruppe B II
– Fertigkeitsklassen B 5, B 10, B 15, B 25	– Festigkeitsklassen B 35, B 45, B 55
– Herstellung wahlweise mit oder ohne Eignungsprüfung	– Herstellung stets mit Eignungsprüfung

7.2 Beton mit besonderen Eigenschaften

Betone mit besonderen Eigenschaften sind besonders dicht und bieten der Bewehrung durch ausreichend dicke und dichte Betonüberdeckung Korrosionsschutz. Deshalb sind für die Herstellung von bewehrtem Beton mit besonderen Eigenschaften der Mindestzementgehalt und der maximal zulässige Wasserzementwert von ausschlaggebender Bedeutung. Wir unterscheiden:

– wasserundurchlässigen Beton
– Beton mit hohem Frostwiderstand
– Beton mit hohem Frost- und Tausalzwiderstand
– Beton mit hohem Verschleißwiderstand
– Beton mit hohem Widerstand gegen chemische Angriffe
– Beton für hohe Gebrauchstemperaturen bis 250 °C
– Beton für Unterwasserschüttung

Wasserundurchlässiger Beton. Auf den Baustellen wird heute noch oft von „wasserdichtem Beton" gesprochen. Den gibt es nicht. Jedoch dürfen Bauteile, die ein- oder mehrseitig dem Wasser ausgesetzt sind (z. B. Wasser- oder Behälterbau), nicht wasserdurchlässig sein. Solche Betonbauteile bestehen aus wasserundurchlässigem Beton.

Als wasserundurchlässig bezeichnet man Betone, bei denen die Wassereindringtiefe im Normversuch 5 cm nicht überschreitet. Die Wassereindringtiefe hängt wesentlich vom gewählten Wasserzementwert ab, der kleiner als 0,6 sein muß, wenn das Bauteil 10 bis 40 cm dick ist und kleiner als 0,7 bei dickeren Bauteilen. Wir wissen, daß höhere Wasserzementwerte das Wassersaugen des Zementsteins vergrößern. Die Wassereindringtiefe ist außerdem von der Dauer des Erhärtens abhängig. Ein Beton, der z. B. nach 3 Tagen noch eine Wassereindringtiefe von 6 cm aufweist, hat nach einer Erhärtungsdauer von 28 Tagen nur noch eine Eindringtiefe von 2,5 cm.

Unter bestimmten Voraussetzungen kann wasserundurchlässiger Beton auch als B I-Beton hergestellt werden.

Beton mit hohem Frostwiderstand und Beton mit hohem Frost- und Tausalzwiderstand. Außenbauteile sind der Witterung und damit auch der Frosteinwirkung ausgesetzt. Häufig kommt noch die Einwirkung von Tausalzen hinzu. Dies betrifft besonders befahrene Bauteile aus Beton oder Stahlbeton (z. B. Straßen, Brücken, Start- und Landebahnen), die schnee- und eisfrei bleiben müssen. Zu bedenken sind auch Einwirkungen durch tausalzhaltiges Spritzwasser, z. B. an Brückenpfeilern und Tunnelwänden. Die Salze (Chloride) dürfen mit dem Tauwasser nur ganz wenig in den Beton eindringen; sonst zerstören sie ihn und die Bewehrung. Dies gilt im übrigen auch für viele Fertigteile aus Beton und Stahlbeton. Betonpflaster und Gehwegplatten kommen ebenso mit Tausalz in Berührung wie z. B. die in Bild **7**.4 dargestellten Außentreppenteile.

7.4 Schadhafter Beton infolge von unzureichendem Frost- und Tausalzwiderstand

Tabelle **7**.5 **Luftgehalt im Frischbeton**

Größtkorn des Zuschlaggemisches in mm	mittlerer Luftgehalt[1] in Vol.-%
8	$\geq 5,5$
16	$\geq 4,5$
32	$\geq 4,0$
63	$\geq 3,5$

[1]) Einzelwerte können 0,5 Vol.-% darunter liegen.

Ausreichender Frostwiderstand ist normalerweise gegeben, wenn wir mit einem geringeren Wasserzementwert als 0,6 (wasserundurchlässiger Beton) arbeiten und Zuschläge mit erhöhtem Widerstand gegen Frost- und Taumittel verwenden. Wenn zusätzlich Tausalzwiderstand gefordert wird, beschränkt man den Mehlkorngehalt und gibt Luftporenbildner (LP-Mittel) zu, die durch Kugelporen die Kapillarwirkung der Haarrisse aufheben und bei Frost Ausdehnungsmöglichkeiten bieten. Der Wasserzementwert ist dann auf 0,5 zu reduzieren. Beim Straßenbau darf der Anteil der feinen Luftporen bis 0,3 mm ⌀ 1,5% nicht unterschreiten. Der gesamte Luftporengehalt des Frischbetons muß der Tabelle **7**.5 entsprechen.

Bei unzureichendem Frost- und Tausalzwiderstand platzt der Beton ab, wird die Bewehrung angegriffen und das Bauwerk zerstört (**7**.4).

Beton mit hohem Verschleißwiderstand ist erforderlich bei besonders hohen Verschleißbeanspruchungen, z. B. Straßen mit hohem Anteil an Schwerlastverkehr, aber auch bei Industriebauten und Wasserbauteilen. In der Praxis haben sich Prüfverfahren zur Bestimmung des Abnutzwiderstands noch nicht durchgesetzt. Eine Ausnahme bildet die Betonwarenindustrie: Hier sind Verschleißprüfungen für Bordsteine, Pflastersteine und Gehwegplatten vorgeschrieben.

Nach DIN 1045 dürfen Beton- und Stahlbetonbauteile, die hohem Verschleiß ausgesetzt sind, nur als Beton B II hergestellt werden. Der Anteil an Zement und Feinmörtel soll möglichst gering sein, da beide wesentlich geringeren Widerstand gegen Verschleiß bieten als die Zuschläge. Die Zuschläge sollen im günstigeren Bereich liegen, also so grobkörnig wie möglich sein. Die Konsistenz des Frischbetons ist so zu wählen, daß absandende Oberflächen vermieden werden. Die Nachbehandlungszeit des Betons mit hohem Verschleißwiderstand muß verdoppelt werden.

Beton mit hohem Widerstand gegen chemische Angriffe. Im Bauwesen haben wir es leider nur zu oft mit aggressivem Wasser zu tun. Denken wir nur an die Zerstörung unserer Umwelt durch Industrieabwässer! Auch Beton wird durch Wasser, das Säuren oder Salze bzw. organische Bestandteile enthält, stark angegriffen. Betonangreifende Wässer erkennen wir oft an äußeren Merkmalen, z. B. an der Farbe, am Geruch oder am Aufsteigen von Gasblasen.

Angreifende Wässer können bei vielen Gründungsbauwerken, im Tunnelbau, Rohr- und Behälterbau, Industrie- und Wasserbau vorkommen. Hier ist der Einsatz eines Betons mit hohem Widerstand gegen chemische Angriffe erforderlich.

DIN 4030 „Beton in betonschädlichen Wässern und Böden" unterscheidet den Angriffsgrad der aggressiven Wässer in schwach, stark und sehr stark angreifend. Meerwasser gehört z. B. zum stark angreifenden Wasser.

Wesentlich für den Widerstand gegen chemischen Angriff ist die Dichte des Betons, die durch vorgeschriebenen Mindestzementgehalt, niedrigen Wasserzementwert, gute Abstufung der Körnung und sorgfältige Verdichtung erzielt wird.

Beton für hohe Gebrauchstemperaturen bis 250 °C wird im Industriebau verlangt, wo es zu Gebrauchstemperaturen zwischend 100 und 250 °C kommt. Die Verwendung erwiesenermaßen geeigneten Zuschlags ist Voraussetzung für die Herstellung. Die Nachbehandlungsdauer ist gegenüber dem Normalbeton zu verdoppeln. Die Rechenwerte der Betondruckspannung müssen bei langanhaltenden hohen Temperaturen abgemindert, bei länger anhaltenden niedrigen Temperaturen unter 80 °C erhöht werden.

Häufige Temperaturwechsel erfordern unter Umständen zusätzlich wärmedämmende Maßnahmen, um die Spannungsunterschiede zu verringern.

Beton für Unterwasserschüttung. Im Grund- und Wasserbau kann man nicht immer trockene Baugruben herstellen – ja, technische Schwierigkeiten oder hohe Kosten machen die Baugrubenherstellung unter Umständen unmöglich. Dann ist der Einbau von Unterwasserbeton erforderlich. Er wird so hergestellt, daß er im erhärteten Zustand die nötige Festigkeit erreicht und Stahleinlagen vor Korrosion schützt, das Bauteil wasserundurchlässig macht und hohen Widerstand gegen chemische Angriffe leistet. Außerdem soll er sich durch geeignete Schalung beliebig formen lassen. Um diese Eigenschaften zu erzielen, muß der Unterwasserbeton ohne Entmischung im Wasser eingebaut werden. Dazu ist Frischbeton mit Regelkonsistenz bzw. Fließbeton erforderlich. Der Wasserzementwert darf 0,6 nicht überschreiten. Es sind mindestens 350 kg Zement je m³ zu verwenden.

Die vielen Einbauverfahren lassen sich in zwei Gruppen ordnen. Bei der einen Gruppe wird fertig gemischter Beton mit Kübeln, Rohren oder Pumpleitungen unter Wasser eingebracht (**7.6**). Bei der anderen Gruppe wird ein unter Wasser hergestelltes Schottergerüst nachträglich mit Mörtel aufgefüllt (Injektionsverfahren, **7.7**).

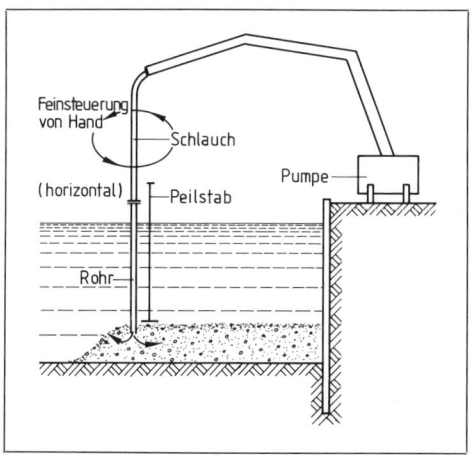

7.6 Pumpverfahren   7.7 Injektionsverfahren

Anforderungen an Betone mit besonderen Eigenschaften	
Wasserundurchlässiger Beton	Wassereindringtiefe $\leq$ 5 cm, W/Z $\leq$ 0,6
Beton mit hohem Frost- und Beton mit hohem Frost- und Tausalzwiderstand	LP-Mittel-Zugabe, W/Z $\leq$ 0,5, Zuschlag mit Widerstand gegen Frost und Taumittel
Beton mit hohem Verschleißwiderstand	Betongruppe B II, steifer Boden
Beton mit hohem Widerstand gegen chemische Angriffe	Zuschlag mit hohem Verschleißwiderstand
– schwach angreifend	Wassereindringtiefe $\leq$ 5 cm, W/Z $\leq$ 0,6
– stark angreifend	Wassereindringtiefe $\leq$ 3 cm, W/Z $\leq$ 0,5
– sehr stark angreifend	Wassereindringtiefe $\leq$ 3 cm, W/Z $\leq$ 0,5 und zusätzliche Schutzmaßnahmen
Beton für hohe Gebrauchstemperaturen bis 250°C	Zement mit hohem Sulfatwiderstand bei Temperaturwechseln Wärmedämmung
Beton für Unterwasserschüttung	weicher Beton, W/Z < 0,6 Mindestzementgehalt 350 kg/m³
Hauptanwendungsgebiete	
Wasser- und Behälterbau, Straßen- und Wegebau sowie Industriebau	

7.3 Beanspruchung von Bauteilen

Unterschiedlich tragende Bauteile erfahren unterschiedliche Beanspruchungen. Jedes Bauteil hat als Teil eines Bauwerks spezielle Aufgaben zu erfüllen. So verschieden die Aufgaben sind, so unterschiedlich sind auch die Beanspruchungen dieser Bauteile.

Platten und Balken auf zwei Stützen. Platten sind flächenartige, Balken stabförmige Bauteile. Sie werden durch ihre Eigen- und Verkehrslasten überwiegend auf Biegung beansprucht.

Biegung nennen wir eine Beanspruchung, die im oberen Teil eines Bauteils Druck- und im unteren Teil Zugspannungen erzeugt. Hervorgerufen wird sie durch senkrecht zu Bauteilachse angreifende Belastung. Am einfachsten verdeutlichen wir uns diese Druck- und Zugspannungen beim Verformungszustand des Bauteils unter Belastung (7.8). Ergänzend wollen wir die Auflager- und Querkräfte sowie die Momente berechnen und daraus die Querkraft- und Momentenlinien entwickeln.

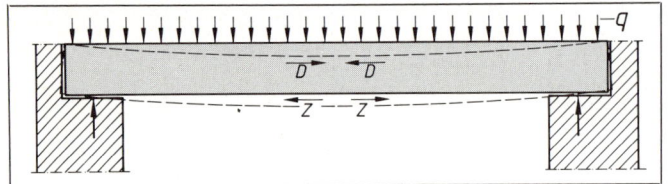

7.8
Balken auf zwei Stützen mit Verformung

Außer den Biegespannungen treten an beiden Auflagern noch vertikale und horizontale Schubspannungen auf.

An Platten und Balken treten Biegespannungen sowie horizontale und vertikale Schubkräfte auf.

Durchlaufende Platten und Balken (auch Mehrfeldplatten und -balken genannt) haben ein oder mehrere Mittenauflager. Typisch ist der Wechsel von Druck- und Zugzone in den Feldern und über den Stützen. Mehrfeldbalken und -platten sind statisch günstiger als Einfeldbalken bzw. -platten, weil die Felder von den Stützen entlastet werden.

> Durchlauf- oder Mehrfeldplatten und -balken werden wie Einfeldsysteme auf Biegung und Schub beansprucht. Über den Stützen liegt die Zugzone oben, in den Feldern unten.

Kragbalken und Kragplatten sind im allgemeinen an den Endauflagern überstehende Teile von Balken und Decken (z. B. Balkone, Rampen, Kragdächer). Wenn die Herstellung des Kragteils im Zusammenhang mit beidseitig aufliegenden Balken oder Platten nicht möglich ist, sind besonders hohe Auflasten zur Aufnahme des Einspannmoments und der Auflagerkraft erforderlich (**7.9**). Sollen die Kräfte von einem Balken aufgenommen werden, wird dieser zusätzlich zu seiner normalen Beanspruchung auf Torsion beansprucht (**7.10**).

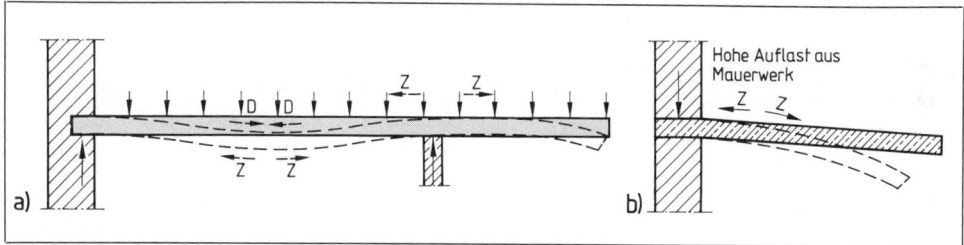

7.9 a) Kragbalken auf zwei Stützen mit Verformung, b) Kragplatte mit Auflagereinspannung durch Mauerwerk

> Kragbalken oder -platten müssen genügend verankert oder fest eingespannt werden, um die Biege- und Schubbeanspruchung aufnehmen zu können.

Stützen sind stabförmige Bauteile, die überwiegend auf Druck beansprucht werden. Bei mittiger Lasteinleitung werden sie gestaucht (**7.11**). Wird diese Verformung zu groß, knicken die

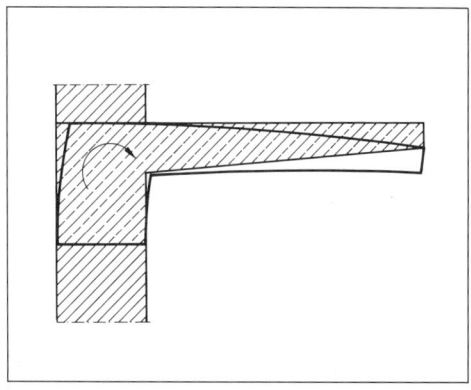

7.10 Torsionsbeanspruchung eines Balkens durch Kragarm

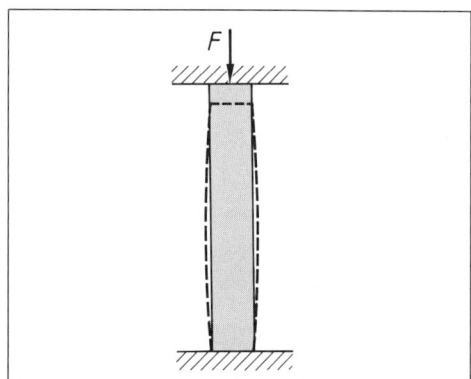

7.11 Stütze mit Verformungszustand

Stützen in Richtung des schwächeren Querschnitts aus (**7.12**). Schlanke Stützen neigen besonders zum Ausknicken. (Unter Schlankheit versteht man das Verhältnis der Knicklänge s_k zur kleinsten Stützenabmessung $\min d$; $s = s_k : \min d$. Die Knicklänge richtet sich nach der Art der Einspannung.) Es gibt vier Hauptknickfälle nach Euler (**7.13**; Leonhard Euler, Schweizer Mathematiker, 1707 bis 1783).

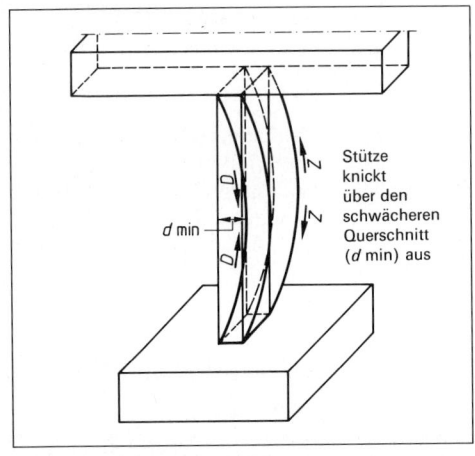

7.12 Knickgefahr bei Stützen

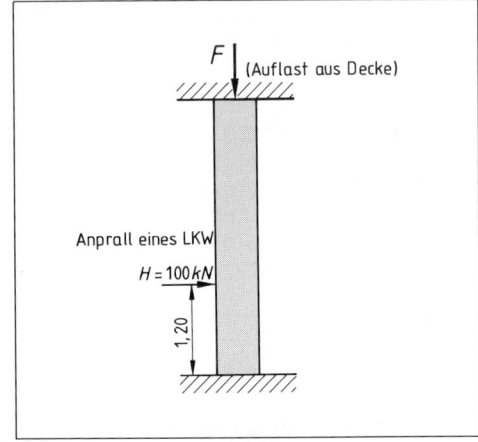

7.13 Stütze mit Biegung und Längskraft

Werden Druckkräfte außenmittig eingeleitet oder treten an der Stütze auch Horizontallasten auf (z. B. Wind- oder Anprallasten), ist außer den Längskräften die Biegung zu berücksichtigen (**7.14**).

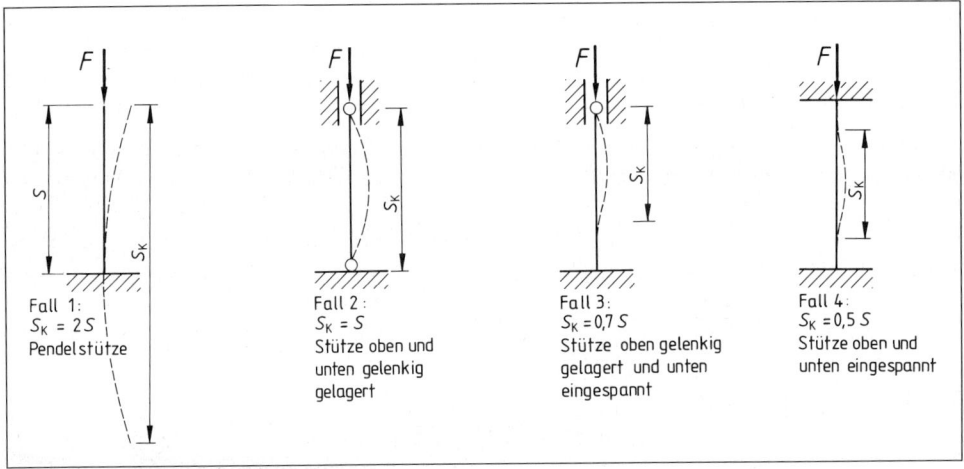

7.14 Knickfälle nach Euler

> Stützen sind stabförmige, überwiegend auf Druck beanspruchte Bauteile. Bei schlanken Bauteilen besteht die Gefahr des Ausknickens.

Wände sind flächenartige, überwiegend auf Druck beanspruchte Bauteile. Wie bei den Stützen besteht auch hier bei besonders schlanken Wänden Knickgefahr. Bei Belastung durch Windkräfte, Anprallasten, Erd- und Wasserdruck oder durch ausmittige Krafteinleitung tritt bei manchen Wänden auch Biegung auf (**7.15**).

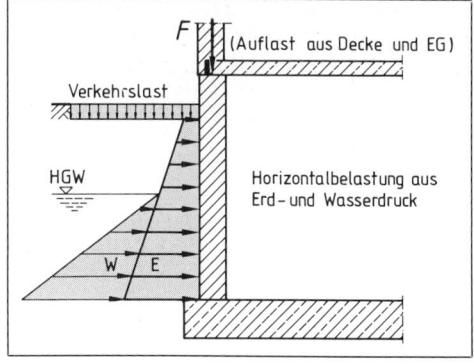

> Wände sind Flächentragwerke. Sie werden überwiegend auf Druck, bei Wind-, Erd- und Wasserdruck auch auf Biegung beansprucht.

7.15 Beanspruchung einer Kelleraußenwand

7.4 Grundsätze der Bewehrung nach DIN 1045

Die Stahleinlagen im Beton, die Betonstähle, werden als Bewehrung bezeichnet. Wir wissen, daß die Stahleinlagen die Zugkräfte aufnehmen, der Beton dagegen die Druckkräfte. Wesentliche Voraussetzungen für den kraftschlüssigen Verbund sind

– gute Haftung des Stahls am Beton,
– ungefähr gleiche Längenausdehnung bei Wärmeschwankung,
– ausreichender Korrosionsschutz des Stahls.

Den Korrosionsschutz erreichen wir durch genügend dicke Betonummantelung. Der Haftung wegen dürfen Betonstähle nur eingebaut werden, wenn sie sauber sind und keinen abblätternden Rost aufweisen. Die sorgfältige Planung und die einfache, übersichtliche Darstellung im Bewehrungsplan sind besonders wichtig für die handwerksgerechte Ausführung.

Der Bewehrungsplan des Bauzeichners, die dazugehörenden Betonstahllisten und evtl. Schneideskizzen enthalten alle wichtigen Angaben zum Ablängen, Biegen und Verlegen der Bewehrungsstähle, ferner Angaben über Betondeckung und Baustoffe in der Legende. Fehler in der Planung führen unweigerlich zu Verzögerungen im Bauablauf und unnötiger Verteuerung des Bauwerks.

Die Zeichnung soll einfach und übersichtlich sein, damit der Baufacharbeiter alle für ihn wichtigen Angaben ohne Schwierigkeiten lesen kann.

7.4.1 Darstellung der Bewehrung nach DIN 1356 T 10

Maßstab. Die Bewehrung wird in Längs- und Querschnitten dargestellt. Die üblichen Maßstäbe für Bewehrungszeichnungen allgemeiner Bauteile (Balken, Stützen, Fundamente) betragen 1 : 25 oder 1 : 20. Manchmal (z. B. bei sehr eng liegender Bewehrung) ist jedoch ein Maßstab von 1 : 5 oder gar 1 : 1 angebracht, um zu prüfen, ob sich die vorgesehene Bewehrung bei Einhaltung der Mindestabstände und der erforderlichen Biegerollendurchmesser einbauen läßt. Flächentragwerke wie Decken und Wände werden als Draufsicht oder Ansicht dargestellt. Üblich ist der Maßstab 1 : 50 (manchmal auch 1 : 100).

Darstellung. Alle Bauteile werden in ihren Umrissen mit den Hauptmaßen dargestellt – die Bewehrung so, als sei der Beton transparent und dadurch die Bewehrung sichtbar. Die Darstellung der Einzelstabbewehrung zeigt uns Tabelle 7.16.

Tabelle 7.16 Darstellung der Einzelstabbewehrung nach DIN 1356 T10

Bezeichnung	Symbol
Bewehrungsstab a) allgemein b) Anschlußbewehrung (der Stab wurde bereits an anderer Stelle dargestellt und positioniert)	a) ───── b) ─ ─ ─ ─
Schnitt durch einen Bewehrungsstab a) allgemein b) Anschlußbewehrung (wie vor)	a) • b) ○
Bewehrungsstab mit Endverankerung, z. B. a) Bewehrungsstab mit Haken b) Bewehrungsstab mit Winkelhaken	a) ⊂─────⊃ b) ∟─────┘
Bewehrungsstab ohne Endverankerungen a) Bewehrungsstab ohne Endhaken b) Andeutung der Stabenden im Bauteil mit Angabe der Positionsnummer	a) ───── b) ⌠─────⌡
Bewehrungsstab mit Ankerkörper a) Seitenansicht b) Rückansicht	a) ─┼──── b) ⊙
Rechtwinklig zur Zeichenebene abgebogener Bewehrungsstab	✕─────
Rechtwinklig aus der Zeichenebene aufgebogener Bewehrungsstab	•─────
Kraftschlüssiger Stoß (z. B. Muffen, Schweißverbindung) eines Bewehrungsstabs	──▬──

Alle zugehörigen Angaben sind entlang von Bezugslinien anzuordnen, die deutlichen Zusammenhang zum Bewehrungsstab haben. Unbedingt erforderlich sind Positionsnummern (im Kreis), Anzahl und Stabdurchmesser (z. B. ③ 2 ⌀12). Falls erforderlich, müssen Betonstahlsorte, Stababstand, Lage des Stabes und Stablänge ergänzend angegeben werden.

Bewehrungszeichnungen müssen außer der maßstäblich gezeichneten Bewehrung auch den Stahlauszug enthalten und durch Stahllisten ergänzt werden. Soll bei den Biegearbeiten die Bewehrungszeichnung entbehrlich sein, sind zusätzliche Biegelisten erforderlich. Teilweise wird statt dessen die jeweilige Biegeform zusätzlich in die Stahllisten aufgenommen. Unerläßlich für jede Bewehrungszeichnung ist die Legende. Sie enthält alle erforderlichen Angaben über Baustoffe, Betondeckung und verwendete Abkürzungen.

Die durch und durch maßstäbliche Bewehrungszeichnung ist heute noch weit verbreitet, leider aber sehr arbeitsintensiv. Deshalb wird eine stufenweise Vereinfachung angestrebt (**7.17**).

Biegeformen der Bewehrung. Voraussetzung für wirksame Rationalisierungsmaßnahmen ist die Einsparung von lohnintensiven Arbeiten, die im Verhältnis zum Materialaufwand einen immer höher werdenden Anteil ausmachen. Die bisherige große Vielfalt von Biegeformen führt leicht zu unübersichtlichen Plänen. Außerdem sind das Biegen und Verlegen der Bewehrung

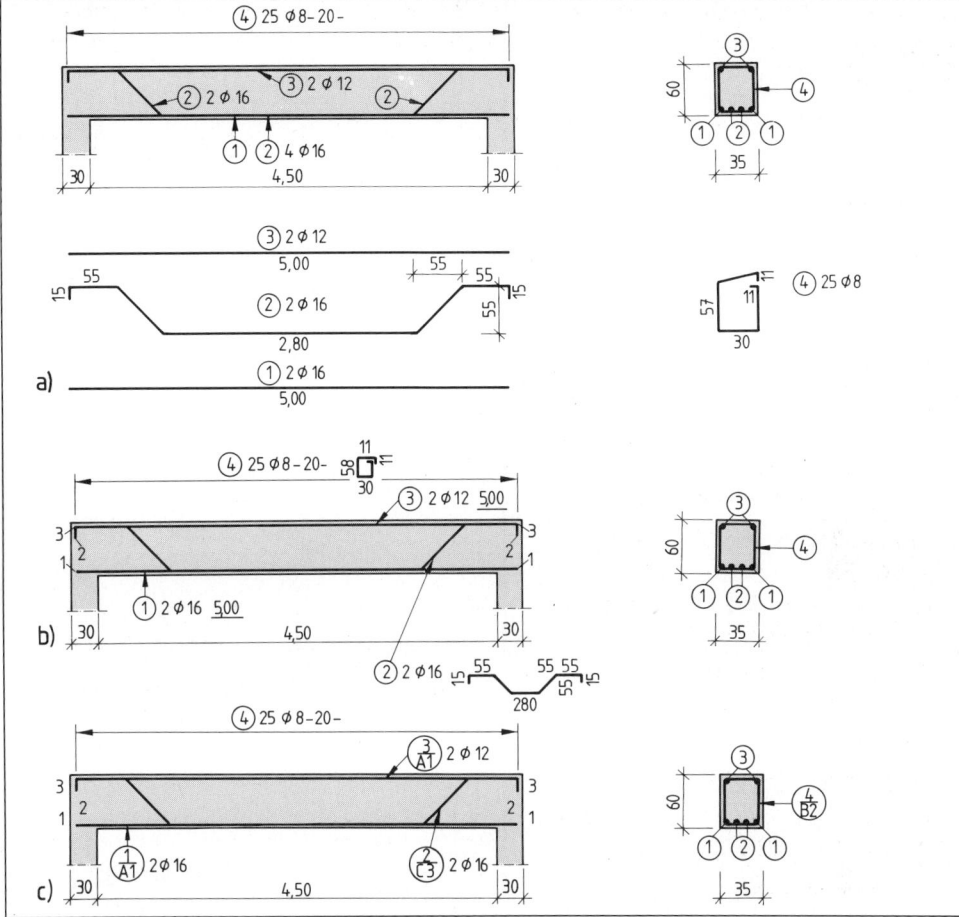

7.17 Stufenweise Vereinfachung von Bewehrungszeichnungen nach DIN 1356
    a) Stufe 1: Stahl- bzw. Biegeliste auf getrenntem Blatt
    b) Stufe 2: Biegeformen unmaßstäblich skizziert und bemaßt, Stahl- bzw. Biegeliste getrennt
    c) Stufe 3: zusätzlich Stahlliste (Datenliste) mit Liste der Biegeformen und der Zeichnung

umständlich und damit teuer. Deshalb ist es sinnvoll, weniger Biegeformen für die Bewehrung zu verwenden. Die anzustrebenden Biegeformen bestehen aus 5 typischen Grundformen, die mit großen Buchstaben gekennzeichnet werden:

A = gerade oder rechtwinklig abgebogene Stäbe
B = Bügel
C = Stäbe mit schräg zueinander angeordneten Teillängen (Schrägstäbe)
D = S-Haken und Bewehrung zur Sicherung der Lage
E = Stäbe mit kreisförmigen Teillängen

Sonderformen (mit X gekennzeichnet) sind möglich, aber sparsam zu verwenden. Der große Buchstabe wird durch eine Zahl ergänzt, die Aufschluß gibt über einzelne Grundformen, z. B.

A1 = gerader Stab ohne Abbiegung,
A3 = beidseitig rechtwinklig abgebogener Stab.

Tabelle 7.18 **Liste der Biegeformen nach DIN 1356**

Typ	Spalte H | D	Form	Typ	Spalte H | D	Form
A1			A2		
A3			A4		
B1			B2		
B3			B4		
C1			C2		
C3					
D1			D2		
E1	B = Anzahl der Windungen C = Ganghöhe		E2		
Sonderformen					
X1	A – Anzahl der Biegestellen B – Gesamtlänge + Skizze der Biegeform mit Teillängen in der Stahlliste		X2		N – Anzahl der Biegestellen $X_i Y_i$ – Koordinaten des i-ten Stabpunkts in die Spalten A, B eingetragen

Angaben über Endhaken und Biegerollendurchmesser

Spalte	Bedeutung	Eintrag	Spalte	Bedeutung	Eintrag
H	keine Endhaken beidseitig Endhaken Endhaken links Endhaken rechts	0 2 L R	D	Verhältniswert Biegerollendurchmesser zu Stabdurchmesser (d_{br}/d_s), z. B. $d_{br}/d_s - 15$	15

Tabelle 7.19 Biegeliste (elektronisch erstellt auf Grundlage der Stahlliste)

Auftrag Nr.: _____

Plan Nr.: _____7_____

Bauvorhaben: _____

Bauteile: _____Rahmen_____

Biegeliste Nr.: _____1_____

Zahl der Biegelisten: _____

Datum: _____

Programmname: _____

Pos. Nr.	An- zahl	d_s in mm	BSt	Einzel- länge in m	d_{br} Haken, Winkel- haken, Schlau- fen, Bügel in cm	d_{br} Aufbie- gungen und andere Krüm- mungen in cm	Typ	Biegeform (unmaßstäblich)	Ge- samt- länge in m	Gewicht je Position in kg
4	2	25	IV S	7,50	–	50	A 2	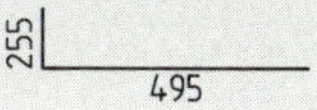 255 / 495	15,00	57,8
12	2	25	IV S	11,50	–	37,5	C 2	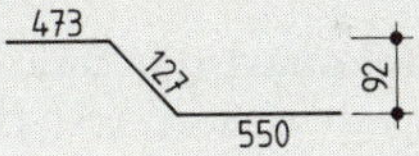 473 / 127 / 92 / 550	23,00	88,6
13	2	25	IV S	11,55	17,5	50	C 3	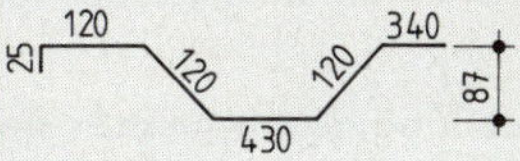 25 / 120 / 120 / 120 / 340 / 87 / 430	23,10	88,9
14	3	25	IV S	8,25	17,5	–	A 1	 25 / 800	24,75	95,3
15	2	12	IV S	9,00	–	–	A 1	 006	18,00	16,0
16	2	25	IV S	9,80	–	37,5	C 2	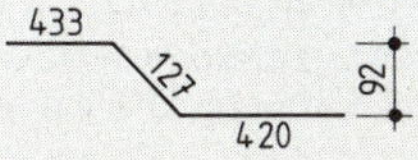 433 / 127 / 92 / 420	19,60	75,5
17	2	25	IV S	6,25	17,5	–	A 1	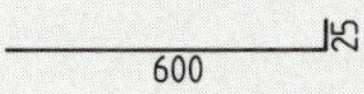 600 / 25	12,50	48,1
18	78	12	IV S	3,12	4,8	–	B 2	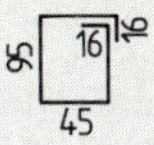 95 / 16 / 46 / 45	243,36	216,1

Die Angaben über Endhaken werden nach Tabelle **7.18** auf S.186 in der Spalte H, die über Biegerollendurchmesser in der Spalte D ausgewiesen. Alle nötigen Maße (in cm) und Winkel (in °) sind in der angegebenen Reihenfolge als Daten A bis ggf. Z EDV-gerecht anzugeben. So ist es möglich, die Stahllisten durch EDV-Anlagen und Datenformblättern zu erstellen (**7.19** auf S.187). Auf Grundlage der Stahlliste wird ebenfalls elektronisch die Biegeliste erstellt (**7.20**).

Tabelle 7.20 **Auf Grundformen aufgebaute Stahlliste (Datenformblatt)**

Auftrag Nr.	Plan Nr.	Bauvorhaben	Bauteil	Zahl der Bauteile	Stahlliste Nr.	Zahl der Listen	Datum	gez.	gepr.
	7		Rahmen	1	1	1			

Pos. Nr.	Anzahl	d_s in mm	BSt	Typ	H	D	Teilgrößen nach Liste der Biegeformen					
							A	B	C	D	E	(Z)
4	2	25	IV S	A 2	0	20	255	495				
12	2	25	IV S	C 2	0	15	473	88	92	550		
13	2	25	IV S	C 3	L	20	120	83	87	430	340	
14	3	25	IV S	A 1	L	✕	800					
15	2	12	IV S	A 1	0	✕	900					
16	2	25	IV S	C 2	0	15	433	88	92	420		
17	2	25	IV S	A 1	R	✕	600					
18	78	12	IV S	B 2	✕	✕	45	95	0	16		

Zur Bewehrung flächenartiger Bauteile verwendet man vorzugsweise Betonstahlmatten, die schnell und dadurch kostengünstig zu verlegen sind. In den Verlegeplänen werden sie übersichtlich auf herkömmliche Art oder vereinfacht dargestellt (**7.21**).

Tabelle 7.21 **Darstellung geschweißter Betonstahlmatten**

Draufsicht auf eine Matte	▱
Draufsicht auf eine Matte Diese vereinfachte achsenbezogene Darstellung ist auch mit durchgehenden Linien erlaubt, falls keine Verwechslung möglich ist.	─┼─
Schnitt durch eine Matte, falls keine Verwechslung möglich ist Sofern Lage der Längs- und Querstäbe nicht eindeutig ersichtlich	—·—·— ▪▪▪▪▪

Bei der herkömmlichen Darstellung zeichnen wir jede Matte einer Gruppe maßstäblich auf und versehen sie mit Diagonalen. Die Übergreifungslänge $l_ü$ ist mindestens einmal anzugeben.

Bei der vereinfachten Darstellung entfällt das Aufzeichnen jeder einzelnen Matte. Man hat die Wahl zwischen der gruppenweisen Zusammenfassung und der achsenbezogenen Darstellung. Die Übergreifungsstöße werden angedeutet und mindestens einmal vermaßt (7.22).

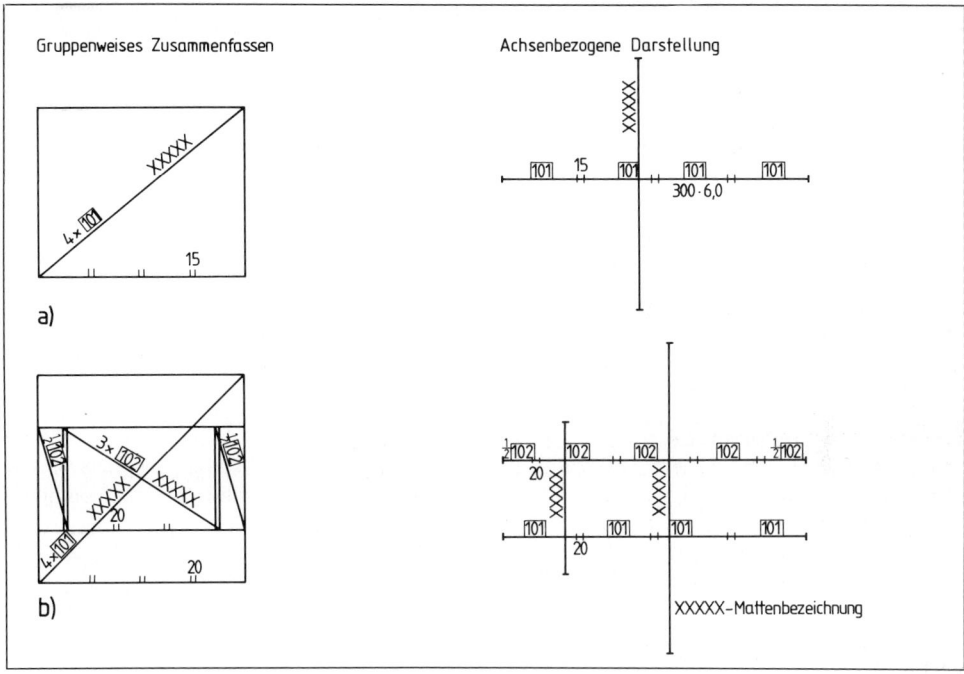

7.22   Vereinfachte Darstellung von Mattengruppen im Grundriß

Zweilagige Mattenanordnungen werden zwecks Ersparnis oft gestaffelt. Dies erreicht man entweder durch Zulagematten oder verschränktes Verlegen (7.23). Auch hier ist vereinfachtes Darstellen möglich. Die Darstellung der Matten ist durch Angabe von Positionsnummern (im Rechteck), Mattenkurzbezeichnungen bei Lagermatten (z. B. R 317) bzw. den Mattenaufbau kennzeichnende Daten für beide Bewehrungsrichtungen bei Listenmatten zu vervollständigen. Bei Verwendung verschiedener Betonstahlsorten muß außerdem die jeweils zu verwendende Sorte angegeben werden. Anzahl und Lage (oben = o, unten = u, vorn = v, hinten = h) werden nur angegeben, soweit es zur eindeutigen Darstellung erforderlich ist, z. B. wenn auf getrennte Darstellung der vorderen und hinteren Bewehrung von Wandplatten verzichtet wird.

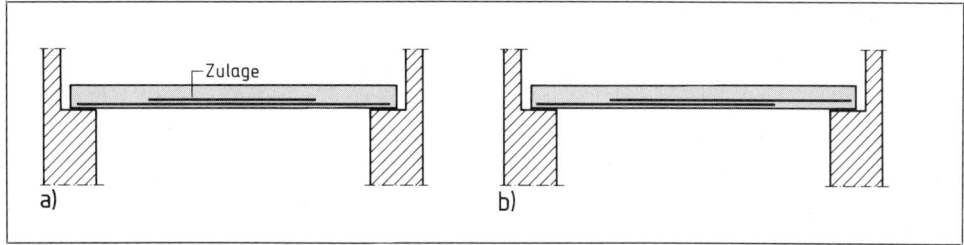

7.23   Gestaffelte Bewehrung
   a) durch Zulagematten, b) durch verschränktes Verlegen

199

Schneideskizzen gehören jeweils zu den Verlegeplänen. Sie erfassen die erforderlichen Betonstahlmassen. Vordrucke auf Transparentpapier sind bei den Herstellern von Betonstahlmatten erhältlich (s. Bild **7**.40).

> Die Bewehrung wird in Schritten und als An- bzw. Draufsicht gemäß DIN 1356 T10 „Bauzeichnungen" dargestellt. Die häufigsten Maßstäbe für Bewehrungszeichnungen sind je nach Bauteil 1:100, 1:50, 1:25 und 1:20, bei besonders eng liegender Bewehrung auch 1:10, 1:5 oder gar 1:1. Die Bewehrungszeichnungen werden durch Stahlauszüge und -listen bzw. Schneideskizzen ergänzt.

7.4.2 Durchmesser und Abstände der Bewehrung

Die Bewehrungsdurchmesser d_s sind in der statischen Berechnung verbindlich festgelegt. Dicke Stäbe ergeben größere Rißbreiten als dünne, da die Haftung zwischen Stahl und Beton wegen der geringeren Oberfläche schlechter ist. Folgende Bewehrungsdurchmesser gibt es bei den Betonstabstählen: 6, 8, 10, 12, 14, 16, 20, 25 und 28.

Die Bewehrungsabstände a bestimmt der Zeichner im allgemeinen selbst. Dabei hat er die Mindestabstände und die Betondeckung einzuhalten. Möglicherweise muß die Bewehrung gebündelt oder mehrlagig angeordnet werden (**7**.24). Zu kleine Abstände der Stahleinlagen

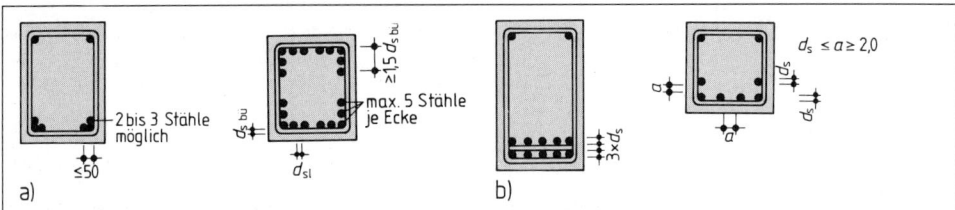

7.24 a) Bündelung der Bewehrung (Balken und Stütze)
b) Mehrlagige Bewehrungsanordnung und Mindestabstände

Tabelle **7**.25 Größte Anzahl von Stahleinlagen in einer Lage (b_0 = Balkenbreite)

b_0 in cm	Durchmesser der Stahleinlagen d_s in mm						
	10	12	14	16	20	25	28
10	1	1	1	1	1	1	1
15	3	3	2	2	2	1	1
20	(5)	4	4	4	3	2	2
25	6	6	5	5	4	3	3
30	8	7	7	(7)	6	5	4
35	(10)	9	8	8	7	5	5
40	11	(11)	10	9	8	6	6
45	13	12	11	11	(10)	7	7
50	(15)	14	13	12	11	8	8
60	18	17	16	15	13	10	9
⌀ Bügel	6 mm			8 mm		10 mm	

Betondeckung der Bügel c_{bu} = 3,0 cm. Bei den Klammerwerten werden die geforderten Abstände geringfügig unterschritten.

sind wegen unzureichender Betonummantelung ebenso schädlich wie zu große! Die maximal mögliche Anzahl von Bewehrungsstäben in einer Lage ist Tabelle 7.25 zu entnehmen. Jedoch sind besonders bei enger und mehrlagiger Bewehrung Rüttellücken in ausreichender Zahl vorzusehen. In der Zugzone sollen die Abstände maximal 20 bis 30 cm betragen, in der Druckzone 40 cm nicht überschreiten. Gegebenenfalls sind konstruktive Zulagen vorzusehen. Bei Bewehrungsdurchmessern über 20 mm erhöht sich der Mindestabstand auf den Durchmesser der verwendeten Bewehrung; sonst beträgt er mindestens 2 cm. Doppelstäbe bei Betonstahlmatten dürfen sich dagegen berühren.

Die Bündelung von 2 bis 3 Stählen ist zulässig. Dabei darf der Gesamtdurchmesser des Bündels 50 mm nicht übersteigen. Die einzelnen Stäbe sind so dicht wie möglich zusammenzufassen. Betonstahlmatten haben festgelegte Abstände. Einzelstabbewehrung für Platten besteht aus Trag- und Verteilerstählen. Als Verteilerbewehrung sind rund 20% Tragbewehrung vorzusehen. Es sollen mindestens 3 Verteiler je Meter eingebaut werden. Als Hauptbewehrung sollen mindestens $4\emptyset$ je Meter, besser mehr gewählt werden.

> Geringe Stahldurchmesser und kleine Stahlabstände verringern die Rißbildung im Beton.
> $2 \text{ cm} \leqq a \geqq d_s$ $\qquad a \leqq 30 \text{ cm (40 cm)}$

7.4.3 Verankerung der Betonstähle

Die gute Verankerung der Betonstähle ist für das Zusammenwirken von Stahl und Beton von außerordentlicher Bedeutung. Sie ist abhängig von der Stahlsorte, Verankerungsart, Lage des Bewehrungsstabs und Betondruckfestigkeit sowie der Beanspruchung, d. h. verschieden für Druck- und Zugstäbe.

Die Lage des Bewehrungsstabs wird durch die Verbundbereiche I und II ausgedrückt (**7.26**).

Verbundbereich I liegt im unteren Querschnittsteil und bedeutet gute Verbundwirkung. Anzusetzen ist er für alle Stäbe, die beim Betonieren zwischen 45° und 90° gegen die Waagerechte geneigt sind, und für alle flacher geneigten Stähle, wenn sie beim Betonieren höchstens 25 cm über der Frischbetonunterseite bzw. mindestens 30 cm unter der Frischbetonoberseite liegen.

Verbundbereich II (schlechter Verbund) liegt im oberen Querschnittsteil, wo ein Teil der Zuschlag- und Zementkörper des Frischbetons nach unten sinkt (sedimentiert). Während dieses Vorgangs, den wir auch Bluten nennen, setzt sich Wasser auf der Betonoberfläche ab. Ferner bilden sich trennende Wasserlinsen an der Unterseite von Bewehrung und Zuschlag. Verminderter Zementgehalt, erhöhter W/Z-Wert und die Wasserlinsenbildung erklären die schlechten Verbundeigenschaften. Diesem Verbundbereich sind alle nicht zum Verbundbereich I gehörenden Stähle zuzuordnen.

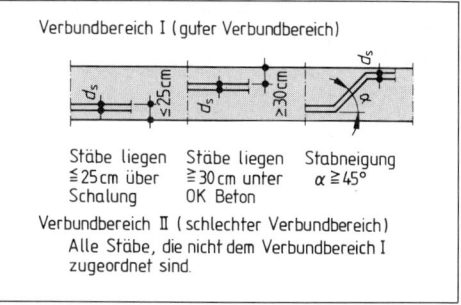

7.26 Verbundbereiche

Betonstähle können durch Haken, Winkelhaken, Schlaufen, angeschweißte Querstähle oder Ankerkörper gut im Beton verankert werden. Außerdem ist die Verankerung durch eine ausreichende Haftlänge bei geraden Stabenden möglich (**7.27** auf S. 202).

Betonstahlmatten werden durch vorhandene oder zusätzlich angeschweißte Querstäbe ausreichend verankert – vorausgesetzt, daß sie weit genug hinter der Auflagervorderkante liegen.

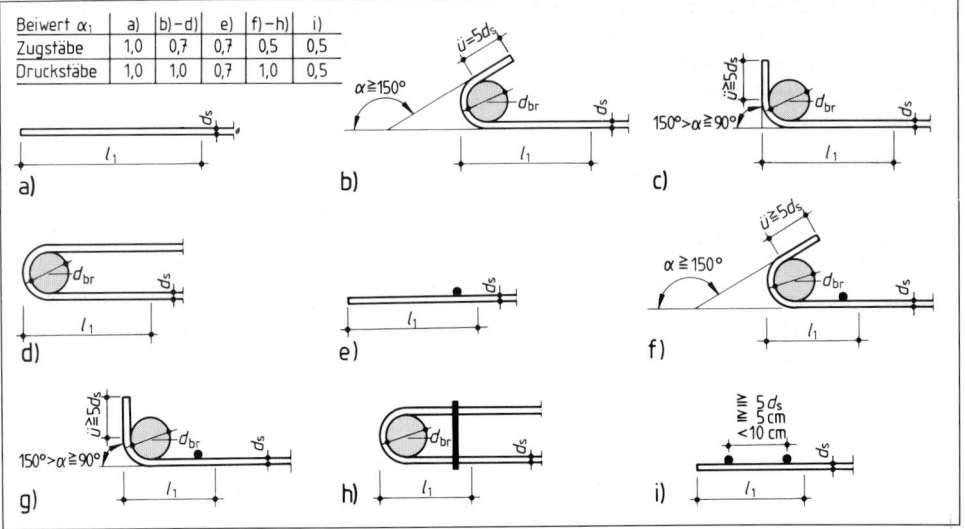

7.27 Art und Ausbildung der Verankerung mit Verankerungsbeiwert α_1

Die Berechnung der **Verankerungslängen l_1** wird von qualifizierten Bauzeichnern im Ingenieurbau verlangt. Die Längen ergeben sich für Stabstähle und Matten nach der Gleichung

$$l_1 = \alpha_1 \cdot \alpha_A \cdot l_0$$

α_1 = Verankerungsbeiwert (**7.27**)
α_A = Beiwert für Ausnutzungsgrad der Bewehrung $\left(\alpha_A = \dfrac{\text{erf} A_s}{\text{vorh} A_s}\right)$
l_0 = Grundmaß der Verankerungslänge

Tabelle 7.28 Grundwerte der Verbundspannung zul τ_1

Verbundbereich	zul σ_1 in N/mm² für Betonfestigkeitsklassen				
	B 15	B 25	B 35	B 45	B 55
I	1,4	1,8	2,2	2,6	3,0
II	0,7	0,9	1,1	1,3	1,5

und muß bei geraden Stabenden mindestens gleich 10 d_s, bei allen anderen Verankerungsarten mindestens gleich $d_{br}/2 + d_s$ sein (d_{br} s. Tab. **7.37**).

Das Grundmaß l_0 der Verankerungslänge berechnet man nach dieser Gleichung:

$$l_0 = \frac{d_s}{4 \cdot \text{zul}\,\tau_1} \cdot \frac{\beta_s}{\gamma}$$

d_s = Nenndurchmesser des Bewehrungsstabs
β_s = Streckgrenze des Betonstahls
γ = rechnerischer Sicherheitsbeiwert $\gamma = 1,75$
zul τ_1 = Grundwert der Verbundspannung nach Tab. **7.28**

Beispiel Geg. erf $A_s = 7{,}16$ cm² (Verbundbereich I), gew. 4 ⌀ 16 BSt IV S in B 25 (gerade Stabenden), vorh $A_s = 8{,}04$ cm²; ges. l_1

$$l_0 = \frac{d_s}{4 \cdot \text{zul}\,\tau_1} \cdot \frac{\beta_s}{\gamma} = \frac{16}{4 \cdot 1{,}8} \cdot \frac{500}{1{,}75} \left[\frac{\text{mm} \cdot \text{mm}^2 \cdot \text{N}}{\text{N} \cdot \text{mm}^2}\right] = 635 \text{ mm (nach Tab. 7.29} = 64 \text{ cm)}$$

$$\text{erf}\,l_1 = \alpha_1 \cdot \alpha_A \cdot l_0 = 1{,}0 \cdot \frac{7{,}16}{8{,}04} \cdot 635 \left[\frac{\text{cm}^2 \cdot \text{mm}}{\text{cm}^2}\right] = \mathbf{565 \text{ mm}}$$

In der Praxis wird die Berechnung oft mit Hilfe von Tabellen durchgeführt (7.29), die das Grundmaß l_0 der Verankerungslänge in Abhängigkeit vom Nenndurchmesser d_s und dem jeweiligen Verbundbereich angeben.

Tabelle 7.29 Grundmaß und Verankerungslänge BSt 500 S l_0 in cm

Nenndurchmesser d_s in mm	Verbundbereich	Betonfestigkeitsklasse				
		B 15	B 25	B 35	B 45	B 55
	I	$51{,}0\,d_s$	$39{,}7\,d_s$	$32{,}5\,d_s$	$27{,}5\,d_s$	$23{,}8\,d_s$
	II	$102\,d_s$	$79{,}4\,d_s$	$65{,}0\,d_s$	$55{,}0\,d_s$	$47{,}6\,d_s$
6	I	31	24	20	17	15
	II	62	48	39	33	29
8	I	41	32	26	22	18
	II	82	64	52	44	38
10	I	51	40	33	28	24
	II	102	80	65	55	48
12	I	62	48	39	33	24
	II	123	96	78	66	58
14	I	72	56	46	39	34
	II	143	112	91	77	67
16	I	82	64	52	44	38
	II	164	127	104	88	77
20	I	102	80	65	55	48
	II	204	159	130	110	98
25	I	128	100	82	69	53
	II	255	199	163	138	119
28	I	143	112	91	77	67
	II	286	223	182	154	134

Achtung! Die „offiziellen" Werte können aufgrund von Rundungen um ± 1 cm differieren.

Die Verankerung der Bewehrung kann an direkten Endauflagern und Zwischenlagern sowie an indirekten Auflagern erforderlich sein (7.30). Dabei ist zwischen der Verankerungslage in der Druckzone und der Zugzone zu unterscheiden. Auch die Schubbewehrung (Auf- und Abbiegungen) ist zu verankern. Dafür sind ausreichende Haftlängen erforderlich. Im Bereich der

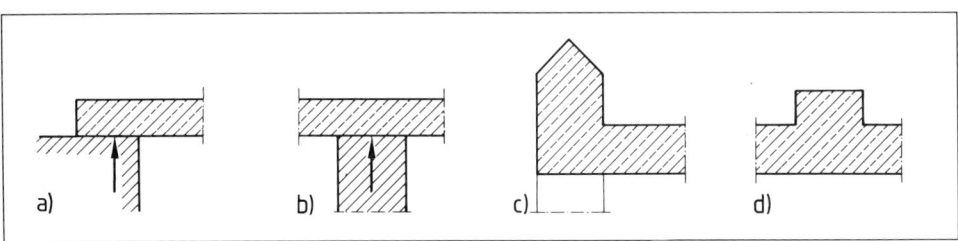

7.30 Auflagerarten
  a) direktes Endauflager, b) direktes Mittelauflager, c) indirektes Endauflager, d) indirektes Mittelauflager

Betonzugspannung beträgt die erf. Verankerungslänge $l_z = 1,3 \cdot \alpha_1 \cdot l_0$, im Bereich der Betondruckspannung $l_d = 0,6 \cdot \alpha_1 \cdot l_0$. Winkelhaken verbessern die Verankerung wesentlich. Bei Schubbewehrung und gestaffelter Bewehrung ist häufig die Verankerung außerhalb von Auflagern erforderlich (**7.31**). Dabei ist zu beachten, daß bei Balken maximal ⅔, bei Platten maximal ½ der Feldbewehrung vor dem Endauflager auslaufen dürfen.

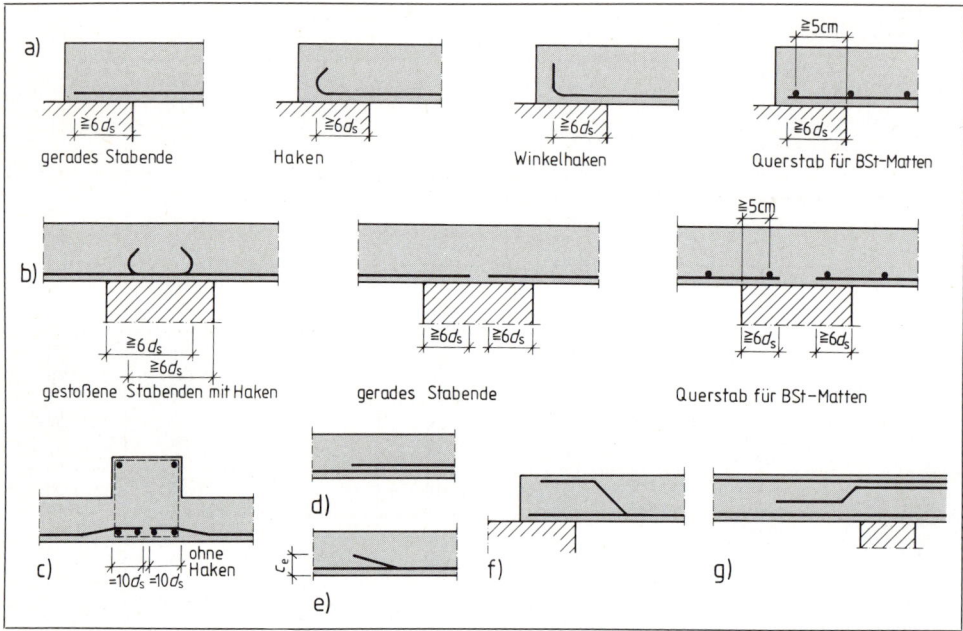

7.31 Verankerung
a) an direkten Endauflagern, b) an direkten Mittelauflagern, c) an indirekten Auflagern, d) im Feld durch freie Stabenden, e) im Feld durch Einschwenken der Stabenden, f) durch Haftlängen für Schubaufbiegung, g) durch Haftlängen für Schubabbiegung

Da Listenmatten in ihrem Aufbau den individuellen Wünschen der Auftraggeber und somit den speziellen Erfordernissen jedes einzelnen Bauteils entsprechend hergestellt und geliefert werden können, ist bei ihnen kaum zweilagige Bewehrung erforderlich. Der höhere Kaufpreis kann, besonders bei Abnahme größerer Stückzahlen der einzelnen Matten, durch Einsparung an Verschnitt und Entfallen von Stößen leicht wettgemacht werden.

> Die Verankerung der Betonstähle ist für die Verbundwirkung von größter Bedeutung.
> Die Verankerungslänge ist abhängig von der Art der Verankerung, der Stahlsorte, Lage der Bewehrung, Betondruckfestigkeit und Auflagersituation.
> Die Verankerungslängen müssen nach DIN 1045 genau berechnet werden.

7.4.4 Stöße von Betonstählen

Beim Bewehrungszeichnen ist zu beachten, daß Stabstähle in 12 und 14 m Länge, Betonstahlmatten in 5 und 6 m Länge als Lagermatten mit 2,15 m Breite im Handel sind. Stöße sind daher häufig unvermeidbar. Wirtschaftlich geplante Schnittlängen ergeben geringen Verschnitt.

Direkte und indirekte Stoßverbindungen. Bewehrungsstöße können als indirekte Stoßverbindungen (wobei der Beton an der Kraftübertragung beteiligt ist) und als direkte Stoßverbindung (wobei die Kraft allein im Stahl übertragen wird) hergestellt werden. Zu den direkten Stoßverbindungen zählen der Kontaktstoß, das Verschweißen und Verankern, z. B. durch Verschraubung. Als indirekte Stoßverbindung bezeichnet man die Übergreifungsstöße für Stabenden, die gerade sind oder in Schlaufen, Haken oder Winkelhaken enden. Auch die Stoßverbindung durch angeschweißte Querstäbe zählt zu den indirekten Verbindungen.

Der Kontaktstoß ist nur als Druckstoß zugelassen. Alle anderen Stöße können sowohl für Zugstöße als auch für Druckstöße verwendet werden (7.32).

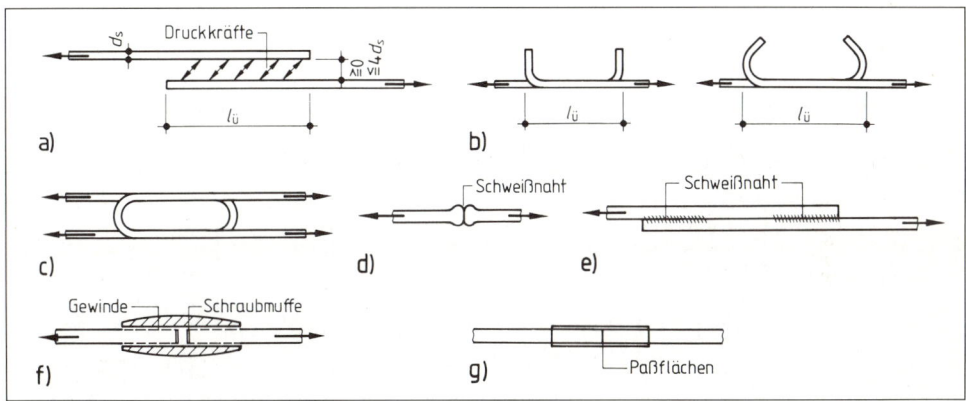

7.32 Zug- und Druckstöße
   indirekt
   a) durch Übergreifungslänge $l_ü$
   (Draufsicht, nur für gerippte Stähle)
   b) durch Übergreifungsstöße mit Haken
   c) durch Schlaufen

   direkt
   d) durch Stumpfschweißung
   e) durch geschweißten Übergreifungsstoß
   f) durch Muffenstoß (Preß- oder Schraubmuffen)
   g) durch Kontaktstoß (nur für Druckstäbe)

Die Übergreifungslängen $l_ü$ sind für Zug- und Druckstöße von Betonstabstählen unterschiedlich zu berechnen. Die Mindestüberdeckungen von Zugstößen ersehen Sie aus Bild 7.33. Sie gelten, wenn die Berechnung der Übergreifungslänge $l_ü$ im Einzelfall geringere Werte ergeben sollte.

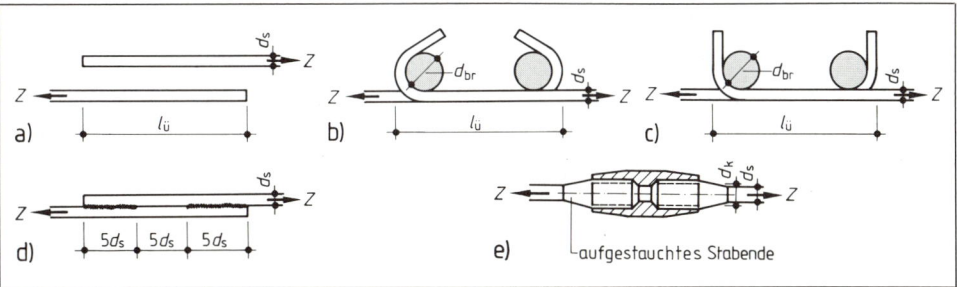

7.33 Mindestüberdeckung von Zugstößen
   a) Überdeckungsstoß gerader Stähle $l_ü \geq 15\,d_s \geq 20$ cm, b) Überdeckungsstoß mit Haken $l_ü \geq 1{,}5\,d_{br} \geq 20$ cm, c) Überdeckungsstoß mit Winkelhaken $l_ü \geq 1{,}5\,d_{br} \geq 20$ cm, d) geschweißter Überdeckungsstoß $d_s \geq 14$ mm, e) Gewindemuffenstoß d_k (Gewindekern-$\varnothing$) $\geq d_s$

Die Übergreifungslängen für Zugstöße der am häufigsten vorkommenden Betonstahlmatten sind in Tabelle 7.34 zusammengefaßt.

Tabelle 7.34 Übergreifungslänge $l_ü$ von zugbeanspruchten geschweißten Betonstahlmatten aus gerippten Stäben

Mattenstoß		Übergreifungslänge $l_ü$ in cm				
Stababstände in mm	Stabdurchmesser in mm	Betonfestigkeitsklasse				
		B 15	B 25	B 35	B 45	B 55
150	5,0	28	22	18	15	13
	6,0	34	26	21	18	16
	6,5	36	29	23	20	17
	7,0	39	31	25	21	18
150	5,5 d	44	34	28	24	21
	6,0 d	48	37	30	26	22
	6,5 d	53	42	34	29	25
	7,0 d	62	49	40	34	29
	7,5 d	73	57	46	39	34
100	6,5 d	70	55	45	38	33
	7,0 d	81	63	51	44	38
	7,5 d	113	89	72	61	53
	8,0 d	142	112	91	77	67
	8,5 d	175	137	112	94	82
Beiwert α_0 für Verbundbereich I		51	40	32,5	27,5	24
Beiwert $\alpha_{üm} = 0,5 + \dfrac{a_s}{7} \begin{array}{l}\geq 1,1 \\ \leq 2,2\end{array}$		Beiwert $\alpha_1 = 1,0$				

Tabelle 7.35 Erf. Übergreifungslänge $l_ü$

Stabdurchmesser der Querbewehrung d_s in mm	Erforderliche Übergreifungslänge $l_ü$ in cm
≤ 6,5	≥ 15
> 6,5 ≤ 8,5	≥ 25
> 8,5 ≤ 12,0	≥ 35

Für die Verteilerstöße der Matten gibt es Mindestübergreifungslängen (7.35).

> Stöße von Betonstählen können als direkte oder indirekte Stoßverbindungen ausgeführt werden. Man unterscheidet Druck- und Zugstoßverbindungen.
>
> Die Übergreifungslängen müssen genau berechnet werden.

7.4.5 Betondeckung

Eine ausreichende Betondeckung ist für den Korrosionsschutz der Bewehrung unerläßlich. Sie ist sowohl vom Durchmesser der verwendeten Bewehrung als auch von den voraussehbaren Umweltbedingungen abhängig. Die Tabelle 7.36 gibt die Mindestmaße min c der Betondeckung an. Den statischen Berechnungen ist jedoch das Nennmaß nom c zugrunde zu legen. Dieses Nennmaß wird auch auf den Bewehrungsplänen angegeben. Ggf. ist die Betondeckung weiter zu erhöhen, z. B. um einen ausreichenden Brandschutz zu gewährleisten.

Bei bewehrtem Beton B 15 darf nom c keinesfalls kleiner als 2,5 cm sein.

Tabelle 7.36 Mindestmaße min c und Nennmaße nom c der Stahleinlagen

	Umweltbedingungen Bauteile	Stabdurch- messer d_s in mm	Mindestmaße für $\geq$ B 25 min c in cm	Nennmaße für $\geq$ B 25 nom c in cm
1	– in geschlossenen Räumen, z. B. in Wohnungen (einschließlich Küche, Bad und Waschküche), Büroräumen, Schulen, Krankenhäusern. Bauteile, die ständig trocken sind.	bis 12 14, 16 20 25 28	1,0 1,5 2,0 2,5 3,0	2,0 2,5 3,0 3,5 4,0
2	–, zu denen die Außenluft häufig oder ständig Zugang hat, z. B. offene Hallen und Garagen. –, die ständig unter Wasser oder im Boden verbleiben, soweit nicht Zeile 3 oder Zeile 4 oder andere Gründe angegeben sind. Dächer mit einer wasserdichten Dachhaut für die Seite, auf der die Dachhaut liegt.	bis 20 25 28	2,0 2,5 3,0	3,0 3,5 4,0
3	– im Freien. – in geschlossenen Räumen mit oft auftretender, sehr hoher Luftfeuchte bei üblicher Raumtemperatur, z. B. in gewerbl. Küchen, Bädern, Wäschereien, in Feuchträumen von Hallenbädern, Viehställen. –, die wechselnder Durchfeuchtung ausgesetzt sind, z. B. durch häufige starke Tauwasserbildung oder in der Wasserwechselzone. –, die „schwachem" chemischem Angriff nach DIN 4030 ausgesetzt sind.	bis 25 28	2,5 3,0	3,5 4,0
4	–, die korrosionsfördernden Einflüssen auf Stahl oder Beton ausgesetzt sind, z. B. durch häufige Einwirkung angreifender Gase oder Tausalze (Sprühnebel-, Spritzwasserbereich) oder durch „starken" chemischen Angriff nach DIN 4030	bis 28	4,0	5,0

Stahleinlagen im Beton werden durch ausreichende Betondeckung vor Korrosion geschützt.
Die Betondeckung ist vom Durchmesser der Bewehrung und von den Umweltbedingungen abhängig. Sie ist eine wichtige Angabe im Bewehrungsplan.

7.4.6 Biegerollendurchmesser

Betonstähle müssen häufig gebogen werden, um ihre Aufgaben der Spannungsübernahme oder Verankerung zu erfüllen. Beim Biegen auf der Biegemaschine werden die Betonstähle um eine Biegerolle herumgebogen. Je kleiner der Durchmesser der Biegerolle ist, um so mehr muß der Bewehrungsstab innen gestaucht und außen gestreckt werden. Bei zu kleinen Biegerollen können hierbei so große Spannungen auftreten, daß es zur Rißbildung kommt. Deshalb machen größere Stahldurchmesser entsprechend größere Biegerollendurchmesser erforderlich. Für Auf-

Tabelle 7.37 Mindestwerte der Biegerollendurchmesser d_{br}

Haken, Winkelhaken, Schlaufen, Bügel	Stabdurchmesser d_s in mm	< 20	Betonstahlsorte BSt 500 S BSt 500 M
		< 20	$4\,d_s$
		20 bis 28	$7\,d_s$
Aufbiegungen und andere Krümmungen von Stäben (z. B. in Rahmenecken)[1]	Betondeckung (Mindestmaß) rechtwinklig zur Krümmungsebene	> 5 cm und > $3\,d_s$	$15\,d_s$[2]
		$\leq$ 5 cm oder $\leq 3\,d_s$	$20\,d_s$

[1] Werden die Stäbe mehrerer Bewehrungslagen an einer Stelle abgezogen, sind die entsprechenden Werte für die Stäbe der inneren Lagen mit 1,5 zu multiplizieren.

[2] Verminderung auf $10\,d_s$ erlaubt, wenn die Betondeckung rechtwinklig zur Krümmungsebene und der Abstand der Stäbe mindestens 10 cm und mindestens $7\,d_s$ betragen.

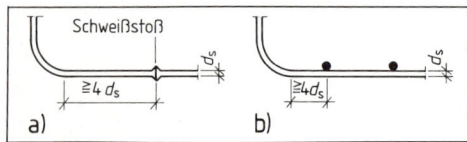

7.38 Entfernung einer Biegestelle von einem
a) Schweißstoß
b) angeschweißten Querstab

biegungen sind größere Durchmesser erforderlich als für Bügel, Haken, Winkelhaken und Schlaufen (7.37).

Bei geschweißten Bewehrungsstäben ist ein Mindestabstand vom Beginn der Krümmung bis zur Schweißstelle einzuhalten (7.38) – sonst muß ein Biegerollendurchmesser von $20\,d_s$ gewählt werden.

> Betonstähle dürfen beim Biegen nicht reißen. Die Biegerollendurchmesser sind von dem Stahldurchmesser und der Art der Aufbiegung abhängig. Sie sind im Bewehrungsplan anzugeben (Stempel).

7.4.7 Biegezugbewehrung

Grundsätzlich ist die Biegezugbewehrung so zu führen, daß die Zugkraftlinie an jeder beliebigen Stelle des Bauteils abgedeckt ist. Unter Zugkraftlinie versteht man die um das Versatzmaß v verschobene Momentenlinie (s. Fachrechnen für Bauzeichner). v kann bei Platten und Balken mit Schubbewehrung vereinfacht mit 0,75facher statischer Höhe h, bei Platten ohne Schubbewehrung mit 1facher statischer Höhe h angenommen werden. (Statische Höhe = Abstand von Oberkante Bauteil bis zur Achse der Biegezugbewehrung.)

Die Zugkraftdeckung wird von der maximal in der Mitte erforderlichen Bewehrung aus nach beiden Seiten hin abgestuft. Wenn z. B. in der Mitte eines Balkens 9 Stahldurchmesser vorhanden sein müssen und zur ausreichenden Verankerung an den Auflagern noch ⅓ = 3 Durchmesser nötig sind, können die restlichen 6 Durchmesser mit unterschiedlichen Längen entsprechend der abnehmenden Biegezugkraft gestaffelt verlegt werden. Diese zeichnerische Darstellung heißt Zugkraftdeckungslinie (7.39). Für die erforderliche Verankerung der Stähle sind die Anfangspunkte A_n und die Endpunkte E_n ausschlaggebend. Die Bewehrungslängen sind von diesen rechnerischen Punkten aus um das Maß der erforderlichen Verankerungslängen zu vergrößern.

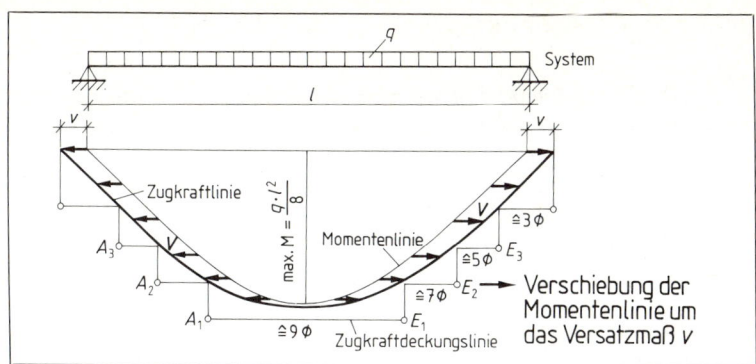

7.39
Momentenlinie und Zugkraftlinie bei reiner Biegung

Unter Zugkraftdeckungslinie versteht man die zeichnerische Darstellung der gestaffelten Biegezugbewehrung. Die Verankerungslängen sind den rechnerisch erforderlichen Längen hinzuzuschlagen.

Aufgaben zu Abschnitt 7.1 bis 7.4

1. Nennen Sie die Rohdichten von Leicht-, Normal- und Schwerbeton.
2. Was bedeutet die Bezeichnung B 35?
3. Geben Sie Betone mit besonderen Eigenschaften und Beispiele für ihre Anwendung an.
4. Verdeutlichen Sie die stufenweise Vereinfachung von Bewehrungszeichnungen.
5. Welcher Beanspruchung unterliegen Stützen und Wände?
6. Geben Sie Grundsätze für das Zusammenwirken von Bewehrung und Beton an.
7. Erklären Sie an Beispielen den Unterschied zwischen flächigen und stabförmigen Bauteilen.
8. Skizzieren Sie Betonstahlmatten und -gruppen in herkömmlicher und vereinfachter Darstellung.
9. Welche Mindestabstände sind bei parallellaufenden Betonstählen einzuhalten?
10. Von welchen Faktoren ist die Verankerung der Betonstähle abhängig?
11. Nennen und skizzieren Sie direkte und indirekte Stoßverbindungen.
12. Beschreiben Sie die Bedeutung der Betondeckung für die Bewehrung.
13. Zeichnen Sie die M-Fläche für einen Balken, der ein $\max M$ von 80 kNm aufnehmen muß (Parabelkonstruktion für $l = 5{,}0$ m). Mit dem Versatzmaß von 30 cm konstruieren Sie die Zugkraftlinie. Als Bewehrung sind 6 $\varnothing$ 14 vorgesehen. Zeichnen Sie die Zugkraftdeckungslinie (zweimal gestaffelt).

7.5 Stahlbetonbauteile

Der Baustoff Stahlbeton ist praktisch unbegrenzt einsetzbar. Er erlaubt die Ausführung ganzer Bauwerke aus einem einzigen Baustoff. Deshalb gibt es auch alle vorkommenden Bauteile aus Stahlbeton – Decken, Balken, Stützen und Wände. Ihre Konstruktion hängt von den zu erfüllenden Aufgaben und der Beanspruchung ab (s. Abschn. 7.3).

7.5.1 Stahlbetondecken

Geschoß- und Dachdecken haben die Aufgabe, Lasten aufzunehmen und an die Unterkonstruktion weiterzuleiten. Außerdem dienen sie als Raumabschluß. Deshalb müssen sie den Anforderungen des modernen Bautenschutzes gerecht werden. Wesentlich ist auch ihre aussteifende Wirkung in Gebäuden, besonders in Skelett-Bauweisen. Stahlbetondecken können bei verhältnismäßig geringer Konstruktionshöhe große Spannweiten überbrücken. Die Auflagerung kann linienförmig (z. B. auf Wänden) oder punktförmig (z. B. auf Stützen) erfolgen.
Wir unterscheiden Plattendecken, Balkendecken und Mischformen. Plattendecken und Mischformen können örtlich hergestellt werden, aber auch ganz oder teilweise aus Fertigteilen bestehen. Balkendecken bestehen zumindest zum Teil aus Fertigteilen.

> Decken dienen zur Aussteifung der Gebäude. Sie erfüllen raumabschließende und kraftableitende Funktionen.
> Es gibt Platten- und Balkendecken sowie Mischformen.
> Die Auflagerung kann linien- oder punktförmig erfolgen.

Stahlbetonvollplatten sind unten und oben ebene Decken (Massivplatten). Ihre Abmessungen und die vorhandene bzw. mögliche Unterstützung bedingen die Spannrichtung.
Bei annähernd quadratischen Abmessungen wird man die zweiachsig gespannte Decke der einachsig gespannten vorziehen. Bei stark voneinander abweichenden Rechteckabmessungen hat die zweiachsige Lastabtragung dagegen wenig Nutzen (**7.40**). Bei zwei gegenüberliegenden Auflagern können die Lasten nur einachsig abgetragen werden. Sind dagegen zwei winklig zueinander stehende oder mehr Auflager vorhanden, ist die zweiachsige Lastabtragung möglich (**7.41**). Beide Systeme können als Ein- und Mehrfelddecken ausgeführt werden. Außerdem lassen sich die Spannweisen in mehrfeldrigen Systemen miteinander kombinieren (**7.42**). Einachsig gespannte Kragarme können immer angehängt werden.

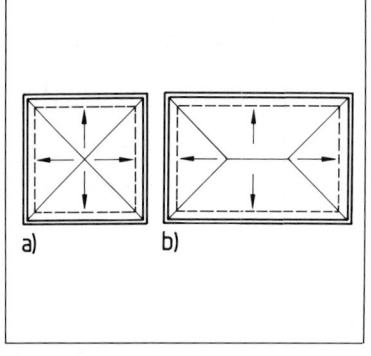 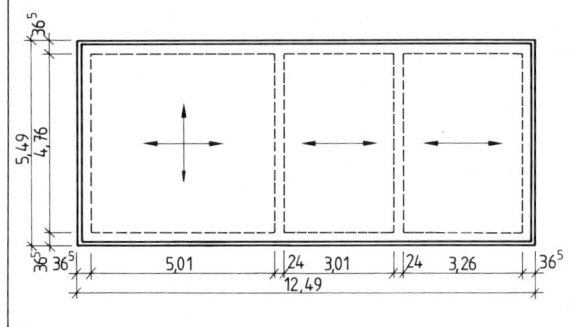

7.40 Lastabtragung bei Massivdeckenplatten
a) quadratisches Feld
b) rechteckiges Feld

7.41 Ein- und zweiachsig gespannte Mehrfelddecke mit Tragrichtungssymbol (s. Tab. **1.**19)

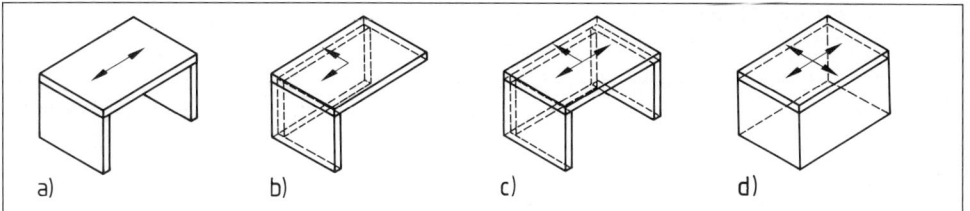

7.42 Ein- und zweiachsig gespannte Decken in Abhängigkeit von der Auflagersituation

> Der Statiker hat die Aufgabe, die geeignete Spannweise zu wählen und unter Berücksichtigung der auftretenden Lasten die Decke zu bemessen.
> Der Bauzeichner muß mit Hilfe des Positionsplans und der Bemessung die Bewehrungszeichnungen herstellen.

Bewehrung. Decken werden überwiegend mit Betonstahlmatten bewehrt. Hierfür stehen viele Lagermatten zur Verfügung. Einachsig gespannte Decken werden in der Regel mit R-Matten, zweiachsig gespannte Decken mit Q-Matten bewehrt. Stöße sind so anzuordnen, daß Dreifachlagen vermieden werden.

Entsprechend der unterschiedlichen Beanspruchung der Decken in Feldmitte und im Auflagerbereich kann auch die Bewehrung unterschiedlich (gestaffelt) ausgeführt werden. Soll die Bewehrung zweilagig verlegt werden, ist das Versetzen der Stöße noch wichtiger, da sich sonst vierfache Lagen von Matten ergäben (**7.43**). Die zweilagige Bewehrung besteht aus zwei verschieden langen Matten übereinander (Hauptbewehrung und Zulagematte) oder aus zwei gleichen Matten, die verschränkt verlegt werden („Gestaffelte Bewehrung", **7.23**).

Bei Bauvorhaben mit großen Stückzahlen gleicher Mattengrößen und -querschnitte kann man auch Listenmatten einsetzen. Sie sind in der Regel bis zu 12 m Länge und 3,0 m Breite lieferbar. Gegenüber den Lagermatten entfallen hier das Ablängen und jeglicher Verschnitt; dafür sind sie teurer. Weil sie nahezu unbegrenzt einsatzfähig sind, setzen sie sich gegenüber den Lagermatten immer stärker durch.

Außerdem gibt es Zeichnungsmatten, die vom Auftraggeber unter Hereingabe einer Bestellzeichnung an das Werk bestellt werden.

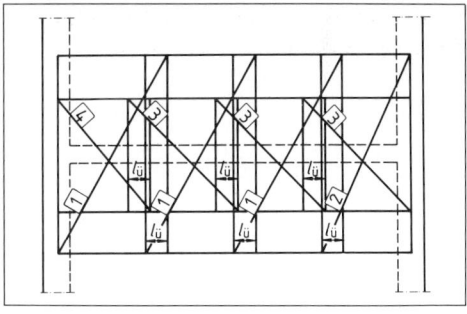

7.43 Zweilagige Bewehrung mit versetzten Stößen

Listen- und Zeichnungsmatten werden meist objektbezogen gefertigt und geliefert.
Vereinzelt kann auch die gesamte Bewehrung aus Stabstahl erforderlich sein. Neben der Hauptbewehrung ist dann eine ausreichende Verteilerbewehrung vorzusehen (mindestens 20%). Dagegen sind Zulagen aus Stabstahl in einer Decke recht häufig, z. B. bei größeren Aussparungen oder deckengleichen Unterzügen.

Für die Zeichenpraxis. Die untere und die obere Bewehrung sind getrennt darzustellen (**7.44**, **7.45**). Konstruktive Bewehrung (Rand- oder Rißbewehrung, Zulagen und Verteiler) ist zu ergänzen. Zu den Verlegeplänen sind Schneideskizzen anzufertigen (**7**.46). Stahlauszüge und Betonstahllisten sind gegebenenfalls auf dem Bewehrungsplan zu erstellen.

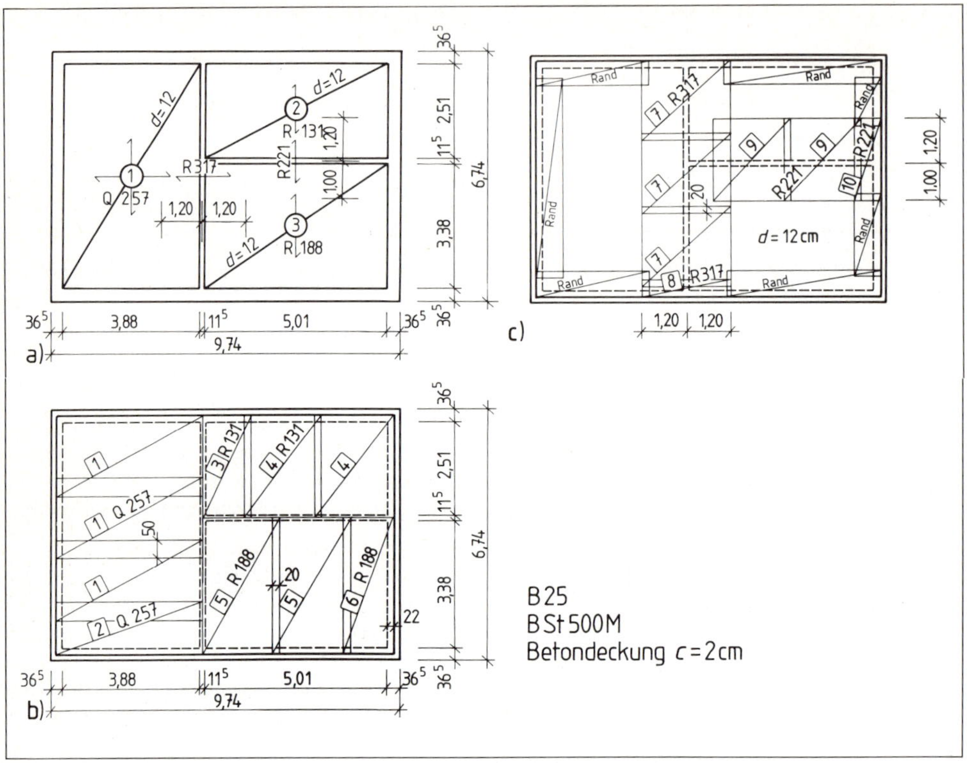

7.44 Bewehrung einer Kellerdecke mit Positionsplan
a) Positionsplan, b) untere Bewehrung, c) obere Bewehrung

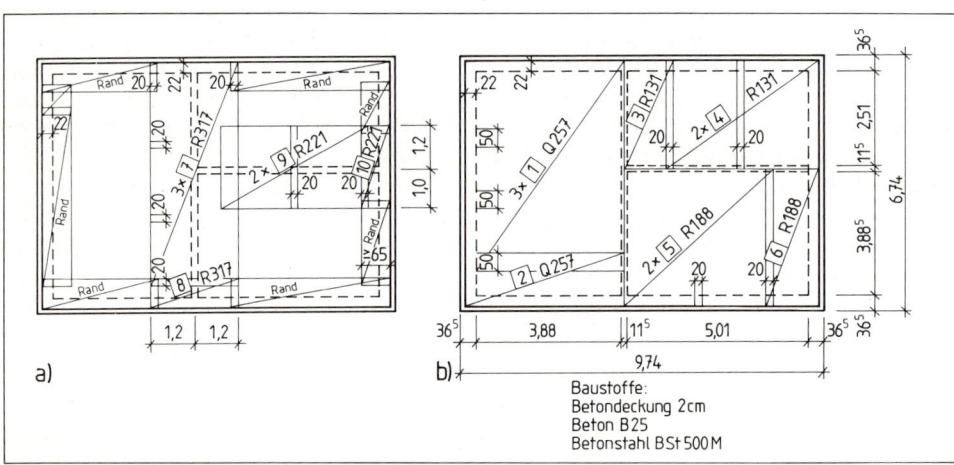

7.45 Bewehrungsplan Kellerdecke in gruppenweiser Zusammenfassung
a) obere, b) untere Bewehrung M 1:100 m, cm

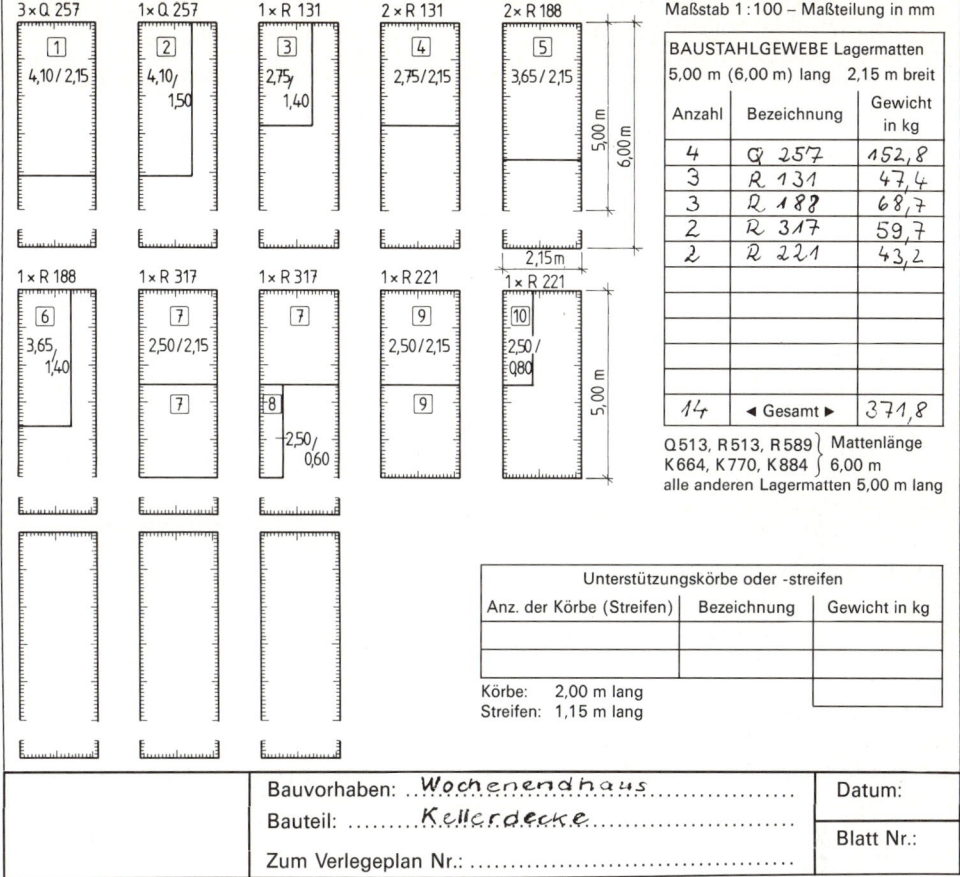

7.46 Schneideskizze

Abstandhalter sichern die Lage der Bewehrung. Sie sind vom Bauzeichner in ausreichender Menge vorzusehen. Zur Lagesicherung der unteren Bewehrungslage werden punktförmige Abstandhalter verwendet. Dies waren früher fast ausschließlich Betonklötzchen mit der Dicke der erforderlichen Betondeckung, die mit Drähten an die Matten angebunden wurden. Heute verwendet man zunehmend Kunststoffabstandhalter, die an der Bewehrung festgeklemmt werden. Je m² Mattenbewehrung sind mindestens 4 Stück Abstandhalter erforderlich.

Zur Sicherung der oberen Bewehrungslage verwendet man meist vorgefertigte **Unterstützungsböcke**, deren Füße korrosionsgeschützt sind. Dieses Böcke unterstützen die oben liegende Bewehrung linienförmig. Der Abstand der Unterstützung richtet sich nach der Durchbiegung der Matten, d. h. nach dem Stabdurchmesser. Matten mit dünnen Durchmessern müssen häufiger unterstützt werden als Matten mit größeren Einzelstabdurchmessern (**7.47** auf S. 214). Die erforderliche Gesamtanzahl wird in die Schneideskizze eingetragen.

> Stahlbetonvollplatten (Massivdecken) können einachsig und zweiachsig gespannt sein.
> Als Bewehrung werden vorzugsweise Matten verwendet. Die untere und obere Bewehrung werden getrennt dargestellt und sind durch Schneideskizzen zu ergänzen.

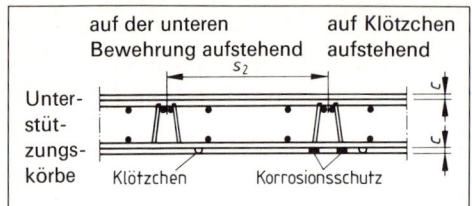

⌀ Trag-stäbe	punktförmige Abstandhalter		linienförmige Abstandhalter	
	max s_1	St./m²	max s_2	lfm/m²
bis 6 mm	50 cm	4	50 cm	2
8 bis 14 mm	50 cm	4	70 cm	1,4
über 14 mm	70 cm	2	100 cm	1

7.47 Menge der Abstandhalter

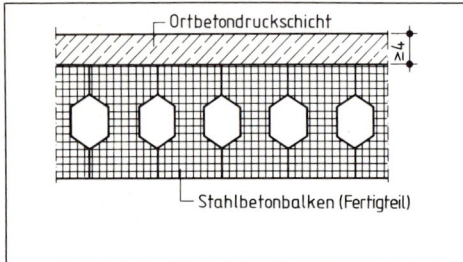

7.48 Balkendecke ohne Zwischenbauteile

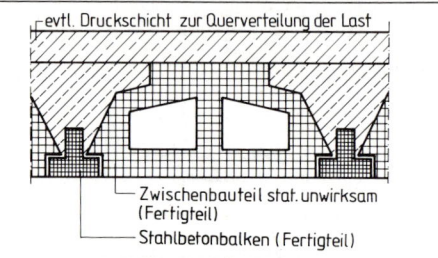

7.49 Balkendecke mit Zwischenbauteilen

Balkendecken bestehen aus einzelnen Balken, die dicht nebeneinander verlegt und mit einer mindestens 4 cm dicken Schicht aus Überbeton versehen werden. Der Überbeton erhält eine Querbewehrung, die für die ausreichende Querverteilung der Lasten auf mehrere Balken sorgt und dadurch unterschiedliche Durchbiegungen der Balken verhindert (**7.48**).

Eine andere Art der Balkendecke wird mit Zwischenbauteilen hergestellt. Dabei verlegen wir die Balken mit gleichbleibendem Achsabstand (häufig 50 oder 62,5 cm). Der Querschnitt des Balkens ist so gewählt, daß er genügend Auflager für die Zwischenbauteile bietet. Die Zwischenbauteile sind meist Fertigteile aus Leichtbeton, können aber auch aus Stahlbeton oder gebranntem Ton bestehen. Die Balken sind so ausgelegt, daß sie die Last eines Balkenfelds aufnehmen. Die Zwischenbauteile sind statisch unwirksam. Auch bei dieser Deckenart ist das Aufbringen einer Ortbetondruckschicht empfehlenswert, aber nicht nötig (**7.49**).

Bei den Balkendecken entfällt das aufwendige Einschalen; eine einfache Unterstützungskonstruktion reicht aus. Balken und Zwischenbauteile sind schnell und leicht zu verlegen. Sie werden deshalb gern bei kleineren Baustellen mit minimaler Baustelleneinrichtung gewählt.

> Bei den Balkendecken sind nur die einzelnen Balken statisch wirksam. Zwischenbauteile und Ortbetonschicht verteilen die Lasten auf die benachbarten Balken.
>
> Balkendecken verwendet man häufig bei kleinen Bauvorhaben.

Plattenbalkendecken. Wenn große Spannweiten zu überbrücken sind, wird eine Massivdecke infolge ihrer erforderlichen Dicke und damit der Eigenlast unwirtschaftlich. Daraus folgt, daß Zwischenauflager eingeplant werden müßten. Wände kommen dafür aber oft nicht in Frage, z. B. in großen überschaubaren oder befahrbaren Räumen. Deshalb baut man Unterzüge als Auflager. Wenn die Unterzüge so konstruiert werden, daß sie mit den Deckenplatten zusammenwirken, sprechen wir von einer Plattenbalkendecke (**7.50**).

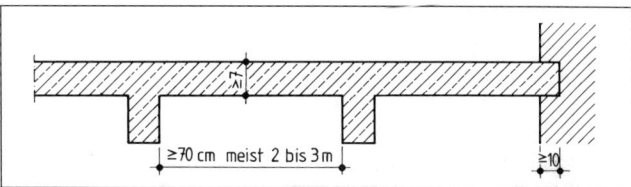

7.50 Plattenbalkendecke

In Haupttragrichtung wirken die Balken, die Deckenplatten sorgen für die Abtragung der Lasten in Nebentragrichtung und wirken gleichzeitig im Zusammenhang mit dem Balken. Die mitwirkende Plattenbreite b_m kann vereinfacht mit einem Drittel der Feldstützweite angesetzt werden (**7.51**). Der Plattenbalken ist statisch günstig, weil in seinem oberen Teil für die Druckkraftaufnahme der verhältnismäßig große Deckenquerschnitt zur Verfügung steht und die Zugkraftaufnahme durch die Bewehrung im Steg erfolgt.

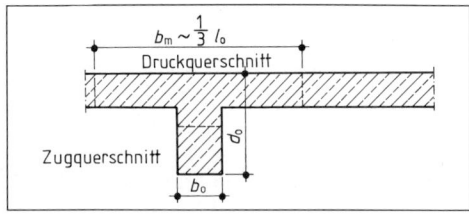

7.51 Mitwirkende Plattenbreite b_m

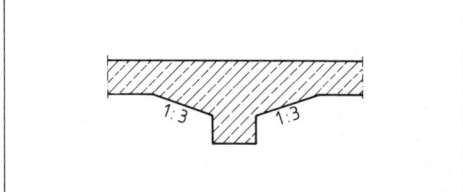

7.52 Voute

Vouten erweitern die Druckzone und verringern die rechnerische Plattenstützweite (**7.52**). Der verringerte Stahlbedarf zahlt sich des höheren Schalungsaufwands wegen jedoch selten aus. Jedoch verbessern Vouten die Krafteinleitung und das Zusammenwirken von Balken und Platte.

> Plattenbalken sind durch das Zusammenwirken von Balken und Platte statisch günstige Systeme, die große Stützweiten überbrücken können. Sie finden überwiegend im Industriebau und bei Parkhäusern Anwendung.

Bei Rippendecken handelt es sich im Prinzip um Plattenbalkendecken mit geringeren Abmessungen (**7.53**). Sie können ein- oder zweiachsig gespannt werden. Einachsig gespannte Rippendecken erfordern eine Mindestquerbewehrung von 3 ⌀ 4,5. Die Bewehrung in den Längsrippen ist gleichmäßig zu verteilen, Bügel sind erforderlich. Zweiachsig gespannte Rippendecken nennt man (wegen ihrer Untersicht) Kassettendecken (**7.54** auf S. 216).

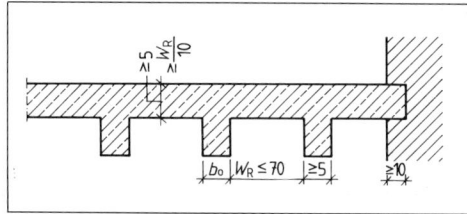

7.53 Rippendecke

Bei Rippendecken ist der Schalungsaufwand beträchtlich. Deshalb verwendet man besonders gern Stahlschalung. Eine andere Möglichkeit besteht in der Anordnung von Füllkörpern (Zwischenbauteilen). Sie können statisch wirksam sein, also z. T. mittragen. Dann erfordern sie keine Ortbetonplatte. Sie können aber auch statisch unwirksam sein und wirken dann wie eine verlorene Schalung. Außerdem sorgen sie für eine glatte Deckenuntersicht.

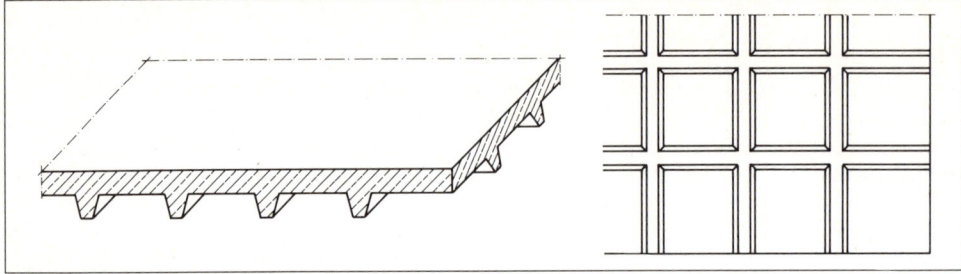

7.54 Kassettendecke (Isometrie und Untersicht)

Rippendecken mit Füllkörpern gleichen den Balkendecken mit Zwischenbauteilen. Rippen und Zwischenbauteile sind oft Fertigteile.

> Rippendecken sind Plattenbalkendecken mit kleineren Abmessungen. Sie können ein- oder zweiachsig gespannt sein.
> Füllkörper erleichtern das Einschalen.

Pilzdecken heißen Deckenplatten, die punktförmig auf Stützen aufgelagert sind. Sie werden gewählt für große, leicht überschaubare Räume. Die Plattendicke muß mindestens 15 cm betragen. Um eine Lastabtragung auf die Stütze zu gewährleisten, sind stets kreuzweise bewehrte Platten erforderlich. Bei punktförmiger Auflagerung besteht die Gefahr des Durchstanzens. Dies verhindert man durch einen breiteren S t ü t z e n k o p f (Pilzkopf). Er vergrößert die Durchstanzfläche und damit den Widerstand gegen das Durchstanzen (**7.55**a). Dieser a u ß e n l i e g e n d e n Stützenkopfverstärkung verdankt die Deckenart ihren Namen. In Frage kommt auch eine entsprechende Bewehrung zwischen Stützenkopf und aufliegender Deckenplatte (innenliegende Stützenkopfverstärkung, **7.55** b).

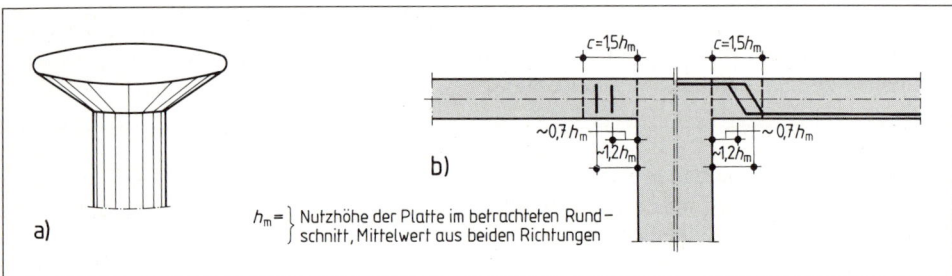

7.55 Stützenkopfverstärkung
  a) außenliegend (Pilzkopf), b) innenliegend (nach DIN 1045)

Außenliegende Stützenkopfverstärkungen erfordern einen erhöhten Schalungsaufwand, innenliegende mehr und schwierigere Bewehrung sowie unter Umständen eine dickere Deckenplatte.

> Pilzdecken sind punktförmig auf Stützen gelagert, zweiachsig gespannte Deckenplatten. Außen- oder innenliegende Stützenkopfverstärkungen verhindern das Durchstanzen der Decke.

7.5.2 Stahlbetonbalken

Wie wir in Abschnitt 7.3 gesehen haben, sind Platten und Balken hinsichtlich der Beanspruchung vergleichbar. Nur sind Balken aufgrund ihres meist höheren Querschnitts besser in der Lage, konzentrierte Lasten aufzunehmen. Der häufigste Balkenquerschnitt ist der Rechteckquerschnitt. Es kommen aber auch T-förmige, trapezförmige und hohle Querschnitte vor. Stahlbetonbalken können als Ein- und Mehrfeldbalken ausgeführt werden. Kragarme sind möglich. Werden Balken im Zusammenhang mit Platten geschüttet, spricht man je nach Anordnung des Balkens von Unter- bzw. Überzügen. Oft sind auch versteckte, das heißt deckengleiche Balken erforderlich (**7**.56).

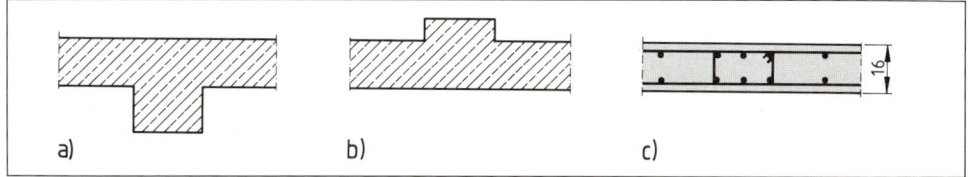

7.56 Balken im Zusammenhang mit Platten
  a) Unterzug, b) Überzug, c) deckengleicher Balken

Die Auflagerung am End- und Zwischenauflager ist für die Bewehrung wesentlich. Man unterscheidet hier, wie im übrigen auch bei den Decken, zwischen freier Auflagerung und voller oder teilweiser Einspannung. Die Auswirkung verdeutlichen wir uns anhand der Verformung (Durchbiegung) unter Belastung (**7**.57). Während bei freier Lagerung nur unten im Feld Biegezugspannungen auftreten, sind bei teilweiser bzw. voller Endeinspannung auch oben an der Einspannstelle Zugkräfte zu berücksichtigen. Dagegen wirkt sich Einspannung am Mittenauflager spannungsmindernd aus.

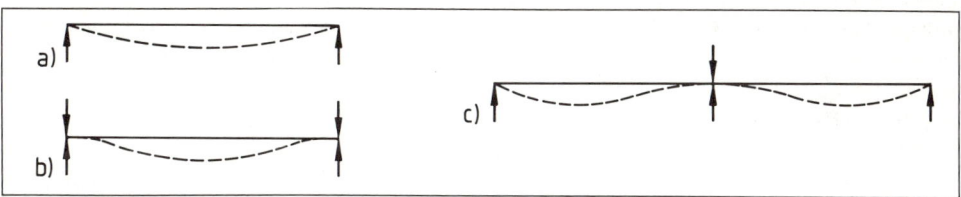

7.57 Auswirkung der Auflagersituation auf die Bewehrung
  a) frei drehbares Endauflager, b) eingespanntes Endauflager, c) eingespanntes Mittelauflager

---

Balken dienen als Unterfangung für Strecken- oder Punktlasten. Am häufigsten ist der Rechteckquerschnitt.
Man unterscheidet Ein- und Mehrfeldbalken sowie Balken mit Kragarmen.

Bei den Einfeldbalken gibt es statisch bestimmte Systeme mit und ohne Kragarm sowie statisch unbestimmte Systeme. Statisch unbestimmt sind die Systeme, bei denen zumindest an einem Auflager eine Einspannung (z. B. durch aufliegendes Mauerwerk) gegeben ist. Die Bemessung der Balken nimmt der Statiker vor. Er berechnet die Feld- und Einspannbewehrung, gibt auch die erforderlichen Bügel mit ihren Abständen und Neigungen sowie eventuellen Aufbiegungen an. Aus diesen Angaben ist der Bewehrungsplan herzustellen. Montagestähle sind nach Erfordernis zu wählen und anzugeben (**7**.58).

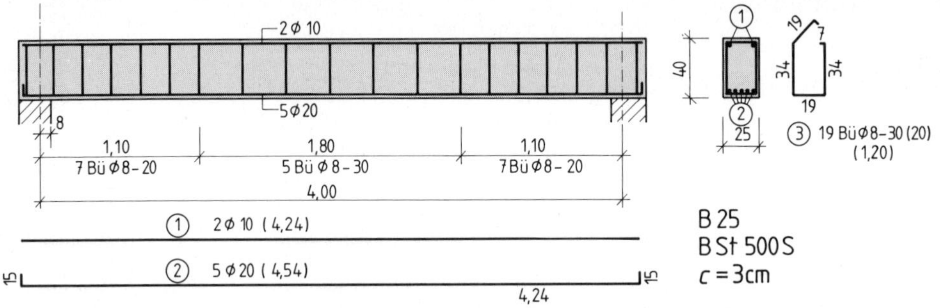

Pos.	∅	Stück-zahl	Länge: Einzel	Gesamt-Längen									
				∅ 8 BSt. IV S	∅ 10 BSt. IV S	∅ 20 BSt. IV S	∅ BSt.	∅ BSt.	∅ BSt.	∅ BSt.	∅ BSt.	∅ BSt.	∅ BSt.
1	10	2	4,24		8,48								
2	20	5	4,54			22,70							
3	8	19	1,30	24,70									
Σ lfd. m				24,70	8,48	22,70							
Gewicht		in kg/m		0,395	0,617	2,466							
Ges.-Gew.		in kg	IV S	9,757	5,232	59,978		70,967 kg					
Ges.-Gew.		in kg	–										

7.58 Bewehrungsplan für Einfeldbalken (mit Betonstahlliste)

Für die Zeichenpraxis. Die Bewehrungszeichnung muß neben dem Längen- und Querschnitt mit allen statischen Positionen und den Positionen der Montagestähle auch den Stahlauszug enthalten und durch eine Betonstahlliste ergänzt werden. Gleiche Bügelformen mit wechselnden Biegelängen werden in X-Listen dargestellt (**7**.59).

Form X	Anzahl	Länge X in cm	Länge Y in cm	Länge Einzel in cm	Länge Gesamt in cm
1	1	50	35	190	190
2	1	52	37	198	198
3	1	54	39	206	206
:	:	:	:	:	:
10	1	68	53	262	262
11	6	70	55	270	1620
				Σ L =	3880

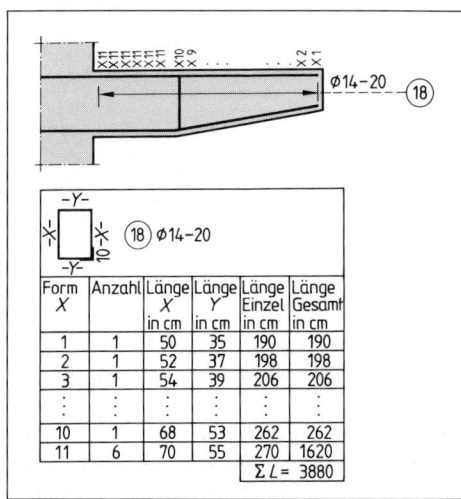

7.59 X-Liste für Bügel

Auch Mehrfeldbalken können statisch bestimmte oder unbestimmte Systeme sein. Bei durchlaufenden Balken lassen sich Beton- und Stahlquerschnitt besser nutzen als bei Einfeldbalken, weil sie im oberen wie auch im unteren Balkenteil Biegezugkräfte aufnehmen und die sonst erforderlichen Montagestähle bereits einen Teil der statisch erforderlichen Bewehrung ausmachen. Manchmal liegen über den Stützen noch die aus der Feldbewehrung aufgebogenen Stähle, die als obere Bewehrung mit in Ansatz gebracht werden können. Die Hauptbewehrung liegt im Feld unten und über den Stützen oben. Falls Einspannbewehrung an den Auflagern nötig ist, liegt sie ebenfalls oben – sonst wird konstruktiv Randbewehrung vorgesehen (**7**.60).

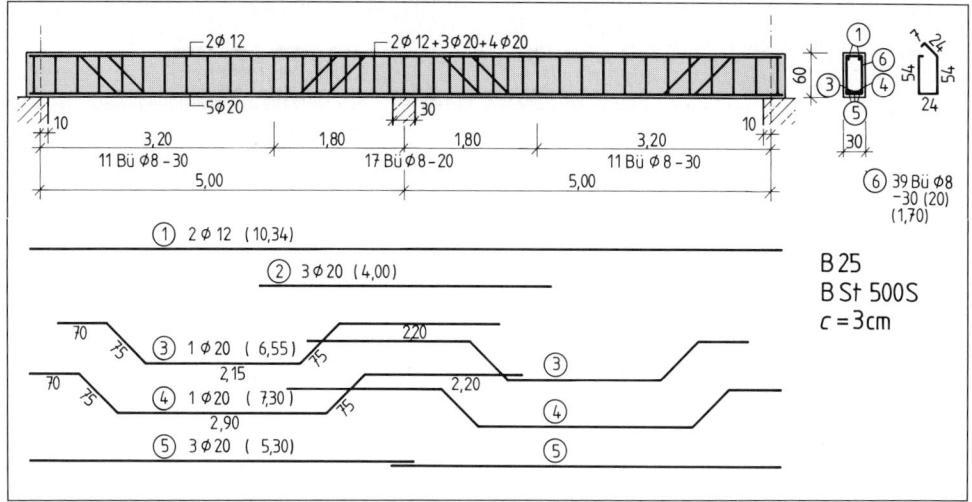

7.60 Bewehrungsplan für Zweifeldbalken

Kragbalken können sich an Ein- und Mehrfeldbalken anschließen bzw. durch ausreichende Auflast (z. B. aus Mauerwerk) gehalten werden. Unten ist konstruktive Bewehrung vorzusehen! Die ausreichende Verankerung der Zugbewehrung ist sehr wichtig (7.61).

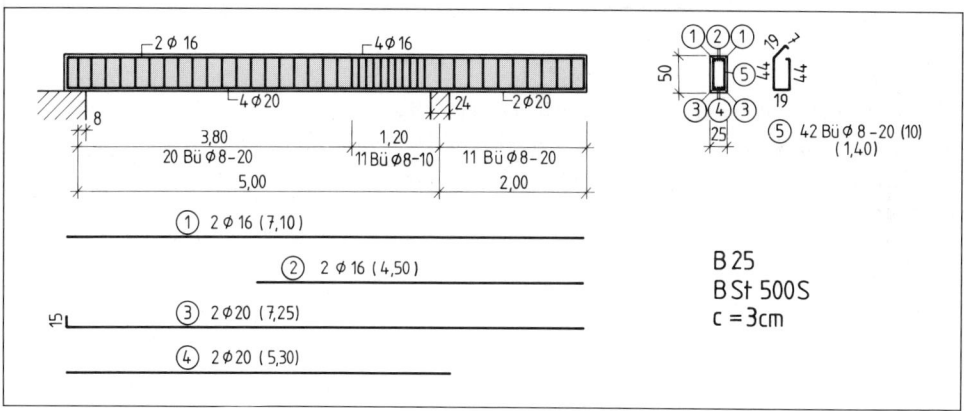

7.61 Bewehrungsplan für Kragbalken

7.5.3 Stahlbetonstützen

Stahlbetonstützen sind hochbeanspruchte Druckglieder mit verschiedenen Querschnittsformen. Bei rechteckigen Stützen darf eine Seite höchstens fünfmal so groß sein wie die andere Seite ($b \leq 5\,d$). Bei $b > 5\,d$ handelt es sich um Wände.

Zu unterscheiden sind bügelbewehrte und umschnürte Druckglieder. Die Druckkräfte werden zum größten Teil vom Beton aufgenommen. Längsstäbe sind erforderlich, um dem Beton durch die Verbundwirkung mehr Halt zu geben und evtl. auftretende Biegezugspannungen aufzunehmen. Durch die Verbundwirkung sind sie ebenfalls an der Druckaufnahme beteiligt. Bügel- bzw.

Spiralbewehrung ist unbedingt erforderlich, da sonst die überschlanken Längsstähle ausknicken würden. Außerdem nehmen sie die Querzugkräfte auf.

Bügelbewehrte Stützen müssen nach DIN 1045 einen Mindestquerschnitt haben, der von dem Herstellungsort und der Querschnittsform abhängt (7.62). Die Bewehrung besteht aus mindestens 4 Längsstäben, die mit geschlossenen Bügeln zu versehen sind. Auch für die Längsbewehrung gibt es in der DIN Mindestdurchmesser, die von den Querschnittsabmessungen abhängen (7.63).

Tabelle 7.62 Mindestdicken bügelbewehrter, stabförmiger Druckglieder

Querschnittsform	stehend hergestellte Druckglieder aus Ortbeton in cm	Fertigteile und liegend hergestellte Druckglieder in cm
Vollquerschnitt, Dicke	20	14
Aufgelöster Querschnitt, z. B. I-, T- und L-förmig (Flansch- und Stegdichte)	14	7
Hohlquerschnitt (Wanddicke)	10	5

Tabelle 7.63 Mindestdurchmesser d_{sl} der Längsbewehrung

Kleinste Querschnittsdicke der Druckglieder in cm	Mindestdurchmesser d_{sl} in mm
< 10	8
$\geq$ 10 bis < 20	10
$\geq$ 20	12

Die Bewehrung ist vorzugsweise in den Querschnittsecken zu verlegen. Bei Bedarf können bis zu 5 Stähle je Ecke angeordnet werden (7.24). Der Abstand der Längsstähle untereinander darf 30 cm nicht überschreiten. Jedoch gilt bei Stützenquerschnitten bis zu 40/40 cm je Ecke ein Stahl als ausreichend, obwohl 30 cm dabei überschritten werden können (7.64). Sind außerhalb der Ecken Längsstähle erforderlich, sind sie durch Zwischenbügel zu sichern (7.65).

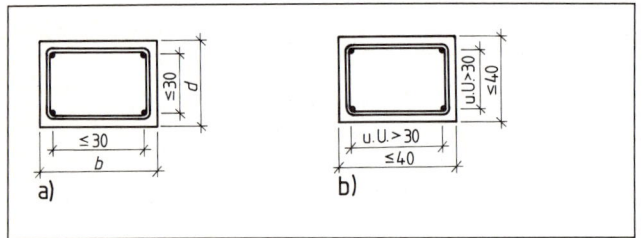
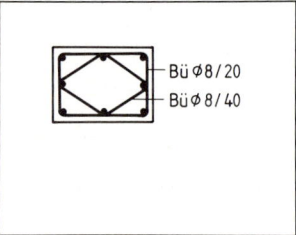

7.64 Abstände der Längsstähle im Stützenquerschnitt
    a) Regelfall, b) Ausnahme

7.65 Anordnung von Zwischenbügeln

Die Bügelbewehrung muß bei Stabstahl einen Durchmesser von mindestens 5 mm haben. Sind Längsstähle von mindestens 20 mm zu umschließen, darf der Bügeldurchmesser 8 mm nicht unterschreiten. Bei Verwendung von Bügelmatten beträgt der Mindestdurchmesser 5 mm. Der Abstand der Bügel untereinander richtet sich nach den Stützenabmessungen und dem Längsstabdurchmesser (7.66). Zwischenbügel dürfen im doppelten Abstand angeordnet werden. Bessere Verankerung erreicht man durch engeres Verlegen der Bügel am Stützenkopf und -fuß (7.67).

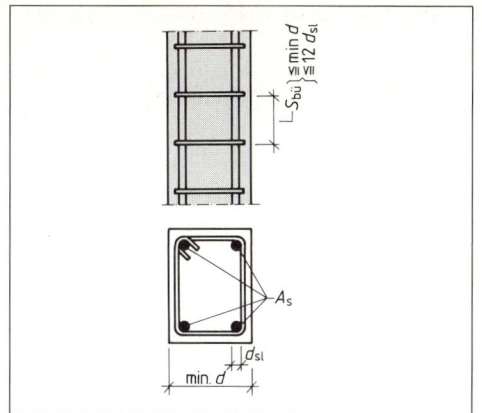

7.66 Bügelabstände

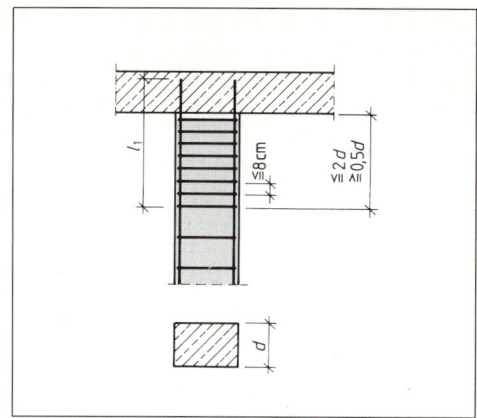

7.67 Bügelanordnung am Stützenkopf
(bessere Verankerung)

> Bügelbewehrte Stützen müssen mindestens 4 Längsstähle haben. Sie sind mit geschlossenen Bügeln gegen Ausknicken zu sichern.

Umschnürte Stützen sind Druckglieder mit kreisförmigem oder regelmäßig vieleckigem Querschnitt. Bei dieser Stützenform werden die Längsstähle durch eine spiralförmige Verbügelung gehalten, sozusagen umschnürt. Dadurch verbessert sich die Tragfähigkeit der Stütze wesentlich. Der Kerndurchmesser muß bei Ortbeton mindestens 20 cm, bei Fertigteilen mindestens 14 cm betragen (**7.68**). Die Bewehrung besteht aus mindestens 6 Stabstählen, die gleichmäßig auf dem Umfang zu verteilen sind. Die Mindestdurchmesser gelten wie für bügelbewehrte Stützen.

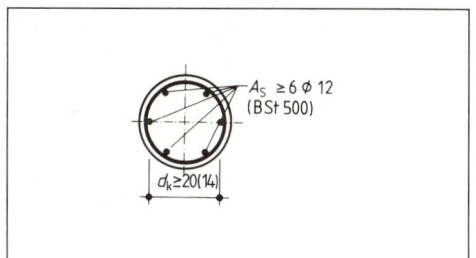

7.68 Umschnürte Säule, Kerndurchmesser und Mindestbewehrung

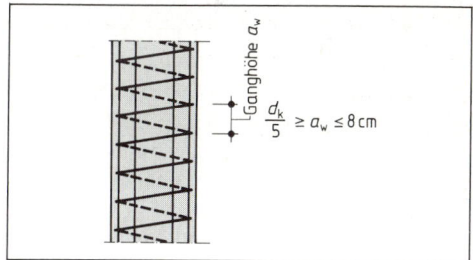

7.69 Umschnürte Säule, Ganghöhe

Die Wirksamkeit der Umschnürung ist von der Ganghöhe der Wendelung abhängig. Sie darf keinesfalls größer als 8 cm bzw. ein Fünftel des Kerndurchmessers sein (**7.69**). Bei Anschlüssen zwischen zwei Wendelungen sind Winkelhaken nach innen anzuordnen. Eine weitere Möglichkeit des Anschlusses besteht im Zusammenschweißen.

> Die Bewehrung der umschnürten Druckglieder besteht aus mindestens 6 Längsstäben, die durch eine Wendelbewegung gehalten werden. Die Ganghöhe darf 8 cm bzw. ein Fünftel des Kerndurchmessers nicht überschreiten.

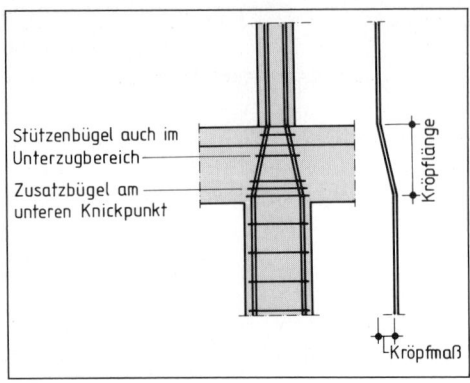

7.70 Gekröpfte Bewehrung bei Mehrgeschoßstützen

Stützen über mehrere Geschosse kommen häufig vor. Sie werden durch Anschlußbewehrung verbunden, wobei die erforderlichen Übergreifungslängen einzuhalten sind. DIN 1045 sieht für Druckstöße aber auch ausdrücklich Schweißstöße ohne besondere Verbindungsmittel vor.

Bei wechselnden Stützenquerschnitten von Geschoß zu Geschoß muß die Anschlußbewehrung gekröpft werden (**7.70**). Die Knickpunkte im Kröpfungsbereich sind durch Zusatzbügel ausreichend zu sichern. Die Kröpflänge soll mindestens 10mal so groß sein wie das Kröpfmaß.

7.5.4 Stahlbetonwände

Hier wollen wir Geschoßwände und Stützwände betrachten.

Geschoßwände sind ebenso wie Stützen Bauteile, die überwiegend auf Druck beansprucht werden. Sie haben viele Aufgaben zu erfüllen. Es gibt tragende, nichttragende und aussteifende Wände.

Tragende Wände müssen je nach Lage lotrechte und/oder waagerechte Lasten aufnehmen. Sie sind in vorgeschriebenen Abständen gegen Knicken auszusteifen.
Als aussteifende Querwände können tragende wie auch nichttragende Wände herangezogen werden.
Nichttragende Wände nehmen keine Deckenlasten auf. Sie dienen zur Raumaufteilung oder als Windscheibe zum Weiterleiten von Horizontalkräften auf die nächste tragende Wand.

Nach der Knickaussteifung unterscheiden wir zwei-, drei- und vierseitig gehaltene Wände. Neben aussteifenden Wänden sind auch Deckenscheiben oder ausreichend steife Stützen als unverschiebliche Halterung der Wände anzusehen.

Bei tragenden Wänden müssen die Mindestdicken nach DIN 1045 eingehalten werden (**7.71**). Nichttragende Wände müssen mindestens 8 cm dick sein. Bei schlanken Wänden ist die Knicksicherheit nachzuweisen. Sie hängt ab von der Wandhöhe, Wanddicke und Art der Lagerung. Die beidseitige Bewehrung der Wände muß in Tragrichtung bei Einzelstabbewehrung mindestens einen Durchmesser von 8 mm haben. Der Höchstabstand beträgt 20 cm. Bei Betonstahlmatten aus BSt 500 M ist der Mindestdurchmesser von 5 mm einzuhalten.

Tabelle 7.71 **Mindestwanddicke für tragende Wände**

Festigkeitsklasse des Betons	Herstellung	Mindestwanddicken für Wände aus			
		unbewehrtem Beton		Stahlbeton	
		Decken über Wänden		Decken über Wänden	
		nicht durchlaufend in cm	durchlaufend in cm	nicht durchlaufend in cm	durchlaufend in cm
ab B 15	Ortbeton	14	12	12	10
	Fertigteil	12	10	10	8

Als Querbewehrung sind mindestens 20% der Hauptbewehrung einzuplanen, bei BSt III je Meter mindestens 3 ⌀ 6, bei BSt IV je Meter mindestens 3⌀4,5. Wahlweise können auch entsprechend mehr Stäbe kleineren Durchmessers gewählt werden, wobei der Gesamtquerschnitt des Stahls nicht geringer sein darf.

Die äußere und die innere Bewehrungslage ist durch S-Haken oder Steckbügel an mindestens 4 Stellen je m² zu verbinden. Außen-, Haus- und Wohnungstrennwände erhalten außerdem eine umlaufende Ringankerbewehrung von mindestens 2 ⌀ 12. An allen anderen freien Rändern sind Eckstäbe anzuordnen, die durch Steckbügel gesichert werden (**7.72**).

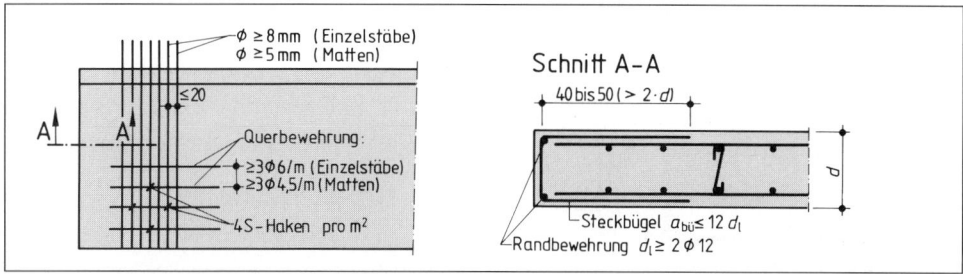

7.72 Mindestbewehrung für Stahlbetonwände

Geschoßwände aus Stahlbeton können tragende, nichttragende oder aussteifende Wände sein. Die Mindestbewehrung ist in DIN 1045 vorgeschrieben.

Stützwände werden überwiegend senkrecht zur Fläche beansprucht z. B. bei Geländeversprüngen zur Aufnahme des Erddrucks. Wasseransammlungen hinter der Stützwand erhöhen die Belastung und sind darum zu vermeiden (z. B. durch Dränung). Der Fuß muß so ausgebildet sein, daß die Wand von den horizontalen Kräften weder verschoben noch umgekippt werden kann. Dazu ist außer der Biegebemessung auch der Nachweis der Gleit- und Kippsicherheit erforderlich. Auch bei den Stützwänden können wir uns anhand der Verformung durch Lasteinwirkung klarmachen, wo Biegezugspannungen auftreten (**7.73**). Daraus folgt die Lage der erforderlichen Bewehrung (**7.74** auf S. 224).

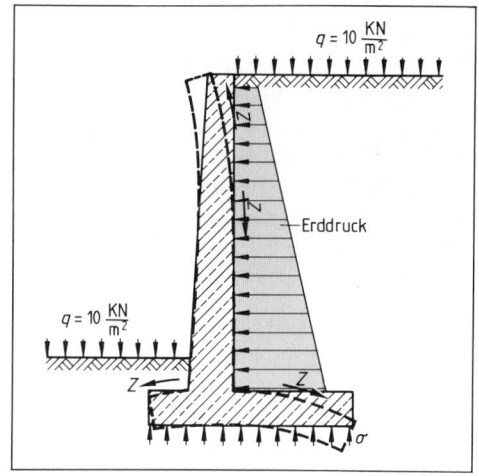

7.73 Angreifende Lasten und Verformungszustand bei einer Stützwand

---

Stahlbetonstützwände sichern Geländeversprünge. Sie werden auf Biegung beansprucht und entsprechend bewehrt.

Die erforderliche Gleit- und Kippsicherheit erreicht man durch biegesteife Verbindung zwischen Wand und Fuß und eine geeignete Form des Fußes.

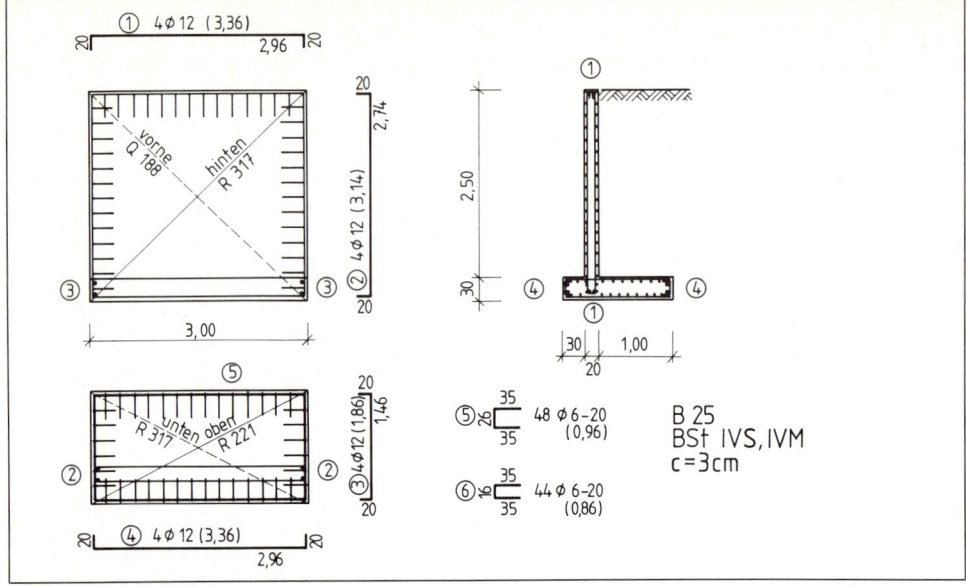

7.74 Bewehrung einer Winkelstützmauer

Aufgaben zu Abschnitt 7.5

1. Skizzieren Sie je eine typische Balken- und Plattendecke.
2. Zeichnen Sie die Lastabtragung bei quadratischen und rechteckigen Deckenplatten.
3. Zeichnen Sie die Deckenspannrichtung für eine dreiseitig gehaltene Loggienplatte.
4. Wie nehmen Plattenbalkendecken Spannungen auf?
5. Wie erfolgt die Aufnahme der Biegedruck- und Biegezugspannungen in einer Plattenbalkendecke?
6. Was versteht man unter der mitwirkenden Plattenbalkenbreite?
7. Welche Vor- und Nachteile erzielt man durch die Anordnung von Vouten bei Plattenbalken?
8. Skizzieren Sie eine Rippendecke und geben Sie Mindestabmessungen an.
9. Wodurch unterscheiden sich Kassettendecken von Rippendecken?
10. Was sind Pilzdecken?
11. Beschreiben Sie Möglichkeiten der Stützenkopfverstärkung bei Pilzdecken.
12. Skizzieren Sie die Verformung eines Zweifeldbalkens unter Belastung und geben Sie daraus die Lage der Hauptbewehrung an.
13. Welche Spannungen werden überwiegend von den Längsstählen, welche von den Bügeln aufgenommen?
14. Warum ist der Bügelabstand in Auflagernähe oft kleiner als im Balkenfeld?
15. Erklären Sie den Unterschied zwischen bügelbewehrten und umschnürten Stützen.
16. Geben Sie die Mindestabmessungen und Mindestbewehrung für bügelbewehrte und umschnürte Stützen an.
17. Erläutern Sie die Aufgaben von tragenden, nichttragenden und aussteifenden Wänden in einem Gebäude.
18. Skizzieren Sie mögliche Belastungsfälle einer Kelleraußenwand.
19. Welche Aufgaben erfüllen Stahlbetonstützwände?
20. Nennen Sie Maßnahmen, die zur Erhöhung der Gleit- und Kippsicherheit beitragen.

7.6 Schalung

Schalungen dienen als Form für den Beton. Je nach Bauteil und seiner gewünschten Oberfläche sind die verschiedensten Schalungskonstruktionen möglich und nötig. Neben der Formgebung und Oberflächengestaltung fallen der Schalung aber noch mehr Aufgaben zu.

- Sie muß die Last des Frischbetons aufnehmen und darf sich dabei nicht wesentlich verformen. Je nach Verdichtungsart (Innenrüttler, Außenrüttler) erhöht sich der Druck des Betons auf die Schalung erheblich.
- Die Schalung muß außerdem sehr dicht sein, um ein Ausfließen des Feinmörtels zu verhindern. Sonst bilden sich häßliche Kiesnester, die die Tragfähigkeit und Widerstandsfähigkeit gegen Witterungseinfluß entscheidend verringern (**7**.75).

7.75 Schadstelle infolge undichter Schalung

Aus der Grundstufe wissen wir, daß sich eine Schalungskonstruktion aus Schalhaut, Verbindungsmitteln und Unterstützungskonstruktion mit erforderlichen Aussteifungen zusammensetzt. Weil der Arbeits- und Materialaufwand für Schalungsarbeiten sehr hoch ist, kommt es darauf an, die jeweils geeignete Schalungskonstruktion für die verschiedensten Bauteile zu planen. Dabei hat man die Wahl zwischen Großflächenschalung, Raumschalung, Sonderschalung und Schalung in handwerklicher Ausführung.

> Schalung besteht aus Schalhaut, Verbindungsmitteln, Unterstützungskonstruktion und Aussteifungen.
>
> Der Schalungsdruck muß ohne Veränderung der Maßgenauigkeit und Oberflächenbeschaffenheit sicher aufgenommen werden.

Die Schalung in handwerklicher Ausführung ist am arbeitsintensivsten. Dennoch kommt ihr auch heute noch besondere Bedeutung zu. Als Bauzeichner müssen wir über grundlegendes Wissen verfügen (s. Baufachkunde 1), um die Schalpläne zeichnen und den Materialbedarf berechnen zu können.

Schalpläne gehören zu den Ausführungszeichnungen. Sie enthalten die Darstellung der Betonkonstruktion im geplanten Endzustand und ihre vollständige Bemaßung (**7**.76). Schalpläne werden nur selten gezeichnet. Daneben gibt es Schalungspläne, die die Schalungskonstruktion darstellen. Sie dienen als Hilfe für die Bauausführenden und werden daher auch nur von der bauausführenden Firma zum Eigengebrauch angefertigt.

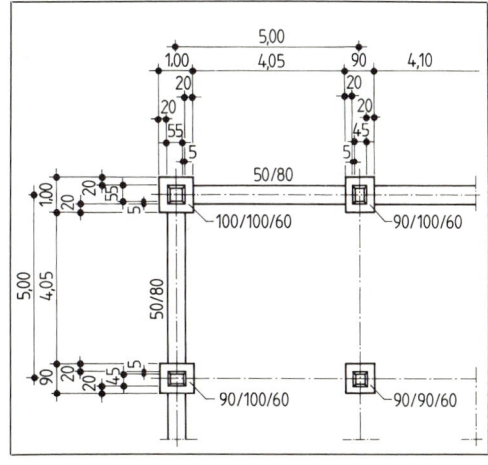

7.76 Schalplan (Auszug Fundamentplan)

Treppenschalung. Ortbetontreppen lassen sich vorteilhaft mit Holz einschalen (**7.77**). Zuerst werden die Podeste geschalt, danach die Rüstung und Abstützung für die Laufplatte zwischen die Podeste eingeschnitten und die Schalhaut aufgebracht. Auf der Seitenschalung wird das Stufenprofil aufgerissen, an der Treppenhauswand eine Stufenlehre befestigt. Zwischen beiden setzt man die Stirnbretter ein und versteift sie gegen seitliches Ausweichen.

Für Fertigteiltreppen setzt man vorgefertigte Treppenschalungen ein. Verwendet werden Ganzstahl- und Stahl/Sperrholzausführungen sowie starre und verstellbare Schalungen. Mit den letzteren lassen sich Treppenläufe mit 25 bis 31 cm Auftritt, 16 bis 19,5 cm Steigung und einer Laufplattendicke bis 25 cm herstellen.

Nach dem Ausschalen sind in jedem Treppenhaus Sicherungen gegen den Absturz von Personen zu treffen.

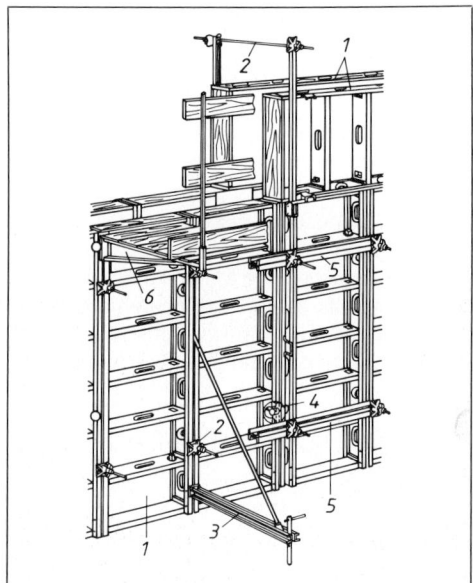

7.77 Treppenschalung

7.78 Leichtschalung
 1 Schalelement
 2 Spannanker
 3 justierbare Kippsicherung
 4 Stoßverbindung
 5 zusätzliches Richt- und Aussteifungsprofil
 6 Auslegerkonsole für Arbeitsgerüst

Systemschalung. Die Schalungsarbeiten haben den höchsten Anteil an den Lohnkosten der Betonbaustelle. Modernes Schalungsgerät hilft rationalisieren. Deshalb werden immer mehr Systemschalungen verwendet, die in großer Vielfalt auf dem Markt sind. Sie unterscheiden sich nur geringfügig. Die Entscheidung für ein System hängt von der Größe und Art des Bauvorhabens ab.

Systemschalungen werden aus vorgefertigten, industriell hergestellten Schalungselementen gebaut. Die Systeme sind so durchgebildet, daß man mit ihnen nicht nur gleichartige Bauteile mit großen Abmessungen, sondern auch schwierige Schalungsaufgaben bewältigen kann (**7.78**). Sie zeichnen sich durch hohe Einsatzhäufigkeit, lange Lebensdauer, leichtes Montieren, Abbauen und Umsetzen aus.

Für die Unterkonstruktion kommen sowohl Stahl- und Aluminiumprofile als auch Vollwand- und Fachwerkträger aus Holz zum Einsatz. Für die Schalhaut verwendet man Stahlbleche oder Schalungsplatten aus Holzwerkstoffen. Diese werden auf kastenartigen Längs- und Querprofilen aus Stahl befestigt. Ihre Oberflächen erhalten eine Phenolharzfilm-Beschichtung, die zusätzlich mit einem Faservlies verstärkt sein kann. Dies erleichtert das Ausschalen und Reinigen und sichert eine längere Lebensdauer (70 bis 100 Einsätze). Außerdem ergeben sich betontechnische Vorteile, wie glatte Fläche (Sichtbeton) und dichtes Oberflächengefüge des Betons.

> Zu den Systemschalungen gehören Großflächen-, Raum- oder Tunnel- sowie Modulschalungen. Außerdem gibt es Sonderschalungen (Gleit- und Kletterschalung).
> Durch den Einsatz von Systemschalungen spart man Lohn- und Materialkosten.

Bei Großflächenschalungen bilden die Unterstützung und eine großflächige Schalhaut ein biegefestes und formstabiles Schalelement. Mit solchen Schalungen können Wände und Decken eingeschalt werden. Die Hersteller von Großflächenschalungen bieten passend zu ihren Systemen alle erforderlichen Arbeits- und Schutzgerüste an. Diese lassen sich einfach mit den Schalelementen zu sicheren Konstruktionen verbinden und sorgen so für die erforderliche Sicherheit der Arbeiter und der Passanten (**7**.79). Wir unterscheiden Träger- und Rahmentafelschalungen.

a) b)

7.79 a) Wandschalung mit Arbeitsbühne, b) Deckenschalung

Bei Trägerschalungen besteht die Unterstützung aus senkrecht angeordneten Vollwand- und/oder Gitterträgern aus Holz und der quer zu den Trägern liegenden Stahlgurtung. Sie ist im unteren und oberen Drittel der Trägerschalung befestigt.

Rahmentafelschalungen bestehen aus Stahlrahmen mit aussteifenden Querprofilen und aufgeschraubter Großflächen-Schalungsplatte. Bei leichten Schalungen fertigt man Rahmen und Querprofile aus Aluminium.

Mit beiden Schalungen lassen sich mit wenigen Standardelementen wechselnde Wandhöhen und -längen einschalen. Besonders ausgebildete Kupplungen sorgen für eine fugendichte, zug- und druckfeste Verbindung der Elemente. Für das Schalen von Innen- und Außenecken und für den Längenausgleich stehen Zusatzelemente zur Verfügung. Aufgrund ihrer hohen Biegefestigkeit und Formstabilität sind die Elemente hohen Schalungsdrücken gewachsen. Entsprechend niedrig ist der Anteil an Spannteilen. In der Regel werden für die Verspannung Schalungsanker mit Schraubenverschluß benutzt (**7**.80).

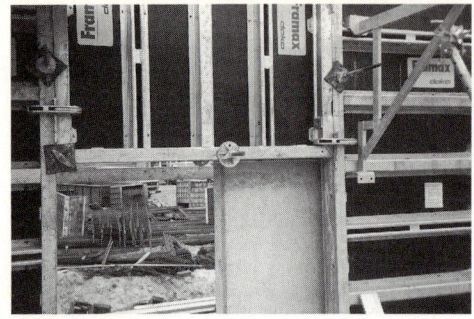

Bei Deckenschalungen unterscheiden wir Stützen- und Schubladenschaltische.

Beim Stützenschaltisch besteht die Unterstützung aus einer fahr- und verstellbaren Rahmenkonstruktion, die sich durch Rohrverbinder beliebig aufstocken läßt. Fußspindel ermöglichen ein genaues Justieren der Höhe. Als Abschluß dienen Kopfplatten (Holz- oder Stahlträger), die jeweils die Schalhaut tragen. Zum Ausschalen und Umsetzen wird der Schaltisch hydraulisch abgesenkt und mit Hilfe eines Seilgehänges umgesetzt.

7.80 Kupplungen und Verspannung

Beim Schubladenschaltisch lagert die Deckenschalung auf Wandkonsolen, die mit Spannschrauben in den dafür vorgesehenen Wandaussparungen befestigt werden. Die Auflast der Deckenschalung wird so direkt in die Wand geleitet; der unter der Deckenschalung liegende Raum bleibt frei von Stützen. Die Wandkonsolen sind höhenjustierbar und haben Rollen, so daß der Schaltisch wie eine Schublade nach außen gerollt und dort vom Kran zum Versetzen übernommen werden kann.

> Mit Großflächenschalungen werden Wände und Decken eingeschalt. Für Wände setzt man Träger- und Rahmentafelschalungen, für Decken dagegen Stützen- und Schubladenschaltische ein. Im Industrie- und Wohnungsbau mit genormten Grundrissen wird durch den Einsatz großflächiger Schalungen eine hohe Wirtschaftlichkeit erzielt.

Raum- oder Tunnelschalung. Während bei der Großflächenschalung Wand und Decke getrennt und nacheinander geschalt und betoniert werden, erlauben Raumschalungen als große Schalungskörper das gleichzeitige Betonieren von Wänden und Decken. Bei den für Raumschalungen hohen Einsatzzahlen ist eine Unterkonstruktion aus Holz nicht ausreichend. Raumschalungen weisen daher eine Ganzstahlkonstruktion auf. Man setzt sie als Halbtunnel- oder Volltunnelelemente ein (Halbtunnelelemente: eine Wand- und eine halbe Deckenschalung, Volltunnelelemente: zwei Wand- und eine ganze Deckenschalung). Damit sich die Schalung nach dem Betonieren herausziehen läßt, erstellt man sie so, daß sie abgesenkt werden kann. Dies erfordert vorbetonierte Wandsockel.

Da die Ausschalfristen für Decken ein Mehrfaches der Fristen für Wände betragen, muß nach dem Betonieren geheizt werden (z. B. mit Infrarot-Propangasstrahlern).

> Mit Raumschalungen können Decken und Wände in einem Arbeitsgang betoniert werden. Raumschalungen sind dann besonders wirtschaftlich, wenn sie häufig auf der Baustelle umgesetzt werden (z. B. beim Tunnelbau oder beim industrialisierten Bau).

Modulschalungen sind Systemschalungen, deren Elemente einheitliche Grundmaße haben. Vorwiegend werden sie zum Einschalen von Decken verwendet. Wegen ihres geringen Eigengewichts eignen sie sich besonders für Baustellen ohne Kran. Modulschalungen bestehen aus Tafeln, Trägern und Fallköpfen. Die Tafeln sind Rahmenkonstruktionen aus Aluminiumprofilen mit eingelegten Sperrholzplatten. Auch die Träger bestehen aus Aluminium. Sie dienen zur Unterstützung der Tafeln und sind gleichfalls Schalfläche.

Der Fallkopf, der auf jede Stahlrohrstütze aufgeschraubt werden kann, hat zwei Aufgaben. Zum einen nimmt er die Träger auf, fixiert sie und leitet die Last mittig in die Stütze. Zum anderen dient er zum genauen Ausrichten der Schalung. Die Platte des Fallkopfs ist gleichzeitig Schalfläche. Die Fallkopfstützen können bei Bedarf zur Sicherung der frischen Decke stehenbleiben.

Sonderschalungen

Gleitschalungen setzt man bei sehr großen Bauteilen mit annähernd gleichbleibenden Querschnittsabmessungen ein (z. B. Treppen- und Aufzugsschächte, Brückenpfeiler, Fernsehtürme, Silobauten, Schornsteine und Kläranlagen). Voraussetzung zum Gleiten sind glatte Wände ohne Vorsprünge. Aussparungen können jedoch vorgesehen werden.

Die Schalung wird parallel zum Betoniervorgang entlang der Betonoberfläche langsam nach oben gezogen. Sie ermöglicht also ein ununterbrochenes Betonieren. Die Gleitgeschwindigkeit beträgt etwa 20 cm je Stunde. Dieses langsame Gleiten reicht aus, daß der freigeschalte Beton am unteren Schalungsende bereits die notwendige Festigkeit hat, um seine Form zu behalten.

An einer Jochkonstruktion aus Stahl wird die 1,20 bis 1,50 m hohe Schalung über Heber, die überwiegend durch Ölhydraulik bewegt werden, an Kletterstangen hochgezogen. An der Jochkonstruktion sind Hänge- und Arbeitsgerüste befestigt. Die Hängegerüste ermöglichen das Abreiben und Glätten der Betonflächen während des Gleitens. Das Führen der Gleitschalung muß laufend durch Abloten der Wände und Ausrichten der Schalungsoberkante überwacht und reguliert werden. Dazu dienen optische Lotgeräte und Geräte mit Laserstrahl. Um die Gleitreibung zu verringern, verkürzt man den Abstand der gegenüberliegenden Schalflächen nach oben hin um 4 bis 7 mm (leichte Schrägstellung der Schalflächen).

Die Kletterschalung besteht aus Wandschalelement, Klettereinrichtung, Betoniergerüst, Arbeitsgerüst und -bühne. Zum Halten der gegenüberliegenden Wandschalungselemente wird eine zug- und druckfeste Verankerung angebracht. Dazu betoniert man paßgenaue Ankerstäbe ein und befestigt daran Kletterkonsolen (**7.81**). Der am oberen Schalungsrand einbetonierte Kopfanker dient nach dem Umsetzen der Kletterschalung als Fußanker für den nächsten Betonierabschnitt. Auf diese Weise ergibt sich durch den Fußanker und eine entsprechende Überdeckung eine Einspannung, die die gesamte Schalungskonstruktion trägt und hält.

Nach ausreichender Erhärtung des Betons wird die gesamte Schalungskonstruktion mit Hilfe eines Krans oder eines hydromechanischen Hubsystems in vertikaler Richtung auf den folgenden Betonierabschnitt umgesetzt. Kletterschalungen eignen sich besonders für hohe Bauwerke mit veränderlichen Grundrissen und starken Schrägflächen (z. B. Behälterbauten, Brückenpfeiler, Turmbauten, Schleusen- und Stützmauern).

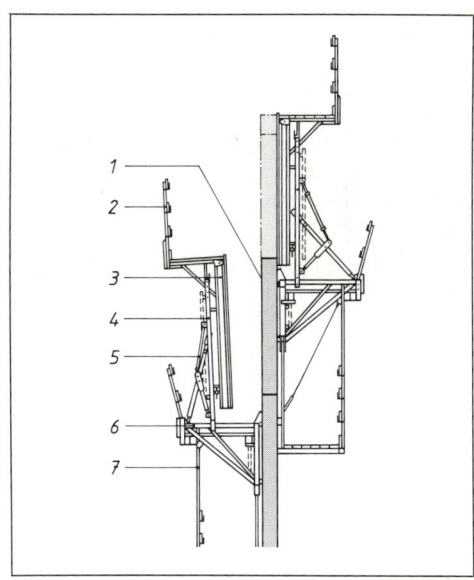

7.81 Regelschnitt Kletterschalung
 1 Universalkonsole
 2 Fahrriegel
 3 Keilriegelhalter
 4 Scherenspindel
 5 Kletterkonsole
 6 Hängebühne

> Gleitschalungen erlauben aufgrund der geringen Gleitgeschwindigkeit ein fortlaufendes Betonieren.
>
> Kletterschalungen werden nach ausreichender Betonerhärtung von unten nach oben umgesetzt.

Ausschalen. Es darf erst ausgeschalt werden, wenn der Beton ausreichend erhärtet ist. Als Ausschalfristen legt DIN 1045 Anhaltswerte fest. Sie gelten, wenn die Temperatur des Betons seit seinem Einbringen stets mindestens +5 °C beträgt. Bei Gleit- und Kletterschalungen können die Ausschalfristen unterschritten werden.

Um ein Durchbiegen ausgeschalter Bauteile zu verhindern, müssen Hilfsstützen (Notstützen) bei oder unmittelbar nach dem Ausschalen stehenbleiben. Beim Ausschalen ist Vorsicht angebracht – die Schalung muß sich ohne Stoß und Erschütterung entfernen lassen. Niemals darf die Unterstützung ruckweise weggeschlagen werden! Vielmehr senkt man sie durch Lockern der Keile, Schrauben oder Gewindemuffen langsam ab. Zuerst schalt man Stützen und Wände aus, danach Balken und Decken.

> Beim Ausschalen und Abrüsten sind die Angaben nach DIN 1045 und die Vorschriften der Bauberufsgenossenschaften zu beachten.

7.7 Fördern und Verarbeiten des Betons

Auch über die Förderung und Verarbeitung des Frischbetons an der Baustelle ist im Band 1 der Baufachkunde schon Wesentliches gesagt, so daß wir uns hier auf eine kurze Zusammenfassung beschränken können.

7.7.1 Fördern des Betons

Heute können wir davon ausgehen, daß Beton maschinell gefördert wird. Lediglich kleine Mengen werden (z. B. bei Ausbesserungsarbeiten) noch von Hand mit Karre oder Japaner eingebracht. Bei größeren Betonbauten arbeitet man nur noch mit Kran- oder Pumpenförderung.

Kranförderung in Betonkübeln ist auf Kranbaustellen wegen der günstigen Kranauslastung verbreitet und wirtschaftlich.

Pumpenförderung kann durch stationäre oder mobile Betonpumpen erfolgen. Die Höchstleistung stationärer Betonpumpen liegt bei 120 m^3/h. Dabei können Entfernungen bis zu 400 m und Höhenunterschiede bis zu 100 m ohne Zwischenkonstruktion überwunden werden.

> Kran- und Pumpenförderung sind wirtschaftliche Möglichkeiten der Betonförderung. Sie verhindern das Austrocknen bzw. Verwässern des Betons während des Transports ebenso wie das Entmischen.
>
> Förderung von Hand oder auf Band ist nur noch von untergeordneter Bedeutung.

7.7.2 Verarbeiten des Betons

Verarbeitet wird Beton in drei Arbeitsschritten, die einen möglichst hohlraumarmen Beton ermöglichen: vorbereitende Maßnahmen, Schütten (Einbringen) und Schließen der Hohlräume (Verdichten).

Die vorbereitenden Maßnahmen erstrecken sich auf die Prüfung der Schalungskonstruktion hinsichtlich Standfestigkeit und Maßhaltigkeit. Ebenso wichtig sind die gründliche Reinigung und das Annässen der Schalung bzw. Trennmittelauftrag. Die Bewehrungslagen mit den Abstandshaltern sind ebenso zu prüfen wie die Einsatzbereitschaft des zu verwendenden Geräts.

Das Einbringen des Betons soll möglichst sofort nach dem Anmachen erfolgen, in jedem Fall vor Abbindebeginn. Beim Schütten, wie auch beim späteren Verdichten ist darauf zu achten, daß die Bewehrung ausreichend mit Beton ummantelt und nicht verschoben wird. Bei sehr enger Bewehrung sind deshalb bereits Rüttellücken zu planen und im Bewehrungsplan einzuzeichnen.

Längere Unterbrechungen sind beim Betonieren zu vermeiden, sonst setzt der Abbindeprozeß ein und verhindert eine Verbindung der Schüttlagen. Wenn über eine lange Zeit hinweg betoniert werden soll, müssen wir die Arbeiten in Abschnitte einteilen. Dabei sind Arbeitsfugen unumgänglich (**7.**82).

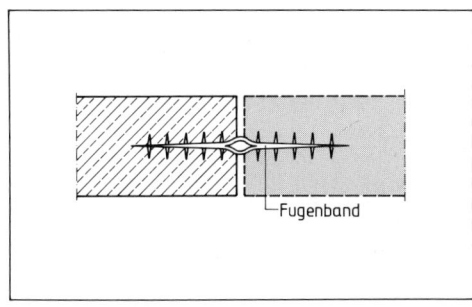

7.82 Arbeitsfuge

Tabelle 7.83 **Konsistenzbereiche des Frischbetons**

Konsistenzbereiche		Ausbreitmaß a in cm	Verdichtungsmaß v
Bedeutung	Kurzzeichen		
steif	KS	–	$\geq 1{,}20$
plastisch	KP	35 bis 41	1,19 bis 1,08
weich	KR	42 bis 48	1,07 bis 1,02
fließfähig	KF	49 bis 60	–

Die Verdichtung des Betons ist besonders wichtig, denn erst durch das Schließen der Hohlräume erreicht der Beton seine Druckfestigkeit. Die Verdichtung ist abhängig von der Betonkonsistenz und der Art des Bauteils. Gemäß DIN 1045, Ausgabe Juni 88 (**7.**83), werden folgende Konsistenzbereiche unterschieden:

- **Steifer Beton KS** wird gern für massige Bauteile und Fundamente verwendet. Er kann durch manuelles oder maschinelles Stampfen verdichtet werden. Bei großen Flächen können auch Oberflächenrüttler eingesetzt werden (**7.**84 auf S. 232). Im Übergangsbereich KP sind starke Innenrüttler ideale Verdichtungsgeräte.

- **Plastischer Beton (KP)** ist der typische Rüttelbeton für Decken und Wände. Innenrüttler (Flaschenrüttler) und Außenrüttler verdichten diesen Beton optimal (**7.**85 auf S. 232). Beide Rüttlerarten beanspruchen aber die Schalung besonders hoch. Die werksmäßige Verdichtung des plastischen Betons für Fertigteile geschieht meist auf Rütteltischen.

- **Bei weichem Beton (KR)** und Fließbeton (KF) ist die Verdichtung beinah überflüssig, weil durch den hohen Zementanteil kaum Hohlräume zwischen den Zuschlägen vorhanden sind. Hier genügt im allgemeinen ein Klopfen an der Schalung der schlanken Bauteile oder ein leichtes Stochern im Beton.

7.84 Oberflächenrüttler 7.85 Außenrüttler

Wie wir wissen, wächst der Verdichtungsaufwand mit zunehmender Steife des Betons. Da unzureichende Verdichtung die guten Betoneigenschaften maßgeblich verschlechtert, muß die Verarbeitbarkeit des Frischbetons den baupraktischen Gegebenheiten angepaßt werden. Für Ortbeton der Gruppe B I soll deshalb vorzugsweise Beton mit Regelkonsistenz oder Fließbeton verwendet werden.

> Durch Frischbetonverdichtung erst kann der Festbeton seine gewünschten Eigenschaften erreichen. Die Verdichtung geschieht in Abhängigkeit von der Konsistenz durch Stampfen, Rütteln oder Stochern.

7.7.3 Nachbehandeln des Betons

Unter Nachbehandlung versteht man den Schutz des Betons vor schädigenden Einflüssen bis zum genügenden Erhärten. Betonschädigend können sich vor allem extreme Witterungsverhältnisse wie starker Regen, Wind, sehr hohe oder sehr niedrige Temperaturen auswirken. Aber auch chemische oder mechanische Beanspruchungen sowie Erschütterungen können Nachbehandlungsmaßnahmen erforderlich machen.

Bei vorzeitiger Austrocknung erreicht der Beton nicht die erforderliche Festigkeit. Die Austrocknung hängt von der Lufttemperatur und -feuchtigkeit, Windgeschwindigkeit und Betontemperatur ab (**7.86**).

Sie sehen, daß bei Luft- und Betontemperaturen von 20°C, einer relativen Luftfeuchte von 50% und einer mittleren Windgeschwindigkeit von nur 20 km/h bereits 0,6 l Wasser je m^2 Betonoberfläche verdunsten. Bei höheren Temperaturen, größeren Windgeschwindigkeiten und höherer Luftfeuchtigkeit verstärkt sich der Austrocknungseffekt erheblich. Hinzu kommt, daß sich der Beton bei extremen Temperaturverhältnissen zu verformen beginnt. Das aber führt zu nachhaltigen Schäden durch Rißbildung.

Es gibt sehr unterschiedliche Beton-Nachbehandlungsmaßnahmen (**7.**87), deren Einsatz maßgeblich von der Umgebungstemperatur abhängt. Die gebräuchlichste und kostengünstigste Methode besteht bei normalen Witterungsbedingungen immer noch im Feuchthalten des Betons durch gleichmäßiges Besprühen mit Wasser (z. B. durch perforierte Schläuche).

Die Dauer richtet sich im wesentlichen nach der Festigkeitsentwicklung des Betons. Richtlinien zur Nachbehandlung von Beton geben die Mindest-Nachbehandlungsdauer für Innen- und Außenbauteile vor. Zu beachten ist in jedem Fall, daß diese Zeiten bei ungünstigen Bedingungen (z. B. Frosteinwirkung) zu verlängern sind. Auch für Bauteile, die besonders hohe Anforderungen an Frost- und Tausalzwiderstand oder chemische Angriffe erfüllen müssen, ist die Nachbehandlungsdauer zu verlängern (**7.**88 auf S. 234).

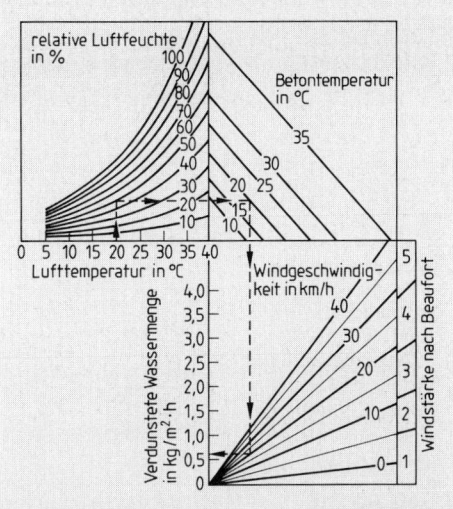

7.86 Betonaustrocknung in Abhängigkeit von Lufttemperatur und -feuchtigkeit sowie Windgeschwindigkeit und Betontemperatur

Tabelle 7.87 Nachbehandlungsmaßnahmen für Beton

Art	Maßnahmen	Außentemperatur in °C			
		unter −3	−3 bis +5	5 bis 10	10 bis 25	über 25
Folie/Nachbehandlungsfilm	Abdecken bzw. Nachbehandlungsfilm aufsprühen *und* benetzen Holzschalung nässen; Stahlschalung vor Sonnenstrahlung schützen					x
	Abdecken bzw. Nachbehandlungsfilm aufsprühen			x	x	
	Abdecken bzw. Nachbehandlungsfilm aufsprühen *und* Wärmedämmung; Verwendung wärmedämmender Schalung – z. B. Holz – sinnvoll		x[1]			
	Abdecken *und* Wärmedämmung; Umschließen des Arbeitsplatzes (Zelt) oder Beheizen (z. B. Heizstrahler); zusätzlich Betontemperaturen wenigstens 3 Tage lang auf +10 °C halten	x[1]				
Wasser	Durch Benetzen ohne Unterbrechung feuchthalten				x	

[1] Nachbehandlungs- und Ausschalfristen um Anzahl der Frosttage verlängern; Beton mindestens 7 Tage vor Niederschlägen schützen

Tabelle 7.88 **Mindestdauer für die Betonnachbehandlung in Tagen**

Umgebungs-bedingungen	Beton-temperatur, ggf. mittlere Luft-temperatur	Festigkeitsentwicklung des Betons		
		schnell, z. B. w/z < 0,50 Z 55, Z 45 F	mittel, z. B. w/z 0,50 bis 0,60 Z 55, Z 45, Z 35 F oder w/z < 0,50 Z 35 L	langsam, z. B. w/z 0,50 bis 0,60 Z 35 L oder w/z < 0,50 Z 35 L-NW/HS
Außenbauteile				
günstig vor unmittelbarer Sonneneinstrahlung und vor Windein-wirkung geschützt, relative Luftfeuchte durchgehend ≥ 80%	≥ 10 °C	1	2	2
	< 10 °C	2	4	4
normal mittlere Sonnenein-strahlung und/oder mittlere Windein-wirkung und/oder relative Luftfeuchte ≥ 50%	≥ 10 °C	1	3	4
	< 10 °C	2	6	8
ungünstig starke Sonnenein-strahlung und/oder starke Windein-wirkung und/oder relative Luftfeuchte < 50%	≥ 10 °C	2	4	5
	< 10 °C	4	8	10
Innenbauteile				
		allgemein	Rohdecken für Verbundestriche	
unabhängig	≥ 10 °C	1	2	
	< 10 °C	2	4	

Die Nachbehandlung schützt den jungen Beton bis zur ausreichenden Erhärtung vor schädigenden Einflüssen. Möglichkeiten der Nachbehandlung:
- Belassen in der Schalung,
- Abdecken mit Folien oder wasserhaltenden Materialien,
- Aufbringen von Nachbehandlungsfilmen,
- Besprühen mit Wasser oder Unterwasserlagerung.

7.8 Spannbeton

Beim Verbundbaustoff Stahlbeton wird künstlich eine Aufgabenverteilung zwischen Beton und Stahleinlage vorgenommen. Vereinfacht haben wir bisher immer dem Beton die Aufnahme der Druckkräfte und dem Stahl die Aufnahme der Zugkräfte zugewiesen. Dabei wissen wir, daß wegen der Beschränkung der Rißbreite die möglichen Zugspannungen des Stahls nicht voll ausgenutzt werden können. Auch der Betonquerschnitt läßt sich nur annähernd zur Hälfte nutzen, weil in der anderen Hälfte Zugspannungen auftreten, die allein dem Betonstahl zugewiesen werden.

Um sowohl den vollen Betonquerschnitt als auch die zulässigen Spannungen des Stahls auszunutzen, muß man den Beton durch vorgespannten Stahl so stark auf Druck beanspruchen, daß infolge Eigengewichts und Belastung auftretende Zugspannungen überlagert werden.

> Spannbetonbauteile sind nach DIN 4227 Bauteile, bei denen der Beton so vorgespannt ist, daß er unter Gebrauchslast nicht oder nur begrenzt auf Zug beansprucht wird.

7.8.1 Konstruktionsprinzip

Vorspannen mit sofortigem Verbund. Stahl ist ein elastischer Baustoff, der sich dehnen läßt und nach Fortfall der Last wieder zusammenzieht. Wenn man Stahl spannt, zum Verbund mit Beton ummantelt und losläßt, zieht er sich wieder zusammen, so wie es geht. Dabei muß sich der Beton mit dem Stahl zusammen bewegen und wird so durch die Vorspannkraft unter Druck gesetzt. Damit ist der Zustand der Vorspannung erreicht, bei dem der Beton nur auf Druck und der Stahl nur auf Zug beansprucht werden.

In der Praxis wird dieses Verfahren überwiegend im Fertigteilbau gewählt. Man verwendet ein festes Spannbett, worin die Spannglieder vorgespannt werden. Anschließend wird geschüttet und verdichtet. Sobald der Beton ausreichende Festigkeit erreicht hat, kann die Vorspannung an den Widerlagern gelöst werden, und die Spannung des sich zusammenziehenden Spannstahls überträgt sich direkt auf den Beton (7.89).

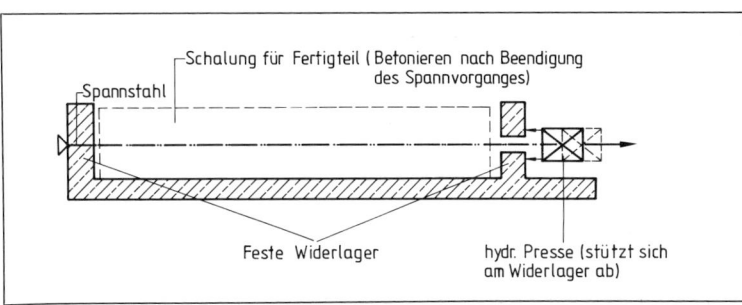

7.89
Spannbettverfahren
(direkter Verbund)

Das **Vorspannen mit nachträglichem Verbund** läßt sich ebenfalls anschaulich darstellen. Wir wählen ein Balkenmodell mit innen befindlichem Leerrohr. Durch das Leerrohr ziehen wir einen Bolzen, drehen eine Flügelschraube am Ende auf und ziehen sie immer fester an, wodurch der Bolzen auf Zug beansprucht wird. Das Balkenmodell dagegen wird zusammengedrückt, also auf Druck beansprucht. Wenn wir die Hohlräume zwischen Bolzen und Leerrohr geschlossen haben, können wir die Flügelschraube lösen, ohne daß dies an den Spannungsverhältnissen etwas ändert.

Dieses Verfahren wird auf den Baustellen bevorzugt. Die Spannglieder werden, zunächst lose in Blechhülsen liegend, in der Schalung an der vorgesehenen Stelle verlegt. An den Enden sind Verankerungselemente vorzusehen. Nach dem Betonieren und Erhärten des Bauteils werden die Spannstähle gespannt, wobei man das Bauteil als Widerlager benutzen kann. Mit einem Spezialeinpreßmörtel werden Hohlräume zwischen Spannstahl und Hülse lückenlos verpreßt. Dies kann nur geschehen, wenn ausreichend für Entlüftung der Hülsen gesorgt wird (**7**.90).

7.90
Spannanker mit Entlüftungsschläuchen

Hat der Mörtel seine Festigkeit erreicht, können die hydraulischen Pressen vom Bauteil gelöst werden, und der sich zusammenziehen wollende Stahl überträgt indirekt über Einpreßmörtel und Hülse die Spannungen auf den Beton (**7**.91).

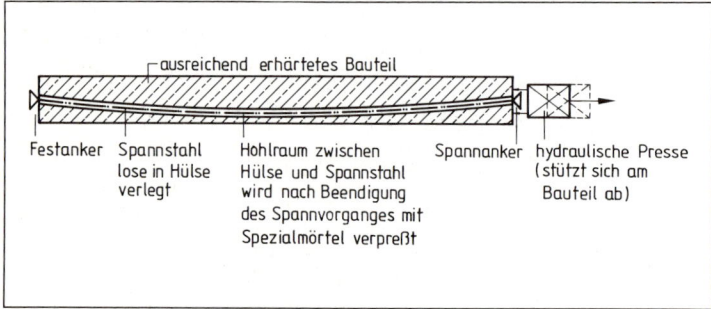

7.91
Baustellenverfahren (indirekter Verbund)

Spannungsüberlagerung. Veranschaulichen wir uns nun noch die Spannungsüberlagerung. Dazu brauchen wir die Spannungsdiagramme für die einzelnen Belastungszustände, die wir uns am Einfeldbalken leicht vorstellen können. Beim normalen Balken treten infolge Belastung im oberen Teil Druck und im unteren Teil Zugkräfte auf. Aufgrund der Vorspannung – allerdings ohne Berücksichtigung der Eigenlast – entstehen über den ganzen Querschnitt gleichmäßig verteilte Druckspannungen. Die Überlagerung beider Beanspruchungen ergibt einen unterschiedlich stark auf Druck beanspruchten Querschnitt (**7**.92).

Wenn man Eigenlast und Auflasten als Konstante annimmt, kann man durch die Lage des Spannglieds sogar die Spannungsverteilung im gesamten Querschnitt konstant halten, wodurch sich der Betonquerschnitt noch besser ausnutzen läßt. Bei mittig liegendem Spannglied erhalten wir, wie wir vorweg gesehen haben, eine konstante Druckspannung im gesamten

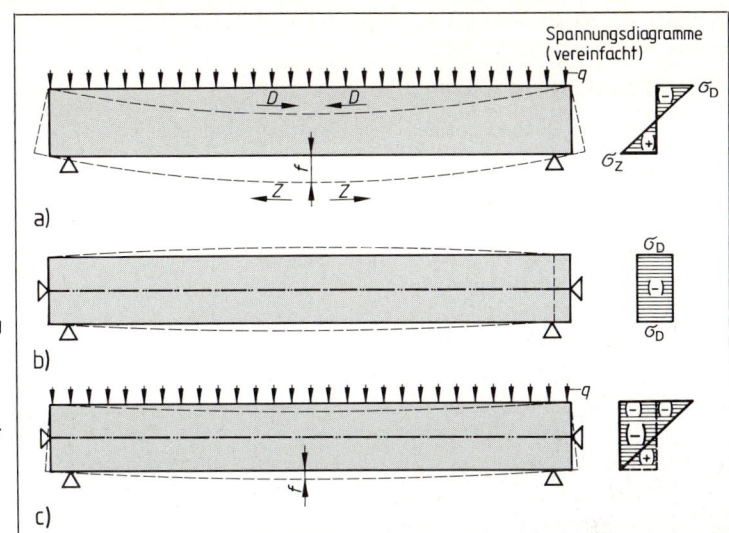

7.92
Spannungsüberlagerung bei mittiger Vorspannung
a) Balken mit Belastung ohne Vorspannung
b) gewichtslos gedachter Balken mit mittiger Vorspannung
c) Balken mit Belastung und ausmittiger Vorspannung

Betonquerschnitt. Gehen wir mit dem Spannglied weiter nach oben bzw. nach unten, ändert sich der Spannungsverlauf aufgrund der Vorspannung (7.93). Daraus folgt, daß man die Spanngliedlage in Abhängigkeit von der Beanspruchung des Bauteils variabel gestalten kann.

Biegebeanspruchte Bauteile werden zweckmäßigerweise außenmittig vorgespannt. Bauteile, die auf Druck oder Zug beansprucht werden, müssen mittig vorgespannt werden. Das gleiche gilt für Bauteile, die Wechselbeanspruchungen unterliegen.

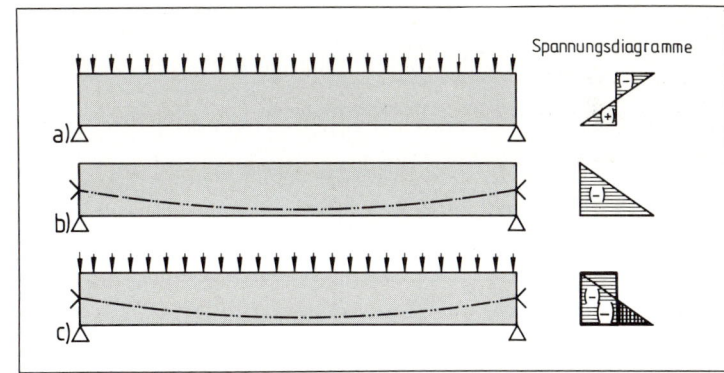

7.93
Spannungsüberlagerung bei ausmittiger Vorspannung

Die erforderlichen Druckkräfte im Beton werden durch vorgespannten Stahl erzeugt.
Man unterscheidet das Vorspannen vor und das Vorspannen mit nachträglichem Verbund.
Die mittige bzw. ausmittige Spanngliedlage ist in Abhängigkeit von der Belastung zu wählen.

Die Darstellung der Spannstähle und zugehöriger Verankerungselemente erfolgt nach DIN 1356 T10 (**7.**94).

Tabelle 7.94 **Darstellung der Spannglieder mit Verankerungsmöglichkeiten nach DIN 1356 T 10**

Bezeichnung	Symbol
Ansicht eines Spannglieds, falls keine Verwechslung möglich ist	
Schnitt durch ein Spannglied a) bei nachträglichem Verbund (Spannglied im Hüllrohr) b) bei sofortigem Verbund (Spannbettvorspannung)	
Ansicht einer Spanngliedverankerung a) Spannanker b) Festanker	
Schnitt durch eine Spanngliedverankerung a) Spannanker b) Festanker	
Ansicht der Koppelstelle eines Spannglieds a) beweglich b) fest	

Verankerung eines Spannglieds	**Koppelstelle eines Spannglieds**
Spannanker aufgesetzt	mit Spannstelle links
Festanker aufgesetzt	mit Spannstelle rechts
Spannanker einbetoniert	Bauzustand nur linker Teil eingebaut
Festanker einbetoniert	ohne Spannstelle

7.8.2 Anwendungsbeispiele

Spannbeton läßt sich nahezu unbegrenzt einsetzen, als Rohre, Maste, Pfähle und Schwellen. Im Fertigteilbau werden zunehmend Balken, Stützen und Deckenplatten aus Spannbeton hergestellt. Auch im Behälterbau, wo Rißbildung besonders verheerende Auswirkungen hat, findet Spannbeton mehr und mehr Anwendung. Doch ein großes Anwendungsgebiet soll besonders hervorgehoben werden: der Brückenbau.

Viele Brückenkonstruktionen sind durch den Spannbeton erst erschlossen worden. Spannbeton ermöglicht nämlich erheblich größere Spannweiten als Stahlbeton. Durch die volle Ausnutzung des Betonquerschnitts fallen überflüssige Betonmassen weg, dadurch verringert sich die Eigenlast, der Bewehrungsanteil wird kleiner, die Bauteile werden schlanker. Die Durchbiegungen von Spannbetonbauteilen sind nur etwa ¼ so groß wie bei Stahlbetonteilen, weil durch die ausmittige Vorspannung vorweg eine Durchbiegung nach oben auftritt, die durch die Gebrauchslast rückgängig gemacht wird. Alle diese Tatsachen sind Gründe dafür, daß in der heutigen Zeit kaum noch schlaff bewehrte Brücken konstruiert werden, zumal die unweigerlich auftretenden Risse im Stahlbeton die Stahleinlagen gefährden. Spannbetonbrücken sind elegante, formschöne Konstruktionen, die sich bei richtiger Planung und Ausführung durch eine lange Lebensdauer auszeichnen (**7.95**).

7.95 Spannbetonbrücke

Zunehmend hat der Spannbeton auch Dachkonstruktionen und Überdachungen erobert. Ob Dachschalen, Dachbinder oder Faltwerke – Spannbetonkonstruktionen bieten Konstrukteuren ungeahnte Möglichkeiten.

> Spannbeton wird im Brücken- und Behälterbau bevorzugt angewendet. Bauteile mit großen Spannweiten und außergewöhnlichen Formen sind technisch gut lösbar.

7.9 Leichtbeton

Bei allen Vorzügen hinsichtlich Einsatzmöglichkeit, Haltbarkeit und Bewehrungsmöglichkeit hat Normalbeton auch einige Nachteile. So bedingt seine hohe Rohdichte hohe Eigengewichte und daher größere Belastungen für die Unterkonstruktion. Die hohe Rohdichte ist zwar ausschlaggebend für gute Luftschalldämmung, aber leider auch für schlechte Wärmedämmung. Deshalb wird Normalbeton für Wände im Wohnungsbau kaum verwendet.

Diese Nachteile gleicht der Leichtbeton – allerdings auch nicht ohne Nachteile – aus. Je leichter der Beton ist, um so größer ist der Anteil der Poren im Beton. Viele Poren wiederum bedeuten erhöhtes Wassersaugen und entsprechende W i t t e r u n g s e m p f i n d l i c h k e i t. Dieser Nachteil ist jedoch verhältnismäßig einfach zu beheben.

> Leichtbeton bietet aufgrund seiner geringen Rohdichte bessere Wärmedämmung, geringeres Eigengewicht und niedrigere Belastungen für die Unterkonstruktion.

7.9.1 Leichtbetonarten

Die geringere Rohdichte läßt sich nur durch einen größeren Porenanteil erzielen. Dazu gibt es vier Möglichkeiten: Eigen-, Haufwerks-, Eigen- und Haufwerksporigkeit sowie Porenbeton (**7**.96).

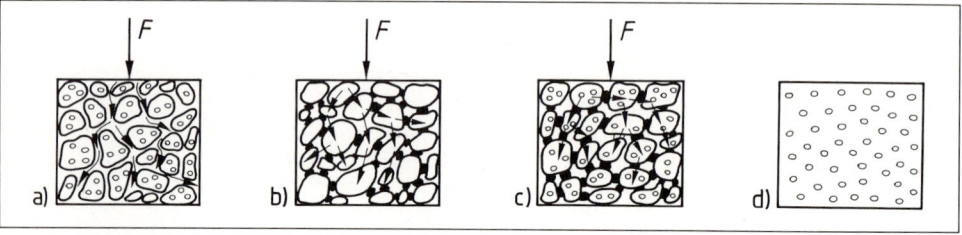

7.96 Herstellungsarten von Leichtbeton mit Kraftableitung
- a) Leichtbeton durch Eigenporigkeit (geschlossenes Gefüge) Kraftableitung über den Zementstein
- b) Leichtbeton durch Haufwerksporigkeit (offenes Gefüge) Kraftableitung über die Verkittungsstellen
- c) Leichtbeton durch Eigen- und Haufwerksporigkeit (offenes Gefüge) Kraftableitung über Leichtzuschlag und Verkittungsstellen
- d) Porenbeton

Eigenporigkeit. Beim Aufbau nach dem Betonprinzip (abgestufte Körnung mit so viel Zementleim, daß möglichst alle Hohlräume zwischen den Zuschlagkörpern geschlossen werden) erreicht man eine geringere Rohdichte nur durch leichten Zuschlag, d. h. Zuschlag mit Eigenporen. Dieser Leichtbeton hat ein **geschlossenes Gefüge** und kann auch schlaff bewehrt oder mit Spannbewehrung versehen werden, da die Bewehrung ausreichend durch Zementleim ummantelt und somit geschützt wird. Er überträgt die eingeleiteten Kräfte über den Zementstein, der für die Endfestigkeit ausschlaggebend ist.

Haufwerksporigkeit. Bei Normalzuschlag bleiben Poren im Beton, wenn man gerade ausreichend Zementleim verwendet, um die Zuschlagkörner miteinander zu verkitten. Diese verbleibenden Luftporen zwischen den Zuschlagkörnern nennt man Haufwerksporen. Erhöhen läßt sich der Volumengehalt an Haufwerksporen durch einkörnigen Zuschlag. Haufwerksporiger Beton hat ein **offenes Gefüge**. Stahleinlagen müssen besonders geschützt werden, z. B. durch Feuerverzinkung oder Tauchung in geeigneten Flüssigkeiten. Die Kraft wird über die Verkittungsstellen aus Zementstein abgeleitet. Sie sind für die Festigkeit des Leichtbetons ausschlaggebend.

Eigenporigkeit und Haufwerksporigkeit. Wenn man eigenporigen Zuschlag mit wenig Zementleim verkittet, erhält man einen besonders leichten Leichtbeton mit offenem Gefüge, der wiederum bewehrt werden kann, wenn die Stahleinlagen besonders geschützt werden. Dieser Leichtbeton bietet besonders gute Wärmedämmung, aber geringere Festigkeit, weil die Kraftableitung nur über den Leichtzuschlag und Verkittungsstellen des Zementsteines erfolgen kann.

Porenbeton wird aus Wasser mit sehr feinkörnigem Zuschlag (Quarzsand) und den Bindemitteln Kalk und Zement hergestellt. Als Porenbildner verwendet man Treibmittel (z. B. Aluminiumpulver) oder Schaumbildner (seifenartige Emulsionen). Bei diesem Verfahren entstehen sehr feine, im Beton gleichmäßig verteilte Kugelporen. Sie bewirken eine extrem niedrige Dichte mit entsprechend geringer Festigkeit. Porenbetone wurden vor Frühjahr 1990 noch als **Gas-** und **Schaumbetone** bezeichnet. Wenn sie bewehrt werden, müssen die Stahleinlagen durch besondere Verfahren vor Korrosion geschützt werden.

> Es gibt vier Herstellungsarten von Leichtbeton.
> Man unterscheidet Leichtbeton mit offenem und geschlossenem Gefüge.

7.9.2 Leichtzuschläge

Wesentlich für die geringe Rohdichte der Leichtbetonarten ist also eine geringe Rohdichte der Zuschläge. Da bei einigen Leichtbetonen die Kraftableitung auch über den Zuschlag erfolgt, müssen die Zuschlagskörner trotzdem eine ausreichende Eigenfestigkeit haben. Trotz des großen Porenanteils darf auch das Wassersaugen des Zuschlags nicht zu groß sein, weil dadurch der Abbindeprozeß des Zementleims zu Zementstein nur unvollständig ausfallen würde. Im übrigen gelten die Anforderungen wie an Normalzuschlag: Die Zuschläge müssen frostbeständig sein, dürfen keine betonschädigenden Bestandteile aufweisen und sollen möglichst gedrungene Körner haben.

Leichtzuschläge können natürlich vorkommen, künstlich hergestellt werden oder durch Zerkleinerung natürlicher Stoffe entstehen.

Natürliche Leichtzuschläge sind Naturbims und Schaumlava, beides Stoffe vulkanischen Ursprungs. Die Rohdichten von Bims liegen zwischen 0,4 und 0,7 kg/dm^3. Schaumlava wird nur noch selten verarbeitet.

Mechanisch zerkleinerter Leichtzuschlag aus natürlichen Rohstoffen. Hierzu zählen Holzwolle, Holzspäne und Sägemehl. Sie haben praktisch keine Eigenfestigkeit und werden daher nur bei geringen Anforderungen an die Festigkeit eingesetzt. Tuffe und porige Lavaschlacken können in gebrochener Form auch als Leichtzuschlag dienen. Ihr Vorkommen ist jedoch regional begrenzt. Daher sind sie nicht überall gebräuchlich.

Künstlich hergestellte Leichtzuschläge stellen mengenmäßig den größten Anteil. Teils gewinnt man sie aus natürlichen, teils aus industriellen Rohstoffen. Hier sind die bei der Verhüttung von Eisenerz anfallenden granulierten oder geschäumten Schlacken zu nennen. Bei den künstlich aus natürlich gewonnenen Rohstoffen hergestellten Zuschlägen spielen Blähton und Blähschiefer eine besondere Rolle. Beide werden aus den Rohstoffen Ton bzw. Schiefer durch Erhitzen bis zur Sinterung gewonnen, wobei die Ausgangsstoffe ihr Volumen um ein Vielfaches vergrößern. Die Kornrohdichte des Blähtons und Blähschiefers schwankt sehr, weil sie vom Grad der Aufblähung abhängig ist: 400 kg/m$^3 \leq \varrho \leq$ 1900 kg/m^3.

Ähnlich wie Blähton und Blähschiefer werden auch Blähglimmer (Vermiculit) und Blähpechstein (Perlit) hergestellt. Schließlich ist in dieser Gruppe noch Ziegelsplitt zu nennen, dessen Rohdichte 1,2 bis 1,8 kg/dm^3 beträgt. Ziegelsplittboden wird fast ausschließlich für Schornsteinformteile verwendet.

Die mit Abstand niedrigsten Rohdichten verzeichnet Polystyrol ($\varrho \leq$ 100 kg/m^3), doch neigt er infolge der geringen Dichte zum Aufschwimmen innerhalb des Betons. Daher sind besondere Vorkehrungen nötig. Außerdem ist die Haftung der Polystyrolkügelchen mit dem sie umgebenden Zementleim nicht ausreichend. Zwar kann man das Polystyrol mit Epoxidharz als Haftmittel versehen und evtl. zusätzlich noch mit Zementleim ummanteln, erschwert und verteuert damit jedoch die Herstellung.

> Man unterscheidet natürliche und künstlich hergestellte Leichtzuschläge. Blähton und Blähschiefer werden am häufigsten verwendet.

7.9.3 Konstruktiver Leichtbeton

Leichtbeton, der wie Normalbeton für Konstruktionsteile mit entsprechend hohen Anforderungen an die Tragfähigkeit eingesetzt werden soll, wird als **Konstruktionsleichtbeton** bezeichnet. Er muß ein geschlossenes Gefüge aufweisen, damit eine Bewehrung geschützt ist. Hergestellt wird er in den Festigkeitsklassen LB 10 bis LB 55 – als Stahl- und Spannleichtbeton, wenn als Festigkeitsklasse mindestens LB 25 gewählt wird (**7.97**).

Tabelle 7.97 **Festigkeitsklassen und Anwendung von Leichtbeton**

Beton-gruppe	Festigkeits-klasse des Leichtbetons	Nennfestig-keit β_{WN} in N/mm²	Serien-festigkeit β_{WS} in N/mm²	Anwendung	
Leicht-beton B I[1])	LB 8	8,0	11	nur für unbewehrte Bauteile und bewehrte Wände	nur bei vorwiegend ruhenden Lasten
	LB 10	10	13		
	LB 15	15	18	unbewehrter Leichtbeton und Stahlleichtbeton	
Leicht-beton B II	LB 25[1])	25	29	unbewehrter Leichtbeton, Stahlleichtbeton und Spannleichtbeton	auch bei nicht vorwiegend ruhenden Lasten
	LB 35	35	39		
	LB 45	45	49		
	LB 55[2])	55	59		

[1]) Als Spannleichtbeton unter den Bedingungen für Beton B II
[2]) Zustimmung im Einzelfall oder Zulassung entsprechend den bauaufsichtlichen Vorschriften erforderlich

Herstellungsvorschriften nach den „Richtlinien für Leichtbeton und Stahlleichtbeton mit geschlossenem Gefüge":

– Leichtbeton darf nur mit Eignungsprüfung hergestellt werden.
– Die Sieblinien der DIN 1045 gelten auch für Leichtzuschläge, bei der Dosierung wird von Raumteilen ausgegangen.
– Das Größtkorn soll 25 mm ⌀ nicht überschreiten, weil bei kleinem Zuschlag die Festigkeit größer wird. Bei Leichtbetonen der Gruppe B II muß es noch kleiner sein.
– Für Stahlleichtbeton sind nur Blähton und Blähschiefer als Zuschlag zugelassen.
– Der Zementgehalt je m³ Beton soll 450 kg nicht über-, bei Stahlleichtbeton 300 kg nicht unterschreiten.
– Das Wasser, das der Zuschlag aufsaugt, ist bei der Wasserzugabe zusätzlich zu berücksichtigen.
– Die Konsistenz darf nicht weicher als K 2 sein, da sonst Entmischungsgefahr durch das Aufschwimmen der Zuschläge besteht.

Bei der Verarbeitung von Leichtbeton ist zu beachten, daß ein erhöhter Verdichtungsaufwand erforderlich ist, weil die geringere Masse des Leichtzuschlags die Schwingungen stärker dämpft. Da wegen des Korrosionsschutzes aber besonders dichter Beton erforderlich ist, müssen geringere Abstände der Tauchstellen gewählt und stärkere Rüttler eingesetzt werden. Außerdem ist die Betondeckung der Bewehrung größer anzunehmen als bei Stahlbeton.

Konstruktiver Leichtbeton ist Leichtbeton mit geschlossenem Gefüge. Als Zuschlag werden Blähton und Blähschiefer verwendet.
Für die Herstellung und Verarbeitung gelten besondere Richtlinien.

7.9.4 Wärmedämmender Leichtbeton

Diese Leichtbetone haben ein haufwerksporiges Gefüge und deshalb noch bessere Wärmedämmeigenschaften als die Konstruktionsleichtbetone. Die Druckfestigkeiten eines haufwerksporigen Betons liegen zwischen 2 und 8 N/mm², die Rohdichteklassen gehen von 0,5 bis 2,0 kg/dm³. Deshalb wird dieser Leichtbeton vorwiegend für großformatige Wand- und Deckenplatten sowie für Mauersteine verwendet.

Wenn offenporige Leichtbetone für Außenbauteile vorgesehen werden, sind sie vor Feuchtigkeitsaufnahme zu schützen. Dies geschieht am wirkungsvollsten durch Verblendung, Putz oder vorgehängte Fassaden. Besonders günstig wirkt sich ein belüfteter Hohlraum zwischen Leichtbeton und Witterungsschürze aus.

> Bei den wärmedämmenden Leichtbetonen nimmt man die geringere Festigkeit zugunsten der höheren Wärmedämmfähigkeit in Kauf. Die vorzugsweise Anwendung liegt bei großformatigen Wand- und Deckenelementen.
>
> Haufwerksporiger Leichtbeton ist vor Feuchtigkeitsaufnahme zu schützen.

7.9.5 Porenbeton

Das Hauptanwendungsgebiet dieser Betone liegt im Mauerwerksbau, für den sie sich infolge ihrer geringen Festigkeit und hohen Wärmedämmfähigkeit besonders eignen. Man verwendet sie für alle möglichen Steinblöcke und Planblöcke sowie für großformatige Wand- und Deckentafeln. Porenbetone sind hinsichtlich des Rohstoffverbrauchs sehr wirtschaftlich. Durch das Aufschäumen der nahezu unbegrenzt zur Verfügung stehenden Ausgangsstoffe (Wasser, Quarzsand, Zement und Kalk) erhält man in etwa die fünffache Menge an Baustoff.

Da Porenbeton bei normaler Erhärtung in hohem Maße zum Schwinden neigt, nimmt man das Schwinden bei der Herstellung durch Dampfhärtung vorweg. Aussparungen und Teilsteine sind leicht anzufertigen, da Porenbetone mit entsprechendem Handwerkszeug leicht zu sägen sind. Als Ergänzung zu den Blöcken und Platten haben die Hersteller viele Zubehör- und Ergänzungs-

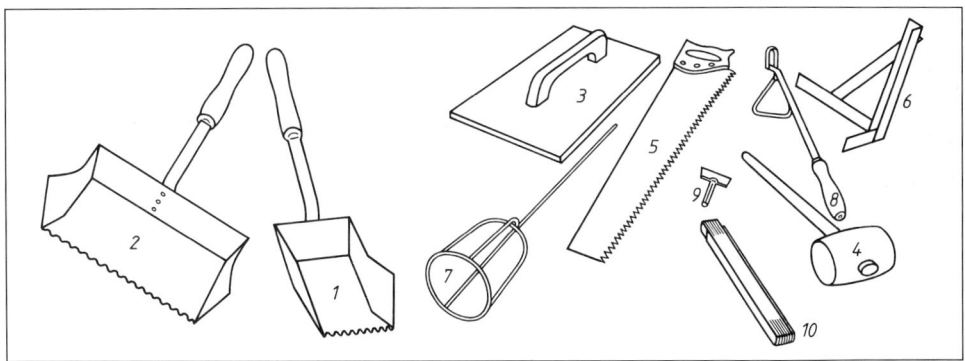

7.98 Spezialwerkzeuge zur Bearbeitung von Porenbeton
- 1 Plankelle 10 cm
- 2 Plankelle 25 cm
- 3 Schleifbrett
- 4 Gummihammer
- 5 Säge
- 6 Sägewinkel
- 7 Quirl
- 8 Rillenkratzer
- 9 Schalterdosenbohrer ⌀ 62 mm
- 10 Meterstab

teile entwickelt, so daß das Bauen mit einem einzigen Bausystem möglich ist. Dazu gehören Stürze und Rolladenkästen ebenso wie verschiedene Putze und Abdichtungen. Es gibt sogar Spezialwerkzeug (**7**.98).

Die Bewehrung in den Dach- und Deckenplatten wird besonders vor Korrosion geschützt. Zu diesem Zweck tauchen einige Firmen den Betonstahl zunächst in Zementleim und anschließend in Bitumen ein.

> Porenbetone ermöglichen Wohnungsbau mit hoher Wärmedämmung. Außenbauteile sind in geeigneter Weise vor Feuchtigkeitsaufnahme zu schützen. Eine Bewehrung muß spezialbehandelt sein.

Aufgaben zu Abschnitt 7.6 bis 7.9

1. Wodurch unterscheiden sich Schalpläne von Rohbauzeichnungen?
2. Welche Bedeutung haben Förderung, Verarbeitung und Nachbehandlung für die späteren Festbetoneigenschaften?
3. Skizzieren und beschreiben Sie das Konstruktionsprinzip des Spannbetons.
4. Wie wird der erforderliche Verbund zwischen Spannstahl und Beton hergestellt?
5. Welche Vorteile bietet Spannbeton bei sachgemäßer Ausführung gegenüber Stahlbeton?
6. Zählen Sie typische Anwendungsgebiete für Spannbetonkonstruktionen auf.
7. Welche Möglichkeiten zur Verringerung der Rohdichte kennen Sie bei Leichtbeton?
8. Nennen Sie typische Leichtbetonzuschläge.
9. Machen Sie den Unterschied zwischen konstruktivem und wärmedämmendem Leichtbeton deutlich.
10. Unter welchen Voraussetzungen kann wärmedämmender Leichtbeton für Außenbauteile verwendet werden?
11. Geben Sie Voraussetzungen für die Herstellung von Stahl- oder Spannleichtbeton an.
12. Welche Bedeutung haben Porenbetone im Bauwesen?

8 Schutzmaßnahmen an Bauwerken

8.1 Schutz gegen Wasser aus dem Baugrund

Ein Bauwerk ist dem Wasserangriff von oben und aus dem Erdreich ausgesetzt. Gelingt es nicht, das Wasser durch konstruktive Maßnahmen vom Bauwerk fernzuhalten oder abzuleiten, treten Bauschäden von unabsehbaren Größenordnungen auf. Ein Haus mit durchfeuchteten Wänden büßt nicht nur an Bausubstanz ein, sondern verursacht auch Unbehagen und Krankheiten der Bewohner.

Trotzdem wird der Abdichtung eines Bauwerks nicht immer die nötige Aufmerksamkeit gewidmet, weil die abzudichtenden Flächen meist vom Erdboden oder von Baustoffen bedeckt werden. Daraus ergibt sich wiederum die Schwierigkeit, Bauschäden aufzufinden und zu beseitigen.

Wasser im Baugrund. Erdboden setzt sich aus festen Stoffen (Mineralien), Wasser und Luft zusammen. Durch Oberflächen- und Haftwasser an den einzelnen Körnern nichtbindiger Böden bzw. Plättchen bindiger Böden kommt es in unseren Klimazonen niemals zu völlig trockenen Böden. Das G r u n d w a s s e r sammelt sich über den wasserundurchlässigen Schichten (Lehm, Ton). Ein feinkörniger Boden über der Grundwasserschicht zieht infolge der Kapillarwirkung das Wasser nach oben. Das S i c k e r w a s s e r stellt die Verbindung zwischen N i e d e r s c h l a g s - (Schmelz-) und Grundwasser her (**8**.1). S p r i t z w a s s e r schließlich wirkt über dem Erdboden auf das Bauwerk ein.

Bei der Beurteilung der anstehenden Böden spielen die Wasserdurchlässigkeit und die kapillare Steighöhe eine wesentliche Rolle. So beträgt die kapillare Steighöhe bei Kies 2 bis 4 cm, bei Ton jedoch mehrere Meter.

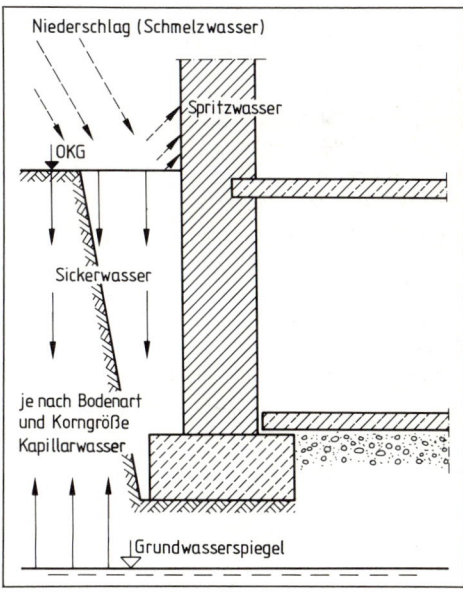

8.1   Wasser im Baugrund

Wasser tritt als Grund-, Sicker-, Niederschlags- und Spritzwasser auf. Seine Abflußfähigkeit hängt von der Bodenart ab.

8.1.1 Wasserangriff und Abdichtungsmaßnahmen

Bodenfeuchtigkeit, drückendes und nichtdrückendes Wasser. Wahl und Anordnung der Abdichtungsstoffe richten sich nach der Angriffsrichtung und Druckkraft des Wassers. Kann das Niederschlagswasser ungehindert gut durch eine durchlässige, nichtbindige Bodenschicht abfließen, reicht eine Abdichtung gegen Bodenfeuchtigkeit (**8**.2). Bei schwer durchlässigem, z. T. bindigem Boden kann sich nach starken Regenfällen ein Wasserstau bilden. Das Stauwasser ist mit Hilfe einer senkrechten Dränschicht und Dränagerohren abzuführen (**8**.3a). Stauwasser

245

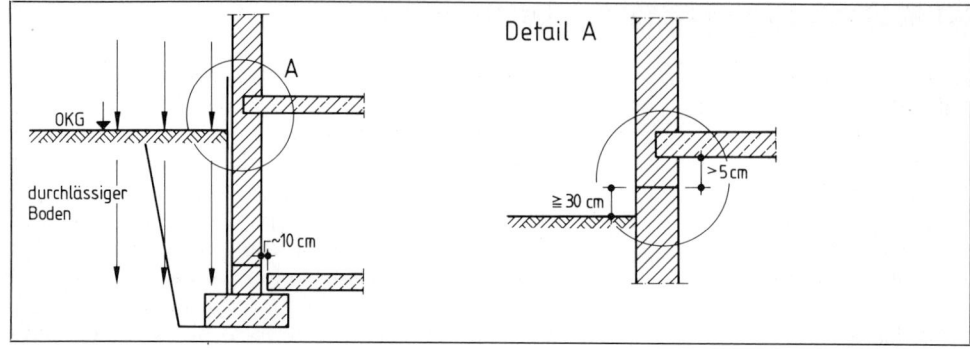

8.2 Abdichtung gegen Bodenfeuchtigkeit

tritt bei Hanghäusern jedoch auch in gut durchlässigen Böden auf (**8.3**b). In beiden Fällen sind die Bauwerke gegen nichtdrückendes Wasser abzudichten. Wenn nach den Gegebenheiten ein Keller im Grundwasserbereich unumgänglich ist, muß er gegen drückendes Wasser abgedichtet werden (**8.4**). Diese aufwendigste Abdichtung muß dem dauernden hydrostatischen Druck widerstehen.

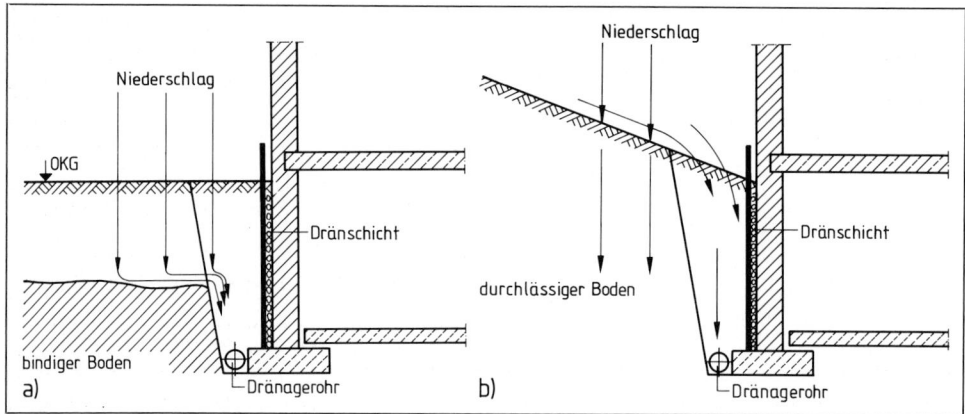

8.3 Abdichtung gegen nichtdrückendes Wasser mit Dränage
a) bei bindigem Boden, b) bei Hanglage des Hauses

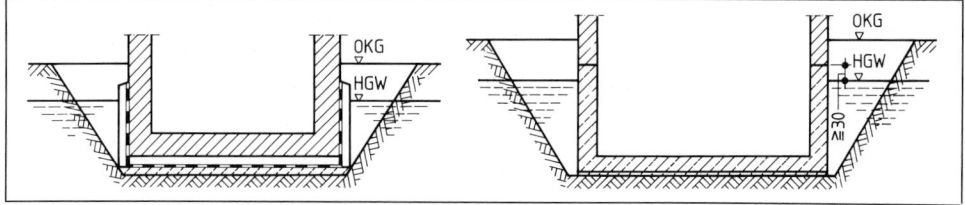

8.4 Abdichtung gegen drückendes Wasser

Brauchwasser. Wasser tritt jedoch auch im Innern eines Bauwerks auf – als Brauchwasser in Duschräumen, Schwimmbädern und anderen Naßräumen. Brauchwasser kann drucklos oder mit hydrostatischem Druck wirken. Auch hier sind Abdichtungsmaßnahmen notwendig bzw. muß das Wasser durch ein Gefälle vom Bauteil abgeleitet werden.

8.1.2 Abdichtungsstoffe und ihre Verarbeitung

Abdichtungsstoffe sollen das Eindringen von Wasser in die Poren der Wände, Decken und Fußböden verhindern. Die Dichtigkeit erreicht man durch entsprechende Zusammensetzung des Betons bzw. Mörtels oder durch eine abdichtende Schicht. Dazu werden Abdichtungsstoffe auf Bitumenbasis in mehreren Arbeitsgängen aufgebracht. Ein dünnflüssiger Voranstrich (Lösung oder Emulsion) dringt in die Poren ein. Er hat keine abdichtende Wirkung. Dabei dürfen Lösungsmittel im Gegensatz zu Emulsionen nur auf trockenem Untergrund aufgebracht werden. Dann werden Deckanstriche (meist Heißanstriche mit einer Temperatur von etwa 150 °C) mehrschichtig aufgebracht. Sie setzen den Voranstrich voraus, weil sich sonst durch die Verdampfung der Bauteilfeuchte ein Dampfpolster bildet und die lückenlose Haftung des Deckanstrichs verhindert. Zu beachten ist auch, daß stets nur Materialien mit gleichen Eigenschaften zusammen verarbeitet werden. Die wichtigsten Abdichtungsstoffe zeigt Tabelle 8.5.

Tabelle 8.5 **Abdichtungsstoffe**

Sperrbeton, Sperrmörtel	
Sperrbeton	wasserundurchlässig durch dichtes Korngefüge des Zuschlags und Zugabe von Dichtungsmitteln. Verwendung für Wannenbauten im Grundwasser, Wasserbehälter, Klärbecken und Betonrohrleitungen
Sperrmörtel	Zementmörtel mit Sandzusatz von 3 mm $\varnothing$ und Zugabe von Dichtungsmitteln. Verwendung für sperrende Estriche und Sockelputze
Bitumenhaltige Abdichtungsstoffe	
Voranstrich	Lösungen oder Emulsionen
Deckaufstrichmittel	heiß oder kalt zu verarbeiten, Zusatz von Füllstoffen möglich (Steinmehle, Faserstoffe)
Spachtelmassen	heiß zu verarbeiten, besonders für Brücken und wasserdruckhaltende Abdichtungen im Behälterbau
Fabrikfertige Bitumenbahnen nach DIN 18190	Mehrere Lagen aus Rohfilzpappe (nackte Bitumenbahnen), Jute- oder Glasgewebe (Bitumen-Schweißbahnen) werden mit heißflüssigem Bitumen getränkt und verklebt. Nackte Bitumenbahnen bezeichnet man nach dem Quadratmetergewicht der Pappe (500 g/m^2 bzw. 333 g/m^2). Bahnen mit Metalleinlage sind völlig wasserdicht.
Kunststoff-Dichtungsbahnen	
Polyisobutylen (PIB DIN 16935) Polyvinylchlorid (PVC-weich-Bahnen, bitumenbeständig DIN 16937) Polyvinylchlorid (PVC-weich-Bahnen, nicht bitumenbeständig DIN 16938) Ethylenpolymerisat-Bitumen (ECB DIN 16729)	werden einlagig hergestellt und in den Stößen durch Warm- oder Quellschweißen, Lösungsmittel oder Heißbitumen zu einer geschlossenen Außenhaut zusammengefügt
Schlämmen	hydraulisch erhärtendes Gemisch aus Zement, feinstem Sand und dichtenden Zusätzen (druckwasserbeständig)

Auftragsverfahren. Voranstrichmittel und ungefüllte Bitumen trägt man mit einer Bürste auf, zähflüssige Stoffe und gefüllte Bitumen mit der Spachtelkelle. Beim Verkleben der Bahnen ist auf eine luftfreie und vollflächige Verbindung zu achten. Dies erreicht man mit dem Gieß- und Einwalzverfahren (**8.**6): Das heißflüssige Bindemittel wird direkt vor die Bahnrolle gegossen, die Bahn walzt sich in den vorgestrichenen Wulst ein. Beim Bürstenstreichverfahren werden zwei Bahnen mittels Bürsten mit Klebemittel eingestrichen und mit den noch flüssigen Bindemitteln verklebt.

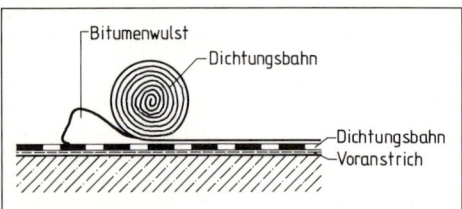

8.6 Gieß- und Einwalzverfahren

> Das abzudichtende Bauteil erhält einen Voranstrich, dann mehrlagig Deckanstriche. Bahnen werden fugenlos verklebt oder verschweißt.

8.1.3 Abdichtungen gegen Bodenfeuchtigkeit

Nach DIN 18195 T4 sind Bauwerke waagerecht und senkrecht gegen Bodenfeuchtigkeit abzudichten. Die waagerechten Abdichtungen verhindern ein Aufsteigen der Feuchtigkeit in Wänden, Fundamenten und (Keller-)Fußböden, die senkrechten Abdichtungen ein Eindringen der Feuchtigkeit durch die Kapillarwirkung der Außenwände.

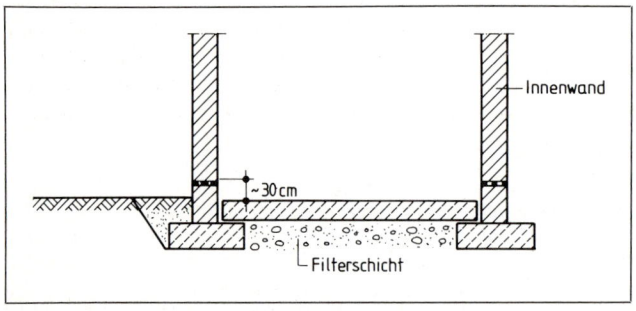

8.7 Anordnung der Sperrschicht bei einem nicht unterkellerten Haus gegen Bodenfeuchtigkeit

Waagerechte Abdichtung. Bei nicht unterkellerten Gebäuden legt man etwa 30 cm über Gelände bei Außen- und Innenwänden waagerechte Bitumenbahnen ein (**8.**7). Für eine dichte und dauerhafte Abdichtung sorgen zwei Lagen besandeter Pappen. (Nackte Pappen bieten keinen ausreichenden Reibungswiderstand gegen das Verrutschen der Mauerschichten.) Bei unterkellerten Gebäuden werden zwei Sperrschichten eingebaut, die untere etwa 10 cm über dem Kellerfußboden, die obere etwa 30 cm über der Geländeoberkante (**8.**8a). Die Möglichkeit, daß die erste Sperrlage bei der Fußbodenherstellung beschädigt wird, ist gering. Vorteilhaft ist außerdem, daß das sich sammelnde Bauwasser im Kellerbereich besser in den Baugrund abfließen kann. Deshalb wird die Bitumenpappe nicht direkt auf dem Fundament eingebaut. Die obere Sperrschicht schützt die Wände gegen aufsteigende Spritzwasserfeuchtigkeit. Aus Sicherheitsgründen ist auch bei Innenwänden eine obere Sperrschicht ratsam. Damit die Pappe beim Einbau der Kellerdecke nicht beschädigt wird, ordnet man sie mindestens 5 cm unter der Deckenunterkante an. Liegt die Sperrschicht dadurch im Spritzwasserbereich, ist eine dritte waagerechte Abdichtung in wenigstens 30 cm Höhe erforderlich (**8.**8b).

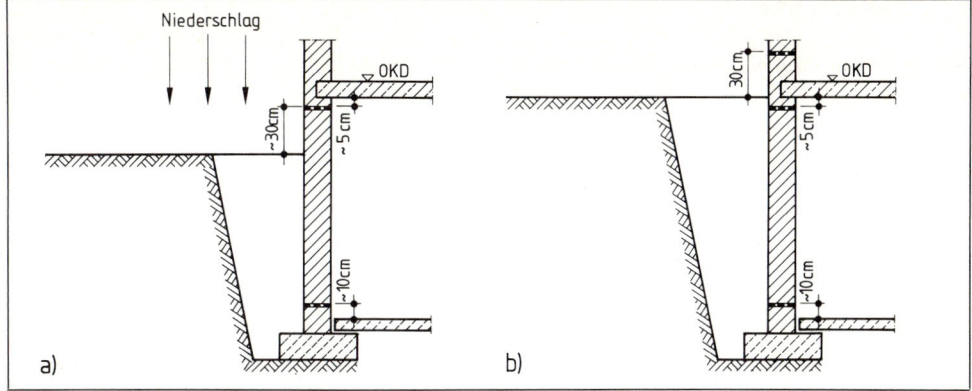

8.8 a) Waagerechte Abdichtung eines unterkellerten Hauses gegen Bodenfeuchtigkeit
b) Anordnung der dritten Sperrschicht

Senkrechte Abdichtungen reichen von der Fundamentoberkante bis zur oberen waagerechten Abdichtung. Beim Auftrag des kaltflüssigen Voranstrichs und der beiden heißflüssigen (bzw. drei kaltflüssigen) Deckanstriche durch Bürsten, Rollen oder Aufspritzen ist auf einen ebenen Untergrund zu achten. Aus optischen Gründen ist ein schwarzer Anstrich im Sockelbereich meist unerwünscht. Hier kann man die Abdichtung durch einen Sperrputz oder ein Klinkermauerwerk ersetzen.

Fußböden im Kellerbereich liegen in der Regel auf einer 20 cm dicken kapillarbrechenden Schicht aus grobem Kies. Soll der Keller absolut trocken sein und als Aufenthaltsraum genutzt werden, ist eine Abdichtung erforderlich. Auf einem Unterbeton von 8 bis 12 cm verlegt man zwei Lagen nackter Bitumenpappe, klebt die Bahnen und versieht sie mit einem Deckanstrich. Wichtig ist die Verbindung zur ersten waagerechten Wandabdichtung – sonst bildet sich eine Feuchtigkeitsbrücke (**8**.9). Notfalls ist die Fußbodenabdichtung an der Wand hochzuführen.

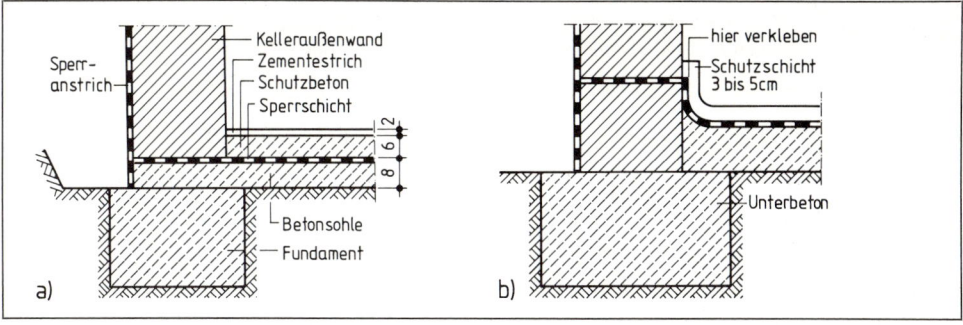

8.9 a) Abdichtung eines Kellerfußbodens, b) Fußbodenanschluß an waagerechte Sperrlage einer Wand

---

Nicht unterkellerte Gebäude erhalten 2 waagerechte Sperrlagen in den Wänden, unterkellerte je eine ≈10 cm über Kellerfußboden und ≈30 cm über Gelände.
Senkrechte Abdichtungen reichen bis zur obersten waagerechten Sperrlage.

8.1.4 Abdichten gegen nichtdrückendes Wasser

Dies betrifft alle Bauwerke, die frei oder im Erdreich liegen und gegen das von oben eindringende Wasser zu schützen sind (z. B. Deckenkonstruktionen, Tunneldecken und Brückenbeläge, im Innern Bäder, Duschräume, Waschräume und gewerbliche Räume mit großem Wasseranfall). Hier wirkt das Wasser nicht mit Druck und nicht ständig ein. Bei den Schutzmaßnahmen ist wiederum auf eine Abflußmöglichkeit zu achten. Bei Deckenbauteilen erreicht man dies durch ein Gefälle von 1 bis 2%. Die Abdichtung besteht meist aus Bitumen- oder Metallbahnen.

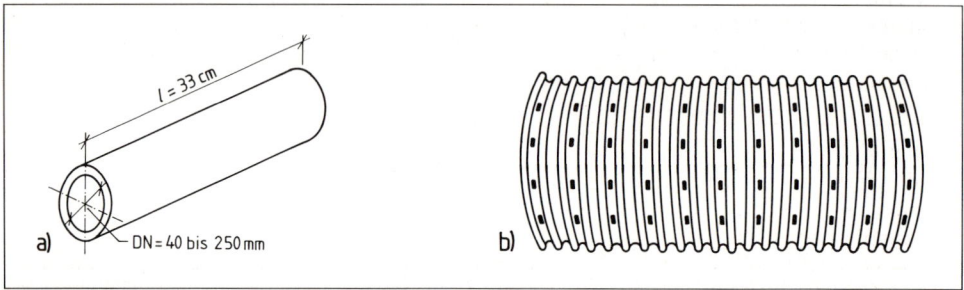

8.10 Dränrohr a) aus gebranntem Ton, b) aus Kunststoff

Dränagen (DIN 4095) sollen Bodenschichten entwässern, damit erdberührte Bauteile nicht durch drückendes Wasser beansprucht werden. Eine Dränage besteht meist aus flexiblem Kunststoff-Rippenrohr DN 100 (**8.10**b), doch werden auch Dränrohre aus gebranntem Ton verwendet (**8.10**a). Die Rohre werden in einem Kiesbett mit mindestens 0,5% Gefälle verlegt. Man unterscheidet R i n g dränungen, die das Bauwerk umschließen, und F l ä c h e n dränungen, die die gesamte Bodenfläche des Bauwerks entwässern. Vom tiefsten Punkt (Sammelpunkt) leitet der Übergabeschacht (DN 1000) das anfallende Wasser in einen Vorfluter oder zu einer Versickerung. Die Einleitung in öffentliche Entsorgungsleitungen ist im allgemeinen nicht erlaubt. Alle Dränungen müssen genehmigt werden und sind Bestandteil des Bauantrags.

Vor die abgedichtete Wand setzt man wasserdurchlässige Kunststoffplatten (PE-Schaum, expandiertes Polystyrol), lose verlegte Sickersteine oder Bitumenwellpappen. Eine etwa 30 cm dicke Kiesschicht (4/32) erfüllt den gleichen Zweck. Diese Filterschicht reicht bis zur Geländeober-

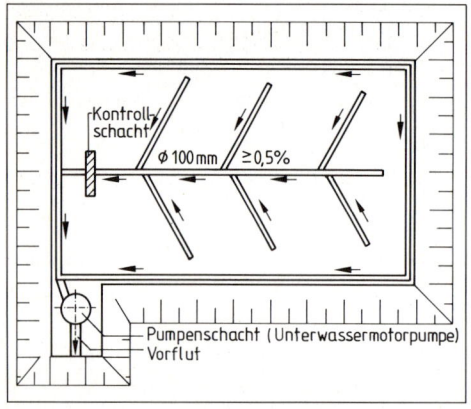

8.11 Lageplan einer Flächendränage

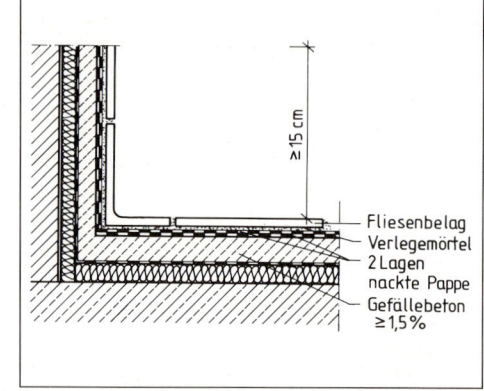

8.12 Trogausbildung der Sperrlage in Feuchträumen

kante und schützt die Dränleitung vor Verschlammen und Ablagerungen. Bei bindigen Böden ist sie immer notwendig.

Feucht- und Naßräume haben meist einen Wandbelag aus Fliesen. Fliesen sind zwar wasserdicht, doch neigen die Fugen durch die ständig wechselnden Temperaturen zur Haarrißbildung. Außerdem ist beim Fugenmörtel immer mit einer geringen Wasseraufnahme zu rechnen. Eine Abdichtung ist daher unvermeidbar. Die Räume sind trogartig abzudichten. An den Wänden kantet man die Sperrlage mind. 15 cm auf und führt sie im Duschbereich wenigstens 30 cm über die Duschlage (**8.12**). Als Dichtstoffe kommen Dichtungsbahnen mit zwei Trägerlagen, Kunststoffbahnen oder bei starker Beanspruchung Bahnen mit Metalleinlagen in Frage. Bei waagerechter Abdichtung wird ein Gefällebeton mit mind. 1,5% Neigung aufgebracht. Darüber kommen 2 cm, bei höher beanspruchten Flächen 5 cm Schutzbeton. In Wohnungen reicht ein Mörtelbett von 2 cm aus, das gleichzeitig das Mörtelbett des Wandbelags (Fliesen) bildet.

> Nichtdrückendes Wasser kommt innen und außen vor. Grundsätzlich muß es frei abfließen können. Waagerechte Flächen legt man dazu mit 1,5 bis 2% Gefällebeton ab. Dränagen sammeln das Wasser und leiten es zu Vorflutern oder Pumpensümpfen. Naßräume werden trogartig abgedichtet.

8.1.5 Abdichten gegen drückendes Wasser

Wanne (Trog). Das Wasser kann von außen (Grundwasser) oder von innen (z. B. im Behälterbau) drücken. Für die statische Bemessung ist der höchste anzunehmende Wasserstand anzusetzen. Teerstoffe dürfen nicht mehr zur Dichtung verwendet werden, weil ihre Phenole ätzende und somit antibiologische Wirkungen im Erdreich verursachen. Das Bauwerk wird vielmehr in einen Trog (Wanne) gesetzt, dessen Wände aus 11,5 cm dickem Mauerwerk oder 10 cm Beton bestehen (**8.13**). Die Kellersohle besteht aus Stahlbeton. Ist der Grundwasserdruck sehr groß, errichtet man die gesamte Wanne aus Stahlbeton. Bei der Außenabdichtung darf die Wandrücklage nicht so starr sein, daß sie den Einpreßdruck auf die Dichtungsbahnen verringert und die nicht rechtwinklig auftreffenden Kräfte nicht mehr aufnehmen kann. Für den Einpreßdruck sorgt der Erddruck. Im Sohlbereich preßt die Bauwerkslast die Abdichtung ein.

8.13 Bewehrung einer Stahlbetonwanne im Grundwasserbereich

Die Abdichtung der Wanne geschieht bis 4 m Wandhöhe mit einer dreilagigen nackten Bitumenbahn. Da mit größerer Eintauchtiefe der hydrostatische Druck steigt, sind dann mehrlagige Abdichtungen nötig (**8.14**).

Tabelle **8.14 Wannenabdichtung**

Bürstenstreich- und Gießverfahren		Gieß- und Einwalzverfahren	
Eintauchtiefe	Anzahl der Lagen	Eintauchtiefe	Anzahl der Lagen
bis 4 m	mindestens 3	bis 9 m	mindestens 3
4 bis 9 m	mindestens 4	über 9 m	mindestens 4
über 9 m	mindestens 5		

Werden in der zweiten Lage von der Wasserseite Metallbänder mit gefüllten Bitumen verklebt, vergrößert sich die Belastbarkeit der Abdichtung. Es lassen sich auch mehrlagige Klebeabdichtungen aus Bitumen-Schweißbahnen, -Dichtungsbahnen oder Kunststoffbahnen herstellen. In allen Fällen ist die Anzahl der Lagen von der Eintauchtiefe des Bauwerks abhängig.

Die Abdichtung der Sohle wird auf eine Beton- oder Stahlbeton-Tragsohle aufgebracht. Auf die Sperrschicht kommt sofort eine 5 bis 10 cm dicke Betonschicht zum Schutz der Dichtungsbahnen. Die Wand- und Sohlabdichtung werden in einem Zug bis an den Spritzwasserbereich geführt.

Wasserundurchlässiger Beton. Da Bauteile, die im Grundwasser stehen, häufig aus Beton hergestellt werden, bietet es sich an, sie aus wasserundurchlässigen Beton nach DIN 1045 zu errichten. Die Betonbauteile übernehmen zu der tragenden Funktion noch die Abdichtung (s. Abschn. 7.2). Bei der Planung solcher Bauwerke ist auf eine möglichst einfache Form zu achten. Die einfachste Form ist eine quaderförmige Wanne, auch **weiße Wanne** genannt. Schon bei der Herstellung sollen unnötige Bauwerkssprünge und Anschlüsse bei Betonierabschnitten vermieden werden. Bei der Herstellung der Sohle ist auf eine ebene Bauwerksunterseite zu achten, die auf einem sehr gut verdichteten, tragfähigen Boden mit einer 5 cm dicken Sauberkeitsschicht (evtl. Magerbeton) liegt. Die Wände bilden mit der Sohle eine geschlossene Wanne, die etwa 30 cm über den höchsten Grundwasserstand reichen muß (bei bindigem Boden 30 cm über Geländeoberfläche, **8.15**).

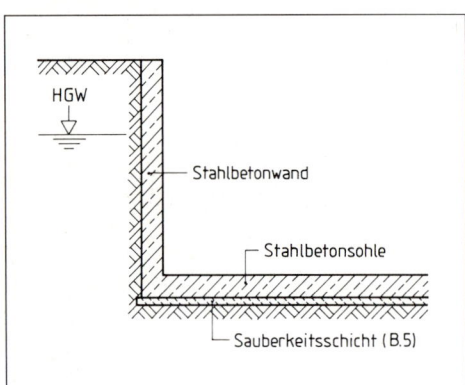

8.15 Weiße Wanne, Eckpunkt

Die Bauteilabmessungen müssen ein einwandfreies Betonieren ermöglichen. Besteht bei großen Bauteillängen Rißgefahr, sind Fugen oder Bewehrungen zur Beschränkung der Rißbreiten anzuordnen. Bei der weißen Wanne betragen die Abmessungen für die Stahlbetonsohle mindestens 25 cm, die Stahlbetonwände mindestens 30 cm Dicke. Als Beton ist mindestens ein B 25 zu verwenden.

Ist das Grundwasser chemisch aggressiv, muß ein Schutzanstrich auf der Außenseite der Wanne aufgetragen werden.

Bei den Fugen ist zwischen Arbeits- und Dehnfugen zu unterscheiden. Arbeitsfugen entstehen zwischen zeitlich unterschiedlichen Betonierabschnitten, Dehnfugen (auch Bewegungsfugen genannt) müssen durch das gesamte Bauwerk gehen (**8.16**).

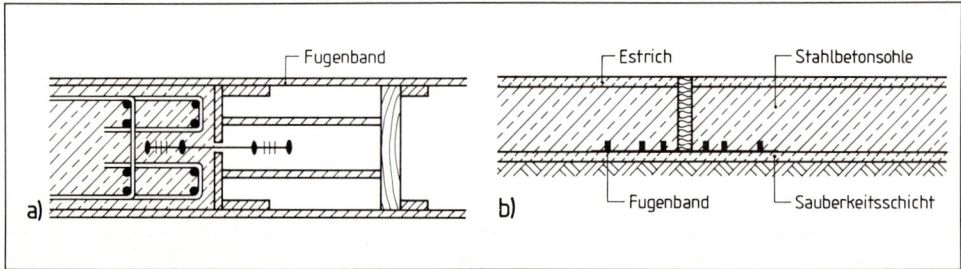

8.16 a) Lotrechte Arbeitsfuge in einer Wand mit Schalung und Fugenband, b) horizontale Dehnfuge in einer Kellersohle

Grundwasserabsenkung. Damit die Baugrube während der Abdichtungsarbeiten trocken bleibt, wird das Grundwasser mit Hilfe von Brunnen (Spüllanzen) abgesenkt, mit Vakuumpumpen oder Unterwasser-Motorpumpen in eine Sammelleitung gepumpt und in einen Vorfluter abgeleitet. Bei Grundwasser-Absenkungsmaßnahmen bilden die Brunnen Absenktrichter mit z.T. großen Radien. Deshalb müssen vor Baubeginn umfangreiche Berechnungen angestellt werden. Durch den Wasserentzug im Boden können sich die umliegenden Bauten so stark setzen, daß Einsturzgefahr besteht (**8.17**).

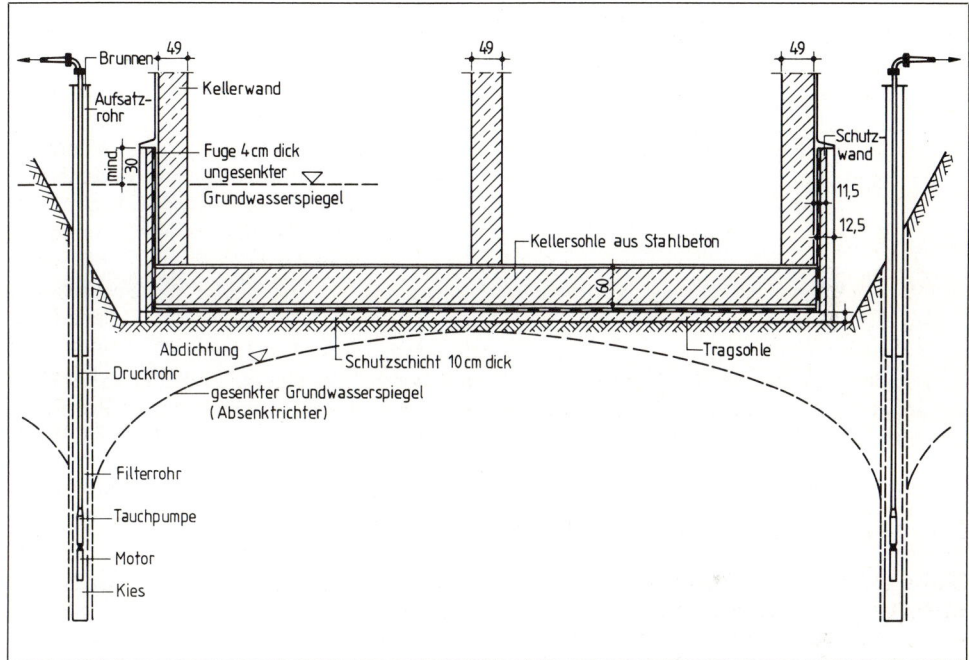

8.17 Schnitt durch eine Wanne mit Grundwasserabsenkung

Drückendes Wasser tritt von außen im Grundwasserbereich und von innen im Behälterbau auf. Man setzt das gesamte Bauwerk in einen Mauerwerk- oder Stahlbetontrog. In Abhängigkeit von der Tiefe und damit vom hydrostatischen Druck werden mehrlagige Abdichtungen hergestellt.

Während der Arbeiten ist eine Trockenlegung der Baugrube (meist Grundwasserabsenkung) erforderlich.

8.2 Brandschutz

Bauteile müssen im Brandfall dem Feuer so lange widerstehen, bis die Rettung der Menschen, Tiere und Sachgüter abgeschlossen ist. Dabei dürfen sich keine toxischen (giftigen) Gase bilden, die die Flucht bzw. Rettung unmöglich machen. Dies ist bei der Planung, der konstruktiven Ausbildung und den technischen Anlagen des Bauwerks zu berücksichtigen. Einzelheiten regeln die Landesbauordnungen (LBO), DIN 4102 (Brandverhalten von Baustoffen und Bauteilen), die Musterbauordnung und weitere Vorschriften für Krankenhäuser, Schulen, Hochhäuser, Versammlungsräume.

Baustoffklassen. Durch genormte Brandversuche werden Baustoffe in verschiedene Klassen eingeteilt (**8.**18).

Tabelle 8.18 Baustoffklassen nach DIN 1402

Klasse	Bauaufsichtliche Benennung	Beispiele
A A1 A2	**nicht brennbare Baustoffe** – ohne organische Bestandteile – mit organischen Bestandteilen	Beton, Gips, Gipskartonplatten
B B1 B2 B3	**brennbare Baustoffe** – schwerentflammbar – normalentflammbar – leichtentflammbar	brandschutztechnisch behandelte Holzwerkstoffe, Hartschäume, verschiedene Kunststoffe Holzwerkstoffe und Holz >2 mm Holzwerkstoffe und Holz >2 mm, Papier, Pappe, Stroh

Die Baustoffe müssen entsprechend gekennzeichnet werden. Für nicht brennbare und schwerentflammbare Baustoffe ist ein Prüfzeichen vorgeschrieben. Leichtentflammbare Baustoffe erhalten zur Bezeichnung B3 den Aufdruck „leichtentflammbar".

Feuerwiderstandsklassen. Auch Konstruktions- und Bauelemente werden nach ihrem Brandverhalten eingeteilt. Hierzu gibt man ihre Feuerwiderstandsdauer in Minuten an (**8.**19).

Tabelle 8.19 Feuerwiderstandsklassen F nach DIN 4102

Klasse	Feuerwiderstandsdauer (Minuten) und Benennung	Verwendung
F 30	≥ 30 feuerhemmend	nichttragende Wände, Deckenbauteile bis zu 2 Geschossen, Kellerdecken bis zu 5 Geschossen
F 60	≥ 60 feuerhemmend	nichttragende Wände
F 90	≥ 90 feuerbeständig	tragende Wände und Treppenhauswände, Deckenbauteile über 2 Geschosse, Kellerdecken über 5 Geschosse
F 120	≥ 120 feuerbeständig	
F 180	≥ 180 hochfeuerbeständig	

Selbstschließende Türen, Tore und Rolläden, die den Feuerdurchgang durch Wände oder Decken verhindern sollen, werden nach den Feuerwiderstandsklassen T 30 bis T 180 eingeteilt. Verglasungen erhalten entsprechend die Feuerwiderstandsklassen G 30 bis G 180.

Beim Bezeichnen von Bauelementen werden die Baustoffklassen mit den Feuerwiderstandsklassen verbunden.

Beispiel   F 120 – A1

Bei der Planung eines Bauwerks ist für einen ausreichenden Zugang der Feuerwehr zu sorgen, etwa durch befahrbare Rasenflächen, größere Toreinfahrten und Brandabschnitte innerhalb der

Gebäude. Treppen in Hochhäusern müssen auf kürzestem Weg, mindestens nach 35 m zu erreichen sein. Die Fluchtwege in Treppenhäusern dürfen keine brennbaren Baustoffe erhalten. Sie werden in einzelne Brandabschnitte eingeteilt. Gegebenenfalls sind außen Sicherheitstreppen einzuplanen. Feuerlöscheinrichtungen wie Feuerlöscher, Hydranten und Rettungseinrichtungen sind vorgeschrieben, Qualm- und Rauchabzugsanlagen vorzusehen.

Konstruktiver Brandschutz einzelner Bauteile. In erster Linie kommt es auf die richtige Auswahl der Baustoffe an. Tragende Bauteile wie Stützen und Unterzüge müssen im Brandfall stabil bleiben. S t a h l s t ü t z e n sind besonders gefährdet und erhalten daher eine Ummantelung aus Mauerwerk, Beton oder Gipsbauteilen (**8.**20). Asbestfreie Fibersilikatplatten in verschiedenen Dicken eignen sich vielfältig als brandschützende Konstruktionen für Stahlstützen und -unterzüge. Auf Putzträger aufgebrachte Putze gelten als feuerhemmend, wenn sich im Brandfall keine Risse bilden. S c h o r n s t e i n e müssen zu allen brennbaren Bauteilen einen von der Landesbauordnung vorgeschriebenen Abstand halten.

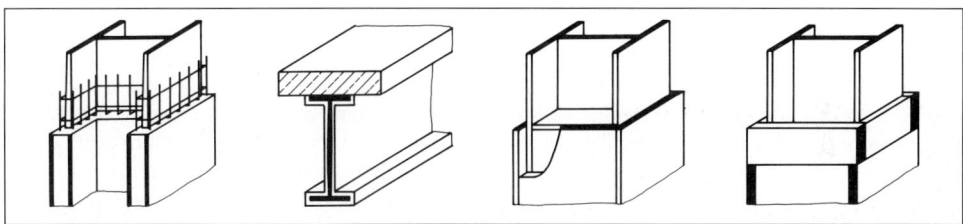

8.20 Profilfolgende und kastenförmige Brandschutzmaßnahmen für Stahlprofile

In großen Versammlungsräumen lassen sich S t a h l t r ä g e r d e c k e n mit Einlegedecken aus Feuerschutzplatten optisch gut verkleiden (**8.**21). Vorteilhaft ist auch ein entsprechendes Abdecken der an den Decken verlaufenden Versorgungs- und Lüftungskanäle. Auch H o l z b a l k e n d e k k e n können mit Feuerschutzplatten versehen werden und so nach DIN 4102 eine Feuerwider-

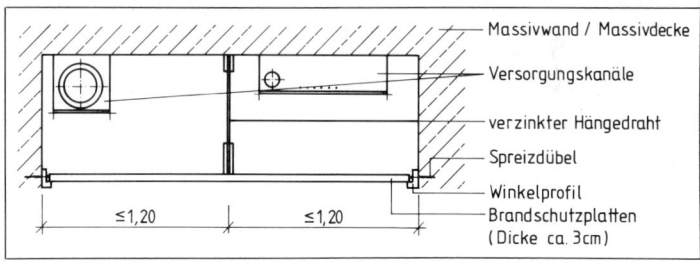

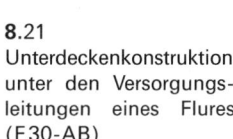

8.21
Unterdeckenkonstruktion
unter den Versorgungs-
leitungen eines Flures
(F 30-AB)

standsklasse F120B erreichen (**8.**22). Ebenso lassen sich Innen- und Außenwände je nach Anforderung mit Brandschutztafeln, auch als Verbundplatte für Brand- und Wärmeschutz versehen. T r a g e n d e H o l z b a u t e i l e (Holzstützen und -unterzüge) werden mit feuerschutzbildenden Anstrichen behandelt. Unverkleidete Vollholzbalken und Brettschichtbinder teilt man in Abhängigkeit ihrer Biegebeanspruchung in die Feuerschutzklassen F30B und F60B ein.

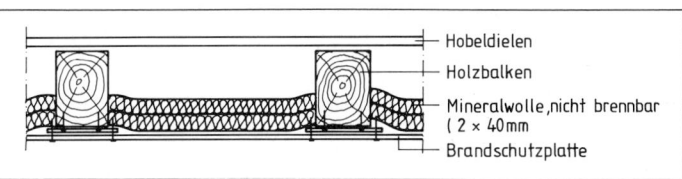

8.22
Holzbalkendecke
mit Wärmedämmung
(F 90-B)

Geregelt wird der bauliche Brandschutz durch DIN 4102, die jeweilige LBO, die Musterbauordnungen und verschiedene Vorschriften für besondere Bauten.
Baustoffklasse A = nicht brennbare Baustoffe, Baustoffklasse B = brennbare Baustoffe
Feuerwiderstandsklassen F 30 bis F 180 für Bauteile (Feuerwiderstandsdauer in Minuten)
Bei der Bauwerksplanung sind Rettungswege und Feuerwehrzufahrten zu berücksichtigen.
Tragende Bauteile werden durch konstruktive Maßnahmen vor dem Zusammenbrechen im Brandfall geschützt.

8.3 Schallschutz

Der Schallschutz soll die Schallübertragung verhindern. Berechnungen lassen sich dazu nur in begrenztem Umfang anstellen. Deshalb beruht der Schallschutz auf Erfahrungswerten, die auch die Planung und Ausführung des Bauwerks mitbestimmen. Um die Bewohner vor Außenlärm (z. B. Verkehrslärm) zu schützen, wählt man die Lage des Bauwerks und seiner Räume sinnvoll. Auch Geräusche im Innern durch Bad-, Küchen- und Werkraumbenutzung werden in der Grundrißgestaltung berücksichtigt. Wesentlichen Einfluß auf die Schallübertragung hat die Bauart (leicht oder schwer). Weil die Schall-Längsleitungen sehr stören können, spielt der Wand- und Deckenaufbau eine große Rolle. Haustechnische Anlagen wie Fahrstühle, Heizungsanlagen und Schwimmbäder dürfen keine störenden Geräusche übertragen. Fenster und andere Verglasungen wählt man nach dem äußeren Lärmaufkommen.

Bei der Planung unterlassene Schallschutzmaßnahmen lassen sich nachträglich kaum noch oder nur unter großen Kosten durchführen.
DIN 4109 (Schallschutz im Hochbau) regelt die baulichen Einzelheiten.

8.3.1 Grundlagen

Erinnern wir uns: Schall entsteht durch Schwingungen, die wir in Frequenzen f messen (Einheit Hertz = Hz). Das menschliche Ohr nimmt Frequenzen zwischen 16 und 16000 Hz wahr. Geräusche bestehen aus mehreren Teilfrequenzen, Töne nur aus gleichen Schallschwingungen (8.23). Schallwellen erzeugen Druckschwankungen. Diesen Schalldruck p geben wir in N/m² an, den Schallpegel L in Dezibel (dB). Da sich die Schallwellen, mit Mikrofonen gemessen, sehr stark unterscheiden, verwendet man besser ein logarithmisches Maß in Dezibel, nämlich

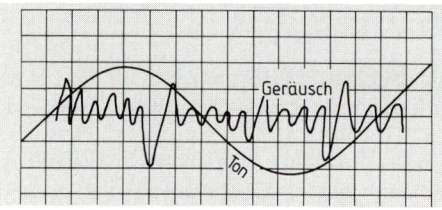

8.23 Schwingungsbild eines Tones und eines Geräusches

$$L = 20 \lg \frac{p}{p_0} \text{ in dB.}$$

Da der Mensch Töne mit gleichem Schalldruckpegel verschieden laut hört, wird eine Mischung verschieden hoher Töne gewählt. Den so gemessenen Schall bezeichnet man mit dB(A). Damit lassen sich Vergleiche unterschiedlicher Schallquellen anstellen. Die Einheit Dezibel ist eine Verhältniszahl, die auf Zehnerpotenzen zurückgeführt wird. Dadurch steigt die Empfindung des menschlichen Ohres für den Schallpegel stärker als die Schallwirkung.

Beispiele Verschiedene Schallpegel

Musikgruppe	110 dB(A)
Preßlufthammer	90 dB(A)
Straßenverkehr (i. M.)	70 dB(A)
Unterhaltung	50 dB(A)
Raum (i. M.)	30 dB(A)
Wald	20 dB(A)

So genügt in einem ruhigen Raum mit etwa 15 dB eine Zunahme von 3 dB, um eine Verdoppelung des Schalls zu empfinden.

Luft-, Körper- und Trittschall. Wenn im Raum eine Schallquelle Geräusche aussendet und diese im Nebenraum gut wahrgenommen werden, sprechen wir von mangelhaftem Luftschallschutz. Die Luft leitet die Schallwellen zur trennenden Wand, die vom Schalldruck in Schwingungen versetzt wird und so die Geräusche in den Nebenraum überträgt. Dieser Schalltransport ist durch entsprechende Wandkonstruktion zu unterbinden. Wird eine Wand etwa durch einen Hammerschlag direkt in Schwingungen versetzt, entsteht Körperschall. Eine besondere Form des Körperschalls ist der lästige Trittschall. So werden Deckenbauteile durch das Betreten, durch Maschinen oder spielende Kinder in Schwingungen versetzt. Der Trittschallschutz muß die Ausbreitung dieser Schwingungen durch schalldämmenden Deckenaufbau verhindern oder auf erträgliche Werte vermindern.

Das Schalldämmaß R_W ist der rechnerische Schalldämmwert. Er wird in dB angegeben. So schreibt DIN 4109 die Anforderungen an die Luft und Trittschalldämmung vor. Als Beispiel sei eine Wand in Geschoßhäusern gewählt. Sie muß ein erforderliches R'_w von 53 dB aufweisen. Für einen erhöhten Schallschutz wird ein erforderliches $R'_w \geq 55$ vorgeschlagen. Das Schallschutznormenwerk ist sehr umfangreich; weitere Werte lassen sich aus ihm oder aus Tabellenwerken entnehmen.

Das Trittschallmaß TSM (in dB) setzt sich aus dem Schallschutzwert der Rohdecke TSM_{eq} und dem Verbesserungsmaß VB des schwimmenden Estrichs zusammen. Für bauliche Unwägbarkeiten wird ein Vorhaltemaß von 2 dB abgezogen.

$$TSM = TSM_{eq} + VM - 2\,dB\ (dB)$$

Die entsprechenden Werte für TSM_{eq} und VM sind wiederum Tabellenwerken oder der DIN 4101 zu entnehmen.

Nach einem Entwurf der VDI-Richtlinie 4100 (10/89) werden Wohnungen nach ihrer schalltechnischen Güte in 3 Schallschutzklassen (SSK) eingeteilt:

- SSK I $\ \hat{=}$ weitgehend der DIN 4101
- SSK II $\ \hat{=}$ weitgehend dem erhöhten Schallschutz
- SSK III $\ \hat{=}$ ermöglicht ein hohes Maß an Ruhe in der Wohnung

---

DIN 4109 schreibt für Bauteile Mindestwerte für die Schalldämmung vor. Der Nachweis: vorh. $R'_w \geq$ mind. R'_w

---

8.3.2 Konstruktiver Schallschutz

Bei den Wänden unterscheiden wir ein- und zweischalige Systeme.

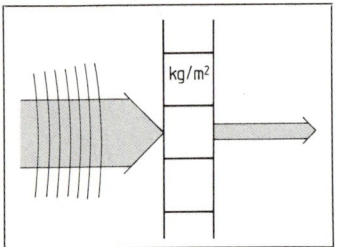

8.24 Schalldämmung einer einschaligen Wand

Einschalige Wände schwingen als Ganzes. Daher spielt ihre Biegesteifigkeit, ihre Masse (kg/m^2) eine große Rolle. Je schwerer die massive Wand ist, desto besser dämmt sie den Luftschall (**8.24**). Jedoch gibt es einen Bereich, worin die Frequenzen des Luftschalls und des Bauteils übereinstimmen. Bei dieser „Grenzfrequenz" verstärken sich die Schallwellen noch. Der ungünstige Bereich liegt für einschalige Wände zwischen 200 und 2000 Hz. Er betrifft plattenförmige Bauteile aus Beton, Leichtbeton und Mauerwerk zwischen 20 und 100 kg/m^2 Flächenmasse sowie Holz- und Holzwerkstoffplatten über 15 kg/m^2.

> Günstig ist die Luftschalldämmung biegesteifer einschaliger Wände aus Beton, Leichtbeton und Mauerwerk mit ≥ 150 kg/m^2 Flächenmasse.

Undichtigkeiten wie Risse, Löcher und andere Wandöffnungen beeinträchtigen die Schalldämmung erheblich. Großporige Wände, also Wandbaumaterialien mit Lufteinschlüssen, haben in unverputzem Zustand eine sehr geringe Schalldämmung. Um den vorgeschriebenen Werten zu entsprechen, müssen sie stets beidseitig verputzt werden. Gasbetonbauteile haben wegen ihrer geschlossenen Luftporen eine gute Schalldämmwirkung. Ausnahmslos gute Dämmwerte erreichen wegen ihrer Masse Ziegel, Kalksand- und Hüttensteine.

Zweischalige Wände erfordern für vergleichbare Dämmwerte nicht so große Flächenmassen wie die einschaligen. Es sind zwei leichtere, durch eine Luftschicht oder weich federnde Dämmschicht voneinander getrennte Wandschalen. Ihre Wirksamkeit hängt von der Masse und Biegesteifigkeit beider Schalen sowie der Eigenfrequenz des Systems ab. Bei der Eigenfrequenz schwingen die Schalen gegeneinander, wobei die Zwischenschicht als Feder wirkt (**8.25**).

Abhängig ist die Eigenfrequenz daher von den Flächenmassen der Schalen und der dynamischen Steifigkeit der Zwischenschicht. Gute Schalldämmwerte ergeben sich, wenn die Eigenfrequenz unter 100 Hz liegt. Dies ist der Fall bei zwei schweren Wandschalen sowie bei einer schweren und einer leichten Schale.

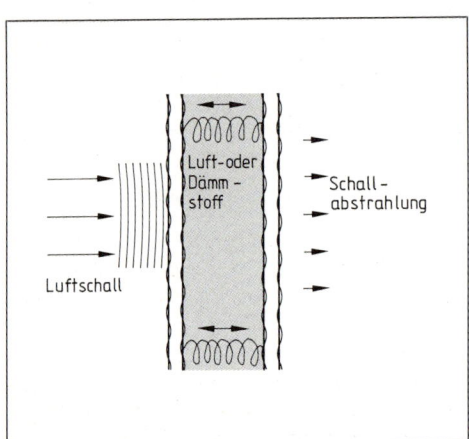

8.25 Schalldämmung einer zweischaligen Wand

> Günstig ist die Luftschalldämmung einer zweischaligen Wand, die aus zwei schweren Schalen oder aus je einer schweren und leichten Wandschale besteht.

Anschlußproblem. Eine Wand läßt sich also schalltechnisch fast perfekt aufbauen. Ein Problem bereitet jedoch ihre Einspannung an Anschlußwände und Decken. Hier wird der Schall nämlich über die Längsleitung von einem Raum zum anderen und sogar in andere Stockwerke des ganzen Gebäudes übertragen (**8.**26). Deshalb gehen zwischen den Trennwänden von Einfamiliendoppel- und Reihenhäusern die Trennfugen vom Fundament bis zur Dachkonstruktion durch. Der Fugenabstand beträgt bei einer Flächenmasse der Wände von 150 bis 200 kg/m^2 mindestens 30 mm, bei leichteren Wänden 20 mm. Fugen von 20 mm Abstand müssen jedoch mit einem Mineraldämmstoff gefüllt werden, während breitere offen bleiben dürfen. Beim Herstellen der Fugen sind Schallbrücken (z. B. durch hereinfallenden Mörtel oder Steinreste) zu vermeiden. Schon kleinste Schallbrücken können den Schallschutz zunichte machen!

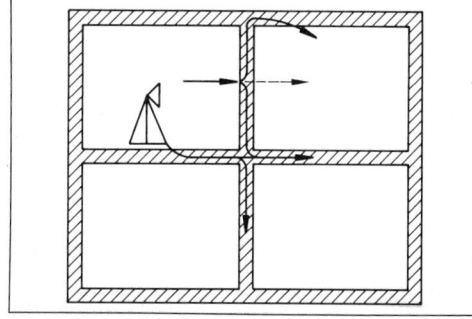

8.26 Körperschallausbreitung über Längsleitung

Für Decken ist der Trittschallschutz von großer Bedeutung. Dabei gelten die gleichen Grundsätze wie für Wände. Eine bessere Luftschall- und besonders Trittschalldämmung bietet der schwimmende Estrich (**8.**27). Bei der Ausführung dürfen keine Schallbrücken entstehen, die den Schall über die Wände weiterleiten! Auch auf eine ausreichend weich federnde Dämmschicht ist zu achten. Weiche Gehbeläge wie Teppichböden verstärken den Trittschallschutz, während harte Kunststoffbeläge ihn eher verschlechtern.

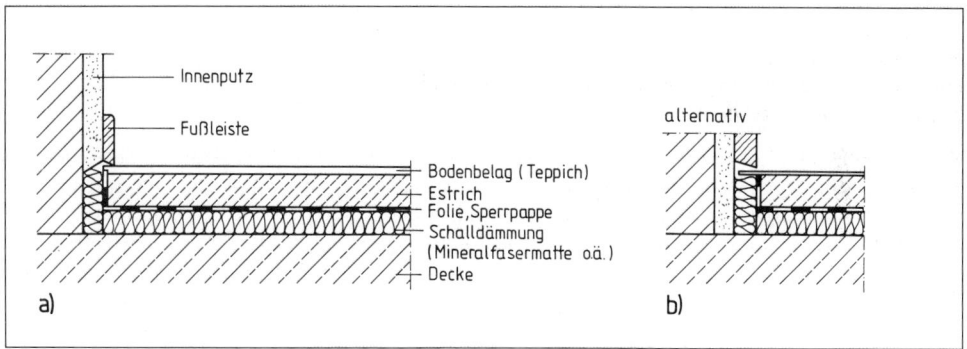

8.27 Ausführungsbeispiel eines schwimmenden Estrichs
a) Putzschicht geht nicht bis zur Rohdecke durch = gute Körperschalldämmung
b) Putzschicht läuft durch = Körperschall überträgt sich über den Putz in die Rohdecke

Fenster und Türen. Mit dem wachsenden Verkehrs- bzw. Außenlärm stiegen die Schallschutzanforderungen an Fenster und Türen. Im wesentlichen hängt der Schalldämmwert eines Fensters von der Verglasung, Rahmenausführung und Dichtungsart ab. Bei der Wahl der Verglasung müssen wir die Wärmeschutzanforderungen beachten. Daraus ergibt sich immer eine Doppelverglasung – zwei unterschiedlich dicke Scheiben, deren Zwischenraum mit speziellen Gasen gefüllt wird. Es gibt heute Isolierverglasungen, die in schalltechnischer Hinsicht einem Massivmauerwerk entsprechen. Rolladenkästen und Außenjalousien müssen besonders abgedichtet werden, weil sie sonst als Schallkörper wirken. Türen verringern den Schallschutz zwischen zwei Räumen erheblich. Um eine gute Dämmung zu erreichen, muß die Masse der Tür möglichst groß sein (sandgefüllte Holzspan-Röhrenplatte oder Mineralwolle-Ein-

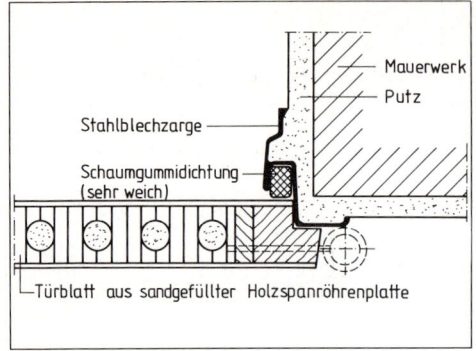

8.28 Türanschlag mit Schaumgummidichtung

lage). Zugleich ist auf den dichten Einbau der Türzargen im Mauerwerk zu achten. Da Türen immer einen etwas geringeren Schalldämmwert als die Wände haben, sollen sie in eine sehr weiche, elastische Schaumgummi- oder Moosgummidichtung fallen (**8.28**). Der untere Anschlag kann mit einer Gummilippendichtung ausgebildet sein.

Für Türen und Tore von gewerblichen Betrieben, die Innenlärm nach außen dämmen müssen, gelten die gleichen Grundsätze. Hier nimmt man massivere Türen (Stahl) mit widerstandsfähigeren (robusteren) Kunststoffdichtungen.

Haustechnische Anlagen. In Wohnhäusern wirken Heizungsrohre, Wasserleitungen und WC-Spülanlagen oft als störende Geräuschquellen. Trotz guter konstruktiver Gestaltung des Hauses müssen diese Anlagen daher direkt gedämmt werden. Beachten wir einige Grundregeln, gehen die Störungen nicht über ein erträgliches Maß hinaus. So werden Leitungen unter Putz mit einem Dämmstoff ummantelt und damit gegen Körperschallausbreitung gesichert. Frei an den Wänden verlaufende Leitungen lassen sich mit federnden oder weich gelagerten Rohrschellen befestigen. Bei Wanddurchlässen sind die Rohre mit einer körperschalldämmenden Manschette zu ummanteln und mit einer Kunststoff-Folie oder Bitumenpappe zu umwickeln. Druckspüleinrichtungen verursachen erheblich mehr Geräusche als tiefliegende Kunststoff-Spülkästen.

DIN 4109 E unterscheidet zwischen „lauten Räumen" (Bäder, Küchen, Waschräume) und „sehr lauten Räumen". Zu den letzten gehören Großküchen, Cafés, Gaststätten, Theaterräume, Kegelbahnen und Garagen. Alle diese Anlagen gehören im Sinn der DIN-Vorschriften zu den Betrieben. Hier gelten bestimmte Werte für den zulässigen Schallpegel in Abhängigkeit von der Tages- und Nachtzeit.

Schall-Längsleitungen vermeidet man durch konstruktive Maßnahmen. Decken sind durch eine weich federnde Dämmschicht im schwimmenden Estrich gedämmt. Weiche Fußbodenbeläge sorgen zusätzlich für Trittschallschutz.

Fenster und Türen sind schalltechnische Schwachpunkte. Deshalb sollen sie große Eigenmasse haben und dicht, weich gelagert eingebaut werden. Auch Installationsanlagen baut man weich und federnd ein.

8.4 Wärmeschutz

Der Wärmeschutz soll bei hinreichender Wirtschaftlichkeit für das Wohlbefinden der Menschen in den Räumen sorgen und zugleich zur Erhaltung der Bausubstanz beitragen. Vor allem ist darum auf den Wärmeverlust durch Außenwände und Dächer zu achten. Durch günstige Bauabmessungen lassen sich die Wärmeverluste verringern (**8.29**). Höhere Baukosten durch umfangreiche Dämmaßnahmen werden über einen längeren Zeitraum hinweg durch geringere Bewirtschaftungskosten ausgeglichen. DIN 4108 „Wärmeschutz im Hochbau" und die Wärmeschutzverordnung vom 24.2.1982 enthalten die Planungs- und Berechnungsgrundlagen für Gebäude. Der Nachweis des Wärmeschutzes gehört zu den Bauantragsunterlagen.

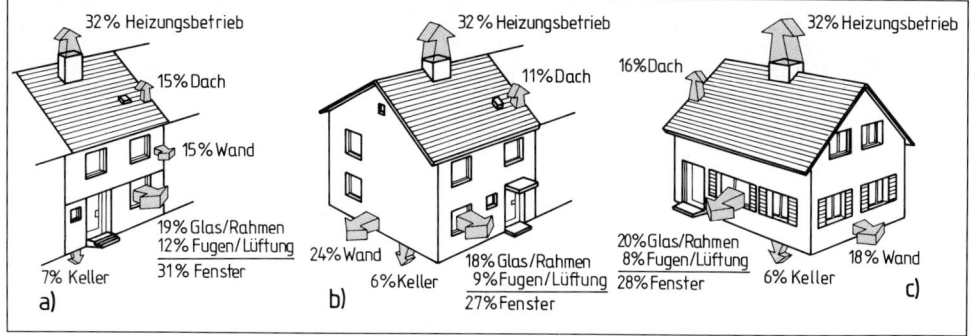

8.29 Wärmeverluste verschiedener Bauformen
a) Reihenmittelhaus, b) Reihenendhaus, c) freistehendes Einfamilienhaus

In direktem Zusammenhang mit der Wärmedämmung eines Hauses steht die **Wohnfeuchte**. So kann sich an den Innenseiten von Außenbauteilen Tauwasser (Kondenswasser) bilden, wenn der Wasserdampf der Luft schnell abkühlt. Die Folgen sind durchfeuchtete Bauteile und damit ungenügende Dämmwirkung der Baustoffe, ein schlechtes Raumklima und damit Erkrankungen der Bewohner.

> Am wohlsten fühlt sich der Mensch in Räumen mit 20 °C Lufttemperatur, 17 bis 18 °C Oberflächentemperatur an Wänden, Decken und Fußböden, bei geringer Luftbewegung 40 bis 70% relativer Luftfeuchtigkeit.

8.4.1 Physikalische Grundlagen

Wärmemenge. Wenn eine Wand zwei Räume mit unterschiedlichen Temperaturen trennt, fließt die Wärmeenergie immer von der wärmeren zur kühleren Seite. Die Temperatur ϑ (griech. theta) wird in Kelvin (K) oder Grad Celsius (°C) angegeben. 0 °C entspricht 273,15 K. Die zugeführte Wärmemenge Q berechnet man aus der spezifischen Wärmemenge c eines Stoffes, seiner Masse m und der Temperaturdifferenz $\Delta\vartheta$.

> **Wärmemenge** $Q = c \cdot m$ Q in Joule (1 J = 1 Ws) c in $\dfrac{J}{kg \cdot K}$ m in kg

Wärmeleitfähigkeit. Um die Wärmeschutzwirkung eines Baustoffs zu beurteilen, müssen wir seine Wärmeleitfähigkeit λ (griech. lambda) kennen. Die Wärmeleitzahl λ gibt an, welche Wärmemenge je Sekunde durch 1 m² einer 1 m dicken Schicht bei 1 Kelvin Temperaturunterschied hindurchgeleitet wird (**8.30**). Einheit der Wärmeleitfähigkeit ist W/m · K. Bekanntlich sind Metalle (hohe Dichte) bessere Wärmeleiter als etwa Gasbetonsteine (geringe Dichte). Aus dieser Erkenntnis schließen wir:

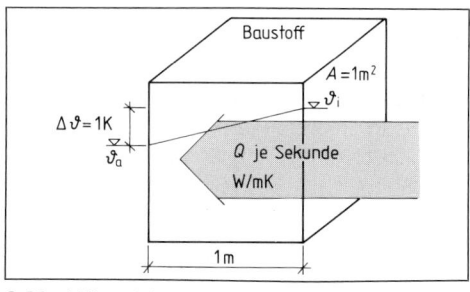

8.30 Wärmeleitzahl λ

> Je kleiner die Wärmeleitzahl λ, desto höher die Wärmedämmung des Baustoffs (8.31).
> Weil Wasser die Wärme erheblich besser leitet als Luft, vermindert sich die Wärmedämmung bei durchfeuchteten Bauteilen.

Tabelle 8.31 Rechenwerte der Wärmeleitzahl λ_R nach DIN 4108 in $\dfrac{W}{m \cdot K}$

Metalle	Kupfer Aluminium Stahl	380 200 60
Beton	Normalbeton Leichtbeton (1200 kg/m³)	2,1 0,5
Putze, Mörtel, Glas	Zementmörtel Kalkzementmörtel Kalkgipsmörtel Gußasphalt Glas	1,4 0,87 0,7 0,9 0,8
Mauerwerk	Kalksandstein 1600 kg/m³ Lochziegel Bimsvollblock 1200 kg/m³ Gasbetonblock 800 kg/m³	0,79 0,58 0,54 0,29
Holz	Buche, Eiche Fichte, Kiefer Holzwolle-Leichtbauplatten (≥ 25 mm)	0,2 0,13 0,093
Kunststoffe	Polystyrol-Hartschaum 040 Faserdämmstoffe 035 Polyurethan-Hartschaum 025	0,04 0,035 0,025

Wärmedurchgang. Beim Wärmetransport durch eine Wand unterscheiden wir drei Abschnitte:
- den Wärmeübergang von der Innenluft zur inneren Oberfläche der Außenwand,
- den Wärmedurchlaß durch die Wand,
- den Wärmeübergang von der Wandoberfläche der Außenwand zur Außenluft (8.32).

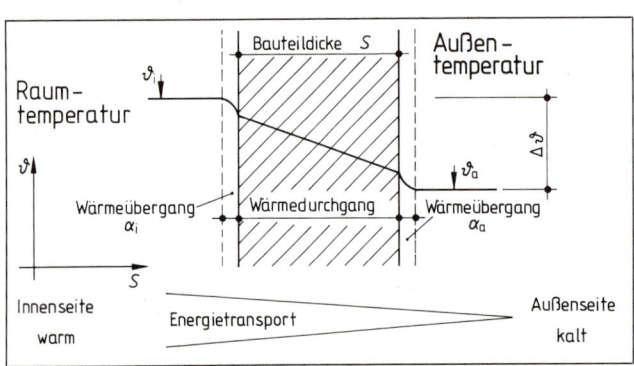

8.32 Wärmedurchgang

Den Wärmeübergang vom wärmeren zum kälteren Medium erfaßt man mit dem Wärmeübergangskoeffizienten oder der Wärmeübergangszahl α (griech. alpha) in $W/(m^2 \cdot K)$. α gibt an, welche Wärmemenge in 1 Sekunde zwischen 1 m² Wandfläche und der Luft bei 1 Kelvin Temperaturunterschied ausgetauscht wird. Der Wärmeübergangswiderstand 1/α ist der Kennwert des α-Wertes in $m^2 \cdot K/W$ (**8.33**).

Tabelle 8.33 **Rechenwerte α und 1/α nach DIN 4108**

Wärmeübergangsfläche	Wärmeübergangskoeffizient α in $\frac{W}{m^2 \cdot K}$	Wärmeübergangswiderstand $\frac{1}{\alpha}$ in $\frac{m^2 \cdot K}{W}$
Innenseiten geschlossener Räume bei natürlicher Luftbewegung, Wandflächen, Innenfenster, Außenfenster	8	0,13
Fußböden und Decken bei Wärmeübertragung von unten nach oben von oben nach unten	8 6	0,13 0,17
Außenseiten	23	0,04

Dem Wärmedurchlaß setzt der Baustoff den Wärmedurchlaßwiderstand $1/\Lambda$ (griech. lambda) entgegen. Wir erhalten ihn durch Division der Bauteildicke s durch die Wärmeleitfähigkeit. Bei mehrschichtigen Bauteilen werden die Einzelwiderstände der Schichten addiert:

$$\frac{1}{\Lambda} = \frac{s_1}{\lambda_1} + \frac{s_2}{\lambda_2} + \frac{s_3}{\lambda_3} \cdots \frac{s_i}{\lambda_i}$$

> Je größer der Wärmedurchlaßwiderstand $1/\Lambda$, desto besser die Wärmedämmung eines Baustoffs.

Den gesamten Wärmetransport durch eine Wand haben wir als Wärmedurchgang definiert. Fassen wir die Summe der Wärmeübergangs- und Wärmedurchlaßwiderstände zusammen, erhalten wir den Wärmedurchgangswiderstand $1/k$ in $m^2 \cdot K/W$. Sein Kehrwert ist der Wärmedurchgangskoeffizient oder die Wärmedurchgangszahl k. Er kennzeichnet die bei 1 Kelvin Temperaturunterschied in 1 m² Bauteil je Sekunde abfließende Wärme. Mit der Wärmedurchgangszahl beurteilen wir also den Wärmeverlust. Die Formel lautet:

$$k = \frac{1}{1/\alpha_i + 1/\Lambda + 1/\alpha_a} \quad \text{in} \quad \frac{W}{m^2 \cdot K}$$

$1/\alpha_i$ = Wärmedurchgangswiderstand an der Innenseite
$1/\Lambda$ = Wärmedurchlaßwiderstand aus der Summe s/λ der einzelnen Bauteilschichten
$1/\alpha_a$ = Wärmedurchgangswiderstand an der Außenseite

> Um den Wärmeverlust einer Konstruktion geringzuhalten, müssen der Wärmedurchlaßwiderstand $1/\Lambda$ möglichst groß und der k-Wert entsprechend möglichst klein sein.

Fassen wir die Begriffe noch einmal zusammen:

Begriff	Formelzeichen	Einheit	Formel/Wert
Temperatur	ϑ	K, °C	Meßwert; $\Delta\vartheta$ = Temperaturdifferenz
Wärmemenge	Q	J	$Q = c \cdot m$
Wärmeleitfähigkeit	λ	$\dfrac{W}{m \cdot K}$	Tabellenwerte
Wärmeübergangskoeffizient	α	$\dfrac{W}{m^2 \cdot K}$	Tabellenwerte
Wärmeübergangswiderstand	$\dfrac{1}{\alpha}$	$\dfrac{m^2 \cdot K}{W}$	Tabellenwerte
Wärmedurchlaßwiderstand	$\dfrac{1}{\Lambda}$	$\dfrac{m^2 \cdot K}{W}$	$\dfrac{1}{\Lambda} = \dfrac{s_i}{\lambda_i}$
Wärmedurchgangskoeffizient	k	$\dfrac{W}{m^2 \cdot K}$	$k = \dfrac{1}{1/\alpha_i + 1/\Lambda + 1/\alpha_a}$
Wärmedurchgangswiderstand	$\dfrac{1}{k}$	$\dfrac{m^2 \cdot K}{W}$	$\dfrac{1}{k} = \dfrac{1}{\alpha_i} + \dfrac{1}{\Lambda} + \dfrac{1}{\alpha_a}$

8.4.2 Wärmedämmstoffe

Die Dämmfähigkeit der Dämmstoffe hängt von ihrer Dichte ab. Porige Stoffe mit einer geringen Dichte haben eine bessere Dämmfähigkeit als dichte Baustoffe.

Zwischen zwei nichtmetallischen Baustoffen nimmt der Wärmedurchlaßwiderstand bis zu einem Abstand von 2 bis 3 cm zu. Bei senkrechten Luftschichten steigt der Dämmwert bis etwa 5 cm Abstand an. Bei größeren Abständen steigt die Dämmwirkung nur noch unbedeutend oder fällt sogar wieder ab. Luftschichten hinter einer belüfteten Wandaußenhaut dürfen bei der Wärmedämmberechnung ebensowenig berücksichtigt werden wie die Außenschale selbst. Hier kann man mit dem doppelten Wärmeübergangswiderstand $1/\alpha$ rechnen.

Bei der Wärmeschutzberechnung sind nur Dämmstoffe zulässig, die in DIN 4108 T 4 aufgeführt oder im Bundesanzeiger veröffentlicht sind (8.34).

Wärmespeicherung. Für die Auswahl einer Wand- oder Deckenkonstruktion ist das Wärmespeichervermögen des Bauteils von großer Bedeutung. Dichte und schwere Baustoffe (Beton, Naturstein, Ziegel) haben ein größeres Speichervermögen als leichte Wand- und Deckenbauteile. Die Nutzung der Räume spielt hier eine wesentliche Rolle. So stattet man Versammlungsräume, die nur halbtags genutzt werden (z. B. Schulen, Vortragsräume) mit leichten Bauteilen von geringer Speicherfähigkeit aus. Sie heizen sich schnell auf und kühlen nach Benutzung rasch wieder ab. Für dauernd genutzte Wohnräume ist eine wärmespeichernde Konstruktion sinnvoller. Die gespeicherte Wärme kann über Nacht wieder an den Raum abgegeben werden, ein völliges Auskühlen wird verhindert. Wegen ihrer Wärmespeicherfähigkeit schützen schwere Wände die Räume auch gut vor sommerlicher Wärmeeinstrahlung. Bei leichten Wänden sind zusätzliche Sonnenschutzmaßnahmen (Blenden, Fensterjalousien, Klimaanlagen) für sommerliche Spitzentemperaturen unerläßlich.

Tabelle 8.34 Wärmedämmstoffe mit Kennwerten

Dämmstoffe	ϱ in kg/m³	λ_R in W/m·K	μ	Bestandteile/ Herstellung	Eigenschaften	Anwendung
Holzwolle-Leichtbauplatten nach DIN 1101						
≥ 25 mm dick ≥ 15 mm dick	360 bis 480 570	0,093 0,15	2/5	Holzfaserwolle mit Zement, Magnesia oder Gips gebunden	guter Putzgrund, nicht feuchtebeständig, saugend, schwer entflammbar	Leichtbauwände, Wärmedämmung, verlorene Schalung
Mehrschicht-Leichtbauplatten nach DIN 1104 aus Schaumkunststoffplatten mit Beschichtung aus mineralisch gebundener Holzwolle						
Schaumkunststoff-Platte	≥ 15	0,04	s. PS-Hartschaum	Schaumstoffkern mit ein- oder beidseitiger Leichtbauplatten-Abdeckung	guter Putzgrund, nicht feuchtebeständig, saugend, schwer entflammbar	Verkleidung von Fachwerken, Putzgrund, Trennwände
Holzwolleschichten[1] ≥ 10 bis 25 mm ≥ 25 mm dick	460 bis 650 360 bis 460	0,15 0,093		Platten mit und ohne Deckschichten (Pappe, Aluminium)	nicht raumstabil bei Temperaturschwankungen, alterungsbeständig	Ausschäumen von Hohlräumen, Schlitzen und Fugen
Korkdämmstoffe nach DIN 18161						
Wärmeleitfähigkeitsgruppe 045 050 055	80 bis 500	0,045 0,05 0,055	5/10	Korkeichenrinde, geschrotet, mit Bitumen zusammengehalten	elastisch, fäulnisfest, geringe Wasseraufnahme	Körperschall-, Dachdämmung, Wandverkleidung
Schaumkunststoffe nach DIN 18159, an der Baustelle hergestellt						
Polyurethan-(PUR-)Ortschaum	≥ 37	0,03	30/100	Di- oder Tri-Isocyanate und mehrwertige Alkohole durch Polyaddition	elastisch auch bei Raumtemperatur	Ausschäumen von Hohlräumen und Schlitzen, flexible Fugenmasse
Harnstoff-Formaldehydharz-(UF-)Ortschaum	≥ 10	0,041	1/3	Polyaddition von Formaldehyd mit Harnstoff (Füllstoffe)	gut zu bearbeiten	Kaltausschäumen von Hohlräumen, offenporige Schäume für Bodenkulturen

[1] Holzwolleschichten (Einzelschichten) mit Dicken unter 10 mm dürfen zum Berechnen des Wärmedurchlaßwiderstandes $1/\Lambda$ nicht berücksichtigt werden

Tabelle 8.34 **Wärmedämmstoffe mit Kennwerten,** Fortsetzung

Dämmstoffe	ϱ in kg/m³	λ_R in W/m·K	μ	Bestandteile/ Herstellung	Eigenschaften	Anwendung
Schaumkunststoffe nach DIN 18164						
Polystyrol-(PS-) Hartschaum Wärme- 025 leitfähig- 030 keits- 035 gruppe 040	≥ 15	0,045 0,03 0,035 0,04		Styrol aus Rohöl und Treibmittel, geschäumte Perlen zu Blöcken und Platten gepreßt	alterungs- und verrottungsfest, sehr leicht, großer Luftanteil, wasserabweisend	Dach-, Wand-, Decken- und Fußbodendämmung
Polystyrol-(PS-) Partikelschaum	≥ 15 ≥ 20 ≥ 30		20/50 30/70 40/100			
Polystyrol-Extruderschaum	≥ 25		80/300	Polystyrol durch Düsen gepreßt (extrudiert)	hellblau oder -grün gefärbt, wasserabweisend	
Polyurethan-(PUR-) Hartschaum Wärme- 020 leitfähig- 025 keits- 030 gruppe 035	≥ 30	0,02 0,025 0,03 0,035	30/100	Platten mit und ohne Deckschicht (s.o.)	elastisch auch bei Raumtemperatur, extrudierbar	Flachdachdämmung, Verbundelemente
Phenolharz-(PF-) Hartschaum Wärme- 030 leitfähig- 035 keits- 040 gruppe 045	≥ 30	0,03 0,035 0,04 0,045	30/50	Polykondensate auf Phenol- und Formaldehydbasis	spröde bis hart, feinzellig, wassersaugend, fäulnissicher, wetterfest, dielektrisch, chemisch beständig	Flachdachdämmung
Mineralische und pflanzliche Faserdämmstoffe nach DIN 18165						
Wärme- 035 leitfähig- 040 keits- 045 gruppe 050	8 bis 500	0,035 0,04 0,045 0,05	1	mineralische: Glasfaser, Steinwolle, Hüttenwolle pflanzliche: Kokos, Torf, Holz	elastisch, fäulnisfest, nicht entflammbar, wassersaugend, dampfdurchlässig, dann z.T. fest (trittfest)	Wand- und Dachdämmung, Ausstopfwolle, Putzträger, Leichtbauwände, Fußboden- und Wanddämmung
Schaumglas nach DIN 18174						
Wärme- 045 leitfähig- 050 keits- 055 gruppe 060	100 bis 150	0,045 0,05 0,055 0,06		geschlossenzellige, geschäumte Glasmasse	lichtundurchlässig, dampfdicht, nicht brennbar	Dämmplatten für Wände und Dächer mit Heißbitumen

Verglasung. Fenster bilden in wärmeschutztechnischer Hinsicht stets Schwachstellen. DIN 4108 gibt k_F-Werte für die Verglasungen in Abhängigkeit von Rahmenmaterial an. Einfachverglasungen dürfen nicht mehr eingebaut werden. Die k-Werte für hochwertige D o p p e l v e r - g l a s u n g e n aus zwei Isolierglasscheiben mit einem Holz- und Kunststoffrahmen liegen zwischen 1,5 und 2,8 W/m²K. Mit Sonderkonstruktionen sind noch bessere Werte zu erreichen. Für den sommerlichen Wärmeschutz baut man S o n n e n s c h u t z g l ä s e r ein. Sie absorbieren oder reflektieren die einfallenden, den Raum aufheizenden Strahlen und verhindern ein „Treibhausklima". A b s o r p t i o n s g l ä s e r sind bronze, grau oder grün gefärbt. Da sie einen großen Teil der Infrarotstrahlen aufnehmen, ist beim Einbau auf eine ausreichende Belüftung der Glasoberfläche zu achten. R e f l e x i o n s g l ä s e r haben eine dünne Beschichtung an der Innenseite der Außenscheibe. Sie besteht aus aufgedampftem Metalloxid. Da hier die Infrarotstrahlen reflektiert werden, kommt es zu einer geringeren Aufheizung.

Dichte Baustoffe dämmen schlechter als porige. Ruhende Luft trägt zur Wärmedämmung bei.

Bauteilkonstruktionen mit geringem Speichervermögen kühlen schneller aus als solche mit hohem Speichervermögen.

Mit Doppelverglasung erreicht man die erforderlichen k-Werte. Sonnenschutzgläser verhindern das Aufheizen der Räume bei starker Sonneneinstrahlung.

8.4.3 Wärmeschutzmaßnahmen

Wärmebrücken sind Stellen im Bauwerk, an denen ein verstärkter Energietransport von der wärmeren zur kälteren Seite stattfindet. Sie entstehen durch unzureichende Wärmedämmung. Die wärmere, vom Innenraum auf die Wandfläche auftreffende Luft kühlt sich stark ab, so daß sich Tauwasser bildet. Daraus ergibt sich eine Durchfeuchtung der Wand.

Aus konstruktiven oder materialbedingten Gründen können nebeneinanderliegende Bauteile verschiedene Wärmedämmwerte haben. An solchen Stellen schreibt DIN 4108 den Wärmeschutznachweis an der ungünstigsten Stelle vor (**8.**35).

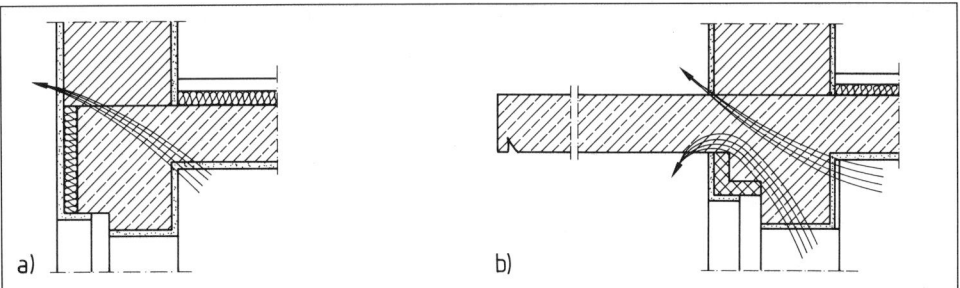

8.35 Wärmebrücke a) bei einer Geschoßdecke, b) bei einer Kragplatte

Außenwände können an der Innenseite (Innendämmung), der Außenseite (Außendämmung) oder im Kern (Kerndämmung) gedämmt werden (**8.**36). Alle drei Möglichkeiten haben Vor- und Nachteile. Da die Anordnung der Dämmschichten von der Nutzung des Bauwerks und von wirtschaftlichen Gesichtspunkten abhängt, sind diese Punkte schon bei der Planung zu

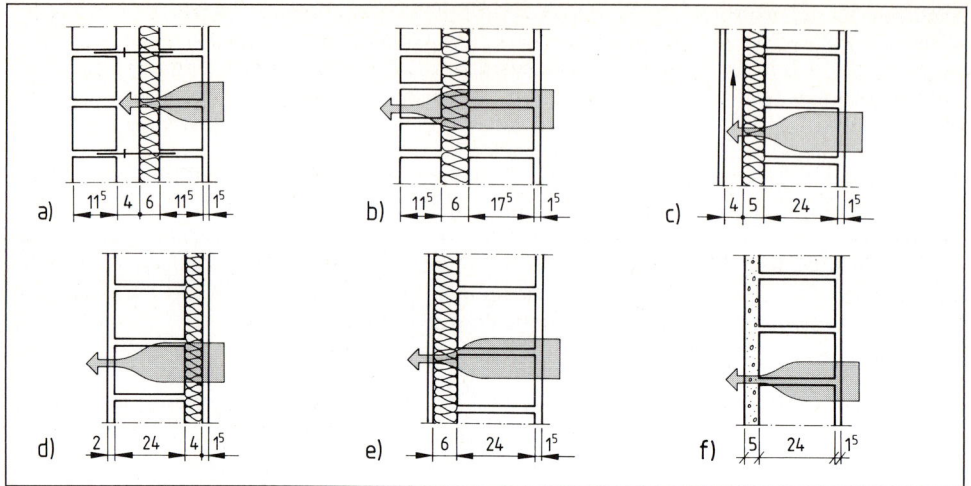

8.36 Wärmedämmung verschiedener Außenwandkonstruktionen
   a) zweischalige Wand mit wärmegedämmter Innenschale und Luftschicht
   b) zweischalige Wand mit Kerndämmung
   c) außengedämmte Wand mit hinterlüfteten Vorhangfassadenplatten
   d) Mauerwerk mit Innendämmung
   e) Mauerwerk mit Außendämmung (Hartschaum) und Putzschicht
   f) Mauerwerk mit wärmedämmendem Außenputz

berücksichtigen. Außerdem finden Wärmedämm-Verbundsysteme, auch Thermohaut oder Fassaden-Vollwärmeschutz genannt, immer mehr Anwendung. Hierbei handelt es sich um ein System verschiedener Schichten, die fest miteinander verbunden sind. Als Beispiel sei der Aufbau eines Wärmedämm-Verbundsystems im Klebeverfahren bzw. Verdübelung beschrieben (**8.**37).

Tauwasserbildung ist unschädlich, wenn sie den Wärmeschutz und die Standsicherheit des Bauwerks nicht beeinträchtigt. Das im Winter anfallende Tauwasser muß jedoch im Sommer (Trockenperiode) wieder aus dem Bauteil austreten können. Die Tauwassermenge darf 1 kg/m^2 in der Feuchteperiode nicht überschreiten. Für die nicht in DIN 4108 T 3 aufgeführten Wandaufbauten ist der Nachweis der Tauwasserbildung rechnerisch zu führen (s. Abschn. 6.3.1). Wärmedämmputze nach DIN 4108 setzen sich aus Bindemitteln mit Sand und

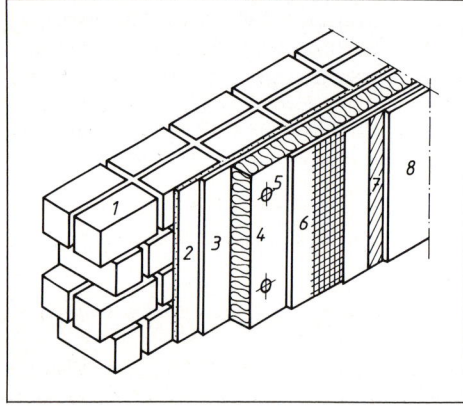

8.37
Beispiel eines Wärmedämm-Verbundsystems
1 Wandaufbau
2 Tragfähige Schicht (Untergrund)
3 Verklebung (Baukleber, Spachtelmasse)
4 Dämmung
5 evtl. Dübel
6 Armierungsputz, z. B. mit Glasfasergewebe
7 Voranstrich
8 Schlußbeschichtung (Kellenputz, Flachverblender o. ä.)

Leichtzuschlägen zusammen. **Wärmedämmputzsysteme** erhalten ausschließlich Leichtzuschläge oder organische Zusätze. Sie müssen entsprechend der bauaufsichtlichen Zulassung durch das Institut für Bautechnik hergestellt und verarbeitet werden (**8.36**, **8.37**). Die Mindest- und Maximalwerte für Bauteile zeigen die Tabellen **8.38** und **8.39** auf S. 270.

Tabelle 8.38 **Mindestwerte $1/\Lambda$ und Maximalwerte k für Außenwände, Decken unter nicht ausgebauten Dachräumen und Dächern mit flächenbezogener Gesamtmasse $m < 300$ kg/m^2**

Flächenmasse m der dem Raum zugewandten Bauteilschichten in kg/m^2	0	20	50	100	150	200	300
Mindestwert $1/\Lambda$ in m^2 · K/W	1,75	1,40	1,10	0,80	0,65	0,60	0,55
Maximalwerte k in W/(m^2 · K) – mit hinterlüfteter Außenhaut – mit nicht hinterlüfteter Außenhaut		0,52 0,51	0,64 0,62	0,79 0,76	1,03 0,99	1,22 1,16	1,30 1,23	1,39 1,32

Zwischenwerte dürfen interpoliert werden

Bei Decken und erdberührenden Bauteilen wird die Wärmedämmung unter dem schwimmenden Estrich eingebaut. Bei Wohnungstrenndecken über Hofeinfahrten und Hausdurchfahrten liegt sie unterhalb der Decke. Die Mindestwerte zeigt Tabelle **8.39** auf S. 270.

Flachdächer aus Stahlbeton werden, um thermische Spannungen zu vermeiden, immer auf der Außenseite gedämmt (s. Abschn. 6.3). Sollte eine Dämmung auf der Innenseite erforderlich sein, muß die Deckenplatte auf Gleitschichten frei gelagert sein. Belüftete Holzdachkonstruktionen können zwischen den Balken oder über der Balkenlage gedämmt werden. Für geneigte Dächer gibt es drei Konstruktionsmöglichkeiten: unter, zwischen oder auf den Sparren. Die Anordnung der Dämmschichten hängt ab von der Dachneigung (Dicke der gesamten Konstruktion), Nutzung und Bekleidung der Schrägen. Beim Ausbau von Dachgeschossen sollten die Dämmbahnen (Platten) bis zum Dachfuß geführt werden; die Dämmung der Abseitenwände kann somit entfallen.
Bei allen Konstruktionen ist auf gute Belüftung zu achten, damit Feuchte abgeführt werden kann. Die erforderlichen Wärmedämmwerte sind den Tabellen **8.38** und **8.39** (auf S. 270) zu entnehmen.

Beim sommerlichen Wärmeschutz spielt die Wärmedurchlässigkeit der Bauteile eine untergeordnete Rolle (ausgenommen Fenster). Wie in Abschnitt 8.4.2 erläutert, läßt sich die Sonneneinstrahlung durch Fenster mit verschiedenen Glasarten beschränken. Weitere konstruktive Möglichkeiten sind die auf der Fensterinnenseite oder zwischen den Scheiben eingebaute Jalousien, Folien oder Gewebe. Allerdings bieten sie keinen optimalen Schutz, weil sie das Aufheizen der Konstruktionen nicht verhindern (Wärmespeicherung). Bessere Lösungen bieten außen angebrachte, einstellbare Lamellen, die die auftreffende Energie abstrahlen. Sehr gute Wirkungen erzielt man mit Vordächern und Markisen.

Außenliegende Sonnenschutzeinrichtungen bieten einen besseren sommerlichen Wärmeschutz als innen angebrachte Konstruktionen.

Betrachten wir das Temperaturverhalten von Massivbauteilen unter dem Einfluß der sommerlichen Wärme. Die auf die Außenwand auftreffende Wärmeenergie wird vom Bauteil je nach

Tabelle 8.39 Mindestwerte $1/\Lambda$ und Maximalwerte k von Bauteilen

Bauteile	$1/\Lambda$		k	
	im Mittel	an ungünstigster Stelle	im Mittel	an ungünstigster Stelle
	in $m^2 \cdot K/W$		in $W/(m^2 \cdot K)$	
Außenwände[1]) – allgemein – kleinflächige Einzelbauteile (z. B. Pfeiler) bei Gebäuden mit Höhe des Erdgeschoßfußbodens (1. Nutzgeschoß) $\leq$ 500 m über NN	0,55 0,47		1,39; 1,32[2]) 1,56; 1,47[2])	
Wohnungstrennwände, Wände zwischen fremden Arbeitsräumen – in nicht zentralbeheizten Gebäuden – in zentralbeheizten Gebäuden	0,25 0,07		1,96 3,03	
Treppenraumwände geschlossener, eingebauter Treppenhäuser sowie Wände, die Aufenthaltsräume von fremden, dauernd unbeheizten Räumen trennen	0,25		1,96	
Wohnungstrenndecken und Decken zwischen fremden Arbeitsräumen[3]) – allgemein – zentralbeheizten Bürogebäuden	0,35 0,17		1,64[4]); 1,45[5]) 2,33[4]); 1,96[5])	
Unterer Abschluß nicht unterkellerter Aufenthaltsräume[3]) – unmittelbar an das Erdreich grenzend – über einen unbelüfteten Hohlraum an das Erdreich grenzend	0,90		0,93 0,81	
Decken unter nicht ausgebauten Dachräumen[3]) [6])	0,90	0,45	0,90	1,52
Kellerdecken[3]) und Decken, die Aufenthaltsräume gegen abgeschlossene unbeheizte Hausflure u. ä. abschließen	0,90	0,45	0,81	1,27
Decken, die Aufenthaltsräume gegen die Außenluft abgrenzen[3]) – nach unten, gegen Garagen, Durchfahrten – nach oben	1,75 1,10	1,30 0,80	0,51 0,50[2]) 0,79	0,66 0,65[2]) 1,03

[1]) allgemein auch für Wände, die Aufenthaltsräume gegen Bodenräume, Durchfahrten, Garagen o. ä. abschließen oder ans Erdreich grenzen
[2]) für Bauteile mit hinterlüfteter Außenhaut
[3]) Bei schwimmenden Estrichen ist für den rechnerischen Nachweis der Wärmedämmung die Dämmschichtdicke im belasteten Zustand anzusetzen. Bei Fußboden- oder Deckenheizungen bestehen Mindestanforderungen an den Wärmedurchlaßwiderstand
[4]) für Wärmestromverlauf von unten nach oben
[5]) für Wärmestromverlauf von oben nach unten
[6]) auch für Decken unter einem belüfteten Raum, der nur bekriechbar oder noch niedriger ist

Material mehr oder weniger stark gespeichert und zu einem späteren Zeitpunkt an den Innenraum gedämpft wieder abgegeben. Diese Dämpfung wird durch das Temperaturamplitudenverhältnis TAV ausgedrückt. Innerhalb von 24 Stunden schwanken jeweils die Innen- und Außentemperaturen von einem maximalen Wert am Tage zu einem minimalen Wert in der Nacht. Diese Temperaturen werden in ein Temperatur-Zeit-(24-Stunden-)Diagramm eingetragen (8.40). Die Ausschläge der Kurven nach oben und unten heißen Amplituden. Die Temperaturunterschiede sind im Außenbereich größer als im Innenbereich. Es entsteht eine von außen nach innen verlaufende gedämpfte Temperaturwelle. Je weiter die Temperaturwelle in das Bauteil eindringt, um so kleiner wird die Amplitude. Das TAV erhält man aus dem Verhältnis der Temperaturamplitude auf der Innenseite zur Temperaturamplitude auf der Außenseite.

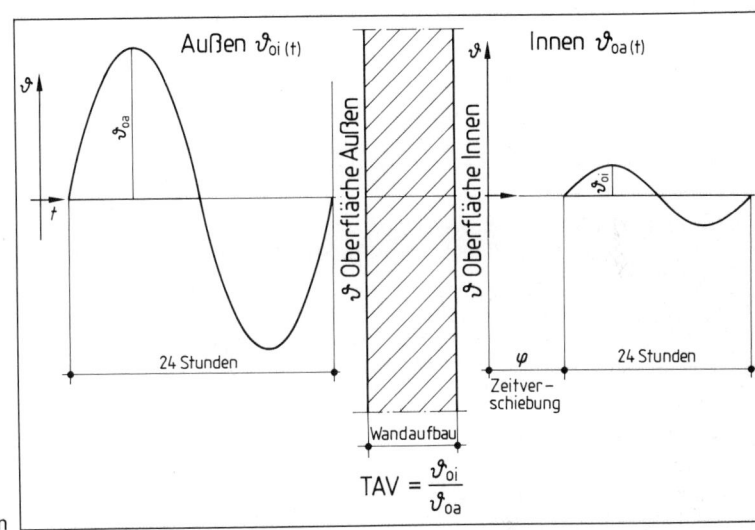

8.40
Temperaturverlauf innerhalb 48 Stunden

$$TAV = \frac{\vartheta_{0i}}{\vartheta_{0a}}$$

Um eine gute Dämpfung durch das Bauteil zu erhalten, muß das TAV möglichst klein sein. Ein TAV = 0,20 bedeutet, daß nur 20% der außen wirkenden Temperaturschwankungen nach innen gelangen. Zusätzlich tritt eine Zeitverschiebung (Phasenverschiebung) ein. Es ist die Zeit, die zwischen dem Temperaturmaximum außen und innen vergeht. Angestrebt wird eine Phasenverschiebung von 12 Stunden. So wird in der kühleren Nacht das Temperaturmaximum erreicht und kann durch die dann kältere Außenluft abgekühlt werden.

> Eine optimale Bauteilträgheit wird erreicht, wenn das TAV möglichst klein ist und die Phasenverschiebung 12 Stunden beträgt.

Ausblick – neue Wärmeschutzverordnung. Laut Referentenentwurf (5/92) zur neuen WärmeschutzVO wird im Neubaubereich der Niedrigenergiehausstandard zur Regel. Dies bedeutet, daß z. B. für Fenster und Fenstertüren Solarenergiegewinne berücksichtigt werden dürfen, die Energiebereicherung aus nichtbeheizten Wintergärten. Im einzelnen wird ein reduzierter k-Wert zur Minderung des Transmissionswärmeverlusts vorgegeben. Für Altbauten wird künftig ein k_F-Wert = 2,0 W/m²K gefordert. Weiterhin dürfen Energiegewinne aus Lüftungsanlagen mit Wärmerückgewinnung mit berücksichtigt werden.

Als Konsequenz ergibt sich ein Nachweis, daß das gesamte Gebäude einen bestimmten Energieverbrauch nicht überschreitet. Die neue WärmeschutzVO erfordert also eine **ganzheitliche** Betrachtung des Bauwerks. Sie soll voraussichtlich ab 30. Juni 1994 in Kraft treten.

Aufgaben zu Abschnitt 8

1. Beschreiben Sie die verschiedenen Arten des Wasserangriffs an einem Gebäude und skizzieren Sie die entsprechenden Abdichtungsmöglichkeiten.
2. Was versteht man unter hydrostatischem Druck?
3. Welche Aufgaben hat der Voranstrich auf einer zu sperrenden Wand?
4. Welchen Vorteil bieten Lösungsmittel bei der Verarbeitung gegenüber Emulsionen?
5. Warum dürfen heiße Klebemassen nur auf einen Voranstrich aufgebracht werden?
6. Was versteht man unter Sperrbeton?
7. Beschreiben Sie a) nackte Bitumenbahnen, b) Metallbahnen, c) fabrikfertige Dichtungsbahnen.
8. Skizzieren und beschreiben Sie die Abdichtung eines unterkellerten Gebäudes gegen Bodenfeuchtigkeit.
9. Wie wird der Duschbereich eines Badezimmers abgedichtet?
10. Was versteht man bei der Grundwasserabsenkung unter einem Absenktrichter?
11. Beschreiben Sie den Anwendungsbereich und die Wirkungsweise einer Dränage.
12. Welche Abdichtungsmaterialien verwendet man bei nichtdrückendem Wasser?
13. Welche Vorschriften sind bei einem Bauwerk in brandschutztechnischer Hinsicht zu beachten?
14. Nennen Sie die Baustoffklassen nach DIN 4102.
15. Beschreiben Sie die Feuerwiderstandsklassen.
16. Wie läßt sich bei der Planung eines Gebäudes der Feuerwehrzugang berücksichtigen?
17. Welche Eigenschaften verlangt man von Feuerschutzplatten?
18. Nennen Sie die Anwendungsgebiete für Feuerschutzplatten.
19. Wie lassen sich Holzstützen, Stahlstützen und Decken gegen Feuereinwirkung schützen? Skizzieren Sie Lösungsmöglichkeiten.
20. Erläutern Sie die Notwendigkeit des Schallschutzes im Bauwesen anhand von Beispielen.
21. Was versteht man unter dem Schallpegel L?
22. Was ist eine Frequenz?
23. Warum hängt die Schwingungsübertragung von der Masse des Baustoffs ab?
24. Erläutern Sie den Unterschied zwischen Luft-, Körper- und Trittschall.
25. Wie lassen sich Wände schallschutztechnisch einwandfrei ausbilden?
26. Skizzieren Sie eine schallschutztechnisch einwandfreie Deckenkonstruktion in einem Wohnhaus.
27. Wo können bei Fensterkonstruktionen Schallbrücken auftreten?
28. Wie kann man die Schallübertragung zwischen Einfamilien-Reihenhäusern unterbinden?
29. Welchen Einfluß haben harte Deckenbeläge auf den Schallschutz?
30. Nennen Sie Beispiele für gute Schallschutzdämmung bei haustechnischen Anlagen (WC, Wasserleitungen, Heizungsrohre, Fahrstühle usw.).
31. Welche Aufgaben hat der Wärmeschutz zu erfüllen?
32. Welche Einheit hat die Wärmemenge Q?
33. Was versteht man unter dem Wärmeleitfähigkeitswert?
34. Welche Größenordnungen haben die Wärmeleitfähigkeitswerte für Dämmstoffe?
35. Was sagt der Wärmedurchgangskoeffizient k aus?
36. Wie groß muß der k-Wert bei gut wärmedämmenden Außenbauteilen sein?
37. Bei welchen Räumen kann man auf eine gute Wärmespeicherfähigkeit der Wände verzichten?
38. Unter welchen Voraussetzungen trägt eine Luftschicht zur Wärmedämmung bei?
39. Was versteht man unter dem sommerlichen Wärmeschutz?
40. Welche Verglasungen tragen zum sommerlichen Wärmeschutz bei?
41. Was sind Wärmebrücken?
42. Skizzieren Sie verschiedene Möglichkeiten der Wärmedämmung von Außenwänden und beschreiben Sie den Wärmedurchgang.
43. Verbessern Sie die in Bild 8.33 gezeigten Konstruktionen in einer neuen Skizze.
44. Welche Eigenschaften müssen gute Wärmedämmstoffe haben?
45. Welche Änderungen läßt die neue WSVO erwarten?

9 Industrialisiertes Bauen

Durch den industrialisierten Montage- bzw. Fertigteilbau sollen Bauwerke oder Teile von Bauwerken unabhängig von Witterungseinflüssen, schnell und kostengünstig erstellt werden. Die Fertigung im Werk sowie eine genaue Vor- und Ablaufplanung vermeiden Verluste an Arbeitszeit, Baustoffen und Arbeitskraft. Mit der Serienfertigung ganzer Bauwerke oder einzelner Bauteile verringert sich auch die Planung für weitere Objekte. Probleme liegen dagegen im Transport großer Fertigteile und teilweise beim Wohnungsbau im Schallschutz.

Systeme. Wir unterscheiden den Skelettbau (**9.**1), den Großtafelbau (**9.**2) und den Zellenbau (**9.**3). Nach dem Grad der Vorfertigung spricht man von Vollmontage oder Teilmontage. Bei der Vollmontage werden alle Elemente des Bauwerks aus den nicht am Ort hergestellten Teilen montiert. Bei der Teilmontage fertigt man einzelne Bauteile auf der Baustelle aus Ort- oder Lieferbeton und montiert sie mit angelieferten Fertigteilen.

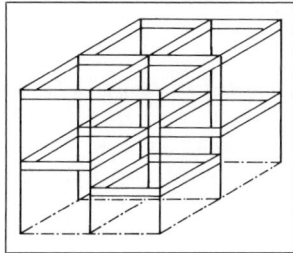
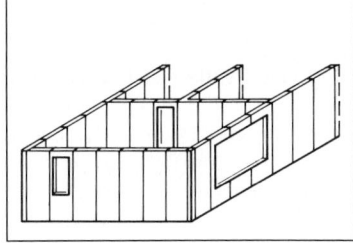
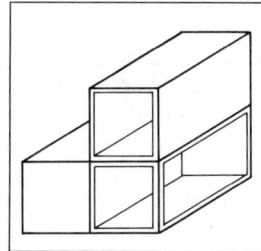

9.1 Skelettbau   9.2 Großtafelbau   9.3 Zellenbau

Die Anwendungsbereiche liegen vor allem im Geschoßwohnungsbau, Hallen- und Industriebau. Im Kleinwohnungsbau (Einfamilien- und Reihenhäuser) finden wir die verschiedensten Arten der Vorfertigung. Materialien sind Holz, Leichtbeton als Teil- und Vollfertigungselemente, teilweise kombinierte Skelett-, Tafel- und Zellen-(Misch-)bauweise. Auch im Ingenieurbau hat der Fertigteilbau umfangreiche Marktanteile, z. B. im Brücken-, Tunnel-, Mastenbau, ferner im Rohrleitungs-, Keller- und Gleisbau.

Vorteile. Obwohl die Transport- und Unterhaltungskosten nicht zu unterschätzen sind, überwiegen im Montagebau die Vorteile:

- kürzere Bauzeiten und termingerechte Baudurchführung,
- sichere Planung (Netzplantechnik, Bauablaufplanung),
- Schalungen können am Herstellungsort bleiben,
- Trockenmontage unabhängig von der Jahreszeit, geringe Baufeuchte,
- Maßgenauigkeiten sind besser einzuhalten.

9.1 Planungsablauf und Transport

Beim Planen eines Fertigteilbauwerks müssen der Planende (Architekt) und der Berechnende (Ingenieur, Statiker) konstruktiv zusammenarbeiten. Während die Planung noch an kein System gebunden ist (systemoffene Planung), sind alle Beteiligten nach Auftragserteilung an ein Montagesystem gebunden (systemgebundene Planung). Die Übersicht macht den Ablauf eines Stahlbeton-Fertigteilbaus deutlich.

Systemoffene Planung

Bauherr und Planer	Beratung: Vorüberlegungen, Zielsetzungen
Architekt	Entwurfszeichnungen
Architekt, Bauherr	Angebotseinholung
Fachfirmen	Angebot: Festlegen konstruktiver Details, statische Vorberechnungen, Dimensionierung, Leitungsbeschreibung mit Leistungsverzeichnis nach VOB A

Systemgebundene Planung

Bauherr, Architekt	Auftragserteilung
Fachfirmen	Ausführungszeichnung (Architekt), Festlegen der Details, Ausführungsstatik, Schal- und Bewehrungspläne, Montagestatik und -anweisungen
Prüfstatiker	Prüfen der Unterlagen
Fachfirmen, Fertigteilwerk	Arbeitsvorbereitung (Zeitablaufplan der Fertigung), Herstellen der Fertigteile im Werk, Transport und Montage, Abnahme und Abrechnung

Der Ausschreibungstext kann auch nach den Textbausteinen des Standardleistungsbuchs formuliert werden.

Transport. Die Transportgegebenheiten (Straße, Bahn, Schiff) begrenzen die Gewichte und Abmessungen der Fertigteile. Beim Straßentransport ist die Straßenverkehrsordnung zu beachten. Das Gesamtgewicht eines beladenen Lkw oder eines Sattelzugs darf 38 t nicht überschreiten. Ohne Rücksicht auf überstehende Ladung darf die Länge eines Lastzugs 18 m, die eines Sattelzugs höchstens 15 m betragen. Einschließlich Ladung sind die Zuglänge auf 20 m, die Breite auf 2,50 m und die Höhe auf 4,00 m begrenzt. Zum Transport größerer Teile ist eine Ausnahmegenehmigung nötig. Für den Transport kommen Lastkraftwagen mit Anhänger (Tieflader), Sattelzüge mit transportgerechten Aufliegern und – für besonders lange Bauteile – Sattelzüge mit Nachläufern in Frage. Für die Bundesbahn bestehen aufgrund des großen Wagenangebots vielfältige Möglichkeiten. Dies gilt auch für den Schiffstransport.

> Jeder Transport erfordert eine gründliche Planung und Wegeerkundung.

9.2 Modul- und Bezugssysteme

Die Modulordnung nach DIN 18000 wird im Fertigbau bevorzugt. Gegenüber der „Maßordnung im Hochbau" DIN 4172 mit dem Ausgangsmaß von 12,5 cm (Achtelmeter) liegt der Modulordnung das Maß 10 cm (Zehntelmeter) zugrunde. Die Baumaße nach der Modulordnung lassen sich häufiger in ganze mm teilen, was den verstellbaren Einschalvorrichtungen im Fertigteilbau entgegenkommt und Ungenauigkeiten aus Auf- und Abrundungen der Baumaße vorbeugt.

Das Grundmodul M = 10 cm ist das kleinste Vielfache modularer Baumaße. Es gilt als Maßsprung für Geschoßhöhen und Türbreiten. Multimodule nach Tabelle **9.**4 sind genormte ganzzahlige Vielfache des Grundmoduls und dienen als Maßsprung für Abstände von Gebäudeachsen.

Beispiel $\quad 7 \times 6\,M = 42\,M = 4{,}20\,m$

Tabelle **9.**4   **Maßsprünge nach der Modulordnung**

Grundmodul	Multimoduln				
M 10 M	3 M 30 cm	6 M 60 cm	12 M 120 cm	30 M 300 cm	60 M 600 cm

Koordinationsebenen (Bezugsebenen) bestehen aus einem kreuzweise angeordneten Plansystem von Gebäudeachsen (**9**.5). Sie erleichtern die Verständigung über alle Fragen der Lage und Bemessung von Bauteilen.

Koordinationsräume sind von Bezugsebenen umschlossen und dienen der maßlichen Einordnung von Bauteilen (**9**.5).

Die Achs- und Koordinationsmaße sind modular (Vielfache von Multimoduln), die Konstruktionsmaße der Bauteile dagegen nicht, weil die Fugen- und Toleranzmaße noch abzuziehen sind. Eingeordnet werden die Bauteile nach dem Grenz- oder/und Achsbezug oder daraus abgewandelten Bezugsformen. Je nach Bauteil kann man ein-, zwei- oder auch dreidimensional einordnen (**9**.6).

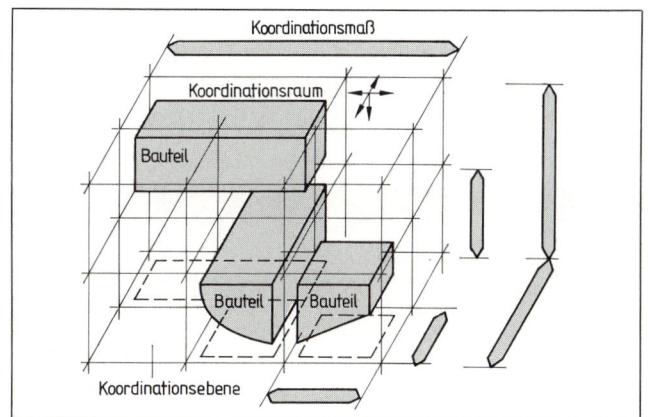
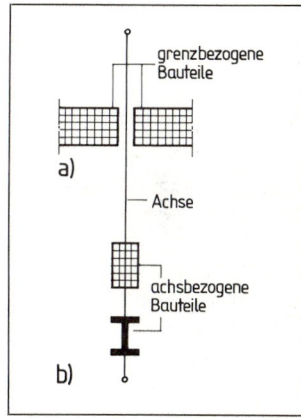

9.5 Koordinationsräume und -ebenen nach der Modulordnung

9.6 Einordnung von Bauteilen
a) durch Grenzbezug
b) durch Achsbezug

Beim Grenzbezug sind die Bauteile zwischen den Achsen, die Konstruktionsfugen mittig dazu angeordnet (**9**.6a).

Beim Achsbezug fallen die Bauteilachsen mit der Konstruktionsebene zusammen. Gegenüber der grenzbezogenen Anordnung ist hier die Lage des Bauteils genau festgelegt, nicht jedoch die Abmessung (**9**.6b).

9.3 Stahlbeton-Fertigteilbau nach DIN 1045

Die Beton-Fertigteilwerke unterliegen nach DIN 1045 T 5.3 sehr strengen Anforderungen, auch wenn in einer Feldfabrik nur vorübergehend Fertigteile hergestellt werden. Die das Werk verlassenden Bauteile müssen ausreichend erhärtet sein und dürfen keine Beschädigungen aufweisen. Sie müssen Hersteller und Herstellungstag enthalten, ggf. die Einbaurichtung, wenn Verwechslungsgefahr besteht. Dies hat der technische Werkleiter zu überwachen. Das Werk muß überdachte Produktionsflächen haben, die Umgebungstemperatur darf 5°C nicht unterschreiten. Im Freien nacherhärtende Fertigteile sind gegen Witterungseinflüsse zu schützen. Es ist ein Werktagebuch zu führen.

Der Beton unterliegt der Güteüberwachung (Eigen- und Fremdüberwachung nach DIN 1045 T 8). Für Stahlbetonfertigteile und deren Bauten gelten die entsprechenden Bestimmungen der DIN 1045 für Ortbeton, soweit in Teil 19 nichts anderes oder ergänzendes gesagt wird. So ist bei der Bemessung der Fertigteile von der ungünstigsten Beanspruchung des Bauteils (z. B. Transport, Seiten- oder Schräglage) auszugehen.

9.3.1 Skelettbau

Elemente des Stahlbetonskelettbaus sind Pfetten, Binder, Stützen, Unterzüge (Riegel), Deckenplatten und Wandtafeln. Platten und Unterzüge leiten die Horizontallasten auf die Stützen ab. Dies setzt ein absolutes Zusammenwirken der Bauteile voraus, da sonst die Steifigkeit des Gebäudes in Frage gestellt ist. Die aussteifende Wirkung erreicht man durch Kernkonstruktionen oder Wandscheiben. Sie verhindern, daß der Baukörper verdreht, verschoben oder Zwängungskräften ausgesetzt wird (**9.7**).

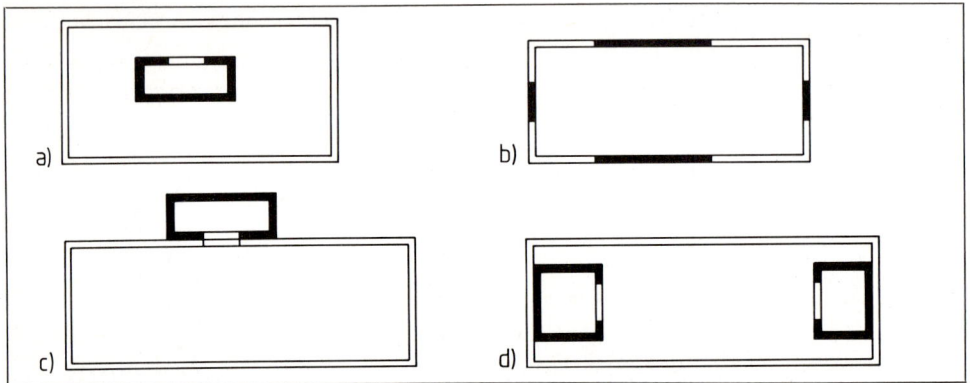

9.7 Aussteifungsformen
  günstig: a) mit Kern (z. B. Fahrstuhlschacht), b) mit Außenwänden
  ungünstig: c) große Torsionsbeanspruchung, d) zu große Zwängungskräfte

Typenprogramme. Die Fachvereinigung Fertigteilbau und die Bundesfachabteilung Fertigbau haben für den Stahlbetonskelettbau standardisierte Typenprogramme mit empfehlendem Charakter entwickelt. Die Fundamente werden in Ortbeton hergestellt oder als Fertigteil angeliefert. Wenn sie mit Hilfe eines Krans auf die Sauberkeitsschicht gesetzt sind, werden die Stützen in die Köcherfundamente eingesetzt. Hierbei ist auf genaues Ausrichten der Stützen zu achten, da sich schon geringe Maßabweichungen zu Größen addieren, die die Stabilität des Bauwerks gefährden können. Aus dem Köcherfundament hat sich in neuester Zeit das Blockfundament entwickelt. Die Stütze erhält einen profilierten Fuß (Zahntiefe > 1 cm), das Fundament eine verlorene Wellblechschalung. Der Vorteil besteht in der Möglichkeit, flacher zu gründen, andererseits ist der Schalungs- und Bewehrungsaufwand geringer. Die einbindende Stütze muß mindestens $1{,}5d$ der Säule betragen. Für die Fertigteilfundamente liegen die Außenabmessungen maximal bei 2,40 m/2,40 m (**9.8**).

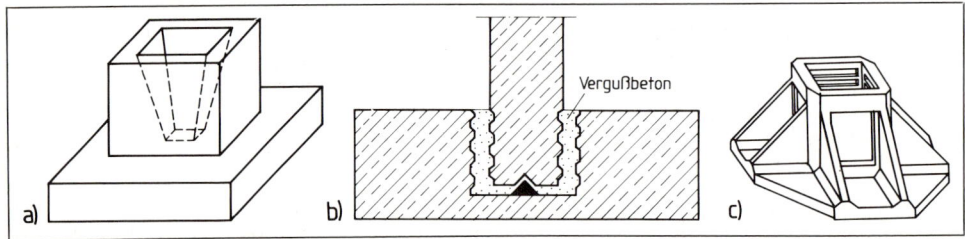

9.8 Fundamente
  a) abgetrepptes Köcherfundament aus Ortbeton oder als Fertigteil, b) Blockfundament oder als Fertigteil, c) Fertigteilfundament

Stützen leiten Kräfte aus dem Bauwerk in die Fundamente. Wegen der verschiedenen Anwendungsbereiche (Eckstützen, Geschoßzahl) ist eine Standardisierung nur für bestimmte Stützenabmessungen sinnvoll (**9.9**).

Die Höhen betragen 4,00 bis 8,00 m. Runde Stützen müssen in stehender Schalung hergestellt werden. Damit sind die Höhen begrenzt und mehrgeschossige Stützen ausgeschlossen. Die Auflagerbereiche sind für Unterzüge und Binder einheitlich zu gestalten (**9.10**). Ebenso können Fassadenelemente auf Konsolen der Stützen aufgelagert werden (**9.11**).

Tabelle **9.9** **Stützenquerschnitte in mm**

b	d				
	300	400	500	600	800
300	×	×	×	×	–
400	–	×	×	×	×
500	–	–	×	×	×
600	–	–	–	×	×

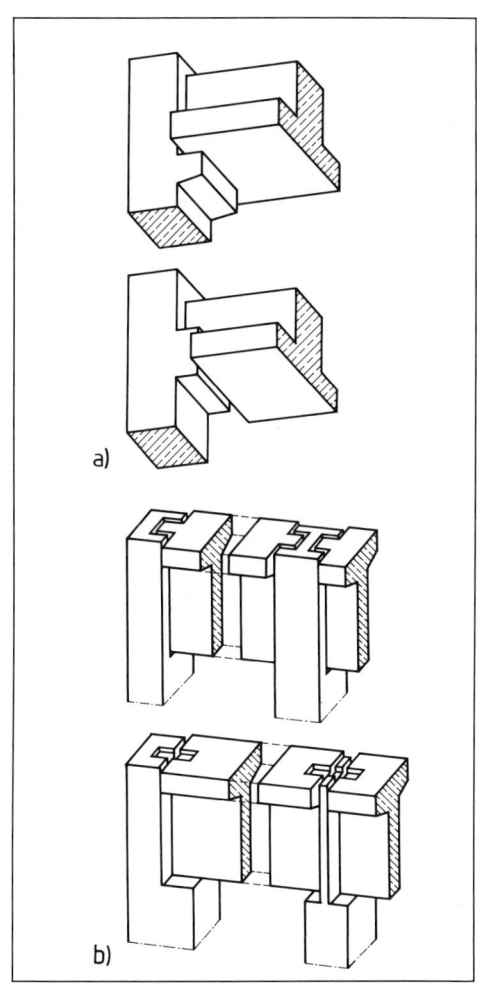

9.10 Auflagerkonsolen
 a) für Unterzüge, b) für Binder

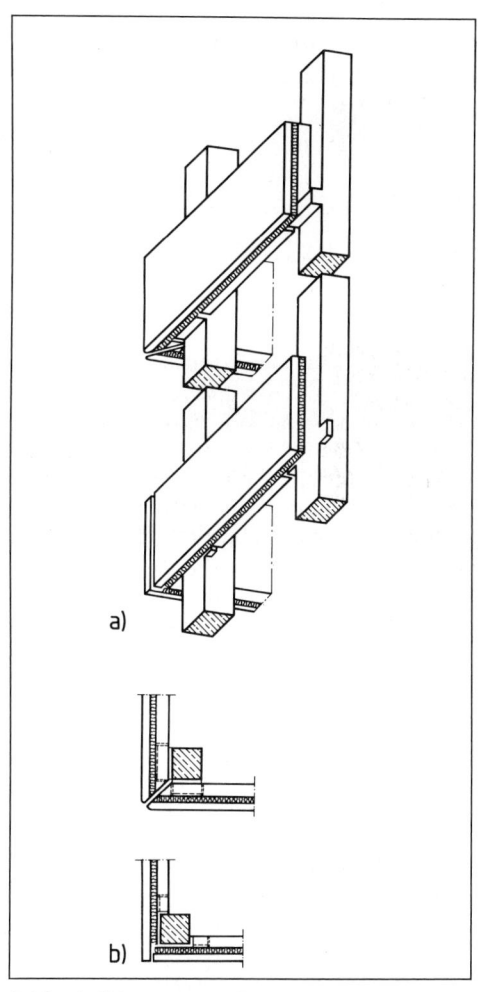

9.11 Auflagerung von Fassadenelementen
 a) räumliche Darstellung, b) Eckausbildung

Unterzüge und Riegel verarbeitet man in verschiedenen Querschnitten (**9.12** und **9.13**).

Tabelle 9.12 Querschnitte der Unterzüge und Riegel in mm

b	d				
	400	500	600	700	800
200	×	–	–	–	–
300	×	×	×	–	–
400	×	×	×	×	×
500	–	×	×	×	×
600	–	–	×	×	×

Tabelle 9.13 Querschnitte der L- und ⊥-Unterzüge in mm

b_0	d					
	500	600	700	800	900	1000
300	×	×	×	–	–	–
400	×	×	×	×	×	×
500	×	×	×	×	×	×
600	×	×	×	×	×	×

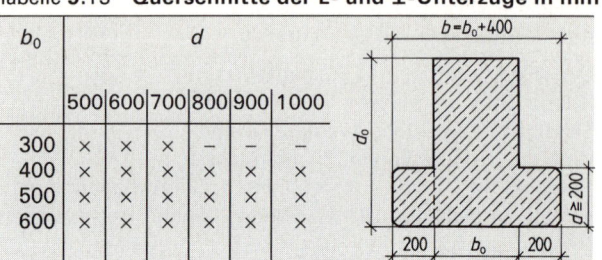

Für Binder unterscheiden wir drei Querschnittsformen: T-, I-Binder und Pfetten (Trapezprofil, **9.14** bis **9.16**).

Tabelle 9.14 T-Binder in mm

b	370	400	440
b_0	120	150	190
d	150	150	150
d_m	200	200	200
d_0	\multicolumn{3}{c}{600 bis 1800 in 200-mm-Staffelung}		

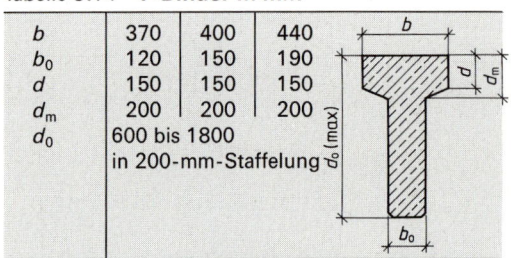

Tabelle 9.15 I-Binder in mm

b	300	400	500
d_0 (p)	900	1200	1500
d_0 (s)	1200	1500	1800
b_0	120	120	120
d	150	150	150
Vouten	oben: Neigung 1:2,5		
d_u	120	120	120
Vouten	unten: Neigung 1:1		

Tabelle 9.16 Pfetten in mm

d	b_0	b
350	80	150
	120	190
	160	230
500	80	180
	120	220
	160	260

Deckenplatten werden als Plattenbalken (TT-Profil, II-Platte) oder Vollplatte geliefert (**9.17**).

Tabelle 9.17 TT-Deckenplatten in mm

d_r	300	400	500	600	700
b_0	190	180	170	160	150
	230	220	210	200	190

d = 60 bei Vollmontage für F 30
 = 100 bei Vollmontage für F 90
 = 50 bei statisch mitwirkender Ortbetonschicht für F 90

b = 2400 mm (Systemmaß)
b_m = 220 bzw. 260 mm
Stegneigung 1:20

Die Abmessungen der Vollplatten unterscheiden sich nur in der Dicke bei gleichem Systemmaß. Plattendicken: 100 bis 240 mm (20-mm-Staffelung).

Die Wandtafeln sind möglichst geschoßhoch und raumgroß als Großtafeln herzustellen. Aus bauphysikalischen Gründen baut man einen Sandwichaufbau mit Kerndämmung ein. Die Großtafeln können aus Normal- oder Leichtbeton bestehen, die Fassadenverkleidung aus verschiedenen Betontafeln, Profilblechen oder anderen leichten Platten. Anwendungsgebiete dieser Fertigteilsysteme sind vorwiegend Verwaltungs-, Schul- und Industriebauten sowie Hallen (**9.**18).

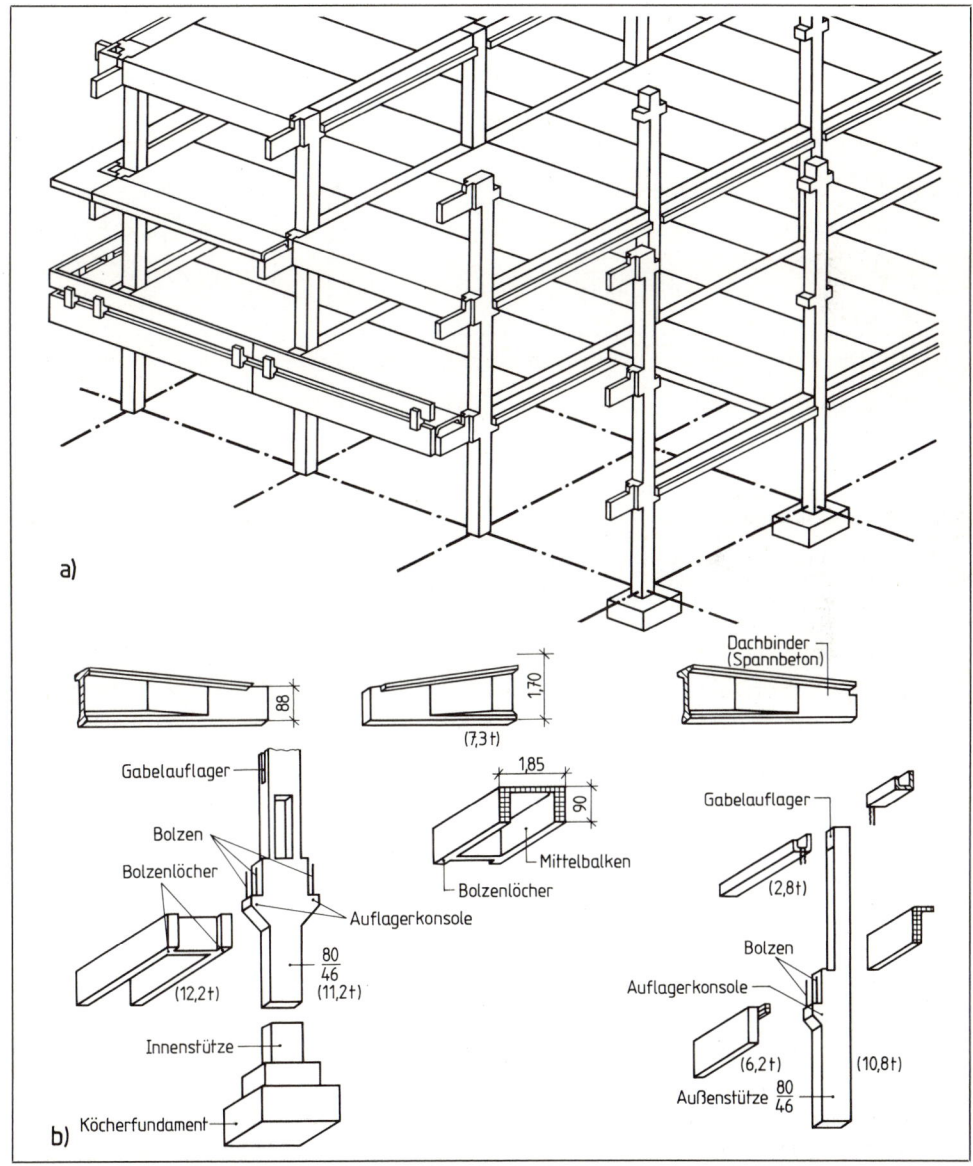

9.18 a) Stahlbetonskelettbau, b) Bauteile und Verbindungen einer Halle

9.3.2 Tafelbauweise, Raumzellen und Mischbauweise

Bauwerke aus Tafeln (Großtafeln) setzen sich je nach statischer Beanspruchung aus einer Kombination von Scheiben und Platten zusammen. Die Scheibenelemente übernehmen senkrechte und waagerechte Kräfte in der Tafelebene. Platten werden quer zur Ebene beansprucht. Beim Zusammenstellen der Platten und Scheiben zu Raumzellen ist auf die Stabilität zu achten. Raumzellen müssen den verschiedenen Lastangriffen widerstehen (Torsion, Zwängung, Windbelastung, **9.**19).

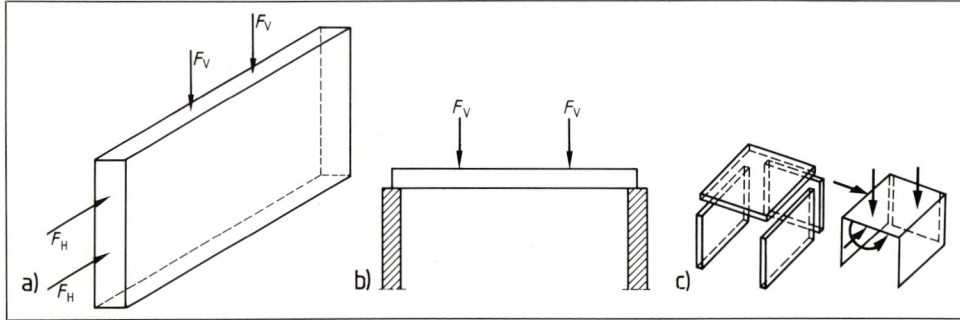

9.19   Tafelbau a) Wandscheibe, b) Plattenelement, c) raumstabile Zelle

Der Zellenbau wird in der Bundesrepublik Deutschland im Geschoßwohnungsbau kaum angewendet. Seine Bereiche sind Ferienhäuser, Kioske, Erweiterungsbauten auf Zeit für Büros und Schulen (Raumcontainer, **9.**20). Das Baumaterial kann Stahl, Leichtmetall, Holz und Kunststoff, seltener Stahlbeton sein. Durch das Gewicht und die Abmessungen (Transport) sind dieser Bauweise Grenzen gesetzt.

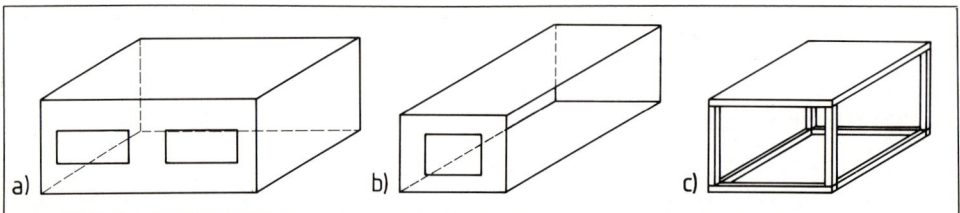

9.20   Zellenbau a) geschlossene Raumzelle, b) Ringzelle, c) Raumgitterzelle

Die Mischbauweise ist eine Kombination einzelner Systeme, auch zwischen Fertigteilen und am Ort (Ortbeton) hergestellten Bauteilen.

> Das Rastermaß beträgt 10 cm (Grundmodul) im Fertigteilbau. 1 M = 10 cm
>
> Betonfertigteile unterliegen sehr strengen Anforderungen nach DIN 1045 hinsichtlich der Herstellung und der Güteüberwachung.
>
> Es werden Skelett-, Großtafel- und Raumzellenbau unterschieden. Vorherrschend ist der Skelettbau. Die Mischbauweise ist eine Kombination der Fertigteilbauweisen.
>
> Bei der Skelett- und Tafelbauweise müssen die aussteifenden Elemente richtig angeordnet werden, um zerstörende Kräfte auszuschalten. Die Raumzelle ist schon in sich ausgesteift.

9.4 Verbindungsmittel

Die einzelnen Elemente wie Innenwände, Außenwände, Decken und Spezialbauteile (Treppen, Podeste, Versorgungs- und Fahrstuhlschächte) müssen statisch und bauphysikalisch einwandfrei zusammengefügt werden. Die Mindestauflagenbreiten von Platten betragen nach DIN 1045 T 20:

- 7 cm auf Mauerwerk und Beton (B 5 oder B 10),
- 5 cm auf Beton und Stahl (B 15 bis B 55),
- 3 cm auf Beton und Stahl, wenn kein seitliches Ausweichen möglich ist und die Stützweite ≤ 2,50 m beträgt.

Die Deckenauflager nehmen Vertikal-, Horizontal- und Schubkräfte auf. Die Wandstöße im Innen- und Außenbereich werden auf Druck und Schub beansprucht.

Unterzüge und Stützen werden mittels Dollen ineinander gehängt, die die Unterzüge im Auflagerbereich zentrieren (**9.18 b**). Zwischen den zu verbindenden Fertigteilen bildet man eine Fuge aus hochfestem Mörtel oder Polyesterharz aus. Es kann auch ein unbewehrtes Elastomerelager angeordnet werden, doch ist unbedingt auf direkten Lastabtrag zu achten. Das Auflager gleicht Unebenheiten aus und verhindert Kantenabplatzungen.

Stützenstöße sind unrationell und darum möglichst wenig zu verwenden. Besser sind mehrgeschossige Stützen, bei denen die Mörtelfuge die gesamte Stützenlast überträgt. Neuere Kunstharzmörtel oder Elastomerelager erfüllen diese Forderungen. Bei sehr hoher Belastung können Stahlplatten die Stützenlasten übertragen. Zusätzliche Horizontallasten (Rammstoß, Bremskräfte) können mit Ortbeton und Bewehrung in die Deckenscheiben eingeleitet werden.

Deckenplatten, die aus einzelnen Fertigteilen zusammengesetzt sind, werden so verbunden, daß bei Belastung einzelner Platten keine Höhendifferenzen (Durchbiegungen) zu benachbarten Platten auftreten können. D. h., sie müssen Querkräfte über die Stöße übertragen (**9.22**). DIN 1045 T 19 gibt für die Regelfälle konstruktive Maßnahmen vor. Die Auflager der Decken auf die Wandtafeln bildet man bei gering belasteten Platten trocken, bei stärker belasteten Platten mit einer ausgleichenden Schicht aus Mörtel, Pappe, Filz oder Kunststoffen aus. Um die Schubfestigkeit der Platten zu verbessern, können die Ränder in Trapezform gezahnt (profiliert) werden (**9.23**). Die Zugfestigkeit gewährleisten hervorstehende Bewehrungsstähle (Schlaufen, Haken, **9.22 c**). Eine weitere Verbindungsmöglichkeit bildet die auf die Bewehrungsstähle aufgeschweißte Stahlplatte (**9.24**).

Eine weitere Deckenkonstruktion besteht aus nebeneinanderliegenden, vorgefertigten Stahlbetonbalken. Diese Massivbalkendecken können sich aus Hohlbalken, Ziegelhohlbalken oder Bimsbetonbalken zusammensetzen.

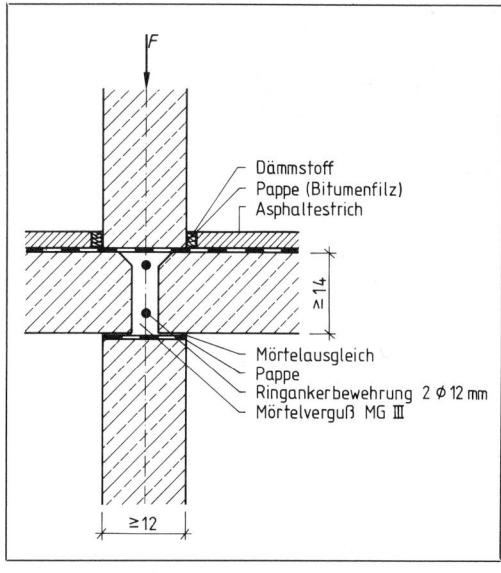

9.21 Mittelauflager zwischen Gasbetonwand und Deckenelement

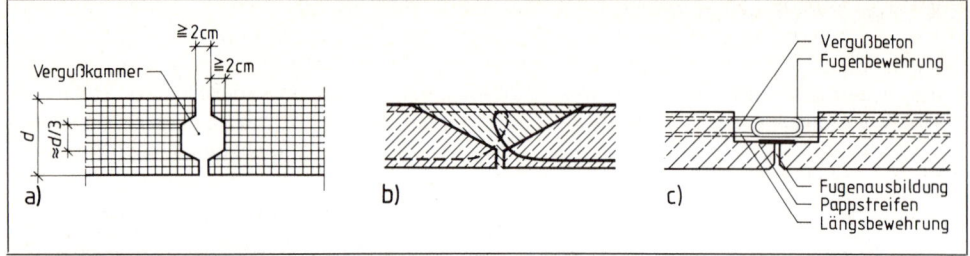

9.22 Verbindung der Deckenplatten
  a) Vergußkammern zwischen Deckenplatten ohne Bewehrung
  b) Querbewehrung eines Plattenstoßes
  c) Plattenverbindung mit Bewehrungsschlaufen

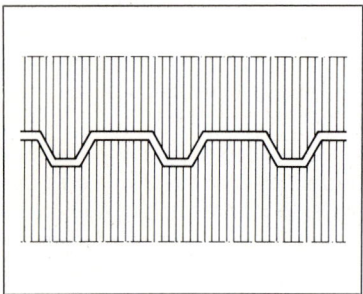

9.23 Trapezförmige Randausbildung von Deckenplatten

9.24 Schweißverbindung gestoßener Deckenplatten

Die Ringanker werden in Ortbeton hergestellt. Sie fassen die Deckenplatten zu einer starren Scheibe zusammen (**9.**25). Die Bewehrung wird auf der Baustelle vorgenommen, verbunden werden die Platten durch übereinanderliegende Schlaufenstöße. Bei der Verbindung **9.**26 übernimmt der Vergußbeton die Übertragung der Schubkräfte. Eine solche Verbindung läßt sich auch durch einen Stahlwinkel erreichen. In diesem Fall hat der Vergußbeton keine statische Aufgabe.

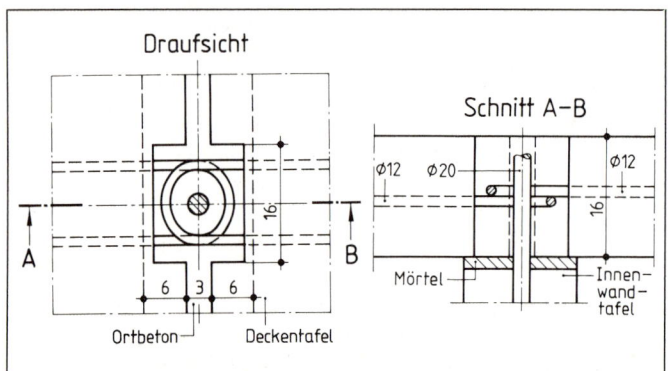

9.25 Ringankerbewehrung in Deckenstößen

9.26 Ringanker aus Ortbeton

Tragende und aussteifende Wände dürfen nur aus geschoßhohen Elementen zusammengesetzt werden. Die Mindestdicke beträgt 8 cm. Müssen aus konstruktiven Gründen mehrere Fertigteilwände, die der Steifigkeit des Bauwerks dienen, zusammengesetzt werden, sind die Kräfte in den Fugen nachzuweisen. Bei Hochhäusern sind alle aussteifenden und tragenden Wände am oberen und unteren Rand mit den anschließenden Deckenteilen zu verbinden.

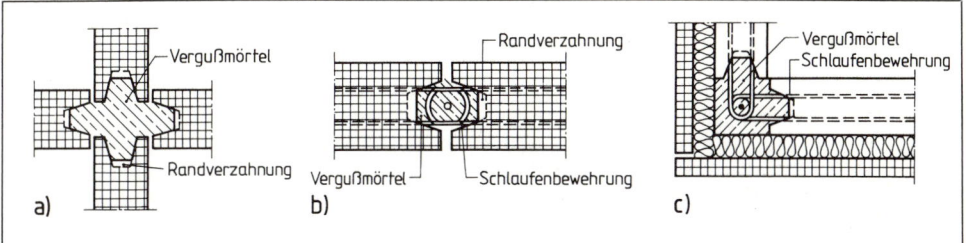

9.27 Wandtafelstöße
 a) unbewehrt, b) bewehrt, c) Eckverbindung bewehrt

Die senkrechte Verbindung erfolgt mit Vergußkammern, teilweise bewehrt (**9.27**). Zugfeste Anschlüsse erreichen wir durch Schrauben, Schweißverbindungen oder Fugenbewehrung. Im Großtafelbau verankert man die übereinanderstehenden Außenwandtafeln mit Dollen und Vergußkanälen. Wandelemente werden auch auf eine ausgleichende Mörtelfuge abgesetzt. Etwaige Ungenauigkeiten lassen sich dabei ausgleichen.

Fassadenplatten werden an den Stützen als vorgestellte Brüstungsplatten mit Winkeln und Konsolauflager befestigt oder mit Hängezugankern verankert (**9.28**).

Leichte Vorhangwände aus Metall-Verbundelementen finden bei Verwaltungsbauten Anwendung.

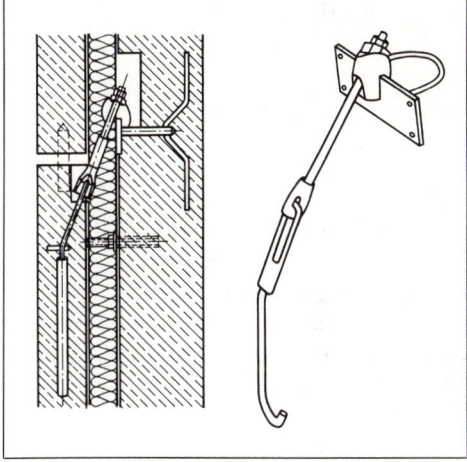

9.28 Fassadenplattenanker

Deckenplatten müssen vertikale und horizontale Kräfte sowie Schubkräfte aufnehmen. Zwischen den Platten dürfen keine Höhendifferenzen auftreten. Damit die Plattenstöße die Querkräfte übertragen können, werden zugfeste Schlaufenverbindungen angeordnet. Trapezförmige Randausbildungen erhöhen die Schubfestigkeit.

Auflagerbereiche werden mit Mörtel, Kunstharz oder Elastomerenlagern ausgebildet.

Ringanker aus Ortbeton fassen Deckenplatten zu starren Scheiben zusammen. Tragende und aussteifende Wände dürfen nur geschoßhoch vorgefertigt werden. Fassadenplatten werden auf Konsolen aufgesetzt oder mit Hängezugankern aufgehängt. Wandelemente werden durch Vergußkammern mit Mörtel in senkrechter Richtung verbunden, können somit Druck und Schubkräfte aufnehmen.

9.5 Fugen im Fertigteilbau

Fugen ergeben sich zwangsläufig beim Zusammenfügen verschiedener Bauelemente. Im Montagebau gibt es zwei Fugen: Die waagerechte, belastete Fuge, die eine einwandfreie Kraftübertragung auf andere Bauteile ermöglichen muß, und die senkrechte, unbelastete Fuge. Beide müssen den Ausdehnungen infolge Temperaturschwankungen widerstehen und den bauphysikalischen Anforderungen entsprechen (Wärme, Kälte, Schall, Feuchte, Brandschutz). Wir unterscheiden vier Methoden der Fugenausbildung.

Die Fuge mit adhärierendem Dichtstoff (in der Fuge haftender Dichtstoff) ist einfach herzustellen und stellt nur geringe Anforderungen an die Wandkonstruktion. (Bei schlechter Witterung kann der Fugeneinbau jedoch zu Haftungsproblemen an den Wandinnenseiten führen. Folgen sind Ablösen des Dichtstoffs und umfangreiche Bauschäden.) Die Haltbarkeit dieser Konstruktion ist begrenzt. DIN 18 450 schreibt die in **9**.29 genannten Mindestabmessungen vor.

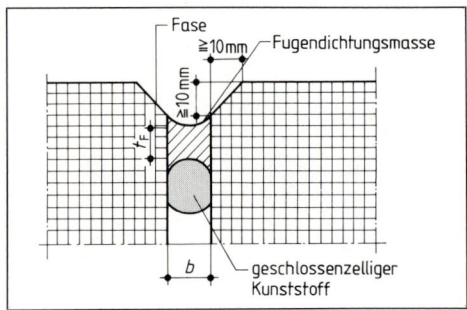

9.29 Fugenabdichtung mit adhärierendem Dichtstoff (Mindestabmessungen)

9.30 Fugenabdichtung mit Dichtungsprofil

Elastische Klemmprofile finden wir kaum im Fertigteilbau. Die Empfindlichkeit gegenüber Toleranzen ist zu groß (**9**.30). Der Einbau ist witterungsunabhängig.

Die offene Fuge ist sehr langzeitbeständig und läßt sich unabhängig vom Wetter herstellen (**9**.31). Jedoch stellt diese Horizontalfuge sehr große Anforderungen an die Formgebung der Seitenränder von Fertigteilen. Die Gefahr einer Beschädigung beim Transport oder bei der Montage ist erheblich.

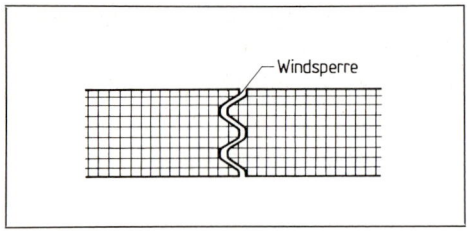
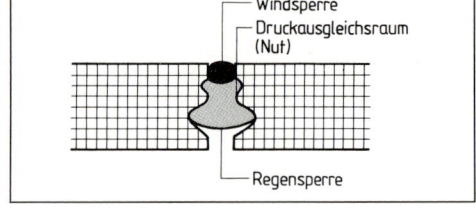

9.31 Offene Fuge mit Windsperre

9.32 Prinzip der belüfteten Fuge

Die belüftete Fuge hat sich als Vertikalfuge seit langem bewährt. Ihre druckausgleichende Konstruktion verhindert durch eine Regensperre das Eindringen von Schlagregen. Ein Druckausgleichsraum ist mit der Außenluft verbunden, so daß Druckdifferenzen ausgeschlossen sind, die den Regen zum Rauminnern treiben würden (**9**.32). Sollten dennoch Regentropfen eindringen, fließen sie im Druckausgleichsraum nach unten ab. Die zweite Abdichtungsstufe dient als Windsperre und verhindert das Eindringen kalter Luft. Diese Konstruktion ist auch unempfindlich gegenüber Toleranzen; sie ermöglicht einen witterungsunabhängigen Einbau und ist dauerhaft. Die lose eingezogene, leicht auswechselbare Regensperre muß aus beständigem Kunststoff (Neoprene) bestehen.

Waagerechte Fugen werden als **Schwellenfugen** konstruiert (**9.33**). Hierbei verwendet man die verschiedensten Kunststoff-Fugenprofile (**9.34**). Richtwerte für die Fugenbreite (bezogen auf eine Temperatur von 10 °C) gibt DIN 18540 T1 (**9.35**).

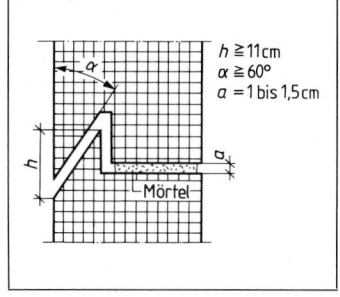

9.33 Aufbau einer Schwellenfuge

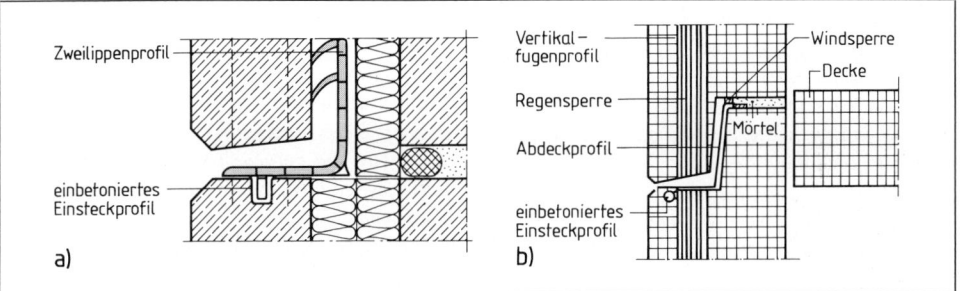

9.34 Schwellenfugen mit verschiedenen Profilen
    a) Zweilippenprofil als konstruktive Schwellenfuge
    b) Schwellenfuge mit Kunststoffprofil

Tabelle **9.35**   **Richtwerte für Fugenbreiten nach DIN 18450 T1**

Fugenabstand in m	<2	>2 <4	>4 <6	>6 bis 8
Fugenbreite b in mm	15	20	25	30
Tiefe t in mm	30	40	50	60

> Wir unterscheiden waagerechte, belastete Fugen und senkrechte, unbelastete Fugen. Sie sind mit adhärierenden Dichtstoffen oder Klemmprofilen ausgebildet.
> Wesentlich im Fertigteilbau sind die offenen und (beste Lösung) belüfteten Fugen.
> Waagerechte Fugen werden als Schwellenfugen konstruiert.

9.6 Holzskelettbau

Der Holzskelettbau hat sich aus dem handwerklichen Fachwerk entwickelt. Heutzutage werden Holzbauteile in Leimbauweisen mit Bauschnittholz (G I und G II) kombiniert. Träger, Bögen und Rahmen verbaut man aus Brettschichtholz als Rechteckquerschnitte. Ferner gibt es Holzkastenquerschnitte und I-Träger sowie System-Fachwerkträger (s. Abschn. 6.4.5). Flächenelemente wie Decken, Dach und Wandelemente müssen aus einem tragenden Gerüst mit seitlicher Beplankung aus Holzwerkstoffplatten oder Brettern bestehen. Problematisch und sehr aufwendig ist der Brandschutz bei größeren Holzskelettbauten. Die tragenden Stützen können über mehrere Geschosse geführt werden, jedoch ist aus Kostengründen ein Holzskelettbau auf Erd- und Obergeschoß zu begrenzen.

Aufgaben zu Abschnitt 9

1. Welche Vor- und Nachteile bietet die Fertigteilbauweise?
2. Nennen Sie die drei Hauptfertigungssysteme.
3. Beschreiben Sie die Anwendungsgebiete der einzelnen Fertigteilsysteme.
4. Nennen und beschreiben Sie die Bauelemente im Stahlbetonskelettbau.
5. Erläutern sie das Modulsystem im Fertigteilbau.
6. Beschreiben Sie TT-Platten hinsichtlich ihrer Beanspruchung.
7. Wie groß sind die Mindestauflagertiefen von Deckentafeln?
8. Wie können Fertigteilbauten ausgesteift werden?
9. Welche Vorteile bietet die Mischbauweise?
10. Skizzieren Sie eine Stahlbetonfertigteilstütze mit Konsole in einem Köcherfundament in einer selbstgewählten Perspektive.
11. Skizzieren Sie ein Deckenauflager auf einer tragenden Wand.
12. Welche Aufgaben hat ein Ringanker?
13. Wie dick müssen tragende Wände mindestens sein?
14. Skizzieren Sie eine bewehrte Eckverbindung zweier Außenwandelemente.
15. Wie werden Deckenplatten miteinander verankert?
16. Wie befestigt man Fassadenplatten konstruktiv?
17. Wodurch unterscheiden sich Tafeln, Platten und Scheiben?
18. Welche Besonderheiten schreibt DIN 1045 für Betriebe des Fertigteilbaus vor?
19. Nennen und erläutern Sie die vier Arten der Fugenausbildung.
20. Beschreiben Sie die Funktion der Schwellenfuge.
21. Skizzieren Sie eine Schwellenfuge mit den empfohlenen Maßbegrenzungen.
22. Warum ist bei einer belüfteten Fuge die Regensperre lose eingefügt?
23. Beschreiben Sie die Wirkungsweise einer belüfteten Vertikalfuge.
24. Wo liegen die Grenzen des Holzskelettbaus?

10 Treppen

10.1 Bezeichnungen und Begriffe

Treppen schaffen Verbindungswege zwischen unterschiedlich hohen Nutzebenen. Bei Brandgefahr dienen sie als Fluchtwege. Die Vielzahl der Vorschriften und Konstruktionsregeln im Treppenbau erfordert Klarheit bei Bezeichnungen und Begriffen. Die wichtigsten enthält DIN 18064.

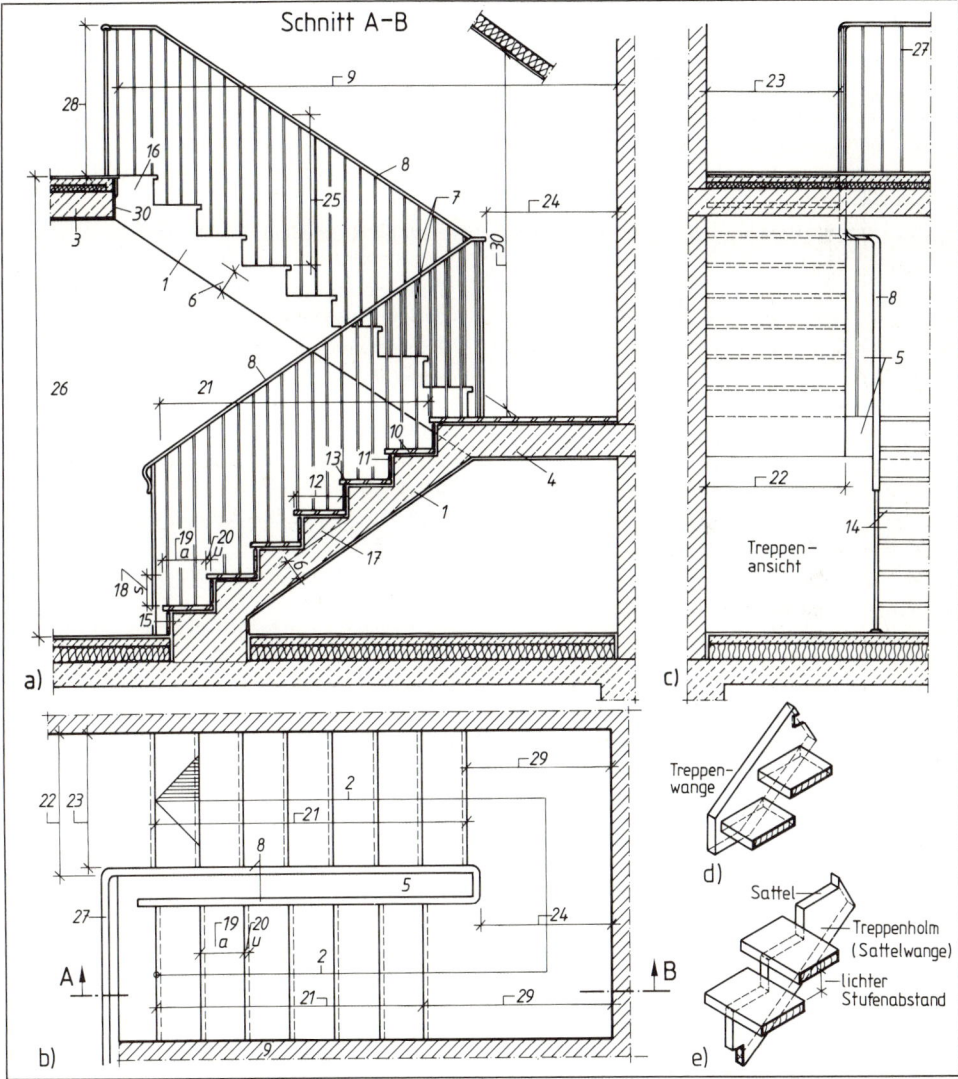

10.1 Grund- und Maßbegriffe für Treppen
a) Schnittdarstellung einer Stahlbetontreppe, b) Treppengrundriß, c) Treppenansicht, d) Treppenwange (halbgestemmte Holztreppe), e) Treppenholm (aufgesattelte Holztreppe)

Grundbegriffe (10.1)

- Treppe: Bauteil aus mindestens einem Treppenlauf
- Treppenlauf *1*: ununterbrochene Folge aus mindestens 3 Stufen bzw. Steigungen zwischen zwei Ebenen
- Auflinie *2*: gedachte Linie im üblichen Gehbereich des Treppengrundrisses, die die Steigerichtung durch den Endpfeil markiert. Sie reicht von der Vorderkante der 1. Stufe über mögliche Zwischenpodeste bis zur Vorderkante der letzten Stufe. Bei Treppen bis 1,0 m Breite liegt sie meist in Treppenmitte, bei gewendelten Treppen auch außermittig (z. B. 40 bis 50 cm von Innenkante Handlauf)
- Podest *3*: Treppenabsatz am Anfang oder Ende eines Treppenlaufs (meist Teil der Geschoßdecke)
- Zwischenpodest *4*: Treppenabsatz zwischen zwei Geschoßebenen
- Treppenauge *5*: von Treppenläufen bzw. -laufteilen und Treppenpodest umschlossener freier Raum
- Laufplatte *6*: schräge, die benachbarten Podeste verbindende, tragende Massivplatte aus Stahlbeton mit/ohne aufbetonierte Rohstufen (Stufenkeile)
- Geländer/Treppenbrüstung *7*: lotrechte Begrenzung an Treppenläufen als Schutz gegen Absturzgefahr
- Umwehrung *27*: lotrechte Begrenzung an Podesten als Schutz gegen Absturzgefahr
- Treppenhandlauf *8*: griffgerechter Bauteil als Gehhilfe an der Seitenwand bzw. als oberer Geländerabschluß

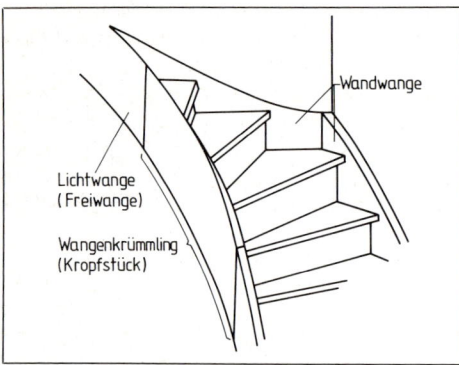

10.2 Viertelgewendelte Holztreppe mit Krümmling, Wand- und Lichtwange

- Handlaufkrümmling: im Treppenauge angeordneter, gerundeter Teil des Handlaufs
- Treppenöffnung oder Treppenloch *9*: Geschoßdecken-Aussparung für Treppen
- Trittstufe *10*: waagerechtes Stufenteil
- Setzstufe *11*: lotrechtes oder annähernd lotrechtes Stufenteil (auch Stoßstufe, Futterstufe, -brett bei Holztreppen)
- Trittfläche *12*: betretbare, waagerechte Stufenoberfläche
- Trittkante *13* und Stoßfläche *14*
- Treppenholm (auch Treppenbalken, Sattelwange): die Stufen tragendes (unterstützendes) Bauteil (**10.1** e)
- Treppenwange: tragende seitliche Begrenzung des Treppenlaufs (**10.1** d)

- Deckenspiegel *30*: sichtbare Deckenrandfläche in der Treppenöffnung
- Lichtwange: freistehende (selbsttragende) Wange (**10.2**)
- Wandwange: an die Treppenraumwand angrenzende Wange (**10.2**)
- Wangenkrümmling: im Treppenauge liegender, gerundeter Wangenteil (meist bei Holztreppen, **10.2**)

Stufenarten kennzeichnen wir nach ihrer Lage als

- Antrittstufe *15*: erste Stufe eines Treppenlaufs
- Austrittstufe *16*: letzte, mit Podest bzw. Zwischenpodest zusammenfallende Stufe eines Treppenlaufs
- Spickelstufe: dem Treppenauge gegenüberliegende, mittig angeordnete Stufe bei halbgewendelten Treppen (**10.**27).

Nach dem Stufenquerschnitt (**10.**3) unterscheiden wir

- Blockstufe: Stufe mit rechteckigem oder annähernd rechteckigem Querschnitt; die Stufenhöhe entspricht genau oder etwa der Steigungshöhe
- Plattenstufe: die Querschnittsform gleicht der Blockstufe, doch ist die Stufendicke d deutlich geringer als die Steigungshöhe
- Keilstufe: Stufe mit genau oder annähernd dreieckförmigem Querschnitt
- Winkel- und L-Stufen
- Stufenkeil (**10.1**) *17*: Rohstufe (ohne Belag) auf der Laufplatte

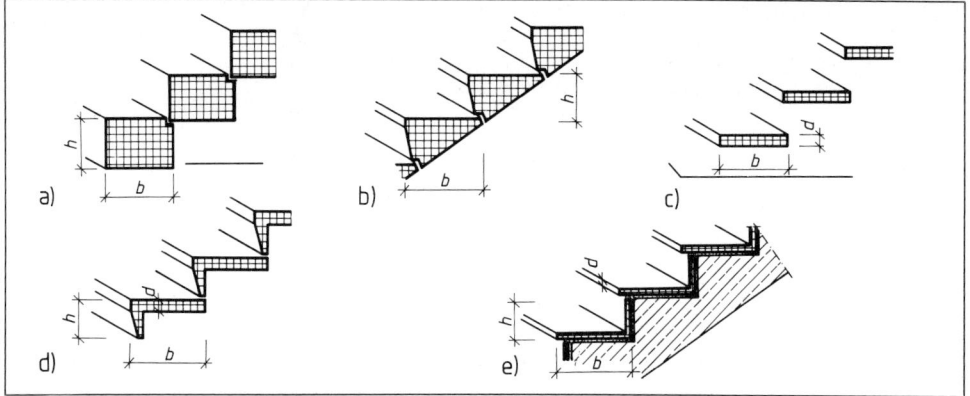

10.3 Stufenarten nach Querschnittsform
a) Blockstufe, b) Keilstufe, c) Plattenstufe, d) Winkelstufe, e) L-Stufe

Maßbegriffe erklären die in Normen und Vorschriften festgelegten Mindest- bzw. Höchstabmessungen (**10.1**).

- Treppensteigung s *18*: Höhenabstand zwischen den Trittflächen benachbarter Stufen (auch Steigung oder Steigungshöhe genannt)
- Treppenauftritt a *19*: waagerechter Abstand zwischen den Vorderkanten benachbarter Stufen, bei gewendelten Stufen an der Gehlinie gemessen
- Steigungsverhältnis s/a = Zahlenverhältnis Steigung/Auftritt in cm. Es entspricht der Treppenneigung und ergibt als Quotient den Tangens des Neigungswinkels
- Unterschneidung u *20*: Differenz zwischen Breite der Trittfläche und dem Treppenauftritt a
- Lichte Treppendurchgangshöhe *30*: lotrechtes Fertigmaß zwischen Stufenvorderkante(n) und Unterkante(n) darüberliegender Bauteile
- Lichter Stufenabstand: kleinste Lichtraumhöhe zwischen Trittstufen bei Treppen o. Setzstufen (**10.1** e)
- Treppenlauflänge *21*: Maß von Vorderkante Antrittstufe bis Vorderkante Austrittstufe, im Grundriß an der Lauflinie gemessen
- Treppenlaufbreite *22*: Grundrißmaß der Konstruktionsbreite (Außenmaß des Treppenlaufs)
- Nutzbare Treppenlaufbreite *23*: lichtes Fertigmaß in Handlaufhöhe (z. B. zwischen den Innenkanten gegenüberliegender Handläufe oder Handlaufinnenkante und gegenüberliegender Wandfläche)
- Podesttiefe t *24*: kleinste vorhandene Podesttiefe
- Nutzbare Podesttiefe t_p *29*: lichtes Fertigmaß zwischen Stufenvorderkanten oder zwischen Podestbegrenzung und Stufenvorderkante
- Geländerhöhe *25*: lotrechtes Fertigmaß zwischen VK Trittstufe (-kante) und OK Handlauf (Brüstung)
- Umwehrungshöhe *28*: lotrechtes Fertigmaß zwischen Oberkante Handlauf und Oberkante Fußboden
- Geschoßhöhe *26*: Fertigmaß zwischen den Fußbodenoberkanten benachbarter Geschosse
- Stufenabmessungen: Stufenlänge, -breite, -höhe und -dicke (**10.3**, **10.4**).

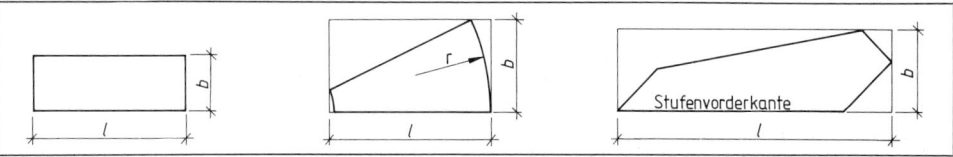

10.4 Stufenlänge $l \triangleq$ Länge des umschriebenen Rechtecks in der Stufendraufsicht, Breite *b* der zugehörigen Rechteckbreite

10.2 Treppenarten

Treppen lassen sich nach unterschiedlichen Gesichtspunkten gliedern.

Nach Lage und Zweck:
- **Innentreppen** als Geschoßtreppe (Keller-, Erdgeschoß-, Dachgeschoßtreppe) und Ausgleichstreppe zwischen unterschiedlich hohen Ebenen innerhalb eines Geschosses oder zwischen Eingangsebene und 1. Vollgeschoß
- **Außentreppen** als Hauseingangs- und Kelleraußentreppe

  nach Gesetz, Verordnung, LBO: notwendige und nicht notwendige Treppen (zusätzliche, u. U. auch zur Hauptnutzung dienende Treppe)

  nach der Laufrichtung: Links- und Rechtstreppen (in Steigerichtung links bzw. rechts drehend)

  nach der Anzahl der Treppenläufe: ein-, zwei-, dreiläufige Treppen

  nach dem Baustoff: Beton-, Stahl-, Stahlbeton- und Holztreppen; gemauerte Treppen, Werksteintreppen (auch Kombination möglich).

Nach der Statik und Konstruktion:
- **Laufplattentreppen.** Die schräge Laufplatte aus Stahlbeton nimmt die Stufen- und Verkehrslasten auf. Längsgespannte Laufplatten lagern auf Podesten, quergespannte auf Wangenmauerwerk und/oder Schrägbalken (**10.**5).

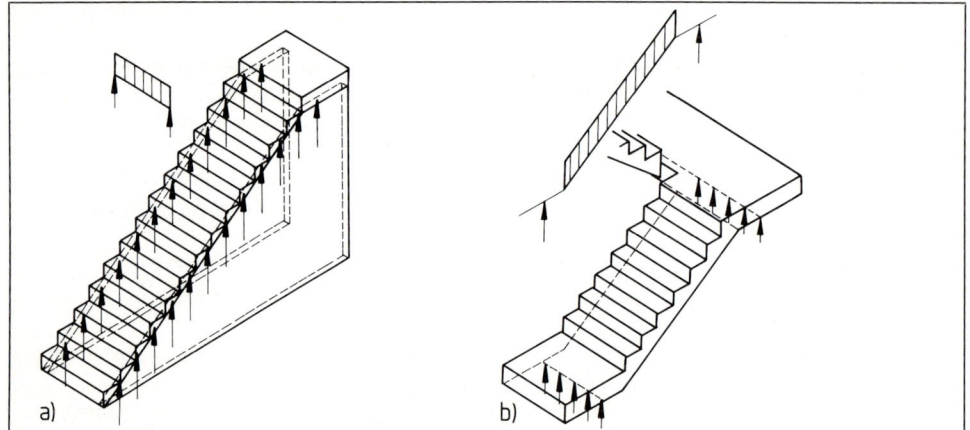

10.5   Stahlbeton-Laufplattentreppe a) quergespannt, b) längsgespannt

- **Treppen mit frei tragenden Stufen.** Die biegefesten Stufen übertragen die Verkehrslasten auf tragfähige Auflagerungen (**10.**6).

  Beidseitig gelagerte Stufen liegen auf Mauerwerk, direkt oder über Aufhängevorrichtungen (z. B. eingeschraubte Winkelbleche), auf Ständerwerk aus Holz oder Metall mit Aufhängevorrichtungen oder auf Schrägbalken (Wangen, Holme, Sattelwangen) aus Stahl, Holz, Stahlbeton (Doppelbalkentreppe)

  M i t t i g gelagerte Stufen erhalten einen breiten Mittelholm zur kippsicheren Befestigung der beidseitig überstehenden, aufgesattelten Stufen (Mittelbalkentreppe)

  E i n s e i t i g gelagerte Stufen wirken als seitlich eingespannte Kragarme. In Stahlbetonwänden sind die Kragstufen durch Bewehrung eingespannt, in Mauerwerkswänden sind dafür genügend Auflast und Auflagertiefe erforderlich. Die runde Mittelstütze dient zum Einspannen der Stufen bei Spindeltreppen.

- **Tragbolzentreppen.** Die Plattenstufen bilden mit dem seitlich festgespannten Schraubenbolzen biegesteife Eckverbindungen und in der Gesamtheit ein eigenständiges, ausreichend belastbares Tragwerk. Seitenwände, Holme oder Laufplatten können daher entfallen. So ergeben sich leicht wirkende, optisch ansprechende Treppen (**10.**40 auf S. 313).

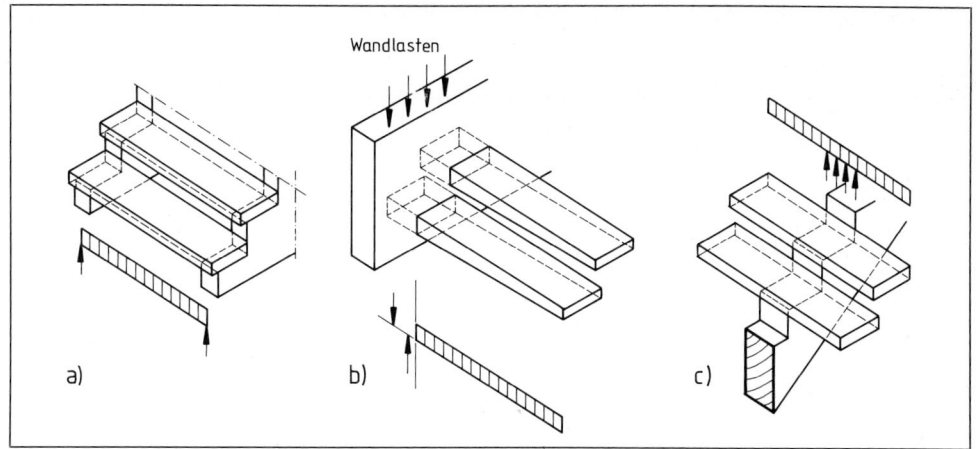

10.6 Treppe mit selbsttragenden (biegefesten) Stufen
  a) beidseitig gelagerte Stufen
  b) einseitig gelagerte (eingespannte) Stufen
  c) mittig gelagerte Stufen

Nach der Grundrißform:

– **Treppen mit geraden Läufen** haben gleichförmige Stufen und gerade Lauflinien, können ein- oder mehrläufig, gleich- oder gegenläufig, ein- oder zweimal abgewinkelt sein (**10.7**).

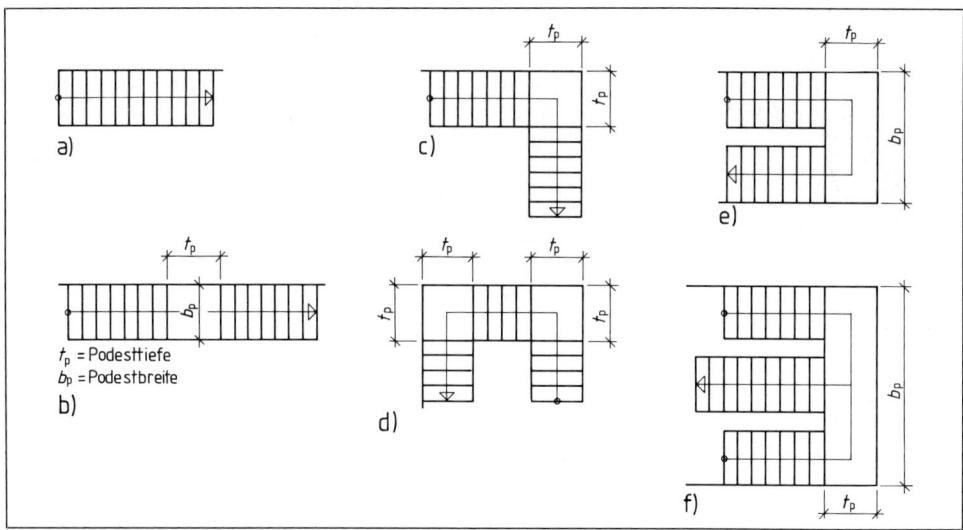

10.7 Treppen mit geraden Läufen
  a) gerade einläufige Treppe
  b) gerade zweiläufige Treppe mit Zwischenpodest
  c) zweiläufige, einmal abgewinkelte Treppe mit Zwischenpodest
  d) dreiläufige, zweimal abgewinkelte Treppe mit Zwischenpodesten (U-Treppe)
  e) zweiläufige gegenläufige Treppe mit Zwischenpodest (Halbpodest)
  f) dreiläufige gegenläufige Treppe mit Zwischenpodest (E-Treppe)

- **Treppen mit gewendelten Läufen** haben gleichbleibend geformte, keilförmig zulaufende Stufen (**10.8**). Die Wendeltreppe hat ein kreisförmiges Treppenauge und ist meist einläufig. Bei der Spindeltreppe ersetzt die Spindel (kreisrunde Stütze) das Treppenauge. So ergibt sich eine platzsparende einläufige Treppe. Für Treppen mit gewendelten Läufen sind auch Bogenformen möglich, wie z. B. die zweiläufige Bogentreppe mit Zwischenpodest in Bild **10.**8 c.

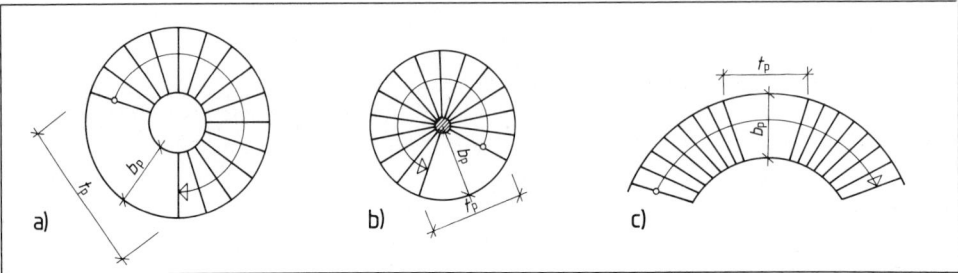

10.8 Treppen mit gewendelten Läufen
a) Wendeltreppe, b) Spindeltreppe, c) zweiläufige Bogentreppe

- **Treppen mit geraden und gewendelten Laufteilen** haben im Wendelungsbereich von der geraden in die Keilform übergehende und daher in der Draufsicht voneinander abweichende Stufen (**10.9**). Sie ermöglichen die günstige Erschließung der Räume bei geringem Platzbedarf. Bei den viertelgewendelten Treppen kann die Wendelung einmal erfolgen (Treppenanfang-, -mitte oder -ende) oder auch zweimal (im Anfangs- und Endbereich). Die halbgewendelte Treppe ist in der Regel symmetrisch angeordnet.

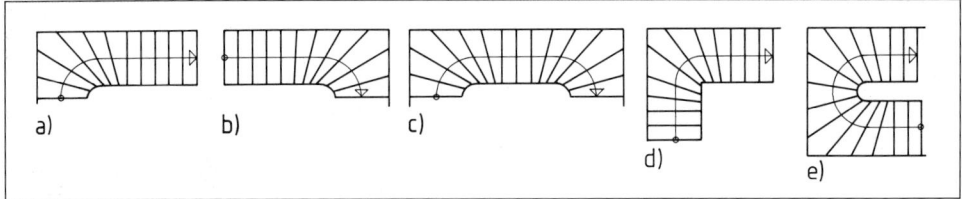

10.9 Treppen mit geraden und gewendelten Laufteilen
a) einläufige, im Antritt viertelgewendelte (Rechts-)Treppe
b) einläufige, im Austritt viertelgewendelte (Rechts-)Treppe
c) einläufige, zweimal viertelgewendelte (Rechts-)Treppe
d) einläufige, gewinkelte viertelgewendelte (Rechts-)Treppe
e) einläufige, halbgewendelte (Rechts-)Treppe

10.3 Die Treppe in der Bauzeichnung

Treppen zeichnen wir als Bestandteil von Gebäudegrundrissen und -schnitten sowie als Detail (Werkzeichnung) für den Treppenbauer. Die Schnittlinie des Gebäudegrundrisses führen wir deshalb auch durch die Treppe.

In Grundrissen ist die Steigungsrichtung der Treppe durch den Lauflinienpfeil gekennzeichnet, der Treppenanfang durch einen Kreis am Schnittpunkt zwischen Lauflinie und Antrittsstufenvorderkante. Der Lauflinienpfeil endet an der Austrittsstufe. Die Anwendung gerader Lauflinien und gekrümmter Lauflinienteile zeigt Bild **10.**9. Da wir Grundrisse als waagerechte Gebäudequerschnitte verstehen, kann immer nur der untere Teil der geschoßzugehörigen Treppe gezeigt werden. Wir begrenzen ihn durch die schräge Schnittlinie (**10.**11). Dahinter zeigen wir, falls vorhanden, den oberen Treppenteil der darunterliegenden Geschoßtreppe, deren Gehlinienpfeil an der Austrittstufenvorderkante endet. Ist kein Treppenlauf darunter (z. B. im Kellergrundriß), wird der weiterführende (obere) Treppenteil durch Punktlinien dargestellt. Im obersten Geschoßgrundriß erscheint die Treppe des darunter liegenden Geschosses als Draufsicht. Sie darf nicht mit einer geschoßzugehörigen Treppe verwechselt werden. Die **Werkzeichnung** zeigt den ganzen Treppengrundriß eines Geschosses (**10.**1 b).

Im Vorentwurf (M 1 : 200) zeichnen wir Treppenanlage und -form, Lauflinie und Steigungsrichtung, Treppenläufe und Podeste im Schnitt (**10.**10).

Im Entwurf (Bauantragszeichnung, M 1 : 100) müssen Grundriß und Schnitt der Treppe die Übereinstimmung mit den LBO-Vorschriften erkennen lassen. Über die für den Vorentwurf

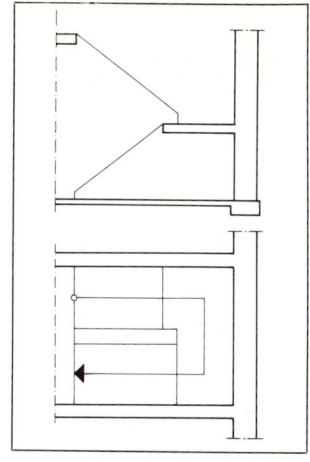

10.10 Treppendarstellung im Vorentwurfsplan M 1 : 200

genannten Angaben hinaus sind Steigungszahl je Treppenlauf und Steigungsverhältnis, Stufenteilung und -profil (im Schnitt) zu zeichnen und anzugeben. Im Schnitt (hier in Bild **10.**11 aus Gründen der besseren Übersicht nicht dargestellt) sind ferner Umwehrungen und Geländer mit den zugehörigen Höhenmaßen einzutragen, an kritischen Punkten u. U. auch das notwendige Maß für die lichte Treppendurchgangshöhe sowie das Maß der lichten Treppenlaufbreite im Grundriß.

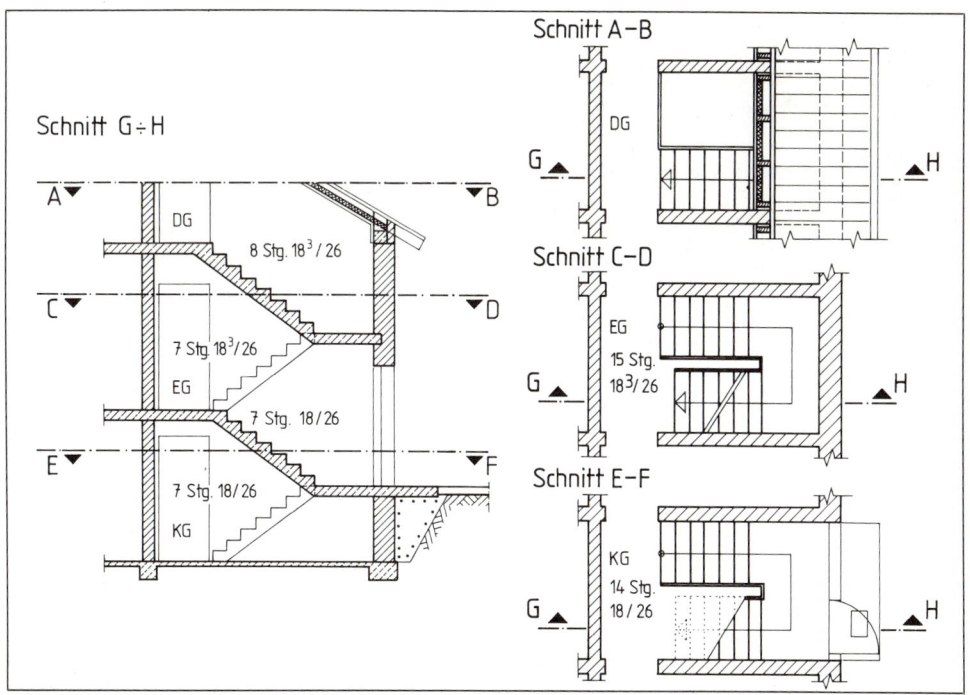

10.11 Treppendarstellung in der Entwurfszeichnung M 1 : 100

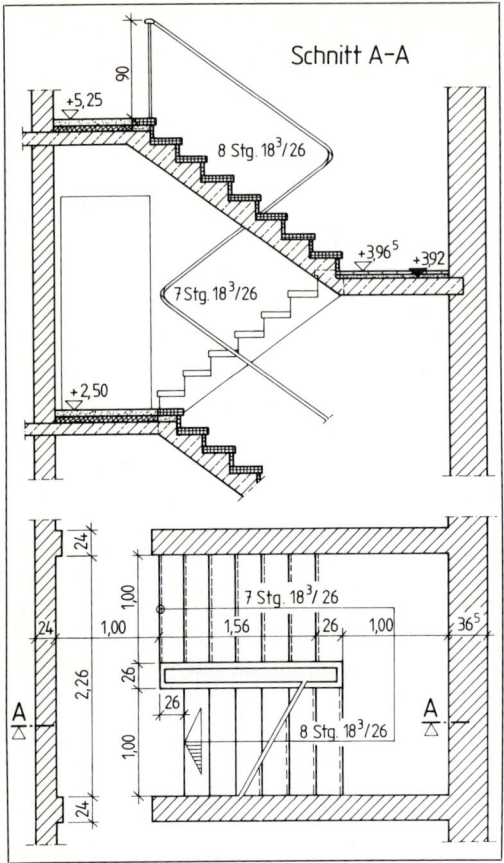

10.12 Treppendarstellung im Ausführungsplan
M 1 : 50

Im Ausführungsplan (M 1 : 50) übernehmen wir die Treppenangaben aus der Entwurfszeichnung. Durch vollständige Bemaßung werden Form und Grundrißlage der Treppe endgültig festgelegt (**10.12**): Abmessungen, Treppenlauf und Podest, Treppenauge, nutzbare Treppenlaufbreite, Podestdicke und Podesthöhe, Treppenöffnung, Handlaufführung, Geländer- und Umwehrungskonstruktion, Stufenprofil (im Schnitt), Unterschneidung (im Grundriß als verdeckte, also gestrichelte Linie), Podestbelag mit Materialdicken.

Der Detailplan (Werkzeichnung, M 1 : 10 bzw. 1 : 20) hat gegenüber anderen Plänen höchsten Verbindlichkeitsgrad. Er klärt alle im Ausführungsplan noch offenen Fragen der Treppenkonstruktion (z. B. genaue Darstellung der Stufenprofile mit allen Maß- und Materialangaben, Podestbeläge, Stufengrößen – vor allem Lage und Größe gewendelter Stufen –, Einzelheiten von Geländer und Umwehrung, ferner Verbindungs- und Befestigungsmittel wie Schrauben, Dübel, Anker und Aussparungen) unter Nummerangabe an jeder Stufe. **Schal- und Bewehrungspläne** dienen der Herstellung von Stahlbetontreppen. Der Schalplan enthält alle für das Einschalen notwendigen Betonmaße. Für den Treppenbewehrungsplan gelten die Gestaltungsgrundsätze für Bewehrungspläne (**10.34 c, 10.33**).

Unzureichende Treppenplanung führt oft schon beim Rohbau zu kostspieligen Fehlern (etwa zu kleine Treppenöffnung, unzureichende lichte Durchgangshöhe = Kopfhöhe, in den Treppenlauf eingeplante Fenster und Türöffnungen).

Häufiger Fehler in Einfamilienhäusern: Die Öffnungsbreite der Kellerdecke reicht nicht aus, um bei gegebener nutzbarer Treppenlaufbreite mit dem Geländerhandlauf der Kellertreppe den notwendigen Abstand von $\geq$ 4 cm (**10.14**) vom Deckenrand (Deckenspiegel) einhalten zu können. Daher ist der Detailplan der Treppe vor Beginn der Rohbauarbeiten sorgfältig auszuarbeiten.

10.4 Planungsgrundlagen für den Treppenbau

10.4.1 Normen, Gesetze, Verordnungen

Normen erhalten Geltungskraft erst durch Einführungserlasse der Bundesländer oder durch freie Vereinbarung der Bauvertragspartner. Ausführungshinweise für Treppen liefern DIN 18065 – Gebäudetreppen, Hauptmaße und DIN 4174 – Geschoßhöhen und Treppensteigungen.

Die Landesbauordnungen (LBO) der Bundesländer und die dazu erlassenen Rechtsverordnungen (Durchführungsverordnungen) zum Treppenbau weichen z.T. noch von den Normen, z.T. auch untereinander ab.

> Im Zweifelsfall gelten stets die Festsetzungen des jeweiligen Bundeslands (LBO).

Für Tragbolzentreppen (s. Bild **10**.40) gilt ein Zulassungsbescheid. Zweckgebundene Verordnungen gibt es noch für den Bau von Versammlungsstätten, Waren- und Geschäftshäusern, Schulen und Krankenhäusern. Grundsätzlich müssen die ausführenden Firmen auch die Verdingungsordnung für Bauleistungen (VOB) Teil C beachten.

Verkehrssicherheit. Hausunfälle ereignen sich überwiegend auf Treppen, meist beim Herabsteigen (verrutschte Beläge, zu glatte Trittflächen), häufig schon an der Austrittstufe. Gewendelte Treppen sind gefährlicher als gerade. Die konstruktiven Vorschriften beziehen sich daher besonders auf die Sicherheit beim Benutzen der Treppe. Gefahren drohen aber auch von falscher oder ungenügender Treppenbeleuchtung, wenig unterschiedenen Farbtönen (z.B. für Podestbelag und Austrittstufe), irritierenden Spiegelungen und Lichtreflexen.

Normen und Vorschriften stellt die Tabelle **10**.13 zusammen.

Tabelle **10**.13   Maßanforderungen an notwendige Treppen nach DIN 18065
(in den LBO z.T. Abweichungen)

Gebäudeart	Art und Zweck der Treppe	Nutzbare Laufbreite[1]) in cm	Treppensteigung s in cm	Treppenauftritt a an der Lauflinie in cm	an Wendelstufen in cm
Wohngebäude mit ≤ 2 Wohnungen	Treppen, die zu Aufenthaltsräumen führen	≥ 80	17 ± 3	28^{+9}_{-5}	≥ 10 cm im 15-cm-Abstand von Innenkante der nutzbaren Laufbreite (Ausnahme: Spindeltreppe)
	Keller und Bodentreppen, die nicht zu Aufenthaltsräumen führen		≤ 21	≥ 21	
andere Gebäude	alle notwendigen Treppen	≥ 100	17^{+2}_{-3}	28^{+9}_{-2}	≥ 10 cm an der Innenkante der nutzbaren Laufbreite

[1]) Für wenig genutzte Treppen sind geringere Breiten möglich. Für nicht notwendige Treppen bis ≥ 50 cm. Für Hochhäuser gilt ≥ 125 cm.

Unterschneidung: Treppen ohne Setzstufe oder mit ≤ 26 cm Auftrittsbreite sind um ≥ 3 cm zu unterschneiden.

Lichte Treppendurchgangshöhe an jeder Stufe ≥ 2 m. Für Gebäude mit ≤ 2 Wohnungen und die Dachraumtreppen anderer Gebäude ohne Dachwohnungen darf die Durchgangshöhe nach dem Lichtraumprofil in Bild **10**.14 eingeschränkt werden.

Geländer- und Umwehrungshöhe ≥ 90 cm, ab 12 m Absturzhöhe $\geq 1{,}10$ m. (Für Wendeltreppen meist > 90 cm an der Innenseite.)

Handlaufhöhe ≥ 75 cm $\leq 1{,}10$ m ab Stufenvorderkante

Lichter Handlaufabstand ≥ 4 cm von Wandflächen, Deckenrändern o.ä.

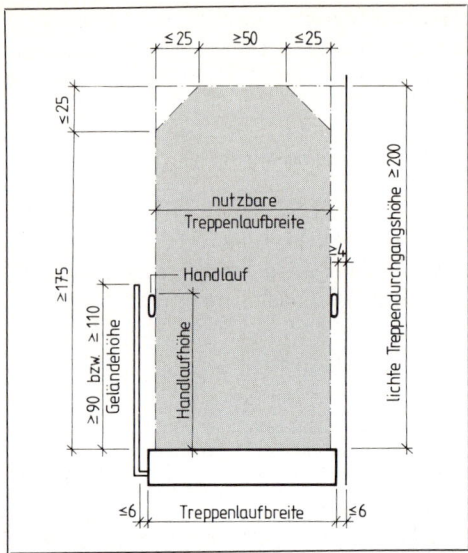

10.14 Zulässige Eingrenzung des Treppenlicht-Profils oberhalb 1,75 m, Maße und Benennungen

Abstand zwischen senkrechten Sprossen an Geländer und Umwehrungen ≤ 12 cm (bei waagerechten Umwehrungselementen meist ≤ 2 cm).

Lichter Stufenabstand bei Treppen ohne Setzstufe ≤ 12 cm.

Lichter Randabstand der Treppenläufe und Podeste von der begrenzenden Wand oder Umwehrung bzw. Geländer: ≤ 6 cm (nach LBO z. T. auch ≤ 4 cm).

Stufenzahl je Treppenlauf ≤ 18; Treppen mit mehr Steigungen erhalten ein Zwischenpodest.

Podestmaße. Die nutzbare Podesttiefe t_p entspricht mindestens der nutzbaren Treppenlaufbreite t_b. Bei gleichläufigen Treppen empfiehlt sich mit Rücksicht auf den Gehrhythmus ein Maß von etwa 90 cm. Für Eck- und Halbpodeste sind wegen der erschwerten Möbel- und Krankentransporte Podesttiefen bis 1,20 m angebracht.

Gehbereich und Lauflinie bei gewendelten Treppen. Innerhalb des Gehbereichs darf die Lauflinie frei festgelegt werden. Die Breite des Gehbereichs und ihr Abstand von der Seite der schmalen Stufenenden hängen, wie Bild **10.15**a zeigt, von der nutzbaren Treppenlaufbreite ab. Für den Krümmungsradius der Lauflinie ist das Maß $R = 30$ cm einzuhalten (**10.15**b). Für Spindeltreppen gelten abweichende Regelungen.

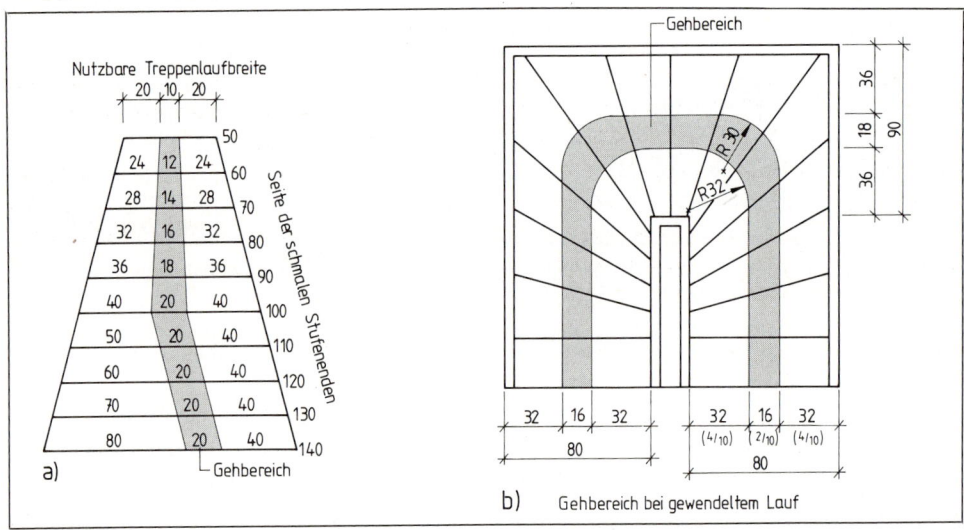

10.15 Gehbereich für gewendelte Treppen sowie Treppen mit geraden und gewendelten Laufteilen
  a) Diagramm zur Lage des Gehbereichs in Abhängigkeit von der nutzbaren Treppenlaufbreite
  b) Beispiel zur Bestimmung des Gehbereichs für eine halbgewendelte Treppe mit 80 cm nutzbarer Laufbreite

Brandschutz. Je nach Zweck und Größe eines Gebäudes gelten unterschiedliche Vorschriften, um die Treppe als lebensrettenden Fluchtweg im Brandfall zu sichern. Bei den Baustoffen unterscheiden wir nach DIN 4102 die Brennbarkeitsklassen A und B, bei den Bauteilen die Feuerwiderstandsklassen F 30 bis F 180 (**10.16**).

Tabelle 10.16 **Baustoff-Brennbarkeitsklassen und Bauteil-Feuerwiderstandsklassen**

Baustoffe	Bauteile	
A nicht brennbar	F 30 30 min	
A_1 ohne organische Bestandteile	F 60 60 min	
A_2 mit organischen Bestandteilen	F 90 90 min	Feuerwiderstandsdauer
B brennbar	F 120 120 min	
B_1 schwer entflammbar	F 180 180 min	
B_2 normal entflammbar		
B_3 leicht entflammbar		

Innerhalb der Feuerwiderstandsdauer müssen Tragfähigkeit und Standfestigkeit der Treppe voll erhalten bleiben.

Weitere Vorschriften regeln den Höchstabstand der Treppe von den erreichbaren Räumen (meist $\leq$ 35 m), die Abgeschlossenheit von Treppenhäusern und ihre Lage im Grundriß, Treppenraumbelichtung, Maßnahmen gegen das Verqualmen von Treppenräumen und Fluren sowie die Ausbildung der Treppenunterseite (offen oder geschlossen).

> Wegen der lebensrettenden Funktion der Treppen im Brandfall sind Maße, Brennbarkeitsklassen und Feuerwiderstandsklassen vorgeschrieben.

10.4.2 Treppenbauregeln und -berechnungen

Die freie Bemessung von Treppen bietet die besten Planungsvoraussetzungen, weil ausreichend Platz für Lauflänge, -breite und lichte Durchgangshöhe sowie genügend Verkehrsfläche vor der Antritts- und hinter der Austrittstufe zur Verfügung stehen.

Die gebundene Bemessung hat einschränkende Zwangsmaße zu berücksichtigen (z. B. unverrückbare Treppenan- oder -austritte, festliegende Treppenbreite, vorhandene und oft knappe Treppenöffnung in der Decke, vorhandene oder unverrückbare Türen und Fenster). Häufig ergibt sich die optimale Lösung erst nach mehreren Versuchen.

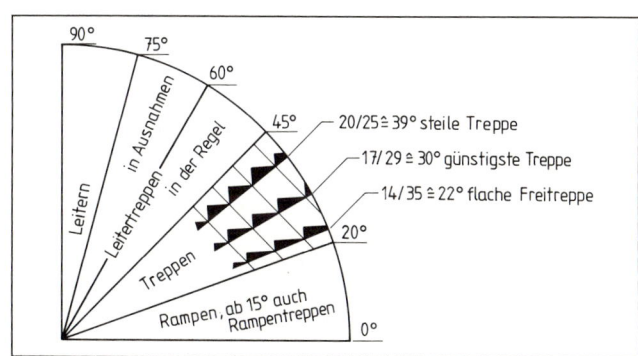

10.17 Unterscheidung von Treppen, Rampen und Leitern nach dem Steigungswinkel

Das Steigungsverhältnis der Stufen bestimmt vor allem Sicherheit und Bequemlichkeit beim Auf- und Absteigen. Es beruht auf der mittleren Schrittmaßlänge des Menschen. Sie beträgt in der Ebene 70 bis 75 cm, nimmt aber an geneigten Flächen mit zunehmender Steigung ab (**10**.17 und **10**.19).

Die Schrittmaßlänge für Treppen bestimmt DIN 18 065 mit 59 bis 65 cm. Für den Treppenbau gilt der Erfahrungswert von 63 cm.

Schrittmaßregel: Die Summe aus zwei Steigungen und einem Auftritt entspricht der Schrittmaßlänge (**10**.18).

$2s + a = 59$ bis 65 cm

10.18
a) Schrittmaßregel
b) Auftritt + Schrittmaß = günstige Podesttiefe

Für Geschoßtreppen hat sich das Steigungsverhältnis $s/a = 17/29$ mit dem Steigungswinkel von annähernd 30° als besonders günstig erwiesen. Es erfüllt die Schrittmaß- die Bequemlichkeits- und die Sicherheitsregel (**10**.20).

Tabelle **10**.19 Empfohlene Steigungsverhältnisse

Für	Steigung s in cm	Auftritt a in cm
Schulen	14 bis 16	$45 - s$
Theater, Kino	15 bis 17	$47 - s$
Verwaltungsgebäude	16 bis 17	$46 - s$
Wohnhäuser	16 bis 18	$46 - s$
Gewerbliche Bauten	17 bis 18	$46 - s$
Freitreppen	14 bis 16	$47 - s$
Bodentreppen	18 bis 20	$45 - s$
Kellertreppen	18 bis 19	$45 - s$

Berechnet wird das Steigungsverhältnis nach den Formeln in Tabelle **10**.20 und den Vorgaben in **10**.19.

Tabelle **10**.20 Berechnungsformeln für das Steigungsverhältnis

Regel	Formel	Beispiel mit $s/a = 17/29$
Schrittmaßregel 2 Steigungen + 1 Auftritt = 63 cm	$2s + a = 63$ cm	$2 \cdot 17$ cm $+ 29$ cm $= 63$ cm
Bequemlichkeitsregel Auftritt − Steigung = 12 cm	$a - s = 12$ cm	29 cm $- 17$ cm $= 12$ cm
Sicherheitsregel Auftritt + Steigung = 46 cm	$a + s = 46$ cm	29 cm $+ 17$ cm $= 46$ cm

Beispiel einer freien Bemessung

Gerade, einläufige Kellertreppe; Geschoßhöhe 2,55 m, Gesamtdicke der Kellerdecke 25 cm
Gesucht: Zahl der Steigungen, Steigungsverhältnis, Lauflänge, Länge der Treppenöffnung (**10.21**)

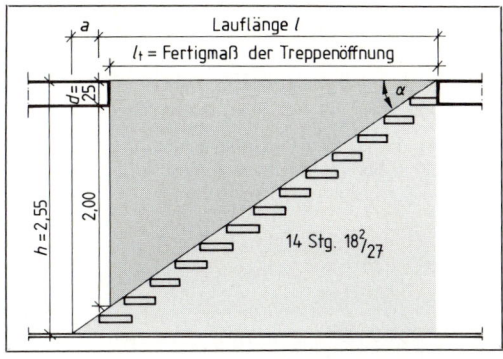

10.21
Ermitteln der Mindestlänge von Treppenöffnungen mit Hilfe ähnlicher Dreiecke

Lösung

a) Zahl der Steigungen $= \dfrac{\text{Geschoßhöhe}}{\text{geschätzte Steigung}} = \dfrac{255\ \text{cm}}{18\ \text{cm}} = 14{,}17$ gewählt **14 Steigungen**

b) Treppensteigung $= \dfrac{\text{Geschoßhöhe}}{\text{Steigungszahl}} = \dfrac{255\ \text{cm}}{14} = \mathbf{18{,}2\ cm}$

c) Auftrittsbreite $a = 63\ \text{cm} - 2s = 63\ \text{cm} - 2 \cdot 18{,}2\ \text{cm} = 26{,}6\ \text{cm}$ gewählt $a = \mathbf{27\ cm}$

> Die berechnete Auftrittsbreite darf auf ganze Zahlen (in cm) auf- oder abgerundet werden. Die berechnete Steigung ist dagegen stets einzuhalten.

Die Treppe erhält also 14 Steigungen mit $s/a = 18{,}2/27$.

Kontrolle Bequemlichkeitsregel: $27\ \text{cm} - 18{,}2\ \text{cm} = 8{,}8\ \text{cm} < 12$ (nicht erfüllt)
Sicherheitsregel: $27\ \text{cm} + 18{,}2\ \text{cm} = 45{,}2\ \text{cm} < 46$ (etwa erfüllt)

Die Treppe ist mithin weitgehend sicher, jedoch nicht sonderlich bequem. Dies ist aber wegen der geringen Nutzung vertretbar.

d) Lauflänge = Auftrittsbreite · (Steigungszahl − 1)
Lauflänge = $27\ \text{cm} \cdot (14 - 1) = 351\ \text{cm} = \mathbf{3{,}51\ m}$

> Die Summe der Auftritte entspricht der Steigungszahl $n - 1$.

e) Länge der Treppenöffnung. Da hier nach dem Bild **10.21** ähnliche Dreiecke vorliegen und somit vergleichbare Strecken verhältnisgleich sind, gilt

$$\dfrac{\text{Lauflänge} + 1\ \text{Auftritt}}{\text{Geschoßhöhe}} = \dfrac{\text{Treppenlochlänge}}{\text{Deckendicke} + 2\ \text{m Durchgangshöhe}}$$

oder mit den Längenbezeichnungen des Bildes

$$\dfrac{l + a}{h} = \dfrac{l_t}{d + 2{,}0\ \text{m}}.$$

Durch Formelumstellung folgt daraus

$$l_t = \dfrac{(l + a)(d + 2\ \text{m})}{h} = \dfrac{(351\ \text{cm} + 27\ \text{cm})(25\ \text{cm} + 200\ \text{cm})}{255\ \text{cm}} = \mathbf{334{,}7\ cm}.$$

Lösungsalternative zu e) mit Hilfe der Winkelfunktionen

$$\tan\alpha = \frac{s}{a} = \frac{18{,}2 \text{ cm}}{27 \text{ cm}} = 0{,}6741 \qquad \tan\alpha = \frac{2{,}0 \text{ m} + d}{l_t}$$

$$l_t = \frac{2{,}0 \text{ m} + d}{\tan\alpha} = \frac{2{,}0 \text{ m} + 0{,}25 \text{ m}}{0{,}6741} = \mathbf{334 \text{ cm}}$$

Die berechnete Länge von 334 cm ist das Fertigmaß. Dazu sind in Ausführungsplänen (Schal- und Bewehrungsplan oder Plan für die Balkenlage) noch je nach Konstruktion die geplanten Ausbaumaße zu addieren (Unterschneidung, Dicke der Setzstufe, Putz, Bekleidung).

Beispiel einer gebundenen Bemessung. Für eine Kellertreppe ist nach Abzug der Ausbaumaße die Treppenöffnungslänge 3,10 m bereits vorhanden. Geschoßhöhe 2,50 m, Deckendicke insgesamt 25 cm. Gesucht Steigungszahl und -verhältnis.

Lösung   **1. Versuch**

$$\text{Steigungszahl} = \frac{\text{Geschoßhöhe}}{\text{Steigung}} = \frac{250 \text{ cm}}{19 \text{ cm}} = 13{,}15 \text{ gewählt } \mathbf{13 \text{ Steigungen}}$$

$$\text{Treppensteigung} = \frac{\text{Geschoßhöhe}}{\text{Steigungszahl}} = \frac{250 \text{ cm}}{13} = \mathbf{19{,}2 \text{ cm}}$$

Zulässige Lauflänge nach der uns schon bekannten Beziehung

$$\frac{l_{zul} + a}{h} = \frac{l_t}{200 \text{ cm} + d}$$

Daraus folgt

$$l_{zul} = \frac{l_t \cdot h}{200 \text{ cm} + d} - a = \frac{310 \text{ cm} \cdot 250 \text{ cm}}{200 \text{ cm} + 25 \text{ cm}} - 26 \text{ cm} = 318 \text{ cm}$$

Maximal zulässiger Auftritt

$$a = \frac{\text{Lauflänge } l}{\text{Steigungszahl } n - 1} = \frac{318 \text{ cm}}{13 - 1} = \mathbf{26{,}5 \text{ cm}}$$

Also Treppe mit 13 Steigungen 19,2/26,5

Kontrolle   Schrittmaßregel: $2s + a = 2 \cdot 19{,}2 \text{ cm} + 26{,}5 \text{ cm} \quad = 64{,}9 \text{ cm} < 65$
Bequemlichkeitsregel: $a - s = 26{,}5 \text{ cm} - 19{,}2 \text{ cm} \quad = \quad 7{,}3 \text{ cm} < 12$
Sicherheitsregel: $a + s = 26{,}5 \text{ cm} + 19{,}2 \text{ cm} \quad = 45{,}7 \text{ cm} \sim 46$

Mithin ist die Lösung annehmbar, denn die Treppe hat ein normgerechtes Schrittmaß, ist ausreichend sicher, nur nicht sehr bequem. Das aber ist bei Kellertreppen zu vertreten.

2. Versuch. Wir verringern die Treppensteigung durch eine zusätzliche Stufe: gewählt 14 Steigungen.

$$\text{Treppensteigung} = \frac{\text{Geschoßhöhe}}{\text{Steigungszahl}} = \frac{250 \text{ cm}}{14} = \mathbf{17{,}9 \text{ cm}}$$

$$\text{zulässiger Auftritt} = \frac{\text{Lauflänge } l}{\text{Steigungszahl } n - 1} = \frac{318 \text{ cm}}{14 - 1} = \mathbf{24{,}5 \text{ cm}}$$

Also Treppe mit 14 Steigungen 17,9/24,5

Kontrolle   Schrittmaßregel: $2s + a = 2 \cdot 17{,}9 \text{ cm} + 24{,}5 \text{ cm} \quad = 60{,}3 \text{ cm} > 59$ (erfüllt)
Bequemlichkeitsregel: $a - s = 24{,}5 \text{ cm} - 17{,}9 \text{ cm} = \quad 6{,}6 \text{ cm} < 12$ } (nicht erfüllt)
Sicherheitsregel: $a + s = 24{,}5 \text{ cm} + 17{,}9 \text{ cm} \quad\quad = 42{,}4 \text{ cm} < 46$

Auch hier erhalten wir eine normgerechte Treppe, die jedoch gegenüber dem 1. Versuch noch unbequemer, vor allem deutlich unsicherer ist. Daher ist die erste Lösung vorzuziehen.

An- und Austrittstufe. Unterschiedliche Belagdicken an Stufen und Podesten müssen in der An- und Austrittstufe ausgeglichen werden, um unzulässige Steigungsdifferenzen von vornherein auszuschließen. Besonders bei den Schalungs- und Bewehrungsplänen für Massivdecken ist hier erhöhte Sorgfalt geboten, wie unser Beispiel zeigt.

Beispiel Steigungshöhe einer Massivtreppe 18,3 cm. Die Belagdicken für Stufen und Podeste zeigt Bild **10.22**. Zu ermitteln sind die Schalungsmaße der Treppensteigungshöhe für die An- und Austrittstufe.

Lösung Steigung der Antrittstufe im Rohbau
$s = 18,3 \text{ cm} - 3 \text{ cm} - 1,5 \text{ cm} + 1 \text{ cm}$
$+ 5 \text{ cm} + 2 \text{ cm} = \mathbf{21,8 \text{ cm}}$

Steigung der Austrittstufe im Rohbau
$s = 18,3 \text{ cm} + 1,5 \text{ cm} + 3 \text{ cm}$
$- 5 \text{ cm} - 2 \text{ cm} = \mathbf{15,8 \text{ cm}}$

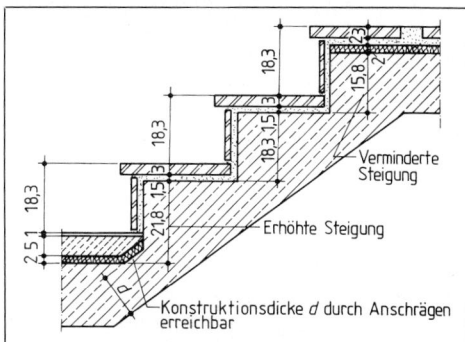

10.22 Unterschiedliche Belagdicken verändern die Rohbauhöhe der An- und Austrittstufe. Die Laufplattendicke ist auch am Antritt einzuhalten

---

Unterbleibt die genaue Untersuchung der Rohmaßdifferenzen zwischen An- und Austrittstufe und den dazwischenliegenden Steigungen, sind nachträgliche Korrekturen kaum noch oder nur mit sehr viel Aufwand möglich.

Toleranzen. Die zulässigen Stufendifferenzen sind genormt. Die Fertigmaße von Steigung und Auftritt benachbarter Stufen dürfen ≤ 0,5 cm voneinander abweichen, jedoch darf keine Stufe mehr als 0,5 cm von ihrer Nennlage (Sollage) entfernt sein.

Aufrißplan. Zweckmäßig legt man zuerst das fertige Treppenprofil unter Anwendung des Strahlensatzes fest und entwickelt daraus alle weiteren Maße und Konstruktionslinien (**10.23**).

Dazu zeichnen wir im Aufriß 2 Parallelen im Abstand der Fußbodenhöhen. Sind, wie im Bild **10.23**, 6 Steigungen vorgesehen, können wir mit schräg angelegtem Maßstab leicht eine Länge finden, die sich durch 6 teilen läßt (z. B. 6 cm). Durch die Teilungspunkte 1 bis 6 zeichnen wir Parallelen zur Grundlinie und erhalten so die Höhenabstände (Steigungshöhen) der fertigen Stufen. Im Grundriß zeichnen wir zunächst die Vorderkanten der An- und Austrittstufen. Mit schräg angelegtem Maßstab suchen wird dazwischen wieder eine Länge, die leicht durch die Zahl der Auftritte dividierbar ist (in unserem Beispiel 5 cm für 5 Auftritte). Mit den Parallelen durch die Teilungspunkte 1 bis 5 finden wird die Auftrittsbreiten, mit ihrer Projektion in den Aufriß die Stufenprofile.

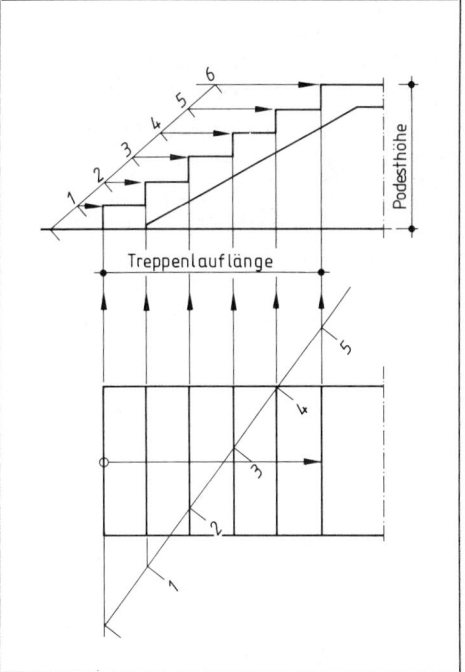

10.23 Aufriß einer Treppe mit Hilfe des Strahlensatzes

10.4.3 Treppen mit gewendelten Läufen und Wendeltreppen

Die gewendelte Treppe ergibt sich durch Krümmung der Gehlinie. Auf der Innenseite entstehen dadurch verkürzte, auf der Außenseite vergrößerte Auftrittsbreiten, während die Auftrittsmaße an der Lauflinie unverändert bleiben.

Durch Verziehen ermitteln wir die verkürzten Auftrittsmaße an der Treppeninnenseite, schaffen damit den Ausgleich zu den vergrößerten Auftrittsmaßen an der Außenseite. Das Verziehen beeinflußt jedoch stark Sicherheit und Bequemlichkeit beim Begehen der Treppe. Auch die Harmonie in der Gestaltung und Zuordnung der Wendelstufen untereinander sowie ihrem Übergang zu den geraden Stufen wird beeinflußt. Daher sind diese Grundregeln zu beachten:

— Allmählichen Übergang von der schmalsten Stufe bis zur normalen Auftrittsbreite anstreben.
— 10 cm Mindestauftrittsbreite am schmalsten Stufenende anstreben (Vorschriften s. Tab. **10**.13).
— Trittstufenvorderkante im Eckbereich nicht in die Raumecke führen, sondern möglichst deutlich davor (Stufen wirken sonst eng und schmal; erschwerte Eckverbindungen an Holztreppen).
— Bei halbgewendelten Treppen mindestens 13, besser 15 Wendelstufen anordnen; bei viertelgewendelten Treppen mindestens 6, besser 7.
— Normvorschriften über Gehbereich, Lauflinie und Krümmungsradius beachten (s. Bild **10**.15).

Verziehungsverfahren verschiedener Art bieten rechnerische und zeichnerische Lösungen. Nicht jede Methode liefert für jeden Fall ein gutes Ergebnis. Der geübte Treppenplaner erkennt und korrigiert Unstimmigkeiten schon im Grundriß. Die beste Kontrolle erhält man durch die Wangenabwicklung (Abmantelung) der Innen- und Außenwange, denn:

> Die Vorderkanten gut gewendelter Stufen bilden in der Abwicklung der Innen- und Außenwange jeweils gleichmäßig gekrümmte Kurven.

Viertelgewendelte Treppe. Je nach der verfügbaren Grundrißfläche gibt es zwei Möglichkeiten: viertelgewendelte Treppe

— mit beidseitig vorgezogenen Stufen, schmalste Stufe im Eckbereich, davor Platz für möglichst noch 3 Stufen (**10**.24 a);
— mit einseitig verzogenen Stufen und mit der schmalsten Stufe im An- oder Austritt. Treppen dieser Art beginnen oder enden am Treppenauge (**10**.24 b).

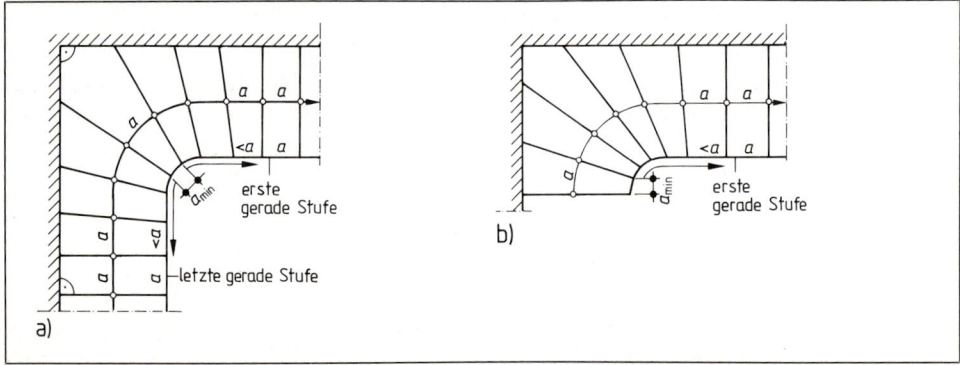

10.24 Viertelgewendelte Treppe a) mit beidseitig, b) mit einseitig verzogenen Stufen

Geplant und berechnet werden gewendelte Treppen wie geradläufige. Die Auftritte werden, beginnend an der schmalsten Stufe, in die Lauflinie eingetragen.

Das Evolutenverfahren (Fluchtlinienmethode, Evolute = mathematische Kurve) läßt sich für halb- und viertelgewendelte Treppen anwenden. Wir beschreiben es für eine viertelgewendelte Treppe mit beidseitig verzogenen Stufen.

Zunächst tragen wir die kleinste Auftrittsbreite von ≤ 10 cm an der Schmalseite der Eckstufe an, zeichnen dann die Eckstufe voll aus und verlängern ihre Stufenvorder- und -hinterkante über die Schmalseite hinaus. Auf der x- und y-Achse, die wir in die Vorderkanten der jeweils ersten und letzten geraden Stufe verlegen (in der Regel die dritte von der Eckstufe aus), erhalten wir einen x- und einen y-Abschnitt. Wir tragen die Abschnitte in der erforderlichen Anzahl (hier je zweimal) an den Achsen auf und bekommen durch Verbindungen der gefundenen Teilungspunkte mit den zugehörigen Punkten der Lauflinie Grundrißform und -lage der Wendelstufen (**10.25** a).

Wenn die Wendelung schon am An- oder Austritt beginnt, bietet sich die sehr harmonische **asymmetrische** Verteilung von 9 Wendelstufen an, wobei die Eckstufe an der Schmalseite um 3 bis 4 cm zum längeren Treppenlauf hin verschoben ist (**10.25** b).

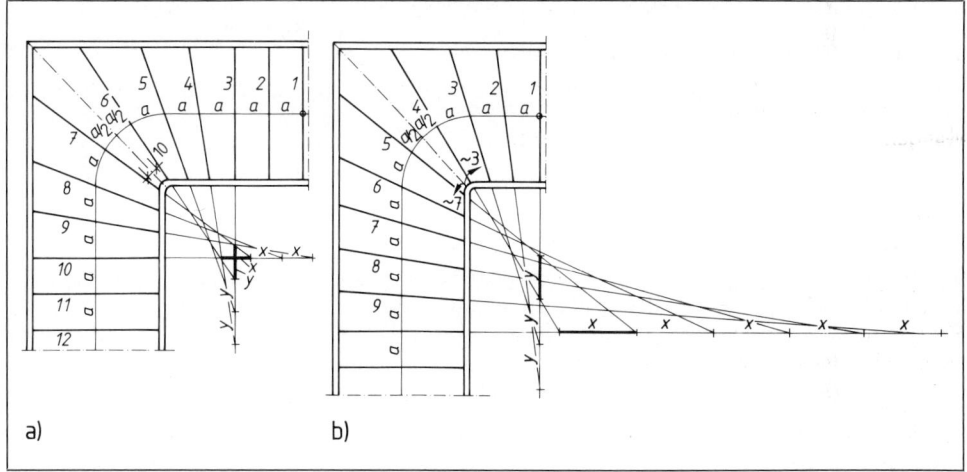

10.25 Treppenwendelung nach dem Evolutenverfahren
    a) symmetrische Stufenanordnung mit 7 Wendelstufen
    b) asymmetrische Stufenanordnung mit 9 Wendelstufen

Viertelgewendelte Treppen mit einseitig verzogenen Stufen können wir als halbierte bzw. annähernd halbierte halbgewendelte Treppen auffassen und dafür auch die Lösungen nach Bild **10.27** und **10.28** anwenden. Die Eckstufe verteilt sich meist besser nach beiden Seiten, wenn die keilförmige Spickelstufe (**10.27**) als Anfangsstufe übernommen wird.

Das rechnerische Verziehen liefert die genauen Auftrittsmaße der Wendelstufen an der Innenwange.

Beispiel   Viertelgewendelte Treppe mit beidseitig vorgezogenen Stufen und mittig angeordneter Eckstufe. Treppenauftritt 28 cm, nutzbare Treppenlaufbreite 90 cm, Anzahl der zu verziehenden Stufen 7, Radius des Treppenauges 15 cm.

303

Lösung Die auszugleichende Differenz zwischen der Lauflinienlänge und der Innenwangenlänge entspricht der Differenz der Viertelkreise von Lauflinie und Innenwange (10.26).

$$\Delta l = \frac{\pi \cdot 2 \cdot r_g}{4} - \frac{\pi \cdot 2 \cdot r_i}{4} = \frac{\pi}{2}(r_g - r_i)$$

$$\Delta l = \frac{\pi}{2}\left(\frac{90\,\text{cm}}{2} + 15\,\text{cm} - 15\,\text{cm}\right)$$

$$\Delta l = 70{,}65\,\text{cm}$$

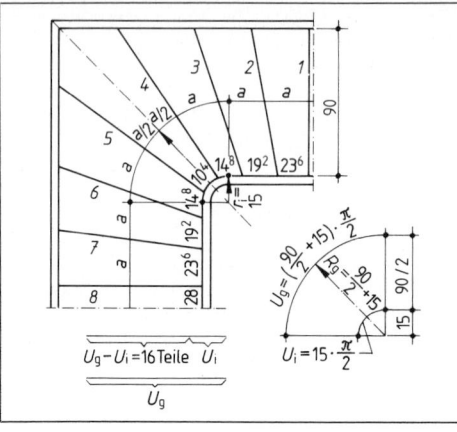

10.26 Rechnerisch verzogene Wendelstufen

Stufe	Verjüngungen		Verjüngungsmaß	Auftrittsmaße an der Schmalseite
	einzeln	zusammen	in cm	in cm
4	4 Teile	4 Teile	$\frac{\Delta l}{16} = \frac{70{,}65\,\text{cm}}{16}$	28 cm − 4 · 4,4 cm = **10,4 cm**
3 u. 5	3 Teile	6 Teile		28 cm − 3 · 4,4 cm = **14,8 cm**
2 u. 6	2 Teile	4 Teile	$\frac{\Delta l}{16} = 4{,}4\,\text{cm}$	28 cm − 2 · 4,4 cm = **19,2 cm**
1 u. 7	1 Teil	2 Teile		28 cm − 1 · 4,4 cm = **23,6 cm**
		16 Teile		

Viertelgewendelte Treppen mit einseitig verzogenen Stufen, besonders mit gerader Antrittsstufen-Vorderkante, lassen sich nach dem gleichen Verfahren berechnen. Zu beachten ist jedoch, daß sich z. B. für 7 Wendelstufen insgesamt 28 Verjüngungen ergeben: 7 Teile für die 1. (schmalste) Stufe, 6 für die 2. Stufe usw., schließlich 1 Teil für die 7. Stufe. Entsprechend sind die Abzüge für die Schmalseiten der Wendelstufen vorzunehmen.

Halbgewendelte Treppen sollten in der Regel eine ungerade Anzahl von Wendelstufen haben (13 oder 15). In Treppenmitte fällt dann eine „Spickelstufe" an, die meist eine befriedigende Verteilung der Eckstufen ermöglicht. Bei sehr schmalem Treppenauge muß man in der Regel auf eine Spickelstufe verzichten. Die Berechnung der viertelgewendelten Treppen ist sinngemäß auch für halbgewendelte anwendbar, doch werden zeichnerische Lösungen bevorzugt.

Die Evoluten- oder Fluchtlinienmethode führt auch hier rasch und einfach zum Ziel.

Wir beginnen mit der Lauflinie, auf der wir zunächst die berechneten Stufenauftrittsbreiten in der erforderlichen Anzahl auftragen. In der Regel ist es vorteilhaft, eine keilförmige Stufe (Spickelstufe) mittig zur Mittelachse des Treppenauges anzuordnen, weil dann meist zu beiden Seiten eine günstige Verteilung der gewendelten Stufen möglich ist.

Wir zeichnen die Spickelstufe unter Berücksichtigung des Mindestauftritts ($\geq 10\,\text{cm}$) am Treppenauge und die Fluchtlinien ihrer Vorder- und Hinterkante. Auf der Fluchtlinie der Vorderkante der ersten geraden Stufe ergibt sich damit der Streckenabschnitt x, den wir nach Anzahl der geplanten Wendelstufen je Seite mehrfach abtragen. Mit den Verbindungslinien zwischen den Teilungspunkten der Flucht- und Lauflinie erhalten wir die Wendelstufen einer Treppenhälfte, die wir spiegelbildlich auf die gegenüberliegende Seite übertragen (**10.27 a**). Mit der Spickelstufe ist hier zugleich eine Lösung für viertelgewendelte Treppen mit einseitig verzogenen Stufen gegeben. Gleiches gilt für die Variante ohne Spickelstufe, die bei knapper Grundfläche und schmalem Treppenauge vorteilhafter ist (**10.27 b**).

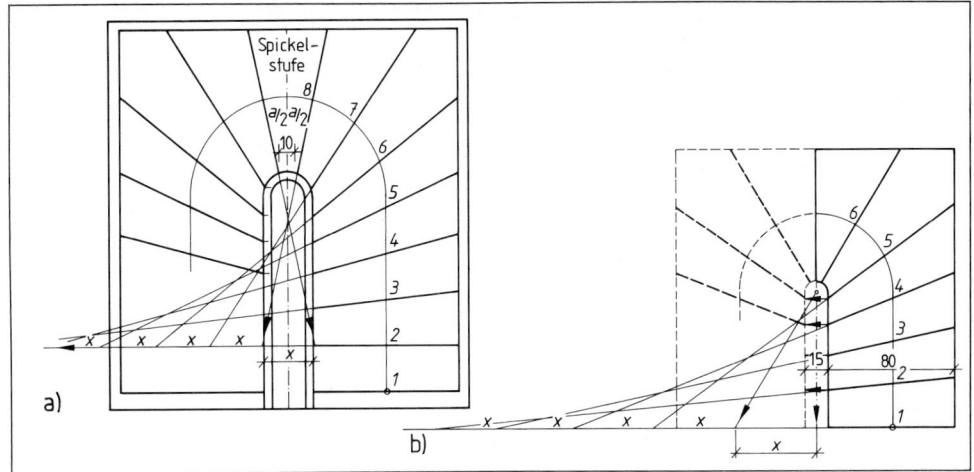

10.27 Evolutenverfahren bei halbgewendelten Treppen
a) bei Treppe mit Spickelstufe, b) Variante ohne Spickelstufe bei schmalem Treppenauge

Wendel- und Spindeltreppen bestehen aus gleichen keilförmigen Stufen, so daß für die besonderen Gegebenheiten der Treppe nur eine geeignete Stufe zu planen ist. Den Lösungsweg zeigt uns das folgende Rechenbeispiel.

Beispiel Für eine Wendeltreppe mit Dreiviertelwendung sollen bei einer Geschoßhöhe von 2,50 m die Lauflänge, das günstigste Steigungsverhältnis und die Auftrittsbreiten an der Außen- und Innenwange berechnet werden (**10.28 a**).

Lösung Lauflänge $l = \dfrac{(1{,}00\,\text{m} + 0{,}70\,\text{m}) \cdot \pi \cdot 270°}{360°} = \mathbf{4{,}01\,m}$

Stufenzahl $u = \dfrac{250\,\text{cm}}{17\,\text{cm}} = 14{,}7$, gewählt 15

Steigung $s = \dfrac{250\,\text{cm}}{15} = 16{,}7\,\text{cm}$

Auftritt $a = \dfrac{401\,\text{cm}}{15-1} = 28{,}6\,\text{cm}$

Steigungsverhältnis **15 Steigungen 16,7/28,6**
Die Auftrittsbreiten verhalten sich zueinander wie ihre Abstände zum Treppenmittelpunkt (**10.28 b**).

$\dfrac{a_a}{a} = \dfrac{1{,}00\,\text{m} + 0{,}35\,\text{m}}{0{,}50\,\text{m} + 0{,}35\,\text{m}}$

$a_a = \dfrac{a \cdot 1{,}35\,\text{m}}{0{,}85} = \dfrac{28{,}6\,\text{cm} \cdot 1{,}35\,\text{m}}{0{,}85\,\text{m}} = \mathbf{45{,}4\,cm}$

$\dfrac{a_i}{a} = \dfrac{0{,}35\,\text{m}}{0{,}50\,\text{m} + 0{,}35\,\text{m}}$

$a_i = \dfrac{a \cdot 0{,}35\,\text{m}}{0{,}50\,\text{m} + 0{,}35\,\text{m}} = \dfrac{28{,}6\,\text{cm} \cdot 0{,}35\,\text{m}}{0{,}85\,\text{m}} = \mathbf{11{,}8\,cm}$

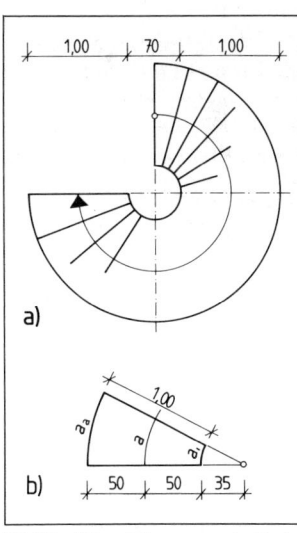

10.28 Wendeltreppe mit Dreiviertelwendung
a) Grundriß
b) Auftrittsbreite an Innen- und Außenwange

Lösung, Die Auftrittsbreiten erhält man auch, wenn man die Grundrißlängen der Wangen durch die
Fortsetzung Anzahl der Auftritte teilt.

$$a_a = \frac{l_a}{n-1} = \frac{(1{,}00\,\text{m} + 0{,}70\,\text{m} + 1{,}00\,\text{m}) \cdot \pi \cdot 270°}{360° \cdot (15-1)} = 45{,}4\,\text{cm}$$

$$a_i = \frac{l_i}{n-1} = \frac{0{,}70\,\text{m} \cdot \pi \cdot 270°}{360° \cdot (15-1)} = 11{,}8\,\text{cm}$$

10.5 Treppenkonstruktion

Aus einfachen Formen entwickelten sich die Treppen in den verschiedenen Baustilepochen zu repräsentativen und prägenden Elementen der Architektur. Hohe Baukosten zwingen uns heute wieder zu einfachen, zweckgerechten Konstruktionen.

Wir unterscheiden Stahlbeton-, Fertigteil-, Mauer-, Holz- und Stahltreppen sowie Mischformen (z. B. Stahltreppe mit Holztrittstufen).

10.5.1 Stahlbetontreppe

Stahlbeton ermöglicht verschiedene Treppenformen und -tragwerke, hohe Tragfähigkeit und sicheren Brandschutz. Die Einschalarbeit ist allerdings aufwendig und das Problem störender Trittschallübertragung in mehrgeschossigen Wohngebäuden schwer lösbar.

Ortbeton-Treppenläufe konstruiert man meist als schräge Platten mit oder ohne aufbetonierte Rohstufen (Stufenkeile).

Quergespannte Laufplatten erfordern wegen der geringen Spannweiten geringere Plattendicken und Bewehrungsquerschnitte (**10**.29). Beidseitig gestützte Laufplatten sind besonders materialsparend, dafür aber arbeitsaufwendiger wegen der schrägen Wandauflager oder Tragholme. Einseitig gestützte Treppenläufe sind im allgemeinen in seitliche Stahlbetonwände eingespannt, wobei bewehrte Treppenstufen z.T. auf die Plattendicke anrechenbar sind oder als einzelne Kragbalken wirken (**10**.30). Zweckmäßig stellt man erst die Wand mit der notwendigen Treppenanschlußbewehrung her.

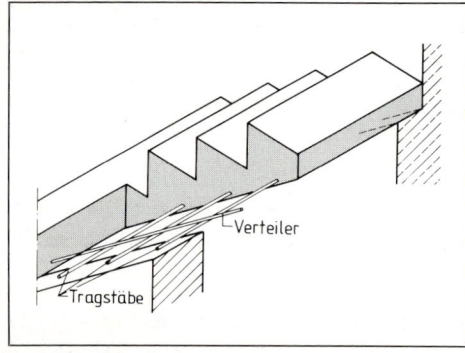

10.29 Quergespannte Stahlbeton-Laufplattentreppe

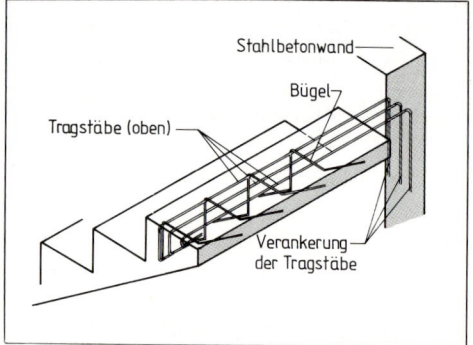

10.30 Einseitig gestützte Stahlbetontreppe (Bewehrung einer Stufe)

Längsgespannte Laufplatten brauchen keine Einbindung in Seitenwände und werden deshalb bevorzugt. Das statisch komplizierte Faltwerk darf auf einfachere Konstruktionsmodelle zurückgeführt werden. Dabei ist die Aufnahme der Laufplatten-Auflagerkräfte das wesentliche Problem. Statisch vereinfachte Modelle zeigt Bild **10.31** a bis c.

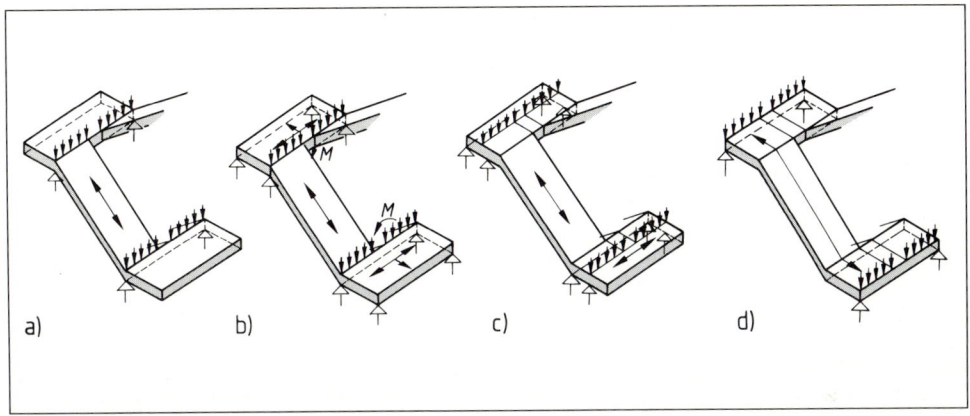

10.31 Berechnungsmodelle für Stahlbeton-Geschoßtreppen mit Halbpodesten
a) Treppenlauf lagert auf quergespannten Podestbalken
b) Treppenlauf lagert auf dem Rand einer dreiseitig gelagerten Platte
c) Treppenlauf lagert auf dem vorderen Podestdrittel (bzw. der vorderen Podesthälfte) einer quergespannten Podestplatte
d) Treppenlauf und Podeste bilden eine zweimal geknickte Einfeldplatte mit Endauflagern an den äußeren Podesträndern

Tragfähige Podestbalken zur Aufnahme der Laufplatten-Auflagerkräfte schaffen klare statische Verhältnisse (Einfeldplatte auf Einfeldbalken gelagert), doch begrenzt der sichtbare, optisch störende Podestbalken die Anwendung dieser Konstruktion. In dickeren Podestplatten können deckengleiche Balken eingebaut werden. Auch mit nachträglichen Verkleidungen sind glatte Unterflächen herstellbar.

Podestplatten werden als Laufplattenauflager bevorzugt. Dreiseitig gelagerte Podestplatten übernehmen die Auflagerkräfte am vorderen Rand (**10.31** b). Zweiseitig gelagerte (quergespannte) Podestplatten übernehmen sie in Podestmitte oder im vorderen Podestdrittel und tragen sie über einen etwa meterbreiten Streifen über die Seitenwände ab (**10.31** c).

Gleichgespannte Podestplatten bilden zusammen mit den Laufplatten zweifach geknickte Einfeldträger. Es entfallen die seitlichen Wandauflager und bei Konstruktionen mit Wandabstand auch die mögliche Schallbrücke über die Treppenraumwände. Jedoch verlangt die Spannweite vergrößerte Konstruktionsdicken und Stahlquerschnitte (**10.31** d).

Wirksamen Trittschallschutz erreicht man nur durch konsequente Trennung der Wände von allen angrenzenden Treppenteilen. Mit klauengelagerten Podesten nach Bild **10.32** auf S. 308 löst man das Problem der Schallbrücke an den Podesträndern besonders wirkungsvoll.

Die Bewehrung der Laufplatten und ihrer Podeste gleicht der Plattenbewehrung. Bei den einachsig gespannten Platten bilden Tragstäbe und Verteiler die untere Bewehrung, aufgebogene Stäbe wirken gegen ungewollte Randeinspannung. Dreiseitig gelagerte Podestplatten erhalten längs- und querverlegte Tragstäbe als untere Bewehrung, ferner Drillbewehrung gegen unge-

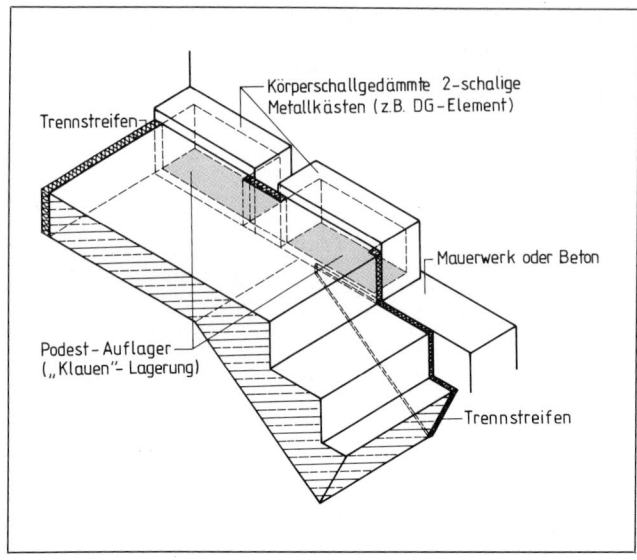

10.32 Körperschallgedämmte Lagerelemente für quergespannte Podeste (Klauenlagerung) ergeben wirksamen Trittschallschutz

wolltes Abheben der Plattenecken. Die Knickstellen der Platten sind nach dem Prinzip biegesteifer Ecken zu bewehren, um Betonabplatzungen oder Herauslösen von Bewehrungsstäben zu verhindern. Bewehrungsstäbe für einspringende Ecken werden, wie Bild **10**.33 zeigt, stets auf der gegenüberliegenden Plattenseite verankert; die Stabformen für ausspringende Ecken verlaufen entlang des äußeren Randes. Die Lagebestimmung der Stäbe und Stabteile erleichtert man dem Handwerker durch die Kennworte „oben" bzw. „unten" im Bewehrungsauszug (**10.34** c).

Arbeitsfugen entstehen nach jedem Betonierabschnitt an mehrgeschossigen Treppen. Die dort notwendige Anschlußbewehrung beeinflußt die Planung der Stabformen. Deshalb müssen Arbeitsfugen von der Bewehrungsplanung festgelegt werden.

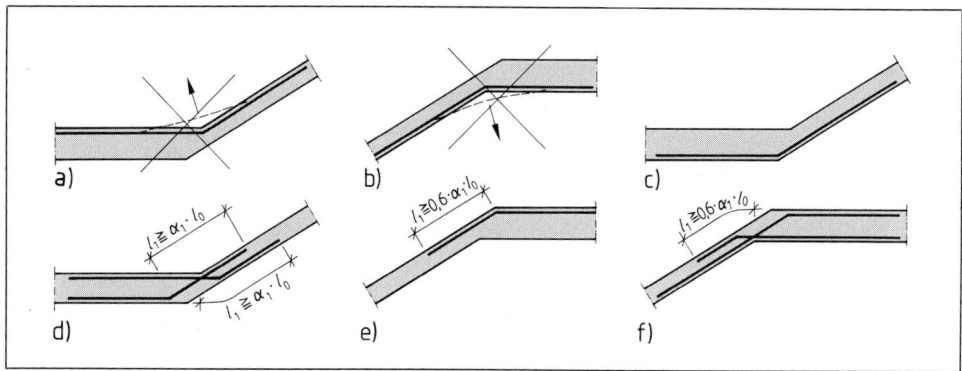

10.33 Ein- und ausspringende Ecken an Treppenlaufanschlüssen
    a, b) Gefährdung der Stabverankerung an einspringenden Ecken durch falsche Bewehrungsführung
    c, e) Bewehrungsführung an ausspringenden Ecken
    d, f) Bewehrungsführung an einspringenden Ecken

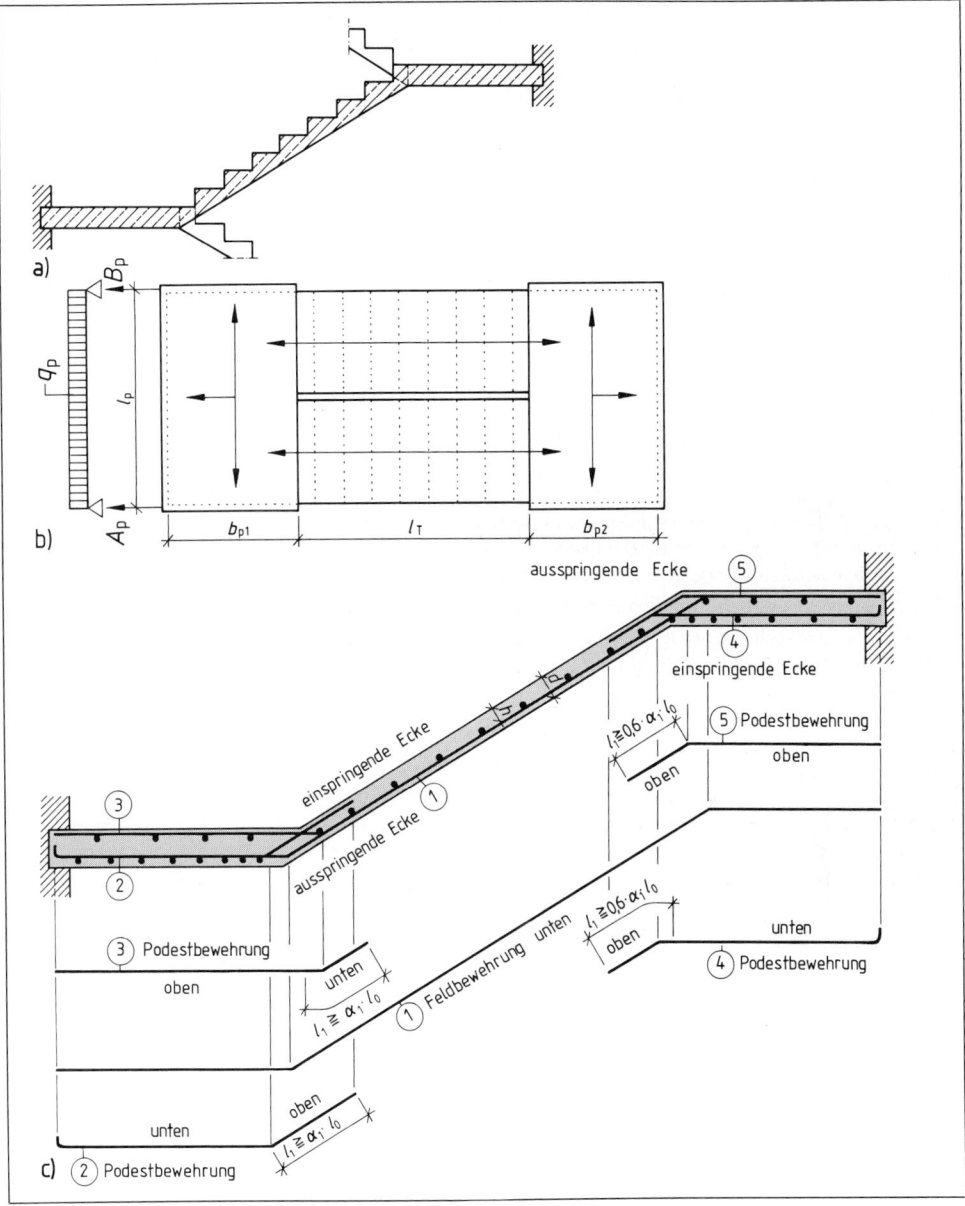

10.34 Zweiläufige Stahlbetontreppe mit quergespannten Podesten nach Bild **10.**31 b
a) Schnitt, b) Spannrichtung der Treppenläufe und Podeste (als Untersicht betrachtet), c) Prinzipskizze für Bewehrungsplan und -auszug (querliegende Bewehrung nicht ausgezogen)

Der Treppenschalplan enthält alle nötigen Schal- und Betonmaße. Er erspart Rückfragen, Arbeitsverzögerungen sowie kostspielige Ausführungsfehler, Nachbesserungen und Änderungen.

Podest- und Laufplattendicke, Geländerführung und Treppenauge. Die Zuordnung von An- und Austritt am Podestrand zweiläufiger gegenläufiger Treppen beeinflußt die Podestplattendicke, die Lage der Abknicklinien zwischen Podest und Laufplatte sowie die Ausbildung des Geländerkrümmlings und Treppenauges, damit auch die nutzbare Podesttiefe. Die Kenntnis dieser Zusammenhänge ist daher Voraussetzung für die Treppenplanung und sinngemäß bei allen vergleichbaren Konstruktionen zu beachten. Nicht nur optische Gründe, sondern auch Arbeitserleichterungen für Planer und Handwerker sprechen für diese beiden Grundregeln:

- Die Unterseiten des auf- und abwärtsführenden Treppenlaufs sollen in einer durchlaufenden Knicklinie mit dem Podest zusammentreffen, die zugleich das Treppenauge begrenzt.
- Im Grundriß sollen gegenüberliegende Stufenvorderkanten auf einer gemeinsamen Fluchtlinie und im Schnitt lotrecht übereinander liegen.

Unter Beachtung dieser Regeln kommen wir zu vier Lösungsmöglichkeiten.

- Nach Bild **10**.35 a erhält man durch Zurückversetzen der Austrittsstufenvorderkante um das Auftrittsmaß eine normale Podestdicke von 14 bis 18 cm. Trotz des etwas größeren Platzbedarfs für die Treppenläufe ist dies eine sehr klare, empfehlenswerte Lösung.
- Nach Bild **10**.35 b entsteht durch Übereinanderlegen der Stufenvorderkanten des An- und Austritts eine um ½ s vergrößerte Podestdicke. Das nun weiter reichende Treppenauge mindert die nutzbare Podesttiefe. Dünner gewählte Podeste zwingen hier, wie Bild **10**.35 d zeigt, immer zu versetzt liegenden Abknickungen an der Unterseite. Der unschöne Zwickel am unteren Podestrand ist dann unvermeidbar. Bei voll ausgenutzter Podesttiefe steigt der Handlauf auch am Podestrand an, wo deshalb das Maß des Treppenauftritts als Treppenaugenbreite vorhanden sein sollte.

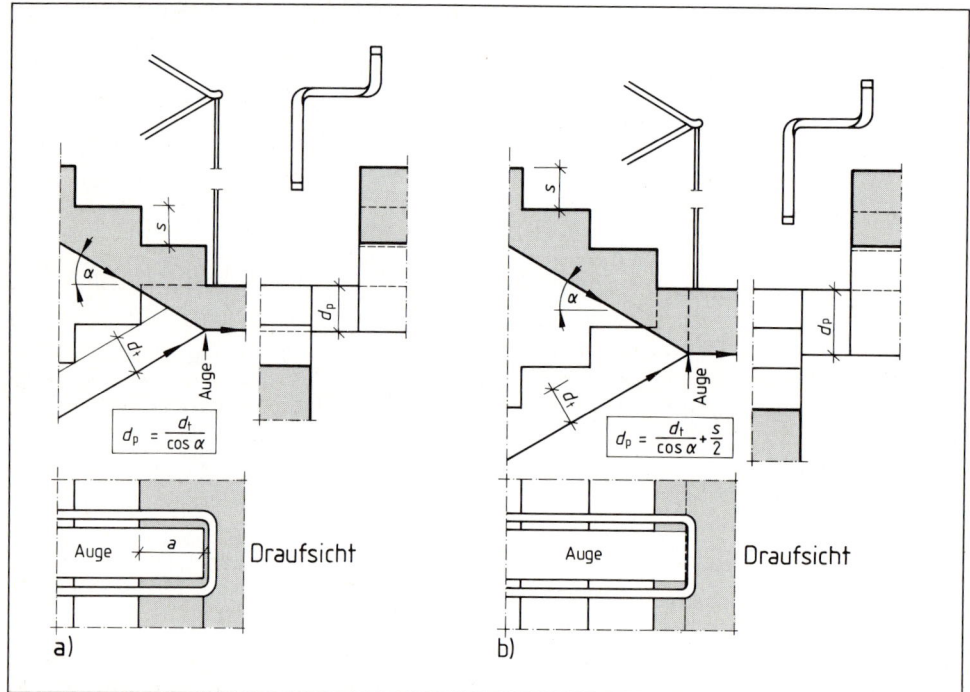

10.35 Stufenanordnung am Podestrand (c und d s. S. 311)
  a) um das Maß *a* zurückversetzte Austrittstufe
  b) Trittkanten der An- und Austrittsstufen liegen übereinander

- Bild **10.**35c veranschaulicht die Zunahme der Podestdicke um 1 Steigung, wenn die Antrittstufenvorderkante um das Auftrittmaß zurückliegt. Nur weitgespannte Podestplatten mit größerer Konstruktionsdicke oder Rippen- bzw. Hohlkörperdecken rechtfertigen diese Lösung.
- Bei festgelegter Podestdicke ist es zweckmäßig, den gemeinsamen Abknickpunkt der Laufplattenunterkanten vorrangig zu lösen und daraus die Lage der An- und Austrittsstufe zu entwickeln. Symmetrisch liegende Stufenvorderkanten sind dann nicht immer erreichbar.

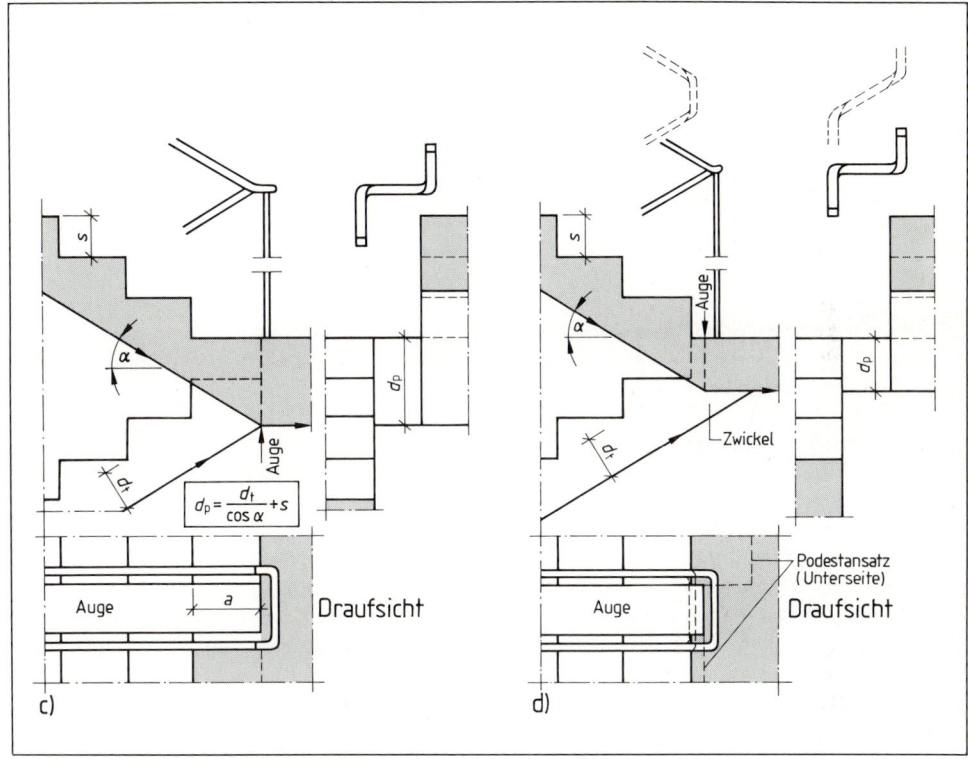

10.35 Stufenanordnung am Podestrand, Fortsetzung
  c) um das Maß *a* zurückversetzte Antrittstufe
  d) bei festliegender Podestdicke d_p und übereinanderliegenden Trittkanten am An- und Austritt sind versetzte Abknicklinien und Zwickel an der Treppenunterseite meist unvermeidbar

10.5.2 Fertigteiltreppe

Der hohe Arbeitsaufwand für den Treppenbau hat die Entwicklung vorgefertigter Treppen und Treppenteile begünstigt. Die stationäre wetterunabhängige Fertigung der Treppenteile ermöglicht gleichbleibende Materialgüte, hohe Maßgenauigkeit und raschen Baufortschritt.

Kleinformatige Fertigteile (Einzelstufen, Tragholme, kleinere Podeste) lassen sich einfach transportieren und noch von zwei Handwerkern ohne aufwendiges Hebegerät einbauen (**10.**36). Bewehrte Beton- oder Werksteinstufen in Winkel-, Platten- oder Keilform werden beidseitig auf Mauerwerk und/oder Tragholme gesetzt (**10.**37). Entsprechend bewehrte Einzelstufen lassen sich auch in tragfähigem Mauerwerk einspannen. Solche Konstruktionen finden wir bei Keller-

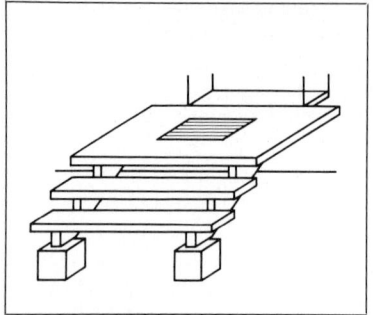 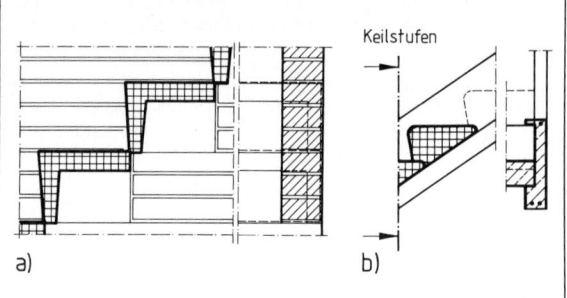

10.36 Eingangstreppe aus kleinformatigen Fertigteilen (Podestplatte, Stufen, Holme, Lagerklötze)

10.37 Lagermöglichkeiten für Fertigteiltreppen mit selbsttragenden Stufen
a) untermauerte Winkelstufen
b) Keilstufen, auf Wangen aus L-förmigen Stahlbeton-Fertigteilträgern gelagert

und Hauseingangstreppen, aber auch bei ein- und zweigeschossigen Innentreppen und bei Freitreppen. Eingangstreppen bis zu etwa 3 Stufen können bei ausreichender Auflast auch von eingemauerten Kragbalken aufgenommen werden.

Großformatige Treppenteile wie etwa ganze Laufplatten in gerader oder gewinkelter Form und ganze Halbpodeste lohnen nur auf Kranbaustellen und bei Abnahme größerer Stückzahlen gleichformatiger Teile (**10.38**). Lamellentreppen aus einzelnen Balkenteilen (Lamellen) mit gewichtsparenden Hohlkammern lassen sich auch von Hand zusammensetzen (**10.39**). Die falzartig ausgesparten Laufplatten- und Podestränder erfordern genau geplante Maße für Schalung und Bewehrung. Trittschallunterbrechende Zwischenlagen z. B. aus Neoprene können hier auf besonders einfache Weise untergebracht werden. Größte Sorgfalt verlangt die Bemaßung der Laufplattenlängen, weil schon Abweichungen von wenigen Zentimetern auf der Baustelle kaum noch zu korrigieren sind.

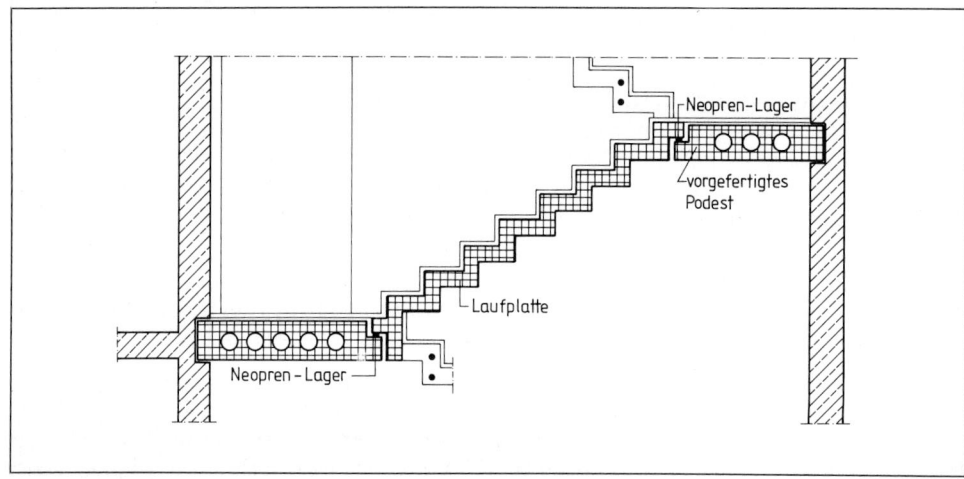

10.38 Abgewinkelte Fertigteil-Treppenläufe aus Stahlbeton

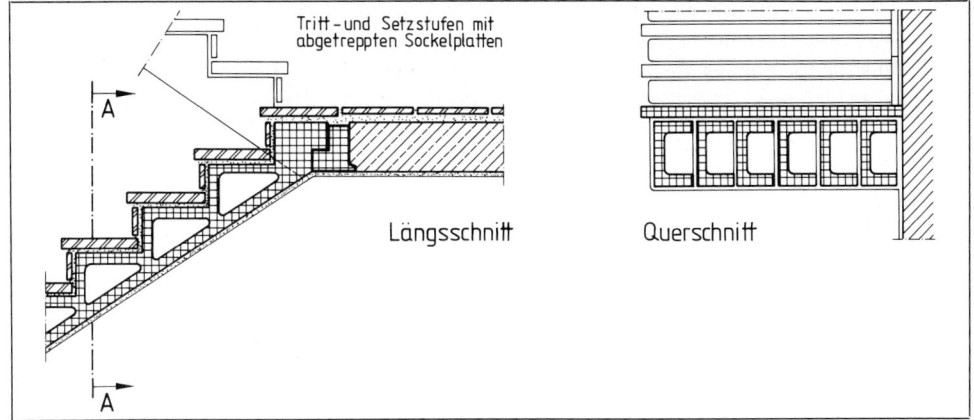

10.39 Lamellentreppe aus nebeneinander verlegten Stahlbetonbalken

Tragbolzentreppen bilden eigenständige, besonders leicht wirkende Tragwerke aus Plattenstufen und randseitig eingespannten Verbindungsbolzen (**10.40**).

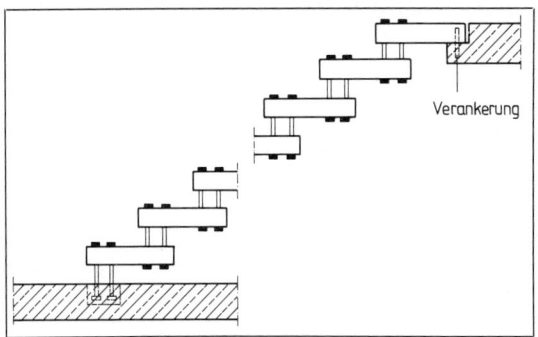

10.40 Die Tragbolzentreppe bildet auch ohne stützende Wangen und Holme sowie ohne aussteifende Setzstufen ein stabiles, biegefestes Tragwerk

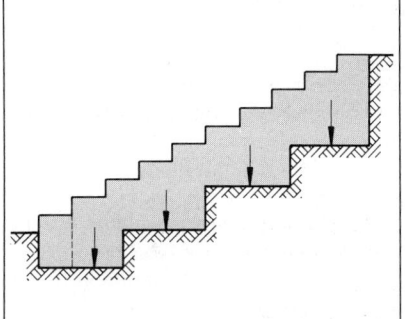

10.41 Fundamente für Wangenmauerwerk erhalten durch Stufung eine waagerechte Sohle

10.5.3 Gemauerte Treppe

Gemauerte Treppen erfordern Mauerwerk bzw. Beläge mit hohem Abnutzungswiderstand und bei Außentreppen Frostbeständigkeit sowie einen tragfähigen, bei Gebäudeaußentreppen auch abrißsicheren Unterbau. Treppenstufen aus Klinkermauerwerk haben sich besonders bewährt, auch solche aus harten Natursteinen. Andere Materialien erfordern verschleißfeste Abdeckplatten auf den Trittflächen.

Außenwangen gründet man frostfrei auf tragfähigem Grund. Ihre Mauerkrone erhält eine regensichere Abdeckung, möglichst mit Gefälle, Überstand und Tropfkante. Erdberührende Wangen schützt man durch senkrechte und waagerechte Abdichtung gegen Bodenfeuchtigkeit.

Freitreppen erhalten abgestufte Streifenfundamente für die Wangenmauern und ein weiteres unter der Antrittstufe. Die anderen Stufen können auf verdichtetem Sandbett über treppenförmig ausgehobenem Untergrund, besser aber auf Magerbeton bzw. betonierter Laufplatte hergestellt werden (**10.41**).

Außentreppen an unterkellerten Gebäuden liegen meist über dem angefüllten Boden des Baugrubenrands und sind daher durch Baugrubensetzungen besonders gefährdet. Die abrißsichere Konstruktion solcher Treppen ist darum ein wichtiger Planungsgrundsatz. Lösungsmöglichkeiten richten sich vorwiegend nach Form und Grundriß der Treppe (**10.42**). Als Unterbau

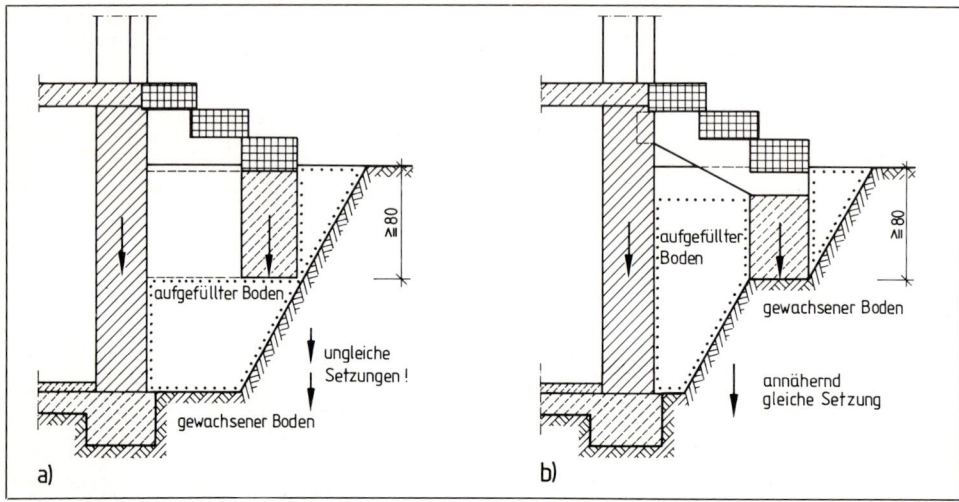

10.42 Gründung von Außentreppen
    a) ungünstig im Bereich der Baugrubenverfüllung
    b) günstig mit Treppenbalken auf gewachsenem Baugrund

von Eingangstreppen kann ein grundrißgleicher Kellervorbau vorteilhaft sein, der sich gut als Anschluß- oder Abstellraum nutzen läßt (**10.43**). Möglich sind auch Auskragungen der Kellerdecke, deren Wärmebrücke über der Kelleraußenwand jedoch kaum zu vermeiden ist. Quer zur Hausflucht gespannte Stahlbetonbalken und/oder Platten ermöglichen Unterkonstruktionen mit größeren Spannweiten und die Unterbrechung der unerwünschten Wärmebrücke. Als Auflager dienen der Außenrand der Kelleraußenwand auf einer Seite und gegenüber ein Streifenfundament (**10.44**). Die gemauerten Stufen von Kelleraußentreppen erhalten als Unterbau

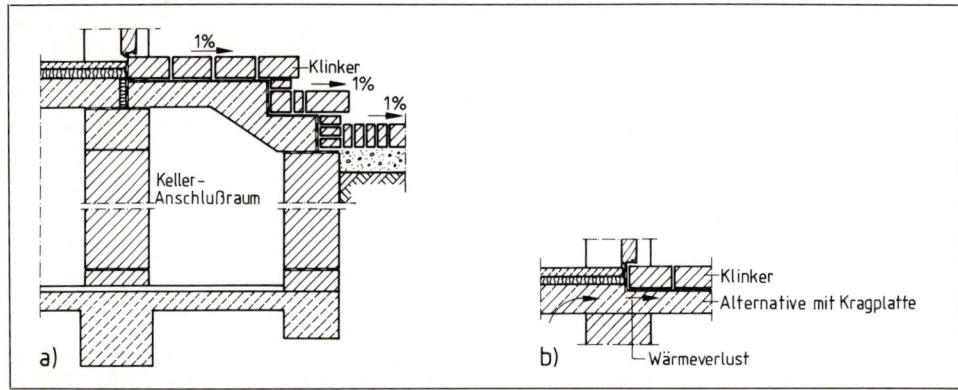

10.43 a) Abrißsichere Außentreppe über Kellervorbau, b) Wärmeverluste durch auskragendes Treppenpodest

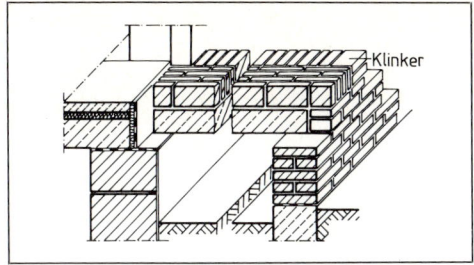
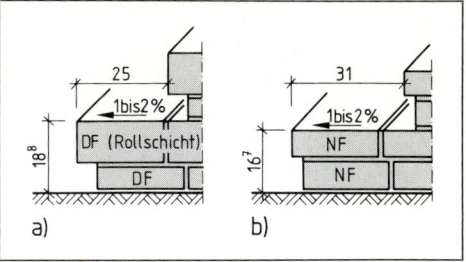

10.44 Gemauerte Treppe mit Stahlbetonpodest und -laufplatte (quergespannt)

10.45 Abhängigkeit der Stufenmaße gemauerter Treppen vom Steinformat
a) bei DF-, b) bei NF-Steinen

eine etwa 10 cm dicke Betonsohle auf angeschrägtem gewachsenen Boden oder eine beidseitig untermauerte quergespannte Stahlbetonplatte über aufgefülltem Baugrund.

Die Steigungshöhe gemauerter Stufen ist unter Berücksichtigung der gewählten Steinformate festzulegen. Bei Wangen aus Sichtmauerwerk sollen die Stufen mit Schichtoberkanten abschließen (**10.45**). Ein Gefälle von 1 bis 2% verhindert stehendes Regenwasser auf Stufen und Podesten. Gemauerte Außentreppen sind durch waagerechte und senkrechte Sperrschichten gegen Bodenfeuchtigkeit zu schützen, um Verfleckungen, Ausblühungen und Frostschäden sowie Feuchteübertragung in die Gebäudeaußenwand zu vermeiden.

10.5.4 Holztreppe

Holztreppen bestechen durch die Schönheit ihres Materials. Stil- und kunstvolle Gestaltung finden wir vor allem an alten, klare und elegante Linienführung an modernen Treppen. Die streng gefaßten Baubestimmungen der Bundesländer gestatten Holztreppen wegen der Brandgefährdung nur noch in Gebäuden bis zu zwei Vollgeschossen. Dabei gelten die Bauweisen, die sich aus alter Treppenbautradition herausgebildet haben, im Prinzip auch heute noch.

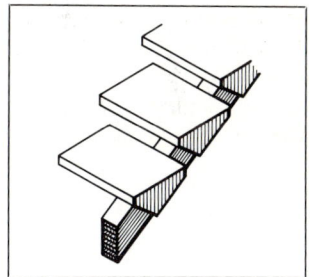

Die Blocktreppe gilt als älteste Konstruktionsform. Schwindrisse und Verformungen an den großformatigen Stufen lassen sich durch schichtverleimtes Holz unterbinden. Die hohe Tragkraft ist an breiten, repräsentativen Treppen vorteilhaft nutzbar (**10.46**).

Zu den Wangentreppen zählen die eingeschobene und die eingesägte Treppe, die (voll) gestemmte und halbgestemmte Treppe (**10.47** und **10.48**).

10.46 Holztreppe mit Holm und Keilstufen aus brettschichtverleimtem Holz

Bei der eingeschobenen Treppe werden die Trittstufen mit ihren schwalbenschwanzförmig ausgebildeten Rändern in vorbereitete Gratnuten an den Seitenwangen eingeschoben. Gerade Nuten sparen Arbeit, erfordern aber zusätzliche Verspannungen zwischen den Wangen (z.B. mit 2 bis 3 Schraubenbolzen), um die Raumstabilität zu verbessern. Der untere Wangenrand bleibt auf einer Resthöhe von 4 bis 5 cm (Vorholzmaß bzw. Besteck) unversehrt, was der Biegefestigkeit der Wangen zugute kommt (**10.47** a).

Die eingesägte (eingeschnittene) Treppe gleicht der eingeschobenen. Doch sind die Nuten rechtwinklig und verlaufen von Vorder- bis Hinterkante Wange. Die Tragkraft ist geringer. Die schon beschriebenen anziehbaren Treppenschrauben oder auch verkeilte Zapfen müssen die Raumstabilität sichern (**10.47** b).

Sowohl eingeschobene als auch eingesägte Treppen können unterseitig verschalt werden.

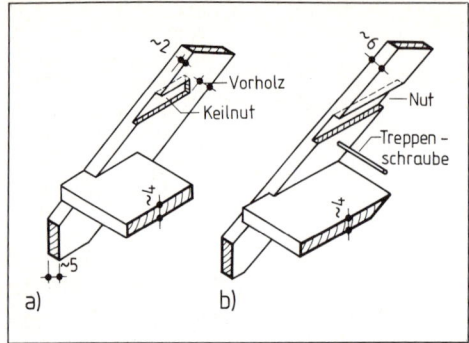 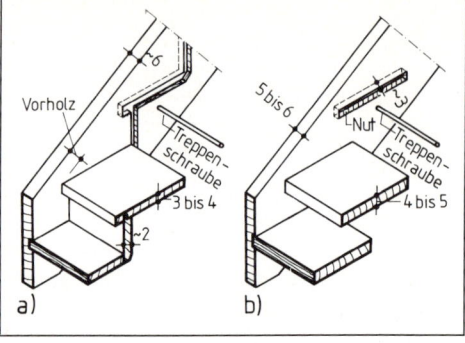

10.47 a) Eingeschobene, b) eingesägte (eingeschnittene) Treppe

10.48 a) (Voll-)gestemmte, b) halbgestemmte Treppe

Gestemmte Treppen. Ihre Wangenmaße sind für beidseitig notwendige Vorholzbreiten (Bestecke) von 4 bis 5 cm festzusetzen. Die ungeschwächten Wangenränder und die nötige große Wangenhöhe gewährleisten hohe Tragsicherheit. Für die Aufnahme der Tritt- und Setzstufen werden die Wangen etwa 2 cm tief eingestemmt (**10.48**a). Die mittig überhöhte Setzstufe kann zwischen den Trittstufen auf Spannung gesetzt werden. So verhindert sie unerwünschtes Knarren und steift besser aus. Zusammen mit den vorgespannten Treppenbolzen entsteht ein sehr stabiles räumliches Tragwerk, das auch bei viertel- und halbgewendelten Treppen freitragend konstruierbar ist.

Das Knarren der Treppe beim Begehen läßt sich auch verhindern, wenn zwischen Unterkante Trittstufe und Oberkante Setzstufe ein Zwischenraum von ~ 0,5 cm gelassen wird, der auf der Treppenvorderseite oder auch beidseitig durch eine Deckleiste abgedeckt wird.

Der halbgestemmten Treppe fehlen die aussteifenden Setzstufen, so daß wie bei eingeschobenen und eingesägten Treppen zusätzlich eine seitliche Stützung (Halterung) notwendig werden kann (**10.48**b). Einseitig und verdeckt eingebaute Schraubenbolzen zieht man aus optischen Gründen vor.

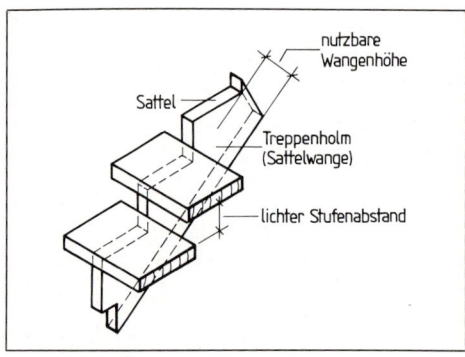

10.49 Aufgesattelte Treppe

Die aufgesattelte Treppe besteht aus Tragholmen und aufgesetzten (aufgesattelten), seitlich überstehenden Trittstufen (**10.49**). Bei älteren Treppen finden wir auch Setzstufen. Die Trittstufen lagern auf waagerechten Einschnittflächen der Holme oder auf zusätzlich angebrachten Konsolen. Durch den stufenförmigen Einschnitt werden die Tragholme erheblich geschwächt. Ein statischer Nachweis erspart unliebsame Überraschungen! Als Anhaltswert dient wie bei Wangentreppen die Regel „nutzbare Holm- bzw. Wangenhöhe $= \frac{1}{20}$ Wangen- bzw. Holmlänge". Als Dicke reichen 6 bis 7 cm.

Holm- und Wangenauflager können je nach Befestigung die Auflagerreaktionen a bis c in Bild **10.50** auslösen. Wie dort erkennbar, läßt sich die Holm- und Wangenstützung durch mindestens ein festes Auflager sichern – wie Leitern, die unten unverschieblich gelagert oder oben fest eingehängt sind (**10.50**). Am einfachsten ist meist der Wangenfußpunkt zu fixieren, z. B. durch die eingeschnittene Klaue (Geißfuß). Spaltgefahr verhindert man durch eingezogene Bolzen, besser noch durch Lagerprofile aus ⊥-Stahl (**10.51**). Neuartige Hängewinkel mit runden Zapfen schließen sowohl horizontale Stützkräfte als auch die Spaltgefahr an den Wangen- und Holmenden aus (**10.52**). Sie ermöglichen den Stützfall C nach Bild **10.50**c. Wegen der fehlenden Schubkräfte kann hier auch die horizontale Stützung des Auflagers entfallen.

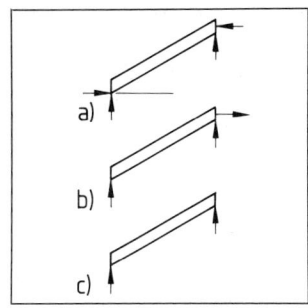
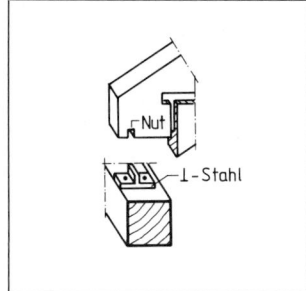
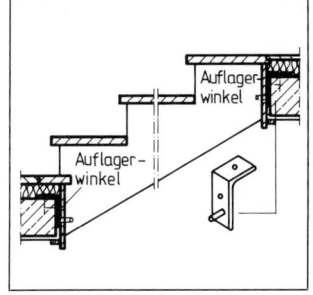

10.50 Auflagerreaktion an Treppenwangen und Holmen
a) Festpunkt am Treppenantritt
b) am Treppenaustritt
c) bei senkrecht gestützten Wangen und Holmen entfallen die Horizontalkräfte

10.51 Wangenlagerung nach Bild **10.50**b mit einschraubbarem Lagerelement aus ⊥-Stahl

10.52 Wangenlagerung nach Bild **10.50**c. Auflagerwinkel aus Stahl mit Dollen ermöglichen die ausschließlich vertikale Treppenlagerung

Geländerpfosten an den Laufenden gerader Treppen bieten solide Befestigungsmöglichkeiten für Handlauf und Geländerfüllung.

Viertel- und halbgewendelte Holztreppen nach handwerksgerechter Ausführung erhalten am Treppenauge gerundete Wangen- und Handlaufstücke (Kropfstücke, Krümmlinge). Zur Verbindung mit den geraden Wangenteilen dienen Zapfen oder Doppelzapfen, zur kraftschlüssigen

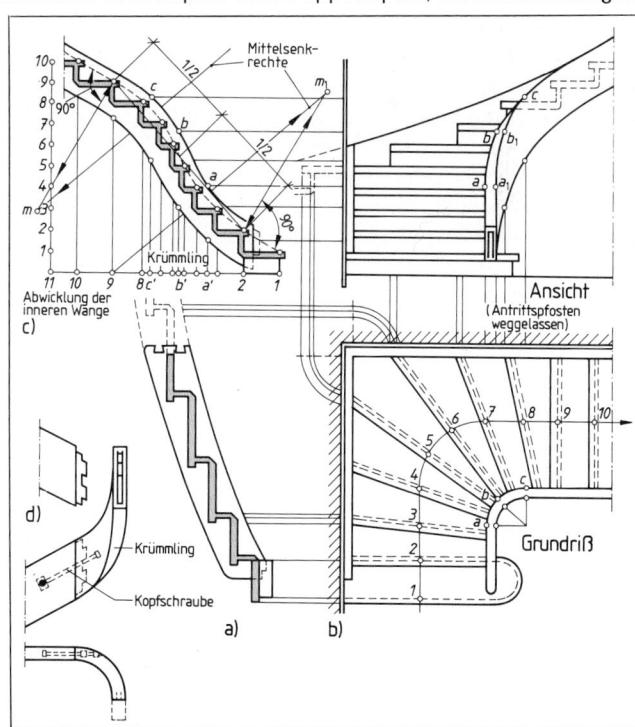

10.53
Viertelgewendelte gestemmte Holztreppe (Text s. nächste Seite)
a) Wangenaufriß bestätigt gleichmäßigen Wangenschwung
b) Grundriß Ansicht
c) Konstruktion der inneren Lichtwangenseite
d) Verbindung von Wange und Krümmling mit verdeckt eingebauter Kropfschraube

Verspannung verdeckt eingebaute Kopfschrauben. Im Detailplan erfordert die Darstellung des Krümmlings in der Treppenansicht eine Abwicklung der Treppeninnenwange. Bild **10.**53 zeigt die Konstruktion und zugleich eine vorteilhafte Wendelmethode für viertelgewendelte Holztreppen.

Zunächst bereiten wird den Grundriß bis auf die Wendelstufen vor, ebenso die Ansicht einschließlich der Höhenlinien aller Stufenoberkanten. Aus dem Grundriß übertragen wird die Länge des gewendelten Teils der Innenwange auf die Grundlinie der Wangenabwicklung neben der Ansicht. Dabei beginnen wir mit den Krümmungspunkten a, b und c. Dazu kommen die Normalauftritte der angrenzenden Stufen 1 und 9. Deren Lotrisse ergeben mit den entsprechenden Fluchtlinien der Stufenoberkanten aus der Ansicht die Vorderkanten der Stufen 1, 2, 8 und 9 in der Wangenabwicklung. Wir verbinden die Stufenkanten, halbieren die Strecke 2/8 und errichten die Mittelsenkrechten in den Streckenhälften. In den Schnittpunkten mit den Senkrechten zur Treppensteigung an den Stufenkanten 2 und 9 erhalten wir Mittelpunkte für kreisförmige Anschlußlinien an die Wangenober- und -unterkante sowie zwischen den Stufenkanten 2 und 9. Sie ergeben im Schnitt mit den Stufenfluchtlinien aus der Ansicht die Setzstufenvorderkanten. Ihre Lotrisse auf die Grundlinie der Abwicklung erbringen die Stufeneinteilung der Wendelstufen an der Innenwange. Durch Übertrag in den Grundriß und durch die Verbindungslinien mit den zugehörigen Teilungspunkten der Laufinie finden wir Form und Größe der Wendelstufen. In der Wangenabwicklung begrenzen wir Länge und Höhe des Krümmlings durch Lotrisse über den Punkten a und c; über b finden wir die Krümmlingsmitte. Durch Projektion der Wangenpunkte a, b und c aus Grundriß und Abwicklung in die Ansicht ergeben sich dort die Grenzpunkte des Krümmlings.

Aus Kostengründen ersetzt man heute (leider) oft den Krümmling durch rechtwinklige Wangenverbindungen.

10.5.5 Stahltreppe

Stahltreppen werden überwiegend im Industrie- und Gewerbebau ausgeführt. Ihre Vorteile: hohe Tragfähigkeit bei geringer Eigenlast, einfache Verbindungsmöglichkeiten durch Schrauben und Schweißen, weitgehende Vorfertigung in der Werkstatt sowie einfache Demontage und daher Wiederverwendbarkeit an anderer Stelle. Nachteile wie Rostanfälligkeit und früher Stabilitätsverlust durch Feuer lassen sich durch vorbeugende Maßnahmen abschwächen. Industrietreppen haben meist das Steigungsverhältnis 1:1,2 (z. B. $s/a = 20/24$) und Trittstufen aus Gitterrost nach DIN 24531 bzw. aus Warzenblech.

Die Konstruktion läßt sich auch hier in Wangen- und aufgesattelte Treppen gliedern. Auf Setzstufen wird überwiegend verzichtet. Holme oder Wangen aus I-, C-, L- und ⊥-förmigen

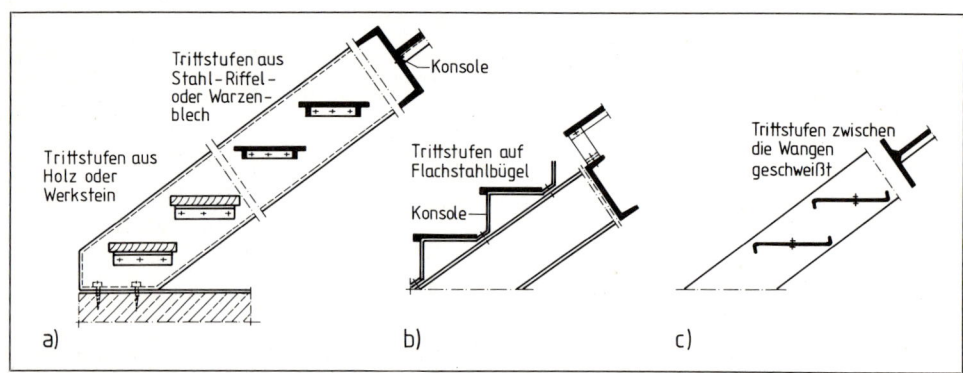

10.54 Stahltreppen
a) Wangentreppe mit aufgelegten Stufen, b) aufgesattelte Stahltreppe mit Stufenauflager-Konsolen, c) Wangentreppe mit eingeschweißten Stahlblechstufen

Trägern oder aus Hohlprofilen mit aufgeschweißten Konsolen bilden den tragfähigen Unterbau für die aufgesattelten Stufen aus Stahlblech, Werkstein oder Holz (**10.54 a, b**). Wangentreppen mit eingeschweißten Stahlstufen ergeben besonders stabile Tragwerke. Hier genügen oft schon Wangen aus dickem Stahlblech statt Profil- oder Hohlträger (**10.54 b, c**). Als Holme eignen sich auch leiterartige Hohlprofile, die mit aufgesattelten Plattenstufen aus Holz oder Werkstein ansprechende, sehr leicht wirkende Treppen bilden und vielfach als Zugang für Wohn-, Geschäfts- und Büroräume verwendet werden (**10.55**). Gleiches gilt für Mittelholme aus Hohlprofilen, die ihrer hohen Torsionsfestigkeit wegen auch gewendelten Treppen sichere Standfestigkeit verleihen (**10.56**).

Der Bau von Spindeltreppen wird durch die Möglichkeit des Anschweißens der Wendelstufen an die Spindel wesentlich vereinfacht.

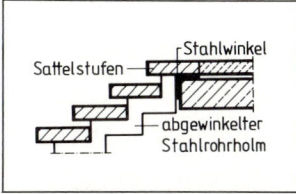
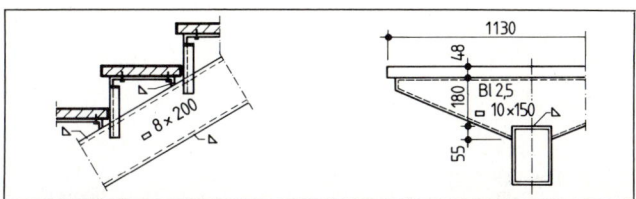

10.55 Kombinierte Treppe (Stahl/Holz, Stahl/Werkstein) mit abgewinkeltem Stahlrohrholm

10.56 Einholmtreppe mit torsionssteifem Mittelträger

10.5.6 Handlauf, Geländer und Kantenschutz

Handlaufquerschnitte in griffgerechter Größe sind 4 bis 6 cm breit (**10.57**). Leichte Handläufe erfordern stützende Stabgeländer. Kräftige, biegesteife Formen können zusätzliche Füllungen aufnehmen (z. B. Sicherheitsglas).

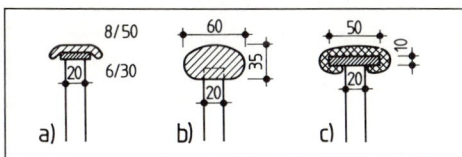

10.57 Handlaufquerschnitt (Beispiele)
 a) aus Flachstahl mit Messingauflage,
 b) aus Holz, c) aus Flachstahl mit Kunststoffauflage

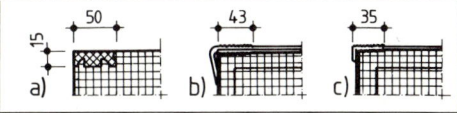
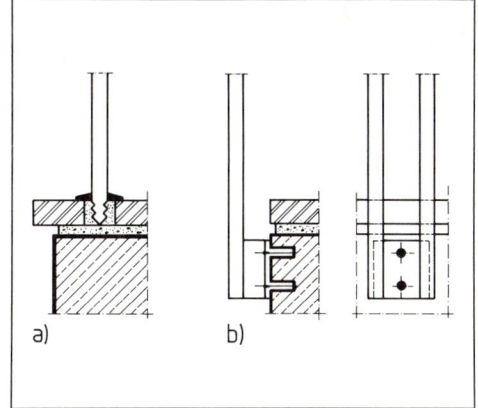

10.59 Kantenschutzprofil
 a) Kunststoffprofil für vorgefertigte Stufen
 b) geripptes Kunststoffprofil für 3 bis 4 mm Stufenbelag
 c) Metall-Vorstoßschiene

10.58 Geländerbefestigung an Massivtreppen (Beispiele)
 a) im Bohrloch der Werksteinstufe
 b) mit dübelverschraubten Bolzen an der Laufplattenseite

Geländerstäbe (-pfosten) sichern die Seitenstabilität des Geländers. Je nach Material und Konstruktion lassen sie sich in Massivstufen oder an den Seitenflächen von Wangen, Holmen oder Laufplatten verankern (**10.58**).

Kantenschutzprofile (Stoßkanten) aus Kunststoff oder Metall verbessern die Sicherheit von Treppen mit glatten Trittflächen und schützen zugleich die Stufenkanten vor mechanischer Beschädigung und frühzeitiger Abnutzung (**10.59**).

Aufgaben zu Abschnitt 10

1. Was versteht man unter a) Tritt- und Setzstufe, b) Tritt- und Stoßfläche, c) Holm, Wange und Laufplatte?
2. Unterscheiden Sie Stufen nach ihrer Querschnittsform.
3. Was bedeuten die Begriffe Treppenlauflänge und nutzbare Treppenlaufbreite?
4. Worin unterscheiden sich a) Geschoß- und Ausgleichstreppen, b) Rechts- und Linkstreppen, c) ein- und zweiläufige Treppen, d) gleich- und gegenläufige Treppen?
5. Unterscheiden Sie Treppen mit gewendelten Stufen von Wendel- und Spindeltreppen.
6. Was müssen Sie in der Zeichnung einer Treppe a) im Vorentwurf, b) im Entwurf, c) im Ausführungsplan angeben?
7. Welche nutzbare Laufbreite schreibt die DIN 18065 für Wohngebäude mit 2 Wohnungen mindestens vor?
8. Welche Grenzmaße gelten nach DIN 18065 für Treppensteigung und -auftritt in Wohngebäuden und anderen Gebäuden?
9. Nennen Sie die Mindestmaße für lichte Durchgangshöhe und die Höhe von Geländern und Umwehrungen.
10. Welche Beziehung besteht zwischen Gehbereich und Lauflinie?
11. Erläutern Sie die Bezeichnungen B_1 und F 90.
12. Wieviel Auftritte hat eine einläufige Treppe mit 15 Steigungen?
13. Wie lautet die Schrittmaßregel?
14. Lösen Sie zeichnerisch 15 Wendelstufen einer halbgewendelten Treppe mit 90 cm nutzbarer Laufbreite, 25 cm Abstand zwischen den Wangeninnenkanten, Steigungsverhältnis 18,3/27, symmetrische Stufenanordnung.
15. Zeichnen Sie im Evolutenverfahren eine viertelgewendelte Treppe mit beidseitig gewendelten Stufen, 85 cm nutzbare Laufbreite, 15 cm Radius bis Innenkante Innenwange, 7 Wendelstufen, freie Bemessung, Steigungsverhältnis 17/28.
16. Wie unterscheiden sich quer- und längsgespannte Stahlbeton-Laufplatten hinsichtlich Beanspruchung, Auflager und Konstruktionsdicke?
17. Beschreiben Sie die Bewehrungsführung von Stahlbetontreppen im Bereich ein- und ausspringender Ecken.
18. Warum müssen Arbeitsfugen in Stahlbetontreppen vor der Bewehrungsplanung festliegen?
19. a) Welche Möglichkeiten gibt es, die Stufen am Podestrand zweiläufiger (gegenläufiger) Treppen mit Halbpodest anzuordnen?
b) Welche Auswirkungen ergeben sich jeweils für Podestdicke, Handlaufführung und Verlauf der unteren Abknicklinie?
20. Nennen Sie die Vorteile vorgefertigter Treppenteile.
21. Welche Materialanforderungen stellt man an gemauerte Außentreppen?
22. Wie lassen sich Eingangstreppen an unterkellerten Gebäuden abrißsicher gründen?
23. Welche Bauarten gibt es für Holztreppen?
24. Vergleichen Sie die Wangenausbildung an gestemmten, eingesägten und eingeschobenen Treppen sowie ihren Einfluß auf Tragsicherheit und Stabilität der Treppen.
25. Welche Faustregel gibt es für die Bemessung der nutzbaren Holm- bzw. Wangenhöhe?
26. Warum empfiehlt sich der statische Nachweis für Treppenholme aufgesattelter Holztreppen?
27. Welche Auflagerungsmöglichkeiten gibt es für Wangen und Holme?
28. Wie läßt sich der gleichmäßige Wangenabschwung an viertel- und halbgewendelten Treppen am besten kontrollieren?
29. Welches Steigungsverhältnis bevorzugt man für Industrietreppen?
30. Nennen Sie die Möglichkeiten der Formgebung und Befestigung von Stahlstufen.

11 Wasserentsorgung

11.1 Wasserarten und Wassermengen

Unter den Begriffen Wasserentsorgung, Stadtentwässerung oder Kanalisation versteht man die Ableitung des in Siedlungen und Städten anfallenden Wassers, und zwar
- Schmutzwasser, wie häusliche Abwasser aus Toiletten, Bädern und Küchen sowie Abwasser aus Gewerbe- und Industriebetrieben, Gemeinschaftseinrichtungen wie Schulen, Kindergärten usw.
- Niederschlagswasser, also Regen- und Schmelzwasser, sofern es nicht versickert, sondern von befestigten Verkehrsflächen und Dächern abgeleitet wird.

In Ausschreibungsunterlagen und Plänen werden sie kurz als Schmutzwasser (Abk. „S" oder „SW") und Regenwasser („R" oder „RW") bezeichnet. Für die Planung der entsprechenden Rohrnetze, die Auswahl der Baustoffe, aber auch für viele bauliche Konstruktionsdetails spielen neben der Art des Wassers und seiner Verschmutzung vor allem die Wassermengen die wichtigste Rolle.

Verschmutzung. Regenwasser führt Sand und Blätter, aber auch Ölreste und andere Verschmutzungen in meist geringen Mengen mit. Trotzdem gilt das Oberflächenwasser als relativ sauber und wird fast immer ohne Klärung der nächsten Vorflut zugeleitet. Allerdings versucht man, die Schmutzstoffe in Eimern oder Sümpfen der Straßenabläufe, in Sandfängen oder durch Ölsperren vor der endgültigen Einleitung in Gräben, Bäche, Flüsse, Kanäle oder Seen zurückzuhalten.

Im Vergleich dazu sind die Abwässer der Haushalte, Gemeinschaftseinrichtungen und Betriebe stark verschmutzt. Sie enthalten mineralische und organische Stoffe in schwerer, absetzbarer Form, als Schwebstoffe oder in gelöstem Zustand. Kot und Harn haben einen hohen Anteil, weitere organische Stoffe aus dem Zerfall von Pflanzen und Tieren ebenfalls. Krankheitserreger, aber auch viele Arten von Bakterien sind vorhanden. Die Zusammensetzung und Verschmutzung schwankt sehr stark, der pH-Wert liegt teils im Laugen-, teils im Säurebereich. Schmutzwasser geht sehr bald in einen Faulungsprozeß über, was zu Geruchsbelästigung führt, aber auch sonst viele Folgen hat. Es soll deshalb möglichst „frisch" abgeleitet und irgendeiner Art von Klärung zugeleitet werden.

> Zur Wasserentsorgung gehört die Ableitung häuslicher und betrieblicher Abwässer sowie des nicht versickerten Regenwassers. Das stark verschmutzte Abwasser wird einer Kläreinrichtung, das relativ saubere Regenwasser einer Vorflut zugeleitet.

Wassermengen. Für die Bemessung der Rohrleitungen und Gräben, Pumpwerke und Klärwerke, Überläufe und Decken müssen die Wassermengen gemessen oder als verläßliche Erfahrungswerte eingebracht werden. Für Schmutzwasser gilt allgemein: Frischwasserverbrauch = Schmutzwassermenge. Der Schmutzwasserabfluß wird häufig als Mittelwert (zwischen 150 und 350 l/Tag) von 200 l/Einwohner und Tag angenommen. Der stündliche Schmutzwasserabfluß schwankt zwischen $1/16$ und $1/8$ der Tagesabflußmenge. Der maximale Stundenabfluß wird meist mit $1/14$ des 24-Stunden-Abflusses angenommen. Für 1000 Einwohner ergibt sich daraus ein Sekundenabfluß von

$$\frac{1000 \cdot 200}{14 \cdot 60 \cdot 60} = 4{,}0\,\text{l/s}.$$

Für Gewerbe- und Industriebetriebe, öffentliche Einrichtungen wie Schulen und Krankenhäuser wird das abgeführte **Schmutzwasser** in Einwohnergleichwerten (EG) angegeben. Der Einwohnergleichwert entspricht der Zahl der Einwohner, deren tägliches Abwasser nach Menge und Verschmutzungsgrad dem gewerblichen oder industriellen Abwasser eines Betriebs gleichzusetzen ist.

Die **Regenwassermenge** beträgt das 50- bis 200fache der üblichen Schmutzwassermenge. Die Regenintensität (mm/min) und die Regenhäufigkeit sind in den einzelnen Landschaften und Jahreszeiten sehr unterschiedlich, „Berechnungen" sehr schwierig. Für die Berechnung der Rohrquerschnitte wird letztlich ein „Berechnungsregen" angenommen, durch den man das Leitungssystem auf ein wirtschaftlich vertretbares Maß beschränkt. Bei stärkerem Regen muß es dann zwangsläufig zu Überschwemmungen und Rückstaus kommen.

Da bei allen Berechnungen bedacht sein muß, daß immer nur ein Teil des Regens tatsächlich abfließt (der andere Teil versickert), muß mit einem Abflußbeiwert gerechnet werden, der bei unterschiedlichen Dächern und Befestigungen zwischen 0,95 für Metalldächer und 0,15 für Kieswege sowie zwischen 0,9 für sehr dichte Bebauung und 0,1 für Parkanlagen schwankt.

Für die Berechnung der Rohrleitungssysteme werden meist eine Schmutzwassermenge von 200 l/Einwohner und Tag bzw. ein wirtschaftlich vertretbarer Berechnungsregen mit einem Abflußbeiwert angenommen.

11.2 Entwässerungsverfahren

Die Gebiete (Dörfer und Siedlungen) ohne Ortsentwässerung nehmen in diesen Jahren rasch ab. Die Sauberhaltung des Grundwassers wie der Flüsse und Seen gebietet eine möglichst vollständige Ableitung und Klärung der Abwässer. Dagegen ist nicht immer im gleichen Maß wie in der Vergangenheit eine zu starke Ableitung des Regenwassers zu vertreten. Dies hat oft zu einer starken Senkung des Grundwasserstands geführt. So muß vor Beginn der Planung überlegt und entschieden werden, ob die Ortsentwässerung als Mischwasser- oder Trennsystem gebaut und wie stark das Regenwasser abgeführt werden soll.

Verkehrsflächen, die jahrzehntelang „selbstverständlich" undurchlässig befestigt wurden, erhalten jetzt häufiger eine sickerfähige Befestigung aus Kies oder Schotter, Pflaster oder Rasenpflaster.

Mischverfahren. Das früher übliche gemeinsame Ableiten von Schmutz- und Regenwasser ist heute problematisch. Der Trockenwetterabfluß ist bei den größeren Rohrquerschnitten durch geringe Füllung und geringe Wassertiefe schwierig. Starke Regen dagegen überlasten die Klärwerke und machen einen vernünftigen Durchlauf unmöglich. So sind Leitungssysteme für Mischwasser heute selten, beschränken sich meist auf Dörfer und Siedlungsteile, die dieses Wasser in Klärteichen säubern.

Trennverfahren. In zwei getrennten und deshalb teuren Rohrleitungssystemen werden Schmutzwasser und Regenwasser gesondert abgeleitet. Während das Schmutzwasser meist einen langen Weg bis zum Klärwerk zurückzulegen hat, kann das Regenwasser oft an mehreren Stellen einer nahgelegenen Vorflut zugeleitet werden (**11.1**). Das spart Rohrleitungen, besonders der großen Durchmesser. Im Trennverfahren können relativ große Gebiete mit kleinen Rohrdurchmessern entsorgt (**11.10**) und die Klärwerke für eine gleichmäßige Auslastung berechnet werden.

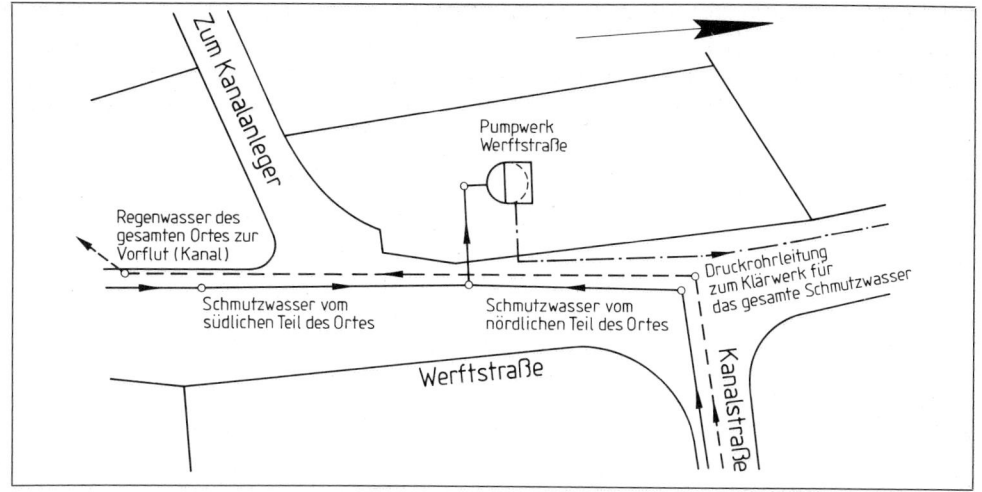

11.1 Schmutz- und Regenwasser laufen an der tiefsten Stelle eines Netzes zusammen, haben dort aber eine unterschiedliche Vorflut

---

Schmutz- und Regenwasser werden heute meist im Trennverfahren abgeleitet.

11.3 Rohre für Entwässerungsleitungen

Arten. Die Rohre für R- und S-Kanäle unterscheiden sich nach Querschnittsform, Größe (Durchmesser DN), Verbindung und Dichtung sowie Baustoff. Größe und Querschnittsform hängen von Wasserart und Wassermenge ab (**11.2**). Kreisrunde Rohre sind gebräuchlich und hydraulisch (also für den Abfluß) günstig. Eiprofile werden gewählt, wenn zeitweise auch geringe Wassermengen günstig abfließen sollen. Der Maulquerschnitt kann bei geringer Bauhöhe größere Wassermengen ableiten.

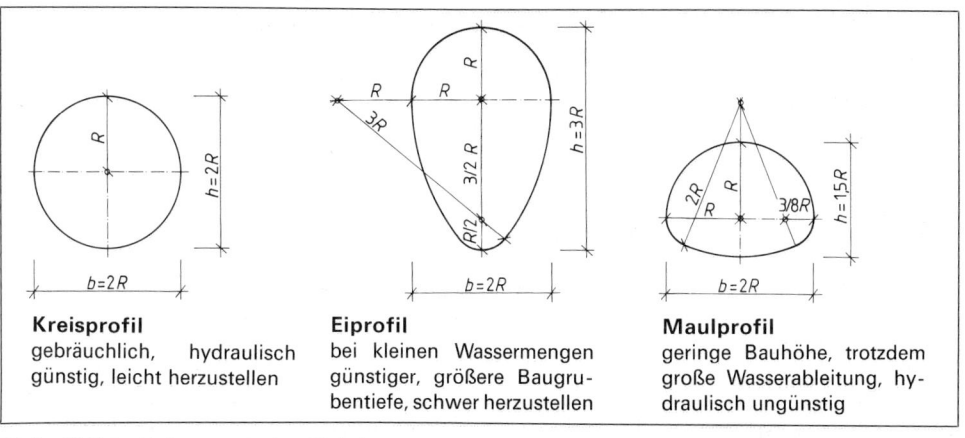

Kreisprofil
gebräuchlich, hydraulisch günstig, leicht herzustellen

Eiprofil
bei kleinen Wassermengen günstiger, größere Baugrubentiefe, schwer herzustellen

Maulprofil
geringe Bauhöhe, trotzdem große Wasserableitung, hydraulisch ungünstig

11.2 Übliche Rohrquerschnitte für Leitungen der Ortsentwässerung nach DIN 4263

Die Wasserverschmutzung entscheidet über den Baustoff der Rohrleitung:

- **Steinzeugrohre**, aus Ton unter Zugabe von Schamotte geformt, gebrannt und glasiert, dienen fast ausschließlich für Schmutzwasserkanäle. Sie werden von sauren oder alkalischen Abwässern nicht angegriffen und zerstört (**11.3**).
- **Betonrohre** verwendet man für das relativ saubere Oberflächenwasser (**11.4**). Von Schmutzwasser werden sie angegriffen.
- **Kunststoffrohre** aus PVC (Polyvinylchlorid) oder PE (Polyethylen) sind chemisch beständig und deshalb für jede Wasserart zu verwenden. Häufig werden PVC-Rohre als Schmutzwasserdruckrohre eingesetzt (**11.5** auf S. 326). Sie sind – auch in größeren Baulängen – relativ leicht.
- **Faserzementrohre** (DIN 19840), aus Zement, Hochmodul-Fasern, Zusatzstoffen und Wassern neu entwickelt, eignen sich für Regen-, Misch- und Schmutzwasserleitungen. Für letztere erhalten sie eine schützende Innenrohrbeschichtung. Diese Rohre sind in den Nennweiten DN 100 bis DN 600 und in Baulängen von 2,0 bis 5,0 m lieferbar. Zur Dichtung und Verbindung dient eine Steckmuffe („Überschiebkupplung").

Tabelle **11.3** Steinzeugrohre mit Muffe für Grundstücks- und Ortsentwässerung nach DIN 1230

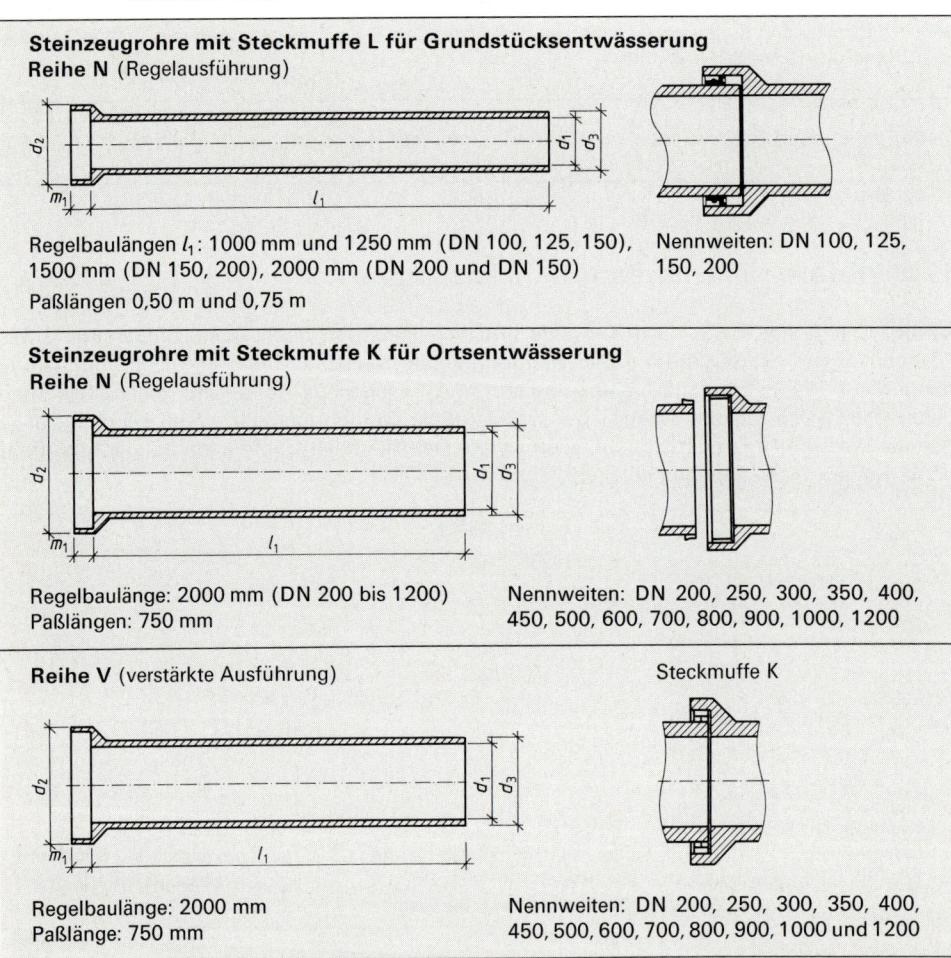

Steinzeugrohre mit Steckmuffe L für Grundstücksentwässerung
Reihe N (Regelausführung)

Regelbaulängen l_1: 1000 mm und 1250 mm (DN 100, 125, 150), 1500 mm (DN 150, 200), 2000 mm (DN 200 und DN 150)
Paßlängen 0,50 m und 0,75 m

Nennweiten: DN 100, 125, 150, 200

Steinzeugrohre mit Steckmuffe K für Ortsentwässerung
Reihe N (Regelausführung)

Regelbaulänge: 2000 mm (DN 200 bis 1200)
Paßlängen: 750 mm

Nennweiten: DN 200, 250, 300, 350, 400, 450, 500, 600, 700, 800, 900, 1000, 1200

Reihe V (verstärkte Ausführung)

Steckmuffe K

Regelbaulänge: 2000 mm
Paßlänge: 750 mm

Nennweiten: DN 200, 250, 300, 350, 400, 450, 500, 600, 700, 800, 900, 1000 und 1200

Tabelle **11.4** **Betonrohre nach DIN 4032**

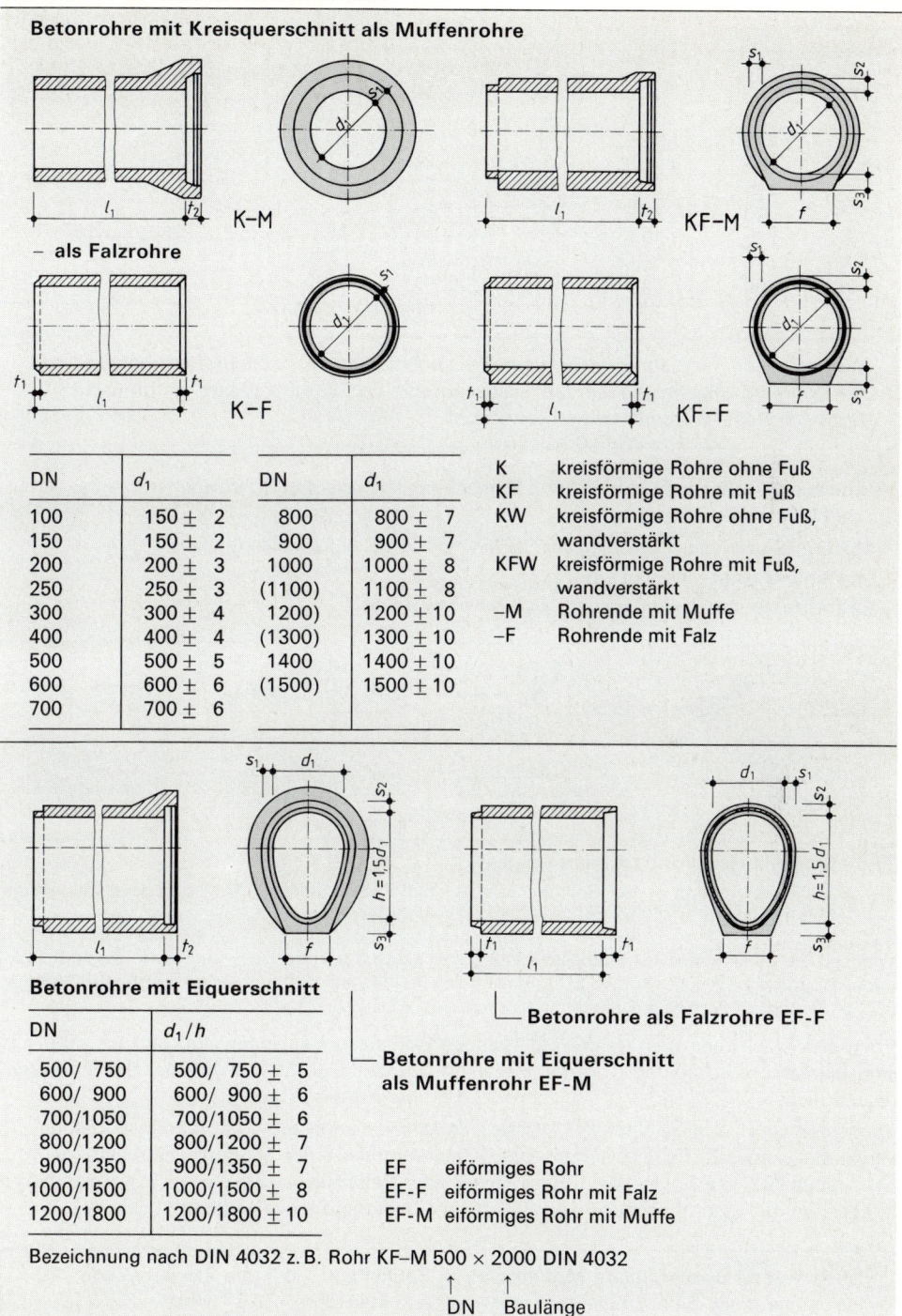

Betonrohre mit Kreisquerschnitt als Muffenrohre

– als Falzrohre

DN	d_1	DN	d_1
100	150 ± 2	800	800 ± 7
150	150 ± 2	900	900 ± 7
200	200 ± 3	1000	1000 ± 8
250	250 ± 3	(1100)	1100 ± 8
300	300 ± 4	1200	1200 ± 10
400	400 ± 4	(1300)	1300 ± 10
500	500 ± 5	1400	1400 ± 10
600	600 ± 6	(1500)	1500 ± 10
700	700 ± 6		

K	kreisförmige Rohre ohne Fuß
KF	kreisförmige Rohre mit Fuß
KW	kreisförmige Rohre ohne Fuß, wandverstärkt
KFW	kreisförmige Rohre mit Fuß, wandverstärkt
–M	Rohrende mit Muffe
–F	Rohrende mit Falz

Betonrohre mit Eiquerschnitt

Betonrohre mit Eiquerschnitt als Muffenrohr EF-M

Betonrohre als Falzrohre EF-F

DN	d_1/h
500/ 750	500/ 750 ± 5
600/ 900	600/ 900 ± 6
700/1050	700/1050 ± 6
800/1200	800/1200 ± 7
900/1350	900/1350 ± 7
1000/1500	1000/1500 ± 8
1200/1800	1200/1800 ± 10

EF	eiförmiges Rohr
EF-F	eiförmiges Rohr mit Falz
EF-M	eiförmiges Rohr mit Muffe

Bezeichnung nach DIN 4032 z. B. Rohr KF–M 500 × 2000 DIN 4032
                                         ↑   ↑
                                        DN   Baulänge

Tabelle 11.5 Muffendruckrohre aus PVC nach DIN 8061

DN	d in mm	s in mm	l in m	Rohrgewicht in kg/m
50	63	3,0	6	0,85
65	75	3,6	6	1,22
80	90	4,3	6	1,75
100	110	5,3	6	2,61
125	140	6,7	6	4,18
150	160	7,7	6	5,47
200	225	10,8	6	10,80
250	280	13,4	6	16,60
300	315	15,0	6	20,90
400	450	21,5	6	42,70

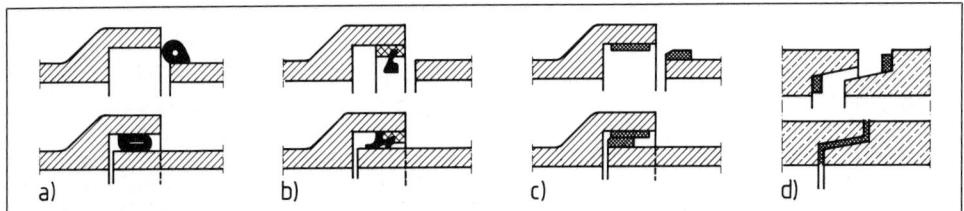

Wasserart und Wassermenge bestimmen Durchmesser, Querschnittsform und Material der Rohre. Am häufigsten werden Steinzeugrohre für Schmutzwasser, Beton und PVC-Rohre für Regenwasserleitungen verwendet.

Verbindung. Außer nach Material und Querschnittsform werden Rohre auch nach ihrer Verbindung (**11.6**) unterschieden in

– **Muffenrohre** mit einer Dichtung aus Steckmuffe L, Steckmuffe K oder Rollring,
– **muffenlose Rohre** mit Überschiebkupplung,
– **Falzrohre**, die mit einem Dichtungsband gedichtet werden.

11.6 Rohrverbindungen und Rohrdichtungen
   Muffenverbindung a) mit Rollring, b) Steckmuffe L, c) Steckmuffe K, d) Falzverbindung mit Dichtungsband

Während die Steckmuffen L (= Lippendichtung aus Kautschuk) und K (= Kunststoffbelag aus Polyurethan) bereits im Werk fest aufgebracht sind, müssen Rollring und Dichtungsband kurz vor dem Verlegen auf der Baustelle aufgelegt werden.

Formstücke. Neben den „normalen" geraden Rohren in Baulängen von 500 bis 5000 mm sind Formstücke erforderlich, um die einzelnen Grundstücke, Straßenabläufe, Schächte usw. anzuschließen (**11.7**).

Sauberkeit bzw. Aggressivität des Wassers bestimmen auch die ergänzenden Baustoffe. So verwendet man z. B. für die Gerinne der Schachtunterteile der Schmutzwasserleitungen nur Steinzeugartikel wie Sohlschalen, Spaltklinker oder Halbschalen. Bei Regenwasserbauwerken können wir dagegen ohne Bedenken Beton oder Zementmörtel verwenden.

Überwiegend werden heute Muffenrohre in Baulängen von 1 bis 2 m verwendet. Für besonders große Belastungen gibt es wandverstärkte Rohre.

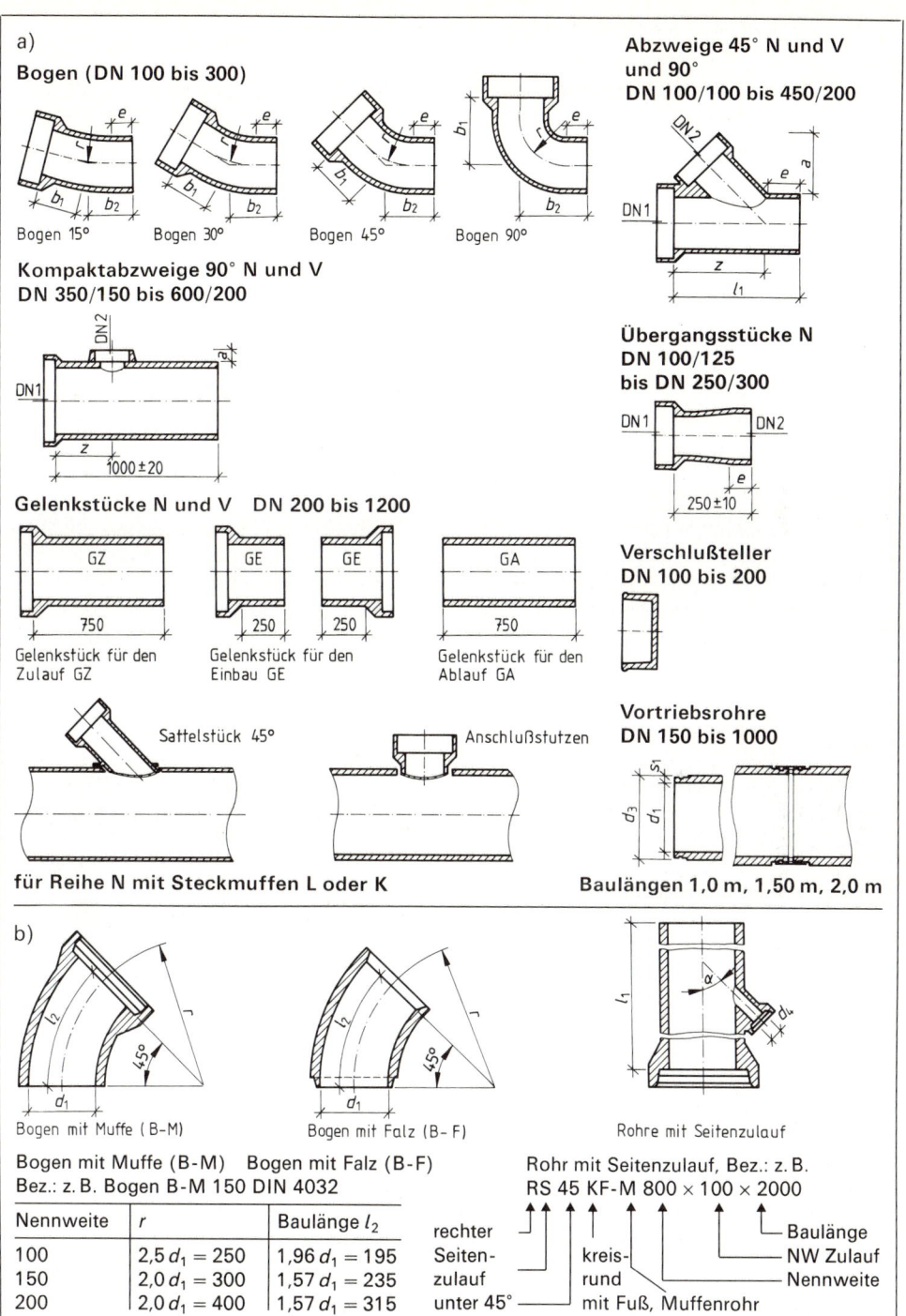

11.7 Formstücke für Rohrleitungen a) aus Steinzeug nach DIN 1230, b) aus Beton nach DIN 4032

11.4 Entwässerungsentwurf

Der Entwässerungsentwurf faßt alle Vorüberlegungen und Berechnungen (also alle Daten der Rohrleitung und baulichen Einzelheiten) zu baureifen Plänen zusammen. Die Oberflächengestalt bestimmt vorwiegend die Begrenzung eines Entwässerungsgebiets. Das Einzugsgebiet umfaßt die Fläche, deren Abwasser mit natürlichem Gefälle dem Tiefpunkt zugeführt werden kann. So entsteht ein Entwässerungsnetz (**11.**8), dessen Wasser vom Tiefpunkt aus durch natürliches

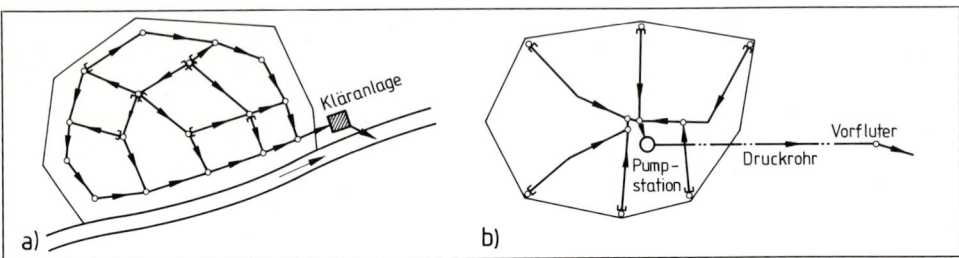

11.8 Beispiele für Entwässerungsnetze

Gefälle einer Vorflut (bei Regenwasser) oder einem Klärwerk (bei Schmutzwasser) zugeführt wird (**11.**1). Ist eine Gefälleleitung zum Klärwerk wegen der vorhandenen Höhen (oder zu tiefen Baugruben!) oder wegen der großen Entfernungen nicht zu bauen, muß das Wasser vom Tiefpunkt aus in einer Druckrohrleitung bis zum Klärwerk oder bis zu einem Einleitungsschacht

geplante Schmutzwasserleitung mit Fließrichtung und Kontrollschacht (statt Leitung auch „Kanal" oder „Siel") oder

geplante Regenwasserleitung mit Fließrichtung und Kontrollschacht

geplante Mischwasserleitung mit Fließrichtung

vorhand. Schmutz- bzw. Regenwasserleitung

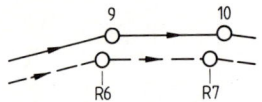

Numerierung der Schächte in Fließrichtung (also vom Ende = höchsten Punkt der Leitung her) 1, 2 ...; zur besseren Unterscheidung evtl.
- S9 = Schacht Nr. 9 der Schmutzwasserleitung usw. oder
- 1 bis 99 = Schmutzwasserschächte, 100 bis 199 = Regenwasserschächte

Angaben für jede Haltung:
- Länge der Haltung in m
- Material der Rohrleit. (Steinzeug, Beton, PVC)

– Durchmesser (DN)
– Längsneigung in ‰, im Verhältnis (1 : ...) oder in %

Der Lageplan enthält außerdem:
- Grundstücksgrenzen und Bebauung
- Straßengrenzen, evtl. mit Aufteilung in Fahrbahn, Gehweg usw.
- Lage durchgeführter Bohrungen zur Bodenuntersuchung
- Straßenname, Flurbezeichnungen u. ä.
- Regenwasser-Einzugsgebiete mit lfd. Numerierung, Größe und Abflußbeiwert
- Höhenfestpunkte

Höhenangaben (NN-Höhen) bei Schacht ... (Kotierung)
D = Deckelhöhe oder Straßenhöhe
S = Sohlhöhe
oft auch: SS = Sohle Schmutzwasserleitung
SR = Sohle Regenwasserleitung
oder einfach RS = Rohrsohle

11.9 Bestandteile des Lageplans einer Ortsentwässerung

gepumpt (gedrückt) werden. Das Leitungsnetz einer Ortsentwässerung kann aus einem oder mehreren Entwässerungsnetzen bestehen, die in einem Übersichtsplan dargestellt werden. Im einzelnen enthält der Entwurf einer Ortsentwässerung:

- die Beschreibung der gesamten Maßnahme,
- den Übersichtsplan in den Maßstäben 1:5000 bis 1:10000, getrennt nach Schmutz- und Regenwasserleitung,
- Lagepläne in den Maßstäben 1:500 bis 1:2000, vorzugsweise 1:1000 (**11.9** und **11.**10),
- Längsschnitte (Längsprofile) in den Maßstäben MdL/MdH 1:500/1:50 bis 1:1000/1:100 (**11.**13 auf S. 332),
- Bauzeichnungen von Pumpwerken, Kontrollschächten, Regenwasserrückhaltebecken usw. in den Maßstäben 1:50 bis 1:100,
- Detailzeichnungen, z. B. von Schachtunterteilen (**11.**19 auf S. 337).

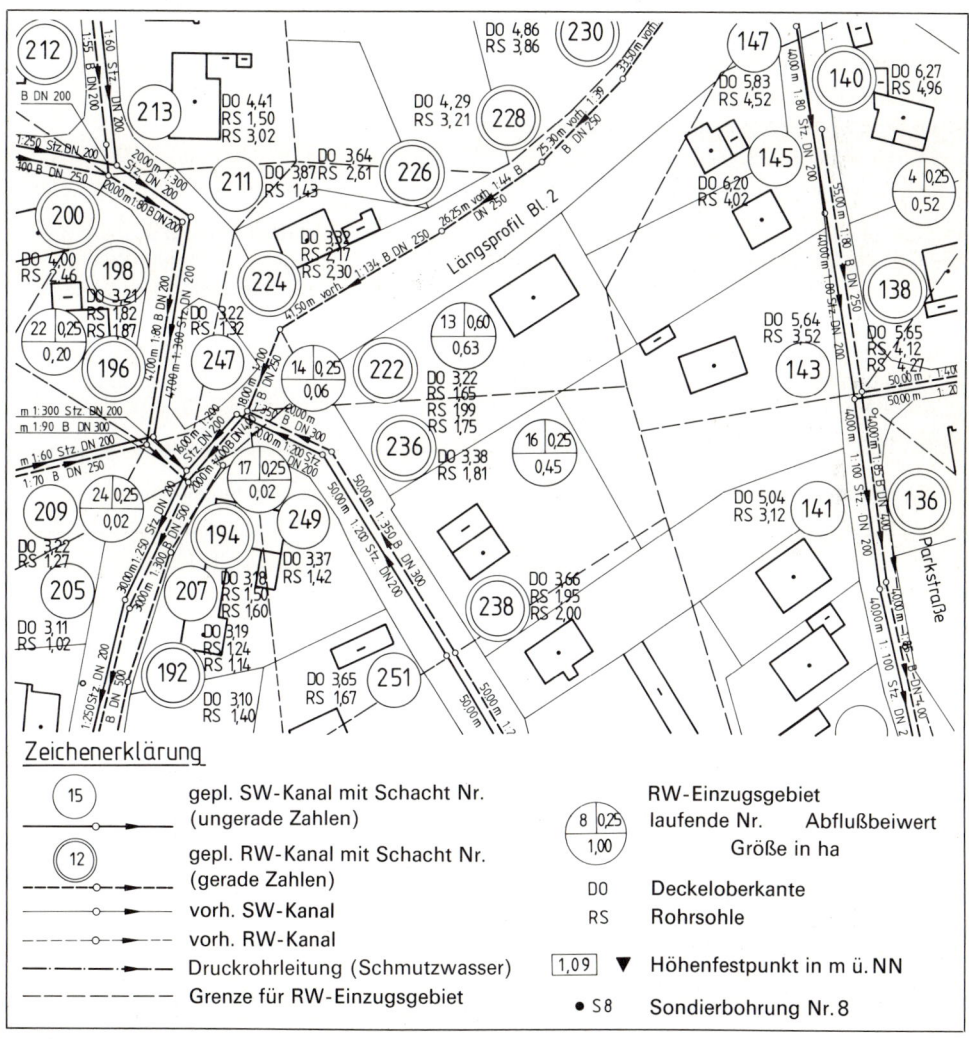

11.10 Ausschnitt aus dem Lageplan einer Ortsentwässerung mit Zeichenerklärung

Außer diesen Zeichnungen gehören Berechnungen, Massenermittlungen, Kostenvoranschläge und Wirtschaftlichkeitsberechnungen zum Bauentwurf.

Im Entwässerungsentwurf für eine Ortsentwässerung sind alle Pläne und Berechnungen für den Bau und den Betrieb zusammengefaßt.

11.4.1 Lageplan des Entwässerungsentwurfs

Der Lageplan einer Kanalisation enthält im einzelnen (**11**.9 und **11**.10):

- die Lage vorhandener und geplanter Leitungen, Kontrollschächte und Schachtbauwerke,
- die Längen der Haltungen (das ist die Rohrleitung jeweils von Schacht zu Schacht),
- Material und Durchmesser der Rohre,
- Gefälle und Fließrichtung,
- Bezeichnung und Numerierung der Schächte,
- NN-Höhen der Rohrsohlen und Schachtdeckel,
- für Regenwasserleitungen die Einzugsgebiete mit lfd. Nummer, Größe und Abflußbeiwert.

Die Darstellung der einzelnen Bestandteile im Lageplan ist nicht genormt und deshalb uneinheitlich. Die in Bild **11**.9 gezeigten Beispiele sind zwar häufig, aber nicht überall üblich und verbindlich. Auch viele Bezeichnungen (z. B. Siel oder Kanal statt Leitung) sind traditionell und landschaftlich gebunden.
Bild **11**.10 zeigt den Lageplanausschnitt einer Ortsentwässerung. Der jeweiligen Legende (Zeichenerklärung) kommt wegen der unterschiedlichen Darstellung große Bedeutung zu. (Vgl. **11**.9 mit **11**.10!)

Der Lageplan enthält alle für den Bau der Rohrleitungen erforderlichen Angaben.

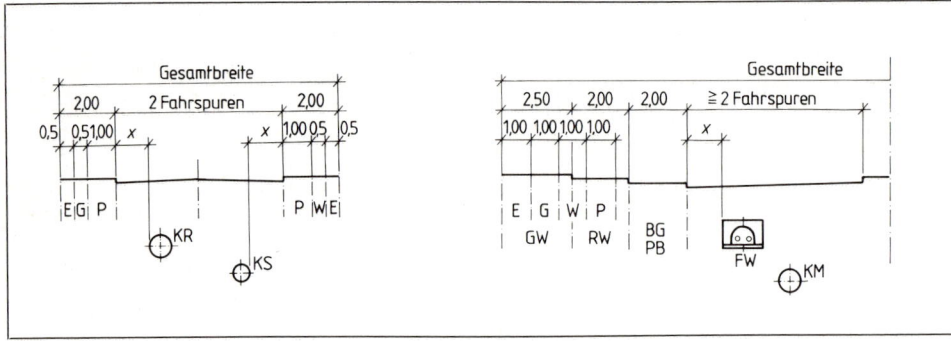

11.11 Beispiele für das Einordnen öffentlicher Versorgungsleitungen nach DIN 1998

BG = Baumgraben, unterbrochen von
PB = Parkbuchten
E = E-Zone
FW = Fernwärmeleitung
MS = Mittelstreifen
P = P-Zone
RW = Radweg
W = W-Zone
WH = Wasserhauptleitung
G = G-Zone
GW = Gehweg
KM = Mischwasserkanal
KR = Regenwasserkanal
KS = Schmutzwasserkanal

Die Lage der Leitungen im Straßenkörper läßt sich im Lageplan M 1:1000 nicht genau festlegen bzw. von der bauausführenden Firma nicht genau daraus ersehen. Da vor allem die städtischen Straßen zahlreiche Leitungen aufnehmen müssen, sind bei Planung und Bau die in DIN 1998 festgelegten „Richtlinien für das Einordnen von öffentlichen Versorgungsleitungen" zu beachten. Schmutz- und Regenwasserleitungen liegen dabei nebeneinander (beim Bau möglichst in einer Baugrube) im Bereich der Fahrbahn (**11.**11). Transportleitungen sollen in den Seiten der Fahrbahn, Versorgungs- und Verkehrsleitungen in den Gehwegen untergebracht werden.

> Schmutz- und Regenwasserleitungen sind entsprechend DIN 1998 in die Straße einzuordnen.

11.4.2 Längsschnitt eines Entwässerungsentwurfs

Längsschnitte stellen die Höhenverhältnisse der Rohrleitung im Gelände dar. Durch die zeichnerische Darstellung der Höhen und Längen in unterschiedlichen Maßstäben (z. B. Maßstab der Höhe 1:50 bei Maßstab der Länge 1:500 = Verhältnis 1:10) werden Höhen, Gefälle und Baugrubentiefen besonders deutlich. Aber auch Gefällewechsel, Durchmesseränderungen und Abstürze sind im Längsschnitt klar zu erkennen. Die meist nebeneinander liegenden Schmutz- und Regenwasserleitungen werden in getrennten Längsschnitten, manchmal aber in einem gemeinsamen Längsschnitt dargestellt. Im letzten Fall ist zu empfehlen, sie – wie im Lageplan – unterschiedlich mit ausgezogenen bzw. gestrichelten Linien darzustellen. Der Längsschnitt enthält im einzelnen (**11.**12):

– die Leitungen mit den Angaben der Sohlhöhen („Fließsohle"),
– das Gelände bzw. die Straße mit Höhenangaben,
– Gefälle, Fließrichtung, Rohrdurchmesser und Material der Rohrleitungen,

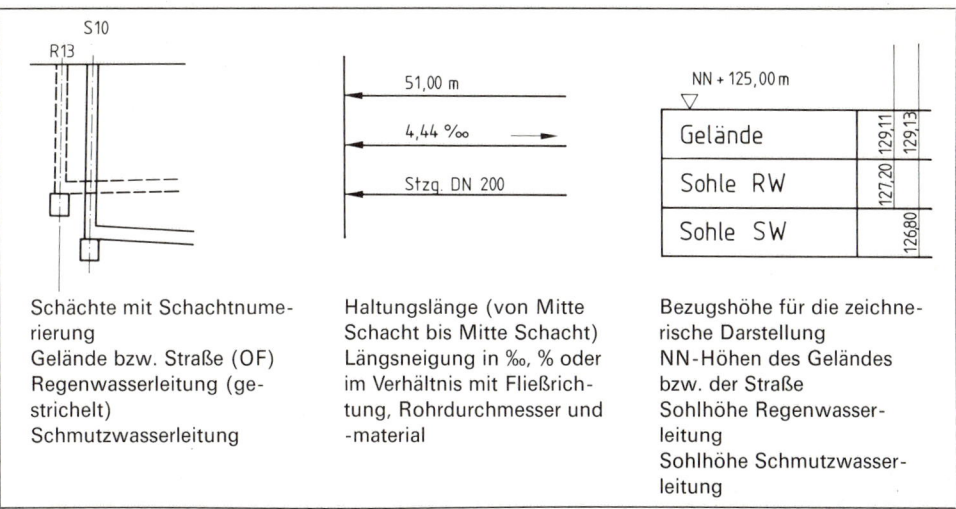

11.12 Bestandteile des Längsschnitts einer Schmutz- und Regenwasserleitung

- die Schächte mit Schachtnummern und Schachtabständen, den Haltungslängen,
- zufließende Rohrleitungen in der Ansicht,
- die Bezugshöhe der zeichnerischen Darstellung,
- ergänzende Angaben wie Straßennamen und Anschlußleitungen,
- evtl. Bohrergebnisse oder Hinweise auf Böden und Bodenklassen.

Bild **11**.13 zeigt einen Längsschnitt mit Gefälleleitung für Schmutz- und Regenwasser sowie eine Druckrohrleitung für Schmutzwasser. Wie deutlich zu erkennen ist, kann die Druckrohrleitung verhältnismäßig flach (aber frostfrei!) und in gleichbleibender Tiefe verlegt werden. Im Längsschnitt verlaufen Geländehöhe und Druckrohrleitung weitgehend parallel.

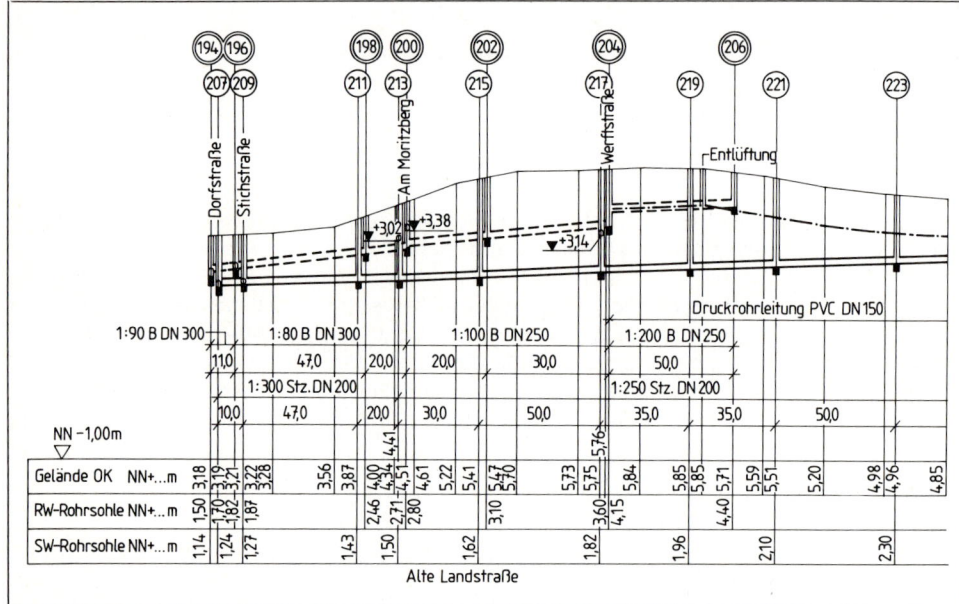

11.13 Beispiel für den Längsschnitt einer Ortsentwässerung (um die Hälfte gekürzt)

> Der Längsschnitt stellt die NN-Höhen der Rohrleitung und des Geländes besonders anschaulich dar. Er wird mit unterschiedlichen Maßstäben für Höhen und Längen gezeichnet.

11.5 Bau der Rohrleitungen

Rohrleitungen für Schmutz- und Regenwasser werden in frostfreier Tiefe

- in unverbauten, meist geböschten Rohrgräben oder
- in verbauten Rohrgräben mit senkrechten Grabenwänden verlegt (**11**.14).

Unfälle bei Arbeiten in und an Rohrgräben verlaufen häufig schwer, manchmal tödlich! Deshalb gelten sehr strenge Vorschriften der zuständigen Bau- bzw. Tiefbau-Berufsgenossenschaft. Rohrgräben mit senkrechten Wänden müssen ab 1,75 m Tiefe in jedem Fall voll verbaut („verkleidet") werden. Genaue Angaben macht Bild **11**.14.

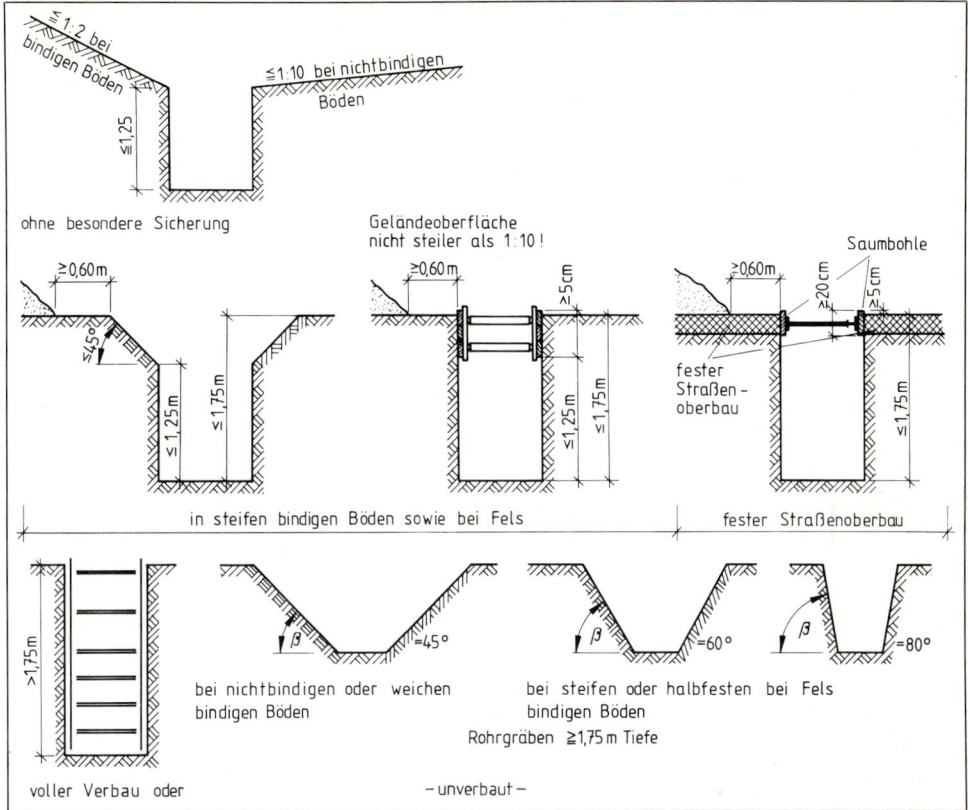

11.14 Sicherung von Baugruben und Gräben nach DIN 4124

Die Breite der Baugrube muß zwischen dem Verbau so bemessen sein, daß alle Arbeiten gefahrlos ausgeführt werden können. DIN 4124 legt die lichte Baugrubenbreite für verkleidete bzw. unverkleidete Baugruben in Abhängigkeit von Baugrubentiefe und äußerem Rohrdurchmesser fest (**11.15** auf S. 334). Für die Abrechnung der Erdarbeiten werden die Breitenmaße der DIN 4124 in den Abrechnungs-DIN 18 300 (Erdarbeiten) zugrunde gelegt.

Baugrubentiefe. Die Tiefe der Baugrube und des Bodenaushubs ergibt sich zunächst aus den Höhenangaben im Lageplan und/oder im Längsschnitt:

Deckeloberkante (DO)/Gelände	± ··· m NN
− Rohrsohle	± ··· m NN
= Baugrubentiefe	··· m

Diese Baugrubentiefe ist aber nur für dünnwandige Rohre (z. B. normalwandige Steinzeugrohre) ohne Fuß und ohne zusätzliche Bettung möglich (**11.16** auf S. 334). Oft kommen Wanddicke und/oder Bettung hinzu.

> Die Mindestbreite der Rohrgräben ist aus Sicherheitsgründen in DIN 4124 festgelegt. Die Tiefe ergibt sich rechnerisch aus den Höhenangaben in Lageplan und Längsschnitt.

Tabelle 11.15 Rohrgrabenbreiten nach DIN 4124

Lichte Mindestbreiten für Gräben ohne betretbaren Arbeitsraum

Regelverlegetiefe Lichte Grabenbreite	$\leq 0{,}70$ m 0,30 m	$> 0{,}70$ bis 0,90 m 0,40 m	$> 0{,}90$ bis 1,00 m 0,50 m	$> 1{,}00$ bis 1,25 m 0,60 m

Lichte Mindestbreiten für Gräben mit betretbarem Arbeitsraum

Äußere Leitungs- bzw. Rohrschaft-$\varnothing$ d in m	Lichte Mindestbreite b in m			
	verbauter Graben		nicht verbauter Graben	
	Regelfall	Umsteifung	$\beta \leq 60°$	$\beta > 60°$
$\leq 0{,}40$	$d + 0{,}40$	$d + 0{,}70$	$d + 0{,}40$	$d + 0{,}40$
$> 0{,}40$ bis 0,80	$d + 0{,}70$		$d + 0{,}40$	$d + 0{,}70$
$> 0{,}80$ bis 1,40	$d + 0{,}85$			
$> 1{,}40$	$d + 1{,}00$			

Vollverbaute Rohrgräben müssen bis 1,75 m Tiefe $\geq$ 70 cm, bis 4,00 m Tiefe $\geq$ 80 cm, über 4,00 m Tiefe $\geq$ 1,0 m lichte Grabenbreite haben.

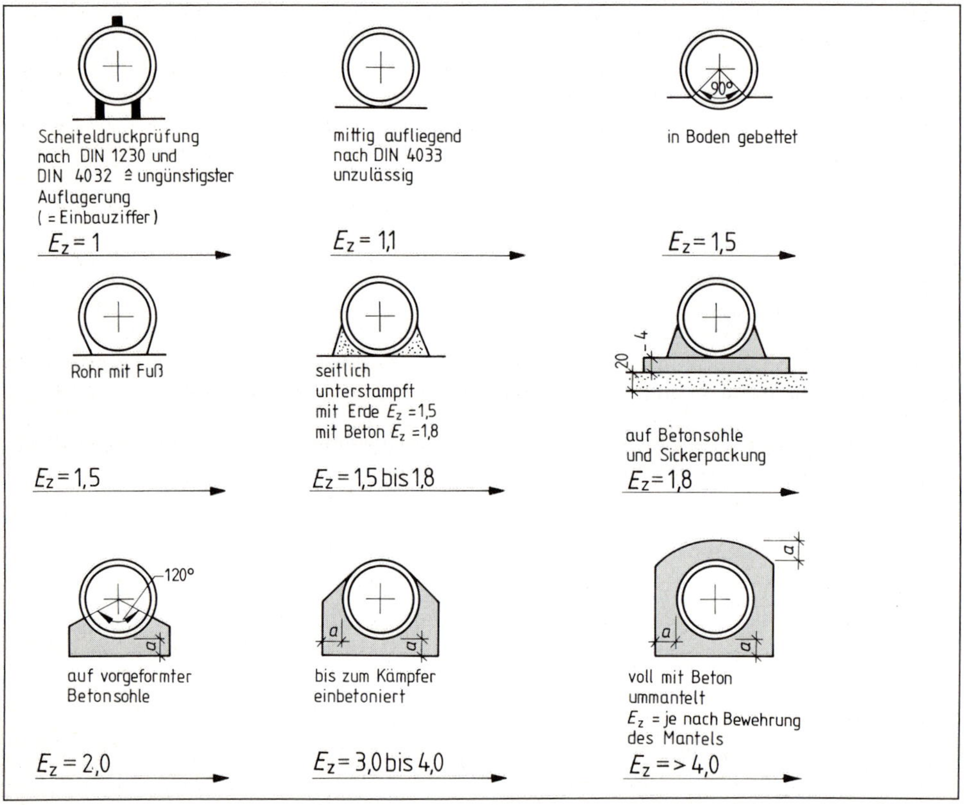

Scheiteldruckprüfung nach DIN 1230 und DIN 4032 $\triangleq$ ungünstigster Auflagerung (= Einbauziffer)
$E_z = 1$

mittig aufliegend nach DIN 4033 unzulässig
$E_z = 1{,}1$

in Boden gebettet
$E_z = 1{,}5$

Rohr mit Fuß
$E_z = 1{,}5$

seitlich unterstampft
mit Erde $E_z = 1{,}5$
mit Beton $E_z = 1{,}8$
$E_z = 1{,}5$ bis 1,8

auf Betonsohle und Sickerpackung
$E_z = 1{,}8$

auf vorgeformter Betonsohle
$E_z = 2{,}0$

bis zum Kämpfer einbetoniert
$E_z = 3{,}0$ bis 4,0

voll mit Beton ummantelt
E_z = je nach Bewehrung des Mantels
$E_z = > 4{,}0$

11.16 Rohrauflagerungen nach DIN 4032 und DIN 4033

Der Verbau muß zur Sicherheit bis zur Baugrubentiefe herabgeführt werden. Das ist bei modernem Verbau mit Verbaukästen und -geräten einfach, bei den traditionellen Verbauarten wie dem waagerechten Verbau dagegen sehr umständlich. Die klassischen Verbauarten des waagerechten und senkrechten Holzbohlenverbaus, des Trägerbohlwandverbaus oder des Verbaus mit Kanaldielen und Spundbohlen sind sehr lohnintensiv und deshalb oft von Verbaugeräten abgelöst worden.

Grundwasserabsenkung. Rohre können nur in einer trockenen Baugrube verlegt werden. Da häufig der Grundwasserspiegel höher liegt als die Rohrsohle, muß eine Grundwasserabsenkung vorgenommen werden. Ist der Grundwasserspiegel nur wenig höher als die Sohle der Baugrube, kann dies in offener Wasserhaltung geschehen. Bei höheren Wasserständen ist eine Grundwasserabsenkung durch Brunnen (bei sandigen Böden, die das Wasser leicht abgeben) oder im Vakuumverfahren (bei bindigen Böden, in denen das Wasser durch Adhäsion festgehalten wird) erforderlich.

> Rohre können nur in einem sicheren und trockenen Rohrgraben verlegt werden.

Die Rohrlagerung ist wichtig für die Lebensdauer der Rohrleitung, weil große Kräfte aus Verkehrslasten und Überschüttung lotrecht wirken. Schäden an Rohrleitungen wie Setzungen und Brüche sind nur unter großem Aufwand zu beheben. Ein gutes Rohrauflager leitet die im Rohrscheitel angreifenden Kräfte in den Boden ab. Dabei vermeiden wir jede punkt- oder linienförmige Auflagerung, wie sie gerade bei Muffenrohren leicht entsteht. Nimmt man die in der Scheiteldruckprüfung übliche, aber ungünstige Lagerung mit der Einbauziffer = 1 an, sind alle auf der Baustelle vorkommenden Auflagerungen besser (**11.16**). Sand-, Kies-, Schlacken- oder Betonauflager, die unter den Rohren eingebaut werden, verbessern häufig nicht nur die Auflagerbedingungen, sondern ermöglichen in bindigen und felsigen Böden überhaupt erst ein rationelles und einwandfreies Verlegen der Rohre. Nur eine setzungsfreie Lagerung garantiert einen störungsfreien Abfluß bei dem oft sehr geringen Gefälle.

> Um Schäden an Rohrleitungen zu vermeiden, ist eine satte, setzungsfreie Auflagerung der Rohre erforderlich.

Das Verlegen der Rohre ist durch vorgefertigte Dichtungen (Steckmuffen L und K) und die häufige Verwendung von Muffenrohren (mit einfachen Rollringdichtungen) rationalisiert worden. Die Rohrdichtungen müssen kurz vor dem Verlegen im Graben nur noch gesäubert werden. Flucht und Sohlhöhe der Rohrleitung übertragen wir heute kaum noch mit Visierlatten, sondern mit dem Laserstrahl. Der im Schacht oder im ersten Rohr eingesetzte Baulaser gibt mit

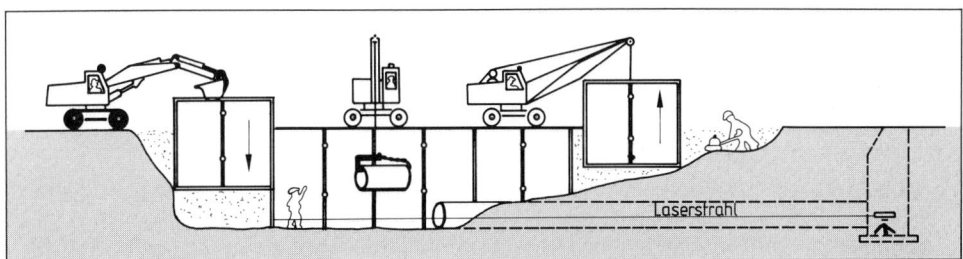

11.17 Heute übliches Verlegen von Rohren mit dem Baulaser in einem kurzen, durch Verbaugeräte gesicherten Rohrgraben

seinem auf $1/100$% genau einzustellenden roten, aktiven Strahl jederzeit Flucht und Höhe für die Rohrleitung an. Baulaser und Grabenverbaugeräte ermöglichen eine kurze Baustelle und eine schnelle Verlegung bei geringem Lohnaufwand (**11.17**).

Verfüllen. Vor dem Verfüllen des Rohrgrabens kann die verlegte Rohrleitung durch Augenschein geprüft werden – meist wird zugunsten besserer Verfahren darauf verzichtet. Abzweiger, an die später angeschlossen werden soll, werden jedoch vor dem Verfüllen vom Schacht aus in Fließrichtung eingemessen: Das Verfüllen muß mit größter Vorsicht und Sorgfalt geschehen. Im Bereich der Leitungszone (bis 30 cm über Rohrscheitel) darf nur steinfreier Boden mit leichtem Verdichtungsgerät eingebaut werden, um eine Zerstörung und ein Verschieben der Rohre zu vermeiden. Erst ab 1,00 m über Rohrscheitel dürfen wir schwere Stampf- und Rüttelgeräte für das sorgfältige Verdichten der lagenweise eingebrachten Bodenschichten einsetzen.

Die Kontrolle der Rohrverlegung (nach dem Verfüllen) ist

– eine Prüfung auf Wasserdichtheit nach DIN 4033 (**11.18**) und/oder
– eine optische Kanalrohruntersuchung mit fahrbarer Kanalfernsehanlage.

Bei der Prüfung auf Wasserdichtheit erweist sich, ob eine Rohrleitung bei 15 min Prüfdauer und einem Prüfdruck von 5 m Wassersäule (= 0,5 bar) dicht ist. Dabei ist eine geringe Wasserzugabe in Abhängigkeit von Material (bei Steinzeugrohren 0,1 l/m² benetzter Innenfläche, bei Betonrohren 0,25 bis 0,4 l/m²) und Rohrprofil (Kreis- oder Eiprofil), während der Prüfdauer zulässig. Die heute übliche optische Prüfung mit dem „Kanalfernauge" zeigt auf dem Monitor Unregelmäßigkeiten der Rohre, Verbindungen oder Anschlüsse bei ablesbarer Stationierung.

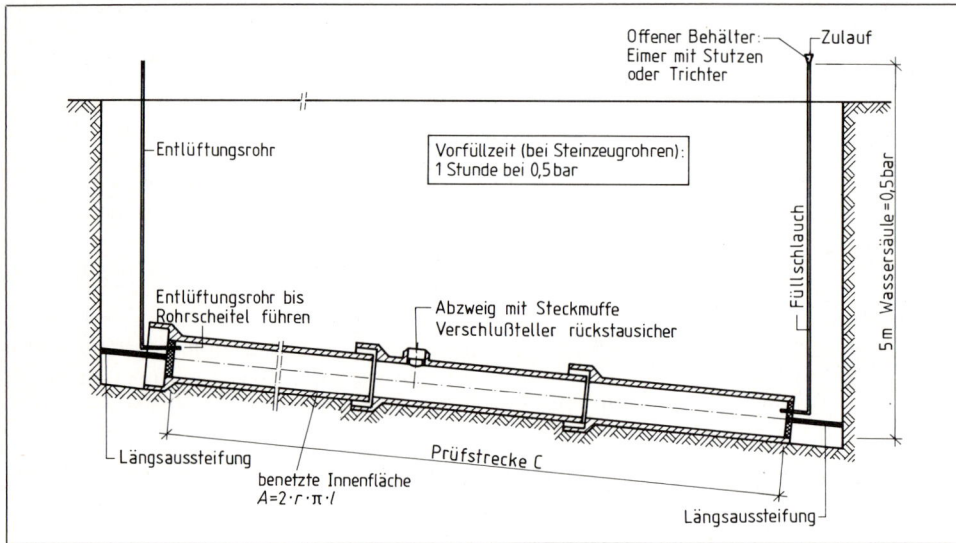

11.18 Prüfen einer Rohrleitung auf Wasserdichtheit nach DIN 4033

Muffenrohre aus Steinzeug und Beton werden mit Steckmuffen oder Rollringen gedichtet und mit Hilfe des Laserstrahls höhen- und fluchtgerecht verlegt. Der Rohrgraben ist sorgfältig zu verfüllen. Die Rohrleitung wird auf Wasserdichtheit und/oder mit dem Kanalfernauge geprüft.

11.6 Schachtbauwerke

Die Ortsentwässerung besteht nicht nur aus den Rohrleitungen, sondern auch aus einer Reihe ergänzender Bauwerke, die den Betrieb überhaupt erst ermöglichen. Am wichtigsten und häufigsten sind Schachtbauwerke.

Schächte unterteilen die Rohrleitung in Abständen von maximal etwa 60 m in einzelne Haltungen. So ist es möglich, eine Rohrleitung in Kurven zu verlegen. In den Schächten werden häufig mehrere Leitungen zusammengeführt (**11.19**). Aber auch Änderungen des Rohrdurchmessers und des Gefälles sowie der Ausgleich größerer Höhendifferenzen werden in den Kontrollschächten vorgenommen (**11.20**). Schächte dienen ferner zur Kontrolle und Reinigung (daher die üblichen Bezeichnungen Prüf-, Kontroll- oder Einsteigschacht).

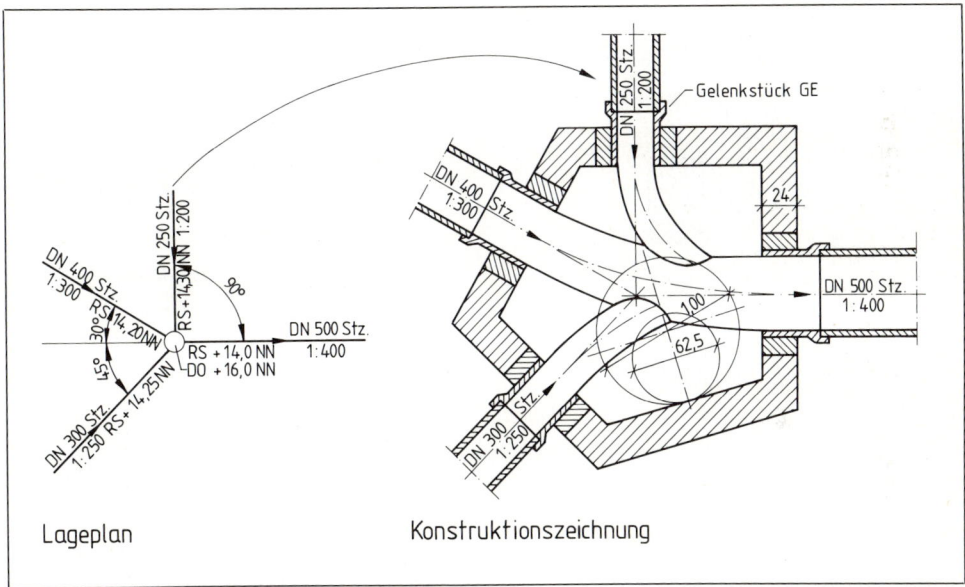

11.19 Zusammenführung mehrerer Leitungen in einem Schacht, Darstellung in Lageplan und Konstruktionszeichnung

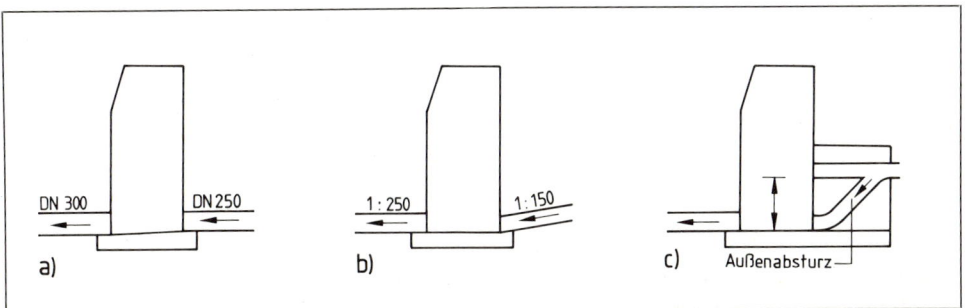

11.20 In Kontrollschächten können Rohrdurchmesser (a) und Gefälle (b) geändert sowie Höhendifferenzen zwischen den Rohrleitungen (c) ausgeglichen werden

Normale Schächte bestehen

- aus runden oder eckigen, meist aus Kanalklinkern gemauerten Unterteilen (**11**.21).
- aus Betonfertigteilen (nach DIN 4034), die das Schachtoberteil bilden (**11**.22),
- aus Schachtabdeckungen (nach DIN 1229), die den oberen, allein sichtbaren Abschluß des Schachtes bilden (**12**.23).

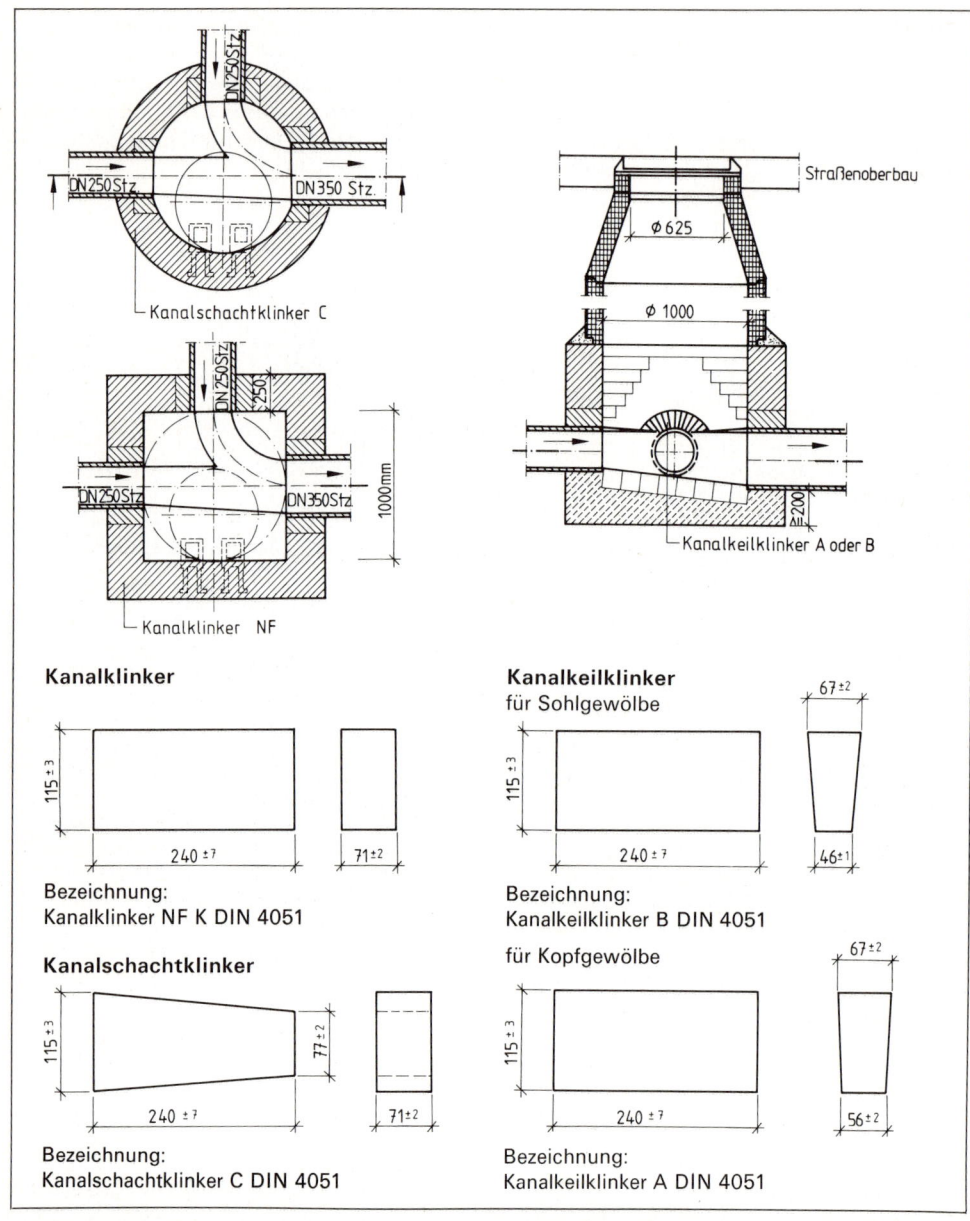

11.21 Kanalklinker nach DIN 4051 dienen hauptsächlich zur Herstellung von Schachtunterteilen (Maße in mm)

Auflageringe (AR)
$h = 40$ mm, 60 mm, 80 mm
Bezeichnung: Auflagering
AR 625 × 60 DIN 4034
       ↑   ↑
     d_i h (mm)

Schachthälse (SH)

d	zul. Abw.
800	± 7
1000	± 8
1200	±10
1500	±10

Bezeichnung: Schachthals
SH 1000 × 625 A DIN 4934
      ↑   ↑
      d obere Lichtwerte

Schachtringe (SR)
Zulässige Abweichungen wie bei SH
Bezeichnung: Schachtring
SR 1200 × 500 A DIN 4034 – S
      ↑   ↑   ↑
      d Bauhöhe statische Bewehrung
Anordnung der Steigeisen
(Steigmaß): $A = 250$ mm, $B = 333$ mm

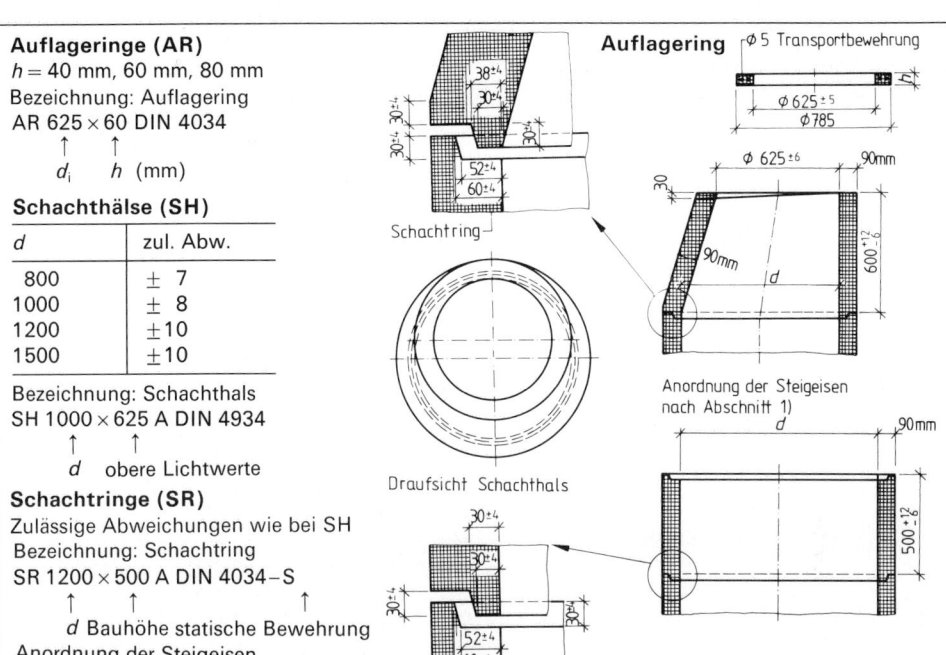

11.22 Betonfertigteile nach DIN 4034 für Oberteile von Kontrollschächten

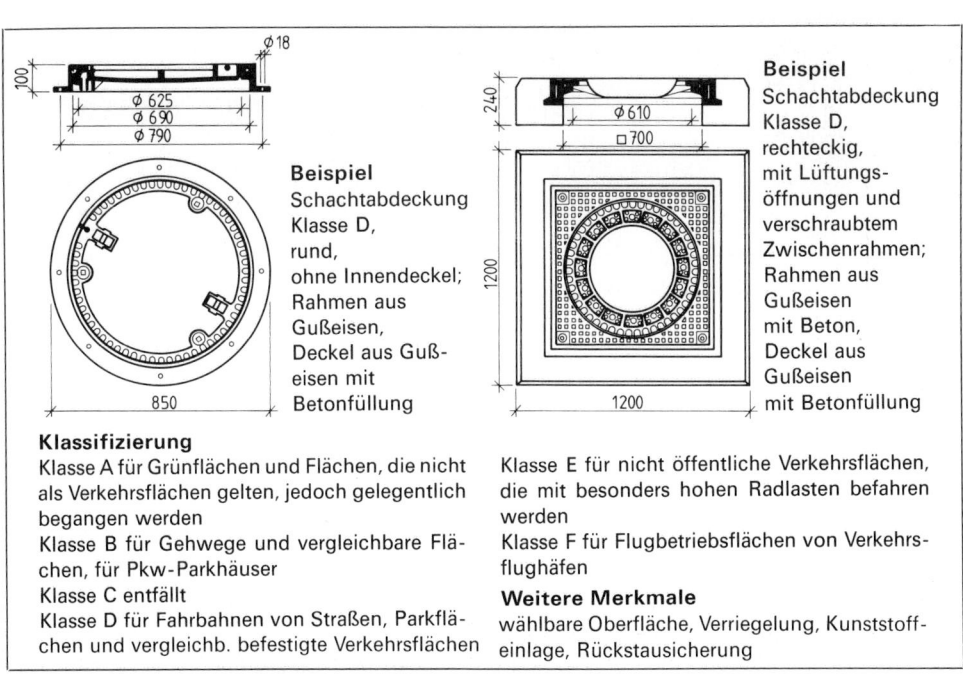

Beispiel
Schachtabdeckung Klasse D, rund, ohne Innendeckel; Rahmen aus Gußeisen, Deckel aus Gußeisen mit Betonfüllung

Beispiel
Schachtabdeckung Klasse D, rechteckig, mit Lüftungsöffnungen und verschraubtem Zwischenrahmen; Rahmen aus Gußeisen mit Beton, Deckel aus Gußeisen mit Betonfüllung

Klassifizierung
Klasse A für Grünflächen und Flächen, die nicht als Verkehrsflächen gelten, jedoch gelegentlich begangen werden
Klasse B für Gehwege und vergleichbare Flächen, für Pkw-Parkhäuser
Klasse C entfällt
Klasse D für Fahrbahnen von Straßen, Parkflächen und vergleichb. befestigte Verkehrsflächen
Klasse E für nicht öffentliche Verkehrsflächen, die mit besonders hohen Radlasten befahren werden
Klasse F für Flugbetriebsflächen von Verkehrsflughäfen

Weitere Merkmale
wählbare Oberfläche, Verriegelung, Kunststoffeinlage, Rückstausicherung

11.23 Schachtabdeckungen nach DIN 1229

Die größten Unterschiede betreffen Konstruktion und Baustoffe der Schachtunterteile. So wird z. B. das Gerinne (= Fließsohle im Schachtbereich) aus ganzen oder geteilten Sohlenschalen, Kanal-, Spaltklinkern oder Beton ausgebildet. Bild **11**.24 zeigt einen Normalschacht und einen äußeren Absturzschacht – Zeichnungen, wie sie der Bauzeichner für die Bauausführung erstellt.

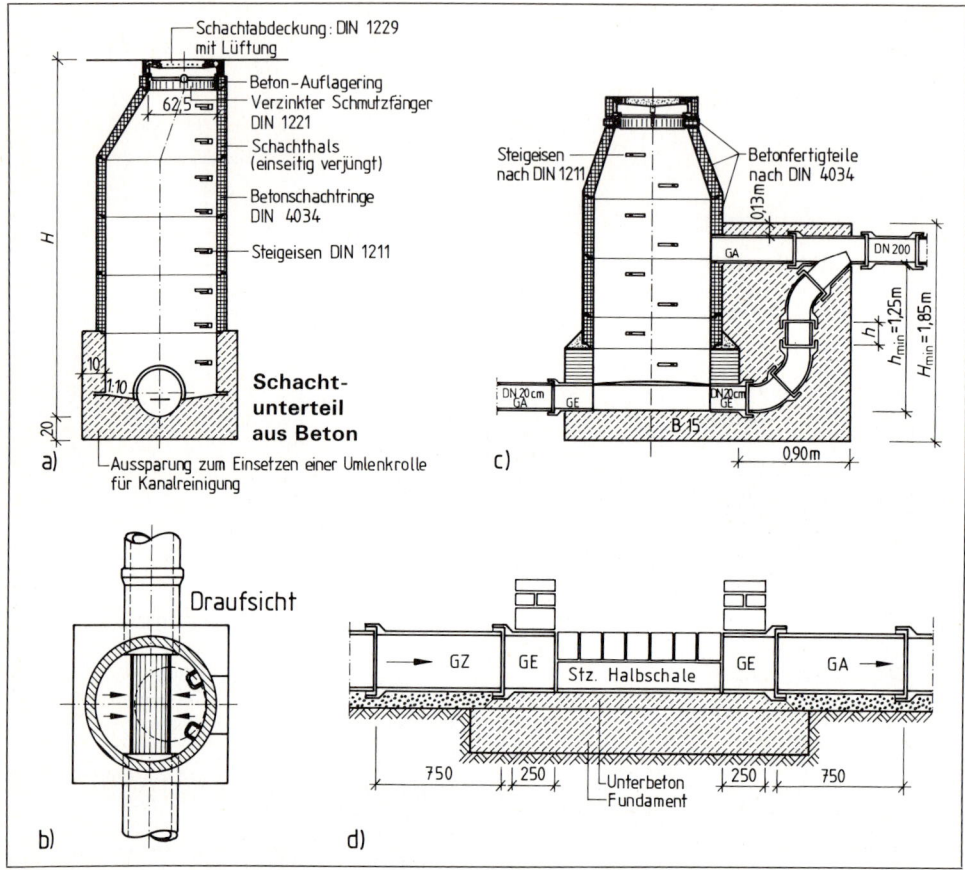

11.24 Normaler Einsteig(Kontroll-)schacht (a und b), Schacht mit äußerem Absturz (c) und Beispiel für die Konstruktion des Gerinnes (d)

Schächte in etwa 50 bis 60 m Abstand dienen zu Kontrolle und Reinigung, ermöglichen aber auch Konstruktionsänderungen von Haltung zu Haltung. Sie bestehen aus meist gemauerten Unterteilen sowie vorgefertigten Oberteilen und Abdeckungen.

11.7 Pumpwerke und Kläranlagen

Pumpwerke. An den Tiefpunkten eines Entwässerungsnetzes muß das Schmutzwasser gehoben oder gepumpt werden. Danach kann es entweder in einer Gefälleleitung unmittelbar weiterfließen oder überwindet in einer Druckrohrleitung eine größere Strecke auf dem Weg zum

Klärwerk. Das im Pumpwerk ankommende Schmutzwasser gelangt über Rechen und Sandfang in einen Pumpensumpf. Von dort fließt es durch ein Saugrohr den Pumpen zu und wird von ihnen in eine Druckrohrleitung gedrückt. Aus diesen Stationen des Abwassers in einem Pumpwerk ergibt sich die technische Ausrüstung mit Pumpen (oft Kreiselpumpen), Schiebern und Rückschlagklappen zur Sicherheit, Motoren für die Pumpen. Elektrische Schaltungen, druckabhängige Steuerungen, Belüftung, Wartung und Reparatur sind bei der Planung zu berücksichtigen. Alle diese Bestandteile sind in einer Pumpstation oder in einem Pumpwerk zusammenzufassen. Die Größe ergibt sich aus Kapazität und Ausstattung (**11.25**).

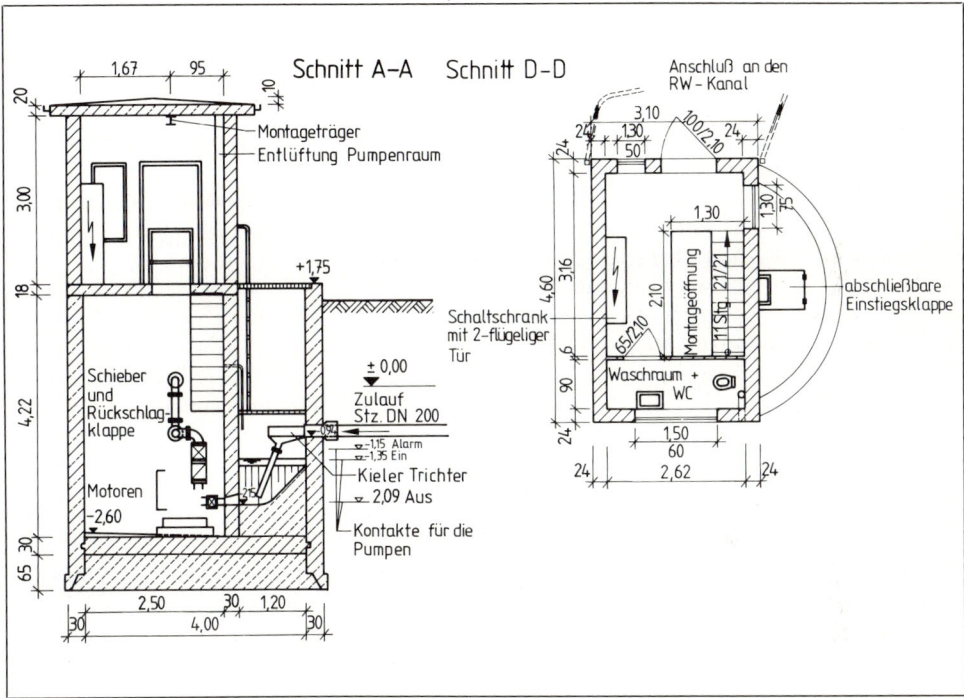

11.25 Konstruktionszeichnung für ein kleines Pumpwerk (um die Hälfte gekürzt)

Pumpwerke drücken von Tiefpunkten eines Entwässerungsnetzes aus Schmutzwasser in Druckrohrleitungen zum Klärwerk.

Kläranlagen. Alle Arten von Kläranlagen haben die Aufgabe, das Abwasser so zu klären, daß es ohne Schaden für Menschen, Tiere und Pflanzen den Vorflutern Bach, Fluß, See und Meer zugeleitet werden kann. Noch ist das nicht überall und befriedigend gelöst – Versalzungen und Trübungen des Wassers, Schaumberge, Fischsterben und Geruchsbelästigungen gibt es immer noch.
Abwässer enthalten anorganische und organische Stoffe, in gelöster und ungelöster Form, ferner eine Vielzahl von Kleinstlebewesen (Bakterien) und Krankheitskeimen. Entsprechend dieser Zusammensetzung des Abwassers besteht eine gute Klärung aus mechanischen, chemischen und biologischen Vorgängen.

Bei der mechanischen Klärung werden große, ungelöste Stoffe an Sieben und Rechen bzw. in Sandfiltern zurückgehalten. Sie können aber auch durch Absetzen (in Absetzbecken) oder durch Aufschwimmen und Abstreifen (im Schwimmverfahren) entfernt werden.

Bei der chemischen Klärung reagieren chemische Zusätze als Fällmittel mit gelösten Stoffen und Schwebstoffen. Es entstehen absetzbare Stoffe und Flocken, die meist durch Absetzen entfernt werden. Chemikalien wie Chlor töten außerdem (Krankheits-)Keime.

Bei der biologischen Klärung macht man sich natürliche Lebensvorgänge für die Reinigung zunutze, wie sie auch in der Natur – z. B. bei der Selbstreinigung der Gewässer durch Kleinlebewesen – vor sich gehen. Bakterien und andere niedere Tierformen verzehren den organischen „Schmutz" des Abwassers und verwandeln ihn dabei in absetzbare Flocken (beim Belebungsverfahren) oder festsitzende Häute (beim Tropfkörperverfahren). In jedem Fall muß das Wasser viel gelösten Sauerstoff (aus der Luft) enthalten, der durch die Bakterien verbraucht wird und immer wieder ersetzt werden muß.

Im Klärwerk durchläuft das Abwasser bis zur vollständigen Klärung viele Stationen. Die bauliche Gestaltung ist durch eine Vielzahl von Becken, Türmen, Leitungen, Pumpenhäuser usw. äußerst kompliziert und kann hier nicht dargestellt werden.

Kleinere Gemeinden ohne Anschlußmöglichkeit an ein Klärwerk reinigen ihre Abwässer (als Mischwasser) häufig in belüfteten A b w ä s s e r t e i c h e n auf biologische Weise. Ihnen sind meist Absetzteiche, Rechen und Filter vorgeschaltet. Die Abwasserteiche sind oft auch Fischteiche mit evtl. Frischwasserzufluß von Bach oder Fluß.

Ohne Anschluß an eine Schmutzwasserleitung bleibt nur die Möglichkeit einer eigenen H a u s k l ä r a n l a g e. Es sind genaugenommen Abwasserfaulräume, in denen ein biologisches Faulen mit Bakterien ohne Zutritt von Luft, aber mit erheblicher Schwefelwasserstoffentwicklung abläuft. Der Schlamm muß meist zweimal im Jahr aus den drei Kammern entfernt werden. Das Versickern des „geklärten" Wassers kann sich bei bindigen Böden und hohen Grundwasserständen schwierig gestalten. Hauskläranlagen sind nicht umweltfreundlich und werden – wo immer es möglich ist – durch bessere Möglichkeiten ersetzt.

Abwasser wird heute meist mit mechanischen, chemischen und biologischen Reinigungsverfahren in großen Klärwerken bis fast zur Trinkwasserqualität geklärt. Kleine Gemeinden klären häufig in Klärteichen.

11.8 Ergänzende Bauwerke der Regenwasserableitung

Offene Gräben. Wenn möglich, wird Regenwasser nicht in geschlossenen Rohrleitungen, sondern in offenen Gräben der weiteren Vorflut zugeleitet. Sobald es also die Platzverhältnisse erlauben und keine besonderen Risiken damit verbunden sind, wird man statt der teuren Rohrleitung einen offenen Graben bauen. Je nach Gefällverhältnissen kann er gleichzeitig als Sandfang dienen. In diesem Fall ersetzt er einen beckenartigen Sandfang, muß allerdings einen begleitenden Weg erhalten, von dem aus ein Ausräumen mit dem Bagger möglich ist. Häufig werden in diesen Jahren auch die „Sünden" der Nachkriegsjahre wieder gutgemacht: Rohrleitungen werden zu offenen Gräben „zurückgebaut". Offene Gräben, die vor dem Einleiten des Wassers in Seen, Flüsse oder Kanäle große Wassermengen einer ganzen Gemeinde führen, werden gegen Ausspülen und Auskolken im Sohlen- und Böschungsbereich gesichert (**11.26**).

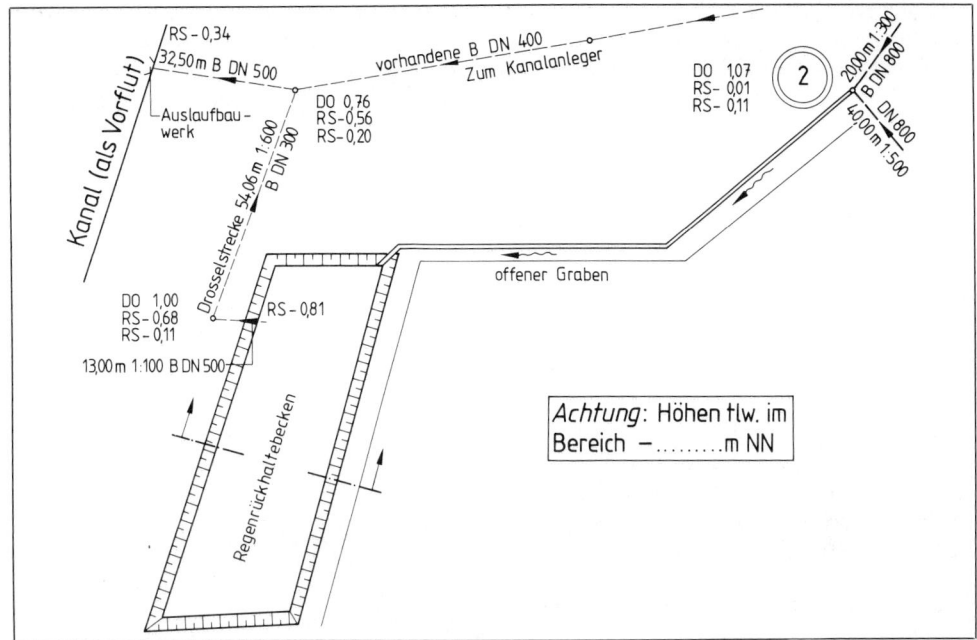

11.26 Regenwasser-Rückhaltebecken, das der Regenwasser-Einleitung in einen Kanal vorgeschaltet ist

Regenwasserbecken werden als Regenwasser-Rückhalte-, Regenüberlauf- (wenn sie zusätzlich einen Überlauf haben) oder Regenklärbecken (wenn sich Schmutzstoffe absetzen sollen) der Einleitung in die Vorflut vorgeschaltet. Die häufigen Regenwasser-Rückhaltebecken lassen sich allseits befestigt als dichte Wanne ausbilden (z. B. im Stadtbereich) oder mit natürlichen Böschungen unbefestigt und ungedichtet anlegen. Bild **11.27** zeigt ein natürliches Regenwasser-Rückhaltebecken am Ende eines offenen Grabens. Zwischen der Einleitung des Wassers in einen Kanal und dem Becken durchfließt das Wasser nochmals eine Rohrleitung unter dem Kanaldeich.

Mit Regenwasserbecken lassen sich bei richtiger Konstruktion gleichzeitig wertvolle **Feuchtbiotope** schaffen.

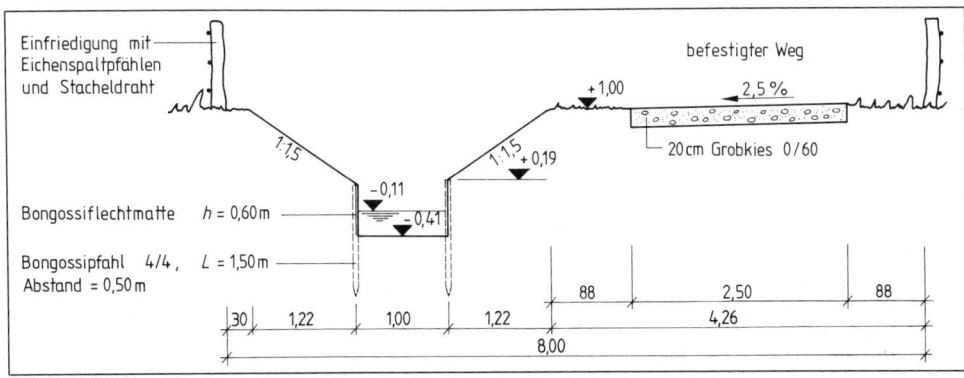

11.27 Offener Graben für Regenwasser als Ersatz für eine Betonrohrleitung

Auslaufbauwerke dienen zur problemlosen Einleitung von Regenwasser in Bäche, Flüsse, Seen oder Kanäle. Sie müssen so gebaut sein, daß das auslaufende Wasser keine Schäden an Sohle oder Böschung verursacht. Flügel- und Stirnwände können aus Beton, hölzernen oder stählernen Spundbohlen bestehen. Die Sohle wird meist mit Pflaster oder Steinpackungen befestigt (**11.28**).

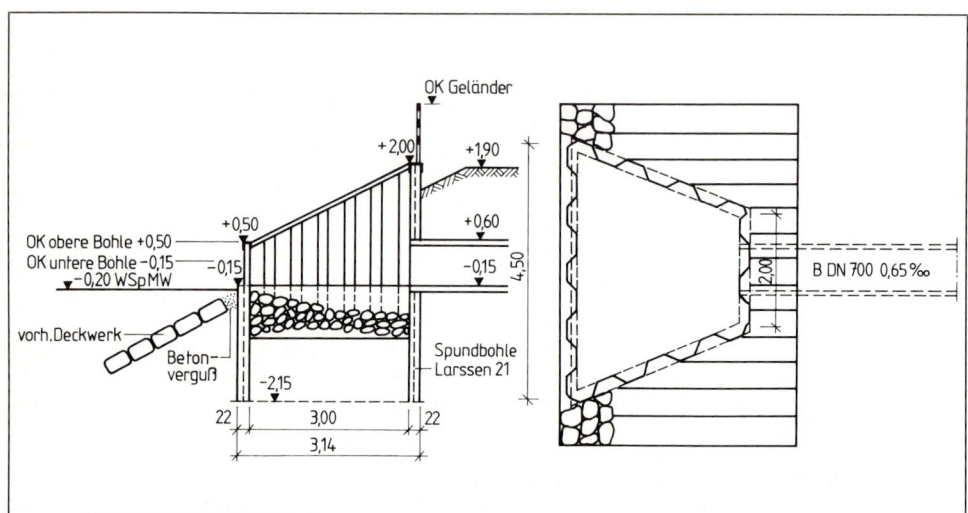

11.28   Auslaufbauwerk einer Betonrohrleitung (um die Hälfte gekürzt)

Offene Gräben, die gleichzeitig als Sandfang dienen, können Regenwasserleitungen ersetzen. Regenwasserbecken speichern das Wasser, bevor es an Vorfluter abgegeben wird. Auslaufbauwerke leiten es schadlos in Vorfluter ein. Sohlen und Böschungen müssen gegen Erosionen geschützt werden.

11.9   Abrechnung

Beim Abrechnen von Entwässerungskanal-Arbeiten nach DIN 18306 ergeben sich die Massen wie folgt:

– Länge der Rohrleitungen aus dem Aufmaß der Haltungen (m) von Mitte Schacht bis Mitte Schacht abzüglich lichte Weite der Schächte;
– Bodenmassen aus der Baugrubentiefe, der Baugrubenbreite nach DIN 4124 und der Länge der Rohrleitung, häufig getrennt nach Tiefe und Bodenklasse;
– Grundwasserabsenkung nach Höhe der Absenkung und der Länge;
– Abzweiger, Schächte, kleine Bauwerke nach Stückzahl aufgrund vorliegender Zeichnungen; Schächte auch nach Tiefe bis zur Rinnensohle;
– Befestigungen des Auflagers, der Sohle sowie Spundwände nach m² oder nach Länge (bei gleichbleibender Breite) laut Aufmaß oder Zeichnung.

Betr. Kanalisation								Blatt Nr.	
AUFMASS									
Kanalstrecke in der _____ Straße, von Schacht, Nr. _____ bis Nr. _____									
Einmessungen	Haus Nr.	Tiefe am Leitungsende	Länge des Anschlusses lfdm | stgm	Entfernung des Abzweigers von Schachtmitte, unten links | Nr. | rechts			Länge des Anschlusses stgm | lfdm	Tiefe am Leitungsende	Haus Nr.	Einmessungen

11.29 Abrechnungsunterlage, die alle Arbeiten für eine Rohrleitungshaltung zusammenfaßt

Viele Auftraggeber haben Abrechnungsunterlagen entwickelt, die alle Leistungen einer Haltung zusammenfassen (11.29). Oft werden zusätzlich Abrechnungs- oder Bestandszeichnungen erstellt. Der Bauzeichner führt diese Arbeiten selbständig durch. Beim Abrechnen unterscheidet man sorgfältig

– zwischen dem öffentlichen und dem privaten Teil der Arbeiten sowie
– zwischen den bezuschußten („förderungswürdigen") Schmutzwasserleitungs-Arbeiten und den nicht bezuschußten Regenwasserleitungs-Arbeiten (11.30).

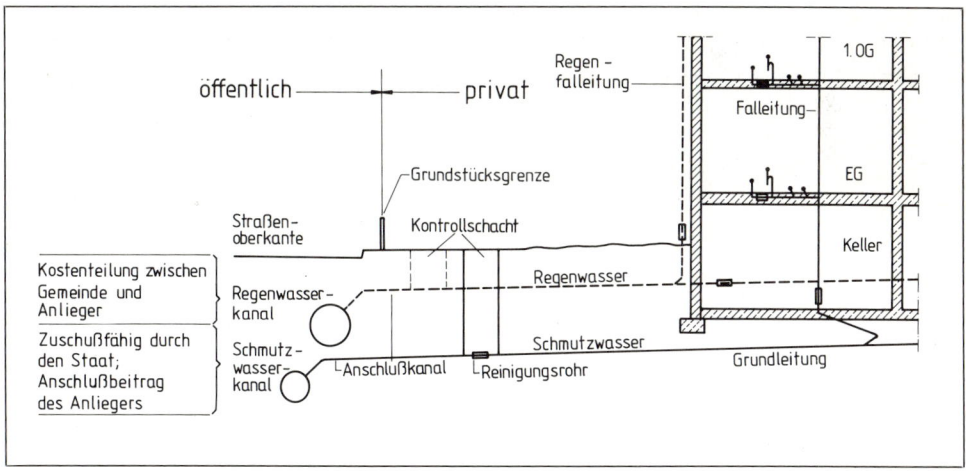

11.30 Öffentlicher und privater Teil der Kanalisation

Entwässerungskanal-Arbeiten werden nach DIN 18306 abgerechnet. Dabei ist zwischen öffentlichen und privaten Teilen sowie zwischen Arbeiten für Schmutz- und Regenwasserleitung zu unterscheiden.

Aufgaben zu Abschnitt 11

1. Welche Bauarbeiten fallen bei der Kanalisation (oder Wasserentsorgung) einer Gemeinde an?
2. Wie werden Schmutz- und Regenwassereinleitungen abgekürzt und zeichnerisch dargestellt?
3. Wie wirkt sich die unterschiedliche Verschmutzung der Wasserarten auf die baulichen Maßnahmen aus?
4. Wovon hängen Rohrdurchmesser, Rohrmaterial und Rohrform der Leitungen (Kanäle) ab?
5. Warum können Schmutz- und Regenwasserleitungen in der Regel nicht auf gleicher Höhe im Rohrgraben verlegt werden?
6. Welche Verbindungen und Dichtungen sind für die Rohre üblich?
7. Nennen Sie Möglichkeiten, Rohre auch bei hohen Auflasten bruchsicher zu verlegen.
8. Aus welchen Einzelplänen besteht der gesamte Entwässerungsentwurf?
9. Welche Bedeutung hat der Tiefpunkt eines Einzugsgebiets für die baulichen Maßnahmen?
10. Welche für den Bau wichtigen Daten und Einzelheiten enthält der Lageplan des Entwässerungsentwurfs, und wie werden sie dargestellt?
11. Welche Daten und Einzelheiten veranschaulicht der Längsschnitt?
12. Wodurch unterscheidet sich der Bau der Schmutzwasser-Druckrohrleitung von der Gefälleleitung?
13. Wovon hängt die Breite der Rohrgräben ab?
14. In welchen Situationen und bei welchen Tiefen müssen Rohrgräben mit senkrechten Wänden verbaut werden?
15. Wozu dienen Kies-, Schlacken- oder Betonschichten unter Rohren?
16. Wie werden Flucht, Höhe und Neigung der Rohrleitung vom Plan in die Wirklichkeit übertragen?
17. Wie werden verlegte Rohrleitungen geprüft, und was ist das Ziel der Prüfung?
18. Welche Aufgaben haben Kontrollschächte zu erfüllen?
19. Welche Baustoffe verwendet man beim Bau der Schachtunterteile?
20. Welche Aufgaben erfüllen Pumpwerke, und welche Bestandteile haben sie?
21. Unter welchen Voraussetzungen kann statt einer Rohrleitung ein offener Graben gebaut werden?
22. Was ist bei der Konstruktion von Auslaufbauwerken zu beachten?
23. Welche Aufgaben können Regenwasserbecken erfüllen?
24. Wie werden die wichtigsten Einzelarbeiten beim Bau eines Rohrleitungssystems abgerechnet?

12 Haustechnik

Der Gebrauchswert eines Gebäudes hängt von einer ausreichenden Versorgung mit Wasser und Energie sowie einer angemessenen Entsorgung von Müll und Abwasser ab. Deshalb ist eine enge Zusammenarbeit zwischen dem Architekten und den öffentlichen Versorgungsunternehmen und Behörden (z. B. Stadtwerke, Überlandwerke) sowie den Entsorgungsträgern (z. B. Müllabfuhr und Abwasserzweckverband) erforderlich.

Während die Zu- und Ableitung bis zum Haus bzw. zur Grundstücksgrenze Sache der öffentlichen Hand ist, muß der Architekt alle technischen Ausrüstungen im und ums Haus planen und dem Nutzungsgrad anpassen.

> Unter Haustechnik verstehen wir die Planung und Ausführung aller Versorgungs- und Entsorgungsleitungen innerhalb eines Gebäudes.

12.1 Hausanschlußraum

Am günstigsten ist es, sämtliche Hausanschlüsse mit den zugehörigen Zählern und Absperrvorrichtungen in einem Hausanschlußraum nach DIN 18012 zu konzentrieren. Dieser Raum soll an der Versorgungsseite (meist Straße) liegen und von außen leicht zugänglich sein. Er muß mindestens 2,0 m lang, 1,20 m breit und 1,80 m hoch sein. Häufig wählt man den sonst nicht gut nutzbaren Raum unter der Treppe dazu. Dann genügt eine Breite von 1,0 m. Wichtig ist, daß der Raum trocken, begehbar und verschließbar ist. Im Hausanschlußraum enden die öffentlichen und beginnen die haustechnischen Versorgungsleitungen. Die wichtigsten Anschlüsse sind die Strom-, Wasser- und Gasleitungen, wobei die Stromzuleitung an einer anderen Wand liegen muß als die Wasser- und Gasversorgung. Wasser und Gas können an der gleichen Wand eingeleitet werden, jedoch ist die Gasleitung oberhalb des Leitungswassers zu verlegen.

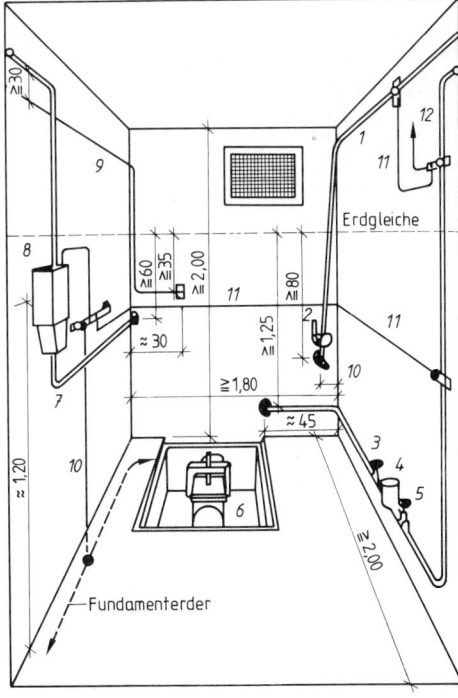

12.1
Hausanschlußraum, Grundriß und Schnitt
1 Gasleitung
2 Gas-Hauptabsperreinrichtung
3 Wasser-Hauptabsperrventil
4 Hauswasserzähler
5 Privat-Wasserabsperrventil
6 Abwasserleitung mit Reinigungsschacht
7 Starkstromkabel
8 Starkstrom-Hausanschlußkasten
9 Fernsprechkabel
10 Anschluß von *8* an Fundamenterder
11 Potentialausgleichsleitung mit Anschluß an Gas- und Wasserleitung sowie an
12 Sammelheizung

Im Hausanschlußraum kann auch der Reinigungsschacht für die Abwasserleitung untergebracht werden. Postalische Einrichtungen, wie Kabel für Fernsprecher und Fernseher, sind hier in Abstimmung mit dem Bauherrn vorausschauend zu planen und installieren zu lassen.

> Schon die Entwurfsplanung enthält den Hausanschlußraum, in dem nach vorheriger Abstimmung mit den verschiedenen Versorgungsträgern alle wichtigen Leitungen installiert werden (**12.1**). Von hier werden alle erforderlichen Sanitär-, Elektro- und Heizungsinstallationen vorgenommen.

12.2 Sanitärinstallation

Zur Sanitärinstallation rechnen wir alle Verbrauchsleitungen für die Trinkwasserversorgung und alle Schmutzwasserleitungen einschließlich der Wasserablaufstellen. In der Regel beschränkt sich die Sanitärinstallation auf wenige Räume der Gesamtwohnung.

Sanitärräume. Außer den eigentlichen Sanitärräumen Bad, Dusche und WC müssen auch die Wirtschaftsräume Küche und Hausarbeitsraum mit Trinkwasser versorgt und vom Schmutzwasser entsorgt werden. Um den Anteil der Rohrleitungen möglichst klein zu halten, plant man die Wirtschafts- und Sanitärräume konzentriert an einer bzw. maximal zwei Stellen des Grundrisses (z. B. Bad neben WC, Küche neben Hausarbeitsraum). Bei mehrgeschossigen Wohnbauten sind die Wirtschafts- und Sanitärräume übereinander anzuordnen. Die daraus folgende Schalleitung ist durch geeignete Maßnahmen auf ein erträgliches Maß zu reduzieren.

12.2.1 Trinkwasserversorgung

Bei der Wasserversorgung unterscheiden wir Trinkwasser und Brauchwasser.

Trinkwasser muß frei von gesundheitsschädigenden Bestandteilen sein. Es soll glasklar, wohlschmeckend und geruchlos sein. Trinkwasser wird fast immer leicht gechlort.

Brauchwasser ist nicht zum Trinken bestimmt und deshalb nicht an so hohe Anforderungen gebunden. Bislang wird es überwiegend in der Industrie verwendet, obwohl auch im Haushalt ein Großteil des Trinkwassers eingespart und durch Brauchwasser ersetzt werden könnte (z. B. zum Baden und Duschen sowie für die Wasserspülung). Wegen der zusätzlichen Versorgungsleitungen und den damit verbundenen hohen Kosten hat man bisher jedoch darauf verzichtet. Ob dies bei der zunehmenden Verknappung unserer Trinkwasservorkommen beibehalten werden kann, werden die nächsten Jahre zeigen. Entnahmestellen von Brauchwasser sind deutlich durch ein Schild „Kein Trinkwasser" zu kennzeichnen, z. B. an Brunnen oder in Badeanstalten.

Der Wasserverbrauch ist regional und sogar tageszeitlich sehr verschieden. Je Kopf und Tag rechnet man einen Durchschnittsverbrauch von 60 bis 80 l in Wohnungen ohne Bad, 80 bis 150 l mit Duschbad und 120 bis 200 l mit Wannenbad. Danach werden im Durchschnittshaushalt maximal 800 l Wasser am Tag verbraucht und zum größten Teil wieder der Entsorgung zugeleitet.

Die Versorgung mit Trinkwasser übernehmen in größeren Gemeinden und Städten zentrale Wasserwerke. Nur einzeln liegende Gehöfte werden auch heute noch örtlich mit Wasser aus Brunnen oder Quellen versorgt.

In Wasserwerken wird Wasser aus Flüssen, Seen, Talsperren und bevorzugt Grundwasser durch Ausfällen schädlicher Bestandteile und Filtern zu Trinkwasser aufbereitet. Geringe Zugaben von Chlor machen es keimfrei (**12.2**). Zur Reinerhaltung des für die Trinkwasseraufbereitung nötigen Grundwassers sind um die Wasserwerke herum Schutzzonen I bis III eingerichtet. Innerhalb dieser Schutzzonen dürfen z. B. keine Öllagerräume, Mülldeponien oder Klärwerke gebaut werden. Vom Wasserwerk aus wird das Wasser durch Versorgungsleitungen in die Stadt oder das jeweilige Erschließungsgebiet gepumpt. Von der Versorgungsleitung aus stellt das Wasserversorgungsunternehmen auf Antrag die Anschlußleitung sowie die Wasserzähler mit Prüf- und Absperrvorrichtung her (s. Hausanschlußraum).

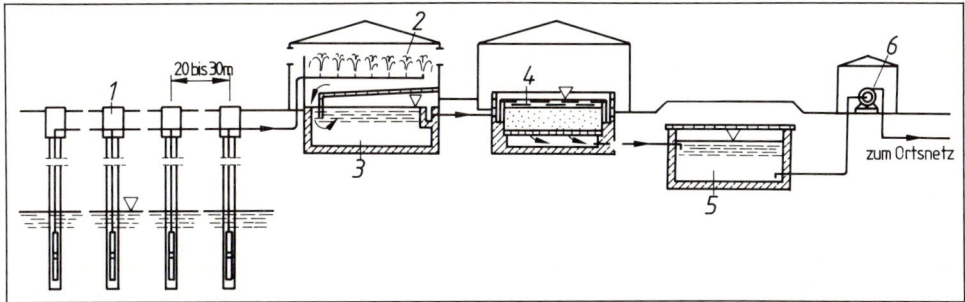

12.2 Grundwasserwerk
- *1* Rohrbrunnen mit Unterwasserpumpe
- *2* Enteisungsanlage, offen
- *3* Absetzbecken
- *4* Schnellfilter
- *5* Reinwasserbehälter
- *6* Reinwasserpumpe

Die Trinkwasserversorgung übernehmen fast ausschließlich Wasserversorgungsunternehmen von zentralen Wasserwerken aus bis zum Verbraucher.

12.2.2 Verbrauchsleitung

Unter Verbrauchsleitungen verstehen wir alle hinter dem Wasserzähler befindlichen Verteilungs-, Steig- und Stockwerksleitungen.

Die Verteilungsleitung beginnt unmittelbar hinter dem Wasserzähler und führt das Wasser bis zur Steigleitung. Dort wird das Wasser in die höhergelegenen Geschosse gedrückt. In jedem Geschoß zweigen von der Steigleitung Geschoßleitungen ab, die bis zu den Zapfstellen führen (Auslaufventil, WC-Spülung, **12.3**).

12.3
Schematische Darstellung von Versorgungsleitungen
- *1* bei Steigleitungen ≥ DN 40 2 Rohrbe- und -entlüfter
- *2* Rohrbe- und -entlüfter, entbehrlich wenn ausschließlich Druckspüler angeschlossen
- *3* Ventil mit selbsttätiger Entleerung zur Abflußleitung
- *4* Verteilerbatterie

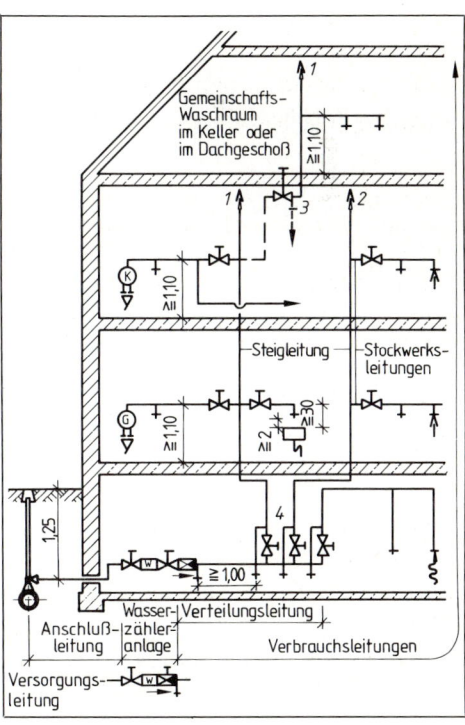

349

Be- und Entlüftung der Rohre sowie ausreichende Absperrmöglichkeiten sind für die Wasserversorgung sehr wichtig. Spätestens in der Ausführungszeichnung sind alle Leitungen, Absperrventile und Entnahmestellen genau zu planen und mit den Symbolen nach DIN 1988 einzutragen (**12.**4). Auch die für die Verlegung erforderlichen Durchbrüche und Schlitze sind sorgfältig zu planen und DIN-gerecht zu zeichnen (**12.**5). Um Irrtümer auszuschließen, sind sie außerdem im Grund- und Aufriß normgerecht zu kennzeichnen, z. B. mit DD für einen Deckendurchbruch oder WS für einen Wandschlitz. Vergessene Angaben über Schlitze und Durchbrüche führen zu Verzögerungen im Bauablauf und erheblichen Mehrkosten (Stemmarbeiten).

Tabelle **12.**4 Sinnbilder für Trinkwasser-Versorgungsanlagen nach DIN 1988 (Auszug)

Bezeichnung	Symbol	Bezeichnung	Symbol	Bezeichnung	Symbol
Rohrleitung		Rückflußverhinderer mit Prüfeinrichtung und Entleerung (zum Einbau in Leitungen)		Rohrbelüfter (Einzelbelüfter)	
verdeckt liegende Rohrleitung				Rohrbe- und -entlüfter	
isolierte Rohrleitung		Absperrventil kombiniert mit Rückflußverhinderer mit Prüfeinrichtung und Entleerung		Abortdruckspüler	
Querschnittsänderung der Rohrleitung	25/20 (1")/(¾")			Brause	
Rohrleitungs-Flanschverbindung		Rückflußverhinderer bei Geräten		Schlauchbrause	
Rohrleitungs-Muffenverbindung		Druckminderer (Druckminderventil)		Mischbatterie für Kalt- und Warmwasser	
Rohrleitungs-Gewindemuffe		Sicherheitsventil mit Gewichtsbelastung		Warmwasserbereiter (Wasserheizer)	E
einfache Anbohrschelle		Membran-Sicherheitsventil mit Federbelastung		dgl. mit unmittelbarem Auslauf	G
Ventilanbohrschelle mit Schlüsselstange		Manometer		offener Behälter	
Wasserzähler	W	Auslaufventil (Zapfventil, Entleerungsventil, Prüfventil)		Druckkessel	
Durchgangs-Absperrventil				Wasserstrahlpumpe	
dgl. mit Entleerungsventil		dgl. mit Schlauchverschraubung			
Absperrschieber				Erdung	
Durchgang-Schwimmerventil		dgl. mit Schlauchverschraubung und angebautem Rohrbelüfter		Unterflurhydrant	
Wechselventil		Auslaufventil mit Schwenkarm		Überflurhydrant	
Durchganghahn		Auslauf-Schwimmerventil		Gartenhydrant	

Tabelle 12.5 **Darstellung von Aussparungen**

	Bezeichnung	Kennzeichen	Maßangaben			Darstellung im	
			Breite	Tiefe	Höhe	Grundriß	Aufriß (Schnitt, Ansicht)
Decken	Deckendurchbruch	DD	A	×	B		
	Deckenschlitz (oberhalb Decke)	DS	A	×	B × C		
	Deckenschlitz (unterhalb Decke)	DS	A	×	B × C		
unteres Geschoß: Böden, Fundamente	Bodendurchbruch (Fundament = FD)	BD	A	×	B		
	Bodenkanal Bodenschlitz	BK BS	A	×	B × C		
Wände	Wanddurchbruch (Fundament = FD im UG-Plan gestrichelt)	WD	A	×	C		
	Wandschlitz (waagerecht) Fundament = FS (s. oben)	WS	A	×	B × C		
	Wandschlitz (senkrecht) Fundament = FS (s. oben)	WS	A	×	B × C		

Bleirohre dürfen für Wasserversorgungsleitungen nicht verwendet werden.

12.2.3 Entwässerungsanlagen

Jede Zapfstelle für Trinkwasser erfordert einen Ablauf zur Entwässerung. Die Entwässerung muß hygienisch einwandfrei und kostengünstig erfolgen.

Im Haus fällt nur Schmutz-, außerhalb auch Regenwasser an. Beide Abwasserarten werden heute überwiegend getrennten Kanalsystemen zugeleitet (s. Abschn. 11). Die örtliche Abwasserbeseitigung (z. B. durch Kleinkläranlagen in Verbindung mit Verrieselungssträngen) ist heute die Ausnahme. Sie wird u. U. noch bei Ferienhäusern und einsam liegenden Anwesen genehmigt. Für das in Siedlungen und Städten anfallende Abwasser schreibt der Gesetzgeber zwingend die Beseitigung in zentralen Kläranlagen vor.

Wo öffentliche Entwässerungsanlagen vorhanden sind bzw. neu errichtet werden, besteht auch die zwingende Pflicht des Anschlusses für die Anlieger.

Rohrleitungsarten. Jeder Abfluß braucht einen Geruchverschluß. Das Rohr vom Abfluß bis zum Geruchverschluß bezeichnet man als Verbindungsleitung. Vom Geruchverschluß bis zur nächsten Fall- oder Sammelleitung führt eine Anschlußleitung. Falleitungen heißen die senkrechten Verbindungsleitungen zwischen den Geschossen. Sie müssen über Dach entlüftet werden. In Sammelleitungen faßt man das Schmutzwasser aus mehreren Falleitungen und/ oder Anschlußleitungen zusammen. Sämtliche Rohre und Formteile für die genannten Leitungen müssen für eine Abwassertemperatur von mindestens 95 °C geeignet sein. Die Rohrdurchmesser für Entwässerungsleitungen sind auf die Nennweite (DN) bezogen. Der Mindestdurchmesser für Rohre und Formstücke beträgt DN 32. Darüber hinaus kommen für die Hausentwässerung DN 40, DN 50, DN 70 und DN 100 in Frage. Die Grundleitung schließlich führt zum Kontrollschacht, der auf dem Grundstück des Anliegers liegen muß. Hier sind Rohrmaterialien ausreichend, die einer Abwassertemperatur von 45 °C standhalten. Von dort verläuft der Anschlußkanal bis zur Schmutzwasserleitung (12.6).

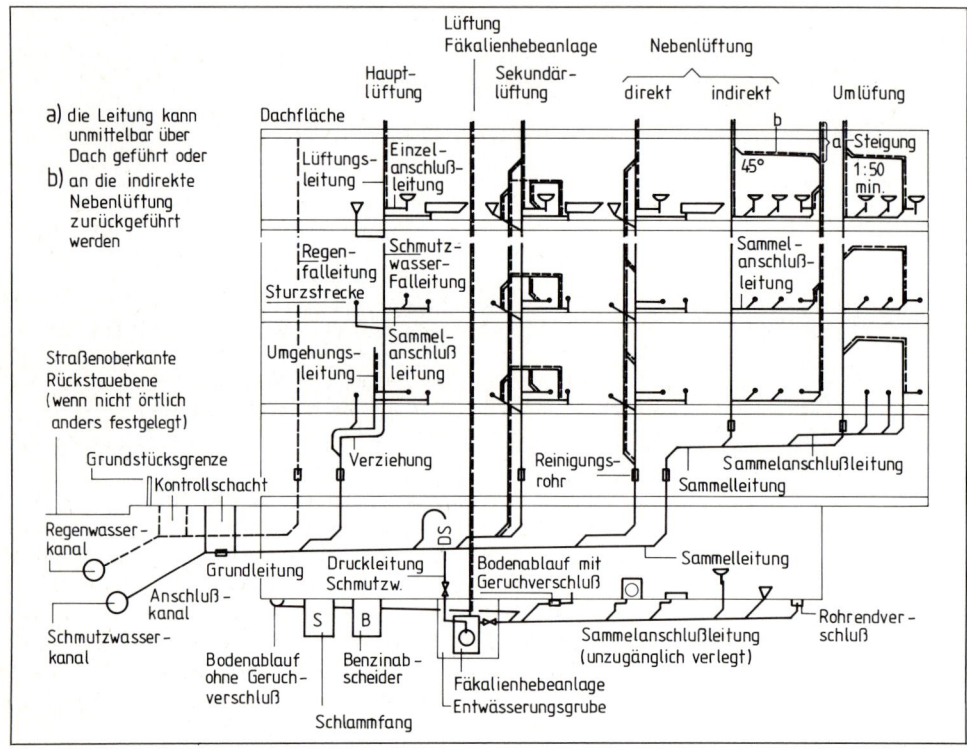

12.6 Entwässerungsschema eines Gebäudes

Entwässerungszeichnungen sind mit den in DIN 1986 festgelegten Symbolen zu zeichnen (**12**.7) und bei der zuständigen Behörde zur Genehmigung einzureichen.

Tabelle **12**.7 **Sinnbilder und Zeichen für Entwässerungsanlagen (nach DIN 1986 T 1)**

	Grundriß	Aufriß		Grundriß	Aufriß
Abwasserleitungen					
Schmutzwasserleitung	———	│	Falleitung	○	je nach Leitungsart
Regenwasserleitung	– – –	┆	Richtungshinweise:		
Mischwasserleitung	–·–·–	┊	a) hindurchgehend b) beginnend und abwärts verlaufend c) von oben kommend und endend	a) b) c)	je nach Leitungsart
Lüftungsleitung beginnend und aufwärtsverlaufend	════	║			

Tabelle 12.7 Sinnbilder und Zeichen für Entwässerungsanlagen, Fortsetzung

	Grundriß	Aufriß		Grundriß	Aufriß
Abwasserleitungen					
Werkstoffwechsel	→)—	ψ	Rohrendverschluß	—□	⊤
Rohrende mit Muffendeckel	⊢—	│	Nennweitenänderung	100 ∕ 125	100 / 125
Reinigungsrohr	—▭—	⌷	Geruchsverschluß		⊢
Abläufe, Abscheider, Hebeanlagen, Schächte					
Bodenablauf ohne Geruchverschluß	○—	⌒	Hofablauf mit Geruchverschluß	⊙—	□
Bodenablauf mit Geruchverschluß (Keller-, Bad- und Deckenablauf)	▭—	▭—	Schlammfang	—Ⓢ—	S
			Fettabscheider	—Ⓕ—	F
Hofablauf ohne Geruchverschluß	⊙	□	Stärkeabscheider	—(St)—	St
			Kellerablauf mit Absperrvorrichtung gegen Rückstau	⊡—	⊡
Benzinabscheider	—Ⓑ—	B			
Heizölabscheider	—Ⓗ—	H	Kellerentwässerungspumpe	▣	▣
Heizölsperre	▭— H Sp	▭— H Sp	Fäkalienhebeanlage	▣	▣
Heizölsperre mit Absperrvorrichtung gegen Rückstau	⊡— H Sp	⊡— H Sp	Schacht mit offenem Durchfluß	—○—	▭
Absperrvorrichtung gegen Rückstau	—⌷—	—⌷—	Schacht mit geschlossenem Durchfluß	—⊖—	▭
Sanitär- und Ausstattungsgegenstände					
Badewanne	⌷	⌷	Ausgußbecken, rechteckig	▫	□
Brausewanne	□	▭	Spültisch, einfach	▣	▭
Waschtisch, Handwaschbecken	▫	⌣	Doppelspültisch	▣▣	▭▭
			Geschirrspülmaschine	⊠	⊠
Sitzwaschbecken	▫	▽	Waschmaschine	⊙	⊙
Urinal	▽	▽	Wäschetrockner	⊘	⊘
Klosett	⊡	▽	Klimagerät	▣	▣

Zu den Baugenehmigungsunterlagen gehören:
- **Lageplan** (meist 1:500) mit Flurstücksbezeichnung und Gebäudeumrissen mit Grenzabständen sowie der vorhandenen Schmutz- und Regenwasserkanalisation.
- **Geschoßgrundrisse** mit Angabe aller Zapfstellen und Abläufe im M 1:100 (bei mehreren gleichen Geschossen genügt ein Grundriß). Der KG-Grundriß muß außerdem alle Fallrohre und Grundleitungen mit der jeweiligen Nennweitenangabe enthalten (**12.**8).
- **Schnitt** im M 1:100 mit Grund- und Anschlußleitung sowie Revisionsschacht, Fall- und Entlüftungsleitungen. Die Nennweiten und das Gefälle der verschiedenen Rohrleitungen sind anzugeben und höhenmäßig, bezogen auf NN, festzulegen (**12.**9).

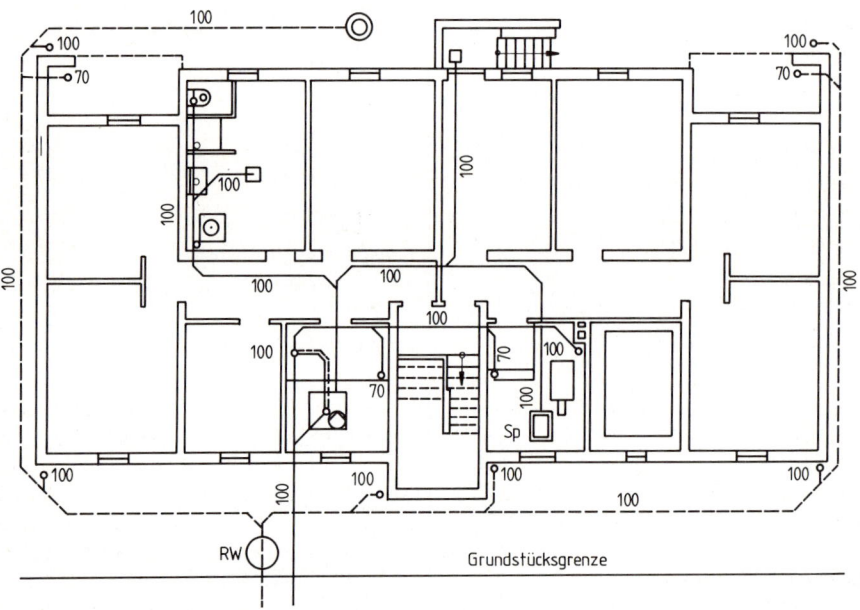

12.8   Grundriß KG als Entwässerungsplan

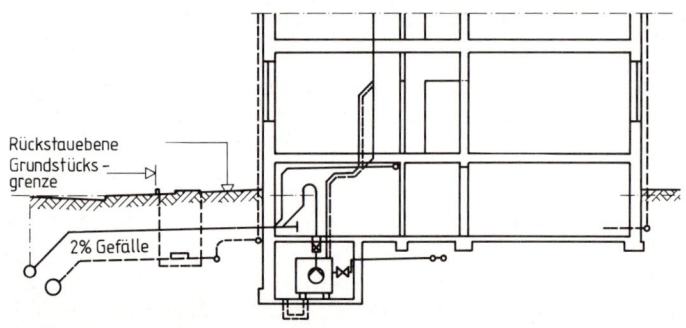

12.9   Schnitt als Entwässerungsplan

Die Entwässerungsanlagen sind in festgelegten Linienbreiten je nach gewähltem Maßstab zu zeichnen (**12.**10). Schablonen für Sanitärausstattung vereinfachen die Zeichenarbeit. Entwässerungszeichnungen sind nach Tabelle **12.11** farbig anzulegen.

Tabelle **12.**10 Linienbreiten für Zeichnungen von Entwässerungsanlagen

Entwässerungs- und Sanitär-Ausstattungs-gegenstände	Rohrleitungen
0,25 mm für den Maßstab 1:100 0,5 mm für den Maßstab 1:50	0,5 mm für den Maßstab 1:100 1,0 mm für den Maßstab 1:50

Tabelle **12.**11 Farbige Darstellung in Entwässerungszeichnungen

vorhandene Anlagen	schwarz
wegfallende Leitungen und Bauteile	gelb durchstreichen
Mauerwerk im Schnitt	rot
Steinzeugrohre	braun
Graugußrohre	blau
Kunststoffrohre (und Bleirohre)	gelb
Zinkrohre	zinnoberrot
Beton- und Zementrohre	grau

12.3 Elektroinstallation

Die Elektroinstallation muß der Architekt so planen, daß sich eine optimale Beleuchtung ergibt und der Betrieb aller gebräuchlichen Haushaltsgeräte möglich ist. Schalter und Dosen sollen nach Möglichkeit in Griffhöhe angebracht und auch nach Möblierung zugänglich sein. Zu bedenken ist, daß Möblierungen ebenso wechseln können wie die Bedürfnisse der jeweiligen Bewohner. Die eingehende Beratung des Bauherrn bei einer vorausschauenden Planung der Elektroinstallation ist Aufgabe des Architekten. Aus Kostengründen sollte man keinesfalls auf Schalter und Dosen verzichten, die früher oder später mit Sicherheit erforderlich werden. Während Haushalte und Industrie früher ständig mehr Elektroenergie verbrauchten, macht sich nun das Umweltbewußtsein der Bürger durch niedrigeren Energieverbrauch zumindest in den Haushalten bemerkbar. Dennoch sollte die Elektroinstallation großzügig bemessen werden, um nachträglichen Ein- und Umbauten vorzubeugen.

> Die innerhäusliche Elektroinstallation muß rechtzeitig in Zusammenarbeit mit einem Elektrofachmann festgelegt werden. Hierzu braucht der Elektriker einen Plan mit allen gewünschten Steckdosen, Schaltern und Lampenanschlüssen.

Der Elektroinstallationsplan ist als Ausschreibungsunterlage für die Elektrobetriebe sehr wichtig, weil er über Art und Anzahl der Dosen und Schalter, aber auch über erforderliche Leitungen mit Abzweigdosen und nötige Absicherungen Auskunft gibt. Teilweise sind Genehmigungen durch das zuständige Elektro-Versorgungsunternehmen einzuholen.
Elektroinstallationspläne zeichnen wir auf Mutterpausen (Zwischenoriginale) der Entwurfsgrundrisse im M 1:100 (**12.**1). Die Symbole sind in DIN 40 900 genormt (**12.**13).

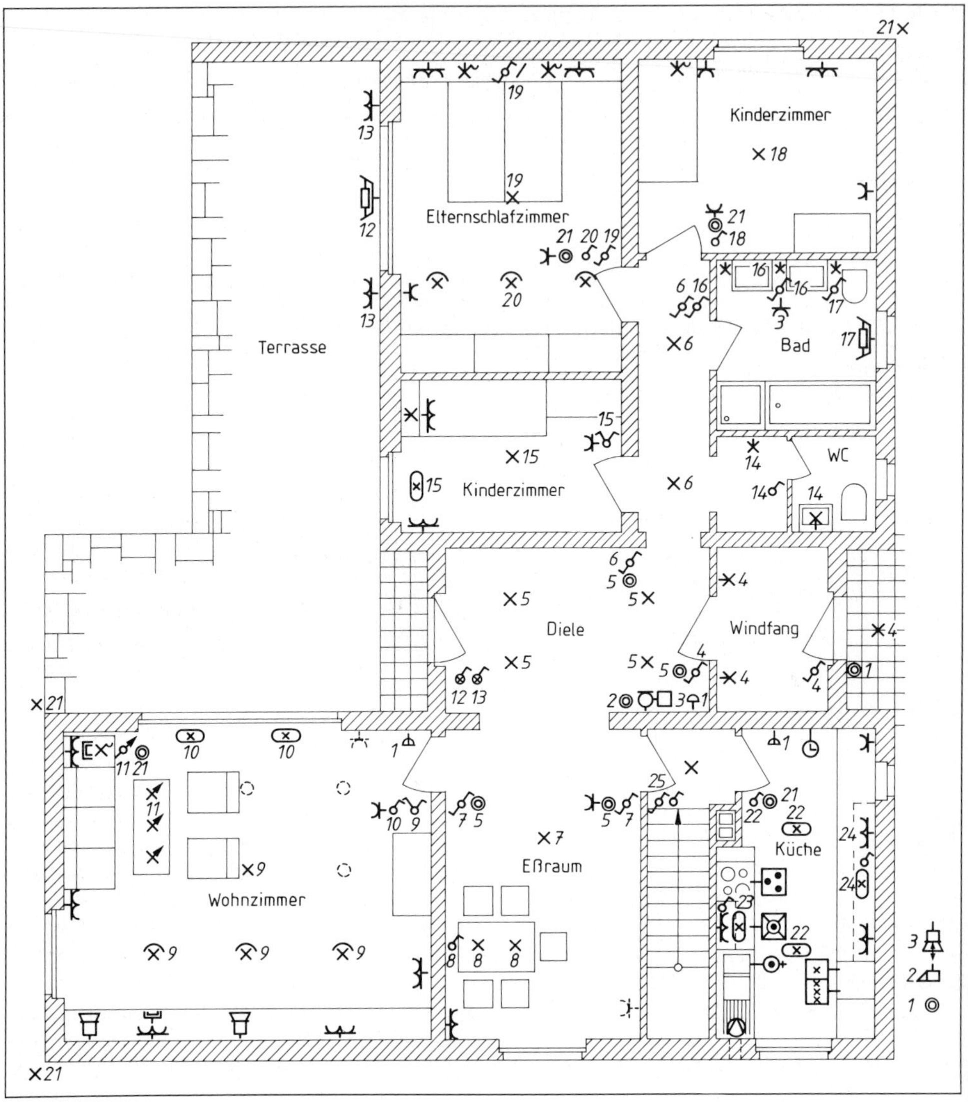

12.12   Elektroinstallationsplan

Tabelle **12.**13   **Symbole für Elektroinstallation nach DIN 40 900** (Auszug)

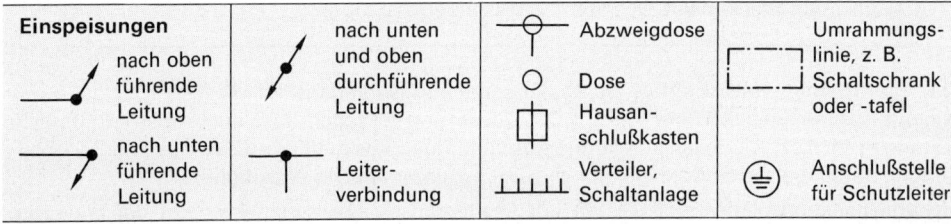

Fortsetzung s. nächste Seiten

Tabelle **12**.13, Fortsetzung

Elektro-Hausgeräte		Schalter 1/1, Ausschalter, einpolig	Gefriergerät (Anzahl der Sterne s. Norm, Abschn. 1.1.4)	Fernsprechgerät, halbamtsberechtigt
E	Elektrogerät, allgemein	Schalter 1/2, Ausschalter, zweipolig	**Motor**	Fernsprechgerät, amtsberechtigt
	Küchenmaschine	Schalter 1/3, Ausschalter, dreipolig	Motor, allgemein	Fernsprechgerät, fernberechtigt
	Elektroherd, allgemein	Schalter 5/1, Serienschalter, einpolig	**Schaltgeräte**	
	Mikrowellenherd		Sicherung, allgemein	Mehrfachfernsprecher, z. B. Haustelefon
	Backofen	Schalter 6/1, Wechselschalter, einpolig	Schraubsicherung, z.B. 10 A Typ D II, dreipolig	Wechselsprechstelle, z. B. Haus- oder Torsprechstelle
	Wärmeplatte	Schalter 7/1, Kreuzschalter, einpolig	**Steckvorrichtungen**	
	Friteuse		Schutzkontaktsteckdose	Gegensprechstelle, z. B. Haus- oder Torsprechstelle
	Heißwasserspeicher	Zeitschalter	Schutzkontaktsteckdose für Drehstrom, z. B. fünfpolig	
	Durchlauferhitzer	Taster		**Fernmeldezentralen**
	Heißwassergerät, allgemein	Leuchttaster	Schutzkontaktsteckdose, abschaltbar	Fernmeldezentrale, allgemein
	Infrarotgrill	Stromstoßschalter	Schutzkontaktsteckdose, abschaltbar und verriegelt, z. B. Garagensteckdose	**Leuchten**
	Waschmaschine	Näherungsschalter, Ausschalter		Leuchte, allgemein
	Wäschetrockner	Berührungs-, Wechselschalter		Leuchte mit Angabe der Lampenzahl und Leistung, z. B. 5 Lampen je 60 W
	Geschirrspülmaschine	Dimmer, Ausschalter	Schutzkontaktsteckdose, z. B. dreifach	
	Händetrockner, Haartrockner		Steckdose mit Trenntrafo, z. B. für Rasierer	Leuchte mit Schalter
Meßgeräte, Anzeigegeräte, Relais		**Geräte für Raumheizung, Lüftung und Klimatisierung**	Fernmeldesteckdose	Leuchte mit veränderbarer Helligkeit
	Zähler	Raumbeheizung, allgemein	Antennensteckdose	Sicherheitsleuchte in Dauerschaltung (Notleuchte)
	Schaltuhr, z. B. für Stromtarifumschaltung	Speicherheizgerät	**Fernmeldegeräte**	
	Zeitrelais, z. B. für Treppenhausbeleuchtung	Infrarotstrahler	HVt Hauptverteiler	Sicherheitsleuchte in Bereitschaftsschaltung (Panikleuchte)
	Tonfrequenz-Rundsteuerrelais	Lüfter	Vz/m Verzweiger auf Putz	
		Klimagerät	m/Vz Verzweiger unter Putz	Scheinwerfer
Installationsschalter		**Kühl- und Gefriergeräte**	**Fernsprechgeräte**	Leuchte für Entladungslampe, allgemein
	Schalter, allgemein	Kühlgerät, z. B. Tiefkühlgerät (Anzahl der Sterne s. Norm, Abschn. 1.1.4)	Fernsprechgerät, allgemein	
	Schalter mit Kontrollampe			

Tabelle 12.13, Fortsetzung

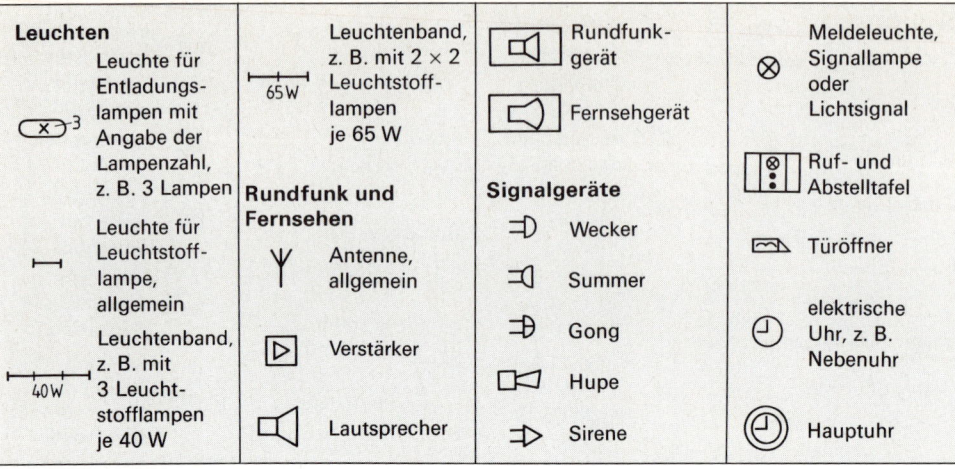

Steckdosen und Schalter sind vorausschauend an leicht zugänglichen und sinnvollen Stellen zu planen und in einen Elektroinstallationsplan einzuzeichnen.

12.4 Heizung

In unseren Breiten ist die Beheizung der Gebäude zwingende Notwendigkeit. Sie trägt einerseits zur Behaglichkeit der Bewohner, andererseits aber zur dauerhaften Vermeidung von Bauschäden bei (s. Abschn. 8).

Wärmebedarf. Um eine Heizungsanlage zu planen, muß man den erforderlichen Wärmebedarf kennen (seit dem 1.6.1984 verbindlich vorgeschrieben). Die der Wärmebedarfsberechnung zugrundezulegenden Raumtemperaturen liegen zwischen 10 °C (Treppen) und 24 °C (Bad). Als Wohn- und Arbeitstemperatur rechnet man heute meist 20 °C, jedoch können davon abweichende Temperaturen vereinbart werden. Als Berechnungsgrundlagen braucht man

– den Lageplan, aus dem der Ort und die Himmelsrichtung ersichtlich sind (wegen Windanfall und mittlerer Niedrigtemperatur).
– Grundriß-, Schnitt- und Ansichtzeichnungen mit Nutzungsangabe der Räume (z. B. Wohnen), Konstruktion der Decken, Wände, Fenster und Türen sowie allen Maßen.

Die Wärmebedarfsberechnung geschieht getrennt nach Räumen meist auf EDV-Anlagen. Aus dem Wärmebedarf folgt die erforderliche Nennwärmeleistung des Kessels (z. B. 40 kW).

12.4.1 Heizungssysteme

Unabhängig von der Nennwärmeleistung muß ein bestimmtes Heizungssystem ausgewählt werden. Neben der eigentlichen Heizung können noch interne Wärmequellen (z. B. Personen, Tiere, Herd, Elektrogeräte) und externe Wärmequellen (z. B. Sonneneinstrahlung) als Wärmeerzeuger herangezogen werden.

Wärmeverluste treten hauptsächlich durch Lüftung und Wärmeleitung auf. Je geringer sie sind, desto geringer ist auch der Aufwand für die Heizung.
Bei den Heizungssystemen unterscheiden wir zwischen Einzel- und Zentralheizung.

Einzelheizungsanlagen sind Öfen und Kamine, die eine Zeitlang in Neubauten fast verschwunden waren und nun meist als Kachelöfen und offene Kamine in Einfamilienhäusern wieder eingebaut werden.

Zentralheizungsanlagen können Luft-, Wasser- oder Dampfheizungen sein.
Tabelle 12.14 gibt die Energieträger und ihre Nutzungsmöglichkeiten für Einzel- bzw. Zentralheizung an.

Tabelle 12.14 **Energieträger und ihre Nutzung**

Feste Brennstoffe	Flüssige Brennstoffe	Gasförmige Brennstoffe	Elektroenergie
Holz Torf Steinkohle Braunkohle	Leichtes Heizöl Schweröl (für Industrie)	Stadtgas Erdgas Flüssiggas (in Tanks)	Stromnetz (eingespeist aus Kohle- oder Kernkraftwerk) Strom aus Eigenerzeugung (Umweltenergie, gewonnen aus Sonnen-, Wind- oder Wasserkraft)
Offene Kamine Kachelöfen Gußeiserne Öfen Warmluftöfen Zentralheizung	Ölofen Ölbrenner	Gastherme Gasbrenner Gasstrahler	Speicherheizung Strahler Heizlüfter Fußbodenheizung Wärmepumpe
	Wärmeerzeuger mit Wechselbrandkessel		

Fußbodenheizungen haben in letzter Zeit bei Neubauten an Bedeutung zugenommen, weil durch den stark verbesserten Wärmeschutz der Gebäude nicht mehr so viel Heizleistung erforderlich ist. Die flächig in den Decken verlegten Heizungsrohre strahlen nach oben hin ausreichende Wärme ab, während nach unten gute Dämmstoffe die Aufheizung der Decke weitgehend verhindern (**12.15**). Trotz der geringen Oberflächentemperatur des Fußbodens ($\approx 26\,°C$) werden die Räume sehr gleichmäßig und angenehm erwärmt. Leider sind Fußbodenheizungen 25 bis 40% teurer als andere Zentralheizungen und daher wohl vorwiegend gehobenen Wohnansprüchen im Einfamilienhausbau bzw. bezuschußten Wohnungsbauprojekten vorbehalten.

12.15
Schnitt durch Decke mit Fußbodenheizung (Maße in mm)

1 Zementestrich
2 Heizrohr
3 Hartschaumplatte
4 Folie oder Bitumenbahn
5 Stahlbeton
6 Kalk-Zement-Putz

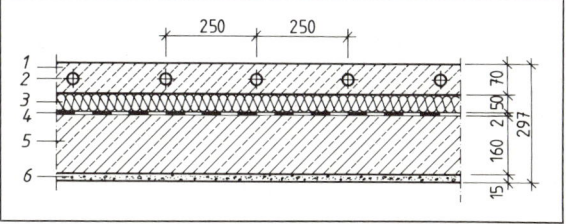

Die Wärmeabgabe der verschiedenen Heizungssysteme geschieht durch Strahlung und/oder Konvektion. Strahlungswärme wird wegen der gleichmäßigen Raumtemperatur angenehmer empfunden als Konvektionswärme, die Luftumwälzungen innerhalb des Raumes und damit Temperaturunterschiede verursacht.

> Der Architekt hat in Abstimmung mit dem Bauherrn und Heizungsfachmann nach sorgfältiger Abwägung des Für und Wider ein geeignetes Heizungssystem auszuwählen.

Für die Anordnung der Heizkörper im Raum gibt es verschiedene Möglichkeiten. Während früher Heizkörper fast ausschließlich unter den Fenstern angeordnet wurden, findet man sie heute oft neben Fenstern oder Außentüren, teils sogar an den Innenwänden, bei großen Räumen auch kombiniert (**12.16**). Strömungstechnisch gesehen, ist die Anordnung unter dem Fenster bzw. dicht daneben vorzuziehen. Zu beachten ist, daß Heizkörpernischen mindestens den gleichen Wärmeschutz bieten wie die Restwand. Das bedeutet in der Praxis eine dickere Dämmschicht als im übrigen Wandbereich zum Ausgleich für die fehlende Mauerdicke.

> Heizkörper werden am besten geschoßweise übereinander in gut gedämmten Heizkörpernischen unterhalb der Fenster vorgesehen.

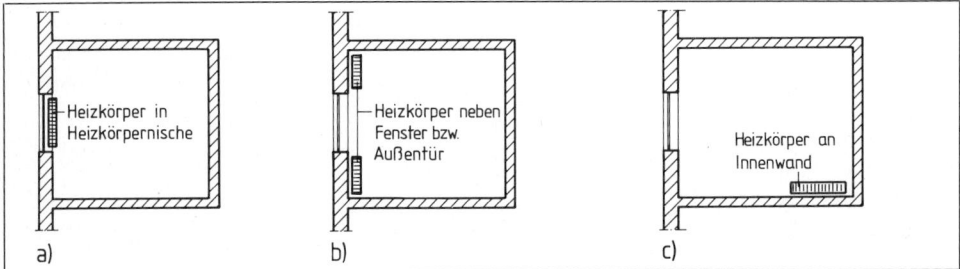

12.16 Anordnung der Heizkörper
a) günstig, b) günstig, c) ungünstig

12.4.2 Heizraum

Zentralheizungsanlagen mit mehr als 48 kW Leistung erfordern gesonderte Heizräume. Sie müssen so groß sein, daß die Feuerung ordnungsgemäß bedient und Kessel samt Brenner einwandfrei gewartet werden können. Der Mindestrauminhalt von 8 m^3 wird meist überschritten werden müssen. Gewöhnlich sind Heizräume im Untergeschoß untergebracht, bei nicht unterkellerten Gebäuden auch neben einem Wirtschaftsraum. Größere Wohnanlagen verfügen z.T. über Dachheizzentralen.

Zwischen Heiz- und Aufenthaltsraum darf keine offene Verbindung bestehen. Wände und Decken des Heizraums müssen feuerbeständig (F90) sein, Türen mindestens feuerhemmend (F30). Fenster sind vorgeschrieben, wenn ständig ein Heizer zur Bedienung erforderlich ist. Die Beleuchtung hat so zu erfolgen, daß alle Armaturen und die Vorderseite des Kessels gut sichtbar sind. Zur E n t l ü f t u n g dient in der Regel ein gesonderter Abluftschacht, der innerhalb des Schornsteins neben dem Rauchrohr liegt und mindestens 200 cm^2 Querschnitt hat. Zur Entlüftung dienen meist Öffnungen, die direkt ins Freie führen. Ihr Querschnitt muß bei Anlagen bis 50 kW insgesamt mindestens 300 cm^2 groß sein. Durch bauliche Maßnahmen ist ausreichender Schall- und Erschütterungsschutz zu erzielen.

> Heizräume sind mit Zu- und Abluft zu versehen. Bauliche Maßnahmen gewähren Feuer- und Schallschutz.

12.4.3 Brennstofflagerung

Brennstoffe können innerhalb oder außerhalb des Gebäudes gelagert werden. Über die Lagerung von wassergefährdenden Flüssigkeiten (z. B. Heizöl) ist eine Erklärung im Bauantragsformular abzugeben (**12.17**).

Nur auszufüllen bei Lagerung wassergefährdender Flüssigkeiten			
Bauherr (Name, Vorname) *Baum, Ilse*			Antragsdatum *06 05 86*
Baugrundstück *2152 Horneburg, Wilhelmstraße 10*			
5.	Lagerung wassergefährdender Flüssigkeiten	☐ oberirdisch ☐ unterirdisch	☐ im Freien ☒ im Gebäude
5.1	Künftiger Betreiber der Anlage (wenn bekannt)	*wie Bauherr* Name, Anschrift, Telefon	
5.2	Lagerflüssigkeit(en)	☐ Benzin ☐ Dieselöl ☒ Heizöl ☐	
5.3	Behälterzahl, -inhalt	*Kellergeschweißter Tank, 10.000 ℓ*	
5.31	Behälterwerkstoff	☐ GFK ☐ sonst. Kunststoff ☒ Stahl ☐ Beton ☐	
5.32	Schutzvorkehrungen am Behälter	☒ Zugelass. Innenbeschichtung ☐ Doppelwand ☐ Leckanzeigegerät ☒ Leckanzeige- u. sicherungsgerät	☒ Kath. Korrosionsschutz ☐ Innenhülle / Einlage ☒ Grenzwertgeber ☐ ....
5.4	Aufstellung im Auffangraum	☒ Ja ☐ Nein — Werkstoff des Auffangraumes	☒ Mauerwerk ☐ .... ☐ Beton ☐ Stahl ☒ geschützt durch Anstrich
5.41	Aufstellung ohne Auffangraum	☐ Flüssigkeitsdichte Aufstellungsfläche	
5.42	Wartungsvertrag	☒ Ja ☐ Nein für .... Firma:	
5.5	Werkstoff der Betriebsrohrleitungen	☐ Stahl ☒ Kupfer ☐ Aluminium ☐	
5.51	Verlegung der Betriebsrohrleitungen	☒ oberirdisch ☐ unterirdisch	
5.52	Schutzvorkehrungen an den Betriebsrohrleitungen	☐ Doppelwand ☐ Schutzrohr ☒ Abdeckung ☐ Druckwächter ☐ Rückflußverhinderer ☐ Kath. Korrosionsschutz	
5.6	Bauartzulassung Eignungsbescheinigung	☐ Abdruck ist beigefügt ☒ Abdruck ist beigefügt	

I. Baum
(Unterschrift des Bauherrn)

(Unterschrift des Entwurfsverfassers)

12.17 Lagerung wassergefährdender Flüssigkeiten

Brennstofflagerung außerhalb des Gebäudes. Brennstoffe (Koks, Gas, Heizöl) können im Freien oberirdisch und unterirdisch gelagert werden. Oberirdisch wird gelegentlich Flüssiggas in Behältern gelagert. Industriebetriebe lagern auch Kohle noch teilweise im Freien. Häufig ist die Lagerung von Heizöl oder Flüssiggas in unterirdischen Tanks. Die Tanks müssen so gebaut sein, daß kein Brennstoff in das Grundwasser gelangen kann. Folgende Mindestabstände sind bei der Planung eines unterirdischen Lagerbehälters zu beachten.

- Gebäudeabstand ≥ 60 cm
- Behälterabstand ≥ 40 cm
- Grundstücksgrenzabstand ≥ 100 cm
- Abstand zu öff. Versorgungsleitungen ≥ 100 cm
- Überdeckungsabstand ≥ 30 cm
- Fahrbahnabstand ≥ 100 cm

Als Lagerbehälter kommen ein- und doppelwandige Stahltanks, einwandige Betonbehälter und glasfaserverstärkte Kunststofftanks in Frage. Heizölbehälter mit mehr als 2000 l Fassungsvermögen müssen mit Ölstandanzeiger, Füll- und Entlüftungsleitung, Ölsaug- und Ölrücklaufleitung sowie einer Leckanzeige ausgerüstet sein. Aus Sicherheitsgründen sind Tanks alle 5 Jahre zu überprüfen.

Die Brennstofflagerung innerhalb des Gebäudes wird bevorzugt, da sie sich besser einbauen und überwachen läßt. Außerdem sind die Herstellungskosten geringer, wenn man den erforderlichen Raum nicht mitrechnet. Bis zu 5000 l können im Heizraum, darüber nur in getrenn-

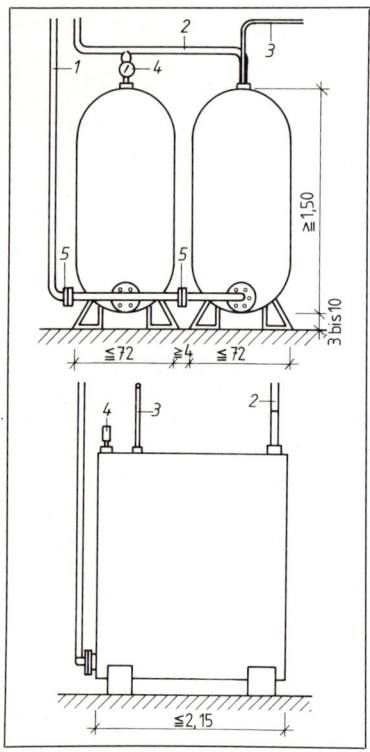

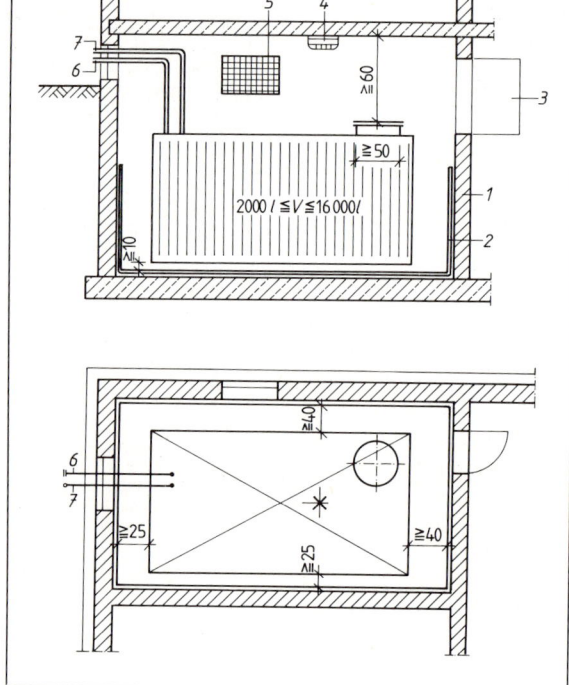

12.18 Batterietank (M 1:50)
1 Fülleitung
2 Entlüftungsleitung
3 Ölsaug- bzw. Rücklaufleitung
4 Ölstandsanzeiger
5 elastische Verbindung

12.19 Mindestabstände kellergeschweißter Tanks von Wand und Decke
1 Trennwand Heizölraum–Heizraum
2 Ölauffangwanne
3 FH-Klappe
4 Beleuchtung
5 Belüftung
6 Fülleitung
7 Entlüftung

ten Heizöllagerräumen gelagert werden. Wir unterscheiden Batterietanks, kellergeschweißte Rechtecktanks und einwandige Zylindertanks.

Batterietanks nach DIN 6620 können aus maximal 5 Einzeltanks bestehen, die zusammengeschlossen werden (**12.18**). Das Fassungsvermögen je Tank liegt zwischen 1000 und 10000 l. Sie eignen sich für den Einbau in den fertiggestellten Heiz- bzw. Heizöllagerraum.

Kellergeschweißte Tanks nach DIN 6225 werden aus Stahlblech im Heizöllagerraum zusammengeschweißt. Sie bieten daher die beste Raumausnutzung bei maximalen Lagermengen.

Einwandige Zylindertanks nach DIN 6617 müssen v o r dem Einbau der Decke in den Raum gesetzt werden.

Heizöllagerräume sind ausschließlich für die Lagerung vorgesehen und entsprechend auszustatten. Boden und Wände bilden eine Auffangwanne für evtl. auslaufendes Heizöl. Die Wanne wird durch Auftragen eines Zementmörtels sowie eines dreifachen, ölundurchlässigen Anstrichs gebildet. Die Tür (meist Klappe) muß feuerhemmend sein und selbstschließend so hoch angeordnet werden, daß sich ggf. der ganze Tankinhalt unterhalb der Türschwelle auffangen läßt. Vom Tank zu den Umfassungswänden und zur Decke sind Mindestabstände einzuhalten, die ausreichende Kontrollmöglichkeiten und Reparaturen ermöglichen (**12.19**). Heizöllagerräume sind ausreichend zu belüften und belichten.

Bei Lagerung in Heizräumen ist ein Mindestabstand von 1,0 m zwischen Kessel und Tank erforderlich. Beträgt die Lagermenge mehr als 300 l, ist wie in Heizöllagerräumen eine Auffangwanne zu erstellen – üblicherweise durch Abtrennen mittels einer halbhohen Wand.

Brennstoffe lagert man in Heizräumen (bis 5000 l) oder in Heizöllagerräumen (über 5000 l). Zum Schutz des Grundwassers sind ölundurchlässige Wannen erforderlich.

Aufgaben zu Abschnitt 12

1. Welche Bedeutung hat der Hausanschlußraum?
2. Was versteht man unter Sanitärinstallation?
3. Welche Anforderungen muß Trinkwasser erfüllen?
4. Wie bereitet man Trinkwasser auf?
5. Was ist Brauchwasser?
6. Welche Möglichkeiten gibt es zum Einsparen von Trinkwasser?
7. Nehmen Sie eine Entwurfs- oder Ausführungszeichnung aus Ihrem Büro. Skizzieren Sie a) das Strangschema einer Wasserleitungsanlage in einem Gebäudeschnitt, b) alle erforderlichen Entwässerungszeichnungen im KG Grundriß.
8. Welche sanitären Eintragungen sind für Baugenehmigungsunterlagen nötig?
9. Welche Aufgabe erfüllt der Elektroinstallationsplan?
10. Zeichnen Sie die Symbole für a) Elektroherd, b) Waschmaschine, c) Geschirrspüler, d) Schalter, e) Schutzkontakt-Steckdose, f) Leuchte.
11. Zeichnen Sie im M 1:50 den Grundriß eines Schlafraums von 4,5 × 4,0 m, möblieren Sie ihn mittels einer Schablone und tragen Sie alle erforderlichen Leuchten und Schalter an sinnvoller Stelle ein.
12. Welche Heizungssysteme unterscheidet man?
13. Nennen Sie Energieträger und ihre Nutzung.
14. Skizzieren Sie den Aufbau einer Fußbodenheizung im Schnitt.
15. Welche Vor- und Nachteile hat eine Fußbodenheizung?
16. Warum ist die richtige Anordnung der Heizkörper so wichtig?
17. Geben Sie bauliche Auflagen für Heizräume an.
18. Nennen und erläutern Sie die Möglichkeiten der Brennstofflagerung.
19. Welche Mindestabstände sind bei unterirdischer Brennstofflagerung einzuhalten?
20. Unter welchen Voraussetzungen dürfen Brennstoffe im Haus gelagert werden?

13 Innenausbau

13.1 Fenster und Fenstertüren

Fenster und Fenstertüren ermöglichen den optischen Kontakt zur Außenwelt, lassen Licht und Sonne (auch Sonnenwärme) ins Haus und lüften den Raum. Zugleich schützen sie gegen Kälte, Regen, Wind und Lärm, in begrenztem Umfang auch gegen Feuer und Einbruch.

Die folgenden Ausführungen gelten stets auch für Fenstertüren, ohne daß der Begriff Fenstertür in jedem Fall miterwähnt wird.

Die Hausfassade wird wesentlich von Größe, Format, Gestaltung und Verteilung der Fenster bestimmt. Bild **13.**1 a zeigt eine Fassade mit unvorteilhafter Fensterteilung (unterschiedliche Formate und breite, große Fensteröffnungen). Bild **13.**1 b verdeutlicht harmonisch eingefügte Fenster (senkrecht statt waagerecht gestellt, einheitliche und wohldimensionierte Größen, gleich große Fensterpfeiler, Sprossenteilung).

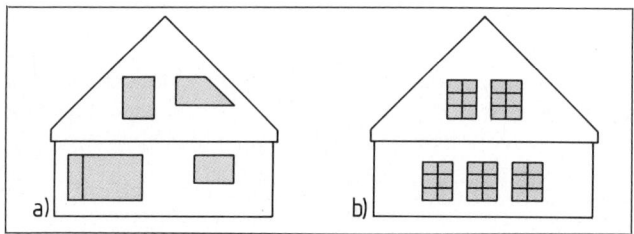

13.1 Fester und Fenstertüren bestimmen das Fassadenbild
a) unruhig wirkende Fassade
b) harmonisch angefügte Fenster

13.1.1 Fenster- und Fenstertürarten

Anschlag. DIN 18050 bestimmt außer Fenstergrößen und Maueröffnungsmaßen die Anschlagarten 1 bis 3 für Fenster.

- **Anschlagart 1** (Innenanschlag, **13.**2 a) ermöglicht den Fenstereinbau ohne Gerüst, bietet Schutz für Blendrahmen, Anstrich und Abdichtung sowie ausreichend Platz für Beschläge und Rolläden.
- **Anschlagart 2** (Außenanschlag, **13.**2 b) erfordert für den Fensterein- und -ausbau ein Gerüst und aus Platzgründen für den Beschlag breite Blendrahmenhölzer. Die Nähe zur Fassadenaußenfläche erschwert den Witterungsschutz und die Dichtung der Anschlußfugen.
- **Anschlagart 3** (anschlaglose Öffnung, **13.**2 c) ergibt sich meist bei einschaligen Außenwänden aus großformatigen Hintermauersteinen. Sie ist weniger aufwendig als 1 und 2, verursacht aber eine größere Wärmebrücke.

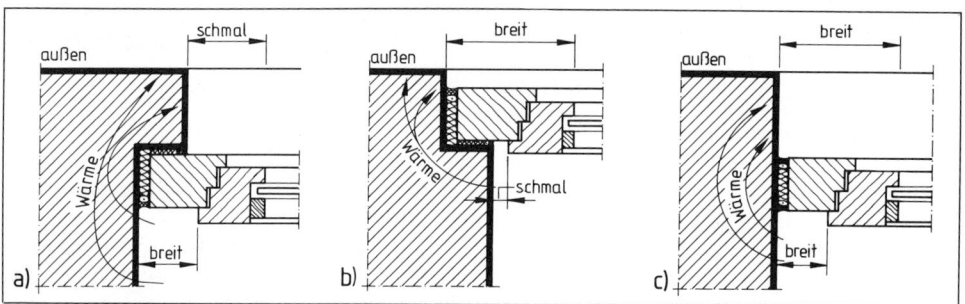

13.2 Anschlagarten nach DIN 18050
a) 1 (Innenanschlag), b) 2 (Außenanschlag), c) 3 (ohne Anschlag)

Die Anschlagfalzbreite soll 6,25 cm betragen. Sie zählt nicht zum Fenstermaß. Deshalb muß die Anschlagart beim Bestellen und Ausschreiben des Fensters stets angegeben werden.

Fensterarten. Wir unterscheiden festverglaste Fenster und Fenster mit Flügelrahmen sowie Einfach- und Doppelfenster.

Festverglaste Fenster sind einfach und preiswert, weil nur ein Rahmen (der Blendrahmen) notwendig ist. Fehlende Möglichkeiten für Raumlüftung und Außenreinigung grenzen jedoch ihre Anwendung ein.

Fenster mit Flügelrahmen gelten als Standardkonstruktion. Ihre Teile beschreibt Bild **13.**3, Symbole für die Ansicht sowie die Definition für „DIN links" und „DIN rechts" zeigt Bild **13.**4.

Einfachfenster haben einen einfachen Flügelrahmen mit Einfach- (EV) oder Isolierverglasung (IV) (**13.**5 auf S. 366).

Doppelfenster haben Innen- und Außenflügel. Bei Verbundfenstern (DV) bilden sie einen miteinander verbundenen Doppelflügel, bei Kastenfenstern besteht ein Scheibenabstand von 10 bis 15 cm (**13.**6). Verbundfenster erhalten zur Gewichtseinsparung meist eine Einfachscheibe je Flügel. Bei den Kastenfenstern wird einer der beiden Flügel oft isolierverglast.

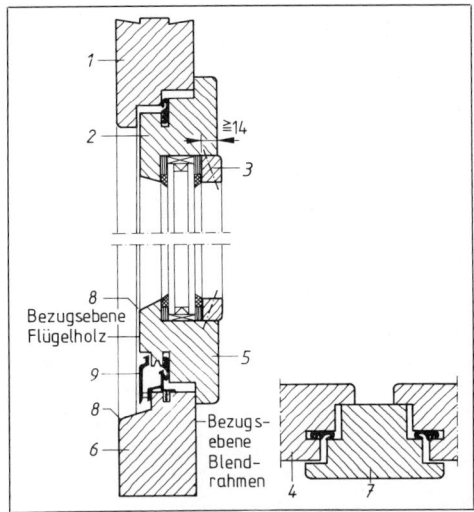

13.3 Holzfenster-Längsschnitt (Fensterteile)
1 oberes Blendrahmenholz
2 oberes Flügelholz
3 Glashalteleiste
4 Flügelholz
5 unteres Flügelholz
6 unteres Blendrahmenholz
7 Pfosten (Setzholz)
8 äußere Profile gerundet
9 Regenschutzschiene

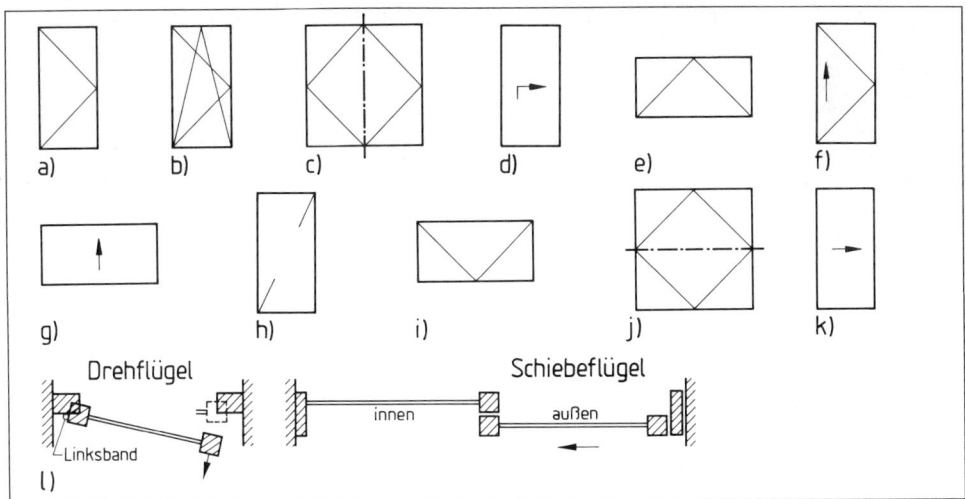

13.4 Öffnungsarten von Fenstern und Fenstertüren in der Ansicht sowie DIN-Rechts/Links-Bezeichnung
a) Drehflügel, b) Drehkippflügel, c) Wendeflügel, d) Hebeschiebflügel, e) Kippflügel, f) Hebedrehflügel, g) Schiebeflügel vertikal, h) Festverglasung, i) Klappflügel, j) Schwingflügel, k) Schiebeflügel horizontal, l) „Links"-Bezeichnung für Dreh- und Schiebeflügel

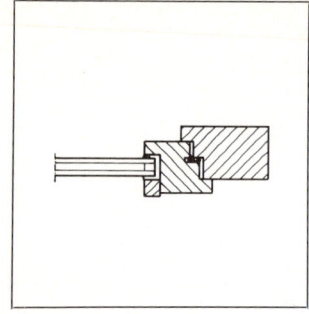

13.5 Einfachfenster/-tür (isolierverglast)

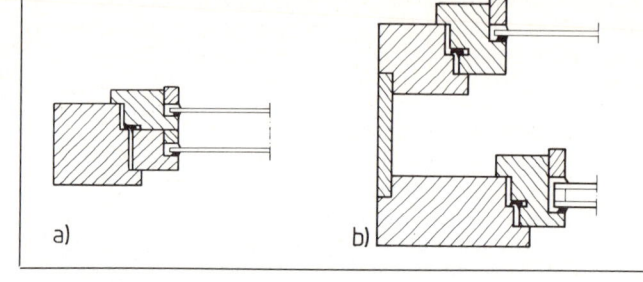

13.6 Doppelfenster/-tür
a) Verbundfenster/-tür, b) Kastenfenster/-tür

13.1.2 Anforderungen

Die Gebrauchstauglichkeit des Fensters muß dem vorgesehenen Verwendungszweck gemäß geplant werden. Die technischen Anforderungen richten sich vorwiegend nach Lage, Geschoß und Raumnutzung. Optimal konstruierte Fenster für unterschiedliche Zwecke und Beanspruchungen können daher in Detail und Ausstattung sehr verschieden sein. Fenster mit dem RAL-Gütezeichen erfüllen durch regelmäßige Eigenüberwachung der Herstellerbetriebe, vor allem jedoch durch Fremdüberwachung, höchste Anforderungen.

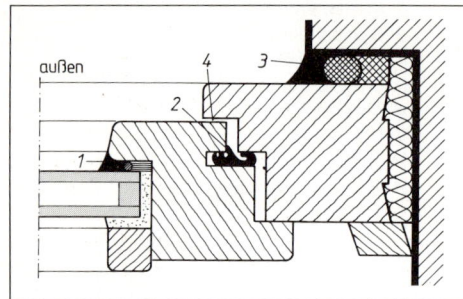

13.7 Fensterquerschnitt mit Kennzeichnung der Dichtungsebenen

1 Glasfalz, außen versiegelt
2 Innenfalz (Flügel/Rahmen) mit Falzdichtung
3 Gebäudeanschluß mit elastischer Kittfuge
4 druckausgleichender Luftspalt ermöglicht störungsfreien Ablauf eingedrungenen Regenwassers

Beanspruchungsgruppen (BG). Außer den allgemein gültigen Normen, Richtlinien und Verordnungen dienen die Beanspruchungsgruppen zur zielsicheren Planung und Beschreibung der Fensterkonstruktion. Sie begrenzen bestimmte Belastungsbereiche des Fensters (z. B. Wind und Schlagregen) und fordern entsprechende Konstruktionsmerkmale. Deshalb sind sie im Leistungsverzeichnis anzugeben.

Schwachstellen des Fensters liegen im Bereich der umlaufenden Dichtungen am Gebäudeanschluß und am Glasfalz, vor allem aber zwischen Blend- und Flügelrahmen (**13.**7). Sie beeinflussen den Wärme-, Schall- und Schlagregenschutz.

Die Schlagregendichtheit beschreibt den Schutz des Fensters bei gegebener Windstärke, Regenmenge und Beanspruchungsdauer gegen das Eindringen von Regenwasser ins Gebäudeinnere. Die gelochte Regenschutzschiene am unteren Rahmenholz muß eingedrungenes Wasser sicher nach außen führen. Als Windsperre wirken die umlaufenden Falzdichtungen. Regensicherheit erreicht man durch einen etwa 2 mm breiten, druckausgleichenden Luftspalt zwischen Rahmen und Flügel (**13.**7 d). Undichte Falzdichtungsprofile (Dichtungslippen) zwischen Blend- und Flügelrahmen ergeben u. U. erhebliche Lüftungswärmeverluste. DIN 4108 und die Wärmeschutzverordnung begrenzen daher den Fugendurchlaß und schreiben ab 3. Geschoß Falzdichtung vor. Beanspruchungsgruppen für Schlagregen und Fugendurchlässigkeit wählt man nach Tabelle **13.**8.

Tabelle 13.8 Beanspruchungsgruppen A bis D nach DIN 18055 T2
(Fugendurchlässigkeit und Schlagregensicherheit)

	A	B	C	D
Staudruck in kN/m² Prüfdruck in Pa entspricht etwa der Windgeschwindigkeit bei Windstärke	bis 0,18 bis 150 bis 7	bis 0,37 bis 300 bis 9	bis 0,66 bis 600 bis 11	Sonder- regelung
Gebäudehöhe in m	bis 8	bis 20	bis 100	

A ohne Falzdichtung, B bis D mit Falzdichtung. D für Fenster mit außergewöhnlicher Beanspruchung.
Die Anforderungen sind im Einzelfall anzugeben.

Die Glasfalzkonstruktion richtet sich nach Rahmenwerkstoff und -profil, Fenstergröße (Kantenlänge), Scheibendicke, Bedienung, Windbelastung, zu erwartenden Erschütterungen und äußerer Farbgebung. Bild 13.9 zeigt die Bezeichnungen und Maße am Glasfalz, Tabelle 13.10 die Dichtungsmöglichkeiten für die Beanspruchungsgruppen 1 bis 5 (13.10).

Wärmeschutz. Der Wärmedurchgangskoeffizient k_F des Fensters ergibt sich aus dem Rahmenwerkstoff (Rahmengruppe) und dem k-Wert der Scheibe(n). DIN 4108 begrenzt den k_F-Wert auf $\leq 3{,}0\ W/m^2\ K$. Spezielle Wärmeschutzgläser (z. B. Zweischeiben-Isoliergläser mit dämmfähiger Schwergasfüllung und farbneutraler Beschichtung zur Reflexion von Wärmestrahlung) erreichen mit k_F-Werten bis 1,4 schon den Mindestwärmeschutz für Außenwände. Rolläden und Vorhänge verbessern den Wärmeschutz noch mehr. An

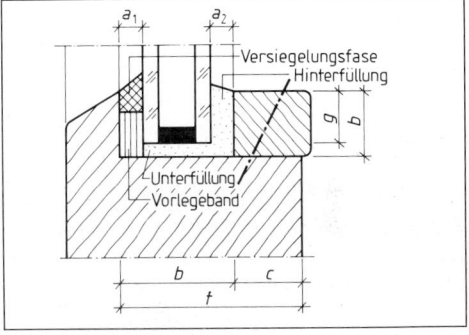

13.9 Bezeichnungen am Glasfalz nach DIN 18545 T1
a_1 Dicke der äußeren Dichtstoffvorlage
a_2 Dicke der inneren Dichtstoffvorlage
b Glasfalzbreite
c Auflagerbreite der Glashalteleiste
g Glaseinstand ($^2/_3\ d$)
h Glasfalzhöhe
t Gesamtfalzbreite

Tabelle 13.10 **Beanspruchungsgruppen z. Verglasung mit Dichtstoffen** (Inst. f. Fenstertechnik)

Beanspruchungsgruppe	1	2	3	4	5
Verglasung mit ausgefülltem Falzraum					
Kurzbezeichnung und schematische Darstellung	Va 1	Va 2	Va 3	Va 4	Va 5
Dichtstoffgruppe nach DIN 18545 für Versiegelung			C	D	E
Verglasung mit dichtstofffreiem Falzraum					
Kurzbezeichnung und schematische Darstellung			Vf 3	Vf 4	Vf 5
Dichtstoffgruppe nach DIN 18545 für Versiegelung			C	D	E

▒ Versiegelung   ‖‖ Vorlegeband   ░ Dichtstoff für den Falzraum südorientierten Fenstern kann sich im Jahresmittel sogar eine positive Wärmebilanz einstellen. In der neugeplanten Wärmeschutzverordnung werden die Fenster deshalb je nach Himmelsrichtung unterschiedlich bewertet. Die inneren Sturz- und Leibungsflächen sind beachtenswerte Wärmebrücken und wegen Auskühlung und Tauwasserniederschlag häufig Brutstätten für Schimmelpilze. Innere Dämmschichten an den Leibungen und Stürzen sind daher zu empfehlen.

Die Schallschutzanforderungen richten sich nach DIN 4109 und den Schallschutzklassen 1 bis 6 der VDI-Richtlinien 2719 „Schalldämmung von Fenstern". Sie bestimmen den Mindestwert des „bewerteten Schalldämmaßes" R_w (Laborwert) in Abhängigkeit von Außenlärm (-pegel) und von der Raumart (z. B. Krankenhauszimmer, Büro), ferner die Mindestkonstruktionsmerkmale. Verbesserungen des Schallschutzes erreicht man durch die Falzdichtung, durch größeren, mit Schwergas-Luft-Gemisch gefüllten Scheibenzwischenraum (SZR) und durch größere Glasdicken. Besonders wirksam sind schalldämmende Isoliergläser mit unterschiedlich dicken Scheiben (außen dick, innen dünn). Die besten Dämmwerte erreichen Doppelfenster mit getrennten Blendrahmen und großem Scheibenabstand – besonders das Kastenfenster mit schallschluckender Ausbildung der Innenrandflächen, $\geq$ 15 cm Scheibenabstand und 2×8 bis 12 mm dicken Scheiben. Doppelte Falzdichtungen gehören zur Standardausstattung von Fenstern höherer Schallschutzklassen, setzen jedoch ausreichenden Anpreßdruck zwischen den Rahmenfalzen durch Verriegelung voraus (evtl. Mehrfachverriegelung).

Bauwerksanschluß. Die Gebäudeanschlußfuge muß ständig Formänderungen des Wand- und Rahmenmaterials schadlos ausgleichen können. Temperaturbedingte Formänderungen wirken besonders bei Aluminiumfenstern, Schwind- und Quellverformungen bei Holzfenstern. Süd- und Südwestfassaden sind stärker gefährdet als die anderen, vor allem solche mit dunklen Außenfarben und großformatigen Elementen. Fehlerhafte Planung und Ausführung der Anschlußkonstruktion kann daher die Funktionsfähigkeit von Fenstern trotz höchster Gütenachweise erheblich einschränken.

Mechanische Befestigungen sichern die planmäßige Fensterlage in der Gebäudeöffnung. Starre Anschlüsse genügen für einflügelige (schmale) Fenster. Verformbare Befestigungen (z.B. flache Bankeisen) gleichen größere Bewegungen in der Anschlußfuge besser aus (**13.**11 b und c).

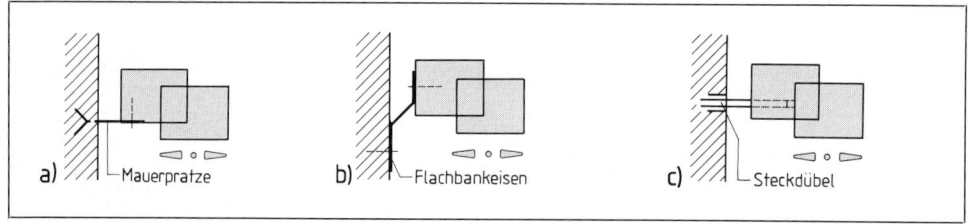

13.11 Mechanische Befestigung der Rahmen
a) starre Verbindung, b) und c) bewegliche Verbindungen

Abdichtungen. Tabelle **13.**12 erläutert die Beanspruchungsgruppen A bis D für die Anschlußausbildung der Fenster zum Baukörper. Die Systemskizzen gelten im Prinzip, Details erfordern genauere Angaben. Deutlich sind die günstigen Voraussetzungen für die Abdichtung bei Fensteröffnungen mit Innenanschlag (Anschlagart 1). Dagegen lassen sich Fenster in anschlaglosen Fensteröffnungen und bündigem Anschluß zur Fassadenaußenfläche kaum noch sicher abdichten. Vorkomprimierte Dichtungsbänder eignen sich als Wind- und Regensperre ebensogut wie Dichtungsmassen. Bald nach dem Einlegen pressen sie sich dicht an die Fugenflanken. An schlagregenbeanspruchten Fassaden empfiehlt sich unterhalb der Fensterbrüstung eine Feuchtigkeitssperre nach Bild **6.**26.

Tabelle 13.12 **Fugenanschlüsse**

Beanspruchung	Beanspruchungsgrößen					
Zu erwartende Fugenbewegungen	≦1 mm	<4 mm			>4 mm	
Beanspruchungsgruppen	A	B C Schlagregensicherheit und Fugendurchlässigkeit (Tab. 13.8)				
Erschütterungen Verkehrsbelastung	Normal	Stark				
Beanspruchungsgruppen	1*)	2	3.1		3.2	3.3
Anschlußausbildung	Blendrahmen eingeputzt	Abdichtung mit Fugendichtungsmasse	Abdichtung mit Fugendichtungsmasse und Bewegungsausgleich in der Konstruktion		Anschluß mit Zarge	Anschluß mit Bauabdichtungsfolie
A Putzfassade mit stumpfem Anschlag						
B Putzfassade mit Innenanschlag						
C Fassade mit stumpfem Anschlag bei Sichtbeton, Naturstein, metallischen oder keramischen Baustoffen						
D Fassade mit Innenanschlag bei Sichtbeton, Naturstein, metallischen oder keramischen Baustoffen						

*) nur für Holzfenster

13.1.3 Konstruktionsbeispiele

Bevorzugte Rahmenwerkstoffe sind Holz, Kunststoff und Aluminium. Mit wenigen Ausnahmen sind mit jedem der genannten Werkstoffe einwandfreie Fensterkonstruktionen für verschiedene Ansprüche möglich. Seriengefertigte Standardgrößen bilden den Hauptmarktanteil. Stilgetreue Holzfenster für die Erneuerung alter Bausubstanz erfordern meist handwerkliche Einzelfertigung.

Holzfenster werden vor allem aus Kiefer, Fichte, Sipo und Afzelia gefertigt. Trotz Gefährdung durch extremes Wetter, Pilz- und Insektenbefall haben Holzfenster bei sachgerechter Konstruktion und regelmäßiger Wartung eine lange Lebensdauer (**13.**13).

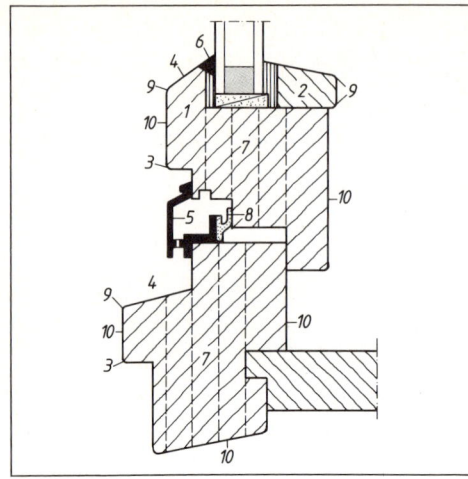

13.13
Kennzeichen moderner Holzfenster: wasserabweisend und wetterbeständig

1 Glasfalz im Kern
2 Glasleiste innen
3 keine Wassernasen
4 äußere Profile abgeschrägt
5 Regenschutzschiene
6 Glasversiegelung
7 Doppelzapfen
8 zusätzliche Dichtung
9 Kanten gut gebrochen
10 geschlossene Oberflächenbeschichtung

Einfach- und Verbundfensterprofile für die nach innen aufgehenden Dreh-, Drehkipp- und Kippfenster sind in DIN 68121 festgelegt mit den Einstufungen in die Beanspruchungsgruppen A bis C.

Tabelle **13.14** Bezeichnungen und Maße der Einfach- und Verbundfenster

Einfachfenster		Verbundfenster		
Profilkurzzeichen	Profilmindestdicke	Profilkurzzeichen	Außenflügel Mindestdicke	Innenflügel Mindestdicke
IV 56	56	DV 32/44	30	42
IV 63	62	DV 44/44	42	42
IV 68	66	DV 36/56	34	54
IV 78	76			
IV 92	90			

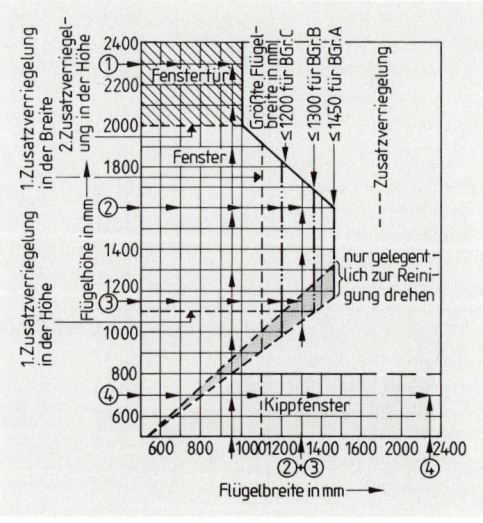

Kurzzeichen und Profildicken der Einfach- und Verbundfenster enthält Tabelle **13.14**. Für alle Profildicken gibt es Diagramme, um die maximalen Flügelmaße abzulesen. Die bestimmenden Faktoren (Fensterart, Be-

13.15 Größendiagramm für Flügelabmessungen zur Profilgruppe IV 63, Flügelholzbreite 78 mm (mit Beispielen ① bis ④)

Beispiele zu Bild **13.15**	Benennung	Maße	Beanspruchungsgruppe DIN 18055	Zusatzverriegelung in der Höhe	in der Breite
①	Fenstertür	950/2300	C	2	–
②	Fenster	1300/1600	B	1	1
③	Fenster	1300/1150	B	1	1
④	Kippfenster	2350/ 700	–	–	≥ 2

schlag, Beanspruchungsgruppe, zusätzliche Verriegelungen, Häufigkeit der Betätigung) enthält das Diagramm **13.**15 für Profile IV 63.

Vor dem Einbau müssen alle Holzfenster durch ölige Holzschutzmittel gemäß DIN 68 800 gegen Pilze und Insekten imprägniert werden. Das eingebaute Fenster erhält noch filmbildende, deckende Beschichtungen oder lasierende („offenporige") kombinierte Beschichtungs- und Holzschutzmittel. Dazu unterscheiden wir 3 Holzarten:

Holzart I: harzhaltige Nadelhölzer (Kiefer, Lärche, Oregon Pine)
Holzart II: harzarme Nadelhölzer (Fichte, Redwood, Redcedar)
Holzarten III: Laubhölzer (Sipo, Meranti, Teak, Afzelia, Eiche)

Die Normbezeichnung für Holzfenster verdeutlichen die folgenden Beispiele.

Beispiel 1   Einfachfenster: Holzfenster DIN 68 121 IV 78 92 -2
Beispiel 2   Verbundfenster: Holzfenster DIN 68 121 DV 32/44 -51/78 -1
                                Benennung   DIN   Profil-   Profil-   Zahl der Falz-
                                                     kenn-   breite   dichtungen
                                                     zeichen

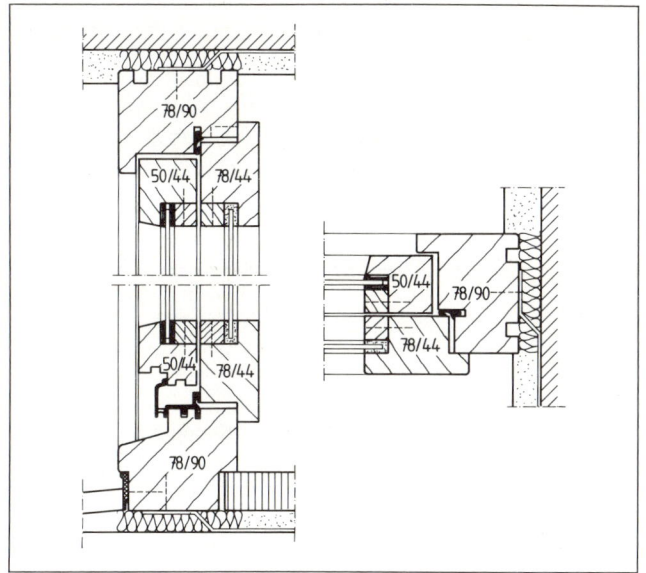

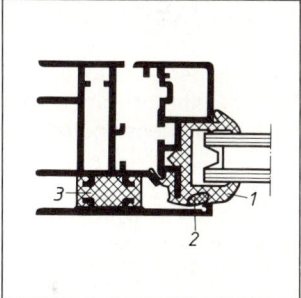

13.17 Wärmegedämmtes Aluminiumfenster mit umfassender Glasdichtung

Glasdichtung (*1*), die durch eine Hartkunststoff-Feder (*2*) verspannt wird. Die Blendrahmenschalen werden durch wärmedämmende Stege verbunden (*3*)

13.16   Verbundfenster DV 44/44

Aluminiumfenster zeichnen sich durch anspruchslose Wartung, sehr hohe Lebensdauer und hohe Stabilität aus. Die hohe Wärmeleitfähigkeit des Materials kann durch Doppelrahmen mit wärmedämmendem Steg ausgeglichen werden (**13.**17).

Kunststoffenster bestehen meist aus schlagzähen, dämmfähigen PVC-Hohlprofilen. Die technisch anspruchsvolleren Mehrkammerprofile mit stabilisierendem Metallrohkern werden gegenüber dem Einkammerprofil bevorzugt (**13.**18 auf S. 372). Vermehrt kommen Vollprofile mit glasfaserverstärktem Kern aus wärmedämmender poröser Spezialmasse auf. Unempfindlichkeit gegen Verschmutzung und mechanische Beschädigung sowie geringer Wartungsaufwand zählen zu den Vorzügen der Kunststoffenster, ebenso die einfache Bearbeitbarkeit. Dagegen sind die Probleme der Temperatur- und Farbbeständigkeit noch nicht immer befriedigend gelöst.

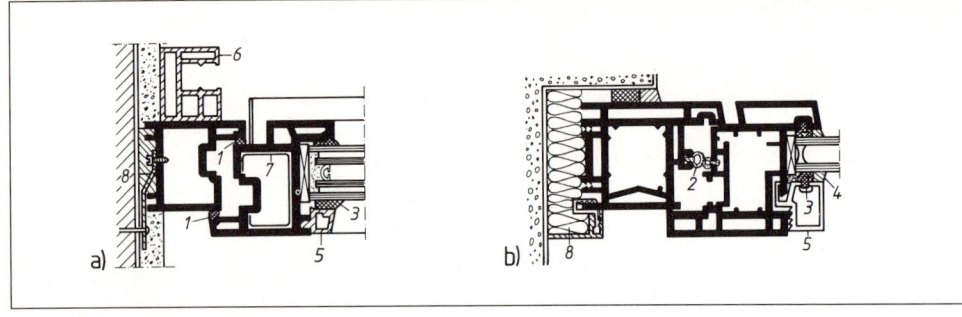

13.18 Rahmenschnitte durch Kunststoffenster
a) Einkammersystem, b) Mehrkammersystem (ohne Verstärkungsprofil nur bei kleineren Rahmenmaßen)

- *1* Anschlagdichtung
- *2* Mitteldichtung
- *3* Dichtung für Druckverglasung
- *4* Versiegelung
- *5* Glashalteleisten
- *6* Rolladenführung
- *7* Verstärkungsprofil
- *8* Bauanschlußfuge

Nach der Konstruktion unterscheiden wir Einfach- und Doppelfenster, nach der Verglasung einfach- und isolierverglaste Fenster, nach dem Werkstoff Holz-, Aluminium- und Kunststoffenster, nach der Öffnungsart überwiegend Dreh-, Drehkipp- und Kippfenster.

Fachgerecht konstruierte Fenster erfüllen die jeweils gestellten Ansprüche. Entsprechende Beanspruchungsgruppen in Normen und Richtlinien enthalten die wesentlichen Konstruktionsmerkmale.

13.2 Türen

Türen schaffen Zugang zu Räumen und Gebäuden. Außentüren bieten außerdem Schutz gegen Witterung, Wärmeverlust, Lärmbelästigung und Einbruch. Mit der Redewendung „die Schwelle des Hauses übertreten" beschreiben wir die Tür auch als Grenze zwischen öffentlichem und privatem Raum. Meist bestehen Türen aus dem beweglichen Türblatt, dem befestigten Türrahmen und den Beschlägen (Bänder, Griffe, Schloß). Türarten unterscheiden wir nach verschiedenen Gesichtspunkten (**13.**19).

Tabelle **13.**19 **Türarten**

Unterscheidung	Arten			
Rahmen und Wandanschluß	Blockrahmentür	Blendrahmentür	Zargenrahmentür	Futtertür, bekleidet
Lage und Verwendung	Außen-, Innen-, Hauseingangs-, Wohnungs-, Windfang-, Zimmer-, Heizraum-, WC-, Terrassen-, Keller-, Bodentür u. a.			

Fortsetzung s. nächste Seite

Tabelle **13**.19, Fortsetzung

Unterscheidung	Arten
bes. Anforderungen	feuerhemmende (FH), schall- und wärmedämmende Tür, Strahlenschutztür
Bewegungsrichtung	Drehflügel, einflügelig — Pendelflügel, einflügelig — Drehtür — Falttür, Faltwand Drehflügel, zweiflügelig — Pendelflügel, zweiflügelig — Schiebeflügel — Schwingflügel, Rolltor Drehflügel, zweiflügelig, gegeneinanderschlagend — Hebe-Drehflügel — Hebe-Schiebeflügel — Harmonikatür/-wand jeweils ein- und zweiflügelig
Sitz der Türbänder	a) linkes Band, linkes Schloß — Linkstür b) rechtes Band, rechtes Schloß — Rechtstür
Türblattbauart (bei Holztüren)	Latten-, Bretter-, Rahmen-, Sperrtür (glatte Oberfläche), aufgedoppelte, verglaste, unverglaste Tür
Türblattanzahl	ein-, zwei- und mehrflügelige Tür
Werkstoff	Holz-, Metall- (z. B. Aluminium-) und Glastür sowie Kombinationen

13.2.1 Außentür

Außentüren, besonders Hauseingangstüren, sind Blickfang und Gestaltungselemente der Fassade. Baustil- und landschaftstypische, häufig kunstvoll verzierte Türen finden wir vor allem an alten Gebäuden.

Konstruktion. Außentüren sind nicht genormt (Ausnahme Fenstertüren; s. Abschnitt 13.1). In ihrer Beanspruchung gleichen sie Fenstern. Die dafür in Abschnitt 13.1 beschriebenen Ausführungen der Rahmenbefestigung, Verglasung, Regensicherheit, Anschluß- und Falzdichtung gelten daher entsprechend. Haustüren sind etwa 1 m breit und schlagen nach innen auf, an Gebäuden mit größeren Menschenansammlungen auch nach außen (z. B. Schulen, Gaststätten, Theater). Rahmen und Türblätter erhalten Einfachfalze, dickere Abmessungen ermöglichen Doppelfalze (**13**.20). Einer davon soll mit Rücksicht auf den Schloßstulp ≥ 25 mm hoch, der

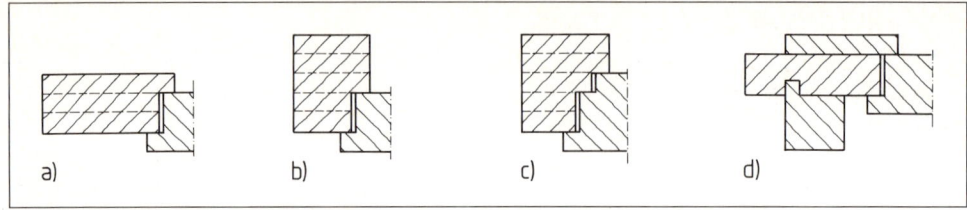

13.20 Blendrahmen und Türblattfalze
a) Einfachfalz, Profil flach/breit, b) Einfachfalz, Profil schmal/tief, c) Doppelfalz, Profil schmal/tief, d) Einfachfalz, Profil verstärkt, zusammengesetzt

äußere mit Rücksicht auf die Einbohrbänder 13 bis 15 mm tief sein. Wetterschenkel mit eingefräster Wassernut verhindern das Eindringen von Regenwasser an der Fußbodenschiene (Anschlagschiene, **13.**21 a bis d). Durchfeuchtungen des Schwellenbereichs verhindert die Fugendichtung (**13.**22 d). Schwind- und quellbedingte Verformung hölzerner Türblätter führen im Winter wegen erhöhter Fugendurchlässigkeit oft zu unerwünschten Lüftungswärmeverlusten. Beschläge für Mehrfachverriegelung (z. B. Fünffachverriegelung) erzeugen den nötigen Anpreßdruck für die Falzdichtungen und erhöhen außerdem die Einbruchsicherheit.

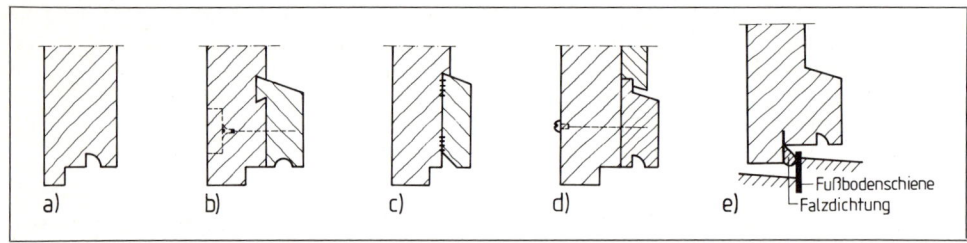

13.21 Wassernut
a) ohne Schenkel, b) eingegratet, c) geleimt, d) aufgeschraubt, e) Falzdichtung aus elastischem Kunststoffprofil schützt gegen Zugluft und Regenwasser

Die Rahmentür mit oder ohne Sprossen hat eine gegliederte Ansicht und Füllungen aus Glas oder Holz. Metall- und Kunststofftüren sind überwiegend verglaste Rahmentüren (**12.**22).

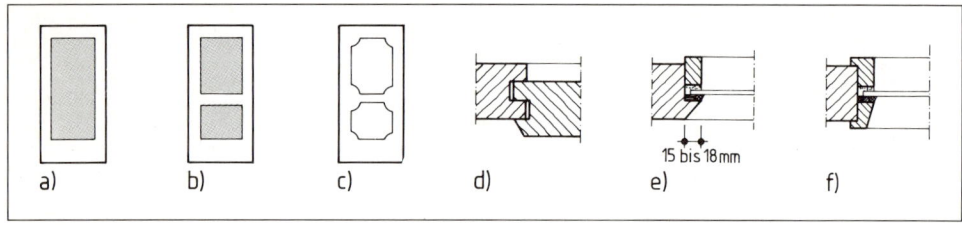

13.22 Rahmentür
a) und b) verglast, c) mit zierender Holzfüllung; Füllungen: d) überschoben, e) Scheibe im Falz, f) Scheibe zwischen Falzstäben

Die aufgedoppelte Tür ist meist eine durch beidseitige Beplankung ergänzte Rahmentür mit Kerndämmung gegen Wärmeverluste und Dampfsperre (innen!) als Schutz gegen Kondensatfeuchte (**13.**23).

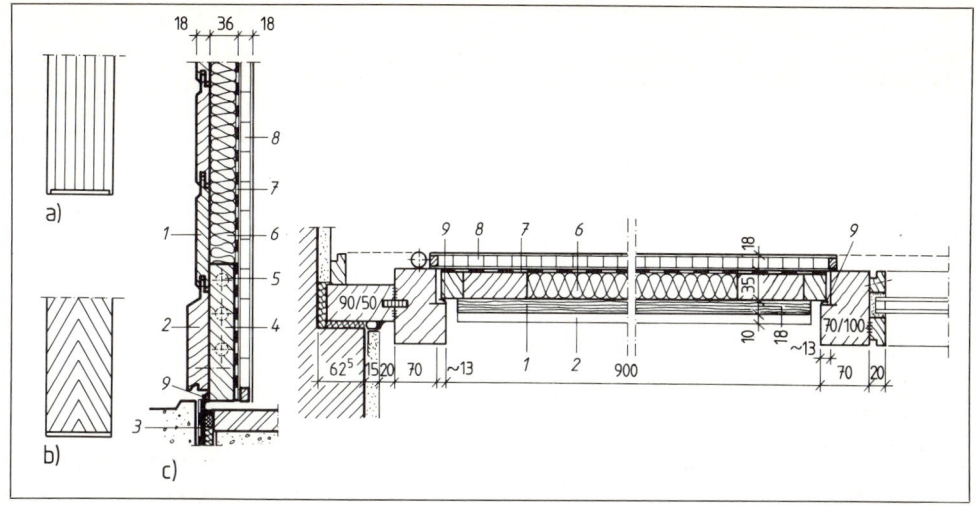

13.23 Aufgedoppelte Tür

a) senkrechte, b) schräge Aufdoppelung, c) Längs- und Querschnitt einer aufgedoppelten Tür mit verglastem Seitenteil

1 gespundete Vollholzbretter
2 aufgeschraubte Wetterschenkel
3 Flach- oder Winkeleisen
4 unterer Rahmenfries
5 Rahmenfriesverbindung durch Dübel
6 Dämmaterial
7 dampfbremsende/-sperrende Schicht auf der Innenseite
8 innenseitige Bekleidung
9 (Lippen-)Dichtungen

Glatte Türen aus Holz sind in der Regel beidseitig furniert (13.24). Als Mittellage dienen Holzlamellen, -gitter oder -stege. Zusätzlich eingebaute Dämmstoffe verbessern den Wärmeschutz. Die glatte Oberfläche läßt sich durch zierende Aufdickungen oder Ausschnitte für Glasfüllungen auflockern.

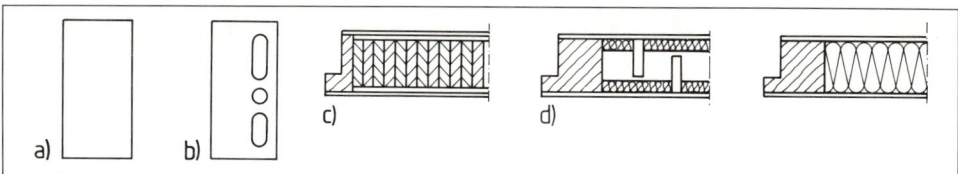

13.24 Glatte Tür

a) ohne, b) mit verglasten Ausschnitten oder Aufdickungen aus Holz; Türblatt: c) stäbchenverleimt mit Anleimer, d) mit Füllhölzern, Dämm- und Deckschichten

13.2.2 Innentür

Grundrißlage und Drehrichtung der Innentüren beeinflussen die nutzbare Grundfläche eines Raumes (13.25). Die Türöffnungsbreite plant man nach der Raumnutzung. Im Wohnungsbau reichen 87,5 cm als Baurichtmaß, für Nebenräume auch 75 oder 62,5 cm (bei gemauerten Wänden jeweils 1 cm mehr). Im Verwaltungs- und Schulbau sind es mindestens 100 cm, im Krankenhausbau wegen des Bettentransports 112,5 cm.

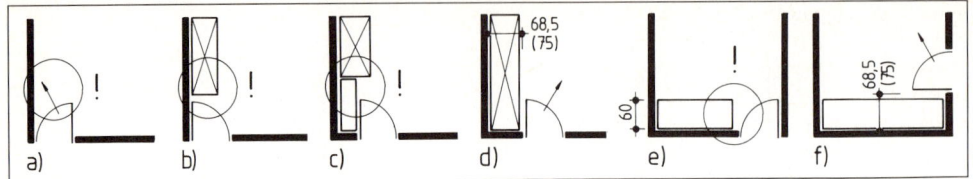

13.25 Türlage und -drehrichtung beeinflussen die Raumerschließung und -nutzung

a) falsch: einengend, Raum nicht überschaubar, b) und c) unbefriedigend, d) richtig: zum Raum hinführend, e) ungünstig bei schmalen Räumen, f) günstiger als e), größere Möbelstellflächen

Die Türöffnungshöhe reicht von Unterkante Türsturz bis Oberkante fertiger Fußboden. Sie muß dem Handwerker ebenso wie die geplante Gesamtdicke des Fußbodenbelags schon für die Rohbauarbeiten bekannt sein (evtl. Hinweis in der Zeichenlegende). Als Normalhöhe gilt das Richtmaß 200 cm, bei gemauerten Wänden 200,5 cm (**13.26**). Weitere Normhöhen sind 212,5 cm, 225 cm und 187,5 cm – bei Mauerwerk jeweils 0,5 cm mehr.

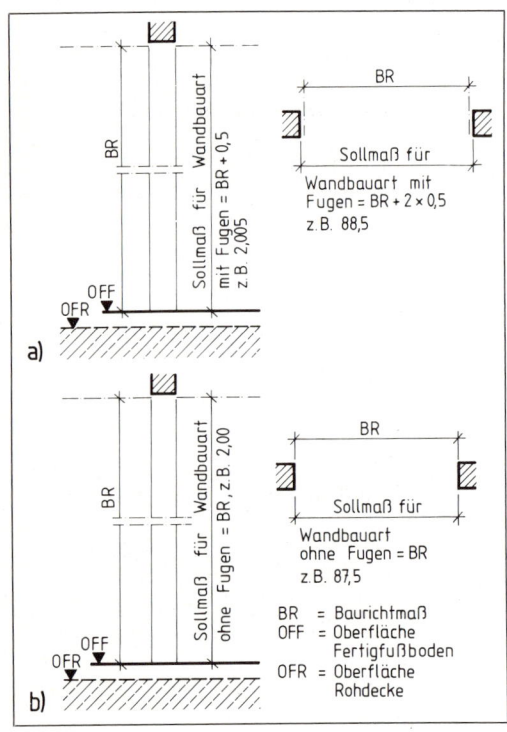

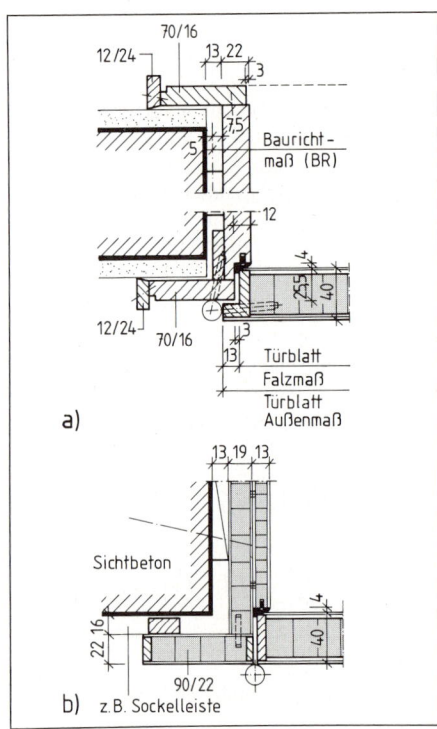

13.26 Türöffnungsmaße nach DIN 18100 T2 (Entwurf)
a) Sollmaße für Bauart mit Fugen, b) ohne Fugen

13.27 Türen mit Futterrahmen und Bekleidung
a) Futter, Bekleidungen und Deckleisten aus Vollholz, b) Stumpftür bündig mit der Bekleidung liegend

Türen mit Futterrahmen und Bekleidung werden am häufigsten für Holzinnentüren verwendet. Das Türfutter deckt die Innenflächen der Wandöffnungen ganz ab, die beidseitige Bekleidung schützt die Wandkanten vor Beschädigungen. Die überfälzte Futterrahmentür hat abgedeckte Falzfugen, die heute weniger verbreitete stumpf einschlagende Tür sichtbare (**13.27**).

Türen mit Zargenrahmen haben nur selten Bekleidungen (**13**.28). Zargenrahmen decken die Türleibung ganz, Sparzargen (Eckzargen) nur teilweise ab (z. B. bei dicken Wänden). Verbreitet sind auch ein- oder beidseitig überstehende Zargenrahmen. Putzschienen mit verzinktem Streckmetall schaffen den sauberen und rißsicheren Anschluß zum Wandputz. Zugleich dienen sie als Kantenschutz und Putzlehre.

Seriengefertigte Fertigtürelemente sind kostengünstig und tragen wesentlich zur Verkürzung der Bauzeit bei. Holznormzargen werden als einteilige Serienelemente für unterschiedliche Wandanschlüsse angeboten. Es gibt auch zweiteilige, in der Tiefe verstellbare Zargen, die unterschiedlichen Wanddicken angepaßt werden können. Metallzargen sind als Umfassungs- und als Eckzargen im Handel (**13**.29). Meist werden sie vor den Putzarbeiten eingesetzt. Zargen mit Schattennut dienen zugleich als Putzlehre.

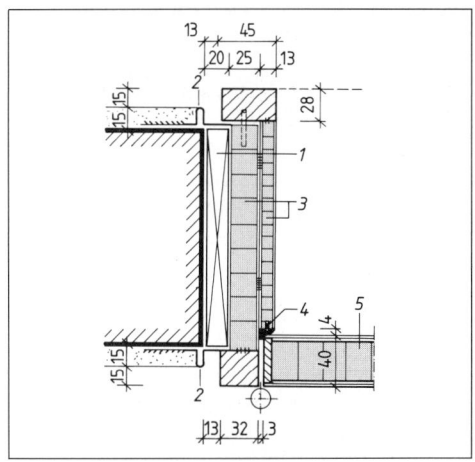

13.28 Zargenrahmen (Einbaubeispiel)
1 Blindfutter
2 Putzschiene
3 aufgedoppelter Zargenrahmen
4 Gummidichtung
5 ungefälztes Türblatt

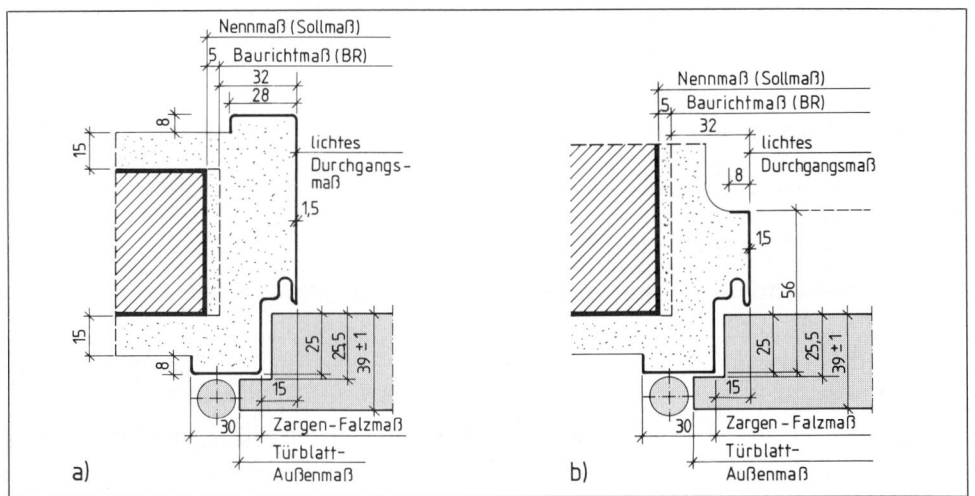

13.29 Metallzargen
 a) Umfassungszarge, b) Eckzarge

Außentüren. Rahmentüren erhalten Füllungen (z. B. Holz, Glas), aufgedoppelte Türen beidseitige Beplankung (meist auch Kerndämmung), glatte Türen furnierte Außenflächen.

Innentüren. Die Türöffnungsbreite entspricht dem Rohbaumaß, die -höhe reicht von OK fertiger Fußboden bis UK Türsturz. Futterrahmen erhalten beidseitige Bekleidungen, Zargenrahmen nur selten.

13.3 Fußböden

Für Fußböden können je nach Raumnutzung unterschiedliche Ansprüche im Vordergrund stehen (z. B. Verschleißfestigkeit, leichte Pflege, Wärmeschutz, Schallschutz, Rutschsicherheit, Farbe und Raumgestaltung, Widerstand gegen aggressive Stoffe, Feuersicherheit). Die bauphysikalische und konstruktive Beurteilung eines Fußbodens bezieht alle Fußbodenschichten ein, oft auch noch die tragende Unterkonstruktion und die Deckenbekleidung (**13**.30).

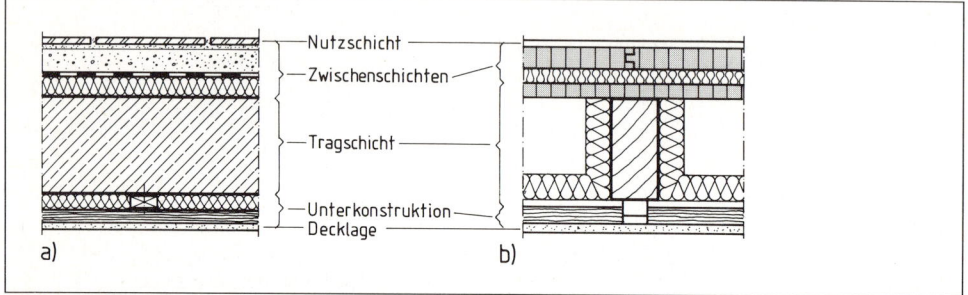

13.30 Fußboden- und Deckenaufbau
   a) Massivdecke, b) Holzbalkendecke

Die Nutzschicht bildet die begehbare Fläche. Sie besteht aus keramischen, bitumenhaltigen oder zementgebundenen Platten (bzw. Belägen) oder auch Schichten aus Holz, Holzwerk-, Textil- (Teppich) und Kunststoff.

Die Zwischenschicht(en) besteht in der Regel aus mehreren Lagen, wovon jede eine bestimmte Aufgabe zu erfüllen hat. So gibt es nivellierende oder gefällebildende Schichten, Abdichtungen aus bitumenhaltigen oder Kunststoffbahnen, wärme- und trittschalldämmende Platten oder Bahnen, Trennschichten (z. B. Kunststoff-Folien, Bitumenpapier, Gewebebahnen) und lastverteilende Schichten (z. B. Estrich, Platten).

Die Tragschicht bietet den Nutz- und Zwischenschichten eine tragfähige Unterlage (z. B. Betonsohle, Massiv- oder Holzbalkendecke).

Die Unterdecke gehört ebenso wie die Tragschicht im engeren Sinn nicht zum Fußbodenaufbau. Doch kann sie sein schall- und wärmetechnisches Verhalten beeinflussen.

Feuchtigkeitsschutz. Durchfeuchtungsgefahr droht bei erdberührenden Böden vom Kapillarwasser, in Naßräumen vom Nutzwasser. Zur Abdichtung gegen Bodenfeuchtigkeit wählt man meist vollflächig geklebte (auch geschweißte) Abdichtungsschichten auf der Tragschicht (meist Betonsohle), gegen Nutzwasser dagegen auf der Dämmschicht. Sie ist 15 cm über OK Fußboden an den Seitenwänden hochzuführen (**13**.31). Wasserundurchlässige Beläge sind besonders in Sanitärräumen zu empfehlen (z. B. nahtverschweißte PVC-Beläge oder dünnbettverlegte Steinzeugfließen mit Fugenmassen auf Epoxidharzbasis, ferner elastische Randfugenfüllung zwischen Boden und Wandbelag).

Schallschutz. Der Luftschallschutz erhöht sich mit zunehmender Flächenmasse (kg/m^2). Bei Massivdecken reicht schon die hohe Deckeneigenlast. Der Trittschallschutz für Massivdecken ist nur durch eine zweite, auf Abstand gesetzte Deckenschale zu erreichen. Schwimmender Estrich als Bodenauflage hat sich dafür besonders bewährt. Die lastverteilende Bodenschicht (z. B. eine 5 cm dicke Platte aus Zementestrich) „schwimmt" hier gleichsam auf einer weichen

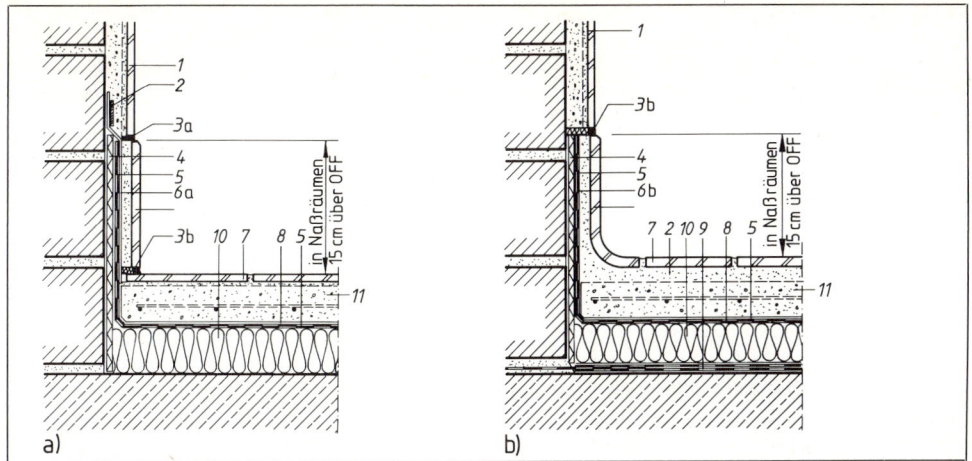

13.31 Abdichten von Fußböden a) gegen Nutzwasser, b) gegen Nutzwasser und Bodenfeuchtigkeit
1 Wandfliesen auf Mörtel
2 Flanschbefestigung
3a Weichgummileiste
3b dauerelastische Dichtungsmasse mit Hinterfüllung
4 bitumenhaltige Wellpappe
5 Abdichtung gegen Feuchtigkeit von oben
6a Armierungsgewebe
6b grobkörniger Quarzsand als Haftgrund für das Mörtelbett
7 keramische Bodenfliesen
8 Trennlage
9 Kellerbodenabdichtung gegen aufsteigende Feuchtigkeit
10 Wärme-/Trittschalldämmung
11 bewehrter Estrich

Dämmlage (z. B. 3 cm Mineralwolle). Als ~1 cm dicker Seitenstreifen unterbricht sie zugleich mögliche Schallwege zu den angrenzenden Raumwänden. Diese Trennfuge muß auch im Bereich von Türöffnungen ohne Versprung weitergeführt werden, um Trittschallübertragung zum Nachbarraum zu verhindern. Fehlstellen, die den Kontakt zwischen der starren Estrichscheibe und der starren Decken- oder Wandscheibe wiederherstellen, mindern die Dämmung. Besondere Gefahrenpunkte bilden Rohrdurchführungen.

Estriche können als Verbundestrich unmittelbar auf den Untergrund aufgebracht werden. Estriche auf Trennlage (Folie oder Bitumenbahn) ermöglichen Formänderungen von Estrich und Tragbeton ohne gegenseitige Behinderung. Der schwimmende Estrich erhält stets eine weichfedernde Dämmschicht als Unterlage (**13.32**).

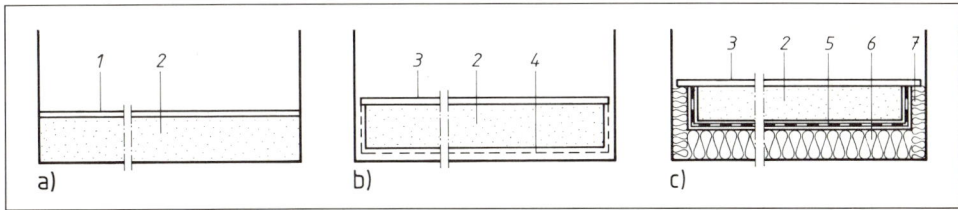

13.32 Estricharten nach DIN 18560 T1 (Zementestrich)
a) Verbundestrich, b) Estrich mit Trennschicht, c) schwimmender Estrich
1 Nutzestrich zum unmittelbaren Begehen
2 Estrichschicht
3 Fußbodenbelag
4 Trennschicht
5 Abdeckung
6 Dämmschicht (ein- oder zweilagig)
7 Randstreifen

Zementestriche (ZE) müssen Mindestanforderungen an die Druck- und Biegefestigkeit erfüllen. Sie bestehen aus Zement und Zuschlag (0/8 mm). Festigkeitsklassen: ZE 12, 20, 30, 40, 50, 55 M, 65 A, 65 KS. Die Zahlen stehen für die Nennfestigkeit, A für Naturstein, M für metallische Stoffe, KS für Siliciumcarbid. Nenndicken nach DIN 18560 reichen von 10 bis 50 mm (Zwischenwerte alle 5 mm). Schwimmender Estrich ist $\geq$ 4,5 cm dick.

Kellenverlegbare Estriche müssen verteilt, verdichtet und geglättet werden. **Selbstnivellierende** Estriche breiten sich infolge des zugegebenen Fließmittels schon beim Einbringen zu einer waagerechten, ebenen Schicht aus.

Anhydridestrich (AE) besteht aus Anhydrid (wasserfreier Gips) und Sand. Seine hohe Raumbeständigkeit ermöglicht Böden bis zu 1000 m² ohne Schwind- und Dehnungsfugen. Jedoch begrenzt seine Empfindlichkeit gegen Durchfeuchtung die Anwendung. Festigkeitsklassen AE 12, 20, 30, 40.

Gußasphaltestrich (GE) aus bitumengebundenem Sand und Splitt (2/9 mm) kann nur auf hitzebeständige Dämm-, Trenn- und Dichtungslagen aufgebracht werden. Er ist nach dem Abkühlen sofort begehbar, völlig unempfindlich gegen Feuchtigkeit, kann ohne Wartezeiten sofort weitere Beläge aufnehmen und hat eine hohe elektrische Isolierfähigkeit. Trotz geringer Belagdicke ist er jedoch teurer als andere Estriche.

Fertigteilestriche bestehen aus vorgefertigten Platten (Holzspan-, Gipskarton-, Gipsfaserplatten), die man meist auf Lagerhölzern oder auf einer Dämmschicht „trocken" einbaut, so daß sie schon sehr früh den Bodenbelag aufnehmen können.

Trittschalldämmplatten zur Aufnahme von schwimmendem Estrich erhalten das Kurzzeichen T. Die Lieferdicke d_L in mm gilt für den unbelasteten, die Nenndicke d_B für den belasteten Zustand (z. B. d_L/d_B = 20/15). Unter Fertigteilestrichen genügen Platten mit dem Typkurzzeichen TK (druckbelastbar, geringe Zusammendrückbarkeit).

Holzbalkendecken sind vor allem trittschallgefährdet. Konstruktive Schutzmaßnahmen gegen Trittschallübertragung genügen meist auch für den Luftschallschutz. Die wesentlichen Schallbrücken verlaufen über die Balken und durch die Balkenfelder, ferner an den Deckenrändern. Das Zweischalenprinzip der konsequenten Trennung zwischen der Rohdecke (Balken und Deckenauflage) und der lastverteilenden Fußbodenschicht durch weichfedernde Zwischenlagen z. B. aus Mineralwolle sind auch hier besonders wirksam. Beispiele für die schalltechnische Verbesserung verschiedener Fußbodenauflagen ohne Gehschicht (Nutzschicht) zeigt Tabelle **13.**33. Weiche Gehbeläge wie Teppichböden verbessern das Trittschallschutzmaß (TSM) um 2 bis 8 dB. Mehr Masse in der Deckenauflage (z. B. durch Sand- oder Betonplattenschichten) bieten selbst bei unverkleideten Holzbalkendecken sehr guten Schallschutz.

Wärmeschutz. Trittschalldämmstoffe dienen zugleich als Wärmeschutz. Dämmplatten des Typs WD (druckbelastbar) behalten die geplante Dämmschichtdicke bei belastetem Fußboden. Geeignet sind auch Dämmstoffe WS (sonderbeanspruchbar), W dagegen (nicht druckbeanspruchbar) eignet sich nicht. Bei Wohnungstrenndecken reichen die Trittschalldämmplatten auch für den Wärmeschutz (erf. $1/\Lambda \geq 0{,}35$ m² K/W). Für erdberührende Böden und für Decken über nicht ausgebautem Dachgeschoß (erf. $1/\Lambda \geq 0{,}9$ m² K/W) sowie für Decken über offenen Durchfahrten (erf. $1/\Lambda \geq 1{,}75$ m² K/W) sind größere Dämmstoffdicken nötig. Ein Teil davon kann auch als „verlorene" Schalung an der Deckenunterseite anbetoniert werden (z. B. Holzwoll-Leichtbauplatten oder auch Mehrschicht-Dämmplatten). Sehr streng sind die Anforderungen für Heizestriche.

Die Fußbodenheizung nutzt den schwimmenden Estrich (bzw. die Lastverteilungsschicht) zur Aufnahme wärmeübertragender Heizelemente.

Die Direktheizung gibt die Wärme mit geringer Zeitverzögerung an den Raum ab. Meist wählt man dafür eine Warmwasser-Fußbodenheizung mit oberflächennah verlegten Heizrohren. Es eignen sich auch elektrisch beheizbare kunststoffverschweißte Matten unterhalb des Estrichs.

Die Fußbodenspeicherheizung bezieht die Wärme meist aus dem preiswerten Nachtstrom. Der durch Heizmatten erwärmte Estrich gibt die Speicherwärme gleichmäßig während des ganzen Tages ab. Estrich-

Tabelle 13.33 Schalldämmung bei Fußbodenschichten (ohne Nutzschicht) auf Holzbalkendecken (VM = Verbesserungsmaß)

Fußbodenaufbau		VM in dB
G, PS	Trockenestrich aus 2 Lagen Gipskartonplatten G mit etwa 20 mm Styropor-Hartschaumplatten	4 bis 6
H, M	schwimmend verlegte Holzspanplatten (20 bis 25 mm Holzspanplatten auf 28/25 mm Mineralfaserplatten)	9
H, M, L, S, F, D	schwimmend verlegte Holzspanplatten auf Sandschüttungen F = Kunststoff-Folie, D = 15 mm Mineralfaser-Dämmstreifen, M = 15 mm Mineralwolle, S = 30 mm Sand, L = Holzleisten	22
H, M, Aufgeklebt, B	schwimmend verlegte Holzspanplatten mit Plattenbeschwerung H = 22 bis 30 mm Holzspanplatten, M = 28/25 mm Mineralfaserplatten, B = Beschwerungsplatte	bei 25 kg/m² 17 bei 100 kg/m² 31
E, M	schwimmende Estriche E auf 30/25 mm Mineralfaserplatten M, bei 50 mm Zementestrich, 120 kg/m² 19 mm Ziegelplatten, 35 kg/m²	19 9

dicken bis 8 cm sorgen für die notwendige Speichermasse. Eine zweite, oberflächennah verlegte Heizmatte kann im Notfall rasch die Temperatur ausgleichen.

Bewegungsfugen trennen die Deckenauflage oberhalb der Dämmschicht. Sie sind anzuordnen
- über bereits vorhandenen Gebäudetrennfugen,
- als Feldbegrenzung (Trennfugen zwischen Estrichfeldern),
- als Randfugen vor angrenzenden Bauteilen (Stützen, Wände, Türen).

Der Fußboden besteht aus der begehbaren Nutzschicht und den zweckbedingten Zwischenschichten darunter. Verbundestrich liegt direkt auf der Tragschicht, schwimmender Estrich ($\leq 4{,}5$ cm) auf weicher Zwischenschicht (2 bis 3 cm) dämmt vorwiegend gegen Trittschall und Wärmeverlust.

13.4 Leichte Trennwände

Nach DIN 4103 sind leichte Trennwände als nichttragende Wände bis 150 kg/m² Flächenmasse begrenzt. Sie haben vorwiegend raumbildende (also keine statischen oder aussteifenden) Aufgaben und erreichen ihre Standfestigkeit erst durch den Anschluß an die angrenzenden Wände und Decken oder durch konstruktive Ersatzmaßnahmen. Für Belastungen aus der Raumnutzung gelten Mindestanforderungen (z. B. für die Aufnahme von Konsollasten oder stoßartigen Belastungen durch Menschengedränge). Der Einbaubereich II (Räume mit großer Menschenansammlung oder mit $\geq 1{,}00$ m Fußboden-Höhenunterschied) unterliegt höheren Anforderungen als der Einbaubereich I (Räume mit geringer Menschenansammlung).

Systeme. Leichte Trennwände können fest eingebaut oder versetzbar ausgebildet sein sowie ein- oder mehrschalig ausgeführt werden. Zusätzliche Anforderungen hinsichtlich Brand-, Wärme-, Feuchtigkeits- und Schallschutz löst man durch entsprechende konstruktive Gestaltung.

Fest eingebaute Trennwände bestehen aus Mauerwerk in Dicken von 5 bis 11,5 cm. Besonders eignen sich Leicht-Langlochziegel, Leichtbeton- und Leichtziegelplatten sowie dünnbettverlegte Gips-Wandbauplatten mit Nut und Feder nach DIN 18163 (**13.34d**). Geeignet sind auch zweischalige Leichtwände aus Holzwolle-Leichtbauplatten mit Mineralwollekern. Rißsicherheit ist nur durch Rücksichtnahme auf die Formänderungen der angrenzenden Decken und Wände oder durch ausreichende Wanddicken erreichbar. Das Merkblatt „Grenzabmessungen" der Deutschen Gesellschaft für Mauerwerksbau enthält dazu nähere Angaben. Im Wohnungsbau genügt wegen der geringen Deckenspannweiten meist der starre Wand- und Deckenanschluß durch Mörtelfugen. Größere Spannweiten erfordern gleitende Anschlüsse. Die gemauerten Leichtwände bieten ausreichenden Brand-, jedoch geringen Wärme- und Schallschutz.

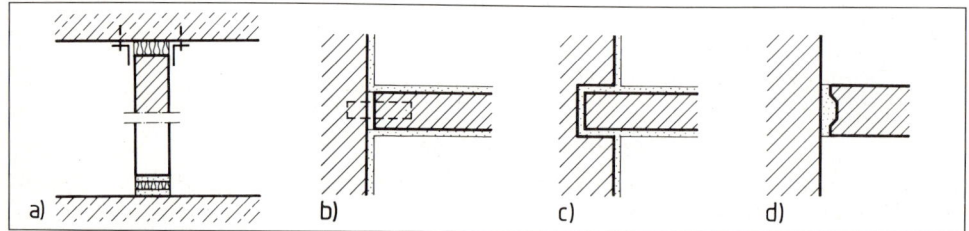

13.34 Gemauerte Leichtbauwände
a) gleitend elastischer Wandanschluß an Decken und Fußbodenrand, b) Wandanschlüsse durch Ankerlaschen, c) durch Wandschlitz, d) durch stumpfen Stoß bei Gipsbauplatten

Leichte Trennwände in Ständerbauart bestehen aus Holzstützen, vermehrt jedoch aus Metallprofilständern in Aluminium- oder korrosionsgeschütztem Blech (**13.35**). Die beidseitige

Tabelle **13.35** **Wandquerschnitte leichter Trennwände, beplankt mit Gipskartonplatten**

Benennung		Wanddicke in mm	Feuerwiderstand	Schalldämmung in dB
Metall-Ständerwände Einfach-Ständerwand, einlagig beplankt		50 75 100 125	F 30-A	45 49 50 52
Einfach-Ständerwand, zweilagig beplankt		100 125 150	F 30-A bis F 90-A	51 53
Doppel-Ständerwand, zweilagig beplankt		155 205 255	F 30-A bis F 90-A	55 56 57
Holz-Ständerwände Einfach-Ständerwand, einlagig beplankt		85	F 30-B	37

Beplankung stellt man aus Profilholzbrettern, Gipskarton- oder Holzwerkstoffplatten her. Die Schalldämmung kann trotz geringer Flächenmasse hervorragende Werte erreichen. Sie beruht auf dem Prinzip der „biegeweichen Schalen", die nach Bild **13.**36 ein Schwingungssystem (Federmassesystem) bilden. Dazu eignen sich biegeweiche Platten mit Grenzfrequenzen oberhalb von 2000 Hz, z. B. Gipskartonplatten bis 18 mm Dicke, auch in mehreren Lagen; Holzwerkstoffplatten bis 16 mm Dicke, Stahlbleche bis 2 mm und Glasplatten bis 6 mm Dicke. Die Grenzfrequenz ist die Frequenz, bei der die Wellenlänge des Luftschalls mit der Länge der freien Biegeschwingungen der Bauteile übereinstimmt.

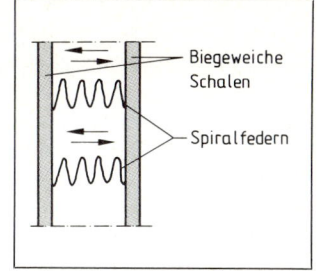

13.36   Federmassesystem-Modell

Konstruktionsgrundsätze. Schalltechnisch günstige Konstruktionen leichter Trennwände in Ständerbauart haben
- großen Schalenabstand (Luftschichtdicke),
- biegeweiche Schalen mit großer Flächenmasse (nur doppelte Beplankung bleibt weitgehend biegeweich, gleich dicke einfache Beplankung verschlechtert den Schallschutz möglicherweise erheblich),
- schallschluckende Zwischenlagen z. B. aus Mineralwolleplatten in $\geq 0{,}7$facher Dicke des Zwischenraums. Sie verbessern den Schallschutz um 10 bis 15 dB,
- zweischalige Doppelwände mit zwei völlig getrennten Ständerreihen.

Schallbrücken über flankierenden Bauteilen (angrenzende Wände und Decken) wirken sich um so störender aus, je besser die Trennwand den Schall abhält. Senkrechte Trennfugen in der Beplankung der flankierenden Wand unterbrechen die Schallausbreitung am Wandstoß ebenso wie Mineralwollefüllung und/oder völlige Abschottung sowie zweilagige Beplankung der flankierenden Wand (**13.**37). Grundsätzlich ist auch im Bereich von Deckenbekleidungen bzw. abgehängten Decken sinngemäß zu verfahren. Durchgehend verlegter schwimmender Estrich leitet vor allem den Trittschall in die Nachbarräume, viel stärker als Verbundestrich mit Textilbelag. Böden aus schwimmend verlegten Spanplatten müssen vor der Trennwand enden (**13.**38).

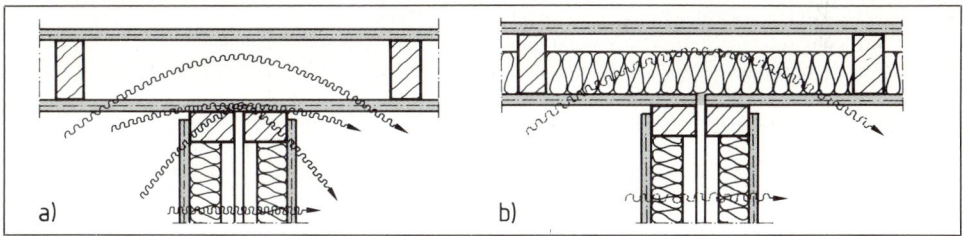

13.37   Schallbrücke (a) und Verbesserungsmöglichkeit (b)

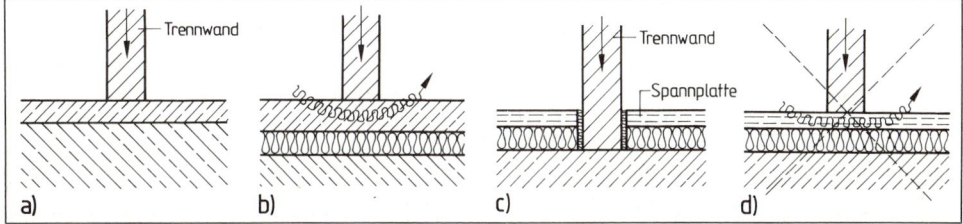

13.38   Schallbrücke Wand/Boden a) auf Verbundestrich günstiger als b) auf schwimmendem Estrich, c) auf Rohdecke günstiger als d) auf schwimmend verlegten Spanplatten (abzuraten)

Leichte Trennwände haben ≤ 150 kg/m² Flächenmaße, sind kosten- und platzsparend. Die Schalldämmfähigkeit der beidseitig beplankten Wände in Ständerbauart ist besonders wirksam. Sie beruht auf dem Prinzip der biegeweichen Schalen. Schalldämpfend und wärmedämmend zugleich wirken Mineralwolleplatten im Schalenzwischenraum, gegen Brandgefahr Gipskartonbeplankung.

13.5 Leichte Deckenbekleidungen und Unterdecken

DIN 18168 begrenzt die leichten Deckenbekleidungen und Unterdecken einschließlich aller Bauteile auf eine Flächenlast von $\leq 0{,}5$ kN/m². Deckenbekleidungen sind mit ihrer Unterkonstruktion unmittelbar am tragenden Bauteil verankert (Direktmontage), Unterdecken haben eine vom tragenden Bauteil abgehängte Unterkonstruktion (**13.39**). Tragender Bauteil sind die Massivdecke, Balkenlage und Balken. Tragende Teile nennen wir alle zwischen der raumabschließenden Decklage und der Rohdecke erforderlichen Montageteile sowie ihre Verbindungsmittel und Verankerungselemente. Die Unterkonstruktion aus Grund- und Traglattung dient zum Befestigen der Decklage. Abhänger aus Holzlatten oder höhenverstellbaren Metallkonstruktionen tragen die abgehängte Unterdecke und schaffen den gewünschten

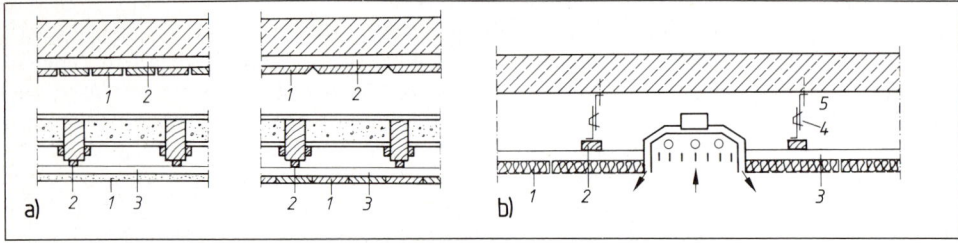

13.39 Deckenbekleidungen und Unterdecken nach DIN 18168
   a) leichte Deckenbekleidungen, b) leichte Unterdecken
   1 Decklage   *3* Traglattung   *5* Verankerungselement
   2 Grundlattung *4* Abhänger

Abstand zur Rohdecke. Federbügelabhänger gleichen die Höhen schiefer und unebener Decken (auch Massivdecken) ohne umständliches Verkeilen aus (**13**.40). Die Verankerungselemente übertragen die Last der Deckenbekleidung bzw. Unterdecke auf die Massivdecke bzw. Balkenlage.

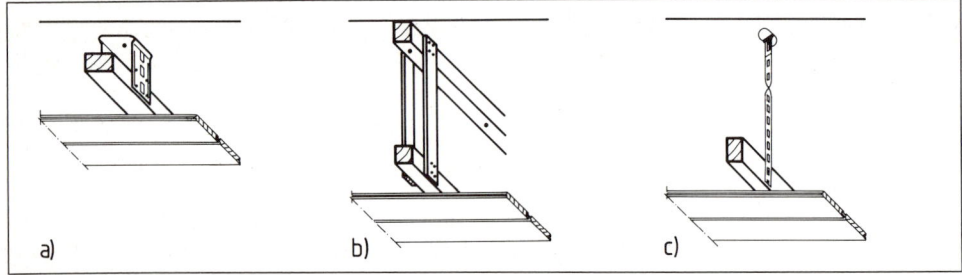

13.40 Abgehängte Decken
   a) Federbügelabhänger, b) Holzlattenabhängung, c) Metallabhänger

Die Decklage ist der raumabschließende und gestaltende Teil der Decke. Vollflächige Decklagen sind glatt oder fugenbetont. Decken mit gelochten oder geschlitzten Platten sowie offene Decklagen aus Paneelen, Lamellen-, Raster-, Waben- oder pyramidenförmigen Elementen verbessern auch die Raumakustik durch Absorbieren von Schallwellen. Als Material dienen vor allem Gipskarton- und Mineralfaserplatten in unterschiedlicher Größe und Oberflächengestaltung, ferner Span-, Furnier-, Holzfaser- und Holzwolle-Leichtbauplatten bzw. -elemente oder Metall und Kunststoff.

Die Wahl der Deckenbekleidung bzw. Unterdecke wird bestimmt von gestalterischen, bauphysikalischen, ausführungs- und nutzungstechnischen Gesichtspunkten sowie den konstruktiven Voraussetzungen der tragenden Bauteile.

Sichtschutz. Deckenbekleidungen, besonders Unterdecken, entziehen Unterzüge, Träger, Leitungen, Kanäle und Installationen der unmittelbaren Sicht des Betrachters.

Feuerschutz bieten Decklagen aus Gipskarton- oder Mineralfaserplatten sowie gipsgebundene Spanplatten (bis F 120).

Schalldämmung erreichen wir auch hier durch das Zweischalenprinzip, wobei vollflächig und fugendicht ausgeführte Decklagen als biegeweiche Schale wirken und sowohl den Luft- als auch den Trittschallschutz der Decke erheblich verbessern. Bei Holzbalkendecken hat die Befestigungsart großen Einfluß auf die Trittschalldämmung (**13**.41). In bestimmten Fällen stellt man den Trittschallschutz vorwiegend durch die Unterdecke her, z. B. unter Decken mit versetzbaren Trennwänden, wo der Verbundestrich (mit Textilbelag) störende Schall-Längsleitung zu den Nachbarräumen verhindert, aber nicht die Trittschallübertragung zum darunterliegenden Geschoß ausreichend dämmt. Die abgehängte Decke stellt wiederum eine empfindliche Schallbrücke

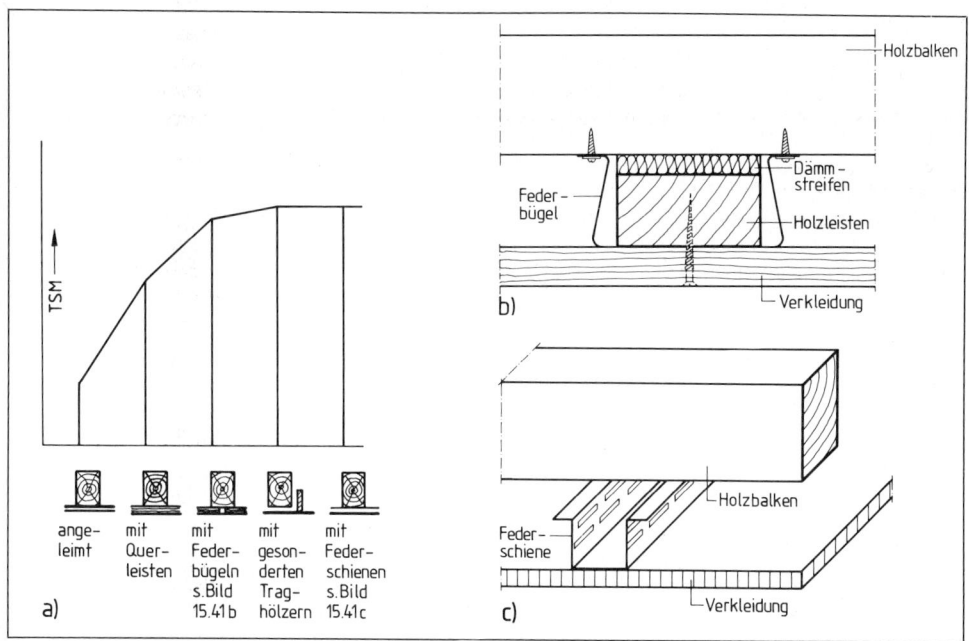

13.41 Trittschallschutzmaß TSM, abhängig von der Befestigungsart der Deckenbekleidung (ohne Fußboden)
    a) Details zur Befestigung, b) mit Federbügel, c) mit Federschiene

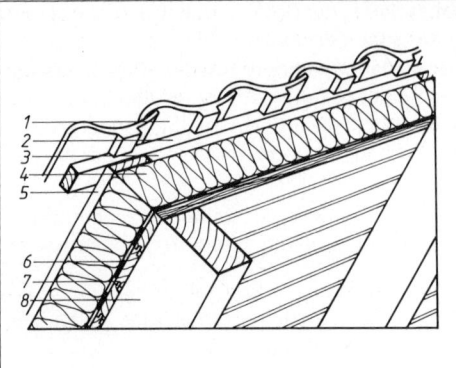

13.42 Dachausbau mit Auflegesystem
1 Dacheindeckung
2 Dachlatte
3 Luftschicht
4 Dämmschicht
5 Konterbohle
6 PE-Folie
7 Dachschalung
8 Sparren, dreiseitig abgehobelt

zu den Nachbarräumen her. Mineralwollefüllungen, vor allem oberhalb der Trennwände, Trennfugen über den Wandanschlüssen sowie doppelte Decklagen mindern die Schall-Längsleitung (**13.**37d).

Dachschrägen im ausgebauten Dachgeschoß erhalten fast ausschließlich leichte Deckenbekleidungen aus Holz oder Gipskarton- bzw. Gipsspanplatten. Die Wärmedämmung liegt meist zwischen den Sparren, bei geringer Sparrendicke z.T. auch darunter. Vorschriften zur Dachbelüftung und zum Schutz gegen Kondensatfeuchte haben wir im Abschnitt 6.5.3 behandelt. Auflegesysteme nach Bild **13.**42 ermöglichen die Nutzung der Sparren als Gestaltungselemente, die Ausschaltung aller Wärmebrücken an Sparrenrändern sowie die vereinfachte Herstellung des Ausbaus schon vor der Dacheindeckung. Dachbekleidungen und Dämmschichten der Kehlbalkenlage sind denen der Dachschrägen vergleichbar.

Leichte Deckenbekleidungen haben direkt befestigte Unterkonstruktionen, bei Unterdecken sind sie abgehängt. Die Gesamtkonstruktion darf 0,5 kN/m² nicht überschreiten.
Schallschutz bieten vollflächige Decklagen aus biegeweichen Platten, offene Decklagen bzw. spezielle Deckelemente.

Aufgaben zu Abschnitt 13

1. Erklären Sie die Anschlagarten 1 bis 3 für Maueröffnungen.
2. Wodurch unterscheiden sich Einfach- und Doppelfenster?
3. Wie kann man Fenster wirksam gegen Schlagregen und Fugendurchlässigkeit abdichten?
4. Wovon hängt der k_F-Wert eines Fensters ab?
5. Wie läßt sich die Schalldämmfähigkeit von Fenstern verbessern?
6. Wie stellt man einen fachgerechten Bauwerksanschluß von Fenstern her? (Befestigung und Abdichtung)
7. Welche Arten von Beanspruchungsgruppen sind für die Ausschreibung und Planung von Fenstern zu beachten?
8. Von welchen Faktoren hängt die Flügelgröße der Holzfenster ab?
9. Erläutern Sie die Normbezeichnung Holzfenster DIN 68121 IV 78-92-2.
10. Wodurch unterscheiden sich Blockrahmen-, Blendrahmen-, Zargenrahmen- und bekleidete Futterrahmentüren?
11. Worin unterscheiden sich die Rahmentür und die aufgedoppelte Tür (als Außentür)?
12. Wie läßt sich der Eintritt von Regenwasser an der Fußbodenschiene der Außentür verhindern?
13. Nennen und erklären Sie die Normmaße für Innentür-Wandöffnungen.
14. Woran erkennt man eine Rechts- bzw. Linkstür?
15. Welche Vorteile bietet die Mehrfachverriegelung bei Holztüren?
16. Beschreiben Sie den Aufbau wasserundurchlässiger Fußböden
    a) bei erdberührenden Böden,
    b) in Naßräumen.
17. Beschreiben Sie Aufbau und Wirkungsweise schwimmender Estriche.

18. Wie lassen sich Holzbalkendecken durch Fußbodenkonstruktionen gegen Schallübertragung schützen?
19. An welchen Stellen sind Bewegungsfugen im Fußboden anzuordnen?
20. Welcher Höchstwert gilt für die Flächenmasse leichter Trennwände?
21. Unter welchen Bedingungen sind gleitende Anschlüsse für leichte Trennwände vorzusehen?
22. Woraus bestehen leichte Trennwände in Ständerbauart?
23. Wie kann man den Schallschutz leichter Trennwände verbessern? (Beachten Sie auch die Schall-Längsleitung!)
24. Unterscheiden Sie Deckenbekleidungen und Unterdecken.
25. Nennen Sie die tragenden Teile der Deckenbekleidungen und Unterdecken sowie ihren Zweck.
26. Welche Arten von Decklagen gibt es für Deckenbekleidungen und Unterdecken? Woraus bestehen sie?
27. Wie sind schalldämmende Deckenbekleidungen und Unterdecken aufgebaut?
28. Welche Vorteile bieten Auflegesystem im Dachausbau?

14 Straßenbau

14.1 Planung

14.1.1 Straßennetz und Verkehrsentwicklung

Aufgaben. Straßen und Wege bilden zusammen ein Straßennetz. Wir unterscheiden das Straßennetz einer Gemeinde von dem regionalen eines Kreises oder Bundeslandes bzw. vom überregionalen, bundesweiten Autobahnnetz. Alle Verkehrswege in den Straßennetzen sollen

- den Verkehr bis zum einzelnen Grundstück ermöglichen (erschließen),
- Verkehrsbewegungen eines begrenzten Gebiets zusammenfassen (sammeln), weiterleiten und wieder verteilen,
- entfernte Gebiete verbinden.

Verkehrsplanung. Das Straßennetz wünschen wir uns so gebaut und gestaltet, daß es den Personen- und Güterverkehr schnell und bequem, dabei mit geringsten Bau- und Unterhaltungskosten und bei möglichst geringer Umweltbelastung und -schädigung sichert. Um dieses Ziel zu erreichen, wird der Verkehr in einer Verkehrszählung nach Herkunft und Ziel, Fahrtzweck (Arbeit, Versorgung, Wohnen, Erholung), Fahrtweite, Verkehrsweg und Verkehrsmittel festgestellt. Die künftige Verkehrsentwicklung muß geschätzt werden. Das Ergebnis sind Verkehrsplanungen für größere Zeiträume auf Bundes-, Länder- und kommunalen Ebenen, die in Ausbauplänen niedergelegt werden (z. B. Bundesverkehrswegeplan).

Straßenbaulastträger. Verantwortlich für die Straßenbaulast – das sind alle Aufgaben, die mit Bau, Unterhaltung und Erneuerung der Straßen zusammenhängen – sind die Straßenbaulastträger (14.1). Sie sind Auftraggeber von Planungen an die Ingenieurbüros. Die Finanzierung des öffentlichen Straßenbaus wird in Haushaltsplänen festgelegt und genehmigt.

Tabelle 14.1 Straßenbaulastträger

Bundesfernstraßen (Bundesautobahnen, Bundesstraßen)	Bundesrepublik Deutschland
Landesstraßen, Staatsstraßen	Bundesländer
Kreisstraßen	Landkreise, kreisfreie Städte
Gemeindestraßen und -wege	Kommunen (Gemeinden)

Regionale und überregionale Straßennetze umfassen alle Straßen und Wege für den Personen- und Güterverkehr.

Für die Verbesserung und Erweiterung durch neue Bauvorhaben zählt der Straßenbaulastträger den Verkehr und schätzt die künftige Verkehrsentwicklung.

14.1.2 Ablauf eines Straßenbauvorhabens

Zur Verkehrsplanung gehören die Beschreibung von Verkehrssystemen und Verkehrserhebungen (z. B. Zählungen, Wirtschaftlichkeitsuntersuchungen, Umweltverträglichkeitsprüfungen). Diese komplizierten Vorgänge können hier nicht beschrieben, die entsprechenden Vorschriften und Richtlinien nicht erläutert werden. Nach ihnen werden

- Anfangs- und Endpunkte des Bauvorhabens festgelegt,
- mögliche Linienführungen (Trassen) ermittelt und mit beteiligten Behörden und Verbänden abgestimmt,
- verschiedene Trassen (Vergleichstrassen) entworfen und für den Verkehrsablauf beurteilt,
- Querschnittszeichnungen und vereinfachte Höhenpläne erstellt,
- die Kosten nach Anteil der Erd- und Befestigungsarbeiten, Kunstbauten und Ausstattung überschlagen.

Vorentwurf. Unter Beurteilung der topografischen (Oberflächenverhältnisse), geologischen (Bodenverhältnisse) und hydrologischen (Wasserverhältnisse) Gegebenheiten, bei Berücksichtigung der Besiedlung und Nutzung, unter Beachtung vorhandener Verkehrs- und Wasserwege sowie der Naturverhältnisse ist über die endgültige Trasse zu entscheiden. Danach kann ein Vorentwurf für die Straße erstellt werden. Er besteht aus Erläuterungsbericht, Übersichtskarte, Finanzierunsplan, Bodenerkundungen, Lage-, Höhenplänen und Querschnitten. Mit dem Vorentwurf sind zugleich Ausbaugeschwindigkeiten, Querneigungen und Krümmungen festgelegt. Je nach Bedeutung des Bauvorhabens können Vorentwurf und Bauentwurf ganz oder teilweise identisch (gleich) sein.

Im Planfeststellungsverfahren werden alle Träger öffentlicher Belange gehört, deren Rechte und Interessen durch das Bauvorhaben berührt werden. Das sind z. B. staatliche Behörden für Land- und Forstwirtschaft, Naturschutz und Landschaftspflege, Kommunen, Verkehrs- und Versorgungsbetriebe. Auch die Bürger kommen in einem Anhörungsverfahren zu Wort. Können Einwände in einem Erörterungstermin nicht beigelegt werden, entscheiden die Verwaltungsgerichte.

Der endgültige Bauentwurf besteht aus folgenden baureif ausgearbeiteten Plänen für Ausschreibung und Ausführung:
- **Übersichtskarte** (Lage der Baumaße im Straßennetz) im Maßstab 1 : 5000 bis 1 : 50 000,
- **Ausbauquerschnitt** (Regelausbildung im Schnitt senkrecht zur Straßenachse) im Maßstab 1 : 50 oder 1 : 100,
- **Lageplan** (Grundriß) im Maßstab 1 : 100 bis 1 : 1000,
- **Höhenplan** (Längsschnitt) im Längenmaßstab wie Lageplan, Höhen jedoch zehnfach vergrößert (also 1 : 10 bis 1 : 100); statt Höhenplan innerorts auch Deckenhöhenplan,
- **landschaftspflegerischer Begleitplan;** er zeigt die Eingriffe in den Naturhaushalt und das Landschaftsbild sowie die geplanten Ersatzmaßnahmen,
- je nach Bauvorhaben noch Knotenpunkt-Lagepläne, Beschilderungs-, Absteckungs-, Grunderwerbspläne, spezielle Querschnitte und Detailzeichnungen.

> Nach Voruntersuchungen und Beurteilung der Vergleichstrassen wird ein Vorentwurf erstellt. Die baureife Ausarbeitung der Pläne (Bauentwurf) wird nach Planfeststellungsverfahren, Bürgeranhörung und Bekanntmachung verbindlich.

14.1.3 Querschnittsgestaltung

Die Gestaltung des Querschnitts, die Linienführung, aber auch die Ausbildung aller Knotenpunkte müssen aufeinander abgestimmt sein. Nur dann erzielt man einen zügigen Verkehrsablauf, sicheren Verkehr und Verkehrsstandard.

Straßenkategorien. Die **R**ichtlinien für die **A**nlage von **S**traßen-**Q**uerschnitten (RAS-Q) teilen die Straßen in 5 Kategoriengruppen ein (A bis E, **14.**2). Dabei spielt eine Rolle, ob die Straße
- anbaufrei (Landstraße) oder angebaut (Stadtstraße) ist,
- innerhalb oder außerhalb bebauter Gebiete liegt,
- maßgebend der Verbindung, der Erschließung oder dem Aufenthalt dient.

Bestandteile des Querschnitts. Je nach Lage und Zweck der Straße setzt sich ihr Querschnitt aus den in den Tabellen **14.**3 und **14.**4 genannten Bestandteilen zusammen.

Tabelle **14**.2 Einteilung der Straßen (nach RAS-Q)

Kategoriengruppe		Straßenkategorie (Verbindungsfunktion im Verkehrsnetz)	
A	anbaufreie Straßen außerhalb bebauter Gebiete mit maßgebender Verbindungsfunktion, z. B. Autobahn	A I A II A III A IV A V A VI	Fernstraße überregionale oder regionale Verbindung zwischengemeindliche Straße flächenerschließende Straße untergeordnete Straße Wirtschaftsweg
B	anbaufreie Straßen im Vorfeld und innerhalb bebauter Gebiete mit maßgebender Verbindungsfunktion	B II B III B IV	anbaufreie Schnellverkehrsstraße anbaufreie Hauptverkehrsstraße anbaufreie Hauptsammelstraße
C	angebaute Straßen innerhalb bebauter Gebiete mit maßgebender Verbindungsfunktion	C III C IV	Hauptverkehrsstraße Hauptsammelstraße
D	angebaute Straßen innerhalb bebauter Gebiete mit maßgebender Erschließungsfunktion	D IV D V	Sammelstraße Anliegerstraße
E	angebaute Straßen innerhalb bebauter Gebiete mit maßgebender Aufenthaltsfunktion	E V E VI	Anliegerstraße Anliegerweg

Tabelle **14**.3 Straßenquerschnitt (Bestandteile nach RAS-Q)

Fahrbahn mit Fahrstreifen	für den Kfz-Verkehr	Querschnittsgruppe a bis f (je nach Fahrstreifenbreite)
Randstreifen	als Markierungsträger und Fluchtstreifen	0,25 bis 1,00 m breit
Mittelstreifen m	zur baulichen Trennung von Richtungsfahrbahnen	0,50 bis 5,25 m
Seitentrennstreifen	zur baulichen Trennung von Durchgangsverkehr und Nebenfahrbahn bzw. Geh- und Radweg	1,25 bis 3,00 m breit
befestigte Seitenstreifen s, p (P)	als Standstreifen, Mehrzweck- oder Parkstreifen	1,50 bis 2,50 m breit
Bankette	für Leiteinrichtungen und Verkehrsschilder, Ersatz für fehlende Gehwege, Arbeitsraum für Straßenunterhaltung	1,00 bis 2,00 m breit
Radwege R (r)	für den Radverkehr; durch 0,75 m Sicherheitsraum vom Kfz-Verkehr getrennt	einstreifig 1,00 m, zweistreifig 2,00 m breit
Gehwege F	für den Fußgängerverkehr; durch Hochborde von der Fahrbahn getrennt	1,50 bis 3,75 m breit
Parkstreifen P (p)	für das Parken von Fahrzeugen in Längs- bzw. Schräg-/Queraufstellung	2,00 bis 5,00 m breit
Hochborde	an angebauten Straßen neben der Fahrbahn	Höhe 0,12 bis 0,2 m, abgesenkt 0,03 m
Entwässerungsrinnen	an anbaufreien Straßen zur offenen Entwässerung	Breite je nach Konstruktion
Böschungen	als Damm- oder Einschnittsböschungen (**14**.7 auf S. 392)	Breite je nach Höhe und Böschungsneigung

Tabelle 14.4 Breiten der Bestandteile des Straßenquerschnitts (Bemessungsfahrzeugbreite 2,50)

Querschnittsgruppe	Fahrstreifen anbaufrei	Fahrstreifen angebaut	Bewegungsspielraum	Grundfahrstreifen	Gegenverkehrszuschlag	Fahrstreifen ohne Gegenverk.	Fahrstreifen am Gegenverk.	Randstreifen bei anbaufreien Straßen	Mittelstreifen Linksabbieger nein	Mittelstreifen Linksabbieger ja	Stand-/Mehrzweckstreifen	Bankett wenn Standstreifen Mehrzweckstreifen	Bankett vorh.	Bankett nicht vorh.	Bankett neben Parkstreifen Rad- und Gehweg	Parkstreifen längs	Parkstreifen schräg/quer	Seitentrennstreifen	Radweg	Gehweg bei angebauten Straßen (o. Sicherheitsraum)
	in m	in m	in m	in m	in m	in m	in m	in m	in m	in m	in m	in m	in m	in m	in m	in m	in m	in m	in m	in m
1	2a	2b	4	5	6	7a	7b	8	9a	9b	10	11a	11b	11b	11c	12a	12b	13	14	15
a	6/4	–	1,25	3,75	–	3,75	–	außen: 0,50 innen: 1,00 / 0,50	4,00	–	2,50	1,50	–	–	–	–	–	3,00	–	–
b	6/4/2	–	1,00	3,50	– / – / 0,25	3,50	3,75	0,50 / 0,50 / 0,25	3,00	–	2,00 / 2,00 / 1,50	1,50	– / – / 2,00	–	–	–	–	3,00 / 3,00 / 1,75	– / – / 2,00	– / – / 2,25
c	4/2	6/4/2	0,75	3,25	0,25	3,25	3,50	0,50 / 0,25	2,00	5,25	–	–	1,50	–	0,50	2,00	–	1,75	2streifig 2,00 / 1streifig 1,00	3,75 / 3,75 / 2,25
d	4/2	6/4/2	0,50	3,00	0,25	3,00	3,25	0,25	anbaufrei 0,00 / angeb. 2,00	5,00	–	–	1,50	–	0,50	2,00	–	1,75	2streifig 2,00 / 1streifig 1,00	3,75 / 3,75 / 1,50
e	2	2	0,25	2,75	0,25	–	3,00	0	–	–	–	–	1,50	–	0,50	2,00	5,00	1,25	1streifig 2,00 / 2streifig 2,00	1,50
f	2	2	0	2,50	0,25	–	2,75	0	–	–	–	–	1,00	–	0,50	2,00	5,00	1,25	–	1,50

Die Breiten der Querschnittsgruppen nach RAS-Q zeigt Tabelle **14**.4. Ausgangsmaße sind für den Kfz-Verkehr 2,50 m Breite und 4,00 m Höhe, für den Radverkehr 0,60 m Breite und 2,00 m Höhe, für den Fußgängerverkehr 0,75 m Breite und 2,00 m Höhe. Hinzu kommt zur Sicherheit und als Ausgleich für Fahrungenauigkeiten ein seitlicher Bewegungsspielraum (beim Kfz-Verkehr z. B. 1,25 m) und ggf. ein Gegenverkehrszuschlag (0,25 m). Das gleiche gilt für die Maße des lichten Raums über den Verkehrsflächen: Kfz-Verkehr 4,50 m, Rad- und Fußgängerverkehr 2,50 m hoch. Die Bezeichnung der Regelquerschnitte ist an den Beispielen **14**.5 ersichtlich.

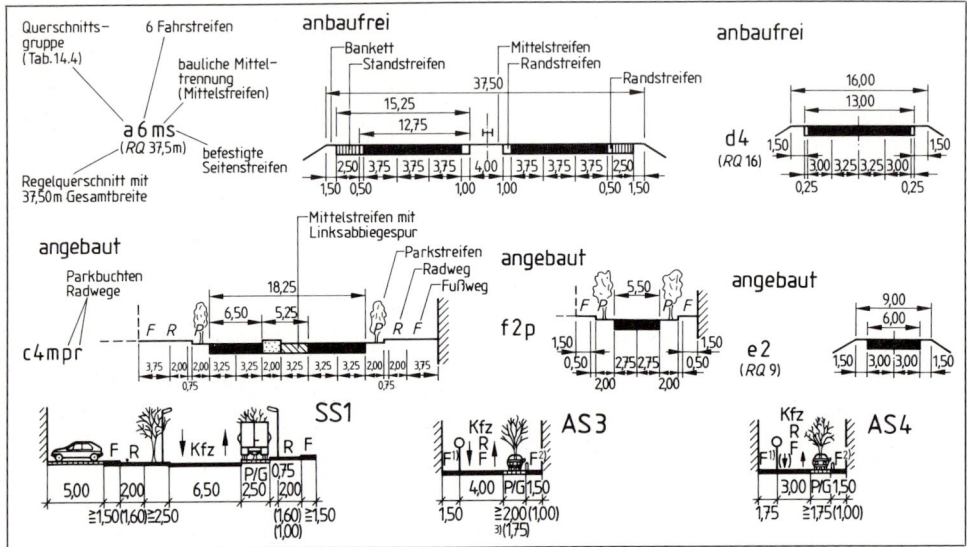

14.5 Regelquerschnitte anbaufreier und angebauter Straßen sowie Querschnittsempfehlungen für Erschließungsstraßen
[1]) der Gehstreifen ist zum Ausweichen befahrbar, [2]) Gehstreifen nur bei dicht angrenzenden Gebäuden erforderlich, [3]) Baumreihen erfordern mindestens 2,50 m breite Pflanzstreifen.

Geh- und Radwege. An anbaufreien Straßen werden nach RAS-Q gemeinsame Geh- und Radwege getrennt von der Fahrbahn angeordnet (**14**.6). Sie passen sich gut ans Gelände an und bieten Vorteile für die Trassierung, den Winterdienst und die Entwässerung.

14.6 Geh-/Radwege a) außerhalb des Entwässerungsbereichs, b) mit Seitentrennstreifen

Damm- und Einschnittsböschungen zeigt Bild **14**.7.

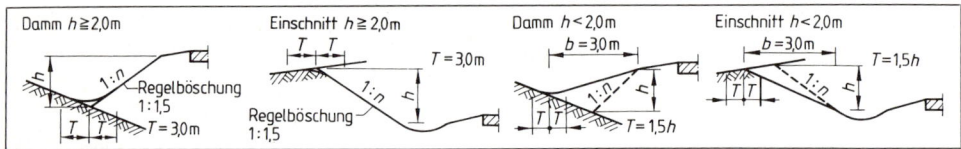

14.7 Ausbildung der Regelböschung in Damm und Einschnitt

> Der Regelquerschnitt richtet sich nach Lage und Zweck der Land- oder Stadtstraßen.

Ausbauquerschnitt. Während auf Vorentwürfen und Erschließungsplänen die Regelquerschnitte im Maßstab 1:100 ausreichend dargestellt werden (**14.**8), sind für die Ausführung genauere Angaben erforderlich. Aus den Ausbauquerschnitten (Regelquerschnitten) im Maßstab 1:50 (Details auch 1:10 bis 1:20) geht der Befestigungsaufbau der Straße mit allen zugehörigen Breiten- und Dickenmaßen, Baustoffen und Querneigungsverhältnissen hervor

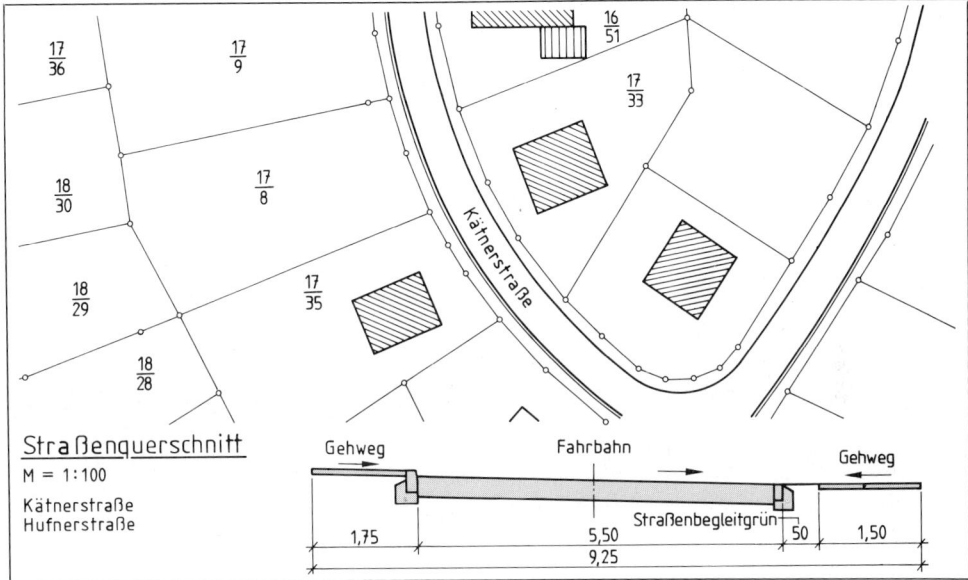

14.8 Erschließungsplan (Ausschnitt) mit Regelquerschnitt der auszubauenden Straße

(**14.**9). Für die Vorbereitung und Ausführung der Arbeiten, die Beurteilung der Bauweise und Bauklasse sowie das Verständnis des Ausbaus ist der Ausbauquerschnitt deshalb unerläßlich. Auch die meisten im Leistungsverzeichnis beschriebenen Arbeiten (Positionen) sind darin zu erkennen und daraus zu verstehen. So enthält der Ausbauquerschnitt

- Die Unterteilung der Straße in ihre Verkehrsflächen mit Breiten und Querneigungen (**14.**10 auf S. 394), Randbefestigungen und Einfassungen,
- den Befestigungsaufbau der Verkehrsflächen mit Einbaudicken bzw. -massen, Baustoffen und -teilen,

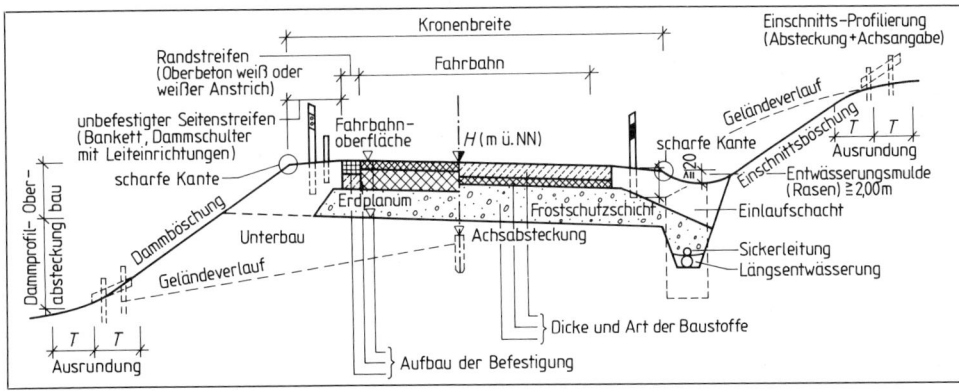

14.9 Bestandteile des Ausbauquerschnitts (allgemein)

- oft auch die Höhen des Ausbaus und des ursprünglichen Geländes an wichtigen Querschnittsstellen, bezogen auf ± 0,00 m Ausgangshöhe oder + ··· m NN in der Fahrbahnachse, wenn der Querschnitt bei einer bestimmten Station gelegen ist,
- Entwässerungseinrichtungen (Gräben, Mulden, Rohrleitungen usw.), Ausrüstungsgegenstände und Markierungen (z. B. Schutzplanken und Leitpfosten).

Tabelle **14.10** **Querneigungen nach RAS-Q**

≧ 2,5% bis 8 %	Fahrbahn in der Geraden (Mindest- und Regelquerneigung) Fahrbahn in Kurven
2,5%	befestigte Seitenstreifen und Zusatzfahrstreifen
12 %	unbefestigte Seitenstreifen (Bankett), tiefe Seite, über die die Fahrbahn entwässert wird
6 %	unbefestigte Seitenstreifen (Bankett), hohe Seite
8 %	Trennstreifen
4 %	befestigte Bankette und Seitenstreifen
2,5%	Geh- und Radwege

Die Bilder **14.11** und **14.12** zeigen den Ausbauquerschnitt einer anbaufreien Landstraße und einer städtischen Erschließungsstraße.

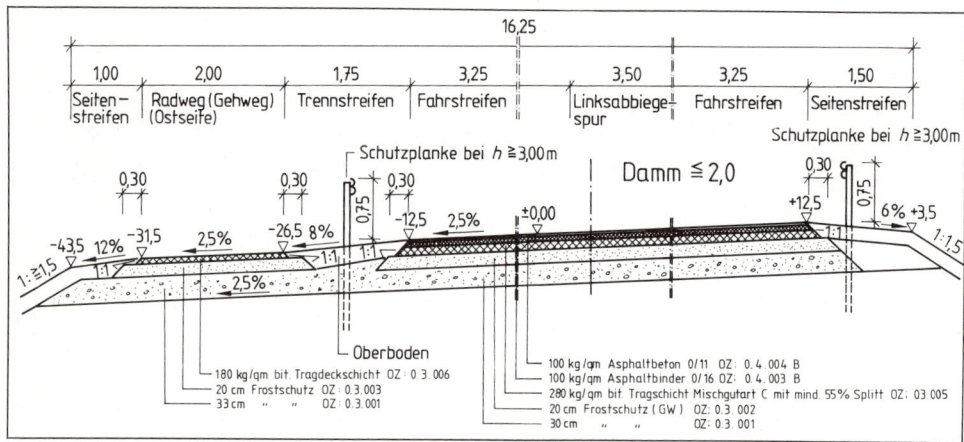

14.11 Ausbauquerschnitt einer anbaufreien Landstraße

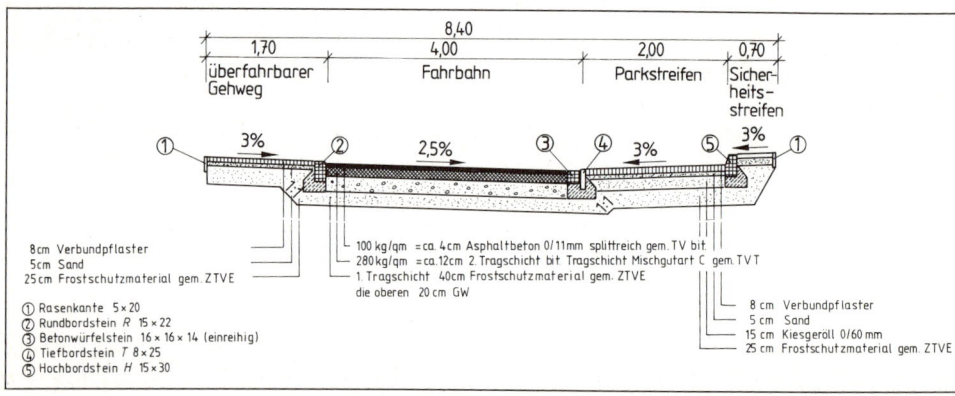

14.12 Ausbauquerschnitt einer angebauten städtischen Erschließungsstraße

Die **Schraffuren** für Baustoffe und Bauteile in Ausbauquerschnitten und Querschnittdetails sind im Straßenbau bisher weder einheitlich noch eindeutig. Tabelle **14**.13 stellt die nach DIN 1356 genormten bzw. üblichen Schraffuren zusammen.

Tabelle 14.13   Schraffuren und Zeichen in Querschnitten

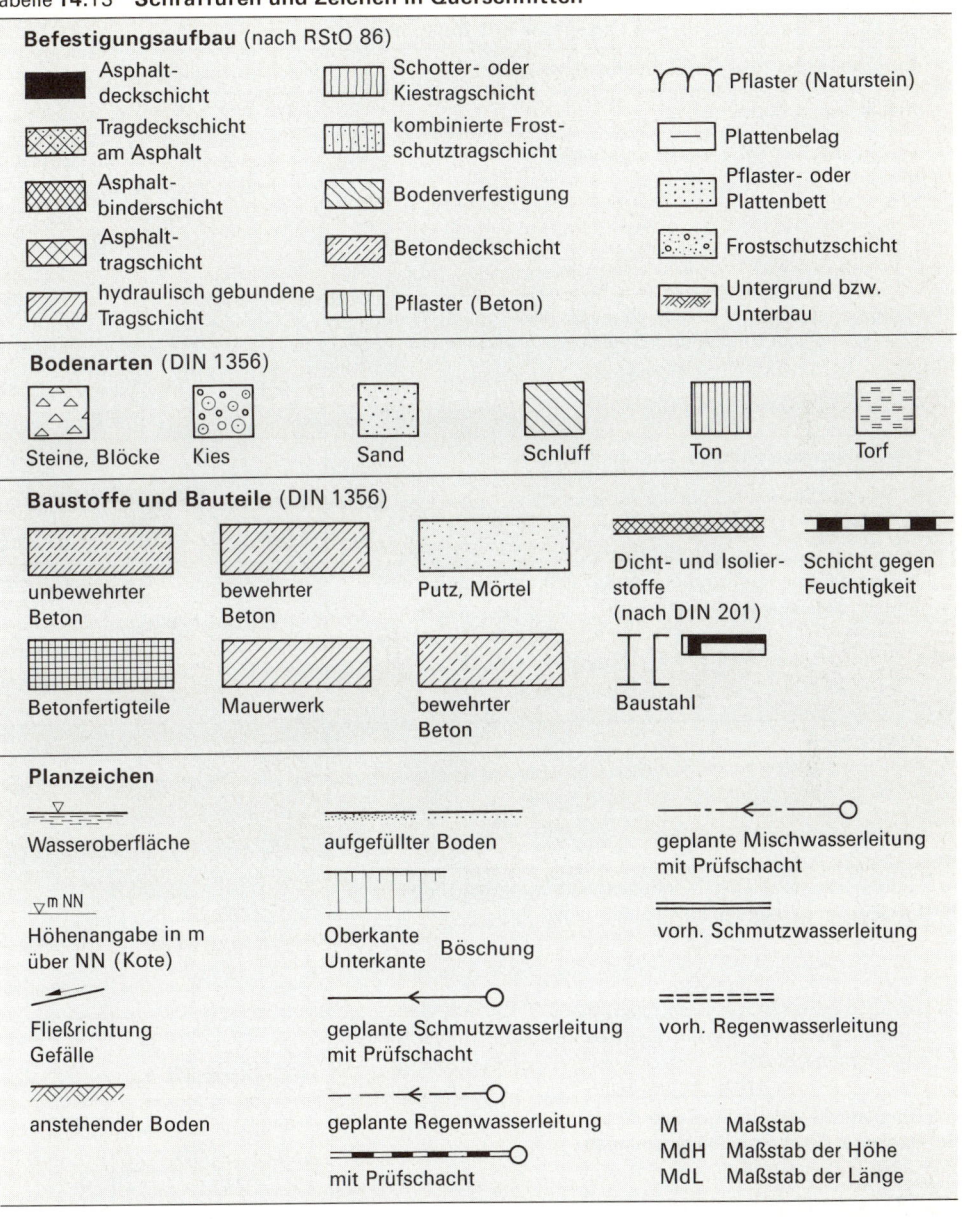

14.1.4 Lageplan

Lagepläne sind Draufsichten. Sie zeigen den Verlauf einer Straße, nicht jedoch die Höhenverhältnisse (**14.14**).

Tabelle 14.14 Bestandteile des Lageplans mit Beispielen

Bezugslinie der Trasse (meist Fahrbahnachse)	
Stationierung (km + m)	0 + 032
Verkehrsflächen mit Grenzen und Breiten	
Trassierungselemente Gerade ($R = \infty$), Kreisbogen (R) und Klotoide (A) mit Beginn und Ende sowie Stationierung	
Querneigungsverhältnisse und -größen in %	
Kurven der Randbefestigung mit Bezeichnung, Radius und Mittelpunktswinkel	
Böschungen	
Leitungssystem der Oberflächenentwässerung mit Höhen, Längsneigung, Leitungsquerschnitt usw.	
Straßenabläufe mit Wasserzulauf (Längsneigung in der Rinne) und Rohranschluß	
Grundstücke mit Grenzen und Grundbuchbezeichnung, Gebäude, Bäume und Nebenanlagen	
evtl. auch Straßennamen, Fahrbahnunterteilung und Ausrüstungsgegenstände	

Lagepläne für Straßen werden meist in den Maßstäben 1:500, 1:1000 oder 1:2000 gezeichnet. Nach den Vorschriften einiger Straßenbauverwaltungen der Länder sind bestimmte Linienarten und -dicken einzuhalten (**14.15**).

Tabelle **14.15** **Linienarten und -dicken in Lageplänen**

	[0,18]	Begrenzung unbefestigter Straßen- und Wegeteile
	[0,25]	Begrenzung befestigter Straßen- und Wegeteile
	[0,35]	Randstreifen unter 0,50 m breit
	[0,5]	Randstreifen 0,50 m und breiter
		Randstreifen mit unterbrochener Markierung (z. B. Trennung zwischen Fahrspur und Ein- bzw. Ausfädelungsspur)
	1mm	Wegeseiten- oder Straßengraben

Bezugslinie für die Trasse ist meist die Fahrbahnachse. Fast immer besteht die Trasse aus Geraden, Kreisbögen und Übergangsbögen (durchweg Klotoiden), denn nur noch selten verbindet man eine Gerade mit einem Kreisbogen (**14.16**). Gerade Straßen sind zwar kostengünstig herzustellen, aber weder landschaftlich möglich noch für das Fahrverhalten günstig.

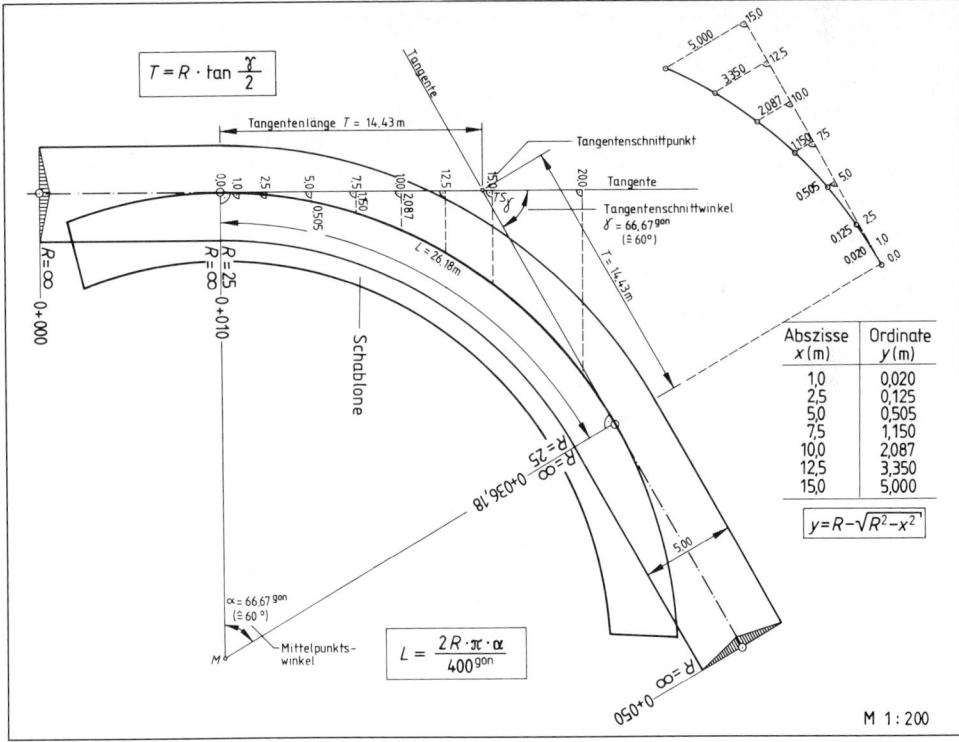

14.16 Trassierungselemente Gerade und Kreis

Lagepläne einer Straße in den Maßstäben 1:500 bis 1:2000 zeigen besonders die Trasse mit ihren Elementen Gerade, Übergangsbogen (Klotoide) und Kreis.

Bei Kreisbögen wählt man möglichst große Radien. Die Mindestradien richten sich nach der Entwurfsgeschwindigkeit und sind in den „**R**ichtlinien für die **A**nlage von **S**traßen" (RAS) im Teil „Linienführung" (RAS-L) festgelegt (**14.**17). Nur bei Straßen in Wohngebieten und bei Einmündungen kommen auch kleinere Radien vor.

Tabelle **14.**17 Kurvenmindestradien für Straßen der Kategoriengruppen A, B und C (s. Tab. **14.**2) nach RAS-L-1 in Abhängigkeit von der Entwurfsgeschwindigkeit (v_e) und mit den Grenzwerten für die Querneigung (q)

	min R in m bei Straßen der Kategoriengruppe					
	A		B		C	
v_e in km/h	max q = 7,0%	min q = 2,5%	max q = 6,0%	min q = 2,5%	max q = 5,0%	min q = 2,5%
40	–	–	–	–	40	45
50	–	–	80	160	70	80
60	135	500	125	260	120	130
70	200	800	190	400	175	200
80	280	1100	260	550	–	–
90	380	1400	–	–	–	–
100	500	1800	–	–	–	–
120	800	3000	–	–	–	–

Gezeichnet werden die Kreisbögen mit Hilfe des Kreisbogenlineals oder der y-Ordinaten.

Beispiel Der Kreisbogen nach Bild **14.**16 ist zu zeichnen.

a) mit Kurvenlineal: Wir ziehen die Tangente an die Fahrbahn und erhalten den Tangentenschnittpunkt TS. Mit Tangentenschnittwinkel γ berechnen wir die Tangentenlänge T.

$$T = R \cdot \tan \frac{\gamma}{2} = 25{,}00 \text{ m} \cdot \tan \frac{66{,}67 \text{ gon}}{2} = 25{,}00 \text{ m} \cdot 0{,}577 = 14{,}43 \text{ m}$$

Damit liegen Anfang und Ende des Kreisbogens fest. Die für die Stationierung nötige Bogenlänge L ergibt sich als Teil eines Kreisbogens mit dem Radius R aus

$$L = \frac{2 \cdot R \cdot \pi \cdot \alpha \text{ gon}}{400 \text{ gon}} = \frac{2 \cdot 25{,}00 \text{ m} \cdot 3{,}14 \cdot 66{,}67 \text{ gon}}{400 \text{ gon}} = \mathbf{26{,}18 \text{ m}}$$

b) Die zum Zeichnen ohne Kurvenlineal bzw. zum Abstecken erforderlichen Ordinaten y entnehmen wir Tabellen (Kreisbogentafeln) oder berechnen sie nach der Formel

$y = R - \sqrt{R^2 - x^2}$. Für x = 10,00 m gilt dann:

$y = 25{,}00 \text{ m} - \sqrt{25{,}00 \text{ m}^2 - 10{,}00 \text{ m}^2} = 25{,}00 \text{ m} - \sqrt{525{,}00 \text{ m}} = \mathbf{2{,}087 \text{ m}}$ (s. Bild **14.**16)

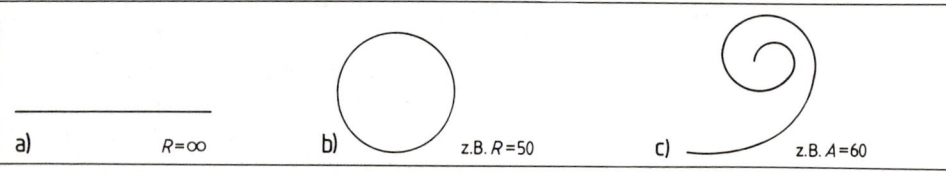

14.18 Bestandteile der Trasse sind Gerade (a), Kreisbogen (b) und Klotoide (c)

Nach der Entwurfsgeschwindigkeit legen die RAS-L Mindestradien für Kreisbögen fest. Die zum Zeichnen und Abstecken nötigen Werte T, L und y lassen sich berechnen oder Tabellen entnehmen.

Klotoiden sind Spiralen mit zunehmender Krümmung, wie Bild **14.**18 zeigt. Sie
- stellen die Verbindung zwischen Gerade und Kreisbogen her,
- verwinden die Fahrbahn allmählich, schaffen Übergänge vom Dachprofil zur Einseitneigung,
- ändern die bei Kurvenfahrt auftretende Zentrifugalbeschleunigung stetig,
- sichern durch die allmähliche Änderung einen flüssigen Linienverlauf,
- stellen auch eine optisch befriedigende Trasse her.

Um Klotoiden konstruieren, zeichnen und auf der Baustelle abstecken zu können, müssen wir ihre „Eigenschaften" kennen (**14.**19).

Tabelle **14.**19 **Merkmale der Klotoide**

	Die Klotoide ist eine Spirale (hier im Vergleich zum Kreis).
	Sie hat an jeder Stelle einen anderen Radius R.
	Alle Klotoiden sind einander ähnlich. Es gibt nur eine Form der Klotoide, aber verschiedene Größen.
	Die Größe der Klotoide gibt man mit dem Parameter A an (para = gleich). Jede Klotoide hat einen bestimmten, gleichbleibenden Parameter A.
	Für jede Stelle einer Klotoide gilt das Bildungsgesetz $R \cdot L = A^2$ (R = Krümmungsradius, L = Bogenlänge vom Anfangspunkt der Klotoide bis zu dieser Stelle)
	Konstruktionswerte der Klotoide ΔR = Tangentenabrückung (Einrückmaß) X, Y = Koordinaten eines beliebigen Klotoidenpunkts X_M, Y_M = Koordinaten des Krümmungsmittelpunkts T_K, T_L = kurze und lange Tangente an die Klotoide τ = Tangentenwinkel der Klotoide L = Länge des Klotoidenasts ÜA, ÜE = Übergangsbogen Anfang und Ende R = Radius des Hauptbogens M = Mittelpunkt des Hauptbogens

Beispiel 1 Bildungsgesetz bei einer Klotoide (**14.**20)

$$R \cdot L = A^2 \quad (A)$$

100 m · 36 m = 3600 m² (60 m)
75 m · 48 m = 3600 m² (60 m)
50 m · 72 m = 3600 m² (60 m)

$A = \mathbf{60\ m}$

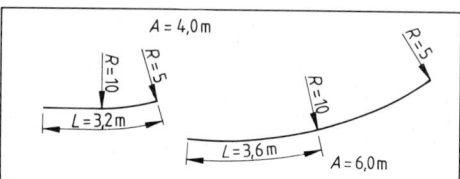

14.20 Bildungsgesetz bei einer Klotoide

Beispiel 2 Bildungsgesetz bei unterschiedlichen Klotoiden (**14.**21)

$$R \cdot L = A^2 \quad (A)$$

5 m · 3,2 m = 16 m² (4 m)
10 m · 3,6 m = 36 m² (6 m)

14.21 Bildungsgesetz bei unterschiedlichen Klotoiden

Meist benutzt man nur den flachen Anfangsteil der Klotoide für den Übergang. Kombinationen und Bezeichnungen nach RAS-L zeigt Bild **14.**22. Wenn die wichtigsten Konstruktionspunkte der Trasse festliegen, läßt sich die Klotoide durch Anlegen eines Klotoidenlineals mit dem entsprechenden Parameter zeichnen. Die Markierung der Kreisbögen mit Radien und Berührungsstellen auf dem Klotoidenlineal erleichtert das Anlegen und damit den Anschluß der Kreisbögen (**14.**23).

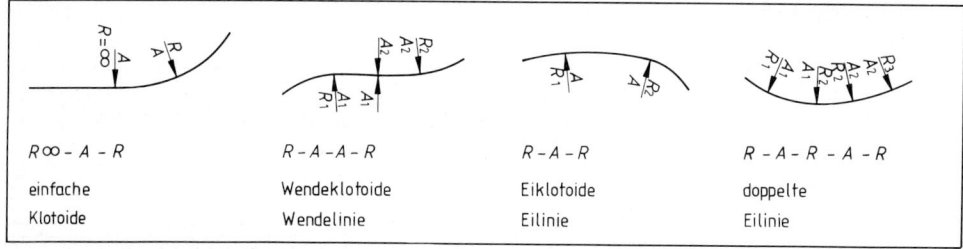

$R\infty - A - R$ einfache Klotoide

$R - A - A - R$ Wendeklotoide Wendelinie

$R - A - R$ Eiklotoide Eilinie

$R - A - R - A - R$ doppelte Eilinie

14.22 Anwendungsmöglichkeiten der Klotoiden als Übergangsbogen

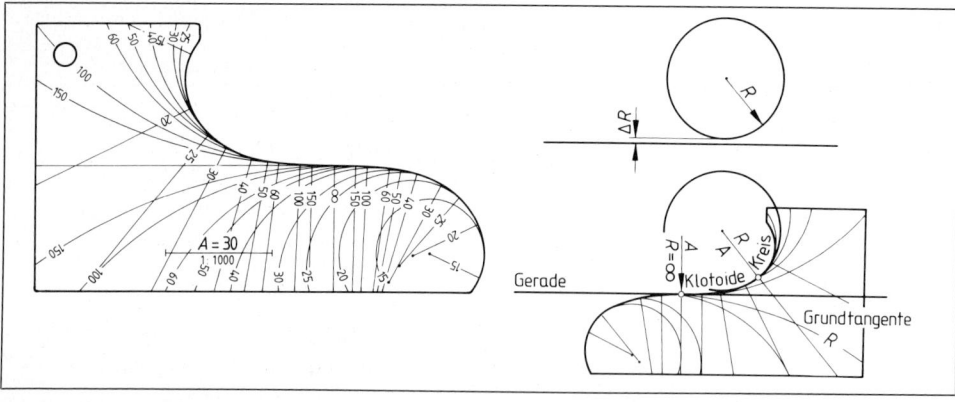

14.23 Klotoidenlineale

Klotoidenlineale werden im Maßstab 1:1000 angeboten, können jedoch auch für kleinere oder größere Maßstäbe verwendet werden. Der Parameter wird entsprechend größer oder kleiner.

Beispiele $A = 50$ m im Maßstab 1:1000
$\triangleq 100$ m im Maßstab 1:2000

$A = 150$ m im Maßstab 1:1000
$\triangleq 75$ m im Maßstab 1: 500

$A = 30$ m im Maßstab 1:1000
$\triangleq 150$ m im Maßstab 1:5000

Wie ein Übergangsbogen als Teilstück einer Klotoide mit dem Parameter $A = 50$ m bis zum Anlegen des Klotoidenlineals aufgrund der Tabellenwerte konstruiert wird, zeigt Bild **14.24**. Im fertigen Lageplan ist diese Konstruktion kaum zu sehen.

Klotoiden haben eine stetig zunehmende Krümmung. Die Klotoidenanfänge dienen als Übergangsbögen zwischen Gerade und Kreis.

Konstruktionswerte für Klotoiden entnimmt man Tabellen. Gezeichnet wird eine Klotoide mit dem Klotoidenlineal im Maßstab 1:1000.

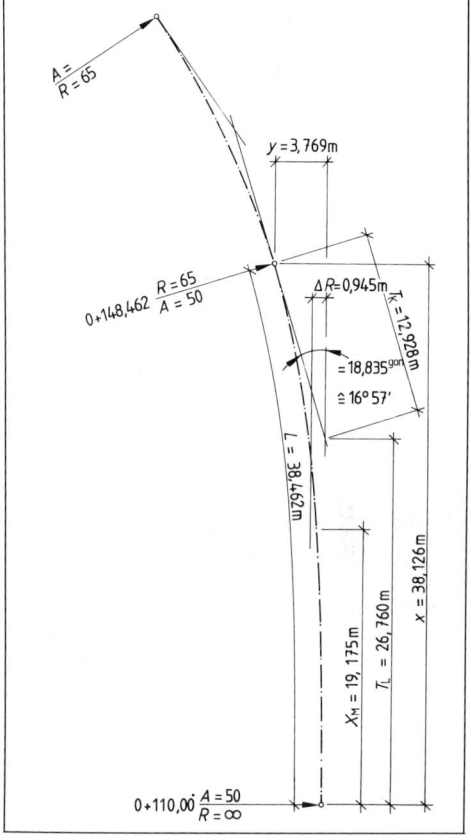

14.24 Konstruktion einer Klotoide

Tabelle **14.25** **Lageplansymbole** (Auswahl)

✳ Laterne	⍾ Zapfstelle	Ⓚ Schacht (Entwässerung) vorhanden
✱ Laterne (Großleuchten)	☐ WT Wassertopf	
⚹ Laterne mit Oberleitung	Gasschieber / Haus- Wasserschieber / anschluß	Ⓗ Schacht (Fernheizung)
✿ Laterne (Gas)	⬤ Signal Bundesbahn	Ⓖ Schacht (Gas)
Hinweistafel allgemein (keine Verkehrsschilder – L = beleuchtet)	⊙ 4711 Polygonpunkt	Ⓞⓛ Schacht (Öl)
	●—● Kanal geplant	▬▬▬ [0,7] Landesgrenze
Verkehrsschild – L = beleuchtet	○--●--○ Kanal vorhanden	▬▬▬ [0,7] Regierungs- bezirksgrenze
⊛ Warnkrote – L = beleuchtet	⊠ Schaltgerät	▬▬▬ [0,5] Kreisgrenze
⊕ Leuchtsäule	▪ Sinkkasten (Rost) geplant	▬▬ [0,5] Gemeindegrenze
⊖ Hydrant (Unterflur)	▪ Sinkkasten (Rost) vorhanden	▬▬ [0,5] Gemarkungsgrenze
⊥ Hydrant (Oberflur)	⌸ Schacht (Post)	▬ [0,5] Flurgrenze
		▬ [0,35] Flurstücksgrenze

14.1.5 Höhenplan

Höhenpläne werden oft auch als Längsschnitte oder Längsprofile bezeichnet. Es sind vertikale Schnitte durch die Fahrbahn-Längsachse (Gradiente), meist mit der Fahrbahnachse als Bezugslinie. Um die geringen Längsneigungen, die unauffälligen Gefällewechsel und manchmal kleinen Höhenunterschiede zwischen dem Gelände und der geplanten Straße deutlich zu zeigen, werden Höhenpläne in unterschiedlichen Maßstäben für Längen und Höhen gezeichnet. Maßstäbe dieser „verzerrten" Darstellung sind 1:500/1:50 (Länge/Höhe) 1:1000/1:100 (**14.26**). Die Höhen sind also zehnfach größer dargestellt als die Längen.

Tabelle 14.26 **Bestandteile des Höhenplans mit Beispielen**

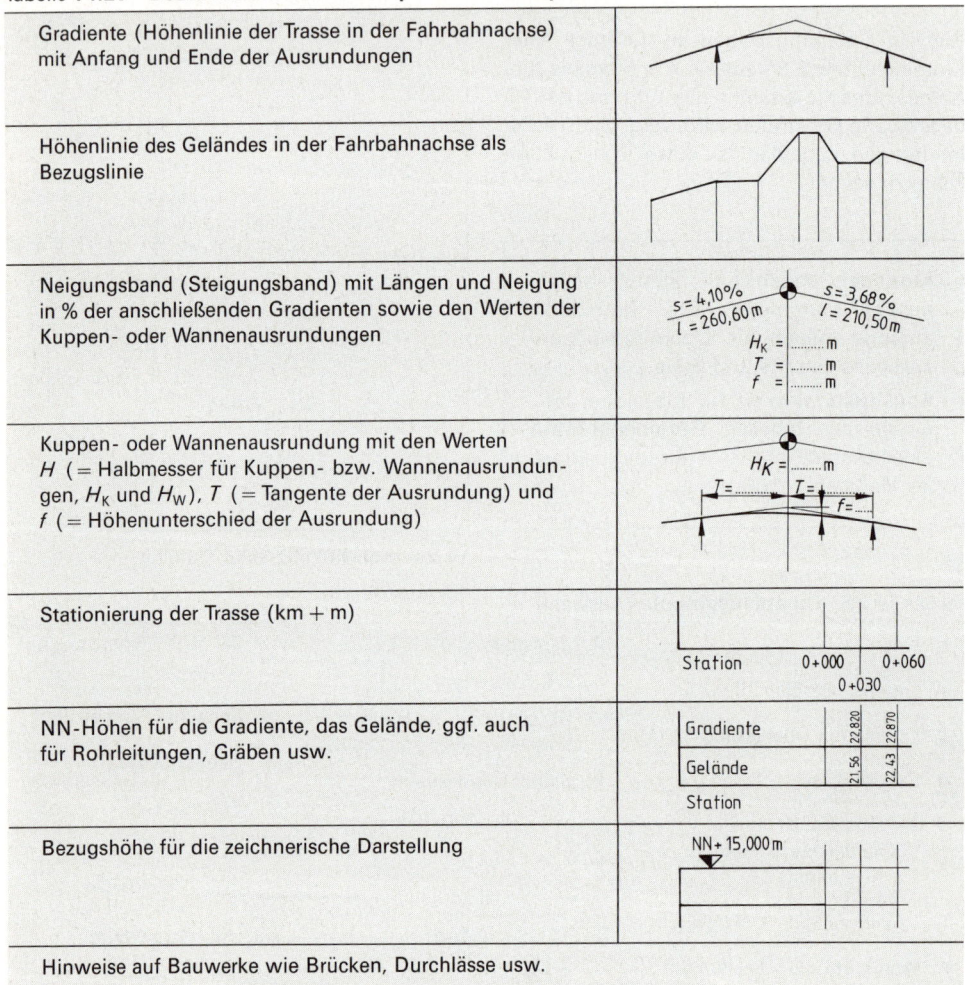

Gradiente (Höhenlinie der Trasse in der Fahrbahnachse) mit Anfang und Ende der Ausrundungen
Höhenlinie des Geländes in der Fahrbahnachse als Bezugslinie
Neigungsband (Steigungsband) mit Längen und Neigung in % der anschließenden Gradienten sowie den Werten der Kuppen- oder Wannenausrundungen
Kuppen- oder Wannenausrundung mit den Werten H (= Halbmesser für Kuppen- bzw. Wannenausrundungen, H_K und H_W), T (= Tangente der Ausrundung) und f (= Höhenunterschied der Ausrundung)
Stationierung der Trasse (km + m)
NN-Höhen für die Gradiente, das Gelände, ggf. auch für Rohrleitungen, Gräben usw.
Bezugshöhe für die zeichnerische Darstellung
Hinweise auf Bauwerke wie Brücken, Durchlässe usw.

Mit dem Längsschnitt der Straße wird manchmal der Längsschnitt einer Rohrleitung, Grabensohle u. ä. kombiniert (s. Tab. **14.26**). Dann erscheinen weitere Höhenlinien, Höhen- und Stationsangaben. Zugeordnet sind häufig auch das Krümmungsband und das Querneigungsband mit den Höhen der Fahrbahnränder.

Der Höhenplan als Längsschnitt einer Straße zeigt vor allem die Gradiente mit Längsneigungen, Kuppen- und Wannenausrundungen im Vergleich zum Gelände.

Der Maßstab für Längen ist 1:500 oder 1:1000, für Höhen zehnmal größer (1:50 bzw. 1:100).

Entwurfselemente. Die Gradiente der Straße wird bestimmt durch Gerade mit einer bestimmten Längsneigung sowie durch die Ausrundung an Kuppen und Wannen (wo die Längsneigung der Geraden wechselt).

Die Längsneigung soll wegen der Entwässerung 0,5% in keinem Fall unterschreiten und wegen der Verkehrserschwernisse bei Autobahnen z. B. 8% nicht überschreiten. Je nach Geschwindigkeit und Bedeutung der Straßen sind die in Tabelle **14.27** (aus RAS-L-1) angeführten höchstzulässigen Längsneigungen einzuhalten.

Kuppen- und Wannenausrundungen an den Stellen, wo sich die Längsneigung verändert, sichern ausreichende Sichtweiten und verbessern die optische Linienführung sowie das Fahrverhalten. Wir unterscheiden jeweils Neigungswechsel und -änderung (**14.28**). Die Kuppen- und Wannenhalbmesser H_K bzw. H_W sollen so groß wie möglich sein. Sie betragen

Tabelle 14.27 Höchstlängsneigungen für Straßen der Kategoriengruppen A, B und C nach RAS-L-1 (für Sammel- und Anliegerstraßen sind 6 bis 12% anzusetzen)

v_e in km/h (Entwurfs- geschwin- digkeit)	s_{max} in % bei Straßen der Kategoriengruppe		
	A	B	C
1	2	3	4
40	–	–	8,0 (12,0)
50	–	8,0 (12,0)	7,0 (10,0)
60	8,0	7,0 (10,0)	6,0 (8,0)
70	7,0	6,0 (8,0)	5,0 (7,0)
80	6,0	5,0 (7,0)	–
90	5,0	–	–
100	4,5	–	–
120	4,0	–	–

(...) Ausnahmewerte

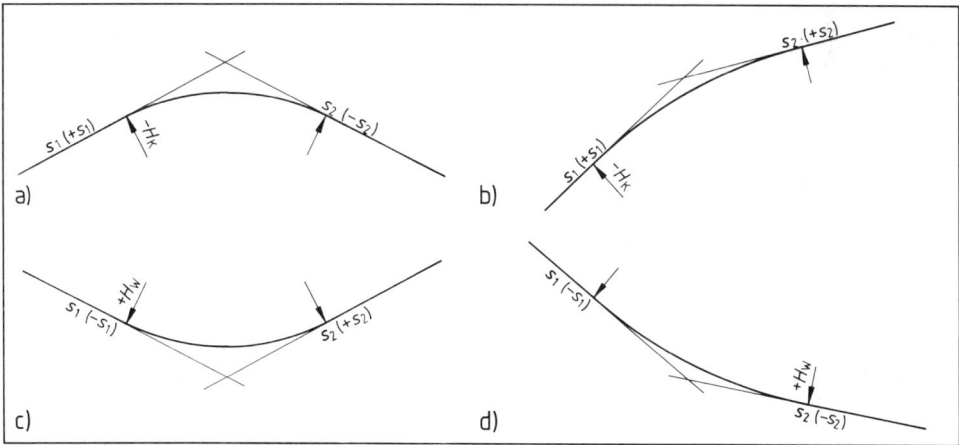

14.28 Kuppen- und Wannenausrundungen mit folgender Vorzeichenregel
  a) Steigung positiv ($+s_1, +s_2$)
  b) Gefälle negativ ($-s_1, -s_2$)
  c) Wannenhalbmesser (H_w) positiv ($+H$)
  d) Kuppenhalbmesser (H_k) negativ ($-H$)

- bei Straßen der Kategorien A, B und C (also Autobahnen, Bundesstraßen usw., s. Tab. **14.**2) entsprechend (RAS-L-1 je nach Entwurfsgeschwindigkeit (v_e) zwischen 450 bis 20 000 m für Kuppen (H_k) und 250 bis 10 000 m für Wannen (H_w),
- bei städtischen Erschließungsstraßen nach Entwurfsgeschwindigkeit zwischen 50 und 1000 m für Kuppen, zwischen 20 und 400 m für Wannen.

Der Halbmesser bestimmt wesentlich Beginn und Ende der Ausrundung. Für die Berechnung spielen die zusammenstoßenden Längsneigungen s_1 und s_2 und die sich daraus ergebende Summe bzw. Differenz eine wichtige Rolle. Die üblichen Bezeichnungen und Formeln zeigt Bild **14.**29 am Beispiel einer Kuppenausrundung. Bild **14.**30 enthält die Berechnung einer Wannenausrundung.

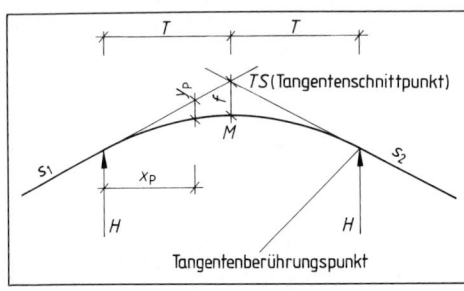

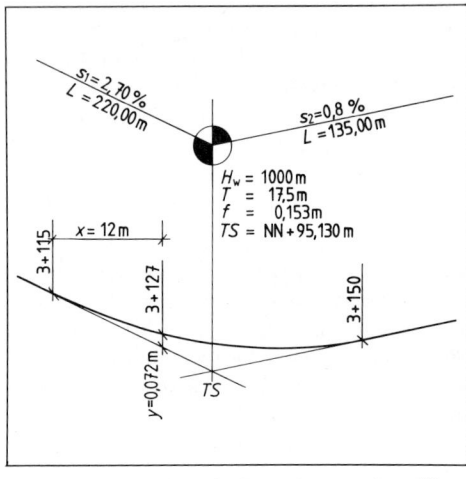

14.29 Bezeichnungen und Formeln bei Kuppen- und Wannenausrundungen

H = Kuppen- bzw. Wannenhalbmesser (in m)

T = Tangentenlänge (in m)

$$T = \frac{H}{2} \cdot \frac{s_2 - s_1}{100}$$

s_1, s_2 = Längsneigungen der Tangente (in %)

f = Stichmaß von Tangentenschnittpunkt zum Ausrundungsbogen (in m)

$$f = \frac{T^2}{2 \cdot H}$$

x_P = Abszisse eines beliebigen Punktes P (in m)

y, y_P = Ordinate eines beliebigen Punktes P (in m)

$$y = \frac{x_P^2}{2H}; \quad y_P = \frac{s_1}{100} \cdot x_P + \frac{x_P^2}{2 \cdot H}$$

14.30 Beispiel für die Berechnung einer Wannenausrundung

$$s_2 - s_1 = +0,8\% - (-2,7\%) = +3,5\%$$

$$T = +\frac{1000}{2} \cdot \frac{3,5\%}{100\%} = \mathbf{17,50\,m}$$

$$f = \frac{17,50^2}{2 \cdot 1000} = \mathbf{0,153\,m}$$

$$y = \frac{12,0^2}{2 \cdot 1000} = \mathbf{0,072\,m}$$

Trassenhöhen müssen für jede Station berechenbar sein. Für den geraden Verlauf der Gradiente ergeben sie sich aus Länge l und Längsneigung s.

Beispiele   Berechnung der Stationshöhe (**14.**31)

Höhe der Gradiente bei 0 + 035

$$\Delta h = \frac{l \cdot s}{100} = \frac{35,00\,\text{m} \cdot 2,8}{100} = 0,98\,\text{m}$$

Höhe der Station 0 + 000 = + 12,820 m NN
$+ \Delta h$ =   0,980 m NN
Höhe der Station 0 + 035 = **+ 13,800 m NN**

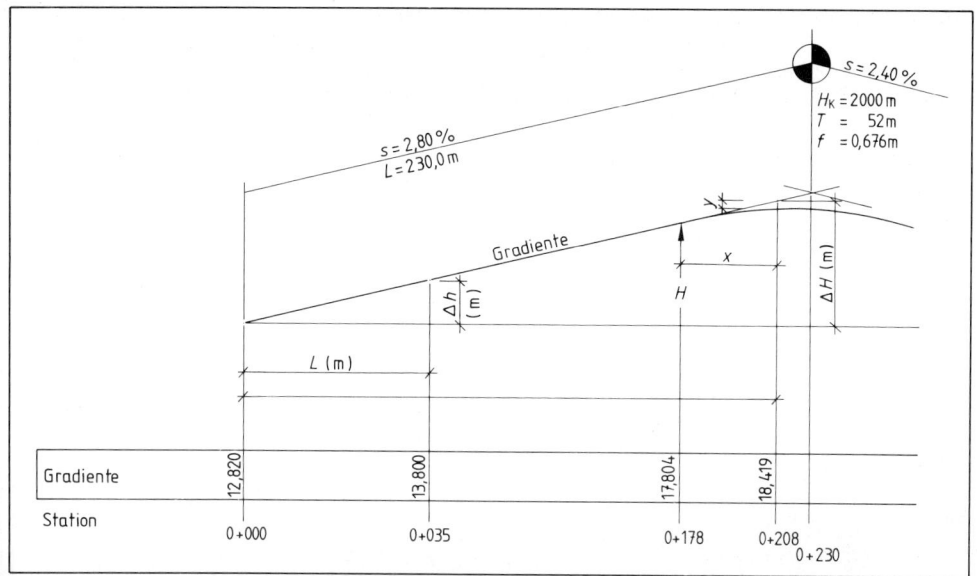

14.31 Beispiel für die Berechnung einer Gradientenhöhe im Bereich der Kuppenausrundung

Höhe der Gradiente bei 0 + 208

$$\Delta h = \frac{l \cdot s}{100} = \frac{208{,}00 \text{ m} \cdot 2{,}8}{100}$$

$\Delta h = 5{,}824$ m

Höhe der Tangente bei Station $0 + 208$	$= +12{,}820$ m NN
$+ \Delta h$	$= 5{,}824$ m NN
Höhe der Tangente bei Station $0 + 208$	$= +\mathbf{18{,}644}$ **m NN**

Im Bereich der Ausrundung wird von der berechneten Tangentenhöhe der Wert der Ordinate y bei einer Kuppe subtrahiert, bei einer Wanne dagegen zur Tangentenhöhe addiert.
nach Bild **14.31**

$$y = \frac{x^2}{2H} = \frac{30 \text{ m}^2}{2 \cdot 2000 \text{ m}}$$

$y = 0{,}225$ m

Höhe der Gradiente bei Station $0 + 208$	$= +18{,}644$ m NN
$- y$	$= 0{,}225$ m NN
Höhe ...	$= +\mathbf{18{,}419}$ **m NN**

Die Kontrolle kann mit der Formel $y_P = \frac{s_1}{100} \cdot x_P + \frac{x_P^2}{2 \cdot H}$ erfolgen.

$$y_P = \frac{2{,}8}{100} \cdot 30{,}0 + \frac{30{,}0^2}{2 \cdot -2000} = 0{,}84 \text{ m} - 0{,}225 \text{ m} = 0{,}615 \text{ m}$$

Gradientenhöhe in Station $0 + 178$	$=$	$17{,}804$ m NN
$+ y_P$	$=$	$0{,}615$ m

Gradientenhöhe bei Station $0 + 208 = +\mathbf{18{,}419}$ **m NN**

Kuppen- und Wannenausrundungen verbessern das Fahrverhalten, die Sichtweiten und die optische Linienführung. Die eingebauten Halbmesser soll so groß wie möglich sein.
Bei der Berechnung sind die Vorzeichen zu beachten.

Das Krümmungsband stellt den Verlauf der Straßentrasse schematisch dar. Es wird dem Längsschnitt im Höhenplan zugeordnet (**14.32**). So ist der Straßenverlauf auch ohne Lageplan im Höhenplan vorstellbar.

Tabelle **14**.32 Trassierungselemente im Krümmungsband

rechts / links	Bezugsachse mit den Bezeichnungen „rechts" und „links" für die Kurven
rechts / links $R = \infty$ $R = 62{,}500\,m$ $L = 24{,}50\,m$	Darstellung einer Geraden und einer Rechtskurve (Kreis) mit den Angaben Radius und Länge
$0+149{,}372$ $0+178{,}222$ $R = \infty$ $A = 75{,}00\,m$ $R =$ $L = \ldots$ $L = 28{,}85\,m$ $L = \ldots$	Darstellung einer Geraden, einer anschließenden Klotoide als Übergangsbogen und eines Kreises als Linkskurve mit zugehöriger Stationierung im Maßstab $K = 1/R$
Krümmung $K = \dfrac{1 \cdot 200}{R}$ rechts / links	Maßstab der Krümmung $K = 1/R$. Der Faktor, der die Krümmung vergrößert (z. B. 200), kann je nach größtem und kleinstem Radius frei gewählt werden.

Beispiel Berechnung des Krümmungsbands (**14**.33)

$$K_{(mm)} = \frac{1}{R\,(m)} \qquad \text{bei } R = 62{,}5 \text{ m}$$

$$K = \frac{1}{62{,}5 \text{ m}} = 0{,}016 \text{ mm}$$

gewählt Faktor 2000: $K = \dfrac{1 \cdot 2000}{62{,}5 \text{ m}} = \mathbf{32\ mm} \quad \left(K = \dfrac{2000}{R} \text{ in mm} \right)$

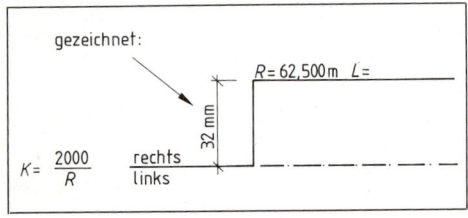
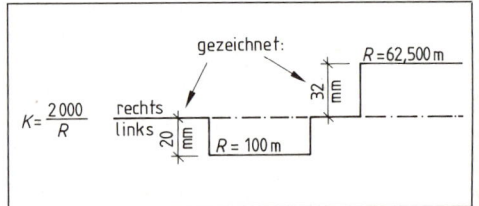

14.33 Beispiel für die Berechnung des Krümmungsbands

14.34 Darstellung unterschiedlich großer Radien im Krümmungsband

Beachten Sie Große Radien haben einen geringen Abstand, kleine Radien einen großen Abstand $K = 1 : R$ von der Bezugslinie (**14**.34).

Das Querneigungsband ist ebenfalls Bestandteil des Höhenplans. Die Höhe der Fahrbahnränder gegenüber der Bezugslinie wird grafisch aufgetragen und der Stationierung im Höhenplan zugeordnet. Größe und Richtung der Querneigung sind zwangsläufig darin enthalten.

Das z. B. in Ausbauquerschnitten festgelegte Querprofil gilt normalerweise nur für gerade Strekken. In Kurven treten Zentrifugalkräfte auf, die bei einer guten Straße durch eine größere und entgegenwirkende Querneigung gemindert oder sogar aufgehoben werden. Aus dem Dachprofil wird dabei z. B. eine einseitig zur Kurveninnenseite gerichtete Querneigung (**14**.35), aus der geringen einseitigen Neigung wird eine größere. Diese Änderung der Querneigung heißt Ve r w i n d u n g. Beim Verwinden ändert sich also die Querneigung um eine Drehachse in der Fahrbahnmitte oder am Fahrbahnrand (**14**.36). Diese Veränderung der Querneigung tritt im Übergangsbogen zwischen der Geraden und dem Kreisbogen auf (**14**.37).

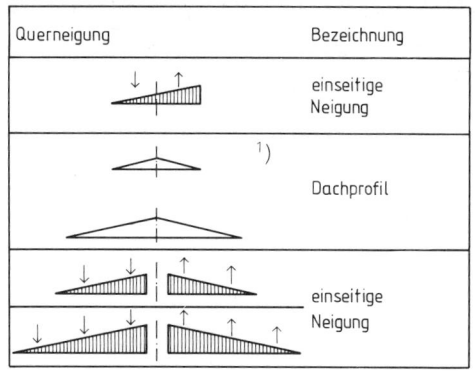
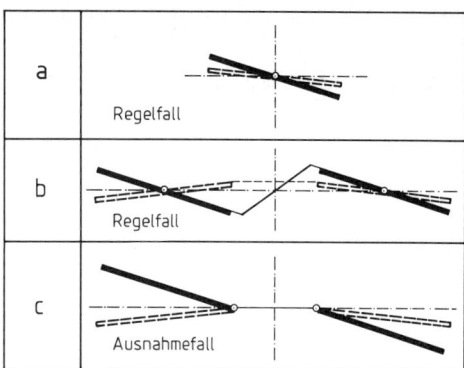

14.35 Querneigungsformen in der Geraden
¹) bei Straßen der Kategoriengruppen A und B nur in Ausnahmefällen

14.36 Drehachsen für die Verwindung der Querneigung a) und b) Regelfall, c) Ausnahmefall

Anrampung. Die Längsneigungen sind normalerweise – also in geraden Strecken und Kreisbögen – gleich groß. Bei der Verwindung ändern sie sich jedoch gegenüber der Fahrbahnachse. Es entstehen Anrampungen oder Anrampungsneigungen als Längsneigungen (14.37). Der Unterschied der Längsneigung im Anrampungs- und im Verwindungsbereich wird mit Δs bezeichnet.

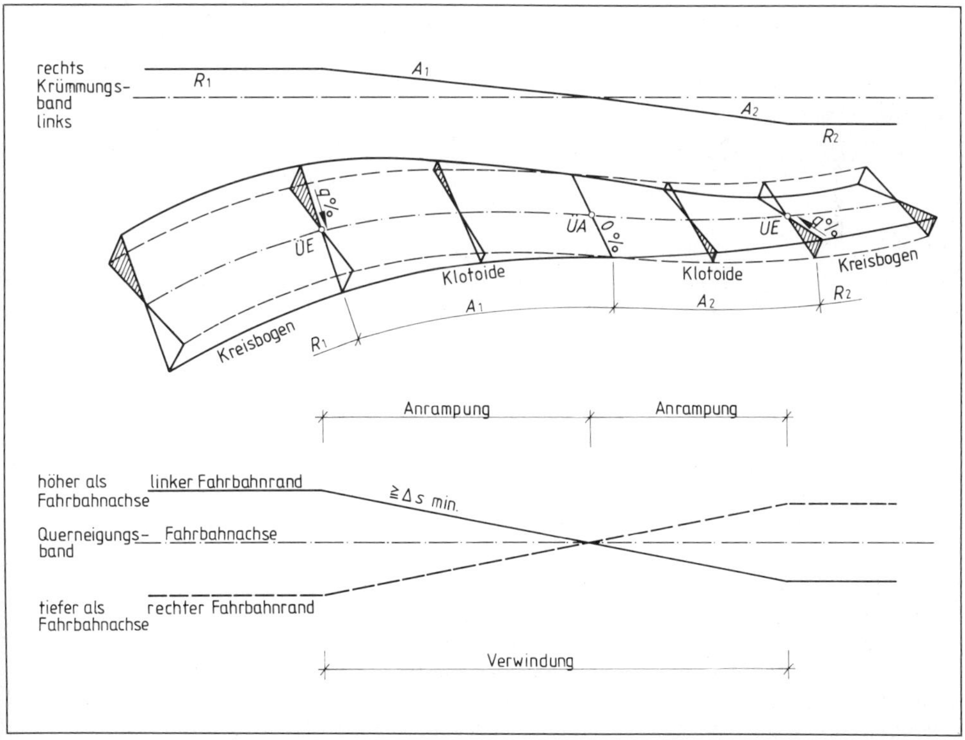

14.37 Anrampung und Verwindung im Bereich der Klotoide

Im Querneigungsband tragen wir die Höhen der Fahrbahnränder in einem frei zu wählenden Maßstab auf (z. B. 1 cm Höhe ≙ 1 mm).

Beispiel 14.38 Krümmungs- und Querneigungsband mit Rechenwerten

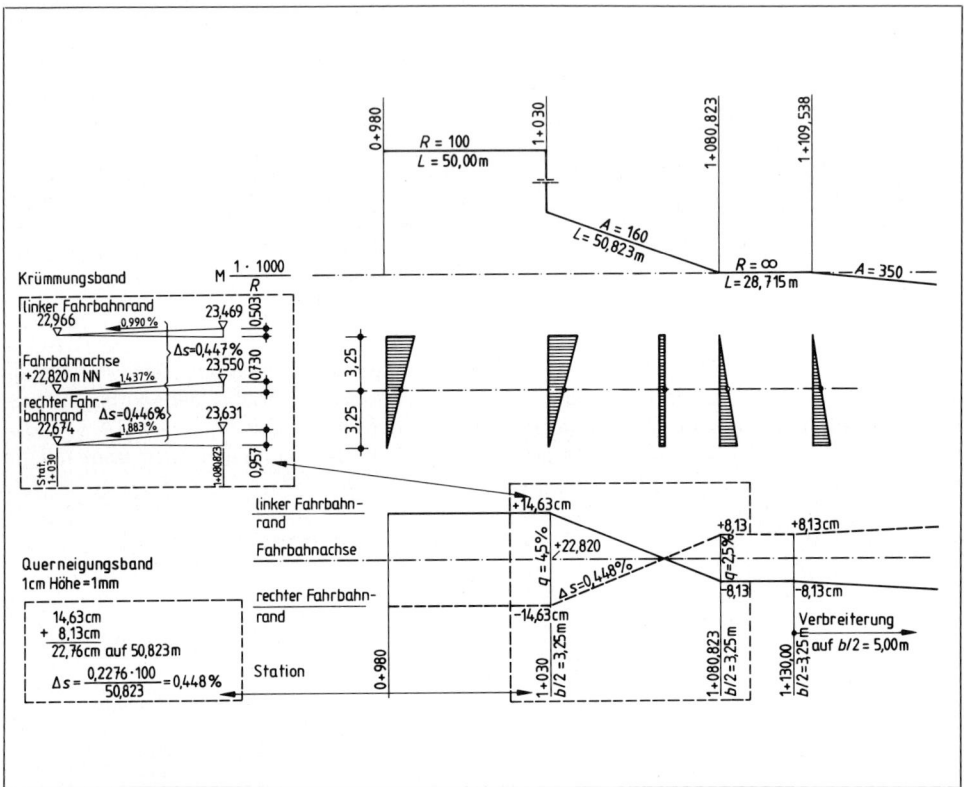

14.38 Beispiel für die Berechnung eines Querneigungsbands (Differenzen in der 3. Kommastelle entstehen durch Auf- und Abrunden)

Im Krümmungsband wird der Trassenverlauf schematisch dargestellt und dem Höhenplan zugeordnet.

Das Querneigungsband stellt Querneigungen, Verwindungen und Anrampungen (Längsneigungen) im Höhenplan grafisch dar.

Räumliche Linienführung. Lage- und Höhenplan stellen horizontale und vertikale Entwurfselemente dar. Wenn wir sie mit den Straßenquerschnitten kombinieren, entsteht ein dreidimensionales Bild der Trasse – die Straße wird als Raumelement sichtbar (**14.39**). Wie sich falsche und ungünstige Entwürfe des Höhenplans und/oder Lageplans zu unbefriedigenden räumlichen Linenführungen zusammenfügen, geht aus Bild **14**.40 hervor. Damit wird die Verantwortung sichtbar, die Ingenieure und Bauzeichner bei der Straßenplanung übernehmen.

Tabelle 14.39 **Beispiele für die räumliche Linienführung**

Lageplanelement	Höhenplanelement	Raumelement
Gerade	Gerade	Gerade mit konstanter Längsneigung
Gerade	Bogen	gerade Wanne
Gerade	Bogen	gerade Kuppe
Bogen	Gerade	Kurve mit konstanter Längsneigung
Bogen	Bogen	gekrümmte Wanne
Bogen	Bogen	gekrümmte Kuppe

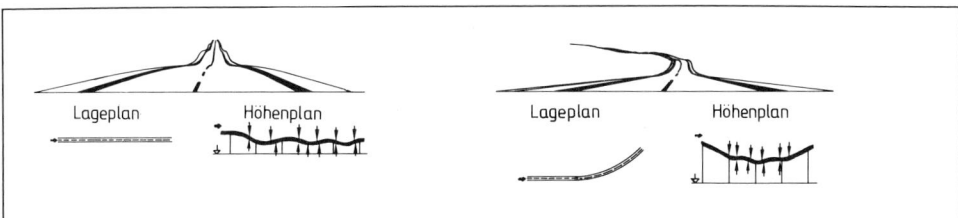

14.40 Beispiele für unbefriedigende Lösungen der räumlichen Linienführung

Lageplan und Höhenplan fügt man zusammen, um die räumliche Linienführung zu prüfen.

Aufgaben zu Abschnitt 14.1

1. a) Welchem Straßennetz gehören die Straßen Ihrer nächsten Umgebung an?
   b) Wer ist Ihr Straßenbaulastträger?
2. a) Welche Aufgaben haben Straßenbaulastträger?
   b) Wie macht sich das bei Auftragsausführung durch die Ingenieurbüros bemerkbar?
3. Welche Daten und Verhältnisse müssen untersucht werden bzw. bekannt sein, um einen Vorentwurf zu erstellen?
4. Welche Schritte umfaßt ein Planfeststellungsverfahren?
5. Welche Pläne machen üblicherweise den Bauentwurf aus?
6. Nach welchen Merkmalen werden Straßenquerschnitte unterschieden?
7. Aus welchen Bestandteilen kann ein Straßenquerschnitt bestehen?
8. Wonach richten sich die Breiten der Straßen?
9. Welche für den Bau wichtigen Angaben macht der Regelquerschnitt?
10. Welche wichtigen Einzelheiten enthält der Lageplan einer Straße?
11. Wie werden die Baustoffe für den Aufbau einer bituminösen Fahrbahnbefestigung schraffiert und dargestellt?
12. Was versteht man unter einer Trasse?
13. Aus welchen (Trassierungs-)Elementen besteht die Trasse?
14. Welche Bedeutung hat die Entwurfsgeschwindigkeit für die Planung einer Straße?
15. a) Welche Merkmale hat eine (jede) Klotoide?
    b) Welche Aufgaben erfüllt sie als Trassierungselement?
16. Wie heißt das Bildungsgesetz der Klotoide?
17. Welche für die Bauausführung wichtigen Daten enthält der Höhenplan?
18. Welche Maßstäbe sind für Höhenpläne üblich?
19. Was ist eine Gradiente?
20. a) Was versteht man unter Kuppen- und Wannenausrundungen?
    b) Wonach richten sich ihre Halbmesser?
21. Was wird im Krümmungsband des Höhenplans dargestellt?
22. Wozu dient ein Querneigungsband?

14.2 Konstruktion und Ausführung

Die Befestigung der Verkehrsflächen nimmt – stark vereinfachend gesagt – die vertikalen Druckkräfte und die horizontalen Schubkräfte des Verkehrs auf und leitet sie verteilt in den Untergrund ab. Der Druck auf den Untergrund hängt deshalb ab

– von der Größe der Kräfte,
– von der Dicke der Befestigung,
– vom Winkel, unter dem sich die Kräfte verteilen (Lastverteilungswinkel).

Die Befestigung soll nicht nur tragen, sondern auch eben und wasserdicht, frostsicher und dauerhaft, griffig und abriebfest, preisgünstig und schön sein. Keine Befestigung kann alle diese Anforderungen gleich optimal erfüllen. Jeder Befestigungsaufbau aus einzelnen Schichten ist deshalb ein Kompromiß.

> Die Verkehrsflächen werden aus mehreren zu einem „Paket" verbundenen Schichten tragfähig, wasserdicht und dauerhaft befestigt. Die Befestigung überträgt die Verkehrslasten auf den Untergrund.

Die für die Lebensdauer einer Straße entscheidenden Bauarbeiten sind mit Konstruktionsbeispielen, wie sie Bauzeichner besonders häufig konstruieren und zeichnen müssen, in den folgenden Abschnitten behandelt.

14.2.1 Erdarbeiten

Beim Straßenbau fallen im wesentlichen folgende Erdarbeiten an:

- Abtragen, Lagern und Wiederandecken des Oberbodens,
- Herstellen eines Dammes durch Bodenauftrag,
- Herstellen eines Einschnitts durch Bodenabtrag,
- Herstellen eines Erdplanums,
- Einbau einer Unterbauschicht.

Oberbodenarbeiten. Die wertvolle Oberbodenschicht („Mutterboden") wird vor Beginn der eigentlichen Bauarbeiten möglichst in ganzer Dicke abgetragen. Bis zur Wiederverwendung für eine Begrünung der Böschungen, Bankette und Begleitflächen wird sie gelagert. Die Kleinlebewesen im Mutterboden erhalten sich nur, wenn die Bodenmieten während der Lagerung weder völlig austrocknen noch verschlämmen, weder verdichtet werden noch durch Verunkrauten wichtige Nährstoffe verlieren.

Diese Arbeiten werden bei allen größeren Straßenbaumaßnahmen in landschaftspflegerischen Begleitplänen festgelegt.

> Der wertvolle Oberboden muß vorschriftsmäßig gelagert werden, damit er später für landschaftspflegerische Aufgaben wiederverwendet werden kann.

Bodenabtrag und -auftrag. Keine Straße läßt sich völlig dem Gelände anpassen. Deshalb sind immer Bodenabtrag und -auftrag notwendig. Innerhalb einer Straßenbaumaßnahme oder eines Teiles (Bauloses) versucht man, Auftrag und Abtrag auszugleichen. Aus dem Verlauf der Geländelinie im Vergleich zur Gradienten können wir im Höhenplan einer Straße annähernd erkennen, ob ein solcher Ausgleich möglich ist.

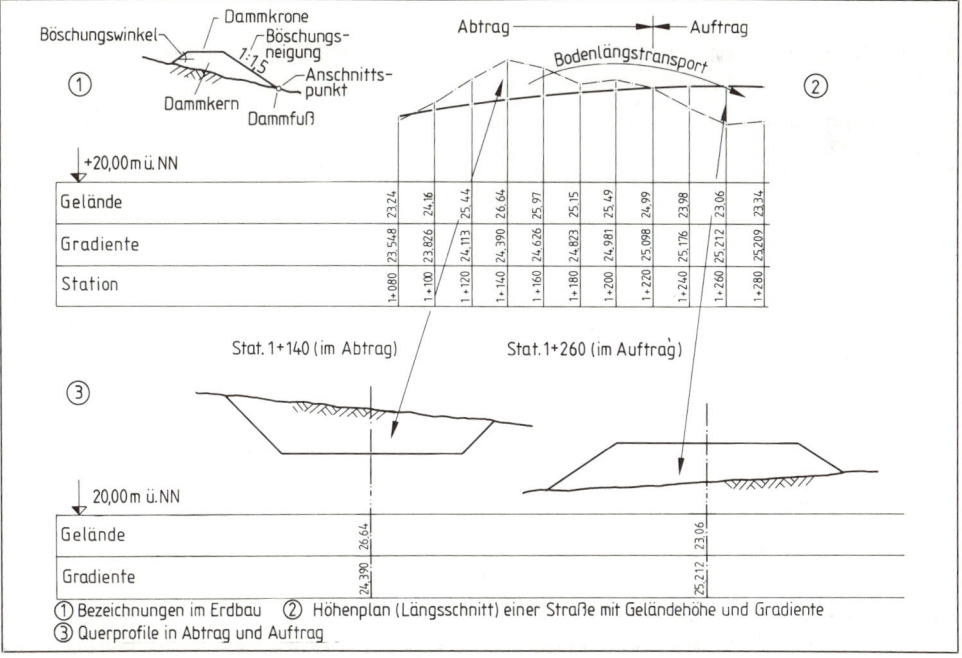

① Bezeichnungen im Erdbau ② Höhenplan (Längsschnitt) einer Straße mit Geländehöhe und Gradiente
③ Querprofile in Abtrag und Auftrag

14.41 Längsschnitt einer Straße mit Querprofilen in Abtrag und Auftrag

Querprofile. Bei fast allen Straßenbauten fallen Querprofile in Form von Einschnitten, Dämmen oder Anschnitten an (**14**.41 auf S. 411). Zwischen Einschnitten und Dämmen muß der Boden längs transportiert werden, beim Anschnitt ist dagegen nur ein kurzer Quertransport erforderlich. Zur Abrechnung der Erdarbeiten ist es unerläßlich, mit den Höhen des Höhenplans (Gradiente + Gelände) sowie den Maßen, Querneigungen und Dicken des Ausbauquerschnitts genaue Profile zu zeichnen. Bodenabtrag bzw. -auftrag werden in m² für das jeweilige Profil berechnet (**14**.42) und ergeben mit der Länge (Abstände zwischen den Profilen) multipliziert die Bodenbewegung in m³.

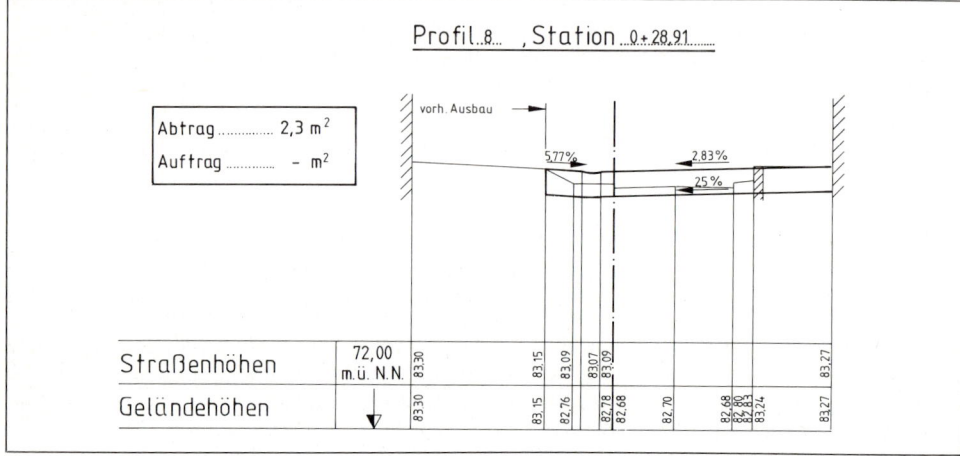

14.42 Querprofil für die Berechnung des Bodenabtrags bzw. Bodenauftrags

> Bodenauftrag und -abtrag sollen sich bei Straßenbaumaßnahmen möglichst ausgleichen. Berechnet werden sie nach Querprofilen.

Arbeiten. Für Auf- und Abträge, Planum- und Unterbauarbeiten sind verschiedene Arbeiten nötig. So wird der Boden

- gelöst und gelockert (Planierraupe, Bagger, Scraper-Schürfzug, Grader; bei Fels: Sprengung),
- geladen und ausgehoben (Bagger, Baggerlader, Radlader, Scraper),
- transportiert (Lkw, Scraper, Radlader),
- eingebaut und planiert (Planierraupe, Grader, Scraper),
- verdichtet (Schaffuß- und Vibrationswalzen, Flächenrüttler, Motorstampfer),
- geglättet und profiliert (Grader).

Geeignete Böden (z. B. Sande) werden auch durch Spülen (zusammen mit 7 bis 10 Teilen Wasser) gelöst und transportiert.

Bodeneigenschaften. Für Erdarbeiten mit den entsprechenden Maschinen sind die Bodeneigenschaften entscheidend. Aus der Tragfähigkeit ergibt sich z. B. die zulässige Bodenpressung. Von der Wasseraufnahme und Kapillarität hängt z. B. ab, ob der frostempfindliche Boden im Frostbereich ausgetauscht werden muß. Der Böschungswinkel bestimmt die Neigung von Böschungen in Dämmen, Einschnitten, Gräben. Die wichtigste Eigenschaft des Bodens ist jedoch seine K o r n z u s a m m e n s e t z u n g. Nur sehr selten treffen wir eindeutige Sand-, Kies- oder Tonböden an. DIN 4022 legt deshalb fest, welche Korngrößenbereiche als Sand, Kies usw. zu bezeichnen sind (**14**.43).

Tabelle 14.43 Korngrößenbereiche und Benennung der Korngrößen nach DIN 4022

Feinkornbereich = Schlämmkorn $\leq$ 0,06 mm (genau: 0,063)		Grobkornbereich = Siebkorn 0,06 bis 63 mm	
Feinstkorn oder Ton $\leq$ 0,002 mm	Schluff 0,002 bis 0,06 mm	Sand 0,06 bis 2 mm	Kies 2 bis 63 mm
Feinschluff	0,002 bis 0,006 mm	Feinsand	0,06 bis 0,2 mm
Mittelschluff	0,006 bis 0,02 mm	Mittelsand	0,2 bis 0,6 mm
Grobschluff	0,02 bis 0,06 mm	Grobsand	0,6 bis 2 mm
		Feinkies	2 bis 6,3 mm
		Mittelkies	6,3 bis 20 mm
		Grobkies	20 bis 63 mm

Eine genaue Beschreibung und Einteilung der Böden gibt DIN 18196 (**14.44**). Die Kurzzeichen und Gruppensymbole dieser Norm werden mehr und mehr auch in Bauzeichnungen und Ausschreibungstexten verwendet.

Tabelle 14.44 Kurzzeichen der Bodengruppen nach DIN 18196 (w_L = Wassergehalt)

Haupt- und Nebenbestandteile		bodenphysikalische Eigenschaften	
G	Kies (Grand)	W	weitgestufte Korngrößenverteilung ($U > 6$)
S	Sand	E	enggestufte Korngrößenverteilung ($U < 6$)
U	Schuff	I	intermittierend gestufte K. ($U < 6$ oder > 6)
T	Ton	L	leicht plastisch ($w_L < 35$ Gew.-%)
O	Organische Beimengungen	M	mittelplastisch ($35 < w_L < 50$ Gew.-%)
H	Humus (Torf)	A	ausgeprägt plastisch ($w_L > 50$ Gew.-%)
F	Faulschlamm (Mudde)	N	nicht bis kaum zersetzter Torf
K	Kalk	Z	zersetzter Torf

Der erste Kennbuchstabe gibt den Hauptbestandteil an, der zweite Kennbuchstabe den Nebenbestandteil oder eine bestimmte kennzeichnende bodenphysikalische Eigenschaft (z. B.: SE = Sand, enggestuft, GW = Kies, weitgestuft).

Nach der Bearbeitbarkeit (Lösbarkeit) auf der Baustelle teilt DIN 18 300 schließlich die Böden in Bodenklassen ein (**14.45**).

Tabelle 14.45 Bodenklassen nach DIN 18300

Klasse 1 Oberboden (Mutterboden), die oberste Bodenschicht, die neben anorganischen Stoffen (z. B. Kies-, Sand-, Schluff- und Tongemische) Humus und Bodenlebewesen enthält.
Klasse 2 Fließende Bodenarten, die von flüssiger bis breiiger Beschaffenheit sind und das Wasser schwer abgeben (z. B. HN, HZ und F, DIN 18196).
Klasse 3 Leichte lösbare Bodenarten. Nichtbindige bis schwachbindige Sande, Kiese und Sand-Kies-Gemische, die bis zu 15% Beimengungen von Schluff und Ton (Korngröße $\leq$ 0,06 mm) enthalten und höchstens 30% Steine (Korngröße $\geq$ 63 mm) bis zu 0,01 m³ Rauminhalt haben dürfen (z. B. SW, SI, SE, GW, GI, GE). Ferner organische Bodenarten mit geringem Wassergehalt (z. B. feste Torfe).
Klasse 4 Mittelschwer lösbare Bodenarten. Gemisch aus Sand, Kies, Schluff und Ton mit einem Anteil $\geq$ 15% (Korngröße $\leq$ 0,06 mm). Oder bindige Bodenarten von leichter bis mittlerer Plastizität, die je nach Wassergehalt weich bis fest sind und höchstens 30% Steine ($\geq$ 63 mm Korngröße) bis zu 0,01 m³ Rauminhalt haben (z. B. SU, ST, GU und GT; UL, UM, TL, TM).

Fortsetzung s. nächste Seite

Tabelle **14**.45, Fortsetzung

> **Klasse 5   Schwere lösbare Bodenarten.** Bodenarten nach den Klassen 3 und 4, jedoch mit mehr als 30% Steinen (Korngröße ≥63 mm) bis zu 0,01 m³ Rauminhalt. Oder nichtbindige und bindige Bodenarten mit ≤30% Steinen von 0,01 bis 0,1 m³ Rauminhalt. Ferner ausgeprägte plastische Tone, die je nach Wassergehalt weich bis fest sind.
>
> **Klasse 6   Leicht lösbarer Fels und vergleichbare Bodenarten.** Felsarten, die einen inneren, mineralisch gebundenen Zusammenhalt haben, jedoch stark klüftig, brüchig, schiefrig, weich oder verwittert sind. Ferner festgelagerter, unverwitterter Tonschiefer, Nagelfluhschichten, Schlackenhalden der Hüttenwerke u. dgl. Steine von mehr als 0,1 m³ Rauminhalt. Nichtbindige und bindige Bodenarten mit >30% Steinen von 0,01 bis 0,1 m³ Rauminhalt.
>
> **Klasse 7   Schwer lösbarer Fels.** Felsarten, die einen inneren, mineralisch gebundenen Zusammenhalt und hohe Gefügefestigkeit haben und die nur wenig klüftig oder verwittert sind. Steine von über 0,1 m³ Rauminhalt.

> Die Bodeneigenschaften werden entscheidend von den Korngrößen nach DIN 4022 bestimmt. DIN 18196 unterscheidet die Böden nach ihrer Zusammensetzung, DIN 18300 nach ihrer Bearbeitbarkeit (Lösbarkeit).

Im Befestigungsaufbau ist der Boden immer als Untergrund = anstehender („gewachsener") Boden beteiligt, der unmittelbar den Oberbau aufnimmt. Manchmal ist er außerdem als Unterbau = aufgeschütteter oder ausgetauschter Boden beteiligt. Die bearbeitete (ebene, verdichtete, geneigte) Oberfläche des Untergrunds oder Unterbaus nennt man Planum (oder Erdplanum, **14**.46).

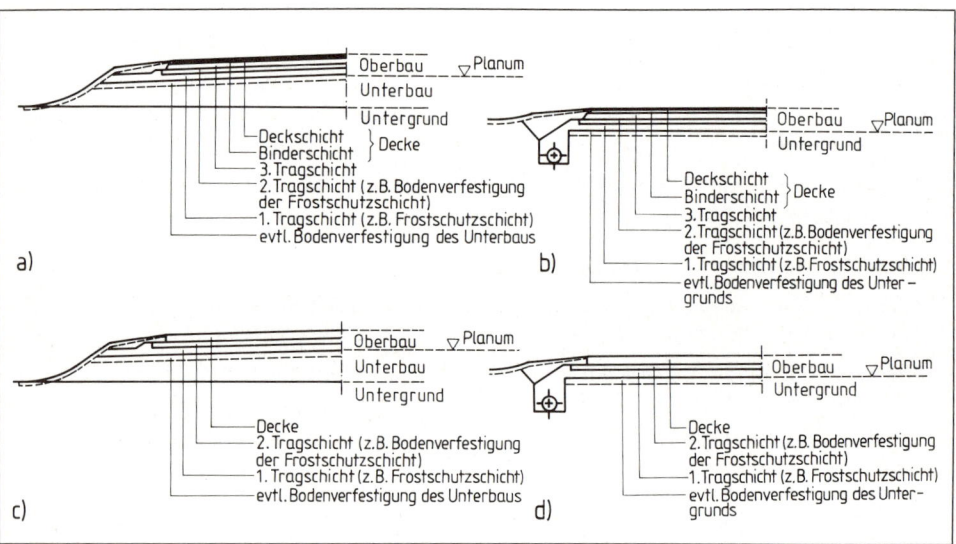

14.46   Begriffe des Befestigungsaufbaus nach ZTVE

Bodenverfestigung. Die oberen 15 bis 20 cm des anstehenden Bodens (Untergrund) oder aufgeschütteten Bodens (Unterbau) können durch Einmischen eines Bindemittels (meist Zement oder Kalk) und anschließendes Verdichten und Profilieren verbessert oder verfestigt werden.

Bei der **Bodenverfestigung** entsteht ein tragfähiges und frostbeständiges Boden-Bindemittel-Gemisch mit hoher Widerstandsfähigkeit gegen Verkehrs- und Klimabeanspruchungen (**14**.46).

Bei der **Bodenverbesserung** verbessern sich Einbaufähigkeit und Verdichtbarkeit des Bodens.

> Die oberen Schichten im Untergrund oder Unterbau lassen sich mit Bindemitteln verfestigen oder verbessern.

14.2.2 Randeinfassung

Die Ränder der befestigten Verkehrsflächen werden in Stadtstraßen immer, in Landstraßen zuweilen durch Bord-, Rand-, Muldensteine oder Pflastersteinreihen (Läufer) eingefaßt (**14**.47). Diese Einfassungen

- befestigen den Rand der Verkehrsfläche, verhindern also ein Abbrechen, Reißen oder Ausweichen („Widerlager"),
- schützen Fußgänger und Radfahrer (z. B. Hochbord),
- leiten den Verkehr (z. B. weiß eingefärbte Flachbordsteine),
- führen das Wasser ab (z. B. Mulden- oder Hochbordsteine mit Wasserlauf),
- grenzen die Verkehrsflächen ab (z. B. Pflasterreihen).

Tabelle **14**.47 Beispiele für Randbefestigungen und Randeinfassungen

Gehweg / Radweg — Fahrbahn (10 bis 15 cm)	Hochbord (H) aus Beton nach DIN 483 (H) aus Naturstein nach DIN 482 (A) (s. Tab. **14**.49)	vorstehende Kante 10 bis 15 cm 8 bis 18 cm Standard: 12 cm
Gehweg / Parkstreifen — Fahrbahn (5 bis 7 cm)	Rundbord (R) aus Beton nach DIN 483	vorstehende Kante 5 (7) cm
Gehweg / Rasen — Radweg / Gehweg (0 bis 3 cm)	Tiefbordstein aus Beton nach DIN 483 (T) aus Naturstein nach DIN 482 (B)	vorstehende Kante je nach Verwendung 0 bis 3 cm, bei Verwendung als Hochbord bis 10 cm
Verkehrsinsel — Fahrbahn (7 bis 15 cm)	Flachbordstein (F) aus Beton nach DIN 483, bzw. ungenormte Flachbordsteine	7 bis 15 cm (je nach Form)

Fortsetzung s. nächste Seite

Tabelle **14.47**, Fortsetzung

Gehweg Parkstreifen / Fahrbahn	Muldenstein aus Beton (ungenormt)	Überstand der Nachbarflächen 0,5 bis 1 cm
Bankett / Fahrbahn evtl. eingearbeitete Querneigung	Randstein aus Beton (ungenormt)	Überstand der Fahrbahn 0,5 bis 1 cm
Rasen Gehweg / Gehweg Radweg (0 bis 5 cm)	Randbordstein (Einfassungs- oder Rasenbordstein) aus Beton (ungenormt)	vorstehende Kante 0 bis 5 cm
Rasen / Gehweg	Läufer aus Betonsteinen nach DIN 18501 aus Natursteinen nach DIN 18502	Überstand des Gehwegs 0,5 bis 1 cm

Während der Bauzeit bilden die sofort nach den Erdarbeiten gesetzten Bordsteine und Randbefestigungen das „Gerüst" der Straße, weil sie Breiten, Höhen, Längsneigung und Flucht festlegen und für die weiteren Arbeiten vorgeben.

Die überwiegend in Handarbeit versetzten Randbefestigungen sind für Landstraßen zu teuer und werden darum nur bei konstruktiver Notwendigkeit vorgenommen. (An Autobahnen müssen manchmal Bordsteine oder Muldensteine gesetzt werden, um das Wasser bei Kurvenüberhöhungen schnell abzuleiten.) Statt dessen sieht man an Landstraßen mit Asphalt- oder Betonoberbau Verbreiterungen und Abböschungen (nicht steiler als 1:2) der einzelnen Schichten vor (**14.48**).

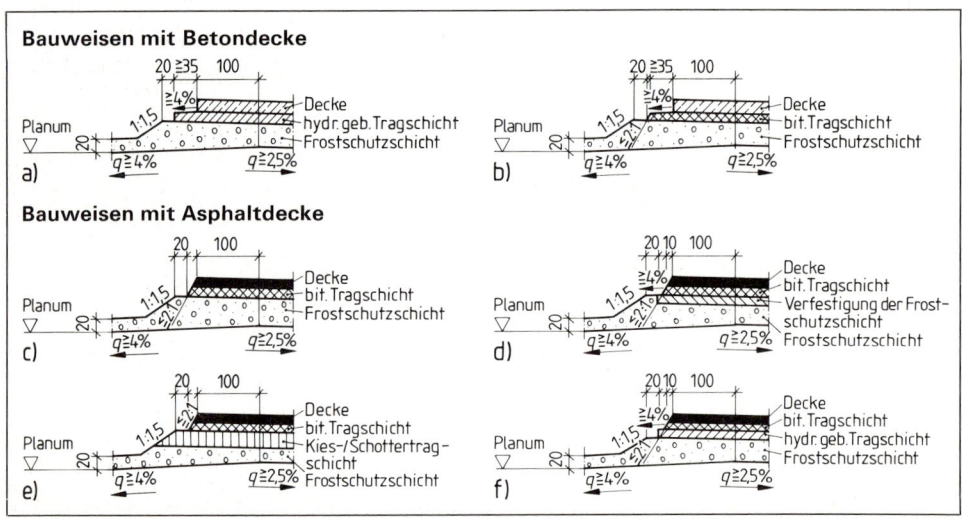

14.48 Vorschriftsmäßige Ausbildung der Ränder von Fahrbahnen bei fehlender Randbefestigung nach ZTVT-StB 86/89

Bordsteine. Während die häufigen Hoch-, Tief-, Rund- und Flachbordsteine aus Beton bzw. Naturstein genormt sind, gibt es viele regional unterschiedliche, ungenormte Randbefestigungen aus Beton (**14**.49).

Tabelle **14**.49 Bordsteine und Randbefestigungen aus Beton und Naturstein

Bordsteine aus Beton nach DIN 483

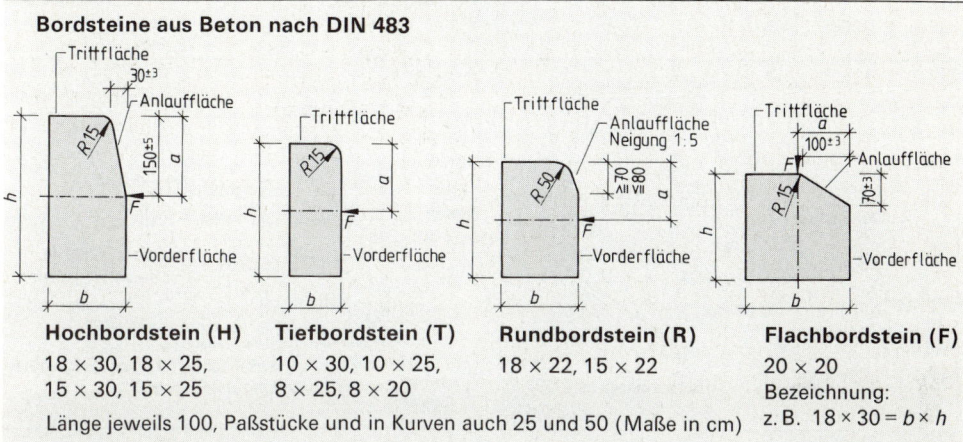

Hochbordstein (H)
18 × 30, 18 × 25,
15 × 30, 15 × 25

Tiefbordstein (T)
10 × 30, 10 × 25,
8 × 25, 8 × 20

Rundbordstein (R)
18 × 22, 15 × 22

Flachbordstein (F)
20 × 20
Bezeichnung:
z. B. 18 × 30 = $b × h$

Länge jeweils 100, Paßstücke und in Kurven auch 25 und 50 (Maße in cm)

Ungenormte Randbefestigungen aus Beton

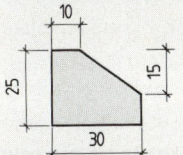 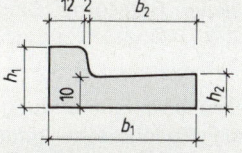 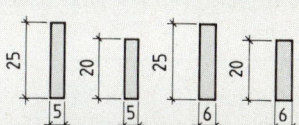

Flachbordstein
F 30 × 25 und
Ergänzungssteine,
Regellänge 0,5 m

Bordrinnenstein
$b_1 = 40, 45, 50$ cm
$b_2 = 26, 31, 36$ cm
$h_1 = 20$ cm; $h_2 = 11$ cm
$l = 33$ und 50 cm

Einfassungsstein
(Rasenkante u. a. Bez.),
Regellänge 0,5 und 1,0 m

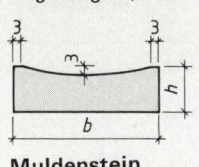

Muldenstein

Größe	l	b	h
1	50	30	15
2	50	40	15
3	50	50	15

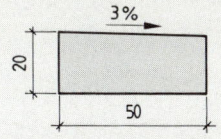

Randsteine mit (3%)
oder ohne Querneigung
$b = 25, 50, 75$ cm, Regellänge 0,5 m

Bordsteine aus Naturstein nach DIN 482

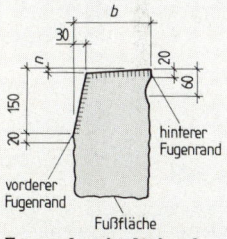

Form A mit Anlauf

Form A, Größe 1 bis 5
$b = 300, 180, 180, 150, 150$ mm
$h = 250$ bzw. 300 mm
$l = 500$ bis 1500 mm

Form B, Größe 6 und 7
$b = 100$ bis 150 mm
$h = 250$ bis 300 mm
$l = 500$ bis 1500 mm

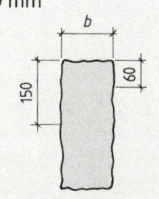

Form B ohne Anlauf

Alle Randbefestigungen erhalten eine Bettung und eine Rückenstütze aus Beton, oft auch einen in Beton gesetzten Wasserlauf. So entsteht ein kompaktes seitliches Widerlager (**14.50**). Mit Ausnahme der seltenen maschinell hergestellten Randbefestigungen aus Asphalt werden Bordsteine auch heute noch handwerklich in ein vorbereitetes Planum versetzt. Dabei ist darauf zu achten, daß die Steine höhen- und fluchtgerecht, rammfest, mit 0,5 bis 1 cm Dehnungsfuge lotrecht gesetzt werden.

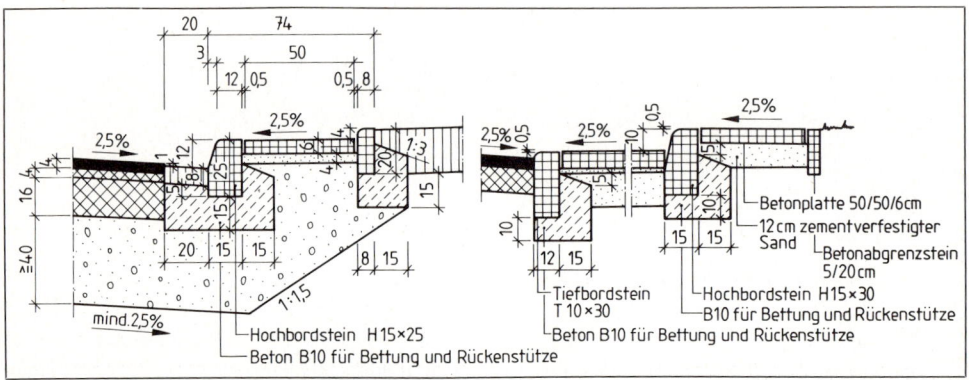

14.50   Beispiele für Randbefestigungen

> Bordsteine werden nach handwerklichen Regeln mit Betonbettung und -rückenstütze versetzt.

Kurvensteine. Für den Bau von Verkehrsinseln, Einmündungen und Baumscheiben sowie für die Gestaltung repräsentativer Plätze und Fußgängerzonen nimmt man Kurvensteine. Sie werden mit Radien von 0,5 bis 12 m für Hochbord- und Flachbordsteine angeboten. Größere Radien bauen wir mit geraden Steinen von 0,5 oder 1,0 m Länge. Während Hochbordsteine aus Beton (H, DIN 483) mit üblichen Bogenlängen von 78 cm als Kurvensteine für Außenbögen (KA) bzw. Innenbögen (KI, **14.51**) hergestellt und mit 5 mm Fuge versetzt werden (zusammen $\pi/4$),

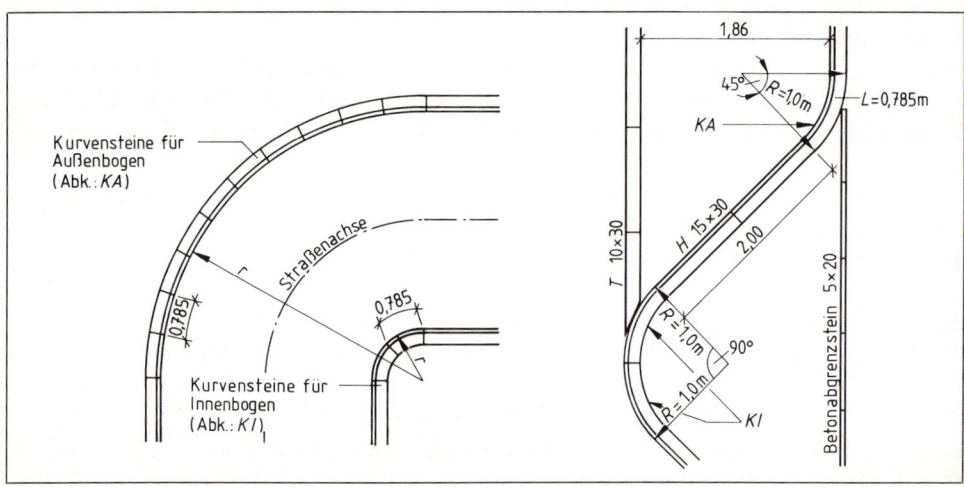

14.51   Kurvensteine für Innen- und Außenbogen

gibt es Flachbordsteine mit verschiedenen Bogenlängen und entsprechenden Winkeln für denselben Radius (**14.**52). Nur so lassen sich die sehr unterschiedlichen Verkehrsinseln ohne klaffende Fugen und ohne aufwendiges Zuschneiden gestalten. Flachbordsteine für Verkehrsinseln werden meist mit einer Verlegezeichnung geliefert, aus der alle nötigen Daten hervorgehen.

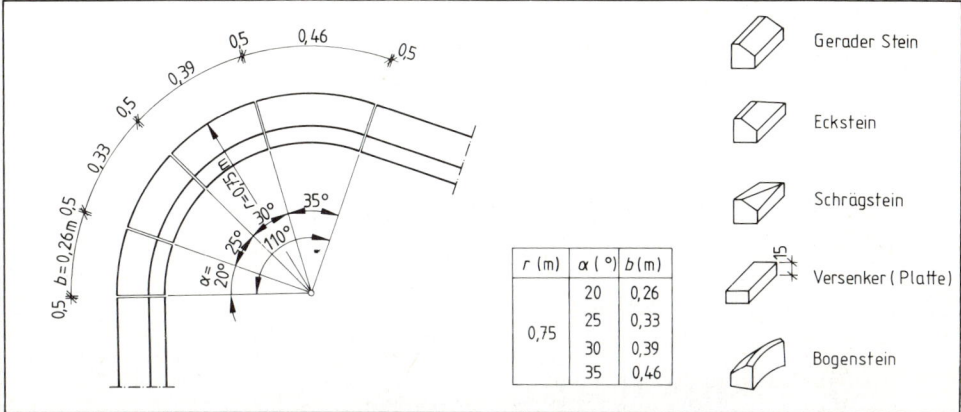

14.52 Flachbordsteine für Verkehrsinseln

Von Hochbordsteinen (H) und Flachbordsteinen (F) gibt es Innen- (KI) und Außenkurvensteine (KA) mit unterschiedlichen Radien und Steinlängen für Inseln und Einmündungen.

Im Zuge vieler Stadtsanierungs- und Dorferneuerungsmaßnahmen gewinnen alte und neue Bordsteine aus Naturstein an Bedeutung. DIN 482 unterscheidet 5 Größen Hochbordsteine (A, mit Anlauf, entspr. H bei Betonbordsteinen, s. Tab. **14.**49) und 2 Größen Tiefbordsteine (B, ohne Anlauf, entspr. T nach DIN 483). Sie werden mit unterschiedlichen Längen, aber ähnlichen Maßen für b und h (z. B. 18×30, 15×30, 12×25 usw.) heute überwiegend aus dem Ausland geliefert.

Randbefestigungen bestimmen durch Farbe, Form und Ansichtsfläche wesentlich das Bild einer Straße. Sie müssen mit Rücksicht auf die anderen Baustoffe, die Funktion der Straße und die Umgebung (z. B. Altstadt) sorgfältig ausgewählt werden.

14.2.3 Oberbauarbeiten

Je nach Verwendung von Bitumen oder Zement in den Oberbauschichten unterscheiden wir in den ZTVE (**Z**usätzliche **T**echnische **V**orschriften für **E**rdarbeiten im Straßenbau) die Asphalt- und die Zementbauweise (**14.**46). Für den Oberbau beider Bauweisen legen die RStO (**R**ichtlinien für den **St**raßen**o**berbau) Standardausführungen fest (**14.**53 und **14.**54 auf S. 420/421).
Beispiele für Standardbauweisen mit einer Pflasterdecke, Bauweisen für Geh- und Radwege sowie für Wegebefestigungen (RLW 1975) zeigen die Tabellen **14.**55 bis **14.**57 auf S. 422. Die zeichnerische Darstellung ist in Tabelle **14.**13 auf Seite 395 erklärt.

Tabelle 14.53 **Beispiele für Standardbauweisen mit bituminöser Deckschicht**

Tabelle 14.54 **Beispiele für Standardbauweisen mit Betondecke** (Schraffuren s. Tab. 14.13, Fußnoten s. Tab. 14.53)

421

Tabelle **14.55** **Beispiele für Standardbauweisen mit Pflasterdecken** (Fußnoten s. Tab. **14.**53)

Zeile	Bauklasse	III				V				VI			
	Verkehrsbelastungszahl (V_B)	über 300 bis 900				über 10 bis 60				bis 10			
	Dicke des frostsicheren Oberbaues in cm	50	60	70	80	40	50	60	70	40	50	60	70
1	Bit. Tragschicht auf Frostschutzschicht												
	Dicke der Frostschutzschicht in cm	25[2]	35[1]	45	55	19[2]	29	39	49	19[2]	29	39	49
5	Schottertragschicht auf Frostschutzschicht												
	Dicke der Frostschutzschicht in cm	–	–	34[1]	44	–	24[1]	34	44	–	24[1]	34	44
6	Kiestragschicht auf Frostschutzschicht												
	Dicke der Frostschutzschicht in cm	–	–	29[2]	39[1]								
8	Hydr. geb. Tragschicht auf Frostschutzschicht												
	Dicke der Frostschutzschicht in cm	–	–	29[2]	39[1]	49	–	24[1]	34	44	–	24[1]	34	44

Tabelle **14.56** **Beispiele für Standardbauweisen für Geh- und Radwege**

Zeile	Spalte	1			
	Dicke des Oberbaus in cm	20	30	40	50
1	Bauweisen mit bituminöser Deckschicht	Frostschutzschicht			
	Dicke des frostsicheren Materials (ohne Bindemittel) in cm	10	20	30	40
2	Bauweisen mit Betondeckschicht	Frostschutzschicht			
	Dicke des frostsicheren Materials (ohne Bindemittel) in cm	8	18	28	38
3	Bauweisen mit Pflasterdeckschicht	Frostschutzschicht			
	Dicke des frostsicheren Materials (ohne Bindemittel) in cm	9	19	29	39

Tabelle **14.57** **Beispiele für Standardbauweisen für Wegebefestigungen nach RLW 1975** (Fußnoten s. Tab. **14.**53)

Verkehrsbeanspruchung	Tragdeckschicht 0/16 mm			Bit. Deckschicht 0/5 bzw. 0/8 mm und bit. Tragschicht		Zementbetondecke B 25		
	besonders stark	stark	gering	besonders stark	stark			
auf Schottertragschicht 0/56 mm	9[1] / 25/34	6,5[2] / 15 / 21,5	5[3] / 12 / 17	2,5[4] / 7,5[5] / 25/35	2[6] / 6[7] / 15/23	16 / 12/28	14 / 12/26	10 / 15/25
auf Kiestragschicht 0/32 mm	9[1] / 30/39	6,5[2] / 20 / 26,5	5[3] / 15 / 20	2,5[4] / 7,5[5] / 30/40	2[6] / 6[7] / 20/28	16 / 15/31	12 / 15/27	
auf Tragschicht aus unsortiertem verdichtbaren Gestein	9[1] / 40/49	6,5[2] / 30 / 36,5	5[3] / 20 / 25	2,5[4] / 7,5[5] / 40/50	2[6] / 6[7] / 30/38	16 / 20/36	12 / 20/32	
Decke ohne Bindemittel aus Splitt-Sand 0/11 mm oder Kies-Sand 0/16 mm								
auf Schottertragschicht 0/45 mm	3 / 12/15		auf Kiestragschicht 0/32 mm	3 / 15/18		auf Tragschicht aus unsortiertem verdichtbaren Gestein	3 / 20/23	

Asphalt ist ein Gemisch aus dem Bindemittel Bitumen (Teer wird nicht mehr verwendet) mit überwiegend ungebrochenem Gesteinsmaterial für Tragschichten bzw. mit überwiegend gebrochenem Gestein für Deck- und Binderschichten (**14.58**).

Tabelle **14.58** Gesteinsmaterial für Asphaltmischgut

Überwiegend ungebrochenes Gestein für Asphalttragschichten			Überwiegend gebrochenes Gestein für Asphaltdeck- und -binderschichten		
Füller 0 bis 0,09 mm Feinstsand Schluff	**Sand** 0 bis 2 mm Natursand	**Kies** 2 bis 63 mm in 2/4, 4/8, 8/16, 16/32, 32/63 mm	**Füller** 0 bis 0,09 mm Gesteinsmehl	**Brechsand** 0 bis 2 mm Edelbrechsand	**Splitt** 2 bis 22 mm Edelsplitte in 2/5, 5/8, 8/11, 11/16, 16/22 mm

Alle Asphaltmischgüter sind nach dem Betonprinzip (Asphaltbeton, **14**.59), also nach einer stetig verlaufenen Sieblinie hohlraumarm aufgebaut.

Tabelle **14.59 Asphaltbeton nach ZTV bit-StB 84/90**

Asphalt- und Teerasphaltbeton (H)	0/16 S[4]	0/11 S[4]	0/11	0/8	0/5
Mineralstoffe	Edelsplitt, Edelbrechsand und/oder Natursand, Gesteinsmehl				
Körnung mm	0/16	0/11	0/11	0/8	0/5
Kornanteil < 0,09 mm Gew.-%	6 bis 10	6 bis 10	7 bis 13	7 bis 13	8 bis 15
Kornanteil > 2 mm Gew.-%	55 bis 65	50 bis 60	40 bis 60	35 bis 60	30 bis 50
Kornanteil > 5 mm Gew.-%	–	–	–	≥15	≤10
Kornanteil > 8 mm Gew.-%	25 bis 40	15 bis 30	≥15	≤10	–
Kornanteil > 11,2 mm Gew.-%	≥15	≤10	≤10	–	–
Kornanteil > 16 mm Gew.-%	≤10	–	–	–	–
Brechsand-Natursand-Verhältnis	≥1:1	≤1:1	≥1:1[3]	≥1:1[3]	–
Bindemittel					
Bindemittelsorte	B 65, TB 65 (B 80, TB 80)[1]	B 65, TB 65 (B 80, TB 80)[1]	B 80, TB 80 (B 65, TB 65)[1]	B 80, TB 80 (B 65, TB 65)[1]	B 80, TB 80 (B 200)[1]
Bindemittelgehalt Gew.-%	5,2 bis 6,5	5,9 bis 7,2	6,2 bis 7,5	6,4 bis 7,7	6,8 bis 8,0
Mischgut					
Hohlraumgehalt am Marshall-Probekörper:[2] Vol.-%					
Bauklasse I, II, III S u. StSLW	3,0 bis 5,0	3,0 bis 5,0			
Bauklasse III u. IV			2,0 bis 4,0	1,0 bis 4,0	
Bauklasse V, VI, StLLW u. Wege			1,0 bis 3,0	1,0 bis 3,0	1,0 bis 3,0
Schicht					
Einbaudicke cm	5,0 bis 6,0	4,0 bis 5,0	3,5 bis 4,5	3,0 bis 4,0	2,0 bis 3,0
oder Einbaugewicht kg/m²	120 bis 150	95 bis 125	85 bis 115	75 bis 100	45 bis 75
Verdichtungsgrad %	≥97	≥97	≥97	≥97	≥96
Hohlraumgehalt Vol.-%	≤7,0	≤7,0	≤6,0	≤6,0	≤6,0

[1]) Nur in besonderen Fällen
[2]) Bei > 20 Gew.-% Hochofen- oder Metallhüttenschlacke ist nicht der Hohlraumgehalt zu berechnen, sondern die Wasseraufnahme zu bestimmen. Es gelten dieselben Grenzwerte.
[3]) Nur bei Bauklasse III
[4]) S = erhöhte Standfestigkeit (für besondere Beanspruchungen)

Asphaltmischgut wird in Mischwerken bei etwa 200 °C gemischt, auf der Baustelle mit speziellen Fertigern bei 130 bis 170 °C eingebaut und mit Walzen bei 80 bis 130 °C verdichtet. Der

Verdichtungsgrad ist vorgeschrieben (in %, bezogen auf einen nach Marshall hergestellten Probekörper) und kann an entnommenen Bohrkernen geprüft werden.

Ausschreibung und Abrechnung geschehen teils nach Dicke (in cm), teils nach Masse (in kg/m^2). Die vom Hersteller angegebene Rohdichte für das verdichtete Gemisch ist für Planung, Ausführung und Abrechnung wichtig (**14**.60). Damit die einzelnen Asphaltschichten zusammen wie ein „Paket" wirken, werden sie mit einem dünnen „Film" (etwa 0,15 bis 0,4 kg/m^2) aus Bitumenemulsion oder Haftkleber verklebt.

Tabelle **14**.60   **Rohdichte und Einbaugewicht von Asphaltmischgütern**

	bituminöse Tragschicht	Asphaltbinder	Asphaltbeton
Rohdichte (g/cm^3, t/m^3)	2,25 bis 2,35	2,38 bis 2,42	2,36 bis 2,45
Masse einer 1 cm dicken Schicht (kg/m^2)	22,5 bis 23,5 i. M. 23	23,8 bis 24,2 i. M. 24	23,6 bis 25,2 i. M. 25

Für besondere Ansprüche stehen weitere Asphaltmischgüter zur Verfügung:

– Tragdeckschicht für landwirtschaftliche Wege (TV-LW 75) mit starkem Kiesanteil und 5,5% Bitumen,
– Makadam, z. B. 2/8, 2/11 mm mit nur 2% Füller, also großem Porenanteil und geringer Rohdichte (etwa 2,10 g/cm^3),
– Gußasphalt für stark beanspruchte Straßen (z. B. Autobahnen) mit hohem Fülleranteil von 20 bis 34% und hohem Bitumenanteil von 6,5 bis 9%.

Der bituminöse Oberbau besteht aus mehreren Asphaltschichten.

Asphalt ist ein Gemisch aus Bitumen und ungebrochenem bzw. gebrochenem Gestein, zusammengesetzt nach dem Betonprinzip. Asphalt wird heiß gemischt, heiß eingebaut und heiß gewalzt.

Für die Ausschreibung und Abrechnung ist die Rohdichte verbindlich.

Tragschichten. Die unteren Schichten des Oberbaus heißen Tragschichten. Sie bestehen aus einem mit Bitumen oder Zement gebundenem Gestein (Asphalttragschichten, **14**.62) oder sind ungebunden. Als ungebundene Baustoffe verwendet man

– Kiessandgemische (GE, GW und GI nach DIN 18196),
– Brechsand-Splitt-Gemische („Mineralbeton") bis 32 mm,
– Schotter bzw. Brechsand-Splitt-Schotter-Gemische bis 56 mm,
– Grobkies („Grand" oder „Geröll") bis 120 mm,
– Hochofenschlacke bis 32 mm.

Wenn diese Materialien weniger als 5% der Körnung <0,063 mm enthalten, gelten sie nach den ZTVE auch als frostsicher und können frostempfindliche Böden als frostsicheres Material (Frostschutzschicht) ersetzen.

Den Gesamtaufbau einer Befestigung zeigen die Ausbauquerschnitte in Abschnitt 14.1.3 und Bild **14**.61.

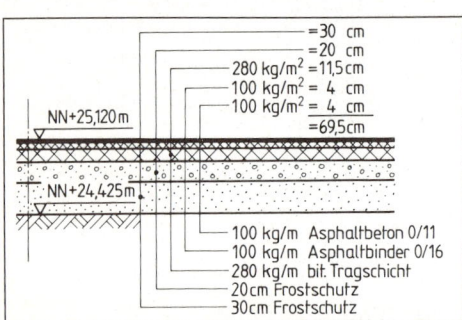

14.61   Beispiel für den Gesamtaufbau einer Befestigung

Tabelle 14.62 Asphalt-Tragschichten nach ZTVT-StB 86

Mischgutarten[1])		A	B	C
Kornanteil größer 2 mm	Gew.-%	0 bis 35	35 bis 60	60 bis 80
Körnung	in mm	2/8 bis 2/32	2/16 bis 2/32	2/16 bis 2/32
Kornanteil größer 31,5 mm höchstes	Gew.-%	10	10	10
Kornanteil kleiner 0,09 mm	Gew.-%	4 bis 20	3 bis 12	3 bis 10
Bindemittelart bei Beanspruchung Bindemittelgehalt bei		B 65, B 80, TB 80, TV über 51 °C —		nicht weiter als B 65
B 65/B 80/TB 80	mind. Gew.-%	4,3	3,9	3,6
T_v über 51 °C	mind. Gew.-%	4,6	4,2	3,9
Eigenschaften am Probekörper nach Marshall Stabilität	mind. kN	3,0	4,0	5,0
Fließwert	in mm	1,5 bis 4,0	1,5 bis 4,0	1,5 bis 4,0
Hohlraumgehalt	Vol-%	4 bis 14	4 bis 12	4 bis 10
Verdichtungsgrad	mind. %	96	97	97
Profilgerechte Lage: Ebenheit: Einbaudicke:		innerhalb ±1 cm Abweichung ≦ 1 cm/4 m Unterschreitung ≦ 2,5 cm Mittel ≦ 10%		

[1]) außerdem Mischgutart AO (0 bis 80 Gew.-% > 2 mm) und CS (mit höherer Marshall-Stabilität).

Als Tragschichten kommen ungebrochene oder gebrochene, ungebundene oder mit Bitumen bzw. Zement gebundene Gesteinsgemische in Frage.

Frostschutzschichten aus grobem Kiessand oder grobem Splitt ersetzen frostempfindliche Böden.

Pflaster. Für Pflasterbauweisen dienen hauptsächlich die in Tabelle **14.63** zusammengestellten Pflastersteine.

Tabelle **14.63 Pflastersteine** (Breite × Länge × Höhe in cm)

Natursteinpflaster			Betonpflaster			Klinker
Großpflaster DIN 18502	**Kleinpflaster** DIN 18502	**Mosaik** DIN 18502	**Betonpflastersteine** DIN 18501	**Verbundpflaster** DIN 18501	**Gehwegplatten** DIN 485	DIN 18503: 24 × 11,8 × 7,1 24 × 11,8 × 5,2 DIN 105:
b 12 bis 16 l 12 bis 22 h 13 bis 16	8 × 8 × 8 9 × 9 × 9 10 × 10 × 10	6 × 6 × 6 5 × 5 × 5 4 × 4 × 4	16 × 16 × 14 16 × 14 × 14 16 × 16 × 12 16 × 24 × 12 10 × 20 × 10 10 × 10 × 8	etwa 40 Formen h6 bis 10	30 × 30 × 4 35 × 35 × 5 40 × 40 × 5 50 × 50 × 6 + Ergänzungsplatten	24 × 11,5 × 5,2 24 × 11,5 × 7,1 ungenormt, z. B. 20 × 10 × 7,1 19,5 × 9,2 × 8,5 und Klinkerplatten z. B. 20 × 20 cm

Pflaster bildet zusammen mit der 3 bis 10 cm dicken Bettung aus Sand, Kies, Brechsand oder Zementmörtel die Deck- und Binderschicht einer Befestigung. Für geringere Verkehrslasten (z. B. Gehwege) ist das Pflaster gleichzeitig Tragschicht. Bei einem dickeren Oberbau für größere Verkehrslasten lassen sich Pflaster mit Tragschichten aus Kiessand, Schotter, Schlacke, Asphalt oder Beton kombinieren.

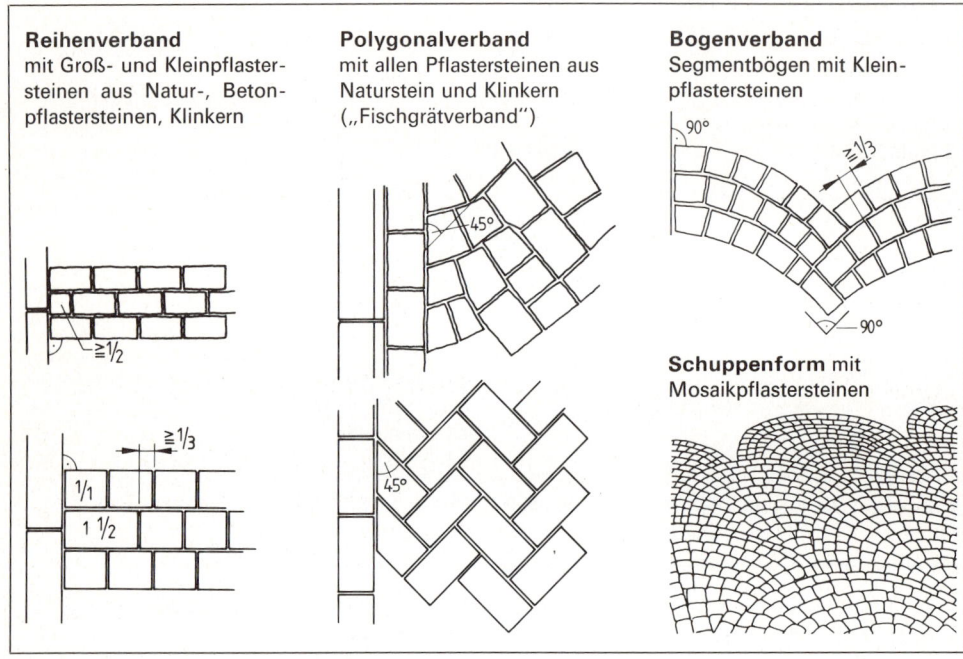

14.64 Pflasterverbände und -regeln

Pflasterverband. Natursteinpflaster sowie rechteckiges und quadratisches Pflaster aus künstlichen Steinen lassen sich in unterschiedlichen Verbänden versetzen und verlegen. Eine Zusammenstellung der häufigsten Verbände mit knappen Verbandsregeln zeigt Bild **14.64**. Bei Verbundpflastern ist der mögliche Verband (oder Verbund) durch die Form vorgegeben. Nur bei wenigen Verbundpflastersteinen sind mehrere Muster möglich (**14.65**).

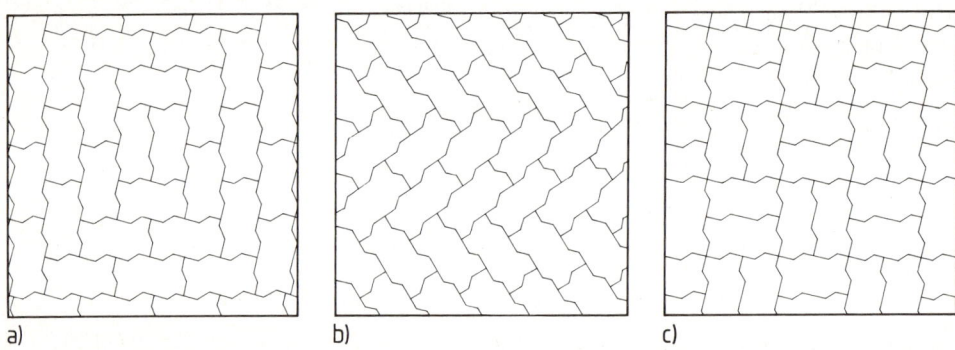

14.65 Verbundpflaster-Muster
    a) Kassette, b) Fischgrät-Doppelstein, c) Parkettverband

Tabelle 14.66 Planungsdaten für eine Verbundpflastersorte

SF-Vollverbund	Pos.	Maße			Bedarf		Gewicht	
		Breite in cm	Länge in cm	Höhe in cm	Stück/m²	Stück/m	kg/Stück	kg/m²
	1	~10	~19	–	49	–		
				8			3,9	190
				10			4,9	240
	2	~20	22	s.o.	27	4,75		
	3	~9	19	s.o.	44	5,2		
	1 Normalstein *2* Randstein *3* Schlußstein							
	Bemerkungen: 10 Reihen ≙ lfd. m kleinste Verlegebreite: 0,34 m (2 Randsteine) Verlegebreiten: b = 0,34 + n · 0,095 (m) Kurvensatz: α = 2°; 15 Teile; 0,45 m², b = 2,70 m							

Während Natursteinpflaster-Flächen aufgrund der unterschiedlichen Steinmaße in beliebiger Größe hergestellt werden können, sollten Pflasterflächen aus künstlichen Steinen immer ein Vielfaches der Breite oder Länge eines Steins betragen. Schon bei der Planung müssen wir die Maße berücksichtigen, um ein aufwendiges Zuschneiden oder Zuschlagen der Steine zu vermeiden.

Für Verbundpflasterflächen werden außer Normalsteinen Rand-, Anfangs- oder Endsteine verwendet. Bei den mehr als 40 Verbundsteinsorten sind die Bezeichnungen, Maße, Ergänzungssteine usw. so unterschiedlich, daß Bild **14.**66 nur ein Beispiel geben kann.

Wenn eine Vielzahl von Pflasterflächen mit unterschiedlichen Steinen und Verbänden (z. B. für eine Fußgängerzone) geplant wird, sollten sie in einem Gestaltungsplan genau festgelegt werden (**14.**67). Dieser legt Materialien, Maße, Formen, Farben und Verbände der Einzelflächen fest.

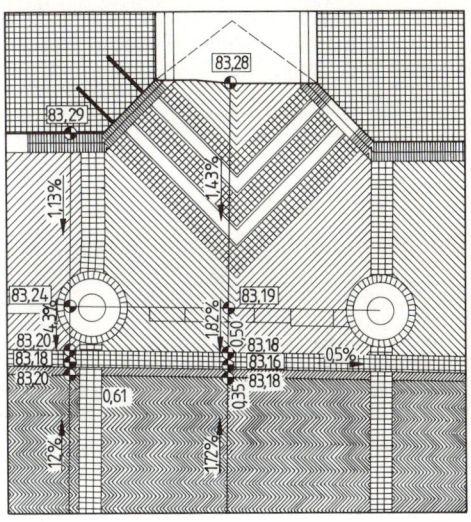

14.67 Gestaltungsplan für eine Fußgängerzone (Ausschnitt)

Bei der Pflasterherstellung unterscheiden wir zwei Arten:

– das handwerkliche Versetzen, bei dem Pflastersteine mit dem Pflasterhammer Stein für Stein versetzt werden (besonders bei Natursteinpflaster),
– das rationelle Verlegen von künstlichen Steinen gleicher Höhe in eine abgezogene Bettung.

In jedem Fall kommt es auf enge Fugen und einen guten Verband an. Anschließend wird das Pflaster maschinell gerammt oder gerüttelt und mit Natur- oder Brechsand und Wasser eingeschlämmt.

Pflasterbefestigungen werden aus künstlichen oder natürlichen Pflastersteinen in 3 bis 10 cm dicker Bettung handwerklich versetzt oder rationell in ein abgezogenes „Bett" verlegt.

Pflaster kann mit Tragschichten aus ungebundenem oder gebundenem Gestein „verstärkt" werden.

Bei Pflaster aus künstlichen Steinen sind die Steinmaße schon bei der Planung zu berücksichtigen.

Betondecken. Bei Zementbauweisen wird je nach Bauklasse eine 16 bis 26 cm dicke Fahrbahndecke aus Beton B 35 mit einer Frostschutzschicht und/oder einer Bodenverfestigung aus Zement kombiniert. Weil die Betondecke die Last günstig verteilt und zugleich alle Anforderungen an eine Deckschicht erfüllt, wird sie häufig auch ohne weitere Tragschicht auf einen frostsicheren Untergrund gelegt. Tabelle **14.**54 zeigt Beispiele.

Um eine unkontrollierte (wilde) Rißbildung beim Schrumpfen des Betons zu vermeiden, unterteilt man Betonfahrbahnen in Platten von 4 bis 7,5 m Länge und höchstens 5 m Breite (vereinfacht 5 × 5 m). Zwischen diesen Platten ordnet man S c h e i n f u g e n an, die sich bei Schwächung des Betonquerschnitts ergeben (**14.**68). Raumfugen sind nur noch an Brücken und Gebäuden zu finden. Preßfugen entstehen zwangsläufig beim Herstellen benachbarter Plattenfelder.

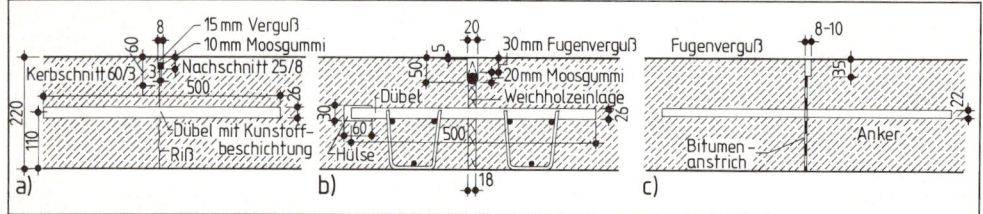

14.68 Übliche Ausbildung der Fugen in Betonstraßen
 a) Scheinfuge, b) Raumfuge, c) Preßfuge

Betondecken sind heute fast immer unbewehrt (früher Bewehrung aus Baustahlgewebematten). Die an den Fugen eingelegten Dübel und Anker aus Stahl ermöglichen nur eine Lastübertragung auf die Nachbarplatte und sichern eine gleiche Höhenlage.

16 bis 26 cm dicke Betondecken können den gesamten Oberbau einer Befestigung bilden. Sie werden in Felder von etwa 5 × 5 m unterteilt, um unkontrolliertes Reißen zu verhindern. Die Fugen werden meist als Scheinfugen ausgebildet und verdübelt.

14.2.4 Straßenentwässerung

Die Verkehrsflächen der Straßen müssen so gestaltet werden, daß sie Oberflächenwasser schnell und gründlich ableiten. Sonst kommt es zu Belästigung und Beschmutzung von Fußgängern und Radfahrern, zur Gefährdung der Verkehrsteilnehmer durch Sichtbehinderung, Aquaplaning oder Eisglätte sowie zu Erosions- und Frostschäden. Zur Oberflächenentwässerung dienen

- Quer- und Längsneigung (zusammengefaßt zur Schrägneigung),
- Sammeleinrichtungen wie Rinnen, Mulden und Gräben,
- Straßenabläufe, die das gesammelte Wasser der Rohrleitung zuführen,
- Regenwasserleitungen, die das Wasser zur Vorflut (Bach, Fluß, See, Kanal usw.) ableiten,
- Sickereinrichtungen, die dem Boden das im Straßenbereich eingesickerte Wasser entziehen, sammeln, abführen oder versickern.

> Das Oberflächenwasser muß schnell und gründlich abgeleitet werden, um Schäden, Belästigungen und Gefahren zu vermeiden.
>
> Zur Oberflächenentwässerung dienen Quer- und Längsneigungen, Rinnen, Mulden, Straßenabläufe und Sickereinrichtungen.

Quer- und Längsneigung. Die Längsneigung der Straße ergibt sich fast immer aus der wirtschaftlichen Notwendigkeit, die Trasse weitgehend dem Gelände anzupassen. Dagegen wird die Querneigung (quer = rechtwinklig zur Bezugslinie der Trasse und zur Fahrtrichtung) speziell zum Ableiten des Regenwassers eingebaut. So ergänzen sich beide Neigungen.

Die Längsneigungen der Straßen (besonders der Fahrbahnen) liegen zwischen 0,5 und max. 12%. Unabhängig davon sollten Gräben, Mulden und Rinnen die in Tabelle **14.69** genannten Mindestgefälle nicht unterschreiten.

Tabelle 14.69 **Mindest-Längsgefälle für Rinnen, Mulden und Gräben**

Spitz-, Bord-, Muldenrinne (Beton, Gußasphalt, Betonpflaster)	0,5%
Kastenrinne (Eigengefälle der Sohle)	0,6%
Straßengraben	0,3%
Rasenmulde	1,0%

Bei den Querneigungen geht man von der Standardneigung 2,5% aus. Für besonders ebene befestigte Flächen (Asphalt, Beton) kann dieser Wert geringfügig unterschritten werden, für besonders unebene, rauhe und sickerfähige Befestigungen (Pflaster, Kiesgeröll) muß er manchmal überschritten werden.

Deckenhöhenplan. Wenn die Deckschichthöhen einer Befestigung nicht einfach und unmißverständlich aus der Gradiente und den Ausbauquerschnitten zu berechnen sind, erstellt der Planer für die ausführende Firma einen Deckenhöhenplan (auch Entwässerungsplan genannt). Er enthält neben den NN-Höhen an allen markanten Stellen auch die Neigungen (**14.70**). Bild **14.67** zeigt ausschnittsweise an einem Beispiel, wie der Gestaltungsplan mit dem Deckenhöhenplan einer Fußgängerzone kombiniert wird.

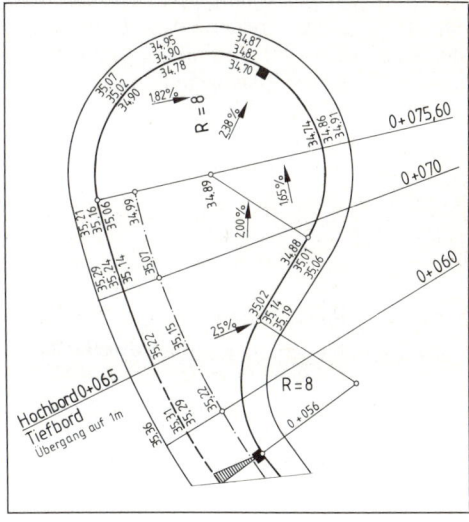

14.70 Ausschnitt aus einem Deckenhöhenplan

> Zum sicheren Ableiten des Oberflächenwassers sollte man die Querneigung von 2,5% nicht unterschreiten. Bei Mulden, Rinnen und Gräben sind Mindest-Längsgefälle einzuhalten.
>
> In Stadtstraßen, bei Kreuzungen, Wendekreisen und dgl. werden Deckenhöhen und Querneigungen in einem Deckenhöhenplan festgehalten.

Bordrinnen und Muldenrinnen. In Stadtstraßen wird das Oberflächenwasser durch die Querneigung (oder durch Schrägneigung) zu parallel gebauten Rinnen und Mulden geleitet, die es an die Straßenabläufe weitergeben. Nach der Form unterscheiden wir drei Arten (**14.**71):

– Bordrinnen, bei denen das Wasser an einer vorstehenden Kante geführt wird,
– Mulden(rinnen), bei denen das Wasser in einer vertieften Mulde fließt,
– Kastenrinnen, bei denen das Wasser in einer kastenförmigen Rinne unterhalb des Deckenniveaus abgeleitet wird.

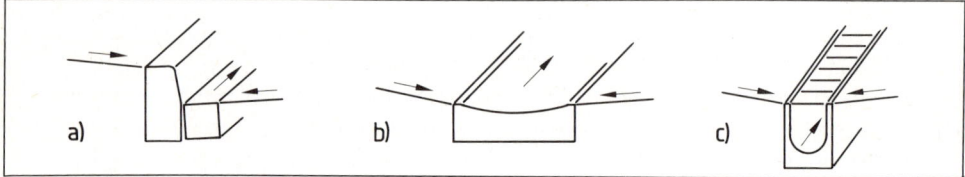

14.71 Rinnen für die Oberflächenentwässerung
    a) Bordrinne, b) Muldenrinne, c) Kastenrinne

Bordrinnen können mit allen in DIN 483 genormten Bordsteinen (H, T, R und F) zusammen mit einer ein- bis dreireihigen Rinne aus Betonpflastersteinen nach DIN 18501 oder in Kombination mit Gehwegplatten nach DIN 485 bzw. mit speziellen Rinnenplatten gebaut werden (s. Bild **14.**47). Muldensteine oder Bordrinnensteine aus Beton sind nicht genormt. Üblich sind die in Tabelle **14.**49 zusammengestellten Formen und Maße. Muldenrinnen können auch aus mehreren Reihen Pflastersteinen gebaut werden. Konstruktionsbeispiele sind in den Bildern **14.**72 und **14.**73 zusammengestellt.

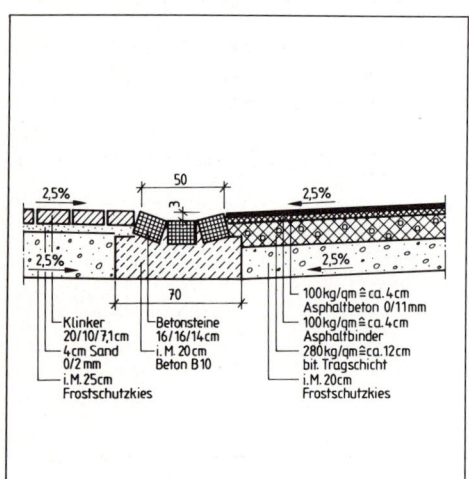 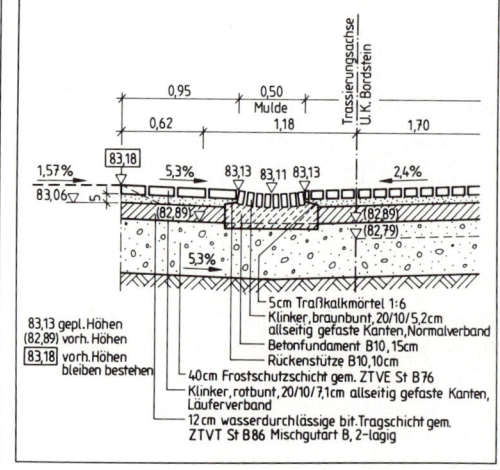

14.72 Beispiel für eine Pflastermulde aus Betonsteinen

14.73 Beispiel für eine Pflastermulde aus Klinkern mit NN-bezogenen Bauhöhen

Kastenrinnen kleinerer Querschnitte bestehen aus Polyester- oder Faserbeton, größere aus (Zement-)Beton. Es gibt sie mit und ohne eingebautem Längsgefälle (meist 0,6%) bzw. ohne Längsgefälle, aber in unterschiedlicher Bauhöhe, so daß ein Stufengefälle entsteht. Kastenrinnen mit eingebautem Längsgefälle haben den Vorteil, daß die Befestigungsflächen nur ein Quergefälle brauchen (**14.**74). Deshalb finden wir sie häufig bei Plätzen. Kastenrinnen erhalten lose eingelegte oder verschraubte Roste aus verzinktem Stahl, Gußeisen, Beton oder Polyesterbeton.

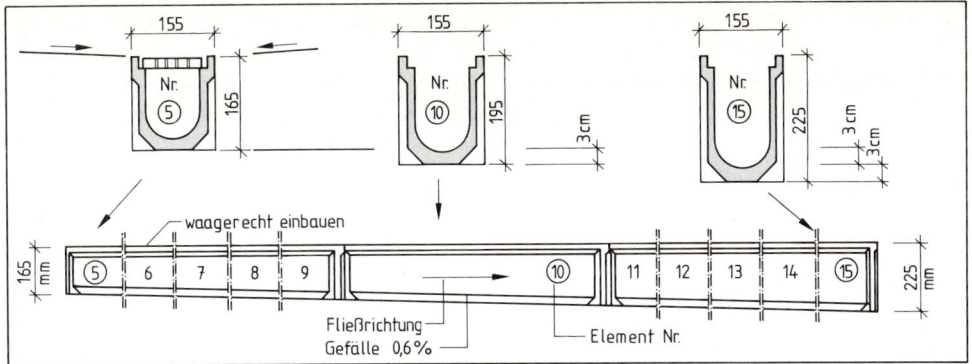

14.74 Kastenrinnen mit eingebautem Längsgefälle

Beim Bau von Bordrinnen und Muldenrinnen kommt es sehr auf Sorgfalt an. Schon geringe Abweichungen von der oft sehr knappen Längsneigung (0,4% = 4 mm/m!) verursachen Pfützen. Die Nachbarflächen sollten mit einem geringen Überstand von 0,5 bis 1 cm anschließen, um evtl. spätere Setzungen aufzufangen. Es empfiehlt sich, diesen Überstand schon in der Zeichnung auszuweisen.

> Stadtstraßen und Plätze werden mit Bord-, Mulden- oder Kastenrinnen entwässert.
> Kastenrinnen können waagerecht versetzt werden, da sie ein in die Sohle eingebautes Längsgefälle oder ein Stufengefälle haben.

Mulden und Gräben. An Landstraßen strömt das Oberflächenwasser meist über das Bankett hinweg in Mulden oder Gräben. In Erd- und Rasenmulden wird bei geringer Längsneigung (etwa 1%) und geeignetem Boden ein Teil des Wassers versickern. Mulden mit stärkerer Längsneigung erhalten eine Befestigung aus Pflaster, Schotter oder Sohlschalen aus Beton, um Erosionen zu verhindern. Gräben unterscheiden sich von Mulden vor allem durch den Querschnitt (**14.75**).

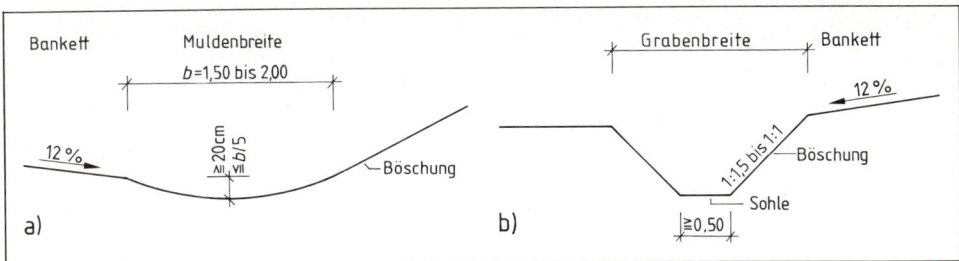

14.75 Erdmulden und Gräben an Landstraßen
 a) Muldenbreite und -tiefe je nach Wasseranfall und Bodenart
  Längsneigung in Mulden und Gräben 0,3 bis 3%
 b) Böschungsneigung 1:1 oder 1:1,5
  Grabenbreite je nach Böschungsneigung und Grabentiefe, Grabentiefe je nach Wasseranfall, Vorflutverhältnis und Grundwasserstand

> Landstraßen werden meist mit offenen Mulden oder Gräben entwässert.

Straßenabläufe baut man an den Tiefpunkten der zu entwässernden Flächen, Rinnen, Mulden oder Gräben ein. Ihre Anzahl und Abstände ergeben sich

- aus der Größe des Einzugsgebiets (etwa 200 bis 600 m²),
- aus der Form der zu entwässernden Fläche (Parkplatz, Kreuzung, Wendeplatz usw.),
- aus der Größe des Einlaufquerschnitts (in den das Wasser hineinströmt).

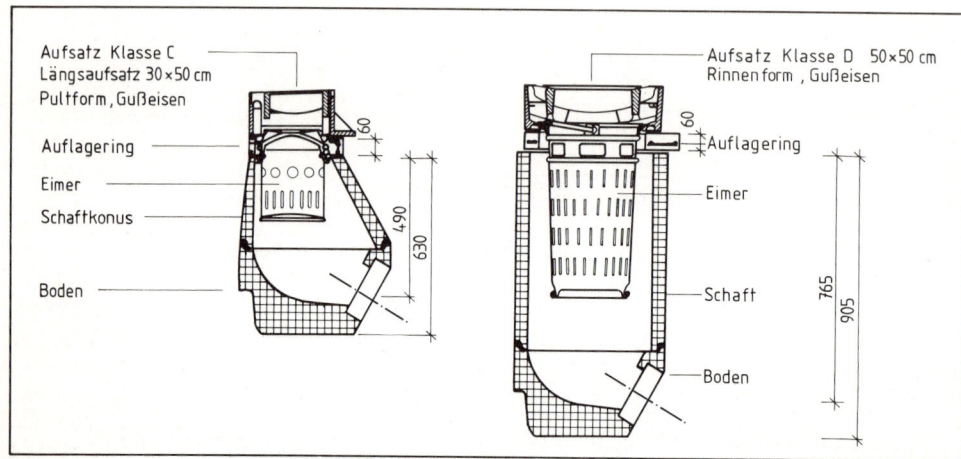

14.76 Straßenabläufe aus Beton- und Gußfertigteilen

Straßenabläufe werden immer aus vorgefertigten Beton-, Gußeisen- oder Beton-Guß-Teilen (Begu) auf der Baustelle zusammengesetzt. Zwei typische Bauweisen zeigt Bild **14.**76. Die später allein sichtbaren Aufsätze sind nach der möglichen Belastung konstruiert und unterscheiden sich nach DIN 1213 in die Klassen A bis F (vgl. Tab. **11.**23). Im Querschnitt haben sie Pult- oder Rinnenform. In der Draufsicht sind sie quadratisch, rechteckig oder rund. Die Größe eines Einzugsgebiets in einer Straße mit künstlichem Gefälle in der Bordrinne zeigt Bild **14.**77. Beim Bau von Straßenabläufen ist zu achten

- auf eine tragfähige Unterlage (gewachsener Boden, evtl. mit zusätzlicher Sauberkeitsschicht, Betonsohle oder verlegte Gehwegplatte),
- auf einen waagerechten Einbau der Teile,
- auf Fugendichtung mit Fugenband,
- auf einen höhengerecht aufgelegten Aufsatz,
- auf eine einwandfreie Verdichtung des Bodens um den Straßenablauf.

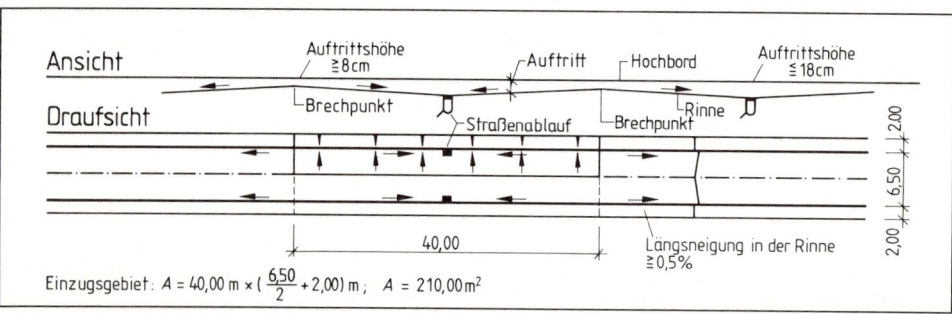

14.77 Straße mit künstlichem Gefälle in der Bordrinne

Straßenabläufe aus vorgefertigten Beton- und Gußeisenteilen nehmen an den Tiefpunkten der Rinnen und zu entwässernden Fläche das Wasser auf und leiten es in die Regenwasserleitung (oder Mischwasserleitung).
Jeder Straßenablauf hat nach seinem Einlaufquerschnitt ein begrenztes Einzugsgebiet.

Rohrleitungen, die das Regenwasser bei unterirdischer (geschlossener) Entwässerung in Stadtstraßen ableiten, bestehen meist aus Beton. Es sind kreisrunde oder eiförmige Muffenrohre mit oder ohne Fuß, selten Falzrohre. Zur Dichtung und Verbindung dienen bei Muffenrohren Rollringe, bei Falzrohren Dichtungsbänder auf Bitumen- oder Kunststoffbasis.
Für die zeichnerische Darstellung, die Konstruktion der zugehörigen Kontrollschächte und die Verlegearbeiten gelten weitgehend die Ausführungen in Abschnitt 12.

Regenwasserleitungen werden überwiegend aus kreisrunden Beton-Muffenrohren, selten aus Betonfalzrohren gebaut.

Sickereinrichtungen. In den Straßenbereich eingesickertes Oberflächenwasser bzw. besonders hoch anstehendes Grundwasser muß durch Sickereinrichtungen den oberen 80 cm Boden (Frostzone) entzogen werden. (Im Gegensatz dazu gibt es Versickerungen, bei denen Wasser an den Boden abgegeben wird, z. B. bei Hauskläranlagen.)
Die Sickereinrichtungen bestehen aus tiefer liegenden Schlitzen, Gräben oder Mulden, zu denen das Wasser durch geneigte Anschlußflächen geleitet oder gedränt wird. An den tiefsten Stellen befindet sich ein mit Neigung verlegtes Sickerrohr, das mit grobem Filterkies umgeben ist. Um ein Versanden der Sickerrohre zu vermeiden, kann statt dessen oder zusätzlich ein Vlies um das Rohr gelegt werden. Damit das Wasser vollständig ins Sickerrohr gelangt, liegt eine undurchlässige Kunststoff-Folie auf der Grabensohle. Sickerrohre bestehen aus PVC, Grobbeton oder Ton. Es sind Vollsickerrohre (ringsherum wasserundurchlässig) oder Teilsickerrohre (nur im oberen Teil gelocht oder geschlitzt).
Das „Merkblatt für die Entwässerung von Straßen" enthält Konstruktionsbeispiele für Sickereinrichtungen. Das ausgeführte Beispiel an einer Bundesstraße zeigt Bild **14.78**.
Es kommt darauf an, durch richtige Planung und Ausführung die Sickerfähigkeit für immer zu erhalten.

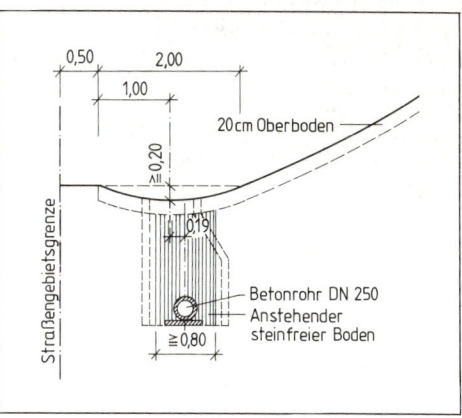

14.78 Erdmulde mit Sickerrohr an einer Landstraße

Sickerschlitze, -gräben und -rohre entziehen der Frostzone eingesickertes Regenwasser. Sickerrohre bestehen aus PVC, Grobbeton oder Ton und sind ganz oder teilweise wasserdurchlässig.

Aufgaben zu Abschnitt 14.2

1. Welche Eigenschaften muß die Befestigung einer Straße haben, um allen Anforderungen gerecht zu werden?
2. Wie werden Bodenabtrag und Bodenauftrag ermittelt und dargestellt?
3. a) Nach welchen Eigenschaften werden Böden in DIN 18300 eingeteilt?
   b) Wie heißen die Bodenklassen?
4. Was ist bei der Planung von Randbefestigungen zu bedenken?
5. Welche Randbefestigungen sind besonders üblich?
6. Nennen (oder skizzieren) Sie einige Beispiele für die Verwendung von KA- bzw. KI-Bordsteinen nach DIN 483.
7. a) Welche Schichten einer Befestigung gehören zum Oberbau?
   b) Was versteht man unter Unterbau und Untergrund?
8. Wodurch unterscheiden sich die Befestigungen der einzelnen Bauklassen?
9. Welche Materialien kommen für Tragschichten in Frage?
10. Aus welchen Materialien besteht Asphalt?
11. Wie werden Asphalt-Befestigungsschichten ausgeschrieben und abgerechnet?
12. Welcher Schichtdicke entsprechen 80 kg/m^2 Asphaltbeton?
13. Was unterscheidet Asphaltbeton von Asphalt-Tragschichtmaterial?
14. Welche Maße (Länge/Breite) sind für die häufigsten Pflastersteine üblich?
15. Wo findet Natursteinpflaster hauptsächlich Verwendung?
16. Skizzieren Sie den typischen Fugenverlauf in Reihen-, Polygonal- und Bogenpflaster in einer Straße mit Randbefestigung.
17. Was ist bei der Planung von Verbundpflasterflächen zu bedenken und zu berücksichtigen?
18. Welche Daten müssen Gestaltungspläne enthalten?
19. Wodurch unterscheiden sich Betondecken von anderen Befestigungen?
20. Vergleiche die Konstruktion der Fugenarten in Betonstraßen.
21. Welche Einrichtungen einer Straße dienen dazu, das Oberflächenwasser abzuleiten?
22. Welche Angaben enthält ein Deckenhöhenplan?
23. Nennen Sie Beispiele für die Verwendung von Bord- und Kastenrinnen, Gräben und Mulden.
24. Welche Vorteile haben Kastenrinnen?
25. Mit welchen Daten müssen Mulden und Gräben geplant werden?
26. a) Aus welchen Fertigteilen werden Straßenabläufe zusammengesetzt?
    b) Woraus ergibt sich die Bauhöhe?
27. Wie und wo werden die Straßenabläufe zur Ableitung des Regenwassers angeschlossen?
28. Mit welchen Sickereinrichtungen läßt sich Sickerwasser im Bereich der Straße auffangen und ableiten?

15 Neue Technologien

Die neuen Technologien und speziell die Mikroelektronik durchdringen heute alle Bereiche des täglichen Lebens. Jede Branche, jeder Bereich ist von ihr betroffen, in dem Aufgaben der Informationsverarbeitung zu lösen sind (**15.1**).

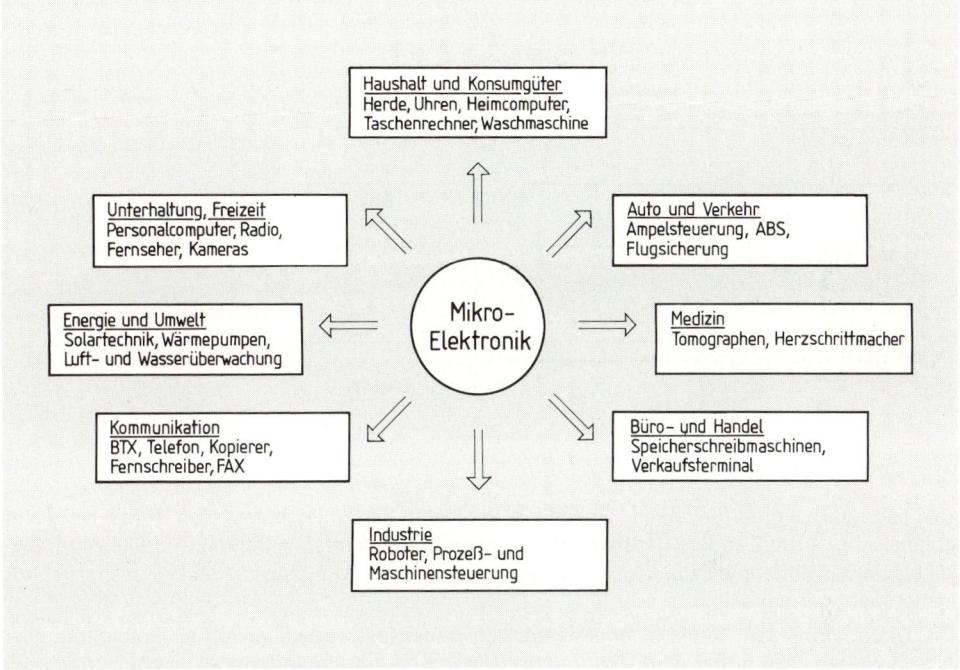

15.1 Anwendungsgebiete der Mikroelektronik (Beispiele)

15.1 Mikroelektronik

Die Mikroelektronik benutzt elektrische Impulse als Informationsträger. Sie übertrifft die mechanische Informationsverarbeitung (z. B. Uhrwerk, Verbrennungsmotor) weit in Leistungsfähigkeit, Zuverlässigkeit und Anwendungsvielfalt.

Alle informationsverarbeitenden Systeme arbeiten nach dem gleichen Prinzip.

- **Aufnahme von Daten** über die verschiedensten Eingabegeräte,
- **Verarbeitung der Daten** in Abhängigkeit von Programm und Aufgabe,
- **Ausgabe der Daten** über unterschiedlichste Ausgabegeräte.

Zielvorstellung sind Betriebe, bei denen nach Eingabe der Kundenaufträge mit Hilfe von Produktions- und Maschinendaten eine automatische Verarbeitung stattfindet. Dies setzt einen rechnerunterstützten Informationsverbund zwischen allen an einem Projekt Beteiligten voraus (**15.**2).

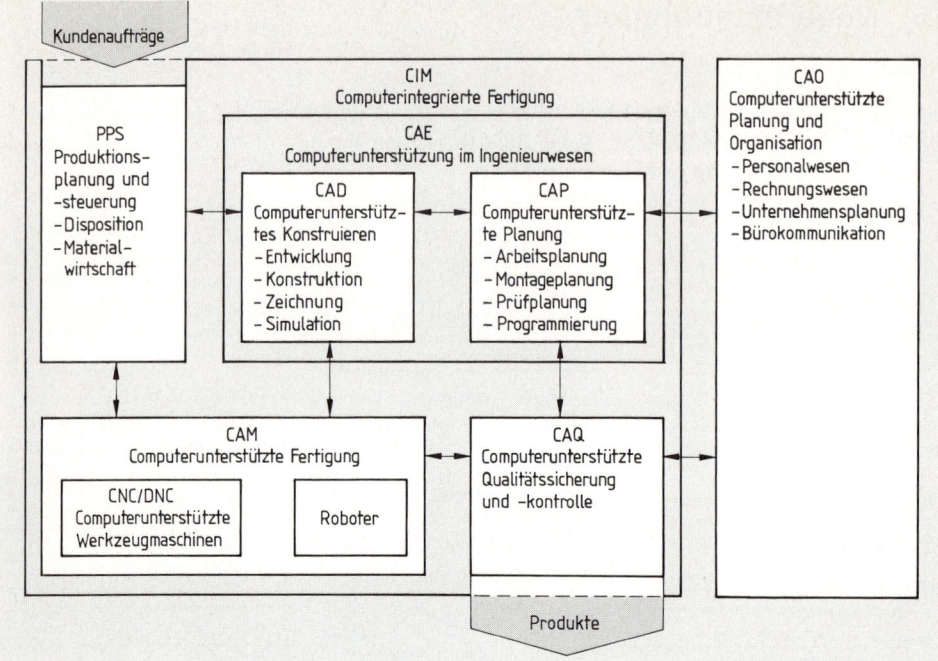

15.2 CAI – die computerunterstützte Industrie

CAI bedeutet für die Arbeitswelt keine menschenleeren Fertigungshallen oder Büros, wohl aber höherwertige Arbeit, andere Berufsbilder und neue Berufe. Einfache Schreib- und Zeichentätigkeiten werden abnehmen, Fähigkeiten zum verantwortlichen Umgang mit der Datenverarbeitung immer mehr gefragt sein.

Die Dialoge mit dem Rechner orientieren sich dabei fast ausschließlich an konventionellen Arbeitsweisen. Wie bisher wird eine traditionelle Ausbildung im Mittelpunkt stehen, weil ohne sie Anwendungen eines EDV-Systems nicht denkbar sind. Jeder, der eine solche Ausbildung absolviert hat, ist EDV-geeignet. Allerdings werden sich die Ausbildungsschwerpunkte verschieben. Stand bisher die manuelle Umsetzung der Fachkenntnisse durch Betätigung von Werkzeu-

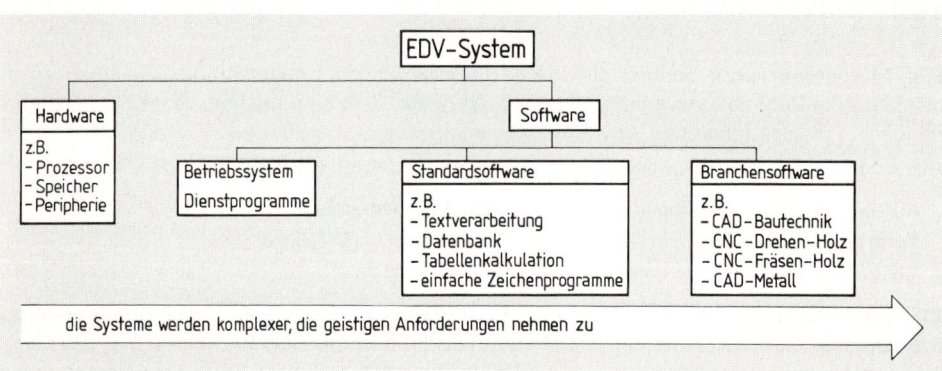

15.3 Das EDV-System

gen und Zeichengeräten im Vordergrund, so verlangen die neuen Technologien eine gedankliche Umsetzung (Programmierung) durch Betätigung von Tasten des Bedienfelds.

> Eine traditionelle Ausbildung und grundlegendes Datenverarbeitungswissen sind Voraussetzungen, um weiterführende Programme anzuwenden (z. B. CAD, **15**.3).

Angesichts der rasanten technischen Entwicklung hilft in der Praxis nur eine konsequente und stetige Weiterbildung, um am Arbeitsplatz zu bestehen bzw. die Arbeitskraft flexibel einzusetzen.

15.2 Datenübertragung – Projektmanagement

Bisher hat jede Ingenieurdisziplin für sich geplant und konstruiert. Zwar griff man auf Vorüberlegungen und Zeichnungen anderer Abteilungen/Büros zurück, doch gleiche Tätigkeiten wurden sehr oft mehrfach durchgeführt. Dagegen ist ein wesentlicher Vorteil der EDV, daß einmal eingegebene Daten jedem Projektbeteiligten zur Verfügung stehen (**15**.4).

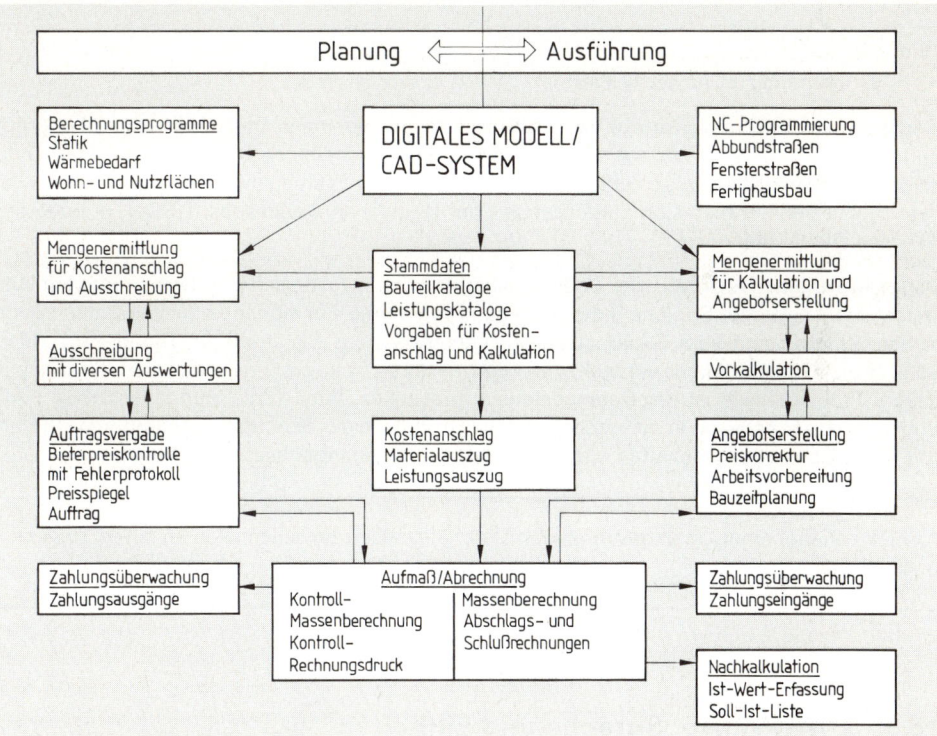

15.4 Weiterverarbeitung der Daten

Seit Ende der 80er Jahre erlauben immer leistungsstärkere Personalcomputer den Zugriff mehrerer Anwender auf einen gemeinsamen Datenbestand (Mehrbenutzerfähigkeit/multi-user). Die Netzwerktechnologie hat sich verbessert. Parallel hierzu wurden die Programme, die diese Zugriffe steuern, organisieren und verwalten, verbessert und erweitert (Netzbetriebssysteme).

Lokale Vernetzung beschränkt sich auf die Verarbeitung des gemeinsamen Datenbestands innerhalb eines Büros/Unternehmens (LAN = **L**ocal **A**rea **N**etwork). Ein leistungsstarker Rechner mit großem Massenspeicher (File-server) verwaltet und speichert den gesamten Datenbestand. Wir unterscheiden drei Arten von lokalen Netzwerken (**15**.5):

– **Token Ring (Ringstruktur)** verbindet die Rechner zu einem Ring.
– **Arcnet (Sternstruktur)** verbindet die Rechner sternförmig über die Verteiler direkt mit dem Fileserver.
– **Ethernet (Busstruktur)** verbindet die Rechner über ein frei endendes Hauptkabel.

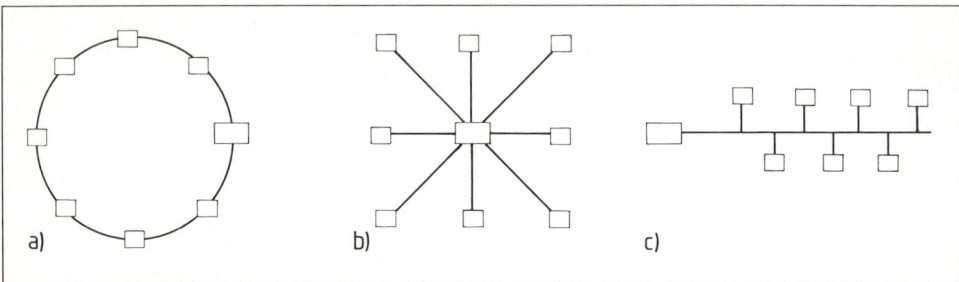

15.5 Netzwerkarten
a) Token Ring, b) Arcnet, c) Ethernet

Regionale und überregionale Vernetzung ermöglichen einen Datenaustausch über größte Entfernungen (WAN = **W**ide **A**rea **N**etwork). Selbst bei kleinsten Bauwerken müssen Daten zwischen Planer, Statiker, ausführendem Betrieb und den Fachingenieuren ausgetauscht werden. Hierzu bedient man sich Einrichtungen der Deutschen Bundespost (ISDN = **I**ntegrated **S**ervices **D**igital **N**etwork).

Programmschnittstellen. Der uneingeschränkte Datenaustausch erfordert ein einheitliches Datenformat (gleiche „Sprache") der einzelnen Programme. Für alphanumerische Daten (Buchstaben, Ziffern) sind vom GAEB (**G**emeinsamer **A**usschuß **E**lektronik im **B**auwesen) zuletzt 1990 einheitliche Standards entwickelt worden, an die sich alle großen Bauprogramme angepaßt haben. Problematisch ist der Datenaustausch grafischer Daten (Zeichnungen). Große CAD-Softwarehäuser haben aber inzwischen auf der Grundlage der Schnittstellenstandards DXF und STEP Möglichkeiten geschaffen, grafische Daten untereinander auszutauschen.

> EDV verlangt einen uneingeschränkten Datenaustausch zwischen allen an einem Projekt Beteiligten.

15.3 EVA-Prinzip, Sprache und Einheiten

Computer sind elektronische Datenverarbeitungsanlagen mit den Grundfunktionen Dateneingabe, Datenverarbeitung und Datenausgabe. Ihr Funktionsprinzip läßt sich oberflächlich mit den Verarbeitungsabläufen beim Menschen vergleichen, obwohl kein Rechner die Phantasie, Kreativität, Visionsfähigkeit und das Beurteilungsvermögen unseres Gehirns ersetzen kann (**15**.6).

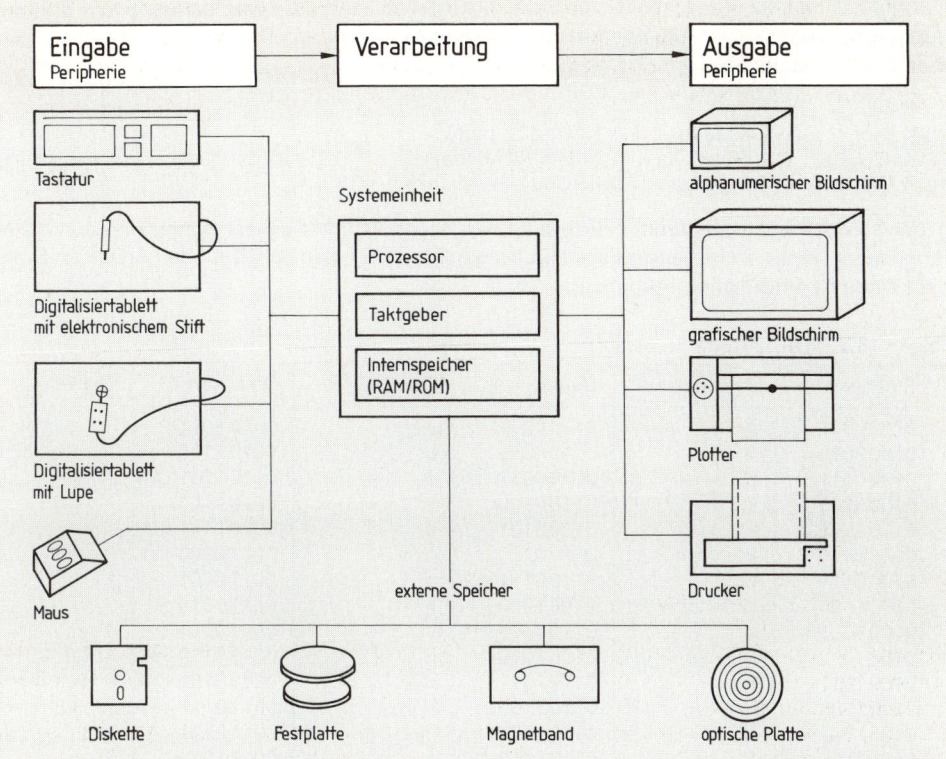

15.6 EVA-Prinzip am Beispiel des CAD-Arbeitsplatzes

Der Vorteil der Datenverarbeitungsanlage im Vergleich zum Menschen liegt vor allem in der Fähigkeit, erheblich größere Datenmengen in einem wesentlich kürzeren Zeitraum zu verarbeiten. Vergleichbar sind Mensch und Maschine im EVA-Prinzip. Nach der Eingabe über die Tastatur werden die Daten in der Systemeinheit der Maschine verarbeitet. Die Maschinenarbeit setzt stets Eingabedaten und vom Menschen geschriebene Programme voraus. Kleinere Datenmengen können in Speichern innerhalb der Systemeinheit (RAM/ROM) zwischengespeichert werden. Werden die Datenmengen zu groß oder sind sie vor dem Ausschalten aus dem internen Speicher (RAM) zu sichern, werden sie zu Speichern außerhalb der Systemeinheit (Externspeicher) transportiert.

> Der menschliche und der maschinelle Verarbeitungsablauf basiert auf dem EVA-Prinzip.

Die Computersprache besteht ähnlich dem Lichtschalter nur aus zwei Spannungszuständen: Spannung ein ⟨1⟩ und Spannung aus ⟨0⟩.

> Ein Spannungszustand ist die kleinste Informationseinheit in der Datenverarbeitung. Sie wird mit Bit (**b**inary dig**it** = Zweierschritt) bezeichnet.

Um alle Zeichen der menschlichen Sprache darzustellen, sind die Kombinationen von 8 Spannungszuständen ($2^8 = 256$ Kombinationsmöglichkeiten) erforderlich. Sie werden zu einem Byte zusammengefaßt.

8 Bit = 1 Byte
1024 Byte = 1 KiloByte = 1 KByte (2^{10} Byte)
1024 Kilobyte = 1 MegaByte = 1 MByte (2^{10} Kilobyte)
1024 Megabyte = 1 GigaByte = 1 GByte (2^{10} Megabyte)

Jeder Buchstabe unseres Alphabets, alle Zahlen, Symbole und Rechenzeichen sind durch eine international einheitliche Verschlüsselung festgelegt – durch den ASCII-Code (**A**merican **S**tandard **C**ode for Information Interchange, **15.7**).

Tabelle **15.7** **ASCII-Code** (Auswahl)

Binärwert	Zeichen	Binärwert	Zeichen	Binärwert	Zeichen
0100 0001	A	0110 0001	a	0010 1011	+
0100 0010	B	0110 0010	b	0010 1100	,
0100 0011	C	0110 0011	c	0010 1101	–
0100 0100	D	0110 0100	d	0010 1110	.
0100 0101	E	0110 0101	e	0010 1111	/
0100 0110	F	0110 0110	f	0011 0000	0
0100 0111	G	0110 0111	g	0011 0001	1
0100 1000	H	0110 1000	h	0011 0010	2
0100 1001	I	0110 1001	i	0011 0011	3
0100 1010	J	0110 1010	j	0011 0100	4
0100 1011	K	0110 1011	k	0011 0101	5
0100 1100	L	0110 1100	l	0011 0110	6
0100 1101	M	0110 1101	m	0011 0111	7
0100 1110	N	0110 1110	n	0011 1000	8
0100 1111	O	0110 1111	o	0011 1001	9
0101 0000	P	0111 0000	p	0011 1010	:
0101 0001	Q	0111 0001	q	0011 1011	;
0101 0010	R	0111 0010	r	0011 1100	<
0101 0011	S	0111 0011	s	0011 1101	●
0101 0100	T	0111 0100	t	0011 1110	>
0101 0101	U	0111 0101	u	0011 1111	●
0101 0110	V	0111 0110	v		
0101 0111	W	0111 0111	w		
0101 1000	X	0111 1000	x		
0101 1001	Y	0111 1001	y		
0101 1010	Z	0111 1010	z		

15.4 Hardware

Unter Hardware versteht man alle Teile des EDV-Systems, die man anfassen kann. Je nach Anwendungsgebiet sind die Anforderungen an die Hardware unterschiedlich. Die Leistungsfähigkeit und die Anzahl der Ein- und Ausgabegeräte variieren sehr stark. Die Mindestausstattung für Standardanwendungen besteht aus der Systemeinheit mit den Peripheriegeräten Tastatur, Monitor und Externspeicher, die CAD-Technik verlangt weitere Ein- und Ausgabegeräte (**15.6**).

Die Systemeinheit ist der eigentliche Rechner. Die wesentlichen Bestandteile:

- **Der Prozessor** bestimmt die Leistungsfähigkeit. Er erkennt die Befehle, führt sie aus, nimmt arithmetische und logische Verknüpfungen vor und trifft Entscheidungen.
- **Der Taktgeber** bestimmt die Arbeitsgeschwindigkeit (z. B. 50 MHz).
- **Der Festwertspeicher/ROM** (**R**ead **O**nly **M**emory = Nur-Lese-Speicher) enthält die Grundprogramme, auf die beim Einschaltvorgang zugegriffen wird.
- **Der Arbeitsspeicher/RAM** (**R**andom **A**ccess **M**emory = Schreib- und Lesespeicher) ist das Kurzzeitgedächtnis, da beim Ausschalten alle in ihm gespeicherten Daten gelöscht werden. Er steht für Programme, Daten und Zwischenspeicherungen des Prozessors zur Verfügung.

> Die Systemeinheit besteht aus dem Prozessor, dem Taktgeber sowie den Internspeichern ROM und RAM.

Die Eingabegeräte bei der normalen Dateneingabe beschränken sich auf Tastatur und eventuell Maus. Im CAD-Bereich müssen sie aber mehr Aufgaben übernehmen. Hier werden nicht nur Ziffern und Buchstaben in Bits umgewandelt, sondern auch die Koordinatenwerte von Punkten auf dem Bildschirm. Die meisten CAD-Programme bevorzugen eine Kombination von Tastatur und Digitalisiertablett bzw. Tastatur und Maus. Lichtgriffel und Joystick finden kaum Anwendung.

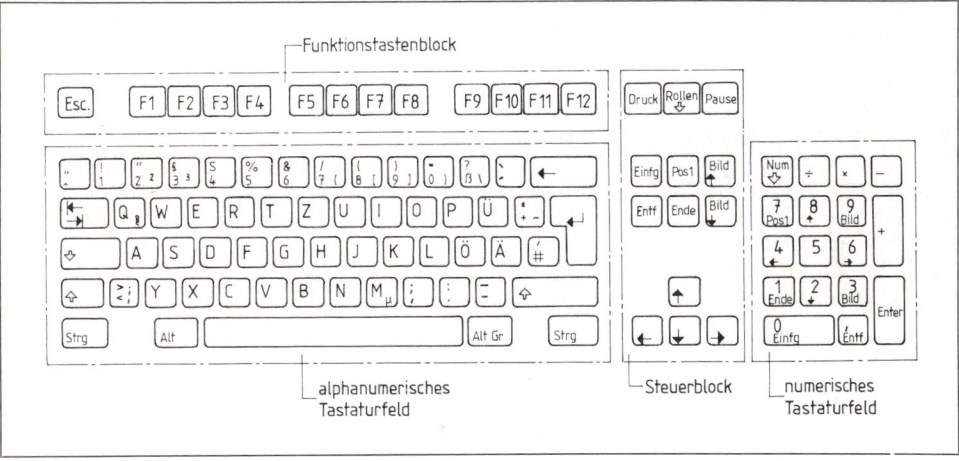

15.8   MF-Tastatur

Die Tastatur besteht aus 102 Tasten (MF-Tastatur) mit den 4 Bereichen alphanumerisches und numerisches Tastaturfeld, Steuerungs- und Funktionstastenblock (**15.**8).

Die Maus steuert über eine Rollkugel an ihrer Unterseite den Cursor bzw. das Fadenkreuz auf dem Bildschirm. Über ihre Tasten können Befehle aktiviert werden (**15.**9 auf S. 442).

Das Digitalisiertablett enthält in seiner Oberfläche ein feines Leiternetz. Durch die Spule der Lupe oder des Digitalisierstifts werden Ströme induziert. Aus der gemessenen Stromstärke berechnen Mikroprozessoren im Tablett das Koordinatenpaar, in dem sich Lupe oder Stift befinden. Die Koordinatenpaare werden vom Rechner umgesetzt und zur Steuerung des Fadenkreuzes auf dem Bildschirm, zur Übernahme grafischer Vorlagen oder bei Tablettmenüs auch zur Befehlsübermittlung benutzt (**15.**10 auf S. 442).

Der Scanner dient zur Übernahme grafischer Texte und Darstellungen in den Computer. Dabei wird die Darstellung in Rasterpunkte zerlegt, deren Koordinaten das CAD-Programm umsetzt.

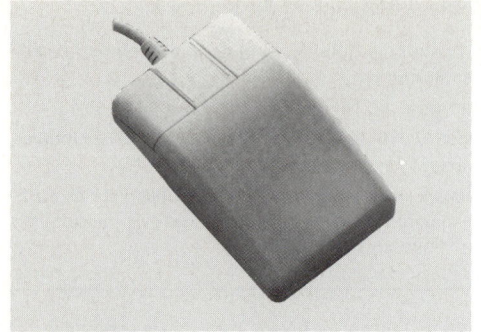
15.9 Maus

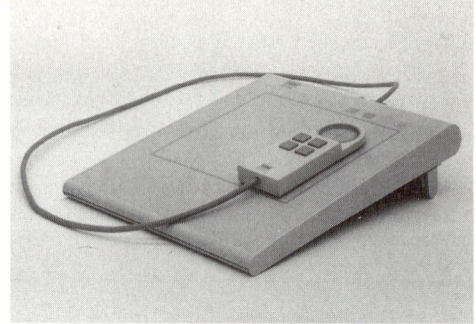
15.10 Digitalisiertablett mit Lupe

> Eingabegeräte sind Tastatur, Maus, Digitalisiertablett mit Stift oder Lupe sowie der Scanner.

Ausgabegeräte verbildlichen Texte und Zeichnungen. Zusätzlich zum alphanumerischen 14-Zoll-Standard-Bildschirm und dem Drucker erfordert ein CAD-Arbeitsplatz einen Grafikbildschirm 20 bzw. 24 Zoll und einen Plotter (Zeichenmaschine).

Bildschirme im CAD-Bereich geben die Zeichnung wieder. Zusätzlich sind auf der Bildschirmmaske Funktionen, d.h. Hilfen, Abfragen und Menüs; Kalkulation, Mengenermittlungen, Ausschreibungen und Preisspiegeln werden aufgelistet. Wegen dieser Funktionsvielfalt verteilen die meisten Bau-CAD-Programme die Aufgaben auf zwei Bildschirme (Zweibildschirmsystem).

Die Bildfläche ist zeilenweise in Bildpunkte (pixel = picture elements) aufgeteilt, die vom Elektronenstrahl erhellt werden. Buchstaben und grafische Elemente bestehen folglich aus Lichtpunkten. Je dichter sie zusammenliegen, desto genauer wird die Darstellung (= Auflösung). Die minimalste Auflösung im CAD-Bereich sollte 1280 × 1024 Bildpunkte (Pixel) betragen. Eine unzureichende Auflösung führt zum **Treppeneffekt** (**15.**11).

Farbbildschirme sind inzwischen Standard. Damit unterschiedliche Strichstärken oder Ebenenzuweisungen sofort auf dem Schirm dargestellt werden können, sollten mindestens 256 Farben zur Verfügung stehen.

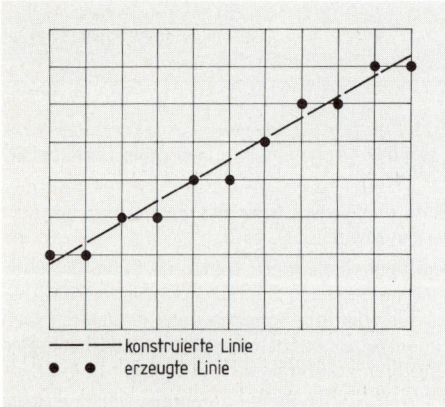
15.11 Treppeneffekt

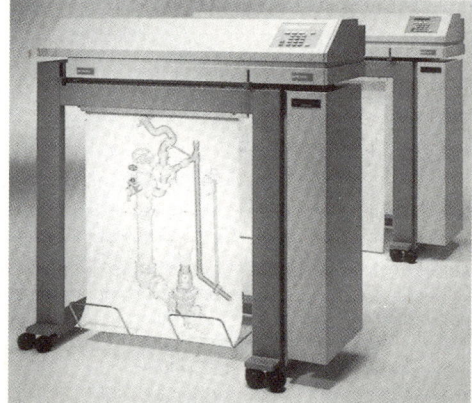
15.12 Thermo-Direktplotter

Drucker dienen zur Ausgabe von Texten und Zeichnungen. Man unterscheidet Drucker, die den Ausdruck mechanisch (Nadeldrucker) oder berührungslos (Laserdrucker, Tintenstrahldrucker) erzeugen.

Plotter sind direkt von der Systemeinheit gesteuerte Zeichenmaschinen. Verwendete man früher vorwiegend Stiftplotter, so setzen sich heutzutage immer mehr Tintenstrahl- und Thermo-Direktplotter durch (**15.**12 auf S. 442).

Tintenstrahlplotter sprühen über feinste Düsen die Zeichentusche berührungslos auf den Zeichnungsträger.

Thermo-Direktplotter arbeiten ähnlich wie ein Fotokopierer unabhängig von Klimaschwankungen. Dadurch sind sie wesentlich schneller, leiser und genauer. Ihr Funktionsprinzip ist vergleichbar einer heißen Stricknadel (Thermokopf), die direkt auf den Zeichnungsträger gedrückt wird. Die thermointensive Schicht des Zeichnungsträgers reagiert und verfärbt sich. Die Plottergröße (A4 bis A0) ist abhängig von den Anwendungen. Während im Hoch- und Ingenieurbau bedingt A1-Plotter ausreichen, sind im Tiefbau A0-Plotter mit Endlospapier unabdingbar.

> Ausgabegeräte sind Bildschirme, Drucker und Plotter.

Externe Speicher sichern die Daten des Arbeitsspeichers und speichern Programme.

Disketten sind runde, flexible Kunststoffscheiben (Floppy disks). Ihre äußerst dünne magnetisierbare Schicht ist vor jeder Beschädigung zu schützen. Vor dem erstmaligen Gebrauch sind sie zu formatieren. Dabei wird die magnetische Schicht in Spuren und Sektoren eingeteilt (**15.**13), um einen gezielten Zugriff auf die Daten zu ermöglichen. Die Speicherkapazität beträgt in der Regel 1,44 MByte.

Festplatten (Hard disks) sind wie die Disketten in Spuren und Sektoren aufgeteilt. Sie sind allerdings fest in den Rechner eingebaut, was zu geringeren Zugriffzeiten führt. Durch den besseren Schutz ist eine höhere Informationsdichte möglich. Da mehrere Platten übereinander eingebaut werden, erreicht man eine Speicherkapazität von mehreren GByte.

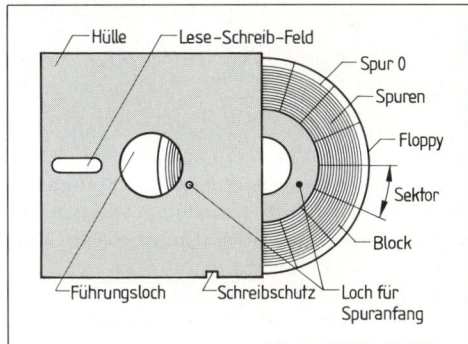

15.13 Aufbau einer Diskette

Magnetbänder sind sequentielle Speicher (der Reihe nach). Sie sind vergleichbar mit Kassettenrecordern. Kennzeichnend ist ihre hohe Speicherkapazität. Die langen Such- und Umspulzeiten führen aber dazu, daß sie fast ausschließlich zur sequentiellen Datensicherung eingesetzt werden.

Optische Platten sind das Speichermedium der Zukunft. Ähnlich den CDs tastet ein Laserstrahl die Oberfläche ab. Sehr große Datenmengen können deshalb auf engstem Raum gespeichert werden. Noch können allerdings nur Daten auf ihnen eingebrannt (WORM) oder von ihnen gelesen (CD-ROM) werden.

> Externe Speicher sind Disketten, Festplatten, Magnetbänder und optische Platten.

15.5 Software

Die Systemsoftware (engl. = weiche Ware) ist neben der Hardware der zweite Hauptbestandteil des EDV-Systems. Sie besteht aus bereits eingegebenen Daten, die der Prozessor in der vom Programmierer vorgegebenen Reihenfolge abarbeitet. Der Rechner ist von diesen Daten/Befehlen abhängig, ohne sie ist er nicht arbeitsfähig.

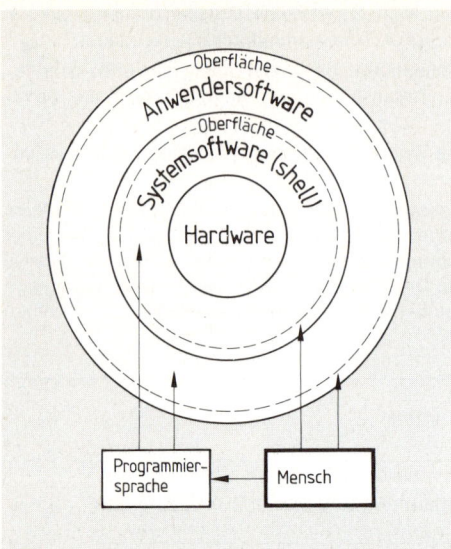

Der hierarchische Aufbau **15**.14 macht deutlich, daß die Hardware die Grundvoraussetzung für die EDV bildet. Wie eine Schale (shell) wird die Hardware von der Systemsoftware umschlossen. Nur über diese Schale kann die Anwendersoftware (z. B. Textverarbeitung, CAD) auf die Hardware zugreifen. Die Anwendersoftware ist das Bindeglied zwischen Mensch und Datenverarbeitungsanlage. Direkten Zugriff auf ein Programm hat der Mensch nur über eine Programmiersprache. Damit wurde auch die System- und die Anwendungssoftware erstellt.

Der Anwender im Büro/Betrieb besitzt meist keine Programmierkenntnisse; sie sind auch nur in den seltensten Fällen notwendig. Teilweise wurden die Anwenderprogramme in mehreren Mann-Jahren geschrieben, so daß nur kleinere bürospezifische Eigenheiten eingebaut werden sollten. Meist kommuniziert der Anwender deshalb nur mit der Programmoberfläche.

15.14 Der hierarchische Aufbau eines EDV-Systems

Programme bestehen aus einer Anzahl kleinster Arbeitsschritte/Anweisungen, mit denen der Rechner bestimmte Aufgaben zu lösen hat (Algorithmus). Diese Arbeitsschritte werden dem Rechner in einer Programmiersprache eingegeben. Genauso wie bei den Menschen unterschiedliche Sprachen mit verschiedenen Dialekten vorkommen, gibt es unterschiedliche Programmiersprachen (z. B. Assembler, Cobol, BASIC, Pascal, C, Lisp).

Ein Programm besteht aus einer Reihung kleinster Arbeitsschritte, mit denen der Rechner ein Problem zu lösen hat.

15.5.1 Betriebssysteme

Als 1972 die ersten Mikroprozessoren vollständig auf einem Silikonplättchen (Chip) Platz fanden, fehlte die Software für diesen „Ein-Chip-Computer". Da sie den Betrieb des Prozessors/Rechners steuerte, nannte man sie das Betriebssystem. Immer größere, schnellere Laufwerke und die Durchsetzung leistungsstarker Prozessoren erforderten die kontinuierliche Weiterentwicklung bis hin zum gleichzeitigen Ablauf mehrerer Programme (Mehrprozeßfähigkeit = multitasking) und den gleichzeitigen Zugriff mehrere Anwender auf den Rechner (Mehrbenutzerfähigkeit = multi-user). Die Anwendungsfreundlichkeit wird immer weiter verbessert. Heute steuert man die Funktionen über Sinnbilder (Icons), die sich innerhalb von Bildschirmfenstern (windows) befinden.

Aufbau und Aufgaben sind bei allen Betriebssystemen (CP/M, MS-DOS/Windows, OS/2, UNIX) weitgehend gleich, ebenso sind viele Funktionen identisch. Nur in der Vielfalt und der Komplexität der Befehle und Funktionen, in ihrer Anwendungsfreundlichkeit und besonders bei der Multi-tasking- und der Multi-user-Fähigkeit gibt es Unterschiede.

Systemprogramme. Steuerte man alle Aufgaben eines Rechners mit elektronischen Bauelementen, müßte man sie bei Erweiterungen und Verbesserungen laufend austauschen. Technisch einfacher und wesentlich preiswerter ist es, diese Änderungen in Programme einzubauen. Funktionen, die steuern, verwalten, überwachen und organisieren werden deshalb erst mit Programmen aufbereitet, ehe sie an den Prozessor oder andere Bauelemente weitergeleitet werden. Solche Programme heißen Systemprogramme und bilden in ihrer Gesamtheit das Kernbetriebssystem.

> Das Betriebssystem besteht aus mehreren Programmen.

15.5.2 Standardbetriebssystem MS-DOS

Das Standardbetriebssystem MS-DOS (**M**icrosoft **D**isk **O**perating **S**ystem) besteht wie alle anderen Betriebssysteme aus mehreren Programmen (**15.**15). Die Ablauf-, Auftrags- und Datensteuerung übernehmen im wesentlichen zwei Programme (Dateien): IO.SYS und MSDOS.SYS. Zusammen mit dem Kommandoprozessor COMMAND.COM (ein Arbeitsprogramm für die meisten Routinearbeiten) bilden sie das Kernbetriebssystem. Zusätzlich verfügt MS-DOS über viele Dienstprogramme, die seltener gebraucht werden, ohne die ein Betrieb und die Benutzung des Rechners aber nicht möglich sind.

15.15 Aufbau von MS-DOS

Die Steuerprogramme bearbeiten jedes Zeichen, das auf der Tastatur getippt, am Bildschirm dargestellt, von der CPU gesendet oder empfangen wird. Bei der täglichen Arbeit am Rechner werden sie dem Anwender aber nicht auffallen, da sie sich „versteckt" (hidden-files) auf dem Datenträger oder im Nur-Lese-Speicher (ROM) befinden.

Der Kommandoprozessor (COMMAND.COM) nimmt die Befehle des Anwenders entgegen, gibt dem DOS Anweisungen zur Ausführung, zeigt Fehlermeldungen an und meldet die Betriebsbereitschaft mit dem Bereitschaftszeichen (Prompt) ⟨A:⟩ = Diskettenlaufwerk bzw. ⟨C:⟩ = Festplattenlaufwerk. Der Kommandoprozessor wird beim Einschaltvorgang in den Arbeitsspeicher (RAM) geladen und steht somit dem Anwender zur Verfügung. Alle Befehle des COMMAND.COM sind zu jeder Zeit anwendbar. Da sie sich im Internspeicher befinden, heißen sie **interne Befehle** (**15.**16 auf S. 446).

Dienstprogramme erleichtern die Arbeit mit dem Rechner. Sie organisieren Dateien, überprüfen Datenträger, kopieren Disketten, sichern Daten und vieles mehr. Bei Bedarf werden sie von der Diskette oder der Festplatte in den Arbeitsspeicher geladen, sind also **externe Befehle** (**15.**17 auf S. 446).

Tabelle **15.16** Interne Befehle (Auswahl)

Befehl	Beispiel	Erläuterung
A:/C:	A⟩C: → C⟩	Laufwerk wechseln
BREAK	BREAK ON	Abbruchmöglichkeit mit ⟨Strg⟩ + ⟨C⟩
BUFFERS	BUFFERS = XX	Anzahl der Plattenpuffer festlegen
CD	CD CAD	(Change Directory) Verzeichnis wechseln
CLS	CLS	(CLear Screen) Bildschirm löschen
COPY	COPY C:\daten.txt A:	Datei(en) kopieren
DATE	DATE	Datum anzeigen/ändern (Date 24-12-90)
DEL	DEL daten.txt	(DElete = löschen) Datei(en) löschen
DIR	DIR/P A:	(DIRectory) Inhaltsverzeichnis anzeigen
DEVICE	DEVICE = Datei	Gerätetreiberkarte laden
ECHO	ECHO ON	Befehl anzeigen
EXIT	EXIT	DOS verlassen, Rücksprung zum vorigen Programm
FILES	FILES = XX	geöffnete Daten festlegen
MD	MD CAD	(Make Directory) Verzeichnis anlegen
RD	RD CAD	(Remake Directory) Verzeichnis löschen
REM	REM Hallo!	Kommentar anzeigen
REN	REN daten.txt dat.txt	(REName) Dateiname ändern
PATH	PATH \CAD; \text; \DOS	Suchpfade festlegen
PAUSE	PAUSE	Ausführung einer Funktion anhalten
PROMPT	PROMPT PG	Bereitschaftszeichen ändern
TIME	TIME	Uhrzeit anzeigen/ändern (TIME 08:35)
TYPE	TPYE dat.txt	Dateiinhalt anzeigen
VER	VER	(VERsion) DOS-Version anzeigen
VERIFY	VERIFY ON	Jeden Schreibvorgang auf Fehler überprüfen
VOL	VOL	(VOLumen) Name des Datenträgers anzeigen

Tabelle **15.17** Externe Befehle (Auswahl)

Befehl	Beispiel	Erläuterung
ATTRIB	ATTRIB + R daten.txt	Datei(en) durch ein ATTRIBut vor dem Überschreiben sichern (R = read only)
BACKUP	BACKUP C: A:/S	Daten der Festplatte auf der Diskette sichern
CHKDSK	CHKDSK A:	(CHecK DiSK) Datenträger überprüfen
DISKCOPY	DISKCOPY A: B:	gesamten Disketteninhalt kopieren
FORMAT	FORMAT A:	Datenträger formatieren
LABEL	LABEL A:	Datenträger nachträglich benennen
PRINT	PRINT daten.txt	Datei über den Drucker ausgeben
RESTORE	RESTORE A: C:/S	die mit BACKUP gesicherten Daten einlesen
SYS	SYS A:	Kernbetriebssystem kopieren
TREE	TREE A:	(TREE = Baum) Verzeichnisstruktur am Bildschirm ausgeben
XCOPY	XCOPY C: A:	alle Dateien der Festplatte im Hauptverzeichnis auf einer Diskette sichern

Der Kommandoprozessor COMMAND.COM wird beim Einschaltvorgang in den Arbeitsspeicher geladen. Er enthält die internen Befehle.

Dienstprogramme müssen vom Datenträger in den Arbeitsspeicher geladen werden (externe Befehle).

15.6 Programmiersprachen

Programmiersprachen sind die Voraussetzung zum Schreiben von Programmen. Früher konnte man dem Rechner Anweisungen nur in der Maschinensprache (0 und 1) eingeben. Die Grundidee der später entwickelten höheren Programmiersprachen liegt darin, die Programmierung der menschlichen Sprache anzugleichen. Gleichzeitig übernehmen nun Interpreter und Compiler (Übersetzerprogramme) das automatische Umsetzen der menschlichen Sprache in die Maschinensprache. Am Beispiel der Flächenberechnung eines Rechtecks könnte ein solches Programm so aussehen:

– Laß dir den Wert für die Länge eingeben.
– Laß dir den Wert für die Höhe eingeben.
– Multipliziere die Länge mit der Höhe.
– Zeige das Ergebnis auf dem Bildschirm an.

Der Informationsfluß während des Programmablaufs ist damit vorbestimmt (**15.**18). Bezieht man das „Rechteckprogramm" auf die Programmiersprache BASIC, reichen 3 Befehle (Vokabeln der Sprache), um das Programm zu schreiben.

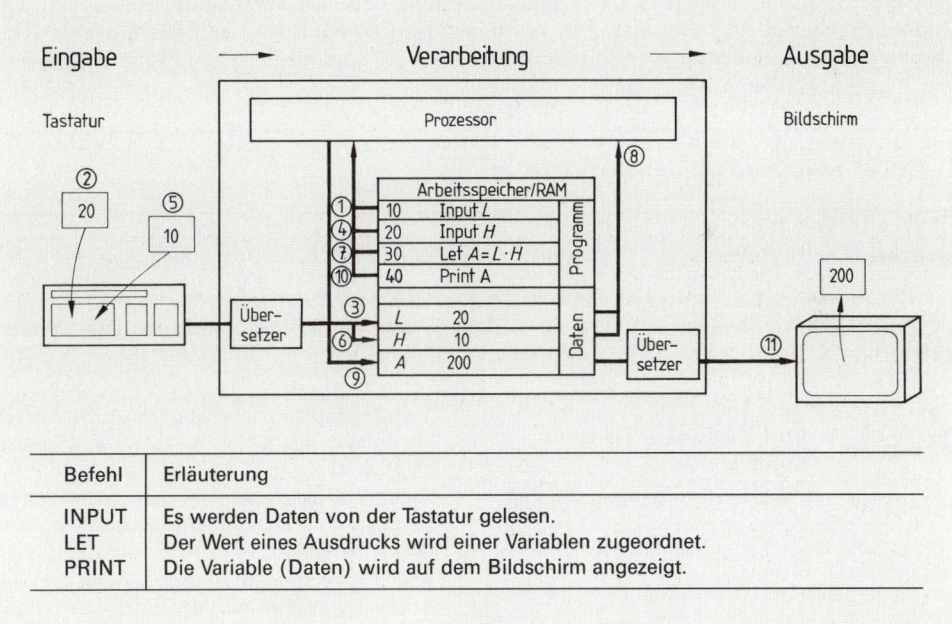

15.18 Der Informationsfluß des Programmablaufs

Hat der Anwender das Rechteckprogramm gestartet, holt sich der Prozessor einzelne Anweisungen aus dem Arbeitsspeicher ⟨1⟩. Auf den Befehl „INPUT" hält er an, und wartet auf eine Tastatureingabe, z. B. 20 ⟨2⟩. Unter der Adresse ⟨L⟩ wird diese Angabe gespeichert ⟨3⟩. Durch den zweiten „INPUT"-Befehl wartet er auf eine weitere Tastatureingabe ⟨4⟩, z. B. 10 ⟨5⟩ und speichert sie wieder ab ⟨6⟩. Der Prozessor liest die „LET"-Anweisung ⟨7⟩, ermittelt den Wert für A ⟨8⟩, indem er die gespeicherten Input-Werte anhand der Rechenvorschrift verknüpft und speichert den Wert A ab, z. B. 200 ⟨9⟩. Er liest nun die letzte „PRINT"-Anweisung ⟨10⟩ und gibt den Wert A auf dem Bildschirm aus ⟨11⟩.

BASIC (**B**eginner's **A**ll Purpose **S**ymbolic **I**nstruction **C**ode) ist eine weit verbreitete höhere Programmiersprache. Sie wurde 1963 speziell für Unterrichtszwecke entwickelt. Der entscheidende Vorteil für den Einsteiger besteht

- im dialogorientierten Arbeiten mit dem Rechner,
- in der Einsetzbarkeit für Problemlösungen in allen Bereichen.

BASIC-Anweisungen werden über die Tastatur eingegeben und vor der Ausführung durch einen Interpreter (Übersetzer) sofort in Steueranweisungen für den Mikroprozessor umgesetzt. Jede Eingabe kann deshalb unmittelbar getestet und korrigiert werden, wobei der Interpreter Fehler anzeigt. Bei Compiler-Programmen (z. B. Pascal) muß dagegen der gesamte Programmtext (Quelltext) vor der Programmausführung in Steueranweisungen übersetzt (compiliert) werden. Erst danach kann man das Programm starten.

> Interpreter übersetzen sofort jede einzelne Anweisung, Compiler das gesamte Programm vor der Ausführung in Steueranweisungen für den Mikroprozessor.

Direkt-Modus. Da BASIC als Interpreterversion im Direkt-Modus arbeitet, kann man es auch wie einen Taschenrechner benutzen. Nur mit Zahlen/Ausdrücken allein kann BASIC aber nicht arbeiten. Zusätzlich braucht es noch eine Anweisung bzw. ein Kommando, was es mit den Zahlen zu machen hat. Gibt man z. B. nur den Ausdruck 16∗5 ein, wird das Ergebnis zwar rechnerintern ermittelt, aber nicht angezeigt. Erst durch ein Kommando (z. B. ⟨PRINT⟩) erscheint das Ergebnis auf dem Bildschirm.

> PRINT zeigt Daten auf dem Bildschirm an.

Beispiel Kommando Ausdruck ⟨Return/Enter⟩ Ausführung/Anzeige
        Print   16∗5   80

Durch zusätzliche Zeichen läßt sich die Wirkungsweise des Print-Kommandos beeinflussen (**15**.19).

Tabelle **15**.19 Wirkungsweise des Print-Kommandos

Eingabe	Bildschirmanzeige
Print 5 + 9	14
Print 5 , 9	5 9
Print 5 ; 9	59
Print "Guten Morgen"	Guten Morgen
Print "U = "; 5 + 9; "m"	U = 14 m
Print	Leerzeile

- Trennt man die zu bearbeitenden Zeichen durch ein Komma, werden sie spaltenweise angezeigt (Print 5, 9).
- Trennt man die zu bearbeitenden Zeichen durch ein Semikolon, erfolgt die Ausgabe nebeneinander (Print 5; 9).
- Alle in Anführungsstrichen stehenden Teile des Ausdrucks werden ausgegeben (Print „Guten Morgen").
- Folgt dem Print-Kommando kein Ausdruck, wird eine Leerzeile erzeugt.

Die BASIC-Rechenzeichen entsprechen mit wenigen Ausnahmen den mathematischen Zeichen (**15**.20). Wie in der Mathematik werden bei BASIC die Rechenausdrücke aus Zahlen gebildet, und es gelten die gleichen Rechenregeln (z. B. Punktrechnung vor Strichrechnung, Potenzieren vor Punktrechnung, Klammerrechnung von innen nach außen). In der BASIC-Schreibweise sind allerdings einige Besonderheiten zu beachten (**15**.21).

Tabelle 15.20 **Rechenoperationen mit BASIC**

Operation	Mathematik	BASIC-Symbol	BASIC-Beispiel	Bildschirmanzeige
Addieren	5 + 9	+	Print 5 + 9	14
Subtrahieren	23 − 11	−	Print 23 − 11	12
Multiplizieren	16 . 5	*	Print 16 * 5	80
Dividieren	80 : 5	/	Print 80 / 5	16
Potenzieren	6^2	^	Print 6^2	36
Wurzelziehen	$\sqrt{81}$	SQR	Print SQR(81)	9

Tabelle 15.21 **Besonderheiten der BASIC-Schreibweise**

	Math. Schreibweise	BASIC	Regel
Dezimal-zeichen	4,6 − 3,2	4.6 − 3.2	Anstelle des Dezimalkommas wird der Punkt verwendet.
Variable	12xy 6(x − y)	12 * X * Y 6 * (X − Y)	Variable werden großgeschrieben und können bis 40 Zeichen lang sein. Sind es Zeichenketten, müssen sie mit $ abgeschlossen werden (z. B. A$).
Brüche	$\dfrac{30 - 14}{12 + 16}$	(30 − 14)/(12 + 16)	Zähler und Nenner müssen eingeklammert werden.
Klammern	[(8 − 4) − 5](2 + 5)	((8 − 4) − 5)*(2 + 5)	BASIC benutzt nur runde Klammern, die von innen nach außen berechnet werden.
Gleitkomma	− 367 . 10^2 12,5 . 10^{-5}	− 367E2 12.5E − 5	BASIC benutzt die Gleitkommadarstellung (Exponential), da je nach Version nur eine begrenzte Ziffernzahl zur Verfügung steht.

Indirekter Modus. Bei schwierigeren Aufgaben oder bei Mehrfachberechnungen nutzt man den Arbeitsspeicher, in dem die BASIC-Anweisungen abgelegt werden. Durch die Eingabe einer Zeilennummer wird dem Rechner mitgeteilt, daß die Anweisungen noch nicht ausgeführt werden sollen. Bis zum Aufruf verbleiben sie im Arbeitsspeicher (indirekter Modus).

Direkt-Modus Print 12 * 6	Die Operation wird sofort ausgeführt; das Ergebnis erscheint sofort auf dem Bildschirm.
Indirekter Modus 10 Print 12 * 6	Die Anweisung wird im Arbeitsspeicher abgelegt; das Ergebnis wird nach Programmstart angezeigt.

Programmablaufplan (PA). Programme sind selten einfach und leicht überschaubar wie z. B. das Rechteckprogramm, in dem die Reihenfolge der einzelnen Programmschritte linear verläuft. Häufig sind Entscheidungen zu treffen und Bedingungen zu erfüllen, die zu Programmverzweigungen oder Sprüngen führen. Da grafische Darstellungen wesentlich übersichtlicher sind und sich in der Praxis weitestgehend durchgesetzt haben, wurden in DIN 66261 und DIN 66001 die Symbole für derartige Programmablaufpläne genormt (**15.22**). Durch Einfügen von Texten in die Symbole werden die einzelnen Verarbeitungsvorschriften übersichtlich, eindeutig und logisch miteinander verknüpft.

Tabelle 15.22 Sinnbilder für Programmablaufpläne

⬭	**Grenzstelle** z. B. Beginn oder Ende	◇	**Verzweigung** im Programmablauf
▭	**Operationen** im Programmablauf	⊥	**Aufspaltung** von Ablauflinien
▱	**Eingabe/Ausgabe** manuell oder maschinell	⊤	**Zusammenführung** von Ablauflinien
⌒	**Bedingungen** ja/nein bzw. wahr/falsch	○ ○	**Übergangsstelle**

Struktogramme (STG) erlauben die noch eindeutigere grafische Darstellung eines Programms. Gerade in BASIC werden durch das dialogorientierte Arbeiten (Interpreter) und durch

Tabelle 15.23 Programmablaufpläne und Struktogramme

Programmablaufplan	Struktogramm	Erläuterung
Folgestruktur [Verarbeitung]	[Verarbeitung]	Anweisungen werden linear abgearbeitet (Rechenoperationen, Wertzuweisungen, Ein- und Ausgabeanweisungen).
einseitige Verzweigungsstruktur Bedingung ja/nein → Verarbeitung	Bedingung ja | nein Verarbeitung	Die Verarbeitung wird nur abgearbeitet, wenn die Bedingung ja erfüllt ist.
zweiseitige Verzweigungsstruktur Bedingung ja/nein → Verarbeitung 1 / Verarbeitung 2	Bedingung ja | nein Verarbeitung 1 | Verarbeitung 2	Entsprechend der Bedingung wird Verarbeitung 1 oder 2 ausgeführt.
Wiederholungsstruktur mit Anfangsbedingung Bedingung Verarbeitung	Bedingung Verarbeitung	Steht die Bedingung am Anfang, wird die Verarbeitung so lange durchlaufen, wie die Bedingung erfüllt ist.
Wiederholungsstruktur mit Endbedingung Verarbeitung Bedingung	Verarbeitung Bedingung	Steht die Bedingung am Ende, wird die Verarbeitung so lange durchlaufen, bis die Bedingung erfüllt ist, mindestens aber einmal.
Wiederholungsstruktur ohne Bedingung Verarbeitung	Verarbeitung	Wird keine Bedingung gestellt, besteht die Gefahr, daß die Programmschleife unendlich wiederholt wird.

die Verwendung von Sprüngen (GOTO) Programmstrukturen sehr schnell unübersichtlich (Spaghetti-Programme). Struktogramme zwingen dagegen, eine bestimmte Struktur einzuhalten – ein Zwang, der bei Programmablaufplänen nicht immer besteht.

Struktogramme beruhen auf der Erkenntnis, daß es nur drei Grundstrukturen bei der Programmentwicklung gibt:

- **die Folgestruktur** (lineares Programm), bei der die Verarbeitungsschritte nur eine Möglichkeit bieten,
- **die Verzweigungsstruktur** (verzweigtes Programm), bei der die Verarbeitung mehrere Möglichkeiten zur Verfügung stellt,
- **die Wiederholungsstruktur** (Programmschleifen), bei der Programmteile so lange wiederholt werden, bis eine Bedingung erfüllt ist (**15.23**).

> Programmgrundstrukturen sind die Folge-, die Verzweigungs- und die Wiederholungsstruktur.

Programmerstellung. Vor der Arbeit mit BASIC muß zunächst der BASIC-Interpreter von Diskette oder Festplatte in den Arbeitsspeicher geladen werden (z. B. ⟨QBASIC⟩). Mit Kenntnis der Programmiersprache (**15.24**) werden die Programme geplant und eingegeben. Dies erfordert eine Reihe von Arbeitsschritten: Aufgabenstellung → Problemanalyse → Programmablaufplan → Struktogramm → Codierung → Programmtest → Dokumentation.

Tabelle 15.24 **Befehle, Anweisungen, Funktionen, Operationen in BASIC** (Auswahl)

Bildschirm und Arbeitsspeicher	
CLS	löscht den Bildschirm, Programm verbleibt im Arbeitsspeicher
NEW	löscht das Programm im Arbeitsspeicher
RUN	führt das im Arbeitsspeicher befindliche Programm aus
SYSTEM	beendet BASIC; Rückkehr zur Befehlsebene; Löschen des Arbeitsspeichers
externe Datenträger (Diskette/Festplatte)	
FILES	listet die Programme des externen Datenträgers auf
FILES „*.BAS"	listet alle BASIC-Programme des externen Datenträgers auf
KILL „NAME.BAS"	löscht das angegebene Programm auf dem externen Datenträger
LOAD „NAME"	lädt das Programm von einem externen Datenträger in den Arbeitsspeicher
SAVE „NAME"	sichert das Programm auf einem externen Datenträger
Programmbearbeitung	
AUTO	automatisches Erzeugen von Zeilennummern
DELETE 30	löscht die Programmzeile 30
EDIT 30	zeigt Programmzeile 30 zum editieren/ändern auf dem Bildschirm an
END	Festlegen eines logischen Programmendes
FOR	Start für die wiederholte Ausführung von Anweisungen innerhalb einer Schleife
FOR..to.	Grenzen für Anfangs- und Endwert einer Schleife
GOSUB	Sprung zu einer Anweisung, bei der ein Unterprogramm beginnt
GOTO	unbedingter Sprung zu einer Programmzeile
IF..THEN..ELSE	bedingte Verzweigung im Programm
INPUT	Eingabe über Tastatur; Eingabe wird einer Variablen zugewiesen
LET.. =	Wertzuweisung eines Ausdrucks an eine Variable
LIST	gibt das Programm auf dem Bildschirm aus
LIST 40	gibt die Programmzeile 40 auf dem Bildschirm aus
NAME	gibt einer Programmdatei einen neuen Namen

Fortsetzung s. nächste Seite

Tabelle **15**.24, Fortsetzung

NEXT	Endanweisung einer oder mehrerer FOR..NEXT-Schleifen
REM	einfügen von Erläuterungen in ein Programm
RENUM	numeriert das Programm neu in Zehnerschritten
STEP	gibt den Schrittwert innerhalb einer Schleife an
WAIT	setzt die Programmausführung aus

Drucker	
LLIST	gibt das gesamte Programm auf dem Drucker aus
LPRINT	gibt das gesamte Programm auf dem Drucker aus

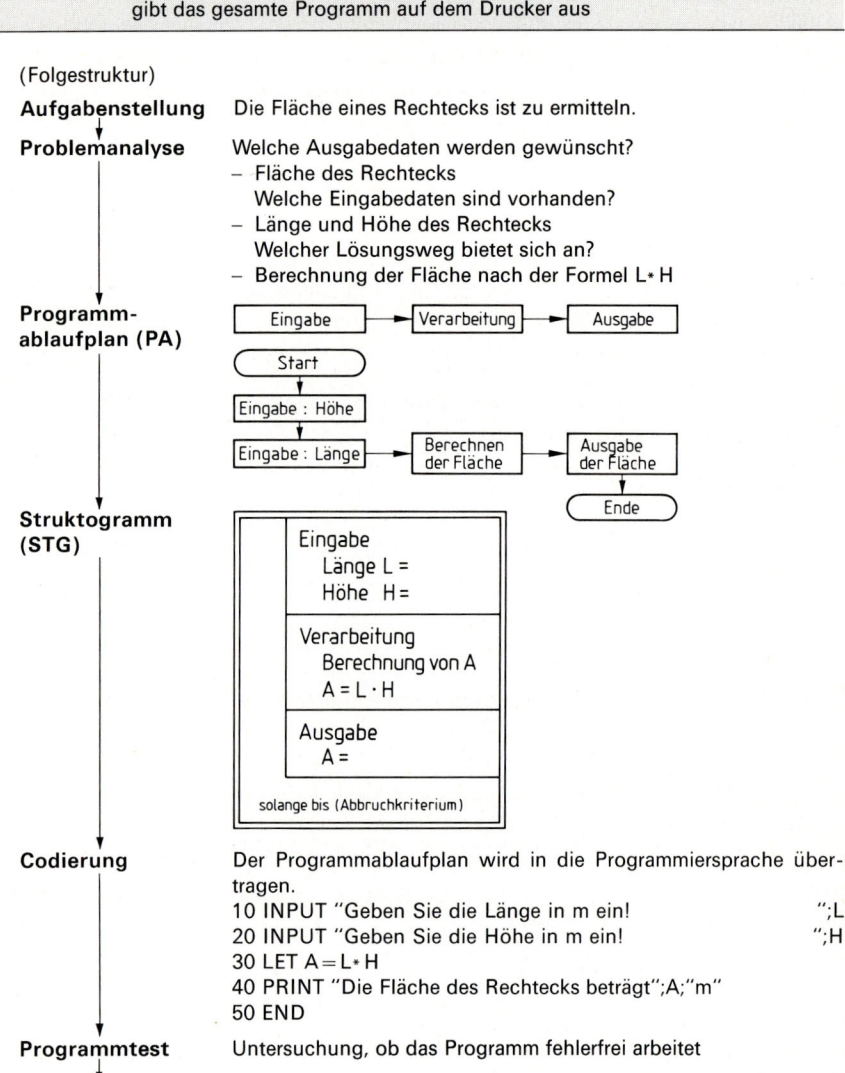

Beispiel (Folgestruktur)

Aufgabenstellung Die Fläche eines Rechtecks ist zu ermitteln.

Problemanalyse Welche Ausgabedaten werden gewünscht?
– Fläche des Rechtecks
  Welche Eingabedaten sind vorhanden?
– Länge und Höhe des Rechtecks
  Welcher Lösungsweg bietet sich an?
– Berechnung der Fläche nach der Formel L∗H

Programmablaufplan (PA)

Struktogramm (STG)

Codierung Der Programmablaufplan wird in die Programmiersprache übertragen.
```
10 INPUT "Geben Sie die Länge in m ein!           ";L
20 INPUT "Geben Sie die Höhe in m ein!            ";H
30 LET A=L∗H
40 PRINT "Die Fläche des Rechtecks beträgt";A;"m"
50 END
```

Programmtest Untersuchung, ob das Programm fehlerfrei arbeitet

Dokumentation Viele Programme müssen später geändert werden, da oft erst bei der praktischen Nutzung Fehler auftreten. Um diese Fehler schnell zu erkennen, ist eine Dokumentation ebenso erforderlich wie für den Fall, daß ungesicherte Programmdaten gelöscht bzw. beschädigt wurden.

15.7 Standardsoftware

Von Jahr zu Jahr steigt die Leistungsfähigkeit der Hardware bei sinkenden Preisen. In der Vergangenheit waren die Softwarepreise unverhältnismäßig hoch, da nur hochspezialisierte Fachkräfte in teilweise mehrjähriger Arbeit Programme für die verschiedensten Problemlösungen entwickeln konnten. Hier setzt die Standardsoftware an, denn im gesamten Geschäftsleben gibt es eine Vielzahl von Tätigkeiten, die alle nach dem gleichen Schema ablaufen:

– Texte sind zu erstellen (Textverarbeitung).
– Adressen, Preise usw. sind zu verwalten (Datenverwaltung).
– Rechenoperationen für Kalkulation, Statistik usw. sind durchzuführen (Tabellenkalkulation).

Diese Programme gehören heute zur Grundausstattung der meisten Büros und Betriebe und sind Standardsoftware.

> Zur Standardsoftware zählen Programme zur Textverarbeitung, Datenverwaltung und Tabellenkalkulation.

Textverarbeitungsprogramme. Ursprünglich hatte der Computer nur Daten zu verarbeiten und zu verwalten. Da zum Programmieren eine Tastatur nötig ist, setzte man sie schon frühzeitig auch zum Eingeben von Texten ein. Vorteile der Textverarbeitung:

– Die eingegebenen Zeichen erscheinen nur auf dem Bildschirm und lassen sich ohne Korrekturflüssigkeiten, Schere und Klebstoff korrigieren.
– Die Gestaltung einer Seite kann nachträglich verbessert werden.
– Immer wiederkehrende Texte werden abgespeichert, bei Bedarf wieder aufgerufen und weiterverarbeitet.
– Die Arbeit ist ohne Papier durchzuführen.
– Der Text läßt sich beliebig oft bearbeiten und ausdrucken.
– Wörter und Zeichenfolgen können ohne Durchlesen ausgetauscht werden.
– Adreßdateien lassen sich mit einem Text zu Serienbriefen verknüpfen.
– Die Seiten werden automatisch numeriert (paginiert).
– Der Seitenumbruch geschieht automatisch.
– Die Silbentrennung kann automatisch durchgeführt werden.
– Wörter lassen sich mit systeminternem Wörterbuch korrigieren.

In der Bautechnik hat die Textverarbeitung inzwischen einen festen Stellenwert. Nicht nur die tägliche Korrespondenz zwischen Planungsbüro, ausführendem Betrieb, Baustofflieferanten, Bauherren und Behörden, sondern vor allem die Ausschreibung wird dadurch erleichtert.

Datenverwaltungsprogramme. Manuell werden gleichartige Daten konventionell in Listen gesammelt (Telefonbuch, Adreßbuch, Ausschreibungstexte, Baustoffe). Wenn sie zu umfangreich werden, benutzt man Karteikästen (Kunden-, Personal-, Lagerkartei). Eine gute Strukturierung erleichtert die Datenauswahl. Sortiert sind die Karteikarten meist alphabetisch nach ihrem Verwendungszweck. Weicht das Suchkriterium von der Sortierung ab, ist die Kartei weitestgehend nutzlos. Rechnerunterstützte Datenverwaltungsprogramme sind wesentlich flexibler. Daten werden nach beliebigen Kriterien eingegeben, gesucht, geändert und ausgegeben. Die Datensätze (Karteikarten) sind in einer Datei gesammelt. Mehrere Dateien werden zu Datenbanken verknüpft (**15.**25).

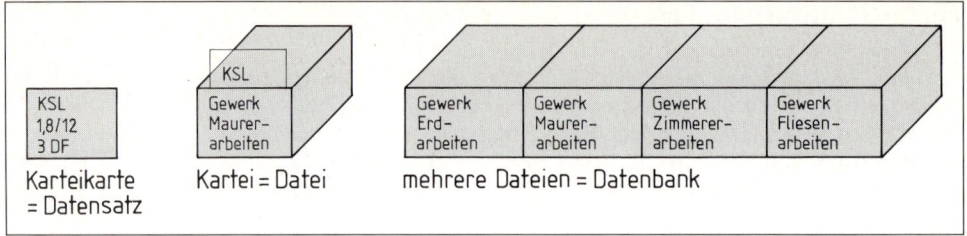

15.25 Von der Karteikarte zur Datenbank

Fast alle EDV-Anwendungen im Bauwesen, von der CAD-Technik über Mengenermittlung und Ausschreibung bis hin zur Abrechnung, beruhen auf Datenbankprogrammen.

Tabellenkalkulation. In vielen Büros werden schematisch immer wieder die gleichen Rechenarbeiten durchgeführt. An dieser Stelle setzt die Tabellenkalkulation an.

Lädt man ein entsprechendes Programm, erscheint ein Arbeitsblatt mit Feldern, Zeilen und Spalten, die mit Wertangaben gefüllt werden. Alle Eingaben können mathematisch (z. B. durch Addition, Multiplikation) oder logisch (z. B. durch UND, ODER, NICHT) verknüpft werden. Einen sinnvollen Einsatz finden sie bei Zins- und Gehaltsberechnungen sowie allen Kalkulationen. AVA-Programme (Ausschreibung-Vergabe-Abrechnung) bestehen daher meist aus einer Kombination von Programmen der Textverarbeitung. Datenverwaltung und Tabellenkalkulation.

Die integrierte Standardsoftware bietet neue Möglichkeiten. In einem Programmpaket kann sie Texte erstellen, Daten verwalten und Rechenoperationen durchführen. Doch reicht ihre Leistungsfähigkeit noch nicht an die spezialisierte Standardsoftware heran.

15.8 CAD-Technik

Die Abkürzung CAD wurde bereits Ende der 50er Jahre in den USA für **C**omputer **A**ided **D**esign geprägt. Dieser Begriff bezeichnet die Fähigkeit, mit Hilfe des Computers zu entwerfen bzw. zu konstruieren. Das CAD-Programm ist also ein modernes Werkzeug des Zeichners/Konstrukteurs. Das Eingabegerät (z. B. Tastatur) übernimmt dabei die Aufgabe des Zeichenstiftes und das Ausgabegerät (z. B. Bildschirm) die des Reißbretts.

15.8.1 Dimensionalität

Berechnung, Konstruktionsmethoden und Darstellungsformen unterscheiden sich in den einzelnen Ingenieurdisziplinen. Sollen CAD-Programme wirtschaftlich und qualitätssteigernd eingesetzt werden, müssen sie für den Anwendungszweck entwickelt sein. CAD in der Bautechnik ist deshalb nicht vergleichbar mit CAD im Maschinenbau oder in der Elektrotechnik.

Die Dimensionalität (2D, 2½D, 3D) ist ein entscheidendes Qualitätsmerkmal für Bau-CAD-Programme. Die Unterschiede liegen in der Einbeziehung der dritten Raumkoordinate, der Z-Achse. Das wirkt sich aus

– auf die automatische Erzeugung von Ansichten, Schnitten, Isometrien und Perspektiven,
– auf die automatische Weiterverarbeitung der Geometriedaten wie z. B. Mengenermittlung und Kalkulation.

2D-Modelle beschränken sich auf die X- und Y-Achse. Im einfachsten Fall entspricht jeder Punkt auf dem Bildschirm einem Wertepaar x, y. Hinter jedem Punkt und Grafikbild stehen immer diese Wertepaare, die Koordinaten. Das Programm berechnet anhand mathematischer Gleichungen etwaige Zwischenwerte, und die Abbildung erscheint auf dem Bildschirm. Der Dialog wird bildlich gemacht, die Zahlen bleiben im Hintergrund (**15.26**).

Die Beschränkung des 2D-Modells auf die Darstellung von 2 Raumkoordinaten schließt die automatische Erzeugung von Ansichten, Schnitten, Isometrien und Perspektiven aus. Mengen können aus den Geometriedaten allein nicht berechnet werden.

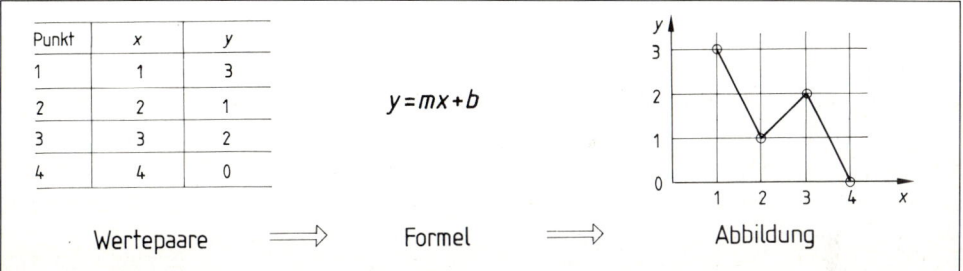

15.26 2D-Geometrie

2½D-Modelle bildeten lange Zeit einen Kompromiß zwischen den preisgünstigen 2D- und den teuren 3D-Modellen. Sie beziehen die Z-Achse bei symmetrischen Körpern bedingt ein (**15.27**). Isometrien lassen sich erzeugen, doch ist die Darstellung von Körpern mit unterschiedlicher Grund- und Deckfläche nicht möglich. Mengen können aus den Geometriedaten allein nicht ermittelt werden.

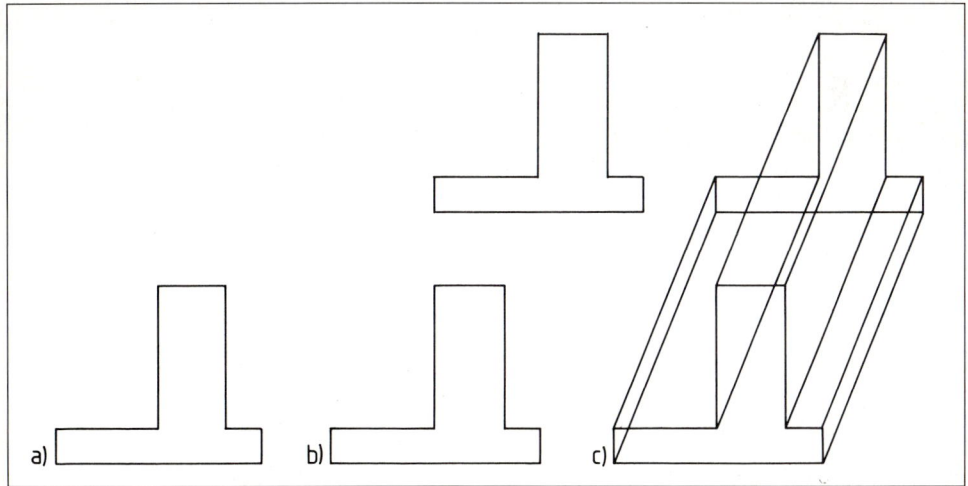

15.27 Erzeugen eines „dreidimensionalen Körpers mit 2½ D
  a) Erzeugen einer zweidimensionalen Grundfläche
  b) die Tiefe wird eingegeben; das Programm dupliziert die Grundfläche, indem es alle Punkte der Fläche um die Tiefe verschiebt
  c) das Programm erzeugt die Verbindungslinie zwischen gleichartigen Punkten

3D-Modelle. Alle Bauwerke sind dreidimensional. Bau-CAD-Programme müssen deshalb 3D-fähig sein. Zeichnungen sind zwar zweidimensional, Beschriftungen, Bemaßungen, Schraffuren und eventuelle Ergänzungen werden im 2D-Bereich erzeugt, doch jeder Grundriß, jede Ansicht und jeder Schnitt müßte wie beim traditionellen Zeichnen für sich erzeugt werden. Eine volumenmäßige Weiterverarbeitung der Geometriedaten zur Mengenermittlung, Kalkulation und Ausschreibung wäre nicht möglich. Wir unterscheiden Draht-, Flächen- und Volumenmodelle.

Drahtmodelle (Kantenmodell, wire-frame) definieren einen räumlichen Körper durch seine Kanten und Knotenpunkte (**15.**28).

Die Nachteile des Drahtmodells sind vielfältig:
- Parallelprojektionen sind mißverständlich (**15.**29).
- Beim Schnitt werden nur Punkte erzeugt (**15.**30).
- Verdeckten Kanten (Hidden-Line) lassen sich nicht entfernen. Ansichten, Isometrien und Perspektiven bilden bei größeren Objekten einen unentwirrbaren Strichhaufen (**15.**31).
- Flächen und Volumen können aus den Geometriedaten allein nicht berechnet werden.

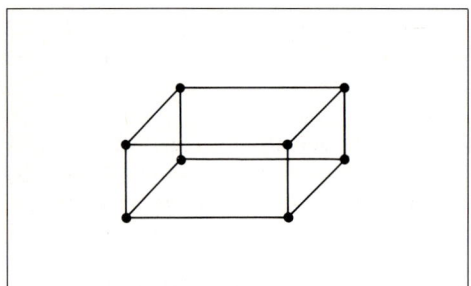

15.28   Drahtmodell

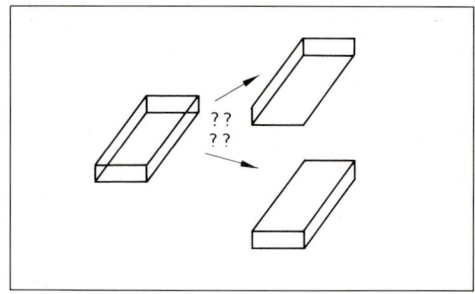

15.29   Mehrdeutigkeit des Drahtmodells

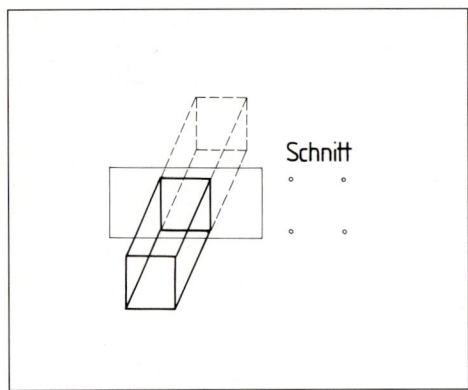

15.30   Schnitterzeugung

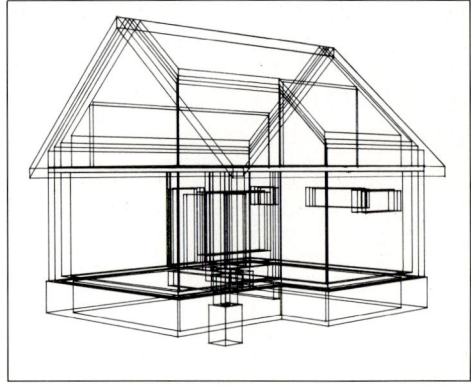

15.31   Isometrische Darstellung eines Drahtmodells (Strichhaufen)

Flächenmodelle benutzen statt der Linien des Drahtmodells Flächen als Bauelemente. Sie werden zwischen den Körperkanten (Drähten) definiert und aus den Kanten und Knotenpunkten erzeugt (**15.**32).

Vorteile:

- Parallelprojektionen sind eindeutig.
- Ansichten und Perspektiven lassen sich automatisch erzeugen.
- Verdeckte Kanten können entfernt werden (**15.**33).
- Schnitte werden automatisch erzeugt, da die Schnittlinien der Flächen berechnet werden können (**15.**34).
- Mengen können automatisch flächenmäßig berechnet, Öffnungen innerhalb von Flächen objektbezogen subtrahiert werden.

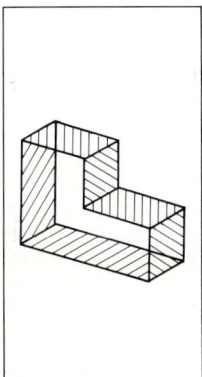 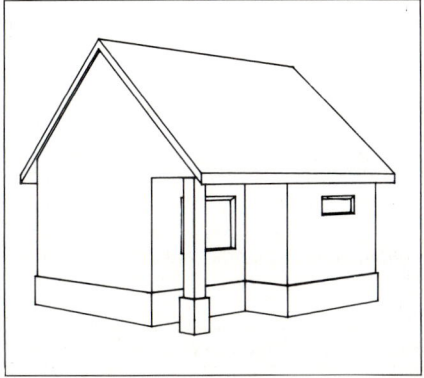 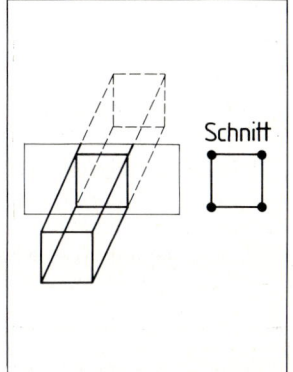

15.32   Flächenmodell   15.33   Aus dem Drahtmodell **15.**30 werden die verdeckten Linien entfernt   15.34   Schnitterzeugung des Flächenmodells

Nachteile:

- Das Programm weiß nicht, was sich innerhalb der Schnittfläche befindet; eine automatische Schraffur ist nicht möglich.
- Volumenberechnungen sind allein aus den Geometriedaten nicht möglich.

Volumenmodelle bilden Körper durch eine Verknüpfung oder Durchdringung von Grundelementen nach. Jedes Grundelement ist wiederum durch eine Vielzahl kleinster Elemente (Atome) aufgebaut. Dadurch ist nicht nur die Oberfläche, sondern auch jeder Raumpunkt innerhalb des Objektes bekannt (**15.**35).

Vorteile:

- Schnitte lassen sich automatisch erzeugen (**15.**36); der Schnitt kann automatisch schraffiert werden.
- Sämtliche axonometrischen Projektionen sind möglich. Der Anwender kann durch das räumliche Bauwerk „spazieren".

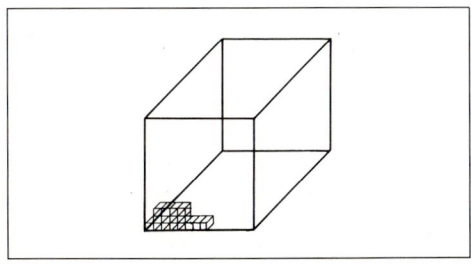 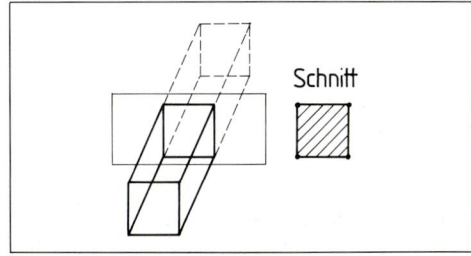

15.35   Volumenmodell   15.36   Schnitterzeugung beim Volumenmodell

- Mengen lassen sich allein aus den Geometriedaten flächen- und volumenmäßig automatisch ermitteln.
- Schwerpunkte, Trägheitsmomente usw. werden automatisch berechnet.
- Die Geometriedaten kann man zur Steuerung numerischer Werkzeugmaschinen (CAD/CAM = **C**omputer **A**ided **M**anufacturing) nutzen.
- Explosionszeichnungen, Simulationsberechnungen und Kollisionsprüfungen sind möglich.

> 3D-Modelle werden in Draht-, Flächen- und Volumenmodell unterschieden.

15.8.2 Eingabevoraussetzungen und Hilfen

Alle Eingaben beziehen sich auf ein Koordinatensystemn. Durch die Definition der Abstände zu den Achsen können alle Konstruktionspunkte bestimmt werden. Durch Positionieren des Fadenkreuzes (Cursor) teilt man dem Programm den Punkt in der Ebene (2D) bzw. im Raum (3D) mit. Dann muß es wissen, was es auszuführen hat:

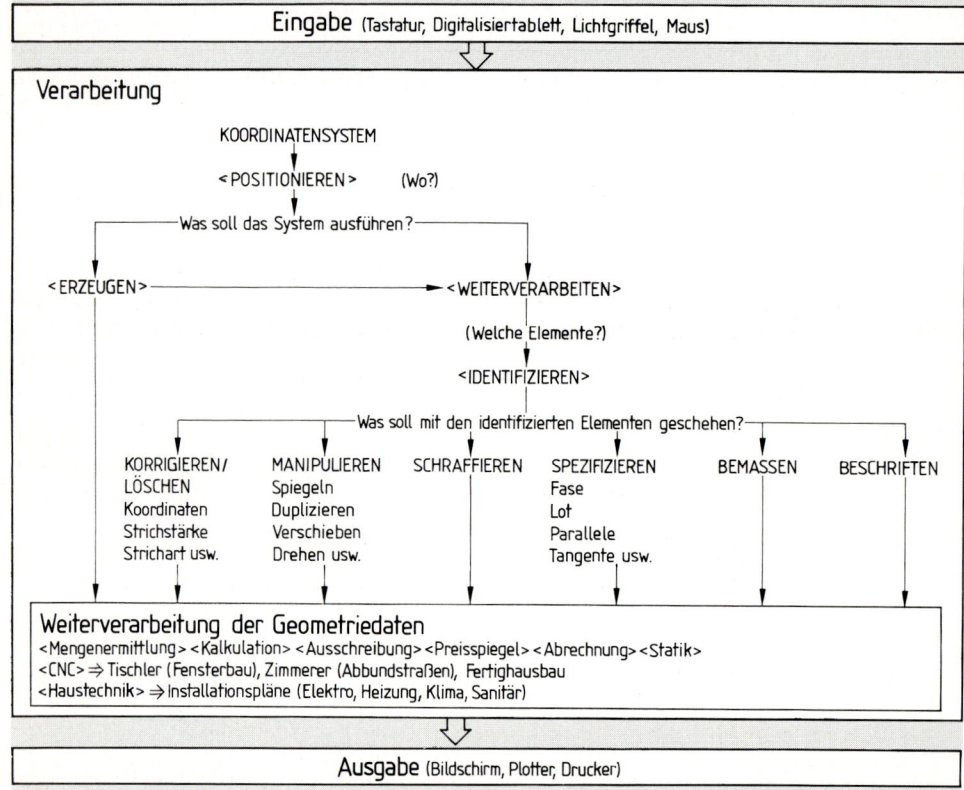

15.37 Überblick über das rechnerunterstützte Konstruieren

- neue grafische Elemente ⟨erzeugen/generieren⟩ oder
- bestehende Elemente ⟨weiterverarbeiten⟩. Dazu werden die grafischen Elemente definiert, damit das Programm sie erkennen ⟨identifizieren⟩ kann. Es folgt die Information, welche Operationen mit den identifizierten Elementen durchzuführen sind: ⟨löschen/korrigieren⟩, ⟨manipulieren⟩, ⟨schraffieren⟩, ⟨spezifizieren⟩, ⟨bemaßen⟩, ⟨beschriften⟩.

Sind die grafischen Elemente fertiggestellt, werden die Geometriedaten weiterverarbeitet (**15**.37).

Koordinatensysteme. Die Koordinatensysteme dienen beim Konstruieren mit dem Rechner zum Festlegen von Punkten in der Ebene und im Raum.

- **Beim kartesischen Koordinatensystem** werden durch einen frei gewählten Anfangspunkt drei aufeinander senkrecht stehende Geraden (Achsen) gelegt – die x-, y- und z-Achse. Liegt auf den Achsen eine Maßeinteilung (Scalierung), ist jeder Punkt im Raum durch 3 Zahlen eindeutig anzugeben. Bei 2 Achsen (x-, y-Achse) spricht man von 2D, bei 3 Achsen von 3D (**15**.38).

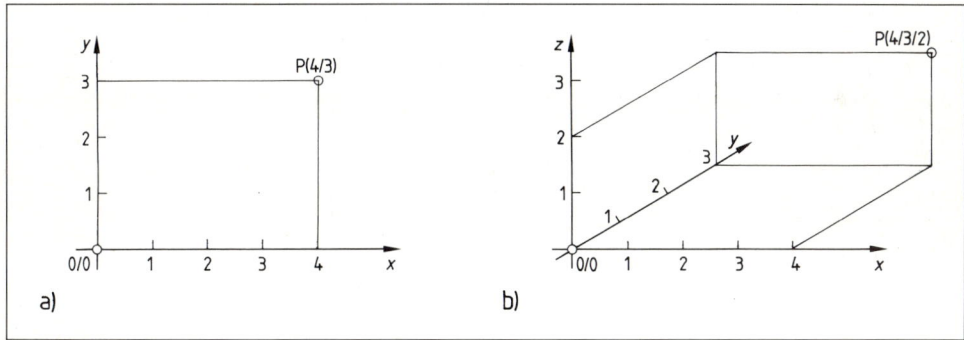

15.38 Kartesisches Koordinatensystem
a) zweidimensional: Punkt in der Ebene, b) dreidimensional: Punkt im Raum

Beim polaren Koordinatensystem bestimmt man einen Punkt in der Ebene (2D) durch den Abstand R des Punktes zum Nullpunkt und den Winkel, den die Strecke zur positiven x-Achse einschließt. Ein Punkt im Raum (3D) benötigt zusätzlich noch den Abstand des Punktes P zur XY-Ebene (**15**.39).

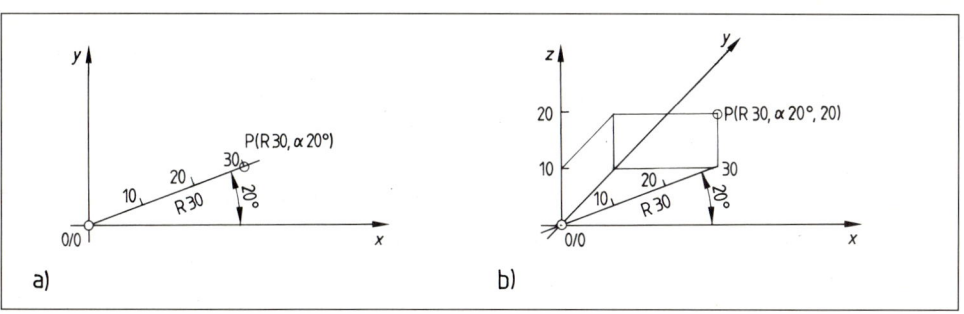

15.39 Polares Koordinatensystem
a) zweidimensional: Punkt in der Ebene, b) dreidimensional: Punkt im Raum

Koordinaten. Die Position auf dem Bildschirm wird mit Hilfe von Zahlenpaaren (2D) X-Wert/Y-Wert bzw. Zahlentripeln (3D) festgelegt. Um Punkte frei auf dem Bildschirm zu positionieren, benutzt man

- **absolute Koordinaten,** die sich auf den Nullpunkt des Koordinatensystems beziehen;
- **relative Koordinaten,** die sich auf den zuletzt eingegebenen Koordinatenpunkt beziehen (inkrementale Koordinaten).

Beim Positionieren (auch Lokalisieren) teilt man dem Programm die Position (Koordinaten) eines Punktes im Koordinatensystem mit.

Beim freien Positionieren wird das Fadenkreuz (der Cursor) mit den Pfeiltasten der Tastatur, mit Stift bzw. Lupe des Digitalisiertabletts oder mit der Maus gesteuert.

Beim Positionieren im Raster wird der Bildschirm von einem Netz von Punkten überzogen, deren Abstand der Anwender sowohl in X- als auch Y-Richtung frei wählt. Das Fadenkreuz springt immer auf den nächstliegenden Rasterpunkt.

Beim Positionieren über Zielkoordinaten wird das Fadenkreuz durch die Eingabe relativer oder absoluter Koordinaten gesteuert (**15.40**). Befehl X-Wert/Y-Wert (z. B. *100/200 oder ●100, 200)

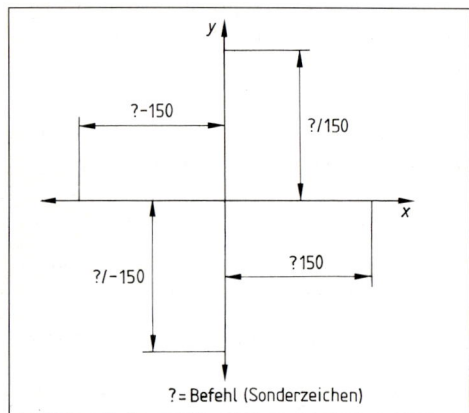

15.40 Positionieren über Zielkoordinaten   **15.41** Positionieren über den Objektfang

Beim Positionieren auf grafischen Elementen rastet das Fadenkreuz auf den in der Datenbank gespeicherten Punkten der grafischen Elemente. Wir unterscheiden zwei Möglichkeiten:

- **Mit dem Objektfang** wird innerhalb eines definierten Fangradius der nächstliegende Koordinatenpunkt angesprungen (**15.41**).
- **Über eine Elementnummer** (Zählnummer) wird der Anfangs-, End- oder Mittelpunkt eines Zeichnungselements direkt angesprungen.

> Beim Positionieren unterscheidet man das freie Positionieren, das Positionieren im Raster, über die Zielkoordinaten und auf bestehenden grafischen Elementen.

Beim Identifizieren (auch Aktivieren, Selektieren, Auswählen) wählt man Zeichnungselemente am Bildschirm aus, die weiterbearbeitet werden sollen. Meist erscheint das identifizierte Element dann in einer aktivierten Darstellung auf dem Schirm. Identifizierungsarten:

Direktes Anspringen mit dem Objektfang meist über den Elementmittelpunkt.

Ein Fenster/Rechteck wird über die Elemente gelegt. Drei Spezifikationen werden angeboten. Identifiziert werden alle Elemente,

- die vollständig innerhalb des Fensters liegen (**15.42**),
- die das Fenster kreuzen,
- die vollständig außerhalb des Fensters liegen.

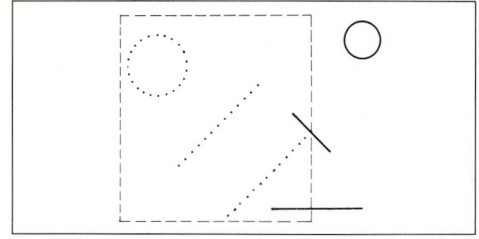

15.42 Identifikation durch Fenster, Elemente innerhalb **15.43** Identifikation durch Elementfilter

Filter schränken die Identifikation auf einzelne Zeichnungselemente ein. Wir unterscheiden:

- **Elementfilter.** Nur bestimmte grafische Elemente (z. B. nur Linien, Kreise, Quader/Wände, **15.**43),
- **Ebenenfilter.** Nur Zeichnungselemente auf einer definierten Ebene (= Zeichnungsblatt, s. u.),
- **Farbfilter.** Nur Elemente mit einer definierten Farbe,
- **Massenfilter.** Nur Elemente eines bestimmten Materials (z. B. KSL 1,4/12).

> Identifiziert wird über direktes Anspringen mit dem Objektfang, über eine Fensterfunktion, den Element-, Ebenen-, Farb- oder Massenfilter.

Programmparameter. Bei jedem CAD-Programm sind vor und während des Konstruierens Einstellungen (Parameter) vorzunehmen. Parameter sind veränderliche Hilfsgrößen.

Darstellungsparameter steuern die Darstellung der Elemente auf dem Bildschirm. Wir unterscheiden:

- **Die Bildschirmskalierung** (Darstellungsmaßstab, Limiten) legt die Konstruktionsgröße auf dem Bildschirm fest.
- **Die Darstellungsgenauigkeit** weist das Programm an, wieviel Zwischenpunkte (Koordinaten) je Element zu speichern sind.
- **Die Dezimalstellenanzeige** (Signifikanz) legt fest, wieviel Stellen nach dem Komma anzuzeigen sind.
- **Die Fensterdefinition** bestimmt, wieviel Darstellungen eines Objekts gleichzeitig auf dem Schirm dargestellt werden (**15.44**).

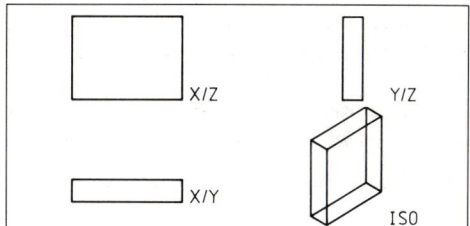

15.44 Fensterdefinition mit 4 Bildschirmfenster

Handhabungsbezogene Parameter betreffen die Arbeitsweise des Anwenders.

- **Die Maßeinheit** (m, cm, mm), in der konstruiert werden soll, ist festzulegen; in der Bautechnik meist cm.
- **Das Raster** ist ein- oder auszuschalten; die Abstände der Rasterpunkte in X- und Y-Richtung sind einzugeben.
- **Hilfsanzeigen** (z. B. relative und absolute Differenzwerte, Elementnummern, Menüerläuterungen) sind zu aktivieren.

Elementbezogene Parameter beziehen sich auf das darzustellende Element. Hierzu zählen

- **die Linienart** (z. B. Vollinie, Strichlinie),
- **die Linienbreiten,** bezogen auf einen Stift des Plotterkarussells,
- **die Farben,** je nach Programm eine Ebene oder eine Strichstärke.

Der Anwender kann sich über Darstellungs-, Handhabungs- und elementbezogene Parameter die Arbeit wesentlich erleichtern. Teilweise bilden sie die Voraussetzung zur Konstruktion.

Die Zoomfunktion verändert den Bildschirmausschnitt. Grafische Elemente werden vergrößert oder verkleinert.

Beispiele ⟨ZOOM-Fenster⟩. Der zu vergrößernde Bildausschnitt wird mit einem Fenster identifiziert und vergrößert (**15.45**)

⟨ZOOM-Grenzen⟩ vergrößert das identifizierte Objekt bildschirmfüllend (**15.46**).

⟨ZOOM-Mitte⟩ verschiebt das identifizierte Element in die Bildschirmmitte und vergrößert es bildschirmfüllend (**15.47**).

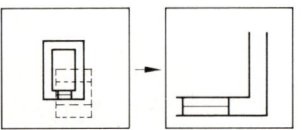 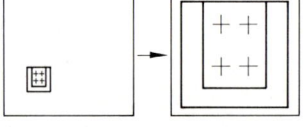 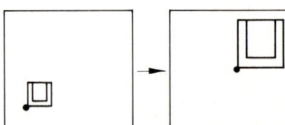

15.45   ZOOM-Fenster   **15.**46   ZOOM-Grenzen   **15.**47   ZOOM-Mitte

Beim ⟨ZOOMEN⟩ werden Ausschnitte der Gesamtzeichnung in einer beliebigen Vergrößerung bzw. Verkleinerung auf dem Bildschirm dargestellt.

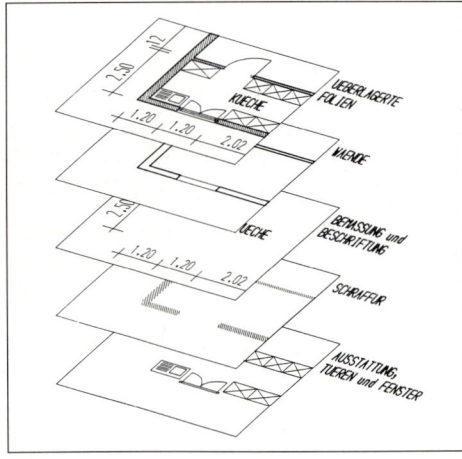

15.48   Aufteilung des EG in Ebenen: Wand, Öffnung, Bemaßung

Die Ebenen (Folien, layer) strukturieren Zeichnungen. Man kann sie mit einzelnen Zeichenblättern vergleichen. Unterschiedliche Zeichnungselemente erzeugt man auf separaten Blättern (Ebenen). Je nach Bedarf werden die unterschiedlichsten Bildschirm- und Plotdarstellungen erzeugt (**15.48**).

Ebenenplan. Die Anzahl der Ebenen, die bei CAD-Programmen zur Verfügung stehen, reicht von 3 bis unendlich. Die Benennung erfolgt durch Numerierung oder Namenszuweisung. Um nicht den Überblick über die belegten Ebenen zu verlieren und mitarbeitenden Kollegen das Auffinden der abgelegten Zeichnungsteile zu erleichtern, trifft man eine Übereinkunft – einen Ebenenplan.

Ebenen sind Zeichenblätter mit einzelnen Elementen einer Gesamtzeichnung. Die Zuweisung der Elemente auf bestimmte Ebenen wird in einem Ebenenplan festgelegt.

15.8.3 Grafische Grundelemente 2D

Beim rechnerunterstützten Konstruieren unterscheidet sich die Art der grafischen Elemente (Operanden) nur unwesentlich vom traditionellen Zeichnen.

Der Punkt dient meist nur als Konstruktionshilfe. Zusammen mit den Identifizierungsfunktionen kann man ihn z. B. zum Fixieren von Bezugspunkten benutzen. Ein CAD-Programm definiert ihn durch seine Abstände zur X- und Y-Achse.

Die Linie (Strecke) ist das am häufigsten verwendete grafische Element. Programmintern werden nur der Anfangs- und der Endpunkt (A/E) gespeichert. Selbst wenn Anfangspunkt, Länge und Winkel eingegeben werden, ermittelt sich das Programm den Endpunkt und speichert ausschließlich die Koordinaten in der Datenbank. Folglich „sieht" das CAD-Programm Linien mit anderen Augen als der Mensch. Während wir eine Linie als einen Strich definieren, kennt das Programm nur die Koordinaten (**15**.49).

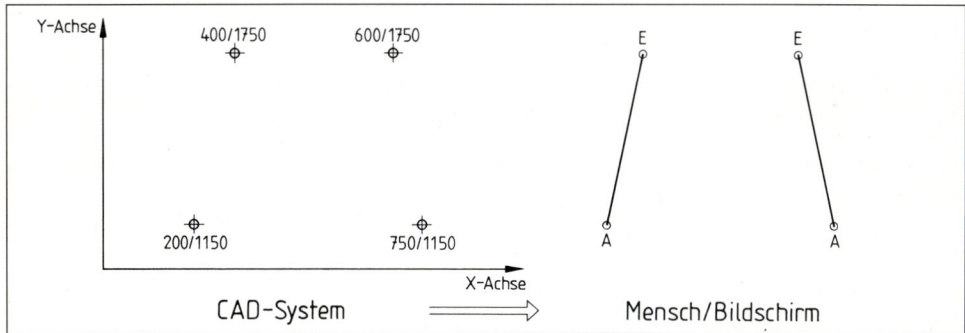

15.49   Unterschiedliche Darstellung und Definition der Linie. Nur für den Menschen werden die definierten Anfangs- und Endpunkte auf dem Bildschirm verbunden.

Bei jedem neuen Bildschirmaufbau berechnet sich das CAD-Programm die Zwischenpunkte (Pixel) aus den Koordinaten des Anfangs- und Endpunktes und erhellt sie für unser Auge.

Das Polygon (Linienzug) besteht aus einer zusammenhängenden Folge von Linien, bei denen der Endpunkt der vorangegangenen Linie den Anfangspunkt der folgenden bildet. Alle Linienelemente werden jedoch in der Datenbank als ein Element behandelt, für das nur eine Elementnummer vergeben wird (**15**.50).

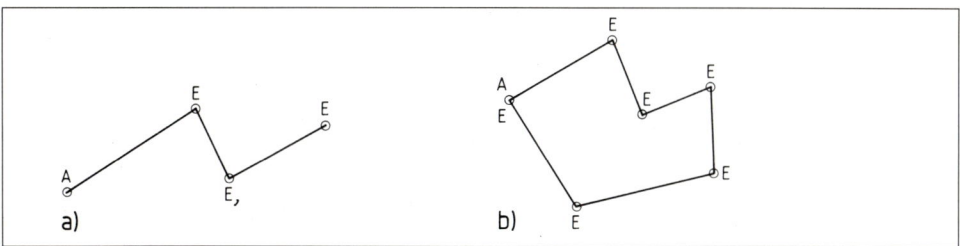

15.50   Polygon a) offen, b) geschlossen

Die Doppellinie (Band, Balken) wird im Baubereich zur Erzeugung von Wänden in der 2D-Darstellung gebraucht. Die Eingabe erfolgt wie bei einer Linie oder einem Polygon; vor dem Bestätigen des Anfangs- bzw. Endpunkts muß lediglich der Abstand der Parallellinie von der Bezugslinie (die Wanddicke) definiert werden (**15**.51).

Besteht die Möglichkeit, am Anfang- und Endpunkt unterschiedliche Breiten vorzugeben und unterschiedliche grafische 2D-Elemente aneinanderzureihen, spricht man von **Polylinien**.

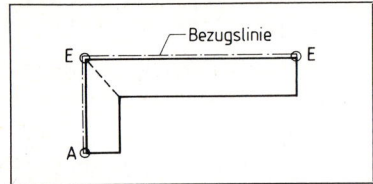

15.51 Doppellinie, Bezugslinie links

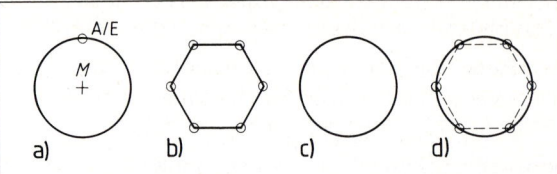

15.52 a) Normalkreis, b) Segmentkreis aus 6 Segmenten, c) Segmentkreis aus 100 Segmenten, d) Segment/Umkreis

Kreis. CAD-Programme definieren Linien- und Kreiselemente im Prinzip gleich.

Der Normalkreis ist für ein CAD-Programm eine gleichmäßig gekrümmte Linie, deren Anfangs- und Endpunkt auf der gleichen x/y-Koordinate liegen (**15.52** a).

Der Segmentkreis besteht aus einer Vielzahl von Linien (Segmenten). Bei einem Segmentkreis aus 6 Linien sprechen wir nach unserem Verständnis von einem Sechseck (**15.52** b). Je mehr Segmente benutzt werden, desto genauer wird die Kreisdarstellung (**15.52** c).

Der Segment-/Umkreis ist ein Segmentkreis, bei dem zusätzlich programmintern der Umkreis berechnet wird. Dadurch ist eine exakte Kreisdarstellung gewährleistet. Zusätzlich sind viele Punkte auf dem Kreisumfang koordinatenmäßig erfaßt (**15.52** d).

Winkeleingaben. CAD-Programme arbeiten stets mathematisch positiv, d. h. gegen den Uhrzeigersinn. Winkel 0 befindet sich dabei immer rechts von der aktuellen Cursorposition auf der positiven x-Achse. Nur wenn die Startrichtung nach rechts vorgegeben oder durch ein Minus geändert wird, arbeitet das Programm im Uhrzeigersinn (**15.53**).

> Die Winkelgrade verlaufen mathematisch positiv, d. h. gegen den Uhrzeigersinn.

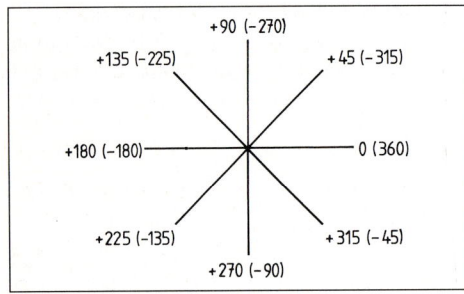

15.53 Winkeldefinition

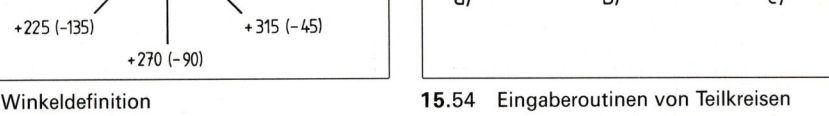

15.54 Eingaberoutinen von Teilkreisen

Teilkreis/Bogen. Ein CAD-Programm kennt nur Teilkreise. Selbst der Vollkreis ist ein Teilkreis – mit der Besonderheit, daß Anfangs- und Endpunkt zusammenfallen (Winkellänge 360°). Da CAD-Programme mathematisch positiv arbeiten, ist bei den Teilkreisen die Laufrichtung linksherum unbedingt zu beachten (**15.54**).

> Grafische Grundelemente sind Punkt, Linie, Kreis und Teilkreis. Sie können erweitert werden zu Polygon, Doppel- und Polylinie.

15.8.4 Korrektur grafischer Grundelemente

Gegenüber dem traditionellen Zeichnen liegt ein großer Vorteil der CAD-Technik in der problemlosen Korrektur der Zeichnungen. Wir unterscheiden grafische und numerische Korrekturen.

Grafische Korrekturen korrigieren nicht das Element auf dem Bildschirm, sondern die Koordinaten bzw. die Zuweisungen des Elements in der Datenbank.

Trimm-Funktionen verkürzen, verlängern oder trennen bzw. brechen das Element (**15.55**). Die Lage bleibt unverändert.

Tabelle 15.55 Koordinatenkorrekturen ⟨Trimmen⟩ von Linien

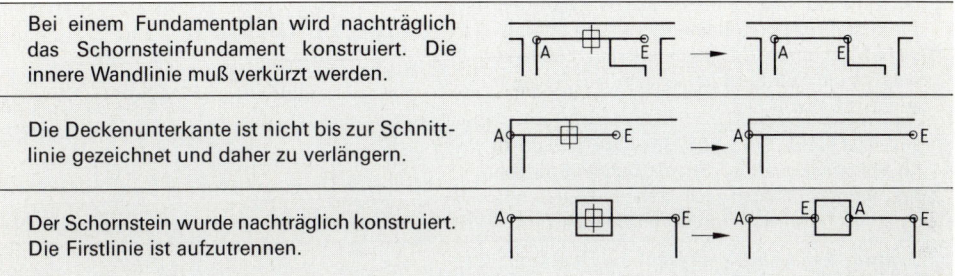

Schnittpunktfunktionen verlängern bzw. verkürzen grafische Elemente zu einem gemeinsamen Schnittpunkt oder löschen Teile eines Elements zwischen zwei Schnittpunkten. Möglich sind die Schnittpunktbildungen ⟨Linie-Linie⟩, ⟨Kreis-Kreis⟩ und ⟨Linie-Kreis⟩ (**15.56**).

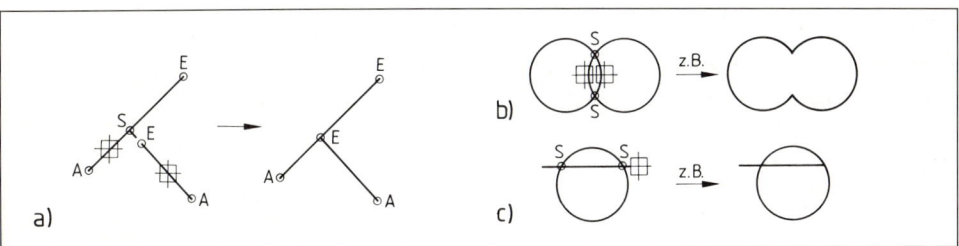

15.56 Schnittpunktfunktion
 a) ⟨Linie-Linie, b) ⟨Kreis-Kreis⟩, c) ⟨Linie-Kreis⟩

Korrekturen der Zuweisungen/Attribute. Auch Linienart, Linienstärke, Ebene usw. müssen jederzeit korrigierbar sein. Dazu werden die Elemente identifiziert und die neue Zuweisung eingegeben.

Die numerische Korrektur verlangt eine Identifizierung der Elemente z. B. über Elementnummern oder spezielle Suchbefehle. Nachdem die zu korrigierenden Bestandteile der Datenbank aufgelistet sind, werden sie überschrieben.

15.8.5 Manipulation, Schraffur, Spezifikation

Mit Manipulationen lassen sich nicht nur einzelne Koordinaten, sondern ganze Objekte teilweise oder insgesamt verändern. So werden Zeichenarbeit und Zeit eingespart, Fehleingaben minimiert (**15.57**).

Tabelle **15**.57 Manipulationen

Verschieben. Eine beliebige Anzahl von Elementen läßt sich nach dem Identifizieren durch die Angabe von Bezugspunkten (P) von ihrer bisherigen Position an eine andere Position verschieben.	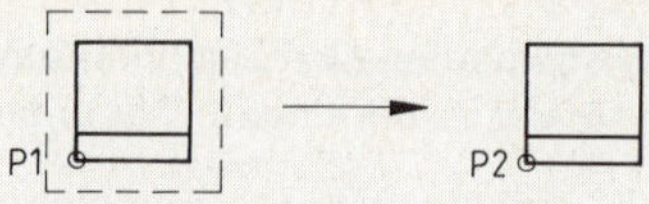
Kopieren/Duplizieren ist mit dem Verschieben identisch. Die kopierten Elemente bleiben lediglich an ihrer ursprünglichen Position erhalten.	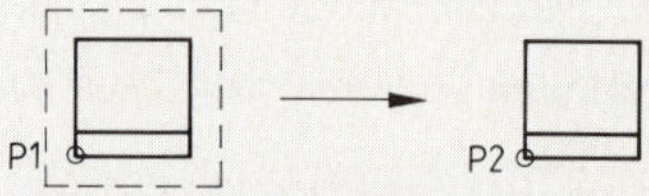
Spiegeln. Eine beliebige Anzahl von Elementen wird um eine definierte Achse gespiegelt. Die ursprünglichen Elemente bleiben im Normalfall erhalten, die manipulierten Elemente werden um 180 Grad im Abstand zur Spiegelachse gedreht.	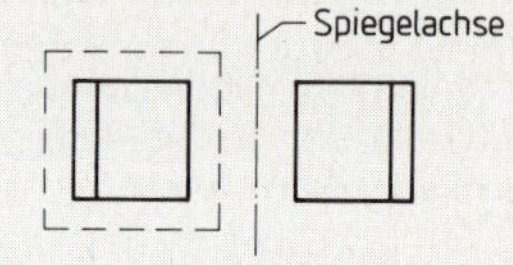
Dehnen (auch: Stauchen/Strecken (ähnelt der Koordinatenkorrektur. Beim 〈Dehnen〉 lassen sich jedoch beliebig viele Koordinatenpunkte einer Fläche/eines Körpers verschieben.	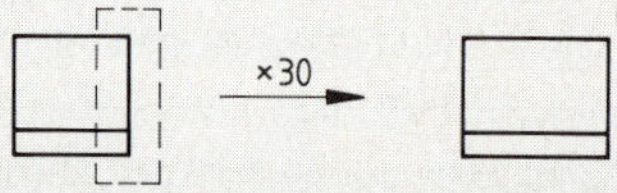
Drehen. Eine beliebige Anzahl von identifizierten Koordinatenpunkten wird um einen definierten Basis- bzw. Drehpunkt D gedreht.	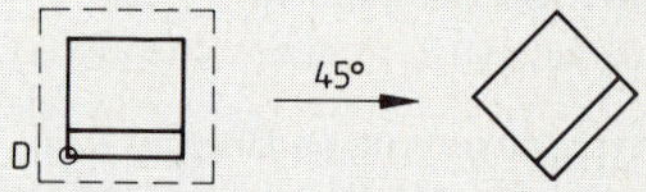
Beim Skalieren (auch: scale/varia) werden die identifizierten Koordinatenpunkte einer Fläche in jeder Richtung gleichmäßig verändert (Luftballoneffekt).	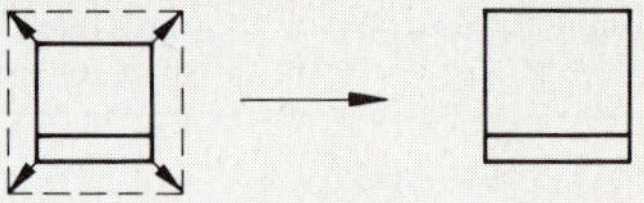

Die Manipulation im 3D verläuft nach den gleichen Gesetzmäßigkeiten. Scheiben von Reihenhäusern können in x- und y-Richtung kopiert, verschoben, gedreht und gespiegelt werden. Komplette Geschosse werden in z-Richtung kopiert.

> Grundlegende Manipulationsfunktionen sind 〈Verschieben〉, 〈Kopieren〉, 〈Spiegeln〉, 〈Dehnen〉, 〈Drehen〉 und 〈Skalieren〉.

Beim Schraffieren werden identifizierte Flächen mit einem Muster ausgefüllt. Grundregeln:

– Schraffurelemente sollten auf einer separaten Ebene liegen, um sie jederzeit ausblenden zu können. Die Vielzahl der Schraffurelemente kann zur Unübersichtlichkeit auf dem Bildschirm führen, und verlängert den Bildaufbau beträchtlich (höhere Speicherkapazität).

– Die zu schraffierende Fläche muß eindeutig identifiziert sein und aus Schnittpunkten der Flächenkanten bestehen (**15**.58). Sonst können fehlerhafte Schraffuren auftreten.

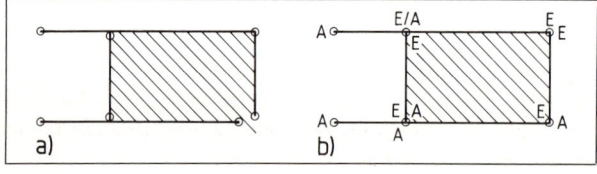

15.58
Definition von Schraffurflächen
a) fehlerhafte Schraffur
b) eindeutige Schnittpunkte

Schraffur mehrerer Flächen. Mehrere Flächen können gleichzeitig schraffiert werden (**15**.59). Trifft das Programm auf das erste identifizierte Element, schaltet es die Schraffurfunktion ein (1), beim zweiten Element aus (0), beim dritten wieder ein (1) usw.

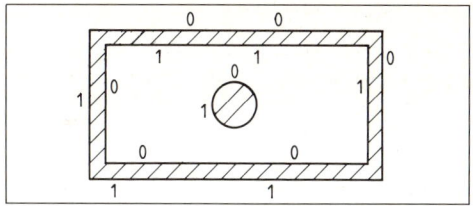

15.59 Schraffur mehrerer Flächen

Assoziative Schraffuren verändern sich bei Flächenkorrekturen. Die Schraffur wird hierbei als Attribut mit der schraffierten Fläche in der Datenbank gekoppelt. Wird die Fläche korrigiert, ändert sich die Schraffur beim erneuten Bildaufbau automatisch.

Spezifikationen (nähere Erläuterungen) sind den geometrischen Grundkonstruktionen des traditionellen Zeichnens vergleichbar. Je nach Anwendungsgebiet unterscheiden sich die CAD-Programme in ihrem Funktionsangebot. Einige Funktionen zeigt Tabelle **15**.60.

Tabelle **15**.60 **Spezifikationen** (Auswahl)

⟨**Parallele**⟩ Das Ausgangselement wird identifiziert, Abstand (a) und Lage zum Ausgangselement (P1) werden bestimmt.	
⟨**Winkelhalbierende**⟩ Die Winkelstrahlen werden identifiziert. Damit ist die Position der Winkelhalbierenden festgelegt. Nur noch der Endpunkt (P1) ist zu bestimmen.	
⟨**Lot**⟩/⟨**Mittelsenkrechte**⟩ Das Linienelement ist zu identifizieren. Der Abstand zur Linie (P1) wird bestimmt. Beim ⟨Lot⟩ wählt man diesen Koordinatenpunkt als Anfangspunkt, während bei der Spezifikation ⟨Mittelsenkrechte⟩ rechtwinklig zum Mittelpunkt des Ausgangselements verschoben wird.	
⟨**Abrunden**⟩ Die Linienelemente werden identifiziert (auch hier bei einigen Programmen linksherum), der Radius der Ausrundung oder Anfangs- und Endpunkt (A/E) bestimmt.	
⟨**Tangentenkonstruktion**⟩ Der Kreis/Teilkreis ist zu identifizieren, der Anfangspunkt der Tangente (A) zu bestimmen. Diese Funktion läßt sich erweitern zur Spezifikation ⟨Doppeltangente⟩.	

Spezifikationen bezeichnen die Art und Lage eines grafischen Elements. Geometrische Grundkonstruktionen werden näher erläutert (spezifiziert).

15.8.6 Bemaßung und Text

Die Bemaßung ist beim traditionellen Zeichnen sehr zeitaufwendig und fehleranfällig, mit ausgereiften CAD-Programmen dagegen einfach und schnell auszuführen.

Bemaßungsarten. CAD-Programme unterscheiden Linien-, Kreis- und Winkelbemaßung (**15.**61).

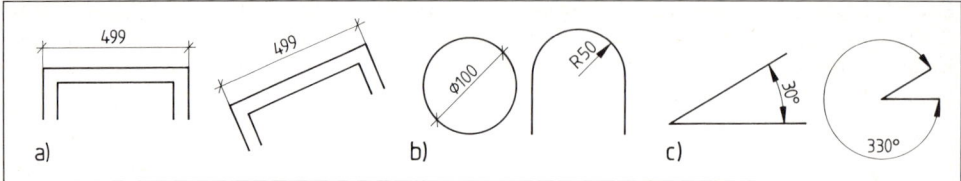

15.61 Bemaßungsarten
a) Linienbemaßung, b) Kreisbemaßung, c) Winkelbemaßung

Voreinstellungen/Parameter. DIN-gerechte Bemaßungsvorgaben und büro- bzw. zeichnungsspezifische Besonderheiten sind einmalig vor der Bemaßungseingabe vorzunehmen. Bei einigen Programmen können verschiedene Zusammenstellungen in Tabellen abgespeichert werden:

- **die Maßlinienbegrenzung** (Kreis, Schrägstrich, Pfeil),
- **die Strichstärken** für Maßlinie, Maßzahl und Maßlinienbegrenzung,
- **die Bezugslinie** zum Objekt mit definierten Abständen,
- **die Höhe der Maßzahlen** (0,25, 0,35, 0,5 in Abhängigkeit vom Plotmaßstab),
- **die Genauigkeit der Bemaßung/Nachkommastellen** (8,9, 8,92, 8,924),
- **die Hochzahlen** bei mm-Angaben z. B. 17^5, 6^{25},
- **die Höhenbemaßung** bei Öffnungen.

Die Maßpunktbestimmung ist ein entscheidendes Qualitätsmerkmal des CAD-Programms.

Die interaktive Bemaßung wird ohne direkten Bezug zum zu bemaßenden Element durchgeführt. Maßpunkte können nicht idenfitiziert werden.

Bei der halbautomatischen Bemaßung werden die Maßpunkte identifiziert; das Programm ermittelt die Maße selbständig. Eine Zuordnung der identifizierten Maßpunkte zum bemaßten Element in der Datenbank gibt es nicht.

Bei der automatischen Bemaßung werden die Maßpunkte meist über Schnittachsen (Hilfsachsen) bestimmt. Alle Linienelemente, auf die die Achsen treffen, werden identifiziert (**15.**62).

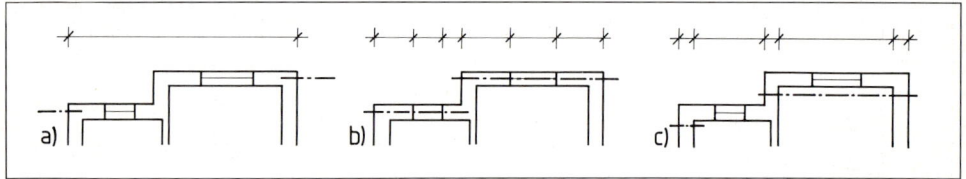

15.62 Automatische Bemaßung über Schnittachsen
Achse(n) a) für ein Außenmaß, b) für ein Öffnungsmaß, c) für ein Innenmaß

Die assoziative Bemaßung geschieht wie oben beschrieben durch eine Maßpunktbestimmung. Die Maßkette wird zusätzlich mit dem bemaßten Element in der Datenbank gekoppelt. Ändert sich das bemaßte Element, korrigiert das Programm selbständig auch die Maßkette.

> Der Automatisierungsgrad der Bemaßung ist ein wesentliches Qualitätsmerkmal von CAD-Programmen. Unterschieden werden die interaktive, die halbautomatische, die automatische und die assoziative Bemaßung.

Texte prägen das Erscheinungsbild und den Gesamteindruck einer Zeichnung. Viele Büros, vor allem Architekturbüros, haben eigene Schriften entwickelt.

Schrifttypen – Zeichen- und Charaktersätze. Die CAD-Technik arbeitet mit gezeichneten Buchstaben. Jeder Buchstabe wird mit den grafischen Grundelementen erzeugt und in einer Datei gespeichert. Ein vollständiges Alphabet der gespeicherten Buchstaben nennt man Zeichen- oder Charaktersatz (**15.63**).

15.63 Beispiele für Schrifttypen   15.64 Beispiele für Textformatierungen

Textformatierung. Wie bei der Textverarbeitung können auch die Texte in der CAD-Technik beliebig ausgerichtet werden (**15.64**).

15.8.7 Ausgabe – Plot

Erstellte Zeichnungen können sowohl über einen Plotter ⟨Plot⟩ oder einen Drucker mit Grafikeigenschaften als ⟨Hardcopy⟩ ausgegeben werden. Die Hardcopy (= Kopie der Bildschirmoberfläche) wird meist nur benutzt, um Zwischenzustände zu dokumentieren oder schnell eine Besprechungsgrundlage zu erhalten.

Ausgabearten, Plotoptionen (15.65)

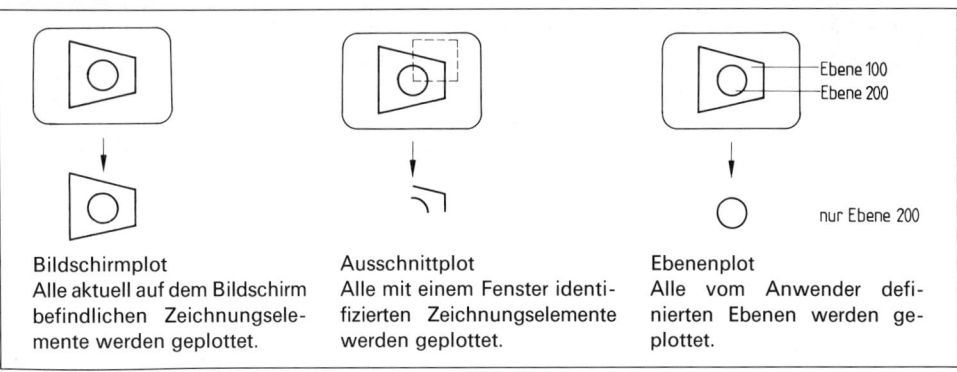

Bildschirmplot
Alle aktuell auf dem Bildschirm befindlichen Zeichnungselemente werden geplottet.

Ausschnittplot
Alle mit einem Fenster identifizierten Zeichnungselemente werden geplottet.

Ebenenplot
Alle vom Anwender definierten Ebenen werden geplottet.

15.65 Plotoptionen

Im Bauwesen sind stets mehrere Zeichnungen (Grundrisse, Ansichten, Schnitte) auf einem Blatt anzuordnen. Da man selten die Blattgröße und die Anzahl der Zeichnungen je Blatt bei Konstruktionsbeginn kennt, wird der Plot nach Konstruktionsende vorbereitet.

- Mit Hilfe von Ebenendefinitionen werden die zu plottenden Zeichnungselemente ausgewählt. Jede Definition erhält eine Kennung, z. B. ⟨ANS1⟩ = Ansicht 1.

- Um diese Definitionen genau auf dem Blatt zu plazieren, legt man (meist mit einem Fenster) ihre Grenzen auf dem Bildschirm fest.
- Die Einzelzeichnungen werden im Plotmaßstab auf dem Blatt angeordnet.

> Beim Plot unterscheidet man den Bildschirm-, Ausschnitts- und Ebenenplot. Mehrere Einzelzeichnungen müssen in unterschiedlichen Maßstäben auf dem Blatt angeordnet werden können.

15.8.8 Teilebibliotheken

In Teilebibliotheken befinden sich immer wiederkehrende Zeichnungen (z. B. Möblierungen, Nordpfeile, Bäume, Fenster, Dächer), die jederzeit in jede beliebige Zeichnung eingefügt werden können. Die CAD-Technik unterscheidet Symbole, Makros, Varianten und Prozeduren.

Symbole bestehen aus 2D-Elementen, die je nach Bedarf korrigiert und manipuliert werden können (**15**.66).

Tabelle 15.66 **Symboldatei**

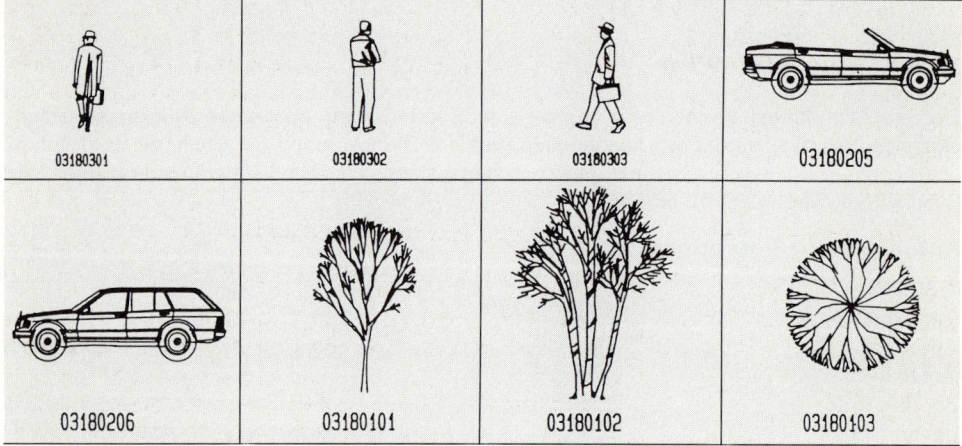

Makros sind abgespeicherte Geometrieelemente. Sie sind viel leistungsfähiger als Symbole und können

- eine komplexe Struktur aus dem 3D-Bereich sein. Setzt man z. B. einen dreidimensionalen Baum in eine Ansicht, erscheint er automatisch an der entsprechenden Stelle im Grundriß und den drei anderen Ansichten.
- Attribute (z. B. Mengenzuweisungen) beinhalten, die automatisch in Listen (z. B. Mengenausdruck, Ausschreibung) eingefügt werden.
- untereinander verkettet sein (Referenzmakros). Wird die Zuweisung/Attribut eines Makros verändert (z. B. Holzfenster statt Kunststoffenster), verändern sich automatisch auch die entsprechenden Zuweisungen aller verketteten Makros.
- in verschiedenen Maßstäben unterschiedliche Darstellungsformen haben. Ein Fenster wird z. B. in der Bauantragszeichnung 1:100 anders dargestellt als in der Ausführungszeichnung 1:50.
- über eine Makrokennung insgesamt identifiziert und weiterverarbeitet werden.

> Symbole sind einfache 2D-Zeichnungen, die mit den grafischen Funktionen des CAD-Programms erstellt werden.
>
> Makros sind komplexe 2D- oder 3D-Elemente, die zusätzlich Attribute enthalten können, eventuell verkettet sind und in unterschiedlichen Maßstäben unterschiedliche Darstellungsformen haben können.

Varianten sind lineare Programme mit Variablen, die sich unabhängig voneinander verändern. Beim Aufruf derartiger Makros werden die Variablen abgefragt.

Prozeduren sind verzweigte Programme, die Vergleiche, Bedingungen und Sprünge zulassen. Treppen, Dächer und Öffnungen werden häufig mit Prozeduren erzeugt.

15.9 Dreidimensionales CAD in der Bautechnik

Ein Bauwerk besteht aus einer sehr großen Anzahl kompliziert geformter Einzelteile. Beim traditionellen Zeichnen werden sie in den Konstruktionsplänen in Genauigkeit und Anzahl nur stark vereinfacht dargestellt. Da Qualität und Herstellungsverfahren eines Bauwerks durch die Konstruktion beeinflußbar sind, bedeutet eine detaillierte Planung geringere Herstellungskosten, geringeres Gewicht, geringeren Materialverbrauch, weniger Mängel, genauere Kalkulation und Mengenermittlung, geregelten Bauablauf, präzisere Ausschreibung und damit weniger Mißverständnisse und Nachforderungen.

> CAD-Technik verbessert Qualität und Herstellungsverfahren eines Bauwerks.

Mit der CAD-Technik 3D konstruiert man keine Grundrisse, Ansichten, Schnitte oder Perspektiven, sondern ein räumliches Bauwerk, ein Modell. Erst durch die Definition von Schnittebenen entstehen automatisch die uns vertrauten Darstellungen. Vorwiegend konstruiert man im Grundriß, der als ein horizontaler Schnitt mit vertikaler Sichtrichtung als Parallelprojektion innerhalb des räumlichen Modells anzusehen ist (**15**.67 auf S. 472). Mit versetzten Schnittebenen, zusätzlichen Angaben über die Sichtrichtung und Spezifikation der Projektionsart (Parallel- oder Zentralprojektion) läßt sich jede beliebige Darstellung erzeugen. Selbst Detailpunkte können aus dem räumlichen Modell herausgeschnitten werden (3D-Clipping).

Die Projektionen des 3D-Modells sind aber nicht ausreichend. Sie müssen noch bemaßt, beschriftet, schraffiert und evtl. ergänzt werden. Wägt man unter diesem Gesichtspunkt ein 2D- und 3D-Volumenmodell gegeneinander ab, stellt man generelle Unterschiede fest.

2D-Modell
- kleinere Datenmengen
- einfachere Programme
- geringere Rechenzeiten
- einfache Eingabe
- für einfache Konstruktionen ausreichend

3D-Volumenmodell
- große Datenmengen
- komplexe Programme
- höhere Rechenzeiten
- aufwendige Eingabe
- für verschiedene Aufgaben wie z.B. Schnittführung unabdingbar

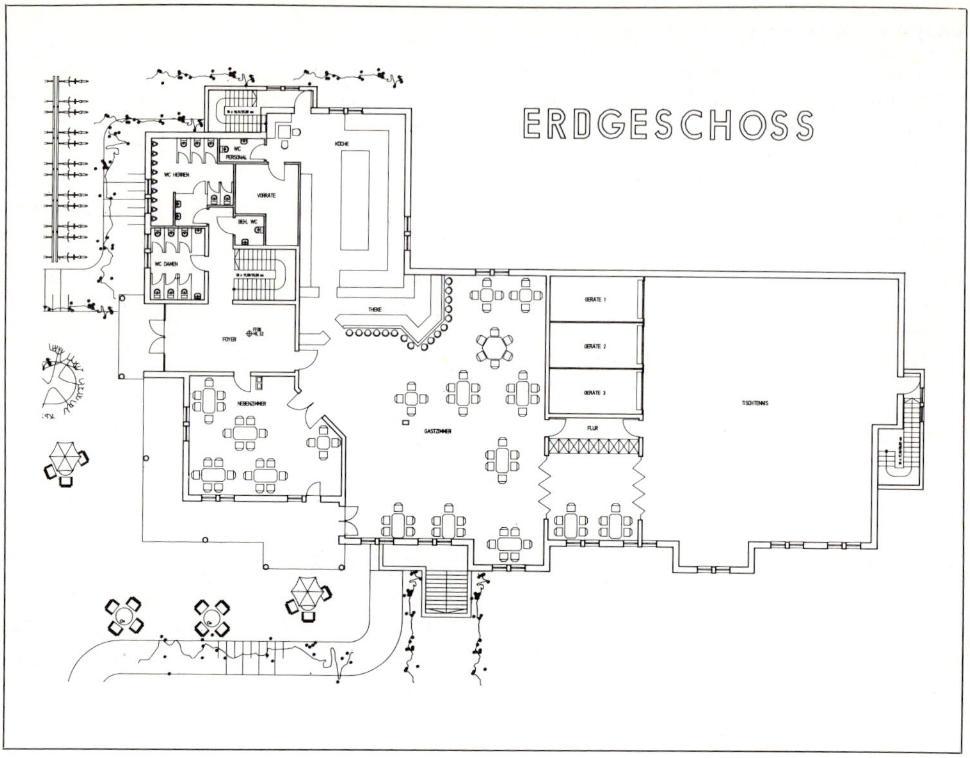

15.67 Grundriß
   Schnittfläche: horizontal; Sichtrichtung: vertikal; Projektionsart: Parallelprojektion

15.68 Ansicht
   Schnittfläche: vertikal; Sichtrichtung: horizontal; Projektionsart: Parallelprojektion

Bau-CAD-Programme beinhalten 2D- und 3D-Modelle. Im 3D-Bereich schneidet der Anwender den zu bearbeitenden Teil aus dem räumlichen Modell heraus und speichert ihn als zweidimensionale Zeichnung ab, die im 2D-Bereich anschließend weiterbearbeitet wird.

Vorteile dieser Planung sind vielfältig.

- Die automatische Schnitterzeugung schließt Fehlerquellen weitgehend aus. Grundrisse, Ansichten, Schnitte und Perspektiven beziehen sich auf eine identische bauliche Situation. Mißverständnisse, da Schnitt und Grundriß nicht übereinstimmen, sind ausgeschlossen.
- Umfangreiche Zeichenarbeit wird eingespart, da ein Gebäudeteil oder Geländeausschnitt nur einmal eingegeben bzw. korrigiert werden muß.
- Perspektivische Darstellungen erleichtern die Verhandlungen mit Bauherren und Bauträgern. Sie knüpfen an unsere Sehgewohnheiten an und erleichtern das räumliche Verstehen (**15.69**).

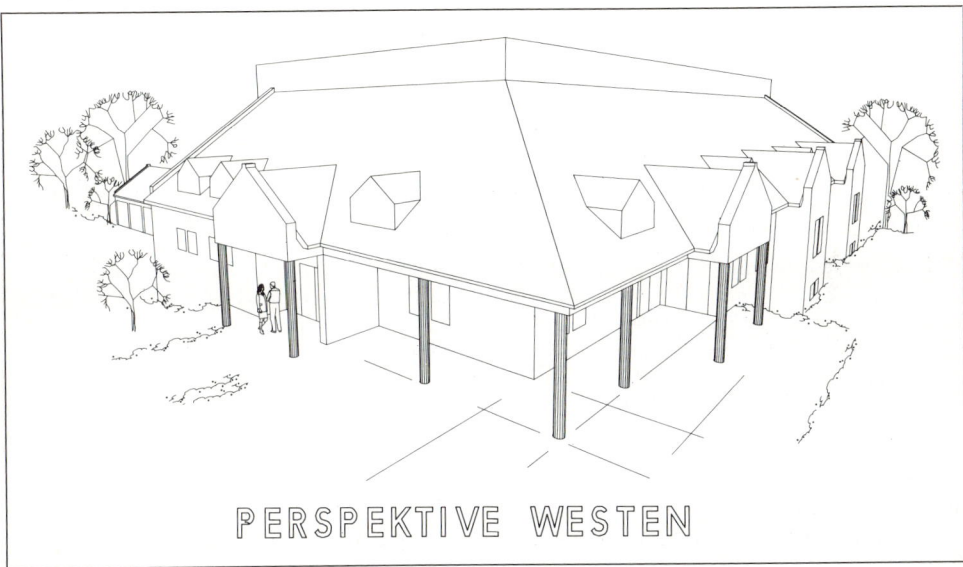

15.69 Perspektive
Schnittfläche: vertikal; Sichtrichtung: horizontal; Projektionsart: Zentralprojektion

Rendering. Die räumlichen Modelle können für Planungs- und Präsentationsaufgaben noch vielfältig mit Rendering weiterverarbeitet werden. Hierunter faßt man mehrere Beleuchtungsmodelle, die aus dreidimensionalen Gebäudedaten Abbildungen mit fast fotorealistischer Qualität erzeugen.

- **Shading** färbt Flächen mit einer konstanten Oberflächenintensität einheitlich ein. Während beim Flat-shading nur sprunghafte Intensitätsänderungen möglich sind, erlauben das Gouraud- und Phong-shading auch kontinuierliche Abstufungen bis hin zu einer weich verlaufenden Schattierung (**15.**70).
- **Raytraycing** weist Oberflächen Materialstrukturen und nicht nur Farben zu. Spiegelungen, Brechungen und Schattierungen wirken noch wirklichkeitsgetreuer.
- **Radiosity** kann die in unserer Realität vorkommenden diffusen Beleuchtungssituationen mit weichen Schattenkanten oder Lichtintensitäten perfekt nachahmen.

15.70 Shadingmodell (Schloß Sanssoucis, Potsdam, Marmorpalais)

- **Animation.** Ein leistungsstarker Rechner berechnet die mit den Rendering-Modellen bearbeiteten Darstellungen. Die einzelnen Grafiken werden dann in einer „Filmdatei" abgespeichert und wie bei einem Trickfilm aneinandergereiht. Bei der Echzeit-Animation berechnet dagegen ein noch leistungsstärkerer Rechner mit mehreren Prozessoren mehrere Abbildungen parallel und zeigt sie zeitgleich auf dem Bildschirm an.
- **Videobilder und -filme** werden als Hintergrund zum räumlichen Modell auf den Bildschirm projiziert. So kann man relativ einfach die Anpassung eines Bauwerks an die Umgebung oder die Linienführung einer Straße beurteilen.
- **Virtual Reality (VR)** bzw. Cyberspace geht noch einen Schritt weiter. Die Interaktion zwischen Anwender und Software geschieht hierbei nicht nur auf der visuellen Ebene, sondern auch der Hör-, Tast- und Geruchssinn wird angesprochen.

> CAD-Bautechnik ist ein Konstruieren mit räumlichen Modellen (Gebäude- oder Geländemodelle).

Je nach Anwendungsgebiet (Vermessung, Tief- und Straßenbau, Hochbau/Architektur, Ingenieurbau) sind die Anforderungen an ein CAD-Programm unterschiedlich.

Die Vermessung arbeitet mit dem digitalen Geländemodell (DGM). Es besteht aus Punktkoordinaten x, y, z. Voraussetzung ist eine flächige Geländeaufnahme, ein Flächennivellement. Dazu bedient man sich Tachymetern. Sie ermitteln nicht nur automatisch Richtungen, Entfernungen und Höhen, sondern speichern zugleich die ermittelten Werte in elektronischen Feldbüchern (MEMories) ab. Das MEM kann – vergleichbar einer Diskette – seine Daten direkt in den Rechner einspeichern. Das CAD-Programm wertet die Eingaben aus und berechnet die einzelnen Punktkoordinaten x, y, z. Die Punktfelder werden auf dem Bildschirm angezeigt und können geprüft, geändert oder ergänzt werden (**15.71**).

Aus dem räumlichen Geländemodell lassen sich viele Zeichnungen erzeugen:
- Kartierungen,
- Höhenschichtlinien, bei denen die Schrittweite wählbar ist,
- Perspektiven aus verschiedensten Blickrichtungen,
- Profile in jeder gewünschten Richtung.

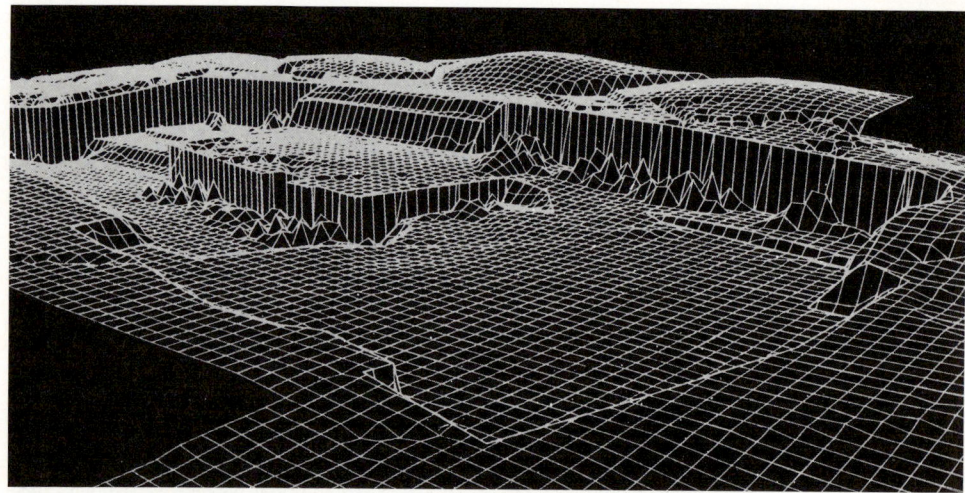

15.71 Digitales Geländemodell (Kohlenmine)

Der Tief- und Straßenbau plant auf der Grundlage des DGM und von Bestandsplänen/ Grundkarten Anlagen zur Wasserentsorgung und Straßen. Die Bestandspläne liegen meist als traditionelle Zeichnungen vor. Einige CAD-Programme bieten die Möglichkeit, daß diese Zeichnungen in den Rechner eingescannt werden. Aus den Linien von traditionellen Zeichnungen ermittelt das Programm die Koordinaten der Anfangs- und Endpunkte. D. h., die Zeichnung wird vektorisiert. Da diese Vektorisierungsprogramme noch fehleranfällig sind, müssen sie stets nachbearbeitet werden (**15.**72).

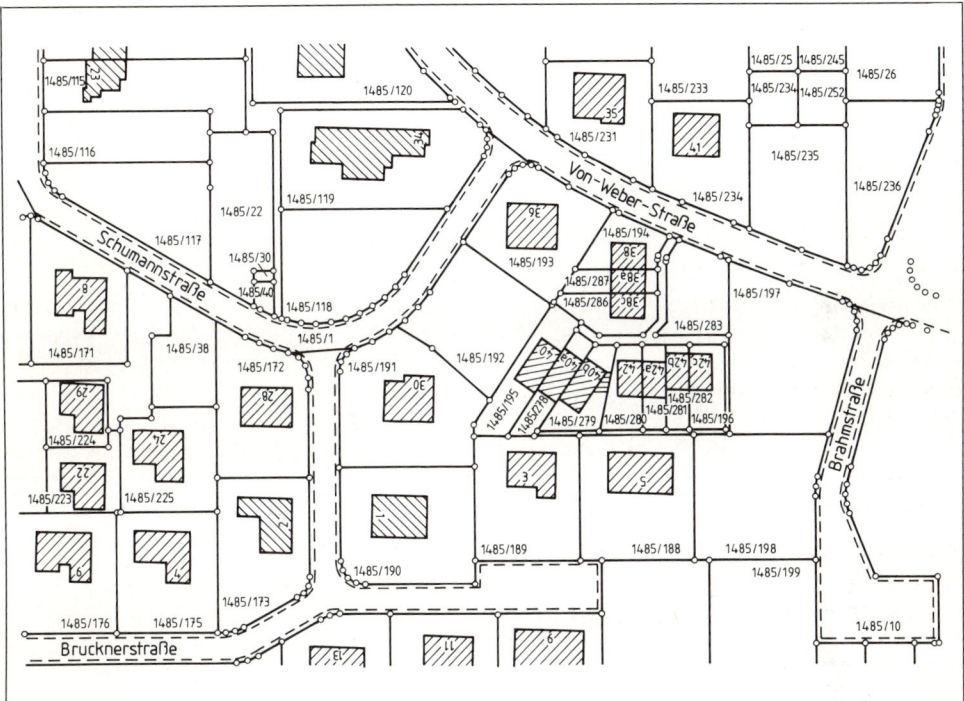

15.72 Vektorisierte Grundkarte

Die Kanalplanung erfordert das DGM, die Grundkarte und vielfältige Berechnungsprogramme, um die Haltungslängen, Höhen sowie Querschnitte und Fließgeschwindigkeiten zu ermitteln (**15.**73).

Die Straßenplanung wird auch innerhalb des DGM durchgeführt. Der Planer gibt meist alphanumerisch innerhalb Bildschirmmasken Achspunkte, Geraden, Radien und Klotoiden vor, aus denen das Programm Lage- und Höhenpläne, Deckenbücher und Perspektiven berechnet (**15.**74).

Der Hochbau arbeitet mit dem räumlichen Gebäudemodell. Hierunter versteht man in der CAD-Technik nicht nur Häuser, sondern sämtliche Bauwerke des Hoch- und Ingenieurbaus, d.h. z. B. auch Brückenbauwerke und Kläranlagen.

Während sich CAD-Programme an den geometrischen Formen orientieren, unterscheidet die Bautechnik **Bauteile**. CAD-Programme des Hochbaus gehen deshalb meist auch von Bauteilen aus. Dies sind im wesentlichen Wand, Decke, Dach und Öffnung. Erst wenn man die Anwendung um die Haustechnik erweitert, vervielfältigen sich die geometrischen Formen.

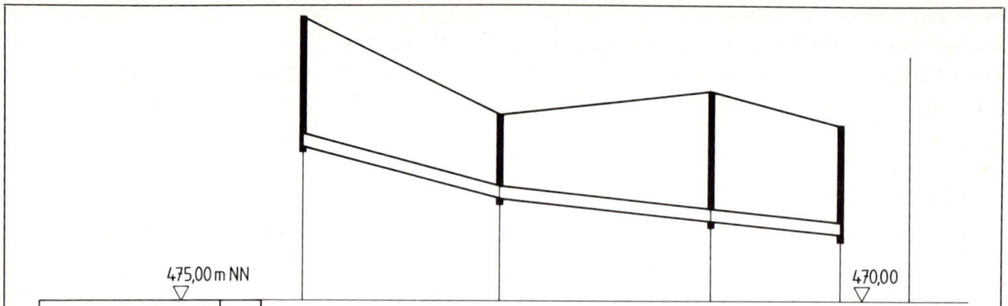

Schachtnummer		12	11	10	9	13
Haltung		12–11	11–10	10–9	9–13	13–14
Straße		Hauptstraße				
Haltungslänge	m	48	52	31,50	17	19
Gesamtlänge	m	148,50				
Querschnitt	mm	300				
Material		Beton				
Abflußvermögen	l/s	159,6	102,5	100,2	91,9	192,6
Fließgeschwindigkeit	m/s	2,25	1,45	1,41	1,30	1,53
Geländehöhe	m NN	481,79	479,43	479,96	479,14	478,62
Sohlhöhe	m NN	478,70	477,43	476,86	476,53	476,36
Kanaltiefe	m	3,09	2,00	3,12	2,51	2,24
Sohlgefälle	‰	26,3	11,0	10,5	8,8	8,4
Kilometrierung		0,00	48,00	100,00	131,50	148,50
Aushub	cbm	95,51	93,18	63,17	28,85	46,39

15.73   Kanalplanung

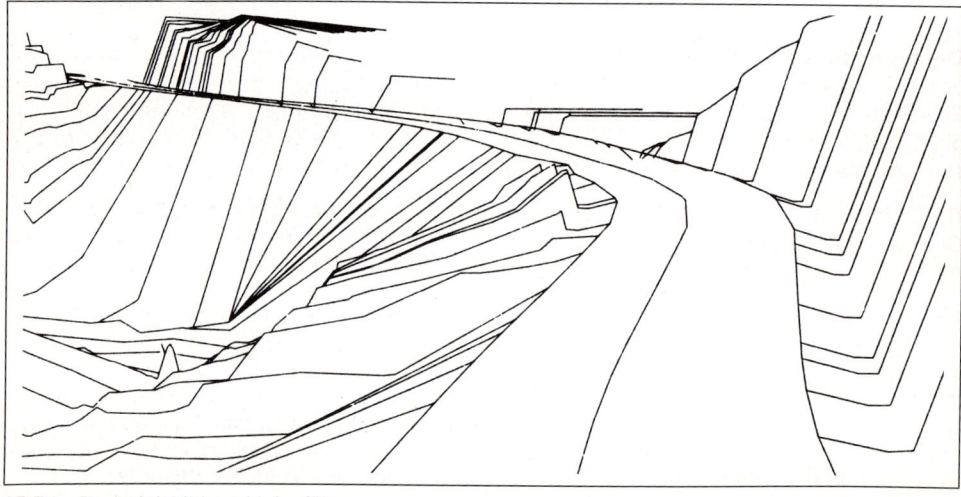

15.74   Perspektivbild zur Linienführung

Wände haben im Regelfall eine rechteckige Grundfläche bei gleicher Höhe, sind also Quader. Die Eingaben beschränken sich in der grafischen Erzeugung auf die Längen-, Breiten- und Höheneingabe. Die vielen möglichen Sonderformen erfordern jedoch zusätzliche Eingaben (**15.75**).

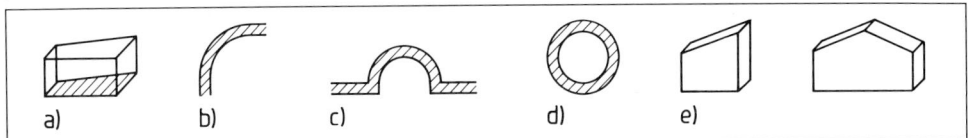

15.75 Sonderformen der Wand
a) konische Wand, b) runde Wände, c) runder Wandvorbau, d) Silo, e) Giebelwände mit unterschiedlichen Höhen

Deckenelemente sind wie die Wände von der geometrischen Form her im einfachsten Fall ein Quader. Häufig haben sie aber mehr als 4 Eckpunkte (**15.76**).

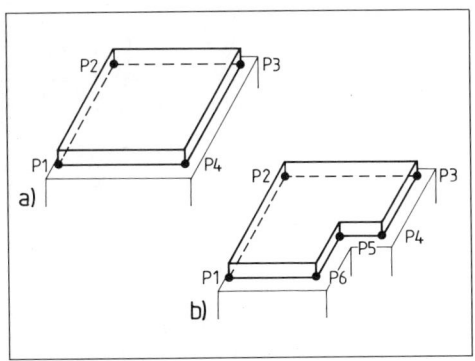

15.76 Deckenelemente
a) Decke mit 4 Eckpunkten, b) Decke mit der Grundfläche eines Vielecks

15.77 Erzeugung eines Dachkörpers

Die Eingabe der Deckenelemente erfolgt meist über die Grundfläche. Durch Positionieren auf den Eckpunkten (P) werden die Koordinaten x, y ermittelt, mit denen das Programm eine Schnittpunktberechnung durchgeführt. Gibt man nun die Elementhöhe (Erzeugende) ein, wird die Grundfläche entlang der Erzeugenden verschoben. Durch die Eingabe der räumlichen Höhe (Bezugshöhe) wird die Decke als Volumenkörper erzeugt und höhenmäßig im Raum angeordnet.

Dachelemente im Bau-CAD sind Volumenkörper, begrenzt oben durch die Dachhaut (z. B. Dachpfannen) und unten durch den Dachausbau. Die Höhe des Volumenkörpers beträgt je nach Aufbau (Sparren, Konterlattung, Dachlatten usw.) durchschnittlich 25 bis 30 cm (**15.77**).

Die Eingabe des Daches ähnelt der Deckeneingabe. Der Cursor wird an den Eckpunkten (P) des Daches positioniert. An jedem Punkt muß allerdings die jeweilige Höhe an Traufe oder First eingegeben werden, da sie im Gegensatz zur Decke nicht konstant sind (Ausnahme Flachdach). Das Programm kann daraufhin wieder eine Schnittpunktberechnung durchführen und die schräge Dachfläche erzeugen. Aus der Höhe des Dachaufbaus wird die Erzeugende berechnet.

Volumenabzüge werden von CAD-Programmen unterschieden als Wandöffnungen (z. B. Fenster, Türen), Deckenöffnungen (z. B. Treppenloch), Dachöffnungen (z. B. Dachfenster) und

Aussparungen. Öffnungen und Aussparungen sind in der Regel Quader oder Vielecke, seltener Zylinder (z. B. runde Fenster, Deckenöffnung einer Wendeltreppe), die vom jeweiligen Bauteil (Wand, Decke, Dach) abzuziehen sind.

Eingabe. Zwei Eingaberoutinen sind vorwiegend anzutreffen: Beim SOLID MODELLING wird die geometrische Form z. B. Quader abgerufen und die Quadergröße definiert. Der Abzugsquader wird dann objektbezogen positioniert (**15.78**a). Beim SWEEP wird die Grundfläche im Bauteil (z. B. Wand, Decke, Dach) definiert und die Öffnung nach Eingabe der Erzeugenden bauteilbezogen erzeugt (**15.78**b).

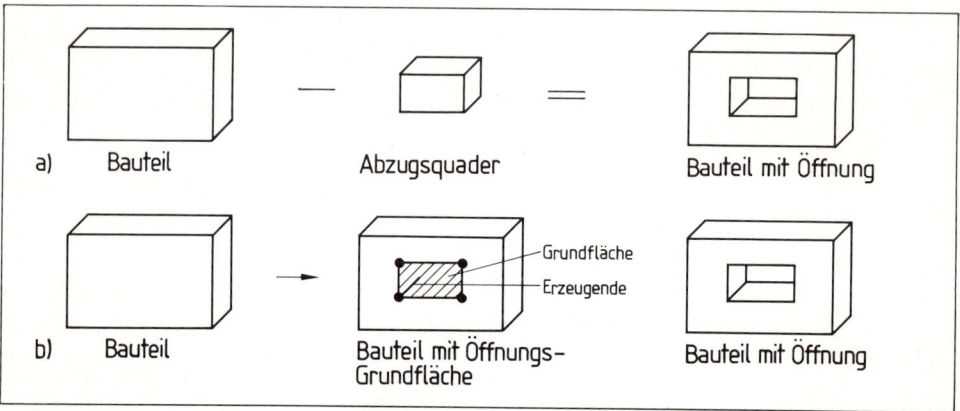

15.78 Öffnungserzeugung a) mit Solid Modelling, b) mit Sweep

Weiterverarbeitung der Öffnungen. Die Öffnungen in den Bauteilen müssen zumindest im Hochbau mit Fenster- und Türdarstellungen sowie Massenzuweisungen (z. B. Fensterart, Glasart, Stürze, Fensterbänke, Zulagen) weiterbearbeitet werden. Die Möglichkeiten der Weiterverarbeitung hängen von den zur Verfügung stehenden Makros, Varianten und Prozeduren ab. Bau-CAD-Programme verwenden meist Prozeduren, mit denen jede Öffnungsdarstellung möglich ist (**15.**79).

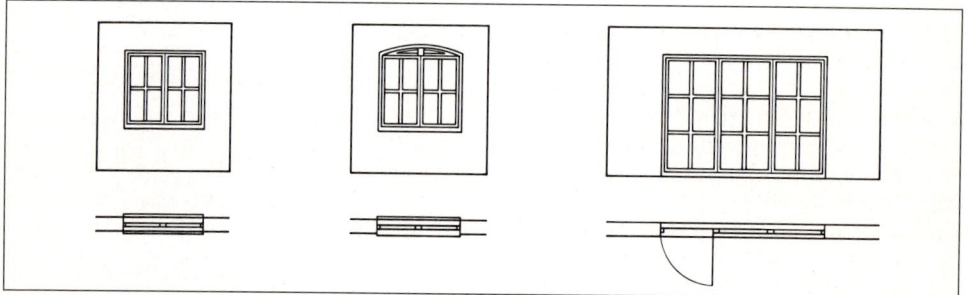

15.79 Öffnungen mit Einbauten

Der Ingenieurbau greift schon seit vielen Jahren auf Berechnungsprogramme zurück. Zunehmend hält aber die CAD-Technik auch in den Ingenieurbaubüros Einzug. Hat man bisher Bauteile nur berechnet, stellt man sie nun mit der CAD-Technik auch grafisch dar.

Detailpunkte und Schalpläne werden wie im Hochbau durch ein Herausschneiden der jeweiligen Bauteile aus dem räumlichen Modell erzeugt (3D-Clipping), als 2D-Zeichnung abgelegt, nach den Erfordernissen und Berechnungen korrigiert, ergänzt, bemaßt, beschriftet und schraffiert (**15.**80).

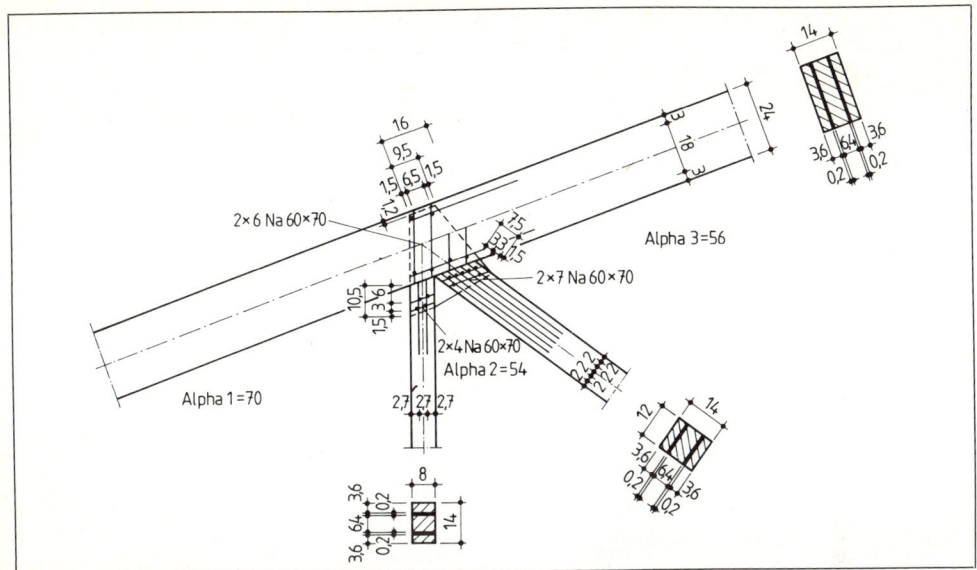

15.80   Obergurtknoten

Bewehrungszeichnungen des Stahlbetonbaus beruhen auf dem Schalplan und damit zunächst auf dem räumlichen Modell. Die Bewehrung, ihre Berechnung, Auswahl, An- und Zuordnung erfordert jedoch eine Erweiterung um vielfältige Berechnungsprogramme.

Die Finite-Elemente-Methode (FEM) hat sich als das leistungsfähigste Rechenmodell durchgesetzt. Hierbei wird über die geometrische Darstellung des Baukörpers eine Folie gelegt, auf der der Konstrukteur das Bauteil in Vierecke und Dreiecke unterteilt. Das jeweilige Stab- oder Flächentragwerk wird so als Netz mit einer Vielzahl von Knoten dargestellt. Hat der Konstrukteur die Elementeigenschaften wie z. B. Baustoffwerte, Abmessungen, Spannrichtungen und Belastungen festgelegt, ermittelt das Programm für jeden Knotenpunkt die auftretenden Spannungen und Verformungen (FE-Berechnung, **15.**81). Auf dieser Grundlage schlägt das Programm die Bewehrung vor, die der Konstrukteur beurteilen und evtl. korrigieren oder ergänzen muß (**15.**82).
Bei Standardtragwerken, z. B. Durchlaufträgern, werden so die Konstruktionszeichnungen sogar vollautomatisch, einschließlich Stahlauszug, erzeugt.

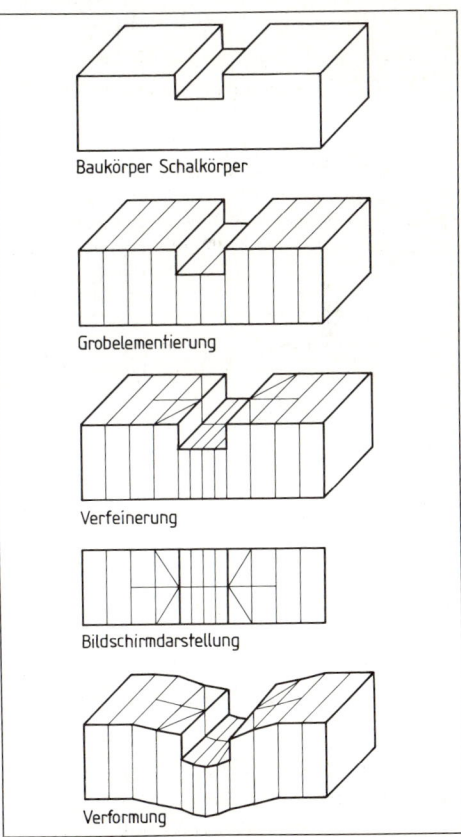

15.81   Finite-Elemente-Methode

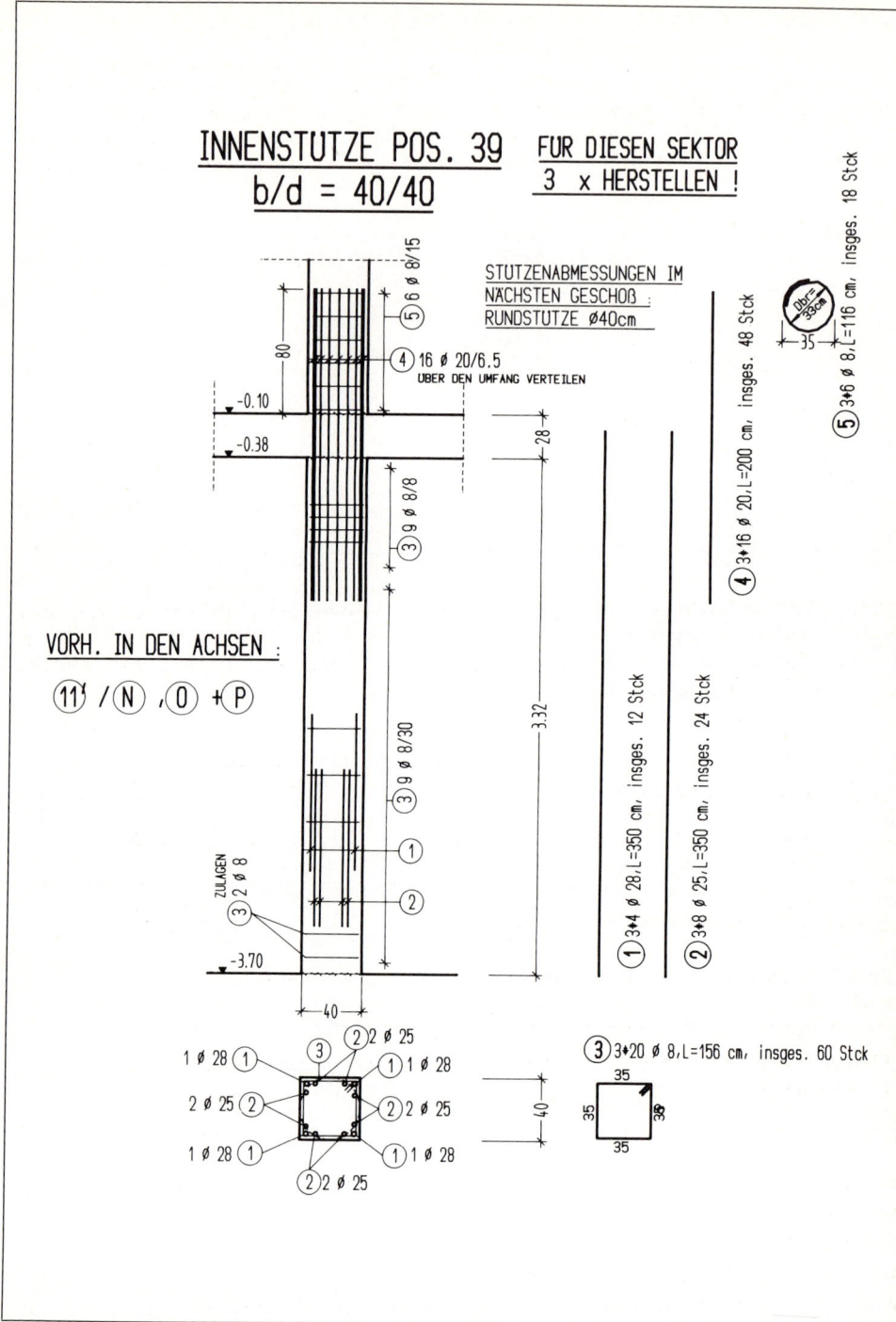

15.82 Bewehrungszeichnung

15.10 Mengenermittlung und Kostenanschlag

Da es kaum vergleichbare Bauobjekte geben kann, bleiben alle statistischen Kostenschätzungen ungenau. Abhilfe schafft wiederum die CAD-Technik. Sämtliche Elemente (Bauteile) eines Bauwerks sind bereits im räumlichen Modell erfaßt. Weist man diesen Elementen die Masse und die Einheitspreise zu, erhält man eine genaue Mengenermittlung und einen exakten Kostenanschlag.

Der Bauteilkatalog ist die Voraussetzung zur Mengenermittlung und Kalkulation. Er ist eine Datenbank, worin die zu verbauenden Materialien und Bauteile unter einer Massenkennziffer gespeichert sind (**15.**83).

NR.	Einheit	Kurztext	Preis	Gewerk
2359	m	Isolierung, 500er unbesandete Pappe, 24 cm	4,80	12
2360	m³	Hlz 12/1,4 - MGII, d = 30 cm	443,50	12
2361	m³	Hlz 12/1,4 - MGII, d = 36,5 cm	447,60	12
2362	m³	Vollblock-Mauerwerk Vbl 2/0,5; d = 36,5 cm	441,20	12

15.83 Auszug aus einem Bauteilkatalog

Längen. Ist einem Bauteil die Massenkennummer des Bauteilkatalogs zugewiesen, weiß das Programm, welches Material in welcher Einheit und zu welchem Preis verbaut wird. Da es anhand der Koordinaten die Abmessungen des grafischen Elements kennt, kann es selbständig die Mengen- und Kostenermittlung durchführen (**15.**84).

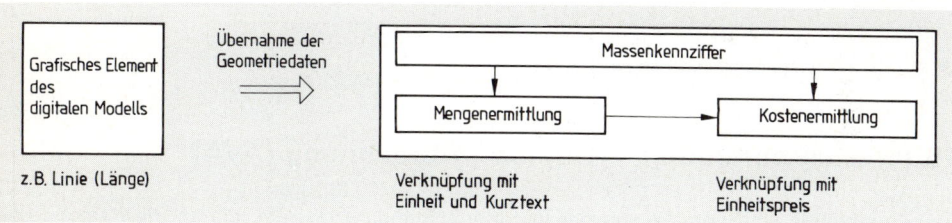

15.84 Übernahme der Geometriedaten zur Mengen- und Kostenermittlung

Mengen- und Kostenermittlungen erfolgen durch Zuweisung einer Massenkennziffer des Bauteilkatalogs.

Flächen, Volumen, Teilflächen. Das Prinzip der Mengen- und Kostenermittlung über die Massenkennziffern bleibt auch bei Flächen- und Volumenermittlungen unverändert. Zwei Gesichtspunkte kommen jedoch noch hinzu:

- Alle Mengenermittlungen müssen VOB-gerecht sein.
- In der Datenbank sind die grafischen Elemente als zweidimensionale Grundelemente, als Flächen oder als Volumenkörper gespeichert. Soll nur einer Flächenkante oder nur der Fläche eines Volumenkörpers eine Masse zugewiesen werden, muß dieses Teil gesondert definiert werden.

Die Definition der Flächen der Volumenkörper – Voraussetzung z. B. für Putz-, Estrich- und Malerarbeiten – erfordert ein Identifizieren dieser Flächen. Da die Räume eines Bauwerks unterschiedliche Abmessungen haben, wird Raum für Raum gesondert definiert. Sind die Flächenkanten identifiziert und ist die Höhe des Bodenaufbaus eingegeben, ermittelt das Programm je nach Automatisierungsgrad eine Vielzahl von Längen und Flächen der Volumenkörper, da vom digitalen Modell her die Abmessungen der Volumenkörper (Wände, Sohle, Decke, Öffnungen) bekannt sind. Alle dabei ermittelten Mengen, Preise und Materialien werden im **Raumbuch** gespeichert.

> Längen, Flächen, Volumen, Mengen, Preise und Materialien eines Raumes werden im Raumbuch gespeichert.

Standardräume. Bezogen auf die Anforderungen eines Planungsbüros lassen sich so unterschiedliche Räume wie Bad, WC und Diele sowie Bauteile (Dachhaut, Kehlbalkenlagen usw.) in verschiedenen Standards erstellen. Diese Massenzusammenstellungen werden als eine Art Makro den Räumen zugewiesen, was die Mengenermittlung stark vereinfacht (**15.85**).

```
Name: Schlafzimmer Standard

NR.     Einheit  Kurztext
10101   m²       Estrich auf TSD/WD, d = 85 mm
15193   m²       Teppichboden Velours, mittlere Qualität
15241   m        Sockelleisten Velours, gekettelt, h = 50 mm
 8773   m²       Gipswandputz, 12 bis 15 mm, 2lagig
15484   m²       Rauhfasertapete, weiß, fein
14121   m²       Dispersion auf Rauhfasertapeten
 8864   m²       Gipsdeckenputz, 12 bis 15 mm
19257   St       Kunststoff-Gerätedosen, u.P., in Mauerwerk
```

15.85 Beispiel eines Standardraums

15.11 Ausschreibung – Vergabe – Abrechnung (AVA)

AVA-Programme sind vom Prinzip her integrierte Standardsoftware, die an die Belange der Bautechnik angepaßt wird. Grundvoraussetzung sind Leistungskataloge.

Leistungskataloge enthalten Ausschreibungstexte in eindeutiger Formulierung. Man kann sie als Standardtexte und/oder freien/eigenen Texten auf Disketten gespeichert beziehen.

- **Standardtexte** enthalten in der Regel keine fertigen Positionen, sondern müssen mit Hilfe von Kennummern zusammengestellt werden. Bundeseinheitliche Leistungskataloge mit Standardtexten sind das STLB (Standardleistungsbuch) für die Leistungsbereiche des Hochbaus, der STLK (Standardleistungskatalog) für die Leistungsbereiche des Tief- und Straßenbaus, der STLK-W (Standardleistungskatalog-Wasserbau) für die Leistungsbereiche des Wasserbaus. Regionale und kommunale Leistungskataloge ergänzen diese Texte.
- **Freie Texte** haben bereits die Form eines Leistungsverzeichnisses. In die Ausschreibung können diese fertigen Positionen übernommen werden. Solche Leistungskataloge bieten freie Textanbieter und Produkthersteller in immer größerer Fülle an.

Die Integration der Ausschreibung kann durch eine direkte Zuordnung der Leistungsbeschreibung zur Massenkennziffer erfolgen. Schon im Planungszustand ist dann das Leistungsverzeichnis abrufbar (**15.86**).

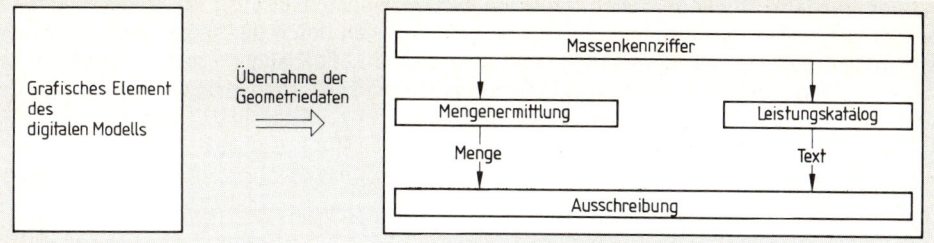

15.86   Übernahme der Geometriedaten zur Mengenermittlung, Kalkulation und Ausschreibung

Ausschreibungsbearbeitung, Angebotserstellung. Die fertige Ausschreibung wird den ausführenden Betrieben zur Bearbeitung zugesandt. Jeder Betrieb verfügt über Grundwerte (Lohnstunden, Material, Geräte) der von ihm ausgeführten Tätigkeiten, die er auf der Grundlage bereits fertiggestellter Bauvorhaben ermittelt hat. Diese Werte sind in den Stammdaten gespeichert und bilden die Basis für die Vorkalkulation, aus der die Einheitspreise resultieren. Positionsnummer, Texte und Menge der Ausschreibung des Planungsbüros werden übernommen, durch Eingabe des Einheitspreises wird der Gesamtpreis vom Programm ermittelt und die Angebotsposition automatisch erstellt (**15.**87).

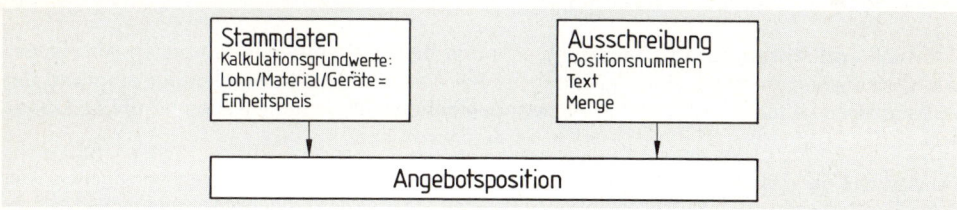

15.87   Angebotserstellung

Angebotsbearbeitung – Bieterpreiskontrolle, Preisspiegel. Die Angebote der Baufirmen werden vom Planungsbüro nachgerechnet und verglichen. Da das Programm die Positionsnummern (Ordnungszahlen) mit den dazugehörigen Mengen und Texten kennt, überträgt es sie in entsprechende Bildschirmmasken, in denen der Angebotsprüfer nur noch die angebotenen Einheitspreise einzugeben braucht.

Ein Fehlerprotokoll wird vom Programm automatisch erstellt. Es ermittelt aus den Mengen und dem Einheitspreis den Gesamtbetrag und führt einen Vergleich mit dem Angebot durch.
Der Preisspiegel gliedert die erfaßten Angebote und ermittelt positions- und titelweise den günstigsten Bieter, den Idealbieter (**15.**88).

```
Preisspiegel         Titel 2  Erdarbeiten nach Positionen
                     Bauvorhaben Mehrfamilienhaus Krause

             Eigenansatz Idealbieter Mittelbieter Heinrichs    Klein       Hansen
2.001     Mutterboden abheben, seitlich lagern
     KP       26.50       25.20        28.95       27.86       25.20        32.50
     GP     3180.00     3024.00      3474.00     3343.20     3024.00      3900.00
      %      105.2       100.0        114.9       110.6       100.0        129.0
```

15.88   Preisspiegel für Position 2.001

Bei der Vergabe an den billigsten Bieter werden die Einheitspreise aus der Angebotsdatei in das Leistungsverzeichnis übernommen. Häufig ändern sich durch die Angebote die Mengen, Positionen entfallen, neue kommen hinzu, Materialien und Fabrikate müssen ergänzt werden. Das Leistungsverzeichnis wird deshalb nochmals überarbeitet. Erst danach druckt man das endgültige Auftrags-Leistungsverzeichnis aus (**15.89**).

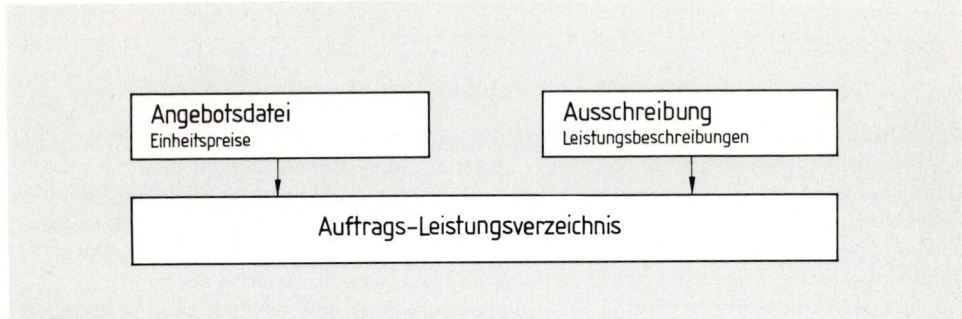

15.89   Erstellen des Auftrags-Leistungsverzeichnisses

Aufmaß und Abrechnung. Die Bauabrechnung beginnt schon mit den ersten Abschlags- und Zwischenrechnungen. Ihre Erstellung ist bei einer soliden Kostenplanung aufgrund der vorher gespeicherten Angebots- und Mengenberechnungsdaten ohne weiteren Aufwand möglich.

Ein Aufmaß der tatsächlich verbauten bzw. verarbeiteten Mengen muß aber immer vorangehen, weil ausgeschriebene und verbaute Mengen häufig differieren. Da nach den tatsächlich ausgeführten Leistungen abgerechnet wird, ändert sich der Gesamtpreis (**15.**90).

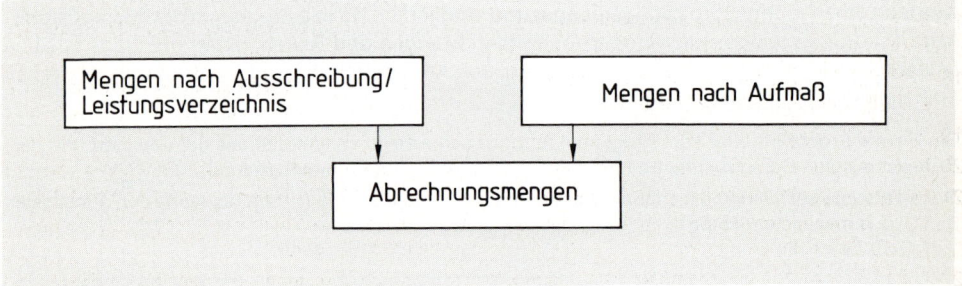

15.90   Verknüpfung von Aufmaß und Leistungsverzeichnis

Schlußrechnung. Auf der Grundlage der Bruttosummen können vertragsgemäße Zwischen- und Abschlagszahlungen geleistet werden. Alle Zahlungen werden gespeichert, um jederzeit einen Überblick über den Abrechnungsstand zu haben und die Schlußrechnung automatisch zu erstellen.

Prinzip der AVA-Programme ist ein durchgängiger Datenfluß von der ersten Mengenermittlung bis hin zur Schlußrechnung bei minimaler Eingabe.

Aufgaben zu Abschnitt 15

Sollten Sie bei der Beantwortung der Fragen Probleme haben, können Sie alle Inhalte des Abschnitts 15 detaillierter, mit vielen Beispielen und Übungen nachlesen bei Kuhr „EDV/CAD für die Bautechnik" (Teubner 1991).

1. Was versteht man unter Mikroelektronik?
2. Nennen Sie zu jedem der in Bild **15**.1 genannten Anwendungsgebiete der Mikroelektronik weitere Beispiele.
3. Beschreiben Sie den Weg vom Auftrag bis zum fertigen Produkt bei CAI.
4. Warum ist eine Vernetzung bzw. Datenübertragung zwischen Rechnern eine Voraussetzung für ökonomisches Arbeiten?
5. Unterscheiden Sie die Arten der Vernetzung.
6. Worin liegt der Unterschied zwischen Mensch und Maschine beim EVA-Prinzip?
7. Nennen Sie die Einheiten der EDV. Warum besteht ein Byte aus 8 Bit?
8. Nennen Sie die Bestandteile des CAD-Arbeitsplatzes.
9. Unterscheiden Sie RAM und ROM.
10. Was versteht man unter der Auflösung des Bildschirms?
11. Unterscheiden Sie Hardware und Software.
12. Was ist ein Programm?
13. Was versteht man unter Systemprogrammen?
14. Unterscheiden Sie interne und externe Befehle.
15. Wozu braucht man Programmiersprachen?
16. Unterscheiden Sie Interpreter und Compiler.
17. Wodurch unterscheiden sich direkter und indirekter Modus bei BASIC?
18. Wodurch unterscheidet sich der Programmablaufplan vom Struktogramm?
19. Nennen Sie die drei Programmgrundstrukturen.
20. Was versteht man unter Standardsoftware?
21. Unterscheiden Sie CAD-Programme nach der Dimensionalität? Welches Modell würden Sie für die Bautechnik einsetzen?
22. Unterscheiden Sie absolute und relative Koordinaten.
23. Über welche Positionierungsfunktionen sollte ein CAD-Programm verfügen?
24. Wozu braucht man Identifizierungsfunktionen?
25. Nennen Sie die Programmparameter?
26. Was versteht man unter der Zoom-Funktion?
27. a) Warum sind Ebenen die Voraussetzung für rechnerunterstütztes Konstruieren?
    b) Warum benötigt jedes Programm/Büro einen Ebenenplan?
28. Worin besteht der Unterschied bei der Liniendarstellung zwischen Mensch und Programm?
29. a) Was sind die grafischen Grundelemente im CAD? b) Unterscheiden Sie die Kreisarten?
30. Worin liegt der generelle Unterschied zwischen Trimmen und Schnittpunktkorrektur?
31. Welche Vorteile bieten die Manipulationsfunktionen?
32. Warum können nur Flächen mit eindeutigen Schnittpunkten schraffiert werden?
33. Was versteht man unter Spezifikationen? Nennen Sie Beispiele.
34. Worin liegen die Unterschiede im Automatisierungsgrad der Bemaßung?
35. Worin unterscheiden sich Buchstaben/Ziffern in Textverarbeitung und CAD?
36. Welche Anforderungen muß ein CAD-Programm beim Plotten erfüllen?
37. Unterscheiden Sie Symbol, Makro, Variante und Prozedur.
38. Warum verbessert CAD die Qualität und das Herstellungsverfahren eines Bauwerks?
39. Warum konstruiert man im Bau-CAD keine Grundrisse, Ansichten und Schnitte, sondern räumliche Modelle? Welche Vorteile hat diese Vorgehensweise?
40. Warum braucht das Bau-CAD 2D- und 3D-Modelle nebeneinander?
41. Worin liegen die Unterschiede zwischen CAD-Programmen der Vermessung und des Tief- und Straßenbaus?
42. Welche Gemeinsamkeiten bestehen zwischen Programmen des Hoch- und Ingenieurbaus?
43. Auf welchen Volumenkörpern/Bauteilen baut der Hochbau auf?
44. Was versteht man unter der Finite-Elemente-Methode?
45. Warum ist ein Bauteilkatalog Voraussetzung zur automatischen Mengen- und Kostenermittlung?
46. Beschreiben Sie den Datenfluß vom digitalen Modell über die Mengen- und Kostenermittlung bis hin zur AVA.
47. Welche Vorteile bieten Leistungskataloge?
48. Unter welchen Voraussetzungen können Ausschreibung, Angebot, Preisspiegel, Vergabe und Abrechnung automatisch erfolgen?

Bildquellenverzeichnis

Bauberatung Zement, Düsseldorf: **7**.5, **7**.73, **7**.77

BEW Bauakademie EDV-Kompetenz- und Weiterbildungszentrum GmbH, Berlin: **15**.70

Flachglas AG, Gelsenkirchen: **13**.9

Frick/Knöll/Neumann, Baukonstruktionslehre Teil 1 und 2, Stuttgart: **5**.26c, **8**.20, **9**.10, **9**.11, **9**.18a, **9**.28, **10**.52, **10**.53, **10**.57, **13**.4, **13**.22 bis **13**.30, **13**.39

R. Galla, Cadenberge: **1**.21, **1**.22, **1**.25

GBI GmbH, Betzenstein: **15**.72, **15**.73

Genius Deutschland: **15**.9

Gerkhard Software GmbH, Worms: **15**.67 bis **15**.69

IBM Deutschland, Sindelfingen: **15**.10

Kern u. Co., CH-Aarau: **3**.20a

Leica, Heerbrugg: **3**.18

Nemetschek Programmsystem GmbH, München: **15**.13, **15**.80a

OCE-Graphics GmbH Deutschland, Wiesbaden: **15**.12

RIB/RZB Datenverarbeitung im Bauwesen GmbH, Stuttgart: **15**.48, **15**.74

Siemens AG, München: **15**.71

Volger/Laasch, Haustechnik, 8. Aufl.: **12**.12

Wacker-Chemie GmbH; München: **7**.78

Wendehorst, Bautechnische Zahlentafeln, Stuttgart: **7**.25, **7**.29, **13**.4, **14**.48

W+F Konstruktionsbüro, Rendsburg: **15**.82

Wild, CH-Heerbrugg: **3**.20b

Alle anderen Bilder und Zeichnungen stammen aus dem Verlagsbildarchiv.

Sachwortverzeichnis

f. = und folgende Seite, ff. = und folgende Seiten

Abdichtung 368
- gegen Bodenfeuchtigkeit 245, 248
- - drückendes Wasser 246, 250
- - nichtdrückendes Wasser 246, 250
Abdichtungs|maßnahmen 245
- stoff 247
Abfangung 150
abgehängte Decke 384
Abminderungsfaktor 140
Abrechnung 41, 484
Abrechnungszeichnung 10
Abstandhalter 213
Abstecken von Bögen 45
- von Kreisbogenpunkten 45
- rechter Winkel 44
Absteckzeichnung 10
Abwasser 321
Achsbezug 275
Aluminiumfenster 371
Anfallpunkt 86 f.
Angebot 36, 483
Angebotseröffnung 36
angemauerte Bekleidung 158
angemörtelte Fassadenbekleidung 158
Anhydritestrich 380
Animation 474
Anrampung 407
Anschlag, -arten 364
Anschluß|kanal 352
- leitung 351
Ansicht 10
Antrittstufe 288, 301
Arbeits|fuge 231, 308
- gerüst 26
- platz 25
- speicher 441
Arcnet 438
ASCII-Code 440
Asphalt 423
- beton 423

- mischgut 423
Aufbewahrung von Zeichnungen 20
Auffangwanne 363
aufgedoppelte Tür 374
aufgesattelte Treppe 316, 318
Auflager|arten 203
- konsole 277
Auflegesystem 386
Aufmaß 41, 484
Aufrißplan 301
Ausbauquerschnitt 389, 393 f.
Ausfachung mit Mauerwerk 160
Ausführungszeichnung 10, 33, 128
Ausgabe 469
- gerät 442
Auslaufbauwerk 344
Auslegergerät 27
Außen|mauerwerk 146
- putz 148
- rüttler 231
- treppe 290, 314
- tür 373
- wand 142, 267
Ausschalen 230
Ausschreibung 34 ff., 482
Außenwange 313
Aussparung 143, 351
aussteifende Wand 133, 222, 283
Aussteifungsverband 121
Austrittstufe 288, 301

Balken 165 ff.
- abstand 83
- auflager 84, 170
- decke 214
- stoß 84
Bandmaß 43
BASIC 448
Batterietank 362 f.
Bau|ablaufplan 40

- ausführung 33
- bestandszeichnung 10
- entwurf 389
- führer 41
- genehmigungsverfahren 32
- gesuch 32
- grube 64
- grubenbreite 333
- grubensicherung 64, 333
- grubentiefe 333
- grubenumschließung 67
- grund 56
- leiter 41
- leitplanung 31
- nivellier 49
- nutzungsverordnung 31
- stelleneinrichtung 40
- stellmörtel 155
- stellverfahren 236
- stoffklasse 254, 297
- teilkatalog 481
- überwachung 41
- voranfrage 30
- vorlage 32
- vorlagenzeichnung 10
- werksanschluß 368
- zeichnung 10
- zeitenplan 39
baulicher Holzschutz 80
Beanspruchung, Bauteile 190
Bebauungsplan 31
Becherfundament 69, 71
Befestigungsaufbau 414
belüftete Fuge 284
belüftetes Dach 88
Bemaßung 16, 467
Bequemlichkeitsregel 298
Berechnung 20
Berufs|bild 9
- genossenschaft 28 f.
Beschriftung 18
Beton|arten 185
- bau 185
- decke 428

Beton|deckung 207
- fertigteile 339
- festigkeitsklasse 185
- fördern 230
- für hohe Gebrauchstemperaturen bis 250°C 189
- für Unterwasserschüttung 189
- gruppe 185
- mit besonderen Eigenschaften 187
- mit hohem Verschleißwiderstand 188
- mit hohem Frostwiderstand 188
- mit hohem Frost- und Tausalzwiderstand 190
- mit hohem Widerstand gegen chemische Angriffe 188
- nachbehandlung 232
- pflaster 425
- rohr 324
- stahl, Stöße 205
- stahlmatte 198
- stahlverankerung 201
- zuschlag 186
Betriebssystem 444
Bewegungsfuge 381
bewehrtes Mauerwerk 137, 163
Bewehrung 193
Bewehrungs|abstand 200
- bündelung 201
- darstellung 193f.
- durchmesser 200
- fuge 381
- plan 193
- stab 194, 201
- verankerung 203
- zeichnung 10, 194, 480
Bezugsebene 275
Biege|liste 194, 197
- rollendurchmesser 208
- zugbewehrung 208
Biegung 190
Bildschirm 442
Binder 278
bindiger Boden 56
Bit 439
Bitumenbahn 95, 101, 247

Bläh|glimmer, -schiefer, -stein, -ton 241
Blatt 108
Bleistift 23
- härten 23f.
Blendrahmen 373
- tür 372
Block|fundament 69
- rahmentür 372
- stufe 288
- treppe 315
Bockgerüst 27
Boden|abtrag 411
- arten 56
- auftrag 411
- austausch 63
- eigenschaften 412
- feuchtigkeit 245, 248
- gruppe 413
- injektion 64
- klasse 56, 413
- kurzzeichen, -symbole 57
- pressung 57, 61
- setzung 61
- sondierung 56
- untersuchungsverfahren 56
- verbesserung 414
- verdrängung 63
- verfestigung 63, 414
Böschung 64
Böschungsbruch 62
Bogen 165f., 464
- abstecken 45
- stich 168
- treppe 292
- verband 426
Bohlenschiftung 118
Bohrpfahlwand 65
Bord|rinne 430
- rinnenstein 417
- stein 417
Brandschutz 85, 254, 297
Brauchwasser 246, 348
brennbare Baustoffe 254
Brennstofflagerung 361
Bruch|linie 86
- steinmauerwerk 182
Brückenbau 238
Brunnen|absenkung 77
- gründung 77

bügelbewehrte Stütze 220
Bürstenstreichverfahren 248
Bundbalken 83
Bundesbaugesetz 31
Byte 439

CAD 22, 454
CAI 436
Computer 438
- sprache 439

Dach|abdichtung 97, 101
- bahn 95
- balken 83
- bau 80
- begrünung 103
- belüftung 88ff.
- binder 122
- bruchlinie 87
- formen 85
- gaupe 107
- konstruktion 94
- linie 87
- neigungsgruppe 96
- schicht 96, 104
- schräge 386
- überstand 80f., 110
Dämm|masse 180
- platte 101, 180
- schicht 180
Dammböschung 392
Dampf|druck-Ausgleichsschicht 101
- sperrbahn 99f.
- sperre 82, 93, 101
Darstellungsanordnung 12
Daten|übertragung 437
- verwaltungsprogramm 453
Decke 259, 269
Decken|anschluß 134
- bekleidung 384
- gleicher Balken 217
- höhenplan 429
- platte 278, 281
- schalung 228
- spiegel 288
Dehnen 466
Dehnungsfuge 151, 252
Dichtungsbahn 95
Dienstprogramm 445
Digitalisiertablett 441

488

Dimensionalität 454
Distanzmesser 43, 53
Diskette 443
Doppel|fenster 365
– linie 463
– pentagon 43
Dränage 250
Dränrohr 250
Draht|anker 150
– modell 456
Draufsicht 10
Drehen 466
3D-Modell 456
Dreieck 25
Dreiecks-Fachwerkbinder 122
– verfahren 46
Dreigelenkbinder 120
dreischaliger Schornstein 179
Drucker 443
Druck|festigkeitsklasse, Mauerwerk 139 f., 144
– luftgründung 78
drückendes Wasser 245, 251
Dübel 109, 126
Dünnbettmörtel 156 f.
Duo-Dach 94
Duplizieren 466
Durchfeuchtung 88, 145

Ebenen(plan) 462
EDV 436
Eigenporigkeit 240
einachsig gespannte Decke 213
Einbindeverfahren 46
Einfachfenster 365, 370
Einfassungsstein 417
Einfeldbalken 217
Eingabegerät 441
Eingangstreppe 314
eingesägte (eingeschnittene) Treppe 315
eingeschobene Treppe 315
einschalige Wand 258
einschaliger Schornstein 179
einschaliges Außenmauerwerk 146
Einschnittsböschung 392
Einsteigschacht 340
Einwohnergleichwert 322

Einzel|fundament 69
– heizungsanlage 359
– maß 16
Elastomer 102
Elektroinstallation 355
–, Plan 355
–, Sinnbilder 356
elektronischer Distanzmesser 43, 53
Elementzeichnung für Fertigteile 10
Energieträger 359
Entwässerungs|anlage 351
– –, Sinnbilder 352
– arbeit, Abrechnung 344
– entwurf 328
–, Längsschnitt 331
–, Lageplan 330
– leitung 323
– netz 328
– plan 10, 354
– verfahren 322
– zeichnung 352
Entwurfszeichnung 10, 128
Erd|arbeiten 411
– planum 414
Erschließungsplan 393
Estrich 379
Ethernet 438
EVA-Prinzip 438
Evolutenverfahren 303 f.
Externspeicher 443

Fachwerkbinder 122
Fahrgerüst 27
Falleitung 351
Faltung 21
Falzrohr 326
Fangedamm 68
Farbstift 23
Faser|dämmstoff 266
– zementrohr 324
Fassaden|bekleidung 157
– element 277
– plattenanker 283
Feder|bügel 385
– bügelabhänger 384
– schiene 385
Feinnivellier 49
Fenster 259, 262, 354
– arten 365

– beanspruchungsgruppe 366
– bezeichnungen 365
– falz 367
–, festverglastes 365
– flügelabmessungen 360
– mit Flügelrahmen 365
– teile 365
– tür 364
Fersenversatz 110
Fertig|teilestrich 380
– teiltreppe 311
– tür 364
Fest|platte 443
– punktnivellement 50
– wertgeber 441
Feucht- und Naßräume 251
Feuchtigkeits|grad 80
– schutz 84, 145, 378
Feuer|schutz 385
– widerstandsklasse 254, 297
Finite-Elemente-Methode 480
First 86
– bohle 114
– pfette 112, 114
– punkt 108
Fischgrät-Doppelstein 426
Flach|bordstein 417
– dach 91, 94, 104, 269
– dachrichtlinien 97
– gründung 69
– sturz 169
Flächen|dränage 250
– modell 457
– nivellement 52
– nutzungsplan 31
fließende Bodenart 413
Fluchten 42
Fluchtlinienmethode 303 f.
Formstücke für Rohrleitungen 326
Freitreppe 313
Füllholz 83 f.
Fuge 252
Fugen|abdichtung 284
– anschluß 369
– dicke 139
– im Fertigteilbau 284
Fundament 69 ff., 276

489

Fundament|balken 72
- plan 72
Fuß|boden 378
- bodenheizung 359, 380
- gängerzone 427
- pfette 112, 114
- schwelle 116
- walmdach 86 f.
Futtertür 372

Ganzbalken 83
Gasbeton 240, 242
Gehweg 392
Gelände|bruch 62
- flächen aufnehmen 46, 53
Geländer 288, 310, 320
- höhe 295
Gelenkbolzenverbindung 125
gemauerte Leichtbauwand 382
- Treppe 313
- Wand 132
Gerade 397
Gerberpfette 116
Gerüst 26
Gesamtmaß 16
Geschoß|balken 83
- höhe 289
- wand 222
Gesetze 28
gestaffelte Bewehrung 199
Gestaltungsplan 427
gestemmte Treppe 316
gewendelte Treppe 291, 296
gezogener Schornstein 175
Giebel 86
- anker 83
- balken 83 f.
Gieß- und Einwalzverfahren 248
glatte Tür 375
Gleitschalung 229
Graben 431
Gradiente 402
grafische Grundelemente 2D 463
-, Korrektur 465
Grat 86 f.
- sparren 116
Grenzbezug 275

Groß|flächenschalung 227
- tafelbau 273, 280
Gründung 68
Grund|bau 56
- bruch 62
- lagenermittlung 31
- leitung 352
- modul 274
- riß 11 f.
- wasser 245
- wasserabsenkung 253, 335
- wasserwerk 349
Gußasphaltestrich 380

Hänge|gerüst 27
- werk 120
Hahnbalken 106
halbgewendelte Treppe 292, 304, 307
Handlauf 295, 319
- krümmling 288
Hardware 22, 440
Haufwerksporigkeit 240
Hauptdach 86
Haus|anschlußraum 347
- fassade 364
- schornstein 171
- technik 347
- technische Anlagen 260
Heiz|körperanordnung 360
- raum 360
Heizung 358
Heizungssysteme 358
Hinweislinie 18
hinterlüftete Fassadenbekleidung 157
Hoch|bau 477
- bordstein 417
Höhen|bolzen 47
- maß 17
- messung 42, 47
- plan 389, 402
- vergleich, einfacher 49
Holz|balkendecke 255, 378, 380
- balkenlage 82
- bau 80
- -, Plandarstellung 126
- fachwerk 162
- fenster 369

- plattenabhängung 384
- schraube 127
- schutz 80
- schwelle 110
- skelettbau 285
- ständerwand 382
- treppe 288, 315
- verbindungsmittel 126
- wolle-Leichtbauplatte 265
Horizontalverband 122

Ideenskizze 31
Identifizieren 460
industrialisiertes Bauen 273
Informationsfluß 447
Infrarot-Distanzmesser 44
Ingenieur|bau 479
- nivellier 49
Injektionsverfahren 64, 189
Innen|ausbau 354
- treppe 290
- tür 375
Interpreter 448

Kaltdach 88
Kanal|diele 65
- klinker 338
Kanalisation 321
Kantenschutzprofil 320
Kassette 426
Kassettendecke 215
Kasten|fenster 365
- rinne 430
Kautschukbahn 95
Kehl|balken 105
- balkenanschluß 108
- balkendach 105
- riegeldach 105
- sparren 118
Kehle 86 f.
Keilstufe 288
Keller|außentreppe 314
- geschweißter Tank 362 f.
- wand 142
Kerndämmung, Außenwandsystem 152
Kerve 114
Klär|anlage 341
- werk 342
Klammer 127
Klaue 114

Klauenschifter 117
Klemmprofil 284
Kletterschalung 229
Klinker 425
Klotoide 45, 397, 399
Klotoidenlineal 401
Knick|fälle nach Euler 192
− gefahr 139, 192
− länge 140
− nachweis 140
Knickung 192
Knotenplatte 125
Köcherfundament 69, 71
Körperschall 257
Kommandoprozessor 445
Konsolgerüst 27
Konstruktions|leichtbeton 242
− plan 128
konstruktiver Brandschutz 255
− Leichtbeton 242
− Schallschutz 258
Kontrollschacht 337, 340
Konvektionswärme 359
Konventionalstrafe 40
Koordinaten 460
− system 459
− verfahren 46
Koordinations|ebene 275
− raum 275
Kopfband 115
Kopieren 466
Korkdämmstoff 265
Korn|größe 57, 413
− zusammensetzung 412
Kostenanschlag 481
Krag|balken 191, 219
− platte 191
− sparre 114
Kranförderung, Beton 230
Kreis 397, 464
− bogen 398
− bogenpunkt abstecken 45
− schablone 25
Kreuzvisier 43
Krümmungsband 405, 408
Krüppelwalm 86 f.
Kunststoff-Dichtungsbahn 247
− -Fenster 371

− -Folie 14
− rohr 324
Kuppenausrundung 403
Kurven|mindestradius 398
− stein 418

Längenmessung 43
Längs|neigung 403, 429
− profil 52
Läuferverband 153
Lage|messung 42
− plan 389, 396
− planlinie 397
− plansymbole 401
Lagermatte 211
Landesbauordnung 31
Lauf|linie 288
− platte 288, 306 f.
− plattentreppe 290
Legende 18, 194
Lehrgerüst 27
Leichtbauplatte 265
Leichtbeton 185, 239
− arten 240
− -Dachplatte 104
− festigkeitsklasse 242
− gruppe 242
−, wärmedämmender 243
− zuschlag 241
Leicht|bauwand 382
− lösbare Bodenart 413
− lösbarer Fels 414
− schalung 226
leichte Deckenbekleidung 384
− Trennwand 381
Leichtmörtel 156 f.
Leistlinie 86
Leistungs|beschreibung 34
− verzeichnis 34, 482
Leitergerüst 27
Licht|pause 20
− wange 288
Lineal 25
Linien 463
− arten 15, 397
− breiten 15, 355
− nivellement 50
Links|treppe 290
− tür 373
Listenmatte 204, 211

Lüftungsschacht 172
Luftschall 257
− schutz 378
Luftschicht 151
− dicke, diffusionsäquivalente 90
− mauerwerk 151

Magnetband 443
Makro 470
Manipulation 466
Mansard|dach 86
− linie 86
Maß|anordnung 16
− band 43
− einheit 16
− eintragung 17
− hilfslinie 16
− linie 16
− linienbegrenzung 16
− punktbestimmung 468
− stab 25
− zahl 15 f.
Massenermittlung 34
Massiv|decke 378
− deckenplatte 210
Mauer|mörtel 155
− pfeiler 140
− werk nach Eignungsprüfung 144
− werksbau 132
− werksbemessung 134
− werksfuge 138
Maus 441
Mehrfeldbalken 191, 218
Mehrfeld|decke 210
− platte 191, 218
mehrlagige Bewehrung 200
Mehrschicht-Leichtbauplatte 265
Mengenermittlung 481
Metall|abhängung 384
− ständerwand 382
− zarge 377
Mikro|elektronik 430
− verfilmung 21
Mindestauflagenbreite 281
Mine 23
Misch|bauweise 280
− mauerwerk 183
Mittel|pfette 112, 114

mittelschwere lösbare Bodenart 413
Modul|ordnung 274
– schalung 228
Mörtel 155
– fuge 139
– zusatz 157
MS-DOS 445
Muffen|druckrohr 326
– rohr 326
Mulde 431
Mulden|rinne 430
– stein 417
Mutter|boden 411, 413
– pause 20

Nachbehandeln des Betons 232
Nagel 127
– abstand 124
– knagge 109, 114
– platte 127
– verbindung 125
Natur|bims 241
– steinmauerwerk 180
– steinpflaster 425
Nebendach 86
nicht|belüftetes Dach 92
– bindiger Boden 56
– brennbarer Baustoff 254
– drückendes Wasser 245, 256
– tragende Wand 132, 222
Niederschlagswasser 245, 321
Nivellieren 49
Nivellierinstrument 48
Norm 10
– schrift 18
Normal|beton 185
– mörtel 156
– null 47
nutzbare Podesttiefe 289
– Treppenlaufbreite 289
Nutzschicht 378

Ober|bauarbeiten 419
– boden 413
– bodenarbeiten 411
– dach 86
– flächenrüttler 231

– flächenschutz 109
– flächenverfestigung 63
– gurt 123
Objektplanung, Zeichnung 10
Öffnungsmaß 17
offene Fuge 284
– Gräben 341 f.
optische Platte 443
Ortgang 86 f.
Orthogonalverfahren 46
Ortsentwässerung 328, 332

Papier|arten 14
– formate 14
– lagerung 14
Parameter 399, 468
Parkettverband 426
Paßbolzen 126
Perlit 241
Pfahlgründung 74
–, schwebende 75
–, stehende 75
Pfahlrost 76
Pfeiler 140
– gründung 77
Pfette 278
Pfetten|dach 112
– stoß 116
– strang 113
– stranganschluß 115
Pflaster 425
– herstellung 427
– stein 425
– verband 426
Pilz|decke 216
– kopf 216
Planfeststellungsverfahren 389
Planum 414
Planung 30
Planungsbeteiligung 30
Plastomer 102
Platte auf 2 Stützen 190
Platten|balkendecke 214
– druckversuch 59
– element 280
– fundament 73
– stufe 288
Plot, -option 469
Plotter 443

Podest 288, 296, 307, 310
– tiefe 289
Polarvermessung 46
Poly|gon 463
– gonzug 42
– gonalverband 426
– merbahn 95, 102
– styrol 241
Porenbeton 240, 243
Positionieren 460
Positionsplan 10, 128
Präzisionsnivellier 49
Preisspiegel 36
Preßfuge 428
Probe|belastung 59
– bohrung 61
Programm 444
– ablaufplan 449
– erstellung 451
– parameter 461
– schnittstelle 438
Programmiersprache 447
Projektmanagement 437
Prozedur 471
Prozessor 441
Pultdach 85
Pumpenförderung, Beton 230
Pump|verfahren 189
– werk 340
Punkt 433
Putz 148

Quadermauerwerk 183
Quer|neigung 394, 429
– neigungsband 406, 408
– profil 52, 412

Radiergummi 25
Radiosity 473
Radweg 392
Rähme 106
räumliche Linienführung 408
Rahmen 120
– tafelschalung 227
– tür 374
RAM 441
Rammsondierung 58
Rand|befestigung 415
– einfasser 25
– einfassung 415

492

Randstein 417
Raum|fuge 428
– schalung 228
– stabile Zelle 133, 280
Raytraycing 473
Rechts|treppe 290
– tür 373
Rechtwinkelverfahren 46
Regenwasser 321 f.
– becken 343
Reihenverband 426
Reinigungsklappe 177
Rendering 473
Rezeptmauerwerk 145
Richtholz 108
Riegel 278
Ring|anker 136, 138, 282
– balken 135, 138
Rippendecke 215
Rohbau|abnahme 31
– zeichnung 10
Rohr|auflagerung 334
– lagerung 335
– leitung 433
– leitungsarten 351
– leitungsbau 332
– verbindung 326
– verlegung 335
Rolltacho 43
ROM 441
Rundbordstein 417
Ruß|brand 173
– sack 177

Sammelleitung 351
Sanitärinstallation 348
Sattel 114
– dach 86 f.
– –, ausgebautes 90
– –, nicht ausgebautes 88
Scanner 441
Schablone 25
Schacht 337
– abdeckung 339
– mit äußerem Absturz 340
Schall 256
– brücke 259, 383
– dämmaß 257
– dämmung 381, 385
– schutz 256, 368, 378
Schalplan 225, 479

Schaltplan 10
Schalung 225
Schalungsplan 225
Schaum|beton 240
– glas 266
– kunststoff 265 f.
– lava 241
Scheinfuge 428
scheitrechter Bogen 168
Schichten|mauerwerk 182 f.
– verzeichnis 60
Schifter 117
Schiftsparren 116
Schlacke 241
Schlämmen 247
Schlagregen|dichtheit 366
– schutz 145
Schlankheit 141
Schleppdach 87
Schlitz 143
Schlußabnahme 31
Schmelzwasser 245
Schmutzwasser 322
Schneide|maschine 25
– skizze 200, 213
Schnitt 12
Schornstein 171, 255
– aus Form- und Fertigteilen 179
– höhe 176
– kopf 177
– querschnitt 174
– teile 173
– zug 172, 174
Schrägpfählen 76
Schraffieren 376
Schraffur 19
Schraubenbolzen 126
Schriftfeld 18
Schrittmaßregel 298
Schubladenschaltisch 228
Schuppenform 426
Schutz|gerüst 26
– maßnahmen an Bauwerken 245
– gegen Wasser aus dem Baugrund 245
Schwellenfuge 285
Schwer|beton 185
– lösbare Bodenart 414
– lösbarer Fels 414

schwimmende Bekleidung 158
schwimmender Estrich 379
Sechskant-Holzschraube 127
senkrechte Abdichtung 249
Setzstufe 288
Shading 473
Sheddach 85
Sicherheits|regel 298
– technik 26
Sicht|fuge 167
– mauerwerk 147
– schutz 385
Sicker|einrichtung 433
– wasser 245
Sieblinien 186
Skalieren 466
Skelettbau 273, 276
Software 22, 444
sommerlicher Wärmeschutz 269
Sonder|nagel 127
– schalung 229
– zeichnung 10
Spachtelmasse 247
Spann|beton 235
– bettverfahren 235
– glieddarstellung 237
Spannungsüberlagerung 236
Sparren|dach 105
– fußpunkt 110 f., 114
– pfettenanker 114
Sperr|beton 247
– mörtel 247
– schicht 151
Spezifikation 467
Spickelstufe 288
Spindeltreppe 292, 305, 319
Sprengwerk 119
Spritzwasser 245
Spundwand 68
Stab|dübel 127
– stahl 211
Stadtentwässerung 321
Stahl|auszug 194
– liste 194, 198
– rohr-Kupplungsgerüst 27
– skelettkonstruktion 162
– stütze 255
– träger 168, 255
– treppe 318

493

Stahlbeton|balken 169, 217
- bau 195
- bauteile 209
- decke 210
- -Fertigteilbau 275
- stütze 219
- treppe 287, 290, 294, 306
- vollplatte 210
- wand 222
Standardbauweise für Geh- und Radwege 422
- für Wegebefestigungen 422
Standardbauweise mit bituminöser Betondeckschicht 421
- mit bituminöser Deckschicht 420
- mit Pflasterdecken 422
Standardsoftware 453
-, integrierte 454
Standsicherheit 133, 177
Stangengerüst 27
Steckmuffe 324
Steigleitung 349
Steigungsverhältnis 269, 278
Steinzeugrohr 303
Steuerprogramm 445
Stichbalken 76 f.
Stirnversatz 102
Stockwerksleitung 349
Stoß|fugenüberdeckung 138
- verbindung 138, 205
Strahlungswärme 359
Straßen|ablauf 432
- ausbauquerschnitt 393
-, Schraffuren 395
- bau 388, 475
- baulastträger 388
- bauvorhaben 388
- breite 392
- entwässerung 428
-, Höchstlängsneigung 403
- kategorie 389
-, Kurvenmindestradius 398
- lageplan 396
- netz 388
- querschnitt 389 ff.
Strebe 113, 115

Streichbalken 83
Streifenfundament 71
Struktogramm 450
Stütze 113, 116, 192, 276, 281
- über mehrere Geschosse 222
Stützen|kopfverstärkung 216
- schaltisch 228
Stützwand 223
Stufen|abmessung 289
- abstand 289, 296
- arten 288
- keil 288
- zahl 296
Submission 36
Submissionsanzeiger 36
Symbole 19
System|einheit 441
- gebundene Planung 274
- offene Planung 274
- programm 445
- schalung 226
- software 443
- träger 122

Tabellenkalkulation 454
Taktgeber 441
Tastatur 441
Tafelbau 280
Tauwasser|bildung 88, 268
- schutz 148
Teil|kreis 464
- montage 273
Teilebibliothek 470
Temperatur 261
- amplitudenverhältnis 261
Text|formatierung 469
- verarbeitungsprogramm 453
Thermohaut-Wandbekleidung 158
Tiefenverdichtung 63
Tief|bordstein 417
- gründung 74
Token Ring 438
Torsion 191
Träger|auflager 170
- -Bohlenverbau 65
- schalung 227
tragende Innenwand 142

- Wand 133 f., 142, 222, 283
Trag|bolzentreppe 290, 313
- fähigkeit 138
- gerüst 27
- schicht 378, 424
- werksplanung, Zeichnung 10
Transparentpapier 14
Trapezblechtafel 103
Trasse 397
Trassenhöhe 404
Trassierungselement 397
Traufe 86 f.
Treppe 287
Treppen|arten 290
- aufriß 301
- auftritt 289
- auge 288, 310
- bauregeln 297
- brüstung 288
- darstellung 292
- durchgangshöhe 289, 295
- effekt 442
- handlauf 288
- holm 288
- konstruktion 306
- lauf 288
- lauflänge und -breite 289
- loch 288
-, Maßanforderungen 295
- mit frei tragenden Stufen 290
- mit geraden Läufen 291
- mit geraden und gewendelten Läufen 292, 296
- mit gewendelten Läufen 292, 302
- öffnung 288
-, Planungsgrundlagen 294
- schalung 226
- steigung 289
- wange 288
Trinkwasser 348
- versorgung 348
- versorgungsanlage, Sinnbilder 350
Tritt|fläche 288
- kante 288
- schall 257
- schalldämmplatte 380
- schallschutz 307, 378, 385

494

Trittstufe 288
Trog 251
– ausbildung 250
Tür 259, 372
– arten 372
– blattfalz 373
– mit Futterrahmen und Bekleidung 376
– mit Zargenrahmen 376
– öffnungsmaße 376
Tunnelschalung 228
Tuschefüller 23
Typenprogramm 276

Über|deckung von Maueröffnungen 165
– greifungslänge 206
– zug 217
Umkehrdach 93, 101, 103
umschnürte Stütze 221
Umwehrung 288
Umwehrungshöhe 289, 295
Unfall|schutz 322
– verhütung 28
Unter|dach 86, 90
– decke 255, 378, 384
– gurt 123
– schneidung 289, 295
– spannbahn 90
– stützungsbock 213
– zug 217, 278, 281

Variante 471
Verankerung, Betonstahl 201
Verankerungsbeiwert 202
Verbau 65, 335
– element 65
Verbindungs|leitung 351
– mittel 281
Verblenderverband 153
Verblendmauerwerk 183
Verbrauchsleitung 349
Verbund|bereich 201
– estrich 379
– fenster 365, 370
– pflaster 426
– spannung 202
Verdingungs|verhandlung 36
– verordnung für Bauleistungen (VOB) 39
Verfallungsgrat 86

Verfüllen 336
Vergabe 36 f., 484
Verglasung 267, 367
Verkehrs|flächenbefestigung 410
– planung 388
Verlegezeichnung 10
Vermessung 42, 474
Vermiculit 241
Vernetzung 438
Verordnungen 31
Versatztiefe 110
Verschieben 466
Versorgungsleitung 330, 349
Verteilungsleitung 349
Vertikalverband 122
Vervielfältigung von Zeichnungen 20
Verwindung 407
Verziehungsverfahren 302 f.
viertelgewendelte Treppe 288, 292, 302, 317
Virtual Reality 474
VOB 36
Voll|montage 273
– wandbinder 122
Volumen|abzug 478
– modell 457
Vorentwurf 31, 389
Vorentwurfszeichnung 10
Vorholzlänge 110
Vorspannen mit nachträglichem Verbund 235
– mit sofortigem Verbund 235
Voute 215

Waagerechte Abdichtung 248
Wärme|abgabe 359
– bedarfsberechnung 358
– brücke 267
– dämmender Leichtbeton 243
– dämmputz 268
– dämmschicht 101, 152
– dämmstoff 264
– durchgang 262
– durchgangskoeffizient 263 f.

– durchgangswiderstand 263 f.
– durchlaß 263
– durchlaßwiderstand 174, 263 f.
– leitfähigkeit 261
– leitzahl 261
– menge 261, 264
– schutz 174, 260, 367, 380
– schutzmaßnahmen 267
– schutzverordnung 271
– speicherung 264
– übergang 263
– übergangskoeffizient 263 f.
– übergangswiderstand 263 f.
– verlust 260, 359
Walm 87
– dach 86 f., 116
– fläche 86
– schifter 117
– traufe 86
Wand 193
– aussparung 143
– balken 83 f.
– dicke 141, 148
– scheibe 280
– tafel 279
– wange 288
Wangen|krümmling 288
– treppe 315, 318
Wanne 251
Wannen|ausrundung 403
– umschließung 67
Warmdach 88, 92
Wasser|arten 301
– dichtheit 336
– entsorgung 321
– haltung 66 f.
– menge 321
– nut 374
– undurchlässiger Beton 187, 252
– verbrauch 348
– verschmutzung 321
– werk 348
Wechsel|balken 83
– punkt 50
Weiße Wanne 252
Wendeltreppe 292, 305
Werkmörtel 155

495

wilder Verband 153
Wind|bock 113
– einwirkung auf Schorn-
  steinzug 175
– rispe 106
– stuhl 113
– verband 121
Winkel|eingabe 464
– messung 44
– spiegel 43
– stützmauer 224
– stufe 288
Wohnfeuchte 261

Zargen 376
– tür 372
Zeichen|gerät 22
– karton 14
– papier 14
Zeichnungs|erstellung durch
  Datenverarbeitung 21
– schrank 25
– träger 14
Zellenbau 273, 280
Zeltdach 86
Zementestrich 379f.
Zentralheizungsanlage 359
Zier|schicht 154
– verband 154
Zirkel 25
Zoomfunktion 462
Zuganker 83
Zugkraft|deckungslinie 209
– linie 208

Zuganker 83
zwei|achsig gespannte Decke
  213
2D-, 2½D-Modell 462
– schalige Haustrennwand
  154
– schalige Wand 258
– schaliges belüftetes Dach
  88
– schaliges Mauerwerk 146
Zwischen|balken 82f.
– bauteil 214
– podest 288
– schicht 378
Zyklopenmauerwerk 182
Zylindertank 363